清华大学研究生教学改革项目支持（项目编号：201709J012）

现代信号分析和处理

张旭东 编著

清华大学出版社
北京

内 容 简 介

本书系统和深入地介绍了现代数字信号分析和处理的基础以及一些广泛应用的算法。前4章介绍了研究和学习现代数字信号处理的重要基础，包括随机信号模型、估计理论概要、最优滤波器理论、最小二乘滤波和卡尔曼滤波，这些内容是信号处理统计方法的基础性知识；第5章～第8章详细讨论了几类广泛应用的典型算法，包括自适应滤波算法、功率谱估计算法、高阶统计量和循环统计量、信号的盲源分离；第9章～第11章包括时频分析、小波变换原理及应用和信号的稀疏分析与压缩感知。本书详细地介绍了近年受到广泛关注的一些前沿专题，例如EM算法、粒子滤波、独立分量分析、盲源分离的子空间方法、稀疏表示与压缩感知等，空间阵列信号处理的一些初步内容会穿插在有关章节，但不单独成章。本书在写作中既注重了内容的先进性和系统性，也注重了内容的可读性。

本书适用于电子信息领域研究生课程，也可供各类利用信号或数据分析作为工具的研究生、教师和科技人员参考。

图书在版编目(CIP)数据

现代信号分析和处理/张旭东编著. —北京：清华大学出版社，2018（2023.3重印）
ISBN 978-7-302-48600-8

Ⅰ. ①现… Ⅱ. ①张… Ⅲ. ①信号分析 ②信号处理 Ⅳ. ①TN911

中国版本图书馆CIP数据核字(2017)第254918号

责任编辑：王一玲　柴文强
封面设计：常雪影
责任校对：李建庄
责任印制：杨　艳

出版发行：清华大学出版社
网　　址：http://www.tup.com.cn，http://www.wqbook.com
地　　址：北京清华大学学研大厦A座　**邮　　编**：100084
社 总 机：010-83470000　**邮　　购**：010-62786544
投稿与读者服务：010-62776969，c-service@tup.tsinghua.edu.cn
质量反馈：010-62772015，zhiliang@tup.tsinghua.edu.cn
课件下载：http://www.tup.com.cn，010-83470236
印 装 者：北京九州迅驰传媒文化有限公司
经　　销：全国新华书店
开　　本：185mm×260mm　**印　　张**：39.5　**字　　数**：963千字
版　　次：2018年8月第1版　**印　　次**：2023年3月第8次印刷
定　　价：99.00元

产品编号：069469-01

前言

FOREWORD

现代信号分析和处理的应用非常广泛，不仅包括电子信息领域，而且在如生物医学工程、地质勘探、震动测量、自动控制甚至金融和社会学等众多领域都得到了深入的应用。作为一个研究领域和应用工具，现代信号分析和处理已形成众多分支，研究内容深入而广泛，应用面甚广，文献资料众多。

在这种情况下，为研究生课程提炼出一本全面反映现代信号分析和处理的理论、算法和应用的教材是不现实的，作者主要选择了两个主题构成本书的核心内容，一是信号的统计处理方法，包括信号的统计模型、统计推断基础、最优滤波理论、谱估计和自适应滤波、高阶和循环统计，以及信号的盲源分离；二是复杂信号的表示，包括信号的时频分析和稀疏信号表示。大致上第一部分内容占全书2/3，第二部分内容占全书1/3。

本书的内容超出一门课程的需要，可供灵活选择，为学生留出足够的自学材料。本书可以适用于几种不同的课程安排：①对于两个学期的课程，可选择统计部分作为一个学期，时频分析和稀疏表示作为一个学期，带星号的小节均留作自学材料；②对于一个学期周3学时的工学硕士和博士研究生课程，除重点讲授前6章的基本内容外，再选择9、10两章的基本内容，作者在清华大学电子工程系的课程就是按这种方式安排的，其中选择的各章中带星号的小节均留做课外阅读；③对于一个学期周2学时的课程，或选择前6章的基础部分作为入门课程，或选择后3章作为时频分析和稀疏表示的专题课程。

本书各章都给出了几个需要用MATLAB仿真的习题(带 * 号的习题)，希望使用本书的学生能够选做其中的一些，这对于理解书中的理论和算法是非常有帮助的。作者在讲授"现代信号处理"课程时，要求学生至少完成两个这样的仿真习题，并作为学期成绩的一部分，其效果是非常好的。

本书是作者在清华大学电子工程系近20年讲授研究生课程所积累的成果，其中融入了作者多年科研工作的心得。本书不完全是一本新书，它是作者和陆明泉教授于2005年在清华大学出版社出版的《离散随机信号处理》一书的大改版，由于新增内容和对原内容的修改都很大，以至于更适合作为一本新书出版。《离散随机信号处理》一书曾获得2004—2008年度清华大学优秀教材一等奖，但毕竟十几年过去，信号处理有了长足的发展，对原书的简单修订已不能反映这种发展，出版一本新书则更合适。这次新书的编著由作者单独完成，但本书第7章部分内容参考了陆明泉教授2005年原书相关章节的初稿，谨此对陆明泉教授多年的合作表示感谢。

本书各章单独列出参考文献，以便读者可独立选择阅读各章。共计列出超过300篇参考文献，都是作者在此次编著本书时直接参考或希望读者延伸阅读的。但本书一些材料是多年积累的结果，尽管作者努力包含对本书写作有影响的参考资料，但若有个别参考过的文献有所疏漏，仍恐难避免，若有此情况发生，作者表示歉意。

许多同事和研究生对本书的出版做出了贡献，清华大学生物医学工程系胡广书教授审阅了本书的第 8 章和第 11 章，并提出许多宝贵的建议。作者的学生张馨月帮助准备了第 11.6.5 节的初稿，高昊和王超帮助绘制了多幅插图，在此表示感谢。

感谢清华大学出版社资深编辑王一玲老师和赵凯编辑在本书出版过程中给予的帮助和支持。

由于作者水平、时间和精力所限，本书会存在缺点和不足，希望读者批评指正。

作　者

于清华园

2018 年 5 月

目录

CONTENTS

第0章

绪　论

本书假设读者已具备了连续和离散确定性信号分析和处理的基本知识，这些知识包括傅里叶变换、z变换等信号的基本表示方法，线性时不变系统的卷积方法、频域和复频域等系统基本表示方法，以及信号通过LTI系统的响应，尤其是经典滤波器对信号的处理。本书进一步讨论随机信号的统计处理方法和复杂信号的时频表示。

我们在自然界中遇到的实际信号大都具有随机特性，这样的信号称为随机信号。对随机信号的表示、分析和处理与确定性信号有许多不同的特点。确定性信号的分析工具是随机信号分析的重要基础，但随机信号分析和处理又有许多不同的方面。另一方面，传统的信号时域表示和频域表示，均只反映了信号一个方面的性质，对于复杂信号的分析和处理，经常需要更复杂的信号表示方法，时频分析是一种典型的复杂信号表示方法。对于复杂信号，为了有效地处理或表示，希望更多地使用信号的结构化性质，例如稀疏性，对这类问题本书也做概要讨论。本书讨论的主要问题是对离散随机信号的分析和处理方法以及复杂信号的表示方法。

0.1　本书的主要内容

本书主要包括如下几方面内容。

1. 对信号特性的了解

随机信号是一个随机过程，它可以是时间连续的，也可以是时间离散的，本书中主要讨论时间离散的随机信号。一个离散随机过程在每一个时刻对应一个随机变量，它服从一个概率分布函数，多个时刻对应的多个随机变量服从联合概率分布函数，这是随机过程的最基本的数学特征。在许多信号处理问题中，需要的是随机过程的更简单的特征，例如各种统计平均量，最常用的是期望值和相关函数。

在对实际信号的分析中，一般只能通过传感器或其他观测系统得到随机过程的一次实现，随机过程的一次实现称为一个时间序列，通过一个时间序列分析或估计随机信号的参数和特征，以提取有用的信息。

为了有利于对随机信号进行分析和处理，可以用一种数学形式来描述一个随机信号，这种数学描述称为信号的模型。对于一个实际的信号，给出一种模型表示，并通过测量得到的数据估计模型中的参数，这是信号的建模过程。对于随机信号，最一般的模型是联合概率密度函数，若获得了一个随机信号的联合概率密度函数及其参数，就获得了对该信号的相当完整的描述，信号的其他有用的特征量大多可以通过联合概率密度函数计算出来。但在实际中，在一些复杂情况下获得一个随机信号的准确的联合概率密度函数，并通过有限的测量值较准确地估计概率密度函数的参数是困难的，所以在很多应用中，需要采用信号的更简单的特征量。

当随机信号能够用更加特殊的模型表示，分析方法往往会更加有效，例如常用的一种模型是有理线性系统模型：一个随机过程由一个差分方程来刻画，差分方程的驱动信号是一个已知的简单的随机过程；另一个常用的信号模型是谐波模型，一个随机信号由一组具有随机相位的正弦信号组成，一个噪声干扰嵌在这个信号模型中。当一个时间序列符合这样的特殊模型时，许多分析和处理方法变得简单，甚至具有简洁的闭式方程。

随机信号处理中的一个重要问题，功率谱估计的现代方法就是建立在这样一些特殊模型基础上的。

2. 对统计意义下最优滤波的研究

随机信号处理的一个重要问题是波形估计，这类问题也称为滤波问题。在现代的信号处理领域，滤波一词的含义已远不再限于“选频”这样一个狭窄的概念，凡是对时间序列的处理过程均可称之为滤波。在随机信号作为输入和输出的滤波器中，滤波器的输出怎样是最优的？这个最优的评价准则应该考虑随机信号的特点和不同的应用对象。对随机信号，一个最常用的评价准则是均方误差最小准则。在平稳条件下，对一个期望波形的最优估计问题归结为维纳(Wiener)滤波器理论。作为线性滤波器理论上的目标，维纳滤波器给出了实际算法可达到的按均方误差准则的最优解，最小二乘滤波器(LS)则给出了有限数据样本下误差二次方和最小的一个易于实现的系统。如果按照最大信噪比准则，则可以得到匹配滤波器作为最优解。

在非平稳条件下：一个递推的最优滤波器是卡尔曼(Kalman)滤波。卡尔曼滤波的目标是对随机动力系统的状态变量进行估计和预测，递推结构使得卡尔曼滤波可以方便地跟踪非平稳变化的状态变量，并容易扩展到非线性系统。

3. 对环境的自适应，具备“学习能力”的实际滤波算法

维纳滤波器给出了线性滤波在统计意义下的最优解，但维纳滤波器的实现需要对输入信号的先验统计，要求输入信号的2阶统计特征是已知的，这在许多实际应用中是不现实的。一种实际的实现方法是通过学习(或者说是一种递推的调节算法)自适应地获得这些统计量，以得到实际上可实现的滤波器。初始时滤波器的系数是预置的，可能产生较差的估计结果，但随着对环境的学习递推地对滤波器系数做调节，收敛到逼近于最优滤波器(维纳滤波器)的性能。

这类具有学习能力的线性滤波器称为线性自适应滤波器，它已经获得广泛应用，例如通信信道的自适应均衡、线性系统辨识、噪声对消、波束形成等。

这类线性自适应滤波器需要一个“教师”的指导，这个“教师”就是一个期望响应信号，例如在通信系统的自适应均衡器设计时，通过通信系统接通时的训练序列来提供期望响应。通过一些非线性的调节算法，可以在无“教师”的条件下逐渐改善滤波器性能，构成信号的盲处理系统，最常用的是盲反卷和盲分离。

4. 更多信息的利用

在线性自适应滤波和功率谱估计的应用中，仅使用了随机信号的2阶矩。2阶矩对高斯过程给予完全的表示，但对于非高斯过程，2 阶矩是不完整的，通过高阶矩可以获得随机信号的更多有用信息，例如 2 阶矩和功率谱是相位盲的，它们不包含相位信息，利用这些特征对系统进行辨识时，只能处理最小相位系统。利用高阶矩和多谱可以提取信号的相位信息，可以实现非最小相位系统的辨识，可以分离高斯和非高斯分量，可以实现系统的盲反卷等应用。

5. 对时间(空间)频率关系的局域性分析

人们的注意力容易被信号中的瞬变或景物中的运动所吸引，而其中的平稳环境并不是最重要的，这些瞬变和运动包含了更重要的信息，同时，对于随机信号，这些局域的瞬变过程具有非平稳统计特性。为了获取这些重要信息，将信号分析工具局域化到瞬变时刻的附近，将得到更精细的结果，因此，具有时频局域性的分析工具是重要的。

傅里叶变换是线性系统分析最重要的工具。要得到一个信号 $f(t)$ 的傅里叶变换，必须在整个时间轴上对 $f(t)$ 和 $e^{i\omega t}$ 进行混合，因此传统傅里叶变换没有能力抽取一个信号的局域性质，即它没有能力抽取或定位信号在某个时间附近的瞬变特性。

因此，傅里叶变换对瞬态或非平稳信号的局域特性分析是无能为力的。人们研究了各种时频分析方法，目的是做局域的时间域和频率域的分析，典型的线性时频分析工具包括短时傅里叶变换、离散 Gabor 展开和分数傅里叶变换等，而维格纳分布则属于非线性时频分析方法。小波变换属于这一重要领域，它是一种线性时频分析工具，但不管是连续域还是离散域，小波变换都有简洁的正变换和反变换关系，并具有快速的离散小波变换算法，既可以作为信号分析的工具，又可以作为信号处理的工具，因此得到了更广泛的应用。

6. 一些应用的例子

应用例子是理解各种算法的最有帮助的方式，书中列举了许多例子，既有为理解原理的说明性例子，也有许多数字仿真实例。

0.2 现代信号处理的几个应用实例

现代信号处理的应用非常广泛，难以一一列举，如下仅简要介绍几个常用的应用领域。

1. 噪声消除

降低噪声的影响可能是信号处理中最常见的任务，也是一个困难的任务。我们每个人在生活中都有这样的经历，在一瓶纯净水中滴入几滴墨汁是很容易的，但要去除这些墨汁的影响却要难得多。噪声消除与此很相似，在信号的采集、传输、存储过程中，都难免被噪声污染，要得到尽可能干净的信号波形，有必要消除噪声。实际上要完全去除噪声几乎是不可能的，将噪声影响降低到不影响我们对信号的使用，或适当地改善信号质量，也就达到了目的。噪声消除的方法很多，对具体问题可以选择一种或几种方法的组合。例如，从原理上，对于平稳随机信号和噪声，维纳滤波器是均方误差最小意义上的最优线性滤波器，即维纳滤波器的输出与期望信号误差的均方值是最小的，而自适应滤波器是一种更易于实现的装置，它通过"学习"过程，而达到或逼近维纳滤波器的性能。卡尔曼滤波器也可以用于消除噪声，当对一个动力系统的状态的测量值混入了噪声时，卡尔曼滤波器用于估计状态的真实波形，卡尔曼滤波可以应用到非平稳环境，通过扩展还可以应用于非线性系统。利用小波变换或时-频分析，通过门限方法，也可以有效地消除噪声；高阶统计量分析中，利用高斯过程的高阶累积量为 0 的性质，可以有效地提取非高斯信号。

2. 预测编码

在语音编码和图像编码中，预测编码技术都是一类重要的编码方法。通过设计最优的线性预测器，由信号的过去值尽可能好地预测当前值，并得到小的预测误差。信源编码中，将对原始信号序列的编码，改换成对预测误差序列的编码。对于最优预测器，信号的预测误差序列是低能量的近似白噪声序列，通过量化后（如果是无失真编码，不经过量化过程）可以用比较简单的熵编码方法进行有效的编码。在信号处理中，最优线性预测器可以被看作维纳滤波器的特例，并且可以用 Levinson-Durbin 算法快速求解。

3. 信道均衡

在通信系统中，发射方传送的信号序列，经过信道的畸变和噪声的干扰，在接收端接收到的信号已经很恶劣，直接用检测器进行检测会产生高的误码率。因此，通信系统在接收端设置一个均衡器用于补偿信道的畸变和噪声干扰。理论上，这个均衡器是一个最优滤波器，目标是使滤波器的输出最逼近于发射端发送的信号序列。实际中，经常采用“训练序列”设计一个自适应均衡器。在通信系统接通时，发射端传送一个“约定的序列”给接收端，接收端可以重新产生这个“约定序列”即训练序列，训练一个自适应滤波器，将接收的已畸变和被噪声干扰的序列转化为尽可能逼近于训练序列，这实际是在设计一个对信道的逆系统。信道均衡器可归结为系统求逆的应用范围，这是自适应滤波的一个重要应用方向。

4. 延迟估计

在雷达和声呐系统中，需要估计一个发射波和一个反射波之间的延迟时间。在信号处理中，通过互相关分析和互功率谱进行延迟估计是最基本的方法。而利用高阶统计量，由于避免高斯噪声的影响，可能获得更可靠的延迟估计。

5. 波束形成和入射波方向估计

在雷达、声呐和移动通信系统中，经常采用在空间分布的天线阵列进行信号接收和处理，例如接收和加强来自一个预定角度的波，抑制其他方向的波，这称为波束形成问题。天线阵的另一个应用是，估计各个入射波的方向角度。在同一时刻，天线阵接收的信号按空间分布，是空域信号，本书重点研究按时间变化的信号，即时间信号处理，需要注意到，空间信号处理的问题与时间信号处理非常相似，时间信号处理的算法稍加变化或不做变化即可应用于空间阵列信号处理中，例如用维纳滤波器解决波束形成问题。在第 6 章，我们讨论了利用信号的自相关矩阵的特征空间特性估计时间信号的频率，导出了性能良好的 MUSIC 和 ESPRIT 算法，这些算法应用于空间天线阵列信号中，对应的是估计各个入射波的方向。

6. 利用时频分析工具对信号进行分析和识别

显然时频变换是频谱分析的一个推广，对于分析具有随时间变化的频率特性的信号是非常有效的工具，例如，通过 WVD 可以观察一个线性调频信号频率调制的线性度。小波变换是一类重要的时频变换，其成为新一代图像编码标准 JPEG 2000 的基本变换。最近的应用中，可以将时频谱图结合深度学习用于雷达或通信信号的类型识别，取得高的识别率。

0.3　对信号处理的一些基本问题的讨论

在随机信号处理中，有几个问题或隐含或明显地影响一些技术的应用，这里，对这些问题作一概要讨论，一些具体的影响和表现形式，可在后续学习中加以关注。

1. 先验知识问题

经典的数字信号处理技术（例如DFT、FIR数字滤波器等）对于信号的先验知识没有要求或要求很少，但对于随机信号处理中的理论和算法，都不可避免地对信号的先验知识进行假设，一种方法是否适用于一类实际问题或环境，要看先验知识是否得到满足。所谓先验知识是指在接收到或通过测量获得信号之前已对信号特性的了解，例如已知信号的联合概率密度函数，或已知信号的自相关序列，或在噪声中存在一段已知函数的波形等，这些都属于先验知识。

已知信号的先验知识，对于设计有效的信号处理系统是重要的。例如，在典型的雷达系统中，雷达接收机接收的有效信号是由同一部雷达的发射机发送的，因此雷达接收机信号处理系统的设计者是知道所接收的信号波形的数学函数的，其随机性主要表现在反射波形的到达时间和噪声与信号的强弱；典型的通信系统也是类似的，接收机的设计者知道发送器发送的信号波形是什么，随机性表现在波形所承载的信息、波形传输过程中混入的噪声、波形的衰减和畸变。典型雷达和通信系统的“信号的波形函数”是典型的先验知识，由于存在这种先验知识，因此人们采用“相关接收机”或“匹配滤波接收机”可以获得良好的接收质量。

在另一类应用电子对抗中，通过侦察敌方电子设备（例如雷达、通信系统等）采集信号，利用信号分析和处理技术获取对敌方电子设备的信号特性。由于这种环境下，电子侦察设备的设计者不知道敌方设备的信号波形函数，难以应用匹配滤波技术进行接收处理，由于缺乏这种先验知识，一般地，在一些同等条件下（例如同等发射功率、同等信号传输距离）电子侦察设备有效接收信号的能力不及雷达和通信接收机。

对于一类特定的应用，环境具备怎样的先验知识，如何获取这些先验知识，与具体应用背景密切相关。有些应用环境下，通过物理和数学原理可对先验知识做出一定推断，例如，许多物理条件下环境噪声逼近高斯分布，这种推断是建立在物理机理和概率论的中心极限定理基础上的；有些应用环境可通过长期积累获得若干先验知识；有些应用中，起始时没有先验知识，但通过系统操作过程中的积累而不断获取对环境的知识。具有更多的先验知识，一般来说可以改善信号处理的性能。如何获取先验知识，往往伴随着具体应用而衍生出不同的方法，这些不作为本书的核心内容。

2. 信噪比

由于实际接收或测量的信号中总是存在噪声，因此在实际信号中，期望得到的有用信号成分的功率和客观存在的噪声功率的比值总是有限值，这个比值称为信噪比。信噪比是影响很多现代信号处理方法的一个重要因素。对于一些算法来讲，信噪比的影响是显式的，而对于另一些算法，信噪比的影响是隐含的。也就是说，对于一些信号处理算法来讲，在算法的执行过程中，看不到信噪比的作用，但实际上信噪比却影响着算法执行的质量。一般讲，对于依赖信号先验知识较多或建立在特定的信号模型基础上的算法，在高信噪比时，表现出良好的性质，但在低信噪比下算法性能会下降，甚至在低于一个门限后，算法性能急剧下降，从而变得不可用。

在本书后续章节中我们会看到这样的例子，例如，在信号频谱分析中，经典的方法是建立在DFT基础上的，但由于DFT存在着频率分辨率与测量信号长度直接相关联的缺点，在频率分辨能力上有明显的限制，所以人们研究了模型法谱估计和子空间谱估计等现代谱估计方法，在短数据条件下，可能获得高的频率分辨率。但是，事情往往是利弊共存的，现代谱方法可突破DFT方法的频率分辨率限制，但由于现代谱估计方法强烈地依赖于信号的模型假设，因此，其对信噪比的敏感度明显高于DFT方法，在低信噪比情况下，现代谱估计方法的性能会明显下降。

由于对于许多随机信号处理算法，信噪比的影响是隐性的，因此有必要讨论不同信噪比下信号处理算法的性能。对于一种具体算法，若能给出信噪比影响的解析表达式，当然是最理想的，但对于一些复杂算法，性能的解析分析变得非常复杂甚至不可能获得分析结果，这种情况下，利用数据仿真分析是一种替代的办法。目前由于计算技术的快速发展，许多软件工具可方便地用于算法的性能分析，例如广泛使用的一种软件工具是MATLAB。

3. 算法复杂性与性能要求的匹配性

在实际系统设计中，在丰富的信号处理算法集中选择哪一种算法进行系统实现也是一个关键的问题。对于解决一个实际问题来讲，并不是选择越先进、越复杂的算法越好，算法选择和系统实现的一条基本原理是Occam剃刀原理。该原理叙述为：除非必要，“实体”不应该随便增加，或：设计者不应该选用比“必要”更加复杂的系统。这个问题也可表示为方法的“适宜性”，即在解决一个实际问题中，选择最适宜的算法。

例如，在自适应滤波中，有两类典型算法：LMS算法和RLS算法。其中，LMS算法运算简单、复杂性低，但算法性能不如RLS算法；RLS算法运算量更大，算法结构也更复杂。在一些对误差要求不是非常高的场合，若LMS算法适用，就没必要选择更高级的RLS算法。例如，通信系统中回响消除就是LMS算法成功应用的范例。由于RLS结构明显复杂于LMS算法，除了表面上运算量更高以外，由于算法结构更复杂，RLS算法实现的系统稳健性不及LMS算法。在用数字系统实现时，一般定点16位运算可保障LMS算法的可靠实现，但标准RLS算法对数值运算字长的要求更高，一般需要24位或更高位数处理器，才能保证算法可靠实现。一些更稳健的RLS算法被提出，例如格型结构RLS或基于QR分解的RLS，但这些改进算法将使算法表示更加繁冗。在选择自适应滤波算法时，若LMS算法满足应用的性能要求，则优先选择LMS算法，当LMS算法的性能不能满足给出的指标要求时，再选择RLS算法，这是算法选择的“适宜性”原则的一个典型例子。

随着信息技术应用的广泛性，面临的电磁环境越来越复杂，为了解决复杂环境而采用的信号模型越来越复杂，相应的处理算法也越来越复杂，这是信号处理算法研究的一种必然趋势。科学研究往往要有预见性，不光要解决现有的问题，还要预见未来的问题并进行预先研究。由于环境愈加复杂是一种趋势，算法也相应愈加复杂，但对于应用者来讲，却并不是选择越先进、越复杂的算法越好，“适宜性”原则是一种基本原则。也就是说，当为解决一个实际问题而选择信号处理算法时，应服从Occam剃刀原理。

0.4　一个简短的历史概述

尽管信号处理著作中频繁地出现一些几百年至百年前的先贤的名字，例如贝叶斯(Thomas Bayes，1702—1763，英国数学家)、高斯(Carl Friedrich Gauss，1777—1855，德国数学家)和傅里叶(Baron Jean-Baptiste-Joseph Fourier，1768—1830，法国学者)等，信号处理作为一个相对独立的研究领域却是近代的事情。

傅里叶变换是信号处理的基本方法，尤其是建立在傅里叶变换基础上的信号频谱分析和系统频域分析一直是信号处理的核心内容。1807 年 12 月 21 日，傅里叶提交了一篇关于热学原理的论文，其中揭示了："在一个有限区间上任意不规则图形所定义的一个任意函数(连续或具有不连续点)总是能够表示为正弦信号的和"，这被后来称为傅里叶级数。5 位法国数学家组成的评审委员会，评审这篇论文，其中包括拉格朗日、拉普拉斯、勒让德等，最后以拉格朗日的激烈反对，而未能发表。15 年后(1823 年)，傅里叶在其努力失败后，以《热的解析理论》一书发表了他的成果。至今，傅里叶变换方法已是众多科学和技术领域的基本方法，信号处理不过是受傅里叶方法影响至深的领域之一。

高斯是线性参数估计思想的先驱。高斯于 1795 年在其 18 岁时就初步提出最小二乘(LS)方法，并于 1801 年成功预测小行星 Ceres 返回，1809 年高斯出版著作发表 LS 方法，在此之前，1806 年法国数学家 Legendre 在出版的著作中也独立提出 LS，人们还是把 LS 的发明权给了高斯。直到今日，LS 方法仍是信号处理中解决实际问题最有效的工具之一。

贝叶斯给出的概率公式构成了贝叶斯统计推断的基础，其基本思想是：已知条件概率密度参数表达式和先验概率，利用贝叶斯公式转换成后验概率，根据后验概率的大小进行统计推断。贝叶斯统计推断思想已经成为信号统计处理的基础，贝叶斯概率公式是贝叶斯统计推断的基础，但贝叶斯统计推断方法却是许多近代学者众多成果的汇合。

维纳(Norbert Wiener，1894—1964)是信号的统计处理的先驱。维纳于 1942 年以内部报告的形式提出统计准则下对时间序列进行外推、滤波和预测的维纳滤波理论，并于二战后的 1949 年公开发表，维纳在 1948 年出版了他的名著《控制论》，给出了关于信息、通信和控制的基本思想。俄国数学家 Kolmogorov(1903—1987)，于 1940 年也独立地发表了随机过程最小均方估计的理论，与维纳的工作很相似。

在另一方面，信号表示的离散化问题，也因奈奎斯特(1889—1976)的工作而奠定了基础，奈奎斯特于 1928 年发表了采样定理，1933 年由苏联工程师科捷利尼科夫首次用公式严格地表述这一定理，而 1948 年香农给出了著名的香农公式，表示了由采样值插值重构连续信号的公式。

在二次大战之前和期间，还有很多被认为是信号处理早期的重要工作被提出，这里仅列出其中的几个。Schuster 于 1898 年给出功率谱估计的周期图定义；Fisher 在 1918 年提出最大似然估计 MLE；Yule 于 1927 年首先提出了自回归模型；Wold 在 1938 年发表了关于离散时间平稳随机过程的表示理论；North 于 1943 年以技术报告形式提出了匹配滤波。

尽管从贝叶斯、傅里叶和高斯等的工作中，找到了信号处理的一些基本思想，但作为一个研究领域，信号处理是一个"现代的科学分支"，一方面不断从数学和统计学中吸收重要思想，另一方面受到工程实践的需求，不断完善和发展。维纳和 Kolmogorov 的滤波理论，对于推动现代信号处理的统计方法的发展，有显著的作用(其中维纳的学生 Levinson、李郁荣对于维纳滤波理论在电子工程的应用有实质贡献)。二次世界大战中和其后，雷达、通信、定位、航空航天和地震勘探等的需求，推动了信号处理方法、理论和应用上的快速发展，大规模数字计算技术的飞跃，为应用提供了支持，两者的推动，使该领域自 20 世纪 50 年代以来，一直非常活跃，至今新的问题不断被提出。尽管没有一个明确的标志时间和事件，但人们一般认为，二战以后信号处理作为一个研究方向已经成形。

经过 20 世纪 50 年代对经典理论的消化和由于数字计算而带来的对新方法的推动，20 世纪 60 年代成为信号处理突飞猛进的爆发期。大约 1960 年卡尔曼滤波和自适应滤波(LMS)被提出，1965 年 Cooley-Tukey 发表 FFT 算法，使得谱估计和数字滤波技术实时实现成为现实，1967 年 Burg 的最大熵思想激励了高分辨谱估计的研究。从 20 世纪 70 年代至今，信号处理的研究和应用一直非常活跃，新思想、新方法和新的研究分支不断出现，例如多采样率信号处理、小波变换和时频分析、盲信号处理、阵列信号处理和空时信号处理、贝叶斯滤波(粒子滤波为代表)、信号的稀疏表示和压缩感知等。随着问题越来越复杂，新的问题不断被提出，信号处理的研究方法和实现方法也从传统的线性、时不变、高斯分布和集中结构向着非线性、时变、非高斯、分布式和智能型等方向发展。信号处理与机器学习、人工智能等领域的融合已成为现实。

卷一

信号处理的统计方法

本书卷一部分集中讨论信号处理中的统计方法。由于实际中遇到的信号都是随机信号，用统计方法对随机信号进行处理是有效的。本卷的前两章给出了信号统计处理方法的基础知识，即随机信号模型和估计理论基础，后续的四章分别给出了常用的4类统计信号处理算法，即最优滤波器、状态估计和滤波、自适应滤波和功率谱估计，这四章中，尽管有些非线性扩展部分超出信号的2阶统计，但主体部分是建立在信号的2阶统计基础上的。本部分的最后两章介绍了超出信号的2阶统计的特征及其应用，包括了高阶统计、循环统计、熵特征等，作为超出2阶统计的典型应用专题，介绍了盲源分离技术。

卷一部分除强调随机信号统计处理的基础外，穿插在各章也介绍了一些相对较新的专题，例如参数估计的EM算法、UKF、粒子滤波和盲源分离等。

第1章

随机信号基础及模型

本章讨论全书用到的一些基础知识。首先讨论随机信号的表示和随机信号基本特征量的定义，重点是平稳随机信号的自相关序列和功率谱及其通过线性系统后的形式，这些内容实际是对随机过程的复习，但这里重点讨论的是离散情况，而随机过程的数学著作更注重于连续情况。在随机信号特征量中，一个特别重要的量是自相关矩阵，它是随机信号向量的最基本特征，在相当多的随机信号处理算法中起到关键作用。接下来讨论了随机信号的正交分解，重点讨论了KL变换以及由此导出的主分量分析的概念。本章另一个重要论题是随机信号模型，讨论了几种常用模型，包括概率密度函数模型、复指数模型和有理分式模型，一方面这些模型为后续章节提供了随机信号的实例，另一方面，也是更重要的，这些模型是许多随机信号处理算法的基础。随机信号模型也为信号处理系统仿真和其他信息系统仿真提供了具有特定性质的信号源。

1.1 随机信号基础

在实际中遇到的大多数信号是具有随机性质的信号，可以用一个随机过程表示这样一个随机信号。因此，本书中一个随机过程和一个随机信号是等同的名词。随机信号在一个指定时刻的值是一个随机变量，服从一个概率分布函数，一般也存在一个概率密度函数。随机信号在不同时刻的取值组成一个向量，它服从一个联合概率分布函数和存在一个联合概率密度函数。对于一个随机信号，进行多次试验记录的信号波形可能都是不同的，每次试验的波形称为随机信号的一次实现，所有实现的集合构成这个随机过程。

对于一个随机信号的描述，它既有不确定性，也具有确定性的规律。随机信号每一次实现的波形是不同的，一般情况下，我们无法准确预测当前的随机信号在某一时刻的取值，但是，一个随机信号服从确定的概率分布和联合概率分布。对于一个指定的时刻，信号取值的概率分布和概率密度函数是确定的，对于一组指定的时间集合，联合概率分布和联合概率密度函数也是确定的，另外，对于一个随机信号，它具有一些确定的统计特征量（简称统计量），这些统计特征量反映了信号的许多本质的性质，通过对这些统计量的分析，可以获得随机信号中许多重要的信息。

图1.1.1是一个随机信号的三次不同的试验，这个随机信号由一个初相位是随机变量的正弦波被噪声所干扰，该信号可以表示为

$$x_a(t) = A\sin(\omega_0 t + \varphi) + v(t) \tag{1.1.1}$$

这里 ω_0 是已知角频率，φ 是随机初相位且均匀分布于 $[0,2\pi]$ 区间，$v(t)$ 是混入的噪声。由于正弦信号的初相位是随机的，因此每次试验前无法预测这个初相位，每个时刻的干扰噪声都服从具有相同参数的正态（高斯）分布，但其取值是不可能被准确预测的。尽管具有这些不确定性，我们仍可能从这些试验的数据中以一定的精度估计出正弦波形的频率和幅度等重要信息。这个简单例子反映了这样一个事实：随机信号具有不确定性，但随机信号具有可用性。

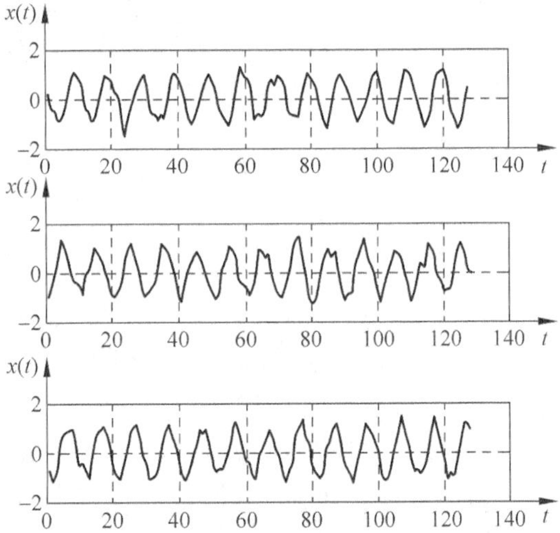

图 1.1.1 被噪声干扰的初相位是随机值的正弦波

物理世界的大多数随机信号是连续信号，为了方便处理，通过采样得到离散随机信号，对于连续信号 $x_a(t)$，以 T_s 为间隔进行均匀采样，得到离散随机信号 $x(n)=x_a(nT_s)$。本书主要针对离散随机信号展开讨论，因此，后文中如果不特殊说明，均指离散随机信号。

随机信号的各种统计特征量反映了随机信号的总体的性质，一般需要通过随机信号的联合概率密度函数来求得，也就是反映随机信号所有实现的集合的性质，这称为随机信号的汇集特征或汇集平均。在工程中，可以获得的往往只有随机信号的一次实现，统计信号处理中的一个重要任务就是通过这样一次实现，去估计随机信号的各种统计特征量及其这些统计量的各种变换形式，从而提取有用信息。我们称离散随机信号的一次实现为一个时间序列，记为 $\{x(n)\}$，或简单记为 $x(n)$，$x(n)$ 只是表示随机信号的一次实现，是一个时间序列，而一个随机信号则是它的所有可能实现的集合。严格地讲，一个随机过程可以用 $\{\boldsymbol{x}(n,\xi)\}$ 表示，ξ 代表随机过程的一次实现，$\boldsymbol{x}(n,\xi)$ 表示这次实现的记录值，等价于前述的 $x(n)$，$\{\boldsymbol{x}(n,\xi)\}$ 表示所有实验的集合。但是为了符号表示和叙述简单，本书后文用符号 $x(n)$ 既表示一个随机信号又表示它的一次实现，根据上下文，这样做一般并不会引起歧义。

本节注释：在更严格的数学和统计学著作中，常用不同符号（例如大小写）表示一个随机过程和它的一次实现，例如用 $\boldsymbol{X}(n)$ 表示一个随机过程，用 $\boldsymbol{x}(n)$ 表示一次实现，用 $f(\boldsymbol{X}(n))$ 表示对随机过程定义的一种函数，用 $f(\boldsymbol{x}(n))$ 表示获得随机过程一次实现（一段实际测量的数据）后代入函数得到的一次取值。由于在信号处理中，也经常采用信号向量和信号矩阵，惯用黑体表示这些向量和矩阵。故为了区分标量和向量，本书采用非黑体的符号 $x(n)$ 表示一个标量的随机信号，至于 $x(n)$ 在一个表达式中表示的是随机过程的全体还是其一次实现，通过上下文容易区分。

1.1.1 随机过程的概率密度函数表示

为简单起见，用一个时间序列表示一个离散时间随机信号，时间序列是由一组按时间顺序排列的观测值所组成的。一个离散随机信号可以用如下时间序列表示

$$\cdots,x(-1),x(0),x(1),\cdots,x(n-1),x(n),\cdots$$

对于一个随机过程，在一个给定时间 n，它服从一个概率分布函数，即

$$F(x,n) = P\{x(n) \leqslant x\} \tag{1.1.2}$$

比较完整的描述是对于任意取的一个时间集合，给出它们的联合概率分布函数，一般地用

$$F(x_1,x_2,\cdots,x_M,n_1,n_2,\cdots,n_M) = P\{x(n_1) \leqslant x_1, x(n_2) \leqslant x_2, \cdots, x(n_M) \leqslant x_M\} \tag{1.1.3}$$

表示随机信号分别在 $n_1,n_2,\cdots,n_M$ 时刻取值的联合概率分布函数，这里 $P\{\xi\}$ 表示事件 ξ 发生的概率。

1. 概率密度函数

如果 $F(x,n)$ 对 x 可导，则

$$p(x,n) = \frac{\mathrm{d}F(x,n)}{\mathrm{d}x} \tag{1.1.4}$$

是随机信号在时刻 n 的概率密度函数。如果 $F(x_1,x_2,\cdots,x_M,n_1,n_2,\cdots,n_M)$ 分别对 x_1，$x_2,\cdots,x_M$ 是可导的，则

$$p(x_1,x_2,\cdots,x_M,n_1,n_2,\cdots,n_M) = \frac{\partial F(x_1,x_2,\cdots,x_M,n_1,n_2,\cdots,n_M)}{\partial x_1 \partial x_2 \cdots \partial x_M} \tag{1.1.5}$$

为随机信号在 $n_1,n_2,\cdots,n_M$ 时刻取值的联合概率密度函数。在工程文献中，通过引入冲激函数 $\delta(x)$，可以将取值连续和取值离散的随机信号的联合概率密度函数作统一处理。

注意到，在一般的情况下，随机过程的联合概率密度函数与其时间集 $n_1,n_2,\cdots,n_M$ 有关，故联合概率密度函数写为 $p(x_1,x_2,\cdots,x_M,n_1,n_2,\cdots,n_M)$，但在讨论一些较复杂问题时，这种表示比较冗长，有时为了简单，也可省略时间集，写成 $p(x_1,x_2,\cdots,x_M)$。另外，可以定义信号向量为 $\boldsymbol{x}(\boldsymbol{n})=[x(n_1),x(n_2),\cdots,x(n_M)]^{\mathrm{T}}$，变量向量为 $\boldsymbol{x}=[x_1,x_2,\cdots,x_M]^{\mathrm{T}}$ 和时间向量 $\boldsymbol{n}=[n_1,n_2,\cdots,n_M]^{\mathrm{T}}$，$\boldsymbol{x}(\boldsymbol{n})$ 的联合概率密渡函数可更紧凑地表示为 $p(\boldsymbol{x},\boldsymbol{n})$ 或 $p(\boldsymbol{x})$。

例 1.1.1　若一个随机信号在任意时刻均满足 $[a,b]$ 区间的均匀分布，其概率密度函数写为

$$p(x,n) = \begin{cases} \dfrac{1}{b-a}, & a \leqslant x \leqslant b \\ 0, & \text{其他} \end{cases}$$

例 1.1.2　若一个表示数字通信传输序列的随机信号，在任何时刻均只取 0,1 值，且是等概率的，则利用冲激函数，概率密度函数写为：

$$p(x,n) = 0.5\delta(x) + 0.5\delta(x-1)$$

例 1.1.3　若一个随机信号在任意时刻满足如下概率密度函数

$$p(x,n) = \frac{1}{\sqrt{2\pi}\sigma} \mathrm{e}^{-\frac{(x-\mu)^2}{2\sigma^2}}$$

称其满足高斯分布或正态分布，这里 μ 称为其均值，σ^2 称为其方差，概率密度函数的图形表示如图 1.1.2 所示。

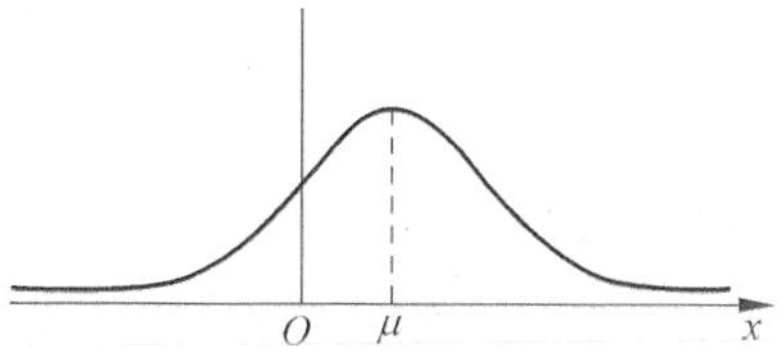

图 1.1.2　高斯密度函数

对于联合概率密度函数，当

$$p(x_1,x_2,\cdots,x_M,n_1,n_2,\cdots,n_M) = p(x_1,n_1)p(x_2,n_2)\cdots p(x_M,n_M) \tag{1.1.6}$$

称随机信号在这些时刻的取值是互相统计独立的。如果

$$\begin{aligned} &p(x_1,x_2,\cdots,x_M,n_1,n_2,\cdots,n_M) \\ &= p(x_1,x_2,\cdots,x_l,n_1,n_2,\cdots,n_l)p(x_{l+1},\cdots,x_M,n_{l+1},\cdots,n_M) \end{aligned} \tag{1.1.7}$$

称该随机信号在时间子集 $n_1,n_2,\cdots,n_l$ 的取值和时间子集 $n_{l+1},n_{l+2},\cdots,n_M$ 的取值是统计

独立的，但在每个时间子集内不一定独立。

如果已知一个联合概率密度函数 $p(x_1,x_2,\cdots,x_M,n_1,n_2,\cdots,n_M)$，通过在其取值区间积分消去一些变量，得到剩下的子集变量的联合概率密度函数，这个子集变量的联合概率密度函数相对原联合概率密度函数称为边际分布，例如

$$p(x_1,x_2,\cdots,x_{M-1},n_1,n_2,\cdots,n_{M-1})=\int p(x_1,x_2,\cdots,x_{M-1},x_M,n_1,n_2,\cdots,n_{M-1},n_M)\mathrm{d}x_M$$

$$p(x_1,n_1)=\int\cdots\int p(x_1,x_2,\cdots,x_{M-1},x_M,n_1,n_2,\cdots,n_{M-1},n_M)\mathrm{d}x_2\cdots\mathrm{d}x_M$$

2. 随机信号函数的概率密度

如果有随机信号 $x(n)$ 通过一个函数 $g(\cdot)$ 产生另外一个随机信号 $y(n)$，且满足

$$y(n)=g(x(n)) \tag{1.1.8}$$

如果，对于给定的值 y，$y=g(x)$ 有唯一解 x，则由 $x(n)$ 的概率密度函数 $p(x,n)$，得到 $y(n)$ 的概率密度函数 $p_y(y,n)$ 为

$$p_y(y,n)=\frac{p(x,n)}{|g'(x)|} \tag{1.1.9}$$

例 1.1.4 若一个信号 $x(n)$ 的概率密度函数 $p(x,n)$，且 $y(n)$ 与 $x(n)$ 的关系为

$$y(n)=ax(n)+b$$

由于 $g(x)=ax+b$，故 $g'(x)=a$，并且 $y=g(x)$ 的唯一解是 $x=\frac{y-b}{a}$，故概率密度函数 $p_y(y,n)$ 为

$$p_y(y,n)=\frac{p(x,n)}{|g'(x)|}=\frac{1}{|a|}p\left(\frac{y-b}{a},n\right)$$

为了讨论随机信号函数的更一般形式，设随机信号 $x(n)$ 在不同时刻一组取值 $\{x(n_1),x(n_2),\cdots,x(n_M)\}$ 的联合概率密度函数为 $p(x_1,x_2,\cdots,x_M,n_1,n_2,\cdots,n_M)$，为了后续表示的简单，简写为 $p(x_1,x_2,\cdots,x_M)$，通过一组变换函数 $\{g_1(\cdot),g_2(\cdot),\cdots,g_M(\cdot)\}$ 得到另外一个随机信号 $y(n)$ 的一组值如下：

$$\begin{aligned}
y(m_1)&=g_1(x(n_1),x(n_2),\cdots,x(n_M))\\
y(m_2)&=g_2(x(n_1),x(n_2),\cdots,x(n_M))\\
&\vdots\\
y(m_M)&=g_M(x(n_1),x(n_2),\cdots,x(n_M))
\end{aligned}$$

设 $\{y(m_1),y(m_2),\cdots,y(m_M)\}$ 的联合概率密度函数为 $p_Y(y_1,y_2,\cdots,y_M)$，若对于任意给出的一组值 $y_1,y_2,\cdots,y_M$，方程组

$$\begin{aligned}
y_1&=g_1(x_1,x_2,\cdots,x_M)\\
y_2&=g_2(x_1,x_2,\cdots,x_M)\\
&\vdots\\
y_M&=g_M(x_1,x_2,\cdots,x_M)
\end{aligned} \tag{1.1.10}$$

有唯一解 $x_1,x_2,\cdots,x_M$，则 $p_Y(y_1,y_2,\cdots,y_M)$ 由下式确定

$$p_Y(y_1,y_2,\cdots,y_M)=\frac{p(x_1,x_2,\cdots,x_M)}{|J(x_1,x_2,\cdots,x_M)|} \tag{1.1.11}$$

其中

$$J(x_1, x_2, \cdots, x_M) = \begin{vmatrix} \dfrac{\partial g_1}{\partial x_1} & \cdots & \dfrac{\partial g_1}{\partial x_M} \\ \vdots & \ddots & \vdots \\ \dfrac{\partial g_M}{\partial x_1} & \cdots & \dfrac{\partial g_M}{\partial x_M} \end{vmatrix} \tag{1.1.12}$$

称为变换函数组$\{g_1(\cdot), g_2(\cdot), \cdots, g_M(\cdot)\}$的雅可比行列式。

3. 条件概率密度

对于随机信号在两个时刻的取值$x(n_1), x(n_2)$，假设其联合概率密度函数$p(x_1, x_2)$，为了简单，这里略去概率密度函数中的时间变量n_1, n_2，假设在$x(n_1)$确定的条件下，$x(n_2)$的概率密度函数为$p(x_2 \mid x_1)$，并且有

$$p(x_2 \mid x_1) = \frac{p(x_1, x_2)}{p(x_1)} \tag{1.1.13}$$

反之，由条件概率密度函数，也可以得到联合概率密度函数为

$$p(x_1, x_2) = p(x_2 \mid x_1) p(x_1) \tag{1.1.14}$$

显然，改变x_1, x_2的作用，式(1.1.14)可进一步写为

$$p(x_1, x_2) = p(x_2 \mid x_1) p(x_1) = p(x_1 \mid x_2) p(x_2) \tag{1.1.15}$$

可将条件概率密度概念推广到更一般情况，设随机信号$x(n)$在不同时刻一组取值$\{x(n_1), x(n_2), \cdots, x(n_M)\}$的联合概率密度函数为$p(x_1, x_2, \cdots, x_M)$，更一般的条件概率密度函数可写为

$$p(x_M, x_{M-1}, \cdots, x_{k+1} \mid x_k, \cdots, x_1) = \frac{p(x_1, x_2, \cdots, x_k, \cdots, x_{M-1}, x_M)}{p(x_1, \cdots, x_k)} \tag{1.1.16}$$

对于条件概率密度函数，不难导出其链式法则(证明留作习题)为

$$p(x_1, \cdots, x_{M-1}, x_M) = p(x_M \mid x_{M-1}, \cdots, x_1) \cdots p(x_2 \mid x_1) p(x_1) \tag{1.1.17}$$

1.1.2 随机过程的基本特征

在信号处理的研究中，联合概率密度函数在理论上有其重要的意义，许多重要方法的提出，是建立在已知信号的联合概率密度函数的基础上的。但在许多实际算法实现中，尤其在变化的或未知的环境中，联合概率密度函数是比较难获取的。用联合概率密度函数，可以定义随机信号的一些常用的统计特征量，这些统计特征量可能会通过实际获取的一个随机信号的一次实现的有限样本进行近似估计。这样，利用随机信号的特征量构建的处理算法就比建立在概率密度函数基础上的算法更易于实现。

随机信号最常用的统计特征量是它的1阶和2阶特征，包括均值、自相关函数和自协方差函数，它们的定义分别如下。

均值(1阶特征，或称1阶矩)：

$$\mu(n) = E[x(n)] = \int x p(x, n) \mathrm{d}x \tag{1.1.18}$$

自相关函数(2阶特征，或称2阶矩)：

$$r(n_1, n_2) = E[x(n_1) x^*(n_2)] = \iint x_1 x_2^* p(x_1, x_2, n_1, n_2) \mathrm{d}x_1 \mathrm{d}x_2 \tag{1.1.19}$$

自协方差函数(2阶特征,或称2阶中心矩):

$$c(n_1,n_2)=E[(x(n_1)-\mu(n_1))(x(n_2)-\mu(n_2))^*]$$
$$=r(n_1,n_2)-\mu(n_1)\mu^*(n_2) \tag{1.1.20}$$

式(1.1.18)中 $p(x,n)$ 表示随机信号在 n 时刻取值的概率密度函数,式(1.1.19)中 $p(x_1,x_2,n_1,n_2)$ 表示随机信号分别在 (n_1,n_2) 时刻取值的联合概率密度函数,$E[\cdot]$ 表示数学期望。以上定义中,假设随机信号 $x(n)$ 的取值是一般的复数,符号 x^* 表示对 x 取共轭,当信号取值是实数时,只要简单地去掉以上定义中的共轭符号即可。

更一般地,考虑信号向量为 $\boldsymbol{x}(\boldsymbol{n})=[x(n_1),x(n_2),\cdots,x(n_M)]^{\mathrm{T}}$,变量向量为 $\boldsymbol{x}=[x_1,x_2,\cdots,x_M]^{\mathrm{T}}$ 和时间向量 $\boldsymbol{n}=[n_1,n_2,\cdots,n_M]^{\mathrm{T}}$,$\boldsymbol{x}(\boldsymbol{n})$ 的联合概率密度函数表示为 $p(\boldsymbol{x},\boldsymbol{n})$,对信号向量定义一个任意函数 $g[\boldsymbol{x}(n)]$,可定义信号向量函数的期望值为

$$E[g[\boldsymbol{x}(n)]]=\int g[\boldsymbol{x}(n)]p(\boldsymbol{x},\boldsymbol{n})\mathrm{d}\boldsymbol{x} \tag{1.1.21}$$

注意,式(1.1.21)中的积分符号 $\int$ 表示 M 重积分。作为特例,假设有一个信号向量 $\boldsymbol{x}(\boldsymbol{n})=[x(n_1),x(n_2),x(n_3),x(n_4)]^{\mathrm{T}}$,定义函数 $g[\boldsymbol{x}(n)]=x(n_1)x(n_2)x(n_3)x(n_4)$,则 $E[g[\boldsymbol{x}(n)]]$ 可以写为

$$E[x(n_1)x(n_2)x(n_3)x(n_4)]$$
$$=\iiiint x_1x_2x_3x_4\,p(x_1,x_2,x_3,x_4,n_1,n_2,n_3,n_4)\mathrm{d}x_1\mathrm{d}x_2\mathrm{d}x_3\mathrm{d}x_4 \tag{1.1.22}$$

与2阶矩相比,信号在4个时刻连乘的期望值被称为4阶矩,式(1.1.22)是一种4阶矩的定义,高于2阶的特征量称为高阶特征量,关于高阶统计量的性质和应用在第7章再做详细讨论。

例 1.1.5 设一个随机信号为

$$x(n)=A\cos(\omega n+\varphi)$$

其中 φ 是 $[0,2\pi]$ 内均匀分布的随机变量,A 是实常数。求 $x(n)$ 的均值和自相关函数。

解: 本题中,只有变量 φ 是随机的,故求 $x(n)$ 的均值变成了求 φ 的函数 $g(\varphi)=A\cos(\omega n+\varphi)$ 的均值,由于 φ 的概率密度函数为

$$p(\varphi)=\begin{cases}\dfrac{1}{2\pi}, & 0\leqslant\varphi\leqslant 2\pi\\ 0, & \text{其他}\end{cases}$$

故

$$\mu(n)=E\{A\cos(\omega n+\varphi)\}=AE\{\cos(\omega n+\varphi)\}$$
$$=A\int_0^{2\pi}\frac{1}{2\pi}\cos(\omega n+\varphi)\mathrm{d}\varphi=0$$

类似地

$$r(n_1,n_2)=E\{A\cos(\omega n_1+\varphi)A\cos(\omega n_2+\varphi)\}$$
$$=\frac{1}{2}A^2E\{\cos\omega(n_1-n_2)+\cos(\omega n_1+\omega n_2+2\varphi)\}$$

由于

$$E\{\cos(\omega n_1+\omega n_2+2\varphi)\}=\frac{1}{2\pi}\int_0^{2\pi}\cos(\omega n_1+\omega n_2+2\varphi)\mathrm{d}\varphi=0$$

得到

$$r(n_1,n_2)=\frac{1}{2}A^2\cos\omega(n_1-n_2)$$

信号处理中最常用和分析方法最成熟的是对平稳随机过程的分析。平稳随机过程是指对任意 M 个不同时刻，信号取值的联合概率密度函数与起始时间无关，即 $\{x(n_1),x(n_2),\cdots,x(n_M)\}$ 和 $\{x(n_1+k),x(n_2+k),\cdots,x(n_M+k)\}$ 的联合概率密度函数对任意整数 k 是相同的。实际中经常处理的是所谓宽平稳随机过程(WSS)，宽平稳是指随机过程的 1 阶和 2 阶矩与起始参考时间无关，一个 WSS 应满足

$$\mu(n)=\mu$$
$$r(n_1,n_2)=r(n_1-n_2)=r(k),\quad k=n_1-n_2 \tag{1.1.23}$$

更严格地讲，K 阶平稳过程是指从 1 阶直到 K 阶矩满足与起始参考时间无关的性质。但在实际中，针对不同的应用，人们只关心到某阶平稳，例如功率谱估计只关心 2 阶平稳。在本书前 6 章主要用到前 2 阶特征量，故在前 6 章叙述中，我们主要讨论宽平稳性。因为宽平稳是更常用的，今后提起平稳性，如果不加限定条件，指的就是宽平稳，而一般平稳性用术语"严格平稳"来专指。宽平稳比严格平稳的条件要宽松，在严格平稳条件下，如果随机过程的均值和自相关存在，则一定是宽平稳的；反之，宽平稳情况下，推不出严格平稳性。当所讨论的问题遇到高阶统计量时，用术语 K 阶平稳表示平稳性。

对于平稳信号，自相关的定义可以更简单地写为

$$r(k)=E[x(n)x^*(n-k)] \tag{1.1.24}$$

其中，$r(0)=E[|x(n)|^2]=\int_{-\infty}^{+\infty}|x|^2p(x)\mathrm{d}x$，表示信号的平均功率。对零均值信号，$r(0)=E[|x(n)|^2]=\sigma^2$，即自相关函数在零标号的值等于随机信号的方差。

注意，在今后使用自相关函数、均值和方差等特征量时，可以带下标，也可以不带下标，譬如要指明是随机信号 $x(n)$，$y(n)$ 的自相关，分别用符号 $r_x(k)$，$r_y(k)$ 表示，如果不写下标，表明自相关 $r(k)$ 所对应的随机信号通过上下文是自明的。对于离散随机信号，由于自相关函数的自变量也是整数序号，故也常称为自相关序列。

自相关函数表示同一个随机信号在两个不同时刻取值的相关性，自协方差函数是去掉均值后的相关性，在信号处理文献中，对于平稳信号来讲，经常将均值不为零的信号去均值后再进行处理，在本书后文中，如不加特别说明，总假设随机信号是零均值的，此时，自相关函数等于自协方差函数。对于一个实际信号，如果均值不为零，通过先估计均值，然后每个样本减去均值，变成零均值信号再做处理。

例 1.1.6　针对例 1.1.5 所讨论的信号，有

$$\mu(n)=\mu=0$$
$$r(k)=r(n_1,n_2)=\frac{1}{2}A^2\cos\omega(n_1-n_2)=\frac{1}{2}A^2\cos\omega k$$

该信号是 2 阶宽平稳的随机信号。

不难验证，自相关函数具有如下最常用性质。

(1) 原点值最大

$$r(0)\geqslant|r(k)| \tag{1.1.25}$$

(2) 共轭对称性

$$r(-k)=r^*(k) \tag{1.1.26}$$

对于实信号有 $r(-k)=r(k)$，即实信号的自相关函数是对称的。

(3) 半正定性，对于任给的数值序列 a_i，满足

$$\sum_i \sum_j a_i a_j^* r(i-j) \geqslant 0 \tag{1.1.27}$$

这里仅给出半正定性的证明，另外两个性质的证明留作习题，半正定性证明如下。

对于任给的平稳随机信号 $x(n)$ 和数值序列 a_i，定义一个新的随机信号 $y(n)$ 为

$$y(n) = \sum_{i=-\infty}^{\infty} a_i x(n+i)$$

由于 $r_y(0) \geqslant 0$，故

$$r_y(0) = E[y(n)y^*(n)] = E\left\{\sum_{i=-\infty}^{\infty} a_i x(n+i) \sum_{j=-\infty}^{\infty} a_j^* x^*(n+j)\right\}$$

$$= \sum_{i=-\infty}^{\infty}\sum_{j=-\infty}^{\infty} a_i a_j^* E[x(n+i)x^*(n+j)] = \sum_{i=-\infty}^{\infty}\sum_{j=-\infty}^{\infty} a_i a_j^* r_x(i-j) \geqslant 0$$

由于 $x(n)$ 是任取的，故对任意信号式(1.1.27)成立。

对两个不同的随机信号，可以定义它们的互相关函数为

$$r_{xy}(n_1, n_2) = E[x(n_1)y^*(n_2)] \tag{1.1.28}$$

如果它们是联合宽平稳的，它们的互相关函数为

$$r_{xy}(k) = E[x(n)y^*(n-k)] \tag{1.1.29}$$

互相关有如下性质

$$r_{xy}(-k) = r_{yx}^*(k) \tag{1.1.30}$$

$$|r_{xy}(k)|^2 \leqslant |r_x(0)||r_y(0)| \tag{1.1.31}$$

有时候也采用互相关系数来刻画两个信号之间的相关性，互相关系数定义为

$$\rho_{xy}(k) = \frac{r_{xy}(k)}{[r_x(0)r_y(0)]^{1/2}}$$

显然，$|\rho_{xy}(k)| \leqslant 1$，$\rho_{xy}(k)$ 是一个归一化的互相关函数。

对于均值不为零的两个联合宽平稳的随机信号，可以类似地定义它们的互协方差函数为

$$c_{xy}(k) = E[(x(n)-\mu_x)(y(n-k)-\mu_y)^*] \tag{1.1.32}$$

如果两个随机信号(或同一随机信号在不同时刻的取值)满足

$$r_{xy}(n_1, n_2) = E[x(n_1)y^*(n_2)] = E[x(n_1)]E[y^*(n_2)] \tag{1.1.33}$$

称 $x(n_1)$ 和 $y(n_2)$(或同一随机信号在不同时刻的取值)是不相关的，如果对所有 n_1, n_2，$x(n_1)$ 和 $y(n_2)$ 都是不相关的，称这两个随机信号是不相关的。如果满足

$$r_{xy}(n_1, n_2) = E[x(n_1)y^*(n_2)] = 0 \tag{1.1.34}$$

称 $x(n_1)$ 和 $y(n_2)$ 是正交的，注意到，两个随机变量的正交定义是由它们的互相关定义的。对两个均值为零的随机信号，如果它们是不相关的，必然是正交的。

对于随机信号，用相关性定义正交性是容易理解的，考虑零均值随机信号 $y(n)$，如果我们希望用 y 的当前时刻和过去时刻值和一些 $x(n)$ 的值预测 y 下一个时刻 $y(n+1)$ 的值，如果 $x(n_1)$ 与 $y(n+1)$ 是不相关的，也就是正交的，我们不期望能从 $x(n_1)$ 中得到对预测 $y(n+1)$ 有用的信息，也就是 $y(n+1)$ 预测式中 $x(n_1)$ 项的系数为零。这些讨论也可以用向量空间的概念来理解，由 y 的过去值和 $x(n)$ 的一些值构成一个向量空间 $\mathbf{V}$，其中 $x(n_1)$ 表示向量空间

的一个坐标轴，设 $y(n+1)$ 是更高维向量空间的一个向量，预测 $y(n+1)$ 实际上是求 $y(n+1)$ 在向量空间 $\mathbf{V}$ 的投影，如果 $y(n+1)$ 与 $x(n_1)$ 是正交的，它在 $x(n_1)$ 方向上的投影必然为零，因此 $y(n+1)$ 的预测表达式中不包括 $x(n_1)$ 项。

例 1.1.7　设 $z(n)=x(n)+y(n)$，$x(n)$，$y(n)$ 是零均值，求 $z(n)$ 的自相关：(1)讨论非平稳的一般情况；(2)讨论 $x(n)$，$y(n)$ 不相关的情况；(3)讨论平稳情况。

解：

$$\begin{aligned}r_z(n_1,n_2) &= E\{[x(n_1)+y(n_1)][x(n_2)+y(n_2)]^*\}\\ &= E\{x(n_1)x^*(n_2)\}+E\{x(n_1)y^*(n_2)\}\\ &\quad +E\{y(n_1)x^*(n_2)\}+E\{y(n_1)y^*(n_2)\}\\ &= r_x(n_1,n_2)+r_{xy}(n_1,n_2)+r_{yx}(n_1,n_2)+r_y(n_1,n_2)\end{aligned}$$

当 $x(n)$，$y(n)$ 不相关，又有 $x(n)$，$y(n)$ 是零均值，上式简化为

$$r_z(n_1,n_2)=r_x(n_1,n_2)+r_y(n_1,n_2)$$

在平稳且 $x(n)$，$y(n)$ 不相关时，$z(n)$ 的自相关序列进一步简化为

$$r_z(k)=r_x(k)+r_y(k)$$

令 k 为 0，得到 $z(n)$ 的方差为

$$\sigma_z^2=\sigma_x^2+\sigma_y^2$$

例 1.1.8　设有两个测量信号 $x(n)$，$y(n)$，是联合平稳的且分别表示为

$$x(n)=s(n)+v_1(n),\quad y(n)=As(n-K)+v_2(n)$$

这里有用的信号是 $s(n)$，而 $x(n)$ 和 $y(n)$ 分别是对 $s(n)$ 的一个本地测量和一个反射波的测量，可以利用互相关函数，测量延迟参数 K。注意，$v_1(n)$，$v_2(n)$ 是互不相关的白噪声，且与信号 $s(n)$ 也互不相关，假设本例中所有信号是均值为零的实信号。

解：

$$\begin{aligned}r_{yx}(k) &= E\{y(n)x(n-k)\}=E\{x(n)y(n+k)\}\\ &= E\{[s(n)+n_1(n)][As(n-K+k)+n_2(n+k)]\}\\ &= Ar_s(k-K)+r_{sn_2}(k)+Ar_{xn_1}(k-K)+r_{n_1n_2}(k)\\ &= Ar_s(k-K)\end{aligned}$$

由于互相关等于 $s(n)$ 的自相关的位移，自相关的最大值发生在序号为零处，故互相关的最大值发生在 $k=K$ 处，本题中 K 是待求参数，通过计算互相关并搜索其最大值点，可获得延迟参数。

在许多信号处理问题中，对一个随机信号，我们往往只能得到该信号的一次实现(或有限次实现，下同)，我们需要通过这一个时间序列估计这个随机信号的特征量，如均值，自相关函数等，由一个时间序列估计的各种特征量称为该特征量的时间平均，当时间序列长度趋于无穷时，如果时间平均与汇集平均相等，则称随机过程对该特征量是历经的(或称为遍历的)。对于均值历经的定义和满足的条件如下。

设一个随机信号的时间平均为

$$\hat{\mu}_N=\frac{1}{N}\sum_{n=0}^{N-1}x(n)\tag{1.1.35}$$

其汇集平均为

$$\mu = E[x(n)] = \int x f(x) \mathrm{d}x$$

如果 $N \to \infty$ 时，

$$\hat{\mu}_N \to \mu \quad 即 \quad \lim_{N\to\infty} E[(\mu - \hat{\mu}_N)^2] = 0 \tag{1.1.36}$$

称该随机过程是均值遍历的(Ergodicity)。注意，式(1.1.36)定义的遍历性称为以均方意义遍历。满足均值遍历的条件是：

$$\lim_{N\to\infty} \frac{1}{N} \sum_{l=-N+1}^{N-1} \left(1 - \frac{|l|}{N}\right) c(l) = 0 \tag{1.1.37}$$

式中 $c(l)$ 是信号自协方差函数。类似可以定义其他特征量的遍历性，另一个常用的特征量是自相关函数，它的时间平均定义为

$$\hat{r}(k) = \frac{1}{2N+1} \sum_{n=-N}^{N} x(n) x^*(n-k) \tag{1.1.38}$$

如果 $N \to \infty$，$\hat{r}(k) \to r(k)$ 称该随机过程是相关遍历的，也就是 2 阶遍历的，2 阶遍历的判决条件需要用到随机信号的更高阶统计特征量，其严格的判决条件是复杂的，但在实际信号处理中遇到的平稳随机信号大多是满足各态遍历条件的。关于随机过程各态遍历性的更详细讨论，可参考随机过程的专门著作[17][29]。

1.2 随机信号向量的矩阵特征

在信号处理中，许多算法的描述及性能的分析是通过信号向量来表达的，由于应用的广泛性，信号向量的组成来自于不同的应用问题，向量的具体组成结构各有不同，但用矩阵特征描述这些信号向量的思路是相通的，本节给出信号向量的矩阵特征描述。

1.2.1 自相关矩阵

最基本和常用的信号向量是由一个标量的随机信号在不同时刻的取值按一个次序排列构成的一个向量。一般讲，一个 M 维信号向量是由在 M 个不同时间的信号值排成的一个列向量。一个信号向量的自相关矩阵是最常用的特征表示，也常用到两个信号向量的互相关矩阵，本节介绍这些特征量矩阵。

定义 1.2.1 设 M 维信号向量用 $\boldsymbol{x}(\boldsymbol{n}) = [x(n_1), x(n_2), \cdots, x(n_M)]^{\mathrm{T}}$ 表示，向量各分量取自一个平稳随机信号 $x(n)$，其自相关矩阵定义为信号向量外积的期望值，即

$$\boldsymbol{R}_{xx} = E[\boldsymbol{x}(\boldsymbol{n}) \boldsymbol{x}^{\mathrm{H}}(\boldsymbol{n})] \tag{1.2.1}$$

这是一个 $M \times M$ 维方阵。在只关注一个信号，又不会引起误解的情况下，可省略自相关矩阵的下标，简写成 $\boldsymbol{R}$。

在实际应用中，信号向量有两种最常见排列方式。在 FIR 滤波器中，为了用向量形式表示 n 时刻滤波器的输出，一般将信号向量排成按时间顺序相反的形式，这样的信号向量表示为

$$\boldsymbol{x}(n) = [x(n), x(n-1), \cdots, x(n-M+1)]^{\mathrm{T}} \tag{1.2.2}$$

注意，式(1.2.2)中的序号 n 表示第一个信号分量的时间，故不用黑体。设信号是平稳的，这个信号向量的自相关矩阵按定义是向量外积的期望值，即

$$
\begin{aligned}
\boldsymbol{R} &= E[\boldsymbol{x}(n)\boldsymbol{x}^{\mathrm{H}}(n)] \\
&= \begin{bmatrix}
E[x(n)x^*(n)] & E[x(n)x^*(n-1)] & \cdots & E[x(n)x^*(n-M+1)] \\
E[x(n-1)x^*(n)] & E[x(n-1)x^*(n-1)] & \cdots & E[x(n-1)x^*(n-M+1)] \\
\vdots & \vdots & \ddots & \vdots \\
E[x(n-M+1)x^*(n)] & E[x(n-M+1)x^*(n-1)] & \cdots & E[x(n-M+1)x^*(n-M+1)]
\end{bmatrix} \\
&= \begin{bmatrix}
r(0) & r(1) & \cdots & r(M-1) \\
r(-1) & r(0) & \cdots & r(M-2) \\
\vdots & \vdots & \ddots & \vdots \\
r(-M+1) & r(-M+2) & \cdots & r(0)
\end{bmatrix}
\end{aligned} \tag{1.2.3}
$$

在一些应用中，信号向量可能采用另一种时间顺序排列，得到的自相关矩阵与式(1.2.3)有所不同。设信号向量表示为

$$\boldsymbol{x}(n) = [x(n), x(n+1), \cdots, x(n+M-1)]^{\mathrm{T}} \tag{1.2.4}$$

在信号向量的这种排列次序下，不难验证自相关矩阵为

$$
\boldsymbol{R} = \begin{bmatrix}
r(0) & r(-1) & r(-2) & \cdots & r(-M+1) \\
r(1) & r(0) & r(-1) & \cdots & r(-M+2) \\
\vdots & \vdots & \vdots & \ddots & \vdots \\
r(M-1) & r(M-2) & \cdots & \cdots & r(0)
\end{bmatrix} \tag{1.2.5}
$$

由信号向量的这两种排序得到的自相关矩阵互为转置，或互为共轭，对于实信号，这两种形式是相同的。第一种表示[式(1.2.2)]滤波问题时较方便，为了用向量积的形式表示滤波器的输出，将最新时刻输入值排在向量的最前面，当新的时刻到来，将新的输入值压入向量第一个元素，最旧的一个输入值被挤出向量，这是 FIR 滤波器在程序或硬件实现中的基本流程(即实时卷积运算)，而且这种排列也引出比较规范的滤波器向量积表示。若定义一个 FIR 滤波器的单位抽样响应为如下向量

$$\boldsymbol{h} = [h(0), h(1), \cdots, h(M-1)]^{\mathrm{T}}$$

则在 n 时刻，滤波器输出响应为

$$y(n) = \sum_{k=0}^{M-1} h^*(k)x(n-k) = \boldsymbol{h}^{\mathrm{H}}\boldsymbol{x}(n)$$

这里假设信号和 FIR 滤波器单位抽样响应均为复数序列，故为了与复空间内积定义一致，用 $h^*(m)$表示单位抽样响应，在复信号通过实系统(单位抽样响应为实值序列)时，与经典卷积表示一致。

第二种排列方式[式(1.2.4)]是按照信号的"由先到后"的自然顺序排列，例如在参数估计中，信号向量是已观测到的一组数据，惯常的排列次序如式(1.2.4)，尤其当信号从 0 时刻开始记录，把记录得到的 M 个值组成向量形式时，可以取 $n=0$，将信号向量写成

$$\boldsymbol{x} = \boldsymbol{x}(0) = [x(0), x(1), \cdots, x(M-1)]^{\mathrm{T}}$$

注意到自相关矩阵的定义是唯一的，总是信号向量外积的期望值矩阵，但信号的排列次序会使得不同应用中的自相关矩阵形式略有不同。本书在不同的应用中，会使用这两种自相关矩阵形式的一种，根据上下文容易区别。信号向量还可以按任意顺序排列，甚至不按相邻时刻取值，而是任取几个时刻值排成信号向量，这时，自相关矩阵就没有式(1.2.3)和式(1.2.5)这样好的结构，这种情况很少用到，以至于许多参考书就用式(1.2.3)或式(1.2.5)作为自相关矩阵的定义。本书后续不加说明时，约定以式(1.2.3)作为自相关矩阵的标准

形式。

如果随机信号不是零均值的，也可以定义信号的自协方差矩阵，对于平稳信号，信号向量的均值向量各分量相等，记为$\mu_x=\boldsymbol{E}[\boldsymbol{x}]$，信号向量 $\boldsymbol{x}$ 的自协方差矩阵是

$$\boldsymbol{C}_{xx}=E[(\boldsymbol{x}-\mu_x)(\boldsymbol{x}-\mu_x)^{\mathrm{H}}]=\boldsymbol{R}_{xx}-\mu_x\mu_x^{\mathrm{H}} \tag{1.2.6}$$

对于零均值情况，自协方差矩阵就等于自相关矩阵。

自相关矩阵的几个性质如下。

(1) 自相关矩阵是共轭对称的，即

$$\boldsymbol{R}^{\mathrm{H}}=\boldsymbol{R} \tag{1.2.7}$$

如果是实信号，自相关矩阵是对称的，即 $\boldsymbol{R}^{\mathrm{T}}=\boldsymbol{R}$。

(2) 自相关矩阵是 Toeplitz 矩阵(主对角线元素相等，平行于主对角线的各次对角线元素也是相等的)。即

$$[\boldsymbol{R}]_{ij}=r(j-i) \tag{1.2.8}$$

或

$$[\boldsymbol{R}]_{ij}=r(i-j) \tag{1.2.9}$$

对于式(1.2.3)或式(1.2.5)的自相关矩阵分别满足式(1.2.8)和(1.2.9)。

(3) 自相关矩阵是半正定的，即对任意 M 维复数据向量 $\boldsymbol{a}\neq\boldsymbol{0}$(黑体 $\boldsymbol{0}$ 表示全 0 值向量)，有

$$\boldsymbol{a}^{\mathrm{H}}\boldsymbol{R}\boldsymbol{a}\geqslant 0$$

一般情况下，$\boldsymbol{R}$ 是正定的，即大于零成立，只有当信号向量是由 K 个复正弦组成，且 $K\leqslant M$ 时是例外的。

(4) 特征分解，由矩阵论中厄尔米特矩阵(共轭对称，半正定)的特征分解性质直接得到自相关矩阵的对应性质。自相关矩阵的特征值总是大于或等于零，如果自相关矩阵是正定的，它的特征值总是大于零，不同的两个特征值对应的特征向量是正交的。

设自相关矩阵 $\boldsymbol{R}$ 的 M 个特征值分别记为 $\lambda_1,\lambda_2,\cdots,\lambda_M$，各特征值对应的特征向量为 $\boldsymbol{q}_1$，$\boldsymbol{q}_2,\cdots,\boldsymbol{q}_M$，设各特征向量是长度为 1 的归一化向量，则有

$$\boldsymbol{q}_i^{\mathrm{H}}\boldsymbol{q}_j=\begin{cases}1, & i=j\\0, & i\neq j\end{cases}$$

特征向量作为列构成的矩阵 $\boldsymbol{Q}$ 称为特征矩阵

$$\boldsymbol{Q}=[\boldsymbol{q}_1,\boldsymbol{q}_2,\cdots,\boldsymbol{q}_M] \tag{1.2.10}$$

自相关矩阵可以分解为

$$\boldsymbol{R}=\boldsymbol{Q}\Lambda\boldsymbol{Q}^{\mathrm{H}}=\sum_{i=1}^{M}\lambda_i\boldsymbol{q}_i\boldsymbol{q}_i^{\mathrm{H}} \tag{1.2.11}$$

这里 $\Lambda=\mathrm{diag}(\lambda_1,\lambda_2,\cdots,\lambda_M)$是由特征值组成的对角矩阵。由 $\boldsymbol{Q}$ 的定义和特征向量的正交性，得到一个有意思的等式如下

$$\boldsymbol{I}=\boldsymbol{Q}\boldsymbol{Q}^{\mathrm{H}}=\sum_{i=1}^{M}\boldsymbol{q}_i\boldsymbol{q}_i^{\mathrm{H}} \tag{1.2.12}$$

这里 $\boldsymbol{I}$ 是单位矩阵。将会看到，在信号处理中，会用到自相关矩阵的多种分解形式，这里的特征分解是其中的一个。

注意到，若一个矩阵 $\boldsymbol{Q}$ 的逆矩阵 $\boldsymbol{Q}^{-1}=\boldsymbol{Q}^{\mathrm{H}}$，则该矩阵称为酉矩阵，显然特征矩阵 $\boldsymbol{Q}$ 是一

个酉矩阵。

(5) 增广性质。自相关矩阵有如下特殊的结构,即由 $M\times M$ 自相关矩阵,增加一个行向量,一个列向量和一个标量值,就得到一个$(M+1)\times(M+1)$自相关矩阵,换句话说,一个$(M+1)\times(M+1)$自相关矩阵内嵌套一个完整的 $M\times M$ 自相关矩阵,这称为自相关矩阵的增广性。为了易于区别,用下标表示一个自相关矩阵的阶数,两种不同的增广方式如式(1.2.13)和式(1.2.14)所示。

$$\boldsymbol{R}_{M+1}=\left[\begin{array}{c|c} r(0) & \boldsymbol{r}^{\mathrm{H}} \\ \hline \boldsymbol{r} & \boldsymbol{R}_M \end{array}\right] \tag{1.2.13}$$

或

$$\boldsymbol{R}_{M+1}=\left[\begin{array}{c|c} \boldsymbol{R}_M & \boldsymbol{r}^{B*} \\ \hline \boldsymbol{r}^{BT} & r(0) \end{array}\right] \tag{1.2.14}$$

这里的向量 $\boldsymbol{r}$ 定义为

$$\boldsymbol{r}=[r^*(1),r^*(2),\cdots,r^*(M)]^{\mathrm{T}}$$

这里在向量 $\boldsymbol{r}$ 定义中,各分量加上共轭符号是为了本书后续几个方程表示的方便性。由向量 $\boldsymbol{r}$ 定义得

$$\boldsymbol{r}^{\mathrm{H}}=[r(1),r(2),\cdots,r(M)]$$

$$\boldsymbol{r}^{BT}=[r(-M),r(-M+1),\cdots,r(-1)]$$

这里,为向量符号加上标 B 表示将向量内各分量次序按前后次序反转。第一种增广方式相当于对 $M+1$ 维信号向量做了如下划分

$$\boldsymbol{x}_{M+1}(n)=[x(n)\vdots x(n-1),\cdots,x(n-M)]^{\mathrm{T}}=[x(n)\vdots \boldsymbol{x}_M(n-1)^{\mathrm{T}}]$$

对应这种划分,得到的$(M+1)\times(M+1)$自相关矩阵的分块形式为式(1.2.13)。第二种增广相当于对信号向量做如下划分

$$\boldsymbol{x}_{M+1}(n)=[x(n),x(n-1),\cdots,x(n-M+1),\vdots x(n-M)]^{\mathrm{T}}=[\boldsymbol{x}_M(n)\vdots x(n-M)]^{\mathrm{T}}$$

对应这种划分,得到的$(M+1)\times(M+1)$自相关矩阵的分块形式为式(1.2.14)。

增广自相关矩阵相当于增加一维的信号向量作相应的划分后形成的$(M+1)\times(M+1)$自相关矩阵的分块形式,这种分块结构的$(M+1)\times(M+1)$自相关矩阵中,完整的保留着一个 $M\times M$ 自相关矩阵嵌在其中,自相关矩阵的这种结构特性在后面章节被用来构造快速递推算法。

需要注意,对于非平稳信号也同样可以定义自相关矩阵为信号向量外积的期望值,但非平稳信号的自相关矩阵不具备如上的良好特性。例如取 $\boldsymbol{x}=[x(0),x(1),\cdots,x(M-1)]^{\mathrm{T}}$,如果该信号向量取自非平稳信号,它的自相关矩阵是

$$\boldsymbol{R}=E[\boldsymbol{x}\boldsymbol{x}^{\mathrm{H}}]=\begin{bmatrix} r(0,0) & r(0,1) & \cdots & r(0,M-2) & r(0,M-1) \\ r(1,0) & r(1,1) & \cdots & r(1,M-2) & r(1,M-1) \\ \vdots & \vdots & \ddots & \vdots & \vdots \\ r(M-2,0) & r(M-2,1) & \cdots & r(M-2,M-2) & r(M-2,M-1) \\ r(M-1,0) & r(M-1,1) & \cdots & r(M-1,M-2) & r(M-1,M-1) \end{bmatrix}$$

显然,这个矩阵一般不再具有 Toeplitz 性。

1.2.2 互相关矩阵

如果有两个随机信号 $x(n)$ 和 $y(n)$，各取其一组值构成信号向量 $\boldsymbol{x}(\boldsymbol{n})$ 和 $\boldsymbol{y}(\boldsymbol{m})$，这里

$$\boldsymbol{x}(\boldsymbol{n}) = [x(n_1), x(n_2), \cdots, x(n_M)]^{\mathrm{T}}$$

$$\boldsymbol{y}(\boldsymbol{m}) = [y(m_1), y(m_2), \cdots, y(m_K)]^{\mathrm{T}}$$

注意，这里 $\boldsymbol{x}(\boldsymbol{n})$ 和 $\boldsymbol{y}(\boldsymbol{m})$ 可以是不同维数的向量，则信号向量 $\boldsymbol{x}(\boldsymbol{n})$ 和 $\boldsymbol{y}(\boldsymbol{m})$ 的互相关矩阵定义为

$$\boldsymbol{R}_{xy} = E[\boldsymbol{x}(\boldsymbol{n})\boldsymbol{y}^{\mathrm{H}}(\boldsymbol{m})] = \begin{bmatrix} r_{xy}(n_1, m_1) & r_{xy}(n_1, m_2) & \cdots & r_{xy}(n_1, m_K) \\ r_{xy}(n_2, m_1) & r_{xy}(n_2, m_2) & \cdots & r_{xy}(n_2, m_K) \\ \vdots & \vdots & \ddots & \vdots \\ r_{xy}(n_M, m_1) & r_{xy}(n_M, m_2) & \cdots & r_{xy}(n_M, m_K) \end{bmatrix} \tag{1.2.15}$$

这是一个 M 行 K 列的矩阵。如果 $x(n)$ 和 $y(n)$ 是联合平稳的，式(1.2.15)可写成

$$\boldsymbol{R}_{xy} = E[\boldsymbol{x}(\boldsymbol{n})\boldsymbol{y}^{\mathrm{H}}(\boldsymbol{m})] = \begin{bmatrix} r_{xy}(n_1 - m_1) & r_{xy}(n_1 - m_2) & \cdots & r_{xy}(n_1 - m_K) \\ r_{xy}(n_2 - m_1) & r_{xy}(n_2 - m_2) & \cdots & r_{xy}(n_2 - m_K) \\ \vdots & \vdots & \ddots & \vdots \\ r_{xy}(n_M - m_1) & r_{xy}(n_M - m_2) & \cdots & r_{xy}(n_M - m_K) \end{bmatrix} \tag{1.2.16}$$

如果 $\boldsymbol{R}_{xy} = \boldsymbol{0}_{M\times K}$，则称信号向量 $\boldsymbol{x}(\boldsymbol{n})$ 和 $\boldsymbol{y}(\boldsymbol{m})$ 是相互正交的。这里 $\boldsymbol{0}_{M\times K}$ 表示 M 行 K 列的全零值矩阵。

类似地，若随机信号 $x(n)$ 和 $y(n)$ 不是零均值的，则也可定义互协方差矩阵为

$$\boldsymbol{C}_{xy} = E[(\boldsymbol{x}(\boldsymbol{n}) - \boldsymbol{\mu}_x)(\boldsymbol{y}(\boldsymbol{m}) - \boldsymbol{\mu}_y)^{\mathrm{H}}] = \boldsymbol{R}_{xy} - \boldsymbol{\mu}_x\boldsymbol{\mu}_y^{\mathrm{H}} \tag{1.2.17}$$

1.2.3 向量信号相关阵

前面两小节讨论的是由标量信号在不同时刻的取值构成的信号向量，若一个随机信号自身就是一个向量信号，即信号在任意时刻的取值是 K 维向量，一个这样的向量信号可写为

$$\boldsymbol{x}(\boldsymbol{n}) = [x_1(n), x_2(n), \cdots, x_K(n)]^{\mathrm{T}} \tag{1.2.18}$$

在表示由状态方程描述的系统时，常遇到这种向量信号，另一个例子是阵列天线由各阵元状态组成的向量信号。对于向量信号，可对其每个分量定义自相关序列，也可在分量间定义互相关序列，但若把向量信号作为整体讨论，则需要定义其相关矩阵，向量信号相关矩阵的定义与上两小节类似，但也要注意其不同性。向量信号相关矩阵可写为

$$\begin{aligned} \boldsymbol{R}_{xx}(n_1, n_2) &= E[\boldsymbol{x}(n_1)\boldsymbol{x}^{\mathrm{H}}(n_2)] \\ &= \begin{bmatrix} E[x_1(n_1)x_1^*(n_2)] & E[x_1(n_1)x_2^*(n_2)] & \cdots & E[x_1(n_1)x_K^*(n_2)] \\ E[x_2(n_1)x_1^*(n_2)] & E[x_2(n_1)x_2^*(n_2)] & \cdots & E[x_2(n_1)x_K^*(n_2)] \\ \vdots & \vdots & \ddots & \vdots \\ E[x_K(n_1)x_1^*(n_2)] & E[x_K(n_1)x_2^*(n_2)] & \cdots & E[x_K(n_1)x_K^*(n_2)] \end{bmatrix} \\ &= \begin{bmatrix} r_{1,1}(n_1, n_2) & r_{1,2}(n_1, n_2) & \cdots & r_{1,K}(n_1, n_2) \\ r_{2,1}(n_1, n_2) & r_{2,2}(n_1, n_2) & \cdots & r_{2,K}(n_1, n_2) \\ \vdots & \vdots & \ddots & \vdots \\ r_{K,1}(n_1, n_2) & r_{K,2}(n_1, n_2) & \cdots & r_{K,K}(n_1, n_2) \end{bmatrix} \end{aligned} \tag{1.2.19}$$

这里 $r_{i,j}(n_1,n_2)=E[x_i(n_1)x_j^*(n_2)]$，$x_i(n_1)$是向量信号的第 i 个分量，注意到矩阵内的元素，除对角线元素外，其他元素都是向量内各分量之间的互相关。若取 $n_1=n_2=n$，则称为向量信号的自相关矩阵，可简写为

$$\boldsymbol{R}_{xx}(n)=\boldsymbol{R}_{xx}(n,n) \tag{1.2.20}$$

对于向量信号来讲，如果可将其相关矩阵写成

$$\boldsymbol{R}_{xx}(n_1,n_2)=\delta(n_1-n_2)\boldsymbol{R}_{xx}(n_1)=\begin{cases}\boldsymbol{R}_{xx}(n), & n=n_1=n_2\\ \boldsymbol{0}_{K\times K}, & n_1\neq n_2\end{cases} \tag{1.2.21}$$

则称为白噪声向量。

以上讨论的是非平稳的一般情况，若向量信号各分量是平稳的，各分量间是联合平稳的，并令 $k=n_1-n_2$ 则向量信号相关矩阵可简化为

$$\begin{aligned}\boldsymbol{R}_{xx}(k)&=E[\boldsymbol{x}(n)\boldsymbol{x}^{\mathrm{H}}(n-k)]\\&=\begin{bmatrix}r_{1,1}(k) & r_{1,2}(k) & \cdots & r_{1,K}(k)\\ r_{2,1}(k) & r_{2,2}(k) & \cdots & r_{2,K}(k)\\ \vdots & \vdots & \ddots & \vdots\\ r_{K,1}(k) & r_{K,2}(k) & \cdots & r_{K,K}(k)\end{bmatrix}\end{aligned} \tag{1.2.22}$$

在平稳情况下，白噪声向量的相关矩阵式(1.2.21)可进一步简化为

$$\boldsymbol{R}_{xx}(k)=\delta(k)\boldsymbol{R}_{xx}=\begin{cases}\boldsymbol{R}_{xx}, & k=0\\ \boldsymbol{0}_{K\times K}, & k\neq 0\end{cases} \tag{1.2.23}$$

即相当于在平稳情况下式(1.2.20)中的自相关矩阵 $\boldsymbol{R}_{xx}(n)$不随时间变化，变成常数阵 $\boldsymbol{R}_{xx}$。

若考虑 M 个不同时刻，由向量信号构成的更大的向量，例如按如下方式构成一个新向量

$$\boldsymbol{X}(n)=[\boldsymbol{x}^{\mathrm{T}}(n),\boldsymbol{x}^{\mathrm{T}}(n-1),\cdots,\boldsymbol{x}^{\mathrm{T}}(n-M+1)]^{\mathrm{T}} \tag{1.2.24}$$

这是一个 $K\times M$ 维列向量，假设满足平稳性，其相关矩阵可由如下分块矩阵表示

$$\begin{aligned}\boldsymbol{R}_{XX}&=E[\boldsymbol{X}(n)\boldsymbol{X}^{\mathrm{H}}(n)]\\&\begin{bmatrix}\boldsymbol{R}_{xx}(0) & \boldsymbol{R}_{xx}(1) & \cdots & \boldsymbol{R}_{xx}(M-1)\\ \boldsymbol{R}_{xx}(-1) & \boldsymbol{R}_{xx}(0) & \cdots & \boldsymbol{R}_{xx}(M-1)\\ \vdots & \vdots & \ddots & \vdots\\ \boldsymbol{R}_{xx}(1-M) & \boldsymbol{R}_{xx}(2-M) & \cdots & \boldsymbol{R}_{xx}(0)\end{bmatrix}\end{aligned} \tag{1.2.25}$$

式(1.2.23)的矩阵具有“块 Toeplitz”性。在信号处理的一个近代分支——空时信号处理中，用到这种“向量信号的向量”构成的相关矩阵，对空时信号处理感兴趣的读者可参考 Klemm 的著作，本书不再继续讨论这个课题。

可以类似地定义两个不同向量信号的互相关矩阵及其讨论其正交性，这个问题留给读者作为思考问题。

1.3 常见信号实例

本节介绍几种常用的信号和它们的统计特性，在后续章节中，这些信号可以作为例子使用。注意到，对于随机信号而言，若能用一种数学工具对一类信号(而不是特定的一个信号)

进行描述，则说这种数学描述是这类随机信号的一种模型。不同的信号模型可以描述比较宽泛的一大类信号，也可能仅仅描述一类狭窄的信号。从这个意义上讲，如下讨论的各种信号实例，可被看作一种信号模型。

1.3.1 独立同分布和白噪声

一个随机信号 $v(n)$ 被说成是独立同分布(independent identically distributed，i. i. d.)的，指其在任意时刻服从相同的概率分布且互相独立。

白噪声是信号处理中常见的一类随机过程，常用白噪声表示环境噪声等，也可以用白噪声表示特殊的输入随机信号。白噪声可通过自相关序列或功率谱来定义，这里先给出自相关的定义为：若一个零均值随机信号 $v(n)$ 的自相关序列可用单位抽样序列表示为 $r_v(k)=\sigma_v^2\delta(k)$，则称其为白噪声。

显然，一个零均值 i. i. d. 过程一定是白噪声，反之则不确定。因此白噪声比 i. i. d. 过程更广义化一些。白噪声可以分成三种情况：①非高斯分布的 i. i. d. 过程；②非高斯分布的信号在不同时刻不相关，但却不满足独立性条件；③高斯分布，不相关和独立性等价。

白噪声的一般定义中，没有指定其概率密度函数，若一白噪声的概率密度函数为均匀分布，则称为白均匀噪声；若一白噪声的概率密度函数为高斯分布，则称为白高斯噪声(White Gaussian Noise，WGN)，根据中心极限定理，很多环境噪声用 WGN 表示。

对白噪声在 M 个不同时刻的取值构成一个信号向量，显然其自相关矩阵为常数乘以单位矩阵，即

$$\boldsymbol{R}=\sigma_v^2\boldsymbol{I} \tag{1.3.1}$$

这里 $\boldsymbol{I}$ 是 $M\times M$ 维单位矩阵。

白噪声除了表示环境噪声外，还经常作为一种简单的基本信号去产生或分析更复杂信号，如 1.6 节的一般信号模型是用白噪声作为激励信号可产生复杂信号。了解白噪声和 i. i. d. 过程的关系，在信号仿真等应用中，用 i. i. d. 过程产生白噪声，这样比较易于实现，但白噪声却不必然是 i. i. d. 过程。另一方面，白噪声的定义只与信号的 2 阶矩即自相关函数(与功率谱互为傅里叶变换)有关，在讨论随机信号的高阶统计特性时，一般用 i. i. d. 过程替代白噪声作为一种基本信号。

1.3.2 复正弦加噪声

实际中经常用到复正弦加白噪声的信号模型，即

$$x(n)=\alpha\mathrm{e}^{\mathrm{j}(\omega_0 n+\varphi)}+v(n) \tag{1.3.2}$$

式中，α 是常数，$v(n)$ 是高斯白噪声，其相关序列 $r_v(k)=\sigma_v^2\delta(k)$；复正弦的相位 φ 是$[0,2\pi]$区间均匀分布的随机变量，并且与 $v(n)$ 相互统计独立，很容易求得 $x(n)$ 的自相关函数为

$$\begin{aligned}r(k)&=E[x(n)x^*(n-k)]=|\alpha|^2\mathrm{e}^{\mathrm{j}\omega_0 k}+\sigma_v^2\delta(k)\\&=\begin{cases}|\alpha|^2+\sigma_v^2, & k=0\\|\alpha|^2\mathrm{e}^{\mathrm{j}\omega_0 k}, & k\neq 0\end{cases}\end{aligned} \tag{1.3.3}$$

由连续 M 个时刻的值构成的正弦波加噪声的信号向量为

$$\begin{aligned}\boldsymbol{x} &= [x(0), x(1), \cdots, x(M-1)]^{\mathrm{T}} \\ &= [\alpha \mathrm{e}^{\mathrm{j}\varphi} + v(0), \alpha \mathrm{e}^{\mathrm{j}\varphi}\mathrm{e}^{\mathrm{j}\omega_0} + v(1), \cdots, \alpha \mathrm{e}^{\mathrm{j}\varphi}\mathrm{e}^{\mathrm{j}\omega_0(M-1)} + v(M-1)]^{\mathrm{T}}\end{aligned}$$

不难验证,这个信号向量的 $M \times M$ 自相关矩阵 $\boldsymbol{R}$ 可以写成

$$\boldsymbol{R} = |\alpha|^2 \boldsymbol{e}_0 \boldsymbol{e}_0^{\mathrm{H}} + \sigma_v^2 \boldsymbol{I} \tag{1.3.4}$$

这里

$$\boldsymbol{e}_0 = [1, \mathrm{e}^{\mathrm{j}\omega_0}, \cdots, \mathrm{e}^{\mathrm{j}(M-1)\omega_0}]^{\mathrm{T}} \tag{1.3.5}$$

或

$$\boldsymbol{e}_0 = [\mathrm{e}^{-\mathrm{j}(M-1)\omega_0}, \cdots, \mathrm{e}^{-\mathrm{j}\omega_0}, 1]^{\mathrm{T}}$$

或对以上向量乘一个任意的 $\mathrm{e}^{\mathrm{j}\omega_0 K}$ 均可以保持矩阵 $\boldsymbol{R}$ 的内容不变。

更一般情况下,K 个复正弦之和与加性白噪声构成的信号表示为

$$x(n) = \sum_{i=1}^{K} \alpha_i \mathrm{e}^{\mathrm{j}(\omega_i n + \varphi_i)} + v(n) \tag{1.3.6}$$

各正弦信号的相位 φ_i 是$[0,2\pi]$区间均匀分布且统计独立的随机变量,各正弦信号的相位 φ_i 与噪声之间也是统计独立的,该信号的自相关函数为

$$r(k) = \sum_{i=1}^{K} |\alpha_i|^2 \mathrm{e}^{\mathrm{j}\omega_i k} + \sigma_v^2 \delta(k) \tag{1.3.7}$$

取连续 M 个值构成信号向量 $\boldsymbol{x} = [x(0), x(1), \cdots, x(M-1)]^{\mathrm{T}}$,$M$ 维向量的相关矩阵为

$$\boldsymbol{R} = \sum_{i=1}^{K} |\alpha_i|^2 \boldsymbol{e}_i \boldsymbol{e}_i^{\mathrm{H}} + \sigma_v^2 \boldsymbol{I} \tag{1.3.8}$$

这里 $\boldsymbol{e}_i$ 是用 ω_i 替代 $\boldsymbol{e}_0$ 中的 ω_0 所定义的向量,即

$$\boldsymbol{e}_i = [1, \mathrm{e}^{\mathrm{j}\omega_i}, \cdots, \mathrm{e}^{\mathrm{j}(M-1)\omega_i}]^{\mathrm{T}} \tag{1.3.9}$$

若定义一个矩阵 $\boldsymbol{E}$,

$$\begin{aligned}\boldsymbol{E} &= [\boldsymbol{e}_1 \quad \boldsymbol{e}_2 \quad \cdots \quad \boldsymbol{e}_K] \\ &= \begin{bmatrix} 1 & 1 & \cdots & 1 \\ \mathrm{e}^{\mathrm{j}\omega_1} & \mathrm{e}^{\mathrm{j}\omega_2} & \cdots & \mathrm{e}^{\mathrm{j}\omega_K} \\ \vdots & \vdots & \vdots & \vdots \\ \mathrm{e}^{\mathrm{j}(M-1)\omega_1} & \mathrm{e}^{\mathrm{j}(M-1)\omega_2} & \cdots & \mathrm{e}^{\mathrm{j}(M-1)\omega_K} \end{bmatrix}\end{aligned} \tag{1.3.10}$$

$$\begin{aligned}\boldsymbol{S} &= \begin{bmatrix} |\alpha_1|^2 & 0 & \ddots & 0 \\ 0 & |\alpha_2|^2 & 0 & \ddots \\ \ddots & 0 & \ddots & 0 \\ 0 & \ddots & 0 & |\alpha_K|^2 \end{bmatrix} \\ &= \mathrm{diag}\{|\alpha_1|^2, |\alpha_2|^2, \cdots, |\alpha_K|^2\}\end{aligned} \tag{1.3.11}$$

以上矩阵 $\boldsymbol{E}$ 称为 Vandermonde 矩阵,这里 diag{}是对角矩阵的简化表示。自相关矩阵可以写成紧凑的矩阵形式

$$\boldsymbol{R} = \boldsymbol{E}\boldsymbol{S}\boldsymbol{E}^{\mathrm{H}} + \sigma_v^2 \boldsymbol{I} \tag{1.3.12}$$

1.3.3 实高斯过程

如果一个实随机信号 $x(n)$在任一时刻取值服从高斯分布(正态分布),在 M 个不同时刻的取值服从联合高斯分布,$\boldsymbol{x}(\boldsymbol{n}) = [x(n_1), x(n_2), \cdots, x(n_M)]^{\mathrm{T}}$ 表示信号在 M 个不同时刻

取值构成的信号向量，用符号 $\boldsymbol{x}=[x_1,x_2,\cdots,x_M]^{\mathrm{T}}$ 表示联合概率密度函数的自变量向量，在均值不为零的一般情况下，M 维实高斯分布向量的联合概率密度函数为

$$p_x(\boldsymbol{x},\boldsymbol{n})=\frac{1}{(2\pi)^{M/2}\det^{1/2}(\boldsymbol{C}_{xx})}\exp\left(-\frac{1}{2}(\boldsymbol{x}-\mu_x)^{\mathrm{T}}\boldsymbol{C}_{xx}^{-1}(\boldsymbol{x}-\mu_x)\right) \tag{1.3.13}$$

注意，这里用 $\exp(x)$ 表示 e^x。式(1.3.13)中 $\boldsymbol{n}=[n_1,n_2,\cdots,n_M]^{\mathrm{T}}$ 是信号向量 $\boldsymbol{x}(\boldsymbol{n})$ 中各分量的取值时刻，$\boldsymbol{C}_{xx}$ 是信号向量 $\boldsymbol{x}(\boldsymbol{n})$ 的自协方差矩阵，μ_x 是均值向量，在一般的非平稳条件下，$\boldsymbol{C}_{xx}$ 和 μ_x 与 $\boldsymbol{n}$ 有关，在平稳条件下，μ_x 是常数向量，$\boldsymbol{C}_{xx}$ 中各元素取值仅与各 n_i 之差有关。当均值为零时，以自相关矩阵 $\boldsymbol{R}_{xx}$ 代替自协方差矩阵 $\boldsymbol{C}_{xx}$，并令相应均值项为零。服从 M 维实高斯分布的信号向量 $\boldsymbol{x}(\boldsymbol{n})$ 可以用符号 $\boldsymbol{x}(\boldsymbol{n})\sim N(\boldsymbol{x}|\mu_x,\boldsymbol{C}_{xx})$ 表示，这里 $N(\boldsymbol{x}|\mu_x,\boldsymbol{C}_{xx})$ 指的是式(1.3.13)的概率密度函数。

对于 μ_x 和 $\boldsymbol{C}_{xx}$ 的含义，确实可通过如下积分计算得到证实，

$$E[\boldsymbol{x}]=\int\boldsymbol{x}\frac{1}{(2\pi)^{M/2}\det^{1/2}(\boldsymbol{C}_{xx})}\exp\left(-\frac{1}{2}(\boldsymbol{x}-\mu_x)^{\mathrm{T}}\boldsymbol{C}_{xx}^{-1}(\boldsymbol{x}-\mu_x)\right)\mathrm{d}\boldsymbol{x}=\mu_x$$

$$\begin{aligned}&E[(\boldsymbol{x}-\mu_x)(\boldsymbol{x}-\mu_x)^{\mathrm{T}}]\\=&\int(\boldsymbol{x}-\mu_x)(\boldsymbol{x}-\mu_x)^{\mathrm{T}}\frac{1}{(2\pi)^{M/2}\det^{1/2}(\boldsymbol{C}_{xx})}\exp\left(-\frac{1}{2}(\boldsymbol{x}-\mu_x)^{\mathrm{T}}\boldsymbol{C}_{xx}^{-1}(\boldsymbol{x}-\mu_x)\right)\mathrm{d}\boldsymbol{x}=\boldsymbol{C}_{xx}\end{aligned}$$

以上第一个积分的验证很简单，第二个积分的验证需要作一些变换，留作习题。

对于高斯过程，有几个独有的基本性质，前三条性质由式(1.3.13)做一些简单推导即可得到，性质分别是：

(1) 宽平稳的高斯过程必然也是严平稳的。

(2) 对于高斯过程，若两个时刻信号的值是不相关的，它们必然也是统计独立的。

(3) 一个高斯随机过程，通过任意线性变换(或通过任意线性系统)，仍然是高斯过程。

(4) 高斯随机过程的高阶矩可以由两阶矩表示，例如对零均值情况，3 阶和 4 阶矩可以分解成：

$$E\{x_1x_2x_3\}=0$$

$$E\{x_1x_2x_3x_4\}=E\{x_1x_2\}E\{x_3x_4\}+E\{x_1x_3\}E\{x_2x_4\}+E\{x_1x_4\}E\{x_2x_3\}$$

对于更高阶矩的一般情况，由于信号处理中很少用到，此处省略。由性质 4 和高斯过程的联合概率密度函数表达式，可以看到，对于平稳高斯过程，由均值和自相关函数，可以完全刻画该过程。对于零均值过程，仅有自相关函数就够了。

对于高斯过程，其遍历性也可由其自相关序列确定，这里不加证明地给出如下定理[19]。

定理 1.3.1 一个宽平稳高斯过程 $x(n)$，其自相关序列为 $r_x(k)$，当且仅当

$$\lim_{N\to\infty}\frac{1}{2N+1}\sum_{k=-N}^{N}r_x(k)=0$$

时，$x(n)$ 是均值遍历的；当且仅当

$$\lim_{N\to\infty}\frac{1}{2N+1}\sum_{k=-N}^{N}r_x^2(k)=0$$

时，$x(n)$ 是 2 阶矩遍历的。

对于一个信号向量，若其概率密度函数是联合高斯分布的，当仅考虑向量的一部分时，其边际密度是否是高斯的？若向量中的一部分已确定，另一部分的条件概率密度是否是高斯的？如何得到边际密度或条件密度？这些问题在实际中是有用的。为了讨论这些问题方

便，以下不再区分信号向量 $\boldsymbol{x}(\boldsymbol{n})=[x(n_1),x(n_2),\cdots,x(n_M)]^{\mathrm{T}}$ 和自变量向量 $\boldsymbol{x}=[x_1,x_2,\cdots,x_M]^{\mathrm{T}}$，只用向量符号 $\boldsymbol{x}$ 表示，这样不会引起歧义。为了更清楚，引入两个新的向量 $\boldsymbol{y}$ 和 $\boldsymbol{z}$，其中

$$\boldsymbol{y}=[y_1,y_2,\cdots,y_K]^{\mathrm{T}}$$

$$\boldsymbol{z}=\begin{bmatrix}\boldsymbol{x}\\ \boldsymbol{y}\end{bmatrix}^{\mathrm{T}} \tag{1.3.14}$$

这里，$\boldsymbol{z}$ 表示$(M+K)$维的向量，其联合概率密度函数是高斯的，我们研究 $\boldsymbol{x}$ 的边际分布或 $\boldsymbol{y}$ 作为条件时 $\boldsymbol{x}$ 的条件概率密度函数。注意到 $\boldsymbol{z}$ 的均值可写成两个向量的合成

$$\mu_z=\begin{bmatrix}\mu_x\\ \mu_y\end{bmatrix} \tag{1.3.15}$$

$\boldsymbol{z}$ 的协方差矩阵可写为如下分块矩阵

$$\boldsymbol{C}_{zz}=\begin{bmatrix}\boldsymbol{C}_{xx} & \boldsymbol{C}_{xy}\\ \boldsymbol{C}_{yx} & \boldsymbol{C}_{yy}\end{bmatrix} \tag{1.3.16}$$

在已知 $N(\boldsymbol{z}|\mu_z,\boldsymbol{C}_{zz})$的条件下，求边际密度 $p(\boldsymbol{x})$和条件密度 $p(\boldsymbol{x}|\boldsymbol{y})$，总结为如下两个定理。

定理 1.3.2　若 $\boldsymbol{z}\sim N(\boldsymbol{z}|\mu_z,\boldsymbol{C}_{zz})$，且 $\boldsymbol{z}$ 由式(1.3.14)所示，则 $\boldsymbol{z}$ 中部分向量 $\boldsymbol{x}$ 仍服从高斯分布，且其概率密度函数为：$\boldsymbol{x}\sim N(\boldsymbol{x}|\mu_x,\boldsymbol{C}_{xx})$。

定理 1.3.3　若 $\boldsymbol{z}\sim N(\boldsymbol{z}|\mu_z,\boldsymbol{C}_{zz})$，且 $\boldsymbol{z}$ 由式(1.3.14)所示，则条件概率密度函数 $p(\boldsymbol{x}|\boldsymbol{y})$ 仍是高斯的，且可写为

$$p(\boldsymbol{x}\mid\boldsymbol{y})=N(\boldsymbol{x}\mid\mu_{x|y},\boldsymbol{C}_{x|y}) \tag{1.3.17}$$

其中

$$\mu_{x|y}=\mu_x+\boldsymbol{C}_{xy}\boldsymbol{C}_{yy}^{-1}(\boldsymbol{y}-\mu_y) \tag{1.3.18}$$

$$\boldsymbol{C}_{x|y}=\boldsymbol{C}_{xx}-\boldsymbol{C}_{xy}\boldsymbol{C}_{yy}^{-1}\boldsymbol{C}_{yx} \tag{1.3.19}$$

在式(1.3.17)中，若简单地置换 $\boldsymbol{x}$ 和 $\boldsymbol{y}$ 的位置，可得到

$$p(\boldsymbol{y}\mid\boldsymbol{x})=N(\boldsymbol{y}\mid\mu_{y|x},\boldsymbol{C}_{y|x}) \tag{1.3.20}$$

其中$\mu_{y|x}$，$\boldsymbol{C}_{y|x}$的公式只需要将式(1.3.18)和(1.3.19)中简单地置换 $\boldsymbol{x}$ 和 $\boldsymbol{y}$ 的位置即可得到。

定理 1.3.2 的结论看上去比较直接，由 $N(\boldsymbol{z}|\mu_z,\boldsymbol{C}_{zz})$对 $\boldsymbol{y}$ 向量进行积分可得。定理 1.3.3 的条件概率密度函数仍是高斯的，其均值和协方差矩阵分别用式(1.3.18)和(1.3.19)计算。如下对定理 1.3.3 给出一个直观性的证明。

证明定理 1.3.3　由于 $N(\boldsymbol{z}|\mu_z,\boldsymbol{C}_{zz})$表达式中有 $\boldsymbol{C}_{zz}^{-1}$ 出现，为了方便，令

$$\boldsymbol{E}_{zz}=\boldsymbol{C}_{zz}^{-1}=\begin{bmatrix}\boldsymbol{C}_{xx} & \boldsymbol{C}_{xy}\\ \boldsymbol{C}_{yx} & \boldsymbol{C}_{yy}\end{bmatrix}^{-1}=\begin{bmatrix}\boldsymbol{E}_{xx} & \boldsymbol{E}_{xy}\\ \boldsymbol{E}_{yx} & \boldsymbol{E}_{yy}\end{bmatrix} \tag{1.3.21}$$

注意，这里分块矩阵 $\boldsymbol{E}_{xx}$ 与 $\boldsymbol{C}_{xx}$ 有相同的行列数目，其他几个分块矩阵也与同样下标的协方差矩阵同等大小，但注意 $\boldsymbol{E}_{xx}\neq\boldsymbol{C}_{xx}^{-1}$。利用分块矩阵逆的如下公式

$$\begin{pmatrix}\boldsymbol{A} & \boldsymbol{B}\\ \boldsymbol{C} & \boldsymbol{D}\end{pmatrix}^{-1}=\begin{pmatrix}\boldsymbol{K} & -\boldsymbol{K}\boldsymbol{B}\boldsymbol{D}^{-1}\\ -\boldsymbol{D}^{-1}\boldsymbol{C}\boldsymbol{K} & \boldsymbol{D}^{-1}+\boldsymbol{D}^{-1}\boldsymbol{C}\boldsymbol{K}\boldsymbol{B}\boldsymbol{D}^{-1}\end{pmatrix} \tag{1.3.22}$$

其中

$$\boldsymbol{K}=(\boldsymbol{A}-\boldsymbol{B}\boldsymbol{D}^{-1}\boldsymbol{C})^{-1} \tag{1.3.23}$$

对比式(1.3.21)、式(1.3.22)和式(1.3.23)可以得到

$$\boldsymbol{E}_{xx}=(\boldsymbol{C}_{xx}-\boldsymbol{C}_{xy}\boldsymbol{C}_{yy}^{-1}\boldsymbol{C}_{yx})^{-1} \tag{1.3.24a}$$

$$\boldsymbol{E}_{xy}=-(\boldsymbol{C}_{xx}-\boldsymbol{C}_{xy}\boldsymbol{C}_{yy}^{-1}\boldsymbol{C}_{yx})^{-1}\boldsymbol{C}_{xy}\boldsymbol{C}_{yy}^{-1} \tag{1.3.24b}$$

$\boldsymbol{E}_{yx}$和$\boldsymbol{E}_{yy}$后面没有用到,故不必写出。根据矩阵的性质,由于$\boldsymbol{C}_{xy}=\boldsymbol{C}_{yx}^{\mathrm{T}}$,故$\boldsymbol{E}_{xy}=\boldsymbol{E}_{yx}^{\mathrm{T}}$。

为了得到条件概率,有

$$p(\boldsymbol{x}\mid\boldsymbol{y})=\frac{p_z(\boldsymbol{z})}{p_y(\boldsymbol{y})}=\frac{p_z(\boldsymbol{x},\boldsymbol{y})}{p_y(\boldsymbol{y})}=c(\boldsymbol{y})p_z(\boldsymbol{x},\boldsymbol{y}) \tag{1.3.25}$$

式中,用$c(\boldsymbol{y})$表示$1/p_y(\boldsymbol{y})$。注意到,由于假设$\boldsymbol{y}$作为常数已确定,因此式(1.3.25)中$p_z(\boldsymbol{z})=p_z(\boldsymbol{x},\boldsymbol{y})$只包含了所关心的自变量$\boldsymbol{x}$,所以式(1.3.25)最后一式可理解为,把$\boldsymbol{y}$看作常数仅由$p_z(\boldsymbol{x},\boldsymbol{y})$通过归一化即可得到$p(\boldsymbol{x}|\boldsymbol{y})$。为表示方便,把$p_z(\boldsymbol{z})$的指数项写为$Q_1$,并将式(1.3.14)~式(1.3.16)代入得

$$\begin{aligned}Q_1&=-\frac{1}{2}(\boldsymbol{z}-\boldsymbol{\mu}_z)^{\mathrm{T}}\boldsymbol{C}_{zz}^{-1}(\boldsymbol{z}-\boldsymbol{\mu}_z)\\&=-\frac{1}{2}(\boldsymbol{x}-\boldsymbol{\mu}_x)^{\mathrm{T}}\boldsymbol{E}_{xx}(\boldsymbol{x}-\boldsymbol{\mu}_x)-\frac{1}{2}(\boldsymbol{x}-\boldsymbol{\mu}_x)^{\mathrm{T}}\boldsymbol{E}_{xy}(\boldsymbol{y}-\boldsymbol{\mu}_y)\\&\quad-\frac{1}{2}(\boldsymbol{y}-\boldsymbol{\mu}_y)^{\mathrm{T}}\boldsymbol{E}_{yx}(\boldsymbol{x}-\boldsymbol{\mu}_x)-\frac{1}{2}(\boldsymbol{y}-\boldsymbol{\mu}_y)^{\mathrm{T}}\boldsymbol{E}_{yy}(\boldsymbol{y}-\boldsymbol{\mu}_y)\\&=-\frac{1}{2}\boldsymbol{x}^{\mathrm{T}}\boldsymbol{E}_{xx}\boldsymbol{x}+\boldsymbol{x}^{\mathrm{T}}[\boldsymbol{E}_{xx}\boldsymbol{\mu}_x-\boldsymbol{E}_{xy}(\boldsymbol{y}-\boldsymbol{\mu}_y)]+C_1(\boldsymbol{y})+C_2\end{aligned} \tag{1.3.26}$$

在式(1.3.26)中,由于把$\boldsymbol{y}$当成固定的,故把与$\boldsymbol{y}$有关的量记为$C_1(\boldsymbol{y})$,作为常数看待,把其他常数值记为C_2,由于式(1.3.26)中只有$\boldsymbol{x}$的二次项和一次项,且在对$p_z(\boldsymbol{x},\boldsymbol{y})$的归一化时对这些项不产生影响,故通过归一化一定可以将$p(\boldsymbol{x}|\boldsymbol{y})$写成

$$p(\boldsymbol{x}\mid\boldsymbol{y})=\frac{1}{(2\pi)^{M/2}\det^{1/2}(\boldsymbol{C}_{x|y})}\exp\left(-\frac{1}{2}(\boldsymbol{x}-\boldsymbol{\mu}_{x|y})^{\mathrm{T}}\boldsymbol{C}_{x|y}^{-1}(\boldsymbol{x}-\boldsymbol{\mu}_{x|y})\right) \tag{1.3.27}$$

为了确定$\boldsymbol{C}_{x|y}$和$\boldsymbol{\mu}_{x|y}$,将式(1.3.27)的指数项写为

$$\begin{aligned}Q_2&=-\frac{1}{2}(\boldsymbol{x}-\boldsymbol{\mu}_{x|y})^{\mathrm{T}}\boldsymbol{C}_{x|y}^{-1}(\boldsymbol{x}-\boldsymbol{\mu}_{x|y})\\&=\frac{1}{2}\boldsymbol{x}^{\mathrm{T}}\boldsymbol{C}_{x|y}^{-1}\boldsymbol{x}+\boldsymbol{x}^{\mathrm{T}}\boldsymbol{C}_{x|y}^{-1}\boldsymbol{\mu}_{x|y}+C_3\end{aligned} \tag{1.3.28}$$

注意到,通过令式(1.3.28)和式(1.3.26)中$\boldsymbol{x}$的二次项和一次项系数相等得

$$\boldsymbol{C}_{x|y}^{-1}=\boldsymbol{E}_{xx} \tag{1.3.29}$$

$$\boldsymbol{C}_{x|y}^{-1}\boldsymbol{\mu}_{x|y}=\boldsymbol{E}_{xx}\boldsymbol{\mu}_x-\boldsymbol{E}_{xy}(\boldsymbol{y}-\boldsymbol{\mu}_y) \tag{1.3.30}$$

结合式(1.3.24),式(1.3.29)重写为

$$\boldsymbol{C}_{x|y}=\boldsymbol{E}_{xx}^{-1}=\boldsymbol{C}_{xx}-\boldsymbol{C}_{xy}\boldsymbol{C}_{yy}^{-1}\boldsymbol{C}_{yx} \tag{1.3.31}$$

式(1.3.30)重写为

$$\begin{aligned}\boldsymbol{\mu}_{x|y}&=\boldsymbol{C}_{x|y}[\boldsymbol{E}_{xx}\boldsymbol{\mu}_x-\boldsymbol{E}_{xy}(\boldsymbol{y}-\boldsymbol{\mu}_y)]\\&=\boldsymbol{\mu}_x-\boldsymbol{E}_{xx}^{-1}\boldsymbol{E}_{xy}(\boldsymbol{y}-\boldsymbol{\mu}_y)\\&=\boldsymbol{\mu}_x+\boldsymbol{C}_{xy}\boldsymbol{C}_{yy}^{-1}(\boldsymbol{y}-\boldsymbol{\mu}_y)\end{aligned} \tag{1.3.32}$$

得到式(1.3.32)的最后一行时用到了式(1.3.24b)。定理1.3.3得证。

本节注释:把式(1.3.13)的标准高斯密度函数简写成$N(\cdot)$的缩写形式。本书和文献中有两种形式,一种如本节前述,写成$N(\boldsymbol{x}|\boldsymbol{\mu}_x,\boldsymbol{C}_{xx})$,$\boldsymbol{x}$是变量,$\boldsymbol{\mu}_x$,$\boldsymbol{C}_{xx}$是参数,这是一个完

整缩写形式；第二种形式写为 $N(\mu_x, \boldsymbol{C}_{xx})$，这是一种简化的缩写，用这种形式时主要说明一个变量服从高斯分布，或用于说明其均值和协方差，例如 $\boldsymbol{x} \sim N(\mu_x, \boldsymbol{C}_{xx})$ 说明 $\boldsymbol{x}$ 服从高斯分布且指出了均值和协方差阵。在实际中，若需要带入 $\boldsymbol{x}$ 的取值计算密度函数的值，则用第一种，例如 $c = N(\boldsymbol{x}_i | \mu_x, \boldsymbol{C}_{xx})$，若只是说明一个变量是高斯的则可用第二种形式。本书这两种缩写都用，根据上下文不会引起歧义。

*1.3.4　复高斯过程

本节概要讨论复高斯过程。并且观察到复高斯过程的各种关系式与实高斯情况的不同。设复随机向量 $\boldsymbol{z} = \boldsymbol{x} + \mathrm{j}\boldsymbol{y}$，这里 $\boldsymbol{z} = [z_1, z_2, \cdots, z_M]^{\mathrm{T}}$ 各分量取复数，$\boldsymbol{x}$ 和 $\boldsymbol{y}$ 是实值向量，$\boldsymbol{z}$ 的各分量服从联合高斯分布。为简单计，设 $E[z_i] = 0$。由于每个分量 $z_i = x_i + \mathrm{j}y_i$ 包含两个随机变量，故复向量 $\boldsymbol{z}$ 是由 $2M$ 个随机变量组成的，若表示向量 $\tilde{\boldsymbol{z}} = [\boldsymbol{x}^{\mathrm{T}}, \boldsymbol{y}^{\mathrm{T}}]^{\mathrm{T}}$，其联合概率密度函数可表示为 $p_z(\boldsymbol{x}, \boldsymbol{y})$，由如下分块的自相关矩阵

$$\sum = \begin{bmatrix} \boldsymbol{R}_{xx} & \boldsymbol{R}_{xy} \\ \boldsymbol{R}_{yx} & \boldsymbol{R}_{yy} \end{bmatrix} \tag{1.3.33}$$

确定为

$$p_z(\tilde{\boldsymbol{z}}) = p_z(\boldsymbol{x}, \boldsymbol{y}) = \frac{1}{(2\pi)^M \sqrt{\det\left(\sum\right)}} \exp\left(-\tilde{\boldsymbol{z}}^{\mathrm{T}} \sum^{-1} \tilde{\boldsymbol{z}}\right) \tag{1.3.34}$$

另一方面，$\boldsymbol{z}$ 的自相关矩阵可表示为

$$\boldsymbol{R}_{zz} = E[\boldsymbol{z}\boldsymbol{z}^{\mathrm{H}}] = E[(\boldsymbol{x} + \mathrm{j}\boldsymbol{y})(\boldsymbol{x} + \mathrm{j}\boldsymbol{y})^{\mathrm{H}}] = \boldsymbol{R}_{xx} + \boldsymbol{R}_{yy} - \mathrm{j}(\boldsymbol{R}_{xy} - \boldsymbol{R}_{yx}) \tag{1.3.35}$$

若把复信号向量 $\boldsymbol{z}$ 看成一个整体，仅已知其自相关矩阵 $\boldsymbol{R}_{zz}$，并不能分离出矩阵 $\boldsymbol{R}_{xx}$、$\boldsymbol{R}_{yy}$、$\boldsymbol{R}_{xy}$ 和 $\boldsymbol{R}_{yx}$，因此，一般地并不能由 $\boldsymbol{R}_{zz}$ 构造出矩阵 $\sum$，因此并不能由 $\boldsymbol{R}_{zz}$ 确定出其联合概率密度函数 $p_z(\boldsymbol{x}, \boldsymbol{y})$。如下的 Goodman 定理，给出了在特定条件下，可由 $\boldsymbol{R}_{zz}$ 得到向量 $\boldsymbol{z}$ 的联合概率密度函数。

定理 1.3.4(Goodman 定理)　如果向量 $\boldsymbol{x}, \boldsymbol{y}$ 的自相关和互相关矩阵满足如下条件

$$\boldsymbol{R}_{xx} = \boldsymbol{R}_{yy}, \quad \boldsymbol{R}_{xy} = -\boldsymbol{R}_{yx} \tag{1.3.36}$$

则向量 $\boldsymbol{z}$ 的自相关矩阵可写为

$$\boldsymbol{R}_{zz} = 2\boldsymbol{R}_{xx} - 2\mathrm{j}\boldsymbol{R}_{xy} \tag{1.3.37}$$

向量 $\boldsymbol{z}$ 的联合概率密度函数表示为

$$p_z(z) = \frac{1}{(\pi)^M \det(\boldsymbol{R}_{zz})} \exp(-z^{\mathrm{H}} \boldsymbol{R}_{zz}^{-1} \boldsymbol{z}) \tag{1.3.38}$$

由于是复数，实际上 $\boldsymbol{z}$ 相当于实数向量的 $2M$ 维。一个标量复数随机变量的概率密度函数为

$$p_z(z) = \frac{1}{\pi\sigma_z} \exp\left(\frac{-|z|^2}{\sigma_z^2}\right)$$

如下不加证明地列出复高斯过程的几个性质，有些性质对实高斯过程是不成立的。

(1) 宽平稳等价于严格平稳。

(2) $E[z(n)z(k)] = 0 \quad n \neq k$。

注意这个性质对实高斯过程是不成立的，在复高斯情况下，一般地 $E[z^*(n)z(k)] \neq 0$。

(3) 不等共轭数的高斯矩分解性质。

如果 $k \neq l, s_k, t_j \in \{1,2,\cdots,M\}$，则

$$E[z_{s_1}^* z_{s_2}^* \cdots z_{s_k}^* z_{t_1} z_{t_2} \cdots z_{t_l}] = 0 \tag{1.3.39}$$

此性质说明，参与高阶矩运算的变量中，进行共轭操作的变量数和不做共轭操作的变量数如果不相等，期望值总为零。由此性质，对复高斯过程求 3 阶矩，不管共轭符号怎样分配，总是为零。

(4) 4 阶矩分解公式为

$$E[z_1^* z_2^* z_3 z_4] = E[z_1^* z_3]E[z_2^* z_4] + E[z_2^* z_3]E[z_1^* z_4] \tag{1.3.40}$$

对等共轭数分配的更高阶矩仍可以分解为 2 阶矩的组合，由于用得很少，此处不再进一步讨论，感兴趣读者参考有关文献。

对复信号，高斯矩分解公式同样展示了高斯过程的一个很重要的性质，即由 2 阶矩可以完全刻画一个高斯随机过程的统计特性(若均值非 0 还需要均值)，因为高斯过程的高阶矩完全由 2 阶矩确定，高斯过程的联合概率密度函数也可由 2 阶矩确定。

从高斯分布可以看出(其他分布也类似)，从实随机信号的联合概率密度函数到复随机信号的联合概率密度函数，一般不能通过简单地施加共轭符号即可做到，故后续章节中，若不加说明，在用到概率密度函数时，均假设为实变量的概率密度函数，若讨论复变量的概率密度函数时，会专门指出。

*1.3.5 混合高斯过程

式(1.3.13)表示的是高斯过程，在正常情况下，即协方差矩阵 $\boldsymbol{C}_{xx}$ 是正定矩阵的情况下，其表示单峰的概率密度函数。尽管在相当多的情况下，用高斯过程可以相当好地描述随机信号分布，且高斯分布具有良好的数学性质便于处理，但实际中，还是有许多环境不能用高斯分布来刻画，一个基本的情况是，当实际概率密度函数存在多峰时，高斯过程是不适用的，但若对高斯过程进行一定的修正，可以得到满足更一般情况的一种概率密度描述，混合高斯过程(Mixture Of Gaussians)是一种对高斯分布的推广形式。混合高斯过程是由多个高斯密度函数的叠加描述的，即

$$p(\boldsymbol{x}) = \sum_{k=1}^{K} c_k N(\boldsymbol{x} \mid \mu_k, \boldsymbol{C}_k) \tag{1.3.41}$$

这里，$p(\boldsymbol{x})$ 是混合高斯过程的概率密度函数，其积分为 1，故得到

$$\sum_{k=1}^{K} c_k = 1 \tag{1.3.42}$$

由于对所有的 $\boldsymbol{x}$，有 $p(\boldsymbol{x}) \geqslant 0$，要求

$$0 \leqslant c_k \leqslant 1 \tag{1.3.43}$$

或者说，在满足式(1.3.42)和(1.3.43)的条件下，式(1.3.41)所得到的 $p(\boldsymbol{x})$ 是一个合格的概率密度函数。

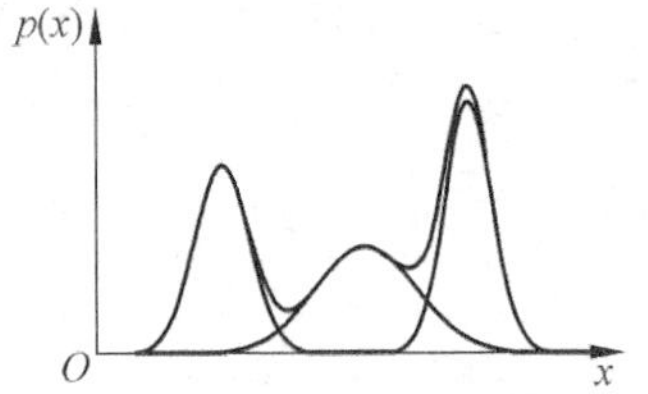

图 1.3.1 一个混合高斯过程例子

一个一维情况下，由 3 个高斯函数混合得到的一个混合高斯过程的密度函数示于图 1.3.1，它可以表述概率密度中存在多峰的情况。

实际中，通过选择充分大的 K 和参数集 $\{c_k, \mu_k, \boldsymbol{C}_k, k=1,\cdots,K\}$，一个混合高斯过程可以以任意精度逼近

一个任意的概率密度函数[14]。对于一个实际信号，当建模为式(1.3.41)的混合高斯过程时，若我们能够测量到信号的充分多的数据，则可以相当精确地估计出参数集，从而得到估计的概率密度函数，混合高斯过程参数估计问题，在第2章做进一步讨论。

1.3.6 高斯-马尔可夫过程

如果一个随机信号满足条件

$$\begin{aligned}&P\{x(n)\leqslant x_n \mid x(n-1)=x_{n-1},x(n-2)=x_{n-2},\cdots,x(1)=x_1\}\\&=P\{x(n)\leqslant x_n \mid x(n-1)=x_{n-1}\}\end{aligned} \tag{1.3.44}$$

称该信号为马尔可夫过程。马尔可夫过程的含义是：当 $x(n)$的"现在"已知时，"将来"和"过去"的统计特性是无关的。如果一个随机信号是高斯过程同时又是马尔可夫过程，就称信号为高斯-马尔可夫过程(正态-马尔可夫过程)。

对于一个零均值平稳随机信号，如果它是高斯过程，它也是马尔可夫过程的充要条件，其自相关函数可写为

$$r_x(k)=r_x(0)a^{|k|} \tag{1.3.45}$$

1.4 随机信号的展开

本节讨论随机信号的几种表示形式。一个随机信号可以由确定的基函数展开，展开系数是随机序列，在一般情况下，展开系数之间存在相关性，选择特定的基函数下，可使得这些展开系数是不相关的，这就是 KL(Karhunen-Loeve)展开或 KL 变换。在另外一些应用中，可以用随机基序列表示一个随机信号，系数是确定性的序列。在两种情况下，正交基总是易于处理的，因此需要讨论 Gram-Schmidt 正交化，这是将不满足正交性的一组基变成正交基的一种方法。

1.4.1 随机信号的正交展开

假设基序列集$\{a_k(n),k=0,\pm1,\cdots\}$对一类信号集满足完备性，且互相正交，即

$$\langle a_k(n),a_m(n)\rangle=\sum_{n=-\infty}^{\infty}a_k(n)a_m^*(n)=C\delta(k-m)=\begin{cases}C, & k=m\\0, & k\neq m\end{cases} \tag{1.4.1}$$

若 $C=1$ 称基序列是归一化的。对于这类信号集中的一个随机信号 $x(n)$，形式上可写成

$$x(n)=\sum_{k=-\infty}^{\infty}c_k a_k(n) \tag{1.4.2}$$

上式两侧同乘 $a_m^*(n)$，并对 n 求和，有

$$\sum_{n=-\infty}^{\infty}a_m^*(n)x(n)=\sum_{n=-\infty}^{\infty}\sum_{k=-\infty}^{\infty}c_k a_k(n)a_m^*(n)=\sum_{k=-\infty}^{\infty}c_k\sum_{n=-\infty}^{\infty}a_k(n)a_m^*(n)=Cc_m$$

因此，展开式系数

$$c_k=\frac{1}{C}\sum_{n=-\infty}^{\infty}x(n)a_k^*(n)=\frac{1}{C}\langle x(n),a_k(n)\rangle \tag{1.4.3}$$

由于 $x(n)$是随机过程，对于不同试验有不同波形，因此，系数 c_k 是一个随机变量序列。系数 $1/C$ 放置在式(1.4.2)或(1.4.3)前面均可。在零均值情况，$E\{x(n)\}=0$，则 $E\{c_k\}=0$。

对于离散随机信号处理,常使用有限长序列,即信号的取值范围$\{x(n),n=0,1,\cdots,N-1\}$,将信号表示成向量形式$\boldsymbol{x}=[x(0),x(1),\cdots,x(N-1)]^{\mathrm{T}}$,对于长度为$N$的有限长序列,只需要$N$个基序列,且每个基序列长度为$N$,即

$$\{a_k(n),k=0,1,\cdots,N-1;\ n=0,1,\cdots,N-1\}$$

每个基序列$a_k(n)$也可写成向量形式$\boldsymbol{a}_k=[a_k(0),a_k(1),\cdots,a_k(N-1)]^{\mathrm{T}}$。

式(1.4.2)和(1.4.3)分别改写为

$$x(n)=\sum_{k=0}^{N-1}c_k a_k(n),\quad n=0,1,\cdots,N-1 \tag{1.4.4}$$

$$c_k=\frac{1}{C}\sum_{n=0}^{N-1}x(n)a_k^*(n)=\frac{1}{C}\boldsymbol{a}_k^{\mathrm{H}}\boldsymbol{x},\quad k=0,1,\cdots,N-1 \tag{1.4.5}$$

变换系数也可表示为向量$\boldsymbol{c}=[c_0,c_1,\cdots,c_{N-1}]^{\mathrm{T}}$,变换系数向量可写成矩阵形式为

$$\boldsymbol{c}=\frac{1}{C}\boldsymbol{\Phi}^{\mathrm{H}}\boldsymbol{x} \tag{1.4.6}$$

这里

$$\boldsymbol{\Phi}^{\mathrm{H}}=\begin{bmatrix}\boldsymbol{a}_0^{\mathrm{H}}\\ \boldsymbol{a}_1^{\mathrm{H}}\\ \vdots\\ \boldsymbol{a}_{N-1}^{\mathrm{H}}\end{bmatrix}=\begin{bmatrix}a_0^*(0) & a_0^*(1) & \cdots & a_0^*(N-1)\\ a_1^*(0) & a_1^*(1) & \cdots & a_1^*(N-1)\\ \vdots & \vdots & \ddots & \vdots\\ a_{N-1}^*(0) & a_{N-1}^*(1) & \cdots & a_{N-1}^*(N-1)\end{bmatrix}$$

信号向量表示为

$$\boldsymbol{x}=\boldsymbol{\Phi}\boldsymbol{c}=[\boldsymbol{a}_0\quad \boldsymbol{a}_1\quad \cdots\quad \boldsymbol{a}_{N-1}]\boldsymbol{c}=\sum_{k=0}^{N-1}c_k\boldsymbol{a}_k \tag{1.4.7}$$

式(1.4.7)可以解释为信号向量表示为基向量的加权和,这里,

$$\boldsymbol{\Phi}=[\boldsymbol{a}_0\quad \boldsymbol{a}_1\quad \cdots\quad \boldsymbol{a}_{N-1}]$$

$\boldsymbol{\Phi}$的每一列由一个基向量构成。

最常用的一个有限长变换 DFT,其基序列集是

$$a_k[n]=\mathrm{e}^{\mathrm{j}\left(\frac{2\pi}{N}k\right)n}=W_N^{-kn}\quad k=0,1,\cdots,N-1;\ n=0,1,\cdots,N-1$$

这里,$W_N^m=\exp\left(-\mathrm{j}\,\dfrac{2\pi}{N}m\right)$,基序列的正交性可表示为

$$\sum_{n=0}^{N-1}\mathrm{e}^{\mathrm{j}\frac{2\pi}{N}kn}\left(\mathrm{e}^{\mathrm{j}\frac{2\pi}{N}rn}\right)^*=N\delta(k-r)$$

用 DFT 的习惯表示方法,用$X(k)$表示 DFT 变换,DFT 变换写为

$$x(n)=\mathrm{IDFT}\{X(k)\}=\frac{1}{N}\sum_{k=0}^{N-1}X(k)W_N^{-kn}\quad n=0,1,\cdots,N-1 \tag{1.4.8}$$

$$X(k)=\mathrm{DFT}\{x(n)\}=\sum_{n=0}^{N-1}x(n)W_N^{kn}\quad k=0,1,\cdots,N-1 \tag{1.4.9}$$

对于随机信号来讲,$x(n)$是随机过程,式(1.4.8)和(1.4.9)表示对随机过程的一次实现互为正变换和反变换,既然对随机过程的所有实现都可以表示成这个变换对,可以说式(1.4.8)和式(1.4.9)是随机过程的 DFT 变换对,且变换系数$X(k)$也是一个随机过程。假设$x(n)$是平稳的,观察$X(k)$的性质,若$x(n)$是零均值的,$X(k)$也是零均值的。两个变换系数的自相关序列为

$$E\{X(k)X^*(l)\}=E\left\{\sum_{n=0}^{N-1}x(n)W_N^{kn}\sum_{m=0}^{N-1}x^*(m)W_N^{-lm}\right\}$$
$$=\sum_{m=0}^{N-1}\sum_{n=0}^{N-1}E\{x(n)x^*(m)\}W_N^{kn}W_N^{-lm}$$
$$=\sum_{m=0}^{N-1}\left(\sum_{n=0}^{N-1}r_x(n-m)W_N^{kn}\right)W_N^{-lm} \tag{1.4.10}$$

注意到大括号内是对 $r_x(n-m)$ 的 DFT，对于一个参数 m，求的是 N 长序列 $\{r_x(-m), r_x(-m+1),\cdots,r_x(N-m-1)\}$ 的 DFT，故表示成 $R_x(k,m)$，该值与 m 有关，故

$$E\{X(k)X^*(l)\}=\sum_{m=0}^{N-1}R_x(k,m)W_N^{-lm}=\widetilde{R}(k,((-l))_N) \tag{1.4.11}$$

注意到，$\sum_{m=0}^{N-1}R_x(k,m)W_N^{-lm}$ 相当于把 $R_x(k,m)$ 看作是包含参数 k 的以 m 为变量的序列求 DFT，DFT 序号取 $-l$，由于 $-l$ 不在 DFT 系数范围内，故通过翻转运算 $((-l))_N$ 翻转到 $[0,N-1]$ 之间(关于 DFT 翻转特性请参考[34])。注意到对一般情况式(1.4.11)无法进一步化简，故一般结论：DFT 系数之间存在相关性，且 DFT 系数具有非平稳性。

若随机信号 $x(n)$ 是白噪声，即 $r_x(n)=\sigma_x^2\delta(n)$，直接带入式(1.4.10)最后一列，有

$$E\{X(k)X^*(l)\}=\sum_{m=0}^{N-1}\left(\sum_{n=0}^{N-1}\sigma_x^2\delta(n-m)W_N^{kn}\right)W_N^{-lm}$$
$$=\sigma_x^2\sum_{m=0}^{N-1}W_N^{(k-l)m}=N\sigma_x^2\delta(k-l) \tag{1.4.12}$$

即白噪声的各 DFT 系数互不相关，且是平稳的。

注释：有的读者可能会将式(1.4.10)最后一行进一步写为

$$E\{X(k)X^*(l)\}=\sum_{m=0}^{N-1}\left(\sum_{n=0}^{N-1}r_x(n-m)W_N^{kn}\right)W_N^{-lm}$$
$$=\sum_{m=0}^{N-1}W_N^{km}W_N^{-lm}R_x(k)=NR_x(k)\delta(k-l) \tag{1.4.13}$$

从而得到 DFT 各系数不相关的乐观结果，实际上 DFT 系数只有在循环移位条件下，才能写成循环位移性为：$r_x((n-m))_N\leftrightarrow W_N^{km}R_x(k)$，但此处 $r_x(n-m)$ 针对 $r_x(n)$ 并不是循环位移，故 DFT 循环位移特性不成立，式(1.4.13)在一般情况下不成立。

1.4.2　基向量集的正交化

如果给出一组基向量，满足线性独立条件，但却不满足正交性，就无法直接应用式(1.4.5)这样简洁的获得展开系数的公式，将基向量正交化，将获得对问题表示的简单性。

设基向量 $\boldsymbol{v}_0,\boldsymbol{v}_1,\cdots,\boldsymbol{v}_{N-1}$ 线性独立但不正交，要求将其正交化和归一化，可以用如下的 Gram-Schmidt 正交化方法。设

$$\boldsymbol{u}_0=\boldsymbol{v}_0$$
$$\boldsymbol{u}_1=\boldsymbol{v}_1-b_{10}\boldsymbol{u}_0$$

为使 $\langle\boldsymbol{u}_1,\boldsymbol{u}_0\rangle=0$，求得系数 $b_{10}=\langle\boldsymbol{v}_1,\boldsymbol{u}_0\rangle\langle\boldsymbol{u}_0,\boldsymbol{u}_0\rangle^{-1}$，因此

$$\boldsymbol{u}_1=\boldsymbol{v}_1-\langle\boldsymbol{v}_1,\boldsymbol{u}_0\rangle\langle\boldsymbol{u}_0,\boldsymbol{u}_0\rangle^{-1}u_0$$

依此类推，得到一般的正交化过程为

$$\boldsymbol{u}_k = \boldsymbol{v}_k - \sum_{i=0}^{k-1} \langle \boldsymbol{v}_k, \boldsymbol{u}_i \rangle \langle \boldsymbol{u}_i, \boldsymbol{u}_i \rangle^{-1} \boldsymbol{u}_i$$

这样得到的基向量 $\boldsymbol{u}_0, \boldsymbol{u}_1, \cdots, \boldsymbol{u}_{N-1}$ 是正交的，按如下式归一化

$$\varphi_k = \boldsymbol{u}_k / \| \boldsymbol{u}_k \|, \quad k = 0, 1, 2, \cdots, N-1$$

这里 $\| \boldsymbol{u}_k \| = \langle \boldsymbol{u}_k, \boldsymbol{u}_k \rangle^{1/2} = (\boldsymbol{u}_k^{\mathrm{H}} \boldsymbol{u}_k)^{1/2}$ 表示向量的范数。

1.4.3 KL 变换

如前所述，随机信号的各展开系数可能是相关的，这在某些应用中没有优势。例如，在信源编码(例如图像压缩编码、视频编码)等的应用中，希望展开系数是不相关的。如果找到特殊的基序列集 $\{a_k(n), k=0, \pm 1, \cdots\}$，使

$$E\{c_k c_m^*\} = \lambda_k \delta(k-m) = \begin{cases} 0, & k \neq m \\ \lambda_k, & k = m \end{cases} \tag{1.4.14}$$

即各系数 c_k 是不相关的(零均值情况下也是互相正交的)，这种展开式称为 KL 变换。

为讨论方便，以下假设基序列集是归一化的。将式(1.4.3)代入式(1.4.14)得

$$\begin{aligned} E\{c_k c_m^*\} &= E\left\{ \sum_{n=-\infty}^{\infty} x(n) a_k^*(n) \sum_{l=-\infty}^{\infty} x^*(l) a_m(l) \right\} \\ &= E\left\{ \sum_{n=-\infty}^{\infty} \sum_{l=-\infty}^{\infty} x(n) x^*(l) a_k^*(n) a_m(l) \right\} \\ &= \sum_{n=-\infty}^{\infty} \left[\sum_{l=-\infty}^{\infty} E(x(n) x^*(l)) a_m(l) \right] a_k^*(n) \\ &= \sum_{n=-\infty}^{\infty} \left[\sum_{l=-\infty}^{\infty} r_x(n-l) a_m(l) \right] a_k^*(n) \\ &= \lambda_k \delta(k-m) \end{aligned}$$

由 $a_k(n)$ 的正交性，要使上式最后 1 行成立，只需

$$\sum_{l=-\infty}^{\infty} r_x(n-l) a_k(l) = \lambda_k a_k(n) \quad n = 0, \pm 1, \cdots \tag{1.4.15}$$

用式(1.4.15)得到的序列集 $\{a_k(n), k=0, \pm 1, \cdots\}$ 作式(1.4.2)的展开，系数 c_k 必然满足式(1.4.14)，得到的展开式(1.4.2)是 KL 展开。

对于有限长序列的特殊情况，可得到更加简单的结果。变换的矩阵形式重写为

$$\boldsymbol{x} = \boldsymbol{\Phi} \boldsymbol{c} \tag{1.4.16}$$

系数向量为

$$\boldsymbol{c} = \boldsymbol{\Phi}^{\mathrm{H}} \boldsymbol{x} \tag{1.4.17}$$

为使式(1.4.16)是有限长序列的 KL 变换，需确定基向量，在有限长序列情况，确定 $a_k(n)$ 的方程式(1.4.15)简化为如下 N 个方程：

$$\begin{bmatrix} r_x(0), & r_x(-1), & r_x(-2), & \cdots & r_x(-N+1) \\ r_x(1), & r_x(0), & r_x(-1), & \cdots & r_x(-N+2) \\ \vdots & \vdots & \vdots & \ddots & \vdots \\ r_x(N-1), & r_x(N-2), & \cdots & \cdots & r_x(0) \end{bmatrix} \begin{bmatrix} a_k(0) \\ a_k(1) \\ \vdots \\ a_k(N-1) \end{bmatrix} = \lambda_k \begin{bmatrix} a_k(0) \\ a_k(1) \\ \vdots \\ a_k(N-1) \end{bmatrix}$$

如上方程的系数矩阵恰好是信号向量 $\boldsymbol{x}=[x(0),x(1),\cdots,x(N-1)]^{\mathrm{T}}$ 的自相关矩阵，写成如下紧凑形式

$$\boldsymbol{R}_x\boldsymbol{a}_k=\lambda_k\boldsymbol{a}_k \tag{1.4.18}$$

取 λ_k 为 $\boldsymbol{R}_x$ 的第 k 个特征值，式(1.4.18)说明基向量 $\boldsymbol{a}_k=\boldsymbol{q}_k$ 为 $\boldsymbol{R}_x$ 的第 k 个特征向量，这里特征向量 $\boldsymbol{q}_k$ 是归一化的。展开式(1.4.16)用这个基向量表示为

$$\boldsymbol{x}=[\boldsymbol{q}_0,\boldsymbol{q}_1,\cdots,\boldsymbol{q}_{N-1}]\boldsymbol{c}=\boldsymbol{Q}\boldsymbol{c} \tag{1.4.19}$$

展开系数向量由下式求得

$$\boldsymbol{c}=\boldsymbol{Q}^{\mathrm{H}}\boldsymbol{x} \tag{1.4.20}$$

这里 $\boldsymbol{Q}$ 是自相关矩阵的特征向量矩阵，其每一列是一个特征向量。对有限长序列，式(1.4.20)和式(1.4.19)分别称为 KL 变换和 KL 反变换，变换式(1.4.20)求得变换系数，反变换式(1.4.19)由变换系数恢复信号向量。对于 KL 变换，变换系数是互不相关的，且满足

$$\begin{aligned}E[\boldsymbol{c}\boldsymbol{c}^{\mathrm{H}}]&=E[\boldsymbol{Q}^{\mathrm{H}}\boldsymbol{x}\boldsymbol{x}^{\mathrm{H}}\boldsymbol{Q}]=\boldsymbol{Q}^{\mathrm{H}}E[\boldsymbol{x}\boldsymbol{x}^{\mathrm{H}}]\boldsymbol{Q}=\boldsymbol{Q}^{\mathrm{H}}\boldsymbol{R}_x\boldsymbol{Q}\\&=\boldsymbol{Q}^{\mathrm{H}}\boldsymbol{Q}\Lambda\boldsymbol{Q}^{\mathrm{H}}\boldsymbol{Q}=\Lambda=\mathrm{diag}(\lambda_0,\lambda_1,\cdots,\lambda_{N-1})\end{aligned} \tag{1.4.21}$$

式(1.4.21)同时说明 $E[|c_i|^2]=\lambda_i$。由于

$$E[\|\boldsymbol{c}\|_2^2]=E\left[\sum_{k=0}^{N-1}|c_i|^2\right]=E[\boldsymbol{c}^{\mathrm{H}}\boldsymbol{c}]=\sum_{i=0}^{N-1}\lambda_i \tag{1.4.22}$$

另一方面

$$E[\|\boldsymbol{x}\|_2^2]=E\left[\sum_{i=0}^{N-1}|x(i)|^2\right]=E[\boldsymbol{x}^{\mathrm{H}}\boldsymbol{x}]=E[\boldsymbol{c}^{\mathrm{H}}\boldsymbol{Q}^{\mathrm{H}}\boldsymbol{Q}\boldsymbol{c}]=E[\boldsymbol{c}^{\mathrm{H}}\boldsymbol{c}]=\sum_{k=0}^{N-1}\lambda_i$$

即

$$E[\|\boldsymbol{c}\|_2^2]=E[\|\boldsymbol{x}\|_2^2]=\sum_{k=0}^{N-1}\lambda_i \tag{1.4.23}$$

式(1.4.23)称为 KL 变换的能量不变性(帕塞瓦尔定理)。

*1.4.4 主分量分析

在 KL 变换基础上，容易导出信号向量表示的一种重要方法，主分量分析(Principal Component Analysis，PCA)。

在式(1.4.19)中，若仅保留系数向量的前 $K(<N)$ 个系数，定义 $\hat{\boldsymbol{c}}=[c_0,c_1,\cdots,c_{K-1}]^{\mathrm{T}}$，由此得到信号向量 $\boldsymbol{x}$ 的近似表示 $\hat{\boldsymbol{x}}$，即

$$\hat{\boldsymbol{x}}=[\boldsymbol{q}_0,\boldsymbol{q}_1,\cdots,\boldsymbol{q}_{K-1}]\hat{\boldsymbol{c}}=\boldsymbol{Q}_K\hat{\boldsymbol{c}} \tag{1.4.24}$$

注意 $\hat{\boldsymbol{x}}$ 是 $\boldsymbol{x}$ 的近似表示，仍是 N 维向量，$\boldsymbol{Q}_K$ 是一个 $N\times K$ 矩阵，不难验证 $\boldsymbol{Q}_K^{\mathrm{H}}\boldsymbol{Q}_K=\boldsymbol{I}$，这里 $\boldsymbol{I}$ 是 $K\times K$ 单位矩阵，则

$$E[\|\hat{\boldsymbol{x}}\|_2^2]=E\left[\sum_{i=0}^{N-1}|\hat{x}(i)|^2\right]=E[\hat{\boldsymbol{x}}^{\mathrm{H}}\hat{\boldsymbol{x}}]=E[\hat{\boldsymbol{c}}^{\mathrm{H}}\boldsymbol{Q}_K^{\mathrm{H}}\boldsymbol{Q}_K\hat{\boldsymbol{c}}]=E[\hat{\boldsymbol{c}}^{\mathrm{H}}\hat{\boldsymbol{c}}]=\sum_{k=0}^{K-1}\lambda_i \tag{1.4.25}$$

若定义误差向量

$$\boldsymbol{e}=\boldsymbol{x}-\hat{\boldsymbol{x}} \tag{1.4.26}$$

则不难验证

$$E[\|\boldsymbol{e}\|_2^2] = \sum_{k=K}^{N-1}\lambda_i \tag{1.4.27}$$

注意到,若只用 K 个 KL 变换系数表示一个信号,则近似误差等于没有用到的变换系数对应的信号自相关矩阵特征值之和。若我们把特征值按序号从大到小排列,即

$$\lambda_0 \geqslant \lambda_1 \geqslant \cdots \geqslant \lambda_{N-1} \tag{1.4.28}$$

相应的特征向量序号与其特征值对应,则仅用 K 个变换系数表示信号向量时,误差向量的能量为 $N-K$ 个最小特征值之和。因此,用 KL 变换表示信号时,选择 K 个最大特征值所对应的 K 个系数(习惯上特征值按式(1.4.28)排序),可以得到原信号的最准确逼近。

注意到,原信号向量 $\boldsymbol{x}$ 是 N 维的,若对一类信号来讲,信号向量的自相关矩阵有 $N-K$ 个很小的特征值,则我们选择 K 个大特征值对应的系数表示信号向量时,可得到原信号向量的非常准确的逼近,由于

$$\hat{\boldsymbol{x}} = [\boldsymbol{q}_0, \boldsymbol{q}_1, \cdots, \boldsymbol{q}_{K-1}]\hat{\boldsymbol{c}} = \sum_{i=0}^{K-1} c_i \boldsymbol{q}_i \tag{1.4.29}$$

即近似向量 $\hat{\boldsymbol{x}}$ 仅由 K 个向量的线性组合得到,它实际只有 K 个自由度,即 $\hat{\boldsymbol{x}}$ 可等价为是 K 维向量,与其系数向量 $\hat{\boldsymbol{c}}$ 等价,也就是说在满足前述的特征值条件下,可用 K 个分量非常近似地逼近 $\boldsymbol{x}$,我们称式(1.4.29)的表示为信号向量 $\boldsymbol{x}$ 的主分量分析。主分量分析的要点是用 K 维向量 $\hat{\boldsymbol{c}}=[c_0, c_1, \cdots, c_{K-1}]^{\mathrm{T}}$ 表示 N 维向量 $\boldsymbol{x}$。

PCA 的一个重要启发是,对于满足一定条件的高维信号向量,可以对其进行降维处理,用低维向量逼近高维信号向量,这种思路在很多领域获得应用。本小节从原理上给出 PCA 的基本概念和意义,在实际应用中,可能从实际测量得到一个高维信号向量的数据集,由这些数据集估计自相关矩阵,通过矩阵的特征分解,得到 PCA 表示。但在许多应用场合,这种经典算法运算结构太复杂,也不适用于测量数据集不断积累或更新的环境,因此需要研究由测量数据集通过递推计算快速得到其 PCA 的算法,第 8 章会进一步介绍这类算法。

1.4.5 由正交随机序列集表示一个随机信号

1.4.1 节讨论了用确定性的基序列集表示随机信号的展开,结果展开系数是随机变量,本节作为对偶性,设用正交的随机序列集 $\{\alpha_k(n), k=0, \pm 1, \cdots\}$ 可以表示一个随机信号 $x(n)$,展开系数是确定量,即

$$x(n) = \sum_{k=-\infty}^{\infty} c_{n,k}\alpha_k(n) \tag{1.4.30}$$

利用正交性

$$E\{\alpha_i(n)\alpha_j^*(n)\} = \sigma_i^2\delta(i-j)$$

对式(1.4.30)两侧同乘 $\alpha_i^*(n)$ 且取期望运算,得到

$$c_{n,k} = \frac{E[x(n)\alpha_k^*(n)]}{E[|\alpha_k(n)|^2]} \tag{1.4.31}$$

实际中,利用随机序列集作式(1.4.30)的展开并不常用,更多的是利用一个随机信号去估计或预测另外一个随机信号,为了简单,假设用不同时刻相互正交的随机序列 $\{\alpha(n), n=0,1,2,\cdots\}$ 可以准确地表示一个另随机信号 $x(n)$,即

$$x(n) = \sum_{k=0}^{n} c_{n,k}\alpha(k) \tag{1.4.32}$$

由正交性条件，$E[\alpha(i)\alpha^*(k)]=\sigma_i^2\delta(i-k)$，类似地得到系数为

$$c_{n,k}=\frac{E[x(n)\alpha(k)]}{E[|\alpha(k)|^2]}$$

在随机信号处理中，如式(1.4.32)这样由一个随机信号可准确表示另外一种随机信号的情况并不多见，经常遇到的一类应用是：由观测的信号序列$\{\alpha_k(n),k=0,\pm1,\cdots\}$或$\{\alpha(n),n=0,1,2,\cdots\}$估计另一个信号$x(n)$，由表达式(1.4.30)或式(1.4.32)得到对$x(n)$的估计$\hat{x}(n)$，而一般不能精确求得$x(n)$。确定系数$c_{n,k}$，使得$\hat{x}(n)$是对$x(n)$的好的估计，这是最优估计(或最优波形估计、最优滤波器或最优预测等)讨论的问题，后续章节做深入讨论。本节讨论这种由正交随机函数集表示另一个随机信号的目的是观察到一个现象，即用正交展开将带来计算上的便利性。

与确定的基函数类似，也可将非正交的随机函数集进行正交化。设给出的随机序列集$\{\beta_k(n),k=0,1,\cdots\}$不满足正交性时，可以用 Gram-Schmidt 正交化方法对其进行正交化，由于对随机信号的正交性是通过期望值定义的，因此有

$$\gamma_0(n)=\beta_0(n)$$

$$\gamma_1(n)=\beta_1(n)-\frac{E[\beta_1(n)\gamma_0^*(n)]}{E[|\gamma_0(n)|^2]}\gamma_0(n)$$

以此类推

$$\gamma_k(n)=\beta_k(n)-\sum_{i=0}^{k-1}\frac{E[\beta_k(n)\gamma_i^*(n)]}{E[|\gamma_i(n)|^2]}\gamma_i(n)$$

$\{\gamma_k(n),k=0,1,\cdots\}$是正交的。通过下式可以将它归一化为

$$\alpha_k(n)=\frac{\gamma_k(n)}{E[|\gamma_k(n)|^2]^{1/2}}$$

以上是将不同下标的$\beta_k(n)$正交化，类似地可以将$\{\alpha(n),n=0,1,2\cdots\}$在不同时刻取值正交化，不再赘述。

1.5　随机信号的功率谱密度

随机信号的功率谱密度(Power Spectrum Density，PSD)估计是现代信号处理的一个重要研究方向，本节讨论功率谱密度的定义和主要性质，以及随机信号通过线性系统后的功率谱密度。通过有限的观测数据估计一个随机信号的功率谱密度的实用算法是第 6 章的论题。

在随机信号处理中，我们经常需要一种在频域刻画信号特性的工具，对 WSS 过程的最重要的特征量就是自相关函数和 PSD，这是因为 WSS 的自相关函数和 PSD 是确定性的量。对于确定性信号最重要的量频谱，即信号的离散时间傅里叶变换(DTFT)，对于 WSS 过程是随机的，并且是非平稳的。在 1.4 节看到了有限长随机序列的 DFT 系数是随机的，对于任意长度随机信号来讲，其 DTFT 也是随机的。设$x(n)$是 WSS 过程，它的 DTFT 为

$$X(e^{j\omega})=\sum_{n=-\infty}^{+\infty}x(n)e^{-j\omega n}\tag{1.5.1}$$

因为$X(e^{j\omega})$是ω的周期函数，这里只在$|\omega|\leqslant\pi$范围内讨论$X(e^{j\omega})$的性质，可以证明$X(e^{j\omega})$是非平稳的白噪声，即

$$
\begin{aligned}
E[X(e^{j\omega_1})X^*(e^{j\omega_2})] &= E\left\{\sum_{n=-\infty}^{+\infty} x(n)e^{-j\omega_1 n}\sum_{m=-\infty}^{+\infty} x^*(m)e^{j\omega_2 m}\right\} \\
&= \sum_{n=-\infty}^{+\infty}\sum_{m=-\infty}^{+\infty} E[x(n)x^*(m)]e^{-j\omega_1 n}e^{j\omega_2 m} \\
&= \sum_{m=-\infty}^{+\infty}\sum_{n=-\infty}^{+\infty} r_x(n-m)e^{-j\omega_1 n}e^{j\omega_2 m} \\
&= S_x(\omega_1)\sum_{m=-\infty}^{+\infty} e^{-j\omega_1 m}e^{j\omega_2 m} = 2\pi S_x(\omega_1)\delta(\omega_1-\omega_2)
\end{aligned}
$$

注意到 $S_x(\omega)$是自相关序列的 DTFT,后面会看到它被定义为功率谱密度函数。上式最后一行用到了泊松求和公式[34],即

$$\sum_{m=-\infty}^{+\infty} e^{j\omega m} = 2\pi\delta(\omega)$$

把 DTFT 的自相关函数重写为

$$E[X(e^{j\omega_1})X^*(e^{j\omega_2})] = 2\pi S_x(\omega_1)\delta(\omega_1-\omega_2) \tag{1.5.2}$$

式(1.5.2)说明,一个 WSS 过程的 DTFT 是随机的,且是非平稳的,但不同频率的 DTFT 值不相关。由于 WSS 过程的 DTFT 是非平稳随机过程,在随机信号分析中很少直接使用信号的 DTFT 作为表征一个信号的基本特征量,这样 PSD 就成为 WSS 随机信号的主要频域表征。

如上讨论中,假设了 WSS 的 DTFT 是存在的,从而得到其具有非平稳随机性的结论,其实更严重的问题是,对于一个任意长 WSS 序列来讲,它不满足绝对可求和的条件,因此其 DTFT 可能是不存在的,若要求得其 DTFT 可能需对信号进行截断处理,但截断处理破坏了其平稳性条件。尽管从实际计算的角度讲,总是要截取一段数据进行处理,但仍希望有一种理论工具可以从一般的角度讨论信号的频域性质,这也是对 WSS 采用功率谱分析的另一个原因。

1.5.1 功率谱密度的定义和性质

如果随机信号 $x(n)$的自相关序列 $r(k)$已知,自相关序列的 z 变换定义为

$$\widetilde{S}(z) = \sum_{k=-\infty}^{+\infty} r(k)z^{-k} \tag{1.5.3}$$

称$\widetilde{S}(z)$为复功率谱,若复功率谱的收敛域包括单位圆,复功率谱在单位圆上取值得到

$$\widetilde{S}(e^{j\omega}) = \sum_{k=-\infty}^{+\infty} r(k)e^{-j\omega k} = \sum_{k=-\infty}^{+\infty} r(k)e^{-j2\pi fk} \tag{1.5.4}$$

由$\widetilde{S}(e^{j\omega})$的反变换得到自相关序列,即

$$r(k) = \frac{1}{2\pi}\int_{-\pi}^{\pi} \widetilde{S}(e^{j\omega})e^{j\omega k}\,d\omega \tag{1.5.5}$$

为了简化符号,用 $S(\omega)$替代$\widetilde{S}(e^{j\omega})$,即 $S(\omega)=S(2\pi f)=\widetilde{S}(e^{j\omega})$。

$S(\omega)$是随机信号的功率谱密度(PSD)函数,它刻画的是随机信号中功率在各频率上的分布密度,它与自相关函数 $r(k)$构成一对离散时间傅里叶变换对。这个关系称为维纳-辛钦定理(Wiener-Khinchin Theorem)。

文献中也经常使用第二种功率谱密度的定义，比式(1.5.4)的定义更直观一些，PSD 定义为如下极限，

$$S(\omega)=\lim_{N\to\infty}E\left\{\frac{1}{N}\left|\sum_{n=0}^{N-1}x(n)\mathrm{e}^{-\mathrm{j}\omega n}\right|^2\right\} \tag{1.5.6}$$

并假设随机信号的自相关序列满足条件

$$\lim_{N\to\infty}\frac{1}{N}\sum_{k=-N}^{N}|k|r(k)=0 \tag{1.5.7}$$

这是一个比较宽的条件，在此条件下，可以证明式(1.5.6)与(1.5.4)等价，证明如下

$$\begin{aligned}\lim_{N\to\infty}E\left\{\frac{1}{N}\left|\sum_{n=0}^{N-1}x(n)\mathrm{e}^{-\mathrm{j}\omega n}\right|^2\right\}&=\lim_{N\to\infty}\frac{1}{N}\sum_{l=0}^{N-1}\sum_{m=0}^{N-1}E\{x(l)x^*(m)\}\mathrm{e}^{-\mathrm{j}(l-m)\omega}\\&=\lim_{N\to\infty}\frac{1}{N}\sum_{k=-(N-1)}^{N-1}(N-|k|)r(k)\mathrm{e}^{-\mathrm{j}\omega k}\\&=\sum_{k=-\infty}^{\infty}r(k)\mathrm{e}^{-\mathrm{j}\omega k}-\lim_{N\to\infty}\frac{1}{N}\sum_{k=-(N-1)}^{N-1}|k|r(k)\mathrm{e}^{-\mathrm{j}\omega k}\end{aligned}$$

由式(1.5.7)的条件，上式第 2 项为零，式(1.5.4)和(1.5.6)等价。

例 1.5.1　白噪声的相关函数为 $r(k)=\sigma_v^2\delta(k)$，直接做 DTFT 得到白噪声的功率谱密度(PSD)为

$$S(\omega)=\sigma_v^2$$

例 1.5.2　单个复正弦加噪声的信号为 $x(n)=\alpha\mathrm{e}^{\mathrm{j}(\omega_0 n+\varphi)}+v(n)$，它的自相关序列为

$$r(k)=|\alpha|^2\exp(\mathrm{j}\omega_0 k)+\sigma_v^2\delta(k)=\begin{cases}|\alpha|^2+\sigma_v^2, & k=0\\|\alpha|^2\exp(\mathrm{j}\omega_0 k), & k\neq 0\end{cases}$$

对自相关序列做 DTFT，考虑到 $\exp(\mathrm{j}\omega_0 k)$ 的 DTFT 是冲激函数[34]，PSD 为

$$S(\omega)=\sigma_v^2+2\pi|\alpha|^2\sum_{k=-\infty}^{+\infty}\delta(\omega-\omega_0-2\pi k)$$

例 1.5.3　设一个随机信号的自相关函数为 $r(k)=ca^{|k|}$，求它的 PSD。

为方便，先求复 PSD，

$$\begin{aligned}\widetilde{S}(z)&=\sum_{k=-\infty}^{+\infty}ca^{|k|}z^{-k}=\sum_{k=0}^{+\infty}ca^kz^{-k}+\sum_{k=-\infty}^{-1}ca^{-k}z^{-k}\\&=\sum_{k=0}^{+\infty}ca^kz^{-k}+\sum_{k=1}^{+\infty}ca^kz^k=\frac{c}{1-az^{-1}}+\frac{caz}{1-az}\\&=\frac{c(1-a^2)}{1+a^2-a(z+z^{-1})}\qquad |a|<|z|<|1/a|\end{aligned}$$

当 $|a|<1$ 时，复 PSD 收敛域包含单位圆，PSD 为

$$S(\omega)=\widetilde{S}(z)\big|_{z=\mathrm{e}^{\mathrm{j}\omega}}=\frac{c(1-a^2)}{1+a^2-2a\cos\omega}$$

由式(1.5.5)，得到

$$\sigma^2=r(0)=\frac{1}{2\pi}\int_{-\pi}^{\pi}S(\omega)\mathrm{d}\omega \tag{1.5.8}$$

即 $S(\omega)$ 在 $[-\pi,\pi]$ 之间的面积等于信号的平均功率 $\sigma^2=r(0)$，而 $S(\omega_0)\Delta\omega_0$，$\Delta\omega_0\to 0$ 表示在频率为 ω_0 处很窄的频带内的功率值，这可以理解 $S(\omega)$ 作为功率谱密度的含义。

功率谱密度具有如下几个性质。

(1) 正实性,对所有平稳随机信号和所有 ω,$S(\omega)$是实函数,且 $S(\omega)\geqslant 0$。由式(1.5.6)的定义直接得到此性质。

(2) 周期性,$S(\omega)$是以 2π 为周期的周期函数,$S(\omega)=S(\omega+2\pi k)$,$k$ 是任意整数,这是离散信号傅里叶变换的共同性质,PSD 作为离散信号自相关序列的 DTFT 也是必然满足此性质,至于 $S(\omega)$与连续信号的真实功率谱密度之间的对应关系,在下一节专门讨论。

(3) 对于实信号,$r(k)$是实对称序列,功率谱密度公式也可以简化为

$$S(\omega)=r(0)+2\sum_{k=1}^{+\infty}r(k)\cos(k\omega)$$

功率谱密度满足对称关系,$S(\omega)=S(-\omega)=S(2\pi-\omega)$,$|\omega|\leqslant\pi$。

(4) 对于随机信号 $x(n)$和 $y(n)$,如果 $y(n)=e^{j\omega_0 n}x(n)$,有 $S_y(\omega)=S_x(\omega-\omega_0)$。

对于离散随机信号功率谱的周期性,还要再作些说明,因为周期性使得 $S(\omega)$是冗余的,只需要计算其一个周期内的值,对于角频率 ω,取主值为$[-\pi,\pi]$,如果使用频率 f,取主值为$[-1/2,1/2]$。如果画 $S(\omega)$或 $S(2\pi f)$的图形,一般只画出这个范围的图形,如果是实信号,因为对称性,也可以只画出主值区间中正的一半。

对于性质 4 的证明,首先可以证明(留做习题)$r_y(k)=e^{j\omega_0 k}r_x(k)$,再由 DTFT 的性质即可得证,这条性质说明对随机信号的功率谱密度,也有与确定性信号频谱类似的调制定理。

对两个随机信号 $x(n)$,$y(n)$,如果它们的互相关函数 $r_{xy}(k)$已知,类似地定义互功率谱。设互相关函数的 z 变换为

$$\widetilde{S}_{xy}(z)=\sum_{k=-\infty}^{+\infty}r_{xy}(k)z^{-k} \tag{1.5.9}$$

称$\widetilde{S}_{xy}(z)$为互复功率谱,互复功率谱在单位圆上取值,得到

$$S_{xy}(\omega)=\sum_{k=-\infty}^{+\infty}r_{xy}(k)e^{-j\omega k} \tag{1.5.10a}$$

或

$$S_{xy}(2\pi f)=\sum_{k=-\infty}^{+\infty}r(k)e^{-j2\pi fk} \tag{1.5.10b}$$

$S_{xy}(\omega)$称为互功率谱,由 $S_{xy}(\omega)$的傅里叶反变换得到互相关函数,即

$$r_{xy}(k)=\frac{1}{2\pi}\int_{-\pi}^{\pi}S_{xy}(\omega)e^{j\omega k}d\omega \tag{1.5.11}$$

互功率谱没有功率谱的正实性的特点,一般地,互功率谱是复函数且满足 $S_{xy}(\omega)=S_{yx}^{*}(\omega)$。信号处理文献中还常用相干函数(Coherence Function)来刻画两个信号的频率分布性质,相干函数定义为

$$C_{xy}(\omega)=\frac{|S_{xy}(\omega)|}{[S_x(\omega)S_y(\omega)]^{1/2}} \tag{1.5.12}$$

相干函数满足$|C_{xy}(\omega)|\leqslant 1$,下节可以证明如果 $y(n)$是由 $x(n)$通过一个线性系统后的输出,则 $C_{xy}(\omega)=1$。

对于非平稳情况,通过两维傅里叶变换定义一个随机信号的两维谱

$$S_x(\omega_1,\omega_2)=\sum_{n_1=-\infty}^{+\infty}\sum_{n_2=-\infty}^{+\infty}r_x(n_1,n_2)e^{-j(\omega_1 n_1+\omega_2 n_2)} \tag{1.5.13}$$

类似的可以定义两维互谱,此处从略。

1.5.2 随机信号通过线性系统

一个随机信号通过线性时不变(LTI)系统后,输出序列和输入序列之间的关系由系统的单位抽样响应和输入序列的卷积得到,即

$$y(n) = h(n) * x(n) = \sum_{m=-\infty}^{+\infty} h^*(m)x(n-m) = \sum_{m=-\infty}^{+\infty} x(m)h^*(n-m) \tag{1.5.14}$$

这里 $h(n)$是系统的单位抽样响应,$x(n)$为输入,$y(n)$为输出。注意,对复系统和复信号的一般情况,这里对卷积运算的一个变量用了共轭形式,这与复内积空间里内积的定义形式是一致的。注意这里实际是将 $h^*(n)$作为单位抽样响应的,但仍用习惯的卷积符号 $h(n) * x(n)$。

对于随机信号的分析,我们也关心输出信号的相关序列和功率谱密度与输入信号的相应量之间的关系,这些关系总结如下

$$r_{xy}(k) = h^*(-k) * r_x(k) = \sum_{l=-\infty}^{+\infty} h(-l) r_x(k-l) \tag{1.5.15}$$

$$r_{yx}(k) = h(k) * r_x(k) = \sum_{l=-\infty}^{+\infty} h^*(l) r_x(k-l) \tag{1.5.16}$$

$$r_y(k) = h^*(-k) * h(k) * r_x(k) = \sum_{i=-\infty}^{+\infty} h(i-k) \sum_{l=-\infty}^{+\infty} h^*(l) r_x(i-l) \tag{1.5.17}$$

这里 $r_{xy}(k)$是输入和输出之间的互相关函数,$r_{yx}(k)$是颠倒了 x,y 的次序,$r_y(k)$是输出的自相关函数。显然,当输入信号是方差为 σ_x^2 的白噪声时,其输出自相关函数简化为

$$r_y(k) = \sigma_x^2 \sum_{i=-\infty}^{+\infty} h^*(i) h(i-k) \tag{1.5.18}$$

如下证明式(1.5.15)和(1.5.17),式(1.5.16)的证明与式(1.5.15)类似。由式(1.5.14)得

$$y^*(n-k) = \sum_{m=-\infty}^{+\infty} h(m) x^*(n-k-m) \tag{1.5.19}$$

带入 $r_{xy}(k)$的定义,有

$$\begin{aligned} r_{xy}(k) &= E\{x(n)y^*(n-k)\} = E\left\{x(n)\sum_{l=-\infty}^{+\infty} h(l)x^*(n-k-l)\right\} \\ &= \sum_{l=-\infty}^{+\infty} h(l) E\{x(n)x^*(n-k-l)\} = \sum_{l=-\infty}^{+\infty} h(l) r_x(k+l) \\ &= \sum_{m=-\infty}^{+\infty} [h^*(-m)]^* r_x(k-m) = h^*(-k) * r_x(k) \end{aligned}$$

将式(1.5.14)和式(1.5.19)带入 $r_y(k)$的定义,得

$$\begin{aligned} r_y(k) &= E\{y(n)y^*(n-k)\} \\ &= E\left\{\sum_{l=-\infty}^{+\infty} h^*(l)x(n-l) \sum_{m=-\infty}^{+\infty} h(m)x^*(n-k-m)\right\} \\ &= \sum_{l=-\infty}^{+\infty} h^*(l) \sum_{m=-\infty}^{+\infty} h(m) E\{x(n-l)x^*(n-k-m)\} \\ &= \sum_{l=-\infty}^{+\infty} h^*(l) \sum_{m=-\infty}^{+\infty} h(m) r_x(k+m-l) \end{aligned}$$

用变量替换 $i=k+m$ 代入上式，得

$$r_y(k)=\sum_{l=-\infty}^{+\infty}h^*(l)\sum_{i=-\infty}^{+\infty}h(i-k)r_x(i-l)=\sum_{i=-\infty}^{+\infty}h(i-k)\sum_{l=-\infty}^{+\infty}h^*(l)r_x(i-l)$$
$$=h^*(-k)*h(k)*r_x(k)$$

如果定义 LTI 系统的系统函数为

$$h(n)\Leftrightarrow H(z)=\sum_{n=-\infty}^{+\infty}h^*(n)z^{-n} \tag{1.5.20}$$

则

$$h^*(-n)\Leftrightarrow\sum_{n=-\infty}^{+\infty}h(-n)z^{-n}=\sum_{n=-\infty}^{+\infty}h(n)z^{n}=\left[\sum_{n=-\infty}^{+\infty}h^*(n)\left(\frac{1}{z^*}\right)^{-n}\right]^*=H^*\left(\frac{1}{z^*}\right) \tag{1.5.21}$$

利用 z 变换的卷积性质，输出 $y(n)$的自相关序列的 z 变换为

$$\tilde{S}_y(z)=H(z)H^*\left(\frac{1}{z^*}\right)\tilde{S}_x(z) \tag{1.5.22}$$

如果单位抽样响应 $h(n)$是实的，如上关系式简化为

$$\tilde{S}_y(z)=H(z)H\left(\frac{1}{z}\right)\tilde{S}_x(z) \tag{1.5.23}$$

不管是复信号还是实信号，输入与输出之间的功率谱密度关系为

$$S_y(\omega)=|H(\mathrm{e}^{\mathrm{j}\omega})|^2S_x(\omega) \tag{1.5.24}$$

若输入是方差为 σ_v^2 的白噪声，则输出功率谱密度为

$$S_y(\omega)=|H(\mathrm{e}^{\mathrm{j}\omega})|^2\sigma_v^2 \tag{1.5.25}$$

式(1.5.25)是用信号模型表示功率谱密度的基础。

由式(1.5.15)和式(1.5.16)，可以得到输入和输出的互功率谱关系为

$$\tilde{S}_{xy}(z)=H^*\left(\frac{1}{z^*}\right)\tilde{S}_x(z) \tag{1.5.26}$$

$$S_{xy}(\omega)=H^*(\mathrm{e}^{\mathrm{j}\omega})S_x(\omega) \tag{1.5.27}$$

$$\tilde{S}_{yx}(z)=H(z)\tilde{S}_x(z) \tag{1.5.28}$$

$$S_{yx}(\omega)=H(\mathrm{e}^{\mathrm{j}\omega})S_x(\omega) \tag{1.5.29}$$

现在可以求出，对于线性系统，输入和输出之间的相干函数

$$C_{xy}(\omega)=\frac{|S_{xy}(\omega)|}{[S_x(\omega)S_y(\omega)]^{1/2}}=\frac{|H^*(\mathrm{e}^{\mathrm{j}\omega})S_x(\omega)|}{|S_x(\omega)|H(\mathrm{e}^{\mathrm{j}\omega})|^2S_x(\omega)|^{1/2}}=1 \tag{1.5.30}$$

非线性系统一般不满足这个关系。

对于非平稳情况，用类似的证明过程，得到输出自相关和输入自相关的关系为

$$r_y(n_1,n_2)=\sum_{i=-\infty}^{+\infty}h^*(i)\sum_{l=-\infty}^{+\infty}h(l)r_x(n_1-i,n_2-l) \tag{1.5.31}$$

输出和输入的两维谱关系为

$$S_y(\omega_1,\omega_2)=H(\mathrm{e}^{\mathrm{j}\omega_1})H^*(\mathrm{e}^{\mathrm{j}\omega_2})S_x(\omega_1,\omega_2) \tag{1.5.32}$$

1.5.3 连续随机信号与离散随机信号的关系

在信号处理所面对的大多数实际问题中，一般是对连续时间信号进行采样得到离散时

间信号，然后进行离散信号分析和处理，在离散域的分析和处理结果或者通过 D/A 变换器和重构补偿滤波器恢复成连续信号，或者直接由离散信号的分析结果给出对连续信号性质的物理解释，尤其在功率谱估计这样的应用中，要根据对离散信号的分析结果给出对连续信号的功率谱的正确解释。这需要搞清楚两个问题，一是对随机信号的采样定理；二是对于随机信号，离散域的自相关序列和连续域的自相关函数的关系，以及离散域的功率谱和相应连续信号功率谱的关系。

首先讨论随机信号的采样定理。随机信号的采样定理的基本结论与确定性信号的采样定理是类似的，与确定性信号采样定理不同的是，对随机信号的采样定理，要求功率谱是带限的，随机信号采样定理叙述如下。

定理 1.5.1(随机信号采样定理) 一个连续随机过程 $x_a(t)$，如果它的功率谱密度是频带受限的，即

$$S_a(\Omega)=0,\quad 对\ |\Omega|>B$$

如果以周期 $T_s<\pi/B$ 对 $x_a(t)$ 进行采样，由采样信号重构的随机过程为

$$\hat{x}_a(t)=\sum_{n=-\infty}^{+\infty}x_a(nT_s)\frac{\sin B(t-nT_s)}{B(t-nT_s)} \tag{1.5.33}$$

在均方意义上 $x_a(t)$ 等于 $\hat{x}_a(t)$，即

$$E\{|x_a(t)-\hat{x}_a(t)|^2\}=0$$

随机信号采样定理的详细证明可参考 Papoulis 的著作[18]。随机信号采样定理的意义是：如果用大于 2 倍功率谱最高频率的采样率对随机信号进行采样，从均方意义上讲，可以由采样序列准确地重构该连续随机信号。由于自相关是一个统计量，可以预见在满足采样定理的条件下，由离散序列估计的功率谱可以还原出相应连续随机信号的功率谱。如下进一步说明这一点。

由于离散信号的获得是通过对信号值采样得到的，问题是同样的采样关系对自相关函数是否成立。由于 $x(n)=x_a(nT_s)=x_a(t)|_{t=nT_s}$，这里 $x_a(t)$ 是相应的连续信号，T_s 是采样周期，离散域的自相关序列为

$$\begin{aligned}r(n_1,n_2)&=E[x(n_1)x^*(n_2)]=E[x_a(n_1T_s)x_a^*(n_2T_s)]\\&=r_a(n_1T_s,n_2T_s)=r_a(t_1,t_2)|_{t_1=n_1T_s,t_2=n_2T_s}\end{aligned} \tag{1.5.34}$$

这里 $r_a(t)$ 表示连续随机信号的自相关函数，由式(1.5.34)看到，自相关序列满足同样的采样关系。

如果连续信号是平稳随机过程，相应的采样序列也是平稳的，则有

$$r(k)=r(n_1-n_2)=r_a(n_1T_s-n_2T_s)=r_a(t_1-t_2)|_{t_1-t_2=n_1T_s-n_2T}=r_a(\tau)|_{\tau=kT_s}$$

由于采样关系 $r(k)=r_a(\tau)|_{\tau=kT_s}$ 成立，并且功率谱与自相关是一对傅里叶变换对，因此离散域功率谱和连续域功率谱之间满足[34]

$$S(\omega)=\frac{1}{T_s}\sum_{k=-\infty}^{+\infty}S_a\left(\frac{\omega}{T_s}-\frac{2\pi}{T_s}k\right) \tag{1.5.35}$$

这里 $S_a(\Omega)$ 表示连续域功率谱，也就是连续随机信号真实的功率谱，为了区别，用 Ω 表示模拟角频率。

我们对式(1.5.35)并不感到奇怪，因为离散 DTFT 总是以 2π 为周期的，式(1.5.35)满足这一点。离散的功率谱是由连续功率谱通过伸缩和平移后的叠加，如果连续信号是频率

有限的，在采样时，如果满足采样定理，即采样频率$(1/T_s)$大于信号最高频率的 2 倍，式(1.5.35)中的各相加项是不重叠的，即离散功率谱中包含了连续功率谱的一个伸缩了的完整的复制品，因此，由离散谱完全能够给出连续谱的正确解释，连续信号的自相关函数也由离散信号自相关序列完全重构，即

$$r_a(\tau)=\sum_{n=-\infty}^{+\infty}r(k)\frac{\sin B(\tau-nT_s)}{B(\tau-nT_s)} \tag{1.5.36}$$

在满足采样定理时

$$S(\omega)=\frac{1}{T_s}S_a\left(\frac{\omega}{T_s}\right),\quad |\omega|\leqslant\pi \tag{1.5.37}$$

或

$$S_a(\Omega)=T_sS(T_s\Omega),\quad |\Omega|\leqslant\pi/T_s \tag{1.5.38}$$

式(1.5.38)给出了由离散域功率谱解释连续信号功率谱的公式，实际上在连续域和离散域的频率之间存在一个转换关系，即$\Omega=\omega/T_s$。如果在离散域的功率谱中，在$\omega=\omega_0$处存在一个峰值表明离散信号中有一个角频率为ω_0的谐波分量存在，对应的是连续信号中存在一个角频率为$\Omega=\Omega_0=\omega_0/T_s$的谐波分量。

在对连续随机信号采样时，若采样频率不满足采样定理时，式(1.5.35)各项存在混叠，离散域功率谱不能完全正确地解释连续信号的真实功率谱，减小混叠影响的方法是在采样前使用低通滤波器作为抗混叠处理，这方面原理与确定信号分析是一致的，更细节内容参考[34]。

例 1.5.4 设离散随机信号$x(n)=A\cos(0.2\pi n+\varphi)$，其中$\varphi$是$[0,2\pi]$内均匀分布的随机变量，$A$是常数，该信号由连续信号按$T_s=10^{-5}$采样获得，且满足采样定理，分析其功率谱。

解：由$r(k)=\frac{1}{2}A^2\cos 0.2\pi k$，得到功率谱为

$$S(\omega)=\frac{\pi}{2}A^2\sum_{k=-\infty}^{\infty}\{\delta(\omega-0.2\pi+2k\pi)+\delta(\omega+0.2\pi+2k\pi)\}$$

$S(\omega)$在$\pm0.2\pi$处有一个峰值，对应于连续信号是角频率$\Omega_0=\omega_0/T_s=\pm2\times10^4\pi$，即连续信号频率为$10^4$Hz。

由式(1.5.38)得到

$$\begin{aligned}S_a(\Omega)&=10^{-5}\ \frac{\pi}{2}A^2\delta(10^{-5}\Omega-0.2\pi)+10^{-5}\ \frac{\pi}{2}A^2\delta(10^{-5}\Omega+0.2\pi)\\&=\frac{\pi}{2}A^2\delta(\Omega-0.2\pi\times10^5)+\frac{\pi}{2}A^2\delta(\Omega+0.2\pi\times10^5),\quad |\Omega|\leqslant10^5\pi\end{aligned}$$

同样得$\Omega_0=\pm2\times10^4\pi$处有峰值，上式第 2 行用了冲激函数的一个性质$\delta(ax)=\frac{1}{|a|}\delta(x)$。

这个例子比较简单，在离散信号表达式中直接代入$n=t/T_s$，得到

$$x_a(t)=A\cos(0.2\pi t/T_s+\varphi)=A\cos(2\times10^4\pi t+\varphi)$$

同样得到$\Omega_0=2\times10^4\pi$的结果，但对一般信号，式(1.5.38)的结果是具有一般性的。

1.6 随机信号的有理分式模型

如前所述，若可以用一种数学工具描述一类随机信号，则可称之为随机信号的一种模型，1.3 节已经讨论了一些随机信号模型。本节讨论随机信号一种基本的和重要的模型：

线性模型，或称为有理传递函数模型，这个模型是构成一类模型法功率谱密度估计的基础，同时这个模型可以相当精确地模型化非常广泛的一类平稳随机过程。本节首先讨论平稳随机信号功率谱的一些一般的性质，如谱分解定理，然后引出有理传递函数模型，讨论其适用范围和表示方法。本节最后，将模型推广到一类非平稳信号。

1.6.1　谱分解定理

定义 1.6.1　一个平稳随机信号如果满足佩利-维纳(Paley-Wiener)条件，称它是规则的，佩利-维纳条件是

$$\int_{-\pi}^{\pi} |\ln S(\omega)| \mathrm{d}\omega < \infty \tag{1.6.1}$$

这里 $S(\omega)$表示信号的功率谱密度。可以看到，如果一个随机信号的功率谱密度是连续的，不在一个有限区间内恒为零值，也没有离散谱(冲激函数)，那么，该随机信号必然是满足佩利-维纳条件的。

定理 1.6.1　一个宽平稳随机信号(WSS)如果是规则的，它的复功率谱和功率谱密度必然可以分解为

$$\widetilde{S}(z) = \sigma^2 Q(z) Q^*(1/z^*) \tag{1.6.2a}$$

$$S(\omega) = |Q(\mathrm{e}^{\mathrm{j}\omega})|^2 \sigma^2 \tag{1.6.2b}$$

这里 $Q(z)$是最小相位系统的系统函数。

比较式(1.6.2)和式(1.5.22)可以得出结论，一个规则的 WSS 信号 $x(n)$，总可以由白噪声 $v(n)$通过传输函数为 $Q(z)$的最小相位系统获得。由于最小相位系统必存在稳定和因果的逆系统 $\Gamma(z)=1/Q(z)$，由 $x(n)$通过 $\Gamma(z)$也可以得到 $v(n)$。设 $Q(z)$和 $\Gamma(z)$所表示的系统的冲激响应分别为 $q(n)$和 $\gamma(n)$，有如下关系式成立

$$x(n) = \sum_{k=0}^{+\infty} q(k) v(n-k) \tag{1.6.3}$$

$$v(n) = \sum_{k=0}^{+\infty} \gamma(k) x(n-k) \tag{1.6.4}$$

这里，$v(n)$称为 $x(n)$的新息，由新息驱动的滤波器 $Q(z)$称为新息滤波器，由 $x(n)$通过 $\Gamma(z)$输出白噪声，$\Gamma(z)$称为白化滤波器。这个过程如图 1.6.1 所示。

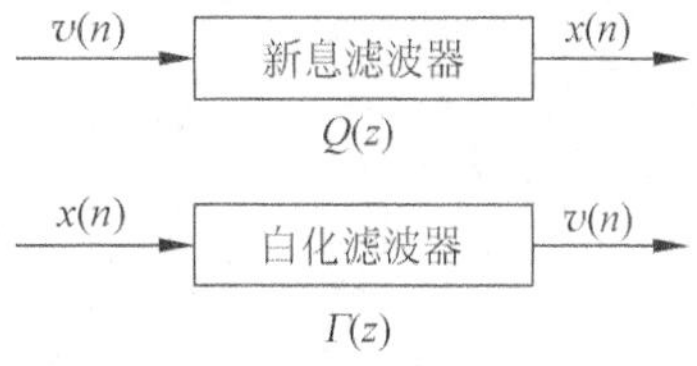

图 1.6.1　新息滤波器和白化滤波器

定理证明　由佩利-维纳条件，知道 $\ln\widetilde{S}(z)$的收敛域包含单位圆，假设$\ln\widetilde{S}(z)$的收敛域为 $r<|z|<1/r$，$0<r<1$，在收敛域内 $\ln\widetilde{S}(z)$是解析函数，它的各阶导数是连续的，可以展开成 Laurent 级数为

$$\ln\widetilde{S}(z) = \sum_{k=-\infty}^{+\infty} c(k) z^{-k} \tag{1.6.5}$$

在单位圆上为

$$\ln S(\omega) = \sum_{k=-\infty}^{+\infty} c(k) \mathrm{e}^{-\mathrm{j}\omega k} \tag{1.6.6}$$

因此

$$c(k)=\frac{1}{2\pi}\int_{-\pi}^{\pi}\ln S(\omega)e^{j\omega k}d\omega \tag{1.6.7}$$

由于 $\ln S(\omega)$ 是实的，$c(k)$ 是共轭对称的，即 $c(-k)=c^*(k)$，并且注意到

$$c(0)=\frac{1}{2\pi}\int_{-\pi}^{\pi}\ln S(\omega)d\omega \tag{1.6.8}$$

由式(1.6.5)得

$$\widetilde{S}(z)=\exp\left\{\sum_{k=-\infty}^{+\infty}c(k)z^{-k}\right\}=\exp\{c(0)\}\exp\left\{\sum_{k=1}^{+\infty}c(k)z^{-k}\right\}\exp\left\{\sum_{k=-\infty}^{-1}c(k)z^{-k}\right\} \tag{1.6.9}$$

定义

$$Q(z)=\exp\left\{\sum_{k=1}^{+\infty}c(k)z^{-k}\right\}\quad |z|>r \tag{1.6.10}$$

由 $Q(z)$ 的收敛域，它对应的序列 $q(n)$ 是因果和稳定的，且对于 $|z|>r$，$Q(z)$ 和 $\ln Q(z)$ 都是解析的，因此 $Q(z)$ 是最小相位的[34]，并且由 $Q(\infty)=1$ 知 $q(0)=1$，故 $Q(z)$ 可以写成 $Q(z)=1+q(1)z^{-1}+q(2)z^{-2}+\cdots$。

由 $c(k)$ 的共轭对称性，进一步有

$$\exp\left\{\sum_{k=-\infty}^{-1}c(k)z^{-k}\right\}=\exp\left\{\sum_{k=1}^{\infty}c^*(k)z^{k}\right\}=\exp\left\{\sum_{k=1}^{\infty}c(k)(1/z^*)^{-k}\right\}^*=Q^*(1/z^*) \tag{1.6.11}$$

令

$$\sigma^2=\exp\{c(0)\}=\exp\left\{\frac{1}{2\pi}\int_{-\pi}^{\pi}\ln S(\omega)d\omega\right\} \tag{1.6.12}$$

联合式(1.6.9)～(1.6.11)，得到

$$\widetilde{S}(z)=\sigma^2Q(z)Q^*(1/z^*) \tag{1.6.13}$$

上式在单位圆上取值，就得到式(1.6.2)的第 2 个式子，定理 1.6.1 得证。

对于一大类特殊情况，如果复功率谱能够表示为如下的有理分式形式

$$\widetilde{S}(z)=\frac{N(z)}{D(z)} \tag{1.6.14}$$

分解形式可以写为

$$\widetilde{S}(z)=\frac{N(z)}{D(z)}=\sigma^2\frac{B(z)}{A(z)}\frac{B^*(1/z^*)}{A^*(1/z^*)}=\sigma^2Q(z)Q^*(1/z^*) \tag{1.6.15}$$

其中，可表示 $Q(z)$ 为

$$Q(z)=\frac{B(z)}{A(z)}=\frac{1+b_1^*z^{-1}+b_2^*z^{-2}+\cdots+b_q^*z^{-q}}{1+a_1^*z^{-1}+a_2^*z^{-2}+\cdots+a_p^*z^{-p}} \tag{1.6.16}$$

对于实信号，这些结果都可以简化，在有理分式情况，分解形式为

$$\widetilde{S}(z)=\frac{N(z)}{D(z)}=\sigma^2\frac{B(z)}{A(z)}\frac{B(1/z)}{A(1/z)}=\sigma^2Q(z)Q(1/z) \tag{1.6.17}$$

对于实信号，$S(\omega)$ 是 $\cos(\omega)$ 的函数，由于 $\cos(\omega)=(e^{j\omega}+e^{-j\omega})/2$。对于规则随机信号，其复功率谱 $\widetilde{S}(z)$ 的收敛域包括单位圆，故 $\widetilde{S}(z)=S(\omega)|_{e^{j\omega}=z}$，因此 $\widetilde{S}(z)$ 是 $z+1/z$ 的函数。如果 z_i 是 $\widetilde{S}(z)$ 的一个根(为叙述简单，将 $\widetilde{S}(z)$ 分子和分母多项式的根都称为 $\widetilde{S}(z)$ 的根)，

$1/z_i$ 也必是$\widetilde{S}(z)$的根，又因为$\widetilde{S}(z)$是实系数多项式构成的分式，如果根是复数，则 z_i^*，$1/z_i^*$ 也都是$\widetilde{S}(z)$的根，根总是成对或成 4 个一组出现，即根是以$\{z_i, z_i^*, 1/z_i, 1/z_i^*\}$或$\{r_i, 1/r_i\}$形式成组的，这里设$|r_i|<1$，$|z_i|<1$，$r_i$ 是实数。为保证 $Q(z)$是最小相位的，取 r_i，$\{z_i, z_i^*\}$作为 $Q(z)$的根。

例 1.6.1　设一个 WSS 的功率谱为

$$S(\omega)=\frac{25+24\cos\omega}{16(1.64-1.6\cos(\omega-\pi/3))(1.64+1.6\cos(\omega+\pi/3))}$$

求这个功率谱的分解式。

解：将 $\cos(\omega)=(e^{j\omega}+e^{-j\omega})/2$ 代入并进一步分解为

$$S(\omega)=\frac{\left(1+\frac{3}{4}e^{-j\omega}\right)\left(1+\frac{3}{4}e^{j\omega}\right)}{(1-0.8e^{j\pi/3}e^{-j\omega})(1-0.8e^{-j\pi/3}e^{-j\omega})(1-0.8e^{j\pi/3}e^{j\omega})(1-0.8e^{-j\pi/3}e^{j\omega})}$$

相应的复功率谱的表达式为

$$\begin{aligned}\widetilde{S}(z)&=S(\omega)\mid_{e^{j\omega}=z}\\&=\frac{\left(1+\frac{3}{4}z^{-1}\right)\left(1+\frac{3}{4}z\right)}{(1-0.8e^{j\pi/3}z^{-1})(1-0.8e^{-j\pi/3}z^{-1})(1-0.8e^{j\pi/3}z)(1-0.8e^{-j\pi/3}z)}\end{aligned}$$

取分子和分母在单位圆内的根赋予 $Q(z)$，得

$$Q(z)=\frac{\left(1+\frac{3}{4}z^{-1}\right)}{(1-0.8e^{j\pi/3}z^{-1})(1-0.8e^{-j\pi/3}z^{-1})}=\frac{\left(1+\frac{3}{4}z^{-1}\right)}{1-1.6(\cos\pi/3)z^{-1}+0.64z^{-2}}$$

$$\sigma^2=1$$

对式(1.6.16)表示的系统函数，若以 $v(n)$作为系统输入，$x(n)$作为系统输出，得到输入和输出之间的差分方程表示，即由激励信号 $v(n)$通过系统函数为 $Q(z)$的系统产生 $x(n)$的过程可以由如下差分方程表示

$$x(n)=-\sum_{k=1}^{p}a_k^*x(n-k)+\sum_{k=0}^{q}b_k^*v(n-k) \tag{1.6.18}$$

式(1.5.22)和(1.6.2)从形式上是一致的，它们分别从分析和综合的角度表述了功率谱的结构。从分析角度讲，一个随机信号通过线性系统后的复功率谱满足式(1.5.22)，从综合角度讲，只要一个随机信号的功率谱是规则的，总可以分解成式(1.6.2)的形式，换句话说，总可以由白噪声驱动一个线性系统而产生所给出的功率谱。在有理分式的这一大类情况下，这种关系可以由有限阶差分方程描述。这些结论是随机信号线性模型或有理传递函数模型之所以有效的基础。

1.6.2　随机信号的 ARMA 模型

定义 1.6.2　对于一类离散随机信号，可以用一个差分方程表示，差分方程的驱动 $v(n)$是一个方差为 σ_v^2 的白噪声，输出是所要描述的随机信号 $x(n)$，其差分方程重写如下

$$x(n)=-\sum_{k=1}^{P}a_k^*x(n-k)+\sum_{k=0}^{q}b_k^*v(n-k) \tag{1.6.19}$$

式(1.6.19)所描述的随机信号称为 ARMA 模型，即自回归滑动平均模型(Autoregressive

Moving Average,ARMA),并用 ARMA(p,q)表示。

式(1.6.19)的表示是针对复信号的一般情况,对于实信号只需将系数 a_k 和 b_k 上的共轭符号去掉,并且系数取实数。这是离散随机信号最常用的一个线性模型,可以用 LTI 系统表示这样一个过程。如下分别讨论 ARMA 模型的一般表示和两种特殊形式。

1. ARMA 模型

产生服从 ARMA 模型的随机信号的系统结构示意图如图 1.6.2 所示,此系统由白噪声激励,系统输出是一个 ARMA(p,q)信号。

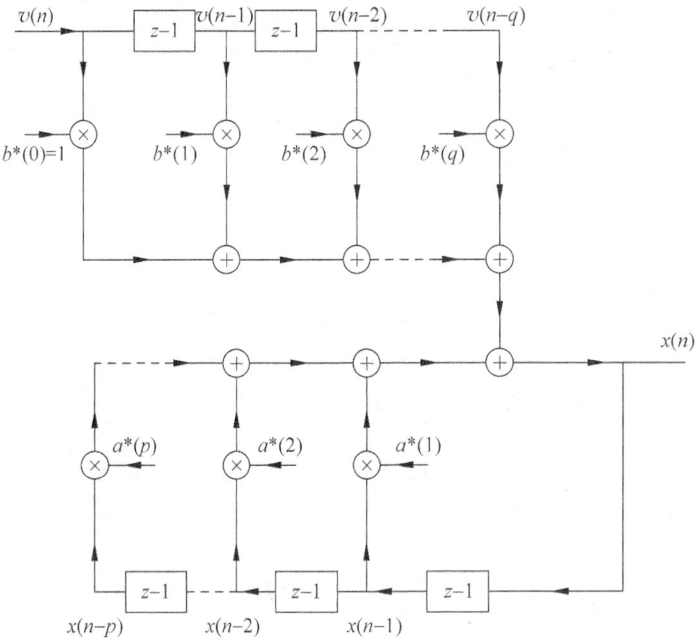

图 1.6.2 ARMA 模型的结构示意图

对于如上结构,系统传输函数为

$$H(z)=\frac{B(z)}{A(z)} \tag{1.6.20}$$

其中

$$B(z)=\sum_{k=0}^{q} b_k^* z^{-k} \tag{1.6.21}$$

为前馈支路(滑动平均),

$$A(z)=\sum_{k=0}^{p} a_k^* z^{-k} \tag{1.6.22}$$

为反馈支路(自回归),并令 $a_0=1$。

为了直观地理解方程式(1.6.19)的差分方程在满足一定条件下,确实存在平稳解,观察一个最简单的例子:实 ARMA(1,0)模型(后面会看到,ARMA(1,0)模型被称为 AR(1)模型),对这个实信号的例子,ARMA(1,0)模型可表示为

$$x(n)=v(n)+ax(n-1)$$

重复应用上式,并假设上式从$-\infty$开始取值,得到

$$x(n)=v(n)+av(n-1)+a^2v(n-2)+\cdots+a^kv(n-k)+\cdots=\sum_{k=0}^{\infty}a^kv(n-k)$$

要求上式收敛,需$|a|<1$。在满足条件$|a|<1$时,有

$$E(x(n))=E\left\{\sum_{k=0}^{\infty}a^kv(n-k)\right\}=0$$

和

$$\begin{aligned}r_x(n+l,n)&=\lim_{m\to\infty}E\left\{\sum_{j=0}^{m}a^jv(n+l-j)\sum_{k=0}^{m}a^kv(n-k)\right\}\\&=\sigma_v^2a^{|l|}\sum_{k=0}^{\infty}a^{2k}=\frac{\sigma_v^2}{1-a^2}a^{|l|}\end{aligned}$$

因此这个 ARMA(1,0)模型差分方程的解 $x(n)$,在满足$|a|<1$的条件下,确实是一个平稳的随机过程。

当从 $n=0$ 开始考虑差分方程的解,并以 $x(0)$作为初始条件时,解由两部分组成:由激励 $v(n)$产生的特解和由 $x(0)$产生的齐次解,特解满足平稳性(如上讨论),齐次解形式为 $x_0(n)=ca^nu(n)$,容易验证,当$|a|<1$时,它不满足平稳性,但齐次解逐渐衰减为零,由激励信号引起的特解逐渐占主导,解趋于平稳性。因此,在实验仿真中,如果从 $n=0$ 开始利用式(6.1.19)产生一个随机信号,则需要丢弃起始的一段数据,以保证得到的信号是逼近平稳的。

关于 ARMA(p,q)差分方程的解的性质,总结为如下定理,如上例子是一个简单特例,对一般情况的详细证明请参考[3]。

定理 1.6.2 当表示 ARMA(p,q)模型的系统传输函数 $H(z)=\dfrac{B(z)}{A(z)}$的极点是位于单位圆内时,差分方程式(1.6.19)存在一个唯一的因果且平稳的随机过程解。如果传输函数的零点也位于单位圆内,ARMA(p,q)过程是可逆的。

定理 1.6.2 中 ARMA(p,q)过程可逆的含义是,对式(1.6.19)表示的 ARMA(p,q)过程,必存在满足条件$\sum_{i=0}^{\infty}|c_i|<\infty$的常数序列 c_i,使得

$$v(n)=\sum_{i=0}^{\infty}c_ix(n-i)\quad n=0,\pm1,\pm2,\cdots$$

这里 c_i 是 $H(z)=\dfrac{B(z)}{A(z)}$的逆系统 $H_{\mathrm{av}}(z)=\dfrac{A(z)}{B(z)}$的 z 反变换序列,即 $H_{\mathrm{av}}(z)$的单位抽样响应序列。

当 ARMA 模型的解是平稳随机过程时,$x(n)$的自相关函数 $r_x(n)$的 z 变换为

$$\widetilde{S}_{\mathrm{ARMA}}(z)=H(z)H^*\left(\frac{1}{z^*}\right)\widetilde{S}_v(z)=\frac{B(z)B^*\left(\frac{1}{z^*}\right)}{A(z)A^*\left(\frac{1}{z^*}\right)}\widetilde{S}_v(z)\tag{1.6.23}$$

沿单位圆取 $z=\mathrm{e}^{\mathrm{j}\omega}$得到 $x(n)$的 PSD 为

$$S_{\mathrm{ARMA}}(\omega)=\left|\frac{B(\mathrm{e}^{\mathrm{j}\omega})}{A(\mathrm{e}^{\mathrm{j}\omega})}\right|^2S_v(\omega)=\left|\frac{B(\mathrm{e}^{\mathrm{j}\omega})}{A(\mathrm{e}^{\mathrm{j}\omega})}\right|^2\sigma_v^2=\left|\frac{\sum_{k=0}^{q}b_k^*\mathrm{e}^{-\mathrm{j}\omega k}}{\sum_{k=0}^{p}a_k^*\mathrm{e}^{-\mathrm{j}\omega k}}\right|^2\sigma_v^2\tag{1.6.24}$$

当 $B(z)$ 和 $A(z)$ 如式(1.6.21)和(1.6.22)所示时，式(1.6.23)的表达式中的系统函数 $H(z)$ 存在极点和零点，故从线性系统理论的角度看 ARMA 模型也称为极零点模型。

针对 ARMA 模型，讨论一下功率谱的等价性，或者是功率谱的相位盲性，尽管这里针对 ARMA 模型讨论这一问题，相位盲性是功率谱方法的一般性问题。所谓功率谱等价是，任何一个 ARMA 模型描述的随机信号，通过一个全通系统，其输出功率谱与此 ARMA 模型的功率谱是相等的。

设一个 ARMA 模型，其系统函数为 $H(z)=\dfrac{B(z)}{A(z)}$，并且 $H(z)$ 是最小相位的，在输出端级联一个全通系统 $H_{ap}(z)$，得到新的系统函数为

$$H_1(z) = \frac{B(z)}{A(z)}H_{ap}(z)$$

新的输出信号为 $x_1(n)$，$x_1(n)$ 的功率谱为

$$S_{x1}(\omega) = \left|\frac{B(e^{j\omega})}{A(e^{j\omega})}\right|^2 \mid H_{ap}(e^{j\omega}) \mid^2 \sigma_v^2 = \left|\frac{B(e^{j\omega})}{A(e^{j\omega})}\right|^2 \sigma_v^2 = S_x(\omega)$$

一个信号通过一个全通系统后，功率谱不变，但全通系统会改变信号的相位特性，而相位改变在功率谱中是不能区分的，功率谱对相位是盲的。

由于 $H_1(z)$ 仍是有理分式，$x_1(n)$ 和 $v(n)$ 的关系也满足式(1.6.19)的差分方程，$x_1(n)$ 也是一个 ARMA 过程，并与 $x(n)$ 有相同的功率谱。由于谱分解定理告诉我们，对给出的连续功率谱，总可以通过一个最小相位系统来表示，考虑最小相位系统的许多好的性质，我们在与自相关序列和功率谱分析相关的领域，总是假设 ARMA 模型是最小相位的，这不会带来任何限制。对于更高阶统计量和多谱情况，会将 ARMA 模型扩展到非最小相位系统，可以获得相位信息，有关高阶量和多谱的问题，将在第 7 章详细介绍。

可以用功率谱方法进行系统辨识。如果一个系统参数未知，通过用白噪声激励该系统，对输出功率谱进行估计，通过对功率谱进行分解得到待辨识系统的系统函数。用功率谱的方式对系统进行辨识，若两个系统相差一个全通网络，功率谱方法是不可分辨的，因此，用功率谱方法进行系统辨识时，假设所辨识的系统是最小相位的，这样才有唯一解。

例 1.6.2 一个 ARMA(2,1)模型，描述它的差分方程为

$$x(n) - 1.2x(n-1) + 0.7225x(n-2) = v(n) - 0.6v(n-1)$$

其中，激励白噪声满足 $v(n) \sim N(0,1)$，若取初始条件 $x(-1)=0, x(-2)=0$，产生的前 120 个输出值示于图 1.6.3(a)，可以看出，由于初始条件的影响，前 120 个点存在一定的非平稳趋势。若我们产生更多的点，例如产生 500 个点，弃掉前 50 个点，利用第 50～500 点估计，通过式(1.1.37)近似计算出其自相关序列的前 50 个值，并示于图 1.6.3(b)，可以看出这是一个按指数衰减的正弦序列。

实际上，产生该 ARMA 信号的系统函数为

$$H(z) = \frac{B(z)}{A(z)} = \frac{1-0.6z^{-1}}{1-1.2z^{-1}+0.7225z^{-2}} = \frac{1-0.6z^{-1}}{(1-0.85e^{j\pi/4}z^{-1})(1-0.85e^{-j\pi/4}z^{-1})}$$

其复功率谱为

$$\begin{aligned}\widetilde{S}(z) &= \sigma_v^2 H(z) H^*(1/z^*) \\ &= \frac{1-0.6z^{-1}}{(1-0.85e^{j\pi/4}z^{-1})(1-0.85e^{-j\pi/4}z^{-1})} \frac{1-0.6z}{(1-0.85e^{j\pi/4}z)(1-0.85e^{-j\pi/4}z)}\end{aligned}$$

复功率谱的收敛域为 $0.85 \leqslant |z| < 1/0.85$，是包含单位圆的环，其 z 反变换是双边序列的自

相关序列，用部分分式方法求得自相关序列为

$$r_x(k) \approx 1.84 \times (0.85)^{|k|} \cos(k\pi/4)$$

这个结果与用有限样本估计所得的图 1.6.3(b)相吻合。

由差分方程可直接写出其功率谱函数为

$$S_x(\omega) = \left| \frac{1 - 0.6\mathrm{e}^{-\mathrm{j}\omega}}{1 - 1.2\mathrm{e}^{-\mathrm{j}\omega} + 0.7225\mathrm{e}^{-\mathrm{j}2\omega}} \right|^2$$

功率谱的图形示于图 1.6.3(c)，这是一个带通信号，在 $\omega = \pm\pi/4 \approx \pm 0.785$ 处有峰值，这与系统函数的极点位置相吻合。

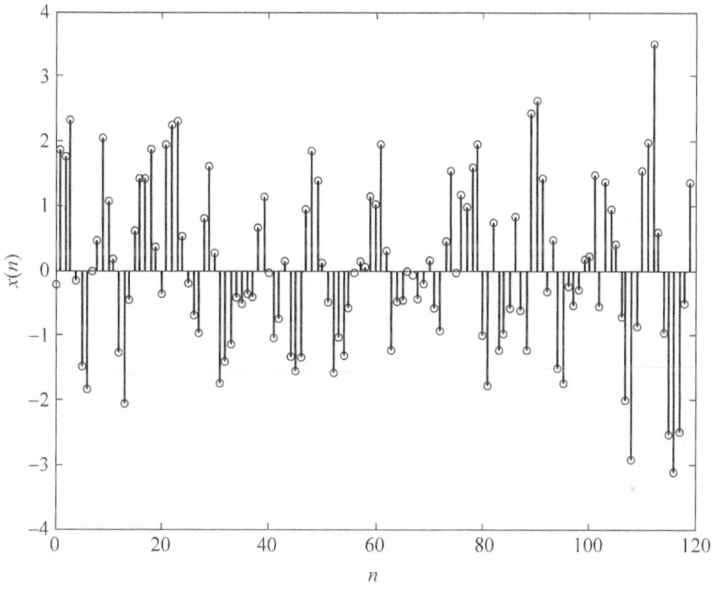

(a) 从起始值开始的一段波形

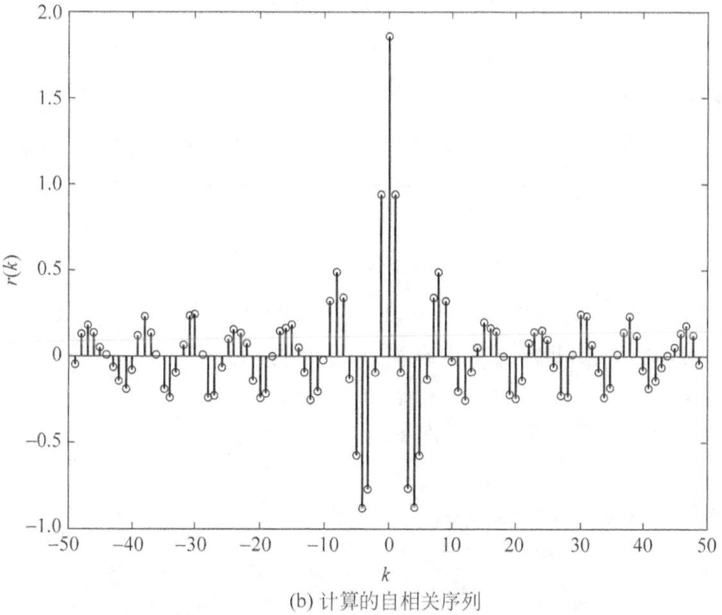

(b) 计算的自相关序列

图 1.6.3　一个 ARMA 模型的例子

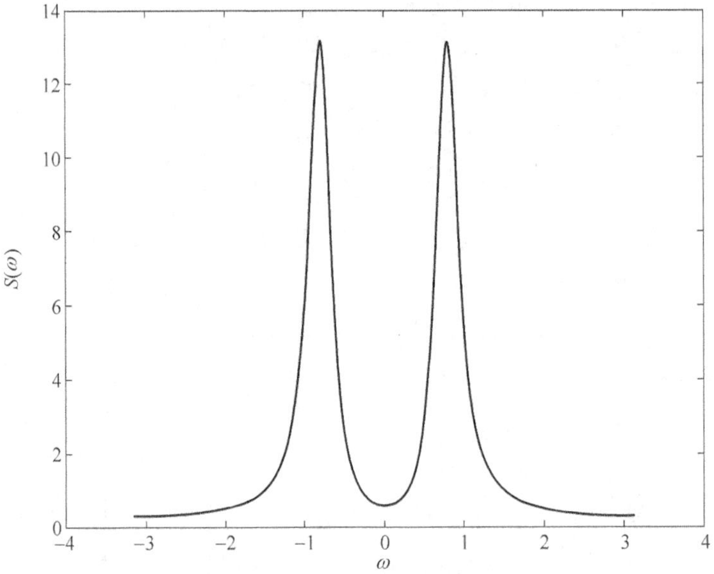

(c) 功率谱密度函数

图 1.6.3 (续)

2. MA 模型(滑动平均)

ARMA(p,q)的一种特例是图 1.6.2 的结构中没有反馈回路,即 $a_0=1$ 和 $a_i=0$,$1\leqslant i\leqslant p$,模型的差分方程简化为

$$x(n)=\sum_{k=0}^{q}b_k^* v(n-k) \tag{1.6.25}$$

该过程称为 q 阶滑动平均过程(Moving Average,MA),简称 MA(q)过程,其 PSD 为

$$S_{MA}(\omega)=\sigma_v^2 \mid B(e^{j\omega}) \mid^2 \tag{1.6.26}$$

由于表示该过程的系统函数只有零点,故该模型也称为全零点模型。

3. AR 模型(自回归)

ARMA(p,q)的另一种特例是驱动信号只有一条前馈支路,并令 $b_0=1$,和 $b_i=0$,$1\leqslant i\leqslant q$,模型主要由反馈支路构成,模型的差分方程简化为

$$x(n)=-\sum_{k=1}^{p}a_k^* x(n-k)+v(n) \tag{1.6.27}$$

该过程称为自回归模型(Auto-Regressive,AR),用 AR(p)表示。由于产生该过程的系统的系统函数只有有效极点,故也称为全极点模型,它的 PSD 为

$$S_{AR}(\omega)=\frac{\sigma_v^2}{\mid A(e^{j\omega})\mid^2}=\frac{\sigma_v^2}{\left|\sum_{k=0}^{p}a_k^* e^{-j\omega k}\right|^2} \tag{1.6.28}$$

对 AR(p),可以导出另外一种表示方法,令

$$X(z)=\frac{1}{A(z)}V(z) \tag{1.6.29}$$

也可以写成

$$V(z) = A(z)X(z) \tag{1.6.30}$$

对如上变换域表示做 z 反变换，对应的差分方程为

$$v(n) = x(n) - \sum_{k=1}^{p} a_k^* x(n-k) = \sum_{k=0}^{p} w_k^* x(n-k) = x(n) - \hat{x}(n) \tag{1.6.31}$$

这里，$w_0=1, w_i=-a_i, i\neq 0$，如上可以看成一个预测过程，对 $x(n)$ 的一步预测是 $\hat{x}(n)$，$v(n)$ 是一步预测误差，它是白噪声。即，如果 $x(n)$ 是一个 AR(p) 过程，通过一个 p 阶线性预测器，如果预测器系数是 $\{a_k^*, k=1,2,\cdots,p\}$，那么预测误差是白噪声。

式(1.6.31)也可以看成是一个白化过程，$v(n)$ 是 $x(n)$ 的新息过程，白化滤波器是 $A(z)$，AR(p) 的白化滤波器是一个 FIR 滤波器，这是 AR(p) 的一个重要性质。

例 1.6.3 AR(1)模型的分析，设 AR(1)系统函数的分母多项式 $A(z)=1+a_1^* z^{-1}$ 中的系数 a_1 为实数，且要求 $|a_1|<1$，则复功率谱表示为

$$\widetilde{S}_x(z) = \sigma_v^2 \frac{1}{A(z)A^*\left(\frac{1}{z^*}\right)} = \frac{\sigma_v^2}{(1+a_1 z^{-1})(1+a_1 z)}$$

它的两个极点分别是：$z_1=-a_1, z_2=-\frac{1}{a_1}$，收敛域为 $|a_1|<|z|<\frac{1}{|a_1|}$。

一个极点对应左序列，一个极点对应右序列，复功率谱分解为

$$\widetilde{S}_x(z) = \frac{\sigma^2}{1-a_1^2}\left(\frac{1}{1+a_1 z^{-1}} - \frac{a_1 z}{1+a_1 z}\right)$$

对复功率谱做 z 反变换得：

$$r_x(k) = \frac{\sigma_v^2}{1-a_1^2}[(-a_1)^k u(k) + (-a_1)^{-k} u(-k-11)]$$

这里 $u(n)$ 是一个阶跃序列，上式可以简化为

$$r_x(k) = \frac{\sigma_v^2}{1-a_1^2}(-a_1)^{|k|}$$

功率谱密度 PSD 为

$$S(\omega) = \frac{\sigma_v^2}{|1+a_1 \mathrm{e}^{-\mathrm{j}\omega}|^2} = \frac{\sigma_v^2}{1+a_1^2+2a_1\cos\omega}$$

按两种情况讨论 AR(1)模型的自相关序列和功率谱的规律，系数 a_1 为正或负，性质不同，讨论如下。

(1) 取 $a_1=-0.8$，自相关序列和功率谱密度如图 1.6.4 所示，信号功率主要集中在低频。

(2) 取 $a_1=0.8$，自相关序列和功率谱密度如图 1.6.5 所示，信号功率主要集中在高频。

如果一个随机信号 $x(n)$ 服从 AR(1)模型，并且激励白噪声是高斯过程，$x(n)$ 也是高斯过程，由其自相关表达式知，$x(n)$ 是一个高斯-马尔可夫过程。如上例子中，一个 AR(1)模型只能刻画一个低频信号或一个高频信号，无法刻画更复杂的随机信号，对于 AR(2)模型，通过选择模型

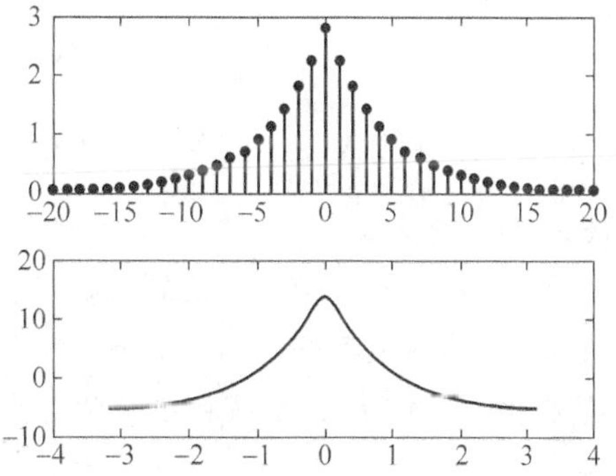

图 1.6.4 取 $a_1=-0.8$ 自相关序列和功率谱密度

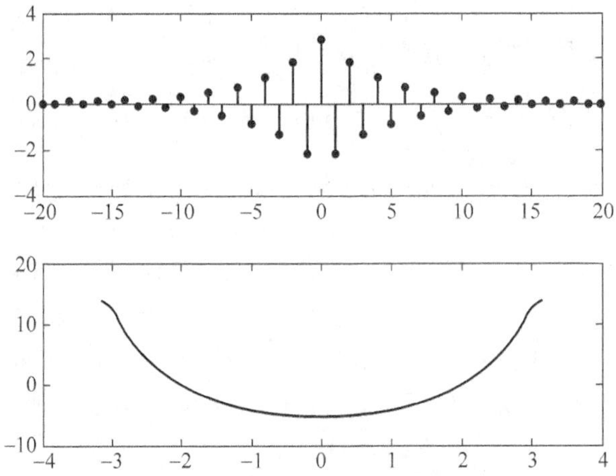

图 1.6.5 取 $a_1=0.8$ 自相关序列和功率谱密度

参数，可容易表示一个带通随机信号，实际上，选择充分大的 p，可以由 AR(p)模型逼近复杂的功率谱密度函数。

1.6.3 随机信号表示的进一步讨论

上述的讨论中，都假设 WSS 的功率谱是连续的，对于离散谱(或称为冲激谱，或线谱)情况，它们符合什么样的方程？连续谱和离散谱混合的一般情况下，随机信号有什么性质？本节进一步讨论这些问题。本节的许多结论对于理解随机信号处理的许多方法有启发意义，本节内容主要来自于随机过程的经典理论，这里只讨论相关结果。

考虑如下差分方程

$$x(n)=-\sum_{k=1}^{p}a_k^*x(n-k) \tag{1.6.32}$$

这相当于该随机信号是完全可预测的，即它可以由前面的 p 个取值准确地预测当前值。将差分方程改写成

$$x(n)+\sum_{k=1}^{p}a_k^*x(n-k)=0 \tag{1.6.33}$$

这个方程的通解是：

$$x(n)=c_1z_1^n+c_2z_2^n+\cdots+c_pz_p^n \tag{1.6.34}$$

这里 z_i 是多项式 $A(z)=\sum_{k=0}^{p}a_k^*z^{-k}$ 的根，与确定性信号的差分方程的区别在于，系数 c_i 是随机变量。

容易验证，式(1.6.33)的解，只有当 $z_i=\mathrm{e}^{\mathrm{j}\omega_i}$，并且系数 c_i 互相独立时，$x(n)$是 WSS，也就是说，并非对所有的 $a_k,k=1,\cdots,p$，式(1.6.33)都有 WSS 解，只有当 $a_k,k=1,\cdots,p$ 的取值使得多项式的根 z_i 都落在单位圆上时，式(1.6.33)才有 WSS 解，这个解为

$$x(n)=\sum_{i=1}^{p}c_i\mathrm{e}^{\mathrm{j}\omega_i n}$$

$x(n)$的自相关函数和 PSD 分别为

$$r_x(k) = \sum_{i=1}^{p} E\{c_i^2\} e^{j\omega_i k}$$

$$S_x(\omega) = 2\pi \sum_{i=1}^{p} \sum_{k=-\infty}^{+\infty} E\{c_i^2\} \delta(\omega - \omega_i - 2\pi k)$$

因此，具有离散谱的 WSS 满足式(1.6.32)，是一个可预测过程。

对于一般的 WSS，它既包含离散谱，也包含连续谱，它的表示由 Wold 分解定理给出，这里只给出 Wold 分解定理的结论和一个推论，证明从略，有兴趣的读者可参考[17]。

定理 1.6.3(Wold 分解定理)　一个一般的 WSS 能够写为

$$x(n) = x_r(n) + x_p(n) \tag{1.6.35}$$

其中，$x_r(n)$是一个规则随机过程，具有连续谱，$x_p(n)$是一个可预测过程，具有离散谱，并且 $x_r(n)$和 $x_p(n)$是正交的。即 $E\{x_r(n_1)x_p^*(n_2)\}=0\ \forall n_1, n_2$，其相关函数可以写成

$$r_x(k) = r_r(k) + r_p(k) \tag{1.6.36}$$

进一步，$x_r(n)$可以写成一个 MA(∞)模型

$$x_r(n) = \sum_{k=0}^{\infty} b_k^* v(n-k) \tag{1.6.37}$$

$x_p(n)$可以完全由过去值预测

$$x_p(n) = -\sum_{k=1}^{\infty} a_k^* x_p(n-k) \tag{1.6.38}$$

推论 1.6.1(Wold 分解定理推论)　一个 ARMA 或 AR 过程，如果该过程的 PSD 是连续的，可以由一个至多无穷阶 MA 过程表示。

在式(1.6.37)中，定义 MA(∞)的系统函数为 $B_\infty(z) = \sum_{k=0}^{\infty} b_k^* z^{-k}$，若 $B_\infty(z)$存在一个因果逆系统，$A_\infty(z) = \sum_{k=0}^{\infty} \bar{a}_k^* z^{-k}$，使得 $A_\infty(z)B_\infty(z)=1$，则激励白噪声序列

$$v(n) = \sum_{k=0}^{\infty} \bar{a}_k^* x_r(n-k)$$

上式可重写为

$$x_r(n) = v(n) - \sum_{k=1}^{\infty} a_k^* x_r(n-k)$$

这里 $a_k=\bar{a}_k/\bar{a}_0$，该式相当于用 AR(∞)模型表示一个规则随机过程，这是 Kolmogorov 定理的内容，Kolmogorov 给出了由 AR 模型表示 ARMA 和 MA 模型的定理，简述如下。

定理 1.6.4(Kolmogorov 定理)　一个 ARMA 或 MA 过程可以用一个至多无穷阶 AR 过程表示。

在实际中，或许不知道一个待处理的信号更符合 ARMA、AR 和 MA 中的哪一个，上述定理说明，如果模型选取不正确，只要适当增加阶数，仍可以得到对问题的相当好的逼近，代价是运算量的增加。

例 1.6.4　用 AR(∞)表示 ARMA(1,1)，其中 a_1 和 b_1 为实数。给出

$$H_{\mathrm{ARMA}}(z) = \frac{1 + b_1 z^{-1}}{1 + a_1 z^{-1}}$$

用 AR(∞)表示它，相对应的 AR(∞)的系统函数是

$$H_{\mathrm{AR}(\infty)}(z)=\frac{1}{C(z)}=\frac{1}{1+c_1z^{-1}+c_2z^{-2}+\cdots}$$

为使两个模型是等价的，只要它们的传输函数是相等的，令 $H_{\mathrm{ARMA}}(z)=H_{\mathrm{AR}(\infty)}(z)$，得到

$$1+\sum_{i=1}^{\infty}c_kz^{-k}=\frac{1+a_1z^{-1}}{1+b_1z^{-1}}$$

由

$$\frac{1+a_1z^{-1}}{1+b_1z^{-1}}=\frac{a_1}{b_1}+\left(1-\frac{a_1}{b_1}\right)\frac{1}{1+b_1z^{-1}}=\frac{a_1}{b_1}+\left(1-\frac{a_1}{b_1}\right)\sum_{k=0}^{\infty}(-b_1)^kz^{-k}$$

用对比系数法得到

$$c_k=\begin{cases}1, & k=0\\(a_1-b_1)(-b_1)^{k-1}, & k>0\end{cases}$$

这个例子可以推广到一般情况下，令

$$C(z)=\sum_{k=0}^{\infty}c_kz^{-k}=\frac{1}{H_{(p,q)}(z)}\tag{1.6.39}$$

这里 $H_{(p,q)}(z)$表示一个任意 ARMA(p,q)模型的系统函数，上式两边取反变换，得到所求结果。由于 ARMA 模型的传输函数是最小相位的，c_k 必然是按指数衰减的。

1.6.4 自相关与模型参数的关系

前 3 小节讨论了 ARMA 模型的特点、适用性和功率谱表达式，本节讨论另一个重要问题，对于一个给定的模型，建立其自相关序列与模型参数之间的关系。将会看到，对于 AR 模型将建立一个非常规范的线性方程组，用于表示自相关序列和 AR 模型参数之间的关系，对于 MA 和 ARMA 模型，这种关系是非线性的。

先讨论 AR 过程，重写 AR 模型的差分方程为如下形式，注意 $a_0=1$，

$$\sum_{k=0}^{p}a_k^*x(n-k)=v(n)\tag{1.6.40}$$

上式两边同乘 $x^*(n-\ell)$并取期望值，得

$$E\left[\sum_{k=0}^{P}a_k^*x(n-k)x^*(n-\ell)\right]=E[v(n)x^*(n-\ell)]\tag{1.6.41}$$

由于因果性，$v(n)$和 $x^*(n-\ell)$，$\ell>0$ 是不相关的，式(1.6.41)在 $\ell=0$ 时变为

$$\sum_{k=0}^{p}a_k^*r_x^*(k)=E[v(n)v^*(n)]=\sigma_v^2$$

即

$$\sigma_v^2=\sum_{k=0}^{p}a_kr_x(k)\tag{1.6.42}$$

或

$$\sigma_x^2=r_x(0)=\sigma_v^2-\sum_{k=1}^{p}a_kr_x(k)\tag{1.6.43}$$

$\ell>0$ 时，$x^*(n-\ell)$与 $v(n)$不相关，式(1.6.41)右侧为零，得到

$$\sum_{k=0}^{p}a_k^*r_x(\ell-k)=0\tag{1.6.44}$$

式(1.6.44)两侧取共轭，得到以 a_k 为待求量的方程组，由于只有 p 个未知数，上式只取 $\ell=1,2,\cdots,p$ 的前 p 个方程构成方程组，方程组可写成矩阵，矩阵形式为

$$\begin{bmatrix} r_x(0) & r_x(1) & \cdots & r_x(p-1) \\ r_x^*(1) & r_x(0) & \cdots & r_x(p-2) \\ \vdots & \vdots & \ddots & \vdots \\ r_x^*(p-1) & r_x^*(p-2) & \cdots & r_x(0) \end{bmatrix} \begin{bmatrix} a_1 \\ a_2 \\ \vdots \\ a_p \end{bmatrix} = -\begin{bmatrix} r_x^*(1) \\ r_x^*(2) \\ \vdots \\ r_x^*(p) \end{bmatrix} \tag{1.6.45}$$

紧凑地记为

$$\boldsymbol{R}_x\boldsymbol{a} = -\boldsymbol{r}_x \tag{1.6.46}$$

或

$$\boldsymbol{R}_x\boldsymbol{w} = \boldsymbol{r}_x \tag{1.6.47}$$

这里 $\boldsymbol{r}_x=[r_x^*(1) \quad r_x^*(2) \quad \cdots \quad r_x^*(p)]^{\mathrm{T}}$，$\boldsymbol{a}=[a_1 \quad a_2 \quad \cdots \quad a_p]^{\mathrm{T}}$ 和 $\boldsymbol{w}=-\boldsymbol{a}$，式(1.6.45)～(1.6.47)是相同的，称为 Yule-Walker 方程。

如果已知 AR 模型阶 p 和自相关序列的前 $p+1$ 个值 $\{r_x(0),r_x(1),\cdots,r_x(p)\}$，解 Yule-Walker 方程(1.6.45)，得到模型参数 $\boldsymbol{a}=[a_1,a_2,\cdots,a_p]^{\mathrm{T}}$，由于自相关矩阵一般是正定的，故方程(1.6.45)一般有唯一解。再由式(1.6.42)得到激励白噪声的方差 σ_v^2，代入 AR 模型的 PSD 公式，有

$$S_{\mathrm{AR}}(\omega) = \frac{\sigma_v^2}{|A(\mathrm{e}^{\mathrm{j}\omega})|^2} \tag{1.6.48}$$

就可以得到随机信号的 PSD。

实际中，$\{r_x(0),r_x(1),\cdots,r_x(p)\}$ 一般是未知的，只能得到随机信号一次试验的一组测量值 $\{x(0),x(1),\cdots,x(N-1)\}$，由它估计自相关 $\{r_x(0),r_x(1),\cdots,r_x(p)\}$ 或直接估计参数 $\boldsymbol{a}$ 和 σ_v^2。由随机过程的一组测量值估计它的有关参数，这个问题是估计理论讨论的主要内容，在只有有限数据测量的情况下，怎样更好地估计功率谱密度函数，将在第 6 章详细研究。

将式(1.6.42)和(1.6.45)结合在一起，利用自相关矩阵的结构特点(增广特性)，得到如下增广的 Yule_Walker 方程

$$\begin{bmatrix} r_x(0) & r_x(1) & \cdots & r_x(p-1) & r_x(p) \\ r_x^*(1) & r_x(0) & \cdots & r_x(p-2) & r_x(p-1) \\ \vdots & \vdots & \ddots & \vdots & \vdots \\ r_x^*(p) & r_x^*(p-1) & \cdots & r_x(1) & r_x(0) \end{bmatrix} \begin{bmatrix} 1 \\ a_1 \\ \vdots \\ a_p \end{bmatrix} = \begin{bmatrix} \sigma_v^2 \\ 0 \\ \vdots \\ 0 \end{bmatrix} \tag{1.6.49}$$

或写成紧凑形式：

$$\boldsymbol{R}_{p+1}\boldsymbol{a}_p = \sigma_v^2\boldsymbol{u} \tag{1.6.50}$$

其中，$\boldsymbol{a}_p=(1 \quad a_1 \quad \cdots \quad a_p)^{\mathrm{T}}=(1 \quad \boldsymbol{a}^{\mathrm{T}})^{\mathrm{T}}$，$\boldsymbol{u}=(1 \quad 0 \quad \cdots \quad 0)^{\mathrm{T}}$。

注意到式(1.6.49)或(1.6.50)不是一个标准的求解方程，待求向量 $\boldsymbol{a}_p$ 中有已知数 $a_0=1$，方程右侧有未知数 σ_v^2，故增广 Yule_Walker 方程更多的是一种形式表示，这种形式表示与可求解方程式(1.6.45)和(1.6.42)是等价的，故可以用增广方程表示 AR 模型的求解问题。实际上，若先设式(1.6.49)中的 σ_v^2 为参数，用解方程得方法求解 $\boldsymbol{a}_p$，$\boldsymbol{a}_p$ 的解由参数 σ_v^2 控制，再利用 $a_0=1$ 反解出 σ_v^2，则得到 $\boldsymbol{a}$ 的解。

例 1.6.5 设一个随机信号的自相关序列为 $r_x(k)=2\times(0.8)^{|k|}+0.1\delta(k)$，用一个 AR(2)模型表示该信号，用增广 Yule_Walker 方程求 AR(2)模型的参数。由已知自相关序

列得到增广 Yule_Walker 方程为

$$\begin{pmatrix}2.1 & 1.6 & 1.28\\ 1.6 & 2.1 & 1.6\\ 1.28 & 1.6 & 2.1\end{pmatrix}\begin{pmatrix}1\\ a_1\\ a_2\end{pmatrix}=\begin{pmatrix}\sigma_v^2\\ 0\\ 0\end{pmatrix}$$

可求得增广自相关矩阵的逆矩阵为

$$\begin{pmatrix}2.1 & 1.6 & 1.28\\ 1.6 & 2.1 & 1.6\\ 1.28 & 1.6 & 2.1\end{pmatrix}^{-1}=\begin{pmatrix}1.1406 & -0.8089 & -0.0789\\ -0.8089 & 1.7088 & -0.8089\\ -0.0789 & -0.8089 & 1.1406\end{pmatrix}$$

因此

$$\begin{pmatrix}1\\ a_1\\ a_2\end{pmatrix}=\begin{pmatrix}1.1406 & -0.8089 & -0.0789\\ -0.8089 & 1.7088 & -0.8089\\ -0.0789 & -0.8089 & 1.1406\end{pmatrix}\begin{pmatrix}\sigma_v^2\\ 0\\ 0\end{pmatrix}=\begin{pmatrix}1.1406\sigma_v^2\\ -0.8089\sigma_v^2\\ -0.0789\sigma_v^2\end{pmatrix}$$

由上述第一行得到

$$1=1.1406\sigma_v^2\Rightarrow\sigma_v^2=0.8767$$

带入上式得

$$\begin{pmatrix}a_1\\ a_2\end{pmatrix}=\begin{pmatrix}-0.8089\sigma_v^2\\ -0.0789\sigma_v^2\end{pmatrix}=\begin{pmatrix}-0.7092\\ -0.0692\end{pmatrix}$$

如果一个随机信号是 AR(p)过程，从 Yule-Walker 方程或增广 Yule-Walker 方程出发，若已知模型参数 $\boldsymbol{a}$ 和 σ_v^2，则可求出其全部自相关序列，通过如下例子进行说明。

例 1.6.6 设一个实 AR(2)模型的参数 $\boldsymbol{a}$ 和 σ_v^2 是已知的，写出求解自相关函数值 $\{r(0),r(1),(2)\}$的方程，并得到求解 $r_x(l),l>2$ 的递推公式。

解：由 2 阶 AR 模型的增广 Yule-Walker 方程，考虑到实信号自相关对称性，得到

$$\begin{pmatrix}r_x(0) & r_x(1) & r_x(2)\\ r_x(1) & r_x(0) & r_x(1)\\ r_x(2) & r_x(1) & r_x(0)\end{pmatrix}\begin{pmatrix}1\\ a_1\\ a_2\end{pmatrix}=\begin{pmatrix}\sigma_v^2\\ 0\\ 0\end{pmatrix}$$

将上面方程重新排列，以$\{r_x(0),r_x(1),r_x(2)\}$为未知数，得到

$$\begin{pmatrix}1 & a_1 & a_2\\ a_1 & 1+a_2 & 0\\ a_2 & a_1 & 1\end{pmatrix}\begin{pmatrix}r_x(0)\\ r_x(1)\\ r_x(2)\end{pmatrix}=\begin{pmatrix}\sigma_v^2\\ 0\\ 0\end{pmatrix}$$

解此方程，得到$\{r_x(0),r_x(1),r_x(2)\}$如下：

$$r_x(0)=\left(\frac{1+a_2}{1-a_2}\right)\frac{\sigma_v^2}{[(1+a_2)^2-a_1^2]}$$

$$r_x(1)=\frac{-a_1}{1+a_2}r_x(0)$$

$$r_x(2)=\left(\frac{a_1^2}{1+a_2}-a_2\right)r_x(0)$$

由式(1.6.44)，取 $l>2$ 得到其他自相关值的递推公式为

$$r_x(l)=-\sum_{k=1}^{2}a_kr_x(l-k)=-a_1r_x(l-1)-a_2r_x(l-2)$$

可以证明，由 Yule-Walker 方程的解得到的系统必然是因果和稳定的，将此结论的证明留待第 3 章。

以上以 AR(p)为对象，推导了 Yule-Walker 方程，对 ARMA 和 MA 模型，模型参数与自相关函数之间也存在关系式，通过类似的推导过程，得到对于 ARMA(p,q)模型有：

$$r_x(k)=\begin{cases}-\sum\limits_{m=1}^{p}a_m r_x(k-m)+\sum\limits_{m=k}^{q}b_m r_{vx}(k-m) & k=0,1,\cdots,q\\ -\sum\limits_{m=1}^{p}a_m r_x(k-m) & k\geqslant q+1\end{cases}\tag{1.6.51}$$

如果不希望式(1.6.51)中存在互相关函数值，可以利用式(1.5.15)的系统输入和输出之间的互相关关系，注意到这里 $v(n)$是输入，并且是白噪声，$x(n)$是输出，式(1.5.15)变为

$$r_{vx}(k)=\sum_{m=-\infty}^{+\infty}h(-m)r_v(k-m)=\sigma_v^2 h(-k)\tag{1.6.52}$$

将式(1.6.52)带入(1.6.51)得

$$r_x(k)=\begin{cases}-\sum\limits_{m=1}^{p}a_m r_x(k-m)+\sigma_v^2\sum\limits_{m=k}^{q}b_m h(m-k) & k=0,1,\cdots,q\\ -\sum\limits_{m=1}^{p}a_k r_x(k-m) & k\geqslant q+1\end{cases}\tag{1.6.53}$$

对于 MA(q)模型，可得到

$$r_x(k)=\begin{cases}\sigma_v^2\sum\limits_{m=0}^{q-k}b_m^* b_{m+k} & k=0,1,\cdots,q\\ 0 & k\geqslant q+1\end{cases}\tag{1.6.54}$$

例 1.6.7 写出 MA(2)模型的自相关序列。直接用式(1.6.54)得

$$r_x(k)=\begin{cases}\sigma_v^2(|b_0|^2+|b_1|^2+|b_2|^2) & k=0\\ \sigma_v^2(b_0^* b_1+b_1^* b_2) & k=1\\ \sigma_v^2 b_0^* b_2 & k=2\\ 0 & k\geqslant 3\end{cases}$$

与 AR(p)相比，MA 和 ARMA 的方程是非线性的，式(1.6.53)中，$h(k)$是 a_k，b_k 的函数，$b_l h(l-k)$是非线性的，式(1.6.54)是 b_k 的二次函数，也是非线性的。因此，AR 模型是最容易处理的，有关 AR 模型的参数估计和功率谱密度估计的方法也最完善。

*1.6.5 ARMA 模型的扩展——ARIMA 模型

ARMA 模型应用广泛，但仅可表示平稳随机信号，通过推广 ARMA 模型，可使其能够表示一类非平稳随机信号，这种推广的模型称为 ARIMA 模型(Autoregressive Integrated Moving Average)，即自回归综合滑动平均模型。

有一些随机信号存在一定的时间趋势或周期特性，随机信号有时间趋势的一个典型例子是信号的温度漂移特性，具有这种特性的信号尽管不再满足平稳性，ARMA 模型不再适用，但通过差分运算，可能会消除这种趋势，使得差分后的随机信号逼近于一个平稳信号并

可用 ARMA 模型表征，ARIMA 模型就是将差分运算（可以是任意高阶差分）和 ARMA 模型结合从而描述一类非平稳随机信号。

设 $y(n)$表示随机信号的一次实现，用 $Y(z)$表示 $y(n)$的 z 变换，存在一个平稳随机信号，用 $x(n)$和 $X(z)$表示其一次实现和相应 z 变换，$x(n)$可用 ARMA(p,q)模型表示，若存在一个 d 阶差分系统函数 $D(z)=(1-z^{-1})^d$，($d\geqslant 1$ 整数)，使得

$$X(z)=D(z)Y(z)=(1-z^{-1})^d Y(z) \tag{1.6.55}$$

则称 $y(n)$是一个由 ARIMA(p,d,q)模型表示的信号。

由 $x(n)$的差分方程式(1.6.19)两边取 z 变换，得到

$$A(z)X(z)=B(z)V(z) \tag{1.6.56}$$

其中 $B(z)$和 $A(z)$分别如式(1.6.21)和(1.6.22)所定义，将式(1.6.55)代入(1.6.56)得

$$A(z)(1-z^{-1})^d Y(z)=B(z)V(z) \tag{1.6.57}$$

从式(1.6.57)可以看出，一个 ARIMA(p,d,q)模型信号 $y(n)$相当于是激励白噪声 $v(n)$经过一个系统函数为

$$H_y(z)=\frac{B(z)}{A(z)(1-z^{-1})^d} \tag{1.6.58}$$

的系统所产生的。

从式(1.6.58)可能会产生一个问题，即产生 ARIMA(p,d,q)模型的系统函数，是在 ARMA(p,q)模型系统函数基础上，分母增加了一项$(1-z^{-1})^d$，这相当于增加了 $z=1$ 处的 d 个极点，似乎可以将 ARIMA(p,d,q)模型看作是 ARMA$(p+d,q)$模型，但这种看法是不正确的。ARMA 模型之所以能够描述平稳随机信号的原因是其系统函数的极点均位于单位圆内，是一个稳定因果系统，但 ARIMA(p,d,q)模型在 $z=1$ 有 d 个极点，其极点位于单位圆上，$H_y(z)$表示的系统不再是稳定系统，这个重要差别使得 ARIMA 模型可描述非平稳信号。

为了得到一个 ARIMA(p,d,q)的信号的差分方程表示，可以直接对式(1.6.57)两边做 z 反变换，也可以利用式(1.6.19)表示 $x(n)$的差分方程式，然后，利用式(1.6.55)的 z 反变换得到表示 $y(n)$和 $x(n)$关系的差分方程，利用两个差分方程表示 ARIMA(p,d,q)过程。

例 1.6.8 一个 ARIMA(1,1,1)的 z 变换域表示为

$$(1-0.8z^{-1})(1-z^{-1})Y(z)=(1-0.4z^{-1})V(z),v(t)\sim N(0,1)$$

相当于

$$A(z)=1-0.8z^{-1}$$
$$B(z)=1-0.4z^{-1}$$
$$D(z)=1-z^{-1}$$

由$(1-0.8z^{-1})(1-z^{-1})=1-1.8z^{-1}+0.8z^{-2}$，得到表示 ARIMA(1,1,1)的差分方程为

$$y(n)-1.8y(n-1)+0.8y(n-2)=v(n)-0.4v(n-1)$$

或用如下两个差分方程表示

$$\begin{cases}x(n)-0.8x(n-1)=v(n)-0.4v(n-1)\\ y(n)-y(n-1)=x(n)\end{cases}$$

利用 $y(n)$的差分方程，设初始条件 $y(-1)=0$，$y(-2)=0$，得到 $y(n)$的前 120 个样本如图 1.6.6(a)所示，可以看到序列具有明显的趋势性，是一种典型的非平稳序列。对 $y(n)$进

行1阶差分,得到 $x(n)$ 序列如图1.6.6(b)所示,其非平稳性被消除。

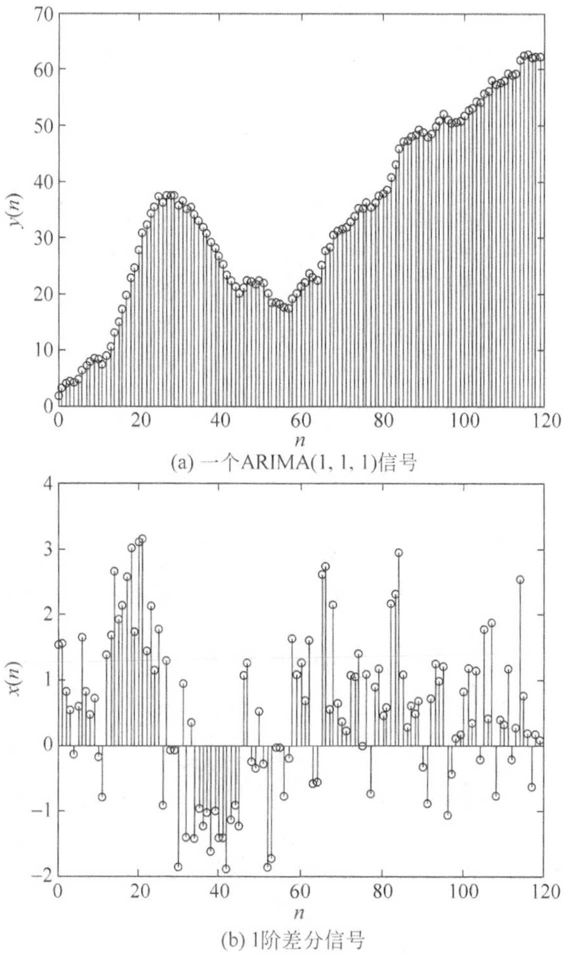

图1.6.6 一个ARIMA模型信号和其差分信号

产生500个点的ARIMA(1,1,1)信号 $y(n)$ 近似计算其自相关序列,由于 $y(n)$ 是非平稳的,这里只近似计算如下自相关

$$\tilde{r}_y(k) = r_y(n, n-k)\mid_{n=0} \approx \frac{1}{N}\sum_{n=k}^{N-1} y(n)y(n-k)$$

式中 $N=500$,计算的自相关如图1.6.7所示。

与例子1.6.2的ARMA(2,1)和例1.6.3的AR(1)模型所得到的自相关不同,那里的自相关具有指数衰减特性,但图1.6.7的自相关序列衰减很慢,这是带趋势的非平稳序列的自相关的一个特性,若对其差分序列 $x(n)$ 利用有限样本估计自相关,得到图1.6.7(b)所示的结果,平稳的 $x(n)$ 序列的自相关再次表现出指数衰减性。

从例1.6.8看到,一个ARIMA(p,d,q)模型的自相关函数衰减更慢,这是构成ARIMA模型的系统函数有极点在单位圆的一种反映。对于一个测量到的时间序列 $y(n)$,若使用ARIMA模型进行建模,可分为两步,一步估计差分算子的阶数 d,对 $y(n)$ 进行 d 阶差分后得到ARMA序列 $x(n)$,再利用ARMA模型对 $x(n)$ 建模。对于低阶 d,可通过试凑

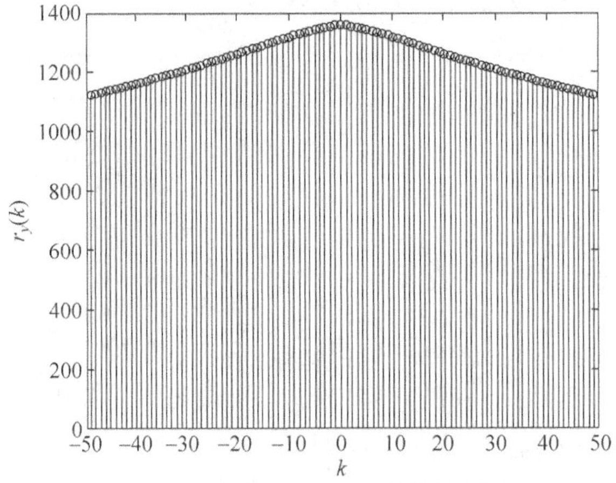

(a) 一个ARIMA(1, 1, 1)信号的自相关

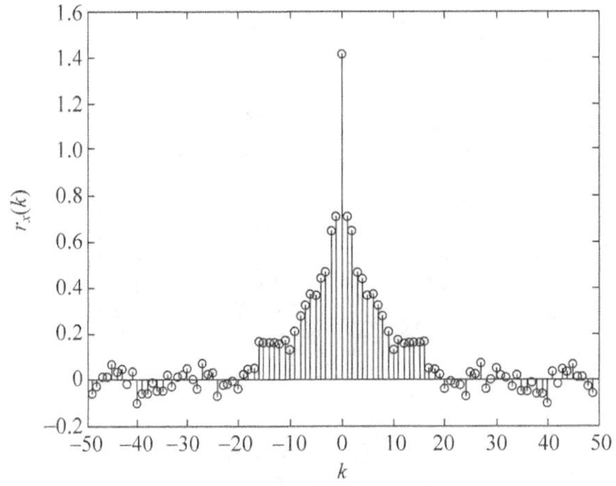

(b) 一阶差分信号的自相关

图 1.6.7 一个 ARIMA 模型信号和其差分信号的自相关

的方法估计出 d,更一般地,也有人提出单位根检验方法估计差分阶数,对此方法有兴趣的读者可参考 Brockwell 的著作[4]。

本节注释 1:ARMA 模型的应用

ARMA 模型在现代信号处理和系统仿真中应用非常广泛。在现代谱分析中,利用 ARMA 模型对测量得到的随机信号进行建模,利用测量数据估计 ARMA 的参数,然后通过式(1.6.24)计算出功率谱,怎样利用有限的测量数据尽可能好地估计模型参数是估计理论的主要问题,本书第 2 章对估计理论有一个概要的讨论。通过 ARMA 模型估计功率谱,是现代谱估计的核心内容之一,在第 6 章进一步讨论。

利用 ARMA 模型估计信号的功率谱属于信号分析范畴。在很多应用中,需要产生具有特定性质的信号,属于信号生成问题,系统仿真需要产生各类信号,用于评价一个系统的性能。利用 ARMA 模型产生具有指定功率谱的随机信号是最常用的方法。ARMA 模型尤其适用于产生具有规定功率谱的高斯随机信号。由于服从高斯分布的随机信号经过任意线性系统仍然服从高斯分布,而 ARMA 模型看作是由激励白噪声驱动的一个线性时不变

(LTI)系统的输出，可以通过用高斯白噪声驱动一个具有有理分式系统函数的稳定 LTI 系统，可产生具有任意功率谱的高斯随机信号。

但当激励白噪声不是高斯分布的，例如是均匀分布的，经过线性系统后，输出的概率密度函数(PDF)就会改变，怎样产生同时具有规定功率谱和任意 PDF 的随机信号的问题可参考[23]。

本节注释 2：有关时间序列分析

ARMA 模型是“时间序列分析”中的重要组成部分。时间序列分析是一个应用范围很广泛的统计学分支。在时间序列分析中，一个时间序列是一个按时间顺序观察到的数据集合，研究序列中数据之间的相互关系，研究数据的建模、预测和控制等。因为时间序列来自具有随机性质的环境，因此一个时间序列可看作一个随机过程的一次实现，从这个意义看，在信号处理中随机信号的一次观测所获得的信号样本是一个时间序列，因此信号处理所关注的很多问题与时间序列分析密切相关，其研究成果也相互影响。时间序列分析作为一个统计学分支，关注的问题更加一般化，属于更加基础性的学科，其方法在信号处理领域得到广泛应用，同时时间序列分析在经济学、金融学中的应用也颇受关注，实际上，时间序列分析的方法可应用于非常广泛的领域。除线性模型外，时间序列分析的近代方法也研究了各种非线性模型，这些工作又与神经网络、机器学习和信号处理的近代研究密切关联，所以，学习和研究信号处理的人，应该关注这些相关学科的发展，互相吸收新的思想和知识。

1.7 小结与进一步阅读

本章是全书，尤其前 8 章的共同基础，讨论了三个基本论题。第 1 个论题是随机信号的基本特征及其通过线性系统后的表达形式。描述信号的特征量有多种，最常用的是相关函数和功率谱密度，这些特征量可在不同应用中起到作用，对于随机信号向量，最重要的特征则是自相关矩阵。第二个论题是随机信号的正交展开问题，主要讨论了 KL 变换并引出 PCA 的概念。第 3 个论题是随机信号模型，作为例子讨论了随机信号的谐波模型和概率模型，更详细地讨论了随机信号的 ARMA 模型及其两个特例 AR 模型和 MA 模型，并且看到 AR 模型具有简洁的线性方程组用于描述模型参数和自相关函数之间的关系。

用一定的数学形式描述一类信号的方式，都可以称为信号模型。用一种模型描述一类信号的过程，称为信号建模，本章已讨论了几种常用模型，总结为这样几类。类 1，用概率密度函数描述信号，例如高斯分布、混合高斯模型等；类 2，噪声中的典型特殊信号，例如噪声中的正弦信号；类 3，有理传输函数模型，如 ARMA 模型；类 4，非平稳差分方程模型，例如在 ARMA 模型基础上扩展的 ARIMA。

限于篇幅，有许多模型本章没有展开讨论，例如非线性模型、基于状态转移的非平稳模型，如隐马尔科夫模型(HMM)和概率图模型等，对这些模型有兴趣的读者可参考相关文献。

关于随机信号的基础知识，已有许多关于随机过程的经典著作，例如 Davenport[5][6] 和

Papoulis[17]的著作。中文著作中，复旦大学概率论系列教材(第 3 册)[27]是对随机过程的严谨的论述，陆大绘的著作[28]则从工程观点和通过大量实例讨论了随机过程的基础和应用。对于 ARMA 模型和时间序列分析，Brockwell 的著作[3][4]和 Box 的著作[2]是非常详尽和深入的。Tong 的著作[24]和范剑青等的著作[26]则给出了非线性时间序列模型的详尽论述。作为在语音处理中起到关键作用的 HMM 模型，Rabiner 给出了一个被广泛引用的综述[21]。概率图模型在信号处理、机器学习和统计推断等诸多领域已获得应用，至今仍是非常活跃的研究方向，对于概率图模型的一个综合论述可参考 Kellor 等的著作[12]。

习题

1. 证明条件概率密度函数的链式法则

$$p(x_1,\cdots,x_{M-1},x_M)=p(x_M\mid x_{M-1},\cdots,x_1)\cdots p(x_2\mid x_1)p(x_1)$$

2. 证明平稳随机信号自相关函数具有如下性质：

(1) 原点值最大：$r(0)\geqslant|r(k)|$；

(2) 共轭对称性：$r(-k)=r^*(k)$，对于实信号有 $r(-k)=r(k)$。

3. 设一个随机信号为 $x(n)=A\sin(\omega n+\varphi)$，其中 φ 是$[0,2\pi]$内均匀分布的随机变量，A 是常数，求 $x(n)$均值和自相关函数。

4. 设一个随机信号为 $x(n)=A\cos(\omega n+\varphi)$，其中 φ 是常数，A 是随机变量，符合均值为零方差为 σ^2 的高斯分布。求 $x(n)$均值和自相关函数，判断该信号是否为宽平稳的。

5. 对于平稳随机信号 $x(n)$和 $y(n)$，如果 $y(n)=e^{j\omega_0 n}x(n)$，证明 $r_y(k)=e^{j\omega_0 k}r_x(k)$。

6. 设 $x(n)=\sum\limits_{i=1}^{p}A_i\cos(\omega_i n)+B_i\sin(\omega_i n)$，其中随机变量 A_i,B_i 都服从均值为零，方差为 σ^2 的高斯分布，并且两两之间互相独立，求 $x(n)$均值、自相关函数和 PSD。

7. 设 $x(n)$是 WSS，且 $r_x(1)=r_x(0)$，证明，对任意 k 有 $r_x(k)=r_x(0)$。

8. 设一个随机信号为 $x(n)=A\cos(\omega n+\varphi)$，其中 φ 是$[0,2\pi]$内均匀分布的随机变量，A 是常数，$x(n)$通过一个输入输出关系为 $y(n)=x^2(n)$的非线性系统，求：$r_y(n_1,n_2)$和 $r_{xy}(n_1,n_2)$，并判断 y 是否是平稳的，x,y 是否是联合平稳的。

9. 设随机信号向量 $\boldsymbol{x}(n)=[x(n),x(n-1),\cdots,x(n-M+1)]^{\mathrm{T}}$，假设该信号是非平稳的，其自相关矩阵与时间有关，记为 $R(n)$，写出矩阵 $R(n)$。

10. 若随机信号向量满足如下的高斯分布，

$$p_x(x)=\frac{1}{(2\pi)^{M/2}\det^{1/2}(\boldsymbol{C}_{xx})}\exp\left(-\frac{1}{2}(\boldsymbol{x}-\mu_x)^{\mathrm{T}}\boldsymbol{C}_{xx}^{-1}(\boldsymbol{x}-\mu_x)\right)$$

证明：

$$E[\boldsymbol{x}]=\int\boldsymbol{x}p_x(\boldsymbol{x})\mathrm{d}\boldsymbol{x}=\mu_x$$

$$E[(\boldsymbol{x}-\mu_x)(\boldsymbol{x}-\mu_x)^{\mathrm{T}}]=\int(\boldsymbol{x}-\mu_x)(\boldsymbol{x}-\mu_x)^{\mathrm{T}}p_x(\boldsymbol{x})\mathrm{d}\boldsymbol{x}=\boldsymbol{C}_{xx}$$

11. 设随机信号 $x(n)=A\cos(\omega n+\varphi)$，其中 φ 是$[0,2\pi]$内均匀分布的随机变量，A 是常数，$x(n)$通过一个传输函数为 $H(z)=\dfrac{1}{1-0.9z^{-1}}$的线性系统输出 y，求 $r_{xy}(n)$，$r_y(n)$，

$S_{xy}(\omega)$，$S_y(\omega)$。

12. 设一个随机信号 $x(n)$ 的自相关序列是 $r_x(k)=(-0.8)^{|k|}$，$x(n)$ 通过一个传输函数为 $H(z)=\dfrac{1-\frac{1}{2}z^{-1}}{1-\frac{3}{4}z^{-1}}$ 的线性系统输出 $y(n)$，求输出信号的 PSD 和自相关序列。

13. 一个方差为 1 的白噪声激励一个线性系统产生一个随机信号，该随机信号的功率谱是

$$S(\omega)=\frac{5-4\cos\omega}{10-6\cos\omega}$$

求产生该信号的线性系统的传输函数。

14. 一个零均值，方差为 1 的白噪声序列 $v(k)$，通过一个线性移不变系统，已知该线性系统为全极点系统，它的两个极点分别为：$P1=\rho e^{j\varphi}$，$P2=\rho e^{-j\varphi}$，ρ 为正实数，且 $\rho<1$，线性系统的输出为 $x(n)$

(1) $x(n)$ 应由 AR，MA，ARMA 的哪一个模型来描述，且模型阶为多大？

(2) 试求出描述该模型的各参数值；

(3) 写出 $x(n)$ 的功率谱密度表达式；

(4) 求出 $x(n)$ 的自相关序列的前 3 个值 $r(0)$，$r(1)$，$r(2)$。

15. 一个平稳实随机信号 $x(n)$ 的前几个自相关值为：$r(0)=3$，$r(1)=2$，$r(2)=1$，已知它满足 AR(2) 模型

(1) 求模型参数；

(2) 写出该信号功率谱密度；

(3) 写出求 $r(k)k\geqslant 3$ 的递推公式。

16. 如果 $r_x(k_1,k_2)=q(k_1)\delta(k_1-k_2)$，且 $s(n)=\sum\limits_{n=0}^{N}a_n x(n)$，证明：$E(s^2(n))=\sum\limits_{n=0}^{N}a_n^2 q(n)$。

17. 用 MA(∞) 表示 ARMA(1,1) 和 AR(1) 过程。

18. 设一个实 AR(1) 过程 $x(n)$ 被一个方差为 σ_w^2 的白噪声所污染，得到一个新过程 $y(n)$，如果用下式估计 $x(n)$ 的参数

$$\hat{a}(1)=-\frac{r_{yy}(1)}{r_{yy}(0)}$$

证明，估计值与真实值 $a(1)$ 之间关系为：$\hat{a}(1)=a(1)\dfrac{\eta}{\eta+1}$，这里 $\eta\triangleq r_x(0)/\sigma_w^2$ 为信噪比。

19. 证明：一个实 AR(1) 过程加白噪声可以模型化为一个 ARMA(1,1) 过程，其中其 MA 参数可由下式求解

$$\frac{1+b^2(1)}{b(1)}=\frac{\sigma^2+\sigma_w^2(1+a^2(1))}{a(1)\sigma_w^2}$$

这里 σ^2 为 AR(1) 过程的驱动白噪声的方差，σ_w^2 为附加白噪声方差。

20. 证明，一个 AR(2) 模型的自相关函数的一般表达式为：

$$r_x(k)=r_x(0)\left[\frac{p_1(p_2^2-1)}{(p_2-p_1)(p_1p_2+1)}p_1^k-\frac{p_2(p_1^2-1)}{(p_2-p_1)(p_1p_2+1)}p_2^k\right]$$

其中，$p_1=(-a_1+\sqrt{a_1^2-4a_2})/2, p_2=(-a_1-\sqrt{a_1^2-4a_2})/2$。

21. 对于 MA(q)模型，证明：

$$r_x(k)=\begin{cases}\sigma^2\sum_{m=0}^{q-k}b_m^*b_{m+k} & k=0,1,\cdots q\\ 0 & k\geqslant q+1\end{cases}$$

22. 对于 ARMA(p,q)模型，证明：

$$r_x(k)=\begin{cases}-\sum_{m=1}^{p}a_mr_x(k-m)+\sigma_v^2\sum_{m=k}^{q}b_mh(m-k) & k=0,1,\cdots q\\ -\sum_{m=1}^{p}a_kr_x(k-m) & k\geqslant q+1\end{cases}$$

*23. 设有两个随机信号，都是 AR(4)过程，它们分别是一个宽带和一个窄带过程，参数如下：

	a(1)	a(2)	a(3)	a(4)	σ^2
信号源 1	−1.352	1.338	−0.662	0.240	1
信号源 2	−2.760	3.809	−2.654	0.924	1

使用 MATLAB 工具：

(1) 画出这两个信号各自的一段时域图形(提示：用零初始条件，利用差分方程产生信号值，为了逼近平稳性，将前 200 个点丢弃不用，然后画出 128 点长序列的图形)。

(2) 重复 4 次运行如上功能的相同程序，得到随机信号的不同次实现，比较其波形。

(3) 利用 AR 模型的 PSD 公式，分别画出这两个信号的 PSD 图形。

(4) 对两个信号，采用反解 Yule-Walker 方程和递推的方法求出前 20 个自相关序列的值，并画出$|k|<20$范围内自相关序列的图形。

*24. 有两个 ARMA 过程，其中信号 1 是宽带信号，信号 2 是窄带信号，其中产生信号 1 的系统函数为

$$H(z)=\frac{1+0.3544z^{-1}+0.3508z^{-2}+0.1736z^{-3}+0.2401z^{-4}}{1-1.3817z^{-1}+1.5632z^{-2}-0.8843z^{-3}+0.4096z^{-4}}$$

激励白噪声的方差为 1。产生信号 2 的系统函数为

$$H(z)=\frac{1+1.5857z^{-1}+0.9604z^{-2}}{1-1.6408z^{-1}+2.2044z^{-2}-1.4808z^{-3}+0.8145z^{-4}}$$

激励白噪声的方差为 1。使用 MATLAB 工具：

(1) 画出这两个信号各自的一段时域图形(提示：用零初始条件，利用差分方程产生信号值，为了逼近平稳性，将前 200 个点丢弃不用，然后画出 128 点长序列的图形)。

(2) 重复 4 次运行如上功能的相同程序，得到随机信号的不同次实现，比较其波形。

（3）利用 ARMA 模型的 PSD 公式，分别画出这两个信号的 PSD 图形。

参考文献

[1] Bishop P R. Pattern Recognition and Machine Learning[M]. New York: Springer Science+ Business Media. LLC. 2006.

[2] Box G E, Jenkins G M and Reinsel G C. Time Series Analysis: Forecasting and Control[M]. Three Edition. New York: Pearson Education. 1994.

[3] Brockwell P J and Davis R A. 时间序列的理论与方法[M]. 田铮，译. 北京：高等教育出版社，2001.

[4] Brockwell P J and Davis R A. Introduction to Time Series and Forecasting[M]. Second Edition. New York: Springer Science+Business Media. LLC. 2002.

[5] Davenport W B and Root W L. An Introduction to the theory of Random Signal and Noise[M]. New York: McGraw-Hill Book Company. 1958.

[6] Davenport. W B. Probability and Random Processing[M]. New York: McGraw-Hill Book Company. 1970.

[7] Hayes M H. Statistical Digital Signal Processing and Modeling[M]. New York: John Wiley & Sons. Inc. 1996.

[8] Haykin S. Adaptive Filter theory[M]. Fourth Edition. 2002. New Jersey: Prentice-Hall.

[9] Kay S M. 现代谱估计：原理和应用[M]. 黄建国，译. 北京：科学出版社，1994.

[10] Kay S M. Fundamentals of Statistical Signal Processing: Estimation Theory[M]. New Jersey: Prentice-Hall PTR. 1993.

[11] Klemm R. 空时自适应处理原理[M]. 3 版. 南京电子技术研究所，译. 北京：高等教育出版社. 2009.

[12] Koller D and Friedman N. Probabilistic Graphical Models. Principles and Techniques [M]. Massachusetts: The MIT Press. 2009.

[13] Manolakis D G. Statistical and Adaptive Signal Processing: Spectral Estimation. Signal Modeling. Adaptive Filter and Array Processing[M]. New York: Mcgraw-Hall. 2000.

[14] McLachlan G J and Peel D. Finite Mixture Model[M]. New Jersey: Wiley. 2000.

[15] Mohanty N. Random Signal Estimation and Identification[M]. New York: Van Nostrand Reinhold Company. Inc.. 1986.

[16] Oppenheim A V. Schafer R W and Buck J R. Discrete-time Signal Processing[M]. Second Edition. New Jersey: Prentice-hall. 1999.

[17] Papoulis A. Probability. Random Variables. and Stochastic Processing[M]. Fourth Edition. New York: McGraw-Hill. Inc. 2002.

[18] Papoulis A. 信号分析[M]. 毛培法，译. 北京：科学出版社，1981.

[19] Porat B. Digital Processing of Random Signals—Theory and Methods[M]. New Jersey: Prentice-Hall. Inc. 1994 (Republication By Dover. New York. 2008).

[20] Proakis J G. Algorithms for Statistical Signal Processing[M]. New Jersey: Prentice hall. 2002.

[21] Rabiner L R. A tutorial on hidden Markov models and selected application in speech recognition[J]. Proceedings of the IEEE. 1989. 72(2): 257-285.

[22] Ross S M. Introduction to Probability Model[M]. 9th Edition. Singapore: Elsevier Pte Ltd.. 2007.

[23] Sondhi M M. Random processes with specified spectral density and first-order probability density[J]. Bell system Technical Journal. 1983. 62: 679-700.

[24] Stoica P. Introduction to Spectral Analysis[M]. New Jersey: Prentice Hall. Inc. 1997.

[25] Tong H. Nonlinear Time Series. A Dynamical System Approach[M]. Oxford: Oxford University

Press. 1990.

[26] Vaseghi S V. Advanced Digital Signal Processing and Noise Reduction[M]. Second Edition. New Jersey: John Wiley & Sons. LTD. 2000.

[27] 范剑清,姚琦伟.非线性时间序列——建模、预报和应用[M].陈敏,译.北京:高等教育出版社,2005.

[28] 复旦大学.概率论.第3册:随机过程[M].北京:人民教育出版社,1981.

[29] 陆大绘.随机过程及其应用[M].北京:清华大学出版社,1986.

[30] 王宏禹.随机数字信号处理[M].北京:科学出版社,1988.

[31] 杨福生.随机信号分析[M].北京:清华大学出版社,1990.

[32] 张贤达.现代信号处理[M].2版.北京:清华大学出版社,2002.

[33] 张旭东,陆明泉.离散随机信号处理[M].北京:清华大学出版社,2005.

[34] 张旭东,崔晓伟,王希勤.数字信号分析和处理[M].北京:清华大学出版社,2014.

第2章

估计理论基础

统计学是现代信号处理的核心基础之一，统计学研究的一个主要问题是通过观测样本推断总体。统计推断的核心内容是估计和假设检验，其对应了信号处理中的参数估计、波形估计和信号检测问题，这是信号统计处理的基础。根据本书的需要，对统计推断中的估计理论基础给出一个概要和简捷的介绍，本章不讨论假设检验问题。

估计理论(本章仅讨论点估计)研究的是：在获得一组观测数据的条件下，定义一个观测数据的函数(称为点估计器)，用于估计一个或几个与观测数据有关的确定性的或随机性的参数或波形。本章介绍估计理论中的几个最基本的概念和方法，重点放在参数估计上，波形估计的问题在第3章和第4章集中讨论。估计理论中习惯地划分成经典估计方法和现代估计方法(贝叶斯估计)，经典估计中假设待估计的参数是确定性的未知量，而贝叶斯估计假设待估计参数是随机变量，服从先验分布。本章按照先经典估计后贝叶斯估计的顺序讨论。

为了叙述简单，本章一般仅讨论实数据情况，对复数据情况会特别说明。

2.1 基本经典估计问题

首先讨论最基本的问题，通过观测数据$\{x(0),x(1),\cdots,x(N-1)\}$，估计一个未知的确定性参数$\theta$，一个点估计器记为

$$\hat{\theta}=g(x(0),x(1),\cdots,x(N-1)) \tag{2.1.1}$$

本书仅讨论点估计，不涉及区间估计问题，今后将点估计器简称为估计器(Estimator)。注意到，当式(2.1.1)表示的是观测数据与估计参数之间的一般表达式时，称其为一个估计器，当把一组已测量得到的测量样本代入式(2.1.1)计算得到参数的值时，表示得到的一次估计值(Estimate)。也就是说，我们不从表达形式上区分式(2.1.1)的这两重含义。显然，由于测量数据是随机过程的一次实现，多次测量数据是不同的，得到估计值也可能不同，因此，尽管假设θ是一个确定性参数，但是它的估计器$\hat{\theta}$则是一个随机变量，但当将获得的一组测量样本看作是随机过程的一次实现代入式(2.1.1)计算时，得到的一个估计值可看成是这个随机变量的一次实现。

2.1.1 经典估计基本概念和性能参数

估计器的设计有多种方法，有时根据对问题的物理意义的直观理解可以设计出实用的估计器，但大多数情况下，一个好的估计器的设计，紧密依赖于对观测数据的概率密度函数

(PDF)的假设。首先看一个直观的例子。

例 2.1.1 假设估计一个直流电压，测量仪器记录的是带有噪声的信号，设观测数据为 $x(n)=A+w(n), n=0,1,2,\cdots,N-1$，其中 $w(n)$ 是测量噪声，是零均值白高斯噪声(WGN)，A 是直流电压值，由记录数据估计 A 的值。

解：为了估计确定参数 A，一个直观的估计器定义为

$$\hat{A}=\frac{1}{N}\sum_{n=0}^{N-1}x(n) \tag{2.1.2}$$

对于例 2.1.1 给出的估计器，产生两个基本的问题：(1)这个估计器的性能如何？即它怎样接近于真实值 A？(2)有没有更好的估计器，怎样设计好的估计器？在回答这些问题之前，首先介绍几个关于估计器性能及其评价的基本概念。

定义 2.1.1(无偏估计) 若估计器满足 $E(\hat{\theta})=\theta$，则称为无偏估计。

对例 2.1.1 定义的估计器，容易验证

$$E(\hat{A})=E\left(\frac{1}{N}\sum_{n=0}^{N-1}x(n)\right)=\frac{1}{N}\sum_{n=0}^{N-1}E[A+w(n)]=A$$

因此，这个估计器是无偏的。

对于无偏估计，估计器的方差评价了估计器性能的可靠性。估计器方差定义为

$$\operatorname{var}(\hat{\theta})=E[(\hat{\theta}-E(\hat{\theta}))^2]=E[(\hat{\theta}-\theta)^2] \tag{2.1.3}$$

对于无偏估计，方差越小，估计器性能越好，如果方差为零，从均方误差意义上讲，估计器总得到对参数的精确估计。

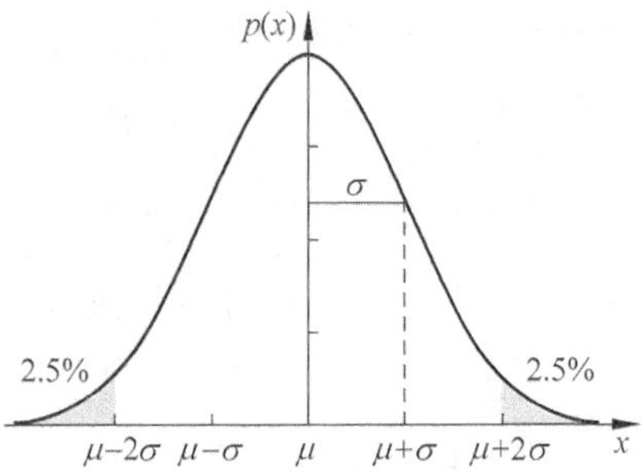

图 2.1.1 估计器 $\hat{A}$ 的概率密度函数

例 2.1.2 继续讨论例 2.1.1。针对该例子说明对无偏估计器用方差表示估计器性能的直观含义。由于式(2.1.2)的估计器中，$x(n)$ 是服从高斯分布的，且高斯分布随机变量之和仍是高斯的，故估计器 $\hat{A}$ 也是服从高斯分布的，又因其无偏性，故均值 $\mu=A$，设 $\hat{A}$ 的方差为 σ^2，方差的平方根是标准差 σ，$\hat{A}$ 的概率密度函数 $p(x)$ 如图 2.2.1 所示。

由图 2.1.1 可见，估计器 $\hat{A}$ 的取值落在区间 $[A-2\sigma, A+2\sigma]$ 的概率，即

$$P\{A-2\sigma\leqslant\hat{A}\leqslant A+2\sigma\}=\frac{1}{\sqrt{2\pi}\sigma}\int_{A-2\sigma}^{A+2\sigma}\mathrm{e}^{-\frac{(x-A)^2}{2\sigma^2}}\mathrm{d}x=G(2)-G(-2)\approx 0.95$$

这里

$$G(x)=\frac{1}{\sqrt{2\pi}}\int_{-\infty}^{x}\mathrm{e}^{-s^2/2}\mathrm{d}s$$

是零均值单位方差高斯密度的累积概率，概率论书籍中一般给出其可查表格。

积分结果说明，对该估计器，由得到的一组测量数据，尽管所得估计是随机变量，但其取值与实际真值之差不大于 2σ 的概率高达约 0.95。若要求更高可信度，也可以计算出

$$P\{A-3\sigma\leqslant\hat{A}\leqslant A+3\sigma\}=G(3)-G(-3)\approx 0.997$$

也就是说估计值与真值之差不大于 3σ 的概率高达约 0.997。

在例 2.1.2 中，若标准差 σ 很小，估计值则以很高的概率取得小误差，也就是说估计是可靠的。由于实际中方差是描述一个概率密度函数的更常用的标准量，在一些理论推导中方差也更容易表述，故以方差值作为估计器性能评估的主要指标则更方便。

例 2.1.2 中，测量信号服从高斯分布，故估计器也是高斯分布的，在这种情况下说明了用方差评价一个估计器的直观性质。若测量信号 $x(n)$ 不是高斯的，则严格讲估计器也不是高斯的，但是，对于类似式(2.1.2)这样做求和运算的估计器，根据概率论的中心极限定理，当 N 较大时，估计器 $\hat{A}$ 是逼近高斯的，例 2.1.2 的讨论仍然近似成立。

在许多实际问题中，无偏估计不易得到，但当测量得到的数据样本充分大时，一些渐进性质更加实用。

定义 2.1.2(渐进无偏估计)　当参与估计的样本数目 N 趋于无穷时，若估计器趋于无偏，称为渐进无偏估计。

定义 2.1.3(有偏估计)　对于不满足无偏估计的估计器称为有偏估计，定义

$$b(\theta) = E(\hat{\theta}) - \theta \tag{2.1.4}$$

为估计的偏。注意到，渐进无偏估计器在有限数据情况下是有偏估计。

除方差外，也可定义均方误差来评价一个估计器的性能，用均方误差评价估计器的性能是更全面的。

定义 2.1.4(均方误差(mean square error, mse))　对于一般的估计器，均方误差定义为

$$\mathrm{mse}(\hat{\theta}) = E[(\hat{\theta} - \theta)^2] \tag{2.1.5}$$

容易验证

$$\mathrm{mse}(\hat{\theta}) = E[(\hat{\theta} - E(\hat{\theta}) + E(\hat{\theta}) - \theta)^2] = \mathrm{var}(\hat{\theta}) + b^2(\theta) \tag{2.1.6}$$

使均方误差最小的估计器称为最小均方估计。在无偏估计情况下，估计器的方差和均方误差相等。

在实际中，当估计器使用的观测样本数有限时，评价估计器性能的方差或均方误差总是不可忽略的值，也就是说其不会是无穷小量(这一点，下一节的 Cramer-Rao 界定理将给出证实)，但当样本数趋于无穷时，希望估计器是充分可靠的，满足这个性质的估计器称为一致估计。

定义 2.1.5(一致估计)　对于一个估计器，若当 $N\to\infty$ 时，均方误差 $\mathrm{mse}(\hat{\theta})\to 0$，相当于估计方差和估计的偏均趋于零，这样的估计器称为一致估计。对于无偏估计器，仅要求估计方差随着 $N\to\infty$ 而趋于零。

在本章前 3 节所介绍的经典估计问题中，即把待估计参数 θ 看作未知常数的情况下，无法采用均方误差最小原则设计有效的估计器[9]，故在经典估计中，一般以方差作为评估估计器的性能，故希望设计最小方差无偏估计器。

定义 2.1.6(最小方差无偏估计器，MVU)　对于确定性参数估计，理想的情况是设计一个无偏估计器，使其估计方差 $\mathrm{var}(\hat{\theta})$ 最小，这称为最小方差无偏估计器(MVU)。

在估计确定性参数的情况下，有一些方法用于设计 MVU 或渐进的 MVU，本章 2.2 节和 2.3 节介绍设计这种估计器的一般方法。

2.1.2 几个常用估计量

在讨论一般的估计理论之前，给出几个估计平稳随机信号常用特征量的实际估计器，并评价它们的性能，这几个估计器是根据其定义直观构造的，但也可以由后续的估计理论导出。设已得到了一个随机信号的 N 个样本值$\{x(n), n=0,1,2,\cdots,N-1\}$，估计这个随机信号的均值、方差和自相关序列。

1. 均值估计

均值估计是对例 2.1.1 的一般化，是估计观测信号自身的一个特征量。最常用的均值估计器是

$$\hat{\mu}_x = \frac{1}{N}\sum_{n=0}^{N-1} x(n) \tag{2.1.7}$$

容易验证，这个估计器是无偏的，即

$$E\{\hat{\mu}_x\} = \mu_x \tag{2.1.8}$$

如果 $x(n)$是白噪声序列，容易验证，均值估计器的方差为

$$\operatorname{var}(\hat{\mu}_x) = \sigma_x^2/N。 \tag{2.1.9}$$

如果 $x(n)$是一般的随机序列，估计器的方差可以证明为(留做练习)

$$\operatorname{var}(\hat{\mu}_x) = \frac{1}{N}\sum_{l=-N}^{N}\left(1-\frac{|l|}{N}\right)c_x(l) \tag{2.1.10}$$

这里 $c_x(l)$是 $x(n)$的协方差函数。若 $l\to\infty$时，$c_x(l)\to 0$，那么 $N\to\infty$时，$\operatorname{var}(\hat{\mu}_x)\to 0$，均值估计器是均值的一致估计。

2. 方差估计

在使用记录的数据估计方差之前，先估计均值，因为方差估计器要用到均值的估计值。方差估计器为

$$\hat{\sigma}_x^2 = \frac{1}{N}\sum_{n=0}^{N-1}(x(n)-\hat{\mu}_x)^2 \tag{2.1.11}$$

如果 $x(n)$是白噪声，容易得到方差估计的均值为

$$E(\hat{\sigma}_x^2) = \frac{N-1}{N}\sigma_x^2 \tag{2.1.12}$$

对一般的非白噪声的随机信号，方差估计的均值为

$$E(\hat{\sigma}_x^2) = \sigma_x^2 - \frac{1}{N}\sum_{l=-N}^{N}\left(1-\frac{|l|}{N}\right)c_x(l) \tag{2.1.13}$$

这个方差估计器是有偏的，在白噪声情况下，是渐进无偏的。对于非白噪声情况，若 $l\to\infty$ 时，$c_x(l)\to 0$，那么 $N\to\infty$时，$E(\hat{\sigma}_x^2)\to\sigma_x^2$ 也是渐进无偏的。方差估计器的方差的一般表达式相当复杂，当 N 取较大值时，它的近似表达式为

$$\operatorname{var}(\hat{\sigma}_x^2) \approx \frac{1}{N}c_x^4 \tag{2.1.14}$$

这里 c_x^4 是 $x(n)$的 4 阶中心矩，上式表明，方差估计器是一致估计器。

3. 自相关估计

为方便后续章节使用，这里给出针对复数据的一般情况下的自相关估计公式，对实数据

将公式中的共轭符号省略掉。在有限数据记录的条件下，直接进行自相关估计的常用估计器是：

$$\hat{r}_x(l)=\begin{cases}\dfrac{1}{N}\sum\limits_{n=l}^{N-1}x(n)x^*(n-l) & 0\leqslant l\leqslant N-1\\ \hat{r}_x^*(-l) & -(N-1)\leqslant l<0\\ 0 & |l|\geqslant N\end{cases}\tag{2.1.15}$$

或者等价的写为

$$\hat{r}_x(l)=\begin{cases}\dfrac{1}{N}\sum\limits_{n=0}^{N-l-1}x(n+l)x^*(n) & 0\leqslant l\leqslant N-1\\ \hat{r}_x^*(-l) & -(N-1)\leqslant l<0\\ 0 & |l|\geqslant N\end{cases}\tag{2.1.16}$$

利用这种自相关估计器，一般估计 $|l|<M, M<N$ 的 $2M+1$ 个相关值，可以验证自相关估计的均值为

$$E\{\hat{r}_x(l)\}=r_x(l)\left(1-\frac{|l|}{N}\right),\quad |l|<N\tag{2.1.17}$$

这个自相关估计器是有偏的，但它是渐进无偏的。由这个估计器估计得到的自相关序列构成的 $M\times M$ 自相关矩阵是半正定的。

从理论上可以证明，当 $N\to\infty$ 时，自相关序列的估计的方差趋于零，自相关估计器是一致估计，但通过估计器的表达式也不难观察到，对于有限个数据记录，当自相关序列的序号 l 充分小时，自相关估计是比较可靠的，但当 $l\to N$ 时，只有很少的样本参与自相关值的估计，估计器的方差将变得很大，估计器的偏也非常明显，因此，对 $l\to N$ 时的自相关估计是不可信的。

文献中还有第 2 种自相关估计器，它是直接由自相关的定义得到的

$$\hat{r}_x(l)=\begin{cases}\dfrac{1}{N-l}\sum\limits_{n=0}^{N-l-1}x(n+l)x^*(n) & 0\leqslant l\leqslant N-1\\ \hat{r}_x^*(-l) & -(N-1)\leqslant l<0\\ 0 & |l|\geqslant N\end{cases}\tag{2.1.18}$$

这个估计器是无偏的，但由这个估计器得到的自相关序列构成的自相关矩阵不能保证满足半正定性，因此，在信号处理的实际应用中大多还是采用第一种估计器。

互相关估计是类似的，一个互相关估计器定义如下：

$$\hat{r}_{xy}(l)=\begin{cases}\dfrac{1}{N}\sum\limits_{n=l}^{N-1}x(n)y^*(n-l) & 0\leqslant l\leqslant N-1\\ \dfrac{1}{N}\sum\limits_{n=0}^{N+l-1}x(n)y^*(n-l) & -(N-1)\leqslant l<0\\ 0 & |l|\geqslant N\end{cases}$$

用有限长记录估计自相关序列和互相关序列是信号处理中最常用的计算之一，在实时实现时可用快速傅里叶变换(FFT)进行加速运算，为方便其应用，如下给出其算法描述，快速算法的导出过程偏离本章主题，有兴趣的读者可参考[23]。

算法 2.1.1 快速计算自相关序列

(1) 取 $L \geqslant 2N-1$，离散信号 $x[n]$ 补零，得到

$$x_L[n]=\begin{cases}x[n], & 0\leqslant n\leqslant N-1\\ 0, & N\leqslant n\leqslant L-1\end{cases}$$

(2) 对 $x_L[n]$ 做 L 点 FFT，得到 $X_L[k]\quad 0\leqslant k\leqslant L-1$，

(3) 计算 $E_{xx}[k]=|X_L[k]|^2\quad 0\leqslant k\leqslant L-1$

(4) 计算 IFFT，得到 $r_L[n]=\dfrac{1}{N}\text{IFFT}\{|X_L[k]|^2\}\quad 0\leqslant n\leqslant L-1$

(5) 得到自相关序列为

$$\hat{r}_{xx}[k]=\begin{cases}r_L[k], & 0\leqslant k\leqslant N-1\\ r_L[L+k], & -N+1\leqslant k<0\\ 0, & |k|\geqslant N\end{cases}$$

算法 2.1.2 快速计算互相关序列

(1) 取 $L\geqslant 2N-1$，离散信号 $x[n]$，$y[n]$ 补零，得到

$$x_L[n]=\begin{cases}x[n], & 0\leqslant n\leqslant N-1\\ 0, & N\leqslant n\leqslant L-1\end{cases}$$

$$y_L[n]=\begin{cases}y[n], & 0\leqslant n\leqslant N-1\\ 0, & N\leqslant n\leqslant L-1\end{cases}$$

(2) 对 $x_L[n]$ 做 L 点 FFT，得到 $X_L[k]\quad 0\leqslant k\leqslant L-1$，对 $y_L[n]$ 做 L 点 FFT，得到 $Y_L[k]\quad 0\leqslant k\leqslant L-1$

(3) 计算 $E_{xy}[k]=X_L[k]Y_L^*[k]\quad 0\leqslant k\leqslant L-1$

(4) 计算 IFFT，得到 $r_{xyL}[n]=\dfrac{1}{N}\text{IFFT}\{E_{xy}[k]\}\quad 0\leqslant n\leqslant L-1$

(5) 得到互相关序列为

$$\hat{r}_{xy}[k]=\begin{cases}r_{xyL}[k], & 0\leqslant k\leqslant N-1\\ r_{xyL}[L+k], & -N+1\leqslant k<0\\ 0, & |k|\geqslant N\end{cases}$$

2.2 克拉美-罗下界

上一节给出了几个实际的估计器，这些估计器是否是好的估计器？对于确定性参数估计，最好的估计器能够达到什么性能？在讨论具体的估计器设计方法之前，首先讨论一下估计器能够达到最好的性能是什么？即性能界的问题。本节主要讨论在确定性参数的无偏估计前提下，一个最小方差无偏估计器(MVU)能够达到的最好估计性能。关于性能界，应用最广泛的是克拉美-罗下界，为叙述方便，假设数据向量为 $\boldsymbol{x}=[x(0),x(1),\cdots,x(N-1)]^{\mathrm{T}}$，其联合概率密度函数(PDF)写为 $p(\boldsymbol{x}|\theta)$，注意，由于 θ 是确定性量，用符号 $p(\boldsymbol{x}|\theta)$ 表示概率密度函数受参数 θ 控制，并不表示这是条件概率。克拉美-罗下界由如下定理描述。

定理 2.2.1 克拉美-罗(Cramer-Rao)下界定理 假设观测数据向量的概率密度函数

(PDF) $p(\boldsymbol{x}|\theta)$ 满足规则性条件

$$E\left[\frac{\partial \ln p(\boldsymbol{x} \mid \theta)}{\partial \theta}\right]=\int_{-\infty}^{\infty} \frac{\partial \ln p(\boldsymbol{x} \mid \theta)}{\partial \theta} p(\boldsymbol{x} \mid \theta) \mathrm{d} \theta=0 \tag{2.2.1}$$

上式对所有 θ 成立，则任意无偏估计器的方差满足

$$\operatorname{var}(\hat{\theta}) \geqslant \frac{1}{-E\left[\frac{\partial^2 \ln p(\boldsymbol{x} \mid \theta)}{\partial \theta^2}\right]} \tag{2.2.2}$$

这里，导数是在 θ 的真实值处取值的，期望是针对 $p(\boldsymbol{x}|\theta)$ 取的。

进一步，当且仅当下式成立时

$$\frac{\partial \ln p(\boldsymbol{x} \mid \theta)}{\partial \theta}=I(\theta)(g(\boldsymbol{x})-\theta) \tag{2.2.3}$$

存在一个估计器可以达到该下界值，这里

$$I(\theta)=-E\left[\frac{\partial^2 \ln p(\boldsymbol{x} \mid \theta)}{\partial \theta^2}\right] \tag{2.2.4}$$

称为 Fisher 信息函数。g 是一个函数，且由 $g(\boldsymbol{x})$ 定义的最优估计器

$$\hat{\theta}=g(\boldsymbol{x}) \tag{2.2.5}$$

是一个下界可达的 MVU 估计器，且满足

$$\operatorname{var}(\hat{\theta})=\frac{1}{I(\theta)} \tag{2.2.6}$$

在定理 2.2.1 的叙述中，PDF $p(\boldsymbol{x}|\theta)$ 中，θ 仅是一个参数，而 $\boldsymbol{x}$ 才是描述概率分布的变量，因此，期望是针对 $p(\boldsymbol{x}|\theta)$ 取的含义是，对随机变量函数 $f(\boldsymbol{x},\theta)$，它的期望值是

$$E\{f(\boldsymbol{x},\theta)\}=\int f(\boldsymbol{x},\theta) p(\boldsymbol{x} \mid \theta) \mathrm{d} x \tag{2.2.7}$$

定理 2.2.1 中的 Fisher 信息函数 $I(\theta)$ 是确定性的量，它的倒数限定了一个 MVU 估计器的方差可达到的下界。如下先通过一个例子讨论定理 2.2.1 的应用，然后再给出它的证明。

例 2.2.1 由一组观察值 $x(n)=A+w(n) \quad n=0,1,2,\cdots,N-1$，$w(n)$ 是 WGN(白高斯噪声)，且方差为 σ^2，均值为 0，估计未知量 A。

解：由于 $w(n)=x(n)-A$ 是 WGN，故有

$$p(\boldsymbol{x} \mid \theta)=\frac{1}{(2\pi\sigma^2)^{\frac{N}{2}}} \exp\left[-\frac{1}{2\sigma^2} \sum_{n=0}^{N-1}(x(n)-A)^2\right]$$

这里参数是 $\theta=A$，对参数 A 求 1 阶和 2 阶导数得到

$$\frac{\partial \ln p(\boldsymbol{x} \mid A)}{\partial A}=\frac{1}{\sigma^2}\left[\sum_{n=0}^{N-1}(x(n)-A)\right]$$

$$\frac{\partial^2 \ln p(\boldsymbol{x} \mid A)}{\partial A^2}=-\frac{N}{\sigma^2}$$

由式(2.2.4)的定义，Fisher 信息函数为

$$I(A)=-E\left[\frac{\partial^2 \ln p(\boldsymbol{x} \mid A)}{\partial A^2}\right]=\frac{N}{\sigma^2}$$

再由式(2.2.3)的因式分解形式

$$\frac{\partial \ln p(\boldsymbol{x} \mid A)}{\partial A}=\frac{1}{\sigma^2}\left(\sum_{n=0}^{N-1}(x(n)-A)\right)=\frac{N}{\sigma^2}\left[\frac{1}{N} \sum_{n=0}^{N-1} x(n)-A\right]=I(A)(g(\boldsymbol{x})-A)$$

根据定理 2.2.1,可以得到下界可达的 MVU 估计器为

$$\hat{A}=g(\boldsymbol{x})=\frac{1}{N}\sum_{n=0}^{N-1}x(n)$$

估计器的方差可达到下界,为

$$\operatorname{var}(\hat{A})=\frac{1}{I(A)}=\frac{\sigma^2}{N}$$

定理 2.2.1 的证明:

首先看 $E\left[\frac{\partial \ln p(\boldsymbol{x}|\theta)}{\partial\theta}\right]=0$ 意味着什么,由

$$E\left[\frac{\partial \ln p(\boldsymbol{x}\mid\theta)}{\partial\theta}\right]=\int\frac{\partial \ln p(\boldsymbol{x}\mid\theta)}{\partial\theta}p(\boldsymbol{x}\mid\theta)\mathrm{d}\boldsymbol{x}=\int\frac{\partial p(\boldsymbol{x}\mid\theta)}{\partial\theta}\mathrm{d}\boldsymbol{x} \tag{2.2.8}$$

上式只要积分与求导可交换次序,则有

$$E\left[\frac{\partial \ln p(\boldsymbol{x}\mid\theta)}{\partial\theta}\right]=\frac{\partial}{\partial\theta}\int p(\boldsymbol{x}\mid\theta)\mathrm{d}\boldsymbol{x}=\frac{\partial}{\partial\theta}1=0 \tag{2.2.9}$$

只要 $p(\boldsymbol{x}|\theta)$积分与求导次序是可交换的,规则性条件就成立,因此,规则性条件是很松的。

再由无偏性假设 $E(\hat{\theta})=\theta$,得

$$E(\hat{\theta})=\int\hat{\theta}p(\boldsymbol{x}\mid\theta)\mathrm{d}\boldsymbol{x}=\theta$$

两边对 θ 求导,且交换求导与积分次序,得

$$\int\hat{\theta}\,\frac{\partial p(\boldsymbol{x}\mid\theta)}{\partial\theta}\mathrm{d}\boldsymbol{x}=1$$

上式等价为

$$\int\hat{\theta}\,\frac{\partial \ln p(\boldsymbol{x}\mid\theta)}{\partial\theta}p(\boldsymbol{x}\mid\theta)\mathrm{d}\boldsymbol{x}=1$$

利用式(2.2.8)和式(2.2.9),且注意到 θ 与积分变量 $\boldsymbol{x}$ 是无关的,则

$$\int(\hat{\theta}-\theta)\,\frac{\partial \ln p(\boldsymbol{x}\mid\theta)}{\partial\theta}p(\boldsymbol{x}\mid\theta)\mathrm{d}\boldsymbol{x}=1$$

利用 Cauchy-Schwarz 不等式:

$$\left[\int w(x)g(x)f(x)\mathrm{d}x\right]^2\leqslant\int w(x)g^2(x)\mathrm{d}\boldsymbol{x}\int w(x)f^2(x)\mathrm{d}\boldsymbol{x}$$

这里取

$$w(\boldsymbol{x})=p(\boldsymbol{x}\mid\theta),\quad g(\boldsymbol{x})=\hat{\theta}-\theta,\quad f(\boldsymbol{x})=\frac{\partial \ln p(\boldsymbol{x}\mid\theta)}{\partial\theta}$$

代入不等式得

$$1\leqslant\int(\hat{\theta}-\theta)^2p(\boldsymbol{x}\mid\theta)\mathrm{d}\boldsymbol{x}\int\left(\frac{\partial \ln p(\boldsymbol{x}\mid\theta)}{\partial\theta}\right)^2p(\boldsymbol{x}\mid\theta)\mathrm{d}\boldsymbol{x}$$

注意到右侧第一项就是估计器的方差定义,因此有

$$\operatorname{var}(\hat{\theta})\geqslant\frac{1}{E\left[\left(\frac{\partial \ln p(\boldsymbol{x}\mid\theta)}{\partial\theta}\right)^2\right]}$$

对$\int\frac{\partial \ln p(\boldsymbol{x}\mid\theta)}{\partial\theta}p(\boldsymbol{x}\mid\theta)\mathrm{d}\boldsymbol{x}=0$ 两边求导, 并交换求导和积分次序,得到

$$E\left[\left(\frac{\partial \ln p(\boldsymbol{x}\mid\theta)}{\partial\theta}\right)^2\right]=-E\left[\frac{\partial^2 \ln p(\boldsymbol{x}\mid\theta)}{\partial\theta^2}\right]$$

由此得证：

$$\operatorname{var}(\hat{\theta})\geqslant-\frac{1}{E\left[\frac{\partial^2 \ln p(\boldsymbol{x}\mid\theta)}{\partial\theta^2}\right]}$$

Cauchy-Schwarz 不等式成为等式的条件是：$f(x)=I(\theta)g(x)$，即：

$$\frac{\partial \ln p(\boldsymbol{x}\mid\theta)}{\partial\theta}=I(\theta)(\hat{\theta}-\theta)$$

这里，$\hat{\theta}=g(\boldsymbol{x})$为要求的估计器，上式两边求导得：

$$\frac{\partial^2 \ln p(\boldsymbol{x}\mid\theta)}{\partial\theta^2}=-I(\theta)+I'(\theta)(\hat{\theta}-\theta)$$

两边取期望，并利用估计器的无偏性，得：

$$I(\theta)=-E\left[\frac{\partial^2 \ln p(\boldsymbol{x}\mid\theta)}{\partial\theta^2}\right]$$

定理 2.2.1 全部结论得证。

利用定理 2.2.1，容易证明如下特殊的几个推论。

推论 1 通过观测序列

$$x(n)=s(n,\theta)+w(n),\quad n=0,1,\cdots,N-1$$

$w(n)$是零均值方差为σ^2的 WGN，$s(n,\theta)$是θ的函数并可导，则θ的无偏估计器性能都满足

$$\operatorname{var}(\hat{\theta})\geqslant\frac{\sigma^2}{\sum_{n=0}^{N-1}\left(\frac{\partial s(n,\theta)}{\partial\theta}\right)^2}\tag{2.2.10}$$

推论 1 的证明留做习题。定理 2.2.1 可以推广到多个参数的情况，待估计的参数用参数向量$\boldsymbol{\theta}$表示，克拉美-罗下界的向量情况叙述为如下定理。

定理 2.2.2 克拉美-罗下界(Cramer-Rao)的向量情况 假设 PDF 满足规则条件

$$E\left[\frac{\partial \ln p(\boldsymbol{x}\mid\boldsymbol{\theta})}{\partial\boldsymbol{\theta}}\right]=\boldsymbol{0}$$

无偏估计器$\hat{\boldsymbol{\theta}}$的协方差矩阵满足：

$$\boldsymbol{C}_{\hat{\theta}}-\boldsymbol{I}^{-1}(\boldsymbol{\theta})\succ=\boldsymbol{0}\tag{2.2.11}$$

这里的“$\succ=\boldsymbol{0}$”是指矩阵为半正定的，估计参数为向量情况下，$\boldsymbol{I}(\boldsymbol{\theta})$为 Fisher 信息矩阵，其各元素定义为

$$[\boldsymbol{I}(\boldsymbol{\theta})]_{ij}=-E\left[\frac{\partial^2 \ln p(\boldsymbol{x}\mid\boldsymbol{\theta})}{\partial\theta_i\partial\theta_j}\right]\tag{2.2.12}$$

进一步，如果下式满足

$$\frac{\partial \ln p(\boldsymbol{x}\mid\boldsymbol{\theta})}{\partial\boldsymbol{\theta}}=\boldsymbol{I}(\boldsymbol{\theta})(\boldsymbol{g}(\boldsymbol{x})-\boldsymbol{\theta})\tag{2.2.13}$$

最小无偏估计器$\hat{\boldsymbol{\theta}}$达到最小下界

$$\boldsymbol{C}_{\hat{\theta}}=\boldsymbol{I}^{-1}(\boldsymbol{\theta})\tag{2.2.14}$$

向量 MVU 估计器为

$$\hat{\theta} = \boldsymbol{g}(\boldsymbol{x}) \tag{2.2.15}$$

当下界可达时，估计器第 i 个分量 $\hat{\theta}_i$ 的方差为

$$\mathrm{var}(\hat{\theta}_i) = [\boldsymbol{C}_{\hat{\theta}}]_{ii} = [\boldsymbol{I}^{-1}(\theta)]_{ii}$$

将定理 2.2.2 用于线性模型的特例时，得到一个很有用的结论。所谓线性模型指的是观测数据 $x(n)$ 和 M 个待估计参数 θ_i 满足如下线性方程

$$\begin{pmatrix} x(0) \\ x(1) \\ \vdots \\ x(N-1) \end{pmatrix} = \begin{pmatrix} h_{0,0} & h_{0,1} & \cdots & h_{0,M-1} \\ h_{1,0} & h_{1,1} & \cdots & h_{1,M-1} \\ \vdots & \vdots & \ddots & \vdots \\ h_{N-1,0} & h_{N-1,1} & \cdots & h_{N-1,M-1} \end{pmatrix} \begin{pmatrix} \theta_0 \\ \theta_1 \\ \vdots \\ \theta_{M-1} \end{pmatrix} + \begin{pmatrix} w(0) \\ w(1) \\ \vdots \\ w(N-1) \end{pmatrix} \tag{2.2.16}$$

写成紧凑形式为

$$\boldsymbol{x} = \boldsymbol{H}\theta + \boldsymbol{w} \tag{2.2.17}$$

且 $\boldsymbol{w}$ 满足 $N(0,\sigma^2\boldsymbol{I})$，这里 $\boldsymbol{I}$ 是 $N\times N$ 单位矩阵。

推论 2 若观测向量和估计参数向量满足(2.2.17)，则参数向量θ 的 MVU 估计器为

$$\hat{\theta} = (\boldsymbol{H}^{\mathrm{T}}\boldsymbol{H})^{-1}\boldsymbol{H}^{\mathrm{T}}\boldsymbol{x} \tag{2.2.18}$$

下界可达且为

$$\boldsymbol{C}_{\hat{\theta}} = \sigma^2(\boldsymbol{H}^{\mathrm{T}}\boldsymbol{H})^{-1} \tag{2.2.19}$$

进一步，如果 $\boldsymbol{w}\sim N(0,\boldsymbol{R})$，上述结论变化为

$$\hat{\theta} = (\boldsymbol{H}^{\mathrm{T}}\boldsymbol{R}^{-1}\boldsymbol{H})^{-1}\boldsymbol{H}^{\mathrm{T}}\boldsymbol{R}^{-1}\boldsymbol{x} \tag{2.2.20}$$

和

$$\boldsymbol{C}_{\hat{\theta}} = (\boldsymbol{H}^{\mathrm{T}}\boldsymbol{R}^{-1}\boldsymbol{H})^{-1} \tag{2.2.21}$$

推论 2 的证明留作习题，这些结果和线性模型的最小二乘估计是一致的(最小二乘估计的进一步细节参看 2.6 节)。

2.3 最大似然估计(MLE)

在很多实际问题中，很难求得一个 MVU 估计器。尽管定理 2.2.1 和定理 2.2.2 给出了 MVU 估计器能够达到的最好估计性能，并给出了式(2.2.3)和(2.2.13)的分解因式，由此得到可达下界的 MVU 估计器。但是，实际应用中遇到的大多数更复杂的概率密度函数不易分解成式(2.2.3)和式(2.2.13)的形式，甚至对许多概率密度函数，得不到可达下界的 MVU 估计器。因此，利用克拉美-罗定理中的因式分解可求得的估计器是相当有限的，应该寻求更实际的方法，利用最大似然原理是一个求取好的估计器的实用方法。尽管最大似然原理不能保证求得一个无偏的 MVU 估计器，但有良好的渐近特性。本节后半部分将会说明，对于确定性参数估计而言，随着观测数据增加，MLE 可以渐近于一个 MVU 估计器。

首先给出似然函数的一个正式定义。

定义 2.3.1 似然函数(Likelihood Function)，若将表示观测数据的随机向量的概率密度函数 $p(\boldsymbol{x}|\theta)$ 中的 $\boldsymbol{x}$ 固定(即 $\boldsymbol{x}$ 取观测数据样本值)，将 θ 作为自变量，考虑由 θ 变化对 $p(\boldsymbol{x}|\theta)$ 的影响，这时将 $p(\boldsymbol{x}|\theta)$ 称为似然函数，可用符号 $L(\theta|\boldsymbol{x})=p(\boldsymbol{x}|\theta)$ 表示似然函数。

定义 2.3.2　最大似然估计(Maximum Likelihood Estimator,MLE),对于一个观测得到的样本向量 $\boldsymbol{x}$,令 $\theta=\hat{\theta}$ 时使得似然函数 $L(\theta|\boldsymbol{x})$ 达到最大,则 $\hat{\theta}$ 是参数 θ 的最大似然估计(MLE),MLE 可更形式化地写为

$$\hat{\theta}=\underset{\theta\in\Omega}{\operatorname{argmax}}\,L(\theta\mid\boldsymbol{x})$$

这里 Ω 表示 θ 的定义域。

也可取似然函数的自然对数 $\ln L(\theta|\boldsymbol{x})$,称其为对数似然函数,由于对数函数是 $(0,\infty)$ 区间的严格增函数,故 $\ln L(\theta|\boldsymbol{x})$ 与 $L(\theta|\boldsymbol{x})$ 的最大值点一致,因此,也可以用对数似然函数进行求解,所得解是一致的,对许多概率密度函数来讲,对数似然函数的求解更容易。

最大似然估计是一个很直观的概念,当 θ 取值为 $\hat{\theta}$ 时,当前这组观测样本 $\boldsymbol{x}$ 出现的概率最大。

若 $L(\theta|\boldsymbol{x})$ 或 $\ln L(\theta|\boldsymbol{x})$ 是可微的,MLE 可用如下方程求解

$$\left.\frac{\partial L(\theta\mid\boldsymbol{x})}{\partial\theta}\right|_{\theta=\hat{\theta}}=0 \tag{2.3.1}$$

或

$$\left.\frac{\partial\ln L(\theta\mid\boldsymbol{x})}{\partial\theta}\right|_{\theta=\hat{\theta}}=0 \tag{2.3.2}$$

式(2.3.1)或式(2.3.2)的解写成 $\hat{\theta}=g(\boldsymbol{x})$。

注意到,式(2.3.1)或式(2.3.2)的解只是 MLE 的可能的解,式(2.3.1)或式(2.3.2)可能有多个解,在有多个解时,一个解可能对应极大值、极小值或拐点,若 MLE 解落在边界上,则可能不满足式(2.3.1)或式(2.3.2)。因此,对式(2.3.1)或式(2.3.2)的解要做进一步验证,比较这些解和边界点哪个使得似然函数取得最大值。

例 2.3.1　设观测值 $x(n)=A+w(n),n=0,1,2,\cdots,N-1,w(n)$ 为零均值 WGN,方差为 σ^2,估计 A。

解:由 $w(n)=x(n)-A$ 是 WGN,得到 $\boldsymbol{x}$ 的联合概率密度函数为

$$p(\boldsymbol{x}\mid A)=\frac{1}{(2\pi\sigma^2)^{\frac{N}{2}}}\exp\left[-\frac{1}{2\sigma^2}\sum_{n=0}^{N-1}(x(n)-A)^2\right] \tag{2.3.3}$$

固定 $\boldsymbol{x}$ 并令似然函数 $L(A|\boldsymbol{x})=p(\boldsymbol{x}|A)$,用式(2.3.2),有

$$\frac{\partial\ln L(A\mid\boldsymbol{x})}{\partial A}=\left.\frac{1}{\sigma^2}\sum_{n=0}^{N-1}(x(n)-A)\right|_{A=\hat{A}}=0$$

解得

$$\hat{A}=\frac{1}{N}\sum_{n=0}^{N-1}x(n) \tag{2.3.4}$$

可进一步验证

$$\frac{\partial^2\ln L(A\mid\boldsymbol{x})}{\partial A^2}=-\frac{N}{\sigma^2}<0$$

由于式(2.3.2)有唯一解,且其 2 阶导数为负,因此该解对应最大值点,故式(2.3.4)是 MLE。

对于例 2.3.1 这样的情况,似然函数是 θ 的连续函数且只有唯一的峰值,参数取值范围

$(-\infty,\infty)$，可省去后续的判断过程，式(2.3.1)或式(2.3.2)的解就是 MLE。

从克拉美-罗下界定理 2.2.1，容易验证，当 θ 下界可达时，MLE 就是 MVU 估计器。由克拉美-罗下界可达的条件式(2.2.3)，得到

$$\frac{\partial \ln p(\boldsymbol{x} \mid \theta)}{\partial \theta} = I(\theta)(g(\boldsymbol{x})-\theta)\Big|_{\theta=\hat{\theta}} = 0$$

当取 $\hat{\theta}=g(\boldsymbol{x})$ 为 MVU 估计器时，它正好满足 $\left.\frac{\partial \ln p(\boldsymbol{x}|\theta)}{\partial \theta}\right|_{\theta=\hat{\theta}}=0$，这正是 MLE 估计器，故例 2.3.1 用 MLE 和例 2.2.1 用克拉美-罗下界定理的因式分解得到相同的结果。

例 2.3.2 设观测值 $x(n)=A+w(n)$，$n=0,1,2,\cdots,N-1$，$w(n)$ 为 WGN，并且方差也为 A，估计 A。

解：与例 2.3.1 不同的是，本例中方差也是未知的，且等于 A。似然函数写为

$$L(A \mid \boldsymbol{x}) = p(\boldsymbol{x} \mid A) = \frac{1}{(2\pi A)^{\frac{N}{2}}}\exp\left[-\frac{1}{2A}\sum_{n=0}^{N-1}(x(n)-A)^2\right]$$

用式(2.3.2)有

$$\begin{aligned}\frac{\partial \ln L(A \mid \boldsymbol{x})}{\partial A} &= -\frac{N}{2A}+\frac{1}{A}\left[\sum_{n=0}^{N-1}(x(n)-A)\right]+\frac{1}{2A^2}\sum_{n=0}^{N-1}(x(n)-A)^2 \\ &= -\frac{N}{2A^2}\left(A^2+A-\frac{1}{N}\sum_{n=0}^{N-1}x^2(n)\right)\end{aligned}$$

令

$$\frac{\partial \ln L(A \mid \boldsymbol{x})}{\partial A}\Big|_{A=\hat{A}} = 0$$

得到方程

$$\hat{A}^2+\hat{A}-\frac{1}{N}\sum_{n=0}^{N-1}x^2(n) = 0$$

解这个方程求得两个解为

$$\hat{A}_1 = -\frac{1}{2}+\sqrt{\frac{1}{4}+\frac{1}{N}\sum_{n=0}^{N-1}x^2(n)},\quad \hat{A}_2 = -\frac{1}{2}-\sqrt{\frac{1}{4}+\frac{1}{N}\sum_{n=0}^{N-1}x^2(n)}$$

对于这两个解，读者可自行验证

$$\frac{\partial^2 \ln L(A \mid \boldsymbol{x})}{\partial A^2}\Big|_{A=\hat{A}_1} < 0,\quad 和 \quad \frac{\partial^2 \ln L(A \mid \boldsymbol{x})}{\partial A^2}\Big|_{A=\hat{A}_2} > 0$$

故

$$\hat{A}_1 = -\frac{1}{2}+\sqrt{\frac{1}{4}+\frac{1}{N}\sum_{n=0}^{N-1}x^2(n)}$$

是极大值点，是所求的解。

在如下例子中，信号取值为离散情况下(参数为连续值)，可用概率质量(随机变量取各离散值概率的表达式)替代 PDF。

例 2.3.3 设信号 $x(n)$ 仅取 1 和 0 两个值(表示数字通信中的比特流)，$x(n)$ 取 1 的概率 π 未知，假设无法直接测得 $x(n)$，$n=0,1,2,\cdots,N-1$，而是利用计数器得到观测量 $y=\sum_{n=0}^{N-1}x(n)$，利用 y 求 π 的 MLE。

解：注意到，$x(n)$服从伯努力(Bernoulli)分布，其概率质量函数为

$$p(x \mid \pi)=\pi^{x}(1-\pi)^{1-x}$$

y满足二项分布(Binomial)，其概率质量函数

$$p(y \mid \pi,N)=\binom{N}{y}\pi^{y}(1-\pi)^{N-y}$$

设y已确定，似然函数

$$L(\pi \mid y,N)=p(y \mid \pi,N)=\binom{N}{y}\pi^{y}(1-\pi)^{N-y}$$

解如下方程

$$\frac{\partial \ln L(\pi \mid y,N)}{\partial \pi}=\frac{\partial\left\{\ln\binom{N}{y}+y\ln\pi+(N-y)\ln(1-\pi)\right\}}{\partial \pi}$$

$$=\frac{y}{\pi}-\frac{N-y}{1-\pi}=0$$

解得$\pi=y/N$，请读者自行验证这是极大值点，由于y等于所测量序列中$x(n)$取值为1的个数，这个解显然符合直观理解。

MLE的多参数解，MLE很容易推广到多个待估计参数的情况，在有K个待估计参数时，MLE的求解等价为解如下的方程组

$$\left.\frac{\partial L(\theta_1,\theta_2,\cdots,\theta_K \mid \boldsymbol{x})}{\partial \theta_i}\right|_{\theta_1=\hat{\theta}_1,\theta_2=\hat{\theta}_2,\cdots,\theta_K=\hat{\theta}_K}=0 \quad i=1,2,\cdots,K \tag{2.3.5}$$

或

$$\left.\frac{\partial \ln L(\theta_1,\theta_2,\cdots,\theta_K \mid \boldsymbol{x})}{\partial \theta_i}\right|_{\theta_1=\hat{\theta}_1,\theta_2=\hat{\theta}_2,\cdots,\theta_K=\hat{\theta}_K}=0 \quad i=1,2,\cdots,K \tag{2.3.6}$$

与单个参数一样，式(2.3.5)或式(2.3.6)的解只是MLE多参数估计的可能解，还需要进行最大值的验证。对似然函数只有唯一的峰值且参数取值范围$(-\infty,\infty)$的情况可省略最大值验证。

例2.3.4　对例2.3.1做进一步讨论，设样本值$x(n)=A+w(n)$，$n=0,1,2,\cdots,N-1$，$w(n)$为WGN，但方差σ^2未知，估计A,σ^2。

解：因为A,σ^2都是未知的，这是多个参数估计问题，似然函数与例2.3.1相同，利用式(2.3.6)得到两个方程

$$\frac{\partial \ln p(\boldsymbol{x},\theta)}{\partial A}=\left.\frac{1}{\sigma^2}\sum_{n=0}^{N-1}(x(n)-A)\right|_{\hat{A},\hat{\sigma}_2}=0$$

$$\frac{\partial \ln p(x,\theta)}{\partial \sigma^2}=\left.-\frac{N}{2\sigma^2}+\frac{1}{2\sigma^4}\sum_{n=0}^{N-1}(x(n)-A)^2\right|_{\hat{A},\hat{\sigma}^2}=0$$

令$\bar{\boldsymbol{x}}=\frac{1}{N}\sum_{n=0}^{N-1}x(n)$，方程组解为

$$\hat{\theta}=\begin{bmatrix}\hat{A}\\ \hat{\sigma}^2\end{bmatrix}=\begin{bmatrix}\frac{1}{N}\sum_{n=0}^{N-1}x(n)\\ \frac{1}{N}\sum_{n=0}^{N-1}(x(n)-\bar{\boldsymbol{x}})^2\end{bmatrix}$$

例 2.3.5 考虑与例 2.3.4 非常相似的问题，随机信号 $x(n)$在任意时间服从 $N(\mu_x,\sigma_x^2)$分布，得到了 $x(n)$的 N 个独立同分布样本，$x(n_i)$，$i=0,1,\cdots,N-1$，用 MLE 求 μ_x,σ_x^2。

解：既然 i. i. d. 样本 $x(n_i)$已经得到，则似然函数为

$$\begin{aligned}L(\mu_x,\sigma_x^2 \mid \boldsymbol{x}) &= \prod_{i=0}^{N-1} p(x(n_i) \mid \mu_x,\sigma_x^2)\\ &=\frac{1}{(2\pi\sigma_x^2)^{N/2}}\exp\left[-\frac{1}{2\sigma_x^2}\sum_{i=0}^{N-1}(x(n_i)-\mu_x)^2\right]\end{aligned}$$

令

$$\bar{\boldsymbol{x}} = \frac{1}{N}\sum_{i=0}^{N-1}x(n_i)$$

显然 MLE 为

$$\begin{pmatrix}\hat{\mu}_x\\ \hat{\sigma}_x^2\end{pmatrix}=\begin{pmatrix}\dfrac{1}{N}\displaystyle\sum_{i=0}^{N-1}x(n_i)\\ \dfrac{1}{N}\displaystyle\sum_{i=0}^{N-1}(x(n_i)-\bar{\boldsymbol{x}})^2\end{pmatrix}\tag{2.3.7}$$

注意，第 2.1.2 节给出的均值估计和方差估计公式与式(2.3.7)一致，只是本例给出的样本不要求按顺序排列，只要求互相独立。

可将例 2.3.5 推广到向量情况，对于向量信号 $\boldsymbol{x}(n)=[x_1(n),x_2(n),\cdots,x_M(n)]^{\mathrm{T}}$，其在任意时刻服从高斯分布，定义自变量向量 $\boldsymbol{x}=[x_1,x_2,\cdots,x_M]^{\mathrm{T}}$，概率密度函数表示为

$$p_x(\boldsymbol{x} \mid \mu_x,\boldsymbol{C}_{xx}) = \frac{1}{(2\pi)^{M/2}\det^{1/2}(\boldsymbol{C}_{xx})}\exp\left(-\frac{1}{2}(\boldsymbol{x}-\mu_x)^{\mathrm{T}}\boldsymbol{C}_{xx}^{-1}(\boldsymbol{x}-\mu_x)\right)$$

若得到 N 个独立样本 $\boldsymbol{x}(n_0),\boldsymbol{x}(n_1),\cdots,\boldsymbol{x}(n_{N-1})$，估计$\mu_x,\boldsymbol{C}_{xx}$。

对该问题定义似然函数为

$$L(\mu_x,\boldsymbol{C}_{xx} \mid \boldsymbol{X}) = \prod_{i=0}^{N-1} p_x(\boldsymbol{x}(n_i) \mid \mu_x,\boldsymbol{C}_{xx})$$

这里，$\boldsymbol{X}=[\boldsymbol{x}(n_0),\quad \boldsymbol{x}(n_1),\quad \cdots,\quad \boldsymbol{x}(n_{N-1})]$表示向量样本构成的样本矩阵，稍加整理，对数似然函数为

$$\ln L(\mu_x,\boldsymbol{C}_{xx} \mid \boldsymbol{X}) =-\frac{NM}{2}\ln 2\pi-\frac{N}{2}\ln\mid \boldsymbol{C}_{xx}\mid-\frac{1}{2}\sum_{i=0}^{N-1}(\boldsymbol{x}(n_i)-\mu_x)^{\mathrm{T}}\boldsymbol{C}_{xx}^{-1}(\boldsymbol{x}(n_i)-\mu_x)\tag{2.3.8}$$

式(2.3.8)对$\mu_x,\boldsymbol{C}_{xx}$求极大值，经过一些代数运算得到

$$\hat{\mu}_x = \frac{1}{N}\sum_{i=0}^{N-1}\boldsymbol{x}(n_i)\tag{2.3.9}$$

$$\hat{\boldsymbol{C}}_{xx} = \frac{1}{N}\sum_{i=0}^{N-1}(\boldsymbol{x}(n_i)-\hat{\mu}_x)(\boldsymbol{x}(n_i)-\hat{\mu}_x)^{\mathrm{T}}\tag{2.3.10}$$

式(2.3.9)和式(2.3.10)是向量信号在得到 N 个独立同分布向量样本时，均值向量和自协方差矩阵的 MLE。

关于 MLE 的性能评价和变换不变性问题，不加证明地给出如下两个定理。

定理 2.3.1　MLE 渐近特性，如果 PDF $p(\boldsymbol{x}|\theta)$满足规则性条件，未知参数θ的 MLE 渐近于如下分布：

$$\hat{\theta} \to N(\theta, \boldsymbol{I}^{-1}(\theta)),\quad N \to \infty \tag{2.3.11}$$

这里 $\boldsymbol{I}(\theta)$是 Fisher 信息矩阵，且在θ的真值处取值。

定理 2.3.1 说明，在 N 充分大时，MLE 逼近于一个无偏的，最小方差可达的 MVU 估计器，换句话说，MLE 是渐近最优的。尽管 MLE 有这样的良好性质，如上的几个例子也得到漂亮的解析表达式，但对于一般的 PDF，似然函数和对数似然函数对参数的导数等于 0 所构成的方程式可能是非线性方程，MLE 一般得不到解析表达式，这时可以通过数值迭代方法进行计算。解非线性方程的一种常用迭代方法是牛顿-拉夫生(Newton-Raphson)方法。近年一种有效的求解 MLE 的 EM 算法(Expectation-Maximization algorithm)得到广泛应用，由于 EM 算法也可有效求解 MAP 估计(2.4 节)，故将 EM 算法的介绍放在 2.7 节。

定理 2.3.2　MLE 不变性，若$\hat{\theta}$是θ的 MLE，则对于θ的任何函数 $g(\theta)$，$g(\hat{\theta})$是 $g(\theta)$的 MLE。

MLE 不变性有其意义，在一些应用中需要估计参数θ的函数 $g(\theta)$，但若参数的 MLE 更易于获得，则通过参数的 MLE 代入函数所获得的函数估计仍是 MLE。例如第 1 章讨论的 AR 模型中，若已得到 AR 模型的系数和激励白噪声方差，则可通过这些参数的函数计算信号的功率谱，第 6 章将看到，若一个随机信号满足 AR 模型，通过测量的一组样本得到 AR 模型参数的 MLE，则由定理 2.3.2 知，由此也就得到了其功率谱的 MLE，这样就保证了一类参数化的功率谱估计方法有好的性能。

尽管经典估计中参数 θ 假设为确定量，实际上若参数 θ 是随机变量时 MLE 方法仍然有效，如果参数 θ 是随机变量，符号 $p(\boldsymbol{x}|\theta)$表示条件概率密度函数，对于 MLE，样本 $\boldsymbol{x}$ 确定，参数 θ 作为随机变量的一次实现需要求解，求似然函数 $L(\theta|\boldsymbol{x})=p(\boldsymbol{x}|\theta)$的最大值点确定参数的估计值 $\hat{\theta}$。从 MLE 的角度看，把参数 θ 看作是确定性量还是随机变量的一次实现是无关紧要的。在下节讨论的贝叶斯(Bayesian)估计中，把参数 θ 作为随机变量，并且在获得样本值之前即知道 θ 的概率密度函数，因此，在获取样本之前，对 θ 的可能取值就有一定的知识，故将 θ 的概率分布称为先验分布，在得到一组样本值之后，由样本值和先验分布一起对 θ 的值(随机变量的一次实现)进行推断。若先验分布是正确的，贝叶斯估计将利用 θ 的概率密度函数带来的附加信息，改善估计质量。

2.4　贝叶斯估计

与经典的确定性参数的估计方法不同，贝叶斯估计假设所估计的参数 θ 是一个随机变量，在获得数据样本之前，即已存在其概率密度函数(PDF)，故称为先验分布，用符号 $p_\theta(\theta)$ 表示，当获取一组样本时，在产生这组样本时，随机变量 θ 也取一个值，即随机变量 θ 的一次实现值，我们估计的是它的值。

贝叶斯估计的核心思想是，在已知先验概率 $p_\theta(\theta)$的条件下，通过抽取的一组样本，对参数 θ 的分布进行校正，这个由数据样本进行校正后的概率密度可表示为 $p(\theta|\boldsymbol{x})$，称为后

验 PDF,贝叶斯估计是利用后验 PDF $p(\theta|\boldsymbol{x})$对参数 θ 进行推断。

在实际问题中,后验分布不易直接获取,以 θ 为条件的随机向量的 PDF $p(\boldsymbol{x}|\theta)$更易于获得,2.3 节有多个例子说明怎样得到 $p(\boldsymbol{x}|\theta)$,由贝叶斯公式

$$p(\boldsymbol{x},\theta)=p_\theta(\theta)p(\boldsymbol{x}\mid\theta)=p(\theta\mid\boldsymbol{x})p_x(\boldsymbol{x}) \tag{2.4.1}$$

利用后一个等式,可得到后验 PDF 为

$$p(\theta\mid\boldsymbol{x})=\frac{p(\boldsymbol{x}\mid\theta)p_\theta(\theta)}{p_x(\boldsymbol{x})}=\frac{p(\boldsymbol{x}\mid\theta)p_\theta(\theta)}{\int p(\boldsymbol{x}\mid\theta)p_\theta(\theta)\mathrm{d}\theta} \tag{2.4.2}$$

有几种贝叶斯估计方法可利用后验 PDF 得到参数的贝叶斯估计,首先讨论最小均方误差方法。

2.4.1 最小均方误差贝叶斯估计

讨论贝叶斯估计问题。为了得到最优估计 $\hat{\theta}=g(\boldsymbol{x})$,需要首先选择一种评价估计性能的准则,在这个准则下求取最优解。对于贝叶斯估计最常用的准则之一是均方误差。由于 θ 是随机量,它是概率空间的一个分量,估计器 $\hat{\theta}$ 的均方误差定义为

$$\mathrm{mse}(\hat{\theta})=\iint(\theta-\hat{\theta})^2p(\boldsymbol{x},\theta)\mathrm{d}\boldsymbol{x}\mathrm{d}\theta \tag{2.4.3}$$

在 $p(\boldsymbol{x},\theta)$中,θ 是联合概率密度函数的一个分量,因此要参与积分运算。若要求一个 $\hat{\theta}$ 使得均方误差最小,可令式(2.4.3)两侧对 $\hat{\theta}$ 求导且令为 0,将得到一个解为 $\hat{\theta}=g(\boldsymbol{x})$。

将式(2.4.1)代入式(2.4.3)得到

$$\mathrm{mse}(\hat{\theta})=\iint(\theta-\hat{\theta})^2p(\boldsymbol{x},\theta)\mathrm{d}\boldsymbol{x}\mathrm{d}\theta=\int\left[\int(\theta-\hat{\theta})^2p(\theta\mid\boldsymbol{x})\mathrm{d}\theta\right]p_x(\boldsymbol{x})\mathrm{d}\boldsymbol{x}$$

上式两边对 $\hat{\theta}$ 求导,并交换积分和求导顺序,得

$$\frac{\partial\mathrm{mse}(\hat{\theta})}{\partial\hat{\theta}}=\int\left[\frac{\partial}{\partial\hat{\theta}}\int(\hat{\theta}-\theta)^2p(\theta\mid\boldsymbol{x})\mathrm{d}\theta\right]p_x(\boldsymbol{x})\mathrm{d}\boldsymbol{x}$$

为求最小均方估计 $\hat{\theta}$,只需令上式为 0,因为对所有 $\boldsymbol{x}$,$p_x(\boldsymbol{x})\geqslant0$,故欲使$\frac{\partial\mathrm{mse}(\hat{\theta})}{\partial\hat{\theta}}$为零,只需

$$\frac{\partial}{\partial\hat{\theta}}\int(\theta-\hat{\theta})^2p(\theta\mid\boldsymbol{x})\mathrm{d}\theta=0$$

将上式求导和积分次序交换,得

$$\frac{\partial}{\partial\hat{\theta}}\int(\theta-\hat{\theta})^2p(\theta\mid\boldsymbol{x})\mathrm{d}\theta=-2\int(\theta-\hat{\theta})p(\theta\mid\boldsymbol{x})\mathrm{d}\theta=0$$

得到

$$\hat{\theta}=\int\theta p(\theta\mid\boldsymbol{x})\mathrm{d}\theta=E_{\theta|x}(\theta\mid\boldsymbol{x}) \tag{2.4.4}$$

这是最小均方误差(Mmse)贝叶斯估计器,是在已知一个观测向量 $\boldsymbol{x}$ 的条件下,对参数 θ 的条件期望值。利用式(2.4.2)得到 $p(\theta|\boldsymbol{x})$,再利用式(2.4.4)求得 θ 的估计值。将估计器 $\hat{\theta}$ 代入式(2.4.3),得到最小均方误差为

$$\mathrm{Bmse}(\hat{\theta}) = \iint (\theta - E(\theta \mid \boldsymbol{x}))^2 p(\boldsymbol{x},\theta)\mathrm{d}\boldsymbol{x}\mathrm{d}\theta = C_{\theta|x}$$

这里记号 $C_{\theta|x}$ 表示 θ 的条件协方差，最小均方误差用符号 $\mathrm{Bmse}(\hat{\theta})$ 表示。

例 2.4.1 设观测值 $x(n)=A+w(n)$，$n=0,1,2,\cdots,N-1$，$w(n)$ 为 WGN，方差为 1，且已知 A 满足高斯分布，$p_A(a)=\frac{1}{\sqrt{2\pi}}\mathrm{e}^{-a^2/2}$，求参数 A 的最小均方误差贝叶斯估计。

解：为利用式(2.4.4)，先求 $p(A|\boldsymbol{x})$，显然

$$p(\boldsymbol{x} \mid A) = \frac{1}{(2\pi)^{N/2}}\exp\left[-\frac{1}{2}\sum_{n=0}^{N-1}(x(n)-A)^2\right]$$

由式(2.4.2)

$$\begin{aligned}
p(A \mid \boldsymbol{x}) &= \frac{p(\boldsymbol{x} \mid A)p_A(A)}{\int p(\boldsymbol{x} \mid A)p_A(A)\mathrm{d}A} \\
&= \frac{\frac{1}{(2\pi)^{N/2}}\exp\left[-\frac{1}{2}\sum_{n=0}^{N-1}(x(n)-A)^2\right]\frac{1}{\sqrt{2\pi}}\mathrm{e}^{-A^2/2}}{\int_{-\infty}^{+\infty}\frac{1}{(2\pi)^{N/2}}\exp\left[-\frac{1}{2}\sum_{n=0}^{N-1}(x(n)-A)^2\right]\frac{1}{\sqrt{2\pi}}\mathrm{e}^{-A^2/2}\mathrm{d}A} \\
&= \frac{(N+1)^{1/2}}{(2\pi)^{1/2}}\exp\left[-\frac{1}{2}(N+1)\left(A-\frac{N\bar{x}}{N+1}\right)^2\right] \\
&= \frac{1}{(2\pi\sigma_{A|x}^2)^{1/2}}\exp\left[-\frac{1}{2\sigma_{A|x}^2}(A-\mu_{A|x})^2\right]
\end{aligned}$$

上式中，我们省略了从第 2 行到第 3 行的繁琐过程，并用了简化符号：$\bar{x}=\frac{1}{N}\sum_{n=0}^{N-1}x(n)$。注意到 $p(A \mid \boldsymbol{x})$ 仍是高斯分布，方差为 $\sigma_{A|x}^2=\frac{1}{N+1}$，均值为 $\mu_{A|x}=\frac{N\bar{x}}{N+1}$，因此贝叶斯估计为

$$\hat{A} = E(A \mid \boldsymbol{x}) = \mu_{A|x} = \frac{N\bar{x}}{N+1} = \frac{1}{N+1}\sum_{n=0}^{N-1}x(n)$$

为了评述估计质量，求

$$\begin{aligned}
\mathrm{Bmse}(\hat{A}) &= \iint (A-E(A \mid \boldsymbol{x}))^2 p(\boldsymbol{x},A)\mathrm{d}\boldsymbol{x}\mathrm{d}A \\
&= \int\left[\int (A-\mu_{A|x})^2 p(A \mid \boldsymbol{x})\mathrm{d}A\right]p_x(\boldsymbol{x})\mathrm{d}\boldsymbol{x} \\
&= \int \sigma_{A|x}^2 p_x(\boldsymbol{x})\mathrm{d}\boldsymbol{x} = \sigma_{A|x}^2 = \frac{1}{N+1}
\end{aligned}$$

注意到，上式第二行方括号内恰好是 $p(A|\boldsymbol{x})$ 的方差式，故得 $\mathrm{Bmse}(\hat{A})=\sigma_{A|x}^2$。

本节开始提到贝叶斯估计的核心思想是，在已知先验概率 $p_\theta(\theta)$ 的条件下，通过抽取的一组样本，对参数 θ 的分布进行校正。从例 2.4.1 注意到，$p_\theta(\theta)$ 的方差为 1，利用 N 个样本点对 θ 的分布进行校正后，其后验 PDF 方差校正为 $1/(N+1)$，方差的减小使得参数 θ 分布的确定性提高，这是贝叶斯估计的一个基本思想。

下一个例子是例 2.3.3 问题的贝叶斯估计，为此需给出待估计参数的先验分布。

例 2.4.2 设信号 $x(n)$ 仅取 1 和 0 两个值，$x(n)$ 取 1 的概率 π 未知，假设无法直接测得

$x(n),n=0,1,2,\cdots,N-1$，而是利用计数器得到观测量 $y=\sum_{n=0}^{N-1}x(n)$，并已知 π 的先验分布为贝塔分布 $\mathrm{beta}(\alpha,\beta)$，利用 y 求 π 的贝叶斯估计。

解：在例 2.3.3 中已经写出 y 的概率质量函数为如下二项分布

$$p(y\mid\pi,N)=\binom{N}{y}\pi^{y}(1-\pi)^{N-y}$$

π 的先验分布，即 $\mathrm{beta}(\alpha,\beta)$ 写为

$$p_{\pi}(\pi)=\mathrm{beta}(\alpha,\beta)=\frac{\Gamma(\alpha+\beta)}{\Gamma(\alpha)\Gamma(\beta)}\pi^{\alpha-1}(1-\pi)^{\beta-1},\quad 0<\pi<1$$

这里，$\Gamma(\alpha)$ 是伽马函数，定义为

$$\Gamma(\alpha)=\int_{0}^{\infty}x^{\alpha-1}\mathrm{e}^{-x}\mathrm{d}x$$

由于后面用到，注意到，$\mathrm{beta}(\alpha,\beta)$ 的均值为

$$E[\pi]=\int_{0}^{1}\pi\,\mathrm{beta}(\alpha,\beta)\mathrm{d}\pi=\frac{\alpha}{\alpha+\beta}$$

因此联合分布为

$$\begin{aligned}p(y,\pi\mid N)&=p(y\mid\pi,N)p_{\pi}(\pi)\\&=\binom{N}{y}\pi^{y}(1-\pi)^{N-y}\frac{\Gamma(\alpha+\beta)}{\Gamma(\alpha)\Gamma(\beta)}\pi^{\alpha-1}(1-\pi)^{\beta-1}\\&=\binom{N}{y}\frac{\Gamma(\alpha+\beta)}{\Gamma(\alpha)\Gamma(\beta)}\pi^{y+\alpha-1}(1-\pi)^{N-y+\beta-1}\end{aligned}$$

通过积分得到 y 的分布，

$$\begin{aligned}p(y\mid N)&=\int_{0}^{1}\binom{N}{y}\frac{\Gamma(\alpha+\beta)}{\Gamma(\alpha)\Gamma(\beta)}\pi^{y+\alpha-1}(1-\pi)^{N-y+\beta-1}\mathrm{d}\pi\\&=\binom{N}{y}\frac{\Gamma(\alpha+\beta)}{\Gamma(\alpha)\Gamma(\beta)}\frac{\Gamma(y+\alpha)\Gamma(N-y+\beta)}{\Gamma(\alpha+\beta+N)}\end{aligned}$$

因此，得到 π 的后验概率为

$$\begin{aligned}p(\pi\mid y,N)&=\frac{p(y,\pi\mid N)}{p(y\mid N)}\\&=\frac{\Gamma(\alpha+\beta+N)}{\Gamma(\alpha+y)\Gamma(N-y+\beta)}\pi^{y+\alpha-1}(1-\pi)^{N-y+\beta-1}=\mathrm{beta}(\alpha+y,N-y+\beta)\end{aligned}$$

由上式可见，π 的后验概率仍为一 beta 分布，由此得到条件均值为

$$\hat{\pi}=E_{\pi|y}[\pi\mid y]=\frac{y+\alpha}{N+\alpha+\beta}$$

与例 2.3.3 的 MLE 的结果 y/N 相比，贝叶斯估计结果中增加了先验知识的影响，为了更清楚这种影响，可将贝叶斯估计结果改写为

$$\hat{\pi}=\frac{N}{N+\alpha+\beta}\frac{y}{N}+\frac{\alpha+\beta}{N+\alpha+\beta}\frac{\alpha}{\alpha+\beta}$$

结果相当于 MLE 和先验均值得加权和，当 N 小的时候，先验信息的贡献不可忽略，当 $N\to\infty$ 时，贝叶斯估计趋于 MLE。

以下对 Mmse 贝叶斯估计做几点进一步说明。

1. 多参数 Mmse 贝叶斯估计

式(2.4.4)的标量参数 Mmse 贝叶斯估计很容易推广到多个参数的情况，对 K 个参数的 Mmse 贝叶斯估计器为

$$\hat{\theta}=E_{\theta|x}(\theta\mid\boldsymbol{x})=\begin{bmatrix}E_{\theta_1|x}(\theta_1\mid\boldsymbol{x})\\E_{\theta_2|x}(\theta_2\mid\boldsymbol{x})\\\vdots\\E_{\theta_K|x}(\theta_K\mid\boldsymbol{x})\end{bmatrix}\tag{2.4.5}$$

2. 高斯情况 Mmse 贝叶斯估计

将联合高斯分布作为贝叶斯估计的一个应用，得到简洁的计算公式。在 1.3 节定理 1.3.3 中讨论了 $\boldsymbol{x}$ 和 $\boldsymbol{y}$ 两个随机向量的联合分布和条件分布的一般关系，其结果可直接用于贝叶斯估计。为方便，这里重述定理 1.3.3 的基本结论。设 $\boldsymbol{x}$ 和 $\boldsymbol{y}$ 是联合高斯分布，$\boldsymbol{x}$ 是 k 维向量，$\boldsymbol{y}$ 是 ℓ 维向量，均值向量分别为 $E(\boldsymbol{x})$，$E(\boldsymbol{y})$，$\boldsymbol{x}$ 和 $\boldsymbol{y}$ 的联合协方差矩阵为如下分块矩阵

$$\boldsymbol{C}=\begin{bmatrix}\boldsymbol{C}_{xx}, & \boldsymbol{C}_{xy}\\\boldsymbol{C}_{yx}, & \boldsymbol{C}_{yy}\end{bmatrix}\tag{2.4.6}$$

$\boldsymbol{x}$ 和 $\boldsymbol{y}$ 的联合 PDF 为

$$p(\boldsymbol{x},\boldsymbol{y})=\frac{1}{(2\pi)^{\frac{k+l}{2}}[\det(\boldsymbol{C})]^{\frac{1}{2}}}\exp\left\{-\left[\frac{1}{2}\begin{bmatrix}\boldsymbol{x}-E(\boldsymbol{x})\\\boldsymbol{y}-E(\boldsymbol{y})\end{bmatrix}^{\mathrm{T}}\boldsymbol{C}^{-1}\begin{bmatrix}\boldsymbol{x}-E(\boldsymbol{x})\\\boldsymbol{y}-E(\boldsymbol{y})\end{bmatrix}\right]\right\}\tag{2.4.7}$$

则条件 PDF $p(\boldsymbol{y}|\boldsymbol{x})$ 也是高斯的，且其条件均值和方差分别为

$$E_{y|x}(\boldsymbol{y}\mid\boldsymbol{x})=E(\boldsymbol{y})+\boldsymbol{C}_{yx}\boldsymbol{C}_{xx}^{-1}(\boldsymbol{x}-\boldsymbol{E}(\boldsymbol{x}))\tag{2.4.8}$$

$$\boldsymbol{C}_{y|x}=\boldsymbol{C}_{yy}-\boldsymbol{C}_{yx}\boldsymbol{C}_{xx}^{-1}\boldsymbol{C}_{xy}\tag{2.4.9}$$

由式(2.4.8)可以直接导出贝叶斯估计。这里若设 $\boldsymbol{y}$ 是待估计参数θ，$\boldsymbol{x}$ 是观测数据向量，如果θ 和 $\boldsymbol{x}$ 满足联合高斯分布，比较式(2.4.4)和式(2.4.8)，在式(2.4.8)中，用θ 代替 $\boldsymbol{y}$ 就得到θ 的贝叶斯估计，式(2.4.9)就是估计器的协方差表达式。因此θ 的 Mmse 贝叶斯估计和估计器的协方差表达式分别为

$$\hat{\theta}=E_{\theta|x}(\theta\mid\boldsymbol{x})=E(\theta)+\boldsymbol{C}_{\theta x}\boldsymbol{C}_{xx}^{-1}(\boldsymbol{x}-E(\boldsymbol{x}))\tag{2.4.10}$$

$$\boldsymbol{C}_{\theta|x}=\boldsymbol{C}_{\theta\theta}-\boldsymbol{C}_{\theta x}\boldsymbol{C}_{xx}^{-1}\boldsymbol{C}_{x\theta}\tag{2.4.11}$$

当θ 和 $\boldsymbol{x}$ 都是零均值情况，估计器可以简化为

$$\hat{\theta}=E_{\theta|x}(\theta\mid\boldsymbol{x})=\boldsymbol{R}_{\theta x}\boldsymbol{R}_{xx}^{-1}\boldsymbol{x}\tag{2.4.12}$$

$$\boldsymbol{C}_{\theta|x}=\boldsymbol{R}_{\theta\theta}-\boldsymbol{R}_{\theta x}\boldsymbol{R}_{xx}^{-1}\boldsymbol{R}_{x\theta}\tag{2.4.13}$$

当只有一个待估计参数 θ 且均值为 0 且 $\boldsymbol{x}$ 也均值为 0 时，上式进一步简化为

$$\hat{\theta}=E_{\theta|x}(\theta\mid\boldsymbol{x})=\boldsymbol{r}_{\theta x}\boldsymbol{R}_{xx}^{-1}\boldsymbol{x}\tag{2.4.14}$$

$$\sigma_{\hat{\theta}}^2=C_{\theta|x}=\sigma_\theta^2-\boldsymbol{r}_{\theta x}\boldsymbol{R}_{xx}^{-1}\boldsymbol{r}_{x\theta}\tag{2.4.15}$$

当只有一个标量参数待估计时，上列各式中的

$$\boldsymbol{r}_{x\theta}\triangleq E[\boldsymbol{x}\theta]\tag{2.4.16}$$

是 N 维列向量，而

$$\boldsymbol{r}_{\theta x} \triangleq E[\theta \boldsymbol{x}^{\mathrm{T}}] \tag{2.4.17}$$

是 N 维行向量。

高斯分布情况的特殊性在于①存在解析表达式；②参数估计是观测样本向量 $\boldsymbol{x}$ 的线性函数。

3. Mmse 贝叶斯估计的性能分析

设估计器的估计误差定义为：$e=\theta-\hat{\theta}=\theta-E(\theta|\boldsymbol{x})$，对应 $\boldsymbol{x},\theta$ 的概率空间，求 e 的均值为

$$\begin{aligned}E_{x,\theta}(e) &= E_{x,\theta}(\theta-E(\theta \mid \boldsymbol{x}))\\&=E_x[E_{\theta|x}(\theta)-E_{\theta|x}(\theta \mid \boldsymbol{x})]=E_x[E_{\theta|x}(\theta)-E_{\theta|x}(\theta)]=0\end{aligned}$$

由 e 的零均值，得到：$E(\hat{\theta})=E(\theta)$，估计器的均值和待估计参数的真实均值是相等的，这相当于随机参数估计的“无偏性”，它是平均无偏性。估计误差的方差为

$$\mathrm{var}(e)=E_{x,\theta}(e^2)=E[(\theta-\hat{\theta})^2]=\mathrm{Bmse}(\hat{\theta})$$

估计误差的方差正是可达到的最小均方误差 $\mathrm{Bmse}(\hat{\theta})$。贝叶斯估计是一种均方误差最小的平均无偏估计。作为特例，如果 e 是高斯的，$e\sim N(0,\mathrm{Bmse}(\hat{\theta}))$。

2.4.2 贝叶斯估计的其他形式

可以把贝叶斯估计问题推广到更一般的形式。设 $e=\theta-\hat{\theta}$ 表示估计误差，令 $C(e)$ 为代价函数，来自不同应用可能会定义不同的代价函数。定义

$$J=E[C(e)] \tag{2.4.18}$$

为贝叶斯风险函数。令贝叶斯风险函数最小，由不同的代价函数，可得到各种不同形式的贝叶斯估计。如下讨论常用的几种代价函数和风险函数情况下的贝叶斯估计，如下讨论中省略解的证明过程。

1. Mmse 贝叶斯估计

令代价函数为

$$C(e)=e^2 \tag{2.4.19}$$

则贝叶斯风险为 $J=E[C(e)]=E[(\theta-\hat{\theta})^2]$，这就是前面讨论的 Mmse 贝叶斯估计，不再赘述。

2. 绝对误差准则(ABS)

令代价函数为

$$C(e)=|e| \tag{2.4.20}$$

即以绝对误差的均值 $J=E[C(e)]=E[|\theta-\hat{\theta}|]$作为评价估计性能的准则。这个问题的解称为是后验中值估计，即 $\hat{\theta}$ 是满足如下方程的解

$$\int_{-\infty}^{\hat{\theta}} p(\theta \mid \boldsymbol{x})\mathrm{d}\theta=\int_{\hat{\theta}}^{+\infty} p(\theta \mid \boldsymbol{x})\mathrm{d}\theta \tag{2.4.21}$$

3. 最大后验估计(MAP)

定义一种“命中或错过”(Hit-or-Miss)准则，令代价函数为

$$C(e)=\begin{cases}0, & |e|<\delta \\ 1, & |e|>\delta\end{cases} \tag{2.4.22}$$

这里 δ 是一个门限。这个准则的含义是，当误差小于一个阈值时，代价为零，当误差大于一个阈值时，代价总为1。这种开销函数有其实际意义，例如在二进制数字通信中，当接收机对一个码元的估计误差小于一个阈值时，不会产生错误判断，这种误差是容许的；但当误差大于一个阈值时，就会产生错误判断，只要误差大于这个阈值，于是产生一个误码，代价也是相同的。"命中或错过"准则的贝叶斯估计器是如下的最大后验概率(MAP)估计器，即

$$\hat{\theta}=\underset{\theta\in\Omega}{\operatorname{argmax}}\, p(\theta \mid \boldsymbol{x}) \tag{2.4.23}$$

这里，$\underset{\theta\in\Omega}{\operatorname{argmax}}\, p(\theta|\boldsymbol{x})$ 的含义是，在 θ 的定义域 Ω 内找到一个 $\theta=\hat{\theta}$，使 $p(\theta|\boldsymbol{x})$ 最大。这里 $p(\theta|\boldsymbol{x})$ 是后验概率，故估计值使后验概率最大，是这个估计器名称的由来。在式(2.4.23)中代入式(2.4.2)并注意到 $p_x(\boldsymbol{x})$ 与问题的解无关故可省略，MAP 得到一个更容易处理的形式为

$$\hat{\theta}=\underset{\theta\in\Omega}{\operatorname{argmax}}\{p(\boldsymbol{x} \mid \theta) p_\theta(\theta)\} \tag{2.4.24}$$

或等价地使用对数形式为

$$\hat{\theta}=\underset{\theta\in\Omega}{\operatorname{argmax}}\{\log p(\boldsymbol{x} \mid \theta)+\log p_\theta(\theta)\} \tag{2.4.25}$$

与 MLE 类似，对式(2.4.25)求最大可转化为求解

$$\frac{\partial \log p(\boldsymbol{x} \mid \theta)}{\partial \theta}+\frac{\partial \log p_\theta(\theta)}{\partial \theta}=0 \tag{2.4.26}$$

比较 MAP 和 MLE 可以看到，当参数 θ 先验概率密度 $p_\theta(\theta)$ 为常数时，也就是对 θ 取值可能的取向没有预先知识的时候，MAP 就退化为 MLE。当参数有很强的先验知识(例如 θ 的先验知识是服从高斯分布且方差较小)且先验知识是正确的，由于可用信息的加强，MAP 可以取得更好的效果，尤其是样本少的情况下。

例 2.4.3 给出一个比例 2.4.1 更一般化一些的例子。设观测值

$$x(n)=A+w(n), \quad n=0,1,2,\cdots,N-1$$

$w(n)$ 为 WGN，方差为 σ_w^2，且已知 A 满足高斯分布，

$$p_A(A)=\frac{1}{\sqrt{2\pi\sigma_A^2}}\mathrm{e}^{\frac{-(A-\mu_A)^2}{2\sigma_A^2}}$$

求参数 A 的 MAP 估计。

解：为利用式(2.4.26)，先求 $p(\boldsymbol{x}|A)$，显然

$$p(\boldsymbol{x} \mid A)=\frac{1}{(2\pi\sigma_w^2)^{\frac{N}{2}}}\exp\left[-\frac{1}{2\sigma_w^2}\sum_{n=0}^{N-1}(x(n)-A)^2\right]$$

因此

$$p(\boldsymbol{x} \mid A)P_A(A)=\frac{1}{(2\pi\sigma_w^2)^{\frac{N}{2}}}\frac{1}{(2\pi\sigma_A^2)^{\frac{1}{2}}}\exp\left[-\frac{1}{2\sigma_w^2}\sum_{n=0}^{N-1}(x(n)-A)^2\right]\exp\left[-\frac{1}{2\sigma_A^2}(A-\mu_A)^2\right]$$

上式两边取对数，并求最大值点，相当于代入式(2.4.26)解得 A 的 MAP 估计为

$$\hat{A}_{\mathrm{MAP}}=\frac{\sigma_A^2}{\sigma_A^2+\sigma_w^2/N}\frac{1}{N}\sum_{n=0}^{N-1}x(n)+\frac{\sigma_w^2/N}{\sigma_A^2+\sigma_w^2/N}\mu_A \tag{2.4.27}$$

显然 MAP 估计的解包括先验信息和观测样本两部分的贡献，在 N 比较小时，先验信息的贡献不可忽略，但当 $N\to\infty$ 时，

$$\hat{A}_{\mathrm{MAP}} \to \frac{1}{N}\sum_{n=0}^{N-1} x(n)$$

即观测样本趋于无穷时，先验信息的作用被忽略。

在一般情况下，以上三种贝叶斯估计的结果可能不一致，但如下定理说明，在一定条件下，可能各种贝叶斯估计器得到相同结果。

定理 2.4.1 设代价函数 $C(e)$是对称的下凸函数，即满足

$$C(e) = C(-e) \tag{2.4.28}$$

$$C(ae_1 + (1-a)e_2) \leqslant aC(e_1) + (1-a)C(e_2), \quad 0 < a < 1 \tag{2.4.29}$$

且后验概率对条件均值 $E(\theta|\boldsymbol{x})$满足对称性，相当于定义 $\varepsilon=\theta-E(\theta|\boldsymbol{x})$，则后验概率满足对称性为

$$p(\varepsilon \mid \boldsymbol{x}) = p(-\varepsilon \mid \boldsymbol{x}) \tag{2.4.30}$$

在式(2.4.29)～(2.4.31)成立的条件下，各种贝叶斯估计器是一致的。

定理的证明此处从略，有兴趣的读者可参考[18]。利用定理 2.4.1 不难验证，对例 2.4.2 的高斯分布情况，Mmse、MAP 和 ABS 估计是相等的。实际上，例 2.4.1 的结果可看成是例 2.4.2 结果在 $\sigma_A^2=\sigma_w^2=1$ 和 $\mu_A=0$ 条件下的特例。

4. 贝叶斯的估计的克拉美-罗界

对于随机参数的贝叶斯估计，也可以导出其克拉美-罗界，这里只讨论标量情况，标量情况下克拉美-罗界的公式为

$$\operatorname{var}(\hat{\theta}) \geqslant -\frac{\left(1+\dfrac{\partial b(\theta)}{\partial\theta}\right)^2}{E\left[\dfrac{\partial^2 \ln p(\boldsymbol{x}\mid\theta)}{\partial\theta^2}+\dfrac{\partial^2 \ln p(\theta)}{\partial\theta^2}\right]}$$

这里给出的是有偏的一般结果，对于随机参数，其估计的偏为 $b(\theta)=E(\hat{\theta})-E(\theta)$。

2.5 线性贝叶斯估计器

由数据集$\{x(0),x(1),\cdots,x(N-1)\}$估计标量参数 θ，θ 是随机变量的一个实现，如果将估计限制在一个线性估计器

$$\hat{\theta} = \sum_{n=0}^{N-1} a_n x(n) + a_N \tag{2.5.1}$$

通过选择系数集$\{a_n, n=0,\cdots,N\}$，使均方误差最小，则得到线性贝叶斯 Mmse 估计器，简称线性贝叶斯估计。求系数集$\{a_n\}$使得 mse 最小，即

$$\begin{aligned}\min_{\{a_n\}}\{\operatorname{mse}(\hat{\theta})\} &= \min_{\{a_n\}}\{E[(\theta-\hat{\theta})^2]\} \\ &= \min_{\{a_n\}}\left\{\iint(\theta-\hat{\theta})^2 p(\boldsymbol{x},\theta)\mathrm{d}\boldsymbol{x}\mathrm{d}\theta\right\} \\ &= \min_{\{a_n\}} E\left[\left(\theta-\sum_{n=0}^{N-1}a_n x(n) - a_N\right)^2\right]\end{aligned} \tag{2.5.2}$$

分两步解这个最小化问题，先求解 a_N，令

$$\frac{\partial}{\partial a_N}E\left[\left(\theta-\sum_{n=0}^{N-1}a_n x(n)-a_N\right)^2\right]=-2E\left[\theta-\sum_{n=0}^{N-1}a_n x(n)\right]-a_N=0 \tag{2.5.3}$$

得

$$a_N=E(\theta)-\sum_{n=0}^{N-1}a_n E(x(n)) \tag{2.5.4}$$

将 a_N 表达式代入式(2.5.2)，得

$$\begin{aligned}\operatorname{mse}(\hat{\theta})&=E\left\{\left[\sum_{n=0}^{N-1}a_n(x(n)-E[x(n)])-(\theta-E[\theta])\right]^2\right\}\\&=E\{[\boldsymbol{a}^{\mathrm{T}}(\boldsymbol{x}-E[\boldsymbol{x}])-(\theta-E[\theta])]^2\}\\&=\boldsymbol{a}^{\mathrm{T}}\boldsymbol{C}_x\boldsymbol{a}-\boldsymbol{a}^{\mathrm{T}}\boldsymbol{c}_{x\theta}-\boldsymbol{c}_{\theta x}\boldsymbol{a}+\sigma_\theta^2\end{aligned} \tag{2.5.5}$$

上式中 $\boldsymbol{a}=[a_0,a_1,\cdots,a_{N-1}]^{\mathrm{T}}$ 为系数向量，$\boldsymbol{x}=[x(0),x(1),\cdots,x(N-1)]^{\mathrm{T}}$ 为观测样本向量，$\boldsymbol{c}_{x\theta}$ 是数据向量和参数 θ 的互协方差向量，是互协方差矩阵在参数为标量时的特例，为使式(2.5.5)的均方误差最小，令

$$\frac{\partial\operatorname{mse}(\hat{\theta})}{\partial\boldsymbol{a}}=2\boldsymbol{C}_x\boldsymbol{a}-2\boldsymbol{c}_{x\theta}=\boldsymbol{0} \tag{2.5.6}$$

得：

$$\boldsymbol{a}=\boldsymbol{C}_x^{-1}\boldsymbol{c}_{x\theta} \tag{2.5.7}$$

将 $\boldsymbol{a}$ 和 a_N 代入式(2.5.1)，得

$$\begin{aligned}\hat{\theta}&=\sum_{n=0}^{N-1}a_n x(n)+a_N=\sum_{n=0}^{N-1}a_n x(n)+E(\theta)-\sum_{n=0}^{N-1}a_n E(x(n))\\&=\boldsymbol{a}^{\mathrm{T}}(\boldsymbol{x}-E(\boldsymbol{x}))+E(\theta)\\&=E(\theta)+\boldsymbol{c}_{x\theta}^{\mathrm{T}}\boldsymbol{C}_x^{-1}(\boldsymbol{x}-E(\boldsymbol{x}))\end{aligned} \tag{2.5.8}$$

将 $\boldsymbol{a}$ 代入式(2.5.5)，得线性估计器的最小均方误差为

$$\operatorname{Bmse}(\hat{\theta})=\sigma_\theta^2-\boldsymbol{c}_{\theta x}\boldsymbol{C}_x^{-1}\boldsymbol{c}_{x\theta} \tag{2.5.9}$$

在零均值情况下，有 $E(\theta)=0$ 和 $E(x(n))=0$，则式(2.5.7)～(2.5.9)各式简化为

$$\begin{cases}\boldsymbol{a}=\boldsymbol{R}_x^{-1}\boldsymbol{r}_{x\theta}\\\hat{\theta}=\boldsymbol{r}_{x\theta}^{\mathrm{T}}\boldsymbol{R}_x^{-1}\boldsymbol{x}=\boldsymbol{a}^{\mathrm{T}}\boldsymbol{x}\\\operatorname{Bmse}(\hat{\theta})=\sigma_\theta^2-\boldsymbol{r}_{x\theta}^{\mathrm{T}}\boldsymbol{R}_x^{-1}\boldsymbol{r}_{x\theta}\end{cases} \tag{2.5.10}$$

在均值为零，即 $E(\theta)=0$ 和 $E(x(n))=0$ 的条件下，可以导出一个很有意义的结论，即正交性原理，注意到

$$\begin{aligned}E[\boldsymbol{x}e]&=E[\boldsymbol{x}(\theta-\hat{\theta})]=E[\boldsymbol{x}\theta]-E[\boldsymbol{x}\hat{\theta}]\\&=\boldsymbol{r}_{x\theta}-E[\boldsymbol{x}\boldsymbol{x}^{\mathrm{T}}\boldsymbol{a}]=\boldsymbol{r}_{x\theta}-\boldsymbol{R}_x\boldsymbol{a}\end{aligned} \tag{2.5.11}$$

将 $\boldsymbol{a}$ 的表达式((2.5.10)的第一个式子)代入式(2.5.11)最后一项，得

$$E[\boldsymbol{x}e]=\boldsymbol{0} \tag{2.5.12}$$

这里 $e=\theta-\hat{\theta}$ 表示估计误差，上式可写成标量形式为

$$E[x(i)e]=0\quad i=0,1,2,\cdots,N-1 \tag{2.5.13}$$

式(2.5.12)和(2.5.13)分别是正交原理的向量和标量形式。正交原理是线性估计误差最小

化的一种几何解释：假设由信号向量 $\boldsymbol{x}$ 的各元素作为一个分量构成一个线性空间，在这个线性空间中估计参数 θ，线性贝叶斯估计的估计误差垂直于该线性空间，因此误差最小。

对于线性贝叶斯估计，给出几点注释。

注释 1：用式(2.5.10)计算零均值情况下的线性贝叶斯估计，除观测数据向量 $\boldsymbol{x}$ 外，还需要 $\boldsymbol{x}$ 的自相关矩阵 $\boldsymbol{R}_x$、$\boldsymbol{x}$ 和 θ 互相关向量 $\boldsymbol{r}_{x\theta}$。$\boldsymbol{R}_x$ 和 $\boldsymbol{r}_{x\theta}$ 是计算线性贝叶斯估计所需的先验知识，比较一般的贝叶斯估计(mse、MAP 等)需要 $\boldsymbol{x}$ 和 θ 的联合概率密度函数，线性估计所需要的先验知识更少。

注释 2：比较式(2.4.10)和式(2.5.8)，在标量参数的情况下，线性贝叶斯估计与高斯分布下的 Mmse 贝叶斯估计是一致的，如果将线性估计推广到一般向量参数情况下，这个结论也成立。即在高斯分布条件下，线性贝叶斯估计就是总体的最优贝叶斯估计。

注释 3：将对一个随机变量参数的估计推广到对一个平稳随机信号的波形估计时，式(2.5.10)推广为最优线性滤波器，即维纳(Wiener)滤波器。

注释 4：注意到，线性最优估计是将运算限定在式(2.5.1)这样的线性运算形式下得到的最优解，对于非高斯分布的情况，线性估计一般并不是真正的最优估计。在均方意义下，真正的最优估计是 $\hat{\theta}=E(\theta|\boldsymbol{x})$，一般情况下，它不能表示为 $\boldsymbol{x}$ 的线性运算形式。由于在很多情况下求 $\hat{\theta}=E(\theta|\boldsymbol{x})$ 是困难的，实际中广泛采用线性估计进行逼近。但必须注意，在一些情况下，线性估计的结果与 $\hat{\theta}=E(\theta|\boldsymbol{x})$ 有较大差距，线性估计不一定总能逼近到真实的最优解。对于非高斯分布的情况下，发展出一类建立在 Mmse 或 MAP 估计基础上的非线性估计器。对于非线性估计问题可用牛顿-拉夫生迭代求解，或采用 EM 算法求解，当将非线性估计用于波形估计问题时，引出贝叶斯滤波技术，最典型的一类方法是粒子滤波，在第 4 章做概要介绍。

2.6 最小二乘估计

最小二乘(Least Square，LS)方法是一个古老而又焕发生命力的方法，它的提出可以追溯到高斯时代。最小二乘方法在近几十年里又成为现代信号处理中一个非常有效的工具，在参数估计、谱估计、自适应滤波、线性模型的学习等许多现代方法中，LS 方法得到广泛的应用。本节从线性模型的参数估计角度讨论 LS 技术，后续章节将继续讨论 LS 在滤波和预测中的应用。

从线性模型的参数估计角度出发，设向量形式表示的线性模型为

$$\boldsymbol{s} = \boldsymbol{A}\boldsymbol{\theta} \tag{2.6.1}$$

这里 $\boldsymbol{s}=[s(0),s(1),\cdots,s(N-1)]^{\mathrm{T}}$ 为线性模型的输出观测向量，$\boldsymbol{A}$ 表示线性模型的数据矩阵，是 $N\times M$ 矩阵，$\boldsymbol{\theta}=[\theta_0,\theta_1,\cdots,\theta_{M-1}]$为待估计参数，线性模型参数估计问题表述为：在已知 $\boldsymbol{s}$ 和 $\boldsymbol{A}$ 的条件下，估计线性模型参数$\boldsymbol{\theta}$ 。

例 2.6.1 为了说明式(2.6.1)的模型，假设有一个多变量系统，输出为

$$s(n) = f(v_0(n),v_1(n),\cdots,v_{M-1}(n)) \tag{2.6.2}$$

如果用一个线性模型逼近这个系统，线性模型表示为

$$s(n) = \theta_0 v_0(n) + \theta_1 v_1(n) + \cdots + \theta_{M-1} v_{M-1}(n) \tag{2.6.3}$$

仅观测到时刻 $n=0$ 至 $n=N-1$ 的 $s(n)$ 和 $v_0(n),v_1(n),\cdots,v_{M-1}(n)$，则式(2.6.3)可写成式(2.6.1)的向量形式，其中数据矩阵为

$$\boldsymbol{A}=\begin{bmatrix} v_0(0) & v_1(0) & \cdots & v_{M-1}(0) \\ v_0(1) & v_1(1) & \cdots & v_{M-1}(1) \\ \vdots & \vdots & \ddots & \vdots \\ v_0(N-1) & v_1(N-1) & \cdots & v_{M-1}(N-1) \end{bmatrix} \tag{2.6.4}$$

例 2.6.2 若在 (x,s) 平面上有若干点 (x_i,s_i)，$i=1,2,\cdots,N$，希望用多项式曲线

$$s(x)=\theta_0+\theta_1 x+\cdots+\theta_{M-1}x^{M-1} \tag{2.6.5}$$

来拟合这些点，即将点 (x_i,s_i)，$i=1,2,\cdots,N$ 代入式(2.6.5)两侧，则得到向量方程(2.6.1)，且

$$\boldsymbol{s}=[s(x_1),s(x_2),\cdots,s(x_N)]^{\mathrm{T}} \tag{2.6.6}$$

和

$$\boldsymbol{A}=\begin{bmatrix} 1 & x_1 & \cdots & x_1^{M-1} \\ 1 & x_2 & \cdots & x_2^{M-1} \\ \vdots & \vdots & \ddots & \vdots \\ 1 & x_N & \cdots & x_N^{M-1} \end{bmatrix} \tag{2.6.7}$$

尽管数据矩阵中含有指数运算，但由于点 x_i，$i=1,2,\cdots,N$ 是已知的，故 $\boldsymbol{A}$ 仍是常数矩阵。

在线性模型式(2.6.1)中，当 $\boldsymbol{A}$ 是可逆的 $N\times N$ 方阵时，方程组(2.6.1)的解是熟知的，但当方程数目 N 不等于变量个数 M 时，也就是说当 $\boldsymbol{A}$ 不再是方阵时(A 是 $N\times M$ 矩阵)，问题的解要复杂得多。

1. LS 的过确定性情况

当 $N>M$ 时，从数学意义上讲，除非满足特定的条件，否则方程组(2.6.1)无解。但如果方程组描述的是一个工程问题时，实际上总希望得到一个可用的解。方程组无解的原因很多，一种可能是用测量的数据构成系数矩阵 $\boldsymbol{A}$ 和矢量 $\boldsymbol{b}$ 时引入了噪声所致，另一种原因是模型自身的不理想。例 2.6.1 中，用式(2.6.3)的线性模型逼近式(2.6.2)的多变量系统时，线性逼近是不准确的，实际上线性逼近是存在误差的，式(2.6.3)可校正为

$$s(n)=\theta_0 v_0(n)+\theta_1 v_1(n)+\cdots+\theta_{M-1}v_{M-1}(n)+e(n) \tag{2.6.8}$$

即存在一个误差项 $e(n)$。类似地，例 2.6.2 中多项式函数(2.6.5)也不一定能准确拟合所给定的一组点，也同样需要加上一个误差项。也就是说，例 2.6.1 和例 2.6.2 这样的问题不一定有准确解，但是附加上一个误差项后可以得到一个解，由于误差项的加入方式很多，一个合理的方式是，使误差项的"总和"最小而得到的解。

考虑误差项，将模型(2.6.1)修正为

$$\boldsymbol{s}=\boldsymbol{A}\theta+\boldsymbol{e} \tag{2.6.9}$$

这里，$\boldsymbol{e}=[e(0),e(1),\cdots,e(N-1)]^{\mathrm{T}}$，所谓模型(2.6.1)的 LS 解为求 θ 使得如下二乘误差最小

$$J(\theta)=\sum_{n=0}^{N-1}e^2(n)=\|\boldsymbol{A}\theta-\boldsymbol{s}\|^2=(\boldsymbol{A}\theta-\boldsymbol{s})^{\mathrm{T}}(\boldsymbol{A}\theta-\boldsymbol{s}) \tag{2.6.10}$$

使式(2.6.10)最小的 θ，仍不能使式(2.6.1)成为等式，但却是使式(2.6.1)在二乘误差意义上最近似成立的解，故这个解称为 LS 解。令

$$\frac{\partial J(\theta)}{\partial \theta}=\frac{\partial(\boldsymbol{A}\theta-\boldsymbol{s})^{\mathrm{T}}(\boldsymbol{A}\theta-\boldsymbol{s})}{\partial \theta}=-2\boldsymbol{A}^{\mathrm{T}}\boldsymbol{s}+2\boldsymbol{A}^{\mathrm{T}}\boldsymbol{A}\theta$$

令$\theta=\hat{\theta}$时上式为0，LS解满足方程

$$\boldsymbol{A}^{\mathrm{T}}\boldsymbol{A}\hat{\theta}=\boldsymbol{A}^{\mathrm{T}}\boldsymbol{s} \tag{2.6.11}$$

式(2.6.11)称为LS的正则方程，如果$\boldsymbol{A}^{\mathrm{T}}\boldsymbol{A}$可逆，得到

$$\hat{\theta}=(\boldsymbol{A}^{\mathrm{T}}\boldsymbol{A})^{-1}\boldsymbol{A}^{\mathrm{T}}\boldsymbol{s} \tag{2.6.12}$$

可以证明，如果$\boldsymbol{A}$满秩，即$\boldsymbol{A}$的各列线性无关，$(\boldsymbol{A}^{\mathrm{T}}\boldsymbol{A})^{-1}$存在，称

$$\boldsymbol{A}^{+}=(\boldsymbol{A}^{\mathrm{T}}\boldsymbol{A})^{-1}\boldsymbol{A}^{\mathrm{T}} \tag{2.6.13}$$

为$\boldsymbol{A}$的伪逆。$N>M$表示方程数目超过未知量数目，这是LS的过确定问题。在信号处理中，主要遇到的是过确定情况，式(2.6.12)是LS过确定性问题的解，本书后续中，若不加注明，LS问题均指过确定性问题。

将$\hat{\theta}$的解式(2.6.12)代入式(2.6.10)，得到取得参数的LS估计情况下，误差和的结果为

$$\begin{aligned}
J_{\min}&=J(\hat{\theta})=\boldsymbol{e}^{\mathrm{T}}\boldsymbol{e}\\
&=[\boldsymbol{s}-\boldsymbol{A}(\boldsymbol{A}^{\mathrm{T}}\boldsymbol{A})^{-1}\boldsymbol{A}^{\mathrm{T}}\boldsymbol{s}]^{\mathrm{T}}[\boldsymbol{s}-\boldsymbol{A}(\boldsymbol{A}^{\mathrm{T}}\boldsymbol{A})^{-1}\boldsymbol{A}^{\mathrm{T}}\boldsymbol{s}]\\
&=\boldsymbol{s}^{\mathrm{T}}[\boldsymbol{I}-\boldsymbol{A}(\boldsymbol{A}^{\mathrm{T}}\boldsymbol{A})^{-1}\boldsymbol{A}^{\mathrm{T}}]^{\mathrm{T}}\boldsymbol{s}\\
&=\boldsymbol{s}^{\mathrm{T}}(\boldsymbol{s}-\boldsymbol{A}\hat{\theta})=\boldsymbol{s}^{\mathrm{T}}\boldsymbol{s}-\boldsymbol{s}^{\mathrm{T}}\boldsymbol{A}\hat{\theta}
\end{aligned} \tag{2.6.14}$$

2. LS的欠确定性情况

在$N<M$时，方程组(2.6.1)可能有无穷多解，但需要确定一个作为问题的最终解，常取使2范数平方$\|\theta\|^2=\theta^{\mathrm{T}}\theta$最小的解。实际上，需要求的是满足式(2.6.1)的约束下最小化$\|\theta\|^2$的问题，即求

$$J(\theta)=\|\theta\|^2=\theta^{\mathrm{T}}\theta$$

最小化，同时满足约束$\boldsymbol{s}=\boldsymbol{A}\theta$，这可用拉格朗日乘数法求解，即令

$$J_L(\theta)=\|\theta\|^2+\lambda^{\mathrm{T}}(\boldsymbol{A}\theta-\boldsymbol{s})$$

则

$$\frac{\partial J_L(\theta)}{\partial \theta}=2\theta+\boldsymbol{A}^{\mathrm{T}}\lambda$$

令上式为0，得最优解$\hat{\theta}=-\frac{1}{2}\boldsymbol{A}^{\mathrm{T}}\lambda$，带入约束式$\boldsymbol{s}=\boldsymbol{A}\theta$确定$\lambda$为

$$\boldsymbol{s}=\boldsymbol{A}\left(-\frac{1}{2}\boldsymbol{A}^{\mathrm{T}}\lambda\right)\Rightarrow\lambda=2(\boldsymbol{A}\boldsymbol{A}^{\mathrm{T}})^{-1}\boldsymbol{s}$$

因此，欠确定情况下参数的LS估计为

$$\hat{\theta}=\boldsymbol{A}^{\mathrm{T}}(\boldsymbol{A}\boldsymbol{A}^{\mathrm{T}})^{-1}\boldsymbol{s} \tag{2.6.15}$$

同样，称

$$\boldsymbol{A}^{+}=\boldsymbol{A}^{\mathrm{T}}(\boldsymbol{A}\boldsymbol{A}^{\mathrm{T}})^{-1} \tag{2.6.16}$$

为$\boldsymbol{A}$的伪逆。$N<M$表示方程数目小于待确定未知参数的数目，这是LS的欠确定性问题。

例2.6.3 有一个实因果系统，已知其冲激响应的部分值为$h(0),h(1),\cdots,h(N-1)$，设计一个有M个系数的FIR滤波器，逼近$h(n)$的逆系统，这里的待估计参数集为FIR滤波器系数，该问题可以用线性模型的LS估计进行求解。

解：设待求参数即 FIR 滤波器的系数为 $\theta=\boldsymbol{w}=[w_0,w_1,\cdots,w_{M-1}]^{\mathrm{T}}$，为了满足逆系统的要求，需满足

$$\sum_{k=0}^{M-1}w_k h(n-k)=\delta(n-D)$$

这里 D 是延迟项，并设 $D<M$。上式从 $n=0$ 到 $n=N-1$ 取值，设 $N>M$，用 LS 过确定方程求解，并考虑 $h(n)$ 的因果性，得到如下方程组

$$\begin{aligned}
&w_0h(0)=0\\
&w_0h(1)+w_1h(0)=0\\
&\qquad\vdots\\
&w_0h(D)+w_1h(D-1)+\cdots+w_Dh(0)=1\\
&\qquad\vdots\\
&w_0h(M-1)+w_1h(M-2)+\cdots+w_{M-1}h(0)=0\\
&\qquad\vdots\\
&w_0h(N-1)+w_1h(N-2)+\cdots+w_{M-1}h(N-M)=0
\end{aligned}$$

上式写成矩阵形式

$$\begin{bmatrix}
h(0) & 0 & \cdots & \cdots & \cdots & \cdots & 0\\
h(1) & h(0) & 0 & \cdots & \cdots & \cdots & 0\\
\vdots & \vdots & & \vdots & & & \vdots\\
h(D) & h(D-1) & \cdots & h(0) & 0 & \cdots & 0\\
\vdots & \vdots & & \vdots & \vdots & & \vdots\\
h(M-1) & h(M-2) & \cdots & \cdots & \cdots & \cdots & h(0)\\
\vdots & \vdots & & & & & \vdots\\
h(N-1) & h(N-2) & \cdots & \cdots & \cdots & \cdots & h(N-M)
\end{bmatrix}
\begin{bmatrix} w_0\\ w_1\\ \vdots\\ w_{M-1}\end{bmatrix}
=\begin{bmatrix}0\\ \vdots\\ 0\\ 1\\ 0\\ \vdots\\ \vdots\\ 0\end{bmatrix}$$

上式可写成紧凑形式

$$\boldsymbol{H}\boldsymbol{w}=\boldsymbol{I}_D$$

这里 $\boldsymbol{I}_D$ 是第 D 位置取 1，其他位置取零的列矢量。用 M 阶 FIR 滤波器，不一定能准确地实现一个因果系统的逆系统，在给定条件下最逼近逆系统的滤波器是如下 LS 解

$$\hat{\boldsymbol{w}}=(\boldsymbol{H}^{\mathrm{T}}\boldsymbol{H})^{-1}\boldsymbol{H}^{\mathrm{T}}\boldsymbol{I}_D$$

最小二乘技术的最早提出者归功于高斯，高斯在 1795 年第一次使用该方法并经过改进后于 1809 年发表在他的一本书中，他将 LS 技术应用于行星轨迹的确定。LS 是在基于有限观测数据下的一种线性最优估计方法，其原始出发点并未考虑统计性质。但如果对所讨论的线性模型施加统计知识，也可用统计观点来考察 LS 的性质。

设模型(2.6.9)中的误差向量 $\boldsymbol{e}$ 中的各元素是 i.i.d. 且服从高斯分布，把 $\boldsymbol{A}\theta$ 看作参数值，则观测数据向量 $\boldsymbol{s}$ 也是 i.i.d. 的高斯分布，则 2.2 节推论 2 中的式(2.2.18)与 LS 的解式(2.6.12)是一致的(两式用的符号有所不同)，因此，若线性模型中的误差是高斯的，则 LS 是线性模型参数向量的最小方差无偏估计。如下也可验证 LS 估计是线性模型参数的 MLE。

式(2.6.9)重写为

$$\boldsymbol{e}=\boldsymbol{A}\theta-\boldsymbol{s}\tag{2.6.17}$$

由 $\boldsymbol{e}$ 的概率密度函数，得到 $\boldsymbol{s}$ 的概率密度函数为

$$p(\boldsymbol{s} \mid \theta) = \frac{1}{(2\pi\sigma_e^2)^{\frac{N}{2}}}\exp\left[-\frac{1}{2\sigma_e^2}(\boldsymbol{A}\theta - \boldsymbol{s})^{\mathrm{T}}(\boldsymbol{A}\theta - \boldsymbol{s})\right] \tag{2.6.18}$$

这里 σ_e^2 是 $e(n)$ 的方差，当观测向量 $\boldsymbol{s}$ 确定后，似然函数为

$$L(\boldsymbol{\theta} \mid \boldsymbol{s}) = \frac{1}{(2\pi\sigma_e^2)^{\frac{N}{2}}}\exp\left[-\frac{1}{2\sigma_e^2}(\boldsymbol{A}\theta - \boldsymbol{s})^{\mathrm{T}}(\boldsymbol{A}\theta - \boldsymbol{s})\right] \tag{2.6.19}$$

若要求 θ 使 $L(\theta \mid \boldsymbol{s})$ 最大，则要求 θ 使 $\boldsymbol{J}(\theta)=(\boldsymbol{A}\theta-\boldsymbol{s})^{\mathrm{T}}(\boldsymbol{A}\theta-\boldsymbol{s})$ 最小，该式与式(2.6.10)一致，故其解为式(2.6.12)，因此说明了 LS 是线性模型参数的 MLE。注意到，这里只在高斯分布条件下，证明了 LS 是 MLE，在其他概率分布下无法得到该结论。

2.6.1 加权最小二乘估计

在实际中，为了对不同误差分量的重要性进行加权，可推广到加权 LS(WLS)。

1. LS 的过确定性加权情况

设加权矩阵 $\boldsymbol{W}$ 为对角阵，满足 $[\boldsymbol{W}]_{ii}=w_i$ 和 $[\boldsymbol{W}]_{ij}=0, i\neq j$，过确定加权 LS 问题的准则函数定义为

$$\begin{aligned} J(\theta) &= (\boldsymbol{s}-\boldsymbol{A}\theta)^{\mathrm{T}}\boldsymbol{W}(\boldsymbol{s}-\boldsymbol{A}\theta) \\ &= \sum_{n=0}^{N-1} w_n \left| s(n) - \sum_{i=0}^{M-1}[A]_{ni}\theta_i \right|^2 \end{aligned} \tag{2.6.20}$$

使式(2.6.20)最小的参数向量估计为

$$\hat{\theta} = (\boldsymbol{A}^{\mathrm{T}}\boldsymbol{W}\boldsymbol{A})^{-1}\boldsymbol{A}^{\mathrm{T}}\boldsymbol{W}\boldsymbol{s} \tag{2.6.21}$$

对于 WLS，伪逆矩阵相应修改为

$$\boldsymbol{A}^{+} = (\boldsymbol{A}^{\mathrm{T}}\boldsymbol{W}\boldsymbol{A})^{-1}\boldsymbol{A}^{\mathrm{T}}\boldsymbol{W}$$

对于 LS 或 WLS 的求解，在 $(\boldsymbol{A}^{\mathrm{T}}\boldsymbol{A})$ 或 $(\boldsymbol{A}^{\mathrm{T}}\boldsymbol{W}\boldsymbol{A})$ 满秩的情况下，可直接计算伪逆矩阵，从而直接得到 LS 或 WLS 的解，也可以用奇异值分解(SVD)方法求解。当 $(\boldsymbol{A}^{\mathrm{T}}\boldsymbol{A})$ 或 $(\boldsymbol{A}^{\mathrm{T}}\boldsymbol{W}\boldsymbol{A})$ 不满秩的情况下伪逆不存在，LS 问题可能没有唯一解，在此情况下，也可以用 SVD 技术得到 LS 的一种解，SVD 方法是求解 LS 问题的有效算法，本书在第 3 章讨论了 LS 滤波问题后，再进一步介绍 LS 的其他计算方法。

2. LS 的欠确定性加权情况

设一般的加权 2 范数平方为

$$J(\theta) = \|\boldsymbol{B}\theta\|^2 = \theta^{\mathrm{T}}\boldsymbol{B}^{\mathrm{T}}\boldsymbol{B}\theta$$

则加权情况下欠确定 LS 的解修改为

$$\hat{\theta} = (\boldsymbol{B}^{\mathrm{T}}\boldsymbol{B})^{-1}\boldsymbol{A}^{\mathrm{T}}(\boldsymbol{A}(\boldsymbol{B}^{\mathrm{T}}\boldsymbol{B})^{-1}\boldsymbol{A}^{\mathrm{T}})^{-1}\boldsymbol{s} \tag{2.6.22}$$

更常用的，若取等效的加权矩阵为对角矩阵 $\boldsymbol{W}=\boldsymbol{B}^{\mathrm{T}}\boldsymbol{B}$，则可相当于 $\boldsymbol{B}=\boldsymbol{W}^{1/2}$。

2.6.2 正则化最小二乘估计

本小节只对过确定 LS 问题讨论正则化方法。

在 LS 的直接求解时，若 $\Phi=\boldsymbol{A}^{\mathrm{T}}\boldsymbol{A}$ 非满秩时无解。即使 Φ 满秩但其条件数很大时，Φ 的逆的数值解结果不稳定。矩阵的条件数为其最大特征值和最小特征值之比，由于 Φ 半正定，

其最小特征值可能为0时，Φ不可逆，若最小特征值略大于0但与最大特征值相差几个量级时，对矩阵Φ求逆的数值稳定性不好。在应用中，Φ不可逆的情况很少出现，但Φ条件数很大的情况更常遇到。对于解决这类问题，发展了正则化最小二乘（Regularized Least Squares）方法。

所谓正则化LS是指在式(2.6.10)用误差和表示的目标函数中增加一项约束参数向量自身的量，常用的约束量选择为参数向量的范数平方，即$\|\theta\|^2=\theta^{\mathrm{T}}\theta$，因此加了正则化约束的目标函数为

$$\begin{aligned} J(\theta) &= \sum_{n=0}^{N-1} e^2(n) + \lambda \|\theta\|^2 = \|\boldsymbol{A}\theta - \boldsymbol{s}\|^2 + \lambda\|\theta\|^2 \\ &= (\boldsymbol{A}\theta - \boldsymbol{s})^{\mathrm{T}}(\boldsymbol{A}\theta - \boldsymbol{s}) + \lambda\theta^{\mathrm{T}}\theta \end{aligned} \tag{2.6.23}$$

这里λ是一个可选择的参数，用于控制误差和项与参数向量范数约束项的作用。为求使得式(2.6.23)最小的θ值。计算

$$\begin{aligned} \frac{\partial J(\theta)}{\partial \theta} &= \frac{\partial(\boldsymbol{A}\theta - \boldsymbol{s})^{\mathrm{T}}(\boldsymbol{A}\theta - \boldsymbol{s})}{\partial \theta} + \frac{\partial \lambda\theta^{\mathrm{T}}\theta}{\partial \theta} \\ &= -2\boldsymbol{A}^{\mathrm{T}}\boldsymbol{s} + 2\boldsymbol{A}^{\mathrm{T}}\boldsymbol{A}\theta + 2\lambda\theta \end{aligned}$$

令$\theta=\hat{\theta}$时上式为0，得

$$(\boldsymbol{A}^{\mathrm{T}}\boldsymbol{A} + \lambda\boldsymbol{I})\hat{\theta} = \boldsymbol{A}^{\mathrm{T}}\boldsymbol{s} \tag{2.6.24}$$

求得参数向量的正则化LS解为

$$\hat{\theta} = (\boldsymbol{A}^{\mathrm{T}}\boldsymbol{A} + \lambda\boldsymbol{I})^{-1}\boldsymbol{A}^{\mathrm{T}}\boldsymbol{s} \tag{2.6.25}$$

正则化最小二乘是一般性正则理论的一个特例；Tikhonov正则化理论的泛函由两部分组成：一项是经验代价函数，如式(2.6.23)中的误差和是一种经验代价函数，另一项是正则化项，它是约束系统结构的，在参数估计中用于约束参数向量的范数，在后续章节的滤波器设计中，用于约束滤波器的单位抽样响应。

例2.6.4 若一个问题的LS解中，Φ的最大特征值为$\lambda_{\max}=1.0$，最小特征值为$\lambda_{\min}=0.01$，条件数$T=\lambda_{\max}/\lambda_{\min}=100$，若正则化参数取$\lambda=0.1$，则$\boldsymbol{A}^{\mathrm{T}}\boldsymbol{A}+\lambda\boldsymbol{I}$的最大特征值和最小特征值分别为：$\lambda_{\max}+\lambda=1.1$和$\lambda_{\min}+\lambda=0.11$，因此条件数变为$T_R=1.1/0.11=10$。

类似于LS估计，也可给出正则化LS估计的统计学解释。设式(2.6.17)和(2.6.18)不变，即误差项和观测样本均服从高斯分布，若采用贝叶斯估计中的MAP估计，需要给出参数θ的先验分布，假设θ的各分量为i.i.d.的0均值方差σ_θ^2的高斯分布，表示为

$$p_\theta(\theta) = \frac{1}{(2\pi\sigma_\theta^2)^{\frac{M}{2}}}\exp\left[-\frac{1}{2\sigma_\theta^2}\theta^{\mathrm{T}}\theta\right] \tag{2.6.26}$$

MAP估计为求θ使得如下式最大

$$p(\boldsymbol{s}\mid\theta)p_\theta(\theta) = \frac{1}{(2\pi\sigma_e^2)^{\frac{N}{2}}}\exp\left[-\frac{1}{2\sigma_e^2}(\boldsymbol{A}\theta - \boldsymbol{s})^{\mathrm{T}}(\boldsymbol{A}\theta - \boldsymbol{s})\right]\frac{1}{(2\pi\sigma_\theta^2)^{\frac{M}{2}}}\exp\left[-\frac{1}{2\sigma_\theta^2}\theta^{\mathrm{T}}\theta\right]$$

等价为求θ使得如下式最小

$$\begin{aligned} J(\theta) &= \frac{1}{2\sigma_e^2}(\boldsymbol{A}\theta - \boldsymbol{s})^{\mathrm{T}}(\boldsymbol{A}\theta - \boldsymbol{s}) + \frac{1}{2\sigma_\theta^2}\theta^{\mathrm{T}}\theta \\ &= \frac{1}{2\sigma_e^2}\left[(\boldsymbol{A}\theta - \boldsymbol{s})^{\mathrm{T}}(\boldsymbol{A}\theta - \boldsymbol{s}) + \frac{2\sigma_e^2}{2\sigma_\theta^2}\theta^{\mathrm{T}}\theta\right] \end{aligned} \tag{2.6.27}$$

令 $\lambda=\frac{2\sigma_e^2}{2\sigma_\theta^2}$ 则式(2.6.27)方括号内与式(2.6.23)相等,其解为式(2.6.25)。因此,可将正则化 LS 看作是高斯分布下线性模型参数向量的 MAP 估计。

2.6.3 复数据的 LS 估计

由于 LS 的广泛应用,将其结果推广到一般复数据情况下是有意义的。线性模型式(2.6.9)重写为式(2.6.28),但是,这里矩阵 $\boldsymbol{A}$、观测向量 $\boldsymbol{s}$ 和参数向量 θ 均包含了复数据

$$\boldsymbol{s}=\boldsymbol{A}\theta+\boldsymbol{e} \tag{2.6.28}$$

过确定条件下 LS 解为

$$\hat{\theta}=(\boldsymbol{A}^{\mathrm{H}}\boldsymbol{A})^{-1}\boldsymbol{A}^{\mathrm{H}}\boldsymbol{s} \tag{2.6.29}$$

最小误差和为

$$J_{\min}=J(\hat{\theta})=\boldsymbol{e}^{\mathrm{H}}\boldsymbol{e}=\boldsymbol{s}^{\mathrm{H}}\boldsymbol{s}-\boldsymbol{s}^{\mathrm{H}}\boldsymbol{A}\hat{\theta} \tag{2.6.30}$$

正则化 LS 解为

$$\hat{\theta}=(\boldsymbol{A}^{\mathrm{H}}\boldsymbol{A}+\lambda\boldsymbol{I})^{-1}\boldsymbol{A}^{\mathrm{H}}\boldsymbol{s} \tag{2.6.31}$$

欠确定条件下的 LS 解为

$$\hat{\theta}=\boldsymbol{A}^{\mathrm{H}}(\boldsymbol{A}\boldsymbol{A}^{\mathrm{H}})^{-1}\boldsymbol{s} \tag{2.6.32}$$

*2.7 EM 算法

第 2.3 节介绍的 MLE 和 2.4 节介绍的 MAP 估计,是两种很常用的参数估计方法。尽管 2.3 节和 2.4 节的例子看上去简单并有闭式的解,但很多实际问题中,解 MLE 和 MAP 估计可能需要解复杂的非线性方程组,可以用牛顿法和拟牛顿法等传统数值算法进行求解,这些算法的特点是采用迭代过程进行计算。本节介绍一种专门针对 MLE 的迭代算法,称之为 EM 算法(Expectation Maximization,EM,期望最大),EM 算法稍加推广也可用于 MAP 估计。EM 算法是由统计学家 Dempster 于 1977 年正式发表并给出这一名称[4]。

将观测数据集表示为 $\boldsymbol{y}$,在 EM 算法中引入一个新的数据集,称为"完整数据集"并表示为 $\boldsymbol{x}$,EM 算法中并没有规定完整数据集的严格定义和产生方法,实际上针对一个问题可以构造多个不同的完整数据集。直观地讲,使用完整数据集 $\boldsymbol{x}$ 比观测数据集 $\boldsymbol{y}$ 更易于对参数θ求 MLE,完整数据集更清楚或更直接地与θ建立关系。由于假设 $\boldsymbol{y}$ 的 PDF 受控于参数θ,即写为 $p_y(\boldsymbol{y}|\theta)$,完整数据集 $\boldsymbol{x}$ 的 PDF 自然也受控于参数θ,即写为 $p_x(\boldsymbol{x}|\theta)$,但 $\boldsymbol{x}$ 更直接地与θ 有关系,从马尔科夫关系角度可表示为: $\theta\rightarrow\boldsymbol{x}\rightarrow\boldsymbol{y}$,用 PDF 的关系可表示为

$$p(\boldsymbol{y}\mid\boldsymbol{x},\theta)=p(\boldsymbol{y}\mid\boldsymbol{x}) \tag{2.7.1}$$

也就是说,若已知 $\boldsymbol{x}$ 确定 $\boldsymbol{y}$ 的 PDF 则不需要θ。式(2.7.1)可导出一种更易于理解的关系,即存在完备数据集到观测数据(不完整集)的映射函数

$$\boldsymbol{y}=g(\boldsymbol{x}) \tag{2.7.2}$$

在讨论 EM 算法之前,看几个关于观测数据集和完整数据集的例子。

例 2.7.1 换一个角度重新观察例 2.3.3,设信号 $x(n)$仅取 1 和 0 两个值(表示数字通信中的比特流),$x(n)$取 1 的概率 π 未知,假设无法直接测得 $x(n)$,$n=0,1,2,\cdots,N-1$,而

是利用计数器得到观测量 $y=\sum_{n=0}^{N-1}x(n)$，利用 y 求 π 的 MLE。

显然，这里 $x(n)$ 比 y 更直接与概率 π 建立联系，若假设 $\boldsymbol{x}=[x(0),x(1),\cdots,x(N-1)]^{\mathrm{T}}$ 为完整数据，显然观测量 y 是 $\boldsymbol{x}$ 的函数，满足式(2.7.2)。如果能够得到完整数据集 $\boldsymbol{x}$，则可能得到对 π 的 MLE 的计算更简单。

例 2.7.1 过于简单，实际不必使用 EM 算法，这个简单例子仅用于观测数据集和完整数据集关系的一个简单说明，例 2.7.2 是来自实际信号处理问题的一个例子。

例 2.7.2 设一个观测信号包含多个频率分量和观测噪声，即 $y(n)=\sum_{n=1}^{p}\cos\omega_i n+w(n)$，$n=0,1,\cdots,N-1$，已知 $w(n)$ 是方差为 σ_w^2 的 WGN，求各角频率 ω_i 的 MLE。

显然，观测数据集表示为 $\boldsymbol{y}=\{y(n)\mid 0\leqslant n<N\}$，对于观测数据集中的任意元素 $y(n)$，可以定义另外一组量

$$x_i(n)=\cos\omega_i n+w_i(n),\quad i=1,2,\cdots,p$$

可以定义 $\boldsymbol{x}(n)=[x_1(n),x_2(n),\cdots,x_p(n)]^{\mathrm{T}}$ 是与观测数据 $y(n)$ 相关的完整数据，只要保证 $\sum_{i=1}^{p}w_i(n)=w(n)$，则必有

$$y(n)=\sum_{i=1}^{p}x_i(n)$$

定义 $\boldsymbol{x}=\{\boldsymbol{x}(n)\mid 0\leqslant n<N\}$ 为完整数据集，则观测数据集 $\boldsymbol{y}$ 是完整数据集 $\boldsymbol{x}$ 的函数，满足式(2.7.2)，由于完整数据集的中 $x_i(n)$ 仅是 ω_i 的函数，故由完备数据集求各频率比直接使用观测数据集更简单。

例 2.7.3 讨论数据缺失情况。设观测量是 K 维向量，$\boldsymbol{y}(n)=[y_1(n),y_2(n),\cdots,y_K(n)]^{\mathrm{T}}$，有另一向量 $\boldsymbol{x}(n)=[x_1(n),x_2(n),\cdots,x_M(n)]^{\mathrm{T}}$，$M>K$，且 $y_i(n)=x_i(n)$，$1\leqslant i\leqslant K$，即 $\boldsymbol{y}(n)$ 中缺失了 $\boldsymbol{x}(n)$ 中的后几个值，对于待估计参数 θ，若 $\boldsymbol{x}(n)$ 是更好的数据向量，但只能观测到 $\boldsymbol{y}(n)$，称这种情况为数据缺失。显然式(2.7.2)对该问题成立(去掉 $\boldsymbol{x}$ 的一些分量得到 $\boldsymbol{y}$，是一种简单的函数运算)，因此可以通过定义 $\boldsymbol{x}$ 为完整数据集使用 EM 算法。

由观测数据集定义的对数似然函数表示为 $l(\theta\mid\boldsymbol{y})=\log p_y(\boldsymbol{y}\mid\theta)$，由完整数据集定义的对数似然函数表示为 $l(\theta\mid\boldsymbol{x})=\log p_x(\boldsymbol{x}\mid\theta)$，用完整数据集替代观测数据集求 MLE，即将求解

$$\hat{\theta}=\underset{\theta\in\Omega}{\operatorname{argmax}}\, l(\theta\mid\boldsymbol{y})\tag{2.7.3}$$

替换为求解

$$\hat{\theta}=\underset{\theta\in\Omega}{\operatorname{argmax}}\, l(\theta\mid\boldsymbol{x})\tag{2.7.4}$$

但由于完整数据集 $\boldsymbol{x}$ 并没有得到，故用如下完整数据集的条件数学期望代替对数似然函数，即计算

$$E_{x\mid y,\theta}[\log p_x(\boldsymbol{x}\mid\theta)]=\int\log p_x(\boldsymbol{x}\mid\theta)p(\boldsymbol{x}\mid\boldsymbol{y},\theta)\mathrm{d}\boldsymbol{x}\tag{2.7.5}$$

在上式积分中，条件概率 $p(\boldsymbol{x}\mid\boldsymbol{y},\theta)$ 中的 $\boldsymbol{y}$ 是已知的观测数据，希望 θ 也是已知的，但 θ 是待求参数，故用待估计参数 θ 的猜测值，使用猜测值 $\theta^{(m)}$，这里上标(m)表示第 m 次猜测值，初始时，使用 $\theta^{(0)}$ 表示初始猜测值计算式(2.7.5)的积分，积分结果是 θ 和 $\theta^{(m)}$ 的函数，记为

$\boldsymbol{Q}(\theta|\theta^{(m)})$，求 θ 的值使 $\boldsymbol{Q}(\theta|\theta^{(m)})$ 最大，并将该值记为 $\theta^{(m+1)}$，如此反复迭代，得到 θ 的一系列解为

$$\theta^{(0)} \to \theta^{(1)} \to \cdots \to \theta^{(m)} \to \theta^{(m+1)}$$

直到 $\theta^{(m)}$ 不再变化（实际是变化小于预定的门限），算法结束。故 EM 算法由如下两步组成。

E 步（期望计算）

$$\boldsymbol{Q}(\theta \mid \theta^{(m)}) = E_{x|y,\theta^{(m)}}[\log p_x(\boldsymbol{x} \mid \theta)] = \int \log p_x(\boldsymbol{x} \mid \theta) p(\boldsymbol{x} \mid \boldsymbol{y}, \theta^{(m)}) \mathrm{d}\boldsymbol{x} \tag{2.7.6}$$

M 步（最大值求解）

$$\theta^{(m+1)} = \underset{\theta \in \Omega}{\operatorname{argmax}}\{\boldsymbol{Q}(\theta \mid \theta^{(m)})\} \tag{2.7.7}$$

EM 算法总结为如上 E 步和 M 步的迭代过程，直到收敛，为了算法描述更加清晰，将 EM 算法整理为如下的 5 步算法描述。

算法 2.7.1 EM 算法描述[7]。

第 1 步：初始化，选择 θ 的初始猜测值，令 $m=0$，给出 $\theta^{(m)}$；

第 2 步：由观测数据 $\boldsymbol{y}$ 和 θ 的猜测值 $\theta^{(m)}$，得到完整数据集 $\boldsymbol{x}$ 的条件概率 $p(\boldsymbol{x}|\boldsymbol{y},\theta^{(m)})$；

第 3 步：计算完整数据集下对数似然函数 $l(\theta|\boldsymbol{x})=\log p_x(\boldsymbol{x}|\theta)$ 的条件期望，即

$$\boldsymbol{Q}(\theta \mid \theta^{(m)}) = E_{\boldsymbol{x}|\boldsymbol{y},\theta^{(m)}}[\log p_x(\boldsymbol{x} \mid \theta)] = \int \log p_x(\boldsymbol{x} \mid \theta) p(\boldsymbol{x} \mid \boldsymbol{y}, \theta^{(m)}) \mathrm{d}\boldsymbol{x}$$

第 4 步：求 $\theta=\theta^{(m+1)}$ 使得 $\boldsymbol{Q}(\theta|\theta^{(m)})$ 最大，即

$$\theta^{(m+1)} = \underset{\theta \in \Omega}{\operatorname{argmax}}\{\boldsymbol{Q}(\theta \mid \theta^{(m)})\}$$

第 5 步：若满足停止条件，则 $\hat{\theta}=\theta^{(m+1)}$ 为所得 MLE，若不满足停止条件，令 $m:=m+1$ 返回第 2 步。

注意到，EM 算法没有规定停止条件，可由算法应用者自行规定停止条件，最常用的简单停止条件是，规定一个门限 δ，若满足 $|\theta^{(m+1)}-\theta^{(m)}|<\delta$，则算法停止。另一种是检查对数似然函数的增量并规定一个门限 ε，若满足 $|l(\theta^{(m+1)}|\boldsymbol{y})-l(\theta^{(m)}|\boldsymbol{y})|<\varepsilon$，则停止。

对于 EM 算法的收敛性，给出如下定理。

定理 2.7.1 设随机向量 $\boldsymbol{y}$ 和 $\boldsymbol{x}$ 的 PDF 均受参数 θ 控制，但 $\boldsymbol{x}$ 的取值范围与 θ 无关，且满足 $p(\boldsymbol{y}|\boldsymbol{x},\theta)=p(\boldsymbol{y}|\boldsymbol{x})$，对于任意 $\theta\in\Omega$ 和集合 $\chi=\{\boldsymbol{x}|p(\boldsymbol{x}|\boldsymbol{y},\theta)>0\}$ 非空，若

$$\boldsymbol{Q}(\theta \mid \theta^{(m)}) \geqslant \boldsymbol{Q}(\theta^{(m)} \mid \theta^{(m)}) \tag{2.7.8}$$

则

$$l(\theta \mid \boldsymbol{y}) \geqslant l(\theta^{(m)} \mid \boldsymbol{y}) \tag{2.7.9}$$

定理 2.7.1 是一个较一般性的叙述，结合 EM 的具体算法中，由于 M 步是取使 $\boldsymbol{Q}(\theta|\theta^{(m)})$ 最大的解，故必然有 $\boldsymbol{Q}(\theta^{(m+1)}|\theta^{(m)})\geqslant\boldsymbol{Q}(\theta^{(m)}|\theta^{(m)})$，则由式(2.7.9)得 $l(\theta^{(m+1)}|\boldsymbol{y})\geqslant l(\theta^{(m)}|\boldsymbol{y})$。因此 EM 估计不会使似然函数随每次迭代变得更差，或者说一般情况下会使似然函数变得更好，即目标函数 $l(\theta^{(m)}|\boldsymbol{y})$ 单调增。定理保证 EM 算法对大多数满足一定正则性的似然函数来讲，会收敛到一个局部极大值点，却不能保证收敛到最大值点，故可以通过随机地设多个初始猜测 $\theta^{(0)}$ 多次运行 EM 算法，通过比较各个解的似然函数值确定选择哪个解。

例 2.7.2(续) 由于 $w(n)$ 是 WGN,故 $p_y(\mathbf{y}|\theta)$ 和 $p_x(\mathbf{x}|\theta)$ 都是高斯的。待求参数向量 $\theta=[\omega_1,\omega_2,\cdots,\omega_p]^T$,随机地取其初始猜测 $\theta^{(0)}$,令 $m=0$,计算 $Q(\theta|\theta^{(m)})$,由于所涉及的运算都是针对高斯过程,已经比较熟悉,但运算过程冗长,此处省略,只给出结果,感兴趣的读者可尝试自行推导或参考[9]的附录 7C。

E 步:令

$$\hat{x}_i^{(m)}(n)=\cos\omega_i^{(m)}n+\beta_i\left[y(n)-\sum_{n=1}^{p}\cos\omega_i^{(m)}n\right] \tag{2.7.10}$$

得到

$$Q(\theta\mid\theta^{(m)})=\sum_{i=1}^{p}\left(\sum_{n=0}^{N-1}\hat{x}_i^{(m)}(n)\cos\omega_i n\right)+Q_C \tag{2.7.11}$$

这里 Q_C 是与参数无关的量,对求解问题没有影响。

M 步:欲求式(2.7.11)最大,只要括号内的每一项最大,故 M 步求解

$$\omega_i^{(m+1)}=\underset{\omega_i\in[0,2\pi]}{\operatorname{argmax}}\sum_{n=0}^{N-1}\hat{x}_i^{(m)}(n)\cos\omega_i n\quad i=1,2,\cdots,p \tag{2.7.12}$$

注意到例 2.7.2 若直接做 MLE,需要求如下式最小

$$J(\theta)=\sum_{n=0}^{N-1}\left(y(n)-\sum_{n=1}^{p}\cos\omega_i^{(m)}n\right)^2 \tag{2.7.13}$$

这是一个多变量最优化问题,需要解多变量非线性方程组,而例 2.7.2 给出的 EM 算法,将问题转化为一组单变量求最优的问题,使得问题得以简化。

2.7.1 EM 算法的特例和扩展

本小节讨论两个问题,一是在一些特殊条件下 EM 的特殊形式,使其得以简化;二是将 EM 算法扩展到 MAP 估计问题。

1. 数据缺失情况

如例 2.7.3 的情况,称之为数据缺失的情况,或有隐藏数据(或隐变量)的情况。更一般地描述这类问题,设观测数据集 $\mathbf{y}$,完整数据集可形式化地表示为 $\mathbf{x}=\{\mathbf{y},\mathbf{z}\}$,即完整数据集中包含观测数据集 $\mathbf{y}$ 和缺失(或隐藏)数据集 $\mathbf{z}$ 两部分。这种情况下,条件 PDF $p(\mathbf{x}|\mathbf{y},\theta^{(m)})$ 可进一步写成 $p(\mathbf{y},\mathbf{z}|\mathbf{y},\theta^{(m)})$,在此条件 PDF 中 $\mathbf{y}$ 是常量,$Q(\theta|\theta^{(m)})$ 的积分可退化成只对随机变量 $\mathbf{z}$ 进行积分,为了公式看起来清楚,设 $\mathfrak{X}$ 是 $\mathbf{x}$ 的定义域,$\mathfrak{Z}$ 是 $\mathbf{z}$ 的定义域,则有如下

$$\begin{aligned}
Q(\theta\mid\theta^{(m)})&=E_{\mathbf{x}|\mathbf{y},\theta^{(m)}}[\log p_x(\mathbf{x}\mid\theta)]\\
&=\int_{\mathfrak{X}}\log p_x(\mathbf{x}\mid\theta)p(\mathbf{x}\mid\mathbf{y},\theta^{(m)})\mathrm{d}x\\
&=\int_{\mathfrak{X}}\log p_x(\mathbf{y},\mathbf{z}\mid\theta)p(\mathbf{y},\mathbf{z}\mid\mathbf{y},\theta^{(m)})\mathrm{d}\mathbf{x}\\
&=\int_{\mathfrak{Z}}\log p_x(\mathbf{y},\mathbf{z}\mid\theta)p(\mathbf{z}\mid\mathbf{y},\theta^{(m)})\mathrm{d}\mathbf{z}\\
&=E_{\mathbf{z}|\mathbf{y},\theta^{(m)}}[\log p_x(\mathbf{y},\mathbf{z}\mid\theta)]
\end{aligned}$$

重新组织一下,即在数据缺失情况下,E 步的表达式简化为只对 $\mathbf{z}$ 进行积分,即

$$Q(\theta \mid \theta^{(m)}) = E_{z|y,\theta^{(m)}}[\log p_x(\boldsymbol{y},\boldsymbol{z} \mid \theta)]$$
$$= \int_{\mathfrak{Z}} \log p_x(\boldsymbol{y},\boldsymbol{z} \mid \theta) p(\boldsymbol{z} \mid \boldsymbol{y},\theta^{(m)}) \mathrm{d}\boldsymbol{z} \tag{2.7.14}$$

2. 独立同分布情况

如果有完整数据集 $\boldsymbol{x}=\{\boldsymbol{x}(n_i)\mid 0\leqslant i<N\}$，这里 $\boldsymbol{x}(n_i)$ 表示 n_i 时刻的一个完整数据向量，在非信号处理应用中，若样本没有时间顺序，也可用 $\boldsymbol{x}_i$ 代替 $\boldsymbol{x}(n_i)$。假设各 $\boldsymbol{x}(n_i)$ 是 i. i. d. 的，并且观测数据集 $\boldsymbol{y}=\{\boldsymbol{y}(n_i)\mid 0\leqslant i<N\}$ 的 $\boldsymbol{y}(n_i)$ 仅是 $\boldsymbol{x}(n_i)$ 的函数，则 $Q(\theta\mid\theta^{(m)})$ 的计算可以简化，如下定理给出 i. i. d. 情况下的结果。

定理 2.7.2 设 $p(\boldsymbol{x}\mid\theta)=\prod_{i=0}^{N-1}p(\boldsymbol{x}(n_i)\mid\theta)$，并且 $\boldsymbol{y}(n_i)$ 仅与 $\boldsymbol{x}(n_i)$ 有关，即

$$p(\boldsymbol{y}(n_i) \mid \boldsymbol{x},\boldsymbol{y}(n_0),\cdots,\boldsymbol{y}(n_{i-1}),\boldsymbol{y}(n_{i+1}),\cdots,\boldsymbol{y}(n_{N-1}),\theta) = p(\boldsymbol{y}(n_i) \mid \boldsymbol{x}(n_i)) \tag{2.7.15}$$

则有

$$Q(\theta \mid \theta^{(m)}) = \sum_{i=0}^{N-1} Q_i(\theta \mid \theta^{(m)}) \tag{2.7.16}$$

这里

$$Q_i(\theta \mid \theta^{(m)}) = E_{x(n_i)|y(n_i),\theta^{(m)}}[\log p_x(\boldsymbol{x}(n_i) \mid \theta)]$$
$$= \int \log p_x(\boldsymbol{x}(n_i) \mid \theta) p(\boldsymbol{x}(n_i) \mid \boldsymbol{y}(n_i),\theta^{(m)}) \mathrm{d}\boldsymbol{x} \tag{2.7.17}$$

证明：先推导出两个独立性关系，则定理的结论由这些关系直接得到。由 PDF 的链式法则，得到如下关系

$$\begin{aligned} p(\boldsymbol{x},\boldsymbol{y} \mid \theta) &= p(\boldsymbol{y}(n_0) \mid \boldsymbol{y}(n_1),\cdots,\boldsymbol{y}(n_{N-1}),\boldsymbol{x},\theta)\cdots p(\boldsymbol{y}(n_{N-1}) \mid \boldsymbol{x},\theta) p(\boldsymbol{x} \mid \theta) \\ &= p(\boldsymbol{y}(n_0) \mid \boldsymbol{x}(n_0),\theta)\cdots p(\boldsymbol{y}(n_{N-1}) \mid \boldsymbol{x}(n_{N-1}),\theta) \prod_{i=0}^{N-1} p(\boldsymbol{x}(n_i) \mid \theta) \\ &= \prod_{i=0}^{N-1} p(\boldsymbol{y}(n_i) \mid \boldsymbol{x}(n_i),\theta) p(\boldsymbol{x}(n_i) \mid \theta) \\ &= \prod_{i=0}^{N-1} p(\boldsymbol{x}(n_i),\boldsymbol{y}(n_i) \mid \theta) \end{aligned} \tag{2.7.18}$$

上式由第 1 行到第 2 行用了定理给出的条件。利用式(2.7.18)进一步导出一个有用的条件概率，即

$$\begin{aligned} p(\boldsymbol{x}(n_i) \mid \boldsymbol{y},\theta) &= \frac{p(\boldsymbol{x}(n_i),\boldsymbol{y} \mid \theta)}{p(\boldsymbol{y} \mid \theta)} = \frac{\int p(\boldsymbol{x},\boldsymbol{y} \mid \theta) \mathrm{d}\boldsymbol{x}(n_0)\cdots \mathrm{d}\boldsymbol{x}(n_{i-1}) \mathrm{d}\boldsymbol{x}(n_{i+1})\cdots \mathrm{d}\boldsymbol{x}(n_{N-1})}{\int p(\boldsymbol{x},\boldsymbol{y} \mid \theta) \mathrm{d}\boldsymbol{x}} \\ &= \frac{\int \prod_{j=0}^{N-1} p(\boldsymbol{x}(n_j),\boldsymbol{y}(n_j) \mid \theta) \mathrm{d}\boldsymbol{x}(n_0)\cdots \mathrm{d}\boldsymbol{x}(n_{i-1}) \mathrm{d}\boldsymbol{x}(n_{i+1})\cdots \mathrm{d}\boldsymbol{x}(n_{N-1})}{\int \prod_{j=0}^{N-1} p(\boldsymbol{x}(n_j),\boldsymbol{y}(n_j) \mid \theta) \mathrm{d}\boldsymbol{x}} \\ &= \frac{p(\boldsymbol{x}(n_i),\boldsymbol{y}(n_i) \mid \theta) \prod_{j=0,j\neq i}^{N-1} \int p(\boldsymbol{x}(n_j),\boldsymbol{y}(n_j) \mid \theta) \mathrm{d}\boldsymbol{x}(n_j)}{\prod_{j=0}^{N-1} \int p(\boldsymbol{x}(n_j),\boldsymbol{y}(n_j) \mid \theta) \mathrm{d}\boldsymbol{x}(n_j)} \end{aligned}$$

$$=\frac{p(\boldsymbol{x}(n_i),\boldsymbol{y}(n_i)\mid\theta)\prod_{j=0,j\neq i}^{N-1}p(\boldsymbol{y}(n_j)\mid\theta)}{\prod_{j=0}^{N-1}p(\boldsymbol{y}(n_j)\mid\theta)}=\frac{p(\boldsymbol{x}(n_i),\boldsymbol{y}(n_i)\mid\theta)}{p(\boldsymbol{y}(n_i)\mid\theta)}$$

$$=p(\boldsymbol{x}(n_i)\mid\boldsymbol{y}(n_i),\theta)$$

上式推导过程中，积分符号只是形式符号，有多少重积分由 $\mathrm{d}\boldsymbol{x}(n_j)$ 数目确定，上式推导的结论重写为

$$p(\boldsymbol{x}(n_i)\mid\boldsymbol{y},\theta)=p(\boldsymbol{x}(n_i)\mid\boldsymbol{y}(n_i),\theta)\tag{2.7.19}$$

利用式(2.7.19)，有

$$\begin{aligned}\boldsymbol{Q}(\theta\mid\theta^{(m)})&=E_{\boldsymbol{x}\mid\boldsymbol{y},\theta^{(m)}}[\log p_x(\boldsymbol{x}\mid\theta)]=E_{\boldsymbol{x}\mid\boldsymbol{y},\theta^{(m)}}\left[\log\prod_{i=0}^{N-1}p(\boldsymbol{x}(n_i)\mid\theta)\right]\\&=E_{\boldsymbol{x}\mid\boldsymbol{y},\theta^{(m)}}\left[\sum_{i=0}^{N-1}\log p(\boldsymbol{x}(n_i)\mid\theta)\right]=\sum_{i=0}^{N-1}E_{\boldsymbol{x}\mid\boldsymbol{y},\theta^{(m)}}[\log p(\boldsymbol{x}(n_i)\mid\theta)]\\&=\sum_{i=0}^{N-1}E_{\boldsymbol{x}(n_i)\mid\boldsymbol{y}(n_i),\theta^{(m)}}[\log p(\boldsymbol{x}(n_i)\mid\theta)]=\sum_{i=0}^{N-1}\boldsymbol{Q}_i(\theta\mid\theta^{(m)})\end{aligned}$$

注意，从第 2 行到第 3 行用了式(2.7.19)，定理证毕。

定理说明，在 i. i. d. 条件下，对 $\boldsymbol{Q}(\theta\mid\theta^{(m)})$ 的计算可分解为各时刻完整数据向量单独计算的 Q 函数之和，这个结论使得计算大为简化。

3. EM 算法扩展到 MAP 估计

当用 $\boldsymbol{y}$ 表示观测数据集时，最大后验概率(MAP)估计器的自然对数形式为

$$\hat{\theta}=\underset{\theta\in\Omega}{\operatorname{argmax}}\log p(\theta\mid\boldsymbol{y})=\underset{\theta\in\Omega}{\operatorname{argmax}}\{\log p(\boldsymbol{y}\mid\theta)+\log p_\theta(\theta)\}$$

当用完整数据集 $\boldsymbol{x}$ 替代观测数据集 $\boldsymbol{y}$，从而用 $p(\boldsymbol{x}|\theta)$ 的最大化替代 $p(\boldsymbol{y}|\theta)$ 的最大化的过程与 MLE 一致，故将 ME 求解 MAP 问题的 E 步和 M 步总结如下。

E 步(期望计算)

$$\boldsymbol{Q}(\theta\mid\theta^{(m)})=E_{\boldsymbol{x}\mid\boldsymbol{y},\theta^{(m)}}[\log p_{\boldsymbol{x}}(\boldsymbol{x}\mid\theta)]=\int\log p_{\boldsymbol{x}}(\boldsymbol{x}\mid\theta)p(\boldsymbol{x}\mid\boldsymbol{y},\theta^{(m)})\mathrm{d}\boldsymbol{x}$$

M 步(最大值求解)

$$\theta^{(m+1)}=\underset{\theta\in\Omega}{\operatorname{argmax}}\{\boldsymbol{Q}(\theta\mid\theta^{(m)})+\log p_\theta(\theta)\}\tag{2.7.20}$$

EM 算法求解 MAP 估计与 MLE 的不同主要表现在 M 步求最大值时考虑先验知识的贡献。

2.7.2 EM 算法解高斯混合模型

EM 算法提出后，有效地解决了一些实际问题，尤其在信号模型参数估计中，用 EM 算法导出了估计高斯混合模型(GMM)和隐马尔科夫模型(HMM)参数的有效算法，本小节介绍用 EM 算法估计 GMM 模型的参数。

假设 GMM 模型表示的是向量信号，观测向量集表示为 $\boldsymbol{y}=\{\boldsymbol{y}_i\mid 0\leqslant i<N\}$，每个向量 $\boldsymbol{y}_i=\boldsymbol{y}(n_i)$ 是向量信号在某时刻的取值，为了简单只用下标 i 作标示，设各样本 $\boldsymbol{y}_i$ 是 i. i. d. 的。如 1.3.5 节所讨论过的，GMM 模型的 PDF 写为

$$p(\boldsymbol{y}_i)=\sum_{k=1}^{K}w_kN(\boldsymbol{y}_i\mid\boldsymbol{\mu}_k,\boldsymbol{C}_k)\tag{2.7.21}$$

约束条件为

$$\sum_{k=1}^{K}w_k=1\tag{2.7.22}$$

$$0\leqslant w_k\leqslant 1\tag{2.7.23}$$

目的是由 i. i. d. 样本集 $\boldsymbol{y}=\{\boldsymbol{y}_i\mid 0\leqslant i<N\}$估计参数集$\theta=\{w_k,\mu_k,\boldsymbol{C}_k\mid k=1,2,\cdots,K\}$。

为了应用 EM 算法,定义一个隐变量 $z_i\in\{1,2,\cdots,K\}$,$z_i=k$ 表示 $\boldsymbol{y}_i$ 产生于混合模型中的第 k 个分模型 $N(\boldsymbol{y}_i\mid\mu_k,\boldsymbol{C}_k)$,定义向量 $\boldsymbol{z}=[z_0,z_1,\cdots,z_{N-1}]^{\mathrm{T}}$,则 $\boldsymbol{x}=\{\boldsymbol{y},\boldsymbol{z}\}$表示完备数据集。显然

$$p_x(\boldsymbol{y}_i,z_i=k\mid\theta)=w_kN(\boldsymbol{y}_i\mid\boldsymbol{\mu}_k,\boldsymbol{C}_k)\tag{2.7.24}$$

设已经得到参数向量的猜测值$\theta^{(m)}$,则条件概率

$$\begin{aligned}p(z_i=k\mid\boldsymbol{y}_i,\theta^{(m)})&=\frac{p_x(\boldsymbol{y}_i,z_i=k\mid\theta^{(m)})}{p(\boldsymbol{y}_i\mid\theta^{(m)})}\\&=\frac{w_k^{(m)}N(\boldsymbol{y}_i\mid\mu_k^{(m)},\boldsymbol{C}_k^{(m)})}{\sum\limits_{l=1}^{K}w_l^{(m)}N(\boldsymbol{y}_i\mid\mu_l^{(m)},\boldsymbol{C}_l^{(m)})}\end{aligned}\tag{2.7.25}$$

为了表示简单,定义

$$\gamma_{ik}^{(m)}=p(z_i=k\mid\boldsymbol{y}_i,\theta^{(m)})\tag{2.7.26}$$

注意到$\sum\limits_{k=1}^{K}\gamma_{ik}^{(m)}=1$。利用 2.7.1 节数据缺失情况的式(2.7.14)和 i. i. d. 情况的定理 2.7.2,可分别求

$$\begin{aligned}\boldsymbol{Q}_i(\theta\mid\theta^{(m)})&=E_{z_i\mid y_i,\theta^{(m)}}[\log p_x(\boldsymbol{y}_i,z_i\mid\theta)]\\&=\sum_{k=1}^{K}p(z_i=k\mid\boldsymbol{y}_i,\theta^{(m)})\log p_x(\boldsymbol{y}_i,z_i=k\mid\theta)\\&=\sum_{k=1}^{K}\gamma_{ik}^{(m)}\log(w_kN(\boldsymbol{y}_i\mid\boldsymbol{\mu}_k,\boldsymbol{C}_k))\\&=\sum_{k=1}^{K}\gamma_{ik}^{(m)}\left[\log w_k-\frac{1}{2}\log\mid\boldsymbol{C}_k\mid-\frac{1}{2}(\boldsymbol{y}_i-\boldsymbol{\mu}_k)^{\mathrm{T}}\boldsymbol{C}_k^{-1}(\boldsymbol{y}_i-\boldsymbol{\mu}_k)\right]+C\end{aligned}$$

上式中 C 是与求解无关的常数项,可舍弃,故由定理 2.7.2 得

$$\begin{aligned}\boldsymbol{Q}(\theta\mid\theta^{(m)})&=\sum_{i=0}^{N-1}\boldsymbol{Q}_i(\theta\mid\theta^{(m)})\\&=\sum_{i=0}^{N-1}\sum_{k=1}^{K}\gamma_{ik}^{(m)}\left[\log w_k-\frac{1}{2}\log\mid\boldsymbol{C}_k\mid-\frac{1}{2}(\boldsymbol{y}_i-\boldsymbol{\mu}_k)^{\mathrm{T}}\boldsymbol{C}_k^{-1}(\boldsymbol{y}_i-\boldsymbol{\mu}_k)\right]\end{aligned}\tag{2.7.27}$$

E 步已完成,接下来进行 M 步,对 $\boldsymbol{Q}(\theta\mid\theta^{(m)})$求最大,并注意满足约束条件式(2.7.22)。为符号简单,令

$$n_k^{(m)}=\sum_{i=0}^{N-1}\gamma_{ik}^{(m)}\tag{2.7.28}$$

式(2.7.27)可整理为

$$\boldsymbol{Q}(\theta \mid \theta^{(m)}) = \sum_{k=1}^{K} n_k^{(m)} \log w_k - \frac{1}{2}\sum_{k=1}^{K} n_k^{(m)} \log \mid \boldsymbol{C}_k \mid$$
$$-\frac{1}{2}\sum_{i=0}^{N-1}\sum_{k=1}^{K} \gamma_{ik}^{(m)} [(\boldsymbol{y}_i - \boldsymbol{\mu}_k)^{\mathrm{T}} \boldsymbol{C}_k^{-1} (\boldsymbol{y}_i - \boldsymbol{\mu}_k)] \tag{2.7.29}$$

注意到，式(2.7.29)中 w_k 仅与第一项有关，因此求 w_k 使得 $J_1(\boldsymbol{w}) = \sum_{k=1}^{K} n_k^{(m)} \log w_k$ 最大即可，简单求解得到 $J_1(\boldsymbol{w})$最大的条件是 $w_k^{(m+1)} = n_k^{(m)}$，将这个解代入式(2.7.22)的归一化条件，得到加权系数的解为

$$w_k^{(m+1)} = \frac{n_k^{(m)}}{\sum_{l=1}^{K} n_l^{(m)}} = \frac{n_k^{(m)}}{N} \tag{2.7.30}$$

为求$\boldsymbol{\mu}_k$，做如下求导运算

$$\frac{\partial \boldsymbol{Q}(\theta \mid \theta^{(m)})}{\partial \boldsymbol{\mu}_k} = \boldsymbol{C}_k^{-1}\left(\sum_{i=0}^{N-1} \gamma_{ik}^{(m)} \boldsymbol{y}_i - n_k^{(m)} \boldsymbol{\mu}_k\right)$$

上式当$\boldsymbol{\mu}_k = \boldsymbol{\mu}_k^{(m+1)}$ 时等于 0，故得

$$\boldsymbol{\mu}_k^{(m+1)} = \frac{1}{n_k^{(m)}} \sum_{i=0}^{N-1} \gamma_{ik}^{(m)} \boldsymbol{y}_i \tag{2.7.31}$$

为求 $\boldsymbol{C}_k$，做如下求导运算

$$\frac{\partial \boldsymbol{Q}(\theta \mid \theta^{(m)})}{\partial \boldsymbol{C}_k} = -\frac{1}{2} n_k^{(m)} \boldsymbol{C}_k^{-1} + \frac{1}{2}\sum_{i=0}^{N-1} \gamma_{ik}^{(m)} \boldsymbol{C}_k^{-1} (\boldsymbol{y}_i - \boldsymbol{\mu}_k)(\boldsymbol{y}_i - \boldsymbol{\mu}_k)^{\mathrm{T}} \boldsymbol{C}_k^{-1}$$

上式当 $\boldsymbol{C}_k = \boldsymbol{C}_k^{(m+1)}$ 时为 0，故得

$$\boldsymbol{C}_k^{(m+1)} = \frac{1}{n_k^{(m)}} \sum_{i=0}^{N-1} \gamma_{ik}^{(m)} (\boldsymbol{y}_i - \boldsymbol{\mu}_k)(\boldsymbol{y}_i - \boldsymbol{\mu}_k)^{\mathrm{T}} \tag{2.7.32}$$

至此，用 EM 算法求解 GMM 参数的所有公式均已导出，注意到，在迭代的每一步，每个参数的求解都有闭式解。为了清晰，把 EM 算法求解 GMM 参数过程总结为如下算法描述。

算法 2.7.2　GMM 参数的 EM 算法描述。

S1 初始化 $m=0$，设置停止门限 ε，给出初值 $w_k^{(0)}, \boldsymbol{\mu}_k^{(0)}, \boldsymbol{C}_k^{(0)}, k=1,2,\cdots,K$，并计算初始对数似然函数值

$$l(\theta^{(m)} \mid \boldsymbol{y}) = \frac{1}{N}\sum_{i=0}^{N-1} \log\left(\sum_{k=1}^{K} w_k^{(m)} N(\boldsymbol{y}_i \mid \boldsymbol{\mu}_k^{(m)}, \boldsymbol{C}_k^{(m)})\right) \tag{2.7.33}$$

S2 E 步，对 $k=1,2,\cdots,K$ 计算

$$\gamma_{ik}^{(m)} = \frac{w_k^{(m)} N(\boldsymbol{y}_i \mid \boldsymbol{\mu}_k^{(m)}, \boldsymbol{C}_k^{(m)})}{\sum_{l=1}^{K} w_l^{(m)} N(\boldsymbol{y}_i \mid \boldsymbol{\mu}_l^{(m)}, \boldsymbol{C}_l^{(m)})}, \quad i = 0,1,\cdots,N-1$$

$$n_k^{(m)} = \sum_{i=0}^{N-1} \gamma_{ik}^{(m)}$$

S3 M 步，对 $k=1,2,\cdots,K$ 计算

$$w_k^{(m+1)} = \frac{n_k^{(m)}}{\sum_{l=1}^{K} n_l^{(m)}} = \frac{n_k^{(m)}}{N}$$

$$\mu_k^{(m+1)} = \frac{1}{n_k^{(m)}} \sum_{i=0}^{N-1} \gamma_{ik}^{(m)} \boldsymbol{y}_i$$

$$\boldsymbol{C}_k^{(m+1)} = \frac{1}{n_k^{(m)}} \sum_{i=0}^{N-1} \gamma_{ik}^{(m)} (\boldsymbol{y}_i - \mu_k)(\boldsymbol{y}_i - \mu_k)^{\mathrm{T}}$$

S4 收敛性验证，用式(2.7.33)计算 $l(\theta^{(m+1)} \mid \boldsymbol{y})$并检查下式

$$| l(\theta^{(m+1)} \mid \boldsymbol{y}) - l(\theta^{(m)} \mid \boldsymbol{y}) | < \varepsilon$$

若成立则停止，否则 $m=m+1$ 转 S2。

2.8 小结与进一步阅读

本章讨论了参数估计的基本原理和几种最基本的估计方法。本章的内容提供了估计理论的一个入门性的介绍，也为了满足后续章节的需要。除了要了解参数估计的基本术语和几种常见参数的估计器外，主要讨论的是最大似然估计(MLE)和贝叶斯估计。ML 估计既可用于确定性参数的估计，也可用于随机参数的估计。贝叶斯估计的目标是用于随机参数的估计，我们介绍了贝叶斯估计的 3 种基本的形式，其中，Mmse 和 MAP 估计器尤其常用。本章还讨论了 mse 意义下的最优线性估计问题，并发现对于高斯分布情况，线性估计就是总的最优估计。最小二乘估计是一种有效的工具，对于在有限数据观测下线性模型的参数估计问题给出一种易于实现的方法。针对 MLE 和 MAP 估计的求解问题，介绍了 EM 算法，这是一种针对数据不完整情况的有效迭代算法。

统计方法是现代信号处理的主要基石，作为统计推断的核心技术，估计理论也是信号处理的关键基础，有相当数量来自信号处理领域的专著讨论这些问题。一本深入且通俗易懂地介绍信号统计处理的书是 Kay 的两卷本著作，其卷一专注于估计理论[9]，卷二专注于检测理论[10]；另一本估计和检测理论的标准教材是 Poor 的书[15]；Van Trees 的系列著作是深入和庞大的，只关心估计理论的基本问题的读者，可只读其第 1 册[18]，Van Trees 的著作原本只讨论了连续的方法，但近期的第二版则对离散情况给予许多扩充；李道本的著作中，对 ML 估计和线性估计有较详细的讨论[21]。大量统计学的著作给出了估计理论的系统论述，例如 Rao 的经典著作[16]、Berger 等的著作[1]、Casella 等的著作[2]和 Zacks 的著作[20]等；许多以统计模式识别为主的著作，也给出了估计理论和决策理论的概要性叙述，例如 Duda 的著作[5]。McLachlan[12]的书和 Little 的书[11]则全面地介绍了 EM 算法、理论及其各类应用，Moon[14]和 Gupta[7]给出了 EM 算法及其偏重于信号处理应用的综述。统计推断的方法已经应用到科学、工程、经济乃至社会学的各个领域，不同领域的著作都有对统计方法的不同侧重，但在主要的本质问题上是一致的。

习题

1. 最常用的随机信号均值估计器是：$\hat{\mu}_x = \frac{1}{N}\sum_{n=0}^{N-1} x(n)$，证明，如果 $x(n)$不是白噪声，估计器的方差为

$$\operatorname{var}(\hat{\mu}_x)=\frac{1}{N}\sum_{l=-N}^{N}\left(1-\frac{|l|}{N}\right)c_x(l)$$

这里 $c_x(l)$是 $x(n)$的协方差函数。

2. 通过观察序列 $x(n)=s(n,\theta)+w(n)$，$n=0,1,\cdots,N-1$，$w(n)$是高斯白噪声，零均值，方差 σ^2，$s(n,\theta)$是 θ 的函数并可导，证明 θ 的无偏估计器满足：

$$\operatorname{var}(\theta)\geqslant\frac{\sigma^2}{\sum_{n=0}^{N-1}\left(\frac{\partial s(n,\theta)}{\partial\theta}\right)^2}$$

3. 设一组观测值 $x(n)=A\cos(2\pi f_0 n+\varphi)+w(n)$，$n=0,1,2,\cdots,N-1$，$0<f_0<1/2$，其中 $w(n)$是高斯白噪声，方差为 σ^2，A 和 φ 已知，通过这组观测值估计确定量 f_0，证明：估计值$\hat{f}_0$ 的克拉美-罗下界是：

$$\operatorname{var}(\hat{f}_0)\geqslant\frac{\sigma^2}{A^2\sum_{n=0}^{N-1}[2\pi n\sin(2\pi f_0 n+\varphi)]^2}$$

4. 如果观察数据能够表示成线性模型 $\boldsymbol{x}=\boldsymbol{H}\theta+\boldsymbol{w}$，且 $\boldsymbol{w}$ 满足 $N(0,\sigma^2\boldsymbol{I})$，则 MVU 估计器为：$\hat{\theta}=(\boldsymbol{H}^{\mathrm{T}}\boldsymbol{H})^{-1}\boldsymbol{H}^{\mathrm{T}}\boldsymbol{x}$，下界可达且为 $\boldsymbol{C}_{\hat{\theta}}=\sigma^2(\boldsymbol{H}^{\mathrm{T}}\boldsymbol{H})^{-1}$。

（提示：$\frac{\partial\boldsymbol{b}^{\mathrm{T}}\theta}{\partial\theta}=\boldsymbol{b}$，$\frac{\partial\theta^{\mathrm{T}}\boldsymbol{A}\theta}{\partial\theta}=2\boldsymbol{A}\theta$）。

5. 如果上题中 $\boldsymbol{w}\sim N(0,\boldsymbol{R})$，上述结论变为：$\hat{\theta}=(\boldsymbol{H}^{\mathrm{T}}\boldsymbol{R}^{-1}\boldsymbol{H})^{-1}\boldsymbol{H}^{\mathrm{T}}\boldsymbol{R}^{-1}\boldsymbol{x}$，$\boldsymbol{C}_{\hat{\theta}}=(\boldsymbol{H}^{\mathrm{T}}\boldsymbol{R}^{-1}\boldsymbol{H})^{-1}$。

（提示：用 $\boldsymbol{R}^{-1}=\boldsymbol{D}^{\mathrm{T}}\boldsymbol{D}$，作变换 $\boldsymbol{x}'=\boldsymbol{D}\boldsymbol{x}$，$\boldsymbol{D}$ 是下三角矩阵）。

6. 证明：在确定性参数情况下，对于有偏估计，克拉美-罗下界为

$$\operatorname{var}(\hat{\theta})\geqslant-\frac{\left(1+\frac{\partial b(\theta)}{\partial\theta}\right)^2}{E\left[\frac{\partial^2\ln p(\boldsymbol{x};\theta)}{\partial\theta^2}\right]}$$

这里 $b(\theta)$是估计的偏。

7. 设观测序列为 $x(n)$，$n=0,1,\cdots,N-1$，每个样本是独立同分布的，满足如下概率密度函数，$p(x)=\begin{cases}\frac{1}{\alpha^2}x\mathrm{e}^{-x^2/2\alpha^2} & x\geqslant 0\\ 0 & x<0\end{cases}$，求 α 的 MLE。

8. 设观测样本为 $x(n)$，$n=0,1,\cdots,N-1$，每个样本是独立同分布的，且 $x(n)$仅取 1 和 0 两个值，$P\{x(n)=1\}=p$ 未知，通过观测样本求 p 的 MLE。

9. 设观测值 $x(n)=A\cos(\omega_0 n+\varphi)+w(n)$，$n=0,1,2,\cdots,N-1$，$w(n)$为 WGN，方差为 σ^2，假设 ω_0 已知，φ 是$[0,2\pi]$上的均匀分布，求 A 的最大似然估计。

10. 两个随机变量 x_1，x_2 是相关的，相关系数 ρ，其联合概率密度函数为

$$p(x_1,x_2;\rho)=\frac{1}{2\pi(1-\rho^2)^{1/2}}\mathrm{e}^{-\frac{x_1^2-3\rho x_1x_2+x_2^2}{2(1-\rho^2)}}$$

如果记录了两个变量的 n 组独立的测量值，$\{x_1(i),x_2(i),i=1,\cdots,n\}$。求 ρ 的最大似然估计 $\hat{\rho}$。

11. 设观测序列为 $x(n)=\theta+w(n), n=0,1,\cdots,N-1$，$w(n)$ 是高斯白噪声过程，方差为 σ_w^2，设 θ 是一个随机参数，服从均匀分布，其概率密度函数为

$$p(\theta)=\begin{cases}\dfrac{1}{\theta_2-\theta_1}, & \theta_1\leqslant\theta\leqslant\theta_2\\ 0, & 其他\end{cases}$$

求 θ 的 MAP 估计器。

*12. 设有两个随机信号，都是 AR(4) 过程，它们分别是一个宽带和一个窄带过程，参数如下：

	$a(1)$	$a(2)$	$a(3)$	$a(4)$	σ^2
信号源 1	−1.352	1.338	−0.662	0.240	1
信号源 2	−2.760	3.809	−2.654	0.924	1

使用 MATLAB 工具：

(1) 产生这两个信号各自的 256 点值作为测量数据(提示：用零初始条件，利用差分方程产生信号值，为了逼近平稳性，将前 200 个点丢弃不用)，利用本章给出的自相关估计器，估计每个信号前 10 个自相关值。

(2) 重复 20 次运行如上功能的相同程序，得到随机信号的不同次实现，比较估计的各自相关值的变化情况。

(3) 对每个信号，使用估计得到的一组自相关序列值，解 Yule-Walker 方程得到模型的参数，比较估计值和真实参数。

*13. 利用 MATLAB 工具产生均值为 0，方差为 25 的高斯白噪声，产生 N 个样本。利用产生的样本得到均值 μ 和方差 σ^2 的 MLE，与真实均值和样本进行对比。共做 50 次实验，统计均值估计 $\hat{\mu}$ 和方差估计 $\hat{\sigma}^2$ 的均值和方差。实验中，样本量分别取 $N=50$、200、500 并对不同样本下的结果进行对比分析。

参 考 文 献

[1] Berger J O. Statistical Decision Theory and Bayesian Analysis[M]. Second Edition. New York: Springer-Verlag. 1980.

[2] Casella G and Berger R L. Statistical Inference[M]. Second Edition. New Jersey: Thomson Learning. 2002.

[3] Dellaert F. The Expectation Maximization Algorithm. Technical Report number GIT-GVU-02-20. February 2002. College of Computing. Georgia Institute of Technology.

[4] Dempster A P. Laird N M and Rubin D B. Maximum likelihood from incomplete data via the EM algorithm[J]. Journal of the Royal Statistical Society. Series B. 1977. 39(1): 1-38.

[5] Duda R O. Hart P E and Stork D G. 模式分类. 李宏东，等译. 北京：机械工业出版社，2010.

[6] Feder M and Weinstein E. Parameter estimation of superimposed signals using the EM algorithm[J]. IEEE Trans. ASSP. 1988. 36(4): 477-489.

[7] Gupta M R and Chen Y.. Theory and Use of the EM Algorithm[J]. Foundations and Trends in Signal Processing. 2011. 4(3).

[8] Kassam S A and Poor H V. Robust techniques for signal processing: a survey[J]. Proceeding of

IEEE. 1985. 73(3): 433-481.

[9] Kay S M. Fundamentals of Statistical Signal Processing: Estimation Theory[M]. New Jersey: Prentice Hall PTR. 1993.

[10] Kay S M. Fundamentals of Statistical Signal Processing: Detection Theory[M]. New Jersey: Prentice Hall PTR. 1998.

[11] Little R J A and Rubin D B. Statistical Analysis with Missing Data[M]. Second Edition. New Jersey: Wiley-Interscience. 2002.

[12] McLachlan G J and Krishnan T. The EM Algorithm and Extensions[M]. 2nd Edition. New Jersey: John Wiley & Sons. 2008.

[13] Mohanty N. Random Signal Estimation and Identification[M]. New York: Van Nostrand Reinhold Company. Inc. 1986.

[14] Moon T K. The Expectation Maximization Algorithm [J]. IEEE SIGNAL PROCESSING MAGAZINE. 1996: 47-60.

[15] Poor H V. An Introduction to Signal Detection and Estimation [M]. New-York: Springer-Verlag. 1988.

[16] Rao C R. Linear Statistical Inference and Its Application[M]. Second Edition. New Jersey: J. Wiley Interscience. 1973.

[17] Srinath M D and Rajasekaran P K. 统计信号处理及其应用. 朱正中,田立生译. 北京: 国防工业出版社. 1983.

[18] Van Trees H L. Detection. Estimation and Modulation Theory[M]. (Part I). New Jersey: John Wiley &Sons Inc.. 1968.

[19] Vaseghi S V. Advanced Digital Signal Processing and Noise Reduction[M]. Second Edition. New Jersey: John Wiley & Sons. LTD. 2000.

[20] Zacks S. Parametric Statistical Inference-Basic Theory and Modern Approaches[M]. New-York: Pergamon.. 1981.

[21] 李道本. 信号的统计检测与估计理论[M]. 2 版. 北京: 科学出版社,2004.

[22] 张旭东,陆明泉. 离散随机信号处理[M]. 北京: 清华大学出版社,2005.

[23] 张旭东,崔晓伟,王希勤. 数字信号分析和处理[M]. 北京: 清华大学出版社,2014.

第3章

最优滤波器

本章讨论从统计意义上的最优滤波问题或波形的最优线性估计问题。首先讨论对于平稳随机信号的维纳(Wiener)滤波器的设计，紧接着讨论一种特殊的维纳滤波器，最优一步线性预测，通过前向线性预测和后向线性预测的对称关系，导出了求解 Yule-Walker 方程的快速递推算法，并由此导出格型滤波器结构。接着讨论在有限数据集条件下的最小二乘滤波器(LS)，这是一种易于实现的有效滤波器并具有统计上的最优性，并介绍求解 LS 问题的奇异值分解(SVD)算法。

3.1 维纳滤波

维纳滤波器是统计意义上的最优滤波，或者等价地说是波形的最优线性估计，它要求输入信号是宽平稳随机信号。本章针对离散信号情况，详细讨论 FIR 结构和 IIR 结构的维纳滤波器，在附录中给出了连续信号维纳滤波器的概要介绍。

由信号当前值及它的各阶位移$\{x(n-k)\}_{k=-\infty}^{\infty}$，估计一个期望信号 $d(n)$，输入信号 $x(n)$是宽平稳的，$x(n)$和 $d(n)$是联合宽平稳的，要求这个估计的均方误差最小，这就是维纳滤波器，它实质上是一个波形估计问题。为了方便，本章假设所涉及的信号都是 0 均值。

3.1.1 实际问题中的维纳滤波

初看起来，维纳滤波器有些抽象，用一个输入信号估计一个期望响应，期望响应是什么？通过如下几个来自于实际的应用实例，来理解维纳滤波器是对许多不同应用问题的抽象，从而构成了最优滤波器的基础框架。

1. 通信的信道均衡器

在通信系统中，为了在接收器端补偿信道传输引入的各种畸变，在对接收信号进行检测之前，通过一个滤波器对信道失真进行校正，这个滤波器称为信道均衡器。为了说明均衡器问题，这里只简单地讨论基带传输，忽略通信系统中的调制解调和各种编解码过程，设通信系统的发射端发送序列 $s(n)$，通过信道传输，在接收端的滤波器输入端得到因信道不理想而发生了失真的信号 $x(n)$，$x(n)$可能包含了信道不理想产生的畸变和加性噪声，例如无线通信系统中的多径效应和环境噪声。$x(n)$作为维纳滤波器的输入信号，通过确定滤波器的权系数，使得滤波器的输出 $s'(n)$尽可能逼近于一个期望信号 $d(n)$，也就是发送序列的延迟 $s(n-k)$。采用均方误差最小准则设计滤波器系数，使估计误差 $e(n)=d(n)-s'(n)$的均方误差值最小。见图 3.1.1。

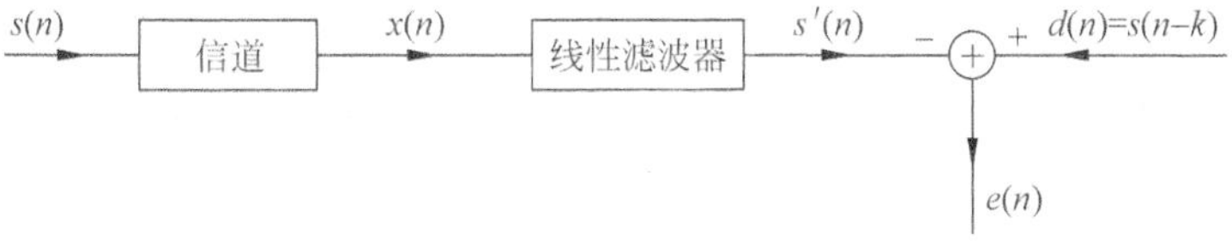

图 3.1.1　信道均衡器的结构示意

2. 系统辨识

系统辨识的问题是：有一个系统是未知的或需要用一个 LTI 系统进行模型化，设计一个线性滤波器尽可能精确地逼近这个待处理系统。维纳滤波器实现一个从统计意义上最优的对未知系统的逼近。图 3.1.2 示出一个实现系统辨识的原理框图。使维纳滤波器和未知系统使用同一个输入信号 $x(n)$，未知系统的输出作为维纳滤波器的期望响应 $d(n)$，设计滤波器系数使得滤波器输出 $y(n)$ 与期望响应 $d(n)$ 之间的估计误差的均方值最小。

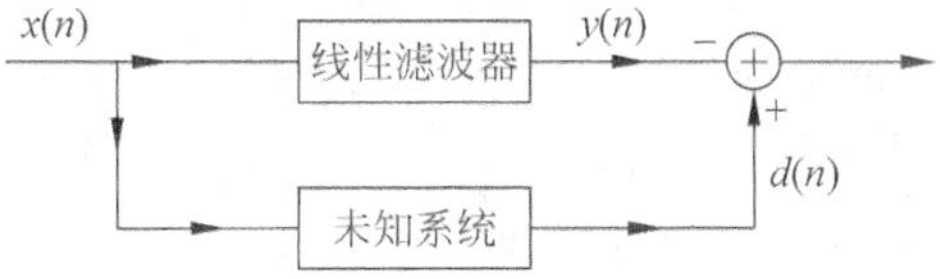

图 3.1.2　线性系统辨识的结构

3. 最优线性预测

通过一个随机信号已存在的数据 $\{x(n-1),x(n-2),\cdots,x(n-M)\}$ 来预测一个新值 $x(n)$，这是一步前向线性预测问题，由 $\{x(n-1),x(n-2),\cdots,x(n-M)\}$ 的线性组合得到对 $x(n)$ 的最优估计，相当于设计一个 FIR 滤波器对 $\{x(n-1),x(n-2),\cdots,x(n-M)\}$ 进行线性运算，来估计期望响应 $d(n)=x(n)$，维纳滤波器是用于设计均方误差最小的最优预测器。

通过如上几个例子，可以抽象出一种有用的滤波器结构，这就是维纳滤波器。维纳滤波器的一般结构示于图 3.1.3，滤波器自身是一个 FIR 或 IIR 滤波器，滤波器输入信号 $x(n)$，输出 $y(n)$，有一个待估计的期望响应 $d(n)$，滤波器系数的设计准则是使得滤波器的输出 $y(n)$（或写成 $\hat{d}(n)$）是均方意义上对期望响应的最优线性估计。

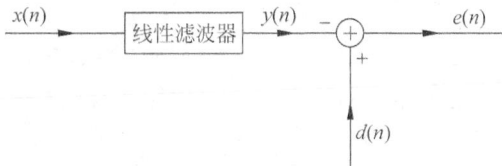

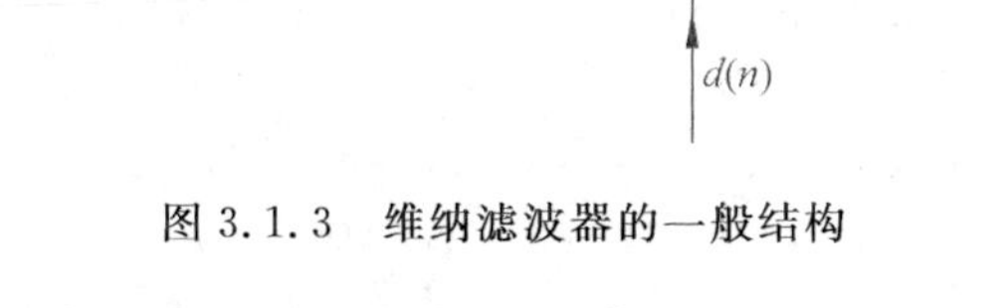

图 3.1.3　维纳滤波器的一般结构

维纳滤波器的目的是求最优滤波器系数 $\boldsymbol{w}_o=[\cdots,w_{o,0},w_{o,1},\cdots,w_{o,k},\cdots]^{\mathrm{T}}$，使

$$J(n)=E[|e(n)|^2]=E[|d(n)-\hat{d}(n)|^2] \tag{3.1.1}$$

最小。当滤波器系数有无穷多个（即单位抽样响应无限长）时，对应 IIR 结构的维纳滤波器，

当滤波器系数为有限个时,对应 FIR 结构的维纳滤波器。FIR 结构的维纳滤波器的滤波部分的示意图如图 3.1.4 所示,在信号处理的文献中,也常称这个结构为横向滤波器。

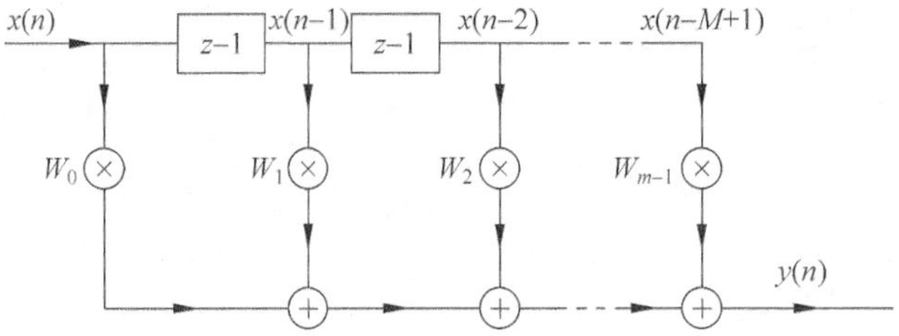

图 3.1.4　维纳滤波的横向滤波器

3.1.2　从估计理论观点导出维纳滤波

将存在有限个观测数据情况下的线性贝叶斯估计的结论,用于波形的估计,可以直接得到 FIR 结构的维纳滤波器,这表明维纳滤波器是波形的线性贝叶斯估计。

为简单起见,先讨论实信号的情况。将线性贝叶斯估计推广到波形估计的情况。在 n 时刻,由输入 $x(n)$及其延迟量$\{x(n-1),x(n-2),\cdots,x(n-M+1)\}$作为观测值,估计期望信号的波形在 n 时刻的值 $d(n)$,确定权系数 $\boldsymbol{w}=[w_0,w_1,\cdots,w_{M-1}]^{\mathrm{T}}$,使估计误差均方值最小,即在权系数取 $\boldsymbol{w}_o$ 时

$$J(n)=E[(d(n)-\hat{d}(n))^2] \tag{3.1.2}$$

达到最小,这里波形估计$\hat{d}(n)$写为

$$\hat{d}(n)=\sum_{i=0}^{M-1}w_{oi}x(n-i)=\boldsymbol{w}_o^{\mathrm{T}}\boldsymbol{x}(n) \tag{3.1.3}$$

其中

$$\boldsymbol{w}_o=[w_{o0},w_{o1},\cdots,w_{o(M-1)}]^{\mathrm{T}} \tag{3.1.4}$$

$$\boldsymbol{x}(n)=[x(n),x(n-1),\cdots,x(n-M+1)]^{\mathrm{T}} \tag{3.1.5}$$

对一个固定时间 n,波形的瞬时估计与随机参数的线性贝叶斯估计是完全相同的问题,利用式(2.5.10),时刻 n 的波形估计器的系数满足如下方程

$$\boldsymbol{R}(n)\boldsymbol{w}_o=\boldsymbol{r}_{xd}(n) \tag{3.1.6}$$

这里

$$\boldsymbol{R}(n)=E[\boldsymbol{x}(n)\boldsymbol{x}^{\mathrm{T}}(n)]$$
$$=\begin{bmatrix} r(n,n) & r(n,n-1) & \cdots & r(n,n-M+2) & r(n,n-M+1)\\ r(n-1,n) & r(n-1,n-1) & \cdots & r(n-1,n-M+2) & r(n-1,n-M+1)\\ \vdots & \vdots & \ddots & \vdots & \vdots\\ r(n-M+2,n) & r(n-M+2,n-1) & \cdots & r(n-M+2,n-M+2) & r(n-M+2,n-M+1)\\ r(n-M+1,n) & r(n-M+1,n-1) & \cdots & r(n-M+1,n-M+2) & r(n-M+1,n-M+1) \end{bmatrix} \tag{3.1.7}$$

$$\boldsymbol{r}_{xd}(n)=E[\boldsymbol{x}(n)d(n)]=[r_{xd}(n,n),r_{xd}(n-1,n),\cdots,r_{xd}(n-M+1,n)]^{\mathrm{T}} \tag{3.1.8}$$

在一般情况下,对于不同时刻 n,权系数不同,因此,需要对每个时刻重新计算权系数。

当输入信号 $x(n)$ 是一个宽平稳随机信号，并且 $x(n)$ 和 $d(n)$ 是联合平稳时，上述自相关矩阵和互相关向量简化为

$$\boldsymbol{R}(n)=\boldsymbol{R}=\begin{bmatrix} r_x(0) & r_x(1) & \cdots & r_x(M-1) \\ r_x(-1) & r_x(0) & \cdots & r_x(M-2) \\ \vdots & \vdots & \ddots & \vdots \\ r_x(-M+1) & r_x(-M+2) & \cdots & r_x(0) \end{bmatrix} \tag{3.1.9}$$

和

$$\boldsymbol{r}_{xd}(n)=\boldsymbol{r}_{xd}=[r_{xd}(0),r_{xd}(-1),\cdots,r_{xd}(-M+1)]^{\mathrm{T}} \tag{3.1.10}$$

权系数满足的方程简化为

$$\boldsymbol{R}\boldsymbol{w}_o=\boldsymbol{r}_{xd} \tag{3.1.11}$$

注意，权系数是个确定性的量，不是随机量。对每个时刻 n，$d(n)$ 的估计值 $\hat{d}(n)$ 相当于图 3.1.4 线性时不变滤波器的输出。最小均方估计误差为

$$J_{\min}=\sigma_d^2-\boldsymbol{r}_{xd}^{\mathrm{T}}\boldsymbol{R}^{-1}\boldsymbol{r}_{xd} \tag{3.1.12}$$

从维纳滤波器是线性贝叶斯波形估计的观点，需注意如下几点。

(1) 在均方误差意义上，维纳滤波器是线性 FIR 滤波器中的最优滤波器，但可能存在一些非线性滤波器能达到更好结果。

(2) 在 $x(n)$ 和 $d(n)$ 是联合高斯分布条件下，维纳滤波也是总体最优的，不存在非线性滤波器能达到更好的结果。

(3) 从线性贝叶斯估计推导过程知，在滤波器系数取非最优的任意权系数 $\boldsymbol{w}$ 时，其误差性能表达式为

$$J(\boldsymbol{w})=\sigma_d^2-\boldsymbol{w}^{\mathrm{T}}\boldsymbol{r}_{xd}-\boldsymbol{r}_{xd}^{\mathrm{T}}\boldsymbol{w}+\boldsymbol{w}^{\mathrm{T}}\boldsymbol{R}\boldsymbol{w} \tag{3.1.13}$$

它是 $\boldsymbol{w}$ 的超二次曲面，当自相关矩阵 $\boldsymbol{R}$ 是正定矩阵时，该曲面只有一个最小点，当 $\boldsymbol{w}=\boldsymbol{w}_o$ 时 $J(\boldsymbol{w})=J_{\min}$。

3.1.3 维纳滤波器-正交原理

维纳滤波器是一个最优线性滤波器，图 3.1.3 是一个一般表示框图，滤波器核是 IIR 或 FIR 的，在实信号情况下，已经导出了求解 FIR 型维纳滤波器的方程。在第 2 章讨论了线性最优估计的正交性原理，第 2 章的正交原理是由最优线性估计方程导出的。在最优线性滤波器理论中，正交原理是一个基本分析工具，由正交原理出发，很容易导出线性最优估计和维纳滤波器的方程式。由于正交原理应用的广泛性和简洁性，并且贯穿于平稳、非平稳和有限数据等多种情况，在本节，对复信号的一般情况，重新导出正交原理的一般形式，并利用正交原理，重新推导复信号情况下维纳滤波器的一般方程。先推导适应于 IIR 和 FIR 的一般结论，然后分别讨论 FIR 和 IIR。

将一般的复数形式维纳滤波器的问题重新描述如下。

设输入随机过程 $x(n)$ 为复信号，由 $\{x(n-k)\}_{k=-\infty}^{\infty}$ 估计期望响应 $d(n)$，求复数权系数$\cdots,w_{o(-1)},w_{o0},w_{o1},w_{o2},\cdots$，使输出误差 $e(n)=d(n)-y(n)$ 的均方值最小。

如下推导一般的正交性原理，实数据是特例。在复信号的一般情况下滤波器输出和估计误差分别写为

$$y(n)=\sum_{k=-\infty}^{+\infty} w_k^* x(n-k) \tag{3.1.14}$$

$$e(n)=d(n)-y(n) \tag{3.1.15}$$

均方误差表示为

$$J(\boldsymbol{w})=E\{|e(n)|^2\}=E\{e(n)e^*(n)\} \tag{3.1.16}$$

设滤波器权系数是如下复数形式

$$w_k=a_k+jb_k \tag{3.1.17}$$

定义针对滤波器系数向量的梯度算子为

$$\nabla=[\cdots,\nabla_0,\nabla_1,\cdots,\nabla_k,\cdots]^{\mathrm{T}} \tag{3.1.18}$$

其中针对参数 w_k 的梯度算子为

$$\nabla_k=\frac{\partial}{\partial w_k^*}=\frac{\partial}{\partial a_k}+\mathrm{j}\frac{\partial}{\partial b_k} \tag{3.1.19}$$

为求解最优滤波器的权系数，将梯度算子作用于均方误差 $J(\boldsymbol{w})$，并令其为零。其中第 k 项为

$$\nabla_k J(\boldsymbol{w})=\frac{\partial J(\boldsymbol{w})}{\partial a_k}+\mathrm{j}\frac{\partial J(\boldsymbol{w})}{\partial b_k} \tag{3.1.20}$$

求参数$\cdots,w_{-1},w_0,w_1,\cdots$的值，使得 $J(\boldsymbol{w})$最小，即使得

$$\nabla J(\boldsymbol{w})=\mathbf{0} \tag{3.1.21}$$

或等价地每个分量

$$\nabla_k J(\boldsymbol{w})=0 \quad k=\cdots,-1,0,1,2,\cdots \tag{3.1.22}$$

将 $J(\boldsymbol{w})=E\{e(n)e^*(n)\}$代入梯度算子定义式(3.1.20)，得到

$$\nabla_k J(\boldsymbol{w})=E\left[\frac{\partial e(n)}{\partial a_k}e^*(n)+\frac{\partial e^*(n)}{\partial a_k}e(n)+\frac{\partial e(n)}{\partial b_k}\mathrm{j}e^*(n)+\frac{\partial e^*(n)}{\partial b_k}\mathrm{j}e(n)\right] \tag{3.1.23}$$

由

$$e(n)=d(n)-\sum_{k=-\infty}^{\infty} w_k^* x(n-k) \tag{3.1.24}$$

得到

$$\frac{\partial e(n)}{\partial a_k}=-x(n-k) \tag{3.1.25}$$

$$\frac{\partial e(n)}{\partial b_k}=\mathrm{j}x(n-k) \tag{3.1.26}$$

$$\frac{\partial e^*(n)}{\partial a_k}=-x^*(n-k) \tag{3.1.27}$$

$$\frac{\partial e^*(n)}{\partial b_k}=-\mathrm{j}x^*(n-k) \tag{3.1.28}$$

将如上各项代入$\nabla_k J(\boldsymbol{w})$表达式(3.1.23)，整理得

$$\nabla_k J(\boldsymbol{w})=-2E[x[n-k]e^*[n]] \quad k=\cdots,-1,0,1,\cdots \tag{3.1.29}$$

当

$$\nabla_k J(\boldsymbol{w})=0 \quad k=\cdots,-1,0,1,\cdots \tag{3.1.30}$$

时，$J(\boldsymbol{w})$达到最小。设 $J(\boldsymbol{w})$达最小时，用 $\boldsymbol{w}_o$，$e_o(n)$表示权系数和误差 $e(n)$，即当

$$J(\boldsymbol{w})=J_{\min} \tag{3.1.31}$$

时,满足

$$E[x(n-k)e_o^*(n)]=0,\quad k=\cdots,-1,0,1,\cdots \tag{3.1.32}$$

或等价地

$$E[x^*(n-k)e_o(n)]=0,\quad k=\cdots,-1,0,1,2\cdots \tag{3.1.33}$$

以上两式为一般的正交性原理:滤波器达到最优时,误差和输入信号正交。正交性原理的一个直接推论是,滤波器达到最优时,输出和误差也是正交的,即

$$E[y_o(n)e_o^*(n)]=0 \tag{3.1.34}$$

注意到,在正交性原理式(3.1.32)中,输入信号的各阶位移 $x(n-k)$ 与 $e_o(n)$ 正交,式(3.1.32)所表示的正交方程数目与滤波器权系数 $\cdots,w_{-1},w_0,w_1,\cdots$ 数目是一致的,即维纳滤波器有多少个权系数,式(3.1.32)就包含多少个正交方程式。

现在通过正交性原理,导出更一般的维纳滤波器的设计方程,即维纳-霍夫方程(Wiener-Hopf)。由正交性原理

$$E[x(n-k)e_o^*(n)]=0\quad k=\cdots,-1,0,1,2\cdots \tag{3.1.35}$$

代入误差的表达式(3.1.24)到式(1.1.35),得

$$E\left[x(n-k)\left(d^*(n)-\sum_{i=-\infty}^{\infty}w_{oi}x^*(n-i)\right)\right]=0\quad k=\cdots,-1,0,1,2\cdots \tag{3.1.36}$$

交换求期望和求和次序,将如上方程展开为

$$\sum_{i=-\infty}^{\infty}w_{oi}E[x(n-k)x^*(n-i)]=E[x(n-k)d^*(n)]\quad k=\cdots,-1,0,1,2\cdots \tag{3.1.37}$$

由自相关和互相关的定义

$$r_x(i-k)=E[x(n-k)x^*(n-i)] \tag{3.1.38}$$

$$r_{xd}(-k)=E[x(n-k)d^*(n)] \tag{3.1.39}$$

代入式(3.1.37)得到

$$\sum_{i=-\infty}^{\infty}w_{oi}r_x(i-k)=r_{xd}(-k)\quad k=\cdots,-1,0,1,2\cdots \tag{3.1.40}$$

式(3.1.40)称为维纳-霍夫方程,解此方程,可得到最优权系数$\{w_{oi},i=\cdots,-1,0,1,2,\cdots\}$。式(3.1.40)是维纳滤波器的一般方程,根据滤波器权系数是有限个还是无限个可以分别设计 FIR 和 IIR 型维纳滤波器。

3.1.4 FIR 维纳滤波器

对于 M 个系数 FIR 滤波器(横向滤波器),只有 M 个权系数$\{w_{oi},i=0,1,\cdots,M-1\}$非零,维纳-霍夫方程简化为有限个未知量的线性方程组,即式(3.1.40)简化为

$$\sum_{i=0}^{M-1}w_{oi}r_x(i-k)=r_{xd}(-k),\quad k=0,1,\cdots,M-1 \tag{3.1.41}$$

更方便的是写成矩阵形式。令

$$\boldsymbol{R}=E[\boldsymbol{x}(n)\boldsymbol{x}^{\mathrm{H}}(n)]$$

$$=\begin{bmatrix} r_x(0) & r_x(1) & \cdots & r_x(M-1)\\ r_x^*(1) & r_x(0) & \cdots & r_x(M-2)\\ \vdots & \vdots & \ddots & \vdots\\ r_x^*(M-1) & r_x^*(M-2) & \cdots & r_x(0)\end{bmatrix} \tag{3.1.42}$$

和

$$\boldsymbol{r}_{xd}=E[\boldsymbol{x}(n)d^*(n)]=[r_{xd}(0),r_{xd}(-1),\cdots,r_{xd}(1-M)]^{\mathrm{T}} \tag{3.1.43}$$

维纳-霍夫方程的矩阵形式写

$$\boldsymbol{R}\boldsymbol{w}_o=\boldsymbol{r}_{xd} \tag{3.1.44}$$

解方程求得

$$\boldsymbol{w}_o=\boldsymbol{R}^{-1}\boldsymbol{r}_{xd} \tag{3.1.45}$$

这个关系式与通过线性贝叶斯波形估计得到的结论是相同的。

下面用正交性原理,导出一般复信号情况下维纳滤波器的最小均方误差公式。在达最优时,$y_o(n)$也写成:$\hat{d}(n|X_n)$,意指由 $x(n),x(n-1),\cdots,x(n-M+1)$张成的线性空间 X_n 对 $d(n)$的最优估计。估计误差为

$$e_o(n)=d(n)-y_o(n)=d(n)-\hat{d}(n\mid X_n) \tag{3.1.46}$$

也可以写成

$$d(n)=e_o(n)+\hat{d}(n\mid X_n) \tag{3.1.47}$$

由正交性原理的推论,$\hat{d}(n|X_n)$和 $e_o(n)$是正交的,因此

$$\sigma_d^2=E[|e_o(n)|^2]+\sigma_{\hat{d}}^2=J_{\min}+\sigma_{\hat{d}}^2 \tag{3.1.48}$$

即

$$J_{\min}=\sigma_d^2-\sigma_{\hat{d}}^2 \tag{3.1.49}$$

由

$$\hat{d}(n\mid X_n)=\sum_{k=0}^{M-1}w_{ok}^*x(n-k)=\boldsymbol{w}_o^{\mathrm{H}}\boldsymbol{x}(n) \tag{3.1.50}$$

得

$$\begin{aligned}\sigma_{\hat{d}}^2&=E[\hat{d}(n\mid X_n)\,\hat{d}^*(n\mid X_n)]=E[\boldsymbol{w}_o^{\mathrm{H}}\boldsymbol{x}(n)\boldsymbol{x}^{\mathrm{H}}(n)\boldsymbol{w}_o]\\&=\boldsymbol{w}_o^{\mathrm{H}}E[\boldsymbol{x}(n)\boldsymbol{x}^{\mathrm{H}}(n)]\boldsymbol{w}_o\\&=\boldsymbol{w}_o^{\mathrm{H}}\boldsymbol{R}\boldsymbol{w}_o=\boldsymbol{w}_o^{\mathrm{H}}\boldsymbol{r}_{xd}=\boldsymbol{r}_{xd}^{\mathrm{H}}\boldsymbol{w}_o=\boldsymbol{r}_{xd}^{\mathrm{H}}\boldsymbol{R}^{-1}\boldsymbol{r}_{xd}\end{aligned} \tag{3.1.51}$$

将式(3.1.51)代入式(3.1.49)得

$$J_{\min}=\sigma_d^2-\sigma_{\hat{d}}^2=\sigma_d^2-\boldsymbol{r}_{xd}^{\mathrm{H}}\boldsymbol{w}_o=\sigma_d^2-\boldsymbol{r}_{xd}^{\mathrm{H}}\boldsymbol{R}^{-1}\boldsymbol{r}_{xd} \tag{3.1.52}$$

由正交原理导出的维纳滤波器和从线性贝叶斯估计得到的维纳滤波器,分别得到一些有益的启示。从估计理论看,维纳滤波器只是一个线性贝叶斯估计,它是最优估计的一个线性逼近,只有在高斯情况下,它才是真正的最优滤波器,在其他分布情况下,非线性滤波器可能达到比线性最优滤波器更优的结果。从一般线性最优滤波器的正交原理出发,我们容易忽视这些限制。

为了后续导出自适应滤波器的需要(第 5 章),导出在复信号的一般情况下的误差性能表面。上面的讨论集中在最优滤波器的权系数设计和达到最优时均方误差的结果。讨论在滤波器权系数未取最优值时,滤波器的均方误差怎样随滤波器系数的不同取值而变化的规律是有意义的,对导出自适应滤波算法有指导作用。假设滤波器取一组任意权系数,对期望响应的估计误差为

$$e(n)=d(n)-\sum_{k=0}^{M-1}w_k^*x(n-k) \tag{3.1.53}$$

直接代入

$$J(\boldsymbol{w}) = E[e(n)e^*(n)] \tag{3.1.54}$$

整理得:

$$J(\boldsymbol{w}) = \sigma_d^2 - \sum_{k=0}^{M-1} w_k^* r_{xd}(-k) - \sum_{k=0}^{M-1} w_k r_{xd}^*(-k) + \sum_{k=0}^{M-1}\sum_{i=0}^{M-1} w_k^* w_i r_x(i-k) \tag{3.1.55}$$

由上式,可以看出,$J(\boldsymbol{w})$是 w_k 的二次曲面,由于 2 次项的系数是一个半正定序列,因此二次曲面是一个碗状曲面,碗口向上,若自相关矩阵是正定的,则 $J_{\min}$在碗底且唯一,其实,由上式直接对各 w_k 求导,并令其为 0,得到一组方程,正是维纳-霍夫方程。

上式也可以直接写成矩阵形式

$$J(\boldsymbol{w}) = \sigma_d^2 - \boldsymbol{w}^{\mathrm{H}}\boldsymbol{r}_{xd} - \boldsymbol{r}_{xd}^{\mathrm{H}}\boldsymbol{w} + \boldsymbol{w}^{\mathrm{H}}\boldsymbol{R}\boldsymbol{w} \tag{3.1.56}$$

它可以整理成如下形式:

$$J(\boldsymbol{w}) = \sigma_d^2 - \boldsymbol{r}_{xd}^{\mathrm{H}}\boldsymbol{R}^{-1}\boldsymbol{r}_{xd} + (\boldsymbol{w} - \boldsymbol{R}^{-1}\boldsymbol{r}_{xd})^{\mathrm{H}}\boldsymbol{R}(\boldsymbol{w} - \boldsymbol{R}^{-1}\boldsymbol{r}_{xd}) \tag{3.1.57}$$

上式在 $\boldsymbol{w}_0 = \boldsymbol{R}^{-1}\boldsymbol{r}_{xd}$时,达到最小,且最小值为

$$J_{\min} = \min_{w} J(\boldsymbol{w}) = \sigma_d^2 - \boldsymbol{r}_{xd}^{\mathrm{H}}\boldsymbol{R}^{-1}\boldsymbol{r}_{xd} \tag{3.1.58}$$

式(3.1.58)与式(3.1.52)的结果是一致的。性能表面 $J(\boldsymbol{w})$也可以写成

$$J(\boldsymbol{w}) = J_{\min} + (\boldsymbol{w} - \boldsymbol{w}_0)^{\mathrm{H}}\boldsymbol{R}(\boldsymbol{w} - \boldsymbol{w}_0) \tag{3.1.59}$$

利用自相关矩阵的特征值分解式

$$\boldsymbol{R} = \boldsymbol{Q}\Lambda\boldsymbol{Q}^{\mathrm{H}} \tag{3.1.60}$$

得到

$$J(\boldsymbol{w}) = J_{\min} + (\boldsymbol{w} - \boldsymbol{w}_0)^{\mathrm{H}}\boldsymbol{Q}\Lambda\boldsymbol{Q}^{\mathrm{H}}(\boldsymbol{w} - \boldsymbol{w}_0) \tag{3.1.61}$$

令

$$\boldsymbol{v} = \boldsymbol{Q}^{\mathrm{H}}(\boldsymbol{w} - \boldsymbol{w}_0) \tag{3.1.62}$$

上式可写成

$$J(\boldsymbol{w}) = J_{\min} + \boldsymbol{v}^{\mathrm{H}}\Lambda\boldsymbol{v} = J_{\min} + \sum_{k=1}^{M}\lambda_k v_k v_k^* = J_{\min} + \sum_{k=1}^{N}\lambda_k |v_k|^2 \tag{3.1.63}$$

这里,$\boldsymbol{v}$ 是 $\boldsymbol{w}$ 的坐标变换,由 $\boldsymbol{w}$ 通过原点移位和坐标旋转得到 $\boldsymbol{v}$ 的坐标系,通过坐标变换,得到以 $\boldsymbol{v}$ 为变量的均方误差的如上的规范形式,对于一个给定 $J \neq J_{\min}$,有

$$J - J_{\min} = \sum_{k=1}^{M} \frac{|v_k|^2}{\dfrac{1}{\lambda_k}} \tag{3.1.64}$$

这是超椭圆,$\dfrac{1}{\lambda_k}$为其一个轴。$J - J_{\min}$取一个固定值所对应的 $\boldsymbol{v}$(等价于 $\boldsymbol{w}$)的所有取值称为性能表面的等高线,式(3.1.64)表明线性滤波器性能表面的等高线是超平面上的椭圆。

例 3.1.1 有一信号 $s(n)$,它的自相关序列为 $r_s(k) = \dfrac{10}{27}\left(\dfrac{1}{2}\right)^{|k|}$,被一加性白噪声所污染,噪声方差为 2/3,白噪声与信号不相关。被污染信号 $x[n]$作为维纳滤波器的输入,求两个系数 FIR 滤波器使输出信号是 $s(n)$的尽可能的恢复。

解:本题中,显然维纳滤波器的输入 $x(n) = s(n) + v(n)$,期望响应 $d(n) = s(n)$。故

$$r_x(k) = r_s(k) + r_v(k) = \frac{10}{27}\left(\frac{1}{2}\right)^{|k|} + \frac{2}{3}\delta(n)$$

$$r_{xd}(k) = E\{x(n)d(n-k)\} = r_s(k) = \frac{10}{27}\left(\frac{1}{2}\right)^{|k|}$$

由于只需要2阶滤波器设计,因此

$$\boldsymbol{R} = \begin{bmatrix} \frac{10}{27}+\frac{2}{3} & \frac{10}{27}\times\frac{1}{2} \\ \frac{10}{27}\times\frac{1}{2} & \frac{10}{27}+\frac{2}{3} \end{bmatrix}, \quad \boldsymbol{r}_{xd} = \begin{bmatrix} \frac{10}{27} \\ \frac{10}{27}\times\frac{1}{2} \end{bmatrix}$$

代入维纳-霍夫方程解得:

$$\boldsymbol{w}_o = \boldsymbol{R}^{-1}\boldsymbol{r}_{xd} = [0.3359, 0.1186]^{\mathrm{T}}$$

$$J_{\min} = \sigma_d^2 - \boldsymbol{r}_{xd}^{\mathrm{H}}\boldsymbol{w}_o = \frac{10}{27} - \begin{bmatrix} \frac{10}{27} \\ \frac{10}{27}\times\frac{1}{2} \end{bmatrix}^{\mathrm{T}} \begin{bmatrix} 0.3359 \\ 0.1186 \end{bmatrix} = 0.2240$$

例 3.1.2 设期望响应 $d(n)$ 是一个 AR(1)过程,参数 $a(1)=0.8458$,激励白噪声 $v_1(n)$ 的方差 $\sigma_1^2=0.27$,由白噪声驱动的产生该过程的系统函数为

$$H_1(z) = \frac{1}{1+0.8458z^{-1}}$$

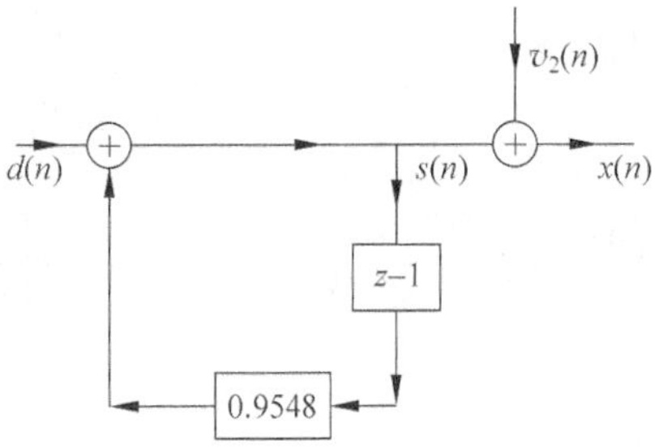

图 3.1.5 通道模型

$d(n)$ 经过了一个通信信道,信道的系统函数为 $H_2(z)$,在信道输出端加入了白噪声 $\sigma_2^2=0.1$,通道模型如图 3.1.5 所示,系统函数

$$H_2(z) = \frac{1}{1-0.9458z^{-1}}$$

信道输出 $x(n)=s(n)+v_2(n)$。

在接收端设计一个二系数 FIR 结构的维纳滤波器,目的是由 $x[n]$ 恢复 $d[n]$,并写出等高线方程[4]。

解: $d(n)$ 是一个 AR(1) 过程,$A_1(z)=1+a_1z^{-1}$,$\sigma_1^2=0.27$,如例 1.6.3 所求,期望响应的方差为

$$\sigma_d^2 = \frac{\sigma_1^2}{1-a_1^2} = \frac{0.27}{1-(0.8458)^2} = 0.9486$$

在 $x(n)=s(n)+v_2(n)$ 中,$s(n)$ 是一个 2 阶 AR(2)过程,由白噪声产生 $s(n)$ 的系统函数相当于 $H(z)=H_1(z)H_2(z)$,因此

$$A(z) = (1+0.8458z^{-1})(1-0.9458z^{-1}) = 1-0.1z^{-1}-0.8z^{-2}$$

2 阶 AR(2)过程的参数为:$a_{2,1}=-0.1$,$a_{2,2}=-0.8$,方差仍为 $\sigma_1^2=0.27$。由 2 阶 AR(2)参数,可以确定 $r_s(k)$,由 Yule-Walker 方程

$$\begin{bmatrix} r_s(0) & r_s(1) \\ r_s(1) & r_s(0) \end{bmatrix}\begin{bmatrix} a_{2,1} \\ a_{2,2} \end{bmatrix} = -\begin{bmatrix} r_s(1) \\ r_s(2) \end{bmatrix}$$

$$\sigma_1^2 = r_s(0) + a_{2,1}r_s(1) + a_{2,2}r_s(2)$$

反解 $r_s(0)$,$r_s(1)$,得

$$r_s(0) = \left(\frac{1+a_{2,2}}{1-a_{2,2}}\right)\frac{\sigma_1^2}{[(1+a_{2,2})^2 - a_{2,1}^2]} = \frac{1-0.8}{1+0.8}\,\frac{0.27}{[(1-0.8)^2-0.1^2]} = 1$$

$$r_s(1)=\frac{-a_{2,1}r_s(0)}{1+a_{2,2}}=\frac{0.1\times 1}{1-0.8}=0.5$$

由上确定 $s(n)$ 的自相关矩阵为 $\boldsymbol{R}_s=\begin{pmatrix}1 & 0.5\\ 0.5 & 1\end{pmatrix}$，进而有

$$\boldsymbol{R}_x=\boldsymbol{R}_s+\sigma_2^2\boldsymbol{I}=\begin{pmatrix}1 & 0.5\\ 0.5 & 1\end{pmatrix}+\begin{pmatrix}1 & 0\\ 0 & 1\end{pmatrix}\times 0.1=\begin{pmatrix}1.1 & 0.5\\ 0.5 & 1.1\end{pmatrix}$$

接下来，求 $r_{xd}(-k)$

$$r_{xd}(-k)=E[x(n-k)d(n)]$$

把 $s(n)-0.9458s(n-1)=d(n)$ 和 $x(n)=s(n)+v_2(n)$ 代入上式，得

$$r_{xd}(-k)=r_s(k)-0.9458r_s(k-1)$$

故

$$r_{xd}(0)=r_s(0)-0.9458\times r_s(-1)=0.5272$$

$$r_{xd}(-1)=r_s(1)-0.9458\times r_s(0)=-0.4458$$

$$\boldsymbol{r}_{xd}=\begin{bmatrix}0.5272\\ -0.4458\end{bmatrix}$$

代入维纳-霍夫方程解得最优权系数为

$$\boldsymbol{w}_0=\boldsymbol{R}_x^{-1}\boldsymbol{r}_{xd}=\begin{pmatrix}0.8368\\ -0.7853\end{pmatrix}$$

最小均方误差为

$$J_{\min}=\sigma_d^2-\boldsymbol{r}_{xd}^{\mathrm{H}}\boldsymbol{w}_0=0.9486-[0.5272,-0.4458]\begin{pmatrix}0.8360\\ -0.7853\end{pmatrix}=0.1579$$

对于任意取的权系数，性能表面为

$$\begin{aligned}J(w_0,w_1)&=\sigma_d^2-\boldsymbol{w}^{\mathrm{H}}\boldsymbol{r}_{xd}-\boldsymbol{r}_{xd}^{\mathrm{H}}\boldsymbol{w}+\boldsymbol{w}^{\mathrm{H}}\boldsymbol{R}_x\boldsymbol{w}=\sigma_d^2-2\boldsymbol{w}^{\mathrm{T}}\boldsymbol{r}_{xd}+\boldsymbol{w}^{\mathrm{T}}\boldsymbol{R}_x\boldsymbol{w}\\&=0.9486-2[0.5272,-0.4458]\begin{pmatrix}w_0\\ w_1\end{pmatrix}+[w_0,w_1]\begin{pmatrix}1.1 & 0.5\\ 0.5 & 1.1\end{pmatrix}\begin{pmatrix}w_0\\ w_1\end{pmatrix}\\&=0.9486-1.0544w_0+0.8916w_1+w_0w_1+1.1(w_0^2+w_1^2)\end{aligned}$$

为求规范化性能表面，解 $|R-\lambda I|=0$，即

$$\begin{vmatrix}1.1-\lambda & 0.5\\ 0.5 & 1.1-\lambda\end{vmatrix}=0\quad\Rightarrow\quad(1.1-\lambda)^2-(0.5)^2=0$$

得到两个特征值分别为：$\lambda_1=1.6$，$\lambda_2=0.6$，规范化性能表面为

$$J(v_1,v_2)=J_{\min}+1.6v_1^2+0.6v_2^2$$

对于给定的一个均方误差值，性能表面的等高线由如下椭圆方程描述

$$1=\frac{v_1^2}{\frac{(J-J_{\min})}{\lambda_1}}+\frac{v_2^2}{\frac{(J-J_{\min})}{\lambda_2}}$$

这是一个椭圆，主轴 $\left(\frac{J-J_{\min}}{\lambda_2}\right)^{\frac{1}{2}}$，副轴 $\left(\frac{J-J_{\min}}{\lambda_1}\right)^{\frac{1}{2}}$。

3.1.5　IIR 维纳滤波器

考虑维纳-霍夫方程在 IIR 滤波器时的情况，式(3.1.40)是针对非因果 IIR 滤波器的一

般方程，可以直接转换成z变换关系式。为了简单，先讨论无因果性要求的最一般的IIR滤波器的设计式。对IIR情况，我们仅考虑实信号和实滤波器系数的情况。

在非因果条件下，式(3.1.40)重写为

$$\sum_{i=-\infty}^{\infty} w_{oi} r_x(i-k) = r_{xd}(-k) \quad k=-\infty,\cdots,-1,0,1,\cdots,\infty \tag{3.1.65}$$

注意到式(3.1.65)左侧是两个序列 $w(k)=w_{ok}$ 和 $r_x(k)$ 的卷积表达式，两边取z变换，并由 $r_{dx}(k)=r_{xd}(-k)$，得

$$W(z)S_x(z) = S_{dx}(z) \tag{3.1.66}$$

或

$$W(z) = \frac{S_{dx}(z)}{S_x(z)} \tag{3.1.67}$$

这里，系统函数 $W(z)$ 是滤波器权系数序列 $w(k)=w_{ok}$ 的z变换，$S_x(z)$ 是 $r_x(k)$ 的z变换，$S_{dx}(z)$ 是 $r_{dx}(k)$ 的z变换。

最小均方误差为

$$J_{\min} = \sigma_d^2 - \sum_{l=-\infty}^{\infty} w_{ol} r_{dx}(l) \tag{3.1.68}$$

例 3.1.3 有一信号 $s(n)$，它的自相关序列为 $r_s(k)=\frac{10}{27}\left(\frac{1}{2}\right)^{|k|}$，被一加性白噪声所污染，噪声方差为2/3，噪声和信号不相关，被污染信号 $x(n)$ 作为维纳滤波器的输入，求IIR滤波器使输出信号是 $s(n)$ 的尽可能的恢复。

解：本题中取，$x(n)=s(n)+v(n)$，$d(n)=s(n)$。显然

$$r_x(k) = r_s(k) + r_v(k) = \frac{10}{27}\left(\frac{1}{2}\right)^{|k|} + \frac{2}{3}\delta(n)$$

$$r_{dx}(k) = E\{x(n-k)d(n)\} = r_s(k) = \frac{10}{27}\left(\frac{1}{2}\right)^{|k|}$$

如上两式直接取z变换，得

$$S_x(z) = \frac{5/18}{\left(1-\frac{1}{2}z^{-1}\right)\left(1-\frac{1}{2}z\right)} + \frac{2}{3} = \frac{20-6z-6z^{-1}}{18\left(1-\frac{1}{2}z^{-1}\right)\left(1-\frac{1}{2}z\right)}$$

$$S_{dx}(z) = \frac{5/18}{\left(1-\frac{1}{2}z^{-1}\right)\left(1-\frac{1}{2}z\right)}$$

将其代入式(3.1.67)，得

$$W(z) = \frac{S_{dx}(z)}{S_x(z)} = \frac{5}{20-6z-6z^{-1}} = \frac{5}{18\left(1-\frac{1}{3}z^{-1}\right)\left(1-\frac{1}{3}z\right)}$$

求 $W(z)$ 的反z变换得到

$$w_{ok} = \frac{5}{16}\left(\frac{1}{3}\right)^{|k|}$$

最小均方误差

$$J_{\min} = \sigma_d^2 - \sum_{l=-\infty}^{\infty} w_{ol} r_{dx}(l) = \frac{10}{27} - \sum_{l=-\infty}^{\infty} \frac{5}{16}\left(\frac{1}{3}\right)^{|l|}\left(\frac{10}{27}\right)\left(\frac{1}{2}\right)^{|l|} = \frac{5}{24} \approx 0.2083$$

从滤波器输入的噪声功率为 2/3，下降到滤波器输出的误差功率为 5/24。

现在考虑因果 IIR 维纳滤波器设计。它的推导比非因果情况复杂一些，这里先给出结果。因果 IIR 维纳滤波器的系统函数为

$$W(z)=\frac{1}{S_x^+(z)}\left[\frac{S_{dx}(z)}{S_x^-(z)}\right]_+ \tag{3.1.69}$$

上式中，$S_x^+(z)$是由 $S_x(z)$中位于单位圆内的极点和零点组成；$S_x^-(z)$是由 $S_x(z)$中位于单位圆外的极点和零点组成；$\left[\frac{S_{dx}(z)}{S_x^-(z)}\right]_+$是对应于$\frac{S_{dx}(z)}{S_x^-(z)}$的反变换中的因果序列部分的 z 变换。最小均方误差为

$$J_{\min}=\sigma_d^2-\sum_{l=0}^{\infty}w_{ol}r_{dx}(l) \tag{3.1.70}$$

下面通过一个白化滤波器导出因果 IIR 维纳滤波器的结果。一个规则随机过程可以通过一个白化滤波器产生其新息表示（白噪声），因此，将因果 IIR 维纳滤波器分成两步，第一步将输入信号白化，将新息作为维纳滤波器的输入对期望响应进行估计，如图 3.1.6 所示。

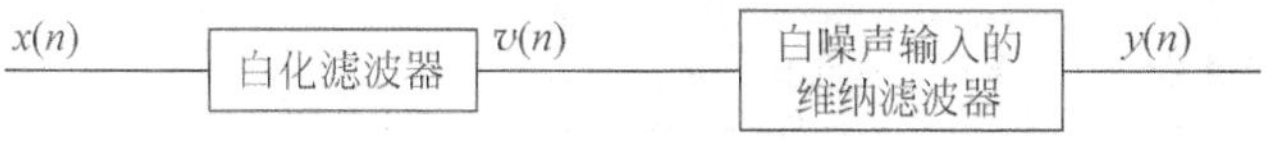

图 3.1.6　因果 IIR 维纳滤波器的分级形式

在 1.6.1 节的谱分解定理指出，一个实规则随机信号的功率谱可以分解为

$$S(z)=\sigma^2Q(z)Q(1/z) \tag{3.1.71}$$

通过一个系统函数为 $\Gamma(z)=1/Q(z)$的白化滤波器，输出其新息序列，这里，为了表示方便，定义

$$\frac{1}{S_x^+(z)}=\frac{1}{\sqrt{\sigma^2}Q(z)} \tag{3.1.72}$$

为白化滤波器的系统函数，由此产生的新息序列是方差为 1 的白噪声。

先求新息作为输入的 IIR 维纳滤波器的单位抽样响应 $h_2(n)$，因为

$$e(n)=d(n)-y(n)=d(n)-\sum_{k=0}^{\infty}h_2(k)v(n-k) \tag{3.1.73}$$

利用正交原理

$$E[v(n-l)e(n)]=E[v(n-l)d(n)]-E\left[v(n-l)\sum_{k=0}^{\infty}h_2(k)v(n-k)\right]=0\quad l=0,1,\cdots,\infty \tag{3.1.74}$$

由于 $v(n)$是方差为 1 的白噪声，上式整理为

$$r_{dv}(l)=\sum_{k=0}^{\infty}h_2(k)\delta(k-l)=h_2(l)\quad l\geqslant 0 \tag{3.1.75}$$

由于 $v(n)$是中间量，需要将 $r_{dv}(l)$进一步表示为

$$\begin{aligned}r_{dv}(l)&=E[d(n)v(n-l)]=E\left[\sum_{k=0}^{\infty}\gamma(k)x(n-l-k)d(n)\right]\\&=\sum_{k=0}^{\infty}\gamma(k)r_{dx}(l+k)=\sum_{m=0}^{-\infty}\gamma(-m)r_{dx}(l-m)=\gamma(-l)*r_{dx}(l)\end{aligned} \tag{3.1.76}$$

上式中 $\gamma(k)$是白化滤波器的单位抽样响应，上式两侧取 z 变换为

$$S_{dv}(z)=\frac{1}{\sqrt{\sigma^2}Q(1/z)}S_{dx}(z)=\frac{S_{dx}(z)}{S_x^-(z)} \tag{3.1.77}$$

注意到 $h_2(l)$只取 $r_{dv}(l)$的因果部分，因此

$$H_2(z)=[S_{dv}(z)]_+=\left[\frac{1}{\sqrt{\sigma^2}Q(1/z)}S_{dx}(z)\right]_+=\left[\frac{S_{dx}(z)}{S_x^-(z)}\right]_+$$

最终的因果 IIR 维纳滤波器是 $H_2(z)$与白化滤波器的级联，因此因果 IIR 维纳滤波器的系统函数为式(3.1.69)。

例 3.1.4 用因果 IIR 滤波器实现例 3.1.3 的相同问题。

解：由

$$S_x(z)=\frac{20-6z-6z^{-1}}{18\left(1-\frac{1}{2}z^{-1}\right)\left(1-\frac{1}{2}z\right)}=\frac{\left(1-\frac{1}{3}z^{-1}\right)\left(1-\frac{1}{3}z\right)}{\left(1-\frac{1}{2}z^{-1}\right)\left(1-\frac{1}{2}z\right)}$$

得到

$$S_x^+(z)=\frac{\left(1-\frac{1}{3}z^{-1}\right)}{\left(1-\frac{1}{2}z^{-1}\right)},\quad S_x^-(z)=\frac{\left(1-\frac{1}{3}z\right)}{\left(1-\frac{1}{2}z\right)}$$

另外，令

$$\Gamma(z)=\frac{S_{dx}(z)}{S_x^-(z)}=\frac{5}{18\left(1-\frac{1}{2}z^{-1}\right)\left(1-\frac{1}{3}z\right)}=\frac{\frac{1}{6}z^{-1}}{\left(1-\frac{1}{2}z^{-1}\right)}+\frac{1/3}{\left(1-\frac{1}{3}z\right)}$$

由反变换得

$$\gamma(n)=\frac{1}{6}\left(\frac{1}{2}\right)^{n-1}u(n-1)+\frac{1}{3}\left(\frac{1}{3}\right)^{-n}u(-n)$$

上式中的 $u(n)$代表阶跃序列。取 $\gamma(n)$的因果部分为 $\gamma_+(n)=\frac{1}{3}\left(\frac{1}{2}\right)^n u(n)$，因此

$$[\Gamma(z)]_+=\left[\frac{S_{dx}(z)}{S_x^-(z)}\right]_+=\frac{1/3}{1-\frac{1}{2}z^{-1}}$$

将上式代入式(3.1.69)得：

$$W(z)=\frac{1}{S_x^+(z)}\left[\frac{S_{dx}(z)}{S_x^-(z)}\right]_+=\frac{\left(1-\frac{1}{2}z^{-1}\right)}{\left(1-\frac{1}{3}z^{-1}\right)}\frac{1/3}{1-\frac{1}{2}z^{-1}}=\frac{1/3}{1-\frac{1}{3}z^{-1}}$$

取反 z 变换得到滤波器单位抽样响应为

$$w_{ok}=\frac{1}{3}\left(\frac{1}{3}\right)^k,\quad k\geqslant 0$$

$$J_{\min}=\sigma_d^2-\sum_{l=0}^{\infty}w_{ol}r_{dx}[l]=\frac{10}{27}-\sum_{l=-\infty}^{\infty}\frac{1}{3}\left(\frac{1}{3}\right)^{|l|}\left(\frac{10}{27}\right)\left(\frac{1}{2}\right)^{|l|}=\frac{2}{9}\approx 0.2222$$

因果的 IIR 维纳滤波器比非因果的剩余误差要略大。

注意到例 3.1.3、例 3.1.4 和例 3.1.1 是同一个问题分别用非因果 IIR、因果 IIR 和 2 系数 FIR 维纳滤波器进行处理，得到输出最小均方误差分别为：0.2083、0.2222 和 0.2240。虽然非因果 IIR 的误差最小，但是不可实现的，可实现的因果 IIR 和 2 系数 FIR 的误差很接近。在这个例子中，由于输入信号的极点远离单位圆，故用 2 系数的 FIR 滤波器即可取得接近于 IIR 滤波器的性能，若输入信号更复杂可能需要的 FIR 系数更多，但该例子给出一个直观说明，对于一个给定问题，选择适当阶数的 FIR 滤波器可能得到与因果 IIR 滤波器非常接近的性能。由于 FIR 滤波器不存在数值稳定性问题，容易实现和集成，所以实际中更易使用。

3.1.6　应用例——通信系统的最佳线性均衡器

在通信系统中，发射机发送的信号通过信道传输到接收机，传输信道有不同的媒体，主要分成有线和无线两类。以无线为例，发射信号通过无线信道传播，经过多径到达接收机而被接收，这些多径是由于信道中的信号经反射、折射和衍射形成的。多径传播产生的接收信号是由多个延迟衰落的发射信号叠加而成的。因此接收机接收到的信号中存在着串扰和畸变，直接进行检测会产生较大的误码。

一种改善信号检测性能的装置是信道均衡器，它的目标是补偿信道造成的串扰和畸变，为了叙述简单，我们采用图 3.1.7 的基带模型讨论均衡器的设计问题。

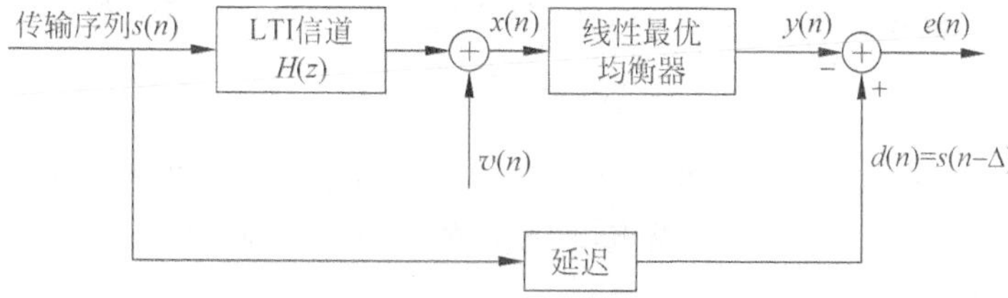

图 3.1.7　通信系统线性均衡器示意图

设发射机发送的信号序列是 $s(n)$，用一个线性时不变(LTI)滤波器模拟一个信道的传输性质(对于慢时变系统，这个 LTI 模型是合理的)，假定接收机和发射机用相同的采样频率，接收到的信号表示为

$$x(n) = \sum_k h(k)s(n-k) + v(n)$$

其中 $v(n)$表示加性干扰白噪声，$h(n)$表示信道的单位抽样响应，为了降低加性噪声和信道传输的影响，设计一个线性滤波器作为均衡器，均衡器的单位抽样响应记为 $w(n)$，均衡器输出为

$$y(n) = \sum_k w(k)x(n-k)$$

线性均衡器的设计目标是使 $y(n)$是 $s(n)$的尽可能精确的估计，即

$$y(n) = \sum_k w(k)x(n-k) \approx s(n-\Delta)$$

其中，Δ 表示一个整数延迟量。一种设计线性最优均衡器的准则是最小均方准则，这实际是设计一个维纳滤波器，滤波器的输入为 $x(n)$，期望响应为 $d(n)=s(n-\Delta)$。既可以设计 FIR 结构的维纳滤波器，也可以设计 IIR 结构的维纳滤波器，并且只需要 $x(n)$的自相关和 $x(n)$与 $s(n)$的互相关函数。如下以非因果 IIR 结构为例再进一步做说明，非因果 IIR 结构

可以取得理论上最好的结果。非因果 IIR 型维纳滤波器的系统函数为

$$W(z)=\frac{S_{dx}(z)}{S_x(z)}$$

容易求得

$$S_{dx}(z)=H\left(\frac{1}{z}\right)S_s(z)z^{-\Delta}$$

$$S_x(z)=H(z)H\left(\frac{1}{z}\right)S_s(z)+\sigma_v^2$$

因此,系统函数进一步写为

$$W(z)=\frac{H\left(\frac{1}{z}\right)S_s(z)z^{-\Delta}}{H(z)H\left(\frac{1}{z}\right)S_s(z)+\sigma_v^2} \tag{3.1.78}$$

频率响应为

$$W(\mathrm{e}^{\mathrm{j}\omega})=\frac{H(\mathrm{e}^{-\mathrm{j}\omega})S_s(\omega)\mathrm{e}^{-\mathrm{j}\omega\Delta}}{|H(\mathrm{e}^{\mathrm{j}\omega})|^2S_s(\omega)+\sigma_v^2} \tag{3.1.79}$$

由以上两式可以看到,一般情况下,维纳滤波器的频率响应与发射信号的功率谱和信道的频率响应有关。讨论两个特例

(1) 加性噪声不存在的情况,即 $\sigma_v^2=0$,线性最优均衡器的系统函数简化为

$$W(z)=\frac{z^{-\Delta}}{H(z)} \tag{3.1.80}$$

此时,最优线性均衡器是信道模型的逆系统。$y(n)=s(n-\Delta)$达到理想均衡。

(2) 发射信号是方差为 1 的白噪声,均衡器的系统函数简化为

$$W(z)=\frac{H\left(\frac{1}{z}\right)z^{-\Delta}}{H(z)H\left(\frac{1}{z}\right)+\sigma_v^2} \tag{3.1.81}$$

此时,得到的均衡器是所有线性系统中,使 $y(n)$与 $s(n-\Delta)$均方误差最小的系统,但达不到理想均衡条件 $y(n)=s(n-\Delta)$。

在实际系统中,信道性质可能是时变的,可以通过自适应滤波技术达到最优线性均衡和跟踪信道的时变性,有关用自适应滤波算法实现自适应均衡器的讨论见第 5 章。

*3.2 阵列波束形成与维纳滤波

本节介绍波束形成的基本原理,可以看到,波束形成是维纳滤波器理论在空间阵列信号处理中的应用形式。本节通过对比,将来源于时间信号处理的许多方法方便地移植到空间信号处理领域。

3.2.1 阵列波束形成基础知识

波束形成的目的就是从天线阵列接收到的信号来重构出源信号。要准确地重构出源信号,一般来说要注意到两个方面:一是增加期望信号在接收信号中的贡献,即要将天线阵列方向图的主瓣对准期望信号的来波方向;二是抑制干扰信号在接收信号中的作用,即尽可

能在干扰来波方向形成很深的零点。

阵列波束形成的示意图如图 3.2.1 所示。

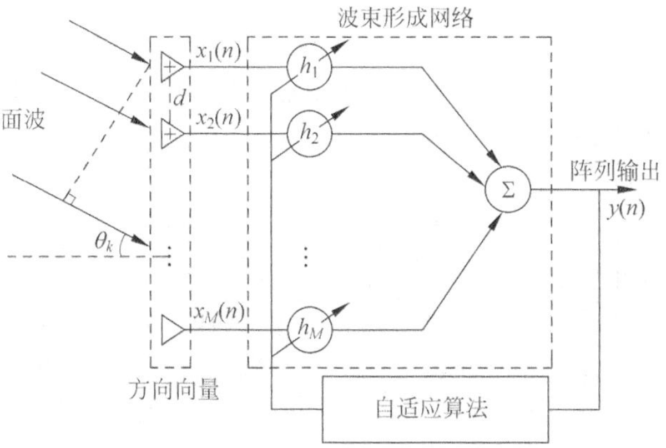

图 3.2.1　波束形成的示意图

波束形成的基本思想就是将各阵元的输出信号进行加权求和，使阵列波束在期望方向上形成峰值，在干扰方向上形成零点。

1. 基本假设

信号通过无线信道的传输情况相当复杂，其严格的数学模型的建立需要对信道进行完整地描述，但是这样处理问题往往非常复杂，不利于考查问题的实质。为了得到比较简洁的数学模型，做了以下假设。

关于天线阵列的假设　天线阵列由位于空间已知坐标处的无源阵元按一定的形式排列而成。假设阵元的接收特性仅与其位置有关而与尺寸无关，阵元本身尺寸大小为零，即可等效成一个点，并且阵元都是全向阵元，增益相等，都为 0dB，相互之间的互耦忽略不计。阵元接收信号时将产生噪声，假设其为加性高斯白噪声，各阵元上的噪声相互统计独立，且噪声与信号统计独立。

关于信号源的假设　假设空间信号的传播介质是均匀且各向同性，电磁波在介质中将按直线传播。另外，本节中，我们只考察阵列处于空间信号源辐射的远场中的情况，因此信号到达阵列时可以看作为一束平行的平面波，信号到达阵列各阵元的不同延时仅由阵列的几何结构和信号的来波方向决定。

2. 方向向量

若信号载波为 $e^{j\omega t}$，并以平面波形式在空间沿波束向量 k 的方向传播。设基准点处的信号为 $s(t)e^{j\omega t}$，则与基准点相距 r 处的阵元接收到的信号为 $s_r(t)=s(t-t_r)e^{j\omega(t-t_r)}$，其中 t_r 为电磁波从基准点到相距 r 处的阵元的传播延时。对于窄带信号，信号的频带远远小于载波频率，因此 $s(t)$ 相对于载波 $e^{j\omega t}$ 变化缓慢，因此 $s(t-t_r)\approx s(t)$，即信号包络在各阵元上的差异可以忽略不计。由于阵列信号总是变换到基带后再进行处理，因此 M 个阵元的阵列接收到的信号可以用向量形式表示为

$$\boldsymbol{s}(t)=[s_1(t),s_2(t),\cdots,s_M(t)]^{\mathrm{T}}=s(t)[e^{-j\omega t_1},e^{-j\omega t_2},\cdots,e^{-j\omega t_M}]^{\mathrm{T}} \tag{3.2.1}$$

定义方向向量为

$$\alpha = [e^{-j\omega t_1}, e^{-j\omega t_2}, \cdots, e^{-j\omega t_M}]^T$$

当波长和阵列的几何结构确定时，方向向量只与到达波的空间角向量 θ 有关，因此方向向量又记为

$$\alpha(\theta) = [e^{-j\omega t_1(\theta)}, e^{-j\omega t_2(\theta)}, \cdots, e^{-j\omega t_M(\theta)}]^T \tag{3.2.2}$$

实际使用的阵列结构要求方向向量 $\alpha(\theta)$ 必须与空间角向量 θ 一一对应，不能出现方向模糊现象。当有多个(例如 P 个)信源时，到达波的方向向量可以分别用 $\alpha(\theta_1), \alpha(\theta_2), \cdots, \alpha(\theta_P)$ 表示。这 P 个方向向量组成的矩阵

$$\boldsymbol{A} = [\alpha(\theta_1), \alpha(\theta_2), \cdots, \alpha(\theta_P)] \tag{3.2.3}$$

称为方向矩阵或响应矩阵，它表示所有信源的方向。

现在考查等距线阵。M 个阵元等距离排列成一直线，阵元间距为 d，位于信源的远场区域。到达波的空间角应在三维空间表示，为了便于后续讨论的方便，这里只考虑二维空间，其方向角称为波达方向(DOA)，即与阵列法线的夹角。易知等距线阵的方向向量为

$$\alpha(\theta) = [1, e^{-j\frac{2\pi}{\lambda}d\sin(\theta)}, e^{-j\frac{2\pi}{\lambda}2d\sin(\theta)}, \cdots, e^{-j\frac{2\pi}{\lambda}(M-1)d\sin(\theta)}]^T \tag{3.2.4}$$

若有 P 个信源，波达方向分别为 $\theta_i(i=1,2,\cdots,P)$，则方向矩阵为

$$\begin{aligned}\boldsymbol{A} &= [\alpha(\theta_1), \alpha(\theta_2), \cdots, \alpha(\theta_P)] \\ &= \begin{bmatrix} 1 & 1 & \cdots & 1 \\ e^{-j\frac{2\pi}{\lambda}d\sin(\theta_1)} & e^{-j\frac{2\pi}{\lambda}d\sin(\theta_2)} & \cdots & e^{-j\frac{2\pi}{\lambda}d\sin(\theta_P)} \\ \vdots & \vdots & \ddots & \vdots \\ e^{-j\frac{2\pi}{\lambda}(M-1)d\sin(\theta_1)} & e^{-j\frac{2\pi}{\lambda}(M-1)d\sin(\theta_2)} & \cdots & e^{-j\frac{2\pi}{\lambda}(M-1)d\sin(\theta_P)} \end{bmatrix}\end{aligned} \tag{3.2.5}$$

此方向矩阵是一个 Vandermode 矩阵。

3. 接收信号模型

考查阵元数为 M 的平面等距线阵，阵元间距为 d，P 个信源，其中 $M>P$，波达方向分别为 $\theta_i(i=1,2,\cdots,P)$。以阵列的第一个阵元作为基准，各信源在基准点的复包络分别为 $s_1(t), s_2(t), \cdots, s_P(t)$，则在第 m 个阵元上的接收信号为

$$x_m(t) = \sum_{i=1}^{P} s_i(t) e^{-j\frac{2\pi}{\lambda}(m-1)d\sin\theta_i} + n_m(t) \tag{3.2.6}$$

其中 $n_m(t)$ 表示第 m 个阵元上的加性白噪声。

将各阵元上的接收信号写成向量形式

$$\boldsymbol{x}(t) = \boldsymbol{A}\boldsymbol{s}(t) + \boldsymbol{n}(t) \tag{3.2.7}$$

其中

$$\begin{aligned}\boldsymbol{x}(t) &= [x_1(t), x_2(t), \cdots, x_M(t)]^T \\ \boldsymbol{A} &= [\alpha(\theta_1), \alpha(\theta_2), \cdots, \alpha(\theta_P)] \\ \boldsymbol{s}(t) &= [s_1(t), s_2(t), \cdots, s_P(t)]^T \\ \boldsymbol{n}(t) &= [n_1(t), n_2(t), \cdots, n_M(t)]^T\end{aligned}$$

4. 2 阶统计量

阵列可以获取许多次快拍的观测数据(所谓一次快拍指一个给定时刻各阵元测量得到的数据)，为了充分利用这些数据以提高检测可靠性和参数估计的精度，可采用积累的方法，但用数据直接积累是不行的，因为 $s(t)$ 随 t 变化，且其初相通常为均匀分布，1 阶统计量(均

值)为零。数据的2阶统计量由于可以消去信号的随机初相,所以可反映信号的特征。

阵列的自相关矩阵定义为

$$\boldsymbol{R}=E\{\boldsymbol{x}(t)\boldsymbol{x}^{\mathrm{H}}(t)\}=E\{[\boldsymbol{As}(t)+\boldsymbol{n}(t)][\boldsymbol{As}(t)+\boldsymbol{n}(t)]^{\mathrm{H}}\}$$

因为信号与噪声统计独立,则

$$\boldsymbol{R}=\boldsymbol{A}E\{\boldsymbol{s}(t)\boldsymbol{s}^{\mathrm{H}}(t)\}\boldsymbol{A}^{\mathrm{H}}+E\{\boldsymbol{n}(t)\boldsymbol{n}^{\mathrm{H}}(t)\}=\boldsymbol{APA}^{\mathrm{H}}+\sigma^2\boldsymbol{I} \tag{3.2.8}$$

其中$\boldsymbol{P}=E\{\boldsymbol{s}(t)\boldsymbol{s}^{\mathrm{H}}(t)\}$为信源部分的自相关矩阵;由于各阵元的噪声不相关,并假设强度相等,故其自相关矩阵为$E\{\boldsymbol{n}(t)\boldsymbol{n}^{\mathrm{H}}(t)\}=\sigma^2\boldsymbol{I}$。

5. 阵列权向量

天线阵列可以近似为一个线性系统,阵列的M个阵元相当于此系统的M个输入,阵列的输出信号是M个阵元接收信号的线性组合,若每个阵元的权重为$w_i(i=1,2,\cdots,M)$,考虑到阵列加权可以是幅度加权和相位加权的组合,各w_i可能是复系数。则阵列的权向量记为

$$\boldsymbol{w}=[w_1,w_2,\cdots,w_M]^{\mathrm{T}}$$

阵列的输出$y(t)$为

$$y(t)=\sum_{i=1}^{M}w_i^*x_i(t)=\boldsymbol{w}^{\mathrm{H}}\boldsymbol{x}(t)$$

3.2.2 维纳滤波与波束形成

一个天线阵列可以用来接收单个信号,也可以用来接收多个信号,即多波束形成。这里考察最简单的情形:线阵等距,只有一个入射信号,没有干扰信号,并且阵元背景噪声为相互独立高斯白噪声,且与信号独立。

若信号的入射方向为θ,阵元个数M,阵元间距d,期望信号为$s(t)$,则阵列方向向量为

$$\alpha(\theta)=[1,\mathrm{e}^{-\mathrm{j}\frac{2\pi}{\lambda}d\sin(\theta)},\mathrm{e}^{-\mathrm{j}\frac{2\pi}{\lambda}2d\sin(\theta)},\cdots,\mathrm{e}^{-\mathrm{j}\frac{2\pi}{\lambda}(M-1)d\sin(\theta)}]^{\mathrm{T}} \tag{3.2.9}$$

若阵列权向量为$\boldsymbol{w}$,阵列噪声$\boldsymbol{n}(t)$,则阵列的输出为

$$y(t)=\boldsymbol{w}^{\mathrm{H}}\boldsymbol{x}(t)=\boldsymbol{w}^{\mathrm{H}}(s(t)\alpha(\theta)+\boldsymbol{n}(t)) \tag{3.2.10}$$

由上式可以看出阵列输出信号包含了信号$s(t)$和噪声$\boldsymbol{n}(t)$,波束形成的目的就是要寻求一组最优权值,尽可能从$y(t)$中恢复信号$s(t)$。

阵列输出信号与期望信号的误差为

$$e(t)=y(t)-s(t)=\boldsymbol{w}^{\mathrm{H}}\boldsymbol{x}(t)-s(t)$$

如果采用最小均方误差准则

$$E\{|e(t)|^2\}=\{|[\boldsymbol{w}^{\mathrm{H}}\boldsymbol{x}(t)-s(t)]|^2\}$$

易知最优权值$\boldsymbol{w}_{\mathrm{opt}}$满足维纳-霍夫方程

$$\boldsymbol{R}_x\boldsymbol{w}_{\mathrm{opt}}=\boldsymbol{r}_{xd} \tag{3.2.11}$$

其中

$$\boldsymbol{R}_x=E\{\boldsymbol{x}(t)\boldsymbol{x}^{\mathrm{H}}(t)\}=\sigma_s^2\alpha(\theta)\alpha^{\mathrm{H}}(\theta)+\sigma_n^2\boldsymbol{I}$$

$$\boldsymbol{r}_{xd}=E\{\boldsymbol{x}(t)s(t)\}=E\{s(t)(s(t)\alpha(\theta)+\boldsymbol{n}(t))\}=E\{s^2(t)\}\alpha(\theta)=\sigma_s^2\alpha(\theta)$$

由维纳滤波知

$$\boldsymbol{w}_{\mathrm{opt}}=\boldsymbol{R}_x^{-1}\boldsymbol{r}_{xd}$$

利用矩阵逆引理(见附录),进一步简化可得

$$\begin{aligned} \boldsymbol{w}_{\text{opt}} &= (\sigma_s^2 \alpha(\theta)\alpha^{\text{H}}(\theta) + \sigma_n^2 I)^{-1}\sigma_s^2\alpha(\theta) \\ &= [\sigma_n^{-2} I - \sigma_n^{-4}\sigma_s^2 \alpha(\theta)\ \alpha^{\text{H}}(\theta)/(1 + M\sigma_n^{-2}\sigma_s^2)]\sigma_s^2\alpha(\theta) \\ &= \left(\frac{\sigma_s^2}{\sigma_n^2} - \frac{M\sigma_s^4}{\sigma_n^4 + M\sigma_n^2\sigma_s^2}\right)\alpha(\theta) \end{aligned} \tag{3.2.12}$$

容易看出,在这种情况下,最优权值的表示相当简单,就是阵列方向向量,仅仅幅度有了变化。值得注意的是,这里我们做了一系列很强的假设才得到如此简明的表达形式,如信号的平稳性,相互独立的等功率高斯白噪声,以及信号噪声不相关等等。在实际应用中,这些假设往往不能满足,还需要其他一些处理方法。

3.2.3 MVDR 波束形成器

MVDR 波束形成器即最小方差无畸变响应波束形成器(minimum variance distortionless response),也称作 Capon 波束形成器,最早是由 Capon 提出的。

MVDR 波束形成器的数学模型即在约束条件 $\boldsymbol{w}^{\text{H}}\alpha(\theta)=1$ 下求解优化问题

$$\min\{J(\omega)\} = \min[E\{\boldsymbol{w}^{\text{H}}\boldsymbol{x}\boldsymbol{x}^{\text{H}}\boldsymbol{w}\}]$$

其中$\alpha(\theta)$为前一节中所述的方向向量,$\boldsymbol{w}$ 为阵列权值向量,$\boldsymbol{x}$ 为阵列接收到的信号(包含有噪声),即

$$\boldsymbol{x}(t) = A\boldsymbol{s}(t) + \boldsymbol{n}(t)$$

包含来自 P 个方向的信号。约束条件 $\boldsymbol{w}^{\text{H}}\alpha(\theta)=1$ 保证了在期望方向 θ 上有恒定的增益,极小化输出功率则尽可能地抑制了噪声和来自其他方向的干扰信号。

这是约束最优问题,利用拉格朗日乘数法求解此优化问题,得最优权值为

$$\boldsymbol{w}_{\text{opt}} = \frac{\boldsymbol{R}_x^{-1}\ \alpha(\theta)}{\alpha^{\text{H}}(\theta)\boldsymbol{R}_x^{-1}\ \alpha(\theta)} \tag{3.2.13}$$

其中 $\boldsymbol{R}_x$ 为阵列接收信号的自相关矩阵。由于最优权值 $\boldsymbol{w}_{\text{opt}}$的表达式中含有 $\boldsymbol{R}_x$,在实际中可以由接收到的信号估计 $\boldsymbol{R}_x$,因此,实际应用时 $\boldsymbol{R}_x$ 与实时接收到的数据有关,能够随着噪声和干扰的变化自适应的调整权值,极小化输出功率。

由此优化问题的数学模型可知,如果阵列接收到的只有期望信号和噪声,最优权值的方向图将在期望方向上形成一定高度的主瓣,同时尽量压低旁瓣,抑制噪声功率;如果同时有方向性干扰存在,则最优权值的方向图将在干扰方向上形成一个零点,从而抑制干扰功率。

MVDR 波束形成器能够自适应地抑制干扰,并且同传统的波束形成器相比具有更高的空间分辨率,因此得到很广泛的应用。

下面我们考查一下 MVDR 波束形成器和维纳滤波之间的联系。维纳滤波是极小化均方误差 $E\{|e(t)|^2\}$

$$\begin{aligned} \min\{E[|\ e(t)\ |^2]\} &= \min E\{|\ \boldsymbol{w}^{\text{H}}\boldsymbol{x}(t) - s(t)\ |^2\} \\ &= \min\{E[\boldsymbol{w}^{\text{H}}\boldsymbol{x}(t)\boldsymbol{x}^{\text{H}}(t)\boldsymbol{w}] - 2E[\boldsymbol{w}^{\text{H}}\boldsymbol{x}(t)s(t)] + E[s^2(t)]\} \\ &= \min\{E[\boldsymbol{w}^{\text{H}}\boldsymbol{x}(t)\boldsymbol{x}^{\text{H}}(t)\boldsymbol{w}] - 2E[\boldsymbol{w}^{\text{H}}(\alpha(\theta)s(t) + \boldsymbol{n}(t))s(t)] + E[s^2(t)]\} \\ &= \min\{E[\boldsymbol{w}^{\text{H}}\boldsymbol{x}(t)\boldsymbol{x}^{\text{H}}(t)\boldsymbol{w}] - 2E[\boldsymbol{w}^{\text{H}}\alpha(\theta)s^2(t)] \\ &\quad - 2E[\boldsymbol{w}^{\text{H}}\boldsymbol{n}(t)s(t)] + E[s^2(t)]\} \end{aligned}$$

我们前面假设信号和噪声不相关,所以 $E[\boldsymbol{w}^{\text{H}}\boldsymbol{n}(t)s(t)]=0$。MVDR 波束形成器的约束条件

$w^H\alpha(\theta)=1$,则由

$$\min\{E[\mid e(t)\mid^2]\}=\min\{E[\boldsymbol{w}^H\boldsymbol{x}(t)\boldsymbol{x}^H(t)\boldsymbol{w}]-E[s^2(t)]\}$$

得到的最优权值 $\boldsymbol{w}_{opt}$ 和

$$\min\{E[\boldsymbol{w}^H\boldsymbol{x}(t)\boldsymbol{x}^H(t)\boldsymbol{w}]\}$$

同解。上式即为 MVDR 波束形成器的优化目标函数。因此 MVDR 波束形成器实际是一个加了约束条件的维纳滤波器,由此也可进一步体会到维纳滤波器具有的广泛性意义。

3.3 最优线性预测

最优线性预测是维纳滤波器的一种特殊类型,将特殊的输入向量和期望响应代入维纳-霍夫方程,得到线性最优预测的解。线性最优预测分为前向预测和后向预测两种情况,将会发现解前向线性预测系数的方程与解 AR 模型系数的方程是完全等价的。通过讨论前向和后向线性预测滤波器结构,导出快速算法:Levinson-Durbin 递推算法,用于快速求解线性预测或 AR 模型问题。通过 Levinson-Durbin 递推算法也导出了一种重要的滤波器结构,即格型滤波器。本节如不加特别说明,均指一步预测。

3.3.1 前向线性预测

由$\{x(n-i)\}_{i=1}^{M}$张成的空间记为 X_{n-1},在 X_{n-1} 中预测 $x(n)$的值,这是一步前向预测问题。在所有可能的线性预测器中,存在一个使预测误差的均方值最小的预测器,称为最优前向线性预测,设最优预测器的系数为 $w_{f,1},w_{f,2},\cdots,w_{f,M}$。记最优预测为

$$\hat{x}(n\mid X_{n-1})=\sum_{k=1}^{M}w_{f,k}^{*}x(n-k) \tag{3.3.1}$$

显然,最优前向线性预测相当于一个维纳滤波器,对应于维纳滤波的术语,期望响应为

$$d(n)=x(n) \tag{3.3.2}$$

预测误差为

$$f_M(n)=x(n)-\hat{x}(n\mid X_{n-1}) \tag{3.3.3}$$

最小预测误差功率为

$$p_M=E[\mid f_M(n)\mid^2] \tag{3.3.4}$$

为使用维纳滤波器的结论,各变量和参数分别描述如下,输入向量为

$$\boldsymbol{x}(n-1)=[x(n-1),x(n-2),\cdots,x(n-M)]^T \tag{3.3.5}$$

自相关矩阵为

$$\boldsymbol{R}_x=E[\boldsymbol{x}(n-1)\boldsymbol{x}^H(n-1)]=E[\boldsymbol{x}(n)\boldsymbol{x}^H(n)] \tag{3.3.6}$$

式(3.3.6)的第二个等号成立是假定了输入信号是平稳的。输入信号与期望响应的互相关向量为

$$\boldsymbol{r}_{xd}=E[\boldsymbol{x}(n-1)x^*(n)]=\begin{bmatrix}r_x(-1)\\ r_x(-2)\\ \vdots\\ r_x(-M)\end{bmatrix}=\boldsymbol{r} \tag{3.3.7}$$

相应的求解前向最优线性预测系数的维纳-霍夫方程为

$$\boldsymbol{R}_x \boldsymbol{w}_f = \boldsymbol{r} \tag{3.3.8}$$

这里，$\boldsymbol{w}_f = [w_{f,1}, w_{f,2}, \cdots, w_{f,M}]^{\mathrm{T}}$，注意到，这个方程与求解 AR 模型系数的 Yule-Walker 方程是一致的，只是系数相差一个负号。

当采用最优预测系数时，预测误差均方值达到最小，即最小预测误差功率为

$$p_M = r_x(0) - \boldsymbol{r}^{\mathrm{H}} \boldsymbol{w}_f \tag{3.3.9}$$

前向预测和预测误差输出可用图 3.3.1 表示。

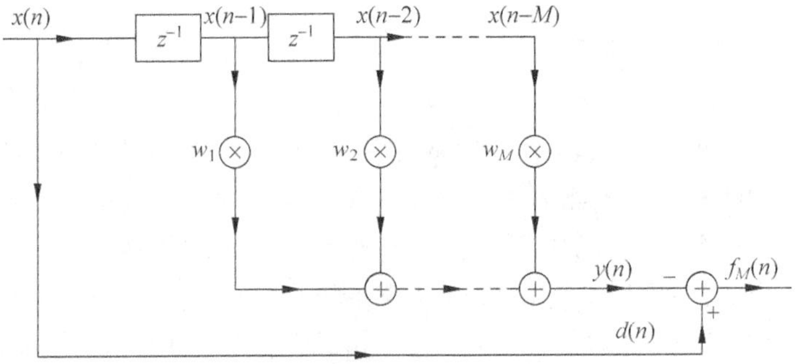

图 3.3.1　前向线性预测器及预测误差输出

1. 前向线性预测误差滤波器

如果将预测误差作为一个滤波器的输出，由输入 $x(n)$ 到输出 $f_M(n)$ 构成前向线性预测误差滤波器，相应的滤波器输入输出关系表示为

$$\begin{aligned} f_M(n) &= x(n) - \sum_{k=1}^{M} w_{f,k}^* x(n-k) \\ &= \sum_{k=0}^{M} a_{M,k}^* x(n-k) = \boldsymbol{a}_M^{\mathrm{H}} \boldsymbol{x}_{M+1}(n) \end{aligned} \tag{3.3.10}$$

这里，相应的前向线性预测误差滤波器系数 $a_{M,k}$ 与最优预测器系数 $w_{f,k}$ 的关系为

$$a_{M,k} = \begin{cases} 1, & k = 0 \\ -w_{f,k}, & k = 1, 2, \cdots, M \end{cases} \tag{3.3.11}$$

并使用向量符号为

$$\begin{aligned} \boldsymbol{a}_M &= [1, a_{M,1}, a_{M,2}, \cdots, a_{M,M}]^{\mathrm{T}} \\ \boldsymbol{x}_{M+1}(n) &= [x(n), x(n-1), \cdots, x(n-M+1), x(n-M)]^{\mathrm{T}} \end{aligned} \tag{3.3.12}$$

2. 增广维纳-霍夫方程

将前向预测的维纳-霍夫方程式(3.3.8)和预测误差功率 p_M 公式(3.3.9)写在一起，有

$$\begin{pmatrix} r_x(0) & \boldsymbol{r}^{\mathrm{H}} \\ \boldsymbol{r} & \boldsymbol{R}_x \end{pmatrix} \begin{pmatrix} 1 \\ -\boldsymbol{w}_f \end{pmatrix} = \begin{pmatrix} p_M \\ \boldsymbol{0} \end{pmatrix} \tag{3.3.13}$$

或等价为

$$\boldsymbol{R}_{M+1} \boldsymbol{a}_M = \begin{pmatrix} p_M \\ \boldsymbol{0} \end{pmatrix} \tag{3.3.14}$$

式(3.3.13)或式(3.3.14)是线性预测的增广维纳-霍夫方程，从增广方程看，前向线性预测误差滤波器和 AR 模型所服从的方程组也是一致的。

3. 前向线性预测误差滤波器与 AR 模型的关系

前文已经提到，在已知一组自相关序列值$\{r_x(k), k=0,\cdots,M\}$的条件下，前向线性预测误差滤波器和 AR 模型的求解方程是一致的。为了便于比较，将 AR(M)模型的差分方程表达式写为如下形式

$$\sum_{k=0}^{M} a_k^* x(n-k) = v(n) \tag{3.3.15}$$

比较式(3.3.10)和式(3.3.15)发现，AR 模型与前向线性预测误差滤波器满足相同的方程(但等号左右两侧内容是相互调换的)，只需要进行如下的对应关系

$$a_k^* \leftrightarrow a_{M,k}^* \tag{3.3.16}$$

$$v(n) \leftrightarrow f_M(n) \tag{3.3.17}$$

注意，这种对应只是数学形式的对应，从物理意义上，前向线性预测误差是分析器，即 $x(n)$ 是输入信号，通过滤波器产生输出 $f_M(n)$；AR 模型是合成器，$v(n)$是激励信号，通过系统产生合成的信号 $x(n)$。两者分别用于解决不同的问题，但遵从相同的数学关系。因此，在已知一组自相关序列值$\{r_x(k), k=0,\cdots,M\}$的条件下，两者的求解过程和所求的解相同，即两者的解等价。

3.3.2 后向线性预测

初看起来，后向预测似乎没有实质用处，但其可与前向预测构成互补结构，从而得到有效的系统结构。由$\{x(n-i)\}_{i=0}^{M-1}$构成的空间 X_n 预测 $x(n-M)$，称为一步后向预测，简称后向预测。最优后向线性预测器系数记为 $w_{b,1}, w_{b,2}, \cdots, w_{b,M}$，预测值记为

$$\hat{x}(n-M \mid X_n) = \sum_{k=1}^{M} w_{b,k}^* x(n-k+1) \tag{3.3.18}$$

与前向预测类似，后向最优线性预测器也是维纳滤波器的特殊类型，对应于维纳滤波器的术语，分别有期望响应为

$$d(n) = x(n-M) \tag{3.3.19}$$

预测误差为

$$b_M(n) = x(n-M) - \hat{x}(n-M \mid X_n) \tag{3.3.20}$$

预测误差功率为

$$p_M = E[\mid b_M(n) \mid^2] \tag{3.3.21}$$

与标准维纳滤波器相比，后向预测器的有关向量分别写为，输入向量

$$\boldsymbol{x}(n) = [x(n), x(n-1), \cdots, x(n-M+1)]^{\mathrm{T}}$$

自相关矩阵为

$$\boldsymbol{R}_x = E[\boldsymbol{x}(n)\boldsymbol{x}^{\mathrm{H}}(n)]$$

互相关向量为

$$\boldsymbol{r}_{xd} = E[\boldsymbol{x}(n)x^*(n-M)] = [r(M), r(M-1), \cdots, r(1)]^{\mathrm{T}} = \boldsymbol{r}^{B*}$$

这里上标符号 B 指反向排序。

求后向预测器系数的维纳-霍夫方程为

$$\boldsymbol{R}_x \boldsymbol{w}_b = \boldsymbol{r}^{B*} \tag{3.3.22}$$

这里，$\boldsymbol{w}_b = [w_{b,1}, w_{b,2}, \cdots, w_{b,M}]^{\mathrm{T}}$。预测误差功率为

$$p_M = r(0) - \boldsymbol{r}^{BT}\boldsymbol{w}_b \tag{3.3.23}$$

可以证明(留作习题),前向和后向最优预测系数之间满足如下关系

$$\boldsymbol{w}_b^{B*} = \boldsymbol{w}_f \tag{3.3.24}$$

或写成分量形式如下

$$w_{b,M-k+1}^* = w_{f,k} \quad k = 1,2,\cdots,M \tag{3.3.25}$$

$$w_{b,k} = w_{f,M-k+1}^* \quad k = 1,2,\cdots,M \tag{3.3.26}$$

由此也可证明前向最优线性预测误差功率与后向最优线性预测误差功率也相等,因此都用了同一个符号 p_M 表示。

1. 后向预测误差滤波器

与前向预测类似,定义后向预测误差滤波器

$$\begin{aligned} b_M(n) &= x(n-M) - \sum_{k=1}^{M} w_{bk}^* x(n-k+1) \\ &= \sum_{k=0}^{M} C_{M,k}^* x(n-k) \end{aligned} \tag{3.3.27}$$

这里

$$C_{M,k}^* = \begin{cases} -w_{b,k+1}^*, & k = 0,1,\cdots,M-1 \\ 1, & k = M \end{cases}$$

容易验证

$$C_{M,k} = a_{M,M-k}^* \quad k = 0,\cdots,M \tag{3.3.28}$$

故

$$b_M(n) = \sum_{k=0}^{M} a_{M,M-k} x(n-k) = \boldsymbol{a}_M^{BT} \boldsymbol{x}_{M+1}(n) \tag{3.3.29}$$

2. 增广维纳-霍夫方程

后向预测问题也可以写成一个增广方程为

$$\begin{pmatrix} \boldsymbol{R}_x & \boldsymbol{r}^{B*} \\ \boldsymbol{r}^{BT} & \boldsymbol{r}_x(0) \end{pmatrix} \begin{pmatrix} -\boldsymbol{w}_b \\ 1 \end{pmatrix} = \begin{pmatrix} \boldsymbol{0} \\ p_M \end{pmatrix} \tag{3.3.30}$$

或

$$\boldsymbol{R}_{M+1}\boldsymbol{a}_M^{B*} = \begin{pmatrix} \boldsymbol{0} \\ p_M \end{pmatrix} \tag{3.3.31}$$

3.3.3 Levinson-Durbin 算法

在实际应用中,不管是解 AR 模型问题或解线性最优预测问题,都需要求解增广的 Yule-Walker 方程(或线性预测的增广 Wiener-Hopf 方程),但实际中,往往并不知道模型或预测的最好阶数。一些学者研究了阶数的确定准则;另一种方法就是对一个范围内的若干阶数分别进行求解,当预测误差不随阶数增加而明显减少时,就可以得到相应的模型阶。分别求解若干阶的增广 Yule-Walker 方程,是比较费时的。用高斯消元法解一个 M 阶方程需要 $O(M^3)$ 的运算量,随着 M 增加,运算量增加很快。一种好的方法是:如果已知 $M-1$ 阶的系数和最小均方误差,通过一个简单的递推关系得到 M 阶的系数与均方误差值,这就是

Levinson-Durbin 递推算法。

Levinson-Durbin 递推算法实际是利用相关矩阵 $\boldsymbol{R}$ 的 Toeplitz 性质，由 Toeplitz 性得到了自相关矩阵的增广形式，再利用前向和后向预测的增广 Yule-Walker 方程的结构，导出了由 $m-1$ 阶的解 $\boldsymbol{a}_{m-1}, p_{m-1}$ 递推求解 $\boldsymbol{a}_m, p_m$ 的快速算法。如下推导这个算法。

从 $m-1$ 阶出发，对前向预测有增广方程

$$\boldsymbol{R}_m\boldsymbol{a}_{m-1}=\begin{bmatrix}p_{m-1}\\ \boldsymbol{0}_{m-1}\end{bmatrix} \tag{3.3.32}$$

注意，为了推导过程清晰，自相关矩阵 $\boldsymbol{R}_m$ 的下标表示 $m\times m$ 增广矩阵。将式(3.3.32)的系数矩阵增加阶数，将系数自相关矩阵增广为$(m+1)\times(m+1)$矩阵，为保持方程成立，系数向量尾部增加一个 0，得到

$$\begin{pmatrix}\boldsymbol{R}_m & \boldsymbol{r}_m^{B*}\\ \boldsymbol{r}_m^{BT} & r_x(0)\end{pmatrix}\begin{pmatrix}\boldsymbol{a}_{m-1}\\ 0\end{pmatrix}=\begin{pmatrix}p_{m-1}\\ \boldsymbol{0}_{m-1}\\ \boldsymbol{r}_m^{BT}\boldsymbol{a}_{m-1}\end{pmatrix}\triangleq\begin{pmatrix}p_{m-1}\\ \boldsymbol{0}_{m-1}\\ \Delta_{m-1}\end{pmatrix} \tag{3.3.33}$$

这里 Δ_{m-1} 只是引入的一个缩写符号，即

$$\Delta_{m-1}=\boldsymbol{r}_m^{BT}\boldsymbol{a}_{m-1}=\sum_{\ell=0}^{m-1}r_x(\ell-m)a_{m-1,\ell} \tag{3.3.34}$$

实际上 Δ_{m-1} 有其明确的物理意义，它的物理意义稍后再讨论。

类似地，后向 $m-1$ 阶预测的增广方程为

$$\boldsymbol{R}_m\boldsymbol{a}_{m-1}^{B*}=\begin{bmatrix}\boldsymbol{0}_{m-1}\\ p_{m-1}\end{bmatrix} \tag{3.3.35}$$

同样对式(3.3.35)的系数矩阵做 1 阶增广，得如下方程

$$\begin{pmatrix}r_x(0) & \boldsymbol{r}_m^{\mathrm{H}}\\ \boldsymbol{r}_m & \boldsymbol{R}_m\end{pmatrix}\begin{pmatrix}0\\ \boldsymbol{a}_{m-1}^{B*}\end{pmatrix}=\begin{pmatrix}\boldsymbol{r}_m^{\mathrm{H}}\boldsymbol{a}_{m-1}^{B*}\\ \boldsymbol{0}_{m-1}\\ p_{m-1}\end{pmatrix}=\begin{bmatrix}\Delta_{m-1}^{*}\\ \boldsymbol{0}_{m-1}\\ p_{m-1}\end{bmatrix} \tag{3.3.36}$$

观察式(3.3.33)和式(3.3.36)发现，它们都是以 $\boldsymbol{R}_{m+1}$ 为系数矩阵的方程，为了与 m 阶前向线性预测的增广方程进行比较，构造一个方程式为：式(3.3.33)+式(3.3.36)$\times k_m$，即

$$\boldsymbol{R}_{m+1}\left\{\begin{bmatrix}\boldsymbol{a}_{m-1}\\ 0\end{bmatrix}+k_m\begin{bmatrix}0\\ \boldsymbol{a}_{m-1}^{B*}\end{bmatrix}\right\}=\begin{pmatrix}p_{m-1}\\ \boldsymbol{0}_{m-1}\\ \Delta_{m-1}\end{pmatrix}+k_m\begin{pmatrix}\Delta_{m-1}^{*}\\ \boldsymbol{0}_{m-1}\\ p_{m-1}\end{pmatrix} \tag{3.3.37}$$

式(3.3.37)中，k_m 是一个自由参数。现在可以比较式(3.3.37)和 m 阶的前向预测的增广方程，为了比较方便，将 m 阶的前向预测的增广方程写在如下

$$\boldsymbol{R}_{m+1}\boldsymbol{a}_m=\begin{pmatrix}p_m\\ \boldsymbol{0}_m\end{pmatrix} \tag{3.3.38}$$

比较式(3.3.37)和式(3.3.38)发现，如果能够确定 k_m 的值，使式(3.3.37)和式(3.3.38)两式等价，即式(3.3.37)和式(3.3.38)方程两侧的各向量相等，也就是

$$\boldsymbol{a}_m=\begin{pmatrix}\boldsymbol{a}_{m-1}\\ 0\end{pmatrix}+k_m\begin{pmatrix}0\\ \boldsymbol{a}_{m-1}^{B*}\end{pmatrix} \tag{3.3.39}$$

和

$$\begin{pmatrix} p_m \\ \mathbf{0}_m \end{pmatrix} = \begin{pmatrix} p_{m-1} \\ \mathbf{0}_{m-1} \\ \Delta_{m-1} \end{pmatrix} + k_m \begin{pmatrix} \Delta_{m-1}^* \\ \mathbf{0}_{m-1} \\ p_{m-1} \end{pmatrix} \tag{3.3.40}$$

是有唯一解的。由于式(3.3.37)和式(3.3.38)的系数都是 $\boldsymbol{R}_{m+1}$，如果式(3.3.39)和式(3.3.40)有解，那么由式(3.3.39)就得到预测滤波系数的递推公式，式(3.3.39)可以写成标量形式为

$$a_{m,\ell} = a_{m-1,\ell} + k_m a_{m-1,m-\ell}^* \quad \ell = 0,1,\cdots,m \tag{3.3.41}$$

在使用上式时，应注意到 $a_{m-1,m}=0$ 和 $a_{m-1,0}=1$。

解式(3.3.40)，确定 k_m 参数和 p_m 的公式，注意到式(3.3.40)中间 $m-2$ 行恒为零，因此只有如下两个方程

$$\begin{cases} p_m = p_{m-1} + k_m \Delta_{m-1}^* \\ 0 = \Delta_{m-1} + k_m p_{m-1} \end{cases}$$

解之得到

$$k_m = -\frac{\Delta_{m-1}}{p_{m-1}} \tag{3.3.42}$$

$$p_m = p_{m-1}(1 - |k_m|^2) \tag{3.3.43}$$

可以看到，只要按式(3.3.42)取 k_m 的值，就使式(3.3.39)和式(3.3.40)等式成立，由式(3.3.41)和式(3.3.43)得到由 $\boldsymbol{a}_{m-1}$，p_{m-1} 递推求解 $\boldsymbol{a}_m$，p_m 的公式。

不难验证，与式(3.3.39)对应的另一个形式的递推公式是：

$$\boldsymbol{a}_{m-1}^{B*} = \begin{pmatrix} 0 \\ \boldsymbol{a}_{m-1}^{B*} \end{pmatrix} + k_m^* \begin{pmatrix} \boldsymbol{a}_{m-1} \\ 0 \end{pmatrix} \tag{3.3.44}$$

或写成单项的形式为

$$a_{m,m-\ell}^* = a_{m-1,m-\ell}^* + k_m^* a_{m-1,\ell} \tag{3.3.45}$$

为了更全面理解 Levinson-Durbin 算法，对几个相关问题作一些更详细地讨论。

1. $\boldsymbol{\Delta_{m-1}}$ 和 $\boldsymbol{k_m}$ 的解释

在上述的推导过程中，Δ_{m-1} 和 k_m 是在推导过程中引入的参数，其中 Δ_{m-1} 由式(3.3.34)定义，k_m 由式(3.3.42)可以求解，其实这两个参数有明确的物理意义，可以证明(留作习题)

$$\Delta_{m-1} = E[b_{m-1}(n-1) f_{m-1}^*(n)] \tag{3.3.46}$$

称为偏相关系数。而

$$\begin{aligned} k_m &= -\frac{E[b_{m-1}(n-1) f_{m-1}^*(n)]}{E[|f_{m-1}(n)|^2]} \\ &= -\frac{E[b_{m-1}(n-1) f_{m-1}^*(n)]}{E[|f_{m-1}(n)|^2]^{\frac{1}{2}} E[|b_{m-1}(n-1)|^2]^{\frac{1}{2}}} \end{aligned} \tag{3.3.47}$$

称为反射系数，由施瓦茨不等式知，$|k_m| \leqslant 1$。

2. Levinson-Durbin 算法小结

目的是由 $m-1$ 阶的解 $\boldsymbol{a}_{m-1}$，p_{m-1}，递推求解 $\boldsymbol{a}_m$，p_m。需进行如下计算

(1) $\Delta_{m-1} = \boldsymbol{r}_m^{BT} \boldsymbol{a}_{m-1} = \sum_{\ell=0}^{m-1} r_x(\ell - m) a_{m-1,\ell}$

(2) $k_m = -\dfrac{\Delta_{m-1}}{p_{m-1}}$

(3) $a_{m,\ell}=a_{m-1,\ell}+k_m a^*_{m-1,m-\ell}\quad \ell=0,1,\cdots,m$

(4) $p_m=p_{m-1}(1-|k_m|^2)$

如果需要初始时从最低阶开始进行递推，需要确定其初始条件。

3. Levinson-Durbin 算法初始化条件

根据预测误差滤波器的定义，可以得到如下一组初始条件。

$$\begin{cases} f_0(n)=b_0(n)=x(n) \\ p_0=r_x(0) \\ \Delta_0=E[b_0(n-1)f_0^*(n)]=E[x(n-1)x^*(n)]=r_x^*(1) \\ a_{0,0}=1 \end{cases} \tag{3.3.48}$$

注意到上式中，因为零阶预测的全部预测系数为零，因此预测误差等于信号本身，由此导出各初始值。

如果用高斯消元法直接求解一个 M 阶的最优预测器系数，所需运算量为 $O(M^3)$，用 Levinson-Durbin 算法为 $O(M^2)$。但是 Levinson-Durbin 算法可以得到从 1 阶到 M 阶的各阶系数和最小均方误差值。

由 Levinson-Durbin 算法的 4 个计算公式可以看到，如果给出随机信号自相关函数的 $M+1$ 个值 $\{r_x(0),r_x(1),\cdots,r_x(M)\}$，递推得到各阶反射系数 $\{k_m,m=1,2,\cdots,M\}$ 和各阶预测误差滤波器系数 $\{a_{m,k},m=1,\cdots,M,k=1,\cdots,m-1,m\}$，最终确定了第 M 阶系数，$\{a_{M,k},k=0,1,2,\cdots,M\}$。进一步注意到，在每增加 1 阶的递推过程中，除计算 Δ_{m-1} 外，其他参数计算不需要自相关函数的值，如果可以用其他方法获得反射系数，仅由 M 个反射系数 k_m，可以递推得到 M 阶预测误差滤波器的系数。

例 3.3.1　写出实信号的用 k_m 表示的 Levinson-Durbin 算法前 3 阶的系数递推公式。

解：由 $a_{0,0}=1$ 作为初始条件，各阶系数的递推公式为

1 阶：$a_{1,1}=k_1$

2 阶：
$$a_{2,1}=a_{1,1}+k_2a_{1,1}=k_1+k_2k_1$$
$$a_{2,2}=k_2$$

3 阶：
$$a_{3,1}=a_{2,1}+k_3a_{2,2}=k_1+k_2k_1+k_3k_2$$
$$a_{3,2}=a_{2,2}+k_3a_{2,1}=k_2+k_3(k_1+k_2k_1)$$
$$a_{3,3}=k_3$$

例 3.3.2　设随机信号是满足 1 阶 AR 模型的，即满足 $x(n)=-a_1x(n-1)+v(n)$，其中 $v(n)$ 是方差为 σ_v^2 的白噪声，用 Levinson-Durbin 算法求解对 $x(n)$ 的各阶最优线性预测误差滤波器的系数。

解：由例 1.6.3 已求得 $x(n)$ 的自相关序列为

$$r_x(k)=\frac{\sigma_v^2}{1-a_1^2}(-a_1)^{|k|}$$

用 Levinson-Durbin 算法可以获得各阶预测误差滤波器的系数。

初始的零阶预测误差滤波器的参数为

$$a_{0,0}=1,\quad p_0=r_x(0)=\frac{\sigma_v^2}{1-a_1^2},\quad \Delta_0=r_x(1)=\frac{-a_1\sigma_v^2}{1-a_1^2}$$

1 阶参数为

$$k_1 = -\frac{\Delta_0}{p_0} = -\frac{r_x(1)}{r_x(0)} = a_1$$

$$a_{1,0} = 1$$

$$a_{1,1} = k_1 = a_1$$

$$p_1 = p_0(1 - |k_1|^2) = \sigma_v^2$$

2 阶参数为

$$\Delta_1 = r_x(2) + a_{1,1} r_x(1) = 0$$

$$k_2 = 0$$

$$p_2 = p_1 = \sigma_v^2$$

$$a_{2,0} = 1, \quad a_{2,1} = a_{1,1} = a_1, \quad a_{2,2} = 0$$

类似地，容易验证 M 阶预测误差滤波器系数为

$$a_{M,0} = 1, \quad a_{M,1} = a_1$$

$$a_{M,k} = 0, \quad k > 1$$

对于 1 阶 AR 模型，只需要 1 阶线性预测器可以达到使预测误差为白噪声，且预测误差功率为 σ_v^2，更高阶预测不能改善预测性能，这个结论可以推广到任意阶 AR 模型，即对于 AR(p)模型产生的信号，只需要 p 阶预测，更高阶预测不再改善预测性能。

4. 反 Levinson-Durbin 算法

正如上所述，由 M 个反射系数$\{k_m, m=1,2,\cdots,M\}$，可以递推得到 M 阶预测误差滤波器的系数。反射系数 k_m 是一个重要的量，下节将看到，由反射系数可以构成预测误差滤波器另一种规范的实现结构：格型结构。这里，讨论一个反问题，如果给出了预测误差滤波器的 M 阶系数，$\{a_{M,k}, k=0,1,2,\cdots,M\}$，也可以递推得到各阶反射系数 k_m。

将式(3.3.41)和(3.3.45)联立，得到如下联立方程

$$\begin{cases} a_{m,k} = a_{m-1,k} + k_m a^*_{m-1,m-k} \\ a^*_{m,m-k} = a^*_{m-1,m-k} + k_m a_{m-1,k} \end{cases} \tag{3.3.49}$$

且注意到，在式(3.3.41)中，取 $k=m$，并利用 $a_{m-1,m}=0$ 和 $a_{m-1,0}=1$，得到

$$k_m = a_{m,m} \tag{3.3.50}$$

将式(3.3.50)代入式(3.3.49)，以 $a_{m-1,k}$ 为未知量，解得

$$a_{m-1,k} = \frac{a_{m,k} - a_{m,m} a^*_{m,m-k}}{1 - |a_{m,m}|^2} \quad k = 0,1,\cdots,m-1 \tag{3.3.51}$$

由此得到 $k_{m-1} = a_{m-1,m-1}$。由 $m=M$ 开始，连续用式(3.3.50)和式(3.3.51)，每次使 m 减 1，依次得到 $k_M, k_{M-1}, \cdots, k_1$。这个过程称为后向 Levinson-Durbin 算法，它是由 M 阶预测误差滤波器系数$\{a_{M,k}, k=0,1,2,\cdots,M\}$，递推得到各阶反射系数 $k_M, k_{M-1}, \cdots, k_1$。

3.3.4 格型预测误差滤波器

由 m 阶前向预测误差滤波器的输出 $f_m(n) = \boldsymbol{a}_m^{\mathrm{H}} \boldsymbol{x}_{m+1}(n)$，和 m 阶后向预测误差滤波器输出 $b_m(n) = \boldsymbol{a}_m^{BT} \boldsymbol{x}_{m+1}(n)$，利用 Levinson-Durbin 递推公式，整理得到

$$f_m(n) = f_{m-1}(n) + k_m^* b_{m-1}(n-1) \tag{3.3.52}$$

$$b_m(n) = b_{m-1}(n-1) + k_m f_{m-1}(n) \tag{3.3.53}$$

注意到

$$b_{m-1}(n-1) = Z^{-1}[b_{m-1}(n)] \tag{3.3.54}$$

表示后向预测误差的 1 阶延迟，并且注意到 0 阶预测误差滤波器输出为

$$f_0(n) = b_0(n) = x(n) \tag{3.3.55}$$

由式(3.3.52)～式(3.3.55)得到格型预测误差滤波器结构如图 3.3.2 所示。图 3.3.2(a)是 1 阶格型模块，实现了式(3.3.52)和式(3.3.53)的运算关系，通过 M 阶级联，同时实现了 M 阶前向预测误差和后向预测误差滤波器，第 m 级格型单元的反射系数为 k_m。

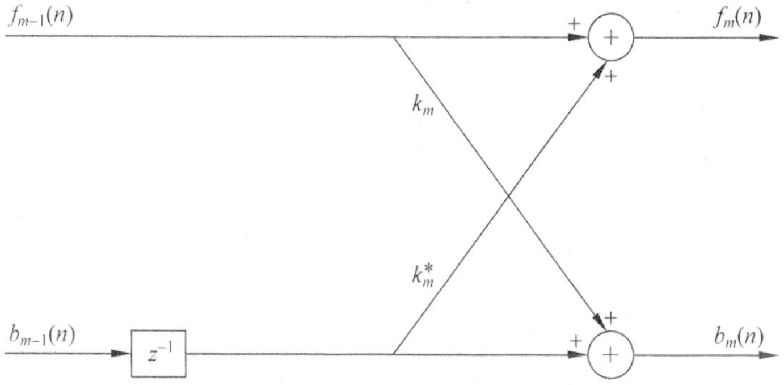

(a) 单级格型模块

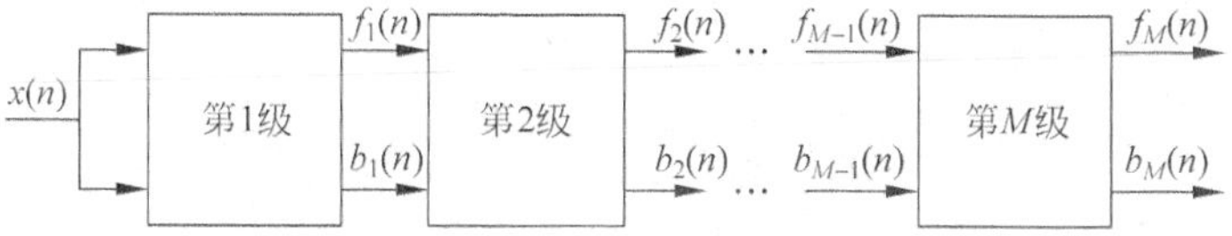

(b) M阶格型预测误差滤波器

图 3.3.2 预测误差滤波器的格型结构

如下简单证明前向预测误差滤波器的递推关系式(3.3.52)，后向预测误差滤波器的递推关系式(3.3.53)的证明很相似，此处从略。由于

$$f_m(n) = \sum_{k=0}^{m} a_{m,k}^* x(n-k)$$

$$b_m(n) = \sum_{k=0}^{m} a_{m,m-k} x(n-k)$$

在如上第 1 式代入 Levinson-Durbin 递推公式(3.3.41)得到

$$\begin{aligned} f_m(n) &= \sum_{k=0}^{m} a_{m,k}^* x(n-k) = \sum_{k=0}^{m} (a_{m-1,k} + k_m a_{m-1,m-k}^*)^* x(n-k) \\ &= \sum_{k=0}^{m} (a_{m-1,k})^* x(n-k) + k_m^* \sum_{k=0}^{m} a_{m-1,m-k} x(n-k) \end{aligned}$$

利用 $a_{m-1,m}=0$，代入上式得到

$$\begin{aligned} f_m(n) &= \sum_{k-0}^{m-1} a_{m-1,k}^* x(n-k) + k_m^* \sum_{k=1}^{m} a_{m-1,m-k} x(n-k) \\ &= \sum_{k=0}^{m-1} a_{m-1,k}^* x(n-k) + k_m^* \sum_{k=0}^{m-1} a_{m-1,m-1-k} x(n-1-k) \\ &= f_{m-1}(n) + k_m^* b_{m-1}(n-1) \end{aligned}$$

预测误差滤波器的格型结构实现有几个明确的特点：

(1) 模块化结构，格型滤波器的每一级结构完全相同，只有唯一的参数即反射系数的取值不同，这利于硬件实现时模块的复用；

(2) 增加阶数后不改变前级的参数，对于格型实现，由 M 阶增加到 $M+1$ 阶只需要在最后增加一个反射系数为 k_{M+1} 模块，不需要改变前 M 级的参数；

(3) 格型结构可以同时计算前向和后向预测误差。

例 3.3.3 一个 WSS，已知它的 4 个自相关值分别为

$$r_x(0)=2,\quad r_x(1)=1,\quad r_x(2)=1,\quad r_x(3)=0.5$$

求它的 3 阶前向预测误差滤波器的格型结构和横向结构的参数，分别画出结构图。

解：用 Levinson-Durbin 递推算法，初始条件：$p_0=r_x(0)=2$，$\Delta_0=r_x(1)=1$，$a_{0,0}=1$

第 1 阶递推：

$$k_1=-\frac{\Delta_0}{p_0}=-\frac{1}{2},\quad p_1=p_0(1-k_1^2)=1.5$$

$$a_{1,0}=1$$

$$a_{1,1}=a_{0,1}+k_1a_{0,0}=k_1=-1/2$$

第 2 阶递推：

$$\Delta_1=r_x(2)+a_{1,1}r_x(1)=1/2$$

$$k_2=-\frac{\Delta_1}{p_1}=-\frac{1}{3}$$

$$p_2=p_1(1-k_2^2)=4/3$$

$$a_{2,0}=1$$

$$a_{2,1}=a_{1,1}+k_2a_{1,1}=-1/3$$

$$a_{2,2}=k_2=-1/3$$

第 3 阶递推：

$$\Delta_2=r_x(3)+a_{2,1}r_x(2)+a_{2,2}r_x(1)=-1/6$$

$$k_3=-\frac{\Delta_2}{p_2}=\frac{1}{8}$$

$$p_3=p_2(1-k_3^2)=21/16$$

$$a_{3,0}=1$$

$$a_{3,1}=a_{2,1}+k_3a_{2,2}=-3/8$$

$$a_{3,2}=a_{2,2}+k_3a_{2,1}=-3/8$$

$$a_{3,3}=k_3=1/8$$

由以上递推的参数，分别画出横向和格型结构图如图 3.3.3 所示。

3.3.5 预测误差滤波器的性质

预测误差滤波器有一组性质，由这些性质可能导出一些有用的结论。

性质 1 m 阶前向预测误差滤波器系统函数和 m 阶后向预测误差滤波器系统函数之间满足

$$H_{b,m}(z)=z^{-m}H_{f,m}^{*}(z^{-1})\tag{3.3.56}$$

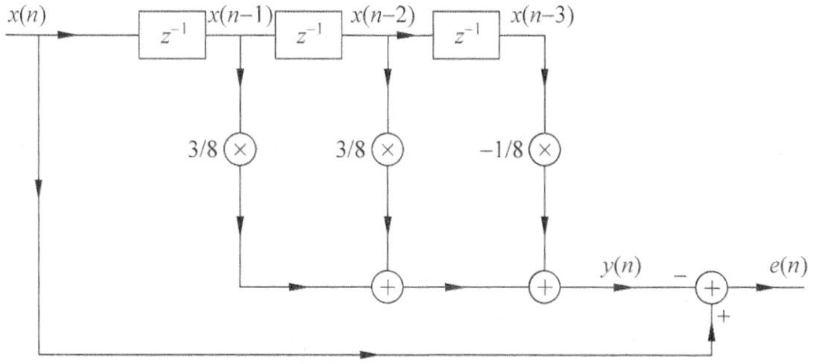

(a) 前向预测误差滤波器的横向结构

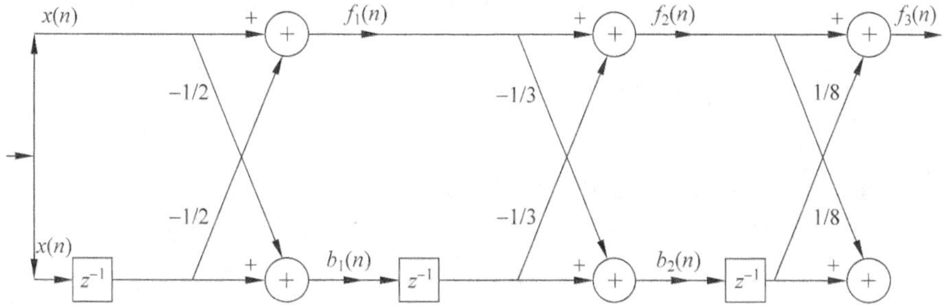

(b) 前向预测误差滤波器的格型结构

图 3.3.3 横向与格型滤波器结构

m 阶前向预测误差滤波器系统函数满足递推关系式

$$H_{f,m}(z) = H_{f,m-1}(z) + k_m^* z^{-1} H_{b,m-1}(z) \tag{3.3.57}$$

这里 $H_{f,m}(z)$是 m 阶前向预测误差滤波器系统函数，$H_{b,m}(z)$是 m 阶后向预测误差滤波器系统函数。由式(3.3.10)可得 $H_{f,m}(z)$的表达式为

$$H_{f,m}(z) = 1 + \sum_{k=1}^{m} a_{m,k} z^{-k} \tag{3.3.58}$$

利用式(3.3.58)直接可以证明式(3.3.56)，将 Levinson-Durbin 递推式(3.3.41)代入式(3.3.58)，直接可以证明式(3.3.57)，推导过程类似于式(3.3.52)的证明，证明的详细步骤留作习题。

性质 2 前向预测误差滤波器是最小相位的，后向预测误差滤波器是最大相位的。如果各阶反射系数$|k_m|<1$，对应有$|z_{m,i}|<1$，这里 $z_{m,i}$表示 m 阶前向预测误差滤波器的第 i 个零点。

用数学归纳法来证明性质 2，为简单假设滤波器系数是实的。对 1 阶前向预测误差滤波器，由 $H_{f,1}(z)=1+k_1 z^{-1}$，得到的零点是 $z_{1,1}=k_1$，因此$|z_{1,1}|=|k_1|<1$。假设 $m-1$ 阶前向预测误差滤波器的各零点都位于单位圆内，定义

$$H_{a,m-1}(z) = \frac{z^{-m} H_{f,m-1}(1/z)}{H_{f,m-1}(z)}$$

显然，$H_{a,m-1}(z)$是一个全部极点在单位圆内的全通系统。设 $z_{m,i}$是 m 阶前向预测误差滤波器的零点，因此

$$H_{f,m}(z_{m,i}) = H_{f,m-1}(z_{m,i}) + k_m^* z_{m,i}^{-1} H_{b,m-1}(z_{m,i}) = 0$$

利用上式和式(3.3.56)得

$$|H_{a,m-1}(z_{m,i})| = \frac{1}{|k_m|} > 1$$

利用全通系统的一个性质：如果全通系统 $H_{ap}(z)$的全部极点在单位圆内，则有

$$H_{ap}(z)\begin{cases} >1, & |z|<1 \\ =1, & |z|=1 \\ <1, & |z|>1 \end{cases}$$

由此性质，得$|z_{m,i}|<1$，最小相位性质得证。

由式(3.3.56)得到后向预测误差滤波器的零点位于单位圆外，是最大相位的。

性质 3 如果随机信号是 AR(p)过程，它通过 p 阶前向预测误差滤波器后的输出是白噪声。

由 AR(p)模型和 p 阶前向预测误差滤波器解的等价性，这个性质是显然的，由例 3.3.2 的推广得到该性质的证明。

性质 4 预测误差滤波器的正交或功率关系

预测误差滤波器存在许多正交和功率关系，几个较重要的关系分述如下：

(1)
$$\begin{aligned} &E[f_m(n)x^*(n-k)]=0, 1\leqslant k\leqslant m \\ &E[b_m(n)x^*(n-k)]=0, 0\leqslant k\leqslant m-1 \end{aligned} \tag{3.3.59}$$

这个关系式就是最优滤波器的正交性原理在前向线性预测和后向线性预测的具体形式。

(2)
$$E[f_m(n)x^*(n)]=[b_m(n)x^*(n-m)]=p_m \tag{3.3.60}$$

式(3.3.60)可由(3.3.59)直接推出，即

$$E[f_m(n)x^*(n)] = E\left[f_m(n)\left[x^*(n) - \sum_{k=1}^{m} a_{m,k}x^*(n-k)\right]\right] = E[f_m(n)f_m^*(n)] = p_m$$

(3)
$$E[b_m(n)b_i^*(n)]=\begin{cases} p_m, & i=m \\ 0, & i\neq m \end{cases} \tag{3.3.61}$$

式(3.3.61)说明，各不同阶后向预测误差滤波器在同时刻的输出互相正交。也就是图 3.3.2(b)中，底下一行的各级输出是相互正交的。

(4)
$$E[f_m(n)f_i^*(n)]=p_l, l=\max(m,i) \tag{3.3.62}$$

前向预测误差滤波器没有与后向预测误差滤波器相同的性质，即图 3.3.2(b)中，顶上一行的各级输出在同一时刻不是相互正交的。

(5)
$$E[f_i(n)f_j^*(n-k)]=0,\begin{cases} 1\leqslant k\leqslant i-j, & i>j \\ -1\geqslant k\geqslant i-j, & i<j \end{cases} \tag{3.3.63}$$

$$E[b_i(n)b_j^*(n-k)]=0,\begin{cases} 0\leqslant k\leqslant i-j-1, & i>j \\ 0\geqslant k\geqslant i-j+1, & i<j \end{cases} \tag{3.3.64}$$

式(3.3.63)和式(3.3.64)给出了前向预测误差和后向预测误差在不同阶和不同时刻的正交关系，作为一个特例，对于前向预测误差，取 $i=n, k=i-j, j<i$，即等价的 $i=n, j=i-k, k=1, 2, \cdots, n-1$，前向预测误差关系的特例是

$$E[f_n(n)f_{n-k}^*(n-k)] = 0, \quad k = 1,2,\cdots,n-1 \tag{3.3.65}$$

或写成另一种形式

$$E[f_n(n)f_m^*(m)]=0,\quad m<n \tag{3.3.66}$$

这个关系式清楚地说明，m 阶前向预测误差滤波器在 m 时刻的输出与 n 阶前向预测误差滤波器在 n 时刻的输出是正交的（当 $n\neq m$）。

式(3.3.61)至式(3.3.64)的证明留作习题。

性质 5 前向预测误差滤波器的特征表示。

对自相关矩阵的特征分解公式 $\boldsymbol{R}_{M+1}=\boldsymbol{Q}\Lambda_{M+1}\boldsymbol{Q}^{\mathrm{H}}$ 两边求逆矩阵得

$$\boldsymbol{R}_{M+1}^{-1}=\boldsymbol{Q}\Lambda_{M+1}^{-1}\boldsymbol{Q}^{\mathrm{H}} \tag{3.3.67}$$

将式(3.3.67)代入前向预测的增广方程(3.3.14)，可以证明前向预测滤波器系数和预测误差功率可由自相关矩阵 $\boldsymbol{R}_{M+1}$ 的特征值和特征向量表示为

$$\boldsymbol{a}_M=p_M\sum_{k=0}^{M}\left(\frac{q_{k0}^*}{\lambda_k}\right)\boldsymbol{q}_k \tag{3.3.68}$$

$$p_M=\frac{1}{\sum\limits_{k=0}^{M}|q_{k0}|^2\lambda_k^{-1}} \tag{3.3.69}$$

这里 $\boldsymbol{q}_k$ 是 $\boldsymbol{R}_{M+1}$ 的第 k 个特征向量，q_{k0} 是 $\boldsymbol{q}_k$ 的第 1 个分量。

*3.4 格型滤波器结构的推广

上节讨论的快速算法主要针对最优预测和 AR 模型的解，格型结构则是针对预测误差滤波器，本节将快速算法和格型结构推广到几个有意义的应用中。

3.4.1 AR 模型和全极点格型

图 3.3.2 所示的格型滤波器结构对应着一个全零点系统，从输入到前向预测误差滤波器输出的系统函数为

$$A(z)=H_{f,M}(z)=1+\sum_{k=1}^{M}a_{M,k}^*z^{-k}$$

尽管 AR 模型参数的求解与前向预测误差滤波器系数的求解方程是一致的，但 AR 模型的系统函数却是全极点的，即

$$H_{AR}(z)=\frac{1}{A(z)}=\frac{1}{1+\sum\limits_{k=1}^{M}a_{M,k}^*z^{-k}}$$

AR(M)模型的差分方程表示重写为

$$x(n)+\sum_{k=1}^{M}a_{M,k}^*x(n-k)=v(n)$$

与前向线性预测误差滤波器比较，AR 模型的输入 $v(n)$ 对应前向线性预测误差滤波器的输出 $f_M(n)$，AR 模型的输出是 $x(n)$，而前向线性预测误差滤波器的输入是 $f_0(n)=x(n)$，两者的输入和输出是颠倒的。

从系统函数的角度理解，分别是

$$A(z)=H_{f,M}(z)=\frac{F_M(z)}{F_0(z)}$$

和

$$H_{AR}(z)=\frac{1}{A(z)}=\frac{X(z)}{V(z)}=\frac{F_0(z)}{F_M(z)}$$

这里 $F_0(z)$,$F_M(z)$分别是 $f_0(n)$,$f_M(n)$的 z 变换。预测误差滤波器是从 $f_0(n)$起始推进到 $f_M(n)$,而 AR 模型相反从 $f_M(n)$起始推进到 $f_0(n)$,因此,AR 模型的全极点格型是后向推进的。

由式(3.3.52)得到 $f_i(n)$反方向递推的公式

$$f_{m-1}(n)=f_m(n)-k_m^* b_{m-1}(n-1)$$

由此得到 AR 模型的全极点格型的递推公式为

$$v(n)=f_M(n)\quad（系统输入）$$
$$f_{m-1}(n)=f_m(n)-k_m^* b_{m-1}(n-1)$$
$$b_m(n)=b_{m-1}(n-1)+k_m f_{m-1}(n)$$
$$x(n)=f_0(n)=b_0(n)\quad（系统输出）$$

由这组递推关系,画出 AR 模型的全极点格型结构如图 3.4.1 所示。全极点格型中 $b_m(n)$部分的递推关系与全零点格型是相同的,$f_m(n)$的递推关系则是反向的。

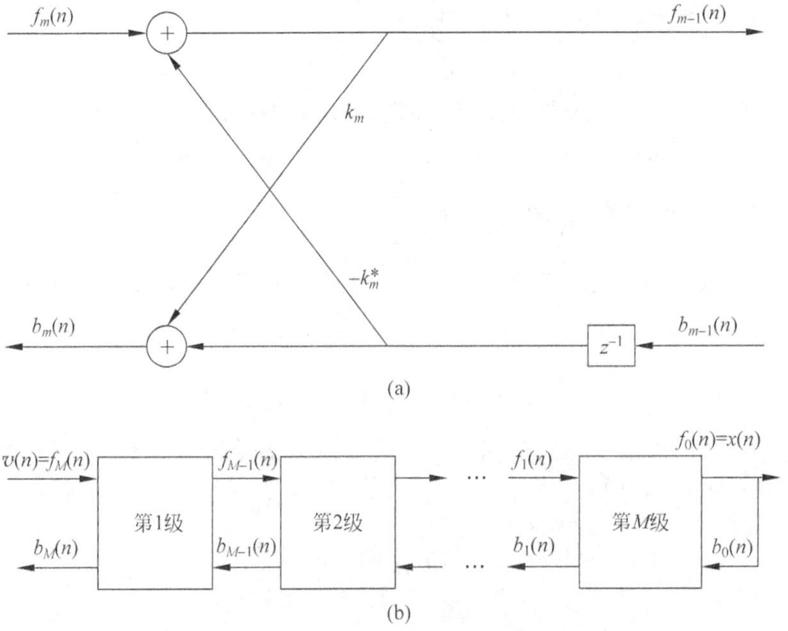

图 3.4.1　AR 模型的全极点格型结构

3.4.2　Cholesky 分解

作为上节预测误差滤波器的性质 4 中式(3.3.61)的一个应用,可以证明自相关矩阵的逆矩阵的一个有用的分解式 Cholesky 分解。

设 $b_0(n),b_1(n),\cdots,b_m(n),\cdots,b_M(n)$分别代表 $0,1,\cdots,M$ 阶后向预测误差滤波器在 n

时刻的输出，即

$$b_m(n)=\sum_{k=0}^{m}a_{m,m-k}x(n-k)$$

将 0,1,…,M 各阶后向预测误差写成向量形式为

$$\boldsymbol{b}_{M+1}(n)=\boldsymbol{L}_{M+1}\boldsymbol{x}_{M+1}(n) \tag{3.4.1}$$

这里

$$\boldsymbol{b}_{M+1}(n)=[b_0(n),b_1(n),\cdots,b_M(n)]^{\mathrm{T}}$$

$$\boldsymbol{x}_{M+1}(n)=[x(n),x(n-1),\cdots,x(n-M)]^{\mathrm{T}}$$

$$\boldsymbol{L}_{M+1}=\begin{bmatrix}1 & 0 & 0 & \cdots & 0\\ a_{1,1} & 1 & 0 & \cdots & 0\\ a_{2,2} & a_{2,1} & 1 & \cdots & 0\\ \vdots & \vdots & \vdots & \ddots & \vdots\\ a_{M,M} & a_{M,M-1} & a_{M,M-2} & \cdots & 1\end{bmatrix} \tag{3.4.2}$$

由式(3.3.61)得到

$$\boldsymbol{D}_{M+1}=E[b(n)b^{\mathrm{H}}(n)]=\begin{bmatrix}p_0 & & & \\ & p_1 & & 0\\ & & \ddots & \\ 0 & & & p_M\end{bmatrix} \tag{3.4.3}$$

另一方面，由式(3.4.1)得

$$\begin{aligned}\boldsymbol{D}_{M+1}&=E[\boldsymbol{b}(n)\boldsymbol{b}^{\mathrm{H}}(n)]=E[\boldsymbol{L}_{M+1}\boldsymbol{x}(n)\boldsymbol{x}^{\mathrm{H}}(n)\boldsymbol{L}_{M+1}^{\mathrm{H}}]\\&=\boldsymbol{L}_{M+1}\boldsymbol{R}_{M+1}\boldsymbol{L}_{M+1}^{\mathrm{H}}\end{aligned} \tag{3.4.4}$$

式(3.4.4)两侧左乘 $\boldsymbol{L}_{M+1}^{-1}$，右乘$(\boldsymbol{L}_{M+1}^{\mathrm{H}})^{-1}$得到：

$$\boldsymbol{R}_{M+1}=\boldsymbol{L}_{M+1}^{-1}\boldsymbol{D}_{M+1}(\boldsymbol{L}_{M+1}^{\mathrm{H}})^{-1} \tag{3.4.5}$$

式(3.4.5)两侧同求逆得

$$\boldsymbol{R}_{M+1}^{-1}=\boldsymbol{L}_{M+1}^{\mathrm{H}}\boldsymbol{D}_{M+1}^{-1}\boldsymbol{L}_{M+1}=(\boldsymbol{D}_{M+1}^{-1/2}\boldsymbol{L}_{M+1})^{\mathrm{H}}(\boldsymbol{D}_{M+1}^{-1/2}\boldsymbol{L}_{M+1}) \tag{3.4.6}$$

由上式得到结论，$\boldsymbol{R}_{M+1}^{-1}$可以分解成一个上三角矩阵和下三角矩阵之积，这个上三角矩阵和下三角矩阵互为转置，这就是自相关逆矩阵的 Cholesky 分解。在矩阵计算和线性方程组数值解法中，Cholesky 分解是一种有效算法，这是用格型滤波器结构的性质给出了 Cholesky 分解的一种证明。

例 3.4.1 利用 Cholesky 分解求 1 阶 AR 模型的 M 阶自相关矩阵的逆矩阵。

解：已求得 1 阶 AR 模型的自相关函数为 $r_x(k)=\frac{\sigma_v^2}{1-a_1^2}(-a_1)^{|k|}$，为方便，设 $\alpha=-a_1$，M 阶自相关矩阵为

$$\boldsymbol{R}=\frac{\sigma_v^2}{1-\alpha^2}\begin{bmatrix}1 & \alpha & \alpha^2 & \cdots & \alpha^{M-1}\\ \alpha & 1 & \alpha & \cdots & \alpha^{M-2}\\ \alpha^2 & \alpha & 1 & \cdots & \alpha^{M-3}\\ \vdots & \vdots & \vdots & \ddots & \vdots\\ \alpha^{M-1} & \alpha^{M-2} & \alpha^{M-3} & \cdots & 1\end{bmatrix}$$

为求其逆矩阵，需确定 $\boldsymbol{D},\boldsymbol{L}$，由例 3.3.2 得到

$$\boldsymbol{D}=\operatorname{diag}\left(\frac{\sigma_v^2}{1-\alpha^2},\sigma_v^2,\sigma_v^2,\cdots,\sigma_v^2\right)$$

和

$$\boldsymbol{L}=\begin{bmatrix}1&0&0&\cdots&0\\-\alpha&1&0&\cdots&0\\0&-\alpha&1&\cdots&0\\\vdots&\vdots&\vdots&\ddots&\vdots\\0&\cdots&0&-\alpha&1\end{bmatrix}$$

因此

$$\boldsymbol{R}^{-1}=\boldsymbol{L}^{\mathrm{H}}\boldsymbol{D}^{-1}\boldsymbol{L}=\begin{bmatrix}1&-\alpha&0&\cdots&0\\0&1&-\alpha&\cdots&0\\0&0&1&\cdots&0\\\vdots&\vdots&\vdots&\ddots&\vdots\\0&\cdots&0&0&1\end{bmatrix}\frac{1}{\sigma_v^2}\begin{bmatrix}1-\sigma_v^2&0&0&\cdots&0\\0&1&0&\cdots&0\\0&\cdots&1&0&\cdots\\\vdots&\vdots&\vdots&\ddots&\vdots\\0&0&\cdots&0&1\end{bmatrix}$$

$$\times\begin{bmatrix}1&0&0&\cdots&0\\-\alpha&1&0&\cdots&0\\0&-\alpha&1&\cdots&0\\\vdots&\vdots&\vdots&\ddots&\vdots\\0&\cdots&0&-\alpha&1\end{bmatrix}$$

$$=\frac{1}{\sigma_v^2}\begin{bmatrix}1&-\alpha&0&\cdots&0\\-\alpha&1+\alpha^2&-\alpha&\cdots&0\\0&-\alpha&1+\alpha^2&\cdots&0\\\vdots&\vdots&\vdots&\ddots&\vdots\\0&\cdots&-\alpha&1+\alpha^2&-\alpha\\0&\cdots&0&-\alpha&1\end{bmatrix}$$

3.4.3 维纳滤波器的格型结构

前几节讨论了对维纳滤波器的一个特例——最优线性预测的快速递推解和格型结构，本节，利用这些结果，导出更一般的维纳滤波器的解的形式及相应的格型结构。

M 个权系数的维纳滤波器系数的解为

$$\boldsymbol{w}_M=\boldsymbol{R}_M^{-1}\boldsymbol{r}_{xd} \tag{3.4.7}$$

这里为了推导过程清楚，用下标 M 表示滤波器权系数的数目。由 Cholesky 分解

$$\boldsymbol{R}_M^{-1}=\boldsymbol{L}_M^{\mathrm{H}}\boldsymbol{D}_M^{-1}\boldsymbol{L}_M$$

得到求解维纳-霍夫方程的快速算法。为叙述方便，定义

$$\boldsymbol{v}_M=[v_0,v_1,\cdots,v_{M-1}]^{\mathrm{T}}=\boldsymbol{L}_M\boldsymbol{r}_{xd} \tag{3.4.8}$$

$$\boldsymbol{g}_M=[g_0,g_1,\cdots,g_{M-1}]^{\mathrm{T}}=\boldsymbol{D}_M^{-1}\boldsymbol{v}_M \tag{3.4.9}$$

利用 Cholesky 分解求解维纳-霍夫方程由如下 2 步组成：

(1) 由构成自相关矩阵 $\boldsymbol{R}_M$ 的自相关函数值 $\{r_x(0),r_x(1),\cdots,r_x(M-1)\}$，通过 Levinson-Durbin 递推算法得到 $\{a_{m,i},1\leqslant m\leqslant M-1,1\leqslant i\leqslant m\}$ 和 $\{p_m,0\leqslant m\leqslant M-1\}$。

(2) 依次计算

$$\boldsymbol{v}_M=\boldsymbol{L}_M\boldsymbol{r}_{xd}=\begin{bmatrix}1&0&0&\cdots&0\\a_{1,1}&1&0&\cdots&0\\a_{2,2}&a_{2,1}&1&\cdots&0\\\vdots&\vdots&\vdots&\ddots&\vdots\\a_{M-1,M-1}&a_{M-1,M-2}&a_{M-1,M-3}&\cdots&1\end{bmatrix}\begin{bmatrix}r_{xd}(0)\\r_{xd}(-1)\\\vdots\\\vdots\\r_{xd}(1-M)\end{bmatrix}$$

$$=\begin{bmatrix}r_{xd}(0)\\a_{1,1}r_{xd}(0)+r_{xd}(-1)\\\vdots\\\sum_{k=0}^{M-2}a_{M-2,M-2-k}r_{xd}(-k)\\\sum_{k=0}^{M-1}a_{M-1,M-1-k}r_{xd}(-k)\end{bmatrix}\tag{3.4.10}$$

和

$$\boldsymbol{g}_M=\boldsymbol{D}_M^{-1}\boldsymbol{v}_M=[p_0^{-1}v_0,p_1^{-1}v_1,\cdots,p_{M-1}^{-1}v_{M-1}]^{\mathrm{T}}\tag{3.4.11}$$

以及

$$\boldsymbol{w}_M=\boldsymbol{L}_M^{\mathrm{H}}\boldsymbol{g}_M$$

$$=\begin{bmatrix}1&a_{1,1}^*&a_{2,2}^*&\cdots&a_{M-1,M-1}^*\\0&1&a_{2,1}^*&\cdots&a_{M-1,M-2}^*\\0&0&1&\cdots&a_{M-1,M-3}^*\\\vdots&\vdots&\vdots&\ddots&\vdots\\0&0&0&\cdots&1\end{bmatrix}\begin{bmatrix}g_0\\g_1\\\vdots\\\vdots\\g_{M-1}\end{bmatrix}=\begin{bmatrix}\sum_{k=0}^{M-1}a_{k,k}^*g_k\\\sum_{k=1}^{M-1}a_{k,k-1}^*g_k\\\sum_{k=2}^{M-1}a_{k,k-2}^*g_k\\\vdots\\g_{M-1}\end{bmatrix}\tag{3.4.12}$$

维纳滤波器的输出为

$$\begin{aligned}y(n)&=\boldsymbol{w}_M^{\mathrm{H}}\boldsymbol{x}_M(n)=(\boldsymbol{L}_M^{\mathrm{H}}\boldsymbol{D}_M^{-1}\boldsymbol{L}_M\boldsymbol{r}_{xd})^{\mathrm{H}}\boldsymbol{x}_M(n)\\&=(\boldsymbol{D}_M^{-1}\boldsymbol{L}_M\boldsymbol{r}_{xd})^{\mathrm{H}}\boldsymbol{L}_M\boldsymbol{x}_M(n)\\&=\boldsymbol{g}_M^{\mathrm{H}}\boldsymbol{b}_M(n)=\sum_{m=0}^{M-1}g_m^*b_m(n)\end{aligned}\tag{3.4.13}$$

由式(3.4.13)得到维纳滤波器的格型结构如图 3.4.2 所示，g_m 是格型结构的组合系数。由式(3.4.10)和式(3.4.11)得到

$$g_m=p_m^{-1}\sum_{k=0}^{m}a_{m,m-k}r_{xd}(-k)\tag{3.4.14}$$

在 Levinson-Durbin 递推算法得到 k_m，$a_{m,i}$后，就可以计算出系数 g_m，因此维纳滤波器的格型结构也满足这样的性质，当增加阶数时，低阶系数不变，只需求新增加的反射系数和组合系数。

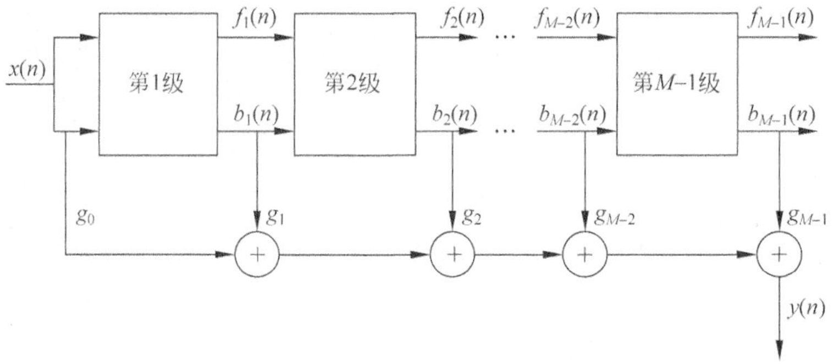

图 3.4.2 维纳滤波器的组合格型结构

3.5 最小二乘滤波

本章前几节采用均方误差准则意义下的最优滤波，通过一个滤波器输出估计一个期望响应。为使滤波器输出是期望响应的最优估计，求滤波器系数使估计误差的均方值最小，由此得到了维纳滤波器。维纳滤波器的求解需要输入信号向量的自相关矩阵和输入与期望响应的互相关向量，在许多实际问题中，这两个统计量并不存在，实际存在的仅是一段时间内的输入信号和期望响应的波形。在这段有限时间内滤波器对期望响应进行估计，使估计误差的平方和最小得到的滤波器权系数，就是最小二乘(Least Squares，LS)意义下的最优滤波器。

需要注意，文献中也有把维纳滤波这样的按均方意义的统计最优问题，统称为 LS 问题，本书中，我们用 LS 专指“有限误差平方和最小”这种情况，以区别维纳滤波。在 2.6 节已讨论了线性模型参数估计情况下的 LS 技术，本节讨论 LS 的滤波问题。作为线性系统的表示，讨论复数据和复系统的最一般情况，实数据和实系统简单地作为一种特例，通过去掉共轭符号或将共轭转置符“H”变为转置符“T”而得到其解。

由于 LS 滤波器仅讨论有限误差和，其滤波器工作的持续时间有限，因此，对 LS 滤波器仅讨论 FIR 结构。由输入信号 $x(i),x(i-1),\cdots,x(i-M+1)$ 估计期望响应 $d(i)$，估计误差 $e(i)$，则有

$$\begin{aligned} e^*(i) &= d^*(i) - y^*(i) \\ &= d^*(i) - \sum_{k=0}^{M-1} w_k x^*(i-k) = d^*(i) - \boldsymbol{x}^{\mathrm{H}}(i)\boldsymbol{w} \end{aligned} \tag{3.5.1}$$

注意到为使待求系数 w_k 上没有共轭符号，对误差和信号项加上共轭符号。误差表示的向量形式为

$$\boldsymbol{e} = \boldsymbol{d} - \boldsymbol{A}\boldsymbol{w} \tag{3.5.2}$$

对期望响应向量的估计为

$$\hat{\boldsymbol{d}} = \boldsymbol{y} = \boldsymbol{A}\boldsymbol{w} \tag{3.5.3}$$

这里，

$$\boldsymbol{e} = [e^*(i_1), e^*(i_1+1), \cdots, e^*(i_2)]^{\mathrm{T}}$$

$$\boldsymbol{d} = [d^*(i_1), d^*(i_1+1), \cdots, d^*(i_2)]^{\mathrm{T}}$$

$$\boldsymbol{x}(i)=[x(i),x(i-1),\cdots,x(i-M+1)]^{\mathrm{T}}$$
$$\boldsymbol{w}=[w_0,w_1,\cdots,w_{M-1}]^{\mathrm{T}} \tag{3.5.4}$$

和

$$\boldsymbol{A}=\begin{bmatrix}\boldsymbol{x}^{\mathrm{H}}(i_1)\\ \boldsymbol{x}^{\mathrm{H}}(i_1+1)\\ \vdots\\ \boldsymbol{x}^{\mathrm{H}}(i_2)\end{bmatrix} \tag{3.5.5}$$

i_1,i_2 表示处理问题所考虑的起始时间和终止时间，即所谓 LS 滤波所考虑的误差取值范围为 $i_1\leqslant n\leqslant i_2$，$\boldsymbol{A}$ 是数据矩阵，稍后会进一步讨论考虑有限区间边界问题时 $\boldsymbol{A}$ 的取值问题。

LS 滤波问题中，需确定 w_k 的值使

$$\begin{aligned}\xi(w_0,w_1,\cdots,w_{M-1})&=\sum_{i=i_1}^{i_2}|e(i)|^2=\sum_{i=i_1}^{i_2}\left|d(i)-\sum_{k=0}^{M-1}w_k^*x(i-k)\right|^2\\&=(\boldsymbol{d}-\boldsymbol{A}\boldsymbol{w})^{\mathrm{H}}(\boldsymbol{d}-\boldsymbol{A}\boldsymbol{w})\end{aligned} \tag{3.5.6}$$

最小。

从如上的讨论中，不难看出，LS 滤波器是一个"现实"的最优滤波器。维纳滤波器的设计目标是使得滤波器误差模平方的期望值最小，在各态历经的情况下，相当于在$(-\infty,+\infty)$区间上误差模平方的均值最小，因此，滤波器的求解需要输入信号的自相关矩阵和输入信号与期望响应的互相关向量，这在一些实际应用中可能难以做到。LS 滤波器的目标是现实的，使用得到的观测数据及其持续时间，在这个持续时间内令误差模平方和最小（也等价于均值最小）而设计出滤波器系数。由于在 2.6 节已给出了 LS 解的形式，并且在 2.6.3 节给出了复数据和系统情况下 LS 的解，对滤波问题 LS 解重写为如下几个方程。LS 滤波器系数向量满足方程式

$$\boldsymbol{A}^{\mathrm{H}}\boldsymbol{A}\boldsymbol{w}_{\mathrm{LS}}=\boldsymbol{A}^{\mathrm{H}}\boldsymbol{d} \tag{3.5.7}$$

用 $\boldsymbol{w}_{\mathrm{LS}}$表示 LS 滤波器的解，若 $\boldsymbol{A}^{\mathrm{H}}\boldsymbol{A}$ 非奇异，则解为

$$\boldsymbol{w}_{\mathrm{LS}}=(\boldsymbol{A}^{\mathrm{H}}\boldsymbol{A})^{-1}\boldsymbol{A}^{\mathrm{H}}\boldsymbol{d} \tag{3.5.8}$$

最小误差平方和为

$$J_{\min}=J(\boldsymbol{w}_{\mathrm{LS}})=\boldsymbol{d}^{\mathrm{H}}\boldsymbol{d}-\boldsymbol{d}^{\mathrm{H}}\boldsymbol{A}\boldsymbol{w}_{\mathrm{LS}} \tag{3.5.9}$$

LS 滤波器的解只用到输入数据和期望响应的值。

3.5.1 LS 滤波的边界问题

在 LS 方法中，因为数据是有限长的，因此，存在对边界的不同处理方式，有几种(i_1,i_2)的不同取法，对应着对数据窗或数据矩阵的不同取法。

在实际滤波和参数估计问题中，可以将起始时间定义为 0，如果需要考虑终止时间，将终止时间表示为 $N-1$。即假设输入数据区间为$[0,N-1]$，在不同应用中，对输入数据的处理方式有多种选择。如下是 4 种基本方式。

1. 协方差方法

在产生滤波器输出或对期望响应进行估计时，避免对数据窗外的信号取值做任何假设。因此，如果 FIR 滤波器的非 0 系数为 M 个，考虑滤波器输出误差时，必须取 $i_1=M-1,i_2=$

$N-1$，这样在产生滤波器输出误差时才不会使用到$[0,N-1]$区间之外的数据。这种方法不需要对数据窗之外的信号取值做任何假设，相当于不做任何“加窗”处理。考虑到式(3.5.8)对数据计算的要求，$\boldsymbol{A}$ 和 $\boldsymbol{A}^{\mathrm{H}}$ 起的作用一样重要，为书写方便直接给出转置形式的数据矩阵定义为

$$\boldsymbol{A}^{\mathrm{H}}=[\boldsymbol{x}(M-1),\boldsymbol{x}(M),\cdots,\boldsymbol{x}(N-1)]$$
$$=\begin{bmatrix} x(M-1) & x(M) & \cdots & x(N-1) \\ x(M-2) & x(M-1) & \cdots & x(N-2) \\ \vdots & \vdots & \ddots & \vdots \\ x(0) & x(1) & \cdots & x(N-M) \end{bmatrix} \tag{3.5.10}$$

这里 $\boldsymbol{x}(i)=[x(i),x(i-1),\cdots,x(i-M+1)]^{\mathrm{T}}$ 是计算每个时刻滤波器输出所需要的输入信号向量。这种取数据的方法称为协方差方法，需要注意，LS 的协方差方法的名称是一种习惯的叫法，它与随机信号的“协方差”的定义并无严格的联系，是一种因习惯而保留下来的名词。

2. 自相关方法

对一个有 M 个非 0 系数的 FIR 滤波器，如果输入数据范围为$[0,N-1]$，滤波器输出范围可扩展到$[0,N+M-2]$。取所有可能存在的滤波器输出值，得到相应的估计误差，即取滤波器输出误差的求和范围为 $i_1=0,i_2=N+M-2$。这种情况下，当需要数据观测窗$[0,N-1]$之外的数据时，假设 $x(i)$在 $0\leqslant i\leqslant N-1$ 的窗外取值为 0，由此，该方法可以计入所有不为 0 的滤波器输出。但该方法相当于对输入数据进行了“加窗”预处理，假设窗外数据为 0。数据矩阵的共轭转置形式为

$$\boldsymbol{A}^{\mathrm{H}}=[\boldsymbol{x}(0),\boldsymbol{x}(2),\cdots,\boldsymbol{x}(N-1),\cdots,\boldsymbol{x}(N+M-2)]$$
$$=\begin{bmatrix} x(0) & x(1) & \cdots & x(M-1) & \cdots & x(N-1) & 0 & \cdots & 0 \\ 0 & x(0) & \cdots & x(M-2) & \cdots & x(N-2) & x(N-1) & \cdots & 0 \\ \vdots & \vdots & \ddots & \vdots & \ddots & \vdots & \vdots & \ddots & \vdots \\ 0 & 0 & \cdots & x(0) & \cdots & x(N-M) & x(N-M-1) & \cdots & x(N-1) \end{bmatrix} \tag{3.5.11}$$

3. 预加窗法

令 $i_1=0,i_2=N-1$，相当于假设 $i<0$ 时，$x(i)=0$。不考虑 $i\geqslant N$ 之后的数据。相当于加了前窗，即窗的起始时间是 0，但没有考虑终止时间端的情况，因此称为预加窗。数据矩阵的转置形式为

$$\boldsymbol{A}^{\mathrm{H}}=[\boldsymbol{x}(0),\boldsymbol{x}(1),\cdots,\boldsymbol{x}(N-1)]$$
$$=\begin{bmatrix} x(0) & x(1) & \cdots & x(M-1) & \cdots & x(N-1) \\ 0 & x(0) & \cdots & x(M-2) & \cdots & x(N-2) \\ \vdots & \vdots & \ddots & \vdots & \ddots & \vdots \\ 0 & 0 & \cdots & x(0) & \cdots & x(N-M) \end{bmatrix} \tag{3.5.12}$$

4. 后加窗法

令 $i_1=M-1, i_2=N+M-2$ 相当于假设 $i>N$ 时，$x(i)=0$，但避开对 $i\leqslant 0$ 时的数据做假设。数据矩阵为

$$\boldsymbol{A}^{\mathrm{H}}=[\boldsymbol{x}(M-1),\cdots,\boldsymbol{x}(N-1),\cdots,\boldsymbol{x}(N+M-2)]$$

$$=\begin{bmatrix} x(M-1) & \cdots & x(N-1) & 0 & \cdots & 0 \\ x(M-2) & \cdots & x(N-2) & x(N-1) & \cdots & 0 \\ \vdots & \ddots & \vdots & \vdots & \ddots & \vdots \\ x(0) & \cdots & x(N-M) & x(N-M-1) & \cdots & x(N-1) \end{bmatrix} \tag{3.5.13}$$

LS 方法在很多不同的信号处理问题中得以应用，在不同的应用中，数据矩阵有不同的取法。例如，在谱估计的应用时，由于加窗会引起谱分辨率的下降，最常用的数据矩阵是按协方差方法取的；在自适应滤波应用时，往往从接收到第一个数据就开始算法迭代，因此常用预加窗法。

以上式(3.5.9)～式(3.5.13)是在假设输入数据范围为[0，$N-1$]，在标准滤波问题时数据矩阵的形式，对于各种不同应用，只需写出式(3.5.2)形式的误差向量表达式，即可得到相应的数据矩阵和期望响应向量，并不必要按式(3.5.9)～式(3.5.13)套用公式。

3.5.2 LS 的正交性原理

尽管由式(3.5.8)已经得到了 LS 滤波器的解，以下还是要导出 LS 滤波器的另外一种解的形式，这来自于与维纳滤波器相对应的 LS 的正交性原理，这可以使得我们用向量空间角度进一步理解 LS 滤波问题。

LS 的正交性原理的推导思路与维纳滤波情况一致，只是将取期望运算变成有限求和运算。令

$$J(\boldsymbol{w})=\sum_{i=i_1}^{i_2}|e(i)|^2=\sum_{i=i_1}^{i_2}e(i)e^*(i) \tag{3.5.14}$$

将

$$e(i)=d(i)-\sum_{k=0}^{M-1}w_k^* x(i-k)$$

代入上式，并令

$$\nabla J(\boldsymbol{w})=\boldsymbol{0} \tag{3.5.15}$$

或标量形式

$$\nabla_k J=\frac{\partial J}{\partial w_k}=0,\quad k=0,1,2,\cdots,M-1 \tag{3.5.16}$$

在满足式(3.5.16)时，LS 误差 $e(i)$ 达到最小值 $e_o(i)$，由式(3.5.16)得到

$$\sum_{i=i_1}^{i_2}x(i-k)e_o^*(i)=0\quad k=0,1,2,\cdots,M-1 \tag{3.5.17}$$

并由

$$\hat{d}(i)=y_o(i)=\sum_{k=0}^{M-1}w_{o,k}^* x(i-k) \tag{3.5.18}$$

进一步得到

$$\sum_{i=i_1}^{i_2} \hat{d}(i) e_o^*(i) = 0 \tag{3.5.19}$$

式(3.5.17)、(3.5.19)是LS意义下的正交原理及其推论。

1. 正则方程与最小误差平方和公式

与维纳滤波器类似，在LS意义下达到最优时，滤波器系数、期望响应的估计、误差和满足的关系式，均可以由正交性原理推导出。由

$$e_o(i) = d(i) - \sum_{t=0}^{M-1} w_{o,t}^* x(i-t) \tag{3.5.20}$$

两边取共轭后，同乘 $x(i-k)$ 并从 $i=i_1$ 到 i_2 求和得：

$$\sum_{t=0}^{M-1} w_{o,t} \sum_{i=i_1}^{i_2} x(i-k) x^*(i-t) = \sum_{i=i_1}^{i_2} x(i-k) d^*(i) \quad k = 0, \cdots, M-1 \tag{3.5.21}$$

令

$$\Phi(t,k) = \sum_{i=i_1}^{i_2} x(i-t) x^*(i-k) \quad 0 \leqslant (t,k) \leqslant M-1 \tag{3.5.22}$$

$$z(-k) = \sum_{i=i_1}^{i_2} x(i-k) d^*(i) \quad 0 \leqslant k \leqslant M-1 \tag{3.5.23}$$

方程式(3.5.21)简化为

$$\sum_{t=0}^{M-1} w_{o,t} \Phi(t,k) = z(-k) \quad k = 0, 1, \cdots, M-1 \tag{3.5.24}$$

方程式(3.5.24)可称为LS意义下的维纳-霍夫方程，或LS的正则方程。写成矩阵形式

$$\boldsymbol{\Phi} \boldsymbol{w}_o = \boldsymbol{z} \tag{3.5.25}$$

这里，

$$[\boldsymbol{\Phi}]_{ij} = \Phi(j,i)$$

$$\boldsymbol{z} = [z(0), z(-1), \cdots, z(-M+1)]^{\mathrm{T}}$$

若 $\boldsymbol{\Phi}$ 可逆，式(3.5.25)的解为

$$\boldsymbol{w}_o = \boldsymbol{\Phi}^{-1} \boldsymbol{z} \tag{3.5.26}$$

$\boldsymbol{\Phi}$ 的几个性质，由 $\boldsymbol{\Phi}$ 的定义可以验证它的几个性质：

(1) $\boldsymbol{\Phi}^{\mathrm{H}} = \boldsymbol{\Phi}$，但一般情况下，$\boldsymbol{\Phi}$ 不再满足Toeplitz性，除非数据矩阵采用自相关方法。

(2) 对任意向量 $\boldsymbol{x}$，满足 $\boldsymbol{x}^{\mathrm{H}} \boldsymbol{\Phi} \boldsymbol{x} \geqslant 0$，也就是说 $\boldsymbol{\Phi}$ 是半正定的。

(3) $\boldsymbol{\Phi}$ 的特征值是实的和非负的。

(4) $\boldsymbol{\Phi}$ 可以分解为

$$\boldsymbol{\Phi} = \boldsymbol{A}^{\mathrm{H}} \boldsymbol{A} = \sum_{i=i_1}^{i_2} \boldsymbol{x}(i) \boldsymbol{x}^{\mathrm{H}}(i) \tag{3.5.27}$$

$\boldsymbol{z}$ 可以表示成

$$\boldsymbol{z} = \boldsymbol{A}^{\mathrm{H}} \boldsymbol{d} = \sum_{i=i_1}^{i_2} \boldsymbol{x}(i) d(i) \tag{3.5.28}$$

将式(3.5.27)和(3.5.28)代入(3.5.25)得到LS的正则方程的矩阵形式

$$\boldsymbol{A}^{\mathrm{H}} \boldsymbol{A} \boldsymbol{w}_o = \boldsymbol{A}^{\mathrm{H}} \boldsymbol{d} \tag{3.5.29}$$

如果Φ可逆,滤波器系数为

$$\boldsymbol{w}_o=(\boldsymbol{A}^{\mathrm{H}}\boldsymbol{A})^{-1}\boldsymbol{A}^{\mathrm{H}}\boldsymbol{d} \tag{3.5.30}$$

对期望响应的 LS 估计为

$$\hat{\boldsymbol{d}}=\boldsymbol{A}\boldsymbol{w}_o=\boldsymbol{A}(\boldsymbol{A}^{\mathrm{H}}\boldsymbol{A})^{-1}\boldsymbol{A}^{\mathrm{H}}\boldsymbol{d} \tag{3.5.31}$$

由正交原理得到的这组公式(3.5.29)和(3.5.30)与前面用矩阵运算得到的表达式(3.5.7)和式(3.5.8)是一致的,即式(3.5.30)的解 $\boldsymbol{w}_o$ 和式(3.5.8)的解 $\boldsymbol{w}_{\mathrm{LS}}$相等。

与维纳滤波类似,由正交原理同样验证在 LS 意义下,各变量和的关系为

$$\xi_d=\sum_{i=i_1}^{i_2}|d(i)|^2=\sum_{i=i_1}^{i_2}|e_o(i)|^2+\sum_{i=i_1}^{i_2}|\hat{d}(i)|^2=J_{\min}+\xi_{est}$$

故最小误差平方和为

$$J_{\min}=\xi_d-\xi_{est} \tag{3.5.32}$$

由式(3.5.3)得

$$\xi_{est}=\boldsymbol{w}_o^{\mathrm{H}}\boldsymbol{\Phi}\,\boldsymbol{w}_o=\boldsymbol{w}_o^{\mathrm{H}}\boldsymbol{z}=\boldsymbol{z}^{\mathrm{H}}\cdot\boldsymbol{w}_o=\boldsymbol{z}^{\mathrm{H}}\boldsymbol{\Phi}^{-1}\boldsymbol{z}$$

最小误差平方和为

$$J_{\min}=\xi_d-\boldsymbol{w}_o^{\mathrm{H}}\boldsymbol{z}=\boldsymbol{d}^{\mathrm{H}}\boldsymbol{d}-\boldsymbol{z}^{\mathrm{H}}\boldsymbol{\Phi}^{-1}\boldsymbol{z} \tag{3.5.33}$$

2. 投影算子

如果将矩阵 $\boldsymbol{A}$ 的列向量张成线性空间,在这个线性空间上估计向量 $\boldsymbol{d}$,得到 $\boldsymbol{d}$ 在该空间上的投影是 $\boldsymbol{d}$ 在该空间上的最优估计,这个估计由式(3.5.31)表示。由此,可以定义

$$\boldsymbol{P}=\boldsymbol{A}(\boldsymbol{A}^{\mathrm{H}}\boldsymbol{A})^{-1}\boldsymbol{A}^{\mathrm{H}} \tag{3.5.34}$$

为对 $\boldsymbol{A}$ 的列向量张成的空间的投影算子,任意向量 $\boldsymbol{d}$ 在该空间的投影为

$$\hat{\boldsymbol{d}}=\boldsymbol{P}\boldsymbol{d}=\boldsymbol{A}(\boldsymbol{A}^{\mathrm{H}}\boldsymbol{A})^{-1}\boldsymbol{A}^{\mathrm{H}}\boldsymbol{d} \tag{3.5.35}$$

很自然地定义正交投影算子

$$\boldsymbol{P}^{\perp}=\boldsymbol{I}-\boldsymbol{P}=\boldsymbol{I}-\boldsymbol{A}(\boldsymbol{A}^{\mathrm{H}}\boldsymbol{A})^{-1}\boldsymbol{A}^{\mathrm{H}} \tag{3.5.36}$$

它作用于 $\boldsymbol{d}$ 得到的向量是 $\boldsymbol{d}$ 与 $\boldsymbol{d}$ 在 $\boldsymbol{A}$ 的列空间的投影的向量差,该向量是与 $\boldsymbol{A}$ 的列空间垂直的向量,或者说是最小误差向量,即

$$\boldsymbol{e}=\boldsymbol{d}-\hat{\boldsymbol{d}}=\boldsymbol{P}^{\perp}\boldsymbol{d} \tag{3.5.37}$$

3.5.3　最小二乘滤波的几个性质

为了更直观地讨论 LS 的性质,假设用 LS 估计一个自回归过程(AR)的参数。假设一个自回归过程为

$$x(n)=\sum_{k=1}^{M}w_{o,k}x(n-k)+v(n)$$

将 AR 过程在时间范围[0,$N-1$]的取值写成向量形式

$$\boldsymbol{x}=\boldsymbol{A}\boldsymbol{w}_o+\boldsymbol{v}$$

由测量向量 $\boldsymbol{x}=\boldsymbol{d}$ 估计自回归过程的参数 $\boldsymbol{w}_o$,令 $\boldsymbol{v}=\boldsymbol{e}_o$,方程写为

$$\boldsymbol{d}=\boldsymbol{A}\boldsymbol{w}_o+\boldsymbol{e}_o \tag{3.5.38}$$

这里 $\boldsymbol{e}_o$ 等价为测量噪声,假设它是均值为 0 的白噪声,方差为 σ_e^2。可以分析得到 $\boldsymbol{w}_o$ 的 LS 估计$\hat{\boldsymbol{w}}_o$ 的性质。首先,$\hat{\boldsymbol{w}}_o$ 满足正则方程

$$\mathbf{A}^{\mathrm{H}}\mathbf{A}\hat{\boldsymbol{w}}_o = \mathbf{A}^{\mathrm{H}}\boldsymbol{d} \tag{3.5.39}$$

将式(3.5.38)代入式(3.5.39)得

$$\mathbf{A}^{\mathrm{H}}\mathbf{A}\hat{\boldsymbol{w}}_o = \mathbf{A}^{\mathrm{H}}\boldsymbol{d} = \mathbf{A}^{\mathrm{H}}(\mathbf{A}\boldsymbol{w}_o + \boldsymbol{e}_o)$$

因此 $\boldsymbol{w}_o$ 的 LS 估计为

$$\hat{\boldsymbol{w}}_o = \boldsymbol{w}_o + (\mathbf{A}^{\mathrm{H}}\mathbf{A})^{-1}\mathbf{A}^{\mathrm{H}}\boldsymbol{e}_o \tag{3.5.40}$$

由式(3.5.40)不难验证 LS 估计的如下统计性质(1)、(2),性质(3)、(4)的证明是第 2 章习题 4 的结论。

(1) LS 估计 $\hat{\boldsymbol{w}}_o$ 是无偏估计,$E[\hat{\boldsymbol{w}}_o]=\boldsymbol{w}_o$。

(2) $\hat{\boldsymbol{w}}_o$ 的协方差矩阵是 $C_w=\sigma_e^2(\mathbf{A}^{\mathrm{H}}\mathbf{A})^{-1}=\sigma_e^2\boldsymbol{\Phi}^{-1}$。

(3) $\hat{\boldsymbol{w}}_o$ 是最小方差无偏估计器。

(4) 如果 $\boldsymbol{e}_o$ 是高斯白噪声,$\hat{\boldsymbol{w}}_o$ 是最小方差无偏估计,且克拉美-罗下界可达,同时它也是最大似然估计。

比较一下维纳滤波器和 LS 滤波器是有意义的。重写 FIR 结构维纳滤波器的维纳-霍夫方程如下

$$\boldsymbol{R}\boldsymbol{w}_o = \boldsymbol{r}_{xd}$$

比较 LS 的正则方程

$$\boldsymbol{\Phi}\boldsymbol{w}_o = \boldsymbol{z}$$

为了比较方便,考虑 LS 的输入信号取值范围为$[0,N-1]$,令$\boldsymbol{\Phi}'=\frac{1}{N}\boldsymbol{\Phi}$ 和 $\boldsymbol{z}'=\frac{1}{N}\boldsymbol{z}$,正则方程重写为

$$\boldsymbol{\Phi}'\boldsymbol{w}_o = \boldsymbol{z}'$$

3.5.1 节讨论了 LS 滤波的四种边界处理方法,相应于四种数据矩阵的构成方式,4 种方法对应的矩阵$\boldsymbol{\Phi}'$不同,可以证明(留作习题),若使用自相关方法处理边界,则$\boldsymbol{\Phi}'$满足 Toeplitz 性,实际上$\boldsymbol{\Phi}'=\hat{\boldsymbol{R}}_x$ 和 $\boldsymbol{z}'=\hat{\boldsymbol{r}}_{xd}$,这里,$\hat{\boldsymbol{R}}_x$ 和$\hat{\boldsymbol{r}}_{xd}$相当于用$[0,N-1]$范围的观测数据估计 $r_x(k)$ 和 $r_{xd}(k)$,然后用估计得到的自相关序列和互相关序列构成的自相关矩阵和互相关向量,因此,自相关方法构成数据矩阵的 LS 滤波器是维纳滤波器在有限样本情况下的近似。需要注意,若利用其他边界处理方式,例如协方差方法构成的数据矩阵,则$\boldsymbol{\Phi}'$满足半正定性但不满足 Toeplitz 性。当观测数据量变大,边界效应减弱,当 $N\to\infty$时,若信号满足平稳性和遍历性,则$\boldsymbol{\Phi}'\to\boldsymbol{R}_x$ 和 $\boldsymbol{z}'\to\boldsymbol{r}_{xd}$,LS 滤波和维纳滤波趋于一致。

在观测数据量有限,尤其 N 较小时,LS 的不同边界处理方式,可能对结果有明显的影响,这时对一类应用选择合适的边界处理会使 LS 取得更好的效果。尽管自相关方法使得$\boldsymbol{\Phi}'$具有 Toeplitz 性,但自相关方法往往不是好的选择,例如,在信号的现代谱估计中协方差方法得到的估计性能更好,而在自适应滤波时更常用预加窗方法。LS 边界处理问题在第 5 章和第 6 章会进一步讨论。

3.5.4 最小二乘的线性预测

与最优线性预测是维纳滤波器的一个特例一样,LS 意义下的最优预测问题也是 LS 滤波的特例,假设已观测到随机信号的一组数据$\{x(0),x(1),\cdots,x(N-1)\}$,求 M 阶线性 LS

预测器，目标是求解最优线性预测系数。同 LS 滤波问题一样，可以有 4 种数据窗的取法，这里仅以预加窗法为例进行说明。

很显然，期望响应向量为

$$\boldsymbol{d}=[x^*(0),x^*(1),\cdots,x^*(N-1)]^{\mathrm{T}}$$

利用预加窗法，得到对期望响应的预测为

$$\hat{\boldsymbol{d}}=\begin{bmatrix}\hat{x}^*(0)\\ \hat{x}^*(1)\\ \vdots\\ \hat{x}^*(N-1)\end{bmatrix}$$

$$=\begin{bmatrix}0 & 0 & \cdots & 0 & 0\\ x^*(0) & 0 & \cdots & 0 & 0\\ x^*(1) & x^*(0) & 0 & \cdots & 0\\ \vdots & \vdots & \vdots & \ddots & \vdots\\ x^*(M-1) & x^*(M-2) & x^*(M-3) & \cdots & x^*(0)\\ \vdots & \vdots & \vdots & \ddots & \vdots\\ x^*(N-2) & x^*(N-3) & \cdots & x^*(N-M) & x^*(n-M-1)\end{bmatrix}\begin{bmatrix}w_1\\ w_2\\ \vdots\\ w_M\end{bmatrix}$$

数据矩阵为

$$\boldsymbol{A}=\begin{bmatrix}0 & 0 & \cdots & 0 & 0\\ x^*(0) & 0 & \cdots & 0 & 0\\ x^*(1) & x^*(0) & 0 & \cdots & 0\\ \vdots & \vdots & \vdots & \ddots & \vdots\\ x^*(M-1) & x^*(M-2) & x^*(M-3) & \cdots & x^*(0)\\ \vdots & \vdots & \vdots & \cdots & \vdots\\ x^*(N-2) & x^*(N-3) & \cdots & x^*(N-M) & x^*(n-M-1)\end{bmatrix}$$

为了与前面 LS 滤波的数据矩阵比较，也可以写成数据矩阵的共轭转置为

$$\begin{aligned}\boldsymbol{A}^{\mathrm{H}}&=[\boldsymbol{x}(-1),\boldsymbol{x}(0),\boldsymbol{x}(1),\cdots,\boldsymbol{x}(N-2)]\\ &=\begin{bmatrix}0 & x(0) & x(1) & \cdots & x(N-3) & x(n-2)\\ 0 & 0 & x(0) & \cdots & x(n-4) & x(n-3)\\ \vdots & \vdots & \vdots & \ddots & \vdots & \vdots\\ 0 & 0 & 0 & \cdots & x(n-M) & x(n-M-1)\end{bmatrix}\end{aligned}$$

例 3.5.1 LS 预测，设一个随机信号的前几个数据是 $x(n)=\{1,2,3,3,4,5\}$，用 LS 方法求一个前向预测器，预测器是两系数的，用预加窗法。

解：对这个预测问题，列出如下期望响应和预测器估计方程为

$$\boldsymbol{d}=\begin{bmatrix}1\\2\\3\\3\\4\\5\end{bmatrix}\quad \hat{\boldsymbol{d}}=\begin{bmatrix}0&0\\1&0\\2&1\\3&2\\3&3\\4&3\end{bmatrix}\begin{bmatrix}w_1\\w_2\end{bmatrix}=\boldsymbol{Aw}$$

得到数据矩阵为

$$\boldsymbol{A}=\begin{bmatrix}0 & 0\\ 1 & 0\\ 2 & 1\\ 3 & 2\\ 3 & 3\\ 4 & 3\end{bmatrix}$$

LS 解的预测系数为

$$\boldsymbol{w}=(\boldsymbol{A}^{\mathrm{H}}\boldsymbol{A})^{-1}\boldsymbol{A}^{\mathrm{H}}\boldsymbol{d}=\begin{bmatrix}1.48\\ -0.3036\end{bmatrix}$$

因此，对期望响应向量的预测值向量为

$$\hat{\boldsymbol{d}}=\begin{bmatrix}0 & 0\\ 1 & 0\\ 2 & 1\\ 3 & 2\\ 3 & 3\\ 4 & 3\end{bmatrix}\begin{bmatrix}w_1\\ w_2\end{bmatrix}=\boldsymbol{A}\boldsymbol{w}=\begin{bmatrix}0\\ 1.4821\\ 2.6607\\ 3.8393\\ 3.5357\\ 5.0179\end{bmatrix}$$

预测误差向量为

$$\boldsymbol{e}=\boldsymbol{d}-\hat{\boldsymbol{d}}=[1.0000\quad 0.5179\quad 0.3393\quad -0.8393\quad 0.4643\quad -0.0179]^{\mathrm{T}}$$

对此问题，也可以直接求投影矩阵，并由投影矩阵得到对期望响应向量的估计，即

$$\boldsymbol{P}=\boldsymbol{A}(\boldsymbol{A}^{\mathrm{H}}\boldsymbol{A})^{-1}\boldsymbol{A}=\begin{bmatrix}0 & 0 & 0 & 0 & 0 & 0\\ 0 & 0.4107 & 0.3036 & 0.1964 & -0.3214 & 0.0893\\ 0 & 0.3036 & 0.2679 & 0.2321 & -0.1071 & 0.1964\\ 0 & 0.1964 & 0.2321 & 0.2679 & 0.1071 & 0.3036\\ 0 & -0.3214 & -0.1071 & 0.1071 & 0.6429 & 0.3214\\ 0 & 0.0893 & 0.1964 & 0.3036 & 0.3214 & 0.4107\end{bmatrix}$$

$$\hat{\boldsymbol{d}}=\boldsymbol{P}\boldsymbol{d}=[0\quad 1.4821\quad 2.6607\quad 3.8393\quad 3.5357\quad 5.0179]^{\mathrm{T}}$$

3.5.5 正则最小二乘滤波

与 2.6 节讨论线性模型 LS 估计遇到的问题一样，在 LS 滤波应用时，若数据矩阵 $\boldsymbol{A}$ 非满秩，则 $\boldsymbol{\Phi}=\boldsymbol{A}^{\mathrm{H}}\boldsymbol{A}$ 是奇异的，式(3.5.8)所表示的解不存在。即使 $\boldsymbol{\Phi}$ 满秩但其条件数很大时，$\boldsymbol{\Phi}$ 的逆的数值解结果不稳定。在应用中，$\boldsymbol{\Phi}$ 不可逆的情况很少出现，但 $\boldsymbol{\Phi}$ 条件数很大的情况更常遇到。对于解决这类问题，发展了正则化最小二乘(Regularized Least Squares)方法，本节对 2.6 节讨论的正则 LS 稍加一般化，讨论复数据和复系统的更一般形式的正则 LS。

所谓复正则化 LS 是指在式(3.5.6)用误差和表示的目标函数中增加一项约束滤波器权系数向量自身的量，常用的约束量选择为滤波器权系数向量的范数平方，即 $\|\boldsymbol{w}\|^2=\boldsymbol{w}^{\mathrm{H}}\boldsymbol{w}$，因此加了正则化约束的目标函数为

$$\xi(\boldsymbol{w}) = \sum_{i=i_1}^{i_2} |e(i)|^2 + \lambda \sum_{k=0}^{M-1} |w_k|^2$$

$$= \sum_{i=i_1}^{i_2} \left| d(i) - \sum_{k=0}^{M-1} w_k^* x(i-k) \right|^2 + \lambda \|\boldsymbol{w}\|^2$$

$$= (\boldsymbol{d} - \boldsymbol{A}\boldsymbol{w})^{\mathrm{H}}(\boldsymbol{d} - \boldsymbol{A}\boldsymbol{w}) + \lambda \boldsymbol{w}^{\mathrm{H}}\boldsymbol{w} \tag{3.5.41}$$

这里 λ 是一个可选择的参数，用于控制误差和项与参数向量范数约束项的作用。为求使得式(3.5.41)最小的 $\boldsymbol{w}$ 值。计算

$$\frac{\partial \xi(\boldsymbol{w})}{\partial \boldsymbol{w}^*} = \frac{\partial (\boldsymbol{d} - \boldsymbol{A}\boldsymbol{w})^{\mathrm{H}}(\boldsymbol{d} - \boldsymbol{A}\boldsymbol{w})}{\partial \boldsymbol{w}^*} + \frac{\partial \lambda \boldsymbol{w}^{\mathrm{H}}\boldsymbol{w}}{\partial \boldsymbol{w}^*}$$

$$= -2\boldsymbol{A}^{\mathrm{H}}\boldsymbol{d} + 2\boldsymbol{A}^{\mathrm{H}}\boldsymbol{A}\boldsymbol{w} + 2\lambda \boldsymbol{w}$$

令 $\boldsymbol{w} = \boldsymbol{w}_{\mathrm{LS}}$ 时上式为 0，得

$$(\boldsymbol{A}^{\mathrm{H}}\boldsymbol{A} + \lambda \boldsymbol{I})\boldsymbol{w}_{\mathrm{LS}} = \boldsymbol{A}^{\mathrm{H}}\boldsymbol{d} \tag{3.5.42}$$

求得滤波器权系数向量的正则化 LS 解为

$$\boldsymbol{w}_{\mathrm{LS}} = (\boldsymbol{A}^{\mathrm{H}}\boldsymbol{A} + \lambda \boldsymbol{I})^{-1}\boldsymbol{A}^{\mathrm{H}}\boldsymbol{d} \tag{3.5.43}$$

正则化最小二乘是一般性正则理论的一个特例；Tikhonov 正则化理论的泛函由两部分组成：一项是经验代价函数，如式(3.5.41)中的误差和是一种经验代价函数，另一项是正则化项，它是约束系统结构的，在滤波器设计中用于约束滤波器权系数向量的范数。在实际应用中参数 λ 是一个经验性参数。

*3.5.6 基于非线性函数的最小二乘滤波

到目前为止，所讨论的 LS 滤波器是一个线性滤波器，输出是输入的线性函数，即

$$y(n) = \sum_{k=0}^{M-1} w_k^* x(n-k) \tag{3.5.44}$$

可以通过一组非线性映射函数

$$\phi_i(\boldsymbol{x}(n)), \quad i = 1, 2, \cdots, K \tag{3.5.45}$$

将滤波器输出与输入之间建立起非线性关系，但是与滤波器权系数向量仍是线性关系。注意，这里

$$\boldsymbol{x}(n) = [x(n), x(n-1), \cdots, x(n-M+1)]^{\mathrm{T}}$$

$$\boldsymbol{w}_\phi = [w_{\phi,1}, w_{\phi,1}, \cdots, w_{\phi,K}]^{\mathrm{T}}$$

注意输入信号向量 $\boldsymbol{x}(n)$ 为 M 维向量，权系数向量 $\boldsymbol{w}$ 为 K 维向量与映射函数集 ϕ_i 数目相等。利用映射函数集定义滤波器输出为

$$y(n) = \sum_{k=1}^{K} w_{\phi,k}^* \phi_k(\boldsymbol{x}(n)) = \boldsymbol{w}_\phi^{\mathrm{H}} \boldsymbol{\Psi}(\boldsymbol{x}(n)) \tag{3.5.46}$$

这里，

$$\boldsymbol{\Psi}(\boldsymbol{x}(n)) = [\phi_1(\boldsymbol{x}(n)), \quad \phi_2(\boldsymbol{x}(n)), \quad \cdots \quad, \phi_K(\boldsymbol{x}(n))]^{\mathrm{T}} \tag{3.5.47}$$

在此基础上讨论 LS 滤波，滤波器的结构如式(3.5.46)，在有限区间 $i_1 \leqslant n \leqslant i_2$ 范围内通过滤波器估计期望响应 $d(n)$，与线性 LS 滤波类似，定义向量

$$\boldsymbol{e} = [e^*(i_1), e^*(i_1+1), \cdots, e^*(i_2)]^{\mathrm{T}}$$

$$\boldsymbol{d} = [d^*(i_1), d^*(i_1+1), \cdots, d^*(i_2)]^{\mathrm{T}}$$

则

$$\begin{aligned}\boldsymbol{e} &= \boldsymbol{d} - \boldsymbol{A}_{\psi}\boldsymbol{w}_{\psi} \\ &= \begin{bmatrix} d^*(i_1) \\ d^*(i_1+1) \\ \vdots \\ d^*(i_2) \end{bmatrix} - \begin{bmatrix} \boldsymbol{\Psi}^{\mathrm{H}}(\boldsymbol{x}(i_1)) \\ \boldsymbol{\Psi}^{\mathrm{H}}(\boldsymbol{x}(i_1+1)) \\ \vdots \\ \boldsymbol{\Psi}^{\mathrm{H}}(\boldsymbol{x}(i_2)) \end{bmatrix} \boldsymbol{w}_{\psi}\end{aligned} \tag{3.5.48}$$

这里

$$\begin{aligned}\boldsymbol{A}_{\psi} &= \begin{bmatrix} \boldsymbol{\Psi}^{\mathrm{H}}(\boldsymbol{x}(i_1)) \\ \boldsymbol{\Psi}^{\mathrm{H}}(\boldsymbol{x}(i_1+1)) \\ \vdots \\ \boldsymbol{\Psi}^{\mathrm{H}}(\boldsymbol{x}(i_2)) \end{bmatrix} \\ &= \begin{bmatrix} \psi_1^*(\boldsymbol{x}(i_1)) & \psi_2^*(\boldsymbol{x}(i_1)) & \cdots & \psi_K^*(\boldsymbol{x}(i_1)) \\ \psi_1^*(\boldsymbol{x}(i_1+1)) & \psi_2^*(\boldsymbol{x}(i_1+1)) & \cdots & \psi_K^*(\boldsymbol{x}(i_1+1)) \\ \vdots & \vdots & \ddots & \vdots \\ \psi_1^*(\boldsymbol{x}(i_2)) & \psi_2^*(\boldsymbol{x}(i_2)) & \cdots & \psi_K^*(\boldsymbol{x}(i_2)) \end{bmatrix}\end{aligned} \tag{3.5.49}$$

注意到，与式(3.5.6)的线性 LS 问题相比，这里除了数据矩阵 $\boldsymbol{A}_{\psi}$ 的定义由式(3.5.49)通过映射函数进行计算外，一旦数据矩阵 $\boldsymbol{A}_{\psi}$ 确定了，由于待求量 $\boldsymbol{w}_{\psi}$ 仍保持线性关系，求解的问题是一致的，故滤波器权系数的解为

$$\boldsymbol{w}_{\psi} = (\boldsymbol{A}_{\psi}^{\mathrm{H}}\boldsymbol{A}_{\psi})^{-1}\boldsymbol{A}_{\psi}^{\mathrm{H}}\boldsymbol{d} \tag{3.5.50}$$

注意到，与线性 LS 滤波的不同主要表现在数据矩阵 $\boldsymbol{A}_{\psi}$ 中，对于线性 LS 滤波，若输入信号向量 $\boldsymbol{x}(n)$ 是 M 维的，则数据矩阵 $\boldsymbol{A}$ 是 $(i_2-i_1+1)\times M$ 维矩阵，且矩阵的每个元素是输入信号 $x(n)$ 在某一时刻的取值。对于基于非线性映射函数的 LS 滤波器(简称 NM-LS)，数据矩阵 $\boldsymbol{A}_{\psi}$ 是 $(i_2-i_1+1)\times K$ 维矩阵，即数据矩阵的列数为 K，由映射函数数目确定，且数据矩阵 $\boldsymbol{A}_{\psi}$ 的每一个元素需要通过相应映射函数计算得到，一旦数据矩阵 $\boldsymbol{A}_{\psi}$ 计算得到了，则 NM-LS 的求解问题与线性 LS 是一致的。

例 3.5.2 讨论一个基于非线性映射函数的 LS 滤波器，考虑滤波器的记忆性为 2 个单位延迟，故取 $\boldsymbol{x}(n)=[x(n),x(n-1),x(n-2)]^{\mathrm{T}}$，为了简单假设信号和系统都是实的。设映射函数向量为

$$\boldsymbol{\Psi}(\boldsymbol{x}(n)) = \begin{bmatrix} \psi_1(\boldsymbol{x}(n)) \\ \psi_2(\boldsymbol{x}(n)) \\ \vdots \\ \psi_K(\boldsymbol{x}(n)) \end{bmatrix} = \begin{bmatrix} x(n) \\ x(n-1) \\ x(n-2) \\ x^2(n) \\ x^2(n-1) \\ x^2(n-2) \\ x(n)x(n-1) \\ x(n)x(n-2) \\ x(n-1)x(n-2) \end{bmatrix}$$

这里 $K=9$,故权系数向量记为

$$\boldsymbol{w}_{\psi}=[w_{\psi,1},w_{\psi,2},\cdots,w_{\psi,9}]^{\mathrm{T}}$$

滤波器输出为

$$\begin{aligned}y(n)&=\sum_{k=1}^{K}w_{\psi,k}\psi_{k}(\boldsymbol{x}(n))\\&=w_{\psi,1}x(n)+w_{\psi,2}x(n-1)+w_{\psi,3}x(n-2)+w_{\psi,4}x^{2}(n)\\&\quad+w_{\psi,5}x^{2}(n-1)+w_{\psi,6}x^{2}(n-2)+w_{\psi,7}x(n)x(n-1)\\&\quad+w_{\psi,8}x(n)x(n-2)+w_{\psi,9}x(n-1)x(n-2)\end{aligned}$$

假设考虑的误差范围为 $i_1=2,i_2=50$,则

$$\boldsymbol{d}=[d(2),d(3),\cdots,d(50)]^{\mathrm{T}}$$

数据矩阵 $\boldsymbol{A}_{\psi}$ 为

$$\boldsymbol{A}_{\psi}=\begin{bmatrix}x(2)&x(1)&x(0)&x^{2}(2)&x^{2}(1)&x^{2}(0)&x(2)x(1)&x(2)x(0)&x(1)x(0)\\x(3)&x(2)&x(1)&x^{2}(3)&x^{2}(2)&x^{2}(1)&x(3)x(2)&x(3)x(1)&x(2)x(1)\\\vdots&\vdots&\vdots&\vdots&\vdots&\vdots&\vdots&\vdots&\vdots\\x(50)&x(49)&x(48)&x^{2}(50)&x^{2}(49)&x^{2}(48)&x(50)x(49)&x(50)x(48)&x(49)x(48)\end{bmatrix}$$

这里 $\boldsymbol{A}_{\psi}$ 是一个 49×9 的数据矩阵,计算 $(\boldsymbol{A}_{\psi}^{\mathrm{H}}\boldsymbol{A}_{\psi})^{-1}$ 需要求 9×9 方阵的逆矩阵。

注意到,对此问题若采用线性 LS 滤波器,则输出写为

$$y(n)=w_1x(n)+w_2x(n-1)+w_3x(n-2)$$

数据矩阵 $\boldsymbol{A}$ 是 49×3 的矩阵,则 $(\boldsymbol{A}^{\mathrm{H}}\boldsymbol{A})^{-1}$ 的计算只需求 3×3 方阵的逆矩阵。另外也需注意到,写出 $\boldsymbol{A}_{\psi}$ 需要一定的计算量,尤其当 $\psi_K(\boldsymbol{x}(n))$ 中存在复杂非线性函数时,附加运算量可能是相当可观的,而写出 $\boldsymbol{A}$ 不需要附加计算量。

对于许多实际应用,怎样选择合适的非线性函数 $\boldsymbol{\Psi}(\boldsymbol{x}(n))$,是一个很重要的问题。很多情况下非线性函数的选择与所处理的问题密切相关。有一些构造非线性函数集的方法,例如 Volterra 级数,例 3.5.2 给出的这组函数是 Volterra 级数的一个例子。近年来,人们利用核函数的思想研究非线性逼近取得了一些成果,核函数的思想可用于结合 LS 技术处理非线性问题,有关核函数的问题,限于篇幅本书不展开讨论,可参考相关文献。

3.6 奇异值分解计算 LS 问题

由于 LS 应用的广泛性,LS 问题的求解又主要是矩阵运算问题,因此对 LS 的计算已成为"矩阵计算"领域的一个专门问题,已有多种成熟算法,例如 Householder 变换、Givens 旋转、QR 分解和奇异值分解等,对这些算法的详细介绍不是本书目标,有兴趣的读者可参考有关矩阵计算方面的专著,例如 G. H. 戈卢布的著作[12]。在 LS 求解的诸多方法中,由于奇异值分解问题在信号处理领域有多方面的应用,本节以 LS 求解为例,介绍奇异值分解问题(Singular-Value Decomposition,SVD)。

解 LS 问题,关键是求

$$\boldsymbol{A}^{+}=(\boldsymbol{A}^{\mathrm{H}}\boldsymbol{A})^{-1}\boldsymbol{A}^{\mathrm{H}}\tag{3.6.1}$$

$\boldsymbol{A}^{+}$ 称为矩阵 $\boldsymbol{A}$ 的伪逆(Pseudo inverse),当伪逆求得后,LS 滤波器系数的解为

$$\boldsymbol{w}_{\mathrm{LS}}=(\boldsymbol{A}^{\mathrm{H}}\boldsymbol{A})^{-1}\boldsymbol{A}^{\mathrm{H}}\boldsymbol{d}=\boldsymbol{A}^{+}\boldsymbol{d}\tag{3.6.2}$$

如果(A^HA)是满秩的,它是可逆的,式(3.6.1)定义的伪逆存在,LS 解是唯一的。当(A^HA)不是满秩的,(A^HA)不可逆,由式(3.6.1)定义的伪逆不存在,使 LS 误差最小化的解不是唯一的。下面介绍奇异值分解(SVD)定理,利用 SVD 定理,不管(A^HA)是否满秩,总可以得到一个 LS 解,并且解的数值稳定性是良好的。

1. SVD 定理

定理 3.6.1(SVD 定理) 给定数据矩阵 $\boldsymbol{A}$ 是 $N\times M$ 维矩阵,存在两个酉矩阵 $\boldsymbol{V}$ 和 $\boldsymbol{U}$,使得

$$\boldsymbol{U}^{\mathrm{H}}\boldsymbol{A}\boldsymbol{V}=\begin{pmatrix}\Sigma & \boldsymbol{0}\\ \boldsymbol{0} & \boldsymbol{0}\end{pmatrix} \tag{3.6.3}$$

这里$\Sigma=\mathrm{diag}\{\sigma_1,\sigma_2,\cdots,\sigma_W\}$,且 $\sigma_1\geqslant\sigma_2\geqslant\cdots\geqslant\sigma_W>0$, $W\leqslant\min\{N,M\}$,(注意到,$\boldsymbol{U}$ 是 $N\times N$ 矩阵,$\boldsymbol{V}$ 是 $M\times M$ 矩阵)。

证明:这里给出一种构造式的证明,主要证明过确定情况 $N>M$,对欠确定情况的证明是非常相似的。

由于 $\boldsymbol{A}^{\mathrm{H}}\boldsymbol{A}$ 是共轭对称的和非负定的,它的特征值为实的和非负的,按从大到小顺序排列为 $\sigma_1^2,\sigma_2^2,\cdots,\sigma_M^2$,这里设 $\sigma_1\geqslant\sigma_2\geqslant\cdots\geqslant\sigma_W>0$ 和 $\sigma_{W+1}=,\cdots,=\sigma_M=0$,并设 $\boldsymbol{v}_1,\boldsymbol{v}_2,\cdots,\boldsymbol{v}_M$ 是与各 σ_i^2 对应的特征向量,互相正交且取其模为 1。因此 $\boldsymbol{V}=[\boldsymbol{v}_1,\boldsymbol{v}_2,\cdots,\boldsymbol{v}_M]$是 $M\times M$ 酉矩阵。故

$$\boldsymbol{V}^{\mathrm{H}}\boldsymbol{A}^{\mathrm{H}}\boldsymbol{A}\boldsymbol{V}=\begin{pmatrix}\Sigma^2 & \boldsymbol{0}\\ \boldsymbol{0} & \boldsymbol{0}\end{pmatrix} \tag{3.6.4}$$

令

$$\boldsymbol{V}=[\boldsymbol{v}_1,\boldsymbol{v}_2,\cdots,\boldsymbol{v}_W \vdots \boldsymbol{v}_{W+1},\cdots,\boldsymbol{v}_M]=[\boldsymbol{V}_1,\boldsymbol{V}_2]$$

这里 $\boldsymbol{V}_1=[\boldsymbol{v}_1,\boldsymbol{v}_2,\cdots,\boldsymbol{v}_W]$,$\boldsymbol{V}_2=[\boldsymbol{v}_{W+1},\cdots,\boldsymbol{v}_M]$,$\boldsymbol{V}_1$ 是 $M\times W$ 矩阵,$\boldsymbol{V}_2$ 是 $M\times(M-W)$矩阵,且

$$\boldsymbol{V}_1^{\mathrm{H}}\boldsymbol{V}_2=\boldsymbol{0}$$

将 $\boldsymbol{V}$ 的分块 $\boldsymbol{V}_1$,$\boldsymbol{V}_2$ 代入式(3.6.4)得:$\boldsymbol{V}_1^{\mathrm{H}}\boldsymbol{A}^{\mathrm{H}}\boldsymbol{A}\boldsymbol{V}_1=\Sigma^2$,即

$$\Sigma^{-1}\boldsymbol{V}_1^{\mathrm{H}}\boldsymbol{A}^{\mathrm{H}}\boldsymbol{A}\boldsymbol{V}_1\Sigma^{-1}=\boldsymbol{I} \tag{3.6.5}$$

和

$$\boldsymbol{V}_2^{\mathrm{H}}\boldsymbol{A}^{\mathrm{H}}\boldsymbol{A}\boldsymbol{V}_2=\boldsymbol{0} \tag{3.6.6}$$

即

$$\boldsymbol{A}\boldsymbol{V}_2=\boldsymbol{0} \tag{3.6.7}$$

令

$$\boldsymbol{U}_1=\boldsymbol{A}\boldsymbol{V}_1\Sigma^{-1} \tag{3.6.8}$$

这里 $\boldsymbol{U}_1$ 是 $N\times W$ 矩阵,由式(3.6.5)得

$$\boldsymbol{U}_1^{\mathrm{H}}\boldsymbol{U}_1=\boldsymbol{I}$$

以 $\boldsymbol{U}_1$ 为基础,构造一个酉矩阵 $\boldsymbol{U}$,$\boldsymbol{U}=[\boldsymbol{U}_1,\boldsymbol{U}_2]$,且 $\boldsymbol{U}_1^{\mathrm{H}}\boldsymbol{U}_2=\boldsymbol{0}$,由以上关系式,得到

$$\begin{aligned}\boldsymbol{U}^{\mathrm{H}}\boldsymbol{A}\boldsymbol{V}&=\begin{bmatrix}\boldsymbol{U}_1^{\mathrm{H}}\\ \boldsymbol{U}_2^{\mathrm{H}}\end{bmatrix}\boldsymbol{A}(\boldsymbol{V}_1,\boldsymbol{V}_2)=\begin{bmatrix}\boldsymbol{U}_1^{\mathrm{H}}\boldsymbol{A}\boldsymbol{V}_1 & \boldsymbol{U}_1^{\mathrm{H}}\boldsymbol{A}\boldsymbol{V}_2\\ \boldsymbol{U}_2^{\mathrm{H}}\boldsymbol{A}\boldsymbol{V}_1 & \boldsymbol{U}_2^{\mathrm{H}}\boldsymbol{A}\boldsymbol{V}_2\end{bmatrix}\\ &=\begin{bmatrix}(\boldsymbol{A}\boldsymbol{V}_1\Sigma^{-1})^{\mathrm{H}}\boldsymbol{A}\boldsymbol{V}_1 & \boldsymbol{0}\\ \boldsymbol{U}_2^{\mathrm{H}}\boldsymbol{U}_1\Sigma & \boldsymbol{0}\end{bmatrix}=\begin{pmatrix}\Sigma & \boldsymbol{0}\\ \boldsymbol{0} & \boldsymbol{0}\end{pmatrix}\end{aligned}$$

最后一行左上角用了式(3.6.5)。

对于欠确定情况 $N<M$,令 $\boldsymbol{U}$ 是 $\boldsymbol{A}\boldsymbol{A}^{\mathrm{H}}$ 的特征向量矩阵,是酉的,其他步骤类似,此处从略。

SVD 定理的证明过程也同时给出了两个酉矩阵 $\boldsymbol{V}$ 和 $\boldsymbol{U}$ 的定义,其中 $\boldsymbol{V}$ 是 $\boldsymbol{A}^{\mathrm{H}}\boldsymbol{A}$ 的特征向量构成的矩阵,可通过矩阵特征分解算法求得。在过确定情况下,$\boldsymbol{A}^{\mathrm{H}}\boldsymbol{A}$ 是 $M\times M$ 矩阵,M 是滤波器非零系数的个数,一般远比可用的数据记录数 N 为小,$\boldsymbol{A}^{\mathrm{H}}\boldsymbol{A}$ 的特征分解运算量尚可接受。类似 $\boldsymbol{U}$ 是 $\boldsymbol{A}\boldsymbol{A}^{\mathrm{H}}$ 的特征向量构成的矩阵。后面会看到,在实际利用 SVD 求解 LS 问题时,一般只需要求一个矩阵的特征分解,例如在过确定性问题时,只需求 $\boldsymbol{A}^{\mathrm{H}}\boldsymbol{A}$ 的特征分解。

SVD 定理也可以写成如下形式

$$\boldsymbol{A}=\boldsymbol{U}\begin{pmatrix}\Sigma & \boldsymbol{0}\\ \boldsymbol{0} & \boldsymbol{0}\end{pmatrix}\boldsymbol{V}^{\mathrm{H}}=\boldsymbol{U}_1\,\Sigma\boldsymbol{V}_1^{\mathrm{H}}=\sum_{i=1}^{W}\sigma_i\boldsymbol{u}_i\,\boldsymbol{v}_i^{\mathrm{H}} \tag{3.6.9}$$

可以看到,用 SVD 定理可以确定数据矩阵 $\boldsymbol{A}$ 和$\Phi=\boldsymbol{A}^{\mathrm{H}}\boldsymbol{A}$ 的秩为 $\boldsymbol{W}$。

2. 伪逆矩阵

由奇异值分解定理,定义一个更一般的伪逆矩阵为

$$\boldsymbol{A}^{+}=\boldsymbol{V}\begin{pmatrix}\Sigma^{-1} & \boldsymbol{0}\\ \boldsymbol{0} & \boldsymbol{0}\end{pmatrix}\boldsymbol{U}^{\mathrm{H}}=\sum_{i=1}^{W}\frac{1}{\sigma_i}\boldsymbol{v}_i\boldsymbol{u}_i^{\mathrm{H}} \tag{3.6.10}$$

对存在的以下三种情况分别讨论,这里只叙述有关结论,详细证明留做习题。

(1) 在过确定系统中 $N>M$,若 $W=M$ 即$(\boldsymbol{A}^{\mathrm{H}}\boldsymbol{A})^{-1}$存在,那么有

$$\boldsymbol{A}^{+}=(\boldsymbol{A}^{\mathrm{H}}\boldsymbol{A})^{-1}\boldsymbol{A}^{\mathrm{H}}=\boldsymbol{V}[\Sigma^{-1}\quad \boldsymbol{0}_{M\times(N-M)}]\boldsymbol{U}^{\mathrm{H}} \tag{3.6.11}$$

注意,上式中用 $\boldsymbol{0}$ 的下标更清晰地表示了这个全 0 矩阵的维数。

(2) 在欠确定系统中 $N<M$,若 $W=N$,即$(\boldsymbol{A}\boldsymbol{A}^{\mathrm{H}})^{-1}$存在,伪逆阵为

$$\boldsymbol{A}^{+}=\boldsymbol{A}^{\mathrm{H}}(\boldsymbol{A}\boldsymbol{A}^{\mathrm{H}})^{-1}=\boldsymbol{V}\begin{bmatrix}\Sigma^{-1}\\ \boldsymbol{0}_{(M-N)\times N}\end{bmatrix}\boldsymbol{U}^{\mathrm{H}} \tag{3.6.12}$$

(3) 在一般情况下,即 $\boldsymbol{A}^{\mathrm{H}}\boldsymbol{A}$ 或 $\boldsymbol{A}\boldsymbol{A}^{\mathrm{H}}$ 的秩小于 $\min\{N,M\}$ 的情况下,$(\boldsymbol{A}^{\mathrm{H}}\boldsymbol{A})^{-1}$ 或 $(\boldsymbol{A}\boldsymbol{A}^{\mathrm{H}})^{-1}$不存在,由

$$\boldsymbol{A}^{+}=\boldsymbol{V}\begin{pmatrix}\Sigma^{-1} & \boldsymbol{0}\\ \boldsymbol{0} & \boldsymbol{0}\end{pmatrix}\boldsymbol{U}^{\mathrm{H}}=\boldsymbol{V}_1\,\Sigma^{-1}\boldsymbol{U}_1^{\mathrm{H}}=\sum_{i=1}^{W}\frac{1}{\sigma_i}\boldsymbol{v}_i\boldsymbol{u}_i^{\mathrm{H}} \tag{3.6.13}$$

定义的伪逆矩阵得到的 LS 解

$$\boldsymbol{w}_{\mathrm{LS}}=\boldsymbol{V}\begin{pmatrix}\Sigma^{-1} & \boldsymbol{0}\\ \boldsymbol{0} & \boldsymbol{0}\end{pmatrix}\boldsymbol{U}^{\mathrm{H}}\boldsymbol{d}=\boldsymbol{V}_1\,\Sigma^{-1}\boldsymbol{U}_1^{\mathrm{H}}\boldsymbol{d} \tag{3.6.14}$$

是最小范数解,即它一方面产生最小平均误差 $J_{\min}$,另一方面,它的滤波器系数的模是所有可能解中最小的。

进一步,在过确定情况下,将 $\boldsymbol{U}_1=\boldsymbol{A}\boldsymbol{V}_1\,\Sigma^{-1}$代入式(3.6.13)和式(3.6.14),解进一步简化为

$$\boldsymbol{A}^{+}=\boldsymbol{V}\begin{pmatrix}\Sigma^{-1} & \boldsymbol{0}\\ \boldsymbol{0} & \boldsymbol{0}\end{pmatrix}\boldsymbol{U}^{\mathrm{H}}=\boldsymbol{V}_1\,\Sigma^{-2}\boldsymbol{V}_1^{\mathrm{H}}\boldsymbol{A}^{\mathrm{H}}=\sum_{i=1}^{W}\frac{1}{\sigma_i^2}\boldsymbol{v}_i\,\boldsymbol{v}_i^{\mathrm{H}}\boldsymbol{A}^{\mathrm{H}} \tag{3.6.15}$$

和

$$\boldsymbol{w}_o=\sum_{i=1}^{W}\frac{\boldsymbol{v}_i}{\sigma_i^2}\boldsymbol{v}_i^{\mathrm{H}}\boldsymbol{A}^{\mathrm{H}}\boldsymbol{d}=\sum_{i=1}^{W}\frac{(\boldsymbol{v}_i^{\mathrm{H}}\boldsymbol{A}^{\mathrm{H}}\boldsymbol{d})}{\sigma_i^2}\boldsymbol{v}_i \tag{3.6.16}$$

在欠确定情况下 LS 滤波器权系数向量的解为

$$\boldsymbol{w}_o = \sum_{i=1}^{w} \frac{(\boldsymbol{u}_i^{\mathrm{H}}\boldsymbol{d})}{\sigma_i^2}\boldsymbol{A}^{\mathrm{H}}\boldsymbol{u}_i \tag{3.6.17}$$

注意在式(3.6.16)和(3.6.17)中,括号内的乘积是标量。在式(3.6.16)中只需要对 $\boldsymbol{A}^{\mathrm{H}}\boldsymbol{A}$ 做特征分解,在式(3.6.17)中只需要对 $\boldsymbol{A}\boldsymbol{A}^{\mathrm{H}}$ 做特征分解。

LS 的 SVD 解有好的性质,对过确定情况,不管 $\boldsymbol{A}^{\mathrm{H}}\boldsymbol{A}$ 是否满秩,都可以用式(3.6.16)得到 LS 解,$\boldsymbol{A}^{\mathrm{H}}\boldsymbol{A}$ 满秩时,LS 解是唯一的,式(4.6.16)和式(3.6.2)在理论上是相等的,在存在计算误差的情况下,SVD 解的数值稳定性良好。在 $\boldsymbol{A}^{\mathrm{H}}\boldsymbol{A}$ 不满秩的情况下,$\boldsymbol{A}^{\mathrm{H}}\boldsymbol{A}$ 的逆不存在,式(3.6.2)不可直接使用,这种情况下存在多个解都可以使 LS 误差达到最小 $J_{\min}$,即解不是唯一的,但在所有可能的解中,模值最小的解是唯一的,这就是 SVD 解。在 $\boldsymbol{A}^{\mathrm{H}}\boldsymbol{A}$ 不满秩的情况下,尽管存在多个解,即有多种滤波器系数的取值都可以达到最小的误差,但从数值稳定性的角度考虑,模值最小的解一般是最好的。

*3.7 总体最小二乘(TLS)

本节仅简要叙述总体最小二乘(Total Least Squares,TLS)的定义,并给出一个基于 SVD 的求解算法,关于 TLS 的详细材料,可参考[5]。

LS 方法求解 $\boldsymbol{Ax}=\boldsymbol{b}$ 的解,目标是求得一个解 $\boldsymbol{x}$ 使 $\|\boldsymbol{Ax}-\boldsymbol{b}\|^2$ 最小,在 LS 方法中,这可以理解为向量 $\boldsymbol{b}$ 被一个向量 $\Delta\boldsymbol{b}$ 所扰动,求一个范数最小的扰动向量 $\Delta\boldsymbol{b}$,即 $\min\{\|\Delta\boldsymbol{b}\|\}$,使解 $\boldsymbol{x}$ 满足方程式 $\boldsymbol{Ax}=\boldsymbol{b}+\Delta\boldsymbol{b}$,这里的 $\Delta\boldsymbol{b}$ 相当于 3.6 节中的误差 $\boldsymbol{e}$ 的另一种解释。将这个问题的思路进一步扩展,假设系数矩阵 $\boldsymbol{A}$ 也被 $\Delta\boldsymbol{A}$ 扰动,这就是 TLS 问题。可以找到 $\Delta\boldsymbol{A}$ 和 $\Delta\boldsymbol{b}$,使得方程组

$$(\boldsymbol{A}+\Delta\boldsymbol{A})\boldsymbol{x} = \boldsymbol{b}+\Delta\boldsymbol{b} \tag{3.7.1}$$

有解,但使得式(3.7.1)有解的 $\Delta\boldsymbol{A}$ 和 $\Delta\boldsymbol{b}$ 可能有很多,为此,构成一个扩展矩阵

$$[\Delta\boldsymbol{A} \quad \Delta\boldsymbol{b}]$$

找到使式(3.7.1)有解且使范数 $\|[\Delta\boldsymbol{A} \quad \Delta\boldsymbol{b}]\|$ 最小的 $\Delta\boldsymbol{A}_o$ 和 $\Delta\boldsymbol{b}_o$,即 TLS 解 $\boldsymbol{x}_{\mathrm{TLS}}$ 满足

$$(\boldsymbol{A}+\Delta\boldsymbol{A}_o)\boldsymbol{x}_{\mathrm{TLS}} = \boldsymbol{b}+\Delta\boldsymbol{b}_o \tag{3.7.2}$$

如下把问题稍加扩充,然后给出一种求 TLS 的方法。考虑更一般性的方程组的解,这里有

$$\boldsymbol{AX} = \boldsymbol{B} \tag{3.7.3}$$

设 $\boldsymbol{A}$ 是 $N\times M$ 矩阵,$\boldsymbol{B}$ 是 $N\times P$ 矩阵,$\boldsymbol{X}$ 是 $M\times P$ 个未知量组成的矩阵。方程组 $\boldsymbol{Ax}=\boldsymbol{b}$ 是 $P=1$ 的特例。式(3.7.3)的 TLS 解的定义如下。

定义 3.7.1 TLS 解的定义是,找到范数最小的扰动矩阵 $\Delta\boldsymbol{A}_o$,$\Delta\boldsymbol{B}_o$,使如下方程式成立

$$(\boldsymbol{A}+\Delta\boldsymbol{A}_o)\boldsymbol{X}_{\mathrm{TLS}} = \boldsymbol{B}+\Delta\boldsymbol{B}_o \tag{3.7.4}$$

即 $\Delta\boldsymbol{A}_o$,$\Delta\boldsymbol{B}_o$ 是使式(3.7.4)成立,且满足优化关系 $\min\{\|[\Delta\boldsymbol{A},\Delta\boldsymbol{B}]\|\}$ 的矩阵。方程组(3.7.3)的 TLS 解 $\boldsymbol{X}_{\mathrm{TLS}}$ 是针对这样的扰动矩阵 $\Delta\boldsymbol{A}_o$,$\Delta\boldsymbol{B}_o$ 所构成的方程组(3.7.4)的解。

利用 SVD 可得到一种 TLS 解。讨论过确定性问题,即 $N>M+P$,对于扩展矩阵 $[\boldsymbol{A} \quad \boldsymbol{B}]$ 进行 SVD 分解表示为

$$\boldsymbol{U}^{\mathrm{H}}[\boldsymbol{A} \quad \boldsymbol{B}]\boldsymbol{V} = \boldsymbol{\Sigma} \tag{3.7.5}$$

对各矩阵写成分块形式为

$$\boldsymbol{U}=[\boldsymbol{U}_1 \quad \boldsymbol{U}_2] \tag{3.7.6}$$

$$\Sigma=\begin{bmatrix}\Sigma_1 & 0\\ 0 & \Sigma_2\end{bmatrix} \tag{3.7.7}$$

$$\boldsymbol{V}=\begin{bmatrix}\boldsymbol{V}_{11} & \boldsymbol{V}_{12}\\ \boldsymbol{V}_{21} & \boldsymbol{V}_{22}\end{bmatrix} \tag{3.7.8}$$

最重要的是矩阵 $\boldsymbol{V}$ 的分块形式，其他矩阵的分块形式可与其对应。这里 $\boldsymbol{V}_{11}$ 是 $M\times M$ 矩阵，$\boldsymbol{V}_{12}$ 是 $M\times P$ 矩阵，$\boldsymbol{V}_{21}$ 是 $P\times M$ 矩阵，$\boldsymbol{V}_{22}$ 是 $P\times P$ 矩阵。如果 $\boldsymbol{V}_{22}^{-1}$ 存在，TLS 解为

$$\boldsymbol{X}_{\mathrm{TLS}}=-\boldsymbol{V}_{12}\boldsymbol{V}_{22}^{-1} \tag{3.7.9}$$

注意，在针对标准方程组和 LS 滤波器等常用情况时 $P=1$，$\boldsymbol{V}_{22}^{-1}$ 只是一个标量值，而 $\boldsymbol{V}_{12}$ 是一个列向量。

需要注意到，式(3.7.9)作为 TLS 的唯一解有一个前提条件。设以 $\boldsymbol{A}$ 作为数据矩阵所对应的第 M 个特征值为 σ_M，以 $[\boldsymbol{A} \quad \boldsymbol{B}]$ 为数据矩阵的所对应的第 $M+1$ 个特征值为 $\sigma_{AB,M+1}$，若 $\sigma_M>\sigma_{AB,M+1}$，则式(3.7.9)是 TLS 的唯一解。关于式(3.7.9)的推导过程请参考[12]。

3.8 小结和进一步阅读

本章的核心内容是统计意义下最优的滤波器理论，这些结果构成了实际线性滤波器可能达到的最优结果。其中，在平稳条件下，最优滤波器就是维纳滤波器，在采用 FIR 结构时由维纳-霍夫方程表示了维纳滤波器的解，而在 IIR 结构时，需要求出的是滤波器的系统函数。最优线性预测可以看作是维纳滤波器的一个特例，并且观察到前向线性最优预测与 AR 模型具有相同的解的方程，都可以采用 Levenson-Durbin 递推算法进行快速计算，Levenson-Durbin 算法也导出了滤波器的格型实现结构。

本章将 LS 滤波的概念限定在有限误差和最小意义下的最优滤波器。可以看到，在很多情况下，LS 是在存在有限数据的情况下，对维纳滤波器的逼近实现。可以证明，在用自相关方法构成数据矩阵时，对于最优预测或最优滤波的 LS 实现，相当于用观测的有限数据集，首先利用第 2 章给出的自相关和互相关的估计公式估计这些统计量，然后代入维纳-霍夫方程所得到的解。很显然，在各态历经的情况下，当存在的数据量趋于无穷时，LS 解趋于维纳滤波器。

关于最优滤波器理论几乎所有涉及随机信号处理和统计信号处理的著作均有详细介绍，例如 Hayes (1996)[3]、Haykin(2002)[4] 和 Kailath(1990)[6] 等，也可以参考维纳的原始论文[11]。

存在大量方法用于解 LS 方程。用高斯消元和 Cholesky 分解可以求解正则方程，QR 分解、Givens 旋转、Householder 变换可以用于更加有效的解 LS 方程，奇异值分解也是有效和稳定的方法，但这些算法的细节，超出本书的范围，我们仅简要介绍了奇异值分解技术，对其他方法的详细讨论，请参考矩阵计算的专门著作，例如戈卢布(2001)[12]。

第 3 章附录 连续时间维纳滤波

维纳在他的经典著作 *Extrapolation, Interpolation and Smoothing of Stationary Times Series* 中，讨论了平稳随机信号的外推、插值与平滑问题，这类问题现在被归结为维

纳滤波问题，并得到了广泛的应用。由于本书主要讨论离散随机信号处理，因此，本章正文中，仅就离散情况研究了维纳滤波器的设计。但维纳的原始工作主要是对连续随机信号进行的，本附录中，仅简要讨论针对连续平稳随机信号的维纳滤波器的设计方程，为简单计本附录仅讨论实信号和实系统的情况。

设有期望随机信号 $d(t)$，和一个测量得到的随机过程 $x(t)$，假设 $x(t)$ 是平稳随机过程，均值为零，自相关函数为 $r_x(\tau)$，$x(t)$ 和 $d(t)$ 是联合平稳的。如果希望通过 $x(t)$ 估计 $d(t)$，并且这个估计具有最小均方误差，这就是连续维纳滤波。设估计值可以写为

$$\hat{d}(t)=\int_{-\infty}^{+\infty}w(t,\tau)x(\tau)\mathrm{d}\tau \tag{3.A.1}$$

可以证明，如果 $x(t)$ 和 $d(t)$ 是联合平稳的，上式中 $w(t,\tau)$ 可简写为 $w(t-\tau)$[6]，式(3.A.1)改写为更简单的形式

$$\hat{d}(t)=\int_{-\infty}^{+\infty}w(t-\tau)x(\tau)\mathrm{d}\tau \tag{3.A.2}$$

$\hat{d}(t)$ 相当于输入 $x(t)$ 通过冲激响应为 $w(t)$ 的线性时不变系统的输出。现在的问题是求冲激响应 $w(t)$，使 $\hat{d}(t)$ 是均方误差最小意义下对 $d(t)$ 的最优估计。即求 $w(t)$ 使

$$J=E[(d(t)-\hat{d}(t))^2]=E\left[\left(d(t)-\int_{-\infty}^{+\infty}w(t-\tau)x(\tau)\mathrm{d}\tau\right)^2\right] \tag{3.A.3}$$

最小。

为导出 $w(t)$ 的求解方程，利用正交性原理，连续情况的正交性原理叙述为：在达到最优时，满足

$$E[e_o(t)x(\sigma)]=0 \quad -\infty<\sigma<+\infty \tag{3.A.4}$$

即

$$E\left[\left(d(t)-\int_{-\infty}^{+\infty}w_o(t-\tau)x(\tau)\mathrm{d}\tau\right)x(\sigma)\right]=0 \quad -\infty<\sigma<+\infty \tag{3.A.5}$$

这里用下标“o”表示达到最优时的误差和滤波器冲激响应。式(3.A.5)可整理为

$$E[d(t)x(\sigma)]=\int_{-\infty}^{+\infty}w_o(t-\tau)E[x(\tau)x(\sigma)]\mathrm{d}\tau \quad -\infty<\sigma<+\infty$$

根据平稳性条件，上式进一步写为

$$r_{dx}(t-\sigma)=\int_{-\infty}^{+\infty}w_o(t-\tau)r_x(\tau-\sigma)\mathrm{d}\tau \quad -\infty<\sigma<+\infty$$

进行变量替换，可将上式改写为

$$r_{dx}(t)=\int_{-\infty}^{+\infty}w_o(t-\tau)r_x(\tau)\mathrm{d}\tau \quad -\infty<t<+\infty \tag{3.A.6}$$

式(3.A.6)是求解 $w_o(t)$ 的积分方程，是连续的维纳-霍夫方程。

积分方程较难求解，对式(3.A.6)两边做傅里叶变换，得到

$$S_{dx}(\mathrm{j}\Omega)=W_o(\mathrm{j}\Omega)S_x(\mathrm{j}\Omega)$$

滤波器频率响应为

$$W_o(\mathrm{j}\Omega)=\frac{S_{dx}(\mathrm{j}\Omega)}{S_x(\mathrm{j}\Omega)} \tag{3.A.7}$$

这里

$$S_{dx}(\mathrm{j}\Omega)=\int_{-\infty}^{+\infty}r_{dx}(\tau)\mathrm{e}^{-\mathrm{j}\Omega\tau}\mathrm{d}\tau$$

$$S_x(\mathrm{j}\Omega)=\int_{-\infty}^{+\infty}r_x(\tau)\mathrm{e}^{-\mathrm{j}\Omega\tau}\mathrm{d}\tau$$

分别是 $d(t)$和 $x(t)$的互功率谱以及 $x(t)$的功率谱

$$W_{\mathrm{o}}(\mathrm{j}\Omega)=\int_{-\infty}^{+\infty}w_o(\tau)\mathrm{e}^{-\mathrm{j}\Omega\tau}\mathrm{d}\tau$$

是滤波器的频率响应。

最小均方误差可以求得为

$$\begin{aligned}J_{\min}&=E[e_{\mathrm{o}}^2(t)]=E[d^2(t)]-E[\hat{d}^2(t)]=r_d(0)-r_{\hat{d}}(0)\\&=\frac{1}{2\pi}\int_{-\infty}^{+\infty}S_d(\mathrm{j}\Omega)\mathrm{d}\Omega-\frac{1}{2\pi}\int_{-\infty}^{+\infty}S_{\hat{d}}(\mathrm{j}\Omega)\mathrm{d}\Omega\\&=\frac{1}{2\pi}\int_{-\infty}^{+\infty}\left(S_d(\mathrm{j}\Omega)-\frac{|S_{dx}(\mathrm{j}\Omega)|^2}{S_x(\mathrm{j}\Omega)}\right)\mathrm{d}\Omega\end{aligned}\tag{3.A.8}$$

例 3.A.1 考察噪声抑制问题。测量信号包括一个期望信号和一个噪声污染,设期望信号与污染噪声是不相关的,希望设计滤波器,输出尽可能地抑制噪声。

解:此题相当于

$$x(t)=s(t)+v(t)$$

$$d(t)=s(t)$$

利用如上条件,带入式(3.A.7)得

$$W_{\mathrm{o}}(\mathrm{j}\Omega)=\frac{S_s(\mathrm{j}\Omega)}{S_s(\mathrm{j}\Omega)+S_v(\mathrm{j}\Omega)}=1-\frac{S_v(\mathrm{j}\Omega)}{S_x(\mathrm{j}\Omega)}$$

和

$$J_{\min}=\frac{1}{2\pi}\int_{-\infty}^{+\infty}\left(\frac{S_s(\mathrm{j}\Omega)S_v(\mathrm{j}\Omega)}{S_s(\mathrm{j}\Omega)+S_v(\mathrm{j}\Omega)}\right)\mathrm{d}\Omega$$

式(3.A.6)可以重新写为

$$r_{dx}(t)=\int_{-\infty}^{+\infty}w_o(\tau)r_x(t-\tau)\mathrm{d}\tau\quad -\infty<t<+\infty\tag{3.A.9}$$

$w_o(t)$是存在于$-\infty<t<+\infty$范围上的,是非因果的滤波器,它是不可实现的,为了实现因果性的滤波器,要求 $w_o(t)$仅在 $0\leqslant t<+\infty$范围上非零,由式(3.A.9)结合因果性条件,得到因果性连续维纳滤波器的设计方程为

$$r_{dx}(t)=\int_{0}^{+\infty}w_o(\tau)r_x(t-\tau)\mathrm{d}\tau\quad t\geqslant 0\tag{3.A.10}$$

式(3.A.10)的频域解要复杂得多,此处仅给出一个结果

$$W_{\mathrm{o}}(s)=\left[\frac{S_{dx}(s)}{S_x^-(s)}\right]_+\frac{1}{S_x^+(s)}\tag{3.A.11}$$

上式中,$S_{dx}(s)$是 $r_{dx}(\tau)$双边拉普拉斯(Laplace)变换,$S_x(s)$是 $r_x(\tau)$的双边拉普拉斯变换,并且 $S_x(s)$可分解为 $S_x(s)=S_x^+(s)S_x^-(s)$,$S_x^+(s)$是 $S_x(s)$中,由左半平面极零点构成的部分,$S_x^-(s)$是 $S_x(s)$中,由右半平面极零点构成的部分,而$\left[\frac{S_{dx}(s)}{S_x^-(s)}\right]_+$是$\frac{S_{dx}(s)}{S_x^-(s)}$的因果部分,是$\frac{S_{dx}(s)}{S_x^-(s)}$的双变拉普拉斯反变换对应的时间函数的因果部分对应的拉普拉斯变换。式(3.A.11)

与离散因果 IIR 型维纳的复频率表示是直接对应的，一个是离散情况，一个是连续情况。离散情况下，z 域的单位圆外，对应连续情况 s 域的右半平面。

习题

1. 有一个零均值信号 $x(n)$，它的自相关序列的前两个值为 $r_x(0)=10$，$r_x(1)=5$，该信号在传输中混入了一个均值为 0 方差为 5 的加性高斯白噪声，该噪声与信号是不相关的，设计一个 2 系数 FIR 型维纳滤波器，使滤波器输出尽可能以均方意义逼近原信号 $x(n)$。

(1) 求滤波器系数。

(2) 滤波器输出与 $x(n)$ 之间均方误差。

2. 考虑如题图 3.1 所示的系统，用于估计期望响应 $d(n)$，其中零延时支路固定系数为 1，求系数 w_1 使估计的均方误差最小，并求此最小均方误差。已知参数为

$$\sigma_d^2=4,\quad r_x(0)=1.0,\quad r_x(1)=0.5,\quad r_x(2)=0.25,$$
$$r_{xd}(0)=-1.0,\quad r_{xd}(-1)=1.0$$

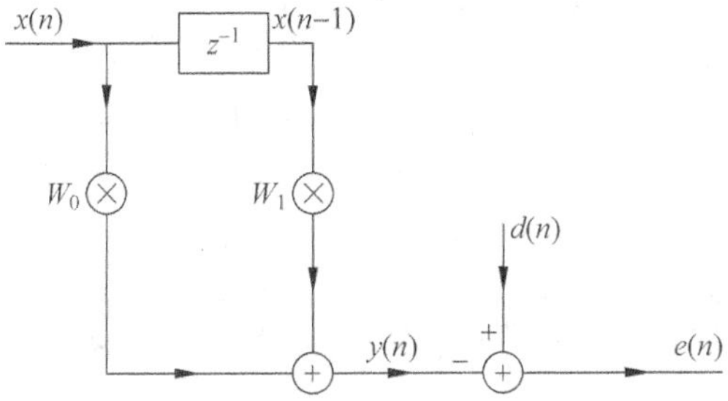

题图 3.1

3. 维纳滤波器的输入为 $x(n)=s(n)+v(n)$，$s(n)$ 和 $v(n)$ 相互独立，设计一个非因果 IIR 滤波器，希望尽可能降低噪声 $v(n)$，证明

(1) 最优滤波器的输出均方误差可表示为

$$\varepsilon=E[|e_0|^2]=\frac{1}{2\pi}\int_{-\pi}^{\pi}S_v(e^{j\omega})W(e^{j\omega})d\omega$$

这里 $S_v(e^{j\omega})$ 是噪声 $v(n)$ 的功率谱密度函数，$W(e^{j\omega})$ 是滤波器的频率响应。

(2) 若 $v(n)$ 是方差为 σ_v^2 的白噪声，证明上式简化为 $\varepsilon=\sigma_v^2 w_{o0}$，这里 w_{o0} 是最优滤波器 0 序号的权系数。

4. 源信号 $s(n)$ 是满足 $s(n)=\alpha s(n-1)+v(n)$ 的 AR(1) 信号，$v(n)$ 的方差为 σ_v^2，实际测量信号 $x(n)=s(n)+w(n)$ 混入了白噪声 $w(n)$，其方差为 σ_w^2，设计一个维纳滤波器，以 $x(n)$ 为输入，输出尽可能近似 $s(n+K)$，K 是固定整数。

(1) 给出 2 系数 FIR 滤波器权系数的一般解的方程组；

(2) 在(1)中，假设 $\alpha=0.8$，$\sigma_w^2=\sigma_v^2=1$，分别求出 $K=0$ 和 $K=1$ 时滤波器的权系数和最小均方误差；

(3) 求出非因果 IIR 滤波器系统函数的表达式；

(4) 在(3)中，假设 $\alpha=0.8$，$\sigma_w^2=\sigma_v^2=1$，分别求出 $K=0$ 和 $K=1$ 时滤波器的权系数和最

小均方误差。

5. 利用 FIR 结构的维纳滤波器，实现一个陷波器，即当输入为 $e^{j\omega_0 n}$ 时，输出为 0，输入为其他频率信号时，无损通过滤波器(这是指理想要求，实际不可实现，实际中是近似无损)，导出这个最优滤波器系数 $\boldsymbol{W}=[w_0,w_1,\cdots,w_{M-1}]^{\mathrm{T}}$ 的设计公式(输入信号的 M 阶自相关矩阵用 $\boldsymbol{R}_x$ 表示)。

6. 计算 $\left[\dfrac{\left(z+\frac{1}{3}\right)\left(z^{-1}+\frac{1}{3}\right)}{\left(z+\frac{1}{2}\right)\left(z^{-1}+\frac{1}{2}\right)}\right]_+$。

7. 证明前向最优线性预测器和后向最优线性预测器系数之间满足：$\boldsymbol{w}_b^{B*}=\boldsymbol{w}_f$，并且满足前向最优线性预测误差与后向最优线性预测误差的均方值相等。

8. 一个平稳随机信号的自相关序列为 $r_x(k)=\frac{1}{2}\delta(k+1)+\frac{5}{4}\delta(k)+\frac{1}{2}\delta(k-1)$

(1) 设计该信号的 1 阶、2 阶最优前向一步预测器。

(2) 利用 Levinson-Durbin 算法，计算 3 阶前向预测误差滤波器对应的反射系数，画出格型结构图。

9. 如题图 3.2 所示两个线性因果系统级联，其中，$H_1(z)=\dfrac{1}{1-0.8z^{-1}}$，$H_2(z)=\dfrac{1}{1-0.5z^{-1}}$，输入 $W(n)$ 是白噪声，均值为 0，方差 $\sigma_w^2=1$，系统输出是 $x(n)$，求：

(1) $x(n)$ 的自相关序列值 $r_x(0)$，$r_x(1)$ 和 $r_x(2)$；

(2) 如果对 $x(n)$ 进行最优预测，设计 $x(n)$ 的最优格型预测误差滤波器，求出格型预测误差滤波器的合适的阶数、各反射系数，画出实现结构图。

题图 3.2

10. 设由输入信号 $x(n)$ 通过一个非因果 IIR 维纳滤波器对期望响应 $d(n)$ 进行估计，估计误差 $e(n)$，证明：估计误差功率可由下式计算：

$$E\{|e(n)|^2\}=\frac{1}{2\pi}\int_{-\pi}^{\pi}(1-|C_{dx}(\omega)|^2)S_d(\omega)\mathrm{d}\omega$$

其中：$S_d(\omega)$ 是期望响应的功率谱密度，$C_{dx}(\omega)$ 称为 $d(n)$ 和 $x(n)$ 的复相关，定义为下式

$$C_{dx}(\omega)=\frac{S_{dx}(\omega)}{[S_x(\omega)S_d(\omega)]^{1/2}}$$

11. Levinson-Durbin 递推算法中，定义了标量：$\Delta_{m-1}=\sum_{k=0}^{m-1}r(k-m)a_{m-1,k}$，这里 $a_{m-1,k}$ 是 $m-1$ 阶前向线性最优预测滤波器的第 k 个权系数，用 $f_{m-1}(n)$ 和 $b_{m-1}(n)$ 分别表示前向和后向线性最优预测滤波器的预测误差，信号和滤波器系数都是实的，证明：

$$\Delta_{m-1}=E\{b_{m-1}(n-1)f_{m-1}(n)\}$$

12. 用 Levinson-Durbin 算法证明：一个 AR(p) 信号输入到格型预测误差滤波器，仅有 p 个非零的反射系数，阶次高于 p 的反射系数均为零。

13. 证明，前向预测误差滤波器和后向预测误差滤波器输出满足如下的关系式。

(1) $E[b_m(n)b_i^*(n)]=\begin{cases}p_m, & i=m\\ 0, & i\neq m\end{cases}$

(2) $E[f_m(n)f_i^*(n)]=p_l, l=\max(m,i)$

(3) $E[f_i(n)f_j^*(n-k)]=0, \begin{cases} 1\leqslant k\leqslant i-j, & i>j \\ -1\geqslant k\geqslant i-j, & i<j \end{cases}$

$E[b_i(n)b_j^*(n-k)]=0, \begin{cases} 0\leqslant k\leqslant i-j-1, & i>j \\ 0\geqslant k\geqslant i-j+1, & i<j \end{cases}$

14. 证明,前向预测误差滤波器系统函数和后向预测误差滤波器系统函数满足如下关系,

$$H_{f,m}(z) = H_{f,m-1}(z) + k_m^* z^{-1} H_{b,m-1}(z)$$

15. 由测量的数据$\{x(1),x(2),\cdots,x(N)\}$,设计 M 阶前向一步 LS 线性预测器,分别按协方差方法和自相关方法使用数据,写出其数据矩阵、期望响应向量。

16. 如果要求设计后向一步 LS 线性预测器,重做上题。

17. 设有记录数据$\{x(1),x(2),\cdots,x(6)\}$,用 3 阶前向线性预测,采用协方差方法,写出求解预测系数的正则方程,确定 $\boldsymbol{\Phi},\boldsymbol{z}$ 的各项。

18. 用自相关方法重解上题,比较两种方法得到的 $\boldsymbol{\Phi},\boldsymbol{z}$ 各项的异同,并检查哪种方法得到的 $\boldsymbol{\Phi}$ 满足 Toeplitz 性。

19. 用奇异值分解方法重新求解例题 3.5.1。

20. 证明,在过确定系统中($N>M$),若 $W=M$ 即$(\mathbf{A}^{\mathrm{H}}\mathbf{A})^{-1}$存在,那么有

$$\mathbf{A}^{+} = (\mathbf{A}^{\mathrm{H}}\mathbf{A})^{-1}\mathbf{A}^{\mathrm{H}} = \mathbf{V}[\Sigma^{-1} \quad \mathbf{0}_{M\times(K-M)}]\mathbf{U}^{\mathrm{H}}$$

*21. 一个随机信号是由一个 AR(4)模型产生的,模型的极点分别位于 $p_{1,2}=0.8\mathrm{e}^{\pm \mathrm{j}\pi/6}$,$p_{3,4}=0.9\mathrm{e}^{\pm \mathrm{j}5\pi/8}$,激励白噪声方差为 1。用此模型产生 100 个数据,作为数据集,设计一个 LS 前向预测器,设预测器阶数为 4,分别使用自相关方法和协方差方法构成数据矩阵,估计预测系数并与 AR 模型的实际参数进行比较。

*22. 一个随机信号是由一个 ARMA(4,2)模型产生的,模型极点位于 $p_{1,2}=0.8\mathrm{e}^{\pm \mathrm{j}\pi/6}$,$p_{3,4}=0.9\mathrm{e}^{\pm \mathrm{j}5\pi/8}$,零点位于 $z_{1,2}=0.8\mathrm{e}^{\pm \mathrm{j}\pi/4}$,激励白噪声方差为 1。用此模型产生 200 个数据,作为数据集,设计一个 LS 前向预测器,设预测器阶数为 8,使用协方差方法构成数据矩阵,计算预测系数和平均估计误差。另设阶数为 4 和 12,重做此题,比较平均估计误差的大小。

参考文献

[1] Anderson B D and Moore J B. Optimal Filtering[M]. New Jersey: Prentice-Hall. 1979.

[2] Grewal M S and Andrews A P. Kalman Filtering: Theory and Practice[M]. New Jersey: Prentice Hall. 1993.

[3] Hayes M H. Statistical Digital Signal Processing and Modeling[M]. New-York: John Wiley & Sons. INC. 1996.

[4] Haykin S. Adaptive Filter theory[M]. Fourth Edition. 2002. New Jersey: Prentice-Hall.

[5] Van Huffel and Vandewalle J. The Total Least Squares Problem: Computation Aspects and Analysis [M]. Philadelphia: SIAM. 1991.

[6] Kailath T. Sayed A H and Hassibi B. Linear Estimation[M]. New Jersey: Prentice Hall. 2000.

[7] Manolakis D G. Statistical and Adaptive Signal Processing: Spectral Estimation. Signal Modeling. Adaptive Filter and Array Processing[M]. New York: Mcgraw-Hall. 2000.

[8] Proakis J G. Algorithms for Statistical Signal Processing[M]. New Jersey: Prentice hall. 2002.

[9] Sayed A H and Kailath T. A state-space approach to adaptive RLS filtering[J]. IEEE Signal Processing Magazine. 1994. 11(1): 18-60.

[10] Widrow B. 自适应逆控制[M]. 刘树棠,等译. 西安: 西安交通大学出版社,2000.

[11] Wiener N. Extrapolation. Interpolation and Smoothing of Stationary Times Series[M]. Cambridge. MA: MIT Press. 1949.

[12] 戈卢布·G. H,范洛恩·C. F. 矩阵计算[M]. 袁亚湘,等译. 北京: 科学出版社,2001.

[13] 张旭东,陆明泉. 离散随机信号处理[M]. 北京: 清华大学出版社,2005.

第4章

卡尔曼滤波及其扩展

在信号处理、通信和现代控制系统中，需要对一个随机动态系统的状态进行估计。由一个测量装置对系统状态进行测量，这个测量过程是间接的和有噪的，通过记录的观测值对状态进行最优估计，并且这种估计是递推进行的，这是卡尔曼滤波(Kalman Filter，KF)所解决的问题。

第3章讨论了最优滤波问题。如果把LS滤波器看作是在有限数据集条件下对维纳(Wiener)滤波的一种近似，则第3章讨论的这些最优滤波器都可以归类为维纳滤波器。维纳滤波器是在平稳随机信号的条件下的线性最优滤波器，若信号和期望响应服从联合高斯分布，则维纳滤波器是平稳环境下的最优滤波器，在高斯分布下，线性系统即可达到真正的最优解。

在实际问题中，很多信号具有“系统结构性”，即这类信号可用一个系统方程来描述。例如，通过一个雷达接收信号估计一个运动目标的位置和速度，这里，运动目标的位置和速度是期望响应信号，这类信号一般满足一组运动方程，这组方程可看作是对一个系统的描述，故期望响应信号可看作是一个系统的状态向量，可用状态方程描述。另一个例子是接收到一个被噪声干扰的源信号，源信号有一定结构，一个例子是其满足ARMA(p,q)模型，这样的信号可用一个差分方程描述，也可用一个有p个状态的状态方程描述。这两个例子说明了具有“系统结构性”信号的含义。遗憾的是维纳滤波器无法直接应用这种系统信息所带来的可能益处。卡尔曼滤波则有效地利用了这些信息，它假设所估计的期望响应是一个系统的状态向量并满足已知的状态方程，结合状态方程可得到有效的递推计算结构。

维纳滤波的第二个明显的限制是平稳性要求。而卡尔曼滤波则打破了平稳性要求，其最基本假设和算法的推导都直接建立在非平稳假设下，这与卡尔曼滤波是建立在状态方程表示基础上是有关的，状态方程表示是目前人们解决时变系统的最有效工具之一。

与维纳滤波一样，标准的卡尔曼滤波是一种线性最优滤波器，但其突破了维纳滤波的一些主要限制，有效地利用了信号的“系统结构性”信息并突破了平稳性限制，卡尔曼滤波采用递推结构，本质上是一个时变系统。但与维纳滤波器一样，只有当信号是服从联合高斯分布时，它才是真正最优滤波。

当信号的联合分布是非高斯的，或当状态方程是非线性的(非线性和非高斯性往往是伴随在一起的)，卡尔曼滤波只是“线性系统”中的最优系统，而真正的最优系统却可能是非线性的，此时卡尔曼滤波不再是真正的最优滤波器。针对非高斯非线性问题的解，有两种典型方法，一类是对卡尔曼滤波进行扩展使其适合非线性状态方程，典型的方法包括扩展卡尔曼滤波(Extended Kalman Filter,EKF)、无迹卡尔曼滤波等；第二类解决方法是回到贝叶斯估计的源头,通过持续接收的观测值推断后验概率从而得到对状态波形的最优估计,这类方法统称贝叶斯滤波。有多种次最优的实现方法实现贝叶斯滤波,其中最受关注的是粒子滤波(Particle Filter)。

本章重点讨论卡尔曼滤波,首先通过标量形式介绍一些基本概念,然后详细导出向量形式的卡尔曼滤波方程及其几种变化形式,在此基础上讨论扩展卡尔曼滤波和无迹卡尔曼滤波,最后概要地讨论贝叶斯滤波与粒子滤波。

4.1　标量卡尔曼滤波

对于一般较为复杂的问题,表示系统的状态一般为向量,故卡尔曼滤波一般形式是向量形式,但由于卡尔曼滤波涉及一些新的概念,为了易于理解,本节通过一个简单的标量模型讨论卡尔曼滤波的推导及其一些相关概念,读者也可跳过本节直接阅读 4.2 节。

描述一个卡尔曼滤波问题,需要两个模型,一个是描述系统的状态方程,一个是观测方程,观测量通过观测方程与状态变量建立联系,由观测量估计状态值。

本节的简单标量情况采用只有一个状态的状态方程,一个 1 阶 AR 模型可以恰好由单个状态方程描述,故假设待估计状态满足 AR(1)模型,状态方程为

$$x(n)=a_1x(n-1)+v(n) \tag{4.1.1}$$

卡尔曼滤波可以用于非平稳情况,故状态方程中,a_1 可以是时变量,但为了叙述概念简单,这里 a_1 选择为常数,即状态变量 $x(n)$仅满足标准 AR(1)模型,观测方程是

$$y(n)=cx(n)+w(n) \tag{4.1.2}$$

这里 c 是常系数,$w(n)$是测量引入的白噪声,$v(n)$和 $w(n)$是统计独立的,$x(0)$作为初始状态与 $v(n)$和 $w(n)$是统计独立的。我们的问题描述为,从 $n=1$ 开始获得观测值 $y(1)$, $y(2)$,…,递推估计 $x(n)$。为了得到递推估计,需要推导的最优滤波过程描述为：假如由$\{y(1),y(2),\cdots,y(n-1)\}$已估计得到 $x(n-1)$的估计值$\hat{x}(n-1|n-1)$,这里符号$(n-1|n-1)$表示由直到 $n-1$ 时刻的观测值对待估计量在 $n-1$ 时刻取值的最优(线性)估计,当获得一个新观测值 $y(n)$时,用递推公式

$$\hat{x}(n\mid n)=f(\hat{x}(n-1\mid n-1),\alpha(n)) \tag{4.1.3}$$

得到对 $x(n)$新的估计值。这里 $\alpha(n)$是 $y(n)$中包含的新的信息量,称为新息,$f(\cdot)$是线性函数。新估计值$\hat{x}(n|n)$是由前一时刻估计值$\hat{x}(n-1|n-1)$和新息 $\alpha(n)$组合构成。递推算法带来的一个好处是,算法不再受平稳性的限制,每一步递推时,随机信号的统计特性可以随时间变化。

上述问题可以推广到更一般的状态方程和观测方程,这一类最优估计问题,称为卡尔曼滤波。在 4.1.1 节首先通过简单的标量模型,讨论递推估计的基本思路。对向量卡尔曼滤波的一般性讨论在 4.2 节进行。

4.1.1　标量随机状态的最优递推估计

问题的模型描述为式(4.1.1)的状态方程和式(4.1.2)的观测方程,并假设 a_1 和 c 是已知参数,设 $v(n)$和 $w(n)$是互不相关的白噪声,均值都为 0,方差分别为 $\sigma_v^2(n)$和 $\sigma_w^2(n)$,允许

白噪声是非平稳的。

设由$\{y(1),y(2),\cdots,y(n-1)\}$张成的空间为$\boldsymbol{Y}_{n-1}$，已得到$x(n-1)$的最优估计值$\hat{x}(n-1|\boldsymbol{Y}_{n-1})$。为了符号简单，以下均用向量空间$\boldsymbol{Y}_{n-1}$的下标来表示，即用$\hat{x}(n-1|n-1)$表示$\hat{x}(n-1|\boldsymbol{Y}_{n-1})$。当观测到新值$y(n)$时，$\{y(1),y(2),\cdots,y(n)\}$张成空间$\boldsymbol{Y}_n$，求$\hat{x}(n|n)$。$\hat{x}(n|n)$可表示为

$$\hat{x}(n \mid n) = \sum_{k=1}^{n} \beta_k(n) y(k) \tag{4.1.4}$$

目标是求系数$\beta_k(n)$，使得预测是均方最优的，并且可以表示成式(4.1.3)的递推形式。由于$y(1),y(2),\cdots,y(n-1),y(n)$互相相关，直接推导由$y(1),y(2),\cdots,y(n-1),y(n)$作为输入的递推方程很不方便，首先将其正交化。利用3.3节的最优线性预测原理，定义正交化的新息序列为

$$\alpha(k) = f_{k-1}(k) = y(k) - \hat{y}(k \mid k-1) \quad k = 1,2,\cdots,n \tag{4.1.5}$$

这里$\hat{y}(k|k-1)$是由$\boldsymbol{Y}_{k-1}$对$y(k)$进行的最优线性预测，$k-1$阶预测误差$f_{k-1}(k)$定义为新息$\alpha(k)$，是将$y(k)$中减去可预测分量，是$y(k)$中包含的新的信息，这是“新息”这个名词的含义。由此，可以定义一个新息序列$\alpha(1),\alpha(2),\cdots,\alpha(n-1),\alpha(n)$。新息序列有如下的特性。

性质1　与$y(n)$相对应的新息$\alpha(n)$与过去的观测值$y(1),y(2),\cdots,y(n-1)$是正交的，即

$$E[\alpha(n)y^*(k)] = 0, \quad 1 \leqslant k \leqslant n-1 \tag{4.1.6}$$

这里，由于$y(k),k=1,\cdots,n-1$是线性预测滤波器的输入，$\alpha(n)=f_{n-1}(n)$是预测误差，上面结论就是正交性原理。

性质2　新息序列是相互正交的。

$$E[\alpha(n)\alpha^*(k)] = 0, \quad 1 \leqslant k \leqslant n-1 \tag{4.1.7}$$

这个性质是前向预测误差滤波器的基本性质，可参见3.3节。

性质3　序列$\{y(1),y(2),\cdots,y(n)\}$和$\{\alpha(1),\alpha(2),\cdots,\alpha(n)\}$是一一对应，互相等价的。由一方可以完全确定另一方。$\{\alpha(1),\alpha(2),\cdots,\alpha(n)\}$是$\{y(1),y(2),\cdots,y(n)\}$的正交化序列，由序列$\{y(1),y(2),\cdots,y(n)\}$和$\{\alpha(1),\alpha(2),\cdots,\alpha(n)\}$作为输入所产生的最优估计相等。

在定义了新息序列后，由新息的性质3得到结论，由$\boldsymbol{Y}_n$估计$x(n)$和由$\{\alpha(1),\alpha(2),\cdots,\alpha(n)\}$估计是完全等价的。因此式(4.1.4)改写为

$$\hat{x}(n \mid n) = \sum_{k=1}^{n} g_k(n)\alpha(k) \tag{4.1.8}$$

注意$\alpha(k)$是正交的，为使估计误差$\varepsilon(n)=x(n)-\hat{x}(n|n)$均方最小，只需满足正交原理，即

$$E[(x(n) - \hat{x}(n \mid n))\alpha^*(k)] = 0 \quad k = 1,2,\cdots,n \tag{4.1.9}$$

式(4.1.8)代入式(4.1.9)得

$$E\left[\left(x(n) - \sum_{l=1}^{n} g_l(n)\alpha(l)\right)\alpha^*(k)\right] = 0 \quad k = 1,2,\cdots,n$$

上式两边展开，并利用$\alpha(k)$的正交性，得到系数为

$$g_k(n)=\frac{E[x(n)\alpha^*(k)]}{E[|\alpha(k)|^2]} \tag{4.1.10}$$

将$\hat{x}(n|n)$写成如下两项

$$\hat{x}(n\mid n)=\sum_{k=1}^{n-1}g_k(n)\alpha(k)+g_n(n)\alpha(n) \tag{4.1.11}$$

将状态方程(4.1.1)代入(4.1.10)，得

$$\begin{aligned}g_k(n)&=\frac{E[x(n)\alpha^*(k)]}{E[|\alpha(k)|^2]}=\frac{E[(a_1x(n-1)+v(n))\alpha^*(k)]}{E[|\alpha(k)|^2]}\\&=a_1\frac{E[x(n-1)\alpha^*(k)]}{E[|\alpha(k)|^2]}=a_1g_k(n-1)\end{aligned} \tag{4.1.12}$$

将式(4.1.12)代入(4.1.11)的第一个求和项得

$$\begin{aligned}\hat{x}(n\mid n)&=a_1\sum_{k=1}^{n-1}g_k(n-1)\alpha(k)+g_n(n)\alpha(n)\\&=a_1\hat{x}(n-1\mid n-1)+g_n(n)\alpha(n)\end{aligned} \tag{4.1.13}$$

可见，$\hat{x}(n|n)$递推公式由前一时刻的估计值加上一个与新息"$\alpha(n)$"相关的校正项构成。式(4.1.13)展示了递推关系，由于递推公式的推导过程应用了正交原理，在每个时刻都保持了最优性。式(4.1.13)中的系数$g_n(n)$和$\alpha(n)$还需要推导，首先考虑$\alpha(n)$

$$\begin{aligned}\alpha(n)&=y(n)-\hat{y}(n\mid n-1)\\&=y(n)-c\hat{x}(n\mid n-1)-\hat{w}(n\mid n-1)\\&=y(n)-c\hat{x}(n\mid n-1)\end{aligned} \tag{4.1.14}$$

上式推导中利用了观测方程，并把观测方程投影到$\boldsymbol{Y}_{n-1}$空间。式(4.1.14)是$\alpha(n)$的递推方程，在每一个新时刻，由$y(n)$和$\hat{x}(n|n-1)$递推得到$\alpha(n)$，注意，$\hat{x}(n|n-1)$表示直到$n-1$时刻的观测值对$x(n)$的一步预测，可由状态方程导出，即将状态方程各项投影到$\boldsymbol{Y}_{n-1}$空间

$$\begin{aligned}\hat{x}(n\mid n-1)&=a_1\hat{x}(n-1\mid n-1)+\hat{v}(n\mid n-1)\\&=a_1\hat{x}(n-1\mid n-1)\end{aligned} \tag{4.1.15}$$

在式(4.1.14)中再次代入观测方程，得到$\alpha(n)$的另一种形式

$$\begin{aligned}\alpha(n)&=y(n)-c\hat{x}(n\mid n-1)\\&=cx(n)-c\hat{x}(n\mid n-1)+w(n)=c\varepsilon(n\mid n-1)+w(n)\end{aligned} \tag{4.1.16}$$

这里，$\varepsilon(n|n-1)=x(n)-\hat{x}(n|n-1)$称为前验预测误差，$\varepsilon(n|n-1)$与$w(n)$是不相关的。定义

$$\sigma_\alpha^2(n)=E\{|\alpha(n)|^2\}=c^2K(n\mid n-1)+\sigma_w^2(n) \tag{4.1.17}$$

是新息序列的方差，其中

$$K(n\mid n-1)=E\{|\varepsilon(n\mid n-1)|^2\} \tag{4.1.18}$$

可以导出$K(n|n-1)$的递推公式如下

$$\begin{aligned}K(n\mid n-1)&=E\{|\varepsilon(n\mid n-1)|^2\}\\&=E[|x(n)-\hat{x}(n\mid n-1)|^2]\\&=E[|a_1x(n-1)+v(n)-a_1\hat{x}(n-1\mid n-1)|^2]\\&=a_1^2E[|x(n-1)-\hat{x}(n-1\mid n-1)|^2]+E[|v(n)|^2]\\&=a_1^2K(n-1)+\sigma_v^2(n)\end{aligned} \tag{4.1.19}$$

上式中，可令

$$\varepsilon(n-1)=x(n-1)-\hat{x}(n-1\mid n-1) \tag{4.1.20}$$

和

$$K(n-1)=E[\mid\varepsilon(n-1)\mid^2] \tag{4.1.21}$$

如下推导 $g_n(n)$的表达式，并且记 $g_f(n)=g_n(n)$为标量卡尔曼增益，由式(4.1.10)，首先观察

$$\begin{aligned}E[x(n)\alpha^*(n)]&=E[((x(n)-\hat{x}(n\mid n-1))(c\varepsilon(n\mid n-1)+w(n))^*]\\&=cE[\varepsilon(n\mid n-1)\varepsilon^*(n\mid n-1)]=cK(n\mid n-1)\end{aligned} \tag{4.1.22}$$

在上式推导中使用了$\hat{x}(n|n-1)$与 $\varepsilon(n|n-1)$的正交性，这是正交性原理推论的结果，并注意到 $\varepsilon(n|n-1)$和 $w(n)$的正交性。将式(4.1.17)、式(4.1.22)代入式(4.1.10)得

$$g_f(n)=g_n(n)=\frac{cK(n\mid n-1)}{c^2K(n\mid n-1)+\sigma_w^2(n)} \tag{4.1.23}$$

为使递推可循环进行下去，需要导出计算 $K(n)$的递推公式，$K(n)$的推导过程留作习题，下式给出其结果

$$K(n)=E[\mid\varepsilon(n)\mid^2]=(1-cg_f(n))K(n\mid n-1) \tag{4.1.24}$$

将式(4.1.13)、式(4.1.14)、式(4.1.15)、式(4.1.19)、式(4.1.23)和式(4.1.24)合在一起，构成了标量模型的卡尔曼滤波算法。按照各公式的执行顺序，将标量卡尔曼算法列于表 4.1.1 中。

表 4.1.1　标量卡尔曼预测算法

初始条件	$\hat{x}(0\|0),K(0)$
递推算法	$\hat{x}(n\|n-1)=a_1\hat{x}(n-1\|n-1)$ $\alpha(n)=y(n)-c\hat{x}(n\|n-1)$ $K(n\|n-1)=a_1^2K(n-1)+\sigma_v^2(n)$ $g_f(n)=\dfrac{cK(n\|n-1)}{c^2K(n\|n-1)+\sigma_w^2(n)}$ $\hat{x}(n\|n)=\hat{x}(n\|n-1)+g_f(n)\alpha(n)$ $K(n)=(1-cg_f(n))K(n\|n-1)$ $n\leftarrow n+1$ 循环

由表 4.1.1 可以看到，若给出初始条件$\hat{x}(0|0)$，$K(0)$，设 $n=1$ 得到观测值 $y(1)$，则卡尔曼滤波过程可按如下顺序计算

$$\hat{x}(1\mid 0)\rightarrow\alpha(1)\rightarrow K(1\mid 0)\rightarrow g_f(1)\rightarrow\hat{x}(1\mid 1)\rightarrow K(1)\rightarrow(n=2\text{ 循环})$$

每次获得一个新的观测值 $y(n)$，表 4.1.1 的递推算法循环 1 次。

4.1.2　与维纳滤波器的比较

我们讨论在同样问题下的维纳滤波器的解，为简单计，假设输入信号是白噪声，记为$\{\alpha(1),\alpha(2),\cdots,\alpha(n)\}$，由这组输入值估计期望响应 $x(n)$，当 $\alpha(n)$是平稳的，并且 $\alpha(n)$和 $x(n)$是联合平稳的，可以利用维纳滤波得到 $x(n)$的最优估计，估计式为

$$\hat{x}(n)=\sum_{k=0}^{n-1}w_{o,k}^*\alpha(n-k) \tag{4.1.25}$$

由于 $\alpha(n)$ 是白的和平稳的，故

$$R_\alpha = \mathrm{diag}(\sigma_\alpha^2, \sigma_\alpha^2, \cdots, \sigma_\alpha^2)$$

$$\boldsymbol{r}_{\alpha d} = [E[\alpha(n)x^*(n)], E[\alpha(n-1)x^*(n)], \cdots, E[\alpha(1)x^*(n)]]^{\mathrm{T}}$$

因此，维纳滤波器系数的解为

$$\boldsymbol{w}_o = \boldsymbol{R}_\alpha^{-1}\boldsymbol{r}_{\alpha d} = \frac{1}{\sigma_\alpha^2}\boldsymbol{r}_{\alpha d} \tag{4.1.26}$$

将式(4.1.26)代入(4.1.25)得

$$\begin{aligned}\hat{x}(n) &= \sum_{k=0}^{n-1}\left(\frac{E[\alpha(n-k)x^*(n)]}{\sigma_\alpha^2}\right)^*\alpha(n-k)\\ &= \sum_{l=1}^{n}\frac{E[x(n)\alpha^*(l)]}{\sigma_\alpha^2}\alpha(l)\end{aligned} \tag{4.1.27}$$

式(4.1.27)是这个估计问题的维纳解，为了与卡尔曼滤波比较，这里的维纳滤波器构造成阶数是随时间 n 变化的，在 n 时刻是 n 个系数的 FIR 滤波器，随着 $n\to\infty$，趋向于一个因果 IIR 滤波器。将式(4.1.10)代入(4.1.8)，与式(4.1.27)比较，在平稳情况下是一致的。在这个标量情况下卡尔曼滤波和维纳滤波在平稳条件下有一致的最优性结果，但卡尔曼滤波有两点明显的发展，一是可适应非平稳环境，二是利用了待估计状态的结构，导出了更方便的递推算法。

注意到，在处理非平稳情况时，在每个时刻都可以写出正交性原理的方程式，正交性原理是不受平稳性限制的，在对非平稳情况进行最优估计时，只要保证在每个时刻正交性原理成立，那么，在每个时刻得到的结果都是最优的。

例 4.1.1　设待估计状态满足 AR(1)模型，状态方程为 $x(n)=0.5x(n-1)+v(n)$，观测方程是 $y(n)=x(n)+w(n)$，设 $v(n)$ 和 $w(n)$ 是互不相关的白噪声，均值都为 0，方差分别为 $\sigma_v^2=5/18$ 和 $\sigma_w^2=2/3$，由观测 $y(n)$ 估计 $x(n)$。

解：为利用表 4.1.1 本题中 $a_1=0.5$，$c=1$，由第 1 章知 $x(n)$ 的自相关序列为

$$r_x(k) = \frac{\sigma_v^2}{1-a_1^2}(a_1)^{|k|} = \frac{10}{27}\left(\frac{1}{2}\right)^{|k|}$$

取初始值 $\hat{x}(0|0)=0$，$K(0)=r_x(0)=10/27$，由观测 $y(n)$ 估计 $x(n)$ 的公式依次写为

$$\hat{x}(n\mid n-1) = 0.5\,\hat{x}(n-1\mid n-1)$$

$$\alpha(n) = y(n) - \hat{x}(n\mid n-1) = y(n) - 0.5\,\hat{x}(n-1\mid n-1)$$

$$K(n\mid n-1) = a_1^2K(n-1) + \sigma_v^2(n) = 0.25K(n-1) + 5/18 \tag{4.1.28}$$

$$g_f(n) = \frac{cK(n\mid n-1)}{c^2K(n\mid n-1)+\sigma_w^2(n)} = \frac{K(n\mid n-1)}{K(n\mid n-1)+2/3} \tag{4.1.29}$$

$$\begin{aligned}\hat{x}(n\mid n) &= \hat{x}(n\mid n-1) + g_f(n)\alpha(n)\\ &= 0.5\,\hat{x}(n-1\mid n-1) + g_f(n)(y(n) - 0.5\,\hat{x}(n-1\mid n-1))\\ &= 0.5(1-g_f(n))\,\hat{x}(n-1\mid n-1) + g_f(n)y(n)\end{aligned} \tag{4.1.30}$$

$$K(n) = (1-cg_f(n))K(n\mid n-1) = (1-g_f(n))K(n\mid n-1) \tag{4.1.31}$$

注意，本题中，由于 σ_v^2 和 σ_w^2 都是常数，这是一个平稳环境，在 $n\to\infty$ 时卡尔曼滤波达到稳态，即 $K(n|n-1)$、$K(n)$ 和 $g_f(n)$ 都趋于常数，为方便，记

$$K_1 = K(n \mid n-1) \mid_{n\to\infty}$$
$$K_2 = K(n) \mid_{n\to\infty}$$
$$g_\infty = g_f(n) \mid_{n\to\infty}$$

则 $n\to\infty$ 时,式(4.1.28)、(4.1.29)和(4.1.31)变为如下方程组

$$K_1 = a_1^2 K_2 + \sigma_v^2(n) = 0.25K_2 + 5/18$$
$$g_\infty = \frac{K_1}{K_1 + \sigma_w^2(n)} = \frac{K_1}{K_1 + 2/3}$$
$$K_2 = (1 - g_\infty)K_1$$

可解得

$$K_2 = 2/9 \approx 0.2222$$
$$g_\infty = 1/3$$

则 $n\to\infty$ 时重写式(4.1.30)为

$$\hat{x}(n \mid n) = 0.5(1-g_\infty)\,\hat{x}(n-1 \mid n-1) + g_\infty y(n)$$

若记 $\hat{d}(n)=\hat{x}(n|n)$ 为期望响应的估计值,$y(n)$ 为输入信号,在卡尔曼滤波处于稳态时,系统差分方程为

$$\hat{d}(n) = 0.5(1-g_\infty)\,\hat{d}(n-1) + g_\infty y(n)$$

相当于系统函数

$$H_\infty(z) = \frac{g_\infty}{1-0.5(1-g_\infty)z^{-1}} = \frac{1/3}{1-\frac{1}{3}z^{-1}}$$

$K_2=K(n)|_{n\to\infty}=2/9$ 表示了当卡尔曼滤波达到稳态时,由观测序列估计 $x(n)$ 的估计误差的均方值。对比第 3 章的例 3.1.4,发现本例与例 3.1.4 是同一个问题的不同解法,卡尔曼滤波稳态时达到的结果与因果 IIR 维纳滤波器的性能结果是一致的。

4.2 向量形式标准卡尔曼滤波

本节讨论和推导向量卡尔曼滤波。由于一个系统的状态一般可表示为一个向量,故向量形式卡尔曼滤波更常用。

导出卡尔曼滤波方程的方式有多种,本节采用新息作为输入向量并利用最优滤波的正交原理作为基础进行推导,这种方法概念比较清晰。

4.2.1 向量卡尔曼滤波模型

卡尔曼滤波器的线性系统模型由如下状态方程和观测方程组成。状态方程为

$$\boldsymbol{x}(n+1) = \boldsymbol{F}(n)\boldsymbol{x}(n) + \boldsymbol{v}_1(n) \tag{4.2.1}$$

观测方程为

$$\boldsymbol{y}(n) = \boldsymbol{C}(n)\boldsymbol{x}(n) + \boldsymbol{v}_2(n) \tag{4.2.2}$$

这里,状态变量 $\boldsymbol{x}(n)$ 是 M 维向量,观测值 $\boldsymbol{y}(n)$ 是 N 维向量,状态转换矩阵 $\boldsymbol{F}(n)$ 是 $M\times M$ 维矩阵,观测系数 $\boldsymbol{C}(n)$ 是 $N\times M$ 维矩阵。$\boldsymbol{v}_1(n)$ 是 0 均值的白噪声向量,一般情况下是非平稳的,其自相关矩阵为

$$E[\boldsymbol{v}_1(n)\boldsymbol{v}_1^{\mathrm{H}}(k)] = \begin{cases} \boldsymbol{Q}_1(n), & n = k \\ \boldsymbol{0}_{M\times M}, & n \neq k \end{cases} \tag{4.2.3}$$

注意，由于$\boldsymbol{v}_1(n)$是噪声向量，上式中$\boldsymbol{0}_{M\times M}$是全零的$M\times M$维矩阵，而

$$\boldsymbol{Q}_1(n) = E[\boldsymbol{v}_1(n)\boldsymbol{v}_1^{\mathrm{H}}(n)] = [E[v_{1,i}(n)v_{1,j}^{*}(n)]]_{M\times M}$$

也是$M\times M$维矩阵，当是平稳白噪声时，$\boldsymbol{Q}_1(n)$不随时间变化。$\boldsymbol{v}_2(n)$也是0均值白噪声向量，自相关矩阵为

$$E[\boldsymbol{v}_2(n)\boldsymbol{v}_2^{\mathrm{H}}(k)] = \begin{cases} \boldsymbol{Q}_2(n), & n = k \\ \boldsymbol{0}_{N\times N}, & n \neq k \end{cases} \tag{4.2.4}$$

假设$\boldsymbol{v}_1(n)$和$\boldsymbol{v}_2(n)$不相关。

假设初始状态$\boldsymbol{x}(0)$与$\boldsymbol{v}_1(n)$，$\boldsymbol{v}_2(n)$是不相关的。

卡尔曼滤波器的目标是离散时间线性动力系统状态估计，系统模型如图4.2.1所示。要解决的问题是，由观测值$\{\boldsymbol{y}(1),\boldsymbol{y}(2),\cdots,\boldsymbol{y}(n)\}$估计状态$\boldsymbol{x}(i)$，即$\hat{\boldsymbol{x}}(i|n)$。这里$i$的不同取值对应不同的滤波器功能，即

$$i = \begin{cases} n, & \text{滤波} \\ n+k, & k>0\ \text{预测} \\ n-k, & k>0\ \text{平滑} \end{cases}$$

若取$i=n$，称为卡尔曼滤波器，若取$i=n+k$称为卡尔曼预测器，常取$i=n+1$研究卡尔曼一步预测，若取$i=n-k$则称为卡尔曼平滑器，这里$k>0$。本节推导$i=n$的标准卡尔曼滤波器，4.3节会讨论卡尔曼预测器。

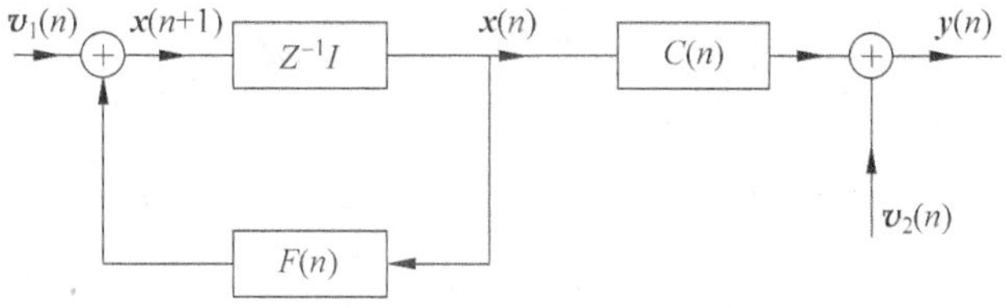

图4.2.1 卡尔曼滤波器模型

从滤波器观点看，$\boldsymbol{y}(n)$是输入，$\hat{\boldsymbol{x}}(n|n)$是滤波器输出，它是$\boldsymbol{x}(n)$的一个递推最优估计。卡尔曼滤波器也可以用图4.2.2表示。

以上模型中，$\boldsymbol{F}(n)$、$\boldsymbol{C}(n)$、$\boldsymbol{Q}_1(n)$和$\boldsymbol{Q}_2(n)$是已知的，式(4.2.1)和式(4.2.2)表示的是一种标准的系统方程组，本节以此为基础推导标准的卡尔曼滤波方程，一些变化和推广在4.3节讨论。

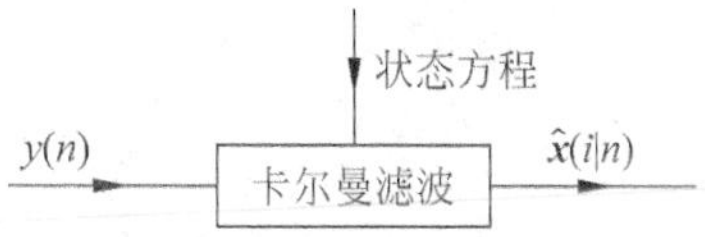

图4.2.2 卡尔曼滤波器

在讨论卡尔曼滤波的推导之前，先看几个由具体问题导出的模型。

例4.2.1 设有一个AR(p)过程

$$x(n) = -\sum_{k=1}^{p} a_k x(n-k) + v(n)$$

希望通过$y(n)=x(n)+w(n)$作为观测值估计$x(n)$，将这个问题模型化为卡尔曼滤波问题。

解：令状态向量为

$$\boldsymbol{x}(n)=\begin{pmatrix}x(n-p+1)\\x(n-p+2)\\\vdots\\x(n)\end{pmatrix}$$

将 AR(p)模型的差分方程转化为状态方程为

$$\begin{pmatrix}x(n-p+1)\\x(n-p+2)\\\vdots\\x(n-1)\\x(n)\end{pmatrix}=\begin{pmatrix}0&1&0&\cdots&0\\0&0&1&0&0\\\vdots&\vdots&\ddots&\ddots&\vdots\\0&0&\cdots&\cdots&1\\-a_p&-a_{p-1}&\cdots&\cdots&-a_1\end{pmatrix}\begin{pmatrix}x(n-p)\\x(n-p+1)\\\vdots\\\vdots\\x(n-1)\end{pmatrix}+\begin{pmatrix}0\\0\\\vdots\\0\\1\end{pmatrix}v(n)$$

或写成紧凑形式为：$\boldsymbol{x}(n)=\boldsymbol{A}\boldsymbol{x}(n-1)+\boldsymbol{B}\boldsymbol{v}(n)$，令$\boldsymbol{v}_1(n)=\boldsymbol{B}\boldsymbol{v}(n+1)$，状态方程可写成

$$\boldsymbol{x}(n+1)=\boldsymbol{A}\boldsymbol{x}(n)+\boldsymbol{v}_1(n)$$

状态转移矩阵

$$\boldsymbol{F}(n)=\boldsymbol{A}=\begin{pmatrix}0&1&0&\cdots&0\\0&0&1&0&0\\\vdots&\vdots&\vdots&\vdots&\vdots\\0&0&\ddots&\ddots&1\\-a_p&-a_{p-1}&\cdots&\cdots&-a_1\end{pmatrix}$$

状态噪声自相关矩阵

$$\boldsymbol{Q}_1(n)=\operatorname{diag}\{0,0,\cdots,0,\sigma_v^2\}$$

观测方程写为

$$y(n)=x(n)+w(n)=\boldsymbol{C}\boldsymbol{x}(n)+v_2(n)$$

其中，

$$\boldsymbol{C}=[0,0,\cdots,0,1]$$

$$v_2(n)=w(n),\quad \boldsymbol{Q}_2(n)=\sigma_w^2$$

例 4.2.2 研究一个运动模型，这种模型在雷达、声呐和计算机视觉领域常用于目标跟踪。讨论一维的简单情况，设一个常速运动目标，距离用 $x(n)$表示，速度用 $v(n)$表示，则状态向量定义为

$$\boldsymbol{x}(n)=\begin{pmatrix}x(n)\\v(n)\end{pmatrix}$$

假设加速度 $a(n)$存在随机扰动，可建模为 $a(n)\sim N(0,\sigma_a^2)$，则方程状态可写为

$$\begin{pmatrix}x(n+1)\\v(n+1)\end{pmatrix}=\begin{pmatrix}1&T\\0&1\end{pmatrix}\begin{pmatrix}x(n)\\v(n)\end{pmatrix}+\begin{pmatrix}T^2/2\\T\end{pmatrix}a(n)$$

这里 T 是采样间隔。若设

$$\boldsymbol{v}_1(n)=\begin{pmatrix}T^2/2\\T\end{pmatrix}a(n)$$

则

$$Q_1(n) = E\left[\begin{pmatrix} T^2/2 \\ T \end{pmatrix} a(n)a(n)[T^2/2 \quad T]\right] = \begin{pmatrix} T^4/4 & T^3/2 \\ T^3/2 & T^2 \end{pmatrix}\sigma_a^2$$

设可以测量到有噪声的距离，则测量方程为

$$y(n) = (1 \quad 0)\begin{pmatrix} x(n) \\ v(n) \end{pmatrix} + w(n)$$

这里 $w(n) \sim N(0, \sigma_w^2)$

$$C = [1 \quad 0]$$

$$v_2(n) = w(n), \quad Q_2(n) = \sigma_w^2$$

例 4.2.3　继续研究例 4.2.2 的运动模型，设一个常加速度运动目标，距离用 $x(n)$ 表示，速度用 $v(n)$ 表示，加速度用 $a(n)$ 表示，则状态向量定义为

$$\boldsymbol{x}(n) = \begin{bmatrix} x(n) \\ v(n) \\ a(n) \end{bmatrix}$$

假设加速度存在随机扰动，可建模为 $a'(n) \sim N(0, \sigma_a^2)$，则方程状态可写为

$$\begin{bmatrix} x(n+1) \\ v(n+1) \\ a(n+1) \end{bmatrix} = \begin{bmatrix} 1 & T & T^2/2 \\ 0 & 1 & T \\ 0 & 0 & 1 \end{bmatrix}\begin{bmatrix} x(n) \\ v(n) \\ a(n) \end{bmatrix} + \begin{bmatrix} T^2/2 \\ T \\ 1 \end{bmatrix} a'(n)$$

若设

$$\boldsymbol{v}_1(n) = \begin{bmatrix} T^2/2 \\ T \\ 1 \end{bmatrix} a'(n)$$

则

$$Q_1(n) = E\left[\begin{bmatrix} T^2/2 \\ T \\ 1 \end{bmatrix} a'(n)a'(n)[T^2/2 \quad T \quad 1]\right]$$

$$= \begin{bmatrix} T^4/4 & T^3/2 & T^2/2 \\ T^3/2 & T^2 & T \\ T^2/2 & T & 1 \end{bmatrix}\sigma_a^2$$

设可以测量到有噪声的距离，则测量方程为

$$y(n) = [1 \quad 0 \quad 0]\begin{bmatrix} x(n) \\ v(n) \\ a(n) \end{bmatrix} + w(n)$$

这里 $w(n) \sim N(0, \sigma_w^2)$ 则

$$C = [1 \quad 0 \quad 0]$$

$$v_2(n) = w(n), \quad Q_2(n) = \sigma_w^2$$

若考虑 x, y, z 三维方向的问题，只需要把例 4.2.2 和例 4.2.3 推广到三维情况即可，在三维情况下，状态向量分别为 6 维和 9 维。

4.2.2　向量卡尔曼滤波推导

以式(4.2.1)和(4.2.2)的模型为出发点，推导卡尔曼滤波的递推方程。假设，给出了初

始值$\hat{\boldsymbol{x}}(0|0)$，即在没有观测值的情况下对初始值的猜测值和

$$\boldsymbol{K}(0) = E\{[\boldsymbol{x}(0) - \hat{\boldsymbol{x}}(0 \mid 0)][\boldsymbol{x}(0) - \hat{\boldsymbol{x}}(0 \mid 0)]^{\mathrm{H}}\} \tag{4.2.5}$$

即初值猜测误差的自相关矩阵。

设在时刻n得到新的观测值$\boldsymbol{y}(n)$，并已得到上一时刻的最优估计$\hat{\boldsymbol{x}}(n-1|n-1)$和$\boldsymbol{K}(n-1)$，推导求$\hat{\boldsymbol{x}}(n|n)$和$\boldsymbol{K}(n)$的递推公式，注意这里$\boldsymbol{K}(n)$的一般化，即

$$\boldsymbol{K}(n) = E\{[\boldsymbol{x}(n) - \hat{\boldsymbol{x}}(n \mid n)][\boldsymbol{x}(n) - \hat{\boldsymbol{x}}(n \mid n)]^{\mathrm{H}}\} \tag{4.2.6}$$

$\boldsymbol{K}(n)$是估计误差的自相关矩阵，由于估计$\hat{\boldsymbol{x}}(n|n)$是无偏的，故$\boldsymbol{K}(n)$也是估计量$\hat{\boldsymbol{x}}(n|n)$的协方差矩阵。注意将$\{\boldsymbol{y}(1),\boldsymbol{y}(2),\cdots,\boldsymbol{y}(n)\}$张成的空间记为$\boldsymbol{Y}(n)$，$\hat{\boldsymbol{x}}(n|n)$表示在$\boldsymbol{Y}(n)$空间估计状态向量$\boldsymbol{x}(n)$，故可看作为$\boldsymbol{x}(n)$在$\boldsymbol{Y}(n)$空间的投影，这里$\hat{\boldsymbol{x}}(n|n)$实际是对$\hat{\boldsymbol{x}}(n|\boldsymbol{Y}(n))$的缩写。

向量卡尔曼滤波推导过程与4.1节标量情况类似，只是要注意到向量和矩阵运算带来的运算次序更严格的要求。首先讨论新息向量及性质。

1. 新息过程

定义新息向量为

$$\alpha(n) = \boldsymbol{y}(n) - \hat{\boldsymbol{y}}(n \mid n-1) \tag{4.2.7}$$

与标量情况类似，新息向量具有如下性质

(1) $E[\alpha(n)\boldsymbol{y}^{\mathrm{H}}(k)] = \boldsymbol{0}_{N\times N} \quad 1 \leqslant k \leqslant n-1$ (4.2.8)

(2) $E[\alpha(n)\alpha^{\mathrm{H}}(k)] = \boldsymbol{0}_{N\times N} \quad 1 \leqslant k \leqslant n-1$ (4.2.9)

(3) $\{\boldsymbol{y}(1),\boldsymbol{y}(2),\cdots,\boldsymbol{y}(n)\}$和$\{\alpha(1),\alpha(2),\cdots,\alpha(n)\}$等价。由一方可以完全确定另一方。$\{\alpha(1),\alpha(2),\cdots,\alpha(n)\}$是$\{\boldsymbol{y}(1),\boldsymbol{y}(2),\cdots,\boldsymbol{y}(n)\}$的正交化序列，由序列$\{\boldsymbol{y}(1),\boldsymbol{y}(2),\cdots,\boldsymbol{y}(n)\}$和$\{\alpha(1),\alpha(2),\cdots,\alpha(n)\}$作为输入所产生的最优估计相等。

2. 几个正交关系

为了方便后面使用，这里先讨论几个正交关系。由状态方程，从$\boldsymbol{x}(0)$开始，反复代入状态方程得到状态向量的如下递推式

$$\boldsymbol{x}(k) = \boldsymbol{F}(k,0)\boldsymbol{x}(0) + \sum_{i=0}^{k-1}\boldsymbol{F}(k,i+1)\boldsymbol{v}_1(i) \tag{4.2.10}$$

注意上式利用了缩写符号

$$\boldsymbol{F}(k,i) = \boldsymbol{F}(k-1)\boldsymbol{F}(k-2)\cdots\boldsymbol{F}(i)$$

利用状态方程和观测方程中假设的几个独立性和零均值性，也考虑式(4.2.10)，可以得到如下的几个正交关系，这些正交性在卡尔曼滤波方程的推导中常被引用。

(1) $E[\boldsymbol{x}(k)\boldsymbol{v}_2^{\mathrm{H}}(n)] = \boldsymbol{0}_{M\times N} \quad k,n \geqslant 0$ (4.2.11)

(2) $E[\boldsymbol{y}(k)\boldsymbol{v}_2^{\mathrm{H}}(n)] = \boldsymbol{0}_{N\times N} \quad 1 \leqslant k \leqslant n-1$ (4.2.12a)

$E[\alpha(k)\boldsymbol{v}_2^{\mathrm{H}}(n)] = \boldsymbol{0}_{N\times N} \quad 1 \leqslant k \leqslant n-1$ (4.2.12b)

(3) $E[\boldsymbol{y}(k)\boldsymbol{v}_1^{\mathrm{H}}(n)] = \boldsymbol{0}_{N\times M} \quad 1 \leqslant k \leqslant n$ (4.2.13a)

$E[\alpha(k)\boldsymbol{v}_1^{\mathrm{H}}(n)] = \boldsymbol{0}_{N\times M} \quad 1 \leqslant k \leqslant n$ (4.2.13b)

3. 新息过程的更新和相关矩阵

在新息向量的定义式(4.2.7)中，一般不进行$\hat{\boldsymbol{y}}(n|n-1)$的实际估计，将观测方程投影到$\boldsymbol{Y}(n-1)$空间得到

$$\hat{\boldsymbol{y}}(n \mid n-1) = \boldsymbol{C}(n)\hat{\boldsymbol{x}}(n \mid n-1) + \hat{\boldsymbol{v}}_2(n \mid n-1)$$
$$= \boldsymbol{C}(n)\hat{\boldsymbol{x}}(n \mid n-1) \tag{4.2.14}$$

由不相关式(4.2.12a)，有 $\hat{\boldsymbol{v}}_2(n|n-1)$ 为 0，由此得到

$$\boxed{\alpha(n) = \boldsymbol{y}(n) - \boldsymbol{C}(n)\hat{\boldsymbol{x}}(n \mid n-1)} \tag{4.2.15}$$

这是新息的递推方程，是卡尔曼滤波的递推方程之一，每观测到新的观测向量 $\boldsymbol{y}(n)$，由式(4.2.15)得到一个新的新息向量。但是注意到，为计算新息还需要 $\hat{\boldsymbol{x}}(n|n-1)$，这是在 $\boldsymbol{Y}(n-1)$ 空间对 $\boldsymbol{x}(n)$ 的预测，将状态方程(4.2.1)重写如下

$$\boldsymbol{x}(n) = \boldsymbol{F}(n-1)\boldsymbol{x}(n-1) + \boldsymbol{v}_1(n-1) \tag{4.2.16}$$

上式两侧同时投影到空间 $\boldsymbol{Y}(n-1)$，得

$$\hat{\boldsymbol{x}}(n \mid n-1) = \boldsymbol{F}(n-1)\hat{\boldsymbol{x}}(n-1 \mid n-1) + \hat{\boldsymbol{v}}_1(n-1 \mid n-1)$$
$$= \boldsymbol{F}(n-1)\hat{\boldsymbol{x}}(n-1 \mid n-1) \tag{4.2.17}$$

式(4.2.17)称为前验预测公式。将观测方程代入式(4.2.15)得 $\alpha(n)$ 的另一种表达

$$\alpha(n) = \boldsymbol{C}(n)\boldsymbol{x}(n) + \boldsymbol{v}_2(n) - \boldsymbol{C}(n)\hat{\boldsymbol{x}}(n \mid n-1)$$
$$= \boldsymbol{C}(n)[\boldsymbol{x}(n) - \hat{\boldsymbol{x}}(n \mid n-1)] + \boldsymbol{v}_2(n)$$
$$= \boldsymbol{C}(n)\varepsilon(n \mid n-1) + \boldsymbol{v}_2(n) \tag{4.2.18}$$

这里定义

$$\varepsilon(n \mid n-1) = \boldsymbol{x}(n) - \hat{\boldsymbol{x}}(n \mid n-1) \tag{4.2.19}$$

是状态向量的前验预测误差向量。由于新息 $\alpha(1),\cdots,\alpha(n-1)$ 是 $\hat{\boldsymbol{x}}(n|n-1)$ 的输入，所以由正交原理

$$E[\varepsilon(n \mid n-1)\alpha^{\mathrm{H}}(k)]$$
$$= E[(\boldsymbol{x}(n) - \hat{\boldsymbol{x}}(n \mid n-1))\alpha^{\mathrm{H}}(k)] = \boldsymbol{0}_{M\times N} \quad 1 \leqslant k \leqslant n-1 \tag{4.2.20}$$

利用式(4.2.11)和式(4.2.12)，显然 $\varepsilon(n|n-1)$ 是正交于 $\boldsymbol{v}_1(n)$ 和 $\boldsymbol{v}_2(n)$ 的。

由于新息向量是递推预测过程的输入，有必要定义新息向量的相关矩阵为

$$\boldsymbol{R}(n) = E[\alpha(n)\alpha^{\mathrm{H}}(n)] \tag{4.2.21}$$

式(4.2.18)代入(4.2.21)得

$$\boxed{\boldsymbol{R}(n) = \boldsymbol{C}(n)\boldsymbol{K}(n \mid n-1)\boldsymbol{C}^{\mathrm{H}}(n) + \boldsymbol{Q}_2(n)} \tag{4.2.22}$$

这里：

$$\boldsymbol{K}(n \mid n-1) = E[\varepsilon(n \mid n-1)\varepsilon^{\mathrm{H}}(n \mid n-1)] \tag{4.2.23}$$

是状态前验预测误差向量的相关矩阵或称为前验预测的协方差矩阵，它可由 $\boldsymbol{K}(n-1)$ 递推计算。推导如下

$$\boldsymbol{K}(n \mid n-1) = E[\varepsilon(n \mid n-1)\varepsilon^{\mathrm{H}}(n \mid n-1)]$$
$$= E\{[\boldsymbol{x}(n) - \hat{\boldsymbol{x}}(n \mid n-1)][\boldsymbol{x}(n) - \hat{\boldsymbol{x}}(n \mid n-1)]^{\mathrm{H}}\}$$
$$= \{[\boldsymbol{F}(n-1)\boldsymbol{x}(n-1) + \boldsymbol{v}_1(n-1) - \boldsymbol{F}(n-1)\hat{\boldsymbol{x}}(n-1 \mid n-1)]$$
$$\times [\boldsymbol{F}(n-1)\boldsymbol{x}(n-1) + \boldsymbol{v}_1(n-1) - \boldsymbol{F}(n-1)\hat{\boldsymbol{x}}(n-1 \mid n-1)]^{\mathrm{H}}\}$$
$$= \boldsymbol{F}(n-1)E\{[\boldsymbol{x}(n-1) - \hat{\boldsymbol{x}}(n-1 \mid n-1)][\boldsymbol{x}(n-1) - \hat{\boldsymbol{x}}(n-1 \mid n-1)]^{\mathrm{H}}\}\boldsymbol{F}^{\mathrm{H}}(n-1)$$
$$+ E[\boldsymbol{v}_1(n-1)\boldsymbol{v}_1^{\mathrm{H}}(n-1)]$$
$$= \boldsymbol{F}(n-1)\boldsymbol{K}(n-1)\boldsymbol{F}^{\mathrm{H}}(n-1) + \boldsymbol{Q}_1(n-1)$$

结果重写为

$$\boxed{\boldsymbol{K}(n \mid n-1)=\boldsymbol{F}(n-1)\boldsymbol{K}(n-1)\boldsymbol{F}^{\mathrm{H}}(n-1)+\boldsymbol{Q}_1(n-1)} \tag{4.2.24}$$

4. 用新息向量估计状态

在做了前面的准备后，可推导状态估计公式，用新息做输入向量的状态估计写为

$$\hat{\boldsymbol{x}}(n \mid n)=\sum_{k=1}^{n}\boldsymbol{B}(k)\alpha(k) \tag{4.2.25}$$

由正交原理

$$E[\varepsilon(n)\alpha^{\mathrm{H}}(k)]=E[(\boldsymbol{x}(n)-\hat{\boldsymbol{x}}(n \mid n))\alpha^{\mathrm{H}}(k)]=\boldsymbol{0}_{M\times N}\quad k=1,2,\cdots,n$$

将式(4.2.25)代入并利用新息向量的正交性得

$$E[\boldsymbol{x}(n)\alpha^{\mathrm{H}}(k)]=\boldsymbol{B}(k)\boldsymbol{R}(k)$$

$$\boldsymbol{B}(k)=E[\boldsymbol{x}(n)\alpha^{\mathrm{H}}(k)]\boldsymbol{R}^{-1}(k) \tag{4.2.26}$$

将式(4.2.26)代入式(4.2.25)并分项得

$$\hat{\boldsymbol{x}}(n \mid n)=\sum_{k=1}^{n-1}E[\boldsymbol{x}(n)\alpha^{\mathrm{H}}(k)]\boldsymbol{R}^{-1}(k)\,\alpha(k)+E[\boldsymbol{x}(n)\alpha^{\mathrm{H}}(n)]\boldsymbol{R}^{-1}(n)\alpha(n) \tag{4.2.27}$$

由状态方程得

$$\begin{aligned}E[\boldsymbol{x}(n)\alpha^{\mathrm{H}}(k)]&=E\,[[\boldsymbol{F}(n-1)\boldsymbol{x}(n-1)+\boldsymbol{v}_1(n-1)]\,\alpha^{\mathrm{H}}(k)]\\&=\boldsymbol{F}(n-1)E[\boldsymbol{x}(n-1)\alpha^{\mathrm{H}}(k)]\end{aligned}$$

代入式(4.2.27)得：

$$\boxed{\begin{aligned}\hat{\boldsymbol{x}}(n \mid n)&=\boldsymbol{F}(n-1)\,\hat{\boldsymbol{x}}(n-1 \mid n-1)+\boldsymbol{G}_f(n)\alpha(n)\\&=\hat{\boldsymbol{x}}(n \mid n-1)+\boldsymbol{G}_f(n)\alpha(n)\end{aligned}} \tag{4.2.28}$$

这里

$$\boldsymbol{G}_f(n)=E[\boldsymbol{x}(n)\alpha^{\mathrm{H}}(n)]\boldsymbol{R}^{-1}(n) \tag{4.2.29}$$

称为卡尔曼增益。式(4.2.28)是状态递推公式，需要进一步导出卡尔曼增益的递推式。

5. 卡尔曼增益

由$\hat{\boldsymbol{x}}(n|n-1)$与$\alpha(n)$的正交性，并将式(4.2.18)的$\alpha(n)$代入$\boldsymbol{G}_f(n)$的定义式(4.2.29)，得

$$\begin{aligned}\boldsymbol{G}_f(n)&=E[\boldsymbol{x}(n)\alpha^{\mathrm{H}}(n)]\boldsymbol{R}^{-1}(n)\\&=E\{[\boldsymbol{x}(n)-\hat{\boldsymbol{x}}(n \mid n-1)]\alpha^{\mathrm{H}}(n)\}\boldsymbol{R}^{-1}(n)\\&=E\{\varepsilon(n \mid n-1)[\varepsilon^{\mathrm{H}}(n \mid n-1)\boldsymbol{C}^{\mathrm{H}}(n)+\boldsymbol{v}_2^{\mathrm{H}}(n)]\}\boldsymbol{R}^{-1}(n)\\&=\boldsymbol{K}(n \mid n-1)\boldsymbol{C}^{\mathrm{H}}(n)\boldsymbol{R}^{-1}(n)\end{aligned} \tag{4.2.30}$$

结果重写为

$$\boxed{\boldsymbol{G}_f(n)=\boldsymbol{K}(n \mid n-1)\boldsymbol{C}^{\mathrm{H}}(n)\boldsymbol{R}^{-1}(n)} \tag{4.2.31}$$

6. 误差自相关矩阵递推公式

在如上几个递推公式中，使用了$\boldsymbol{K}(n|n-1)$，而$\boldsymbol{K}(n|n-1)$的计算基于$\boldsymbol{K}(n-1)$，为了使n增量后，递推得以继续进行，需要推导$\boldsymbol{K}(n)$的递推公式，同时$\boldsymbol{K}(n)$也是评价$\hat{\boldsymbol{x}}(n|n)$估计性能的量。

$$\begin{aligned}\varepsilon(n) &= \boldsymbol{x}(n) - \hat{\boldsymbol{x}}(n \mid n) \\ &= \boldsymbol{x}(n) - \hat{\boldsymbol{x}}(n \mid n-1) - \boldsymbol{G}_f(n)\alpha(n) \\ &= \varepsilon(n \mid n-1) - \boldsymbol{G}_f(n)\alpha(n)\end{aligned} \tag{4.2.32}$$

由 $\boldsymbol{K}(n)$的定义得

$$\begin{aligned}\boldsymbol{K}(n) &= E[\varepsilon(n)\varepsilon^{\mathrm{H}}(n)] \\ &= E\{[\varepsilon(n \mid n-1) - \boldsymbol{G}_f(n)\alpha(n)][\varepsilon(n \mid n-1) - \boldsymbol{G}_f(n)\alpha(n)]^{\mathrm{H}}\} \\ &= E[\varepsilon(n \mid n-1)\varepsilon^{\mathrm{H}}(n \mid n-1)] - \boldsymbol{G}_f(n)E[\alpha(n)\varepsilon^{\mathrm{H}}(n \mid n-1)] \\ &\quad - E[\varepsilon(n \mid n-1)\alpha^{\mathrm{H}}(n)]\boldsymbol{G}_f^{\mathrm{H}}(n) + \boldsymbol{G}_f(n)\boldsymbol{R}(n)\boldsymbol{G}_f^{\mathrm{H}}(n)\end{aligned} \tag{4.2.33}$$

再次利用$\hat{\boldsymbol{x}}(n|n-1)$与$\alpha(n)$的正交性，则式(4.2.33)中的项可进一步写为

$$\begin{aligned}E[\alpha(n)\varepsilon^{\mathrm{H}}(n \mid n-1)] &= E[\alpha(n)[\boldsymbol{x}(n) - \hat{\boldsymbol{x}}(n \mid n-1)]^{\mathrm{H}}] \\ &= E[\alpha(n)\boldsymbol{x}^{\mathrm{H}}(n)]\end{aligned}$$

类似地

$$E[\varepsilon(n \mid n-1)\alpha^{\mathrm{H}}(n)] = E[\boldsymbol{x}(n)\alpha^{\mathrm{H}}(n)]$$

由 $\boldsymbol{G}_f(n)$的定义式(4.2.29)有

$$E[\boldsymbol{x}(n)\alpha^{\mathrm{H}}(n)] = \boldsymbol{G}_f(n)\boldsymbol{R}(n) \tag{4.2.34}$$

$$E[\alpha(n)\boldsymbol{x}^{\mathrm{H}}(n)] = \boldsymbol{R}^{\mathrm{H}}(n)\boldsymbol{G}_f^{\mathrm{H}}(n) = \boldsymbol{R}(n)\boldsymbol{G}_f^{\mathrm{H}}(n) \tag{4.2.35}$$

式(4.2.35)用到 $\boldsymbol{R}^{\mathrm{H}}(n)=\boldsymbol{R}(n)$这一基本性质(参见第 1 章)。将式(4.2.34)和式(4.2.35)代入式(4.2.33)得到

$$\begin{aligned}\boldsymbol{K}(n) &= \boldsymbol{K}(n \mid n-1) - \boldsymbol{G}_f(n)\boldsymbol{R}(n)\boldsymbol{G}_f^{\mathrm{H}}(n) \\ &\quad - \boldsymbol{G}_f(n)\boldsymbol{R}(n)\boldsymbol{G}_f^{\mathrm{H}}(n) + \boldsymbol{G}_f(n)\boldsymbol{R}(n)\boldsymbol{G}_f^{\mathrm{H}}(n) \\ &= \boldsymbol{K}(n \mid n-1) - \boldsymbol{G}_f(n)\boldsymbol{R}(n)\boldsymbol{G}_f^{\mathrm{H}}(n) \\ &= \boldsymbol{K}(n \mid n-1) - \boldsymbol{G}_f(n)\boldsymbol{R}(n)[\boldsymbol{K}(n \mid n-1)\boldsymbol{C}^{\mathrm{H}}(n)\boldsymbol{R}^{-1}(n)]^{\mathrm{H}} \\ &= \boldsymbol{K}(n \mid n-1) - \boldsymbol{G}_f(n)\boldsymbol{C}(n)\boldsymbol{K}(n \mid n-1)\end{aligned}$$

将结论重写为

$$\boxed{\boldsymbol{K}(n) = [\boldsymbol{I} - \boldsymbol{G}_f(n)\boldsymbol{C}(n))]\boldsymbol{K}(n \mid n-1)} \tag{4.2.36}$$

7. 初始条件

给出如下初始条件

$$\hat{\boldsymbol{x}}(0 \mid 0) = E[\boldsymbol{x}(0)] \tag{4.2.37}$$

$$\boldsymbol{K}(0) = E[(\boldsymbol{x}(0) - E[\boldsymbol{x}(0)])(\boldsymbol{x}(0) - E[\boldsymbol{x}(0)])^{\mathrm{H}}] = \boldsymbol{C}_{xx}(0) \tag{4.2.38}$$

这里 $\boldsymbol{C}_{xx}(0)$是向量 $\boldsymbol{x}(0)$的自协方差矩阵。

8. 计算流程

由初始条件$\hat{\boldsymbol{x}}(0|0)$和 $\boldsymbol{K}(0)$，令 $n=1$，得到观测向量 $\boldsymbol{y}(1)$，依次利用式(4.2.17)计算一步预测$\hat{\boldsymbol{x}}(1|0)$，由式(4.2.15)计算$\alpha(1)$，利用式(4.2.24)计算 $\boldsymbol{K}(1|0)$、由式(4.2.22)计算新息向量的自相关矩阵 $\boldsymbol{R}(1)$，然后用式(4.2.31)计算卡尔曼增益 $\boldsymbol{G}_f(1)$，这样就可以用式(4.2.28)计算$\hat{\boldsymbol{x}}(1|1)$，为下一次循环作准备用式(4.2.36)计算 $\boldsymbol{K}(1)$，令 $n=2$ 待收到观测向量 $\boldsymbol{y}(2)$，进入新的循环。这个过程不断重复，每次一个循环结束，令 $n \leftarrow n+1$ 进入下一次循环。

计算流程如图 4.2.3 所示.

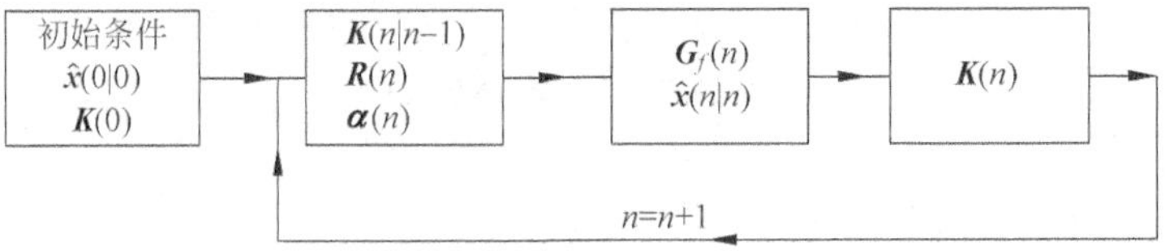

图 4.2.3 卡尔曼滤波的计算流程

为使用方便,将卡尔曼滤波的初始条件和递推公式总结在表 4.2.1 中。

表 4.2.1 卡尔曼滤波的初始条件与递推公式

系统方程	$\boldsymbol{x}(n+1)=\boldsymbol{F}(n)\boldsymbol{x}(n)+\boldsymbol{v}_1(n)$ $\boldsymbol{y}(n)=\boldsymbol{C}(n)\boldsymbol{x}(n)+\boldsymbol{v}_2(n)$
初始条件	$\hat{\boldsymbol{x}}(0\|0)=E[\boldsymbol{x}(0)]$ $\boldsymbol{K}(0)=\boldsymbol{C}_{xx}(0)$
递推公式	得到 $\boldsymbol{y}(1)$从 $n=1$ 开始 $\hat{\boldsymbol{x}}(n\|n-1)=\boldsymbol{F}(n-1)\hat{\boldsymbol{x}}(n-1\|n-1)$ $\alpha(n)=\boldsymbol{y}(n)-\boldsymbol{C}(n)\hat{\boldsymbol{x}}(n\|n-1)$ $\boldsymbol{K}(n\|n-1)=\boldsymbol{F}(n-1)\boldsymbol{K}(n-1)\boldsymbol{F}^{\mathrm{H}}(n-1)+\boldsymbol{Q}_1(n-1)$ $\boldsymbol{R}(n)=\boldsymbol{C}(n)\boldsymbol{K}(n\|n-1)\boldsymbol{C}^{\mathrm{H}}(n)+\boldsymbol{Q}_2(n)$ $\boldsymbol{G}_f(n)=\boldsymbol{K}(n\|n-1)\boldsymbol{C}^{\mathrm{H}}(n)\boldsymbol{R}^{-1}(n)$ $\hat{\boldsymbol{x}}(n\|n)=\hat{\boldsymbol{x}}(n\|n-1)+\boldsymbol{G}_f(n)\alpha(n)$ $\boldsymbol{K}(n)=[\boldsymbol{I}-\boldsymbol{G}_f(n)\boldsymbol{C}(n)]\boldsymbol{K}(n\|n-1)$ 令 $n\leftarrow n+1$,得到新观测值 $\boldsymbol{y}(n)$进入下一次循环

9. $\boldsymbol{K}(n)$的另一种形式

式(4.2.36)的 $\boldsymbol{K}(n)$递推公式简洁且运算量较低,是标准卡尔曼滤波中最常用的一种形式,这里导出 $\boldsymbol{K}(n)$的另一种形式。从式(4.2.32)出发利用式(4.2.18)有

$$\begin{aligned}\varepsilon(n) &=\varepsilon(n\mid n-1)-\boldsymbol{G}_f(n)\alpha(n)\\ &=\varepsilon(n\mid n-1)-\boldsymbol{G}_f(n)(\boldsymbol{C}(n)\varepsilon(n\mid n-1)+\boldsymbol{v}_2(n))\\ &=(\boldsymbol{I}-\boldsymbol{G}_f(n)\boldsymbol{C}(n))\varepsilon(n\mid n-1)-\boldsymbol{G}_f(n)\boldsymbol{v}_2(n)\end{aligned}$$

如前所说 $\varepsilon(n|n-1)$和 $\boldsymbol{v}_2(n)$正交,故得

$$\boldsymbol{K}(n)=(\boldsymbol{I}-\boldsymbol{G}_f(n)\boldsymbol{C}(n))\boldsymbol{K}(n\mid n-1)(\boldsymbol{I}-\boldsymbol{G}_f(n)\boldsymbol{C}(n))^{\mathrm{H}}+\boldsymbol{G}_f(n)\boldsymbol{Q}_2(n)\boldsymbol{G}_f^{\mathrm{H}}(n) \tag{4.2.39}$$

注意,式(4.2.39)和式(4.2.36)都是计算 $\boldsymbol{K}(n)$的递推公式,原理上是等价的。但在算法递推中一般存在计算误差和积累误差,在实际递推过程中,若 $\boldsymbol{K}(n|n-1)$是共轭对称性和正定的,则式(4.2.39)总是可以保证 $\boldsymbol{K}(n)$的共轭对称性和正定性。式(4.2.36)计算更简单,但不能确保 $\boldsymbol{K}(n)$的共轭对称性和正定性。所以,用式(4.2.39)计算 $\boldsymbol{K}(n)$的数值稳定性更好。

例 4.2.4 用如下差分方程产生一个 AR(2)随机序列

$$x(n)=1.74x(n-1)-0.81x(n-2)+v(n)\quad x(-1)=x(0)=0$$

用观测方程 $y(n)=x(n)+v_2(n)$得到对 $x(n)$的含强噪声的测量。其中 $v(n)$,$v_2(n)$分别是

方差为 0.04 和 9 的高斯白噪声，利用卡尔曼滤波对 $x(n)$进行估计。

解：这是例 4.2.1 取 $p=2$ 的特例，令状态变量为

$$\boldsymbol{x}(n)=\begin{pmatrix}x(n-1)\\x(n)\end{pmatrix}$$

状态方程为

$$\begin{pmatrix}x(n-1)\\x(n)\end{pmatrix}=\begin{pmatrix}0&1\\-0.81&1.74\end{pmatrix}\begin{pmatrix}x(n-2)\\x(n-1)\end{pmatrix}+\begin{pmatrix}0\\v(n)\end{pmatrix}$$

观测方程已知为

$$y(n)=x(n)+v_2(n)$$

因此得到卡尔曼滤波器模型的参数为

$$\boldsymbol{F}(n)=\begin{pmatrix}0&1\\-0.81&1.74\end{pmatrix}\quad \boldsymbol{Q}_1(n)=\begin{pmatrix}0&0\\0&0.04\end{pmatrix}$$

$$\boldsymbol{C}=(0\quad 1)\quad \boldsymbol{Q}_2(n)=9$$

用 MATLAB 对该问题进行仿真实验，实验的方法为，由

$$x(n)=1.74x(n-1)-0.81x(n-2)+v(n)\quad x(-1)=x(0)=0$$

用 MATLAB 函数产生一个方差为 0.04 的白噪声 $v(n)$，用上一行的差分方程得到随机序列 $x(n)$的一次实现。用同样 MATLAB 函数产生一个方差为 9 的白噪声 $v_2(n)$并利用

$$y(n)=x(n)+v_2(n)$$

产生观测序列 $y(n)$，给定初始条件，利用表 4.2.1 的卡尔曼滤波进行状态向量递推$\hat{\boldsymbol{x}}(n|n)$，并取$\hat{\boldsymbol{x}}(n|n)$的第 2 个分量作为 $x(n)$的估计$\hat{x}(n)$，由于这是一个仿真实验，$x(n)$的真实值是有的，故可对卡尔曼滤波性能进行比较，评价卡尔曼滤波的性能。图 4.2.4 是实验结果。

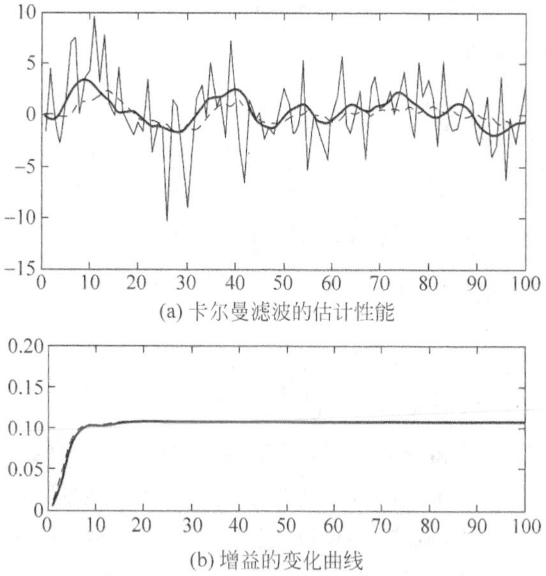

(a) 卡尔曼滤波的估计性能

(b) 增益的变化曲线

图 4.2.4 用卡尔曼滤波估计随机状态

注意图 4.2.4(a)中，实线表示 AR(2)的实际信号，细实线是观测值，它是非常噪声化的，点画线表示卡尔曼滤波器估计的值，尽管有偏差，但比较接近 AR(2)的真实曲线，比观

测值得到很大改善。图 4.2.4(b)是增益的变化曲线，实线和虚线是增益的两个分量，它们是接近重合的，由于本例的系统矩阵是非时变的，噪声也是平稳的，卡尔曼滤波趋于稳态，图中看到大约 10 次递推后，增益趋于固定，卡尔曼滤波器进入稳态。

*4.3 卡尔曼滤波器的一些变化形式

由于应用的广泛性和重要性，卡尔曼滤波在众多领域获得关注，研究成果众多，因此各种文献中卡尔曼滤波以不同形式出现，一些形式看上去非常不同，以卡尔曼滤波为主题的专门著作众多，深入讨论了卡尔曼滤波的各方面，包括理论和应用。作为一本信号处理的综合性著作，本书没有足够的篇幅展开全面的讨论，但也给出卡尔曼滤波一些最常见的变化形式。本节以状态方程式(4.2.1)、观测方程式(4.2.2)和表 4.2.1 的递推算法为卡尔曼滤波的标准形式，讨论一些变化情况和推广，包括系统状态方程的一些变化形式、卡尔曼预测方程、卡尔曼信息滤波器、卡尔曼稳态滤波器和卡尔曼 QR 分解滤波器。更多的变化和应用可参考卡尔曼滤波的专著[1][9][10][11][28]。

4.3.1 针对状态方程不同形式的卡尔曼滤波器

在一些文献和应用场景中，状态方程可能与式(4.2.1)有所变化，这些变化导致的卡尔曼滤波公式也有些调整，这些变化和调整可在表 4.2.1 基础上作相应修改而获得。

状态方程的另一种常用写法为

$$\boldsymbol{x}(n+1)=\boldsymbol{F}(n)\boldsymbol{x}(n)+\boldsymbol{B}(n)\,\boldsymbol{v}(n) \tag{4.3.1}$$

$\boldsymbol{v}(n)$是 K 维白噪声向量，$\boldsymbol{B}(n)$是 $M\times K$ 矩阵，对这种形式，只需要设

$$\boldsymbol{v}_1(n)=\boldsymbol{B}(n)\boldsymbol{v}(n)$$

注意到，若$\boldsymbol{v}(n)$的自相关矩阵为

$$E[\boldsymbol{v}(n)\boldsymbol{v}^{\mathrm{H}}(k)]=\begin{cases}\boldsymbol{Q}(n), & n=k\\ \boldsymbol{0}_{K\times K}, & n\neq k\end{cases}$$

则有

$$\boldsymbol{Q}_1(n)=\boldsymbol{B}(n)\boldsymbol{Q}(n)\boldsymbol{B}^{\mathrm{H}}(n) \tag{4.3.2}$$

将式(4.3.2)中 $\boldsymbol{Q}_1(n)$的表达式替代表 4.2.1 中的 $\boldsymbol{Q}_1(n)$即可完成卡尔曼滤波公式的修改。

若状态方程为如下的形式

$$\boldsymbol{x}(n+1)=\boldsymbol{F}(n)\boldsymbol{x}(n)+\boldsymbol{B}(n)\boldsymbol{v}(n)+\boldsymbol{D}(n)\boldsymbol{u}(n) \tag{4.3.3}$$

这里 $\boldsymbol{u}(n)$是一个 L 维确定性输入向量，$\boldsymbol{D}(n)$是 $M\times L$ 矩阵。

标准的状态方程(4.2.1)和观测方程(4.2.2)表示的是一个线性随机动力系统，状态方程的激励信号$\boldsymbol{v}_1(n)$或$\boldsymbol{v}(n)$是白噪声，用这种白噪声激励产生的随机状态向量需要通过观测向量来最优估计。在一些实际应用中，可能同时存在两种激励信号，一个是随机的，另一个是确定的，例如卫星的运动方程中包含了由力学定律所规定的激励源，这部分是确定的。由于线性系统满足叠加性，故可将确定性激励信号的贡献叠加，从而对表 4.2.1 进行修改，实际上只需要修改$\hat{\boldsymbol{x}}(n|n-1)$，将确定性激励的贡献进行叠加，即

$$\hat{\boldsymbol{x}}(n\mid n-1)=\boldsymbol{F}(n-1)\,\hat{\boldsymbol{x}}(n-1\mid n-1)+\boldsymbol{D}(n-1)\boldsymbol{u}(n-1) \tag{4.3.4}$$

为了方便，将状态方程为式(4.3.3)的卡尔曼滤波方程归纳在表 4.3.1 中，注意，表 4.3.1 中采用了式(4.3.2)和式(4.3.4)的修正项。

表 4.3.1 修正的卡尔曼滤波的初始条件与递推公式

系统方程	$\boldsymbol{x}(n+1)=\boldsymbol{F}(n)\boldsymbol{x}(n)+\boldsymbol{B}(n)\boldsymbol{v}(n)+\boldsymbol{D}(n)\boldsymbol{u}(n)$ $\boldsymbol{y}(n)=\boldsymbol{C}(n)\boldsymbol{x}(n)+\boldsymbol{v}_2(n)$
初始条件	$\hat{\boldsymbol{x}}(0\|0)=E[\boldsymbol{x}(0)]$ $\boldsymbol{K}(0)=\boldsymbol{C}_{xx}(0)$
递推公式	得到 $\boldsymbol{y}(1)$从 $n=1$ 开始 $\hat{\boldsymbol{x}}(n\|n-1)=\boldsymbol{F}(n-1)\hat{\boldsymbol{x}}(n-1\|n-1)+\boldsymbol{D}(n-1)\boldsymbol{u}(n-1)$ $\alpha(n)=\boldsymbol{y}(n)-\boldsymbol{C}(n)\hat{\boldsymbol{x}}(n\|n-1)$ $\boldsymbol{K}(n\|n-1)=\boldsymbol{F}(n-1)\boldsymbol{K}(n-1)\boldsymbol{F}^{\mathrm{H}}(n-1)+\boldsymbol{B}(n-1)\boldsymbol{Q}(n-1)\boldsymbol{B}^{\mathrm{H}}(n-1)$ $\boldsymbol{R}(n)=\boldsymbol{C}(n)\boldsymbol{K}(n\|n-1)\boldsymbol{C}^{\mathrm{H}}(n)+\boldsymbol{Q}_2(n)$ $\boldsymbol{G}_f(n)=\boldsymbol{K}(n\|n-1)\boldsymbol{C}^{\mathrm{H}}(n)\boldsymbol{R}^{-1}(n)$ $\hat{\boldsymbol{x}}(n\|n)=\hat{\boldsymbol{x}}(n\|n-1)+\boldsymbol{G}_f(n)\alpha(n)$ $\boldsymbol{K}(n)=[\boldsymbol{I}-\boldsymbol{G}_f(n)\boldsymbol{C}(n)]\boldsymbol{K}(n\|n-1)$ 令 $n\leftarrow n+1$，得到新观测值 $\boldsymbol{y}(n)$进入下一次循环

4.3.2 卡尔曼预测器

在 4.2 节主要讨论了卡尔曼滤波问题。正如 4.2 节所说，由观测值$\{\boldsymbol{y}(1),\boldsymbol{y}(2),\cdots,\boldsymbol{y}(n)\}$估计状态 $\boldsymbol{x}(i)$，即得到$\hat{\boldsymbol{x}}(i|n)$，若 $i=n+k,k>0$，则称为卡尔曼预测器，预测是实际中另一个常用的工具，本小节讨论卡尔曼预测问题，只讨论 $k=1$ 的情况，即 1 步预测。

可以用类似 4.2 节的过程重新推导卡尔曼预测方程，也可以在卡尔曼滤波基础上得到卡尔曼预测的方程。注意到，在式(4.2.17)中，以 $n+1$ 代替 n，即可得到一步预测值

$$\hat{\boldsymbol{x}}(n+1\mid n)=\boldsymbol{F}(n)\,\hat{\boldsymbol{x}}(n\mid n) \tag{4.3.5}$$

把式(4.2.28)代入式(4.3.5)得

$$\begin{aligned}\hat{\boldsymbol{x}}(n+1\mid n)&=\boldsymbol{F}(n)(\hat{\boldsymbol{x}}(n\mid n-1)+\boldsymbol{G}_f(n)\alpha(n))\\&=\boldsymbol{F}(n)\,\hat{\boldsymbol{x}}(n\mid n-1)+\boldsymbol{F}(n)\boldsymbol{G}_f(n)\alpha(n)\end{aligned}$$

为了强调新息向量的增量系数的重要性，在卡尔曼预测中，定义如下卡尔曼预测增益

$$\boldsymbol{G}_p(n)=\boldsymbol{F}(n)\boldsymbol{G}_f(n) \tag{4.3.6}$$

用预测增益表示的卡尔曼预测式为

$$\hat{\boldsymbol{x}}(n+1\mid n)=\boldsymbol{F}(n)\,\hat{\boldsymbol{x}}(n\mid n-1)+\boldsymbol{G}_p(n)\alpha(n) \tag{4.3.7}$$

如果不把卡尔曼预测看作是卡尔曼滤波的一个“衍生品”，而是直接从起始状态即进行以预测为目标的递推，可给出卡尔曼预测的初始条件为

$$\hat{\boldsymbol{x}}(1\mid 0)=E[\boldsymbol{x}(1)] \tag{4.3.8}$$

$$\boldsymbol{K}(1\mid 0)=E\left[(\boldsymbol{x}(1)-E[\boldsymbol{x}(1)])\,(\boldsymbol{x}(1)-E[\boldsymbol{x}(1)])^{\mathrm{H}}\right]=\boldsymbol{C}_{xx}(1) \tag{4.3.9}$$

考虑式(4.3.6)的预测增益，和式(4.3.8)与式(4.3.9)的初始条件，在表 4.2.1 基础上，进行修正，将卡尔曼预测问题的方程式总结在表 4.3.2 中。

表 4.3.2　卡尔曼预测的初始条件与递推公式

系统方程	$\boldsymbol{x}(n+1)=\boldsymbol{F}(n)\boldsymbol{x}(n)+\boldsymbol{v}_1(n)$ $\boldsymbol{y}(n)=\boldsymbol{C}(n)\boldsymbol{x}(n)+\boldsymbol{v}_2(n)$
初始条件	$\hat{\boldsymbol{x}}(1\|0)=E[\boldsymbol{x}(1)]$ $\boldsymbol{K}(1\|0)=E[(\boldsymbol{x}(1)-E[\boldsymbol{x}(1)])(\boldsymbol{x}(1)-E[\boldsymbol{x}(1)])^{\mathrm{H}}]=\boldsymbol{C}_{xx}(1)$
递推公式	得到 $\boldsymbol{y}(1)$ 从 $n=1$ 开始 $\boldsymbol{R}(n)=\boldsymbol{C}(n)\boldsymbol{K}(n\|n-1)\boldsymbol{C}^{\mathrm{H}}(n)+\boldsymbol{Q}_2(n)$ $\boldsymbol{G}_p(n)=\boldsymbol{F}(n)\boldsymbol{K}(n\|n-1)\boldsymbol{C}^{\mathrm{H}}(n)\boldsymbol{R}^{-1}(n)$ $\alpha(n)=\boldsymbol{y}(n)-\boldsymbol{C}(n)\hat{\boldsymbol{x}}(n\|n-1)$ $\hat{\boldsymbol{x}}(n+1\|n)=\boldsymbol{F}(n)\hat{\boldsymbol{x}}(n\|n-1)+\boldsymbol{G}_p(n)\alpha(n)$ $\boldsymbol{K}(n)=\boldsymbol{K}(n\|n-1)-\boldsymbol{F}^{-1}(n)\boldsymbol{G}_p(n)\boldsymbol{C}(n)\boldsymbol{K}(n\|n-1)$ $\boldsymbol{K}(n+1\|n)=\boldsymbol{F}(n)\boldsymbol{K}(n)\boldsymbol{F}^{\mathrm{H}}(n)+\boldsymbol{Q}_1(n)$ 令 $n\leftarrow n+1$，得到新观测值 $\boldsymbol{y}(n)$ 进入下一次循环

4.3.3　卡尔曼信息滤波器

在卡尔曼滤波中，一个重要的递推量是

$$\boldsymbol{K}(n)=E\{[\boldsymbol{x}(n)-\hat{\boldsymbol{x}}(n\mid n)][\boldsymbol{x}(n)-\hat{\boldsymbol{x}}(n\mid n)]^{\mathrm{H}}\}\tag{4.3.10}$$

其表示状态估计的协方差矩阵，对角线元素表示了各状态分量估计的方差值，故当 $\boldsymbol{K}(n)$ 趋于 $\boldsymbol{0}$ 时，表示状态估计在均方意义上是精确的，但当 $\boldsymbol{K}(n)$ 趋于无穷时（指各对角线元素趋于无穷），状态估计完全不可靠。

在应用中，也可以定义 $\boldsymbol{K}(n)$ 的逆矩阵，即

$$\boldsymbol{J}(n)=\boldsymbol{K}^{-1}(n)\tag{4.3.11}$$

$\boldsymbol{J}(n)$ 称为信息矩阵。如果说 $\boldsymbol{K}(n)$ 表示状态估计的不确定性，则 $\boldsymbol{J}(n)$ 表示了状态估计的确定性，当 $\boldsymbol{J}(n)$ 趋于无穷时，状态估计是确定的，当 $\boldsymbol{J}(n)$ 趋于 $\boldsymbol{0}$ 时，表示状态估计是不确定的。类似地可定义

$$\boldsymbol{J}(n\mid n-1)=\boldsymbol{K}^{-1}(n\mid n-1)\tag{4.3.12}$$

若以 $\boldsymbol{J}(n)$ 和 $\boldsymbol{J}(n|n-1)$ 的递推替代 $\boldsymbol{K}(n)$ 和 $\boldsymbol{K}(n|n-1)$ 的递推构成的滤波器称为卡尔曼信息滤波器。

为了导出卡尔曼信息滤波器，使用 $\boldsymbol{K}(n)$ 的如下等式，该等式的证明留做习题或参考[10][28]

$$\boldsymbol{K}^{-1}(n)=\boldsymbol{K}^{-1}(n\mid n-1)+\boldsymbol{C}^{\mathrm{H}}(n)\boldsymbol{Q}_2(n)\boldsymbol{C}(n)\tag{4.3.13}$$

由此得到信息矩阵的递推式

$$\boldsymbol{J}(n)=\boldsymbol{J}(n\mid n-1)+\boldsymbol{C}^{\mathrm{H}}(n)\boldsymbol{Q}_2(n)\boldsymbol{C}(n)\tag{4.3.14}$$

为了导出 $\boldsymbol{K}(n|n-1)$ 的递推式，重写式(4.2.24)如下

$$\boldsymbol{K}(n\mid n-1)=\boldsymbol{F}(n-1)\boldsymbol{K}(n-1)\boldsymbol{F}^{\mathrm{H}}(n-1)+\boldsymbol{Q}_1(n-1)\tag{4.3.15}$$

利用矩阵逆引理

$$(\boldsymbol{A}+\boldsymbol{B}\boldsymbol{C}^{-1}\boldsymbol{D})^{-1}=\boldsymbol{A}^{-1}-\boldsymbol{A}^{-1}\boldsymbol{B}(\boldsymbol{C}+\boldsymbol{D}\boldsymbol{A}^{-1}\boldsymbol{B})^{-1}\boldsymbol{D}\boldsymbol{A}^{-1}\tag{4.3.16}$$

对比式(4.3.15)和式(4.3.16)，并令 $\boldsymbol{C}=\boldsymbol{K}^{-1}(n-1)=\boldsymbol{J}(n-1)$，得

$$\boldsymbol{J}(n \mid n-1)=\boldsymbol{Q}_1^{-1}(n-1)$$
$$-\boldsymbol{Q}_1^{-1}(n-1)\boldsymbol{F}(n-1)\left(\boldsymbol{J}(n-1)+\boldsymbol{F}^{\mathrm{H}}(n-1)\boldsymbol{Q}_1^{-1}(n-1)\boldsymbol{F}(n-1)\right)^{-1}\boldsymbol{F}^{\mathrm{H}}(n-1)\boldsymbol{Q}_1^{-1}(n-1) \tag{4.3.17}$$

还可以证明卡尔曼增益的另一种形式(留作习题)

$$\boldsymbol{G}_f(n)=\boldsymbol{K}(n)\boldsymbol{C}^{\mathrm{H}}(n)\boldsymbol{Q}_2^{-1}(n)=\boldsymbol{J}^{-1}(n)\boldsymbol{C}^{\mathrm{H}}(n)\boldsymbol{Q}_2^{-1}(n) \tag{4.3.18}$$

将卡尔曼信息滤波器总结在表 4.3.3 中。

表 4.3.3　卡尔曼滤波的初始条件与递推公式

系统方程	$\boldsymbol{x}(n+1)=\boldsymbol{F}(n)\boldsymbol{x}(n)+\boldsymbol{v}_1(n)$ $\boldsymbol{y}(n)=\boldsymbol{C}(n)\boldsymbol{x}(n)+\boldsymbol{v}_2(n)$
初始条件	$\hat{\boldsymbol{x}}(0 \mid 0)=E[\boldsymbol{x}(0)]$ $\boldsymbol{J}(0)=\boldsymbol{C}_{xx}^{-1}(0)$
递推公式	得到 $\boldsymbol{y}(1)$从 $n=1$ 开始 $\hat{\boldsymbol{x}}(n \mid n-1)=\boldsymbol{F}(n-1)\hat{\boldsymbol{x}}(n-1 \mid n-1)$ $\alpha(n)=\boldsymbol{y}(n)-\boldsymbol{C}(n)\hat{\boldsymbol{x}}(n \mid n-1)$ $\boldsymbol{J}(n \mid n-1)=\boldsymbol{Q}_1^{-1}(n-1)$ $-\boldsymbol{Q}_1^{-1}(n-1)\boldsymbol{F}(n-1)$ $\times\left(\boldsymbol{J}(n-1)+\boldsymbol{F}^{\mathrm{H}}(n-1)\boldsymbol{Q}_1^{-1}(n-1)\boldsymbol{F}(n-1)\right)^{-1}\boldsymbol{F}^{\mathrm{H}}(n-1)\boldsymbol{Q}_1^{-1}(n-1)$ $\boldsymbol{J}(n)=\boldsymbol{J}(n \mid n-1)+\boldsymbol{C}^{\mathrm{H}}(n)\boldsymbol{Q}_2(n)\boldsymbol{C}(n)$ $\boldsymbol{G}_f(n)=\boldsymbol{J}^{-1}(n)\boldsymbol{C}^{\mathrm{H}}(n)\boldsymbol{Q}_2^{-1}(n)$ $\hat{\boldsymbol{x}}(n \mid n)=\hat{\boldsymbol{x}}(n \mid n-1)+\boldsymbol{G}_f(n)\alpha(n)$ 令 $n \leftarrow n+1$,得到新观测值 $\boldsymbol{y}(n)$进入下一次循环

对比标准卡尔曼滤波器和卡尔曼信息滤波器发现,都需要矩阵求逆,标准卡尔曼滤波需要对 $N\times N$ 的新息矩阵求逆,信息滤波器在 $\boldsymbol{J}(n \mid n-1)$的递推中,需要对 2 个 $M\times M$ 矩阵求逆,还需要计算 $M\times M$ 矩阵逆$\boldsymbol{J}^{-1}(n)$,当 $M<N$ 且$\boldsymbol{Q}_2(n)$是常数矩阵尤其是对角矩阵时,信息滤波器的计算量是可以接受的。

4.3.4　稳态卡尔曼滤波器

在上节的一些例子和工程应用中,常遇到卡尔曼滤波的“时不变”情况,即状态方程简化为

$$\boldsymbol{x}(n+1)=\boldsymbol{F}\boldsymbol{x}(n)+\boldsymbol{v}_1(n) \tag{4.3.19}$$

这里 $\boldsymbol{F}(n)=\boldsymbol{F}$ 非时变,测量方程简化为

$$\boldsymbol{y}(n)=\boldsymbol{C}\boldsymbol{x}(n)+\boldsymbol{v}_2(n) \tag{4.3.20}$$

$\boldsymbol{C}(n)=\boldsymbol{C}$ 非时变。同时,$\boldsymbol{v}_1(n)$和$\boldsymbol{v}_2(n)$的统计量也简化到常数矩阵,即

$$\boldsymbol{Q}_1(n)=\boldsymbol{Q}_1$$
$$\boldsymbol{Q}_2(n)=\boldsymbol{Q}_2$$

在这些条件下,表 4.2.1 的标准卡尔曼滤波方程简化为如下各式。

$$\hat{\boldsymbol{x}}(n \mid n-1)=\boldsymbol{F}\hat{\boldsymbol{x}}(n-1 \mid n-1) \tag{4.3.21}$$

$$\alpha(n)=\boldsymbol{y}(n)-\boldsymbol{C}\hat{\boldsymbol{x}}(n \mid n-1) \tag{4.3.22}$$

$$\boldsymbol{K}(n \mid n-1)=\boldsymbol{F}\boldsymbol{K}(n-1)\boldsymbol{F}^{\mathrm{H}}+\boldsymbol{Q}_1 \tag{4.3.23}$$

$$\boldsymbol{R}(n)=\boldsymbol{C}\boldsymbol{K}(n \mid n-1)\boldsymbol{C}^{\mathrm{H}}+\boldsymbol{Q}_2 \tag{4.3.24}$$

$$\boldsymbol{G}_f(n)=\boldsymbol{K}(n \mid n-1)\boldsymbol{C}^{\mathrm{H}}\boldsymbol{R}^{-1}(n) \tag{4.3.25}$$

$$\boldsymbol{K}(n)=[\boldsymbol{I}-\boldsymbol{G}_f(n)\boldsymbol{C}]\boldsymbol{K}(n \mid n-1) \tag{4.3.26}$$

$$\hat{\boldsymbol{x}}(n \mid n)=\hat{\boldsymbol{x}}(n \mid n-1)+\boldsymbol{G}_f(n)\alpha(n) \tag{4.3.27}$$

如 4.1 节的例 4.1.1 所讨论简单标量情况，希望时不变情况下，一般向量卡尔曼滤波器也可以达到稳态，这样可以大大节省计算量。假设卡尔曼滤波可以达到稳态，并设稳态量

$$\boldsymbol{K}_{\infty}^{-}=\lim_{n\to\infty}\boldsymbol{K}(n \mid n-1) \tag{4.3.28}$$

$$\boldsymbol{K}_{\infty}^{+}=\lim_{n\to\infty}\boldsymbol{K}(n) \tag{4.3.29}$$

$$\boldsymbol{G}_{\infty}=\lim_{n\to\infty}\boldsymbol{G}_f(n) \tag{4.3.30}$$

以下推导求解这些稳态量的方程。由式(4.3.23)和式(4.3.26)得

$$\boldsymbol{K}(n \mid n-1)=\boldsymbol{F}[\boldsymbol{I}-\boldsymbol{G}_f(n-1)\boldsymbol{C}]\boldsymbol{K}(n-1 \mid n-2)\boldsymbol{F}^{\mathrm{H}}+\boldsymbol{Q}_1$$

在上式中，利用式(4.3.25)和式(4.3.24)，有

$$\begin{aligned}&\boldsymbol{K}(n \mid n-1)\\&=\boldsymbol{F}[\boldsymbol{I}-\boldsymbol{K}(n-1 \mid n-2)\boldsymbol{C}^{\mathrm{H}}(\boldsymbol{C}\boldsymbol{K}(n-1 \mid n-2)\boldsymbol{C}^{\mathrm{H}}+\boldsymbol{Q}_2)^{-1}\boldsymbol{C}]\boldsymbol{K}(n-1 \mid n-2)\boldsymbol{F}^{\mathrm{H}}+\boldsymbol{Q}_1\end{aligned}$$

上式两边取 $n\to\infty$，并利用式(4.3.28)得

$$\boldsymbol{K}_{\infty}^{-}=\boldsymbol{F}[\boldsymbol{I}-\boldsymbol{K}_{\infty}^{-}\boldsymbol{C}^{\mathrm{H}}(\boldsymbol{C}\boldsymbol{K}_{\infty}^{-}\boldsymbol{C}^{\mathrm{H}}+\boldsymbol{Q}_2)^{-1}\boldsymbol{C}]\boldsymbol{K}_{\infty}^{-}\boldsymbol{F}^{\mathrm{H}}+\boldsymbol{Q}_1 \tag{4.3.31}$$

式(4.3.31)为求解 $\boldsymbol{K}_{\infty}^{-}$ 的代数黎卡提(Riccati)方程，解此方程获得 $\boldsymbol{K}_{\infty}^{-}$ 的解。$\boldsymbol{K}_{\infty}^{-}$ 的解是关键，其他量可由 $\boldsymbol{K}_{\infty}^{-}$ 计算获得，由式(4.3.23)

$$\boldsymbol{K}_{\infty}^{+}=\boldsymbol{F}^{-1}[\boldsymbol{K}_{\infty}^{-}-\boldsymbol{Q}_1](\boldsymbol{F}^{\mathrm{H}})^{-1}$$

将式(4.3.31)带入上式，得

$$\boldsymbol{K}_{\infty}^{+}=[\boldsymbol{I}-\boldsymbol{K}_{\infty}^{-}\boldsymbol{C}^{\mathrm{H}}(\boldsymbol{C}\boldsymbol{K}_{\infty}^{-}\boldsymbol{C}^{\mathrm{H}}+\boldsymbol{Q}_2)^{-1}\boldsymbol{C}]\boldsymbol{K}_{\infty}^{-} \tag{4.3.32}$$

由式(4.3.24)新息自相关阵的稳态值

$$\boldsymbol{R}(\infty)=\boldsymbol{C}\boldsymbol{K}_{\infty}^{-}\boldsymbol{C}^{\mathrm{H}}+\boldsymbol{Q}_2 \tag{4.3.33}$$

由式(4.3.25)得到卡尔曼增益的稳态值

$$\boldsymbol{G}_{\infty}=\boldsymbol{K}_{\infty}^{-}\boldsymbol{C}^{\mathrm{H}}[\boldsymbol{C}\boldsymbol{K}_{\infty}^{-}\boldsymbol{C}^{\mathrm{H}}+\boldsymbol{Q}_2]^{-1} \tag{4.3.34}$$

利用式(4.3.21)(4.3.22)和(4.3.27)得到用稳态参数表示的状态递推公式为

$$\hat{\boldsymbol{x}}(n \mid n)=[\boldsymbol{I}-\boldsymbol{G}_{\infty}\boldsymbol{C}]\boldsymbol{F}\hat{\boldsymbol{x}}(n-1 \mid n-1)+\boldsymbol{G}_{\infty}\boldsymbol{y}(n) \tag{4.3.35}$$

一旦通过式(4.3.31)求得 $\boldsymbol{K}_{\infty}^{-}$，可以通过式(4.3.34)求得稳态卡尔曼增益 $\boldsymbol{G}_{\infty}$，则可以从初始条件开始，利用稳态卡尔曼增益，通过式(4.3.35)进行状态递推。这种一直利用稳态卡尔曼增益进行递推的过程称为稳态卡尔曼滤波，其只需要计算一次 $\boldsymbol{K}_{\infty}^{-}$、$\boldsymbol{K}_{\infty}^{+}$ 和 $\boldsymbol{G}_{\infty}$，然后递推过程只需要执行式(4.3.35)，大大节省了运算量，适合在嵌入式系统平台的实现。

这里，还有一个关键问题，就是从任意初始条件出发，是否可以收敛到 $\boldsymbol{K}_{\infty}^{-}$、$\boldsymbol{K}_{\infty}^{+}$ 和 $\boldsymbol{G}_{\infty}$ 的唯一解，收敛性需要一些条件，详细地讨论这个收敛性条件需要系统可控性和可观测性的预备知识，此处不再详细讨论这个问题，而是进一步讨论两种特定情况的稳态卡尔曼滤波器。

1. α-β 滤波器

α-β 滤波器是例 4.2.2 讨论的运动方程所描述的卡尔曼滤波问题的稳态解，这个滤波器

在雷达跟踪中是一种常用的简化卡尔曼滤波器。重新将问题描述如下。

状态向量包括距离和速度变量，方程状态为

$$\begin{pmatrix} x(n+1) \\ v(n+1) \end{pmatrix} = \begin{pmatrix} 1 & T \\ 0 & 1 \end{pmatrix} \begin{pmatrix} x(n) \\ v(n) \end{pmatrix} + \boldsymbol{v}_1(n)$$

且

$$\boldsymbol{Q}_1(n) = \boldsymbol{Q}_1 = \begin{pmatrix} T^4/4 & T^3/2 \\ T^3/2 & T^2 \end{pmatrix} \sigma_a^2$$

测量方程为

$$y(n) = (1 \quad 0) \begin{pmatrix} x(n) \\ v(n) \end{pmatrix} + w(n)$$

且

$$\boldsymbol{C} = [1 \quad 0]$$

$$v_2(n) = w(n), \quad \boldsymbol{Q}_2(n) = \sigma_w^2$$

由于此问题是二维状态向量，可将式(4.3.28)～(4.3.30)的稳态量具体写为

$$\boldsymbol{G}_\infty = [G_1 \quad G_2]^{\mathrm{T}} = [\alpha \quad \beta/T]^{\mathrm{T}} \tag{4.3.36}$$

$$\boldsymbol{K}_\infty^+ = \begin{bmatrix} K_{11}^+ & K_{12}^+ \\ K_{21}^+ & K_{22}^+ \end{bmatrix} \tag{4.3.37}$$

$$\boldsymbol{K}_\infty^- = \begin{bmatrix} K_{11}^- & K_{12}^- \\ K_{21}^- & K_{22}^- \end{bmatrix} \tag{4.3.38}$$

注意 $K_{12}^+ = K_{21}^+$ 和 $K_{12}^- = K_{21}^-$。直接将式(4.3.36)～式(4.3.38)带入式(4.3.23)～式(4.3.26)为

$$\boldsymbol{K}_\infty^- = \boldsymbol{F}\boldsymbol{K}_\infty^+ \boldsymbol{F}^{\mathrm{H}} + \boldsymbol{Q}_1 \tag{4.3.39}$$

$$\boldsymbol{G}_\infty = \boldsymbol{K}_\infty^- \boldsymbol{C}^{\mathrm{H}} (\boldsymbol{C}\boldsymbol{K}_\infty^- \boldsymbol{C}^{\mathrm{H}} + \boldsymbol{Q}_2)^{-1} \tag{4.3.40}$$

$$\boldsymbol{K}_\infty^+ = [\boldsymbol{I} - \boldsymbol{G}_\infty \boldsymbol{C}] \boldsymbol{K}_\infty^- \tag{4.3.41}$$

先将各稳态量代入式(4.3.40)得

$$\begin{aligned} \begin{bmatrix} \alpha \\ \beta/T \end{bmatrix} &= \begin{bmatrix} K_{11}^- & K_{12}^- \\ K_{21}^- & K_{22}^- \end{bmatrix} \begin{bmatrix} 1 \\ 0 \end{bmatrix} \left([1 \quad 0] \begin{bmatrix} K_{11}^- & K_{12}^- \\ K_{21}^- & K_{22}^- \end{bmatrix} \begin{bmatrix} 1 \\ 0 \end{bmatrix} + \sigma_w^2 \right)^{-1} \\ &= \frac{1}{K_{11}^- + \sigma_w^2} \begin{bmatrix} K_{11}^- \\ K_{12}^- \end{bmatrix} \end{aligned} \tag{4.3.42}$$

由式(4.3.41)得

$$\begin{aligned} \boldsymbol{K}_\infty^+ = \begin{bmatrix} K_{11}^+ & K_{12}^+ \\ K_{21}^+ & K_{22}^+ \end{bmatrix} &= \left(\boldsymbol{I} - \begin{bmatrix} \alpha \\ \beta/T \end{bmatrix} \right) \begin{bmatrix} K_{11}^- & K_{12}^- \\ K_{21}^- & K_{22}^- \end{bmatrix} \\ &= \begin{bmatrix} (1-\alpha)K_{11}^- & (1-\alpha)K_{12}^- \\ (1-\alpha)K_{12}^- & K_{22}^- - \beta K_{12}^-/T \end{bmatrix} \end{aligned} \tag{4.3.43}$$

从式(4.3.39)得 $\boldsymbol{K}_\infty^+$ 的另一种表达形式为

$$\boldsymbol{K}_\infty^+ = \boldsymbol{F}^-(\boldsymbol{K}_\infty^- - \boldsymbol{Q}_1)\boldsymbol{F}^{-\mathrm{H}}$$

即

$$\begin{bmatrix} K_{11}^+ & K_{12}^+ \\ K_{21}^+ & K_{22}^+ \end{bmatrix} = \begin{bmatrix} 1 & -T \\ 0 & 1 \end{bmatrix} \left(\begin{bmatrix} K_{11}^- & K_{12}^- \\ K_{21}^- & K_{22}^- \end{bmatrix} - \begin{pmatrix} T^4/4 & T^3/2 \\ T^3/2 & T^2 \end{pmatrix} \sigma_a^2 \right) \begin{bmatrix} 1 & 0 \\ -T & 1 \end{bmatrix} \tag{4.3.44}$$

注意到令式(4.3.44)和式(4.3.43)右侧相等得到3个方程,式(4.3.42)两侧相等得到2个方程,共有5个未知数,解方程组得到

$$\alpha=-\frac{1}{8}\left(\lambda^2+8\lambda-(\lambda+4)\sqrt{\lambda^2+8\lambda}\right) \tag{4.3.45}$$

$$\beta=\frac{1}{4}\left(\lambda^2+4\lambda-\lambda\sqrt{\lambda^2+8\lambda}\right) \tag{4.3.46}$$

$$K_{11}^{-}=\frac{\alpha\sigma_a^2}{1-\alpha}$$

$$K_{12}^{-}=\frac{\beta\sigma_a^2}{T(1-\alpha)}$$

$$K_{22}^{-}=\left(\alpha+\frac{\beta}{2}\right)\frac{K_{12}^{-}}{T}$$

上式中,λ 是为表示方便定义的中间量,称为目标跟踪量度,表示为

$$\lambda=\frac{\sigma_a^2T^2}{\sigma_w^2} \tag{4.3.47}$$

利用式(4.3.43)得到稳态估计误差的自相关矩阵为

$$\boldsymbol{K}_{\infty}^{+}=\sigma_w^2\begin{bmatrix}\alpha & \beta/T \\ \beta/T & \dfrac{\beta}{T^2(1-\alpha)}(\alpha-\beta/2)\end{bmatrix} \tag{4.3.48}$$

将所得各量代入式(4.3.35)得到距离和速度的更新公式为

$$\begin{pmatrix}\hat{x}(n\mid n)\\ \hat{v}(n\mid n)\end{pmatrix}=\begin{bmatrix}1-\alpha & (1-\alpha)T\\ -\beta/T & 1-\beta\end{bmatrix}\begin{pmatrix}\hat{x}(n-1\mid n-1)\\ \hat{v}(n-1\mid n-1)\end{pmatrix}+\begin{pmatrix}\alpha\\ \beta/T\end{pmatrix}y(n) \tag{4.3.49}$$

2. α-β-γ 滤波器

α-β-γ 滤波器是 α-β 滤波器的推广,对应例4.2.3的运动模型,状态向量中包括距离、速度和加速度。问题描述如下。

方程状态为

$$\begin{pmatrix}x(n+1)\\ v(n+1)\\ a(n+1)\end{pmatrix}=\begin{pmatrix}1 & T & T^2/2\\ 0 & 1 & T\\ 0 & 0 & 1\end{pmatrix}\begin{pmatrix}x(n)\\ v(n)\\ a(n)\end{pmatrix}+\boldsymbol{v}_1(n)$$

且

$$\boldsymbol{Q}_1(n)=\boldsymbol{Q}_1=\begin{pmatrix}T^4/4 & T^3/2 & T^2/2\\ T^3/2 & T^2 & T\\ T^2/2 & T & 1\end{pmatrix}\sigma_a^2$$

设可以测量到有噪声的距离,则测量方程为

$$y(n)=[1\quad 0\quad 0]\begin{pmatrix}x(n)\\ v(n)\\ a(n)\end{pmatrix}+w(n)$$

则

$$\boldsymbol{C}=[1\quad 0\quad 0]$$

$$v_2(n)=w(n),\quad \boldsymbol{Q}_2(n)=\sigma_w^2$$

该问题稳态解的求解过程类似 α-β 滤波，过程更繁琐，这里只给出结果。稳态增益和稳态误差协方差矩阵表示为

$$\boldsymbol{G}_{\infty}=[G_1 \quad G_2 \quad G_3]^{\mathrm{T}}=[\alpha \quad \beta/T \quad \gamma/2T^2]^{\mathrm{T}} \tag{4.3.50}$$

$$\boldsymbol{K}_{\infty}^{+}=\begin{bmatrix} K_{11}^{+} & K_{12}^{+} & K_{13}^{+} \\ K_{12}^{+} & K_{22}^{+} & K_{23}^{+} \\ K_{13}^{+} & K_{23}^{+} & K_{33}^{+} \end{bmatrix} \tag{4.3.51}$$

其中，参数 α,β,γ 可由下式求得

$$\alpha = 1-s^2$$
$$\beta = 2(1-s)^2$$
$$\gamma = 2\lambda s$$

其中，λ 的定义同式(4.3.47)，辅助变量 s 由下列一系列辅助量依次求得

$$b=\lambda/2-3$$
$$c=\lambda/2+3$$
$$p=c-b^2/3$$
$$q=2b^3/27-bc/3-1$$
$$z=\left(\frac{-q+\sqrt{q^2+4p^3/27}}{2}\right)^{1/3}$$
$$s=z-\frac{p}{3z}-\frac{b}{3}$$

由于对称性，稳态误差协方差矩阵只有 6 个独立元素，其值分别为

$$K_{11}^{+}=\alpha\sigma_w^2$$
$$K_{12}^{+}=\beta\sigma_w^2/T$$
$$K_{13}^{+}=\gamma\sigma_w^2/2T^2$$
$$K_{22}^{+}=\frac{8\alpha\beta+\gamma(\beta-2\alpha-4)}{8T^2(1-\alpha)}$$
$$K_{23}^{+}=\frac{\beta(2\beta-\gamma)}{4T^3(1-\alpha)}\sigma_w^2$$
$$K_{33}^{+}=\frac{\gamma(2\beta-\gamma)}{4T^4(1-\alpha)}\sigma_w^2$$

将所得增益代入式(4.3.35)得到距离、速度和加速度的更新公式为

$$\begin{bmatrix} \hat{x}(n\mid n) \\ \hat{v}(n\mid n) \\ \hat{a}(n\mid n) \end{bmatrix}=\begin{bmatrix} 1-\alpha & (1-\alpha)T & (1-\alpha)T^2/2 \\ -\beta/T & 1-\beta & T(1-\beta/2) \\ -\gamma^2/2T^2 & -\gamma/2T & 1-\gamma/4 \end{bmatrix}\begin{bmatrix} \hat{x}(n-1\mid n-1) \\ \hat{v}(n-1\mid n-1) \\ \hat{a}(n-1\mid n-1) \end{bmatrix}+\begin{bmatrix} \alpha \\ \beta/T \\ \gamma/2T^2 \end{bmatrix}y(n)$$

4.3.5 卡尔曼 QR 分解滤波器

卡尔曼滤波最早的应用是在美国宇航局的太空计划中，早期的应用遇到一些问题，主要是数值计算方面的困难。由于数值计算精度受限，在用式(4.2.24)和式(4.2.36)计算协方差矩阵 $\boldsymbol{K}(n|n-1)$ 和 $\boldsymbol{K}(n)$ 时，递推过程中可能造成 $\boldsymbol{K}(n|n-1)$ 和 $\boldsymbol{K}(n)$ 变成非对称和负定的，这违背了理论上 $\boldsymbol{K}(n|n-1)$ 和 $\boldsymbol{K}(n)$ 对称且非负定的条件，造成了实际结果与理论的矛

盾，从而使卡尔曼滤波器结果不稳定，这是卡尔曼滤波的一种发散现象。

为了解决数值计算问题的困难，Potter 首先提出一种平方根滤波算法，并应用于美国宇航局的阿波罗计划中，Potter 的原始算法要求测量值是标量并且无噪声，后来人们将 Potter 的算法推广到向量测量值。这种将协方差矩阵进行特征根分解的方法，后来被广泛研究，得到多种实现方法，统称为卡尔曼 QR 分解滤波器。本节只选择一种典型算法予以介绍。

由乔里奇分解定理，将 $\boldsymbol{K}(n)$ 分解为

$$\boldsymbol{K}(n)=\boldsymbol{S}(n)\boldsymbol{S}^{\mathrm{T}}(n)=\boldsymbol{K}^{1/2}(n)\boldsymbol{K}^{\mathrm{T}/2}(n) \tag{4.3.52}$$

这里定义下三角矩阵 $\boldsymbol{S}(n)=\boldsymbol{K}^{1/2}(n)$ 为 $\boldsymbol{K}(n)$ 的特征根矩阵，$\boldsymbol{K}^{\mathrm{T}/2}(n)$ 是 $\boldsymbol{K}(n)$ 的转置。为了简单，本节只讨论实数据的情况，实际上任意对称且正定的矩阵都存在式(4.3.52)的乔里奇分解。如果在卡尔曼滤波中不直接递推 $\boldsymbol{K}(n)$，而是递推计算平方根矩阵 $\boldsymbol{K}^{1/2}(n)$，则由式(4.3.52)相乘得到的 $\boldsymbol{K}(n)$ 总是满足对称且正定性。

若假设 $\boldsymbol{K}^{1/2}(n-1)$ 已经得到，则

$$\begin{aligned}\boldsymbol{K}(n\mid n-1)&=\boldsymbol{F}(n-1)\boldsymbol{K}(n-1)\boldsymbol{F}^{\mathrm{T}}(n-1)+\boldsymbol{Q}_1(n-1)\\&=\begin{bmatrix}\boldsymbol{F}(n-1)\boldsymbol{K}^{1/2}(n-1) & \boldsymbol{Q}_1^{1/2}(n-1)\end{bmatrix}\begin{bmatrix}\boldsymbol{K}^{\mathrm{T}/2}(n-1)\boldsymbol{F}^{\mathrm{T}}(n-1)\\ \boldsymbol{Q}_1^{\mathrm{T}/2}(n-1)\end{bmatrix}\end{aligned} \tag{4.3.53}$$

$\boldsymbol{Q}_1(n-1)$ 是已知自相关矩阵，可通过乔里奇分解预先计算出 $\boldsymbol{Q}_1^{1/2}(n-1)$，$\boldsymbol{K}(n|n-1)$ 得到后，通过乔里奇分解得到 $\boldsymbol{K}^{1/2}(n|n-1)$。

把卡尔曼增益带入 $\boldsymbol{K}(n)$ 表达式，得到

$$\boldsymbol{K}(n)=\boldsymbol{K}(n\mid n-1)-\boldsymbol{K}(n\mid n-1)\boldsymbol{C}^{\mathrm{T}}(n)\boldsymbol{R}^{-1}(n)\boldsymbol{C}(n)\boldsymbol{K}(n\mid n-1) \tag{4.3.54}$$

为了推导方便，把 $\boldsymbol{R}(n)$ 的表达式重写如下

$$\boldsymbol{R}(n)=\boldsymbol{C}(n)\boldsymbol{K}(n\mid n-1)\boldsymbol{C}^{\mathrm{T}}(n)+\boldsymbol{Q}_2(n) \tag{4.3.55}$$

为了得到 $\boldsymbol{K}^{1/2}(n)$ 的递推关系，构造一个特别矩阵

$$\begin{aligned}\boldsymbol{H}(n)&=\begin{bmatrix}\boldsymbol{R}(n) & \boldsymbol{C}(n)\boldsymbol{K}(n\mid n-1)\\ \boldsymbol{K}(n\mid n-1)\boldsymbol{C}^{\mathrm{T}}(n) & \boldsymbol{K}(n\mid n-1)\end{bmatrix}\\&=\begin{bmatrix}\boldsymbol{C}(n)\boldsymbol{K}(n\mid n-1)\boldsymbol{C}^{\mathrm{T}}(n)+\boldsymbol{Q}_2(n) & \boldsymbol{C}(n)\boldsymbol{K}(n\mid n-1)\\ \boldsymbol{K}(n\mid n-1)\boldsymbol{C}^{\mathrm{T}}(n) & \boldsymbol{K}(n\mid n-1)\end{bmatrix}\end{aligned} \tag{4.3.56}$$

注意，设 $L=M+N$，则 $\boldsymbol{H}(n)$ 是 $L\times L$ 矩阵。若 $\boldsymbol{Q}_2(n)$ 也预先作了乔里奇分解，则 $\boldsymbol{Q}_2^{1/2}(n)$ 存在，故 $\boldsymbol{H}(n)$ 可写成如下的矩阵分解

$$\boldsymbol{H}(n)=\begin{bmatrix}\boldsymbol{Q}_2^{1/2}(n) & \boldsymbol{C}(n)\boldsymbol{K}^{1/2}(n\mid n-1)\\ \boldsymbol{0} & \boldsymbol{K}^{1/2}(n\mid n-1)\end{bmatrix}\begin{bmatrix}\boldsymbol{Q}_2^{\mathrm{T}/2}(n) & \boldsymbol{0}^{\mathrm{T}}\\ \boldsymbol{K}^{\mathrm{T}/2}(n\mid n-1)\boldsymbol{C}^{\mathrm{H}}(n) & \boldsymbol{K}^{\mathrm{T}/2}(n\mid n-1)\end{bmatrix} \tag{4.3.57}$$

这里 $\boldsymbol{0}$ 是全 0 矩阵。把式(4.3.57)右侧直接相乘可验证其等于式(4.3.56)的第二行。取式(4.3.57)的第一个分块矩阵，并定义为

$$\boldsymbol{A}(n)=\begin{bmatrix}\boldsymbol{Q}_2^{1/2}(n) & \boldsymbol{C}(n)\boldsymbol{K}^{1/2}(n\mid n-1)\\ \boldsymbol{0} & \boldsymbol{K}^{1/2}(n\mid n-1)\end{bmatrix} \tag{4.3.58}$$

注意，在时刻 n 矩阵 $\boldsymbol{A}(n)$ 的全部元素是已知的，设存在一个正交变换 $\boldsymbol{T}(n)$，将 $\boldsymbol{A}(n)$ 变换成下三角矩阵 $\boldsymbol{S}(n)$，即

$$\boldsymbol{S}(n)=\boldsymbol{A}(n)\boldsymbol{T}(n)=\begin{bmatrix}\boldsymbol{S}_{11}(n) & \boldsymbol{0}\\ \boldsymbol{S}_{21}(n) & \boldsymbol{S}_{22}(n)\end{bmatrix} \tag{4.3.59}$$

假设正交变换是归一化的，则 $\boldsymbol{T}(n)$ 满足 $\boldsymbol{T}(n)\boldsymbol{T}^{\mathrm{T}}(n)=\boldsymbol{I}$，故

$$\boldsymbol{S}(n)\boldsymbol{S}^{\mathrm{T}}(n)=\boldsymbol{A}(n)\boldsymbol{T}(n)\boldsymbol{T}^{\mathrm{T}}(n)\boldsymbol{A}^{\mathrm{T}}(n)=\boldsymbol{A}(n)\boldsymbol{A}^{\mathrm{T}}(n) \tag{4.3.60}$$

故有

$$\begin{bmatrix}\boldsymbol{Q}_2^{1/2}(n) & \boldsymbol{C}(n)\boldsymbol{K}^{1/2}(n\mid n-1)\\ \boldsymbol{0} & \boldsymbol{K}^{1/2}(n\mid n-1)\end{bmatrix}\begin{bmatrix}\boldsymbol{Q}_2^{\mathrm{T}/2}(n) & \boldsymbol{0}^{\mathrm{T}}\\ \boldsymbol{K}^{\mathrm{T}/2}(n\mid n-1)\boldsymbol{C}^{\mathrm{H}}(n) & \boldsymbol{K}^{\mathrm{T}/2}(n\mid n-1)\end{bmatrix}$$

$$=\begin{bmatrix}\boldsymbol{S}_{11}(n) & \boldsymbol{0}\\ \boldsymbol{S}_{21}(n) & \boldsymbol{S}_{22}(n)\end{bmatrix}\begin{bmatrix}\boldsymbol{S}_{11}^{\mathrm{T}}(n) & \boldsymbol{S}_{21}^{\mathrm{T}}(n)\\ \boldsymbol{0}^{\mathrm{T}} & \boldsymbol{S}_{22}^{\mathrm{T}}(n)\end{bmatrix} \tag{4.3.61}$$

比较上式两侧并考虑式(4.3.56)第 2 行，得

$$\boldsymbol{S}_{11}(n)\boldsymbol{S}_{11}^{\mathrm{T}}(n)=\boldsymbol{C}(n)\boldsymbol{K}(n\mid n-1)\boldsymbol{C}^{\mathrm{T}}(n)+\boldsymbol{Q}_2(n) \tag{4.3.62}$$

$$\boldsymbol{S}_{11}(n)\boldsymbol{S}_{21}^{\mathrm{T}}(n)=\boldsymbol{C}(n)\boldsymbol{K}(n\mid n-1) \tag{4.3.63}$$

$$\boldsymbol{S}_{21}(n)\boldsymbol{S}_{21}^{\mathrm{T}}(n)+\boldsymbol{S}_{22}(n)\boldsymbol{S}_{22}^{\mathrm{T}}(n)=\boldsymbol{K}(n\mid n-1) \tag{4.3.64}$$

由式(4.3.62)得

$$\boldsymbol{S}_{11}(n)=\boldsymbol{R}^{1/2}(n) \tag{4.3.65}$$

由式(4.3.63)和式(4.3.65)得

$$\boldsymbol{S}_{21}(n)=\boldsymbol{K}(n\mid n-1)\boldsymbol{C}^{\mathrm{T}}(n)\boldsymbol{R}^{-\mathrm{T}/2}(n)=\boldsymbol{G}_f(n)\boldsymbol{R}^{1/2}(n) \tag{4.3.66}$$

把 $\boldsymbol{S}_{21}(n)$ 代入式(4.3.64)得

$$\boldsymbol{S}_{22}(n)\boldsymbol{S}_{22}^{\mathrm{T}}(n)=\boldsymbol{K}(n\mid n-1)-\boldsymbol{K}(n\mid n-1)\boldsymbol{C}^{\mathrm{T}}(n)\boldsymbol{R}^{-1}(n)\boldsymbol{C}(n)\boldsymbol{K}(n\mid n-1)=\boldsymbol{K}(n)$$

上式用了式(4.3.54)，则

$$\boldsymbol{S}_{22}(n)=\boldsymbol{K}^{1/2}(n) \tag{4.3.67}$$

这样，确定了 $\boldsymbol{S}(n)$ 矩阵的内容

$$\begin{bmatrix}\boldsymbol{Q}_2^{1/2}(n) & \boldsymbol{C}(n)\boldsymbol{K}^{1/2}(n\mid n-1)\\ \boldsymbol{0} & \boldsymbol{K}^{1/2}(n\mid n-1)\end{bmatrix}\boldsymbol{T}(n)=\begin{bmatrix}\boldsymbol{R}^{1/2}(n) & \boldsymbol{0}\\ \boldsymbol{G}_f(n)\boldsymbol{R}^{1/2}(n) & \boldsymbol{K}^{1/2}(n)\end{bmatrix} \tag{4.3.68}$$

式(4.3.68)给出了 $\boldsymbol{K}^{1/2}(n)$ 的递推过程。式(4.3.68)的左侧矩阵 $\boldsymbol{A}(n)$ 称为前矩阵，其元素在 n 时刻均已知，右侧的矩阵 $\boldsymbol{S}(n)$ 称为后矩阵，通过正交变换 $\boldsymbol{T}(n)$ 将前矩阵变换成后矩阵，后矩阵的元素即包含了 $\boldsymbol{K}^{1/2}(n)$ 和其他所需的矩阵。在实际中并不需要写出变换矩阵 $\boldsymbol{T}(n)$，而是通过一系列矩阵操作完成从前矩阵到后矩阵的转换，操作过程是将前矩阵变换成一个下三角阵，有多种矩阵算法可完成这一转换，例如 Given 旋转和 Householder 变换等，这些方法是矩阵计算的标准算法[8]，这里不展开讨论这些算法的细节，有兴趣的读者可参考 Golub 关于矩阵计算的经典教材[8]。

结合式(4.3.53)、式(4.3.68)和表 4.2.1，将卡尔曼 QR 分解滤波总结于表 4.3.4 中。

表 4.3.4 倒数第 2 行计算 $\boldsymbol{K}(n)$ 是为了实时地评估估计误差的变化。基于 QR 分解的卡尔曼滤波器相比表 4.2.1 的标准卡尔曼滤波器运算复杂性有较大增加。

本节注释：有限字长效应是信号处理在低精度运算环境下遇到的一个典型问题，这个问题在运算资源有限的硬件实现平台和嵌入式平台上是一个必须重视的问题。数字信号处理的典型教材都详细地讨论了这个问题。但是，当运算平台精度提高后，这一问题的重要性已经减弱。例如 32 位或更长字长已是写作本书时高性能嵌入式处理器的基本字长，在这种

情况下为对付数值稳定性而提出的一些方法的重要性已被减弱。

表 4.3.4 卡尔曼 QR 分解滤波的初始条件与递推公式

系统方程	$\boldsymbol{x}(n+1)=\boldsymbol{F}(n)\boldsymbol{x}(n)+\boldsymbol{v}_1(n)$ $\boldsymbol{y}(n)=\boldsymbol{C}(n)\boldsymbol{x}(n)+\boldsymbol{v}_2(n)$
初始条件	$\hat{\boldsymbol{x}}(0\|0)=E[\boldsymbol{x}(0)]$ $\boldsymbol{K}(0)=\boldsymbol{C}_{xx}(0)=\boldsymbol{K}^{1/2}(0)\boldsymbol{K}^{\mathrm{T}/2}(0)$
递推公式	得到 $\boldsymbol{y}(1)$从 $n=1$ 开始 $\hat{\boldsymbol{x}}(n\|n-1)=\boldsymbol{F}(n-1)\hat{\boldsymbol{x}}(n-1\|n-1)$ $\alpha(n)=\boldsymbol{y}(n)-\boldsymbol{C}(n)\hat{\boldsymbol{x}}(n\|n-1)$ $\boldsymbol{K}(n\|n-1)=\boldsymbol{F}(n-1)\boldsymbol{K}(n-1)\boldsymbol{F}^{\mathrm{T}}(n-1)+\boldsymbol{Q}_1(n-1)$ $=[\boldsymbol{F}(n-1)\boldsymbol{K}^{1/2}(n-1)\quad \boldsymbol{Q}_1^{1/2}(n-1)]\begin{bmatrix}\boldsymbol{K}^{\mathrm{T}/2}(n-1)\boldsymbol{F}^{\mathrm{T}}(n-1)\\ \boldsymbol{Q}_1^{\mathrm{T}/2}(n-1)\end{bmatrix}$ 乔里奇分解得 $\boldsymbol{K}^{1/2}(n\|n-1)$，完成如下矩阵变换 $\begin{bmatrix}\boldsymbol{Q}_2^{1/2}(n) & \boldsymbol{C}(n)\boldsymbol{K}^{1/2}(n\|n-1)\\ \boldsymbol{0} & \boldsymbol{K}^{1/2}(n\|n-1)\end{bmatrix}\boldsymbol{T}(n)=\begin{bmatrix}\boldsymbol{R}^{1/2}(n) & \boldsymbol{0}\\ \boldsymbol{G}_f(n)\boldsymbol{R}^{1/2}(n) & \boldsymbol{K}^{1/2}(n)\end{bmatrix}$ $\boldsymbol{G}_f(n)=(\boldsymbol{G}_f(n)\boldsymbol{R}^{1/2}(n))(\boldsymbol{R}^{1/2}(n))^{-1}$ $\hat{\boldsymbol{x}}(n\|n)=\hat{\boldsymbol{x}}(n\|n-1)+\boldsymbol{G}_f(n)\alpha(n)$ $\boldsymbol{K}(n)=\boldsymbol{K}^{1/2}(n)\boldsymbol{K}^{\mathrm{T}/2}(n)$ 令 $n\leftarrow n+1$，得到新观测值 $\boldsymbol{y}(n)$进入下一次循环

4.3.6 简单无激励动力系统

考虑如下特殊的状态方程和观测方程构成的系统，状态方程为

$$\boldsymbol{x}(n+1)=\lambda^{-1/2}\boldsymbol{x}(n)$$

相当于 $\boldsymbol{F}(n)=\lambda^{-1/2}\boldsymbol{I}$，$\boldsymbol{Q}_1(n)=\boldsymbol{0}$，观测方程为

$$y(n)=\boldsymbol{c}^{\mathrm{H}}(n)\boldsymbol{x}(n)+v(n)$$

即 $\boldsymbol{C}(n)=\boldsymbol{c}(n)$，$Q_2(n)=1$，等价于观测噪声是方差为 1 的白噪声，即

$$E[v(n)v^*(k)]=\begin{cases}1, & n=k\\ 0, & n\neq k\end{cases}$$

在这种情况下，容易验证，$\boldsymbol{K}(n+1|n)=\boldsymbol{K}(n)$。卡尔曼预测器的递推公式简化为如表 4.3.5 所示。

表 4.3.5 无激励动力系统卡尔曼滤波的初始条件与递推公式

初始条件	$\hat{\boldsymbol{x}}(1\|0)=E[\boldsymbol{x}(1)]$ $\boldsymbol{K}(1\|0)=E[(\boldsymbol{x}(1)-E[\boldsymbol{x}(1)])(\boldsymbol{x}(1)-E[\boldsymbol{x}(1)])^{\mathrm{H}}]=\boldsymbol{C}_x(1)$
递推公式	从 $n=1$ 开始 $\boldsymbol{g}(n)=\dfrac{\lambda^{-1/2}\boldsymbol{K}(n-1)\boldsymbol{c}(n)}{\boldsymbol{c}^{\mathrm{H}}(n)\boldsymbol{K}(n-1)\boldsymbol{c}(n)+1}$ $\alpha(n)=y(n)-\boldsymbol{c}^{\mathrm{H}}(n)\hat{\boldsymbol{x}}(n\|n-1)$ $\hat{\boldsymbol{x}}(n+1\|n)=\lambda^{-1/2}\hat{\boldsymbol{x}}(n\|n-1)+\boldsymbol{g}(n)\alpha(n)$ $\boldsymbol{K}(n)=\lambda^{-1}\boldsymbol{K}(n-1)-\lambda^{-1/2}\boldsymbol{g}(n)\boldsymbol{c}(n)\boldsymbol{K}(n-1)$ 令 $n\leftarrow n+1$，得到新观测值 $\boldsymbol{y}(n)$进入下一次循环

在第 5 章将看到，无激励动力系统卡尔曼滤波的递推公式，在数学上与自适应滤波器的 RLS 算法一一对应，由此，建立了卡尔曼滤波与 RLS 之间的联系，任河一种卡尔曼滤波的有效算法都可以对应得到一种 RLS 的实现，由此借助卡尔曼滤波领域的研究成果，得到一组快速自适应滤波算法[27]。

4.4 卡尔曼非线性滤波之一：扩展卡尔曼滤波(EKF)

由于卡尔曼滤波是递推进行的，比较容易推广到非线性系统中，采用的基本方法是利用非线性函数的泰勒级数展开的前两项来线性逼近非线性状态方程和观测方程。设非线性系统的状态方程和观测方程为

$$\begin{aligned}\boldsymbol{x}(n+1) &= \boldsymbol{f}(n,x(n)) + \boldsymbol{v}_1(n)\\ \boldsymbol{y}(n) &= \boldsymbol{c}(n,x(n)) + \boldsymbol{v}_2(n)\end{aligned} \tag{4.4.1}$$

对$\boldsymbol{v}_1(n)$和$\boldsymbol{v}_1(n)$的白噪声向量的假设不变。假设取如下导数矩阵作为状态转移矩阵和观测矩阵

$$\begin{aligned}\boldsymbol{F}(n) &\triangleq \left.\frac{\partial \boldsymbol{f}(n,\boldsymbol{x})}{\partial \boldsymbol{x}}\right|_{x=\hat{x}(n|n)}\\ \boldsymbol{C}(n) &\triangleq \left.\frac{\partial \boldsymbol{c}(n,\boldsymbol{x})}{\partial \boldsymbol{x}}\right|_{x=\hat{x}(n|n-1)}\end{aligned} \tag{4.4.2}$$

利用泰勒级数展开的前两项，得到两个非线性函数的线性逼近为

$$\begin{aligned}\boldsymbol{f}(n,\boldsymbol{x}(n)) &\approx \boldsymbol{f}(n,\hat{\boldsymbol{x}}(n\mid n))+\boldsymbol{F}(n)[\boldsymbol{x}(n)-\hat{\boldsymbol{x}}(n\mid n)]\\ \boldsymbol{c}(n,\boldsymbol{x}(n)) &\approx \boldsymbol{c}(n,\hat{\boldsymbol{x}}(n\mid n-1))+\boldsymbol{C}(n)[\boldsymbol{x}(n)-\hat{\boldsymbol{x}}(n\mid n-1)]\end{aligned} \tag{4.4.3}$$

分别代入非线性状态方程和观测方程，得到如下线性逼近

$$\boldsymbol{x}(n+1) = \boldsymbol{F}(n)\boldsymbol{x}(n) + \boldsymbol{v}_1(n) + \boldsymbol{d}(n) \tag{4.4.4}$$

$$\bar{\boldsymbol{y}}(n) = \boldsymbol{C}(n)\boldsymbol{x}(n) + \boldsymbol{v}_2(n) \tag{4.4.5}$$

其中

$$\boldsymbol{d}(n) = \boldsymbol{f}(n,\hat{\boldsymbol{x}}(n\mid n))-\boldsymbol{F}(n)\,\hat{\boldsymbol{x}}(n\mid n) \tag{4.4.6}$$

$$\bar{\boldsymbol{y}}(n) = \boldsymbol{y}(n) - [\boldsymbol{c}(n,\hat{\boldsymbol{x}}(n\mid n-1))-\boldsymbol{C}(n)\,\hat{\boldsymbol{x}}(n\mid n-1)] \tag{4.4.7}$$

这里$\bar{\boldsymbol{y}}(n)$作为新的观测序列。

注意到线性化后的状态方程类似于式(4.3.3)的修改状态方程，而观测方程中以$\bar{\boldsymbol{y}}(n)$代替 $\boldsymbol{y}(n)$，可以对应表 4.3.1 得到建立在线性运算基础上的扩展卡尔曼滤波算法，但可利用式(4.4.6)和式(4.4.7)做一些进一步简化。由表 4.3.1 的状态预测公式，有

$$\begin{aligned}\hat{\boldsymbol{x}}(n\mid n-1) &= \boldsymbol{F}(n-1)\,\hat{\boldsymbol{x}}(n-1\mid n-1)+\boldsymbol{d}(n-1)\\ &= \boldsymbol{F}(n-1)\,\hat{\boldsymbol{x}}(n-1\mid n-1)+\boldsymbol{f}(n-1,\hat{\boldsymbol{x}}(n-1\mid n-1))\\ &\quad -\boldsymbol{F}(n-1)\,\hat{\boldsymbol{x}}(n-1\mid n-1)\\ &= \boldsymbol{f}(n-1,\hat{\boldsymbol{x}}(n-1\mid n-1))\end{aligned} \tag{4.4.8}$$

新息的计算公式可进一步化简

$$\begin{aligned}\alpha(n) &= \bar{\boldsymbol{y}}(n)-\boldsymbol{C}(n)\,\hat{\boldsymbol{x}}(n\mid n-1)\\ &= \boldsymbol{y}(n)-[\boldsymbol{c}(n,\hat{\boldsymbol{x}}(n\mid n-1))-\boldsymbol{C}(n)\,\hat{\boldsymbol{x}}(n\mid n-1)]-\boldsymbol{C}(n)\,\hat{\boldsymbol{x}}(n\mid n-1)\\ &= \boldsymbol{y}(n)-\boldsymbol{c}(n,\hat{\boldsymbol{x}}(n\mid n-1))\end{aligned} \tag{4.4.9}$$

将扩展卡尔曼滤波(EKF)公式列于表 4.4.1 中,其中直接利用了非线性函数进行一步预测和新息更新。

表 4.4.1 扩展卡尔曼滤波(EKF)的初始条件与递推公式

系统方程	$\boldsymbol{x}(n+1)=\boldsymbol{f}(n,x(n))+\boldsymbol{v}_1(n)$ $\boldsymbol{y}(n)=\boldsymbol{c}(n,\boldsymbol{x}(n))+\boldsymbol{v}_2(n)$
初始条件	$\hat{\boldsymbol{x}}(0\|0)=E[\boldsymbol{x}(0)]$ $\boldsymbol{K}(0)=\boldsymbol{C}_{xx}(0)$
系统矩阵	$\boldsymbol{F}(n-1)\stackrel{\Delta}{=}\left.\frac{\partial \boldsymbol{f}(n-1,\boldsymbol{x})}{\partial \boldsymbol{x}}\right\|_{x=\hat{x}(n-1\|n-1)},\boldsymbol{C}(n)\stackrel{\Delta}{=}\left.\frac{\partial \boldsymbol{c}(n,\boldsymbol{x})}{\partial \boldsymbol{x}}\right\|_{x=\hat{x}(n\|n-1)}$
递推公式	得到 $\boldsymbol{y}(1)$从 $n=1$ 开始 $\hat{\boldsymbol{x}}(n\|n-1)=\boldsymbol{f}(n-1,\hat{\boldsymbol{x}}(n-1\|n-1))$ $\alpha(n)=\boldsymbol{y}(n)-\boldsymbol{c}(n,\hat{\boldsymbol{x}}(n\|n-1))$ $\boldsymbol{K}(n\|n-1)=\boldsymbol{F}(n-1)\boldsymbol{K}(n-1)\boldsymbol{F}^{\mathrm{H}}(n-1)+\boldsymbol{Q}_1(n-1)$ $\boldsymbol{R}(n)=\boldsymbol{C}(n)\boldsymbol{K}(n\|n-1)\boldsymbol{C}^{\mathrm{H}}(n)+\boldsymbol{Q}_2(n)$ $\boldsymbol{G}_f(n)=\boldsymbol{K}(n\|n-1)\boldsymbol{C}^{\mathrm{H}}(n)\boldsymbol{R}^{-1}(n)$ $\hat{\boldsymbol{x}}(n\|n)=\hat{\boldsymbol{x}}(n\|n-1)+\boldsymbol{G}_f(n)\alpha(n)$ $\boldsymbol{K}(n)=[\boldsymbol{I}-\boldsymbol{G}_f(n)\boldsymbol{C}(n)]\boldsymbol{K}(n\|n-1)$ 令 $n\leftarrow n+1$,得到新观测值 $\boldsymbol{y}(n)$进入下一次循环

在应用于非线性系统的滤波器中,EKF 是对卡尔曼滤波的最直接和最简单的扩充,EKF 也已获得很广泛的应用。但 EKF 也存在比较明显的限制,其要求状态方程和测量方程的非线性度是轻度的,以使得 1 阶泰勒级数展开能够较好逼近非线性函数,其次,要求非线性函数的 1 阶导数矩阵具有良好的数值特性,以使每次递推时矩阵 $\boldsymbol{F}(n-1)$和 $\boldsymbol{C}(n)$的数值特性不要太差。

*4.5 卡尔曼非线性滤波之二:无迹卡尔曼滤波

如 4.4 节所述,EKF 通过将非线性函数展开成泰勒级数,然后取 1 阶近似得到非线性系统的线性化表示,然后利用卡尔曼滤波的递推式进行操作。由于 1 阶近似的限制以及计算导数矩阵的数值敏感性,EKF 在许多情况下性能不理想。无迹卡尔曼滤波(The Unscented Kalman Filter,UKF)是对 EKF 的性能改进。为简单本节讨论仅实信号情况。

卡尔曼滤波的递推中,关键递推量是状态预测协方差阵 $\boldsymbol{K}(n|n-1)$和状态估计协方差矩阵 $\boldsymbol{K}(n)$,卡尔曼增益可由其导出。在线性系统中,可直接导出这些协方差矩阵的递推公式,而在 EKF 中,通过泰勒级数展开对非线性方程进行线性化,从而得到近似的协方差阵的递推公式。UKF 中不直接通过级数展开对非线性函数做处理,而是通过一种无迹变换(The Unscented Transformation,UT)计算随机变量通过非线性函数后的均值和协方差。UT 的思想是通过一组特殊选择的采样点,通过非线性函数计算采样点的映射点,通过这组映射点计算非线性函数输出的均值和协方差阵。UKF 则是将 UT 和卡尔曼滤波的递推过程结合得到的非线性滤波器。为此,首先概要介绍 UT。

4.5.1　无迹变换(UT)

无迹变换解决的是，有一个随机变量向量 $\boldsymbol{x}$，是 M 维的，其均值为 $\bar{\boldsymbol{x}}$，协方差矩阵为 $\boldsymbol{P}_x$，若通过非线性函数，得到

$$\boldsymbol{y}=\boldsymbol{g}(\boldsymbol{x}) \tag{4.5.1}$$

需要求 $\boldsymbol{y}$ 的均值 $\bar{\boldsymbol{y}}$ 和协方差矩阵 $\boldsymbol{P}_y$。UT 解决这个问题的思路是：首先构造一组向量，称为 Sigma 样本，用 $\boldsymbol{x}^{(i)}$ 表示 Sigma 样本，其构造方式如下

$$\begin{aligned}\boldsymbol{x}^{(0)}&=\bar{\boldsymbol{x}}\\ \boldsymbol{x}^{(i)}&=\bar{\boldsymbol{x}}+\left(\sqrt{(M+\lambda)\boldsymbol{P}_x}\right)_i \quad i=1,\cdots,M\\ \boldsymbol{x}^{(i)}&=\bar{\boldsymbol{x}}-\left(\sqrt{(M+\lambda)\boldsymbol{P}_x}\right)_{i-M} \quad i=M+1,\cdots,2M\end{aligned} \tag{4.5.2}$$

每个 Sigma 样本有相应的权值为

$$\begin{aligned}W_0&=\frac{\lambda}{\lambda+M}\\ W_i&=\frac{1}{2(M+\lambda)} \quad i=1,2,\cdots,2M\end{aligned} \tag{4.5.3}$$

在式(4.5.2)的 Sigma 样本的定义中，$\sqrt{(M+\lambda)\boldsymbol{P}_x}$ 表示矩阵的平方根，是一个下三角矩阵，可通过对 $(M+\lambda)\boldsymbol{P}_x$ 进行乔里奇分解获得。$\left(\sqrt{(M+\lambda)\boldsymbol{P}_x}\right)_i$ 表示平方根矩阵的第 i 列，因此，式(4.5.2)构造了 $2M+1$ 个 Sigma 样本向量。

Sigma 样本的权系数公式中的 λ 是一个微调精度的参数，用于控制通过 Sigma 样本获得的协方差矩阵的高阶逼近精度，详细讨论请参考[16]，最简单的情况取 $\lambda=0$，此时，Sigma 样本只剩下 $2M$ 个。

确定了 Sigma 样本，通过式(4.5.1)得到非线性变换后的样本集为

$$\boldsymbol{y}^{(i)}=\boldsymbol{g}(\boldsymbol{x}^{(i)}), \quad i=0,1,\cdots,2M \tag{4.5.4}$$

$\boldsymbol{y}$ 的均值 $\bar{\boldsymbol{y}}$ 和协方差矩阵 $\boldsymbol{P}_y$ 可由下式逼近

$$\bar{\boldsymbol{y}}\approx\sum_{i=0}^{2M}W_i\boldsymbol{y}^{(i)} \tag{4.5.5}$$

$$\boldsymbol{P}_y\approx\sum_{i=0}^{2M}W_i(\boldsymbol{y}^{(i)}-\bar{\boldsymbol{y}})(\boldsymbol{y}^{(i)}-\bar{\boldsymbol{y}})^{\mathrm{T}} \tag{4.5.6}$$

Julier 等学者已经证明，利用式(4.5.5)和式(4.5.6)估计的均值和协方差矩阵是相当精确的，对于输入 $\boldsymbol{x}$ 是高斯随机变量情况可达到 3 阶逼近的精度，对于其他概率分布至少可达 2 阶逼近的精度。注意到，Sigma 样本是对随机向量的一个数目很小的采样集合，对于 M 维向量，只需要 $2M+1$ 个样本，这比 Monte-Carlo 方法需要的样本数少几个数量级。假设随机向量表示一个运动目标的位置、速度和加速度的三维向量，则 Sigma 样本数只有 7 个或 6 个($\lambda=0$)。

4.5.2　加性噪声非线性系统的 UKF

首先讨论简单一些的情况，即状态和测量噪声是加性的，而状态转移函数和测量函数是非线性的，这与 EKF 所采用的模型式(4.4.1)是一样的，为方便重写如下

$$\boldsymbol{x}(n+1)=\boldsymbol{f}(n,\boldsymbol{x}(n))+\boldsymbol{v}_1(n)$$

$$\boldsymbol{y}(n)=\boldsymbol{c}(n,\boldsymbol{x}(n))+\boldsymbol{v}_2(n) \tag{4.5.7}$$

结合 UT(取 $\lambda=0$)和卡尔曼滤波公式，将 UKF 算法总结在表 4.5.1 中。

表 4.5.1　加性噪声非线性系统 UKF 算法描述

初始条件	$\hat{\boldsymbol{x}}(0\|0)=E[\boldsymbol{x}(0)]$ $\boldsymbol{K}(0)=\boldsymbol{C}_{xx}(0)$
递推公式	得到 $\boldsymbol{y}(1)$ 从 $n=1$ 开始 (1) 状态向量 UT $\hat{\boldsymbol{x}}_{n-1}^{(i)}=\hat{\boldsymbol{x}}(n-1\|n-1)+(\sqrt{M\boldsymbol{K}(n-1)})_i \quad i=1,\cdots,M$ $\hat{\boldsymbol{x}}_{n-1}^{(i)}=\hat{\boldsymbol{x}}(n-1\|n-1)-(\sqrt{M\boldsymbol{K}(n-1)})_{i-M} \quad i=M+1,\cdots,2M$ $\hat{\boldsymbol{x}}_n^{(i)}=\boldsymbol{f}(n,\hat{\boldsymbol{x}}_{n-1}^{(i)}),\quad i=1,\cdots,2M$(Sigma 点映射) (2) 预测和协方差矩阵计算 $\hat{\boldsymbol{x}}(n\mid n-1)=\frac{1}{2M}\sum_{i=1}^{2M}\hat{\boldsymbol{x}}_n^{(i)}$ $\boldsymbol{K}(n\mid n-1)=\frac{1}{2M}\sum_{i=1}^{2M}(\hat{\boldsymbol{x}}_n^{(i)}-\hat{\boldsymbol{x}}(n\mid n-1))(\hat{\boldsymbol{x}}_n^{(i)}-\hat{\boldsymbol{x}}(n\mid n-1))^{\mathrm{T}}+\boldsymbol{Q}_1(n-1)$ (3) 测量向量 UT $\hat{\boldsymbol{x}}_n^{(i)}=\hat{\boldsymbol{x}}(n\|n-1)+(\sqrt{M\boldsymbol{K}(n-1)})_i \quad i=1,\cdots,M$ $\hat{\boldsymbol{x}}_n^{(i)}=\hat{\boldsymbol{x}}(n\|n-1)-(\sqrt{M\boldsymbol{K}(n-1)})_{i-M} \quad i=M+1,\cdots,2M$　(可选项) $\hat{\boldsymbol{y}}_n^{(i)}=\boldsymbol{c}(n,\hat{\boldsymbol{x}}_n^{(i)}),i=1,\cdots,2M$ $\hat{\boldsymbol{y}}(n\mid n-1)=\frac{1}{2M}\sum_{i=1}^{2M}\hat{\boldsymbol{y}}_n^{(i)}$ $\boldsymbol{P}_y(n)=\frac{1}{2M}\sum_{i=1}^{2M}(\hat{\boldsymbol{y}}_n^{(i)}-\hat{\boldsymbol{y}}(n\mid n-1))(\hat{\boldsymbol{y}}_n^{(i)}-\hat{\boldsymbol{y}}(n\mid n-1))^{\mathrm{T}}+\boldsymbol{Q}_2(n)$ (4) 状态向量和测量向量互协方差 $\boldsymbol{P}_{xy}(n)=\frac{1}{2M}\sum_{i=1}^{2M}(\hat{\boldsymbol{x}}_n^{(i)}-\hat{\boldsymbol{x}}(n\mid n-1))(\hat{\boldsymbol{y}}_n^{(i)}-\hat{\boldsymbol{y}}(n\mid n-1))^{\mathrm{T}}$ (5) 状态更新 $\boldsymbol{G}_f(n)=\boldsymbol{P}_{xy}(n)\boldsymbol{P}_y^{-1}(n)$ $\hat{\boldsymbol{x}}(n\|n)=\hat{\boldsymbol{x}}(n\|n-1)+\boldsymbol{G}_f(n)(\boldsymbol{y}(n)-\hat{\boldsymbol{y}}(n\|n-1))$ $\boldsymbol{K}(n)=\boldsymbol{K}(n\|n-1)-\boldsymbol{G}_f(n)\boldsymbol{P}_y(n)\boldsymbol{G}_f^{\mathrm{T}}(n)$ 令 $n\leftarrow n+1$，得到新观测值 $\boldsymbol{y}(n)$ 进入下一次循环

表 4.5.1 中的第(3)部分“测量向量 UT”中，前 2 个公式是对状态 Sigma 样本 $\hat{\boldsymbol{x}}_n^{(i)}$ 的细化更新过程，标注了“可选项”，是可以跳过的，这样可以在略微损失精度的条件下，降低运算复杂度。

注意到，表 4.5.1 的 UKF 公式集中，卡尔曼增益 $\boldsymbol{G}_f(n)$ 直接采用了式(4.2.29)的原始形式并用 $\boldsymbol{P}_y(n)$ 替代了 $\boldsymbol{R}(n)$，显然 $\boldsymbol{P}_y(n)$ 是用 UT 计算得到的 $\boldsymbol{R}(n)$。UKF 算法集并没有使用非线性函数的导数矩阵，一般地，UKF 性能优于 EKF，运算复杂性是同级别的。在 4.7 节的例 4.7.5 中有一个对各种非线性方法的一个性能和运算复杂度的比较。

4.5.3　一般非线性系统的 UKF

在 4.4 节的 EKF 和 4.5.2 节的加性噪声 UKF 中，都假设噪声对状态向量和测量向量的影响是加性的，这是一种较为简单的非线性系统模型。更一般的非线性模型则假设噪声

对状态向量和测量向量(或其中之一)的影响也是非线性函数关系,即系统模型假设为

$$\begin{aligned}\boldsymbol{x}(n+1) &= \boldsymbol{f}(n,\boldsymbol{x}(n),\boldsymbol{v}(n))\\ \boldsymbol{y}(n) &= \boldsymbol{c}(n,\boldsymbol{x}(n),\boldsymbol{w}(n))\end{aligned} \tag{4.5.8}$$

在模型式(4.5.8)中,为了减少下标分别用 $\boldsymbol{v}(n)$ 和 $\boldsymbol{w}(n)$ 表示状态激励噪声和测量噪声,它们的维数也是可独立于 M,N,设分别为 M_1,N_1,相关矩阵仍表示为 $\boldsymbol{Q}_1(n)$ 和 $\boldsymbol{Q}_2(n)$,分别是 $M_1\times M_1$ 和 $N_1\times N_1$ 矩阵,为后文使用方便设 $L=M+M_1+N_1$。

在表 4.5.1 中,通过式

$$\hat{\boldsymbol{x}}_n^{(i)} = \boldsymbol{f}(n,\hat{\boldsymbol{x}}_{n-1}^{(i)}) \tag{4.5.9}$$

计算状态 Sigma 点的非线性变换,这其实是状态 Sigma 点的非线性预测,通过式(4.5.7)的加性模型计算 Sigma 点的预测时,由于状态激励噪声 $\boldsymbol{v}_1(n)$ 均值为 0,$\boldsymbol{v}_1(n)$ 被忽略,但使用式(4.5.8)的一般模型计算状态 Sigma 点预测时,却不能忽略 $\boldsymbol{v}(n)$ 的贡献,需要用一个 $\boldsymbol{v}(n)$ 的 Sigma 点来代替 $\boldsymbol{v}(n)$,类似地需要 $\boldsymbol{w}(n)$ 的 Sigma 点。为此,定义组合向量

$$\boldsymbol{x}^a(n) = \begin{bmatrix}\boldsymbol{x}(n)\\ \boldsymbol{v}(n)\\ \boldsymbol{w}(n)\end{bmatrix} \tag{4.5.10}$$

对应的组合 Sigma 向量为

$$\boldsymbol{x}_n^{a,(i)} = \begin{bmatrix}\boldsymbol{x}_n^{(i)}\\ \boldsymbol{v}_n^{(i)}\\ \boldsymbol{w}_n^{(i)}\end{bmatrix},\quad i=0,1,\cdots,2L \tag{4.5.11}$$

注意组合向量为 $L=M+M_1+N_1$ 维,故组合 Sigma 样本为 $2L+1$ 个。

在式(4.5.8)表示的一般非线性模型中,对应式(4.5.9)的状态 Sigma 点的预测修改为

$$\hat{\boldsymbol{x}}_n^{(i)} = \boldsymbol{f}(n,\hat{\boldsymbol{x}}_{n-1}^{(i)},\boldsymbol{v}_{n-1}^{(i)}) \tag{4.5.12}$$

测量向量 Sigma 点的处理类似,测量向量 Sigma 点的预测式修改为

$$\hat{\boldsymbol{y}}_n^{(i)} = \boldsymbol{c}(n,\hat{\boldsymbol{x}}_n^{(i)},\boldsymbol{w}_{n-1}^{(i)}) \tag{4.5.13}$$

接下来讨论怎样计算组合 Sigma 向量,从初始开始,由初始值

$$\hat{\boldsymbol{x}}(0\mid 0) = E[\boldsymbol{x}(0)],\quad \boldsymbol{K}(0) = \boldsymbol{C}_{xx}(0)$$

定义组合初始值

$$\hat{\boldsymbol{x}}^a(0) = \begin{bmatrix}\hat{\boldsymbol{x}}(0\mid 0)\\ E[\boldsymbol{v}(0)]\\ E[\boldsymbol{w}(0)]\end{bmatrix} = \begin{bmatrix}\hat{\boldsymbol{x}}(0\mid 0)\\ \boldsymbol{0}\\ \boldsymbol{0}\end{bmatrix} \tag{4.5.14}$$

同样定义初始的组合协方差矩阵

$$\boldsymbol{K}^a(0) = \begin{bmatrix}\boldsymbol{K}(0) & \boldsymbol{0} & \boldsymbol{0}\\ \boldsymbol{0} & \boldsymbol{Q}_1(0) & \boldsymbol{0}\\ \boldsymbol{0} & \boldsymbol{0} & \boldsymbol{Q}_2(0)\end{bmatrix} \tag{4.5.15}$$

在时刻 n,组合量的一般形式为

$$\hat{\boldsymbol{x}}^a(n-1) = \begin{bmatrix}\hat{\boldsymbol{x}}(n-1\mid n-1)\\ E[\boldsymbol{v}(n-1)]\\ E[\boldsymbol{w}(n-1)]\end{bmatrix} = \begin{bmatrix}\hat{\boldsymbol{x}}(n-1\mid n-1)\\ \boldsymbol{0}\\ \boldsymbol{0}\end{bmatrix} \tag{4.5.16}$$

$$\boldsymbol{K}^a(n-1)=\begin{bmatrix}\boldsymbol{K}(n-1) & \boldsymbol{0} & \boldsymbol{0}\\ \boldsymbol{0} & \boldsymbol{Q}_1(n-1) & \boldsymbol{0}\\ \boldsymbol{0} & \boldsymbol{0} & \boldsymbol{Q}_2(n-1)\end{bmatrix} \tag{4.5.17}$$

由均值组合向量 $\boldsymbol{x}^a(n-1)$，产生的组合 Sigma 向量为

$$\begin{aligned}
\hat{\boldsymbol{x}}_{n-1}^{a,(i)} &= \hat{\boldsymbol{x}}^a(n-1), \quad i=0\\
\hat{\boldsymbol{x}}_{n-1}^{a,(i)} &= \hat{\boldsymbol{x}}^a(n-1)+\left(\sqrt{(L+\lambda)\boldsymbol{K}^a(n-1)}\right)_i \quad i=1,\cdots,L\\
\hat{\boldsymbol{x}}_{n-1}^{a,(i)} &= \hat{\boldsymbol{x}}^a(n-1)-\left(\sqrt{(L+\lambda)\boldsymbol{K}^a(n-1)}\right)_{i-L} \quad i=L+1,\cdots,2L
\end{aligned} \tag{4.5.18}$$

注意，$\boldsymbol{K}^a(n-1)$是 $L\times L$ 矩阵，计算得到$\hat{\boldsymbol{x}}_{n-1}^{a,(i)}$后，按照维数，再分别提取出子向量 $\boldsymbol{x}_{n-1}^{(i)}$、$\boldsymbol{v}_{n-1}^{(i)}$和 $\boldsymbol{w}_{n-1}^{(i)}$。有了这些准备，把针对一般非线性模型式(4.5.8)的 UKF 算法总结在表 4.5.2 中。

表 4.5.2 一般非线性系统 UKF 算法描述

初始条件	$\hat{\boldsymbol{x}}(0\|0)=E[\boldsymbol{x}(0)]$，$\boldsymbol{K}(0)=\boldsymbol{C}_{xx}(0)$ $\hat{\boldsymbol{x}}^a(0)=\begin{bmatrix}\hat{\boldsymbol{x}}(0\|0)\\ \boldsymbol{0}\\ \boldsymbol{0}\end{bmatrix}$，$\boldsymbol{K}^a(0)=\begin{bmatrix}\boldsymbol{K}(0) & \boldsymbol{0} & \boldsymbol{0}\\ \boldsymbol{0} & \boldsymbol{Q}_1(0) & \boldsymbol{0}\\ \boldsymbol{0} & \boldsymbol{0} & \boldsymbol{Q}_2(0)\end{bmatrix}$
递推公式	得到 $\boldsymbol{y}(1)$从 $n=1$ 开始 (1) 状态向量 UT $\hat{\boldsymbol{x}}_{n-1}^{a,(i)}=\hat{\boldsymbol{x}}^a(n-1), \quad i=0$ $\hat{\boldsymbol{x}}_{n-1}^{a,(i)}=\hat{\boldsymbol{x}}^a(n-1)+\left(\sqrt{(L+\lambda)\boldsymbol{K}^a(n-1)}\right)_i \quad i=1,\cdots,L$ $\hat{\boldsymbol{x}}_{n-1}^{a,(i)}=\hat{\boldsymbol{x}}^a(n-1)-\left(\sqrt{(L+\lambda)\boldsymbol{K}^a(n-1)}\right)_{i-L} \quad i=L+1,\cdots,2L$ 由$\hat{\boldsymbol{x}}_{n-1}^{a,(i)}$分解出：$\boldsymbol{x}_{n-1}^{(i)}$、$\boldsymbol{v}_{n-1}^{(i)}$和 $\boldsymbol{w}_{n-1}^{(i)}$ $\hat{\boldsymbol{x}}_n^{(i)}=\boldsymbol{f}(n,\hat{\boldsymbol{x}}_{n-1}^{(i)},\boldsymbol{v}_{n-1}^{(i)}),i=0,1,\cdots,2L$ (2) 预测和协方差矩阵计算 $\hat{\boldsymbol{x}}(n\mid n-1)=\sum_{i=0}^{2L}W_i\hat{\boldsymbol{x}}_n^{(i)}$ $\boldsymbol{K}(n\mid n-1)=\sum_{i=0}^{2L}W_i(\hat{\boldsymbol{x}}_n^{(i)}-\hat{\boldsymbol{x}}(n\mid n-1))(\hat{\boldsymbol{x}}_n^{(i)}-\hat{\boldsymbol{x}}(n\mid n-1))^{\mathrm{T}}$ (3) 测量向量 UT $\hat{\boldsymbol{y}}_n^{(i)}=\boldsymbol{c}(n,\hat{\boldsymbol{x}}_n^{(i)},\boldsymbol{w}_{n-1}^{(i)}),i=0,1,\cdots,2L$ $\hat{\boldsymbol{y}}(n\mid n-1)=\sum_{i=0}^{2L}W_i\hat{\boldsymbol{y}}_n^{(i)}$ $\boldsymbol{P}_y(n)=\sum_{i=0}^{2L}W_i(\hat{\boldsymbol{y}}_n^{(i)}-\hat{\boldsymbol{y}}(n\mid n-1))(\hat{\boldsymbol{y}}_n^{(i)}-\hat{\boldsymbol{y}}(n\mid n-1))^{\mathrm{T}}$ (4) 状态向量和测量向量互协方差 $\boldsymbol{P}_{xy}(n)=\sum_{i=0}^{2L}W_i(\hat{\boldsymbol{x}}_n^{(i)}-\hat{\boldsymbol{x}}(n\mid n-1))(\hat{\boldsymbol{y}}_n^{(i)}-\hat{\boldsymbol{y}}(n\mid n-1))^{\mathrm{T}}$ (5) 状态更新 $\boldsymbol{G}_f(n)=\boldsymbol{P}_{xy}(n)\boldsymbol{P}_y^{-1}(n)$ $\hat{\boldsymbol{x}}(n\|n)=\hat{\boldsymbol{x}}(n\|n-1)+\boldsymbol{G}_f(n)(\boldsymbol{y}(n)-\hat{\boldsymbol{y}}(n\|n-1))$ $\boldsymbol{K}(n)=\boldsymbol{K}(n\|n-1)-\boldsymbol{G}_f(n)\boldsymbol{P}_y(n)\boldsymbol{G}_f^{\mathrm{T}}(n)$ 令 $n\leftarrow n+1$，得到新观测值 $\boldsymbol{y}(n)$进入下一次循环

其中，权系数 W_i 由式(4.5.3)定义，只需将式(4.5.3)中的 M 修改为 L。

4.6 贝叶斯滤波

考虑式(4.5.8)的一般非线性系统,并重新表示为

$$\boldsymbol{x}_n = \boldsymbol{f}_n(\boldsymbol{x}_{n-1}, \boldsymbol{v}_{n-1}) \tag{4.6.1}$$

$$\boldsymbol{y}_n = \boldsymbol{c}_n(\boldsymbol{x}_n, \boldsymbol{s}_n) \tag{4.6.2}$$

其中,式(4.6.1)表示非线性状态方程,式(4.6.2)表示非线性观测方程。为了避免多重括号,本节和下节用下标表示时间序号。$\boldsymbol{v}_n$ 表示状态激励噪声,$\boldsymbol{s}_n$ 表示测量噪声。假设噪声的概率密度函数是已知的,函数 $\boldsymbol{f}_n(\cdot)$ 和 $\boldsymbol{c}_n(\cdot)$ 是已知的,在测量得到$\{\boldsymbol{y}_1, \boldsymbol{y}_2, \cdots, \boldsymbol{y}_n\}$条件下,求状态 $\boldsymbol{x}_n$ 的最优估计$\hat{\boldsymbol{x}}_{n|n}$。

为了方便表示时间递推,把集合$\{\boldsymbol{y}_1, \boldsymbol{y}_2, \cdots, \boldsymbol{y}_n\}$简单地表示为 $\boldsymbol{y}_{1:n}$,下标中":"前后分别表示起始时间和终止时间。

在 4.2 节讨论了线性系统情况下状态估计问题的解,这类问题归结为卡尔曼滤波器,4.2 节对此类问题给出了圆满的解。当噪声满足高斯假设时,卡尔曼滤波器是最优滤波。也就是说,卡尔曼滤波最优性的前提有二:线性系统和高斯噪声。

在非高斯情况下,卡尔曼滤波不再具有最优性。非高斯情况有两种来源,一是噪声自身的概率分布是非高斯的,其二是非线性系统带来非高斯性。若式(4.6.1)和式(4.6.2)是非线性函数,即使 $\boldsymbol{v}_n$ 和 $\boldsymbol{s}_n$ 满足高斯分布,经非线性运算后,$\boldsymbol{x}_n$ 和 $\boldsymbol{y}_n$ 也不再满足高斯分布,因此,非线性也引起非高斯性。在实际中,由非线性引起的非高斯性是更常遇到的。对于非线性情况,4.4 节的 EKF 和 4.5 节的 UKF 给出了两种逼近的解。

有必要讨论非高斯情况下,最优滤波器的一般性方法。第 3 章曾指出,维纳滤波是线性贝叶斯估计在波形估计中的应用,显然卡尔曼滤波也是一种线性贝叶斯估计。第 2 章也曾指出在高斯情况下,线性贝叶斯估计是最优的,这是高斯情况下维纳滤波和卡尔曼滤波最优的估计理论基础,但当非高斯情况下,根据不同的误差准则,贝叶斯的最优估计有不同的解,例如,若考虑均方误差准则,则后验条件期望是最优估计(Mmse),若考虑门限判决准则,则最大后验概率估计(MAP)是最优估计。

设得到观测序列集合$\{\boldsymbol{y}_1, \boldsymbol{y}_2, \cdots, \boldsymbol{y}_n\}$,如果得到 $\boldsymbol{x}_n$ 的条件概率(后验概率)$p(\boldsymbol{x}_n | \boldsymbol{y}_{1:n})$,则 $\boldsymbol{x}_n$ 的 Mmse 估计为

$$\hat{\boldsymbol{x}}_{n|n} = E_{\boldsymbol{x}_n|\boldsymbol{y}_{1:n}}\{\boldsymbol{x}_n \mid \boldsymbol{y}_{1:n}\} \tag{4.6.3}$$

MAP 估计为

$$\hat{\boldsymbol{x}}_{n|n} = \underset{x_n}{\operatorname{argmax}}\{p(\boldsymbol{x}_n \mid \boldsymbol{y}_{1:n})\} \tag{4.6.4}$$

从式(4.6.3)和式(4.6.4)不管使用哪一种准则,最优贝叶斯估计都需要求得后验概率 $p(\boldsymbol{x}_n | \boldsymbol{y}_{1:n})$。

在信号处理中,一般是按时间顺序 $n=1,2,3,\cdots$,依次得到观测向量 $\boldsymbol{y}_n$,设在 $n=0$ 时刻有一个初始概率密度 $p(\boldsymbol{x}_0 | \boldsymbol{y}_0) = p(\boldsymbol{x}_0)$,$n=1$ 得到第一个观测值 $\boldsymbol{y}_1$,求得后验概率密度函数 $p(\boldsymbol{x}_1 | \boldsymbol{y}_1)$,$n=2$ 得到第 2 个观测值 $\boldsymbol{y}_2$,递推求得后验概率密度函数 $p(\boldsymbol{x}_1 | \boldsymbol{y}_{1:2})$,依次类推,在任意时刻 n,递推得到 $p(\boldsymbol{x}_n | \boldsymbol{y}_{1:n})$。只要在每个时刻得到后验概率密度 $p(\boldsymbol{x}_n | \boldsymbol{y}_{1:n})$,则可利用式(4.6.3)或式(4.6.4)求出各时刻状态向量的最优估计$\hat{\boldsymbol{x}}_{n|n}$。

设在$n-1$时刻，已得到$p(\boldsymbol{x}_{n-1}|\boldsymbol{y}_{1:n-1})$，现在得到$n$时刻的观测量$\boldsymbol{y}_n$，递推求$p(\boldsymbol{x}_n|\boldsymbol{y}_{1:n})$，为了求解该问题，分为两步，预测步和更新步。

1. 预测过程

首先利用$\boldsymbol{y}_{1:n-1}$对$\boldsymbol{x}_n$进行预测，得到预测 PDF $p(\boldsymbol{x}_n|\boldsymbol{y}_{1:n-1})$，为此，从如下联合概率出发

$$p(\boldsymbol{x}_n,\boldsymbol{x}_{n-1} \mid \boldsymbol{y}_{1:n-1}) = p(\boldsymbol{x}_n \mid \boldsymbol{x}_{n-1},\boldsymbol{y}_{1:n-1})p(\boldsymbol{x}_{n-1} \mid \boldsymbol{y}_{1:n-1}) = p(\boldsymbol{x}_n \mid \boldsymbol{x}_{n-1})p(\boldsymbol{x}_{n-1} \mid \boldsymbol{y}_{1:n-1}) \tag{4.6.5}$$

上式用到了

$$p(\boldsymbol{x}_n \mid \boldsymbol{x}_{n-1},\boldsymbol{y}_{1:n-1}) = p(\boldsymbol{x}_n \mid \boldsymbol{x}_{n-1}) \tag{4.6.6}$$

式(4.6.6)可由式(4.6.1)的状态方程获得，既然$\boldsymbol{v}_{n-1}$的 PDF 是已知的，则由$\boldsymbol{x}_{n-1}$可以确定$\boldsymbol{x}_n$的 PDF，即式(4.6.1)规定了$\boldsymbol{x}_n$是1阶马尔科夫(Markov)过程，由式(4.6.1)可求出$p(\boldsymbol{x}_n|\boldsymbol{x}_{n-1})$。由式(4.6.5)得到$p(\boldsymbol{x}_n|\boldsymbol{y}_{1:n-1})$为

$$p(\boldsymbol{x}_n \mid \boldsymbol{y}_{1:n-1}) = \int p(\boldsymbol{x}_n \mid \boldsymbol{x}_{n-1})p(\boldsymbol{x}_{n-1} \mid \boldsymbol{y}_{1:n-1})\mathrm{d}\boldsymbol{x}_{n-1} \tag{4.6.7}$$

2. 更新过程

现在得到了新观测量$\boldsymbol{y}_n$，通过更新过程求$p(\boldsymbol{x}_n|\boldsymbol{y}_{1:n})$，为此，从联合概率密度出发。首先

$$p(\boldsymbol{x}_n,\boldsymbol{y}_n \mid \boldsymbol{y}_{1:n-1}) = p(\boldsymbol{x}_n \mid \boldsymbol{y}_{1:n-1})p(\boldsymbol{y}_n \mid \boldsymbol{x}_n,\boldsymbol{y}_{1:n-1}) = p(\boldsymbol{x}_n \mid \boldsymbol{y}_{1:n-1})p(\boldsymbol{y}_n \mid \boldsymbol{x}_n) \tag{4.6.8}$$

上式中使用了

$$p(\boldsymbol{y}_n \mid \boldsymbol{x}_n,\boldsymbol{y}_{1:n-1}) = p(\boldsymbol{y}_n \mid \boldsymbol{x}_n) \tag{4.6.9}$$

式(4.6.9)来自观测方程式(4.6.2)，与式(4.6.6)类似，由式(4.6.2)可得到$p(\boldsymbol{y}_n|\boldsymbol{x}_n)$。从另一方面，有

$$\begin{aligned} p(\boldsymbol{x}_n,\boldsymbol{y}_n \mid \boldsymbol{y}_{1:n-1}) &= p(\boldsymbol{y}_n \mid \boldsymbol{y}_{1:n-1})p(\boldsymbol{x}_n \mid \boldsymbol{y}_n,\boldsymbol{y}_{1:n-1}) \\ &= p(\boldsymbol{y}_n \mid \boldsymbol{y}_{1:n-1})p(\boldsymbol{x}_n \mid \boldsymbol{y}_{1:n}) \end{aligned} \tag{4.6.10}$$

式(4.6.8)和式(4.6.10)相等，利用两式最右侧项相等得到

$$p(\boldsymbol{x}_n \mid \boldsymbol{y}_{1:n}) = \frac{p(\boldsymbol{x}_n \mid \boldsymbol{y}_{1:n-1})p(\boldsymbol{y}_n \mid \boldsymbol{x}_n)}{p(\boldsymbol{y}_n \mid \boldsymbol{y}_{1:n-1})} \tag{4.6.11}$$

式(4.6.11)的分子各项均已得到，分母项可通过下列积分获得

$$p(\boldsymbol{y}_n \mid \boldsymbol{y}_{1:n-1}) = \int p(\boldsymbol{x}_n \mid \boldsymbol{y}_{1:n-1})p(\boldsymbol{y}_n \mid \boldsymbol{x}_n)\mathrm{d}\boldsymbol{x}_n \tag{4.6.12}$$

式(4.6.7)和式(4.6.11)构成了后验 PDF 的递推公式。

把式(4.6.7)和式(4.6.11)结合式(4.6.3)或式(4.6.4)构成的最优状态估计过程称为贝叶斯滤波。贝叶斯滤波是一个最优滤波器的系统性框架，可应用于高斯和非高斯的一般情况，但是，除了一些特殊情况外，贝叶斯滤波难以得到精确的解析解，而是用一些特殊的逼近方法进行求解，由于逼近方法达不到最优性能，属于贝叶斯滤波的次优解。

如前所述，贝叶斯滤波在一般情况下无法获得解析解，但在几个简单情况下可以得到解析解，尽管仍然是递推形式，但在每一步递推都可以得到解析表达的后验 PDF。最简单的情况是式(4.6.1)和式(4.6.2)是线性方程，噪声变量满足高斯分布。这种情况最优解是卡尔曼滤波，因此卡尔曼滤波是贝叶斯滤波的一种特殊形式，本小节以贝叶斯滤波的观点重新

解释卡尔曼滤波。

重写线性系统方程为

$$\boldsymbol{x}_{n+1} = \boldsymbol{F}_n \boldsymbol{x}_n + \boldsymbol{v}_n \tag{4.6.13}$$

$$\boldsymbol{y}_n = \boldsymbol{C}_n \boldsymbol{x}_n + \boldsymbol{s}_n \tag{4.6.14}$$

$\boldsymbol{v}_n$ 和 $\boldsymbol{s}_n$ 都是零均值的高斯白噪声，其自相关矩阵分别为 $\boldsymbol{Q}_n$ 和 $\boldsymbol{U}_n$。

对于现有的模型，显然 $p(\boldsymbol{x}_n | \boldsymbol{y}_{1:n})$ 满足高斯分布，设

$$p(\boldsymbol{x}_{n-1} \mid \boldsymbol{y}_{1:n-1}) = N(\boldsymbol{x}_{n-1} \mid \mu_{n-1|n-1}, \boldsymbol{K}_{n-1|n-1}) \tag{4.6.15}$$

是已得到的解，得到新的观测向量 $\boldsymbol{y}_n$，求

$$p(\boldsymbol{x}_n \mid \boldsymbol{y}_{1:n-1}) = N(\boldsymbol{x}_n \mid \mu_{n|n-1}, \boldsymbol{K}_{n|n-1}) \tag{4.6.16a}$$

和

$$p(\boldsymbol{x}_n \mid \boldsymbol{y}_{1:n}) = N(\boldsymbol{x}_n \mid \mu_{n|n}, \boldsymbol{K}_{n|n}) \tag{4.6.16b}$$

对于高斯过程，利用式(4.6.7)和式(4.6.11)可以得到以上两式参数的解析式，结果如下

$$\mu_{n|n-1} = \boldsymbol{F}_{n-1} \mu_{n-1|n-1} \tag{4.6.17}$$

$$\boldsymbol{K}_{n|n-1} = \boldsymbol{F}_{n-1} \boldsymbol{K}_{n-1} \boldsymbol{F}_{n-1}^{\mathrm{H}} + \boldsymbol{Q}_{n-1} \tag{4.6.18}$$

$$\mu_{n|n} = \mu_{n|n-1} + \boldsymbol{G}_n (\boldsymbol{y}_n - \boldsymbol{C}_n \mu_{n|n-1}) \tag{4.6.19}$$

$$\boldsymbol{K}_{n|n} = [\boldsymbol{I} - \boldsymbol{G}_n \boldsymbol{C}_n] \boldsymbol{K}_{n|n-1} \tag{4.6.20}$$

上式中的 $\boldsymbol{G}_n$ 即卡尔曼增益，为

$$\boldsymbol{G}_n = \boldsymbol{K}_{n|n-1} \boldsymbol{C}_n^{\mathrm{H}} \boldsymbol{R}_n^{-1} \tag{4.6.21}$$

$$\boldsymbol{R}_n = \boldsymbol{C}_n \boldsymbol{K}_{n|n-1} \boldsymbol{C}_n^{\mathrm{H}} + \boldsymbol{U}_n \tag{4.6.22}$$

这一组公式中没有显式地写出新息量，实际式(4.6.19)中的 $\boldsymbol{y}_n - \boldsymbol{C}_n \mu_{n|n-1}$ 是新息，式(4.6.22)中的 $\boldsymbol{R}_n$ 是新息的自相关矩阵。

不管采用式(4.6.3)的 Mmse 准则还是式(4.6.4)的 MAP 准则，对于高斯分布，贝叶斯估计的最优解总是其条件期望，因此

$$\hat{\boldsymbol{x}}_{n|n-1} = \mu_{n|n-1} \tag{4.6.23}$$

$$\hat{\boldsymbol{x}}_{n|n} = \mu_{n|n} \tag{4.6.24}$$

把式(4.6.23)和式(4.6.24)代入式(4.6.17)～式(4.6.20)，对比表 4.2.1 可以看到，除了用下标表示时间这一符号上的区别，式(4.6.17)～式(4.6.22)表示的一组递推关系与标准卡尔曼滤波是完全一致的。这样，说明了卡尔曼滤波是贝叶斯滤波在线性系统和高斯分布假设下的一种特殊情况。

*4.7 粒子滤波

粒子滤波(Particle Filter，PF)是逼近实现贝叶斯滤波的方法中最有名的一种。贝叶斯滤波的核心是递推地求得后验概率 $p(\boldsymbol{x}_n | \boldsymbol{y}_{1:n})$，但除了一些特例外无法求得这一后验 PDF 的解析表达式，实际中往往通过数值逼近的方法求得其一个逼近表示 $\hat{p}(\boldsymbol{x}_n | \boldsymbol{y}_{1:n})$。粒子滤波的思想是通过 $\boldsymbol{x}_n$ 的一组样本(称为粒子)来逼近后验 PDF，按时间递推对粒子及其权系数进行更新。粒子滤波建立在蒙特卡洛模拟(Monte Carlo Simulation，MCS)的基础上，本节首先概要介绍 MCS 的概念和推广，然后介绍基本粒子滤波算法，最后介绍几种改进的粒子

滤波算法并给出仿真结果的说明。

4.7.1 蒙特卡罗模拟与序列重要性采样

为了理解粒子滤波，本小节给出蒙特卡罗模拟和序列重要性采样(Sequential Importance Sampling,SIS)的概念。

1. 蒙特卡罗模拟

对于后验概率 $p(\boldsymbol{x}_n|\boldsymbol{y}_{1:n})$，可以通过对该 PDF 采样产生一组样本

$$\{\boldsymbol{x}_n^{(i)}, i=1,2,\cdots,N_s\} \tag{4.7.1}$$

若 N_s 充分大，则 $p(\boldsymbol{x}_n|\boldsymbol{y}_{1:n})$可由如下式逼近

$$\hat{p}(\boldsymbol{x}_n|\boldsymbol{y}_{1:n})=\frac{1}{N_s}\sum_{i=1}^{N_s}\delta(\boldsymbol{x}_n-\boldsymbol{x}_n^{(i)}) \tag{4.7.2}$$

如果式(4.7.2)的逼近存在，可以利用它计算对 $\boldsymbol{x}_n$ 的一个函数的期望值，设一个函数记为 $\boldsymbol{g}(\boldsymbol{x}_n)$，则其期望为

$$E[\boldsymbol{g}(\boldsymbol{x}_n)]=\int\boldsymbol{g}(\boldsymbol{x}_n)p(\boldsymbol{x}_n\mid\boldsymbol{y}_{1:n})\mathrm{d}\boldsymbol{x}_n\approx\frac{1}{N_s}\sum_{i=1}^{N_s}\boldsymbol{g}(\boldsymbol{x}_n^{(i)}) \tag{4.7.3}$$

如果希望获得 Mmse 意义下的最优滤波，则 $\boldsymbol{g}(\boldsymbol{x}_n)=\boldsymbol{x}_n$，用式(4.7.3)最优滤波逼近为

$$\hat{\boldsymbol{x}}_{n|n}\approx\frac{1}{N_s}\sum_{i=1}^{N_s}\boldsymbol{x}_n^{(i)} \tag{4.7.4}$$

由式(4.7.4)可见，若能够从后验分布 $p(\boldsymbol{x}_n|\boldsymbol{y}_{1:n})$产生一组如式(4.7.1)所示的样本，这组样本称为粒子，只要粒子数充分大，则式(4.7.4)所描述的简单的粒子平均可得到在 Mmse 意义下最优滤波的良好逼近。

式(4.7.1)至式(4.7.4)所描述的思路看似简单，但直接应用于贝叶斯滤波问题却存在实际困难。正如第 4.6 节所述，除非特殊情况(例如线性和高斯性)，无法求取解析表达的后验分布 $p(\boldsymbol{x}_n|\boldsymbol{y}_{1:n})$，因此，无法直接通过 PDF 产生式(4.7.1)的一组样本。其次，在一般情况下，即使知道了 $p(\boldsymbol{x}_n|\boldsymbol{y}_{1:n})$，由于该 PDF 不再是高斯的，可能是非常复杂的，也可能难以从中产生一组样本。从随机模拟的角度讲，对于一些简单和常用的 PDF，例如高斯分布、均匀分布和二项分布等，比较容易通过 PDF 产生一组随机样本，但对于高度复杂的 PDF 函数，从 PDF 函数产生样本自身就是非常困难的。为了克服这些困难，可利用重要性采样方法。

2. 序列重要性采样

实际中一般不可能从后验概率 $p(\boldsymbol{x}_n|\boldsymbol{y}_{1:n})$进行采样，而是通过选用的一个已知 PDF 产生样本，这个选用的 PDF 称为重要性密度，从中产生的样本称为重要性采样(IS)。

首先讨论一般的重要性采样，然后下一小节将其应用于贝叶斯滤波问题。假设从初始时刻 0 开始考虑状态估计，从 1 时刻开始获得观测值，将从初始到 n 时刻的所有状态向量集合记为 $\boldsymbol{x}_{0:n}$，从 1 时刻到 n 时刻的所有测量向量集合记为 $\boldsymbol{y}_{1:n}$，更一般的后验概率记为 $p(\boldsymbol{x}_{0:n}|\boldsymbol{y}_{1:n})$，同理从这个后验 PDF 无法产生样本集合，给出一个重要性密度 $\pi(\boldsymbol{x}_{0:n}|\boldsymbol{y}_{1:n})$，从它可以产生重要性采样样本，为了能够用这些重要性样本表示状态向量集的最优估计，需要考虑怎样利用 $\pi(\boldsymbol{x}_{0:n}|\boldsymbol{y}_{1:n})$来计算函数 $\boldsymbol{g}_n(\boldsymbol{x}_{0:n})$关于概率 $p(\boldsymbol{x}_{0:n}|\boldsymbol{y}_{1:n})$的期望，即计算

$$
\begin{aligned}
E[\boldsymbol{g}_n(\boldsymbol{x}_{0:n})] &= \int \boldsymbol{g}_n(\boldsymbol{x}_{0:n}) p(\boldsymbol{x}_{0:n} \mid \boldsymbol{y}_{1:n}) \mathrm{d}\boldsymbol{x}_{0:n} \\
&= \int \boldsymbol{g}_n(\boldsymbol{x}_{0:n}) \frac{p(\boldsymbol{x}_{0:n} \mid \boldsymbol{y}_{1:n})}{\pi(\boldsymbol{x}_{0:n} \mid \boldsymbol{y}_{1:n})} \pi(\boldsymbol{x}_{0:n} \mid \boldsymbol{y}_{1:n}) \mathrm{d}\boldsymbol{x}_{0:n} \\
&= \int \boldsymbol{g}_n(\boldsymbol{x}_{0:n}) \frac{p(\boldsymbol{y}_{1:n} \mid \boldsymbol{x}_{0:n}) p(\boldsymbol{x}_{0:n})}{\pi(\boldsymbol{x}_{0:n} \mid \boldsymbol{y}_{1:n}) p(\boldsymbol{y}_{1:n})} \pi(\boldsymbol{x}_{0:n} \mid \boldsymbol{y}_{1:n}) \mathrm{d}\boldsymbol{x}_{0:n} \\
&= \int \boldsymbol{g}_n(\boldsymbol{x}_{0:n}) \frac{w_n(\boldsymbol{x}_{0:n})}{p(\boldsymbol{y}_{1:n})} \pi(\boldsymbol{x}_{0:n} \mid \boldsymbol{y}_{1:n}) \mathrm{d}\boldsymbol{x}_{0:n}
\end{aligned} \tag{4.7.5}
$$

上式中定义了权系数

$$
w_n(\boldsymbol{x}_{0:n}) = \frac{p(\boldsymbol{y}_{1:n} \mid \boldsymbol{x}_{0:n}) p(\boldsymbol{x}_{0:n})}{\pi(\boldsymbol{x}_{0:n} \mid \boldsymbol{y}_{1:n})} \tag{4.7.6}
$$

注意式(4.7.5)中 $p(\boldsymbol{y}_{1:n})$与积分变量无关,故

$$
\begin{aligned}
E[\boldsymbol{g}_n(\boldsymbol{x}_{0:n})] &= \frac{1}{p(\boldsymbol{y}_{1:n})} \int \boldsymbol{g}_n(\boldsymbol{x}_{0:n}) w_n(\boldsymbol{x}_{0:n}) \pi(\boldsymbol{x}_{0:n} \mid \boldsymbol{y}_{1:n}) \mathrm{d}\boldsymbol{x}_{0:n} \\
&= \frac{\int \boldsymbol{g}_n(\boldsymbol{x}_{0:n}) w_n(\boldsymbol{x}_{0:n}) \pi(\boldsymbol{x}_{0:n} \mid \boldsymbol{y}_{1:n}) \mathrm{d}\boldsymbol{x}_{0:n}}{\int p(\boldsymbol{y}_{1:n} \mid \boldsymbol{x}_{0:n}) p(\boldsymbol{x}_{0:n}) \dfrac{\pi(\boldsymbol{x}_{0:n} \mid \boldsymbol{y}_{1:n})}{\pi(\boldsymbol{x}_{0:n} \mid \boldsymbol{y}_{1:n})} \mathrm{d}\boldsymbol{x}_{0:n}} \\
&= \frac{\int \boldsymbol{g}_n(\boldsymbol{x}_{0:n}) w_n(\boldsymbol{x}_{0:n}) \pi(\boldsymbol{x}_{0:n} \mid \boldsymbol{y}_{1:n}) \mathrm{d}\boldsymbol{x}_{0:n}}{\int w_n(\boldsymbol{x}_{0:n}) \pi(\boldsymbol{x}_{0:n} \mid \boldsymbol{y}_{1:n}) \mathrm{d}\boldsymbol{x}_{0:n}} \\
&= \frac{E_{\pi(\cdot \mid \boldsymbol{y}_{1:n})}[\boldsymbol{g}_n(\boldsymbol{x}_{0:n}) w_n(\boldsymbol{x}_{0:n})]}{E_{\pi(\cdot \mid \boldsymbol{y}_{1:n})}[w_n(\boldsymbol{x}_{0:n})]}
\end{aligned} \tag{4.7.7}
$$

式(4.7.7)给出的结论是:可以通过两个函数对概率密度 $\pi(\boldsymbol{x}_{0:n} | \boldsymbol{y}_{1:n})$的期望获得 $\boldsymbol{g}_n(\boldsymbol{x}_{0:n})$关于后验概率 $p(\boldsymbol{x}_{0:n} | \boldsymbol{y}_{1:n})$的期望。

由于 $\pi(\boldsymbol{x}_{0:n} | \boldsymbol{y}_{1:n})$是有意选择的一个概率密度,可以从这个重要性密度获得一组样本值 $\{\boldsymbol{x}_{0:n}^{(i)}, i=1,2,\cdots,N_s\}$,因此 $\pi(\boldsymbol{x}_{0:n} | \boldsymbol{y}_{1:n})$可以逼近为

$$
\pi(\boldsymbol{x}_{0:n} \mid \boldsymbol{y}_{1:n}) \approx \frac{1}{N_s} \sum_{i=1}^{N_s} \delta(\boldsymbol{x}_{0:n} - \boldsymbol{x}_{0:n}^{(i)}) \tag{4.7.8}
$$

将式(4.7.8)带入(4.7.7)得

$$
E[\boldsymbol{g}_n(\boldsymbol{x}_{0:n})] \approx \frac{\dfrac{1}{N_s} \sum_{i=1}^{N_s} \boldsymbol{g}_n(\boldsymbol{x}_{0:n}^{(i)}) w_n(\boldsymbol{x}_{0:n}^{(i)})}{\dfrac{1}{N_s} \sum_{i=1}^{N_s} w_n(\boldsymbol{x}_{0:n}^{(i)})} = \sum_{i=1}^{N_s} \boldsymbol{g}_n(\boldsymbol{x}_{0:n}^{(i)}) \tilde{w}_n^{(i)} \tag{4.7.9}
$$

上式中

$$
\tilde{w}_n^{(i)} = \frac{w_n(\boldsymbol{x}_{0:n}^{(i)})}{\sum_{i=1}^{N_s} w_n(\boldsymbol{x}_{0:n}^{(i)})} \tag{4.7.10}
$$

这里 $\tilde{w}_n^{(i)}$ 是归一化的权系数,即 $\sum_{i=1}^{N_s} \tilde{w}_n^{(i)} = 1$,归一化权系数具有离散概率的意义。式(4.7.9)说明,通过重要性采样函数和归一化权系数的加权和可以得到针对后验概率 $p(\boldsymbol{x}_{0:n} | \boldsymbol{y}_{1:n})$的期望的逼近,因此,利用重要性采样可以得到贝叶斯估计的逼近。由式(4.7.9)也得到后验

概率 $p(\boldsymbol{x}_{0:n}|\boldsymbol{y}_{1:n})$的逼近为

$$p(\boldsymbol{x}_{0:n} \mid \boldsymbol{y}_{1:n}) = \sum_{i=1}^{N_s} \tilde{w}_n^{(i)} \delta(\boldsymbol{x}_{0:n} - \boldsymbol{x}_{0:n}^{(i)}) \tag{4.7.11}$$

4.7.2 粒子滤波算法

粒子滤波作为贝叶斯滤波的一种逼近实现，对其问题重述在这里。非线性系统模型表示为

$$\boldsymbol{x}_n = \boldsymbol{f}_n(\boldsymbol{x}_{n-1}, \boldsymbol{v}_{n-1}) \tag{4.7.12}$$

$$\boldsymbol{y}_n = \boldsymbol{c}_n(\boldsymbol{x}_n, \boldsymbol{s}_n) \tag{4.7.13}$$

$\boldsymbol{v}_n$ 表示状态激励噪声，$\boldsymbol{s}_n$ 表示测量噪声。假设噪声的概率密度函数是已知的，函数 $\boldsymbol{f}_n(\cdot)$ 和 $\boldsymbol{c}_n(\cdot)$是已知的，在测量得到$\{\boldsymbol{y}_1, \boldsymbol{y}_2, \cdots, \boldsymbol{y}_n\}$条件下，得到状态 $\boldsymbol{x}_n$ 的最优估计$\hat{\boldsymbol{x}}_{n|n}$。

由于$\boldsymbol{v}_n$ 的 PDF 是已知的，由式(4.7.12)可以得到条件密度 $p(\boldsymbol{x}_n|\boldsymbol{x}_{n-1})$，$\boldsymbol{s}_n$ 的 PDF 是已知的，由式(4.7.13)可以得到条件密度 $p(\boldsymbol{y}_n|\boldsymbol{x}_n)$。故对粒子滤波的讨论中，在时刻 n，$p(\boldsymbol{x}_n|\boldsymbol{x}_{n-1})$和 $p(\boldsymbol{y}_n|\boldsymbol{x}_n)$是已知函数。

为了使用第 4.7.1 小节的重要性采样方法表示 $p(\boldsymbol{x}_{0:n}|\boldsymbol{y}_{1:n})$，研究递推采样方法。设 $p(\boldsymbol{x}_{0:n-1}|\boldsymbol{y}_{1:n-1})$的粒子逼近已知，记为 $\boldsymbol{x}_{0:n-1}^{(i)}$，产生这组粒子的重要性密度为 $\pi(\boldsymbol{x}_{0:n-1}|\boldsymbol{y}_{1:n-1})$，为了产生新的粒子，研究

$$\begin{aligned}\pi(\boldsymbol{x}_{0:n} \mid \boldsymbol{y}_{1:n}) &= \pi(\boldsymbol{x}_{0:n-1}, \boldsymbol{x}_n \mid \boldsymbol{y}_{1:n}) = \pi(\boldsymbol{x}_{0:n-1} \mid \boldsymbol{y}_{1:n})\pi(\boldsymbol{x}_n \mid \boldsymbol{x}_{0:n-1}, \boldsymbol{y}_{1:n}) \\ &= \pi(\boldsymbol{x}_{0:n-1} \mid \boldsymbol{y}_{1:n-1})\pi(\boldsymbol{x}_n \mid \boldsymbol{y}_{1:n}, \boldsymbol{x}_{0:n-1})\end{aligned} \tag{4.7.14}$$

为得到式(4.7.14)的第二行，用了假设

$$\pi(\boldsymbol{x}_{0:n-1} \mid \boldsymbol{y}_{1:n}) = \pi(\boldsymbol{x}_{0:n-1} \mid \boldsymbol{y}_{1:n-1}) \tag{4.7.15}$$

式(4.7.15)的假设是：时刻 $n-1$ 的状态变量与时刻 n 的观测量无关。

由式(4.7.14)中 $\pi(\boldsymbol{x}_{0:n}|\boldsymbol{y}_{1:n})$的分解项，可以用分式 $\pi(\boldsymbol{x}_n|\boldsymbol{y}_{1:n}, \boldsymbol{x}_{0:n-1})$作为重要性密度产生一组新的粒子 $\boldsymbol{x}_n^{(i)}$，即 $\boldsymbol{x}_n^{(i)} \sim \pi(\boldsymbol{x}_n|\boldsymbol{y}_{1:n}, \boldsymbol{x}_{0:n-1})$，更新的粒子集 $\boldsymbol{x}_{0:n}^{(i)} = \{\boldsymbol{x}_{0:n-1}^{(i)}, \boldsymbol{x}_n^{(i)}\}$。

有了粒子集的更新，利用式(4.7.6)得到粒子权系数的更新式，代入一个粒子的值 $\boldsymbol{x}_{0:n}^{(i)}$ 到式(4.7.6)得到粒子权系数的表示为

$$w_n^{(i)} = w_n(\boldsymbol{x}_{0:n}^{(i)}) = \frac{p(\boldsymbol{y}_{1:n} \mid \boldsymbol{x}_{0:n}^{(i)})p(\boldsymbol{x}_{0:n}^{(i)})}{\pi(\boldsymbol{x}_{0:n}^{(i)} \mid \boldsymbol{y}_{1:n})} \tag{4.7.16}$$

假设 $w_{n-1}^{(i)}$已知，递推 $w_n^{(i)}$，为此

$$\begin{aligned}w_n^{(i)} &= \frac{p(\boldsymbol{y}_{1:n} \mid \boldsymbol{x}_{0:n}^{(i)})p(\boldsymbol{x}_{0:n}^{(i)})}{\pi(\boldsymbol{x}_{0:n}^{(i)} \mid \boldsymbol{y}_{1:n})} = \frac{p(\boldsymbol{y}_{1:n}, \boldsymbol{x}_{0:n}^{(i)})}{\pi(\boldsymbol{x}_{0:n}^{(i)} \mid \boldsymbol{y}_{1:n})} \\ &= \frac{p(\boldsymbol{x}_{0:n}^{(i)} \mid \boldsymbol{y}_{1:n})p(\boldsymbol{y}_{1:n})}{\pi(\boldsymbol{x}_{0:n}^{(i)} \mid \boldsymbol{y}_{1:n})}\end{aligned} \tag{4.7.17}$$

为了进一步利用式(4.7.17)，先考虑 $p(\boldsymbol{x}_{0:n}|\boldsymbol{y}_{1:n})$的表示，类似于式(4.6.11)的推导，得

$$\begin{aligned}p(\boldsymbol{x}_{0:n} \mid \boldsymbol{y}_{1:n}) &= \frac{p(\boldsymbol{y}_n \mid \boldsymbol{x}_{0:n}, \boldsymbol{y}_{1:n-1})p(\boldsymbol{x}_{0:n} \mid \boldsymbol{y}_{1:n-1})}{p(\boldsymbol{y}_n \mid \boldsymbol{y}_{1:n-1})} \\ &= \frac{p(\boldsymbol{y}_n \mid \boldsymbol{x}_{0:n}, \boldsymbol{y}_{1:n-1})p(\boldsymbol{x}_n \mid \boldsymbol{x}_{0:n-1}, \boldsymbol{y}_{1:n-1})}{p(\boldsymbol{y}_n \mid \boldsymbol{y}_{1:n-1})}p(\boldsymbol{x}_{0:n-1} \mid \boldsymbol{y}_{1:n-1}) \\ &= \frac{p(\boldsymbol{y}_n \mid \boldsymbol{x}_n)p(\boldsymbol{x}_n \mid \boldsymbol{x}_{n-1})}{p(\boldsymbol{y}_n \mid \boldsymbol{y}_{1:n-1})}p(\boldsymbol{x}_{0:n-1} \mid \boldsymbol{y}_{1:n-1})\end{aligned} \tag{4.7.18}$$

把式(4.7.18)代入式(4.7.17)得

$$\begin{aligned}
w_n^{(i)} &= \frac{p(\boldsymbol{x}_{0:n}^{(i)} \mid \boldsymbol{y}_{1:n})p(\boldsymbol{y}_{1:n})}{\pi(\boldsymbol{x}_{0:n}^{(i)} \mid \boldsymbol{y}_{1:n})} \\
&= \frac{p(\boldsymbol{y}_n \mid \boldsymbol{x}_n^{(i)})p(\boldsymbol{x}_n^{(i)} \mid \boldsymbol{x}_{n-1}^{(i)})}{p(\boldsymbol{y}_n \mid \boldsymbol{y}_{1:n-1})} p(\boldsymbol{x}_{0:n-1}^{(i)} \mid \boldsymbol{y}_{1:n-1}) \frac{p(\boldsymbol{y}_{1:n})}{\pi(\boldsymbol{x}_{0:n}^{(i)} \mid \boldsymbol{y}_{1:n})} \\
&= \frac{p(\boldsymbol{x}_{0:n-1}^{(i)} \mid \boldsymbol{y}_{1:n-1})p(\boldsymbol{y}_{1:n-1})}{\pi(\boldsymbol{x}_{0:n-1}^{(i)} \mid \boldsymbol{y}_{1:n-1})} \frac{p(\boldsymbol{y}_n \mid \boldsymbol{x}_n^{(i)})p(\boldsymbol{x}_n^{(i)} \mid \boldsymbol{x}_{n-1}^{(i)})p(\boldsymbol{y}_n \mid \boldsymbol{y}_{1:n-1})}{\pi(\boldsymbol{x}_n^{(i)} \mid \boldsymbol{y}_{1:n}, \boldsymbol{x}_{0:n-1}^{(i)})p(\boldsymbol{y}_n \mid \boldsymbol{y}_{1:n-1})} \\
&= w_{n-1}^{(i)} \frac{p(\boldsymbol{y}_n \mid \boldsymbol{x}_n^{(i)})p(\boldsymbol{x}_n^{(i)} \mid \boldsymbol{x}_{n-1}^{(i)})}{\pi(\boldsymbol{x}_n^{(i)} \mid \boldsymbol{y}_{1:n}, \boldsymbol{x}_{0:n-1}^{(i)})}
\end{aligned} \tag{4.7.19}$$

在式(4.7.19)中，$p(\boldsymbol{x}_n|\boldsymbol{x}_{n-1})$和 $p(\boldsymbol{y}_n|\boldsymbol{x}_n)$是已知函数，$\pi(\boldsymbol{x}_n|\boldsymbol{y}_{1:n},\boldsymbol{x}_{0:n-1})$是产生 $\boldsymbol{x}_n^{(i)}$ 的重要性密度，是预先设定的，故当得到新的测量值 $\boldsymbol{y}_n$ 后，可以计算出新的权系数 $w_n^{(i)}$。这样，得到了后验概率密度 $p(\boldsymbol{x}_{0:n}|\boldsymbol{y}_{1:n})$的递推逼近。

上述算法得到了一般的粒子滤波原理。但在贝叶斯滤波中，更有兴趣的是得到 $p(\boldsymbol{x}_n|\boldsymbol{y}_{1:n})$，并称该后验 PDF 为后验滤波密度(Posterior Filtered Density)，为了直接得到对 $p(\boldsymbol{x}_n|\boldsymbol{y}_{1:n})$的逼近，在选择生成新的粒子 $\boldsymbol{x}_n^{(i)}$ 的重要性密度 $\pi(\boldsymbol{x}_n|\boldsymbol{y}_{1:n},\boldsymbol{x}_{0:n-1})$时，使其与 $\boldsymbol{y}_{1:n-1}$和 $\boldsymbol{x}_{0:n-2}$无关，只与当前观测值和上时刻状态有关，即

$$\pi(\boldsymbol{x}_n \mid \boldsymbol{y}_{1:n}, \boldsymbol{x}_{0:n-1}) = \pi(\boldsymbol{x}_n \mid \boldsymbol{y}_n, \boldsymbol{x}_{n-1}) \tag{4.7.20}$$

用 $\boldsymbol{x}_n^{(i)} \sim \pi(\boldsymbol{x}_n|\boldsymbol{y}_n,\boldsymbol{x}_{n-1}^{(i)})$产生一组新粒子，且加权值为

$$w_n^{(i)} = w_{n-1}^{(i)} \frac{p(\boldsymbol{y}_n \mid \boldsymbol{x}_n^{(i)})p(\boldsymbol{x}_n^{(i)} \mid \boldsymbol{x}_{n-1}^{(i)})}{\pi(\boldsymbol{x}_n^{(i)} \mid \boldsymbol{y}_n, \boldsymbol{x}_{n-1}^{(i)})} \tag{4.7.21}$$

并对权值归一化，得

$$\tilde{w}_n^{(i)} = \frac{w_n^{(i)}}{\sum_{i=1}^{N_s} w_n^{(i)}} \tag{4.7.22}$$

$p(\boldsymbol{x}_n|\boldsymbol{y}_{1:n})$的逼近为

$$\hat{p}(\boldsymbol{x}_n \mid \boldsymbol{y}_{1:n}) = \sum_{i=1}^{N_s} \tilde{w}_n^{(i)} \delta(\boldsymbol{x}_n - \boldsymbol{x}_n^{(i)}) \tag{4.7.23}$$

显然，基于 Mmse 得到的贝叶斯滤波的逼近(粒子滤波的输出)为

$$\hat{\boldsymbol{x}}_{n|n} = \sum_{i=1}^{N_s} \tilde{w}_n^{(i)} \boldsymbol{x}_n^{(i)} \tag{4.7.24}$$

在继续讨论之前，先用图 4.7.1 来形象地表示概率密度的加权采样表达。在概率密度函数曲线下方的黑点的位置表示了样本的取值，黑点的大小则表示了样本所带权重的大小。不难注意到，样本密集的区域和具有较大权重样本所处的区域都对应概率密度高的区域。

1. 基本粒子滤波(SIS)

为了表述清楚，将基本粒子滤波的算法总结在表 4.7.1 中，这是利用序列重要性采样(SIS)构成的基本粒子滤波算法。为了能够开始，给出初始条件。设在 $n=0$ 时刻状态的初始分布为 $p(\boldsymbol{x}_0)$，取初始重要性密度为 $\pi(\boldsymbol{x}_0|\boldsymbol{y}_0,\boldsymbol{x}_{-1})=p(\boldsymbol{x}_0)$，从该分布产生 N_s 个样本并赋予等权值，然后进行递推。算法详述如表 4.7.1。

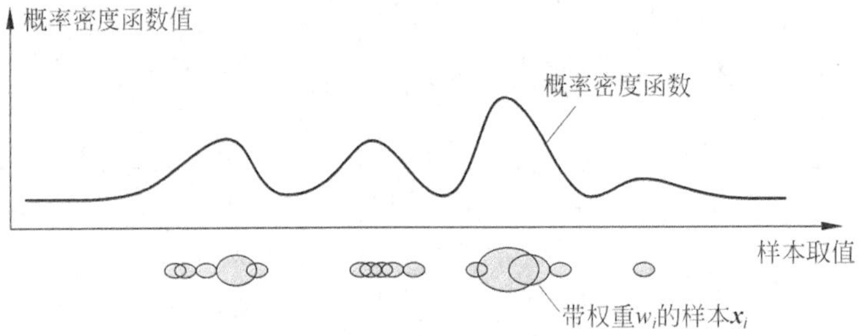

图 4.7.1　用粒子和权重表示后验概率密度示意图

表 4.7.1　SIS 粒子滤波

初始条件	从分布 $\pi(\boldsymbol{x}_0 \mid \boldsymbol{y}_0, \boldsymbol{x}_{-1}) = p(\boldsymbol{x}_0)$产生 N_s 个样本 $\boldsymbol{x}_0^{(i)}$，权值为$\tilde{w}_0^{(i)} = w_0^{(i)} = 1/N_s$
粒子更新和滤波公式	得到 $\boldsymbol{y}(1)$从 $n=1$ 开始 对于 $i=1,2,\cdots,N_s$ 产生新样本：$\boldsymbol{x}_n^{(i)} \sim \pi(\boldsymbol{x}_n \mid \boldsymbol{y}_n, \boldsymbol{x}_{n-1}^{(i)})$ 计算新权值：$w_n^{(i)} = w_{n-1}^{(i)} \dfrac{p(\boldsymbol{y}_n \mid \boldsymbol{x}_n^{(i)}) p(\boldsymbol{x}_n^{(i)} \mid \boldsymbol{x}_{n-1}^{(i)})}{\pi(\boldsymbol{x}_n^{(i)} \mid \boldsymbol{y}_n, \boldsymbol{x}_{n-1}^{(i)})}$ 权值归一化：$\tilde{w}_n^{(i)} = \dfrac{w_n^{(i)}}{\sum_{i=1}^{N_s} w_n^{(i)}}$ 得到 $p(\boldsymbol{x}_n \mid \boldsymbol{y}_{1:n})$ 逼近式：$\hat{p}(\boldsymbol{x}_n \mid \boldsymbol{y}_{1:n}) = \sum_{i=1}^{N_s} \tilde{w}_n^{(i)} \delta(\boldsymbol{x}_n - \boldsymbol{x}_n^{(i)})$ 粒子滤波的输出(Mmse)：$\hat{\boldsymbol{x}}_{n\mid n} = \sum_{i=1}^{N_s} \tilde{w}_n^{(i)} \boldsymbol{x}_n^{(i)}$ 令 $n \leftarrow n+1$，得到新观测值 $\boldsymbol{y}(n)$进入下一次循环

为了对基本粒子滤波方法有一个感性的认识，首先以一个 1 阶线性高斯模型为例来考察其性能。

例 4.7.1　为简单起见，定义状态和观测均为标量，状态方程为 $x_n = x_{n-1} + v_{n-1}$测量方程为 $y_n = x_n + s_n$，v_{n-1}和 s_n 均为 0 均值方差为 1 的白高斯噪声。显然，这样定义的动态模型是线性高斯模型，用它实施实验未能发挥粒子滤波在非线性非高斯问题方面的优势。然而请注意，由于此模型下卡尔曼滤波将能够得到后验概率密度的最优估计，因此便于将粒子滤波结果与之实施对比。使用 100 个粒子，递推 30 步。在图 4.7.2(a)中，用圆点表示每一时刻卡尔曼滤波得到的后验均值估计，其上下伸出的线段长度则表示标准差估计(因为后验概率亦为高斯的，因此均值和标准差已经完全刻画了该分布)。相应于粒子滤波，则以星形符以及携带的线段表示后验均值和标准差的估计。不难看出，粒子滤波对后验均值和方差的估计都不理想，而且随着递推进行还有恶化的趋势。

为什么基本粒子滤波算法的结果不能令人满意呢？图 4.7.2(b)应该能说明一些问题，其中星号和相应线段的含义不变。追踪随机挑选的 10 个粒子在递推过程中的状态转移路径，并用线条连接示意出来。可以发现，其中大多数粒子总是处于由线段示意的区域之外，也就是说，这些粒子总是处在概率密度函数值非常小的区间内，亦即高斯分布的拖尾区域。而且，这样的粒子还占了多数。与概率密度函数的拖尾区域对应的是较小的重要性权重。

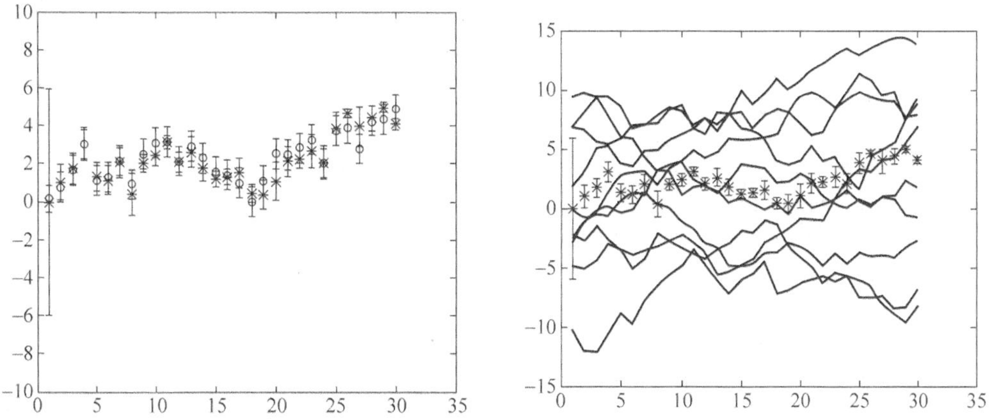

(a) 对高斯线性模型下卡尔曼滤波与粒子滤波的比较　(b) 任选的10个粒子路径变化示意图

图 4.7.2

若从重要性权重的角度来讨论，事实上，在基本粒子滤波过程中，有少数权重会迅速地增长，而其他的权重则变得非常小。如果大量的权重值非常小，对于 Monte Carlo 积分是非常不利的。因为一个小的权重对应的样本处在一个概率密度函数值非常小的地方，大量的样本集中在这些地方，就不能很好地反映具有较大概率密度函数值的区域，而概率密度函数值大的区域显然对求期望（积分）更加重要。因此，大量的粒子实际上将对我们面临的任务贡献甚微，这称为粒子退化现象。为了获得较精确的积分值，粒子们最好位于那些对积分值贡献大的区域内，概率密度函数值大的区域显然是这样的区域。对于那些权重很小的粒子，要想办法用另外一些对积分贡献大的粒子取而代之。这就启发了对粒子们进行“重采样”（resampling）的想法。

2. 重采样粒子滤波（SISR）

为了评价粒子退化的程度，定义有效粒子数的概念，一种广泛应用的有效粒子数表示为

$$N_{eff}=\frac{N_s}{1+\mathrm{var}(w_n^{(i)})}$$

这里，$\mathrm{var}(w_n^{(i)})$表示权系数的方差，由于其是未知的，故实际中由下式近似估计

$$\hat{N}_{eff}=\frac{1}{\sum_{i=1}^{N_s}(\tilde{w}_n^{(i)})^2} \tag{4.7.25}$$

可以预设定一个门限 N_T，在每个时间递推中，若$\hat{N}_{eff}<N_T$ 说明粒子退化严重，可以对粒子进行重采样。重采样的思想是抛弃权值已经变得非常小的粒子而加强大权值的粒子，具体的可使大权值的粒子被重复采样多次，重采样后的所有粒子变成等权重，即$\tilde{w}_n^{(i)}=1/N_s$。

重采样的具体操作算法很多，表 4.7.2 给出一种典型的重采样算法，称为“标准重采样算法”。为了区分重采样后的粒子和重采样前的粒子，用符号$\{\boldsymbol{x}_n^{(i)}, i=1,2,\cdots,N_s\}$表示重采样前的粒子，用$\{\boldsymbol{x}_n^{(j)*}, j=1,2,\cdots,N_s\}$表示重采样后的粒子。

表 4.7.2 标准重采样算法

(1) 计算累积分布：$c_k=\sum_{i=1}^{k}\tilde{w}_n^{(i)}, k=1,2,\cdots,N_s$

(2) 取初始值：$i=1$，从$[0,N_s^{-1}]$均匀分布中取一随机数，记为u_1

(3) 重采样过程

对 $j=1$ 至 $j=N_s$(每一步 j 增 1)，每一步按如下方式产生一个粒子

$u_j=u_1+\dfrac{j-1}{N_s}$

如果 $u_j\leqslant c_i$，跳过下一行

如果 $u_j>c_i$ 则 $i\leftarrow i+1$ 可重复直至 $u_j\leqslant c_i$

赋值新粒子：$\boldsymbol{x}_n^{(j)*}=\boldsymbol{x}_n^{(i)}, \tilde{w}_n^{(j)}=1/N_s$

算法结束，重新把重采样后粒子和权系数记为：$\boldsymbol{x}_n^{(i)}, \tilde{w}_n^{(i)}, i=1,2,\cdots,N_s$

为了理解表 4.7.2 的重采样算法，看如下一个简单例子，为了操作简单例子中只有 4 个粒子。

例 4.7.2 粒子重采样，有 4 个粒子，分别为$\{\boldsymbol{x}_n^{(i)}, i=1,\cdots,4\}$，其权分别为：$\left\{\frac{1}{8},\frac{1}{8},\frac{1}{2},\frac{1}{4}\right\}$利用表 4.7.2 的算法，首先计算出：

$$c_1=\frac{1}{8},\quad c_2=\frac{1}{4},\quad c_3=\frac{3}{4},\quad c_4=1$$

从$\left[0,\frac{1}{4}\right]$均匀分布产生一随机数，设为 $u_1=1/16$，从 $j=1$ 开始执行重采样过程。

$j=1$：$u_1=1/16, u_1\leqslant c_1$，直接执行赋值，$\boldsymbol{x}_n^{(1)*}=\boldsymbol{x}_n^{(1)}, \tilde{w}_n^{(1)}=1/4$

$j=2$：$u_2=5/16, u_2>c_1, i=2, u_2>c_2$，$i$ 重复增，$i=3, u_2<c_3$，执行赋值 $\boldsymbol{x}_n^{(2)*}=\boldsymbol{x}_n^{(3)}, \tilde{w}_n^{(2)}=1/4$

$j=3$：$u_3=9/16, u_3\leqslant c_3$，直接执行赋值，$\boldsymbol{x}_n^{(3)*}=\boldsymbol{x}_n^{(3)}, \tilde{w}_n^{(3)}=1/4$

$j=4$：$u_4=13/16, u_4>c_3, i=4, u_4\leqslant c_4$，执行赋值，$\boldsymbol{x}_n^{(4)*}=\boldsymbol{x}_n^{(4)}, \tilde{w}_n^{(4)}=1/4$

算法结束，重采样后的 4 个粒子为：$\{\boldsymbol{x}_n^{(1)}, \boldsymbol{x}_n^{(3)}, \boldsymbol{x}_n^{(3)}, \boldsymbol{x}_n^{(4)}\}$，权均为 1/4。

在本例中，由于 u_1 是由均匀分布产生的，若起始时随机产生的 $u_1=3/16$，读者可自行验证，重采样后的 4 个粒子是：$\{\boldsymbol{x}_n^{(2)}, \boldsymbol{x}_n^{(3)}, \boldsymbol{x}_n^{(3)}, \boldsymbol{x}_n^{(4)}\}$。由于原粒子 3 的权重最大为 1/2，不管初始值如何，都被重复采样。原粒子 1 和粒子 2 的权重小，只有 1 个被重采样，另 1 个被丢弃，哪一个被保留则由初始的随机值 u_1 确定。

结合重采样技术得到的一个更实际可用的粒子滤波算法如表 4.7.3 所示。称该算法为：序列重要性采样加重采样算法(SISR)。

表 4.7.3　标准粒子滤波算法(SISR)

初始条件	从分布 $\pi(\boldsymbol{x}_0 \mid \boldsymbol{y}_0, \boldsymbol{x}_{-1}) = p(\boldsymbol{x}_0)$ 产生 N_s 个样本 $\boldsymbol{x}_0^{(i)}$，权值为 $\tilde{w}_0^{(i)} = w_0^{(i)} = 1/N_s$
粒子更新和滤波公式	得到 $\boldsymbol{y}(1)$ 从 $n=1$ 开始 对于 $i=1,2,\cdots,N_s$，产生新样本：$\boldsymbol{x}_n^{(i)} \sim \pi(\boldsymbol{x}_n \mid \boldsymbol{y}_n, \boldsymbol{x}_{n-1}^{(i)})$ 计算新权值：$w_n^{(i)} = w_{n-1}^{(i)} \dfrac{p(\boldsymbol{y}_n \mid \boldsymbol{x}_n^{(i)}) p(\boldsymbol{x}_n^{(i)} \mid \boldsymbol{x}_{n-1}^{(i)})}{\pi(\boldsymbol{x}_n^{(i)} \mid \boldsymbol{y}_n, \boldsymbol{x}_{n-1}^{(i)})}$ 权值归一化：$\tilde{w}_n^{(i)} = \dfrac{w_n^{(i)}}{\sum_{i=1}^{N_s} w_n^{(i)}}$ 计算 $\hat{N}_{eff} = \dfrac{1}{\sum_{i=1}^{N_s} (\tilde{w}_n^{(i)})^2}$ 如果 $\hat{N}_{eff} < N_T$，则执行表 4.7.2 的重采样算法，并把重采样后粒子重新用符号 $\{\boldsymbol{x}_n^{(i)}, i=1,2,\cdots,N_s\}$ 表示并令 $\tilde{w}_n^{(i)} = N_s^{-1}$，否则跳过重采样过程； 得到 $p(\boldsymbol{x}_n \mid \boldsymbol{y}_{1:n})$ 逼近式：$\hat{p}(\boldsymbol{x}_n \mid \boldsymbol{y}_{1:n}) = \sum_{i=1}^{N_s} \tilde{w}_n^{(i)} \delta(\boldsymbol{x}_n - \boldsymbol{x}_n^{(i)})$ 粒子滤波的输出(Mmse)：$\hat{\boldsymbol{x}}_{n\mid n} = \sum_{i=1}^{N_s} \tilde{w}_n^{(i)} \boldsymbol{x}_n^{(i)}$ 令 $n \leftarrow n+1$，得到新观测值 $\boldsymbol{y}(n)$ 进入下一次循环

结合了重采样的粒子滤波算法的示意图如图 4.7.3 所示。该图比较形象地刻画递推过程中粒子变化和重采样过程。如下例子说明重采样过程可以较好地克服基本粒子滤波算法(SIS)的缺点。

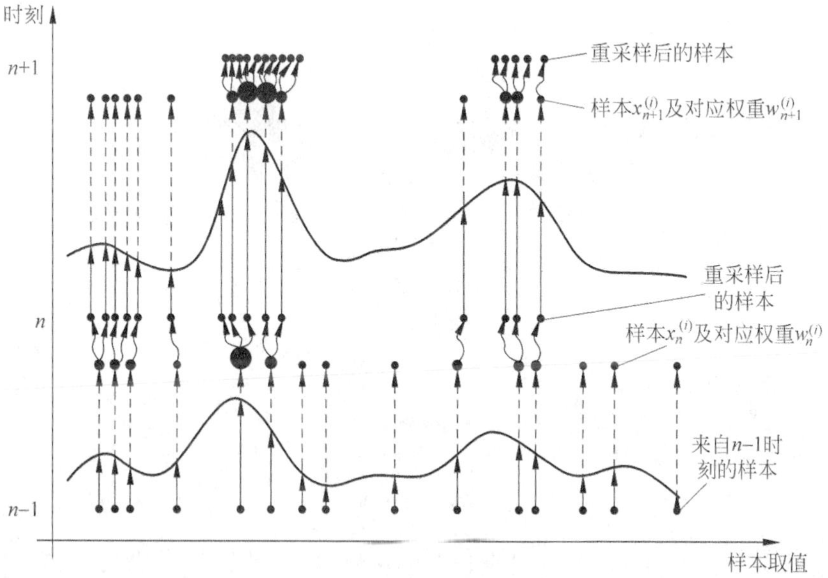

图 4.7.3　重采样的粒子滤波算法的示意图

例 4.7.3 利用重采样的粒子滤波重复例 4.7.1 的实验，情况发生了变化。图 4.7.4(a)给出了用重采样粒子滤波算法的估计结果，在几步递推之后已经与卡尔曼滤波结果基本重合。在图 4.7.4(b)中，同样给出对粒子状态的随机追踪结果，可以看到，在经过几次递推之后，大部分粒子都落入到均值附近具有较大概率密度函数值的范围内。因而粒子对样本的表示效果大大地改观了。本例中，由于问题是高斯线性模型，这种情况下卡尔曼滤波是最优的，对这种情况，粒子滤波不可能得到对问题更好的解，重采样算法很好地逼近卡尔曼滤波，表示这种算法至少在高斯线性模型下是性能良好的，粒子滤波的真正优势是在非线性非高斯下凸显。

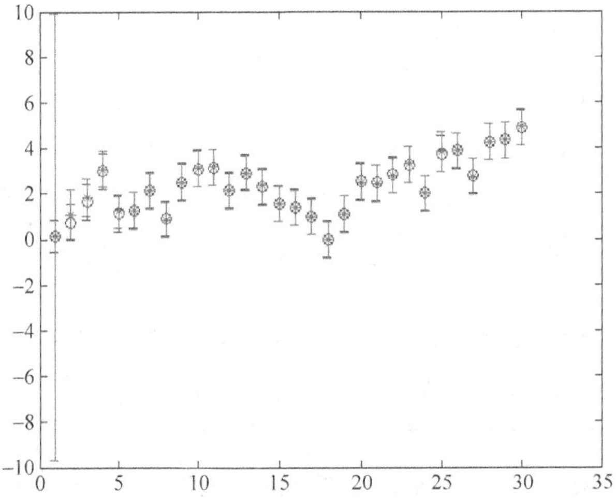

(a) 对高斯线性模型下卡尔曼滤波与重采样粒子滤波的比较

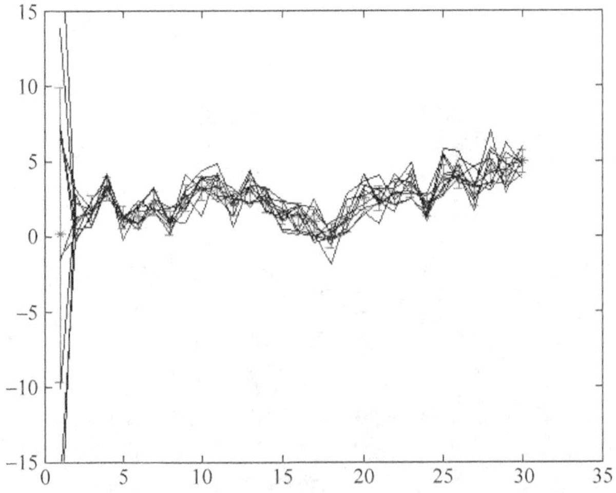

(b) 任选的10个粒子在重采样算法中路径变化示意图

图 4.7.4

为了考察粒子滤波对非线性非高斯情况的优势，如下例子比较非线性情况。

例 4.7.4 为了显示粒子滤波在非线性动态系统条件下的优势，讨论如下模型，其状态转移方程为

$$x_n = \frac{x_{n-1}}{2} + 25\frac{x_{n-1}}{1+x_{n-1}^2} + 8\cos(1.2n) + v_n$$

观测方程为

$$y_n = \frac{x_n^2}{20} + s_n$$

其中 $v_n \sim N(0,10)$，$s_n \sim N(0,1)$。

在这一模型下，卡尔曼滤波显然已经不再适用，分别利用扩展卡尔曼滤波和重采样粒子滤波来对状态进行估计。图 4.7.5(a)(b)中的浅色轨迹分别是利用扩展卡尔曼滤波和重采样粒子滤波进行状态估计的结果。深色虚线为真实状态，其上下的点线则划定了真实状态加上和减去两倍噪声标准差后的范围。可以发现，使用扩展卡尔曼滤波估计得到的状态不仅远离真实值，而且不时地落到点线划定范围之外。使用重采样粒子滤波，情形得到了很大的改观。

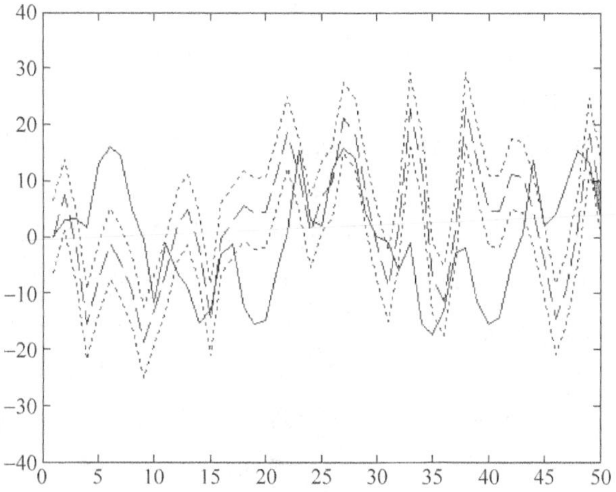

(a) EKF对非线性系统的仿真结果

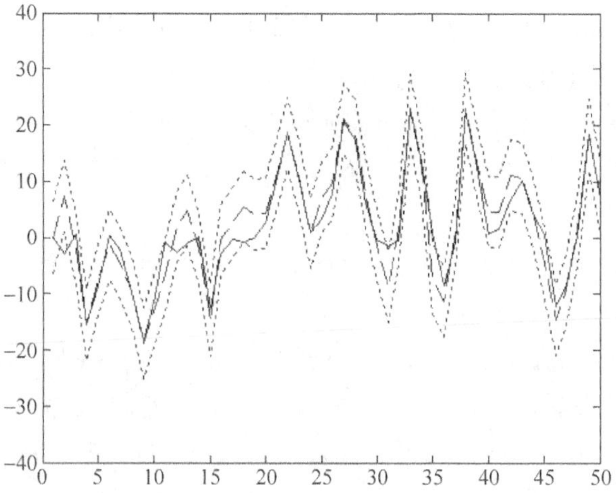

(b) SISR粒子滤波对非线性系统的仿真结果

图 4.7.5

3. 关于重要性密度选择的讨论

前面一直回避了一个基本问题,即重要性密度的选择问题。如前所示,在时刻 n,用重要性密度 $\pi(\boldsymbol{x}_n|\boldsymbol{y}_n,\boldsymbol{x}_{n-1}^{(i)})$,产生新的粒子集 $\boldsymbol{x}_n^{(i)}$,这一过程记为 $\boldsymbol{x}_n^{(i)}\sim\pi(\boldsymbol{x}_n|\boldsymbol{y}_n,\boldsymbol{x}_{n-1}^{(i)})$。怎样选择重要性密度函数有两个基本准则,一是采样简单,例如从均匀分布和高斯分布都很容易产生样本,一些复杂分布则难以有效地产生样本;二是样本的性能,诸如粒子退化情况较弱,粒子逼近的后验 PDF 更精确等。

Doucet 等证明,从减轻粒子退化现象考虑,最优的重要性密度为

$$\pi(\boldsymbol{x}_n \mid \boldsymbol{y}_n,\boldsymbol{x}_{n-1}^{(i)}) = p(\boldsymbol{x}_n \mid \boldsymbol{y}_n,\boldsymbol{x}_{n-1}^{(i)}) \tag{4.7.26}$$

但由于在一般情况下,式(4.7.26)右侧的 PDF 难以得到,人们只能在一些简化的系统模型下导出 $p(\boldsymbol{x}_n|\boldsymbol{y}_n,\boldsymbol{x}_{n-1}^{(i)})$的解析表达式,关于特殊情况下 $p(\boldsymbol{x}_n|\boldsymbol{y}_n,\boldsymbol{x}_{n-1}^{(i)})$的推导,可参考[5]。一个次优但更常采用的重要性密度是取

$$\pi(\boldsymbol{x}_n \mid \boldsymbol{y}_n,\boldsymbol{x}_{n-1}^{(i)}) = p(\boldsymbol{x}_n \mid \boldsymbol{x}_{n-1}^{(i)}) \tag{4.7.27}$$

如本节开始所述,$p(\boldsymbol{x}_n|\boldsymbol{x}_{n-1})$是已知的,故对于 $n-1$ 的一个粒子 $\boldsymbol{x}_{n-1}^{(i)}$,可通过 $p(\boldsymbol{x}_n|\boldsymbol{x}_{n-1}^{(i)})$产生一个新粒子 $\boldsymbol{x}_n^{(i)}$,记为 $\boldsymbol{x}_n^{(i)}\sim p(\boldsymbol{x}_n|\boldsymbol{x}_{n-1}^{(i)})$。

在取式(4.7.27)的重要性密度时,粒子的权更新公式(4.7.21)简化为

$$w_n^{(i)} = w_{n-1}^{(i)}p(\boldsymbol{y}_n \mid \boldsymbol{x}_n^{(i)}) \tag{4.7.28}$$

采用式(4.7.27)的重要性密度构成的一个对表 4.7.3 的标准算法进行简化的一个算法是 SIR 粒子滤波(Sampling Importance Resampling,SIR),如下简述该算法。

SIR 粒子滤波算法:SIR 粒子滤波有两个简化,其一是新粒子的产生表示为 $\boldsymbol{x}_n^{(i)}\sim p(\boldsymbol{x}_n|\boldsymbol{x}_{n-1}^{(i)})$。首先由 $\boldsymbol{v}_{n-1}^{(i)}\sim p_v(\boldsymbol{v}_{n-1})$产生一个噪声样本 $\boldsymbol{v}_{n-1}^{(i)}$,这里 $p_v(\boldsymbol{v}_{n-1})$是 $\boldsymbol{v}_{n-1}$ 的 PDF,然后由状态方程式(4.7.12),得到新粒子为 $\boldsymbol{x}_n^{(i)}=\boldsymbol{f}_n(\boldsymbol{x}_{n-1}^{(i)},\boldsymbol{v}_{n-1}^{(i)})$。其二是每一步都进行重采样,由于 $n-1$ 时刻进行了重采样,故 $w_{n-1}^{(i)}=N_s^{-1}$,因此 $w_n^{(i)}=p(\boldsymbol{y}_n|\boldsymbol{x}_n^{(i)})/N_s$。

读者可自行整理 SIR 粒子滤波算法的完整描述为类似表 4.7.3 的形式。如果 $p_v(\boldsymbol{v}_{n-1})$是高斯或均匀分布的密度函数,则实现过程大为简化。

4. 加性噪声非线性系统的粒子滤波

如果非线性系统模型简化为加性噪声非线性模型,即

$$\boldsymbol{x}_n = \boldsymbol{f}_n(\boldsymbol{x}_{n-1}) + \boldsymbol{v}_{n-1} \tag{4.7.29}$$

$$\boldsymbol{y}_n = \boldsymbol{c}_n(\boldsymbol{x}_n) + \boldsymbol{s}_n \tag{4.7.30}$$

若 $\boldsymbol{v}_n$ 和 $\boldsymbol{s}_n$ 都是零均值的高斯白噪声,且其自相关矩阵分别为 $\boldsymbol{Q}_n$ 和 $\boldsymbol{U}_n$,在这些假设下,如果按照式(4.7.27)取重要性密度,则

$$\pi(\boldsymbol{x}_n \mid \boldsymbol{y}_n,\boldsymbol{x}_{n-1}^{(i)}) = p(\boldsymbol{x}_n \mid \boldsymbol{x}_{n-1}^{(i)}) = N(\boldsymbol{x}_n \mid \boldsymbol{f}_n(\boldsymbol{x}_{n-1}^{(i)}),\boldsymbol{Q}_{n-1}) \tag{4.7.31}$$

即重要性密度是高斯密度,均值是$\mu_n=\boldsymbol{f}_n(\boldsymbol{x}_{n-1}^{(i)})$,协方差 $\boldsymbol{Q}_{n-1}$,类似地

$$p(\boldsymbol{y}_n \mid \boldsymbol{x}_n^{(i)}) = N(\boldsymbol{y}_n \mid \boldsymbol{c}_n(\boldsymbol{x}_n^{(i)}),\boldsymbol{U}_n) \tag{4.7.32}$$

故粒子更新的过程简单记为

$$\boldsymbol{x}_n^{(i)} \sim N(\boldsymbol{x}_n \mid \boldsymbol{f}_n(\boldsymbol{x}_{n-1}^{(i)}),\boldsymbol{Q}_{n-1}) \tag{4.7.33}$$

$$w_n^{(i)} = w_{n-1}^{(i)}N(\boldsymbol{y}_n \mid \boldsymbol{c}_n(\boldsymbol{x}_n^{(i)}),\boldsymbol{U}_n), \quad i=1,2,\cdots,N_s \tag{4.7.34}$$

式(4.7.33)的新粒子产生过程是从已知高斯密度函数随机产生一个样本,这已是非常简单

的问题了。把加性噪声非线性系统的粒子滤波算法总结在表 4.7.4 中，这是表 4.7.3 的重采样粒子滤波的一个更具体实现算法。由于实际中式(4.7.29)和式(4.7.30)表示的加性噪声非线性模型很常用，故表 4.7.4 的算法是常用的粒子滤波实现算法，实际上，例 4.7.4 的仿真就是用的表 4.7.4 的算法。

表 4.7.4　加性噪声非线性系统粒子滤波算法

初始条件	从分布 $\pi(\boldsymbol{x}_0\mid \boldsymbol{y}_0,\boldsymbol{x}_{-1})=p(\boldsymbol{x}_0)$产生 N_s 个样本 $\boldsymbol{x}_0^{(i)}$，权值为$\tilde{w}_0^{(i)}=w_0^{(i)}=1/N_s$
粒子更新和滤波公式	得到 $\boldsymbol{y}(1)$从 $n=1$ 开始 对于 $i=1,2,\cdots,N_s$，产生新样本：$\begin{array}{l}\boldsymbol{v}_n^{(i)}\sim N(\boldsymbol{v}_n\mid\boldsymbol{0},\boldsymbol{Q}_n)\\ \boldsymbol{x}_n^{(i)}=\boldsymbol{f}_n(\boldsymbol{x}_{n-1}^{(i)})+\boldsymbol{v}_n^{(i)}\end{array}$ 计算新权值：$w_n^{(i)}=w_{n-1}^{(i)}N(\boldsymbol{y}_n\mid\boldsymbol{c}_n(\boldsymbol{x}_n^{(i)}),\boldsymbol{U}_n)$ 权值归一化：$\tilde{w}_n^{(i)}=\dfrac{w_n^{(i)}}{\sum\limits_{i=1}^{N_s}w_n^{(i)}}$ 计算$\hat{N}_{eff}=\dfrac{1}{\sum\limits_{i=1}^{N_s}(\tilde{w}_n^{(i)})^2}$ 如果$\hat{N}_{eff}<N_T$，则执行表 7.4.2 的重采样算法，并把重采样后粒子重新用符号 $\{\boldsymbol{x}_n^{(i)},i=1,2,\cdots,N_s\}$ 表示并令$\tilde{w}_n^{(i)}=N_s^{-1}$，否则跳过重采样过程； 得到 $p(\boldsymbol{x}_n\mid\boldsymbol{y}_{1:n})$ 逼近式：$\hat{p}(\boldsymbol{x}_n\mid\boldsymbol{y}_{1:n})=\sum\limits_{i=1}^{N_s}\tilde{w}_n^{(i)}\delta(\boldsymbol{x}_n-\boldsymbol{x}_n^{(i)})$ 粒子滤波的输出(Mmse)：$\hat{\boldsymbol{x}}_{n\mid n}=\sum\limits_{i=1}^{N_s}\tilde{w}_n^{(i)}\boldsymbol{x}_n^{(i)}$ 令 $n\leftarrow n+1$，得到新观测值 $\boldsymbol{y}(n)$进入下一次循环

4.7.3　粒子滤波的改进——高斯粒子滤波

上节标准形式的粒子滤波是一个基本工具，在此基础上有许多的变化形式。其中一些为了进一步提升粒子滤波的性能，另一些则为了降低粒子滤波的计算复杂性。一些典型的改进算法有：辅助采样重要性重采样(Auxiliary Sampling Importance Resampling，ASIR)、规则化粒子滤波(Regularized Particle Filter，RPF)、高斯粒子滤波(Gaussian Particle Filter，GPF)、高斯和粒子滤波(Gaussian Sum Particle Filter，GSPF)、无迹粒子滤波(Unscented Particle Filter，UPF)和 Rao-Blackwellisation 粒子滤波等。限于篇幅和本书的性质，不再一一详细介绍这些算法的细节，有兴趣的读者可阅读参考文献。本节仅介绍高斯粒子滤波算法，GPF 在计算复杂性和滤波性能之间获得良好的平衡。

GPF 的基本思想是，保持粒子的产生和更新过程，但用高斯密度函数逼近后验概率密度函数，并采用粒子近似高斯密度的均值和协方差。

在收到新的测量值 $\boldsymbol{y}_n$ 后，由式(4.6.11)得到后验 PDF

$$\begin{aligned} p(\boldsymbol{x}_n \mid \boldsymbol{y}_{1:n}) &= \frac{p(\boldsymbol{x}_n \mid \boldsymbol{y}_{1:n-1})p(\boldsymbol{y}_n \mid \boldsymbol{x}_n)}{p(\boldsymbol{y}_n \mid \boldsymbol{y}_{1:n-1})} \\ &= C_n p(\boldsymbol{y}_n \mid \boldsymbol{x}_n)p(\boldsymbol{x}_n \mid \boldsymbol{y}_{1:n-1}) \\ &\approx C_n p(\boldsymbol{y}_n \mid \boldsymbol{x}_n)N(\boldsymbol{x}_n \mid \mu_{n|n-1}, \Sigma_{n|n-1}) \end{aligned} \tag{4.7.38}$$

注意，上式用 $N(\boldsymbol{x}_n | \mu_{n|n-1}, \Sigma_{n|n-1})$ 逼近预测密度 $p(\boldsymbol{x}_n | \boldsymbol{y}_{1:n-1})$，并假设算法更新过程中，此时该密度函数的参数已求得。同样，假设 $p(\boldsymbol{x}_n | \boldsymbol{y}_{1:n})$ 可以被高斯 PDF 逼近为

$$p(\boldsymbol{x}_n \mid \boldsymbol{y}_{1:n}) \approx N(\boldsymbol{x}_n \mid \mu_{n|n}, \Sigma_{n|n}) \tag{4.7.39}$$

对于式(4.7.12)和式(4.7.13)的一般非线性系统，不可能得到 $\mu_{n|n}, \Sigma_{n|n}$ 的解析表达式，但可以通过粒子 $\boldsymbol{x}_n^{(i)}$ 和权 $\tilde{w}_n^{(i)}$ 对 $\mu_{n|n}, \Sigma_{n|n}$ 进行估计，这里粒子是通过重要性密度 $\pi(\boldsymbol{x}_n | \boldsymbol{y}_{1:n})$ 产生的。结合标准粒子滤波和以上讨论，可将 GPF 算法总结于表 4.7.5 中。

表 4.7.5 高斯粒子滤波算法(GPF)

初 始 条 件	从分布 $\pi(\boldsymbol{x}_0 \mid \boldsymbol{y}_0, \boldsymbol{x}_{-1}) = p(\boldsymbol{x}_0)$ 产生 N_s 个样本 $\boldsymbol{x}_0^{(i)}$，权值为 $\tilde{w}_0^{(i)} = w_0^{(i)} = 1/N_s$
粒子更新和滤波公式	得到 $\boldsymbol{y}(1)$ 从 $n=1$ 开始 GPF 的测量更新算法： 1. 对于 $i=1,2,\cdots,N_s$，产生新样本：$\boldsymbol{x}_n^{(i)} \sim \pi(\boldsymbol{x}_n \mid \boldsymbol{y}_{1:n})$ 2. 计算新权值：$w_n^{(i)} = \dfrac{p(\boldsymbol{y}_n \mid \boldsymbol{x}_n^{(i)})N(\boldsymbol{x}_n^{(i)} \mid \mu_{n\|n-1}, \Sigma_{n\|n-1})}{\pi(\boldsymbol{x}_n \mid \boldsymbol{y}_{1:n})}$ 权值归一化：$\tilde{w}_n^{(i)} = \dfrac{w_n^{(i)}}{\sum_{i=1}^{N_s} w_n^{(i)}}$ 3. 用粒子计算均值和协方差： $\mu_{n\|n} = \dfrac{1}{N_s}\sum_{i=1}^{N_s} \tilde{w}_n^{(i)} \boldsymbol{x}_n^{(i)}$ $\Sigma_{n\|n} = \dfrac{1}{N_s}\sum_{i=1}^{N_s} \tilde{w}_n^{(i)} (\boldsymbol{x}_n^{(i)} - \mu_{n\|n})(\boldsymbol{x}_n^{(i)} - \mu_{n\|n})^{\mathrm{H}}$ GPF 的时间更新算法： 1. 从 $N(\boldsymbol{x}_n \mid \mu_{n\|n}, \Sigma_{n\|n})$ 采样 N_s 个样本，重新得到一组样本集 $\{\boldsymbol{x}_n^{(i)}, i=1,\cdots,N_s\}$ 2. 对每一个 $\boldsymbol{x}_n^{(i)}$，从 PDF $p(\boldsymbol{x}_{n+1} \mid \boldsymbol{x}_n = \boldsymbol{x}_n^{(i)})$ 采样一个样本 $\boldsymbol{x}_{n+1}^{(i)}$，组成 $\{\boldsymbol{x}_{n+1}^{(i)}, i=1,\cdots,N_s\}$ 3. 计算新的预测密度的均值和协方差 $\mu_{n+1\|n} = \dfrac{1}{N_s}\sum_{i=1}^{N_s} \boldsymbol{x}_{n+1}^{(i)}$ $\Sigma_{n+1\|n} = \dfrac{1}{N_s}\sum_{i=1}^{N_s} (\boldsymbol{x}_{n+1}^{(i)} - \mu_{n+1\|n})(\boldsymbol{x}_{n+1}^{(i)} - \mu_{n+1\|n})^{\mathrm{H}}$ 令 $n \leftarrow n+1$，得到新观测值 $\boldsymbol{y}(n)$ 进入下一次循环

对于 GPF，$\mu_{n|n}$ 同时也是粒子滤波的输出 $\hat{\boldsymbol{x}}_{n|n}$。GPF 中常取的重要性密度为 $\pi(\boldsymbol{x}_n | \boldsymbol{y}_{1:n}) = p(\boldsymbol{x}_n | \boldsymbol{y}_{1:n-1}) = N(\boldsymbol{x}_n | \mu_{n|n-1}, \Sigma_{n|n-1})$。

可以证明，$N_s \to \infty$ 时，GPF 可以逼近于各阶后验期望值，即

$$
\begin{aligned}
\sum_{i=1}^{N_s} \tilde{w}_n^{(i)} (\boldsymbol{x}_n^{(i)})^k &= \frac{\sum_{i=1}^{N_s} w_n^{(i)} (\boldsymbol{x}_n^{(i)})^k}{\sum_{i=1}^{N_s} w_n^{(i)}} \\
&= \frac{\sum_{i=1}^{N_s} (\boldsymbol{x}_n^{(i)})^k \dfrac{p(\boldsymbol{y}_n \mid \boldsymbol{x}_n^{(i)}) p(\boldsymbol{x}_n^{(i)} \mid \boldsymbol{y}_{1:n-1})}{\pi(\boldsymbol{x}_n \mid \boldsymbol{y}_{0:n})}}{\sum_{i=1}^{N_s} \dfrac{p(\boldsymbol{y}_n \mid \boldsymbol{x}_n^{(i)}) p(\boldsymbol{x}_n^{(i)} \mid \boldsymbol{y}_{1:n-1})}{\pi(\boldsymbol{x}_n \mid \boldsymbol{y}_{0:n})}} \\
&\rightarrow \frac{\int \boldsymbol{x}_n^k \dfrac{p(\boldsymbol{y}_n \mid \boldsymbol{x}_n) p(\boldsymbol{x}_n \mid \boldsymbol{y}_{1:n-1})}{\pi(\boldsymbol{x}_n \mid \boldsymbol{y}_{0:n})} \pi(\boldsymbol{x}_n \mid \boldsymbol{y}_{0:n}) \mathrm{d}\boldsymbol{x}_n}{\int \dfrac{p(\boldsymbol{y}_n \mid \boldsymbol{x}_n) p(\boldsymbol{x}_n \mid \boldsymbol{y}_{1:n-1})}{\pi(\boldsymbol{x}_n \mid \boldsymbol{y}_{0:n})} \pi(\boldsymbol{x}_n \mid \boldsymbol{y}_{0:n}) \mathrm{d}\boldsymbol{x}_n} \\
&= \frac{\int \boldsymbol{x}_n^k p(\boldsymbol{y}_n \mid \boldsymbol{x}_n) p(\boldsymbol{x}_n \mid \boldsymbol{y}_{1:n-1}) \mathrm{d}\boldsymbol{x}_n}{\int p(\boldsymbol{y}_n \mid \boldsymbol{x}_n) p(\boldsymbol{x}_n \mid \boldsymbol{y}_{1:n-1}) \mathrm{d}\boldsymbol{x}_n} \\
&= \int \boldsymbol{x}_n^k p(\boldsymbol{x}_n \mid \boldsymbol{y}_{1:n}) \mathrm{d}\boldsymbol{x}_n = E_{\boldsymbol{x}_n \mid \boldsymbol{y}_{1:n}}(\boldsymbol{x}_n^k \mid \boldsymbol{y}_{1:n}) \qquad (4.7.40)
\end{aligned}
$$

当 $N_s \rightarrow \infty$ 时，上式第 2 行的求和趋于第 3 行的积分，这个积分的结果是 k 阶后验期望，当 $k=1$ 时是 Mmse 的最优贝叶斯滤波。式(4.7.40)说明粒子 k 次加权和可逼近于各阶条件矩，显然当 $k=2$ 时逼近于 2 阶矩，因此估计的协方差(由 2 阶矩和 1 阶矩计算)也同样逼近于真实值。由此说明了 GPF 的最优逼近性能。

当后验 PDF $p(\boldsymbol{x}_n \mid \boldsymbol{y}_{1:n})$ 多峰值时，可用混合高斯模型逼近，可将高斯粒子滤波扩展为高斯和粒子滤波，有兴趣的读者可参考文献[22]。

在本章最后，用一个非线性状态估计的例子，比较本章后半部分介绍的几个非线性滤波方法的性能。例子的系统方程仍采用例 4.7.4 使用的方程，噪声参数有所变化，参加比较的算法有 EKF、UKF、带重采样的标准粒子滤波(SISR)和 GPF。

例 4.7.5 比较几种非线性滤波器的性能，非线性系统描述为如下两个方程。

状态转移方程为

$$x_n = \frac{x_{n-1}}{2} + 25\frac{x_{n-1}}{1+x_{n-1}^2} + 8\cos(1.2n) + v_n$$

观测方程为

$$y_n = \frac{x_n^2}{20} + s_n$$

其中 $v_n \sim N(0,1)$，$s_n \sim N(0,1)$。实验时共产生 500 个点，即 $n=1,2,\cdots,500$。

参与比较的算法为 EKF、UKF、SISR 和 GPF，第一个结果比较各算法状态估计性能的均方误差，随机做 50 次实验，取粒子数 $N_s=100$，各次实验均方误差比较如图 4.7.6(a)所示，其横坐标是 50 次实验的序号。可以看到 GPF 和 SISR 性能接近，略有下降，UKF 比 EKF 有明显改进，但比 GPF 和 SISR 也有较明显差距。

粒子数的选取对 GPF 和 SISR 的性能有影响，分别选取 $N_s=20,100,1000$，做 5 次实验取均方误差，结果示于图 4.7.6(b)，最左侧是 20 个粒子，最右侧是 1000 个粒子。可见 100

个粒子时性能比 20 个粒子有较明显改善,对本例 1000 个粒子获得的改善不是很明显。

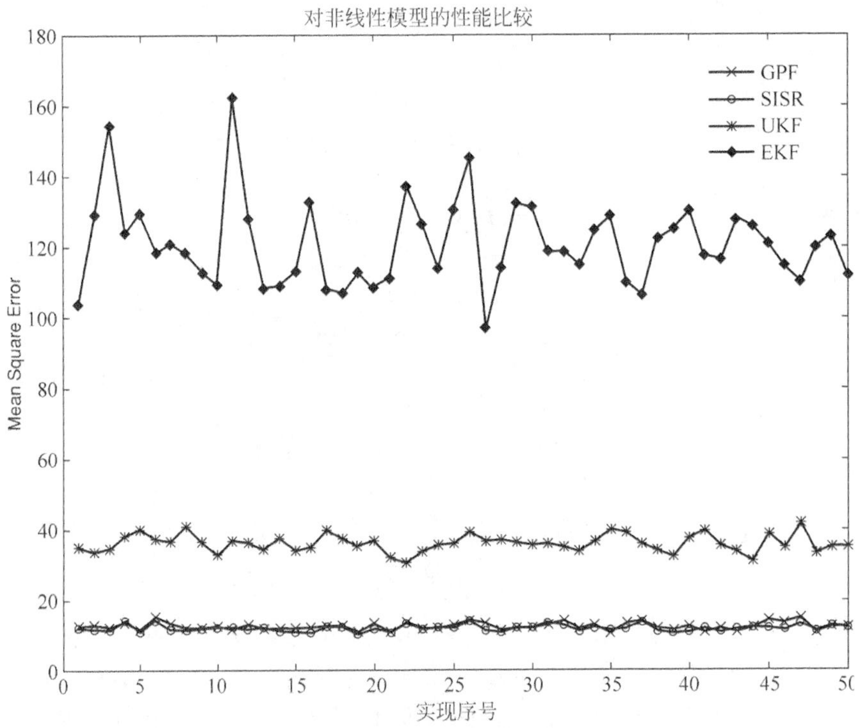

(a) 各算法均方误差比较

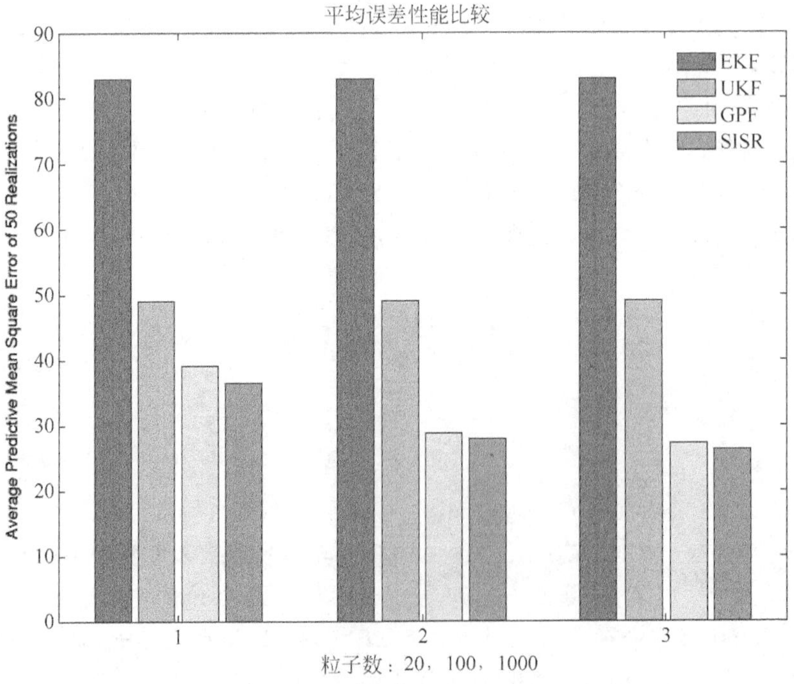

(b) 不同粒子数各算法均方误差比较

图 4.7.6

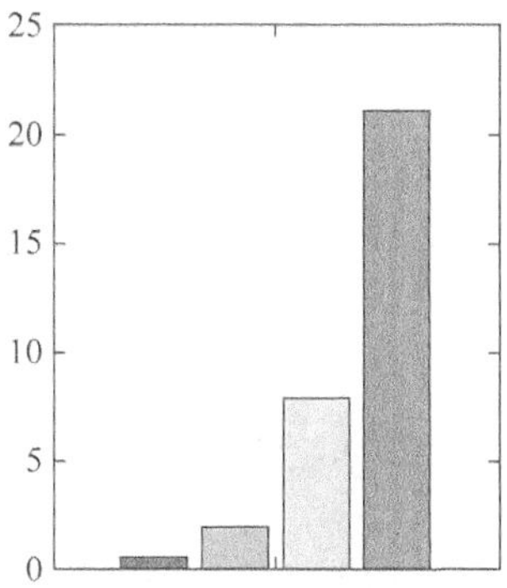

(c) 计算时间比较

图 4.7.6 （续）

最后的实验结果比较计算量，图 4.7.6(c)比较 4 种算法在 PC 机上实验时的耗时对比，这是粒子数 100 时的结果，可见 GPF 比 SISR 的运算效率提高 2～3 倍，性能略有下降，EKF 运算量最低，但性能明显最差，相对而言 UKF 可获得运算复杂性和性能的较好平衡。

例 4.7.5 的实验结果从几个方面说明了各算法的性能比较，但单一例子只有说明性的意义，并不具有一般性，对于一般问题可以通过预先仿真确定对问题最合适的选择。

本节注释 1：粒子滤波算法已经成功应用于诸多场合，有效地解决了不少复杂动态模型下的跟踪和推断问题。然而，这并不意味着其已经成为统计推断和信号处理领域的灵丹妙药。不难想象，如果粒子数目很多，那么重采样过程会是一个非常耗时的过程。但是，显然必须有足够多的粒子来保证采样表达的近似精度，维持较小的估计方差。尤其是当状态空间的维数很高时，粒子数不足将会导致算法的失败。遗憾的是，究竟如何选择粒子的数目并无统一的法则，而依赖于经验和具体的需要。

特别需要注意的是，粒子滤波算法本质上是一种状态搜索算法。我们估计得到一系列状态，然后将这些状态与我们得到的观测进行比较，判断哪一些状态是最有可能生成当前观测的状态，然后保留它们或者给它们以较大权重；其他的状态则被削弱或抛弃。但是请注意，如果似然函数有若干个窄的峰，那么粒子们将有可能聚集到其中的某些峰处，对其他的峰则视而不见。这就是说，粒子滤波不能保证对任意复杂形状的概率分布都实现准确的描述和跟踪，尤其当状态空间维数较高时，这一缺陷会更加突出。

因此，常常需要根据具体问题的模型对粒子滤波器进行手动的初始化，以减小上述风险。同时还需要有效的机制判断跟踪器是否仍在正常工作，对失去跟踪进行及时纠正。

本节注释 2：详细介绍粒子滤波的各种成功应用场合将使本节变得十分庞杂。不过，了解其在不同场合的各种别名却有助于文献的阅读。"粒子滤波"这个基本称呼是统计学学者和信号处理学者使用的，统计学者是这一方法的创始人，当然在有的时候也被以"序贯重要性采样"(SIS)称呼，以突出重要性加权的作用和地位。在人工智能领域，这一方法也被称为"适者生存"(survival of the fittest) [13]。计算机视觉是迄今为止粒子滤波最为活跃的应用场合，研究计算机视觉的人喜欢把粒子滤波称为所谓 Condensation 算法[14]，一篇普及式的论述粒子滤波在计算机视觉中应用的文章可见[7]。近年来，粒子滤波逐渐引起信号处理和通信领域的重视。例如，在序贯重要性采样框架下的粒子滤波及其几类变种在[2]中进行了详尽仔细的讨论。Djuric 等人的综述[3]则逐一将包括盲均衡、多用户检测、衰落信道中的空时码估计和检测等诸多问题建模为粒子滤波问题，显示出粒子滤波方法在这些领域的潜力。粒子滤波最广泛的应用之一是各种跟踪问题，包括在计算机视觉、雷达和声呐、传感器网络等领域中的各类目标跟踪问题[4]。

4.8 本章小结和进一步阅读

对于线性系统的状态估计问题可以归类为卡尔曼滤波，当系统噪声满足高斯密度函数时，这类问题的解是最优的。卡尔曼滤波是解决许多实际问题的有效工具，因其重要性得到深入的研究，有各种变化形式，除标准卡尔曼滤波外，还有信息形式卡尔曼滤波。针对数值稳定性问题有 QR 卡尔曼滤波器，对于非时变系统和噪声可以得到实现更加简单的稳态卡尔曼滤波。有一些从经典的到最新出版的卡尔曼滤波的专门著作，对这一领域进行了全面的讨论。一本经典的介绍卡尔曼滤波的著作是 Anderson 等的著作(Anderson，1979)[1]；另一本全面讨论卡尔曼滤波的著作是 Grewal 的(Grewal，1993，2008)[10,11]，其 2008 年的新版本增加了实现卡尔曼滤波的 MATLAB 例程，可以方便地使用这些例程设计自己的仿真实验，这是一种很好的入门方式；比较新的著作包括 Gibbs 的著作[9]和 Simon 的著作[28]。一些关于系统理论和估计理论的著作，也以较大的篇幅详细地讨论了卡尔曼滤波问题，例如 Kailath 的著作[17]和 Mendel 的著作[24]；一些现代滤波技术的书也给出了卡尔曼滤波的介绍，例如 Haykin 的著作[12]。

在系统方程是非线性的，或(和)噪声是非高斯的情况下，卡尔曼滤波不再有效。解决非线性系统状态估计问题有两类基本思路，一是扩展卡尔曼滤波的思想到非线性问题，二是重新寻求新的滤波思想。对卡尔曼滤波的最直接扩展是 EKF，它通过泰勒级数展开只取线性项对非线性方程进行近似，然后直接使用卡尔曼滤波方程，在轻度非线性的情况下，EKF 可以获得满意的结果，但随着非线性程度的加强，EKF 性能不再满足要求；另一种更有效的扩展卡尔曼滤波的技术是 UKF，它通过精心得到的一组采样点有效估计和更新协方差矩阵，得到比 EKF 明显好的性能。UKF 的详细讨论可参考 Julier 的论文[16]和 Wan 的文章[29]。

从一般意义上实现非线性非高斯滤波的框架是贝叶斯滤波，本质上是一种递推求解状态向量的后验 PDF 的方法。当问题简化到线性和高斯性的情况下，贝叶斯滤波有闭式的解，这就是卡尔曼滤波，从这个意义上卡尔曼滤波是贝叶斯滤波的一种特例。当对于一般非线性非高斯性的情况下，贝叶斯滤波没有准确的解，可以采用一些逼近的方式实现贝叶斯滤波，这些逼近的贝叶斯滤波方法中最重要的一种是基于序列蒙特卡洛方法的粒子滤波，其核心思想是用一组样本和其权值(称为粒子)逼近状态向量的后验 PDF，为了保持粒子的有效性需要采用重采样技术。一篇从信号处理角度全面综述粒子滤波的文章是 Arulampalam 的综述论文[2]，Doucet 编辑的论文集式的著作[6]给出了早期粒子滤波的较全面论述，参考文献[4][7][21][22]则给出了粒子滤波的一些改进方法和应用，Ristic 的书则给出了粒子滤波及其在跟踪中应用的一个详细讨论[26]。

习题

1. 与 4.1 节表 4.1.1 的卡尔曼滤波器对应，证明如下的标量卡尔曼 1 步预测算法的各递推公式如下表所示。

初始条件	$\hat{x}(1\|0),K(1\|0)$
递推算法	$\alpha(n)=y(n)-c\hat{x}(n\|n-1)$ $\sigma_\alpha^2(n)=K(n\|n-1)+\sigma_w^2(n)$ $g_n(n)=\dfrac{a_1K(n\|n-1)}{K(n\|n-1)+\sigma_w^2}$ $\hat{x}(n+1\|n)=a_1\hat{x}(n\|n-1)+g_n(n)\alpha(n)$ $K(n+1\|n)=K(n\|n-1)\left(1-\dfrac{K(n\|n-1)}{K(n\|n-1)+\sigma_w^2}\right)a_1^2+\sigma_v^2(n)$ $n\leftarrow n+1$ 循环

2. 设一个系统，其状态方程为 $x(n+1)=x(n)+v(n)$，测量方程 $y(n)=x(n)+w(n)$，且 $v(n)\sim N(0,1)$和 $w(n)\sim N(0,1)$，$v(n)$和 $w(n)$不相关。

(1) 设初始条件为 $x(0)=0$，已知测量序列 $y(1)=-0.1$，$y(2)=0.05$，$y(3)=-0.2$，利用卡尔曼滤波手动计算前 3 次循环的结果；

(2) $n\to\infty$时计算 $K(n|n-1)|_{n\to\infty}$和卡尔曼增益 $G_f(\infty)$。

3. 已知一个信号满足 AR(2)模型，差分方程为 $x(n)=\dfrac{1}{4}x(n-1)+\dfrac{3}{8}x(n-2)+v(n)$，设无法直接测量到 $x(n)$，而是测量到 $y(n)=x(n)+w(n)$，且 $v(n)\sim N(0,1)$和 $w(n)\sim N(0,4)$，$v(n)$和 $w(n)$不相关。

(1) 写出相应状态方程和测量方程的矩阵形式；

(2) 设 $x(0)=x(-1)=0$，$y(1)=-0.6$，$y(2)=0.5$，手动完成卡尔曼滤波的前两次递推；

(3) 求出 $\boldsymbol{G}_f(\infty)$。

4. 证明 $\boldsymbol{K}(n)$有如下关系式

$$\boldsymbol{K}^{-1}(n)=\boldsymbol{K}^{-1}(n\mid n-1)+\boldsymbol{C}^{\mathrm{H}}(n)\boldsymbol{Q}_2(n)\boldsymbol{C}(n)$$

5. 证明卡尔曼增益的另一种形式

$$\boldsymbol{G}_f(n)=\boldsymbol{K}(n)\boldsymbol{C}^{\mathrm{H}}(n)\boldsymbol{Q}_2^{-1}(n)$$

*6. 设有一个随机信号 $x(n)$服从 AR(4)过程，它是一个宽带过程，参数如下：

参数名称	$a(1)$	$a(2)$	$a(3)$	$a(4)$	σ_v^2
信号源参数	−1.352	1.338	−0.662	0.240	1

我们通过观测方程 $y(n)=x(n)+v(n)$来测量该信号，$v(n)$是方差为 1.2 的高斯白噪声，要求分别利用维纳滤波器和 Kalman 滤波器通过测量信号估计 $x(n)$的波形，用 MATLAB 对此问题进行仿真，写出仿真报告。将 $v(n)$的方差分别改为 0.5、4 和 9，重做此

题并比较分析结果(自行选择维纳滤波器的阶数,自行选择仿真内容,撰写仿真报告)。

*7. 在例 4.2.2 的运动模型中,给出如下假设

$$\sigma_a^2 = 36, \quad \sigma_w^2 = 100, \quad T = 0.1$$

由此可以建立卡尔曼滤波模型。进行如下仿真,设初始时刻运动目标的真实位置和速度为 $x(0)=800\text{m}, v(0)=-49\text{m/s}$,假设卡尔曼滤波使用的初始状态值为

$$[\hat{x}(0 \mid 0) \quad \hat{v}(0 \mid 0)]^{\mathrm{T}} = [900 \quad -95]^{\mathrm{T}}$$

$$\boldsymbol{K}(0) = \mathrm{diag}(1000, 1000)$$

(1) 对该问题给出仿真,并写出仿真报告;

(2) 分析该问题的稳态卡尔曼解,直接使用稳态卡尔曼滤波(α-β 滤波器)仿真该问题。

参考文献

[1] Anderson B D and Moore J B. Optimal Filtering[M]. New Jersey: Prentice-Hall. 1979.

[2] Arulampalam M S. Maskell S. Gordon N and Clapp T. A tutorial on particle filter for online nonlinear/non-Gaussian Bayesian tracking. IEEE Trans. on Signal Processing. 2002. 50(2): 174-188.

[3] Djuric P M. Kotecha J H. Zhang J. et al Particle filtering. *IEEE Signal Processing Magazine*. 2003. 20(5): 19-38.

[4] Djuric P M Vemula M and Bugallo M F. Target Tracking by Particle Filtering in Binary ensor Networks. IEEE TRANSACTIONS ON SIGNAL PROCESSING. 2008. 56(6): 2229-2238.

[5] Doucet A. Godsill S and Andrieu C. On sequential Monte Carlo sampling methods for Bayesian filtering. Statistics and Computing. 2000. 10: 197-208.

[6] Doucet A. de Freitas J F G and Gordon N J. An introduction to sequential Monte Carlo Methods. in *Sequential Monte Carlo Methods in Practice*. New York: Springer-Verlag. 2001.

[7] Forsyth D A. Ponce J. Tracking with nonlinear dynamic models. *Computer Vision: A Modern Approach*. http://www.cs.berkeley.edu/~daf/bookpages/pdf/particles.pdf.

[8] Golub G H, Van Loan C F. 矩阵计算[M]. 袁亚湘,等译. 北京:科学出版社,2002.

[9] Gibbs B P. Advanced Kalman Filtering. Least-Squares and Modeling. New Jersey: Wiley. 2011.

[10] Grewal M S and Andrews A P. Kalman Filtering: Theory and Practice[M]. New Jersey: Prentice Hall. 1993.

[11] Grewal M S and Andrews A P. Kalman Filtering: Theory and Practice using Matlab. New Jersey: Wiley. 2008.

[12] Haykin S. Adaptive Filter theory[M]. Fourth Edition. 2002. New Jersey: Prentice-Hall.

[13] Kanazawa K. Koller D and S. J. Russell. Stochastic simulation algorithms for dynamic probabilistic networks[C]. *Proceedings Eleventh Annual Conference on Uncertainty in AI*. 1995. 346-351.

[14] Isard M. Blake A.. CONDENSATION-conditional density propagation for visual tracking. *International Journal of Computer Vision*. 1998. 29(1): 5-28.

[15] Julier S J. Uhlmann J K. A New Extension of the Kalman Filter to Nonlinear Systems. In Proc. of AeroSense: The 11th Int. Symp. on Aerospace/Defence Sensing. Simulation and Controls. 1997.

[16] Julier S J Uhlmann J K. Unscented Filtering and Nonlinear Estimation. PROCEEDINGS OF THE IEEE. 2004. 92(3): 401-422.

[17] Kailath T. Sayed A H and Hassibi B. Linear Estimation. New Jersey: Prentice Hall. 2000.

[18] Kalata P. The tracking index. A generalized parameter for α-β and α-β-γ target trackers. IEEE Trans.

on AES. 1984. 20(2): 174-182.

[19] Kalman R. A new approach to linear filtering and prediction problem. ASME Journal of Basic Engineering. 1960. 82: 35-45.

[20] Kalman R. Bucy R. New results in linear filtering and prediction theory. ASME Journal of Basic Engineering. 1962. 83: 95-108.

[21] Kotecha J H. Djuric P M. Gaussian Particle Filtering. IEEE Trans. On Signal Processing. 2003. 51 (10): 2592-2601.

[22] Kotecha J H. Djuric P M. Gaussian Sum Particle Filtering. IEEE Trans. On Signal Processing. 2003. 51(10): 2603-2613.

[23] Manolakis D G. Statistical and Adaptive Signal Processing: Spectral Estimation. Signal Modeling. Adaptive Filter and Array Processing. New York: Mcgraw-Hall. 2000.

[24] Mendel J M. Lessons in Estimation Theory for Signal Processing. Communications and Control. New Jersey: Prentice Hall. 1995.

[25] Pitt M. Shephard N. Filtering via simulation. auxiliary particle filters. Journal of the American Statistical Association. 1990. 94: 590-599.

[26] Ristic B. Arulampalam S and Gordon N. Beyond the Kalman Filter: Particle Filters for Tracking Applications. BOSTON: Artech House. 2004.

[27] Sayed A H. Kailath T. A state-space approach to adaptive RLS filtering. IEEE Signal Processing Magazine. 1994. 11(1): p18-60.

[28] Simon D. 卡尔曼. H_∞及非线性滤波. 张勇刚，等译. 北京：国防工业出版社，2015.

[29] Wan E A. van der Merwe R. The Unscented Kalman Filter. Chp7. in Kalman Filtering and Neural Networks. Edit By Haykin S. New Jersey: Wiley. 2001.

[30] 张旭东，陆明泉. 离散随机信号处理[M]. 北京：清华大学出版社，2005.

第5章

自适应滤波器

我们知道，从均方误差最小的意义上维纳(Wiener)滤波器是最优的线性滤波器，但是维纳滤波器需要输入信号的自相关矩阵及输入信号与期望响应之间的互相关向量，这些先验信息在实际系统设计时一般是不知道的，通过一段长时间记录的数据对这些特征量进行精确的估计，在许多应用中是不现实的，即使可以先估计这些相关函数的值，再设计维纳滤波器，但当环境发生变化时，设计对应用也不再适用。

一种更实际的滤波器是具有学习功能的，让期望响应作为“导师”，输入信号通过滤波器的输出对期望响应进行估计，逐渐更新(递推)滤波器系数，使得滤波器系数逐渐逼近最优滤波器，也就是使滤波器输出对期望响应的估计误差逐渐接近最小，这样的滤波器就是自适应滤波器。简单说，自适应滤波器就是通过对环境进行学习，逐渐达到或逼近最优滤波器。由于自适应滤波器在学习过程中有“教师”(期望响应)存在，它是一种有监督学习过程。

正因为自适应滤波器具有学习的能力，当滤波器的应用环境发生缓慢变化时，也就是相当于自适应滤波器应用于非平稳环境，但环境的非平稳变化比自适应滤波器的学习速度更缓慢时，自适应滤波器能够自适应地跟踪这种非平稳变化，这一点是维纳滤波器做不到的。

本章主要讨论广泛应用的几种线性自适应滤波器的设计原理和收敛性能。以线性自适应滤波器为主要讨论对象，基于如下几个原因：

(1) 大量的线性自适应滤波器能满足各类应用，且实现简单。

(2) 许多非线性(如多项式、高阶量等)自适应滤波器是以线性自适应滤波器为核心。

(3) 一大类人工神经网络(BP算法)是线性自适应滤波器——LMS算法的推广。

将会看到，所谓的线性自适应滤波器，从系统输入输出的关系看，都不再是线性系统，因为系统输入用于调节滤波器系数，滤波器系数变化也影响系统输出，因此，实际上自适应滤波器都是非线性时变系统，所谓的线性自适应滤波器是指构成系统处理模块的各运算单元是线性运算。当构成自适应滤波器的运算单元是非线性运算时，称为非线性自适应滤波器。本章也讨论几个典型非线性自适应滤波器，其中之一是利用非线性映射函数构成的自适应滤波器，其利用非线性映射函数直接将线性自适应滤波推广为非线性；第二类是盲自适应滤波，当期望响应缺席时，构成盲自适应滤波器，本章最后概要介绍盲自适应滤波器的一个特例：盲均衡，将会看到，为了构成盲均衡算法，同样需要非线性运算。

5.1 自适应滤波的分类和应用

自适应滤波有几种典型结构和几类典型应用。本章的核心内容主要是讨论三种典型的线性自适应滤波器原理，分别是：

1. 最陡下降算法

假设目标函数为 $J(n)=E[|e(n)|^2]$，为使之最小求对 $\boldsymbol{w}(n)$ 的梯度，构成对 $\boldsymbol{w}(n)$ 的迭代算法，由于采用汇集平均 $E[\cdot]$，使得梯度中有自相关矩阵和互相关向量 $\boldsymbol{R}_x$，$\boldsymbol{r}_{xd}$ 等统计量并存在于迭代公式中，实际中难以实现。它实际只是求维纳滤波器系数的一种迭代算法而不是真正的自适应滤波算法。

2. LMS 算法

假设目标函数为 $J(n)=|e(n)|^2$，为使之最小求对 $\boldsymbol{w}(n)$ 的梯度，由于瞬间操作，梯度随机性很大，构造的对 $\boldsymbol{w}(n)$ 的迭代算法收敛慢，有相对"较大"的多余误差 $J_{ex}(\infty)$ 存在。但算法简单，在能够满足实际需求时，采用该算法具有最简单的实现成本。

3. RLS 算法

设 $J(n)=\sum\limits_{i=i_1}^{i_2}|e(n)|^2$，是以上两者的折中，比 LMS 有更好的性能，但运算复杂性比 LMS 算法明显增加。目前研究的各种快速 LS 算法，使运算复杂性大大降低，快速 LS 算法已经成为高性能自适应滤波器的主要算法。

本章 5.2～5.4 节集中讨论以上三种基本自适应滤波算法原理。自适应滤波器的基本结构示于图 5.1.1。其中图 5.1.1(a)表示一个自适应滤波器的组成结构，图 5.1.1(b)是完整自适应滤波器的表示图。

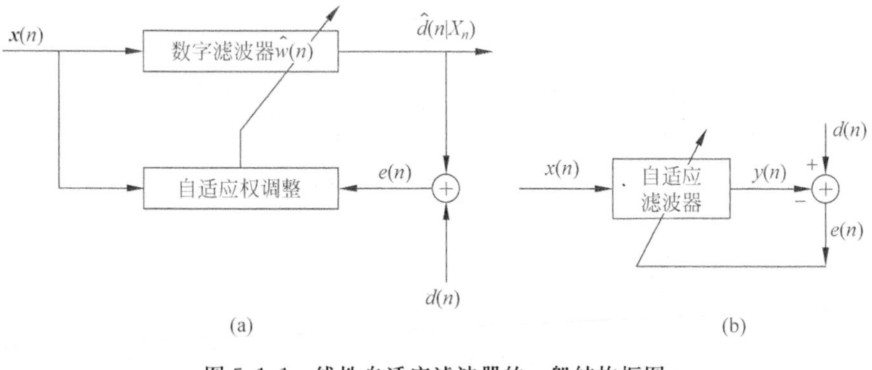

图 5.1.1 线性自适应滤波器的一般结构框图

以建立在 FIR 结构上的自适应滤波器为例，说明自适应滤波的工作原理。自适应滤波器主要由两部分构成，其主要执行部件是一个 FIR 滤波器，也常称为横向滤波器，它完成实质的工作："滤波"，FIR 滤波器的权系数是可以随时调整的，构成自适应滤波器的第二部分就是滤波器的权调整算法，也称为学习算法。在开始时，可以给 FIR 滤波器赋予任意的初始权系数，在每个时刻，用当前权系数对输入信号进行滤波运算，产生输出信号，输出信号与期望响应的差定义为误差信号，由误差信号和输入信号向量一起构造一个校正量，自适应地调整权向量$\hat{\boldsymbol{w}}(n)$，使误差信号趋于降低的趋势，使滤波器逐渐达到或接近最优。

在自适应滤波器设计中，期望响应 $d(n)$是一个很关键的量，它被称之为“教师”，是构成学习算法的核心量，因为学习的目的是使滤波器输出逐渐更加逼近 $d(n)$，它是不可以缺少的一个量。在一些应用中，$d(n)$的选择是很显然的，而在另一些应用中，如何选取 $d(n)$，是一个很有智慧的问题。

自适应滤波器有非常广泛的应用，主要可以归类为图 5.1.2 的 4 类应用。图 5.1.2(a)表示线性预测应用，将信号延迟后送到滤波器的输入，用于预测信号的当前值，这是第 3 章讨论的线性预测的自适应实现，初始时给出任意的预测系数(对应于 FIR 滤波器的系数)，随着自适应滤波过程的进行，逐渐逼近最优预测系数。图 5.1.2(b)对应系统辨识的应用，通过自适应滤波器逼近一个待模型化或参数未知的系统。图 5.1.2(c)是用自适应滤波实现逆系统的结构框图，自适应滤波器将逼近图中系统的逆系统，通过这个过程或得到系统的一个近似的逆系统，或得到系统输入信号的比较逼真的恢复，这类应用可统称为解卷积，其

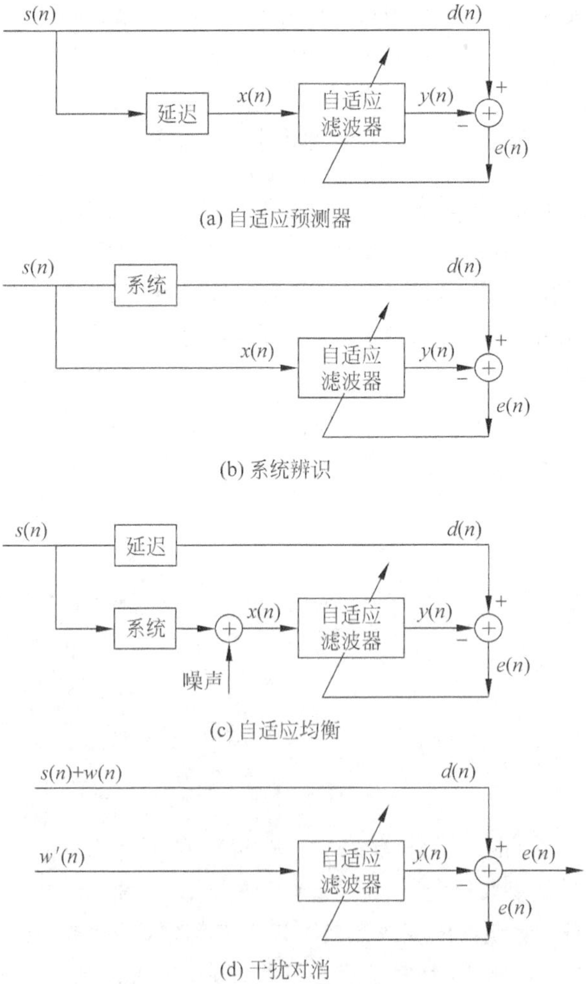

图 5.1.2 自适应滤波器应用的几种类型

中通信系统的自适应均衡器是一个典型的例子，通过自适应均衡器抑止通信系统传输过程中对传输信号的各种畸变和干扰。图 5.1.2(d)是消除噪声干扰的应用，信号 $s(n)$ 被加性噪声 $w(n)$ 所污染，但一个与 $w(n)$ 相关的噪声信号 $w'(n)$ 可以利用，以 $w'(n)$ 为输入信号的自适应滤波器产生一个对 $w(n)$ 非常近似的逼近，用于抵消混入信号中的噪声。

这里给出了对自适应滤波应用的一个简单说明，在讨论了自适应滤波算法后，再对相关的应用做更详细的讨论。

在自适应滤波器应用中，通过迭代或者说通过学习算法，使滤波器系数逐渐趋近最优滤波器系数。在不同应用中，学习过程有不同的作用和持续期。在有的应用中，只有开始的部分时间，期望响应和学习算法起作用，通过调整算法使滤波器系数接近最优，然后，期望响应将缺席，此后或学习算法中止，自适应滤波器退化为一个普通的滤波器，或由已达到良好性能的系统本身产生一个替代的期望响应。例如，在通信的自适应均衡器的应用中，只有在通话双方接通的初始阶段，通过一个双方约定的训练序列，使自适应均衡器达到好的性能，当训练阶段结束，或学习算法停止工作，自适应均衡器就变成一个普通的滤波器，或通过一个检测器产生一个替代的期望响应。在一个缓慢的非平稳环境下的最优预测的应用中，学习算法始终在工作，以跟踪序列的非平稳性，总能够得到好的预测滤波器系数。

如下复习第 3 章最优滤波的几个公式作为自适应滤波器设计的预备知识。对一个在给定时刻的滤波器系数 $\boldsymbol{w}(n)$，滤波器的输出为

$$y(n) = \hat{d}(n \mid X_n) = \boldsymbol{w}^{\mathrm{H}}(n)\boldsymbol{x}(n) \tag{5.1.1}$$

滤波器对期望响应的估计误差为

$$e(n) = d(n) - \hat{d}(n \mid X_n) = d(n) - \boldsymbol{w}^{\mathrm{H}}(n)\boldsymbol{x}(n) \tag{5.1.2}$$

注意到，由于自适应滤波器的权系数随时可以调整，因此，本章用带时间变量的滤波器权系数。对于任意权向量 $\boldsymbol{w}(n)$，均方误差(或称为开销函数)$J(n)$为

$$J(n) = \sigma_d^2 - \boldsymbol{w}^{\mathrm{H}}(n)\boldsymbol{r}_{xd} - \boldsymbol{r}_{xd}^{\mathrm{H}}\boldsymbol{w}(n) + \boldsymbol{w}^{\mathrm{H}}(n)\boldsymbol{R}_x\boldsymbol{w}(n) \tag{5.1.3}$$

当滤波器达到最优时 $\boldsymbol{w}(n)=\boldsymbol{w}_o$，满足

$$\boldsymbol{R}_x\boldsymbol{w}_o = \boldsymbol{r}_{xd} \tag{5.1.4}$$

和

$$J_{\min} = \sigma_d^2 - \boldsymbol{r}_{xd}^{\mathrm{H}}\boldsymbol{w}_o \tag{5.1.5}$$

自适应滤波器就是从任意给定的初始权系数 $\boldsymbol{w}(0)$ 开始，通过学习过程逐渐达到或逼近最优滤波器，即 $\boldsymbol{w}(n)\rightarrow\boldsymbol{w}_o$。

5.2 最陡下降算法

对于一个滤波器，希望设计滤波器系数 $\boldsymbol{w}(n)$，使滤波器输出是对期望响应 $d(n)$ 的最优估计，因为估计误差为

$$e(n) = d(n) - \hat{d}(n \mid X_n) = d(n) - \boldsymbol{w}^{\mathrm{H}}(n)\boldsymbol{x}(n)$$

设计滤波器系数，使估计误差的均方值

$$J(n) = E[\mid e(n) \mid^2]$$

最小。这是维纳滤波器的问题，这里换一个解决问题的思路，用迭代算法解最优滤波器系数。设在初始时给出滤波器系数的一个任意初始值 $\boldsymbol{w}(0)$，通过迭代的方法逐步趋近最优滤波器系数。这个问题的解可采用传统的最优化算法，最常用的一个迭代最优算法是最陡下降算法，通过下式计算权更新

$$\boldsymbol{w}(n+1)=\boldsymbol{w}(n)+\frac{1}{2}\mu[-\nabla J(n)] \tag{5.2.1}$$

式(5.2.1)中，μ 是迭代步长参数，由开销函数式(5.1.3)对滤波器权向量的求导得

$$\nabla J(n)=\frac{\partial J(n)}{\partial \boldsymbol{w}^{*}(n)}=-2\boldsymbol{r}_{xd}+2\boldsymbol{R}_{x}\boldsymbol{w}(n) \tag{5.2.2}$$

将式(5.2.2)代入式(5.2.1)得到

$$\boldsymbol{w}(n+1)=\boldsymbol{w}(n)+\mu\left[\boldsymbol{r}_{xd}-\boldsymbol{R}_{x}\boldsymbol{w}(n)\right] \tag{5.2.3}$$

注意到式(5.2.3)可以写成：$\boldsymbol{w}(n+1)=\boldsymbol{w}(n)+\delta\boldsymbol{w}(n)$，在每一个新时刻，新的滤波器权系数是在上一个时刻权系数基础上进行调整，调整量为

$$\delta\boldsymbol{w}(n)=\mu\left[\boldsymbol{r}_{xd}-\boldsymbol{R}_{x}\boldsymbol{w}(n)\right]=\mu E\left[\boldsymbol{x}(n)e^{*}(n)\right] \tag{5.2.4}$$

式(5.2.3)就是在每一步的权调整算法，或者称为学习算法，通过这个算法调整权系数，最终收敛到最优滤波器系数。式(5.2.3)的迭代算法的关键是在什么条件下该算法是收敛的。收敛的要求是对于给出的任意初始值，经过多次迭代，滤波器权系数向量逐渐趋于一个固定的向量，理想的情况下，这个固定向量就是最优滤波器系数 $\boldsymbol{w}_{o}$。收敛分析的最重要的结果是：获得保证收敛的迭代步长 μ 的取值范围。

1. 最陡下降算法的收敛性分析

为便于分析，设中间变量 $\boldsymbol{c}(n)=\boldsymbol{w}(n)-\boldsymbol{w}_{o}$，将式(5.2.3)两侧减 $\boldsymbol{w}_{o}$，并带入 $\boldsymbol{r}_{xd}=\boldsymbol{R}_{x}\boldsymbol{w}_{o}$ 得

$$\boldsymbol{w}(n+1)-\boldsymbol{w}_{o}=\boldsymbol{w}(n)-\boldsymbol{w}_{o}+\mu\left[\boldsymbol{R}_{x}\boldsymbol{w}_{o}-\boldsymbol{R}_{x}\boldsymbol{w}(n)\right]$$

带入中间变量 $\boldsymbol{c}(n)$ 有

$$\boldsymbol{c}(n+1)=(\boldsymbol{I}-\mu\boldsymbol{R}_{x})\boldsymbol{c}(n) \tag{5.2.5}$$

利用自相关矩阵的分解性质 $\boldsymbol{R}_{x}=\boldsymbol{Q}\boldsymbol{\Lambda}\boldsymbol{Q}^{\mathrm{H}}$，并带入式(5.2.5)得

$$\boldsymbol{c}(n+1)=(\boldsymbol{I}-\mu\boldsymbol{Q}\boldsymbol{\Lambda}\boldsymbol{Q}^{\mathrm{H}})\boldsymbol{c}(n) \tag{5.2.6}$$

上式两边左乘 $\boldsymbol{Q}^{\mathrm{H}}$，并注意 $\boldsymbol{Q}^{\mathrm{H}}=\boldsymbol{Q}^{-1}$，得到

$$\boldsymbol{Q}^{\mathrm{H}}\boldsymbol{c}(n+1)=(\boldsymbol{I}-\mu\boldsymbol{\Lambda})\boldsymbol{Q}^{\mathrm{H}}\boldsymbol{c}(n) \tag{5.2.7}$$

设另一个中间变量

$$\boldsymbol{v}(n)=\boldsymbol{Q}^{\mathrm{H}}\boldsymbol{c}(n)=\boldsymbol{Q}^{\mathrm{H}}[\boldsymbol{w}(n)-\boldsymbol{w}_{o}] \tag{5.2.8}$$

利用中间变量 $\boldsymbol{v}(n)$，式(5.2.7)变为

$$\boldsymbol{v}(n+1)=(\boldsymbol{I}-\mu\boldsymbol{\Lambda})\boldsymbol{v}(n)$$

这是一个解耦的向量关系式，从 $\boldsymbol{v}(0)$ 开始递推，得到

$$\boldsymbol{v}(n)=(\boldsymbol{I}-\mu\boldsymbol{\Lambda})^{n}\boldsymbol{v}(0) \tag{5.2.9}$$

由矩阵解耦性质，得每个分量的表达式

$$v_{k}(n)=(1-\mu\lambda_{k})^{n}v_{k}(0) \tag{5.2.10}$$

由式(5.2.8)可以看到，当 $\boldsymbol{w}(n)\to\boldsymbol{w}_{o}$ 时，$\boldsymbol{v}(n)$ 收敛到零，因此只需要找到使 $\boldsymbol{v}(n)$ 收敛到零的条件，它就相当于 $\boldsymbol{w}(n)\to\boldsymbol{w}_{o}$。由式(5.2.10)发现，$\boldsymbol{v}(n)$ 各分量收敛的条件为对所有 k，

$$|1-\mu\lambda_{k}|<1$$

相当于

$$0 < \mu < \frac{2}{\lambda_k} \tag{5.2.11}$$

为了保证对所有 k，μ 均满足式(5.2.11)，得到收敛条件为

$$0 < \mu < \frac{2}{\lambda_{\max}} \tag{5.2.12}$$

由式(5.2.8)得

$$\boldsymbol{w}(n) = \boldsymbol{w}_{\mathrm{o}} + \boldsymbol{Q}\boldsymbol{v}(n) \tag{5.2.13}$$

带入 $v_k(n)$的表达式，得权系数各分量为

$$w_i(n) = w_{\mathrm{o}i} + \sum_{k=1}^{M} q_{ki} v_k(0)\,(1-\mu\lambda_k)^n, \quad i = 1,2,\cdots,M \tag{5.2.14}$$

这里，q_{ki}是自相关矩阵 $\boldsymbol{R}_x$ 第 k 个特征向量 $\boldsymbol{q}_k$ 的第 i 个元素。

2. 收敛性的讨论

式(5.2.14)的每一项都是一个指数衰减的形式，对于每一个指数衰减项，可以定义一个时间常数 τ_k，用 $c\mathrm{e}^{-\frac{\tau}{\tau_k}}$的包络描述该指数项的衰减情况，时间常数 τ_k 越大，衰减越慢，为得到一个指数项的时间常数，令式(5.2.14)的第 k 个指数项的时间标号取 1，得

$$c\mathrm{e}^{-\frac{\tau}{\tau_k}}\Big|_{\tau=1} = c(1-\mu\lambda_k)$$

得时间常数为

$$\tau_k = \frac{1}{\ln(1-\mu\lambda_k)} \tag{5.2.15}$$

当步长 μ 取很小时，时间常数近似为

$$\tau_k \approx \frac{1}{\mu\lambda_k} \tag{5.2.16}$$

由于式(5.2.14)是 M 个指数项的和，总的时间常数应该是最大时间常数和最小时间常数之间的折中值，为了充分留有余地，我们采用最大时间常数来刻画算法的收敛时间，记

$$\tau_{\max} \approx \frac{1}{\mu\lambda_{\min}} \tag{5.2.17}$$

由收敛条件取

$$\mu = \alpha\frac{2}{\lambda_{\max}}, \quad 0 < \alpha < 1 \tag{5.2.18}$$

式(5.2.18)代入式(5.2.17)得到最大时间常数为

$$\tau_{\max} \approx \frac{1}{2\alpha}\frac{\lambda_{\max}}{\lambda_{\min}} \tag{5.2.19}$$

由式(5.2.19)可见，当输入信号的自相关矩阵的特征值分布很分散时，最大特征值和最小特征值相差很大，算法的收敛速度很慢，反之，当输入信号的自相关矩阵的特征值比较紧凑时，收敛速度较快。

例 5.2.1 $M=2$ 的自相关矩阵为

$$\boldsymbol{R}_x = \sigma_x^2\begin{bmatrix} 1 & \rho \\ \rho & 1 \end{bmatrix}$$

这里 $0 \leqslant \rho < 1$，该矩阵的特征值为 $\lambda_1 = \lambda_{\max} = \sigma_x^2(1+\rho)$，$\lambda_2 = \lambda_{\min} = \sigma_x^2(1-\rho)$则时间常数

$$\tau_{\max} \approx \frac{1}{2\alpha}\frac{\lambda_{\max}}{\lambda_{\min}} = \frac{1}{2\alpha}\frac{1+\rho}{1-\rho}$$

讨论两种情况。

情况 1：$\rho=0, \tau_{\max}\approx\frac{1}{2\alpha}$

情况 2：$\rho=0.99, \tau_{\max}\approx\frac{1}{2\alpha}\frac{1.99}{0.01}\approx 200\times\frac{1}{2\alpha}$

显然，情况 1 时，信号的自相关矩阵为对角矩阵，说明信号相邻值是不相关的，即 $r_x(1)=0$，每一个信号值携带了最大的信息量(回忆卡尔曼滤波情况，在这种情况下新息序列就是信号序列自身)。情况 2 正相反，$r_x(1)$ 非常接近 $r_x(0)$，说明相邻信号取值相关性很强，从前一个取值预测后一个取值是相当准确的，预测误差很小，即每个新的信号取值所携带的信息量非常少。也就是说每个信号取值都携带较大信息量时，迭代算法收敛快，反之收敛慢，这与我们的直观感觉一致。这个讨论可推广到更高维。

将权系数表达式代入 $J(n)$ 的表达式(5.1.3)容易验证均方误差的变化规律为

$$J(n) = J_{\min} + \sum_{k=1}^{M}\lambda_k \mid v_k(n) \mid^2 = J_{\min} + \sum_{k=1}^{M}\lambda_k (1-\mu\lambda_k)^{2\cdot n} \mid v_k(0) \mid^2 \tag{5.2.20}$$

若满足收敛条件式(5.2.12)，则 $J(n)\rightarrow J_{\min}$。同时观察到，均方误差的每一项的时间常数是相应权系数时间常数的一半，因此，输入信号自相关矩阵特征值的分布对均方误差衰减速度的影响同权系数是一致的。

由于最陡下降算法的迭代公式中存在 $\boldsymbol{R}_x, \boldsymbol{r}_{xd}$，因此该算法还不是真正意义的自适应滤波算法，但是讨论最陡下降算法是有意义的，下节会看到，由最陡下降算法可以很直观地导出一类自适应滤波算法：LMS 算法，另外最陡下降算法中关于算法收敛的简洁和完备的结果，对讨论更复杂算法的收敛性有参考意义。

5.3 LMS 自适应滤波算法

LMS(Least Mean Square)算法是 20 世纪 60 年代由 Widrow 和 Hoff 提出的一类自适应滤波方法，在实际中得到广泛应用。该算法结构简单，可收敛，满足许多实际应用的需求，但也存在收敛速度慢、有额外误差等缺点。

5.3.1 LMS 算法

最陡下降算法尽管可以收敛到最优滤波器，但其迭代过程需要先验的自相关矩阵和互相关向量，这在实际中是难以实现的，为了构造真正的自适应算法，需要对最陡下降算法的梯度式(5.2.2)进行估计。由梯度表达式

$$\nabla J(n) = -2\boldsymbol{r}_{xd} + 2\boldsymbol{R}_x\boldsymbol{w}(n) \tag{5.3.1}$$

需由输入信号向量和期望响应值实时的估计 $\boldsymbol{R}_x, \boldsymbol{r}_{xd}$，一种最简单的估计方法是令

$$\hat{\boldsymbol{R}}_x(n) = \boldsymbol{x}(n)\boldsymbol{x}^{\mathrm{H}}(n) \tag{5.3.2}$$

和

$$\hat{\boldsymbol{r}}_{xd}(n) = \boldsymbol{x}(n)d^*(n) \tag{5.3.3}$$

将式(5.3.2)和式(5.3.3)代入式(5.3.1)得到梯度的估计值为

$$\begin{aligned}\hat{\nabla}J(n) &= -2\boldsymbol{x}(n)d^*(n) + 2\boldsymbol{x}(n)\boldsymbol{x}^{\mathrm{H}}(n)\hat{\boldsymbol{w}}(n) \\ &= -2\boldsymbol{x}(n)(d^*(n) - \boldsymbol{x}^{\mathrm{H}}(n)\hat{\boldsymbol{w}}(n)) = -2\boldsymbol{x}(n)e^*(n)\end{aligned} \tag{5.3.4}$$

式(5.3.4)代入最陡下降迭代公式(5.2.3),得

$$\hat{\boldsymbol{w}}(n+1) = \hat{\boldsymbol{w}}(n) + \mu\boldsymbol{x}(n)e^*(n) \tag{5.3.5}$$

这就是LMS算法权系数更新公式。结合自适应滤波器的FIR滤波功能,将LMS自适应滤波算法总结为如下3部分。

(1) 滤波器输出

$$y(n) = \hat{\boldsymbol{w}}^{\mathrm{H}}(n)\boldsymbol{x}(n)$$

(2) 估计误差

$$e(n) = d(n) - y(n)$$

(3) 权自适应更新

$$\hat{\boldsymbol{w}}(n+1) = \hat{\boldsymbol{w}}(n) + \mu\boldsymbol{x}(n)e^*(n)$$

注意到,在每个时刻,由输入向量和估计误差的乘积被步长限定后作为权系数的调整量,在这三个部分中,只使用了输入向量和期望响应及当前权系数进行运算,然后更新权系数,为下一个时刻做准备。这个过程是完全自适应的。

需要注意:

(1) LMS算法也可以由另一种方法推导出,令 $J(n+1)=|e(n+1)|^2$ 作为开销函数,在每一个时刻 n,$\hat{\boldsymbol{w}}(n)$已经确定的情况下,求$\hat{\boldsymbol{w}}(n+1)$使得 $J(n+1)$最小,可以得到与式(5.3.5)相同的递推公式,因此LMS算法相当于即时地令每个时刻的误差最小而得出的最优结果。

(2) 每次迭代,LMS算法需要 $2M+1$ 复数乘法,$2M$ 次复数加法,因此,它的运算量是 $O(M)$,这是非常理想的,LMS算法具有运算量小的显著优点。

LMS算法被称为随机梯度算法,显然式(5.3.4)表示的估计的梯度是一个随机向量,这是它名称的由来,为了区别随机梯度的递推,用$\hat{\boldsymbol{w}}(n)$表示LMS算法的权系数向量。随机梯度能否使算法收敛?如果收敛能否收敛到最优滤波器的解?这是LMS算法收敛性分析所要回答的问题。将会看到,在限定迭代步长的条件下,LMS算法是收敛的,但一般情况下,它不能收敛到维纳滤波器的最优解,这与最陡下降算法不同,称这个现象为LMS算法的失调。LMS算法最终收敛,但均方误差收敛到比维纳滤波器的均方误差大一个额外值 $J_{ex}(n)$。通过调整步长参数可以减小 $J_{ex}(n)$,但相应地也加长了收敛时间。

5.3.2 LMS算法的收敛性分析

定义自适应滤波器权系数的偏差向量,它表示自适应滤波器在每个迭代时刻的权系数向量与最优滤波器权系数向量的偏差,偏差向量定义为

$$\boldsymbol{\varepsilon}(n) = \hat{\boldsymbol{w}}(n) - \boldsymbol{w}_o \tag{5.3.6}$$

由迭代公式(5.3.5)两边减去 $\boldsymbol{w}_o$,并用 $\boldsymbol{w}_o$ 和 $\boldsymbol{\varepsilon}(n)$取代$\hat{\boldsymbol{w}}(n)$得

$$\boldsymbol{\varepsilon}(n+1) = [1 - \mu\boldsymbol{x}(n)\boldsymbol{x}^{\mathrm{H}}(n)]\boldsymbol{\varepsilon}(n) + \mu\boldsymbol{x}(n)e_o^*(n) \tag{5.3.7}$$

这里,$e_o(n)$表示达到最优时的误差。由式(5.3.7)直接进行 $\boldsymbol{\varepsilon}(n+1)$性能分析比较繁琐,如果用式(5.3.7)计算 $\boldsymbol{\varepsilon}(n)$随时间变化的均方收敛性质,即 $E[\|\boldsymbol{\varepsilon}(n)\|^2]$的收敛性分析将引

入最高 6 阶矩和多个交叉项，为了简化分析过程，同时又可以得出有指导意义的结论，做两方面假设和简化。

简化 1：直接平均方法

假设 μ 非常小，由于

$$E[\boldsymbol{I}-\mu\boldsymbol{x}(n)\boldsymbol{x}^{\mathrm{H}}(n)]=\boldsymbol{I}-\mu\boldsymbol{R}_x$$

用 $\boldsymbol{I}-\mu\boldsymbol{R}_x$ 近似替代式(5.3.7)中的 $1-\mu\boldsymbol{x}(n)\boldsymbol{x}^{\mathrm{H}}(n)$，用下式作为分析的出发点

$$\varepsilon(n+1)=(\boldsymbol{I}-\mu\boldsymbol{R}_x)\varepsilon(n)+\mu\boldsymbol{x}(n)e_o^*(n) \tag{5.3.8}$$

这种简化称为直接平均法。注意这个简化不是必要的，即使不做直接平均法简化，只利用下面的独立性假设，也可以导出收敛性分析的完整表达式，但分析过程会更复杂。

简化 2：独立性假设

独立性假设由如下 4 条假设的条件组成，独立性假设的提出，在 LMS 收敛性分析中起到重要作用，由于独立性的假设，消除了交叉项，并且利用独立性条件的推论，可以将高阶矩简化成自相关形式，得到收敛性条件的显式解。尽管实际信号并不能真正满足独立性假设，但由简化假设导出的结论对确定 LMS 自适应滤波器的收敛性条件是有指导意义的。独立性假设是如下 4 条：

① 输入向量 $\boldsymbol{x}(1),\boldsymbol{x}(2),\cdots,\boldsymbol{x}(n)$是统计独立的；

② $\boldsymbol{x}(n)$与以前的期望响应 $d(1),d(2),\cdots,d(n-1)$统计独立；

③ $d(n)$与 $\boldsymbol{x}(n)$相关，但独立于以前的期望响应；

④ 向量 $\boldsymbol{x}(n)$和 $d(n)$构成联合高斯分布变量。

由独立性假设和$\hat{\boldsymbol{w}}(n)$的递推公式，可以得到如下推论：

(1) $\hat{\boldsymbol{w}}(n)$仅与下列向量有关：

① 以前的输入向量 $\boldsymbol{x}(n-1),\boldsymbol{x}(n-2),\cdots,\boldsymbol{x}(1)$；

② 以前的期望响应 $d(n-1),d(n-2),\cdots,d(1)$；

③ 初始权向量$\hat{\boldsymbol{w}}(0)$。

(2) 进一步可以推论，$\varepsilon(n)$与 $\boldsymbol{x}(n)$、$d(n)$统计独立。由此可以做如下分解：

$$E[\boldsymbol{x}(n)\boldsymbol{x}^{\mathrm{H}}(n)\varepsilon(n)\varepsilon^{\mathrm{H}}(n)]=E[\boldsymbol{x}(n)\boldsymbol{x}^{\mathrm{H}}(n)]E[\varepsilon(n)\varepsilon^{\mathrm{H}}(n)] \tag{5.3.9}$$

由两个简化假设的准备，开始进行收敛性分析的讨论。由于任意零均值随机变量均满足 $E[\varepsilon(n)]=0,n\to\infty$。因此，对于随机量的收敛，更合理的是对如下两个量进行分析。

为了研究滤波器权向量的收敛性质，定义

$$\zeta(n)=E[\|\varepsilon(n)\|^2] \tag{5.3.10}$$

为了描述自适应滤波器对期望响应的估计误差的均方值，仍采用量

$$J(n)=E[|e(n)|^2]$$

并定义一个新的量

$$J_{ex}(n)=J(n)-J_{\min} \tag{5.3.11}$$

为 LMS 算法额外均方误差。如果算法收敛，必然有

$$\zeta(n)\to C_1\quad n\to\infty$$

$$J(n)\to C_2\quad n\to\infty$$

$$J_{ex}(n)\to C_3\quad n\to\infty$$

这里 C_1,C_2,C_3 是小的常数，也可能取 0。

从数学推导的简单性出发，代替分析标量 $\zeta(n)$，而是对下列矩阵进行分析

$$\boldsymbol{K}(n)=E[\varepsilon(n)\varepsilon^{\mathrm{H}}(n)] \tag{5.3.12}$$

$\boldsymbol{K}(n)$的对角线元素之和与 $\zeta(n)$是等价的。

下面进入数学推导过程。首先分析 $J(n)$收敛情况，由

$$\begin{aligned}e(n)&=d(n)-\hat{\boldsymbol{w}}^{\mathrm{H}}(n)\boldsymbol{x}(n)\\&=d(n)-\boldsymbol{w}_o^{\mathrm{H}}\boldsymbol{x}(n)-\varepsilon^{\mathrm{H}}(n)\boldsymbol{x}(n)=e_o(n)-\varepsilon^{\mathrm{H}}(n)\boldsymbol{x}(n)\end{aligned}$$

带入 $J(n)$表达式并利用独立性假设的推论，得

$$\begin{aligned}J(n)&=E[|e(n)|^2]\\&=J_{\min}+E[\varepsilon^{\mathrm{H}}(n)\boldsymbol{x}(n)\boldsymbol{x}^{\mathrm{H}}(n)\varepsilon(n)]\\&=J_{\min}+E[\mathrm{tr}\{\varepsilon^{\mathrm{H}}(n)\boldsymbol{x}(n)\boldsymbol{x}^{\mathrm{H}}(n)\varepsilon(n)\}]\\&=J_{\min}+E[\mathrm{tr}\{\boldsymbol{x}(n)\boldsymbol{x}^{\mathrm{H}}(n)\varepsilon(n)\varepsilon^{\mathrm{H}}(n)\}]\\&=J_{\min}+\mathrm{tr}\{E[\boldsymbol{x}(n)\boldsymbol{x}^{\mathrm{H}}(n)\varepsilon(n)\varepsilon^{\mathrm{H}}(n)]\}\\&=J_{\min}+\mathrm{tr}\{E[\boldsymbol{x}(n)\boldsymbol{x}^{\mathrm{H}}(n)]E[\varepsilon(n)\varepsilon^{\mathrm{H}}(n)]\}\\&=J_{\min}+\mathrm{tr}[\boldsymbol{R}_x\boldsymbol{K}(n)]\end{aligned} \tag{5.3.13}$$

在如上推导中，从第 1 行到第 2 行用了独立性假设，使交叉项为零。从第 2 行到第 3 行使用的是矩阵的迹运算，矩阵的迹用符号 $\mathrm{tr}(\boldsymbol{A})$表示，它等于矩阵对角元素之和。由于第 2 行求期望的 4 项相乘是一个标量，显然标量等于它的迹。从第 3 行到第 4 行应用了迹的一个性质，只要矩阵交换相乘是允许的，则 $\mathrm{tr}[\boldsymbol{AB}]=tr[\boldsymbol{BA}]$。从第 4 行到第 5 行用了迹与期望运算的可交换性。从第 5 行到第 6 行用了独立性假设的推论式(5.3.9)。

推导的结果重写为

$$J(n)=J_{\min}+\mathrm{tr}[\boldsymbol{R}_x\boldsymbol{K}(n)] \tag{5.3.14}$$

可见 LMS 算法存在额外误差项为

$$J_{ex}(n)=\mathrm{tr}[\boldsymbol{R}_x\boldsymbol{K}(n)] \tag{5.3.15}$$

为进一步化简，利用自相关矩阵的分解性质 $\boldsymbol{Q}^{\mathrm{H}}\boldsymbol{R}_x\boldsymbol{Q}=\Lambda$，并定义辅助变量

$$\boldsymbol{Q}^{\mathrm{H}}\boldsymbol{K}(n)\boldsymbol{Q}=\boldsymbol{T}(n)$$

或

$$\boldsymbol{K}(n)=\boldsymbol{Q}\boldsymbol{T}(n)\boldsymbol{Q}^{\mathrm{H}}$$

代入式(5.3.15)得到如下等式

$$\mathrm{tr}[\boldsymbol{R}_x\boldsymbol{K}(n)]=\mathrm{tr}[\Lambda\boldsymbol{T}(n)] \tag{5.3.16}$$

带入式(5.3.14)，相当于

$$J(n)=J_{\min}+\mathrm{tr}[\Lambda\boldsymbol{T}(n)]=J_{\min}+\sum_{i=1}^{M}\lambda_i t_i(n) \tag{5.3.17}$$

和

$$J_{ex}(n)=\mathrm{tr}[\Lambda\boldsymbol{T}(n)]=\sum_{i=1}^{M}\lambda_i t_i(n) \tag{5.3.18}$$

这里设 $t_i(n)$为 $\boldsymbol{T}(n)$的相应对角线元素。

由于 λ_i 是输入信号向量自相关矩阵的特征值，都是确定性量，$\boldsymbol{T}(n)$是 $\boldsymbol{K}(n)$的变换形式，$J_{ex}(n)$是否收敛，取决于各 $t_i(n)$的收敛性质，因此，下面再求解 $t_i(n)$。为求解 $t_i(n)$，利用直接平均法得到的对 $\varepsilon(n)$的简化公式(5.3.8)，再利用独立性假设得

$$\boldsymbol{K}(n+1)=(\boldsymbol{I}-\mu\boldsymbol{R}_x)\boldsymbol{K}(n)(\boldsymbol{I}-\mu\boldsymbol{R}_x)^{\mathrm{H}}+\mu^2J_{\min}\boldsymbol{R}_x \tag{5.3.19}$$

这里 $\boldsymbol{K}(n)$ 是正定的。两边左右分别同乘 $\boldsymbol{Q}^{\mathrm{H}}$ 和 $\boldsymbol{Q}$，得：

$$\boldsymbol{T}(n+1)=(\boldsymbol{I}-\mu\boldsymbol{\Lambda})\boldsymbol{T}(n)(\boldsymbol{I}-\mu\boldsymbol{\Lambda})+\mu^2 J_{\min}\boldsymbol{\Lambda} \tag{5.3.20}$$

只关心 $\boldsymbol{T}(n)$ 的对角元素，由如上解耦形式的方程，得到第 i 个对角元素满足的方程为

$$t_i(n+1)=(1-\mu\lambda_i)^2 t_i(n)+\mu^2 J_{\min}\lambda_i \tag{5.3.21}$$

对式(5.3.21)的方程讨论如下。

(1) 为使 $t_i(n)$ 收敛，必须满足

$$|1-\mu\lambda_i|^2<1$$

即

$$0<\mu<\frac{2}{\lambda_{\max}} \tag{5.3.22}$$

(2) 在式(5.3.21)两边令 $n\to\infty$，两边带入 $t_i(\infty)$，可以解得

$$t_i(\infty)=\frac{\mu J_{\min}}{2-\mu\lambda_i} \tag{5.3.23}$$

$t_i(\infty)$ 带入到式(5.3.18)得

$$J_{ex}(\infty)=\sum_{i=1}^{M}\lambda_i t_i(\infty)=J_{\min}\sum_{i=1}^{M}\frac{\mu\lambda_i}{2-\mu\lambda_i} \tag{5.3.24}$$

定义失调系数

$$U=\frac{J_{ex}(\infty)}{J_{\min}}=\sum_{i=1}^{M}\frac{\mu\lambda_i}{2-\mu\lambda_i} \tag{5.3.25}$$

失调系数刻画了 LMS 算法最终的收敛性能，失调系数越小，LMS 算法越收敛于接近最优滤波器的性能，反之，失调系数越大，LMS 算法最终的收敛结果与最优滤波器的性能差距越大。为使失调小于 1，令

$$\sum_{i=1}^{M}\frac{\mu\lambda_i}{2-\mu\lambda_i}<1 \tag{5.3.26}$$

可确定步长 μ。步长越小，失调参数越小，但收敛时间会越长，实际上，根据对失调参数的要求，适当选择步长。式(5.3.22)和式(5.3.25)是步长选取的依据，式(5.3.22)是必须满足的，然后根据式(5.3.25)再选择满足预定失调参数要求下的尽量大的步长。

在满足收敛条件的前提下，由式(5.3.7)两边取期望值，并利用独立性假设，可以证明

$$\lim_{n\to\infty}E\{\hat{\boldsymbol{w}}(n)\}=\boldsymbol{w}_{\mathrm{o}}=\boldsymbol{R}_x^{-1}\boldsymbol{r}_{xd} \tag{5.3.27}$$

此式说明，尽管权向量与最优权向量之差的均方值不趋于零，但权向量的期望值趋于最优向量，即权系数向量的自适应过程是渐近无偏的。

1. 其他收敛性分析

在分析 $t_i(n)$ 的收敛性质时，如果不使用直接平均方法，而从式(5.3.7)出发，利用高斯矩分解公式，可以推得(留作习题)

$$\boldsymbol{t}(n+1)=\boldsymbol{B}\boldsymbol{t}(n)+\mu^2 J_{\min}\boldsymbol{\lambda} \tag{5.3.28}$$

这里

$$\boldsymbol{t}(n)=[t_1(n),t_2(n),\cdots,t_M(n)]^{\mathrm{T}}$$

$$\boldsymbol{\lambda}=[\lambda_1,\lambda_2,\cdots,\lambda_M]^{\mathrm{T}}$$

$$[\boldsymbol{B}]_{ij}=\begin{cases}(1-\mu\lambda_i)^2 & i=j\\ \mu^2\lambda_i\lambda_j & i\neq j\end{cases}$$

可以求得 $t(n)$ 一般解为

$$t(n)=\sum_{i=1}^{M}c_i^n g_i g_i^{\mathrm{T}}[t(0)-t(\infty)]+t(\infty) \tag{5.3.29}$$

c_i 是 $\boldsymbol{B}$ 矩阵的特征值，g_i 是相应特征向量，可以看到，当满足收敛条件时，$t(n)$ 是按指数衰减的，由此也得到类似式(5.3.22)和式(5.3.25)的收敛条件。

2. 实际实现时的考虑

式(5.3.22)的步长收敛条件需要输入信号自相关矩阵的特征值，这在实际应用中不方便得到，我们讨论更实际的步长确定方法。

由于 $\boldsymbol{R}_x=Q\Lambda Q^{\mathrm{H}}$，计算自相关矩阵的迹

$$\mathrm{tr}(\boldsymbol{R}_x)=\mathrm{tr}(\boldsymbol{Q}\Lambda\boldsymbol{Q}^{\mathrm{H}})=\mathrm{tr}(\Lambda)=\left(\sum_{i=1}^{M}\lambda_i\right)>\lambda_{\max} \tag{5.3.30}$$

可得到更严格的步长确定公式

$$0<\mu<\frac{2}{tr(\boldsymbol{R}_x)} \tag{5.3.31}$$

从另一方面，由迹的定义得

$$\mathrm{tr}(\boldsymbol{R}_x)=Mr_x(0)=\sum_{k=0}^{M-1}E[\mid x(n-k)\mid^2]=ME[\mid x(n)\mid^2]$$

上式等于滤波器各延迟节拍的实际输入功率之和。因此，一个实际的 LMS 算法的步长估计公式为

$$0<\mu<\frac{2}{Mr_x(0)}=\frac{2}{\text{滤波器实际输入功率}} \tag{5.3.32}$$

在实际中，对一个滤波器的输入功率取值的先验信息可能是存在的，或用前几个输入值近似估计。

5.3.3　一些改进的 LMS 算法

改进的或变化的 LMS 算法很多，介绍几种有代表性的算法。由于以下所有算法中，滤波器输出公式和估计误差公式与基本的 LMS 算法相同，故以下只讨论权更新公式。

1. 归一化 LMS 算法

简单介绍归一化 LMS 算法(Normalized LMS，NLMS)，取

$$\hat{\boldsymbol{w}}(n+1)=\hat{\boldsymbol{w}}(n)+\frac{\tilde{\mu}}{\|\boldsymbol{x}(n)\|^2}\boldsymbol{x}(n)e^*(n) \tag{5.3.33}$$

其中

$$\|\boldsymbol{x}(n)\|^2=\sum_{k=0}^{M-1}\mid x(n-k)\mid^2$$

为信号向量的 2 范数平方。式(5.3.33)相当于取 $\mu(n)=\dfrac{\tilde{\mu}}{\|\boldsymbol{x}(n)\|^2}$ 的时变步长的 LMS 算法，或相当于将输入信号能量归一化的 LMS 算法。可以验证，为使 NLMS 算法收敛，步长需满足

$$0<\tilde{\mu}<2 \tag{5.3.34}$$

因此，NLMS 算法的步长 $\tilde{\mu}$ 可以提前确定。为了避免在 $\|\boldsymbol{x}(n)\|^2$ 较小的时刻(例如语音信号的静音时段)$\mu(n)$ 太大，进一步限制和改进 NLMS 算法如下

$$\hat{\boldsymbol{w}}(n+1)=\hat{\boldsymbol{w}}(n)+\frac{\tilde{\mu}}{\alpha+\|\boldsymbol{x}(n)\|^2}\boldsymbol{x}(n)e^*(n) \tag{5.3.35}$$

α 为大于零的校正量。

为了降低 NLMS 算法的运算复杂性，在 M 较大时可利用如下公式对 $\|\boldsymbol{x}(n)\|^2$ 进行递推

$$\begin{aligned}\|\boldsymbol{x}(n)\|^2&=\sum_{k=0}^{M-1}|x(n-k)|^2=|x(n)|^2-|x(n-M)|^2+\sum_{k=1}^{M}|x(n-k)|^2\\&=|x(n)|^2-|x(n-M)|^2+\|\boldsymbol{x}(n-1)\|^2\end{aligned}$$

2. 泄漏 LMS 算法(Leaky LMS)

当自适应滤波器输入信号的自相关矩阵是奇异的，即自相关矩阵存在零特征值时，标准的 LMS 算法的滤波器权系数可能不收敛，这可以分析如下。

由式(5.3.7)两边取期望值，并利用独立性假设，得到 LMS 算法权系数向量的期望值的关系式为

$$E(\hat{\boldsymbol{w}}(n+1))-\boldsymbol{w}_o=(\boldsymbol{I}-\mu\boldsymbol{R}_x)(E(\hat{\boldsymbol{w}}(n))-\boldsymbol{w}_o) \tag{5.3.36}$$

做变量替换 $\hat{\boldsymbol{v}}(n)=\boldsymbol{Q}^{\mathrm{H}}[E(\hat{\boldsymbol{w}}(n))-\boldsymbol{w}_o]$，由式(5.3.36)得

$$\hat{\boldsymbol{v}}(n+1)=(\boldsymbol{I}-\mu\Lambda)\,\hat{\boldsymbol{v}}(n)$$

每个分量的表达式为

$$\hat{v}_k(n)=(1-\mu\lambda_k)^n\,\hat{v}_k(0)$$

当一个特征值 $\lambda_k=0$，有 $\hat{v}_k(n)=\hat{v}_k(0)$，这使得 $\hat{\boldsymbol{v}}(n)$ 的一些分量不收敛，由 $E(\hat{\boldsymbol{w}}(n))=\boldsymbol{Q}\,\hat{\boldsymbol{v}}(n)+\boldsymbol{w}_o$，影响了权系数的收敛。一个解决办法是修改 LMS 算法的目标函数，设

$$\begin{aligned}J(n)&=|e(n)|^2+\gamma\hat{\boldsymbol{w}}^{\mathrm{H}}(n)\,\hat{\boldsymbol{w}}(n)\\&=|e(n)|^2+\gamma\|\hat{\boldsymbol{w}}(n)\|^2\end{aligned} \tag{5.3.37}$$

这里取 $0<\gamma\ll 1$，由于

$$\hat{\nabla}J(n)=-2e^*(n)\boldsymbol{x}(n)+2\gamma\hat{\boldsymbol{w}}(n) \tag{5.3.38}$$

得到权向量的更新公式为

$$\begin{aligned}\hat{\boldsymbol{w}}(n+1)&=\hat{\boldsymbol{w}}(n)+\frac{1}{2}\mu[-\hat{\nabla}J(n)]\\&=(1-\gamma\mu)\,\hat{\boldsymbol{w}}(n)+\mu\boldsymbol{x}(n)e^*(n)\end{aligned} \tag{5.3.39}$$

式(5.3.39)就是所谓的泄漏 LMS 算法。为了分析泄漏 LMS 算法的性能，将 $e(n)$ 的表达式带入式(5.3.39)，并整理得

$$\hat{\boldsymbol{w}}(n+1)=(\boldsymbol{I}-\mu[\boldsymbol{x}(n)\boldsymbol{x}^{\mathrm{H}}(n)+\gamma\boldsymbol{I}])\hat{\boldsymbol{w}}(n)+\mu\boldsymbol{x}(n)d^*(n)$$

上式两边取均值得

$$E[\hat{\boldsymbol{w}}(n+1)]=(\boldsymbol{I}-\mu[\gamma\boldsymbol{I}+\boldsymbol{R}_x])E[\hat{\boldsymbol{w}}(n)]+\mu\boldsymbol{r}_{xd} \tag{5.3.40}$$

不难验证与式(5.3.40)对应的标准 LMS 算法的关系式是

$$E[\hat{\boldsymbol{w}}(n+1)]=(\boldsymbol{I}-\mu\boldsymbol{R}_x)E[\hat{\boldsymbol{w}}(n)]+\mu\boldsymbol{r}_{xd} \tag{5.3.41}$$

对应地，在泄漏 LMS 算法中，$(\gamma\boldsymbol{I}+\boldsymbol{R}_x)$ 所起作用与标准 LMS 算法中 $\boldsymbol{R}_x$ 所起作用是一致

的。由于$(\gamma \boldsymbol{I}+\boldsymbol{R}_x)$的特征值为$\lambda_k+\gamma$，因此，泄漏 LMS 算法不存在特征值为零的问题。泄漏 LMS 算法的步长因子必须满足

$$0<\mu<\frac{2}{\lambda_{\max}+\gamma}$$

泄漏 LMS 算法相当于对输入信号加入了方差为γ的白噪声。不难验证，泄漏 LMS 算法的权向量的期望值趋于

$$\lim_{n\to\infty}E\{\hat{\boldsymbol{w}}(n)\}=(\gamma \boldsymbol{I}+\boldsymbol{R}_x)^{-1}\boldsymbol{r}_{xd}$$

因此，泄漏 LMS 算法的权向量是有偏的。对比第 3 章 LS 滤波中的正则化 LS，可见泄露 LMS 算法是一种正则化方法。

3. 符号 LMS 算法(Sign LMS)

尽管泄漏 LMS 算法已经是一种运算量很低的算法，但在高速实时应用时，仍希望有运算效率更高的算法，符号 LMS 算法就是一种运算量更低的算法。这里只讨论实信号的情况。

常用的符号 LMS 算法是"误差-符号"LMS 算法，在 LMS 算法中的权更新算法中，只将估计误差的符号用于更新滤波器的权向量，得到误差-符号 LMS(S-E LMS)算法的权更新公式为

$$\hat{\boldsymbol{w}}(n+1)=\hat{\boldsymbol{w}}(n)+\frac{1}{2}\mu\,\mathrm{sgn}(e(n))\boldsymbol{x}(n) \tag{5.3.42}$$

这里

$$\mathrm{sgn}(x)=\begin{cases}1, & x>0\\ 0, & x=0\\ -1, & x<0\end{cases} \tag{5.3.43}$$

为符号函数。可以验证，S-E LMS 算法相当于假设开销函数为

$$J(n)=|e(n)| \tag{5.3.44}$$

梯度估计值为

$$\hat{\nabla}J(n)=\frac{\partial |e(n)|}{\partial \hat{\boldsymbol{w}}(n)}=\mathrm{sgn}(e(n))\boldsymbol{x}(n) \tag{5.3.45}$$

将该梯度估计值带入最陡下降算法中，得到式(5.3.42)。在 S-E LMS 算法中，如果取迭代步长$\mu=2^{-k}$，则式(5.3.42)仅由加法运算和位移运算组成，非常适合硬件集成。尽管式(5.3.42)运算量小，但其收敛速度与 LMS 算法相当。一种更加简单的双符号 LMS 算法为

$$\hat{\boldsymbol{w}}(n+1)=\hat{\boldsymbol{w}}(n)+\mu\,\mathrm{sgn}(e(n))\mathrm{sgn}(\boldsymbol{x}(n)) \tag{5.3.46}$$

一个有更加可靠的收敛性的双符号 LMS 算法是如下附加了泄漏功能的算法

$$\hat{\boldsymbol{w}}(n+1)=(1-\mu\gamma)\hat{\boldsymbol{w}}(n)+\mu\,\mathrm{sgn}(e(n))\mathrm{sgn}(\boldsymbol{x}(n)) \tag{5.3.47}$$

一般地，双符号 LMS 算法收敛速度明显慢于 LMS 算法，并且最终额外误差也明显大于 LMS 算法，但由于其简单，还是得到了一些应用，例如 ITU 的语音编码标准 G.721(32kb/s 自适应脉冲编码器 ADPCM)中的线性预测部分就是采用了双符号 LMS 算法。

*5.3.4 稀疏 LMS 算法

在利用自适应滤波进行系统辨识时，待识别的线性系统表示为

$$d(n)=\boldsymbol{w}_o^{\mathrm{H}}\boldsymbol{x}(n)+v(n)$$

$v(n)$是观测噪声，$\boldsymbol{w}_o=[w_{o,0},w_{o,1},\cdots,w_{o,M-1}]^T$ 是待求的系统参数，用自适应滤波估计 $\boldsymbol{w}_o$，n 时刻的估计值为 $\boldsymbol{w}(n)$。在很多实际问题中，待识别系统的系数中存在许多 0 值，则称这种系统具有稀疏性。LMS 算法自身对系统的稀疏性没有特别的处理，为了对于稀疏系统提高收敛效率和得到真正稀疏性的解，可对 LMS 算法的优化目标加以约束，研究表明，在开销函数中，加上权向量的 l_1 范数约束，可改善对稀疏系统的收敛性能。

令开销函数为

$$J_1(n)=|e(n)|^2+\gamma\|\boldsymbol{w}(n)\|_1 \tag{5.3.48}$$

这里 $\|\hat{\boldsymbol{w}}(n)\|_1$ 表示向量$\hat{\boldsymbol{w}}(n)$的 l_1 范数，其定义为

$$\|\boldsymbol{w}(n)\|_1=\sum_{i=0}^{M-1}|w_i(n)| \tag{5.3.49}$$

则权更新公式可求得为

$$\begin{aligned}\boldsymbol{w}(n+1)&=\boldsymbol{w}(n)+\frac{1}{2}\mu[-\nabla J(n)]\\&=\boldsymbol{w}(n)-\frac{1}{2}\mu\frac{\partial J_1(n)}{\partial \boldsymbol{w}(n)}\\&=\boldsymbol{w}(n)+\mu e(n)\boldsymbol{x}(n)-\rho\operatorname{sgn}[\boldsymbol{w}(n)]\end{aligned} \tag{5.3.50}$$

这里，$\rho=\gamma\mu/2$ 是一个新的控制参数。

式(5.3.50)中比标准 LMS 算法多出的一项 $\rho\operatorname{sgn}[\boldsymbol{w}(n)]$称为“零吸引子(zero attractor，ZA)”，该项的作用是使得迭代过程中 $\boldsymbol{w}(n)$具有稀疏性的趋向，故式(5.3.50)的权更新算法称为 ZA-LMS 算法。

式(5.3.50)对各权系数施加同样的零吸引子，为了根据各权系数的性质调整零吸引子的作用，需对式(5.3.48)进行改进，一种改进形式为

$$J_2(n)=|e(n)|^2+\gamma'\sum_{i=0}^{M-1}\log\left(1+\frac{|w_i(n)|}{\varepsilon'}\right) \tag{5.3.51}$$

则得到的各权系数更新公式为

$$w_i(n+1)=w_i(n)+\mu e(n)x_i(n)-\rho\frac{\operatorname{sgn}[w_i(n)]}{1+\varepsilon|w_i(n)|},\quad i=0,1,\cdots,M-1 \tag{5.3.52}$$

可写成向量形式为

$$\boldsymbol{w}(n+1)=\boldsymbol{w}(n)+\mu e(n)\boldsymbol{x}(n)-\rho\frac{\operatorname{sgn}[\boldsymbol{w}(n)]}{1+\varepsilon|\boldsymbol{w}(n)|} \tag{5.3.53}$$

其中参数 $\rho=\gamma'\mu/2\varepsilon'$，$\varepsilon=1/\varepsilon'$。式(5.3.53)的权更新算法称为重加权零吸引子 LMS 算法，简写为 RZA-LMS 算法。

将这类考虑了系统稀疏性的算法称为稀疏 LMS 算法。在以上稀疏 LMS 算法中，步长参数 μ 的确定与标准 LMS 相同，控制参数 ρ 是一个小的实数，合理的选取 ρ 参数可以使得稀疏 LMS 算法的收敛速度和稳态误差均优于 LMS 算法，关于参数 ρ 选取的细节可参考文献[2]。

例 5.3.1 给出一个仿真试验结果用于评价稀疏 LMS 算法，一个待识别的时变系统，假设有 16 个权系数，在 $0\leqslant n<500$ 时，只有 $w_{o,4}=1$，其余为 0，稀疏度 1/16，在 $500\leqslant n<1000$ 时间段，所有偶序号权为 1，奇序号权为 0，稀疏度 1/2，$n\geqslant1000$ 所有奇序号权为-1，偶数序号权保持为 1，系数完全不稀疏。以方差 1 的高斯白噪声作为输入信号以 16 个权系

数自适应滤波对系统进行识别，期望响应由 $d(n)=\boldsymbol{w}_o^{\mathrm{H}}\boldsymbol{x}(n)+v(n)$ 产生，测量噪声 $v(n)$ 为方差为 0.001 的高斯白噪声。取 $\mu=0.05$，$\rho=5\times10^{-4}$，$\varepsilon=10$，重复做 200 次实验，各算法均方误差示于图 5.3.1。

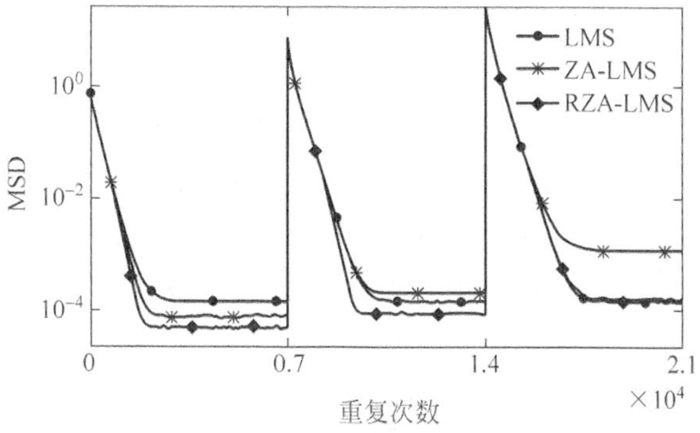

图 5.3.1 稀疏 LMS 算法的性能比较[2]

从实验结果看，在非常稀疏情况下，ZA-LMS 和 RZA-LMS 均优于 LMS 算法，在不太稀疏(500～1000 时间段)，RZA-LMS 算法仍好于 LMS 算法，但 ZA-LMS 算法性能已不及 LMS 算法，在不稀疏的情况下，ZA-LMS 性能明显变差，但 RZA-LMS 仍保持与 LMS 算法同等性能。因此 RZA-LMS 既能做到对稀疏情况下优于其他方法的性能，也能做到在非稀疏时保持等同于 LMS 的性能。关于稀疏 LMS 算法更多的仿真说明，可参考文献[2]。

注意，本节的出发点，即在开销函数上加入 l_1 范数约束可改善 LMS 解的稀疏性，这是受"信号的稀疏方法"理论的启发，本节接受这样一个前提，对稀疏表示的详细讨论在第 11 章进行。同时也注意到，本节方法的导出是利用了简单将 $|w_i(n)|$ 对 $w_i(n)$ 求导写成 $\mathrm{sgn}(w_i(n))$，这对于 $w_i(n)\neq0$ 时是正确的，但当 $w_i(n)=0$ 时，导数的取值是不确定的，但由于稀疏性的驱动，算法递推中使得许多分量 $w_i(n)$ 变成 0，这样，式(5.3.50)和式(5.3.53)从理论上不严格。关于稀疏问题更严格和全面的讨论见第 11 章。

*5.3.5 仿射投影算法

仿射投影算法(Affine Projection Algorithm，APA)是一种块 LMS 算法，可以改进 LMS 算法的收敛性质，降低额外误差的影响。为了表示简单，本节讨论实数据和实系统的情况，有兴趣的读者可讨论复数据的一般情况。

定义数据块

$$\boldsymbol{X}(n)=[\boldsymbol{x}(n-K+1),\boldsymbol{x}(n-K+2),\cdots,\boldsymbol{x}(n)] \tag{5.3.54}$$

为 $M\times K$ 维矩阵，其每一行是 $\boldsymbol{x}(n-i)$ 的信号向量，同时定义期望响应向量

$$\boldsymbol{d}(n)=[d(n-K+1),d(n-K+2),\cdots,d(n)] \tag{5.3.55}$$

用式(5.3.54)和式(5.3.55)的块数据对自相关矩阵和互相关向量进行估计，即

$$\hat{\boldsymbol{R}}_x(n)=\frac{1}{K}\boldsymbol{X}(n)\boldsymbol{X}^{\mathrm{T}}(n) \tag{5.3.56}$$

和

$$\hat{\boldsymbol{r}}_{xd}(n)=\frac{1}{K}\boldsymbol{X}(n)\boldsymbol{d}(n) \tag{5.3.57}$$

带入最陡下降算法式(5.2.3),得到

$$\begin{aligned}\hat{\boldsymbol{w}}(n+1) &= \hat{\boldsymbol{w}}(n) + \mu\left[\hat{\boldsymbol{r}}_{xd} - \hat{\boldsymbol{R}}_x \hat{\boldsymbol{w}}(n)\right] \\ &= \hat{\boldsymbol{w}}(n) + \frac{\mu}{K}\boldsymbol{X}(n)\left[\boldsymbol{d}(n) - \boldsymbol{X}^{\mathrm{T}}(n)\hat{\boldsymbol{w}}(n)\right] \end{aligned} \tag{5.3.58}$$

把式(5.3.58)重写为

$$\hat{\boldsymbol{w}}(n+1) = \hat{\boldsymbol{w}}(n) + \mu'\boldsymbol{X}(n)\left[\boldsymbol{d}(n) - \boldsymbol{X}^{\mathrm{T}}(n)\hat{\boldsymbol{w}}(n)\right] \tag{5.3.59}$$

式(5.3.59)是 APA 算法的权更新公式,显然这是一种 LMS 算法的块实现,若取 $K=1$ 则退化为 LMS 算法。称式(5.3.59)为第一类 APA 算法,简写为 APA-1。

若不采用最陡下降算法而是采用稍复杂一点的牛顿法进行优化,则与式(5.2.3)对应的权更新算法为

$$\boldsymbol{w}(n+1) = \boldsymbol{w}(n) + \tilde{\mu}\left[\boldsymbol{R}_x + \delta\boldsymbol{I}\right]^{-1}\left[\boldsymbol{r}_{xd} - \boldsymbol{R}_x\boldsymbol{w}(n)\right] \tag{5.3.60}$$

式中的 $\delta\boldsymbol{I}$ 是为防止 $\boldsymbol{R}_x$ 近似奇异矩阵时带来的运算困难而加入的校正项,δ 是个小的校正值。将式(5.3.56)和(5.3.57)代入式(5.3.60)得

$$\hat{\boldsymbol{w}}(n+1) = \hat{\boldsymbol{w}}(n) + \tilde{\mu}'\left[\boldsymbol{X}(n)\boldsymbol{X}^{\mathrm{T}}(n) + \delta\boldsymbol{I}\right]^{-1}\boldsymbol{X}(n)\left[\boldsymbol{d}(n) - \boldsymbol{X}^{\mathrm{T}}(n)\hat{\boldsymbol{w}}(n)\right] \tag{5.3.61}$$

利用矩阵逆引理(见附录 A)可以证明(留作习题)

$$\left[\boldsymbol{X}(n)\boldsymbol{X}^{\mathrm{T}}(n) + \delta\boldsymbol{I}\right]^{-1}\boldsymbol{X}(n) = \boldsymbol{X}(n)\left[\boldsymbol{X}^{\mathrm{T}}(n)\boldsymbol{X}(n) + \delta\boldsymbol{I}\right]^{-1} \tag{5.3.62}$$

将式(5.3.62)代入式(5.3.61)得

$$\hat{\boldsymbol{w}}(n+1) = \hat{\boldsymbol{w}}(n) + \tilde{\mu}'\boldsymbol{X}(n)\left[\boldsymbol{X}^{\mathrm{T}}(n)\boldsymbol{X}(n) + \delta\boldsymbol{I}\right]^{-1}\left[\boldsymbol{d}(n) - \boldsymbol{X}^{\mathrm{T}}(n)\hat{\boldsymbol{w}}(n)\right] \tag{5.3.63}$$

式(5.3.63)是基于牛顿迭代的权更新公式,称该式为第二类 APA 算法,简称 APA-2。

在 $K<M$ 时式(5.3.63)与式(5.3.61)相比逆矩阵维数更低。在 $K=1$ 时,式(5.3.63)退化为 NLSM。

适当选取 K,可以得到比标准 LMS 或 NLMS 更小的收敛误差,达到更好的收敛性能。利用卷积性质或转换到频域用 FFT 可以改善 APA 算法的运算效率,有关快速 APA 算法的讨论可参考文献[24]。

5.4 递推 LS 算法(RLS)

第 3 章介绍了最小二乘滤波器原理,以及由 SVD 技术解 LS 滤波器的一般方法。实际中,LS 滤波器是令 $J(n)=\sum_{i=i_1}^{i_2}|e(n)|^2$ 为最小而设计的滤波器。由第 3 章看到,对 LS 滤波器的解只需要数据矩阵和期望响应向量,它是现实可实现的。第 3 章讨论的 LS 滤波器的设计方法是一种块处理结构,收集全部的数据构成数据矩阵和期望响应向量,然后通过矩阵运算得到最优滤波器的权系数向量,本节讨论自适应 LS 滤波,它本质上是一种递推 LS (Recursive Least-Squares,RLS)。基于 LS 原理的自适应滤波器,应该是 LMS 算法和最陡下降算法的折中,它不像 LMS 算法那样,只是用当前时刻的输入向量和期望响应值来调整滤波器权系数。由于 LMS 算法等价于仅令当前时刻的误差项最小,由此得到对梯度的估计是非常随机性的,代价是收敛速度慢、存在失调现象。LS 也不像最陡下降算法那样,用误差的汇集平均作为开销函数,结果是由输入的自相关矩阵和输入与期望响应的互相关向量

定义梯度，使算法无法自适应实现。当 LS 滤波器用于自适应滤波时，可以固定起始时刻 $i_1=1$，令构成开销函数的时间上限为当前值，在每个固定时刻，等价于令从起始至当前时刻的误差平均最小来确定滤波器权系数，每向前一个时刻，增加一个输入数据和期望响应的新值，产生一个新的误差项，应该会改善滤波器设计。可以预计，随 $i_2\to\infty$，LS 的平均结果将使得它的性能趋于最优维纳滤波器。平均的结果等价于减少梯度的随机性，使 LS 算法性能好于 LMS 算法。

5.4.1　基本 RLS 算法

由 LS 原理，对于 LS 自适应滤波器的一种实现方式已经存在，对每一个新时刻，将新得到的数据增加到数据矩阵，然后解新的 LS 方程（一般可用 SVD 技术），得到新时刻的权系数 $\boldsymbol{w}(n)$。但这种方法太耗费运算资源。希望与最陡下降和 LMS 算法类似，导出 LS 自适应滤波器的递推公式。相当于已知 $\boldsymbol{w}(n-1)=[w_0(n-1),w_1(n-1),\cdots,w_{M-1}(n-1)]^{\mathrm{T}}$，在 n 时刻，递推更新 $\boldsymbol{w}(n)$，使之满足最小二乘解，这就是递推 LS 算法，将这类算法通称为 RLS 算法。

更一般地，考虑加权开销函数

$$\xi(n)=\sum_{i=1}^{n}\beta(n,i)\mid e(i)\mid^2 \tag{5.4.1}$$

为了得到 LS 算法的递推实现，根据 LS 算法原则，对于时间 n 和 $\boldsymbol{w}(n)$，要评价观测窗 $i=i_1$ 和 $i=i_2$ 之间（本节取 $i_1=1,i_2=n$）的估计误差

$$e(i)=d(i)-y(i)=d(i)-\boldsymbol{w}^{\mathrm{H}}(n)\boldsymbol{x}(i)$$

的加权平均值（对于求最优滤波器系数来讲，加权和与加权平均是等价的），即求使式(5.4.1)达到最小的 $\boldsymbol{w}(n)$。上式中 $\boldsymbol{x}(i)=[x(i),x(i-1),\cdots,x(i-M+1)]^{\mathrm{T}}$ 是 i 时刻的输入信号向量。

在 RLS 问题中，$\beta(n,i)$ 取法应考虑给“较新的时刻”的误差较大的比例，“较久远的时刻”的误差更小的比例，经常使用的一种指数“忘却”因子如下

$$\beta(n,i)=\lambda^{n-i}\quad i=1,2,\cdots,n,\quad 0<\lambda\leqslant 1 \tag{5.4.2}$$

利用第 3 章 LS 解的结果，使加权误差平方和最小的 LS 解，满足如下正则方程

$$\boldsymbol{\Phi}(n)\hat{\boldsymbol{w}}(n)=\boldsymbol{z}(n) \tag{5.4.3}$$

即解为

$$\hat{\boldsymbol{w}}(n)=\boldsymbol{\Phi}^{-1}(n)\boldsymbol{z}(n) \tag{5.4.4}$$

对于加权 LS 问题，系数矩阵略有变化，由下式构成

$$\boldsymbol{\Phi}(n)=\sum_{i=1}^{n}\lambda^{n-i}\boldsymbol{x}(i)\boldsymbol{x}^{\mathrm{H}}(i) \tag{5.4.5}$$

$$\boldsymbol{z}(n)=\sum_{i=1}^{n}\lambda^{n-i}\boldsymbol{x}(i)d^*(i) \tag{5.4.6}$$

由式(5.4.5)和式(5.4.6)的定义，很容易推出系数矩阵 $\boldsymbol{\Phi}(n)$ 和向量 $\boldsymbol{z}(n)$ 的递推关系为

$$\boldsymbol{\Phi}(n)=\lambda\boldsymbol{\Phi}(n-1)+\boldsymbol{x}(n)\boldsymbol{x}^{\mathrm{H}}(n) \tag{5.4.7}$$

和

$$\boldsymbol{z}(n)=\lambda\boldsymbol{z}(n-1)+\boldsymbol{x}(n)d^*(n) \tag{5.4.8}$$

为了得到 $\boldsymbol{w}(n)$的递推解，关键问题是，由$\boldsymbol{\Phi}^{-1}(n-1)$递推得到$\boldsymbol{\Phi}^{-1}(n)$，为解决这个问题，应用矩阵反引理(见附录 A)。为了阅读方便，将矩阵反引理引述在此，矩阵反引理为

若有

$$\boldsymbol{A}=\boldsymbol{B}+\boldsymbol{CDC}^{\mathrm{H}} \tag{5.4.9}$$

则有

$$\boldsymbol{A}^{-1}=\boldsymbol{B}^{-1}-\boldsymbol{B}^{-1}\boldsymbol{C}(\boldsymbol{D}^{-1}+\boldsymbol{C}^{\mathrm{H}}\boldsymbol{B}^{-1}\boldsymbol{C})^{-1}\boldsymbol{C}^{\mathrm{H}}\boldsymbol{B}^{-1} \tag{5.4.10}$$

若已知 $\boldsymbol{B}$ 和 $\boldsymbol{D}$ 的逆，并且 $\boldsymbol{D}^{-1}+\boldsymbol{C}^{\mathrm{H}}\boldsymbol{B}^{-1}\boldsymbol{C}$ 的阶数很小，在一些特殊情况下可能是标量，应用矩阵反引理可以有效计算 $\boldsymbol{A}$ 的逆。

为使用矩阵反引理由$\boldsymbol{\Phi}^{-1}(n-1)$得到$\boldsymbol{\Phi}^{-1}(n)$，比较式(5.4.7)和式(5.4.9)，并可按如下对应关系应用矩阵反引理

$$\boldsymbol{A}=\boldsymbol{\Phi}(n),\quad \boldsymbol{B}=\lambda\boldsymbol{\Phi}(n-1)$$
$$\boldsymbol{C}=\boldsymbol{x}(n),\quad \boldsymbol{D}=1$$

注意到，在这种对应下，$\boldsymbol{D}^{-1}+\boldsymbol{C}^{\mathrm{H}}\boldsymbol{B}^{-1}\boldsymbol{C}$ 是标量，因此求$\boldsymbol{\Phi}^{-1}(n)$不再需要矩阵求逆运算。将如上对应项代入式(5.4.10)得

$$\boldsymbol{\Phi}^{-1}(n)=\lambda^{-1}\boldsymbol{\Phi}^{-1}(n-1)-\frac{\lambda^{-2}\boldsymbol{\Phi}^{-1}(n-1)\boldsymbol{x}(n)\boldsymbol{x}^{\mathrm{H}}(n)\boldsymbol{\Phi}^{-1}(n-1)}{(1+\lambda^{-1}\boldsymbol{x}^{\mathrm{H}}(n)\boldsymbol{\Phi}^{-1}(n-1)\boldsymbol{x}(n))} \tag{5.4.11}$$

为表示方便令

$$\boldsymbol{P}(n)=\boldsymbol{\Phi}^{-1}(n) \tag{5.4.12}$$

$$\boldsymbol{k}(n)=\frac{\lambda^{-1}\boldsymbol{P}(n-1)\boldsymbol{x}(n)}{1+\lambda^{-1}\boldsymbol{x}^{\mathrm{H}}(n)\boldsymbol{P}(n-1)\boldsymbol{x}(n)} \tag{5.4.13}$$

由此得 $\boldsymbol{P}(n)$递推方程为

$$\boldsymbol{P}(n)=\lambda^{-1}\boldsymbol{P}(n-1)-\lambda^{-1}\boldsymbol{k}(n)\boldsymbol{x}^{\mathrm{H}}(n)\boldsymbol{P}(n-1) \tag{5.4.14}$$

这个方程称为 RLS 的 Riccati 方程。

这里称 $\boldsymbol{k}(n)$为增益向量，对它的表达式进行变换可以看到更明确的物理意义，将其定义式(5.4.13)的分母对两边同乘，并整理得

$$\begin{aligned}\boldsymbol{k}(n)&=\lambda^{-1}\boldsymbol{P}(n-1)\boldsymbol{x}(n)-\lambda^{-1}\boldsymbol{k}(n)\boldsymbol{x}^{\mathrm{H}}(n)\boldsymbol{P}(n-1)\boldsymbol{x}(n)\\&=[\lambda^{-1}\boldsymbol{P}(n-1)-\lambda^{-1}\boldsymbol{k}(n)\boldsymbol{x}^{\mathrm{H}}(n)\boldsymbol{P}(n-1)]\boldsymbol{x}(n)\\&=\boldsymbol{P}(n)\boldsymbol{x}(n)=\boldsymbol{\Phi}^{-1}(n)\boldsymbol{x}(n)\end{aligned} \tag{5.4.15}$$

$\boldsymbol{k}(n)$由 $\boldsymbol{x}(n)$经由一个$\boldsymbol{\Phi}^{-1}(n)$线性变换而得。

在求得$\boldsymbol{\Phi}^{-1}(n)$的递推公式后，可以进一步整理得到对 $\boldsymbol{w}(n)$的递推方程，由式(5.4.12)和式(5.4.4)得

$$\hat{\boldsymbol{w}}(n)=\boldsymbol{\Phi}^{-1}(n)\boldsymbol{z}(n)=\boldsymbol{P}(n)\boldsymbol{z}(n)=\boldsymbol{P}(n)[\lambda\boldsymbol{z}(n-1)+\boldsymbol{x}(n)d^{*}(n)]$$

将上式分成两项，第一项带入 $\boldsymbol{P}(n)$的迭代公式，并做如下推导

$$\begin{aligned}\hat{\boldsymbol{w}}(n)&=\boldsymbol{P}(n-1)\boldsymbol{z}(n-1)-\boldsymbol{k}(n)\boldsymbol{x}^{\mathrm{H}}(n)\boldsymbol{P}(n-1)\boldsymbol{z}(n-1)+\boldsymbol{P}(n)\boldsymbol{x}(n)d^{*}(n)\\&=\boldsymbol{\Phi}^{-1}(n-1)\boldsymbol{z}(n-1)-\boldsymbol{k}(n)\boldsymbol{x}^{\mathrm{H}}(n)\boldsymbol{\Phi}^{-1}(n-1)\boldsymbol{z}(n-1)+\boldsymbol{k}(n)d^{*}(n)\\&=\hat{\boldsymbol{w}}(n-1)-\boldsymbol{k}(n)\boldsymbol{x}^{\mathrm{H}}(n)\hat{\boldsymbol{w}}(n-1)+\boldsymbol{k}(n)d^{*}(n)\\&=\hat{\boldsymbol{w}}(n-1)-\boldsymbol{k}(n)[d^{*}(n)-\boldsymbol{x}^{\mathrm{H}}(n)\boldsymbol{w}(n-1)]\\&=\hat{\boldsymbol{w}}(n-1)+\boldsymbol{k}(n)\varepsilon^{*}(n)\end{aligned}$$

这里

$$\varepsilon(n) = d(n) - \boldsymbol{x}^{\mathrm{T}}(n)\,\hat{\boldsymbol{w}}^*(n-1) = d(n) - \hat{\boldsymbol{w}}^{\mathrm{H}}(n-1)\boldsymbol{x}(n)$$

为前验误差，它用上一次迭代时刻的权系数$\hat{\boldsymbol{w}}(n-1)$和当前输入向量产生当前时刻估计的误差。注意前验误差跟估计误差$e(n)=d(n)-\hat{\boldsymbol{w}}^{\mathrm{H}}(n)\boldsymbol{x}(n)$的区别。为区别于$\varepsilon(n)$，可称$e(n)$为后验估计误差。

现在，已经得到了权更新递推公式

$$\hat{\boldsymbol{w}}(n) = \hat{\boldsymbol{w}}(n-1) + \boldsymbol{k}(n)\varepsilon^*(n) \tag{5.4.16}$$

和前验误差定义式

$$\varepsilon(n) = d(n) - \hat{\boldsymbol{w}}^{\mathrm{H}}(n-1)\boldsymbol{x}(n) \tag{5.4.17}$$

将式(5.4.13)(5.4.14)(5.4.16)(5.4.17)按可执行次序排列，就得到了RLS递推算法，将RLS算法总结于表5.4.1。

表5.4.1　RLS算法的递推方程

(1) 计算RLS增益向量：$\boldsymbol{k}(n)=\dfrac{\lambda^{-1}\boldsymbol{P}(n-1)\boldsymbol{x}(n)}{1+\lambda^{-1}\boldsymbol{x}^{\mathrm{H}}(n)\boldsymbol{P}(n-1)\boldsymbol{x}(n)}$
(2) 计算前验估计误差：$\varepsilon(n)=d(n)-\hat{\boldsymbol{w}}^{\mathrm{H}}(n-1)\boldsymbol{x}(n)$
(3) 更新权系数向量：$\hat{\boldsymbol{w}}(n)=\hat{\boldsymbol{w}}(n-1)+\boldsymbol{k}(n)\varepsilon^*(n)$
(4) 递推系数逆矩阵：$\boldsymbol{P}(n)=\lambda^{-1}\boldsymbol{P}(n-1)-\lambda^{-1}\boldsymbol{k}(n)\boldsymbol{x}^{\mathrm{H}}(n)\boldsymbol{P}(n-1)$
(5) 当前滤波器输出：$y(n)=\hat{\boldsymbol{w}}^{\mathrm{H}}(n)\boldsymbol{x}(n)$
(6) 当前估计误差(并不是必要的)：$e(n)=d(n)-\hat{\boldsymbol{w}}^{\mathrm{H}}(n)\boldsymbol{x}(n)$

设已有$\boldsymbol{P}(n-1)$和$\hat{\boldsymbol{w}}(n-1)$，则在$n$时刻按表5.4.1的递推次序执行RLS算法。

递推算法示意图如图5.4.1所示。

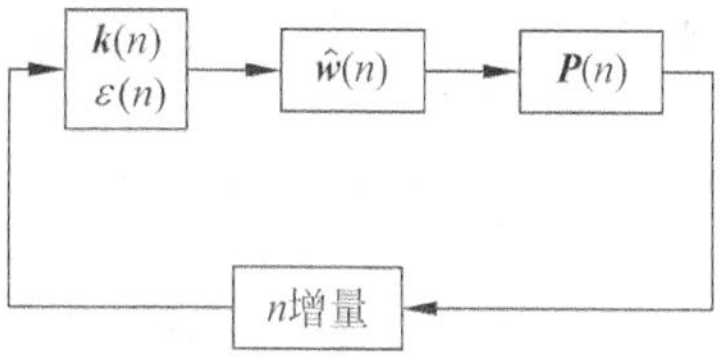

图5.4.1　RLS算法运算流程

1. RLS递推的初始值

按预加窗LS正则方程系数矩阵的定义，$\boldsymbol{\Phi}(0)=0$，$\boldsymbol{P}(0)\to\infty$，为使RLS算法流程有一个可用的初始条件，设$\delta$是一个很小值，一般$\delta\leqslant 0.01\sigma_x^2$，这里$\sigma_x^2$表示信号的功率值，实际上取$\boldsymbol{\Phi}(0)=\delta\boldsymbol{I}$作为初始条件，等效于$\boldsymbol{P}(0)=\delta^{-1}\boldsymbol{I}$，另一个初始条件是$\hat{\boldsymbol{w}}(0)=\boldsymbol{0}$。由初始条件，令$n=1$开始RLS的递推，对每一个新的时刻，获得新的输入数据$x(n)$和期望响应$d(n)$，更新输入信号向量$\boldsymbol{x}(n)$，依次执行RLS算法的6个公式。

2. 加权最小开销函数

由以上各种递推关系，也能得到加权最小开销函数随时间的递推关系，由

$$\xi_{\min}(n) = \xi_d(n) - \boldsymbol{z}^{\mathrm{H}}(n)\,\hat{\boldsymbol{w}}(n) \tag{5.4.18}$$

由于

$$\xi_d(n) = \sum_{i=1}^{n}\lambda^{n-i}\,|\,d(i)\,|^2 = \lambda\xi_d(n-1) + |\,d(n)\,|^2 \tag{5.4.19}$$

将$\boldsymbol{z}(n)$和$\hat{\boldsymbol{w}}(n)$递推式以及式(5.4.19)代入(5.4.18)并整理得到

$$\begin{aligned}\xi_{\min}(n) &= \lambda\xi_{\min}(n-1) + \varepsilon^*(n)e(n)\\ &= \lambda\xi_{\min}(n-1) + \gamma(n)\,|\,\varepsilon(n)\,|^2\end{aligned} \tag{5.4.20}$$

这里

$$\gamma(n)=\frac{e(n)}{\varepsilon(n)} \tag{5.4.21}$$

为误差转换因子，在 $e(n)$表达式中带入$\hat{\boldsymbol{w}}(n)$递推式，可以证明

$$\gamma(n)=\frac{e(n)}{\varepsilon(n)}=1-\boldsymbol{k}^{\mathrm{H}}(n)\boldsymbol{x}(n) \tag{5.4.22}$$

利用式(5.4.20)可得到从起始到任意时刻 LS 加权估计误差平方和结果。

5.4.2 RLS 算法的收敛性分析

若不考虑数值计算可能带来的计算问题，RLS 算法从原理上是收敛的。为了对一个特定问题给出收敛性的一个比较简单的结果，讨论线性模型的参数估计。给出一个线性回归过程，用 LS 自适应滤波算法估计这个回归过程的参数，用这个例子研究 RLS 算法的收敛性质。假设，自回归过程为

$$x(n)=\sum_{k=1}^{M}w_{o,k}x(n-k)+v(n)$$

令 $d(n)=x(n)$为期望响应，定义 $e_o(n)=v(n)$等价为测量误差，期望响应和输入 $\boldsymbol{x}(n)$满足的线性系统模型的向量形式为

$$d(n)=e_o(n)+\boldsymbol{w}_o^{\mathrm{H}}\boldsymbol{x}(n-1)$$

$e_o(n)$是方差为 σ^2 的白噪声过程，$\boldsymbol{w}_o$ 为模型的系数向量，用 RLS 算法递推估计 $\boldsymbol{w}_o$，在第 n 次迭代后产生的权系数向量估计值为$\hat{\boldsymbol{w}}(n)$，我们的目的是研究 RLS 算法得到的$\hat{\boldsymbol{w}}(n)$是否收敛于 $\boldsymbol{w}_o$，如果收敛则有怎样的收敛速度。评价权向量收敛的量是权误差向量及其统计量，权误差向量定义为

$$\delta(n)=\hat{\boldsymbol{w}}(n)-\boldsymbol{w}_o$$

由于权误差向量是随机的，更有意义的是研究它时变的自相关矩阵

$$\boldsymbol{K}(n)=E[\delta(n)\delta^{\mathrm{H}}(n)]$$

另一个评价 RLS 算法收敛的准则是前验估计误差的均方值，如果权向量是收敛的，那么前验误差均方值与后验误差均方值将收敛到相同值。前验估计误差的均方值定义为

$$J'(n)=E[|\varepsilon(n)|^2]$$

对线性自回归模型，如果当 $n\to\infty$时，$\hat{\boldsymbol{w}}(n)\to\boldsymbol{w}_o$、$J'(n)\to\sigma^2$，则 RLS 收敛到最优估计的解。这里只给出有关结论，更细节的讨论参考文献[9]。

(1) RLS 是无偏估计：$E[\hat{\boldsymbol{w}}(n)]=\boldsymbol{w}_o\ n\geqslant M$，这里 M 是模型的阶。

(2) 权系数误差向量的自相关矩阵的变化规律为

$$\boldsymbol{K}(n)=\frac{\sigma^2}{n-M-1}\boldsymbol{R}_x^{-1}\quad n>M+1 \tag{5.4.23}$$

权系数误差向量各分量平方和的收敛性为

$$E[\delta^{\mathrm{H}}(n)\delta(n)]=tr\,[\boldsymbol{K}(n)]=\frac{\sigma^2}{n-M-1}\sum_{i=1}^{M}\frac{1}{\lambda_i}\quad n>M+1 \tag{5.4.24}$$

其中 λ_i 为信号自相关矩阵的特征值，如果 $\lambda_{\min}$很小，收敛相对较慢。但 $n\to\infty$时，$\boldsymbol{K}(n)\to\boldsymbol{0}$，这里 $\boldsymbol{0}$ 是全零的矩阵。同样 $n\to\infty$时 $E[\delta^{\mathrm{H}}(n)\delta(n)]\to 0$，滤波器权向量收敛于最优滤波器系数，对当前问题的解收敛于真实的回归系数向量 $\boldsymbol{w}_o$。

(3) 前验估计误差的均方值的收敛规律为

$$J'(n)=\sigma^2+\mathrm{tr}\left[\boldsymbol{R}_x\boldsymbol{K}(n-1)\right]=\sigma^2+\frac{M\sigma^2}{n-M-1}\quad n>M+1 \tag{5.4.25}$$

$n\to\infty$时，前验误差收敛到最优滤波器的估计误差值，等价地后验误差均方值也收敛于同一个值。

总结 RLS 算法的主要性质如下。

(1) RLS 是收敛的，且不存在额外误差项 $J_{ex}(\infty)$。

(2) 一般情况下，$n=2M$ 时大约就可以收敛，在高信噪比情况下，RLS 收敛速度明显快于 LMS 算法，在小信噪比情况下，RLS 收敛速度可能与 LMS 算法等价，但仍收敛到明显小于 LMS 的最终误差值。

(3) RLS 算法运算量明显大于 LMS 算法。

5.5　LMS 和 RLS 算法对自适应均衡器的仿真结果

在 3.1.5 节研究了线性最优均衡器的例子，在那里是作为维纳滤波器的应用。在实际上，更多地利用自适应滤波算法实现均衡器，即自适应均衡器。自适应均衡需要一个期望响应序列，在通信系统接通的时候，设置一段专门时间，用于训练均衡器，在这个时段，通信发送机和通信接收机都产生一段约定的训练序列。发送机发送约定的训练序列 $s(n)$，接收机收到的是已经畸变的信号 $x(n)$，$x(n)$作为均衡器的输入信号，接收机在本地产生相同的训练序列 $s(n)$作为自适应均衡器的期望响应。

为了研究自适应滤波算法的收敛性质，本节以一个仿真的自适应均衡器实验平台为例，讨论两类自适应滤波算法的收敛性质。

考虑一个简化的线性自适应均衡器的原理性实验框图如图 5.5.1 所示。随机数据产生器产生双极性的随机序列 $s(n)$，它随机地取±1。随机信号通过一个信道传输，信道性质可由一个三系数 FIR 滤波器近似，滤波器系数分别是 0.3，0.9，0.3。在信道输出端加入方差为 σ^2 的高斯白噪声。设计一个有 11 个权系数的 FIR 结构的自适应滤波器作为本问题的自适应均衡器，为使均衡器的权系数接近对称，令均衡器的期望响应为 $s(n-7)$。在几个选定的信噪比下，进行如下实验。

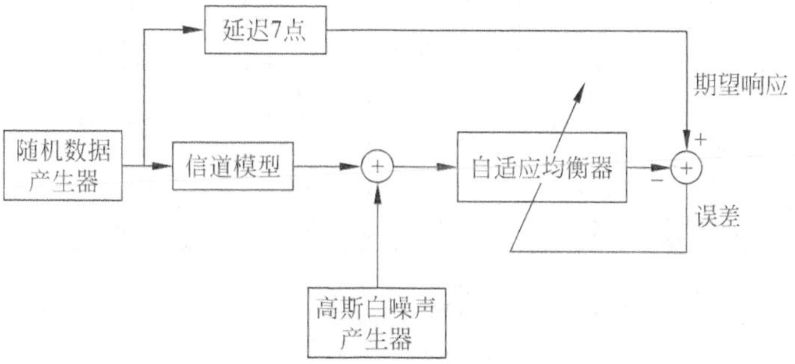

图 5.5.1　自适应均衡器应用示意图

(1) 用 LMS 算法实现这个自适应均衡器，画出一次实验的误差平方的收敛曲线，给出最后设计的滤波器系数。一次实验的训练序列长度为 500。进行 20 次独立实验，画出误差平方的平均收敛曲线。给出不同的步长值的比较。

(2) 用 RLS 算法进行(1)的实验，并比较(1)(2)的结果。

通过这个实验，进一步了解 LMS 和 RLS 算法的收敛性和误差特性。

1. LMS 算法的实验结果

采用归一化 LMS(NLMS)算法进行实验，理论上步长取 $0<\tilde{\mu}<2$ 都可以保证收敛，实验中，首先取 $\tilde{\mu}=1$ 和信噪比 25dB，一次单独实验的误差平方曲线示于图 5.5.2(a)，20 次实验的误差平方的均值示于图 5.5.2(b)。

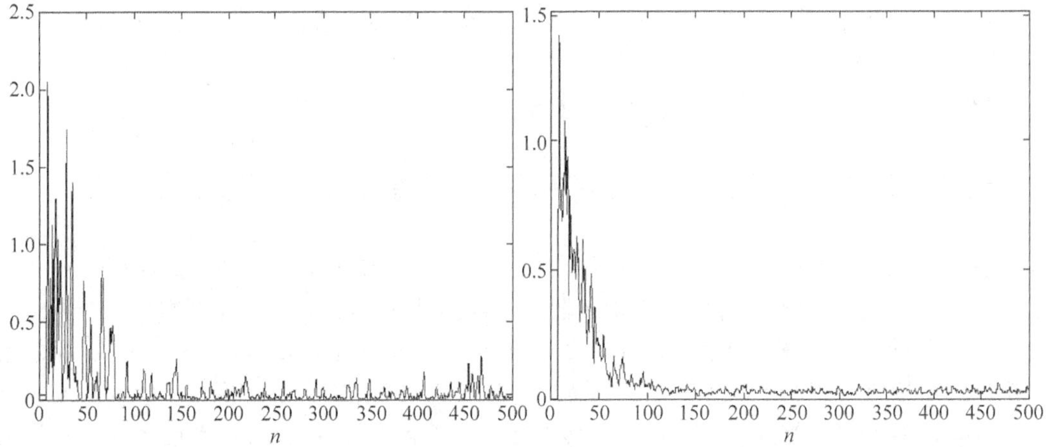

(a) 一次单独实验的误差平方曲线　　(b) 20次实验的误差平方的均值曲线

图 5.5.2　$\tilde{\mu}=1$，信噪比 25dB 实验结果

由 LMS 算法设计的自适应均衡器的滤波器冲激响应(收敛后的权系数)和自适应均衡器与信道滤波器的卷积结果示于表 5.5.1 中。由表的第 3 行可见，自适应均衡器与信道滤波器的卷积非常接近于一个冲激响应为单位抽样序列的滤波器，这正是我们期望的。

表 5.5.1　用 LMS 设计的自适应均衡器

序　号	0	1	2	3	4	5	6
20 次平均	−0.0018	−0.0060	0.021	−0.0788	0.209	−0.555	1.467
一次设计	−0.0384	0.0245	−0.016	−0.047	0.177	−0.526	1.455
卷积	−0.0005	−0.0034	0.0004	−0.0065	−0.0019	−0.0021	0.0031
序　号	7	8	9	10	11	12	
20 次平均	−0.547	0.212	−0.084	0.02			
一次设计	−0.511	0.185	−0.073	−0.0117			
卷积	0.9896	0.0112	0.0019	−0.0057	−0.0073	0.0059	

步长 $\tilde{\mu}=1.5$ 时的误差平方曲线示于图 5.5.3。

步长 $\tilde{\mu}=0.4$ 时的误差平方曲线示于图 5.5.4。

观察三个不同步长情况下的平均误差曲线不难看出，步长越小，平均最终误差越小，但收敛速度越慢，为了获得更好的精度，必然牺牲收敛速度。一种有启发意义的做法是，在迭代算法开始时，采用较大的步长，以尽快收敛，在基本达到收敛状态时，再改用较小的步长，

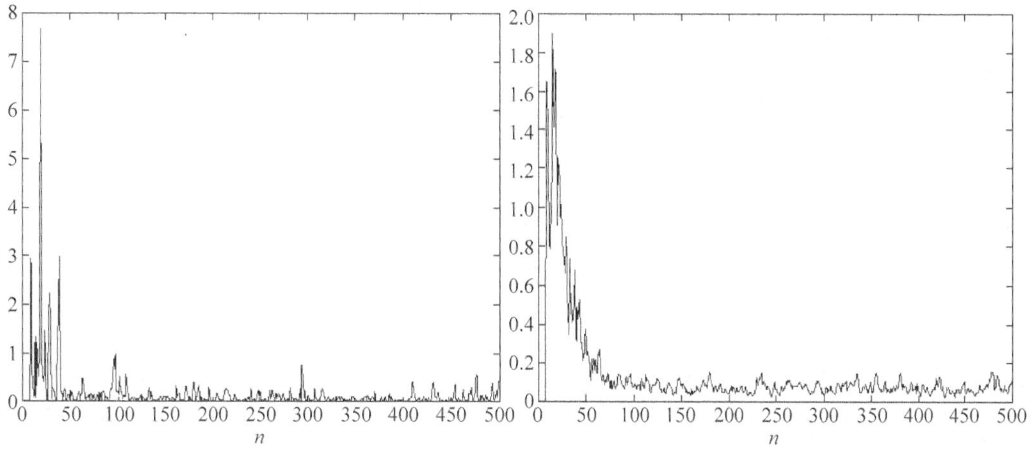

(a) 一次单独实验的误差平方曲线　　(b) 20次实验的误差平方的均值曲线

图 5.5.3　$\tilde{\mu}=1.5$，信噪比 25dB 的实验结果

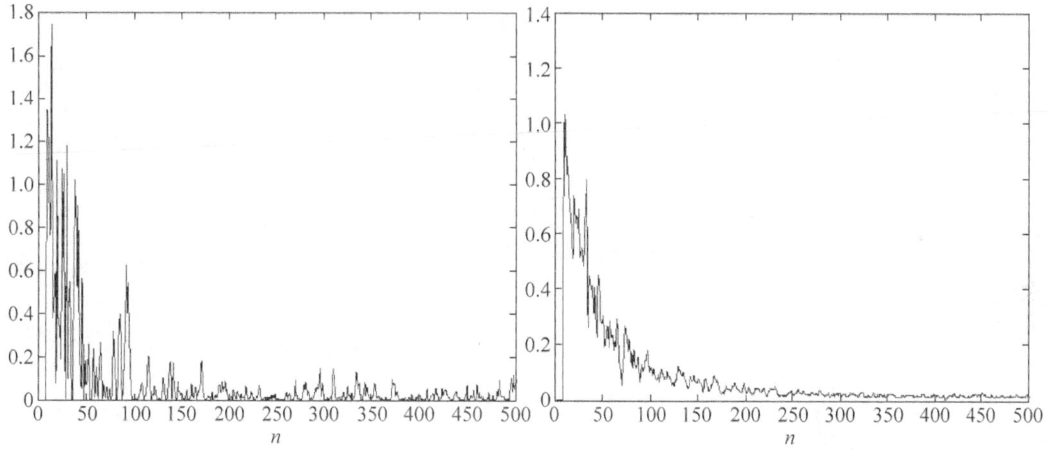

(a) 一次单独实验的误差平方曲线　　(b) 20次实验的误差平方的均值曲线

图 5.5.4　$\tilde{\mu}=0.4$，信噪比 25dB，实验结果

使最终额外误差尽可能小，这样做可以获得收敛速度和最终误差之间的一个好的折中，Harris 给出一个这样的实现算法，细节参见文献[8]。

降低信噪比的结果如图 5.5.5 所示，图示的是在信噪比为 20dB 时，用步长 $\tilde{\mu}=1$ 得到的结果，由图可见，尽管 20 次结果的平均曲线仍有较好的收敛结果，但单次实验的误差曲线随机性明显增加，这是更大的噪声功率对随机梯度的影响。

2. RLS 算法的实验结果

在同样条件下，用 RLS 算法设计这个自适应均衡器，观察它的收敛性和最终误差性能。仍在信噪比 25dB 下进行实验。取忘却因子 $\lambda=0.8$。单次实验和 20 次实验的结果如图 5.5.6 所示。

从图 5.5.6 可以看到，RLS 算法的收敛速度明显比 LMS 算法快，并且最终误差值也比 LMS 算法小。不考虑运算复杂性，RLS 算法性能比 LMS 算法要好。当 RLS 算法用更小的

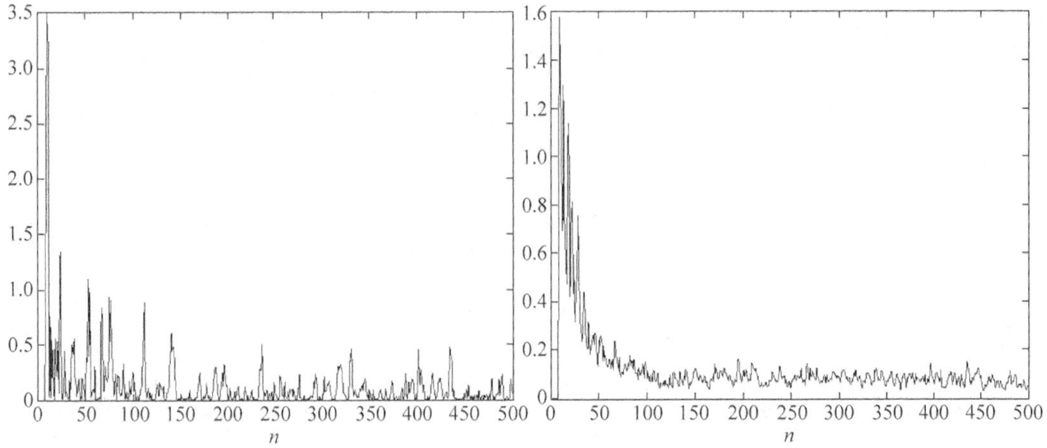

(a) 一次单独实验的误差平方曲线 (b) 20次实验的误差平方的均值曲线

图 5.5.5 $\tilde{\mu}=1$,信噪比 20dB 的实验结果

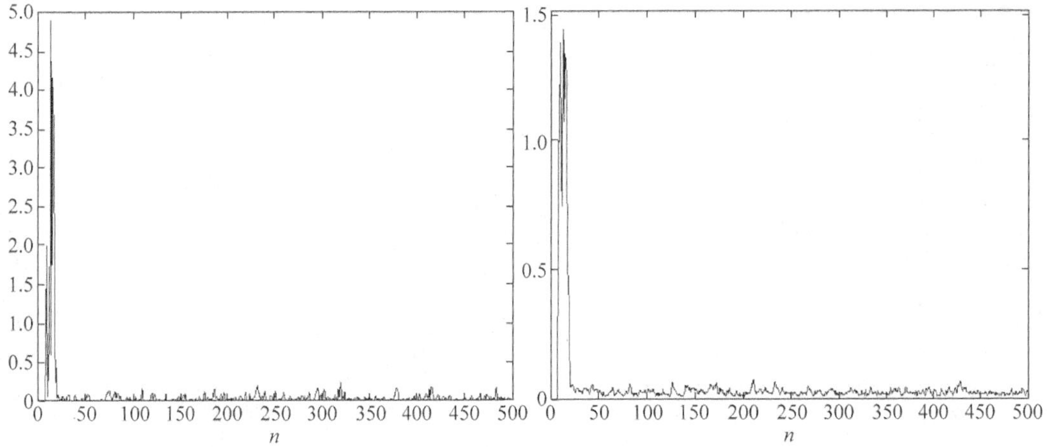

(a) RLS一次单独实验的误差平方曲线 (b) RLS 20次实验的误差平方的均值曲线

图 5.5.6 $\lambda=0.8$,信噪比 25dB,RLS 的实验结果

忘却因子时,单次实验结果明显变坏,图 5.5.7 是忘却因子取 $\lambda=0.6$ 时,一次实验的误差曲线。从原理上讲,当忘却因子取得较小时,几个单位时间之前的信号的贡献变得很小,只有最近的信号值参与了平均,当忘却因子趋于 0 时,LS 就蜕变成了 LMS。

3. 自适应滤波的有限字长问题

以上的仿真都是在 PC 上实现的,使用的是 MATLAB 软件,采用 32 位或 64 位字长的浮点运算,在这种计算环境下,运算误差的影响近似可忽略,故以上实验中主要关心收敛和性能。LMS 算法的收敛性取决于步长的选择,而 RLS 算法原理上总是收敛的。

自适应滤波经常应用于实时处理环境,而实时处理的硬件平台常采用 FPGA 或嵌入式处理器,这些计算环境常用有限位定点运算,设字长为 B。在数字信号处理(DSP)的著作中都会详细讨论有限字长效应引起的各种误差和由此对输出信噪比的影响。有限字长效应对自适应滤波信噪比的影响与 DSP 讨论的类似,此处不再讨论。这里主要关注有限字长效应

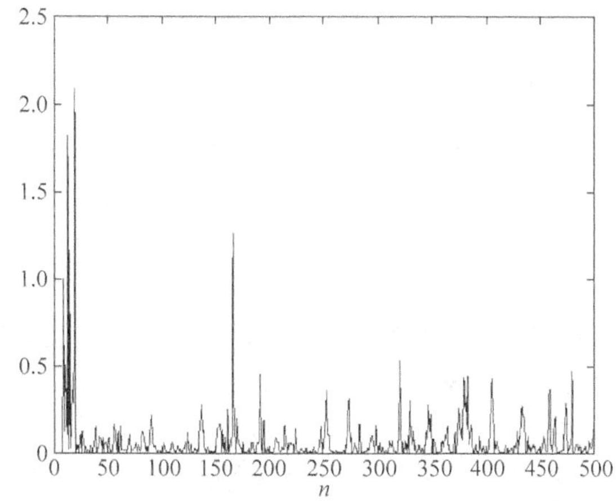

图 5.5.7　$\lambda=0.6$,信噪比 25dB,RLS 一次单独实验的误差平方曲线

对自适应滤波收敛性的影响,对于 LMS 算法设步长 μ 满足收敛性,故只讨论有限字长对收敛性的影响,对这个问题通过仿真实验得到一些有参考价值的结果。

有限字长效应对 LMS 算法的收敛性影响不大,实验验证对本节的自适应均衡实验,只要取 $B>8$bit 即可保证 LMS 算法收敛,当然 B 越大运算量化误差越小,性能越好。

有限字长效应对 5.4 节导出的基本 RLS 算法的收敛性影响更明显,对于本节的均衡器,实验表明 $B>20$b 才能保证均衡器收敛,由于很多 FPGA 的 DSP 核和经济型的嵌入式处理器可能是 16 位字长,在这些处理器中采用标准字长定点运算不能保证 RLS 算法收敛。

造成 RLS 算法不收敛的关键是式(5.4.14),即 $\boldsymbol{P}(n)$的迭代公式

$$\boldsymbol{P}(n)=\lambda^{-1}\boldsymbol{P}(n-1)-\lambda^{-1}\boldsymbol{k}(n)\boldsymbol{x}^{\mathrm{H}}(n)\boldsymbol{P}(n-1)$$

由于该式是两项之差,在有限字长影响下,可能使得 $\boldsymbol{P}(n)$变成负定,这违背了 $\boldsymbol{P}(n)$必然正定的基本性质,引起 RLS 算法不收敛。注意到 RLS 算法不收敛问题与卡尔曼滤波遇到的计算问题很相似。只有当 B 充分大,运算量化误差可忽略时才避免 $\boldsymbol{P}(n)$变成负定,就像本例的 $B>20$b。

本节只给出一个实验性的结果,实际上对于一个具体应用,可通过仿真确定其收敛所需要的字长 B,但本节给出的例子对大多数中等规模的自适应滤波器是很有参考价值的。

对于 RLS 算法,其基本算法存在两个明显的缺点,一是运算量很大是 $O(M^2)$的,二是保证收敛的字长要求较高,因此怎样改进基本 RLS 算法以降低运算量和提高计算可靠性得到广泛研究,后面 3 节专用于讨论这个问题。

5.6　投影算子递推和 LS 格形滤波器

用向量空间的投影算子理论研究快速 RLS 算法,已经取得一些成功的结果。利用投影算子的直观几何性质,推导快速的 RLS 算法。本节首先概要讨论投影算子和正交投影算子的基本性质和递推关系,然后将算子方法用于最小二乘格形滤波器(Least Squares Lattice,LSL),导出一种快速可靠的自适应滤波算法。下一节用算子方法推导更复杂的最小二乘快速横向滤波器(Fast Transversal Filter,FTF)的递推算法。

为叙述简便,本节和 5.7 节将输入数据和滤波器系数都限定为实的。

5.6.1 用向量空间算子方法表示 LS 滤波器

在第 3 章讨论 LS 滤波器时,曾讨论过投影算子的概念,本节以更方便于自适应 RLS 滤波器递推表示的符号重新解释投影算子。假设读者熟悉向量空间的基本概念。考虑一个向量

$$\boldsymbol{x}(n)=[x(1),x(2),\cdots,x(n-1),x(n)]^{\mathrm{T}} \tag{5.6.1}$$

本节和下节中向量 $\boldsymbol{x}(n)$ 和其他节的有所不同,$\boldsymbol{x}(n)$ 向量中包含按时间顺序排列的信号值,向量序号表示最新的一个信号值,$\boldsymbol{x}(n)$ 中的 n 一方面表示信号向量中最新的信号时刻,另一方面也表示这个向量的维数。

如果由 m 个向量 $\boldsymbol{x}_1(n),\boldsymbol{x}_2(n),\cdots,\boldsymbol{x}_m(n)$ 作为基向量,张成一个向量空间 $\{\boldsymbol{U}\}$,$\{\boldsymbol{U}\}$ 的定义写成

$$\{\boldsymbol{U}\}=\left\{\boldsymbol{u}(n)\mid \boldsymbol{u}(n)=\sum_{k=1}^{m}a_k\boldsymbol{x}_k(n)\right\} \tag{5.6.2}$$

对于向量空间定义内积运算为

$$\langle\boldsymbol{x}_1(n),\boldsymbol{x}_2(n)\rangle=\boldsymbol{x}_1^{\mathrm{T}}(n)\boldsymbol{x}_2(n)$$

由内积可以定义向量的范数

$$\|\boldsymbol{x}(n)\|=\langle\boldsymbol{x}(n),\boldsymbol{x}(n)\rangle^{1/2}$$

内积的定义还可以扩充到矩阵,矩阵的内积运算定义为

$$\langle\boldsymbol{X},\boldsymbol{Y}\rangle=\boldsymbol{X}^{\mathrm{T}}\boldsymbol{Y}$$

只要上式的矩阵相乘是相容的。内积运算满足线性

$$\langle\boldsymbol{X},\boldsymbol{Y}_1+\boldsymbol{Y}_2\rangle=\langle\boldsymbol{X},\boldsymbol{Y}_1\rangle+\langle\boldsymbol{X},\boldsymbol{Y}_2\rangle$$

有了这些准备工作,下面转入 LS 滤波的向量空间的算子表示的讨论。以预加窗法为例进行讨论,实际上在自适应 LS 滤波器设计时,人们一般都用预加窗法。在 n 时刻,求滤波器的权向量

$$\boldsymbol{w}_m(n)=[w_1(n),w_2(n),\cdots,w_m(n)]^{\mathrm{T}} \tag{5.6.3}$$

以使对期望响应的估计误差的有限平方和最小。这些误差项重新写为

$$\begin{aligned}
e(1\mid n)&=d(1)-x(1)w_1(n)\\
e(2\mid n)&=d(2)-x(2)w_1(n)-x(1)w_2(n)\\
&\vdots\\
e(n\mid n)&=d(n)-x(n)w_1(n)-\cdots-x(n-m+1)w_m(n)
\end{aligned} \tag{5.6.4}$$

这里用符号 $e(i|n)$ 表示用 n 时刻的权系数 $\boldsymbol{w}_m(n)$ 产生的对 $d(i)$ 的估计误差。在第 3 章曾经讨论过 LS 的矩阵表示,并用 $\boldsymbol{A}$ 表示数据矩阵,在这里,为了表示更清楚,在研究递推公式时不至于引起混乱,重新用更明确的符号表示数据矩阵,误差向量和估计向量分别写为

$$\boldsymbol{e}(n\mid n)=\boldsymbol{d}(n)-\hat{\boldsymbol{d}}(n)$$

$$\hat{\boldsymbol{d}}(n)=\boldsymbol{X}_{0,m-1}(n)\boldsymbol{w}_m(n)$$

这里数据矩阵表示为

$$\boldsymbol{X}_{0,m-1}(n)=\begin{bmatrix} x(1) & 0 & \cdots & 0 \\ x(2) & x(1) & \cdots & 0 \\ \vdots & \vdots & \ddots & \vdots \\ x(n-1) & x(n-2) & \cdots & x(n-m) \\ x(n) & x(n-1) & \cdots & x(n-m+1) \end{bmatrix}_{n\times m}$$
$$=[\boldsymbol{x}(n),z^{-1}\boldsymbol{x}(n),z^{-2}\boldsymbol{x}(n),\cdots,z^{-(m-1)}\boldsymbol{x}(n)] \tag{5.6.5}$$

在数据矩阵中，$z^{-j}\boldsymbol{x}(n)$是一个列向量，这里 z^{-j} 表示一个延迟算子，而不是一个乘法因子，它的含义是对 $\boldsymbol{x}(n)$的 j 阶延迟，即

$$z^{-j}\boldsymbol{x}(n)=[0,0,\cdots,0,x(1),\cdots,x(n-j)]^{\mathrm{T}} \tag{5.6.6}$$

数据矩阵 $\boldsymbol{X}_{0,m-1}(n)$的下标和序号的含义是清楚的，下标 $0,m-1$ 表示构成数据矩阵的列向量中延迟算子的阶的范围，也同时表明数据矩阵由 m 列组成。时间序号 n 指出最新的信号取值的时间。

从向量空间的概念出发，$\boldsymbol{X}_{0,m-1}(n)$的列向量张成向量空间$\{\boldsymbol{X}_{0,m-1}(n)\}$，在这个向量空间上估计 $\boldsymbol{d}(n)$，最优估计$\hat{\boldsymbol{d}}(n)$应该是 $\boldsymbol{d}(n)$在向量空间$\{\boldsymbol{X}_{0,m-1}(n)\}$上的投影，由第 3 章的结论，我们知道

$$\begin{aligned}\boldsymbol{w}_m(n)&=(\boldsymbol{X}_{0,m-1}^{\mathrm{T}}(n)\boldsymbol{X}_{0,m-1}(n))^{-1}\boldsymbol{X}_{0,m-1}^{\mathrm{T}}(n)\boldsymbol{d}(n)\\&=\langle\boldsymbol{X}_{0,m-1}(n),\boldsymbol{X}_{0,m-1}(n)\rangle^{-1}\langle\boldsymbol{X}_{0,m-1}(n),\boldsymbol{d}(n)\rangle\end{aligned} \tag{5.6.7}$$

和

$$\begin{aligned}\hat{\boldsymbol{d}}(n)&=\boldsymbol{X}_{0,m-1}(n)\boldsymbol{w}_m(n)\\&=\boldsymbol{X}_{0,m-1}(n)\langle\boldsymbol{X}_{0,m-1}(n),\boldsymbol{X}_{0,m-1}(n)\rangle^{-1}\boldsymbol{X}_{0,m-1}^{\mathrm{T}}(n)\boldsymbol{d}(n)\end{aligned} \tag{5.6.8}$$

由式(5.6.8)定义投影算子(或称投影矩阵)$\boldsymbol{P}_{0,m-1}(n)$，它施加于期望响应向量 $\boldsymbol{d}(n)$，得到 $\boldsymbol{d}(n)$在向量空间$\{\boldsymbol{X}_{0,m-1}(n)\}$上的投影$\hat{\boldsymbol{d}}(n)$。由式(5.6.8)得到投影算子为

$$\boldsymbol{P}_{0,m-1}(n)=\boldsymbol{X}_{0,m-1}(n)\langle\boldsymbol{X}_{0,m-1}(n),\boldsymbol{X}_{0,m-1}(n)\rangle^{-1}\boldsymbol{X}_{0,m-1}^{\mathrm{T}}(n) \tag{5.6.9}$$

和

$$\hat{\boldsymbol{d}}(n)=\boldsymbol{P}_{0,m-1}(n)\boldsymbol{d}(n) \tag{5.6.10}$$

对于一般数据矩阵 $\boldsymbol{U}$，它的列向量张成向量空间$\{\boldsymbol{U}\}$，定义投影矩阵为

$$\boldsymbol{P}_U=\boldsymbol{U}\langle\boldsymbol{U},\boldsymbol{U}\rangle^{-1}\boldsymbol{U}^{\mathrm{T}} \tag{5.6.11}$$

投影矩阵有许多性质，很容易验证如下两个最常用的性质：

(1) 等幂性

$$\boldsymbol{P}_U\boldsymbol{P}_U=\boldsymbol{P}_U \tag{5.6.12}$$

(2) 对称性

$$\boldsymbol{P}_U^{\mathrm{T}}=\boldsymbol{P}_U \tag{5.6.13}$$

例 5.6.1 设数据信号为$\{x(n)\}=\{4,3,1,\cdots\}$，令 $m=2,n=3$，写出数据矩阵 $\boldsymbol{X}_{0,m-1}(n)$，并用这个数据矩阵估计期望响应$\{d(n)\}=\{2,1,0.2,\cdots\}$。如果期望响应是$\{d_2(n)\}=\{2,1,1,\cdots\}$，用同样数据矩阵估计之。

解：基本数据向量为：$\boldsymbol{x}(3)=[4,3,1]^{\mathrm{T}}$

构成数据矩阵为：$\boldsymbol{X}_{0,1}(3)=\begin{bmatrix}4 & 0\\ 3 & 4\\ 1 & 3\end{bmatrix}$

$$\boldsymbol{P}_{0,1}(3)=\boldsymbol{X}_{0,1}(3)\langle\boldsymbol{X}_{0,1}(3),\boldsymbol{X}_{0,1}(3)\rangle^{-1}\boldsymbol{X}_{0,1}^{\mathrm{T}}(3)=\frac{1}{425}\begin{bmatrix}400 & 60 & -80\\ 60 & 281 & 192\\ -80 & 192 & 169\end{bmatrix}$$

对第 1 个给出的期望响应：

$$\boldsymbol{d}(3)=[2,1,0.2]^{\mathrm{T}}$$

得到估计向量为

$$\hat{\boldsymbol{d}}(3)=\boldsymbol{P}_{0,1}(3)\boldsymbol{d}(3)\approx[1.99,1.03,0.155]^{\mathrm{T}}$$

估计误差向量为

$$\boldsymbol{e}(3)=[0.01,0.03,0.045]^{\mathrm{T}}$$

对第 2 个期望响应向量：

$$\boldsymbol{d}_2(3)=[2,1,1]^{\mathrm{T}}$$

得到估计向量为

$$\hat{\boldsymbol{d}}_2(3)=\boldsymbol{P}_{0,1}(3)\boldsymbol{d}_2(3)\approx[1.84,1.4,0.47]^{\mathrm{T}}$$

估计误差向量：

$$\boldsymbol{e}_2(3)=[0.16,-0.4,0.53]^{\mathrm{T}}$$

这个数值例子只是用于说明，但可以看到，当期望响应的变化规律与输入序列的变化规律比较接近时，估计很精确，若期望响应的规律与输入数据的变化规律相差较大时，估计误差变大。

在这个估计过程中，在 m 列向量构成的 m 维向量空间上估计期望响应向量 $\boldsymbol{d}(n)$，一般地 $\boldsymbol{d}(n)$ 是更高维 $m+1$ 维空间的向量，因此由 m 维向量空间估计 $\boldsymbol{d}(n)$，估计值是 $\boldsymbol{d}(n)$ 在 m 维数据空间的投影。估计误差向量 $\boldsymbol{e}(n|n)$ 与 m 维数据空间是垂直的，m 维数据空间和由 $\boldsymbol{e}(n|n)$ 作为基张成的子空间是垂直的，很显然，由

$$\boldsymbol{e}(n\mid n)=(\boldsymbol{I}-\boldsymbol{P}_{0,m-1}(n))\boldsymbol{d}(n)=\boldsymbol{P}_{0,m-1}^{\perp}(n)\boldsymbol{d}(n) \tag{5.6.14}$$

定义垂直投影矩阵

$$\boldsymbol{P}_{0,m-1}^{\perp}=\boldsymbol{I}-\boldsymbol{P}_{0,m-1}(n) \tag{5.6.15}$$

垂直投影矩阵将 $\boldsymbol{d}(n)$ 投影到与数据空间垂直的子空间上。

对于一般数据矩阵 $\boldsymbol{U}$ 和它的列向量张成的向量空间 $\{\boldsymbol{U}\}$，垂直投影矩阵定义为

$$\boldsymbol{P}_U^{\perp}=\boldsymbol{I}-\boldsymbol{P}_U=\boldsymbol{I}-\boldsymbol{U}\langle\boldsymbol{U},\boldsymbol{U}\rangle^{-1}\boldsymbol{U}^{\mathrm{T}} \tag{5.6.16}$$

并且有如下性质

$$\begin{gathered}\boldsymbol{P}_U^{\perp}=(\boldsymbol{P}_U^{\perp})^{\mathrm{T}}\\ \boldsymbol{P}_U^{\perp}\boldsymbol{P}_U^{\perp}=\boldsymbol{P}_U^{\perp}\end{gathered} \tag{5.6.17}$$

对于任给一个向量 $\boldsymbol{v}$，显然有

$$\langle\boldsymbol{P}_U^{\perp}\boldsymbol{v},\boldsymbol{P}_U\boldsymbol{v}\rangle=\boldsymbol{v}^{\mathrm{T}}\boldsymbol{P}_U^{\perp}\boldsymbol{P}_U\boldsymbol{v}=0$$

因此

$$\boldsymbol{P}_U^{\perp}\boldsymbol{P}_U=\boldsymbol{0}_{n\times n} \tag{5.6.18}$$

这里 $\mathbf{0}_{n\times n}$是 $n\times n$ 全零矩阵。

5.6.2 投影算子的阶递推公式

对于一般数据矩阵 $\boldsymbol{U}$ 和它张成的向量空间$\{\boldsymbol{U}\}$，如果已经得到投影矩阵 $\boldsymbol{P}_U$ 和垂直投影矩阵 $\boldsymbol{P}_U^{\perp}$，如果增加一个列向量$\boldsymbol{v}$，张成新的向量空间$\{\boldsymbol{U},\boldsymbol{v}\}$，向量空间$\{\boldsymbol{U},\boldsymbol{v}\}$的投影矩阵和垂直投影矩阵能否由 $\boldsymbol{P}_U$ 和 $\boldsymbol{P}_U^{\perp}$ 递推得到?

这个问题是 LS 滤波器阶递推算法的基础，假设 $\boldsymbol{U}=\boldsymbol{X}_{0,m-1}(n)$，取 $\boldsymbol{v}=z^{-m}\boldsymbol{x}(n)$，这时$\{\boldsymbol{U},\boldsymbol{v}\}=\{\boldsymbol{X}_{0,m}(n)\}$相当于是 $m+1$ 阶 LS 滤波器的数据矩阵。因此能够由 $\boldsymbol{P}_U$ 和 $\boldsymbol{P}_U^{\perp}$ 递推得到 $\boldsymbol{P}_{Uv}$和 $\boldsymbol{P}_{Uv}^{\perp}$就相当于由 m 阶 LS 滤波器递推得到 $m+1$ 阶 LS 滤波器的解。

一般情况下，新增列向量$\boldsymbol{v}$ 不一定垂直于$\{\boldsymbol{U}\}$，但可以将$\boldsymbol{v}$ 分解为在$\{\boldsymbol{U}\}$上投影向量和垂直于$\{\boldsymbol{U}\}$的向量 $\boldsymbol{w}$，显然，$\{\boldsymbol{U},\boldsymbol{v}\}=\{\boldsymbol{U},\boldsymbol{w}\}$，再根据 $\boldsymbol{w}\perp\{\boldsymbol{U}\}$，得到

$$\boldsymbol{P}_{Uv}=\boldsymbol{P}_{Uw}=\boldsymbol{P}_U+\boldsymbol{P}_w \tag{5.6.19}$$

但 $\boldsymbol{w}$ 是$\boldsymbol{v}$ 对$\{\boldsymbol{U}\}$的正交投影，因此

$$\boldsymbol{w}=\boldsymbol{P}_U^{\perp}\boldsymbol{v} \tag{5.6.20}$$

将式(5.6.20)带入(5.6.19)，利用式(5.6.11)的定义得到投影矩阵递推公式为

$$\boldsymbol{P}_{Uv}=\boldsymbol{P}_U+\boldsymbol{P}_U^{\perp}\boldsymbol{v}\langle\boldsymbol{P}_U^{\perp}\boldsymbol{v},\boldsymbol{P}_U^{\perp}\boldsymbol{v}\rangle^{-1}\boldsymbol{v}^{\mathrm{T}}\boldsymbol{P}_U^{\perp} \tag{5.6.21a}$$

正交投影矩阵递推公式为

$$\boldsymbol{P}_{Uv}^{\perp}=\boldsymbol{I}-\boldsymbol{P}_{Uv}=\boldsymbol{P}_U^{\perp}-\boldsymbol{P}_U^{\perp}\boldsymbol{v}\langle\boldsymbol{P}_U^{\perp}\boldsymbol{v},\boldsymbol{P}_U^{\perp}\boldsymbol{v}\rangle^{-1}\boldsymbol{v}^{\mathrm{T}}\boldsymbol{P}_U^{\perp} \tag{5.6.21b}$$

投影矩阵和正交投影矩阵作用于一个向量 $\boldsymbol{y}$，有

$$\boldsymbol{P}_{Uv}\boldsymbol{y}=\boldsymbol{P}_U\boldsymbol{y}+\boldsymbol{P}_U^{\perp}\boldsymbol{v}\langle\boldsymbol{P}_U^{\perp}\boldsymbol{v},\boldsymbol{P}_U^{\perp}\boldsymbol{v}\rangle^{-1}\langle\boldsymbol{v},\boldsymbol{P}_U^{\perp}\boldsymbol{y}\rangle \tag{5.6.22a}$$

$$\boldsymbol{P}_{Uv}^{\perp}\boldsymbol{y}=\boldsymbol{P}_U^{\perp}\boldsymbol{y}-\boldsymbol{P}_U^{\perp}\boldsymbol{v}\langle\boldsymbol{P}_U^{\perp}\boldsymbol{v},\boldsymbol{P}_U^{\perp}\boldsymbol{v}\rangle^{-1}\langle\boldsymbol{v},\boldsymbol{P}_U^{\perp}\boldsymbol{y}\rangle \tag{5.6.22b}$$

式(5.6.22)的递推公式，两侧与同一个向量做内积运算，可以得到如下内积递推公式

$$\langle\boldsymbol{z},\boldsymbol{P}_{Uv}\boldsymbol{y}\rangle=\langle\boldsymbol{z},\boldsymbol{P}_U\boldsymbol{y}\rangle+\langle\boldsymbol{z},\boldsymbol{P}_U^{\perp}\boldsymbol{v}\rangle\langle\boldsymbol{P}_U^{\perp}\boldsymbol{v},\boldsymbol{P}_U^{\perp}\boldsymbol{v}\rangle^{-1}\langle\boldsymbol{v},\boldsymbol{P}_U^{\perp}\boldsymbol{y}\rangle \tag{5.6.23a}$$

$$\langle\boldsymbol{z},\boldsymbol{P}_{Uv}^{\perp}\boldsymbol{y}\rangle=\langle\boldsymbol{z},\boldsymbol{P}_U^{\perp}\boldsymbol{y}\rangle-\langle\boldsymbol{z},\boldsymbol{P}_U^{\perp}\boldsymbol{v}\rangle\langle\boldsymbol{P}_U^{\perp}\boldsymbol{v},\boldsymbol{P}_U^{\perp}\boldsymbol{v}\rangle^{-1}\langle\boldsymbol{v},\boldsymbol{P}_U^{\perp}\boldsymbol{y}\rangle \tag{5.6.23b}$$

如上的递推公式(5.6.21)～式(5.6.23)，选择不同的$\boldsymbol{U},\boldsymbol{v},\boldsymbol{y},\boldsymbol{z}$ 的组合，可以导出不同的 LS 滤波器的递推算法。具体例子见后续几节。

5.6.3 投影算子的时间递推公式

5.6.2 节讨论了当滤波器阶数增加 1 阶时，有关的递推公式，现在，讨论另外一个方面的递推公式，当时间从 $n-1$ 进入到 n 时刻，随时间推进的递推公式。

从数据矩阵的定义看，例如 $\boldsymbol{X}_{0,m-1}(n)$，表示 n 时刻的数据矩阵，在 $n-1$ 时刻数据矩阵是 $\boldsymbol{X}_{0,m-1}(n-1)$，它的每个列是一个 $n-1$ 个元素构成的向量，其最新的数据值是 $x(n-1)$，当时间进入到 n 时刻时，数据矩阵 $\boldsymbol{X}_{0,m-1}(n)$的每个列向量是 n 个元素构成的向量。所以数据矩阵 $\boldsymbol{X}_{0,m-1}(n-1)$是$(n-1)\times m$ 的矩阵，$\boldsymbol{X}_{0,m-1}(n)$是 $n\times m$ 的矩阵。相应的投影矩阵和正交投影矩阵分别是$(n-1)\times(n-1)$和 $n\times n$ 的。为了简单，我们假设由一个列向量 $\boldsymbol{x}(n)$构成数据矩阵，也就是数据空间是由向量 $\boldsymbol{x}(n)$张成，用这个数据空间估计向量 $\boldsymbol{d}(n)$，由此直

观地导出投影矩阵对时间更新的递推公式。

定义一个单位时间向量 $\pi(n)$ 为

$$\pi(n)=[0,0,\cdots,0,1]^{\mathrm{T}} \tag{5.6.24}$$

$\pi(n)$ 是由 $n-1$ 个连续零和最后的 1 组成的向量，用它可以提取 $\boldsymbol{x}(n)$ 向量中最后 n 时刻的信号值，同时它也表示用于表示 $\boldsymbol{x}(n)$ 的坐标系的最新方向轴。

仅通过一个简单例子说明，设

$$\{x(n)\}=\{x(1),x(2),x(3),\cdots\}$$

和

$$\{d(n)\}=\{d(1),d(2),d(3),\cdots\}$$

仅考虑从 $n=2$ 到 $n=3$ 的更新。$n=2$ 时，信号空间为 $\{\boldsymbol{x}(2)\}=\{[x(1),x(2)]^{\mathrm{T}}\}$，它对 $\boldsymbol{d}(2)$ 的估计为 $\hat{\boldsymbol{d}}(2)=\boldsymbol{P}_x(2)\boldsymbol{d}(2)$，在 $n=3$ 时，$\boldsymbol{d}(3)$ 在数据空间 $\{\boldsymbol{x}(3),\pi(3)\}$ 上的投影与 $\boldsymbol{d}(3)$ 在 $\pi(3)$ 上的投影和 $\hat{\boldsymbol{d}}(2)=P_x(2)\boldsymbol{d}(2)$ 组成一个直角三角形，如图 5.6.1 所示。因此有

$$\boldsymbol{P}_{x,\pi}(3)\boldsymbol{d}(3)=\hat{\boldsymbol{d}}(2)+\boldsymbol{P}_{\pi}(3)\boldsymbol{d}(3)$$

相当于

$$\boldsymbol{P}_{x,\pi}(3)\boldsymbol{d}(3)=\begin{bmatrix}\boldsymbol{P}_x(2) & \boldsymbol{0}_2\\ \boldsymbol{0}_2^{\mathrm{T}} & 0\end{bmatrix}\begin{bmatrix}\boldsymbol{d}(2)\\ d(3)\end{bmatrix}+\begin{bmatrix}\boldsymbol{0}_{2\times 2} & \boldsymbol{0}_2\\ \boldsymbol{0}_2^{\mathrm{T}} & 1\end{bmatrix}\begin{bmatrix}\boldsymbol{d}(2)\\ d(3)\end{bmatrix}$$

得到

$$\boldsymbol{P}_{x,\pi}(3)=\begin{bmatrix}\boldsymbol{P}_x(2) & \boldsymbol{0}_2\\ \boldsymbol{0}_2^{\mathrm{T}} & 1\end{bmatrix}$$

推广到任意 n，有

$$\boldsymbol{P}_{x,\pi}(n)=\begin{bmatrix}\boldsymbol{P}_x(n-1) & \boldsymbol{0}_{n-1}\\ \boldsymbol{0}_{n-1}^{\mathrm{T}} & 1\end{bmatrix} \tag{5.6.25}$$

对任意 m 维数据空间 $\{\boldsymbol{U}(n)\}$，时间更新关系推广为

$$\boldsymbol{P}_{U,\pi}(n)=\begin{bmatrix}\boldsymbol{P}_U(n-1) & \boldsymbol{0}_{n-1}\\ \boldsymbol{0}_{n-1}^{\mathrm{T}} & 1\end{bmatrix} \tag{5.6.26}$$

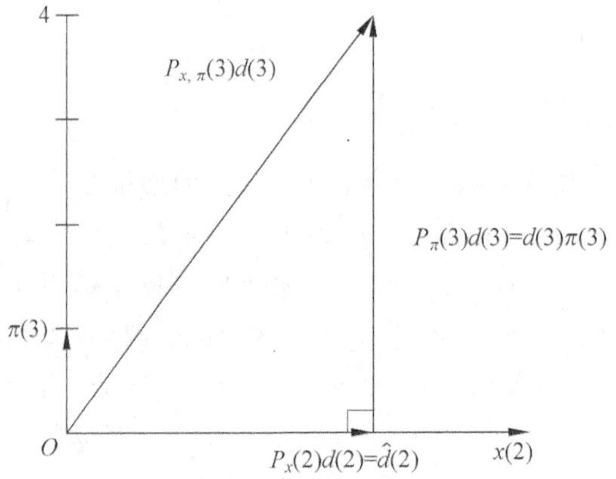

图 5.6.1　时间更新的示意图

其实,式(5.6.25)也可以直接将数据矩阵带入式(5.6.9)得到验证,由 $\boldsymbol{x}(n)$ 和 $[\boldsymbol{x}(n),\pi(n)]$ 构成的列矩阵和两列矩阵直接带入投影矩阵公式(5.6.9)分别得

$$\boldsymbol{P}_x(n)=\boldsymbol{x}(n)\langle\boldsymbol{x}(n),\boldsymbol{x}(n)\rangle^{-1}\boldsymbol{x}^{\mathrm{T}}(n)$$
$$=\frac{1}{\|\boldsymbol{x}(n)\|^2}\begin{bmatrix} x(1)x(1) & x(1)x(2) & \cdots & x(1)x(n-1) & x(1)x(n) \\ x(2)x(1) & x(2)x(2) & \cdots & x(2)x(n-1) & x(2)x(n) \\ \vdots & \vdots & \ddots & \vdots & \vdots \\ x(n-1)x(1) & x(n-1)x(2) & \cdots & x(n-1)x(n-1) & x(n-1)x(n) \\ x(n)x(1) & x(n)x(2) & & x(n)x(n-1) & x(n)x(n) \end{bmatrix} \tag{5.6.27}$$

和

$$\boldsymbol{P}_{x,\pi}(n)=[\boldsymbol{x}(n),\pi(n)]\langle[\boldsymbol{x}(n),\pi(n)],[\boldsymbol{x}(n),\pi(n)]\rangle^{-1}[\boldsymbol{x}(n),\pi(n)]^{\mathrm{T}}$$
$$=\frac{1}{\|\boldsymbol{x}(n-1)\|^2}\begin{bmatrix} x(1)x(1) & x(1)x(2) & \cdots & x(1)x(n-1) & 0 \\ x(2)x(1) & x(2)x(2) & \cdots & x(2)x(n-1) & 0 \\ \vdots & \vdots & \ddots & \vdots & \vdots \\ x(n-1)x(1) & x(n-1)x(2) & \cdots & x(n-1)x(n-1) & 0 \\ 0 & 0 & & 0 & \|\boldsymbol{x}(n-1)\|^2 \end{bmatrix} \tag{5.6.28}$$

比较式(5.6.27)和式(5.6.28)显然得到式(5.6.25)。同时看到 $\boldsymbol{P}_x(n)$ 和 $\boldsymbol{P}_{x,\pi}(n)$ 的区别,$\boldsymbol{P}_{x,\pi}(n)$ 可以将对 $\boldsymbol{d}(n)$ 估计中 $d(n)$ 分量独立抽取出来,$\boldsymbol{P}_x(n)$ 做不到。

用数据矩阵直接导出更一般的式(5.6.26)比较繁琐,我们承认由式(5.6.25)到式(5.6.26)的推广。

下面考虑垂直投影矩阵,由式(5.6.26)

$$\boldsymbol{P}_{U,\pi}^{\perp}(n)=\boldsymbol{I}-\boldsymbol{P}_{U,\pi}(n)=\begin{bmatrix}\boldsymbol{P}_U^{\perp}(n-1) & \boldsymbol{0}_{n-1} \\ \boldsymbol{0}_{n-1}^{\mathrm{T}} & 0\end{bmatrix} \tag{5.6.29}$$

另一方面,在式(5.6.21b)中,令 $\boldsymbol{v}=\pi(n)$ 得

$$\begin{aligned}\boldsymbol{P}_{U,\pi}^{\perp}(n)&=\boldsymbol{P}_U^{\perp}(n)-\boldsymbol{P}_U^{\perp}(n)\pi(n)\langle\boldsymbol{P}_U^{\perp}(n)\pi(n),\boldsymbol{P}_U^{\perp}(n)\pi(n)\rangle^{-1}\pi^{\mathrm{T}}(n)\boldsymbol{P}_U^{\perp}(n)\\ &=\boldsymbol{P}_U^{\perp}(n)-\frac{\boldsymbol{P}_U^{\perp}(n)\pi(n)\pi^{\mathrm{T}}(n)\boldsymbol{P}_U^{\perp}(n)}{(\boldsymbol{P}_U^{\perp}(n)\pi(n))^{\mathrm{T}}\boldsymbol{P}_U^{\perp}(n)\pi(n)}\\ &=\boldsymbol{P}_U^{\perp}(n)-\frac{\boldsymbol{P}_U^{\perp}(n)\boldsymbol{P}_\pi(n)\boldsymbol{P}_U^{\perp}(n)}{\pi^{\mathrm{T}}(n)\boldsymbol{P}_U^{\perp}(n)\pi(n)}\\ &=\boldsymbol{P}_U^{\perp}(n)-\frac{\boldsymbol{P}_U^{\perp}(n)\boldsymbol{P}_\pi(n)\boldsymbol{P}_U^{\perp}(n)}{\langle\pi(n),\boldsymbol{P}_U^{\perp}(n)\pi(n)\rangle}\\ &=\boldsymbol{P}_U^{\perp}(n)-\frac{\boldsymbol{P}_U^{\perp}(n)\boldsymbol{P}_\pi(n)\boldsymbol{P}_U^{\perp}(n)}{\gamma_U(n)}\end{aligned} \tag{5.6.30}$$

这里定义

$$\gamma_U(n)=\langle\pi(n),\boldsymbol{P}_U^{\perp}(n)\pi(n)\rangle \tag{5.6.31}$$

由式(5.6.29)和式(5.6.30)得到如下等式

$$\begin{bmatrix}\boldsymbol{P}_U^{\perp}(n-1) & \boldsymbol{0}_{n-1} \\ \boldsymbol{0}_{n-1}^{\mathrm{T}} & 0\end{bmatrix}=\boldsymbol{P}_U^{\perp}(n)-\frac{\boldsymbol{P}_U^{\perp}(n)\boldsymbol{P}_\pi(n)\boldsymbol{P}_U^{\perp}(n)}{\gamma_U(n)} \tag{5.6.32}$$

$\gamma_U(n)$ 称为角度参数,在数据矩阵为一列数据向量构成时,有非常明确的物理含义。图 5.6.2

示出 $n=3$ 时，$\boldsymbol{x}(2)$，$\boldsymbol{x}(3)$，$\pi(3)$，$\boldsymbol{P}_x^{\perp}(3)\pi(3)$的示意图，这里为了简单，用 $\boldsymbol{i}$ 表示水平方向单位向量，与 $\boldsymbol{x}(2)$同向，$\boldsymbol{j}$ 表示垂直方向单位向量，两个向量的表示如图 5.6.2 上的小图所示。由图示可以看到

$$\boldsymbol{P}_x^{\perp}(3)\pi(3) = \cos(\theta)\begin{bmatrix} -\boldsymbol{i}\sin(\theta) \\ \boldsymbol{j}\cos(\theta) \end{bmatrix}$$

和

$$\pi(3) = \begin{bmatrix} 0 \\ \boldsymbol{j} \end{bmatrix}$$

带入式(5.6.32)得

$$\gamma_x(3) = \cos^2(\theta)$$

因此，$\gamma_x(3)$反映了从 $\boldsymbol{x}(2)$到 $\boldsymbol{x}(3)$的角度变化。一般的 $\gamma_U(n)$反映了从数据空间$\{\boldsymbol{U}(n-1)\}$到数据空间$\{\boldsymbol{U}(n)\}$的角度变化，尽管这个角度已无直观的意义。

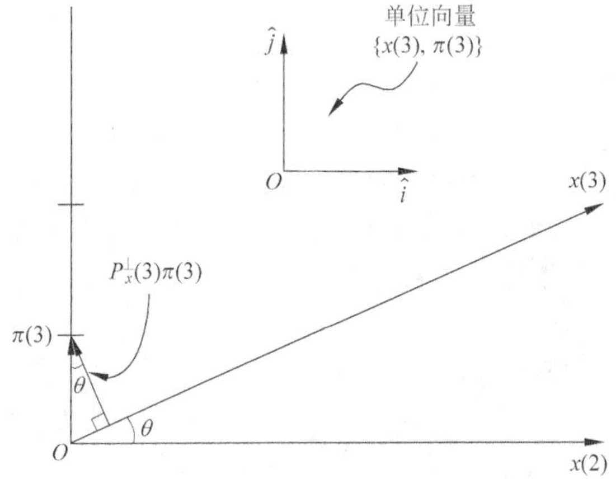

图 5.6.2　信号向量时间更新的角度关系

当数据矩阵取 $\boldsymbol{X}_{0,m-1}(n)$时，角度参数记为

$$\gamma_m(n) = \langle \pi(n), \boldsymbol{P}_{0,m-1}^{\perp}(n)\pi(n) \rangle \tag{5.6.33}$$

上式用 $n-1$ 取代 n 并整理得

$$\gamma_m(n-1) = \langle \pi(n), \boldsymbol{P}_{1,m}^{\perp}(n)\, \pi(n) \rangle \tag{5.6.34}$$

本节的相关结论可以用于推导几种快速 LS 算法。

5.6.4　最小二乘格型(LSL)算法

利用前面导出的投影算子矩阵的递推更新公式，推导最小二乘格型(LSL)算法。首先针对最优预测误差滤波器得到递推格型算法的推导，这与第 3 章的格型结构原理上是一致的，但这里强调的是递推实现，是一种自适应结构。因此，LSL 预测误差滤波器可以直接应用于最优预测和 AR 模型参数的自适应估计等应用中。在基本格型结构基础上，通过附加一个对后向预测误差的加权网络，给出针对一般滤波问题的 LSL 算法。

对 LS 预测误差滤波器，可以通过基本格型结构描述，如图 5.6.3 所示。对于 LS 意义下的最优预测格型结构，不能保证前向预测误差和后向预测误差的功率相等，更一般的采用

前向和后向两个反射系数和预测误差功率。

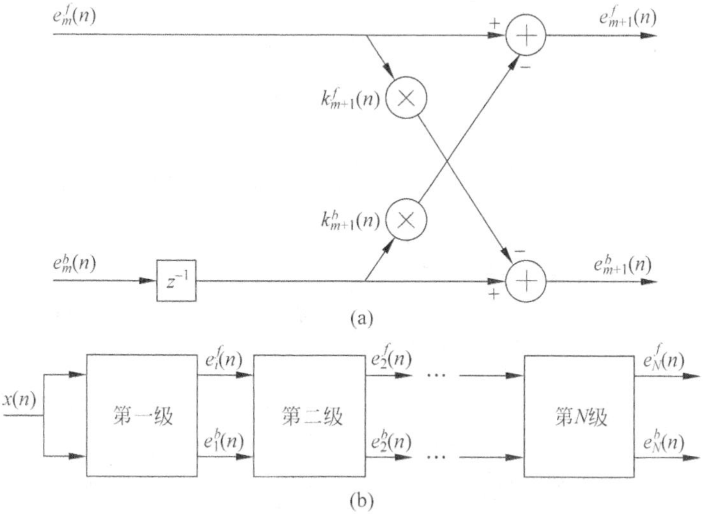

图 5.6.3　LS 预测误差滤波器的格型结构

为了推导 LS 格型预测误差滤波算法，首先讨论用向量空间符号重新表示的前向预测误差(FPE)滤波器和后向预测误差(BPE)滤波器的 LS 描述。

1. 前向预测误差(FPE)滤波器

分析前向预测问题，相当于期望响应为

$$\boldsymbol{d}(n) = \boldsymbol{x}(n) \tag{5.6.35}$$

数据矩阵为 $\boldsymbol{X}_{1,m}(n)$，由数据矩阵列张成的数据子空间为$\{\boldsymbol{X}_{1,m}(n)\}$，由数据子空间对期望响应向量进行估计得

$$\hat{\boldsymbol{x}}(n) = \boldsymbol{P}_{1,m}(n)\boldsymbol{x}(n) \tag{5.6.36}$$

这里

$$\boldsymbol{P}_{1,m}(n) = \boldsymbol{X}_{1,m}(n)\langle \boldsymbol{X}_{1,m}(n), \boldsymbol{X}_{1,m}(n)\rangle^{-1}\boldsymbol{X}_{1,m}^{\mathrm{T}}(n) \tag{5.6.37}$$

前向预测误差向量为

$$\boldsymbol{e}_m^f(n) = \boldsymbol{x}(n) - \hat{\boldsymbol{x}}(n) = (\boldsymbol{I} - \boldsymbol{P}_{1,m}(n))\boldsymbol{x}(n) = \boldsymbol{P}_{1,m}^{\perp}(n)\boldsymbol{x}(n) \tag{5.6.38}$$

如果仅考虑时刻 n 的 FPE，有

$$e_m^f(n) = \langle \pi(n), \boldsymbol{e}_m^f(n)\rangle = \langle \pi(n), \boldsymbol{P}_{1,m}^{\perp}(n)\boldsymbol{x}(n)\rangle \tag{5.6.39}$$

对式(5.6.39)，用式(5.6.23b)的递推关系，可以得到 FPE 的递推公式。

2. 后向预测误差(BPE)滤波器

由 BPE 的定义

$$e_m^b(n) = x(n-m) - \hat{x}_b(n-m) \tag{5.6.40}$$

如果考虑 BPE 向量

$$\begin{aligned}\boldsymbol{e}_m^b(n) &= [e_m^b(1), e_m^b(2), \cdots, e_m^b(n)] \\ &= z^{-m}\boldsymbol{x}(n) - \hat{\boldsymbol{x}}_b(n-m)\end{aligned} \tag{5.6.41}$$

相当于期望响应为

$$\boldsymbol{d}(n) = z^{-m}\boldsymbol{x}(n) \tag{5.6.42}$$

直接可以验证

$$\hat{\boldsymbol{x}}_b(n-m) = w_1\boldsymbol{x}(n) + w_2 z^{-1}\boldsymbol{x}(n) + \cdots + w_m z^{-m+1}\boldsymbol{x}(n) \tag{5.6.43}$$

因此，反向预测的数据矩阵是 $\boldsymbol{X}_{0,m-1}(n)$，数据子空间是 $\{\boldsymbol{X}_{0,m-1}(n)\}$。反向估计向量为

$$\hat{\boldsymbol{x}}_b(n-m) = \boldsymbol{P}_{0,m-1}(n)z^{-m}\boldsymbol{x}(n) \tag{5.6.44}$$

这里

$$\boldsymbol{P}_{0,m-1}(n) = \boldsymbol{X}_{0,m-1}(n)\langle \boldsymbol{X}_{0,m-1}(n), \boldsymbol{X}_{0,m-1}(n)\rangle^{-1}\boldsymbol{X}_{0,m-1}^{\mathrm{T}}(n)$$

BPE 向量为

$$\begin{aligned}\boldsymbol{e}_m^b(n) &= z^{-m}\boldsymbol{x}(n) - \hat{\boldsymbol{x}}_b(n-m)\\ &= (\boldsymbol{I} - \boldsymbol{P}_{0,m-1}(n))z^{-m}\boldsymbol{x}(n) = \boldsymbol{P}_{0,m-1}^{\perp}(n)z^{-m}\boldsymbol{x}(n)\end{aligned} \tag{5.6.45}$$

如果仅考虑时刻 n 的 BPE，有

$$e_m^b(n) = \langle \pi(n), \boldsymbol{e}_m^b(n)\rangle = \langle \pi(n), \boldsymbol{P}_{0,m-1}^{\perp}(n)z^{-m}\boldsymbol{x}(n)\rangle \tag{5.6.46}$$

对式(5.6.46)用(5.6.23b)的递推关系，可以得到 BPE 的递推公式。

可以证明 BPE 的一个有用的公式

$$z^{-1}\boldsymbol{e}_m^b(n) = \boldsymbol{P}_{1,m}^{\perp}(n)z^{-m-1}\boldsymbol{x}(n) \tag{5.6.47}$$

式(5.6.47)在导出预测误差的阶递推公式时要用到。

3. FPE 和 BPE 残差

FPE 和 BPE 向量的范数表示了第 m 级前向和后向预测误差的能量，是一个评价滤波器性能的重要参数。这些参数称为 FPE 和 BPE 残差。定义 FPE 残差为

$$\varepsilon_m^f(n) = \langle \boldsymbol{e}_m^f(n), \boldsymbol{e}_m^f(n)\rangle \tag{5.6.48}$$

定义 BPE 残差为

$$\varepsilon_m^b(n) = \langle \boldsymbol{e}_m^b(n), \boldsymbol{e}_m^b(n)\rangle \tag{5.6.49}$$

利用延迟算子，得到如下两个有用的关系式

$$\varepsilon_m^f(n-1) = \langle z^{-1}\boldsymbol{e}_m^f(n), z^{-1}\boldsymbol{e}_m^f(n)\rangle \tag{5.6.50}$$

$$\varepsilon_m^b(n-1) = \langle z^{-1}\boldsymbol{e}_m^b(n), z^{-1}\boldsymbol{e}_m^b(n)\rangle \tag{5.6.51}$$

4. LS 的 FPE 和 BPE 阶递推算法

我们先导出 FPE 的阶递推公式，由

$$e_{m+1}^f(n) = \langle \pi(n), \boldsymbol{P}_{1,m+1}^{\perp}(n)\boldsymbol{x}(n)\rangle \tag{5.6.52}$$

对照式(5.6.23b)，不难看出，$\{\boldsymbol{U}, \boldsymbol{v}\} = \{\boldsymbol{X}_{1,m}(n), z^{-(m+1)}\boldsymbol{x}(n)\}$，因此 $\boldsymbol{U} = \boldsymbol{X}_{1,m}(n)$，$\boldsymbol{v} = z^{-(m+1)}\boldsymbol{x}(n)$，$z = \pi(n)$，$\boldsymbol{y} = \boldsymbol{x}(n)$，注意到

$$\begin{aligned}\boldsymbol{P}_U^{\perp}\boldsymbol{v} &= \boldsymbol{P}_{1,m}^{\perp}(n)z^{-m-1}\boldsymbol{x}(n) = z^{-1}\boldsymbol{e}_m^b(n)\\ &= [0, e_m^b(1), e_m^b(1), \cdots, e_m^b(n-1)]^{\mathrm{T}}\end{aligned} \tag{5.6.53}$$

将这些内容带入式(5.6.23b)得

$$e_{m+1}^f(n) = e_m^f(n) - \frac{\langle \pi(n), z^{-1}\boldsymbol{e}_m^b(n)\rangle\langle z^{-1}\boldsymbol{e}_m^b(n), \boldsymbol{x}(n)\rangle}{\varepsilon_m^b(n-1)} \tag{5.6.54}$$

注意式(5.6.54)分母已经用到了式(5.6.51)的定义，为了简化式(5.6.54)，首先利用式(5.6.53)得

$$\langle \pi(n), z^{-1}\boldsymbol{e}_m^b(n)\rangle = e_m^b(n-1) \tag{5.6.55}$$

下面化简式(5.6.54)最后一个内积项

$$\begin{aligned}\langle z^{-1}\boldsymbol{e}_m^b(n),\boldsymbol{x}(n)\rangle &=\langle z^{-1}\boldsymbol{e}_m^b(n),\boldsymbol{e}_m^f(n)+\hat{\boldsymbol{x}}(n)\rangle\\ &=\langle z^{-1}\boldsymbol{e}_m^b(n),\boldsymbol{e}_m^f(n)+\boldsymbol{P}_{1,m}(n)\boldsymbol{x}(n)\rangle\\ &=\langle z^{-1}\boldsymbol{e}_m^b(n),\boldsymbol{e}_m^f(n)\rangle+\langle z^{-1}\boldsymbol{e}_m^b(n),\boldsymbol{P}_{1,m}(n)\boldsymbol{x}(n)\rangle\\ &=\langle z^{-1}\boldsymbol{e}_m^b(n),\boldsymbol{e}_m^f(n)\rangle+\langle \boldsymbol{P}_{1,m}^{\perp}(n)z^{-m-1}\boldsymbol{x}(n),\boldsymbol{P}_{1,m}(n)\boldsymbol{x}(n)\rangle\\ &=\langle z^{-1}\boldsymbol{e}_m^b(n),\boldsymbol{e}_m^f(n)\rangle\end{aligned}$$

最后一项很重要,称为偏相关系数,它是 FPE 和 BPE 的时间位移项乘积之和,用如下符号表示

$$\Delta_{m+1}=\langle z^{-1}\boldsymbol{e}_m^b(n),\boldsymbol{e}_m^f(n)\rangle \tag{5.6.56}$$

再定义一个反向反射系数

$$k_{m+1}^b(n)=\frac{\langle z^{-1}\boldsymbol{e}_m^b(n),\boldsymbol{e}_m^f(n)\rangle}{\varepsilon_m^b(n-1)}=\frac{\Delta_{m+1}(n)}{\varepsilon_m^b(n-1)} \tag{5.6.57}$$

将式(5.6.55)～(5.6.57)带入式(5.6.54),得到 FPE 的最终递推公式为

$$e_{m+1}^f(n)=e_m^f(n)-k_{m+1}^b(n)e_m^b(n-1) \tag{5.6.58}$$

在推导 FPE 递推公式时,自然引出了 BPE,因此,为完成递推,需要导出 BPE 的阶递推公式。

令 $\boldsymbol{U}=\boldsymbol{X}_{1,m-1}(n)$,$\boldsymbol{v}=\boldsymbol{x}(n)$和 $\boldsymbol{z}=\pi(n)$,$\boldsymbol{y}=z^{-m-1}\boldsymbol{x}(n)$,并利用$\{U,\boldsymbol{v}\}=\{\boldsymbol{v},U\}$是等价的,即

$$\{\boldsymbol{U},\boldsymbol{v}\}=\{\boldsymbol{X}_{1,m}(n),\boldsymbol{x}(n)\}=\{\boldsymbol{x}(n),\boldsymbol{X}_{1,m}(n)\}=\{\boldsymbol{X}_{0,m}(n)\}$$

用$\{\boldsymbol{U},\boldsymbol{v}\}=\{\boldsymbol{X}_{0,m}(n)\}$作为数据子空间,类似地导出 BPE 的递推公式为

$$e_{m+1}^b(n)=e_m^b(n-1)-k_{m+1}^f(n)e_m^f(n) \tag{5.6.59}$$

$k_{m+1}^f(n)$是前向反射系数,它的定义为

$$k_{m+1}^f(n)=\frac{\Delta_{m+1}(n)}{\varepsilon_m^f(n)} \tag{5.6.60}$$

其中 $\varepsilon_m^f(n)$是由式(5.6.48)定义的。

由式(5.6.58)和式(5.6.59)所表示的 FPE 和 BPE 的递推关系,正是图 5.6.3 所示的格型结构。为了很好地使用递推关系式(5.6.58)和式(5.6.59),我们还要导出 $\varepsilon_m^f(n)$,$\varepsilon_m^b(n)$,$\Delta_{m+1}(n)$的递推式。

5. 几个辅助量的阶或时间更新算法

为了导出 $\varepsilon_m^f(n)$的递推算法,注意到

$$\begin{aligned}\varepsilon_m^f(n)&=\langle\boldsymbol{e}_m^f(n),\boldsymbol{e}_m^f(n)\rangle=\langle\boldsymbol{P}_{1,m}^{\perp}(n)\boldsymbol{x}(n),\boldsymbol{P}_{1,m}^{\perp}(n)\boldsymbol{x}(n)\rangle\\ &=\langle(\boldsymbol{I}-\boldsymbol{P}_{1,m}(n))\boldsymbol{x}(n),\boldsymbol{P}_{1,m}^{\perp}(n)\boldsymbol{x}(n)\rangle\\ &=\langle\boldsymbol{x}(n),\boldsymbol{P}_{1,m}^{\perp}(n)\boldsymbol{x}(n)\rangle\end{aligned} \tag{5.6.61}$$

由式(5.6.61),令 $\boldsymbol{U}=\boldsymbol{X}_{1,m-1}(n)$,$\boldsymbol{v}=z^{-m+1}\boldsymbol{x}(n)$和 $\boldsymbol{z}=\boldsymbol{y}-\boldsymbol{x}(n)$带入式(5.6.23b)简化后得

$$\varepsilon_{m+1}^f(n)=\varepsilon_m^f(n)-\frac{\Delta_{m+1}^2(n)}{\varepsilon_m^b(n-1)} \tag{5.6.62}$$

与得到式(5.6.61)类似,有

$$\varepsilon_m^b(n) = \langle \boldsymbol{e}_m^b(n), \boldsymbol{e}_m^b(n) \rangle = \langle z^{-m}\boldsymbol{x}(n), \boldsymbol{P}_{0,m-1}^{\perp}(n) z^{-m}\boldsymbol{x}(n) \rangle \tag{5.6.63}$$

令 $\boldsymbol{U}=\boldsymbol{X}_{1,m-1}(n)$，$\boldsymbol{v}=\boldsymbol{x}(n)$和 $\boldsymbol{z}=\boldsymbol{y}=z^{-m-1}\boldsymbol{x}(n)$带入式(5.6.23b)得到 BPE 残差为

$$\varepsilon_{m+1}^b(n) = \varepsilon_m^b(n-1) - \frac{\Delta_{m+1}^2(n)}{\varepsilon_m^f(n)} \tag{5.6.64}$$

最后一个需要导出的是 $\Delta_{m+1}(n)$的递推式，我们只能导出 $\Delta_{m+1}(n)$的时间递推公式，令 $\boldsymbol{U}=\boldsymbol{X}_{1,m-1}(n)$，$\boldsymbol{v}=\pi(n)$，$\boldsymbol{z}=\boldsymbol{x}(n)$，$\boldsymbol{y}=z^{-m-1}\boldsymbol{x}(n)$带入式(5.6.23b)化简得

$$\Delta_{m+1}(n) = \Delta_{m+1}(n-1) + \frac{e_m^f(n)e_m^b(n-1)}{\gamma_m(n-1)} \tag{5.6.65}$$

这里 $\gamma_m(n-1)$是前面定义的角度参数

$$\gamma_m(n-1) = \langle \pi(n), \boldsymbol{P}_{1,m}^{\perp}(n)\pi(n) \rangle$$

令 $\boldsymbol{U}=\boldsymbol{X}_{1,m}(n)$，$\boldsymbol{z}=\boldsymbol{y}=\pi(n)$，$\boldsymbol{v}=z^{-m-1}\boldsymbol{x}(n)$带入式(5.6.23b)化简得

$$\gamma_{m+1}(n-1) = \gamma_m(n-1) - \frac{(e_m^b(n-1))^2}{\varepsilon_m^b(n-1)} \tag{5.6.66}$$

到目前为止，我们已经导出了 LSL 预测算法的所有递推公式，在使用中，需要阶递推和时间递推，为了使用方便，我们将 LSL 算法的所有公式和初始条件归结在表 5.6.1 中。

表 5.6.1　LSL 预测算法初始条件和递推公式汇集

初始条件
$e_m^b(0)=\Delta_m(0)=0$
$\gamma_m(0)=1$
$\varepsilon_m^f(0)=\varepsilon_m^b(0)=\delta$
从 $n=1$ 到 n 的最后时刻
$e_0^b(n)=e_0^f(n)=x(n)$
$\varepsilon_0^f(n)=\varepsilon_0^b(n)=\varepsilon_0^b(n-1)+x^2(n)$
$\gamma_0(n)=1$
对于 $0\leqslant m\leqslant M-1$ 做
$\Delta_{m+1}(n)=\Delta_{m+1}(n-1)+\dfrac{e_m^f(n)e_m^b(n-1)}{\gamma_m(n-1)}$
$k_{m+1}^b(n)=\dfrac{\Delta_{m+1}(n)}{\varepsilon_m^b(n-1)}$，　$e_{m+1}^f(n)=e_m^f(n)-k_{m+1}^b(n)e_m^b(n-1)$
$k_{m+1}^f(n)=\dfrac{\Delta_{m+1}(n)}{\varepsilon_m^f(n)}$，　$e_{m+1}^b(n)=e_m^b(n-1)-k_{m+1}^f(n)e_m^f(n)$
$\varepsilon_{m+1}^f(n)=\varepsilon_m^f(n)-\dfrac{\Delta_{m+1}^2(n)}{\varepsilon_m^b(n-1)}$，　$\varepsilon_{m+1}^b(n)=\varepsilon_m^b(n-1)-\dfrac{\Delta_{m+1}^2(n)}{\varepsilon_m^f(n)}$
$\gamma_{m+1}(n-1)=\gamma_m(n-1)-\dfrac{(e_m^b(n-1))^2}{\varepsilon_m^b(n-1)}$

6. 一般 LS 格型滤波器的权更新

标准格型结构只用于实现前向和后向预测误差滤波器，但如 3.4.3 节所述，利用格型滤波器的后向预测误差加权可实现维纳滤波，类似地，对于 LS 自适应滤波器可以在图 5.6.3 的递推格型结构基础上，加上一个加权梯形网络，以实现一般的 LS 格型自适应滤波器(LSL)，一般 LSL 滤波器的框图如图 5.6.4 所示，其中每一级的格型运算同图 5.6.3(a)，这里没有重复画出。

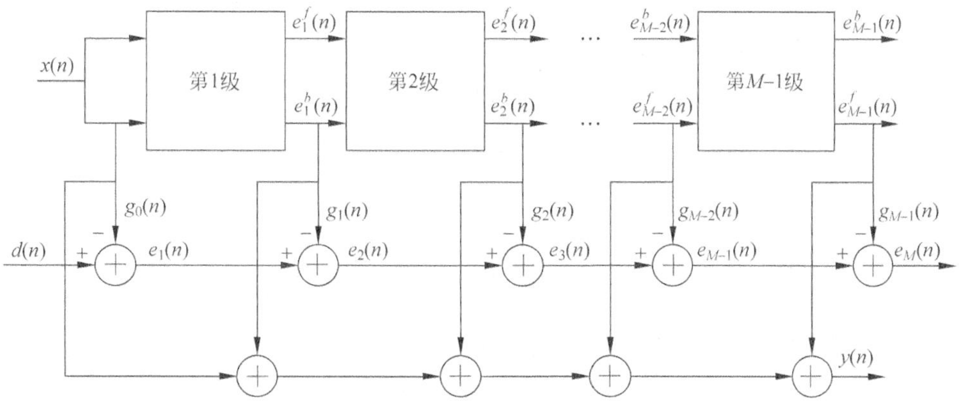

图 5.6.4 一般 LSL 算法示意图

这里不再进行详细推导，只把加权系数的递推公式总结于表 5.6.2，注意，表 5.6.2 和表 5.6.1 合在一起就构成了一般 LSL 算法的内容。

表 5.6.2 LSL 算法梯形权系数递推公式

初始条件(对表 5.6.1 的补充) $\beta_m(0)=0, 0\leqslant m\leqslant M-1$
从 $n=1$ 到 n 的最后时刻(对表 5.6.1 的补充) $e_0(n)=d(n)$
对于 $0\leqslant m\leqslant M-1$ 做 $\beta_m(n)=\beta_m(n-1)+\dfrac{e_m^b(n)e_m(n)}{\gamma_m(n)}$ $g_m(n)=\dfrac{\beta_m(n)}{\varepsilon_m^b(n)}$ $e_{m+1}(n)=e_m(n)-g_m(n)e_m^b(n)$

与基本 RLS 算法相比，LSL 算法的运算量有所降低，大约为 10M 级别，另外 LSL 算法的数值稳定性也有明显改善，对 5.5 节的典型均衡器，保证基本 RLS 收敛的字长是 $B=20$b，对于 LSL 算法 $B=12$b 即可保证收敛。由于目前技术下，FPGA 的 DSP 核和嵌入式处理器的标准字长采用 16 位或更高位数，这样就保证了 LSL 算法的数值可靠性。对 LSL 算法还可以做进一步改善，例如引入误差反馈可进一步提高数值稳定性。对于这些进一步改进的算法细节，本书不再讨论，有兴趣的读者可参考有关文献。如下给出一个 LSL 算法的仿真实例结束本节。

例 5.6.2 设有一个 AR(2)模型，模型的极点和激励白噪声的方差分别为

$$z_1=0.9e^{j\pi/6},\quad z_2=0.9e^{-j\pi/6},\quad \sigma^2=1$$

用 LMS 和 LSL 算法分别估计 AR 模型的参数(均使用最优预测方法进行估计参数)。

取 LSL 算法的参数 $\delta=1$，LMS 算法的步长 $\mu=0.01$ 比较，比较两种算法的收敛性质。可以验证，用 LSL 算法，由反射系数得到 AR 模型参数的公式为

$$\hat{a}_1^*(n)=k_1^f(n-1)k_2^b(n)-k_1^b(n)$$

$$\hat{a}_2^*(n)=-k_2^b(n)$$

对 LMS 算法,我们直接获得 AR 模型参数,两种算法的模型参数的收敛结果如图 5.6.5 所示。由图可以看出,LSL 算法的收敛性明显快于 LMS 算法,并且 LSL 算法一旦收敛,其波动也比 LMS 算法小。两种算法的均方误差的收敛曲线示于图 5.6.6,显然,LMS 算法收敛慢,且有额外误差存在。

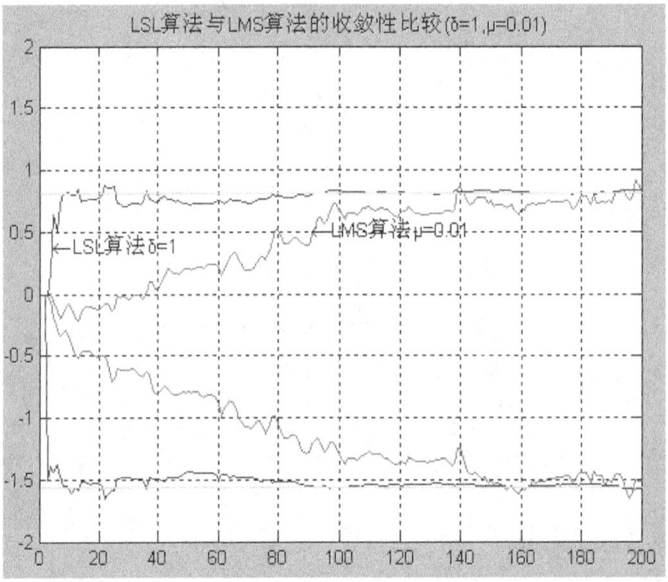

图 5.6.5 对于 AR 模型参数估计,用 LSL 算法和 LMS 算法的收敛性比较

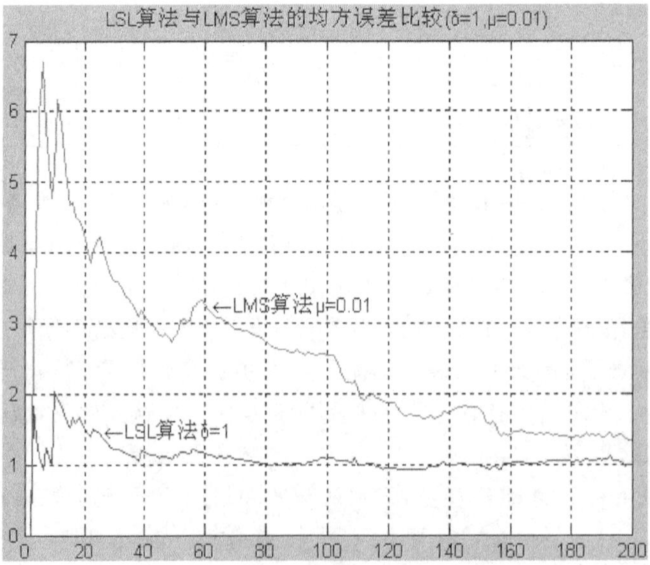

图 5.6.6 两种算法的均方误差的收敛曲线

注意到,在 LSL 算法中的初始参数 δ 的取值,对收敛是有影响的,图 5.6.7 分别画出 δ 取其值为 1,0.1,10 时,其收敛曲线。

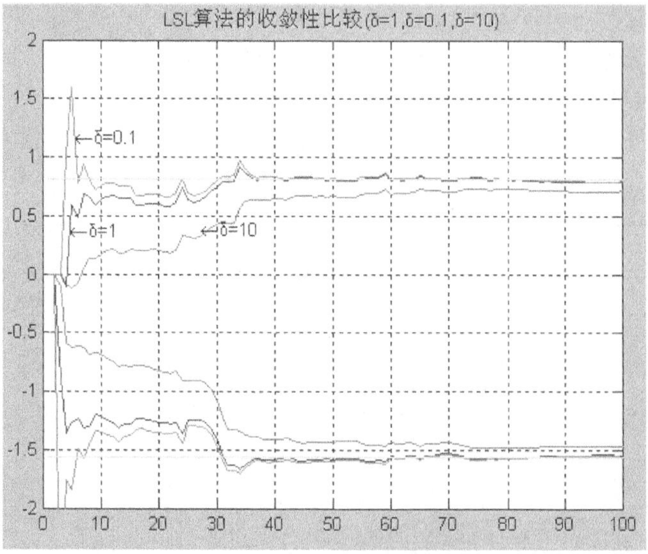

图 5.6.7 δ 取其值为 1,0.1,10 时的收敛曲线

*5.7 快速横向 LS 自适应滤波算法(FTF)

所谓快速横向滤波器(FTF),是指 M 阶 FIR 滤波器,在满足最小二乘条件下,随着时间更新的快速递推算法。

为导出 FTF 算法,在递推过程中,自然引出 4 个基本滤波器,因此先介绍这 4 个基本滤波器,然后推导一般的快速递推算法,本节基于 5.6 节的投影算子的概念。

5.7.1 4 个基本滤波器

为后续推导做准备,本小节描述 4 种基本滤波器及其表示符号。

1. LS 滤波器

通过数据空间$\{\boldsymbol{X}_{0,M-1}(n)\}$估计期望响应向量 $\boldsymbol{d}(n)$,得到 LS 滤波器系数 $\boldsymbol{w}_M(n)$,滤波器系数为

$$\boldsymbol{w}_M(n) = \langle \boldsymbol{X}_{0,M-1}(n), \boldsymbol{X}_{0,M-1}(n) \rangle^{-1} \boldsymbol{X}_{0,M-1}^{\mathrm{T}}(n)\boldsymbol{d}(n) \tag{5.7.1}$$

由此定义横向滤波器算子

$$\boldsymbol{K}_{0,M-1}(n) = \langle \boldsymbol{X}_{0,M-1}(n), \boldsymbol{X}_{0,M-1}(n) \rangle^{-1} \boldsymbol{X}_{0,M-1}^{\mathrm{T}}(n) \tag{5.7.2}$$

由滤波器算子得到滤波器系数

$$\boldsymbol{w}_M(n) = \boldsymbol{K}_{0,M-1}(n)\boldsymbol{d}(n) \tag{5.7.3}$$

对一般数据矩阵 $\boldsymbol{U}$,横向滤波器算子定义为

$$\boldsymbol{K}_U = \langle \boldsymbol{U}, \boldsymbol{U} \rangle^{-1} \boldsymbol{U}^{\mathrm{T}} \tag{5.7.4}$$

对于 $n \times M$ 的数据矩阵,横向滤波器算子是一个 $M \times n$ 的矩阵。

在 $n-1$ 时刻,数据矩阵是$\{\boldsymbol{X}_{0,M-1}(n-1)\}$,横向滤波器权系数是 $\boldsymbol{w}_M(n-1)$,$\boldsymbol{w}_M(n-1)$ 表示为

$$\boldsymbol{w}_M(n-1) = \boldsymbol{K}_{0,M-1}(n-1)\boldsymbol{d}(n-1) \tag{5.7.5}$$

由 $\boldsymbol{w}_M(n-1)$递推得到 $\boldsymbol{w}_M(n)$是 FTF 算法的主要目标，这需要由 $\boldsymbol{K}_{0,M-1}(n-1)$到 $\boldsymbol{K}_{0,M-1}(n)$的递推关系，这些关系可以由上节的基本递推公式得到。

对期望响应向量的估计误差向量记为

$$\begin{aligned}\boldsymbol{e}(n \mid n) &= \boldsymbol{d}(n) - \boldsymbol{X}_{0,M-1}(n)\boldsymbol{K}_{0,M-1}(n)\boldsymbol{d}(n) \\ &= \boldsymbol{P}_{0,M-1}^{\perp}(n)\boldsymbol{d}(n)\end{aligned} \tag{5.7.6}$$

这里 $\boldsymbol{P}_{0,M-1}^{\perp}$是上节讨论过的垂直投影算子，如果只关心 n 时刻误差的值，则有

$$e(n \mid n) = \langle \pi(n), \boldsymbol{e}(n \mid n) \rangle = \langle \pi(n), \boldsymbol{P}_{0,M-1}^{\perp}(n)\boldsymbol{d}(n) \rangle \tag{5.7.7}$$

2. 前向预测误差(FPE)滤波器

记 FPE 滤波器系数向量为

$$\boldsymbol{f}_M(n) = [f_1(n), f_2(n), \cdots, f_M(n)]^{\mathrm{T}} \tag{5.7.8}$$

各前向预测误差项为

$$\begin{aligned}&e^f(1 \mid n) = x(1) \\ &e^f(2 \mid n) = x(2) - f_1(n)x(1) \\ &\vdots \\ &e^f(n \mid n) = x(n) - f_1(n)x(n-1) - f_2(n)x(n-2) - \cdots - f_M(n)x(n-M)\end{aligned}$$

预测误差的向量形式

$$\begin{aligned}\boldsymbol{e}^f(n \mid n) &= \boldsymbol{x}(n) - \hat{\boldsymbol{x}}_f(n) \\ &= \boldsymbol{x}(n) - \boldsymbol{X}_{1,M}(n)\boldsymbol{f}_M(n)\end{aligned} \tag{5.7.9}$$

用投影算子表示

$$\hat{\boldsymbol{x}}_f(n) = \boldsymbol{P}_{1,M}(n)\boldsymbol{x}(n) \tag{5.7.10}$$

$$\boldsymbol{e}^f(n \mid n) = \boldsymbol{P}_{1,M}^{\perp}(n)\boldsymbol{x}(n) \tag{5.7.11}$$

用横向滤波器算子表示 FPE 滤波器系数

$$\boldsymbol{f}_M(n) = \boldsymbol{K}_{1,M}(n)\boldsymbol{x}(n) \tag{5.7.12}$$

类似地，$n-1$ 时刻 FPE 滤波器系数

$$\boldsymbol{f}_M(n-1) = \boldsymbol{K}_{1,M}(n-1)\boldsymbol{x}(n-1) \tag{5.7.13}$$

如果只关心 n 时刻 FPE 误差的值，则有

$$e^f(n \mid n) = \langle \pi(n), \boldsymbol{e}^f(n \mid n) \rangle = \langle \pi(n), \boldsymbol{P}_{1,M}^{\perp}(n)\boldsymbol{x}(n) \rangle \tag{5.7.14}$$

FPE 残差可以表示为

$$\varepsilon^f(n) = \langle \boldsymbol{e}^f(n \mid n), \boldsymbol{e}^f(n \mid n) \rangle = \langle \boldsymbol{x}(n), \boldsymbol{P}_{1,M}^{\perp}(n)\boldsymbol{x}(n) \rangle \tag{5.7.15}$$

3. 后向预测误差(BPE)滤波器

记 BPE 滤波器系数向量为

$$\boldsymbol{b}_M(n) = [b_1(n), b_2(n), \cdots, b_M(n)]^{\mathrm{T}} \tag{5.7.16}$$

各后向预测误差项为

$$\begin{aligned}&e^b(1 \mid n) = 0 - b_1(n)x(1) \\ &\cdots \qquad \cdots \\ &e^b(M \mid n) = 0 - b_1(n)x(M) - b_2(n)x(M-1) - \cdots - b_M(n)x(1) \\ &\cdots \qquad \cdots \\ &e^b(n \mid n) = x(n-M) - b_1(n)x(n) - b_2(n)x(n-1) - \cdots - b_M(n)x(n-M+1)\end{aligned}$$

预测误差的向量形式

$$\begin{aligned}\boldsymbol{e}^b(n \mid n) &= z^{-M}\boldsymbol{x}(n) - \hat{\boldsymbol{x}}_b(n-M) \\ &= z^{-M}\boldsymbol{x}(n) - \boldsymbol{X}_{0,M-1}(n)\boldsymbol{b}_M(n)\end{aligned} \tag{5.7.17}$$

用投影算子表示

$$\hat{\boldsymbol{x}}_b(n-M) = \boldsymbol{P}_{0,M-1}(n)z^{-M}\boldsymbol{x}(n) \tag{5.7.18}$$

$$\boldsymbol{e}^b(n \mid n) = \boldsymbol{P}^{\perp}_{0,M-1}(n)z^{-M}\boldsymbol{x}(n) \tag{5.7.19}$$

用横向滤波器算子表示 BPE 滤波器系数

$$\boldsymbol{b}_M(n) = \boldsymbol{K}_{0,M-1}(n)z^{-M}\boldsymbol{x}(n) \tag{5.7.20}$$

类似地，$n-1$ 时刻 BPE 滤波器系数

$$\boldsymbol{b}_M(n-1) = \boldsymbol{K}_{0,M-1}(n-1)z^{-M}\boldsymbol{x}(n-1) \tag{5.7.21}$$

如果只关心 n 时刻 BPE 误差的值，则有

$$e^b(n \mid n) = \langle \pi(n), \boldsymbol{e}^b(n \mid n)\rangle = \langle \pi(n), \boldsymbol{P}^{\perp}_{0,M-1}(n)z^{-M}\boldsymbol{x}(n)\rangle \tag{5.7.22}$$

BPE 残差可以表示为

$$\varepsilon^b(n) = \langle \boldsymbol{e}^b(n \mid n), \boldsymbol{e}^b(n \mid n)\rangle = \langle z^{-M}\boldsymbol{x}(n), \boldsymbol{P}^{\perp}_{0,M-1}(n)z^{-M}\boldsymbol{x}(n)\rangle \tag{5.7.23}$$

4. 增益横向滤波器

首先，用 $\boldsymbol{x}(n)$ 向量作为数据矩阵，直观地讨论增益滤波器的概念，然后推广到一般数据矩阵。

考虑 $\pi(n)$ 向量在 $\boldsymbol{x}(n)$ 上的投影，见图 5.7.1，由于投影与 $\boldsymbol{x}(n)$ 同向，因此写为

$$\boldsymbol{x}(n)g(n) = \boldsymbol{P}_x(n)\pi(n) \tag{5.7.24}$$

用 $\boldsymbol{x}(n)$ 估计 $\pi(n)$，估计值在 $\boldsymbol{x}(n)$ 上，$g(n)$ 是标量增益。对 $\pi(n)$ 的估计误差记为

$$\boldsymbol{e}_\pi(n) = \pi(n) - \boldsymbol{P}_x(n)\pi(n) = \boldsymbol{P}^{\perp}_x(n)\pi(n) \tag{5.7.25}$$

只考虑 n 时刻的误差，得到

$$e_\pi(n) = \langle \pi(n), \boldsymbol{P}^{\perp}_x(n)\pi(n)\rangle = \gamma_1(n) \tag{5.7.26}$$

$\gamma_1(n)$ 是上节定义的角度参数，有

$$\gamma_1(n) = \cos^2\theta = 1 - \langle \pi(n), \boldsymbol{x}(n)g(n)\rangle \tag{5.7.27}$$

由上式可得

$$\sin^2\theta = \langle \pi(n), \boldsymbol{x}(n)g(n)\rangle = x(n)g(n) \tag{5.7.28}$$

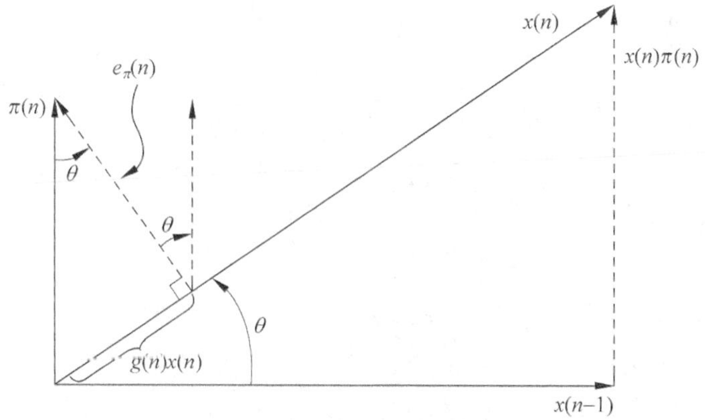

图 5.7.1 说明各种投影和增益的关系

$g(n)$也反映了数据空间从 $n-1$ 到 n 的角度变化。

以上结果推广到一般的 M 维信号子空间$\{\boldsymbol{X}_{0,M-1}(n)\}$，有

$$\boldsymbol{X}_{0,M-1}(n)\boldsymbol{g}_M(n)=\boldsymbol{P}_{0,M-1}(n)\pi(n) \tag{5.7.29}$$

类似地

$$\gamma_M(n)=\langle\pi(n),\boldsymbol{P}_{0,M-1}^{\perp}(n)\pi(n)\rangle \tag{5.7.30}$$

由上两式得到

$$\gamma_M(n)=1-\boldsymbol{x}_M^{\mathrm{T}}(n)\boldsymbol{g}_M(n) \tag{5.7.31}$$

这里

$$\boldsymbol{x}_M(n)=[x(n),x(n-1),\cdots,x(n-M+1)]^{\mathrm{T}} \tag{5.7.32}$$

是 n 时刻横向滤波器各抽节的输入向量。

由式(5.7.29)得到 $\boldsymbol{g}_M(n)$的用滤波器算子的表达形式

$$\boldsymbol{g}_M(n)=\boldsymbol{K}_{0,M-1}(n)\pi(n) \tag{5.7.33}$$

后面小节将会看到，这 4 个滤波器是在推导 FTF 算法的过程中自然引出的，就类似在推导 LSL 时自动引出了 BPE 一样。

5.7.2 横向滤波器算子的更新

如同在 5.6.2 节导出投影算子和正交投影算子的各种基本递推公式一样，本节导出对横向滤波器算子 $\boldsymbol{K}_{0,M-1}(n)$的基本更新公式。

从式(5.6.21a)的投影递推公式出发

$$\boldsymbol{P}_{Uv}=\boldsymbol{P}_U+\boldsymbol{P}_U^{\perp}\boldsymbol{v}\langle\boldsymbol{P}_U^{\perp}\boldsymbol{v},\boldsymbol{P}_U^{\perp}\boldsymbol{v}\rangle^{-1}\boldsymbol{v}^{\mathrm{T}}\boldsymbol{P}_U^{\perp} \tag{5.7.34}$$

对后加一列的新数据矩阵$[\boldsymbol{U},\boldsymbol{v}]$，用横向滤波器算子 $\boldsymbol{K}_{Uv}$左乘式(5.7.34)得

$$\boldsymbol{K}_{Uv}\boldsymbol{P}_{Uv}=\boldsymbol{K}_{Uv}\boldsymbol{P}_U+\boldsymbol{K}_{Uv}\boldsymbol{P}_U^{\perp}\boldsymbol{v}\langle\boldsymbol{P}_U^{\perp}\boldsymbol{v},\boldsymbol{P}_U^{\perp}\boldsymbol{v}\rangle^{-1}\boldsymbol{v}^{\mathrm{T}}\boldsymbol{P}_U^{\perp} \tag{5.7.35}$$

注意到，

$$\boldsymbol{K}_{Uv}\boldsymbol{P}_{Uv}=\langle[\boldsymbol{U},\boldsymbol{v}],[\boldsymbol{U},\boldsymbol{v}]\rangle^{-1}[\boldsymbol{U},\boldsymbol{v}]^{\mathrm{T}}[\boldsymbol{U},\boldsymbol{v}]\langle[\boldsymbol{U},\boldsymbol{v}],[\boldsymbol{U},\boldsymbol{v}]\rangle^{-1}[\boldsymbol{U},\boldsymbol{v}]^{\mathrm{T}}=\boldsymbol{K}_{Uv} \tag{5.7.36}$$

并且由 $\boldsymbol{K}_{Uv}$的定义

$$\boldsymbol{K}_{Uv}=\langle[\boldsymbol{U},\boldsymbol{v}],[\boldsymbol{U},\boldsymbol{v}]\rangle^{-1}[\boldsymbol{U},\boldsymbol{v}]^{\mathrm{T}} \tag{5.7.37}$$

右乘数据矩阵$[\boldsymbol{U},\boldsymbol{v}]$，有

$$\boldsymbol{K}_{Uv}[\boldsymbol{U},\boldsymbol{v}]=\boldsymbol{I} \tag{5.7.38}$$

注意，$\boldsymbol{K}_{Uv}$是$(M+1)\times n$ 矩阵，U 是 $n\times M$ 矩阵，$\boldsymbol{v}$ 是 $n\times 1$ 矩阵，上式的分块表示为

$$\boldsymbol{K}_{Uv}\boldsymbol{U}=\begin{bmatrix}\boldsymbol{I}_{MM}\\ \boldsymbol{0}_M^{\mathrm{T}}\end{bmatrix} \tag{5.7.39}$$

和

$$\boldsymbol{K}_{Uv}\boldsymbol{v}=\begin{bmatrix}\boldsymbol{0}_M\\ 1\end{bmatrix} \tag{5.7.40}$$

由于

$$\boldsymbol{K}_{Uv}\boldsymbol{P}_U=\boldsymbol{K}_{Uv}\boldsymbol{U}\langle\boldsymbol{U},\boldsymbol{U}\rangle^{-1}\boldsymbol{U}^{\mathrm{T}} \tag{5.7.41}$$

利用式(5.7.39)得到

$$\boldsymbol{K}_{Uv}\boldsymbol{P}_U=\begin{bmatrix}\boldsymbol{I}_{MM}\\ \boldsymbol{0}_M^{\mathrm{T}}\end{bmatrix}\langle \boldsymbol{U},\boldsymbol{U}\rangle^{-1}\boldsymbol{U}^{\mathrm{T}}=\begin{bmatrix}\boldsymbol{I}_{MM}\\ \boldsymbol{0}_M^{\mathrm{T}}\end{bmatrix}\boldsymbol{K}_U=\begin{bmatrix}\boldsymbol{K}_U\\ \boldsymbol{0}_M^{\mathrm{T}}\end{bmatrix} \tag{5.7.42}$$

将式(5.7.36)～(5.7.42)带入到(5.7.35)，得到横向滤波器算子的更新公式

$$\boldsymbol{K}_{Uv}=\begin{bmatrix}\boldsymbol{K}_U\\ \boldsymbol{0}_M^{\mathrm{T}}\end{bmatrix}+\left\{\begin{bmatrix}\boldsymbol{0}_M\\ 1\end{bmatrix}-\begin{bmatrix}\boldsymbol{K}_U\boldsymbol{v}\\ \boldsymbol{0}\end{bmatrix}\right\}\langle \boldsymbol{P}_U^{\perp}\boldsymbol{v},\boldsymbol{P}_U^{\perp}\boldsymbol{v}\rangle^{-1}\boldsymbol{v}^{\mathrm{T}}\boldsymbol{P}_U^{\perp} \tag{5.7.43}$$

如果将数据矩阵写成$[\boldsymbol{v},U]$的次序，横向滤波器算子的更新公式变化为

$$\boldsymbol{K}_{vU}=\begin{bmatrix}\boldsymbol{0}_M^{\mathrm{T}}\\ \boldsymbol{K}_U\end{bmatrix}+\left\{\begin{bmatrix}1\\ \boldsymbol{0}_M\end{bmatrix}-\begin{bmatrix}0\\ \boldsymbol{K}_U\boldsymbol{v}\end{bmatrix}\right\}\langle \boldsymbol{P}_U^{\perp}\boldsymbol{v},\boldsymbol{P}_U^{\perp}\boldsymbol{v}\rangle^{-1}\boldsymbol{v}^{\mathrm{T}}\boldsymbol{P}_U^{\perp} \tag{5.7.44}$$

在应用中，适当选取$\boldsymbol{v},\boldsymbol{U}$可以推导出横向滤波器算子的递推公式。例如，在递推$\boldsymbol{K}_{0,M-1}(n)$时，数据矩阵$\boldsymbol{U}$取$\boldsymbol{X}_{0,M-1}(n)$；在递推$\boldsymbol{K}_{1,M}(n)$时，数据矩阵$\boldsymbol{U}$取$\boldsymbol{X}_{1,M}(n)$。$\boldsymbol{v}$向量一般取$\pi(n)$。

如下研究$\boldsymbol{K}_{0,M-1}(n)$的一个有用的更新关系，数据矩阵$\boldsymbol{U}$取$\boldsymbol{X}_{0,M-1}(n)$，$\boldsymbol{v}$向量一般取$\pi(n)$，新的数据空间为

$$\{\boldsymbol{U},\boldsymbol{v}\}=\{\boldsymbol{X}_{0,M-1}(n),\pi(n)\} \tag{5.7.45}$$

更新的横向滤波器算子记为

$$\boldsymbol{K}_{Uv}=\boldsymbol{K}_{0,M-1,\pi}(n) \tag{5.7.46}$$

投影算子记为

$$\boldsymbol{P}_{Uv}=\boldsymbol{P}_{0,M-1,\pi}(n) \tag{5.7.47}$$

根据投影算子的时间更新关系式(5.6.26)，得到

$$\boldsymbol{P}_{0,M-1,\pi}(n)=\begin{bmatrix}\boldsymbol{P}_{0,M-1}(n-1) & \boldsymbol{0}_{n-1}\\ \boldsymbol{0}_{n-1}^{\mathrm{T}} & 1\end{bmatrix} \tag{5.7.48}$$

由式(5.7.48)和(5.7.37)推得

$$\boldsymbol{K}_{0,M-1,\pi}(n)=\begin{bmatrix}\boldsymbol{K}_{0,M-1}(n-1) & \boldsymbol{0}_{n-1}\\ c^{\mathrm{T}}(n-1) & 1\end{bmatrix} \tag{5.7.49}$$

这里$c^{\mathrm{T}}(n-1)$是一个行向量，后续推导中没有使用。

用类似方法，也可以得到

$$\boldsymbol{K}_{1,M,\pi}(n)=\begin{bmatrix}\boldsymbol{K}_{1,M}(n-1) & \boldsymbol{0}_{n-1}\\ b^{\mathrm{T}}(n-1) & 1\end{bmatrix} \tag{5.7.50}$$

这里$b^{\mathrm{T}}(n-1)$是一个行向量，后续推导中没有使用。

所有的准备工作已经结束，利用5.7.1节和5.7.2节准备的各种关系，推导出FTF递推算法。

5.7.3 FTF算法

本小节，详细推导LS横向自适应滤波器的快速算法，这个推导充分应用了如上几节的预备知识。

1. LS滤波器更新

由$\boldsymbol{w}_M(n-1)$递推得到$\boldsymbol{w}_M(n)$是FTF算法的主要目标，首先推导这个更新公式，由

$$\boldsymbol{w}_M(n)=\boldsymbol{K}_{0,M-1}(n)\boldsymbol{d}(n) \tag{5.7.51}$$

通过横向滤波器算子的更新关系推导权系数的更新。

在上小节的更新公式中,选数据矩阵 $\boldsymbol{U}$ 取 $\boldsymbol{X}_{0,M-1}(n)$,$\boldsymbol{v}$ 向量取 $\pi(n)$,分别用 $\boldsymbol{K}_{Uv}$ 的两个更新式(5.7.43)和式(5.7.48)作为等式的左、右两端,然后右乘 $\boldsymbol{d}(n)$,得到

$$\begin{bmatrix}\boldsymbol{K}_{0,M-1}(n-1) & \boldsymbol{0}_{n-1}\\ c^{\mathrm{T}}(n-1) & 1\end{bmatrix}\begin{bmatrix}\boldsymbol{d}(n-1)\\ d(n)\end{bmatrix}=\begin{bmatrix}\boldsymbol{K}_{0,M-1}(n)\\ 0_M^{\mathrm{T}}\end{bmatrix}\boldsymbol{d}(n)-\begin{bmatrix}\boldsymbol{g}_M(n)\\ -1\end{bmatrix}\frac{\langle\pi(n),\boldsymbol{P}_{0,M-1}^{\perp}(n)\boldsymbol{d}(n)\rangle}{\gamma_M(n)} \tag{5.7.52}$$

用式(5.7.14)简化上式的内积项,得到

$$\boldsymbol{w}_M(n)=\boldsymbol{w}_M(n-1)+\frac{e(n\mid n)}{\gamma_M(n)}\boldsymbol{g}_M(n) \tag{5.7.53}$$

式(5.7.53)是 $\boldsymbol{w}_M(n)$ 的更新公式,为了此式能够进行下去,需要 $\boldsymbol{g}_M(n)$,$e(n|n)$,$\gamma_M(n)$ 的更新公式。由此看到,在推导 $\boldsymbol{w}_M(n)$ 的更新公式时,自然引出需要进一步推导 $\boldsymbol{g}_M(n)$,$e(n|n)$,$\gamma_M(n)$ 的更新算法。

在推导 $\boldsymbol{g}_M(n)$,$e(n|n)$,$\gamma_M(n)$ 的更新公式时,还会引出其他新的量。如下依次给出所需要的全部更新公式。推导过程是类似的,即选择一个合适的更新公式和数据矩阵以及向量,详细过程不再赘述。

2. 增益滤波器更新

$$\boldsymbol{g}_{M+1}(n)=\begin{bmatrix}\boldsymbol{k}_M(n)\\ k(n)\end{bmatrix}=\begin{bmatrix}0\\ \boldsymbol{g}_M(n-1)\end{bmatrix}+\frac{e^f(n\mid n)}{\varepsilon^f(n)}\begin{bmatrix}1\\ -\boldsymbol{f}_M(n)\end{bmatrix}$$

3. FPE 滤波器更新

$$\boldsymbol{f}_M(n)=\boldsymbol{f}_M(n-1)+\frac{e^f(n\mid n)}{\gamma_M(n-1)}\boldsymbol{g}_M(n-1)$$

4. FPE 更新

$$e^f(n\mid n-1)=x(n)-\boldsymbol{x}_M^{\mathrm{T}}(n-1)\boldsymbol{f}_M(n-1)$$
$$e^f(n\mid n)=\gamma_M(n-1)e^f(n\mid n-1)$$

5. FPE 残差更新

$$\varepsilon^f(n)=\varepsilon^f(n-1)+e^f(n\mid n)e^f(n\mid n-1)$$

6. BPE 滤波器更新

$$\boldsymbol{b}_M(n)=\boldsymbol{b}_M(n-1)+\frac{e^b(n\mid n)}{\gamma_M(n)}\boldsymbol{g}_M(n)$$

7. BPE 更新

$$e^b(n\mid n-1)=x(n-M)-\boldsymbol{x}_M^{\mathrm{T}}(n)\boldsymbol{b}_M(n-1)$$
$$e^b(n\mid n)=\gamma_M(n)e^b(n\mid n-1)$$

8. BPE 残差更新

$$\varepsilon^b(n)=\varepsilon^b(n-1)+e^b(n\mid n)e^b(n\mid n-1)$$

9. 角度参数更新

$$\gamma_{M+1}(n)=\gamma_M(n-1)\frac{\varepsilon^f(n-1)}{\varepsilon^f(n)}$$

$$\gamma_M(n) = [1 - k(n)e^b(n \mid n-1)]^{-1}\gamma_{M+1}(n)$$

将 FTF 算法总结在表 5.7.1 中。

表 5.7.1 基本 FTF 算法总结

初始条件
$\boldsymbol{b}_M(0)=\boldsymbol{f}_M(0)=\boldsymbol{w}_M(0)=\boldsymbol{g}_M(0)=\boldsymbol{0}$
$\gamma_M(0)=1.0, \varepsilon^f(0)=\varepsilon^b(0)=\delta$，$\delta$ 是小正数
对时间从 $n=1$ 开始，至 n，依次执行如下更新公式
$e^f(n\mid n-1)=x(n)-\boldsymbol{x}_M^{\mathrm{T}}(n-1)\boldsymbol{f}_M(n-1)$
$e^f(n\mid n)=\gamma_M(n-1)e^f(n\mid n-1)$
$\varepsilon^f(n)=\varepsilon^f(n-1)+e^f(n\mid n)e^f(n\mid n-1)$
$\boldsymbol{f}_M(n)=\boldsymbol{f}_M(n-1)+e^f(n\mid n-1)\boldsymbol{g}_M(n-1)$
$\gamma_{M+1}(n)=\gamma_M(n-1)\dfrac{\varepsilon^f(n-1)}{\varepsilon^f(n)}$
$\begin{bmatrix}\boldsymbol{k}_M(n)\\ k(n)\end{bmatrix}=\begin{bmatrix}0\\ \boldsymbol{g}_M(n-1)\end{bmatrix}+\dfrac{e^f(n\mid n)}{\varepsilon^f(n)}\begin{bmatrix}1\\ -\boldsymbol{f}_M(n)\end{bmatrix}$
$e^b(n\mid n-1)=x(n-M)-\boldsymbol{x}_M^{\mathrm{T}}(n)\boldsymbol{b}_M(n-1)$
$\gamma_M(n)=[1-k(n)e^b(n\mid n-1)]^{-1}\gamma_{M+1}(n)$
$e^b(n\mid n)=\gamma_M(n)e^b(n\mid n-1)$
$\varepsilon^b(n)=\varepsilon^b(n-1)+e^b(n\mid n)e^b(n\mid n-1)$
$\boldsymbol{g}_M(n)=[\boldsymbol{k}_M(n)+k(n)\boldsymbol{b}_M(n-1)]\dfrac{\gamma_M(n)}{\gamma_{M+1}(n)}$
$\boldsymbol{b}_M(n)=\boldsymbol{b}_M(n-1)+\boldsymbol{g}_M(n)e^b(n\mid n-1)$
$e(n\mid n-1)=d(n)-\boldsymbol{x}_M^{\mathrm{T}}(n)\boldsymbol{w}_M(n-1)$
$\boldsymbol{w}_M(n)=\boldsymbol{w}_M(n-1)+\boldsymbol{g}_M(n)e(n\mid n-1)$

尽管看上去 FTF 算法的公式众多，显得比较复杂，但其运算量比基本 RLS 算法要明显减少，可达到约 9M 的运算量。如上的 FTF 算法还可以进一步得到优化，以得到更低的运算量，目前运算量最低的 FTF 算法可达 7M 的运算量。本节不再讨论进一步优化的细节，有兴趣的读者可参考有关文献[1]。

*5.8 QR 分解 RLS 算法

如 5.5 节所分析的，基本 RLS 算法的数值稳定性不理想，关键是在迭代中可能引起 $\boldsymbol{P}(n)$ 变成负定矩阵，为了解决这个问题，可采用 QR 分解方法，这一方法在卡尔曼滤波中曾使用过，在 RLS 中也可同样采用该技术。将矩阵 $\boldsymbol{P}(n)$ 分解为

$$\boldsymbol{P}(n) = \boldsymbol{P}^{1/2}(n)\boldsymbol{P}^{\mathrm{H}/2}(n) \tag{5.8.1}$$

其中 $\boldsymbol{P}^{1/2}(n)$ 是下三角矩阵，$\boldsymbol{P}^{\mathrm{H}/2}(n)$ 是上三角矩阵，与 $\boldsymbol{P}^{1/2}(n)$ 互为共轭转置。

通过迭代递推产生 $\boldsymbol{P}^{1/2}(n)$，再由式(5.8.1)重构的 $\boldsymbol{P}(n)$ 一定是正定的，避免了直接递推 $\boldsymbol{P}(n)$ 可能变成负定的可能。基于 QR 分解的 RLS 算法大多比较复杂，本章不详细讨论，只介绍一种特别简单的 QR 分解技术：LDU 分解，然后介绍一种 RLS 和卡尔曼滤波器之间的对应关系，由这种对应关系可通过 QR-Kalman 滤波算法对应得到 QR-RLS 算法。

5.8.1 LDU 分解 RLS 算法

将 $\boldsymbol{P}(n)$分解为如下形式称为 LDU 分解

$$\boldsymbol{P}(n)=\boldsymbol{L}(n)\boldsymbol{D}(n)\boldsymbol{L}^{\mathrm{H}}(n) \tag{5.8.2}$$

这里,$\boldsymbol{L}(n)$是对角线元素为 1 的下三角矩阵,$\boldsymbol{D}(n)$是对角矩阵。将式(5.8.2)代入 $\boldsymbol{P}(n)$的递推公式,整理得

$$\boldsymbol{L}(n)\boldsymbol{D}(n)\boldsymbol{L}^{\mathrm{H}}(n)=\lambda^{-1}\boldsymbol{L}(n-1)\left\{\boldsymbol{D}(n-1)-\frac{\lambda^{-1}}{1+\mu(n)}\boldsymbol{V}(n-1)\boldsymbol{V}^{\mathrm{H}}(n-1)\right\}\boldsymbol{L}^{\mathrm{H}}(n-1) \tag{5.8.3}$$

其中

$$\boldsymbol{V}(n-1)=\boldsymbol{D}(n-1)\boldsymbol{L}^{\mathrm{H}}(n-1)\boldsymbol{x}(n) \tag{5.8.4}$$

$$\mu(n)=\lambda^{-1}\boldsymbol{x}^{\mathrm{H}}(n)\boldsymbol{L}(n-1)\boldsymbol{D}(n-1)\boldsymbol{L}^{\mathrm{H}}(n-1)\boldsymbol{x}(n) \tag{5.8.5}$$

定义

$$\boldsymbol{U}(n)=\boldsymbol{D}(n-1)-\frac{\lambda^{-1}}{1+\mu(n)}\boldsymbol{V}(n-1)\boldsymbol{V}^{\mathrm{H}}(n-1) \tag{5.8.6}$$

可以验证,$\boldsymbol{U}(n)=\boldsymbol{U}^{\mathrm{H}}(n)$,故对 $\boldsymbol{U}(n)$也可以进行 LDU 分解,$\boldsymbol{U}(n)$既然是已知的,对其进行 LDU 分解是一个标准算法,将 $\boldsymbol{U}(n)$的 LDU 分解表示为

$$\boldsymbol{U}(n)=\boldsymbol{L}_U(n-1)\boldsymbol{D}_U(n-1)\boldsymbol{L}_U^{\mathrm{H}}(n-1) \tag{5.8.7}$$

设 d_k 是 $\boldsymbol{D}_U(n-1)$的第 k 个对角线元素,l_{ij} 是 $\boldsymbol{L}_U(n-1)$的元素,u_{ij} 是 $\boldsymbol{U}(n)$的元素,由 $\boldsymbol{U}(n)$得到 $\boldsymbol{D}_U(n-1)$和 $\boldsymbol{L}_U(n-1)$的算法列于表 5.8.1。

表 5.8.1 LDU 分解算法

$d_1=u_{11}$
$l_{ij}d_j=u_{ij}-\sum_{k=1}^{j-1}l_{ik}d_k l_{jk}^*,\quad 1\leqslant j\leqslant i-1,2\leqslant i\leqslant M$
$d_i=u_{ii}-\sum_{k=1}^{i-1}\mid l_{ik}\mid^2 d_k,\quad 2\leqslant i\leqslant M$

将式(5.8.7)代入式(5.8.3)得

$$\boldsymbol{L}(n)\boldsymbol{D}(n)\boldsymbol{L}^{\mathrm{H}}(n)=\lambda^{-1}\boldsymbol{L}(n-1)\boldsymbol{L}_U(n-1)\boldsymbol{D}_U(n-1)\boldsymbol{L}_U^{\mathrm{H}}(n-1)\boldsymbol{L}^{\mathrm{H}}(n-1) \tag{5.8.8}$$

对比式(5.8.8)两侧,得到 $\boldsymbol{L}(n)$,$\boldsymbol{D}(n)$的递推公式为

$$\boldsymbol{L}(n)=\boldsymbol{L}(n-1)\boldsymbol{L}_U(n-1) \tag{5.8.9}$$

和

$$\boldsymbol{D}(n)=\lambda^{-1}\boldsymbol{D}_U(n-1) \tag{5.8.10}$$

结合 5.4 节的基本 RLS 算法和如上导出的式(5.8.6)、式(5.8.9)和式(5.8.10)等,把 LDU-RLS 算法的完整描述整理在表 5.8.2 中。

LDU-RLS 算法比较简单,也改善了 RLS 算法的数值稳定性,但 LDU-RLS 算法的计算量是 $O(M^2)$,与基本 RLS 算法等量级。一些更高效的 QR-RLS 算法被研究,但其推导比较复杂,本节不再进一步讨论,有兴趣的读者可参考有关文献[8][13][15]。

表 5.8.2 LDU-RLS 算法

初始条件
$\boldsymbol{P}(0)=\delta^{-1}\boldsymbol{I}, \boldsymbol{L}(0)=\boldsymbol{I}, \boldsymbol{D}(0)=\boldsymbol{P}(0), \boldsymbol{w}(0)=\boldsymbol{0}$
对时间从 $n=1$ 开始
$\boldsymbol{V}(n-1)=\boldsymbol{D}(n-1)\boldsymbol{L}^{\mathrm{H}}(n-1)\boldsymbol{x}(n)$
$\boldsymbol{k}_1(n)=\lambda^{-1}\boldsymbol{L}(n-1)\boldsymbol{V}(n-1)$
$\mu_M=\boldsymbol{x}^{\mathrm{H}}(n)\boldsymbol{k}_1(n)$
$\boldsymbol{k}(n)=\boldsymbol{k}_1(n)/(\mu_M+1)$
$\varepsilon(n)=d(n)-\boldsymbol{w}^{\mathrm{H}}(n-1)\boldsymbol{x}(n)$
$\boldsymbol{w}(n)=\boldsymbol{w}(n-1)+\boldsymbol{k}(n)\varepsilon^*(n)$
$\boldsymbol{U}(n)=\boldsymbol{D}(n-1)-\dfrac{\lambda^{-1}}{1+\mu(n)}\boldsymbol{V}(n-1)\boldsymbol{V}^{\mathrm{H}}(n-1)$
调用表 5.8.1 LUD 算法，$\boldsymbol{U}(n)\Rightarrow\boldsymbol{L}_U(n-1), \boldsymbol{D}_U(n-1)$
$\boldsymbol{L}(n)=\boldsymbol{L}(n-1)\boldsymbol{L}_U(n-1)$
$\boldsymbol{D}(n)=\lambda^{-1}\boldsymbol{D}_U(n-1)$
$n=n+1$，循环

5.8.2 RLS 和卡尔曼滤波的对应关系

文献[20]研究了自适应滤波的 RLS 算法和特殊结构的卡尔曼滤波器之间的对应关系，这种对应关系是一种数学上的对应，即 RLS 算法和特殊卡尔曼滤波器之间存在着变量之间和运算公式之间的一一对应。考虑特殊的无激励动力学模型，卡尔曼滤波的状态方程和观测方程分别简化为

$$\boldsymbol{x}(n+1)=\lambda^{-\frac{1}{2}}\boldsymbol{x}(n) \tag{5.8.11}$$

$$y(n)=\boldsymbol{c}^{\mathrm{H}}(n)\boldsymbol{x}(n)+v(n) \tag{5.8.12}$$

若假设初始状态为 $\boldsymbol{x}(0)$，由式(5.8.11)反复迭代得到状态为 $\boldsymbol{x}(n)=\lambda^{-\frac{n}{2}}\boldsymbol{x}(0)$，并分别对 n 个不同时刻将状态带入观测方程，得

$$\begin{aligned} y(0) &= \boldsymbol{c}^{\mathrm{H}}(0)\boldsymbol{x}(0)+v(0) \\ y(1) &= \lambda^{-\frac{1}{2}}\boldsymbol{c}^{\mathrm{H}}(1)\boldsymbol{x}(0)+v(1) \\ &\vdots \\ y(n) &= \lambda^{-\frac{n}{2}}\boldsymbol{c}^{\mathrm{H}}(n)\boldsymbol{x}(0)+v(n) \end{aligned}$$

两边同乘 $\lambda^{\frac{i}{2}}$ 得：

$$\begin{aligned} y(0) &= \boldsymbol{c}^{\mathrm{H}}(0)\boldsymbol{x}(0)+v(0) \\ \lambda^{\frac{1}{2}}y(1) &= \boldsymbol{c}^{\mathrm{H}}(1)\boldsymbol{x}(0)+\lambda^{\frac{1}{2}}v(1) \\ &\vdots \\ \lambda^{\frac{n}{2}}y(n) &= \boldsymbol{c}^{\mathrm{H}}(n)\boldsymbol{x}(0)+\lambda^{\frac{n}{2}}v(n) \end{aligned} \tag{5.8.13}$$

而对于 RLS 问题，等价于解如下方程组：

$$\begin{aligned} d^*(0) &= \boldsymbol{x}^{\mathrm{H}}(0)\boldsymbol{w}_0+e_0^*(0) \\ d^*(1) &= \boldsymbol{x}^{\mathrm{H}}(1)\boldsymbol{w}_0+e_0^*(1) \\ &\vdots \\ d^*(n) &= \boldsymbol{x}^{\mathrm{H}}(n)\boldsymbol{w}_0+e_0^*(n) \end{aligned} \tag{5.8.14}$$

可以建立如下一一对应的关系：

卡尔曼滤波		RLS 算法
$\boldsymbol{x}(0)$	$\Leftrightarrow$	$\boldsymbol{w}_0$
$\boldsymbol{c}(n)$	$\Leftrightarrow$	$\boldsymbol{x}(n)$
$y(n)$	$\Leftrightarrow$	$\lambda^{-\frac{n}{2}}d^*(n)$
$v(n)$	$\Leftrightarrow$	$\lambda^{-\frac{n}{2}}e_0^*(n)$

解两个不同问题的方程组是等价的。

再比较无激励卡尔曼滤波器的递推关系(表 4.3.5)和 RLS 的递推关系(表 5.4.1)，如果按如下变量之间的等价性，则递推公式也是一一对应等价的：

卡尔曼滤波		RLS 递推
$\boldsymbol{K}(n-1)$	$\Leftrightarrow$	$\lambda^{-1}\boldsymbol{P}(n-1)$
$\boldsymbol{g}(n)$	$\Leftrightarrow$	$\lambda^{-\frac{1}{2}}\boldsymbol{k}(n)$
$\alpha(n)$	$\Leftrightarrow$	$\lambda^{-\frac{n}{2}}\varepsilon^*(n)$
$\hat{\boldsymbol{x}}(n+1 \mid y_n)$	$\Leftrightarrow$	$\lambda^{-\frac{(n+1)}{2}}\hat{\boldsymbol{w}}(n)$

初始条件也可以等价为

卡尔曼滤波		RLS 递推
$\hat{\boldsymbol{x}}(1 \mid y_0)=\boldsymbol{0}$	$\Leftrightarrow$	$\hat{\boldsymbol{w}}(0)=\boldsymbol{0}$
$\boldsymbol{K}(0)$	$\Leftrightarrow$	$\lambda^{-1}\boldsymbol{P}(0)$

因此，从数学关系上，可以建立起 RLS 和卡尔曼滤波之间的一一对应关系，任何一种改进和变化的卡尔曼滤波算法，均可以衍生出一种改进或变化的 RLS 类递推算法，这样构成了一大类快速 RLS 算法。这种对应关系是 Sayed 和 Kailath 在 1994 年报道的，由此建立了一个快速 RLS 算法族。显然 QR-卡尔曼滤波器可以对应得到一种 QR-RLS 自适应滤波算法。

有关根据这种对应关系导出的一些 RLS 算法的详细讨论请参考[20]和[10][14]。

*5.9 IIR 结构的自适应滤波器

尽管 FIR 结构的自适应滤波器因为其结构的稳定性得到广泛的应用，成为自适应滤波所采用的主要方式，但是，在一些应用中，IIR 结构的自适应滤波器还是有其优点。例如在系统辨识的应用中，如果待辨识的系统自身是 IIR 结构的，并且极点靠近单位圆，用 FIR 结构的滤波器需要非常长的冲激响应才可以逼近原系统。例如，在语音压缩中，用一个线性预测器去白化一段语音信号，使用 FIR 滤波器需要 160 点的冲激响应长度，即需要 160 个非零的 FIR 滤波器权系数，但用 IIR 结构，只需要 8 个系数，即 2 个极点 6 个零点的 IIR 滤波器即可得到同等效果，相比 FIR 情况，IIR 运算量明显减少。

但是，IIR 自适应滤波器在实际中存在的问题比 FIR 要复杂，对 FIR 滤波器，只要系数是有限值，滤波器本身必然是稳定的，只需要讨论算法的收敛性。但对 IIR 滤波器，只有当其系统函数的极点在单位圆内才能保证稳定，因此在迭代过程中，既要保持系统稳定，又要求算法收敛，问题要复杂得多，也正是这些原因，限制了 IIR 结构自适应滤波器的广泛应用。

IIR 自适应滤波器的结构示意图如图 5.9.1 所示，图 5.9.1(a)表示 IIR 自适应滤波器的算法构成单元，与 FIR 结构很类似，只是滤波器部分用图 5.9.1(b)所示的 IIR 结构实现。用 $a_1(n),a_2(n),\cdots,a_p(n),b_0(n),b_1(n),\cdots,b_q(n)$表示随时间调整的滤波器系数。为了简单，本节只讨论实信号和实系统情况。

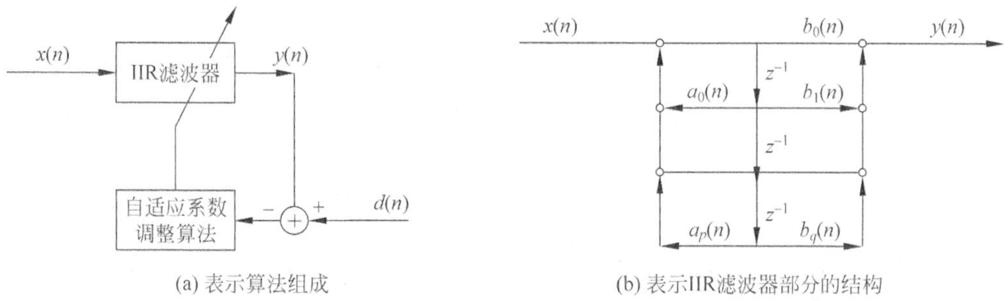

图 5.9.1 IIR 滤波器的结构示意图

在 n 时刻，IIR 滤波器的输出为

$$y(n)=\sum_{i=1}^{p}a_i(n)y(n-i)+\sum_{j=0}^{q}b_j(n)x(n-j) \tag{5.9.1}$$

用此输出估计期望响应信号 $d(n)$。与 FIR 结构类似，建立一个目标函数，去导出滤波器系数 $a_1(n),a_2(n),\cdots,a_p(n),b_0(n),b_1(n),\cdots,b_q(n)$的递推算法。

为了导出 IIR 自适应滤波算法，定义目标函数为

$$J(n)=J(a_1(n),a_2(n),\cdots,a_p(n),b_0(n),b_1(n),\cdots,b_q(n))=\frac{1}{2}(d(n)-y(n))^2 \tag{5.9.2}$$

利用最陡算法，可以导出对 IIR 结构的 LMS 自适应滤波算法。

为了后续讨论方便，定义几个符号如下，其中

$$\boldsymbol{w}(n)=\begin{bmatrix}\boldsymbol{a}(n)\\ \boldsymbol{b}(n)\end{bmatrix}=[a_1(n),a_2(n),\cdots,a_p(n),b_0(n),b_1(n),\cdots,b_q(n)]^{\mathrm{T}} \tag{5.9.3}$$

为 IIR 滤波器权系数向量，

$$\boldsymbol{z}(n)=\begin{bmatrix}\boldsymbol{y}(n-1)\\ \boldsymbol{x}(n)\end{bmatrix}=[y(n-1),\cdots,y(n-p),x(n),x(n-1),\cdots,x(n-q)]^{\mathrm{T}} \tag{5.9.4}$$

由如上符号可以得到 IIR 滤波器输出的紧凑表示为

$$y(n)=\boldsymbol{z}^{\mathrm{T}}(n)\boldsymbol{w}(n) \tag{5.9.5}$$

对期望响应的估计误差为

$$e(n)=d(n)-y(n)=d(n)-\boldsymbol{z}^{\mathrm{T}}(n)\boldsymbol{w}(n) \tag{5.9.6}$$

按最陡下降算法，IIR 自适应滤波器的 LMS 算法写为

$$\boldsymbol{w}(n+1)=\boldsymbol{w}(n)-\mu\frac{\partial J(n)}{\partial \boldsymbol{w}(n)} \tag{5.9.7}$$

写成分量形式并进行复合函数求导为

$$a_i(n+1)=a_i(n)-\mu\frac{\partial J(n)}{\partial a_i(n)}=a_i(n)+\mu(d(n)-y(n))\frac{\partial y(n)}{\partial a_i(n)}\quad i=1,\cdots,p$$
$$b_j(n+1)=b_j(n)-\mu\frac{\partial J(n)}{\partial b_j(n)}=b_j(n)+\mu(d(n)-y(n))\frac{\partial y(n)}{\partial b_j(n)}\quad j=0,\cdots,q \tag{5.9.8}$$

为了完成式(5.9.8)的计算，需要求出$\frac{\partial y(n)}{\partial a_i(n)}$和$\frac{\partial y(n)}{\partial b_j(n)}$，在 IIR 自适应滤波算法中，$a_i(n)$，$b_j(n)$与现在和过去时刻的输出 $y(n)$有关，式(5.9.1)两侧分别对 $a_i(n)$，$b_j(n)$求导，得

$$\frac{\partial y(n)}{\partial a_i(n)}=y(n-i)+\sum_{k=1}^{p}a_k(n)\frac{\partial y(n-k)}{\partial a_i(n)} \tag{5.9.9a}$$

$$\frac{\partial y(n)}{\partial b_j(n)}=x(n-j)+\sum_{k=1}^{p}a_k(n)\frac{\partial y(n-k)}{\partial b_j(n)} \tag{5.9.9b}$$

为使式(5.9.9)变成一个可以递推计算的形式，假设迭代步长 μ 非常小，回归和滑动阶次 p，q 比较低，使得如下式近似成立

$$\frac{\partial y(n-k)}{\partial a_i(n)}\approx\frac{\partial y(n-k)}{\partial a_i(n-k)}$$
$$\frac{\partial y(n-k)}{\partial b_j(n)}\approx\frac{\partial y(n-k)}{\partial b_j(n-k)} \tag{5.9.10}$$

将式(5.9.10)带入(5.9.9)，得到

$$\frac{\partial y(n)}{\partial a_i(n)}\approx y(n-i)+\sum_{k=1}^{p}a_k(n)\frac{\partial y(n-k)}{\partial a_i(n-k)} \tag{5.9.11a}$$

$$\frac{\partial y(n)}{\partial b_j(n)}\approx x(n-j)+\sum_{k=1}^{p}a_k(n)\frac{\partial y(n-k)}{\partial b_j(n-k)} \tag{5.9.11b}$$

可以看到，式(5.9.11)是可以递推计算的。设

$$\boldsymbol{\Psi}(n)=\left[\frac{\partial y(n)}{\partial a_1(n)},\cdots,\frac{\partial y(n)}{\partial a_p(n)},\frac{\partial y(n)}{\partial b_0(n)},\frac{\partial y(n)}{\partial b_1(n)},\cdots,\frac{\partial y(n)}{\partial b_q(n)}\right]^{\mathrm{T}} \tag{5.9.12}$$

式(5.9.11)可以写成向量形式

$$\boldsymbol{\Psi}(n)=\boldsymbol{z}(n)+\sum_{k=1}^{p}a_k(n)\boldsymbol{\Psi}(n-k) \tag{5.9.13}$$

利用式(5.9.12)的符号，式(5.9.8)也可以写成向量形式为

$$\boldsymbol{w}(n+1)=\boldsymbol{w}(n)+\mu\boldsymbol{\Psi}(n)e(n) \tag{5.9.14}$$

式(5.9.5)、式(5.9.6)、式(5.9.13)、式(5.9.14)构成了 IIR 结构 LMS 自适应算法的基本公式，从初始条件 $\boldsymbol{w}(0)$，$\boldsymbol{\Psi}(0)$出发，随时间进行递推，为方便应用，将它们总结在表 5.9.1 中。

表 5.9.1　IIR 结构 LMS 自适应滤波算法小结

初始条件 $\boldsymbol{w}(0)=\boldsymbol{0}$，$\boldsymbol{\Psi}(0)=\boldsymbol{0}$
从 $n=1$ 开始，依次计算 滤波器输出：$y(n)=\boldsymbol{z}^{\mathrm{T}}(n)\boldsymbol{w}(n)$ 估计误差：$e(n)=d(n)-y(n)=d(n)-\boldsymbol{z}^{\mathrm{T}}(n)\boldsymbol{w}(n)$ 偏导数向量：$\boldsymbol{\Psi}(n)=\boldsymbol{z}(n)+\sum_{k=1}^{p}a_k(n)\boldsymbol{\Psi}(n-k)$ 权系数更新：$\boldsymbol{w}(n+1)=\boldsymbol{w}(n)+\mu\boldsymbol{\Psi}(n)e(n)$

1. IIR 结构 LMS 算法的简化：信号滤波算法

在本节讨论的 IIR 结构 LMS 算法中，式(5.9.13)的计算需要保存 p 个以前的 Ψ 向量，需要 $p(p+q+1)$个存储单元和 $p(p+q+1)$次乘法运算，这在实时的硬件系统实现时，是一个较大的开销，这里，介绍一个简化的信号滤波算法来替代式(5.9.13)。定义滤波信号

$$y^f(n) = y(n) + \sum_{k=1}^{p} a_k(n) y^f(n-k)$$

$$x^f(n) = x(n) + \sum_{k=0}^{p} a_k(n) x^f(n-k) \tag{5.9.15}$$

替代的偏导数向量定义为

$$\Psi^f(n) = [y^f(n-1), \cdots, y^f(n-p), x^f(n), \cdots, x^f(n-q)]^{\mathrm{T}} \tag{5.9.16}$$

用 $\Psi^f(n)$逼近偏导数向量，权系数更新公式改为

$$\boldsymbol{w}(n+1) = \boldsymbol{w}(n) + \mu \Psi^f(n) e(n) \tag{5.9.17}$$

由式(5.9.15)和式(5.9.16)可见，为了计算新的 $y^f(n)$和 $x^f(n)$只需存储 p 个以前的 $y^f(n)$和 p 个以前的 $x^f(n)$，以及 $2p$ 次乘法运算，存储和运算量大为降低。

注意到 $\Psi^f(n)$与 $\Psi(n)$是不相等的，这通过写出这两个向量的一个分量来比较，如下两式分别写出 $\Psi^f(n)$与 $\Psi(n)$的第 2 个分量为

$$\Psi_2(n) = y(n-2) + \sum_{k=1}^{p} a_k(n) \Psi_2(n-k)$$

$$\Psi_2^f = y^f(n-2) = y(n-2) + \sum_{k=1}^{p} a_k(n-2) \Psi_k^f(n-2)$$

但当迭代步长 μ 非常小，$a_k(n) \approx a_k(n-k)$时，$\Psi^f(n)$和 $\Psi(n)$近似相等，简化算法与原算法性能很接近。

2. IIR 结构 LMS 自适应滤波算法的稳定性讨论

IIR 结构 LMS 自适应滤波算法的稳定性和收敛性分析是非常复杂的问题。这里稳定性是指在每个时刻 n，IIR 滤波器是稳定的，即 IIR 滤波器的时变传输函数的分母

$$A(z,n) = 1 + \sum_{k=1}^{p} a_k(n) z^{-k} \tag{5.9.18}$$

的极点总是位于单位圆内。这里 $A(z,n)$的作用还不只是决定了 IIR 滤波器的稳定性，由式(5.9.13)可见，$\Psi(n)$也相当是输入为 $z(n)$的，分母为 $A(z,n)$的自回归系统的输出，因此，$A(z,n)$的极点分布也决定了 $\Psi(n)$的有界性，由于在式(5.9.14)的权更新公式中，$\Psi(n)$起的作用相当于 FIR 结构 LMS 自适应算法中输入信号向量 $\boldsymbol{x}(n)$的作用，因此，要使算法收敛，$\Psi(n)$必须是有界的。

在 IIR 结构 LMS 自适应滤波算法的迭代过程中，经常性地进行 $A(z,n)$的极点检查，是保持稳定的有效的方法，当检查到一些极点位于单位圆之外，就将这些极点以单位圆为镜像映射到单位圆内去，以极点映射后对应的滤波器系数作为下次迭代的初始值，以保证系统是稳定的。在保证系统稳定的条件下，选择充分小的迭代步长，IIR 自适应算法一般是可以收敛的。但是，由于 IIR 系统的性能表面不像 FIR 系统所具有的碗状曲面的特点，而是复杂曲面，可能有多个极小点，IIR 自适应算法可能会收敛到局部极小点而不是全局最小点。

*5.10 非线性自适应滤波举例

有许多应用需要非线性自适应滤波器。所谓非线性自适应滤波指的是滤波运算单元是非线性系统，而不是前几节讨论的 FIR 或 IIR 结构的线性滤波器。非线性系统缺乏统一的处理方式，本节只讨论一种简单的非线性系统。

将滤波器输出与输入之间建立起非线性关系，但是与滤波器权系数向量仍是线性关系。注意，将 M 维的输入信号向量

$$\boldsymbol{x}(n)=[x(n),x(n-1),\cdots,x(n-M+1)]^{\mathrm{T}}$$

通过一个非线性函数变换得到一个 K 维向量，一般地 $K>M$，即将信号向量 $\boldsymbol{x}(n)$ 映射到更高维向量空间，映射关系表示为 $\boldsymbol{x}(n)\rightarrow\boldsymbol{\Psi}(\boldsymbol{x}(n))$，$K$ 维向量 $\boldsymbol{\Psi}(\boldsymbol{x}(n))$ 为

$$\boldsymbol{\Psi}(\boldsymbol{x}(n))=[\psi_1(\boldsymbol{x}(n)),\psi_2(\boldsymbol{x}(n)),\cdots,\psi_K(\boldsymbol{x}(n))]^{\mathrm{T}}$$

以 $\boldsymbol{\Psi}(\boldsymbol{x}(n))$ 替代 $\boldsymbol{x}(n)$ 作为输入，定义自适应滤波器系数向量为

$$\boldsymbol{w}_\psi(n)=[w_{\psi,1}(n),w_{\psi,_1}(n),\cdots,w_{\psi,K}(n)]^{\mathrm{T}}$$

利用映射函数向量得到滤波器输出为

$$y(n)=\sum_{k=1}^{K}w_{\psi,k}^{*}(n)\psi_k(\boldsymbol{x}(n))=\boldsymbol{w}_\psi^{\mathrm{H}}(n)\boldsymbol{\Psi}(\boldsymbol{x}(n))$$

对期望响应的估计误差为

$$e(n)=d(n)-y(n)=d(n)-\boldsymbol{w}_\psi^{\mathrm{H}}(n)\boldsymbol{\Psi}(\boldsymbol{x}(n))$$

把这组公式代入 LMS 算法中，得到一种非线性映射 LMS 算法并列于表 5.10.1 中。

表 5.10.1 非线性映射 LMS 算法

初始值	$\boldsymbol{w}_\psi(0)=\boldsymbol{0}$
算法	$y(n)=\boldsymbol{w}_\psi^{\mathrm{H}}(n)\boldsymbol{\Psi}(\boldsymbol{x}(n))$ $e(n)=d(n)-\boldsymbol{w}_\psi^{\mathrm{H}}(n)\boldsymbol{\Psi}(\boldsymbol{x}(n))$ $\boldsymbol{w}_\psi(n+1)=\boldsymbol{w}_\psi(n)+\mu e^{*}(n)\boldsymbol{\Psi}(\boldsymbol{x}(n))$

同样地，以 $\boldsymbol{\Psi}(\boldsymbol{x}(n))$ 替代 $\boldsymbol{x}(n)$ 作为输入，可以将 RLS 算法推广为非线性映射 RLS 算法，并列于表 5.10.2 中。

表 5.10.2 非线性映射 RLS 算法的递推方程

(1) 计算 RLS 增益向量：$\boldsymbol{k}_\psi(n)=\dfrac{\lambda^{-1}\boldsymbol{P}_\psi(n-1)\boldsymbol{\Psi}(\boldsymbol{x}(n))}{1+\lambda^{-1}\boldsymbol{\Psi}^{\mathrm{H}}(\boldsymbol{x}(n))\boldsymbol{P}_\psi(n-1)\boldsymbol{\Psi}(\boldsymbol{x}(n))}$

(2) 计算前验估计误差：$\varepsilon(n)=d(n)-\boldsymbol{w}_\psi^{\mathrm{H}}(n-1)\boldsymbol{\Psi}(\boldsymbol{x}(n))$

(3) 更新权系数向量：$\boldsymbol{w}_\psi(n)=\boldsymbol{w}_\psi(n-1)+\boldsymbol{k}_\psi(n)\varepsilon^{*}(n)$

(4) 递推系数逆矩阵：$\boldsymbol{P}_\psi(n)=\lambda^{-1}\boldsymbol{P}_\psi(n-1)-\lambda^{-1}\boldsymbol{k}_\psi(n)\boldsymbol{\Psi}^{\mathrm{H}}(\boldsymbol{x}(n))\boldsymbol{P}_\psi(n-1)$

(5) 当前滤波器输出：$y(n)=\boldsymbol{w}_\psi^{\mathrm{H}}(n)\boldsymbol{\Psi}(\boldsymbol{x}(n))$

(6) 当前估计误差(并不是必要的)：$e(n)=d(n)-\boldsymbol{w}_\psi^{\mathrm{H}}(n)\boldsymbol{\Psi}(\boldsymbol{x}(n))$

在表 5.4.2 中，$\boldsymbol{k}_\psi(n)$ 是 K 维向量，$\boldsymbol{P}_\psi(n)$ 是 $K\times K$ 矩阵，初始时 $\boldsymbol{P}_\psi(0)=\delta^{-1}\boldsymbol{I}$，这里，$\delta$ 是初始选取的一个小的实数值。

在这种非线性映射的自适应滤波系统中，针对实际问题怎样选取合适的映射函数集

$\Psi(x(n))$是一个关键的问题。已有工作把非线性函数集的选择与核函数联系起来，并利用"核技巧"有效计算非线性自适应滤波器的输出，从而得到核 LMS 和核 RLS 算法(KLMS、KRLS)，有兴趣的读者可参考文献[12][13]。

5.11　自适应滤波器的应用举例

在本章的开始，非常简单地介绍了自适应滤波算法的 4 种类型的应用，在研究了一些重要的自适应滤波算法后，对自适应滤波的几个例子再进行稍详细些的讨论，以增加对自适应滤波应用的认识。

5.11.1　自适应均衡再讨论

在 5.5 节，通过数值仿真的例子，分析了自适应滤波在通信的信道均衡方面的应用。

前述的自适应均衡器需要一个期望响应，即训练序列，但训练序列只在初始系统训练阶段存在，一旦训练结束，训练序列不再存在，通信系统将传输用户的有用数据，期望响应不再存在。在期望响应不再存在后，自适应滤波器怎样做？一种方法是将自适应均衡器切换成一个固定滤波器，对于平稳信道来讲这样做是可接受的，但对于性能不稳定的信道，接收机性能将会明显下降。一种改善的方法是在训练序列传输结束后，通过人造一个期望响应，使得自适应滤波过程能够继续，以保证自适应均衡器跟踪信道的变化。一种人造期望响应的方法是在训练阶段结束后，将均衡器输出送入判决器，判决器的输出作为期望响应，与滤波器输出相减构成误差量用于调整自适应均衡器的滤波器系数，实验和理论分析都表明，这种方法达到好的效果，这种人造期望响应的方法称为"决策方向"法(Decision-Direction)，简称 DD 方法。采用 DD 方法的自适应均衡器的方框图如图 5.11.1 所示。由于判决器运算是一种非线性运算，因此，训练结束后，利用人造期望响应的自适应均衡算法不再是线性自适应滤波器，而是非线性自适应滤波器。

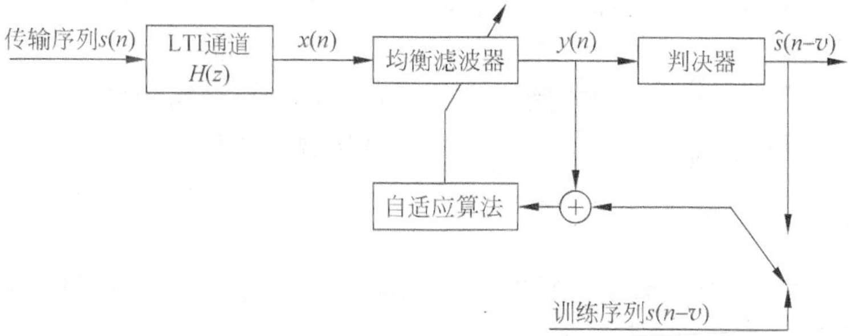

图 5.11.1　利用决策方向法的自适应均衡器的结构图

5.11.2　自适应干扰对消的应用

噪声对消的原理框图如图 5.11.2 所示。信号 $s(n)$中混入了不相关的噪声 $v_0(n)$，将 $s(n)+v_0(n)$称为原始输入，它的作用是用作期望响应，可以通过其他途径得到与 $v_0(n)$相关的另一个噪声信号 $v_1(n)$(称为噪声副本)，用作自适应滤波器的输入，它也称为参考输入，调整滤波器系数，使自适应滤波器输出 $y(n)$是 $v_0(n)$的非常精确的逼近，原始输入减去滤波器输出，得到基本上抵消了噪声干扰的信号 $s(n)$。

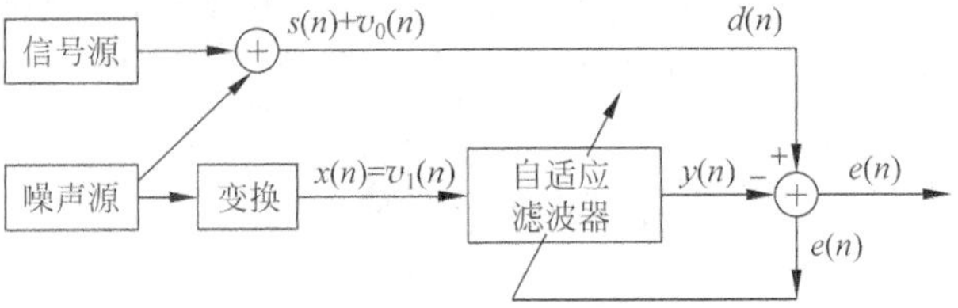

图 5.11.2　用自适应滤波进行噪声对消的示意图

“噪声对消”一词表示了自适应滤波的一类应用，可以衍生出许多具体应用。例如，在心电图测量，50Hz 工频干扰（在美国等国是 60Hz）是非常严重的干扰，因为传感器产生的信号是弱信号 $s(n)$，很可能记录的信号 $s(n)+v_0(n)$ 中主要能量是工频干扰，为了消除干扰，通过变压器另获取一个工频信号 $v_1(n)$，但 $v_1(n)$ 的相位和幅度与 $v_0(n)$ 都不相同，直接相减可能会引起噪声的增强，使 $v_1(n)$ 通过自适应滤波器产生与 $v_0(n)$ 的幅度和相位几乎一致的输出 $y(n)$，再从 $s(n)+v_0(n)$ 减去 $y(n)$，就起到消除噪声的目的。

图 5.11.2 的结构能否使 $y(n)$ 有效逼近 $v_0(n)$ 且不对信号产生畸变呢？这是要回答的问题。假设各信号都是平稳的，$s(n)$ 和 $v_0(n)$、$v_1(n)$ 是不相关的，$v_0(n)$ 和 $v_1(n)$ 是相关的，噪声对消系统的输出为

$$e(n)=s(n)+v_0(n)-y(n)$$

两边取平方得

$$e^2(n)=s^2(n)+(v_0(n)-y(n))^2+2s(n)(v_0(n)-y(n))$$

上式两边取期望值，并考虑到 $s(n)$ 与 $v_0(n)$ 和 $y(n)$ 的不相关性有

$$\begin{aligned}E\{e^2(n)\}&=E\{s^2(n)\}+E\{(v_0(n)-y(n))^2\}+2E\{s(n)(v_0(n)-y(n))\}\\&=E\{s^2(n)\}+E\{(v_0(n)-y(n))^2\}\end{aligned}$$

由于 $E\{s^2(n)\}$ 不受自适应滤波器的权系数影响，是确定量，使 $E\{e^2(n)\}$ 最小和使 $E\{(v_0(n)-y(n))^2\}$ 最小是等价的，当滤波器收敛到最优滤波器系数时，$y(n)$ 是 $v_0(n)$ 的最优估计。

用维纳-霍夫(Wiener-Hopf)方程也可以很好地说明自适应滤波的收敛性质，设信号是平稳的，自适应滤波器收敛到（或近似收敛到）维纳滤波器的权系数，对噪声对消问题，权系数的解为

$$\boldsymbol{R}_x\boldsymbol{w}=\boldsymbol{r}_{xd}=\boldsymbol{r}_{v_1(s+v_0)}=\boldsymbol{r}_{v_1v_0}$$

由于 $\boldsymbol{r}_{v_1s_0}=\boldsymbol{0}$，其对滤波器的解没有影响，最优滤波器的解由 $v_1(n)$ 的自相关矩阵和 $v_0(n)$ 与 $v_1(n)$ 的互相关向量确定。

图 5.11.2 的结构中，由于 $s(n)$ 没有经过滤波器，$y(n)$ 与 $s(n)$ 不相关，因此，在噪声消除过程中，有用信号 $s(n)$ 不会被衰弱和畸变。但是，如果信号 $s(n)$ 也串扰到了参考信号 $v_1(n)$ 中，噪声对消器输出中 $s(n)$ 将发生畸变，但如果这种串扰能量较小，仍可以有较好的噪声消除和保持信号的效果。

当干扰噪声是单频的正弦信号时，一个两系数特殊结构的自适应滤波器将得到好的效果，设参考输入是 $v_1(n)=A\cos(\omega_0 n+\varphi)$ 时，图 5.11.3 结构的自适应滤波器的消噪性能是良好的。在这个系统中，若采用 LMS 算法，则两个输入信号分量为

$$x_1(n)=A\cos(\omega_0 n+\varphi)$$
$$x_2(n)=A\sin(\omega_0 n+\varphi)$$

权系数更新公式为

$$w_1(n+1)=w_1(n)+\mu x_1(n)e(n)=w_1(n)+\mu A\cos(\omega_0 n+\varphi)e(n)$$
$$w_2(n+1)=w_2(n)+\mu x_2(n)e(n)=w_2(n)+\mu A\sin(\omega_0 n+\varphi)e(n)$$

虽然图 5.11.3 所示的系统，是一个非线性时变系统，但是可以证明[31]，从期望响应 $d(n)$到噪声抵消器输出 $e(n)$等价为一个线性时不变系统，且传输函数为

$$H(z)=\frac{z^2-2z\cos(\omega_0)+1}{z^2-2(1-\mu A^2)z\cos(\omega_0)+1-2\mu A^2}$$

它的零点位于 $z=\mathrm{e}^{\pm \mathrm{j}\omega_0}$，因此，频率响应在 ω_0 处有一个凹口，凹口带宽为 $BW=\mu A^2$，当迭代步长很小时，该系统是一个凹口带宽很窄的陷波器，这正是所需要的功能，即消除了原始输入中角频率为 ω_0 的干扰。

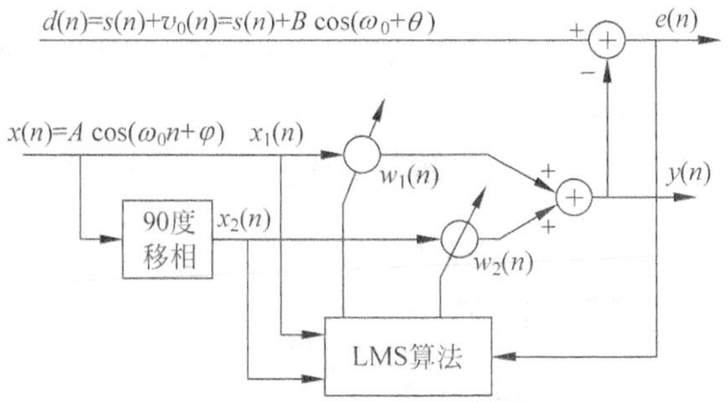

图 5.11.3　抵消一个单频率正弦波噪声的特殊结构

噪声对消已得到许多实际应用，罗列一些应用实例如下：

- 心电图中 50Hz 或 60Hz 电源工频干扰的消除。
- 胎儿检测中胎儿心电图中母体心电图的对消。
- 飞机驾驶员座舱内，环境噪声的干扰对消。
- 长途电话线路中的回声对消。

有关这些应用的更详细的讨论，参考[31]。

*5.11.3　自适应波束形成算法

本节我们讨论自适应滤波算法在空间阵列信号处理中的应用，由于阵列信号处理应用很广泛，不同应用对应的问题很不同，本节仅讨论 LMS 自适应滤波算法在 MVDR 波束形成中的推广。一个线性阵列信号处理的示意图重画在图 5.11.4 中，在 3.2 节已经讨论了 MVDR 的最优解。设天线阵列接收到来自方向$\{\theta_1,\theta_2,\cdots,\theta_p\}$的波，定义方向向量为

$$\alpha(\theta)=\left[1,\mathrm{e}^{-\mathrm{j}\frac{2\pi}{\lambda}d\sin\theta},\mathrm{e}^{-\mathrm{j}\frac{2\pi}{\lambda}2d\sin\theta},\cdots,\mathrm{e}^{-\mathrm{j}\frac{2\pi}{\lambda}(M-1)d\sin\theta}\right]^{\mathrm{T}}$$

各天线在时刻 t 接收到的信号向量为

$$\boldsymbol{x}(t)=\boldsymbol{A}\boldsymbol{s}(t)+\boldsymbol{n}(t)$$

其中

$$\boldsymbol{x}(t)=[x_1(t),x_2(t),\cdots,x_M(t)]^{\mathrm{T}},\quad \boldsymbol{A}=[\alpha(\theta_1),\alpha(\theta_2),\cdots,\alpha(\theta_p)]^{\mathrm{T}}$$

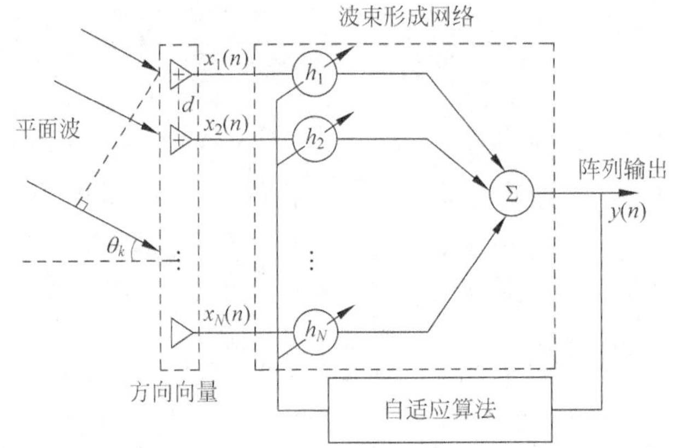

图 5.11.4　自适应波束形成示意图

$$\boldsymbol{s}(t)=[s_1(t),s_2(t),\cdots,s_p(t)]^{\mathrm{T}},\quad \boldsymbol{n}(t)=[n_1(t),n_2(t),\cdots,n_M(t)]^{\mathrm{T}}$$

MVDR 问题是：接收来自 θ_s 的信号，而抑止其他方向的干扰信号，它的解是带约束的维纳滤波器，是如下方程的解

$$\begin{cases}\min\{\boldsymbol{w}^{\mathrm{H}}\boldsymbol{R}_x\boldsymbol{w}\}\\ \alpha^{\mathrm{H}}(\theta_s)\boldsymbol{w}=g\end{cases}$$

这里 g 是放大系数。这个问题的闭式解为

$$\boldsymbol{w}_{\mathrm{opt}}=\frac{\boldsymbol{R}_x^{-1}\alpha(\theta_s)}{\alpha^{\mathrm{H}}(\theta_s)\boldsymbol{R}_x^{-1}\alpha(\theta_s)}g$$

我们的目标是得到这个约束最优问题的 LMS 自适应算法。可以将该问题转化为如下的拉格朗日乘法问题

$$\begin{cases}\min\{J(\boldsymbol{w})\}=\boldsymbol{w}^{\mathrm{H}}R_x\boldsymbol{w}+\lambda(\boldsymbol{w}^{\mathrm{H}}\alpha(\theta_s)-g^{\mathrm{H}})+\lambda^{\mathrm{H}}(\alpha^{\mathrm{H}}(\theta_s)\boldsymbol{w}-g)\\ \lambda=-(\alpha^{\mathrm{H}}(\theta_s)\boldsymbol{R}_x\alpha(\theta_s))^{-1}g\end{cases}$$

上式中第 2 个式是这个约束最优问题中 λ 的解，为了导出后续算法方便，写在上式中。为利用最陡下降法，求得梯度向量为

$$\nabla_w(J)=\boldsymbol{R}_x\boldsymbol{w}+\lambda\alpha(\theta_s)$$

因此约束最优的最陡下降算法为

$$\begin{cases}\boldsymbol{w}(k+1)=\boldsymbol{w}(k)-\mu(\boldsymbol{R}_x\boldsymbol{w}(k)+\lambda\alpha(\theta_s))\\ \lambda=-(\alpha^{\mathrm{H}}(\theta_s)\boldsymbol{R}_x\alpha(\theta_s))^{-1}g\end{cases}$$

为了得到自适应算法，对 $\boldsymbol{R}_x$ 进行实时估计，即

$$\hat{\boldsymbol{R}}_x=\boldsymbol{x}(k)\boldsymbol{x}^{\mathrm{H}}(k)$$

这里 $\boldsymbol{x}(k)=\boldsymbol{x}(t)|_{t=kT}$ 是线阵的一次快照向量。用估计得到的 $\boldsymbol{R}_x$，得到 MVDR 的自适应算法

$$\begin{cases}\boldsymbol{w}(k+1)=\boldsymbol{w}(k)-\mu(\boldsymbol{x}(k)\boldsymbol{x}^{\mathrm{H}}(k)\boldsymbol{w}(k)+\lambda(k)\alpha(\theta_s))\\ \lambda(k)=-(\alpha^{\mathrm{H}}(\theta_s)\boldsymbol{x}(k)\boldsymbol{x}^{\mathrm{H}}(k)\alpha(\theta_s))^{-1}g\end{cases}$$

或写成单一的权更新公式为

$$\boldsymbol{w}(k+1)=\boldsymbol{w}(k)-\mu\left(\boldsymbol{x}(k)\boldsymbol{x}^{\mathrm{H}}(k)\boldsymbol{w}(k)+\frac{\alpha(\theta_s)}{\alpha^{\mathrm{H}}(\theta_s)\boldsymbol{x}(k)\boldsymbol{x}^{\mathrm{H}}(k)\alpha(\theta_s)}g\right)$$

上式分母是标量，故不需要矩阵求逆运算。

已经证明，MVDR 的 LMS 算法的收敛性由如下条件确定，设

$$\boldsymbol{P}=\boldsymbol{I}-\alpha(\theta_s)\alpha^{\mathrm{H}}(\theta_s),\quad \widetilde{\boldsymbol{R}}=\boldsymbol{P}\boldsymbol{R}_x\boldsymbol{P}$$

$\widetilde{\lambda}_{\max}$是$\widetilde{\boldsymbol{R}}$的最大特征值，迭代步长必须满足

$$0<\mu<\frac{1}{\widetilde{\lambda}_{\max}}$$

在这个范围内的步长，使算法收敛。

关于自适应滤波的应用实例还可以列举很多，限于本书篇幅，这个专题不再继续下去，有兴趣的读者可以参考[31]、[33]、[34]。

*5.12　无期望响应的自适应滤波算法举例：盲均衡

前几节讨论的自适应滤波器，都存在一个期望响应，除 5.10 节外，滤波器的各运算单元都是线性运算。如果满足收敛条件，所构成的自适应滤波器一般地会达到良好的性能和简单的运算结构。但在一些实际应用中，不存在或得不到一个期望响应，前面的算法就不能直接应用。

这种期望响应不存在的条件下的自适应滤波问题属于信号“盲处理”问题，对于信号盲处理这一专题，本书给出两个典型实例的介绍，本节以通信中的自适应均衡器为例，介绍“盲均衡”的一些基本算法，第 8 章扼要讨论盲源分离问题。

在点对点且信道相对平稳的通信系统中，自适应均衡很好地改进了通信接收机的性能，但在广播式的通信系统中，例如数字声广播(DVB)中，就不易通过传输一段训练序列来建立广播电台和每个接收机之间的连接。这种情况下，盲均衡是改善接收机性能的有效方法之一。

一种构建盲均衡的最直接的方法是利用前面讨论的自适应滤波算法，合理地人工制造一个“期望响应”来代替缺失的“期望响应”，这样，前面介绍的算法都可以直接应用。5.11.1 节介绍的“决策方向”法(Decision-Direction，DD)，是这种构造替代期望的一种实例。

DD 方法对无训练序列存在的盲均衡算法设计给出有用的启示，用人造期望响应代替训练序列构造盲均衡算法，这是一种非线性算法。与各种非线性技术一样，没有一种广泛存在的理论用于指导非线性系统的设计，针对一些特定的假设，构造针对一类应用有效的算法，是解决非线性问题的一般研究方法。

针对通信系统中信号传输的特点，通过对传输信号的特性的利用，构造一个“合理的期望响应”用于均衡算法。盲均衡的一般结构示意图如图 5.12.1 所示。

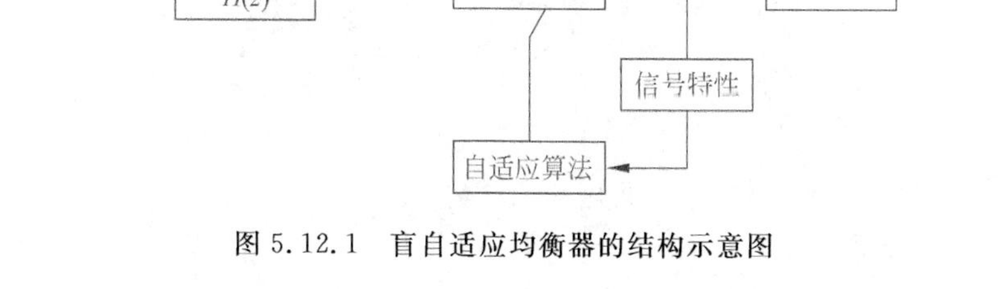

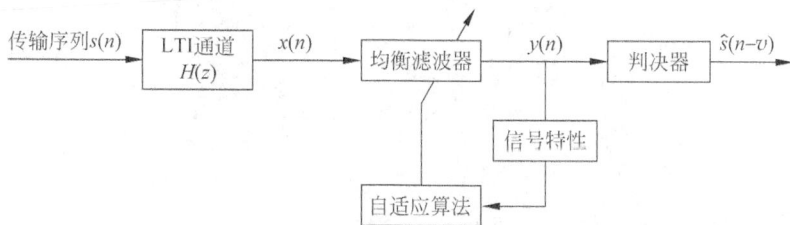

图 5.12.1　盲自适应均衡器的结构示意图

5.12.1 恒模算法(CMA)

通过前面的讨论,一个物理意义比较明确的算法:恒模算法(Constant Modulus Algorithm,CMA)被构造。在通信系统中,角度调制是常用的调制形式,包括频率调制(FM)和相位调制(PM),这些调制信号都满足包络是常数的性质,利用这个性质,构造一类盲自适应均衡算法,即CMA算法。传输信号满足恒模性,即$|s(n)|^2=R_2$,因为接收到的信号由于信道造成的畸变和干扰噪声,已不满足恒模性,当接收到的信号通过均衡器后,如果性能得到改善,则误差函数

$$\varepsilon(n)=|y(n)|^2-R_2 \tag{5.12.1}$$

会下降,理想的均衡器是误差函数下降到零,定义

$$\Psi(y(n))=(\varepsilon(n))^2=(|y(n)|^2-R_2)^2 \tag{5.12.2}$$

使$\Psi(y(n))$最小,利用LMS算法的基本思路,可以导出CMA算法如下

$$\begin{aligned}\boldsymbol{w}(n+1)&=\boldsymbol{w}(n)-\mu'\frac{\partial}{\partial \boldsymbol{w}(n)}\Psi(y(n))\\&=\boldsymbol{w}(n)-\mu(|y(n)|^2-R_2)y(n)\boldsymbol{x}(n)\end{aligned} \tag{5.12.3}$$

对于复信号和复系统,权更新算法为

$$\boldsymbol{w}(n+1)=\boldsymbol{w}(n)-\mu(|y(n)|^2-R_2)y(n)\boldsymbol{x}^*(n) \tag{5.12.4}$$

尽管CMA算法的导出受到角度调制的启发,但其应用并不局限于角度调制,例如对数字通信的QAM调制,CMA算法也是相当有效的,如下给出针对4QAM和16QAM调制的一些实验结果,对QAM调制不熟悉的读者请参考有关通信原理的著作([32])。

例5.12.1 首先看一个4QAM调制的例子,用复信号表示,4QAM调制相当于只传输4种取值的信号,即$x=a+b\mathrm{j}$,$a=\pm\sqrt{2}/2$,$b=\pm\sqrt{2}/2$,因此发送信号的星座是4个点,假设4QAM的基带信号通过一个信道,信道用一个FIR滤波器来表示,滤波器的传输函数为

$$H(z)=0.2+0.5z^{-1}+z^{-2}-0.1z^{-3}$$

信号经FIR滤波器输出后加入了高斯白噪声,信噪比为30dB,接收到的信号的分布图如图5.12.2所示,由于码间串扰和噪声干扰,接收的信号已经非常混乱。

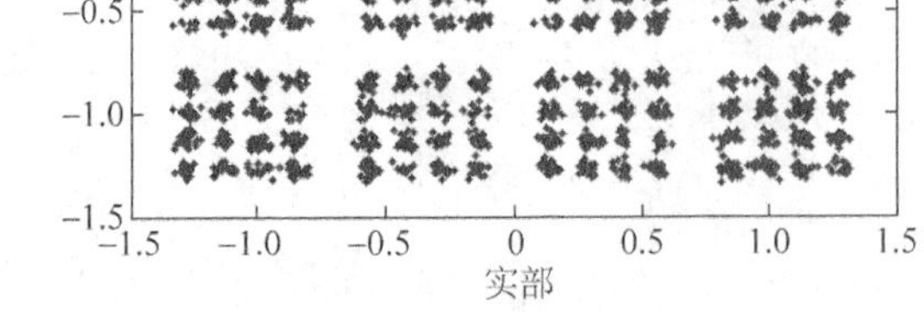

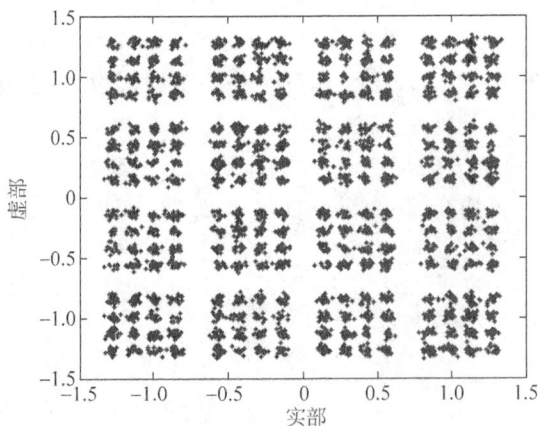

图5.12.2 接收到的4QAM信号

接收到的 4QAM 信号经过一个均衡器，均衡器由长度为 6 的 FIR 滤波器构成，应用本节的 CMA 算法进行盲均衡，步长取 0.001，图 5.12.3 是收敛后均衡器输出的分布图，由图可以看到，盲均衡器将输出聚集到 4 个星座的附近，判决器可以产生正确的判决。

图 5.12.4 是 CMA 算法收敛图，由图可以看到，作为盲均衡的 CMA 算法的收敛速度明显比 LMS 算法要慢，大约要到 5000 次迭代以后才达到收敛，而 LMS 算法一般只需几十至几百次迭代，这是缺乏期望响应的代价。

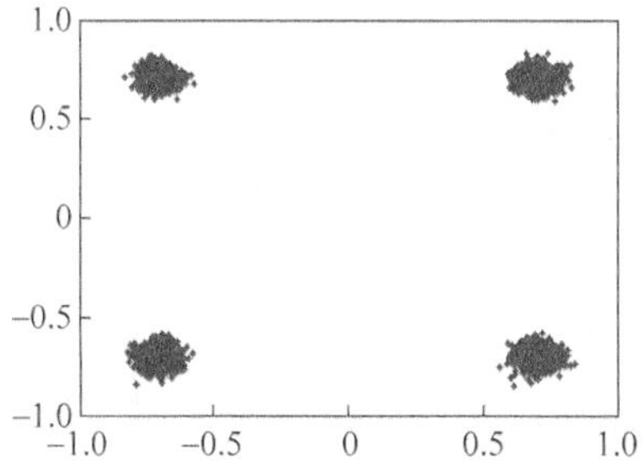

图 5.12.3　盲均衡器输出的 4QAM 信号分布图

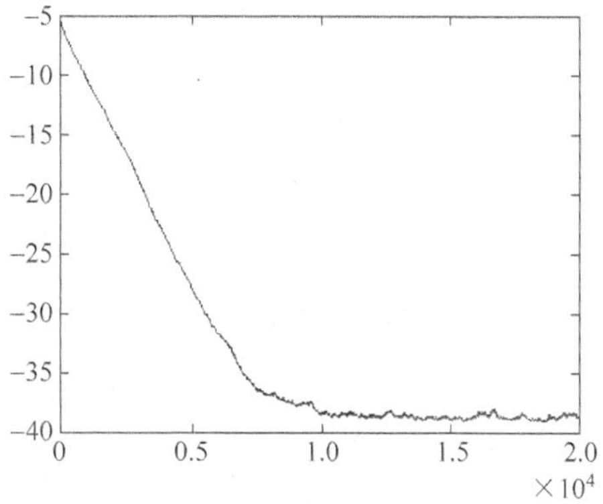

图 5.12.4　CMA 算法收敛图

例 5.12.2　由于 4QAM 仍满足恒模性，CMA 算法的有效性是容易理解的，下一个实验例子是将 CMA 算法用于 16QAM 系统，由于 16QAM 不再满足恒模性质，但是图 5.12.5～图 5.12.7 说明了 CMA 算法仍然取得较好的效果。

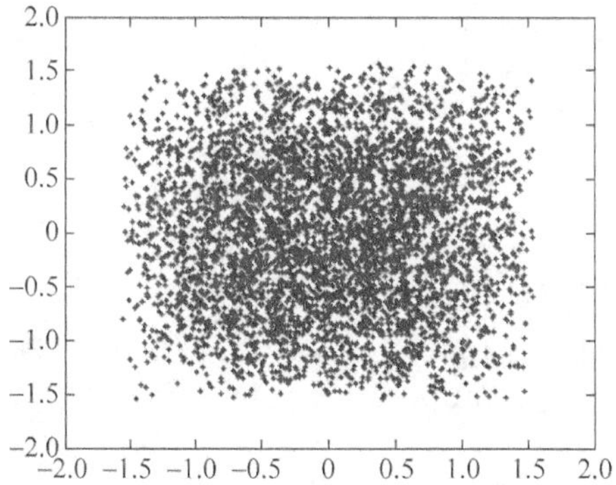

图 5.12.5　接收到的 16QAM 信号

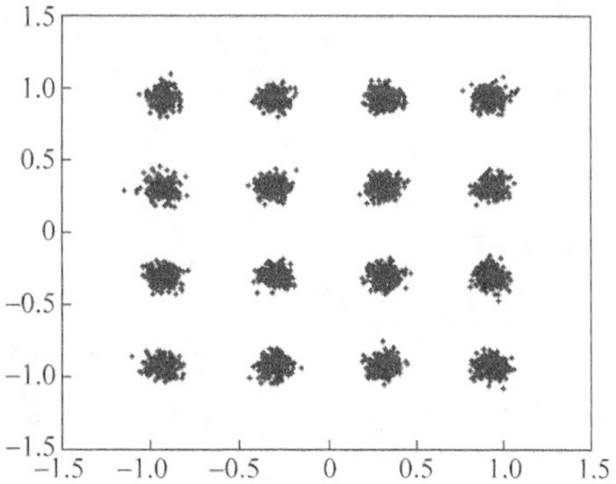

图 5.12.6　盲均衡器输出的 16QAM 信号分布图

由于 CMA 算法具有的良好的性能和简单的运算结构，使得以 CMA 为基础的一类盲均衡器已经应用于实际系统中，例如，数字 HDTV 系统[27]、短码 DS-CDMA 系统[15]，无线 GMS 蜂窝系统等[4]。

5.12.2　一类盲均衡算法(Bussgang 算法)

对 CMA 算法的思想给予推广，构成一类盲均衡算法。取一个不同的目标函数 $\Psi(y(n))$，使得目标函数

$$J(\boldsymbol{w}(n)) = E\{\Psi(y(n))\} \tag{5.12.5}$$

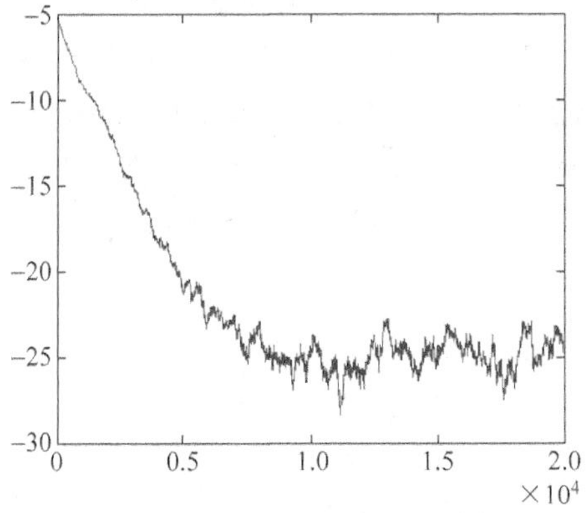

图 5.12.7　CMA 算法对 16QAM 信号进行均衡的收敛曲线

最小,由随机梯度的思想,得

$$\begin{aligned} \boldsymbol{w}(n+1) &= \boldsymbol{w}(n) - \mu \frac{\partial}{\partial \boldsymbol{w}(n)} \Psi(y(n)) \\ &= \boldsymbol{w}(n) - \mu \Psi'(\boldsymbol{w}^{\mathrm{T}}(n)\boldsymbol{x}(n))\boldsymbol{x}(n) \\ &= \boldsymbol{w}(n) - \mu \psi(\boldsymbol{w}^{\mathrm{T}}(n)\boldsymbol{x}(n))\boldsymbol{x}(n) \end{aligned} \tag{5.12.6}$$

上式中记 $\Psi'(x)=\psi(x)$,等价于 LMS 算法中的误差项 $e(n)$,取不同的 $\Psi(x)$ 或 $\psi(x)$ 构造不同的盲自适应均衡算法。

1. Sato 算法

取误差函数

$$\psi(y(n)) = y(n) - R_1 \operatorname{sgn}(y(n)) \tag{5.12.7}$$

这里

$$R_1 = \frac{E[|s(n)|^2]}{E[|s(n)|]} \tag{5.12.8}$$

得到权更新公式

$$\begin{aligned} \boldsymbol{w}(n+1) &= \boldsymbol{w}(n) - \mu \psi(\boldsymbol{w}^{\mathrm{T}}(n)\boldsymbol{x}(n))\boldsymbol{x}(n) \\ &= \boldsymbol{w}(n) - \mu(y(n) - R_1 \operatorname{sgn}(y(n)))\boldsymbol{x}(n) \end{aligned} \tag{5.12.9}$$

2. Godard 算法

取

$$\Psi_q(y(n)) = \frac{1}{2q}(|y(n)|^q - R_q)^2 \tag{5.12.10}$$

这里

$$R_q = \frac{E[|s(n)|^{2q}]}{E[|s(n)|^q]} \tag{5.12.11}$$

得到权更新公式

$$\begin{aligned} \boldsymbol{w}(n+1) &= \boldsymbol{w}(n) - \mu \psi(\boldsymbol{w}^{\mathrm{T}}(n)\boldsymbol{x}(n))\boldsymbol{x}(n) \\ &= \boldsymbol{w}(n) - \mu(|y(n)|^q - R_q)|y(n)|^{q-2} y(n)\boldsymbol{x}(n) \end{aligned} \tag{5.12.12}$$

Godard 算法是一个更一般化的算法,它将 Sato 算法和 CMA 算法作为特例,注意到,$q=1$ 时,Godard 算法简化成 Sato 算法; $q=2$ 时,Godard 算法变成 CMA 算法。

3. 一般 Bussgang 算法

上述的几个盲均衡算法都归结为 Bussgang 算法的特例。可以用一个不同的思路导出以前的盲均衡算法。假设通信系统传输的信号序列是 $s(n)$，均衡器的输出 $y(n)$，由 $y(n)$ 对 $s(n)$ 进行估计，设估计函数是非线性无记忆估计器 $\hat{s}(n)=g(y(n))$，最优估计器是贝叶斯估计 $\hat{s}(n)=g(y(n))=E\{s(n)|y(n)\}$，也可以采用其他次最优估计器，总之 $g(y(n))$ 是一个非线性无记忆函数，以估计器输出 $\hat{s}(n)=g(y(n))$ 作为期望响应 $d(n)$，带入 LMS 算法中，得到权更新公式。

$$\boldsymbol{w}(n+1)=\boldsymbol{w}(n)-\mu(g(y(n))-y(n))\boldsymbol{x}(n)$$

上式中，取不同的 $g(y(n))$ 得到一类盲均衡算法，例如，取

$$g(y(n))=y(n)(1+R_2-|y(n)|^2)$$

得到 CMA 算法，很容易也可以得到 Sato 和 Godard 算法相应的 $g(y(n))$ 函数形式，有兴趣的读者可作为练习。注意，这类盲均衡算法用图 5.12.8 表示。

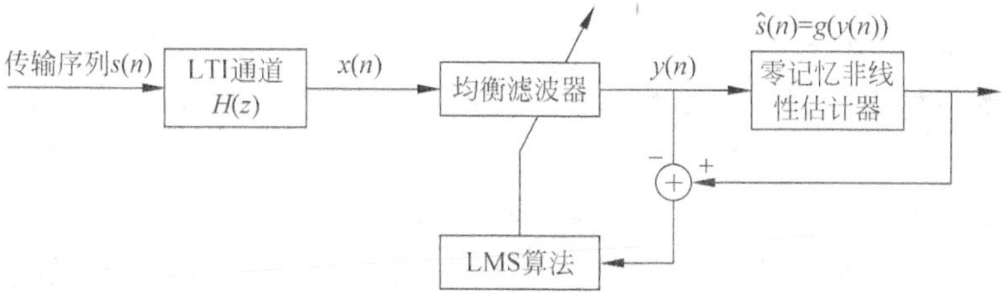

图 5.12.8 由非线性无记忆估计器代替期望响应的盲均衡

可以证明[10]，这类算法近似满足条件

$$E(y(n)y(n-k))=E(g(y(n))y(n-k))$$

如果一个随机过程满足这个条件，称为 Bussgang 过程，因此文献中习惯将这一类算法统称为 Bussgang 算法。

5.12.3 盲反卷算法介绍

盲均衡是盲反卷算法的一个特例。一般的输入信号通过一个线性系统，只可以测量到系统输出，线性系统和输入信号是未知的，仅通过系统输出信号求解系统的输入信号或系统的冲激响应的问题，就称为盲反卷问题。

解盲反卷的方法主要有三类方法，Bussgang 算法、基于高阶统计量(HOS)的算法、基于循环 2 阶统计(SOS)的算法。

Bussgang 算法是一种非线性算法，它的主要思想已通过盲均衡的例子给予介绍，这种算法是一种隐性的高阶统计算法，也就是说，尽管在算法的描述中，没有显示的使用高阶统计量，但隐含地使用了高阶统计的性质。

显式的使用高阶统计的方法，是利用高阶统计的性质构造了求解方程，有关 HOS 的讨论，参考第 7 章。

利用循环 2 阶统计的方法，主要建立在对系统输出信号过采样的基础上，过采样信号满足 2 阶的循环平稳性，所谓循环平稳是指自相关函数满足

$$r_x(t_1,t_2)=E(x(t_1)x^*(t_2))=r_x(t_1+T,t_2+T)$$

有关循环平稳的讨论,参考第 7 章。

关于盲反卷和盲均衡的详细讨论,参考 Ding 的著作[4]。

5.13 小结和进一步阅读

本节主要讨论了线性自适应滤波器的算法原理和一些应用实例,也简要介绍了一种非线性自适应滤波的基本方法。LMS 算法是一种运算有效的自适应滤波算法,通过选择适当的迭代步长,可使 LMS 算法收敛,但 LMS 算法的均方误差收敛不到维纳滤波器给出的最小误差,存在一个额外均方误差项,步长参数的选择可以控制额外均方误差项的大小。RLS 算法的收敛误差更小,不存在额外均方误差项,但是算法的运算复杂性比 LMS 算法要高得多,同时 RLS 算法的数值特性不够好,在定点实现时需要较长的字长才能收敛,因此研究了各种快速的和数值稳定的 RLS 算法。本章重点介绍了利用向量空间投影算子的方法导出的快速格型 RLS 算法和快速横向 RLS 算法,这些算法的运算复杂性比原始 RLS 算法有了明显的降低,也给出了 QR 分解 RLS 算法的简要叙述,其中格型结构和 QR-RLS 都具有良好的数值稳定性。本章也给出了 IIR 结构的自适应滤波器和盲均衡器的一个概要介绍。

由于自适应滤波的广泛应用,有许多关于自适应滤波的专著已出版。Haykin 的著作是一本关于自适应滤波的相当完整和深入的著作,可读性也很强,可参考其第 4 版[10]; Widrow 的著作主要讨论了 LMS 算法[31],该书给出了非常丰富的应用实例的介绍,很有参考价值; Alexander 的著作是关于自适应滤波专题的一个非常简明的读本[1]; 一本专门讨论自适应滤波的较新的著作是 Sayed 的书[21]; Treichler 的著作给出了许多关于自适应滤波实现方面的讨论,对实际工程人员很有参考价值[28]; Liu 的著作是第一本关于核自适应滤波的专著[13]。Slock 的论文给出了一类快速 RLS 算法的介绍[23]; Sayed 等的论文给出了 RLS 算法和一种特殊结构的卡尔曼滤波器之间一一对应的关系,由此导出一类快速 RLS 算法[20],Ding 的著作[4]给出了盲均衡的更详细的讨论。中文著作中,龚耀寰和何振亚的著作对自适应滤波的原理和应用都给出了详尽的讨论 [33]、[34]。

习题

1. 一个随机信号 $x(n)$,他的自相关序列值 $r(0)=1, r(1)=a$,$x(n)$混入了方差为 1/2 的白噪声,设计一个 2 阶 FIR 滤波器,以使输出噪声功率最小。

(1) 求出滤波器系数。

(2) 求输出残余噪声功率。

(3) 求滤波器输入信号自相关矩阵的特征值。

(4) 如果用最陡下降法递推求解滤波器系数,分析 a 取值变化对递推算法收敛性的影响。

2. 一个信号 $x(n)$,它满足一个 AR(1)模型,模型参数 $a_1=-0.8$,驱动白噪声方差为 1,该信号中混入了一个具有随机初相位的正弦噪声 $w(n)=A\cos\left(\frac{\pi}{4}n+\varphi\right)$,$\varphi$ 是在$[0,2\pi]$间均匀分布的随机相位,$A=2$。

a. 求 $x(n)$ 的自相关序列值 $r_x(0), r_x(1)$。

b. 求 $w(n)$ 的自相关序列值 $r_w(0), r_w(1)$。

c. 设计一个有两个系数的 FIR 型维纳滤波器，使滤波器输出中有尽可能低的噪声功率。求滤波器系数和输出中尚存的噪声功率。

d. 设计一个自适应滤波器，用一个两个系数的 FIR 自适应滤波器尽可能消除信号中的噪声，设滤波器采用 LMS 算法，画出自适应滤波器原理框图，写出自适应滤波器的递推公式，求最大允许的迭代步长。

3. 有 2 个黑盒子，已知其中一个内装一个 4 阶全极点线性滤波器，另一个内装一个 5 阶全零点线性滤波器，但滤波器的权系数均被遗忘，设计两个自适应滤波器分别用于估计两个黑盒子的滤波器系数，自适应滤波采用 FIR 结构的 LMS 算法. 分别画出两个估计系统的方框图和两个自适应滤波器的结构图，标出各输入/输出点的信号名称，写出各自适应滤波器的递推公式。

4. 证明式(5.3.62)的公式：$[\boldsymbol{X}(n)\boldsymbol{X}^{\mathrm{T}}(n)+\delta\boldsymbol{I}]^{-1}\boldsymbol{X}(n)=\boldsymbol{X}(n)[\boldsymbol{X}^{\mathrm{T}}(n)\boldsymbol{X}(n)+\delta\boldsymbol{I}]^{-1}$（提示，利用矩阵逆引理，见附录 A）。

5. 证明式(5.6.47)：$z^{-1}\boldsymbol{e}_m^b(n)=P_{1,m}^{\perp}(n)z^{-m-1}\boldsymbol{x}(n)$。

*6. 考虑一个线性自适应均衡器的原理框图如题图 5.1 所示。随机数据产生器产生双极性的随机序列 $x[n]$，它随机地取±1。随机信号通过一个信道传输，信道性质可由一个三系数 FIR 滤波器刻画，滤波器系数分别是 0.3，0.9，0.3。在信道输出加入方差为 σ^2 的高斯白噪声。设计一个有 11 个权系数的 FIR 结构的自适应均衡器，令均衡器的期望响应为 $x[n-7]$。选择几个合理的白噪声方差值 σ^2（相当于针对不同信噪比），进行实验。

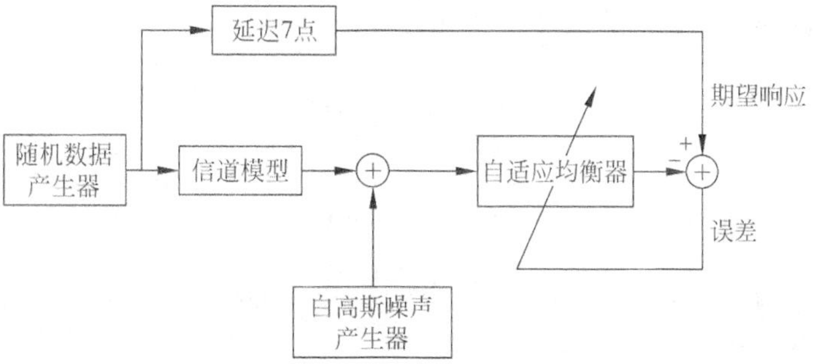

题图 5.1 自适应均衡器应用示意图

(1) 用 LMS 算法实现这个自适应均衡器，画出一次实验的误差平方的收敛曲线，给出最后设计的滤波器系数。一次实验的训练序列长度为 500。进行 20 次独立实验，画出误差平方的平均收敛曲线。给出不同的 3 个步长值的比较。

(2) 用 RLS 算法进行(1)的实验，并比较(1)(2)的结果。

*7. 在上题中，如果针对复信号和复系统，重做此题。随机数据产生器产生双极性的随机序列$\{x_R[n], x_I[n]\}(x_R[n]+\mathrm{j}x_I[n])$，它随机地取$\{\pm1,\pm1\}$。随机信号通过一个信道传输，信道性质可由一个三系数 FIR 滤波器刻画，滤波器系数分别是 0.3+0.35j，0.9+0.8j，0.3+0.35j。在信道输出加入方差为 σ^2 的复高斯白噪声。设计一个有 11 个权系数（复系数）的 FIR 结构的自适应均衡器，令均衡器的期望响应为$\{x_R[n-7], x_I[n-7]\}$。选择几个

合理的白噪声方差值 σ^2(相当于针对不同信噪比,建议实验 20dB 和 30dB),进行实验。

(1) 用 LMS 算法实现这个自适应均衡器,画出一次实验的误差平方的收敛曲线,给出最后设计的滤波器系数。一次实验的训练序列长度为 500。进行 20 次独立实验,画出误差平方的平均收敛曲线。给出不同的 3 个步长值的比较。

(2) 用 RLS 算法进行(1)的实验,并比较(1)(2)的结果。

*8. 用自适应滤波器实现模型参数的辨识。设有两个信号模型,均是 4 阶 AR 过程,模型参数为

	$a(1)$	$a(2)$	$a(3)$	$a(4)$	σ^2
信号源 1	−1.352	1.338	−0.662	0.240	1
信号源 2	−2.760	3.809	−2.654	0.924	1

设计一个自适应线性前向预测器用于对 AR 模型的辨识。

(1) 用 LMS 算法实现这个功能,画出随时间序号的各参数的变化曲线和误差收敛曲线。

(2) 用 RLS 算法实现同样的功能,比较两个算法的收敛特性。

(3) 设计一个非平稳环境,研究 LMS 算法对非平稳环境的跟踪。这个非平稳环境是:在前 500 个时刻,信号模型用第一组参数,在第 500 个点时,信号参数突然切变到第二组参数。研究 LMS 算法的跟踪能力。

(4) 用 RLS 算法重新做(3)。

9. 第 6 题中,假设接收端不存在训练序列,用 CMA 盲均衡算法,重作此题,并比较盲和非盲算法的收敛性能,包括收敛速度、最终误差。

参考文献

[1] Alexander S T. Adaptive Signal Processing: Theory and applications [M]. Berlin: Springer-Verlag. 1986.

[2] Chen YL. Gu YT and Hero III A O. SPARSE LMS FOR SYSTEM IDENTIFICATION[J]. ICASSP 2009. 3125-28.

[3] Cioffi J M. Kailath T. Fast. recursive-squares Transversal filters for adaptive filtering[J]. IEEE Trans on ASSP. 1984. 32: p304-337.

[4] Ding Z. Li G. Single channel blind equalization for GSM cellular systems[J]. IEEE J. Selected areas Communication. 1998. 16: 1493-1505.

[5] Ding Zhi. Li Ye. Blind Equalization and Identification[M]. New York: Marcel Dekker. Inc. 2001.

[6] Gersho A. Adaptive filtering with binary reinforcement[J]. IEEE Trans. On Information Theory. 1984. 30(3): 191-199.

[7] Godard D N. self-recovering equalization and carrier tracking in two-dimensional data communication systems[J]. IEEE Trans. On Communications. 1980. 28(11): 1867-1875.

[8] Harris. R W. Chabries D M. A variable step (VS) adaptive filter algorithm[J]. IEEE Trans. On Acoust.. Speech. Sig. Proc. 1986. 34(2): 309-316.

[9] Hayes M. H. Statistical Digital Signal Processing and Modeling[M]. New York: John Wiley & Sons. Inc. 1996.

[10] Haykin S. Adaptive Filter Theory[M]. Fourth Edition. New Jersey: Prentice Hall. 2002.
[11] Johnson C R. Schniter P. Blind Equalization using the constant modulus criterion: A review[J]. Proc. IEEE. 1998. 86(10): 1927-1950.
[12] Liu W. Pokharel P and Principe J C. The Kernel Least Mean Square algorithm[J]. IEEE Trans. Signal Processing. 2008. 56(2): 543-554.
[13] Liu W. Principe J C and Haykin S. Kernel Adaptive Filtering[M]. New Jersey: Wiley. 2010.
[14] Merched R. Sayed A. H. Order-Recursive RLS Laguerre Adaptive filtering[J]. IEEE Trans. Signal Processing. 2000. 48(11): 3000-3010.
[15] Paulraj A. J. Papadias C. B. Space-time processing for wireless communications[J]. IEEE Signal Processing Mag. 1997. 14(6): 49-83.
[16] Proakis J. G. 数字通信[M]. 4 版. 张力军等译. 北京: 电子工业出版社. 2003.
[17] Proakis J. Digital Signal Processing: Principles. Algorithm. and Application[M]. Fourth Edition. New Jersey: Prentice Hall. 2007.
[18] Proakis J. Algorithm for Statistical Signal Processing[M]. New Jersey: Prentice Hall. 2002.
[19] Sato Y. A method of self-recovering equalization for multi-level amplitude modulation[J]. IEEE Trans. On Communications. 1975. 23(6): 679-682.
[20] Sayed. A. H. Kailath. T. A state-space approach to adaptive RLS filtering[J]. IEEE SP Mag 1994. 11: 18-60.
[21] Sayed A. H. Adaptive Filters[M]. New Jersey: Wiley-Interscience. 2008.
[22] Shynk J. Adaptive IIR filtering[J]. IEEE ASSP Magazine. 1989. 6(4): 4-21.
[23] Slock D. T. Kailath T. Numerically Stable Fast Transversal Filters for Recursive Least Squares Adaptive Filtering[J]. IEEE Trans. Signal Processing. 1991. 39(1): 92-114.
[24] Tanaka M. Makino S. and Kojima J. A Block Exact Fast Affine Projection Algorithm[J]. IEEE Trans. on Speech and Audio Processing. 1999. 7: 79-86.
[25] Tong L. Xu G. and Kailath T. Blind channel identification and equalization based on second-order statistics: a time domain approach[J]. IEEE Trans. On Information Theory. 1994. 40(3): 340-349.
[26] Treichler. J. R. Agee. M. G. A new approach to multi-path correction of constant modulus signals [J]. IEEE Trans. On ASSP. 1983. 31(4): 349-472.
[27] Trichler J. R. Johnson C. R. Blind fractionally spaced equalization of digital cable TV[C]. Proceeding of 8th IEEE Workshop Statistical Signal Processing. 1996. 122-230.
[28] Treichler J R. Johnson C. R. and Larmore M. G. Theory and Design of Adaptive Filters[M]. New Jersey: Prentice-Hall. 2001.
[29] Widrow B. Glover J. R. Adaptive Noise Cancelling: principles and applications[J]. Proc. IEEE. 1975. 63(12): 1692-1716.
[30] Widrow B. Mccool J. M. Stationary and nonstationary learning characteristics of LMS adaptive filter [J]. Proc. IEEE. 1976. 64(8): 1151-1162.
[31] Widrow B. Stearns S. Adaptive Signal Processing[M]. New Jersey: Prentice-Hall. 1985.
[32] 曹志刚. 钱亚生. 现代通信原理[M]. 北京: 清华大学出版社, 1992.
[33] 龚耀寰. 自适应滤波[M]. 2 版. 北京: 电子工业出版社, 2003.
[34] 何振亚. 自适应信号处理[M]. 北京: 科学出版社, 2002.
[35] 孙守宇. 盲信号处理算法研究及其在短波数字通信中的应用[D]. 北京: 清华大学电子工程系博士学位论文, 2003.

第6章

功率谱估计

在第1章介绍了可以用一个模型来描述一个随机信号。最常用的模型有两类，一是线性系统模型，如ARMA、AR和MA模型，它们刻画一个由白噪声驱动的线性有理分式系统产生的随机信号。另一类是复正弦模型，它们刻画的是被噪声污染的复正弦信号。用模型法进行谱估计的方法称为现代谱估计方法，主要区别于周期图法等经典谱估计方法。

经典的周期图谱估计存在两个明显的问题，第一，谱估计的分辨率与记录数据长度成正比，对于较短的记录数据，无法得到高分辨的谱估计。第二，基本的周期图谱估计方法不是一致估计，在记录数据趋于无穷时，估计的方差并不趋于零，因此不是可靠的估计。为了改善周期图的可靠性问题，进行了平均化处理，例如平均周期图。平均周期图改善了估计的方差性能，但同时降低了分辨率，除非有长的记录数据，否则周期图法很难在分辨率和可靠性方面都取得满意的结果。因为有限带宽信号在时域是无限的，用有限的数据记录进行经典谱分析，意味着对加窗后的序列做傅里叶变换，截取有限长数据，就相当加矩形窗的操作，可以选择其他窗函数以改善分析性能，但加窗是必然的操作。时域加窗对应的乘运算，带来频域的卷积。由于窗函数的傅里叶变换一般是一个光滑地集中在零频率附近的窄带函数，频域卷积的结果是对原始信号频谱的平滑，降低了它的频率分辨率。由于窗函数的频谱的主瓣宽度与窗长度成反比，使得谱估计的分辨率与窗长度成正比。

现代谱估计的方法不是直接地进行功率谱的计算，而是假设随机信号服从一个模型，通过有限的数据记录，对信号模型的参数进行估计，通过模型参数得到信号的功率谱。例如假设一个信号服从p阶AR模型，从记录的数据估计AR模型的参数，得到AR模型参数以后，代入AR模型功率谱的表达式，可以绘制出具有任意光滑性的功率谱密度图，也可以按任意精度得到它的峰值点的位置。当然，由于对模型参数的估计存在误差，由于测量噪声的影响，限制了模型法功率谱密度图能够达到的分辨率。理论上证明，AR模型的参数估计存在一致估计，并且是渐进无偏的，这说明，如果一个信号符合AR模型的假设，随着记录数据的增加，可以得到一个可信的功率谱估计。对于另一种常用随机信号模型：复正弦信号模型，通过分析其自相关矩阵特征空间的正交性质，得到对频率估计的有效方法。

本章首先简要介绍经典谱估计的基本结论，然后分别讨论基于线性系统模型和复正弦模型的功率谱估计方法，最后说明复正弦模型的特征空间方法也是线性阵列方向估计(DOA)的基础。

6.1 经典谱估计方法

本节讨论建立在傅里叶变换基础上的经典谱估计方法，这类方法用于平稳随机信号的功率谱估计时，对信号没有任何先验假设，方法简单、适应性强，但也存在显著的缺点。

6.1.1 周期图方法

第1章给出了功率谱密度的一个等价定义是

$$S(f)=\lim_{M\to\infty}E\left\{\frac{1}{2M+1}\left|\sum_{n=-M}^{M}x(n)\mathrm{e}^{-\mathrm{j}2\pi fn}\right|^2\right\} \tag{6.1.1}$$

在如上公式中，将取期望运算应用于求和项中，再通过极限运算，就得到维纳-欣钦（Wiener-Khinchin）定理的表达式：功率谱是自相关序列的离散时间傅里叶变换。

在只有观测数据集$\{x(0),x(1),\cdots,x(N-1)\}$的情况下，式(6.1.1)的一个最简单的估计式为

$$\hat{S}_{per}(f)=\frac{1}{N}\left|\sum_{n=0}^{N-1}x(n)\mathrm{e}^{-\mathrm{j}2\pi fn}\right|^2 \tag{6.1.2}$$

这就是周期图的定义。它是经典谱估计的基本公式。若以$\omega=2\pi f$为自变量，也可将周期图估计写为$\hat{S}_{per}(\omega)$。

尽管平稳随机信号的功率谱密度是确定量，但由于$x(n)$是随机信号，如第2章所述，由其有限样本估计的量$\hat{S}_{per}(f)$却是随机量，为了评价估计的性能，需要计算周期图谱估计的均值和方差。

1. 估计器均值

对式(6.1.2)两边取期望值得到周期图谱估计器的均值表示为

$$\begin{aligned}E\{\hat{S}_{per}(f)\}&=\frac{1}{N}E\left\{\sum_{n=0}^{N-1}x(n)\mathrm{e}^{-\mathrm{j}2\pi fn}\sum_{m=0}^{N-1}x^*(m)\mathrm{e}^{\mathrm{j}2\pi fm}\right\}\\&=\frac{1}{N}\sum_{n=0}^{N-1}\sum_{m=0}^{N-1}E\{x(n)x^*(m)\}\mathrm{e}^{-\mathrm{j}2\pi f(n-m)}\\&=\frac{1}{N}\sum_{n=0}^{N-1}\sum_{m=0}^{N-1}r_x(n-m)\mathrm{e}^{-\mathrm{j}2\pi f(n-m)}\\&=\frac{1}{N}\sum_{k=-N-1}^{N-1}(N-|k|)r_x(k)\mathrm{e}^{-\mathrm{j}2\pi fk}\\&=\sum_{k=-N-1}^{N-1}\left(1-\frac{|k|}{N}\right)r_x(k)\mathrm{e}^{-\mathrm{j}2\pi fk}\\&=\int_{-1/2}^{1/2}W_B(f-\lambda)S(\lambda)\mathrm{d}\lambda\end{aligned} \tag{6.1.3}$$

注意，式(6.1.3)中从第3行到第4行时，若令$k=n-m$，则求和中，$k=0$的项共有N项，$k=\pm1$的项各有$N-1$项，依次类推，可将两重求和变成第4行的一重求和。在式(6.1.3)的最后一行，$W_B(f)$是对称三角窗（也称Bartlett窗）的DTFT，Bartlett窗时域和频域表示

分别为

$$w_b(n)=\begin{cases}1-\dfrac{|n|}{N}, & |n|\leqslant N-1\\ 0, & |n|\geqslant N\end{cases}\tag{6.1.4}$$

$$W_B(f)=\frac{1}{N}\left(\frac{\sin(\pi fN)}{\sin(\pi f)}\right)^2\tag{6.1.5}$$

因此式(6.1.3)的最后一行用了时域相乘等于变换域卷积的性质。由窗函数的性质，当$N\to\infty$时，$W_B(f)\to\delta(f)$，故

$$\lim_{N\to\infty}E\{\hat{S}_{per}(f)\}=S(f)\tag{6.1.6}$$

这里，$S(f)$表示信号的真实功率谱。也就是说，周期图谱估计器是有偏的，但是渐进无偏的。

2. 估计器的方差

为了计算周期图估计的方差，将周期图估计表示为

$$\begin{aligned}\hat{S}_{per}(f)&=\frac{1}{N}\left|\sum_{n=0}^{N-1}x(n)e^{-j2\pi fn}\right|^2=\frac{1}{N}\sum_{n=0}^{N-1}x(n)e^{-j2\pi fn}\sum_{k=0}^{N-1}x^*(k)e^{j2\pi fk}\\&=\frac{1}{N}\sum_{n=0}^{N-1}\sum_{l=0}^{N-1}x(n)x^*(l)e^{-j2\pi f(n-l)}\end{aligned}$$

为了求得估计的方差，首先计算周期图估计的2阶矩，即

$$\begin{aligned}&E\{\hat{S}_{per}(2\pi f_1)\hat{S}_{per}(2\pi f_2)\}\\&=\frac{1}{N^2}\sum_{n=0}^{N-1}\sum_{l=0}^{N-1}\sum_{m=0}^{N-1}\sum_{k=0}^{N-1}E\{x(n)x^*(l)x(m)x^*(k)\}e^{-j2\pi f_1(n-l)}e^{-j2\pi f_2(m-k)}\end{aligned}\tag{6.1.7}$$

式(6.1.7)中出现$x(n)$的4阶矩，对于一般信号而言，进一步推导很困难，为了得到周期图估计方差性能的解析表达式，首先做三个简化假设：

(1) 假设信号$x(n)$是服从高斯分布的；

(2) 信号$x(n)$是白噪声，即其$r_x(k)=\sigma_x^2\delta(k)$，$S(f)=\sigma_x^2$；

(3) N充分大，$E\{\hat{S}_{per}(f)\}\approx S(f)$。

第1章曾讨论过复数高斯随机信号高阶矩的分解，为方便重写如下

$$\begin{aligned}&E\{x(n)x^*(l)x(m)x^*(k)\}\\&=E\{x(n)x^*(l)\}E\{x(m)x^*(k)\}+E\{x(n)x^*(k)\}E\{x(m)x^*(l)\}\end{aligned}\tag{6.1.8}$$

将式(6.1.8)代入式(6.1.7)，并利用$r_x(k)=\sigma_x^2\delta(k)$得

$$\begin{aligned}E\{\hat{S}_{per}(f_1)\hat{S}_{per}(f_2)\}&=\frac{1}{N^2}\sum_{n=0}^{N-1}\sum_{m=0}^{N-1}\sigma_x^4+\frac{1}{N^2}\sum_{n=0}^{N-1}\sum_{l=0}^{N-1}\sigma_x^4e^{-j2\pi f_1(n-l)}e^{j2\pi f_2(n-l)}\\&=\sigma_x^4+\frac{\sigma_x^4}{N^2}\sum_{n=0}^{N-1}e^{-j2\pi(f_1-f_2)n}\sum_{l=0}^{N-1}e^{j2\pi(f_1-f_2)l}\\&=\sigma_x^4\left(1+\left[\frac{\sin\pi N(f_1-f_2)}{N\sin\pi(f_1-f_2)}\right]^2\right)\end{aligned}$$

利用N充分大的假设(即$E\{\hat{S}_{per}(f)\}\approx S(f)$)，得到周期图谱估计的协方差为

$$\operatorname{cov}\{\hat{S}_{per}(f_1)\hat{S}_{per}(f_2)\}=E\{\hat{S}_{per}(f_1)\hat{S}_{per}(f_2)\}-E\{\hat{S}_{per}(f_1)\}E\{\hat{S}_{per}(f_2)\}$$
$$\approx\sigma_x^4\left[\frac{\sin\pi N(f_1-f_2)}{N\sin\pi(f_1-f_2)}\right]^2 \tag{6.1.9}$$

式(6. 1.9)中,令 $f_1=f_2$,得到信号为高斯白噪声情况下,周期图谱估计的方差为

$$\operatorname{var}\{\hat{S}_{per}(f)\}=\sigma_x^4=S^2(f) \tag{6.1.10}$$

式(6.1.10)是对复信号给出的结果,如果是实信号,如第1章所述,与式(6.1.8)对应的4阶矩分解公式由3项求和组成,证明过程留作习题,实信号情况下周期图谱估计器的方差表达式近似为

$$\operatorname{var}\{\hat{S}_{per}(f)\}\approx S^2(f)\left[1+\left(\frac{\sin(2\pi Nf)}{N\sin(2\pi f)}\right)^2\right] \tag{6.1.11}$$

对于频率 $f\neq 0,\pm 1/2$,和较大的 N 值,方差近似为

$$\operatorname{var}\{\hat{S}_{per}(f)\}\approx S^2(f) \tag{6.1.12}$$

式(6.1.12)与式(6.1.10)相等。

式(6.1.10)给出了信号为高斯白噪声情况下周期图谱估计的方差,如将信号放宽到高斯非白噪声的情况,可以将信号看作是高斯白噪声通过一个LTI系统所产生,即高斯白噪声 $v(n)$ 激励一个频率响应为 $H(\mathrm{e}^{\mathrm{j}2\pi f})$ 的系统,产生一般高斯信号 $x(n)$,则 $x(n)$ 功率谱为

$$S(f)=|H(\mathrm{e}^{\mathrm{j}2\pi f})|^2\sigma_v^2$$

可以证明(留作习题),若样本数 N 充分大,则对 $x(n)$ 的周期图谱估计的方差近似为

$$\operatorname{var}\{\hat{S}_{per}(f)\}\approx|H(\mathrm{e}^{\mathrm{j}2\pi f})|^4\sigma_v^4=S^2(f)$$

这个结果也与式(6.1.10)一致。这是令人失望的结果,周期图谱估计器的方差不随记录数据长度 N 减小,而是趋于常数,因此它不是功率谱的一致估计。

3. 加窗周期图

从理论上讲,离散时间信号处理方法能够准确分析的信号是有限带宽的(采样定理的要求),而有限带宽信号在时域是无限长的。因此,只取有限一段数据进行傅里叶变换,相当于对原信号做了加窗运算,原始周期图采用的是矩形窗函数。时域加窗等价于频域卷积,而频域卷积实际上是对原信号功率谱的平滑运算。一个矩形窗函数的幅度谱如图6.1.1所示[14],是一个窄带的光滑函数,卷积的结果是由此光滑函数对原信号频谱进行平滑。对于

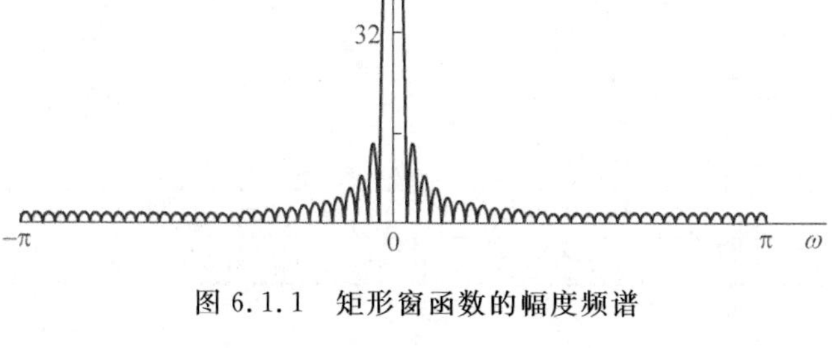

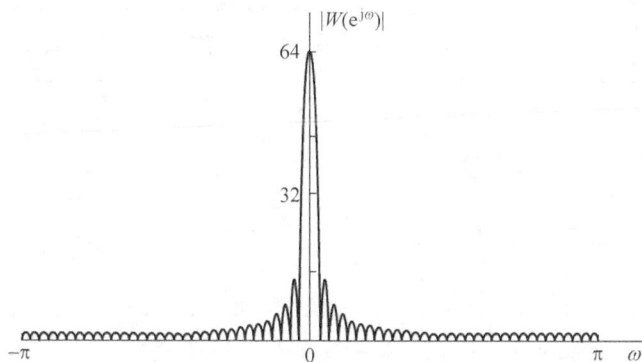

图6.1.1　矩形窗函数的幅度频谱

适当的 N 值，这种平滑作用，对于信号频谱中的连续变化部分影响不大，但对于原信号中的一些独立的正弦分量的影响是明显的。理论上正弦信号的频谱是频域的冲激函数，是无穷细的线谱，但是，卷积的结果，却使得加窗的正弦信号的频谱变成窗函数频谱的形状，如图 6.1.1 那样有一定宽度、存在若干旁瓣的光滑脉冲，当信号中包含两个以上正弦信号，且频率非常接近时，叠加的结果，两个正弦信号可能不可分辨。

定义谱估计的分辨率为可以分辨的两个正弦信号的最小(角)频率差，用 $\Delta\omega$ 或 Δf 表示，$\Delta\omega$ 越小，分辨率越高。如果采用矩形窗，矩形窗幅度谱的主瓣宽度(原点两侧两个过零点之间距离，用角频率为单位)为 $4\pi/N$，如果两个正弦信号的角频率之差大于主瓣宽度，肯定是可分辨的，但主瓣宽度较大。实践证明，如果两个正弦信号角频率之差大于窗函数幅度谱的 3dB 带宽时，是可以分辨的，因此以窗函数幅度谱的 3dB 带宽作为周期图谱分析的分辨率度量。

矩形窗是所有窗函数中频率分辨率最高的，但是它的旁瓣电平也是最高的，从图 6.1.1 中可以看出，主瓣两侧的第一个旁瓣，大约是主瓣的 1/5，严格讲，仅比主瓣低 13dB。矩形窗比较大的旁瓣值，使得很难区分一个极值点是小信号的主瓣，还是一个大幅度信号的旁瓣。在实际应用中，幅度相差 10 倍或 100 倍量级的多个正弦分量共存在一个信号中是可能的，用矩形窗难以区分。通过选择一些光滑的窗函数，可以降低谱估计的旁瓣的能量，表 6.1.1 和表 6.1.2 列出了一些常见的窗函数及其参数，注意在表 6.1.2 中，已将各种窗函数幅度谱的主瓣归一化，列出了最大旁瓣电平的值，表 6.1.2 中的频率分辨率和主瓣带宽都是用角频率单位表示的。不管采用那种窗函数，周期图估计器能够分辨出的频率间隔总为 $O(1/N)$ 量级。在实际中，旁瓣电平小的窗，频率分辨率一般会更低，需要根据应用环境折中地选择这些窗函数。

表 6.1.1 常用窗函数及其表达式

窗 函 数	表 达 式
矩形窗	$w(n)=1,0\leqslant n<N$
三角窗 (Bartlett)	$w(n)=\begin{cases}2n/(N-1), & 0\leqslant n\leqslant (N-1)/2\\ 2-2n/(N-1), & (N-1)/2\leqslant n<N\end{cases}$
汉宁窗 (Hanning)	$w(n)=\frac{1}{2}\left[1-\cos\left(\frac{2\pi n}{N-1}\right)\right],0\leqslant n<N$
哈明窗 (Hamming)	$w(n)=0.54-0.46\cos\left(\frac{2\pi n}{N-1}\right),0\leqslant n<N$
布莱克曼窗 (Blackman)	$w(n)=0.42-0.5\cos\left(\frac{2\pi n}{N-1}\right)+0.08\cos\left(\frac{4\pi n}{N-1}\right),0\leqslant n<N$

表 6.1.2 常用窗函数及其参数

窗 函 数	主 瓣 宽 度	频率分辨率	最大旁瓣电平
矩形窗	$4\pi/N$	$0.86\times 2\pi/N$	−13dB
三角窗	$8\pi/N$	$1.28\times 2\pi/N$	−25dB
汉宁窗	$8\pi/N$	$1.44\times 2\pi/N$	−31dB
哈明窗	$8\pi/N$	$1.3\times 2\pi/N$	−41dB
布莱克曼窗	$12\pi/N$	$1.68\times 2\pi/N$	−57dB

当窗函数选定后，功率谱的加窗周期图估计器写为

$$\hat{S}_{per}(f)=\frac{1}{N\beta}\left|\sum_{n=0}^{N-1}x(n)w(n)\mathrm{e}^{-\mathrm{j}2\pi fn}\right|^2 \tag{6.1.13}$$

式(6.1.13)中参数 β 为

$$\beta=\frac{1}{N}\sum_{n=0}^{N-1}|w(n)|^2 \tag{6.1.14}$$

β 是任意窗的能量与矩形窗能量之比，为的是保持加窗周期图的渐近无偏性。

4. 周期图的计算

周期图方法在应用中，如果只需要画出在离散频率点 $f_k=k/N$，(或 $\omega_k=2\pi k/N$)上的谱图，这通过下式计算

$$\hat{S}_{per}(f_k)=\frac{1}{N\beta}\left|\sum_{n=0}^{N-1}w(n)x(n)\mathrm{e}^{-\mathrm{j}2\pi kn/N}\right|^2 \tag{6.1.15}$$

式(6.1.15)的取模运算内部是 DFT 的标准定义，可通过 FFT(快速傅里叶变换)进行高效计算。如果希望得到在更密集的 $f_k=k/N'$，$(\omega_k=2\pi k/N')$，$N'>N$ 频率点上的功率谱图形，可以通过给观测数据尾部补零得到更细致的图，令

$$x'(n)=\begin{cases}w(n)x(n) & n=0,1,\cdots,N-1\\ 0 & n=N,N+1,\cdots,N'-1\end{cases}$$

对 $x'(n)$ 做 N' 点 FFT，然后再取模的平方。注意，尾部补零的方式可以增加谱图的细致度，但不能改善谱估计的分辨率，谱估计的分辨率是由观测数据长度 N 确定的。

6.1.2 改进周期图

为了提高周期图估计器的可信度，一种改进是采用平均周期图法，将长度为 N 的观测数据，截断成 K 段，每一段长度为 L，分别计算每一段的周期图，最后进行平均得到平均周期图估计器，数学表达式如下：

$$\hat{S}_{per}^{(m)}(f)=\frac{1}{L}\left|\sum_{n=0}^{L-1}x_m(n)\mathrm{e}^{-\mathrm{j}2\pi fn}\right|^2 \tag{6.1.16}$$

$$\hat{S}_{avper}(f)=\frac{1}{K}\sum_{m=0}^{K-1}\hat{S}_{per}^{(m)}(f) \tag{6.1.17}$$

如果各段数据近似是不相关的，显然，估计器的方差为

$$\mathrm{var}\{\hat{S}_{avper}(f)\}\approx\frac{1}{K}\mathrm{var}(\hat{S}_{per}^{(m)}(f))\approx\frac{1}{K}S^2(f) \tag{6.1.18}$$

随着分段数目的增加而下降。但注意，平均周期图估计器能够分辨出的频率间隔也变成 $O(1/L)$，显然频率分辨率下降了。

根据分段方式和是否段内加窗等具体操作方式的不同，改进周期图有不同的具体实现方法。

1. Bartlett 方法

实际上，最常用的数据分段方法是不重叠地将数据分成等长的 K 段，$N=KL$，分割关系是

$$x_m(n) = x(n+mL), \quad n = 0,1,\cdots,L-1; \quad m = 0,1,\cdots,K-1 \tag{6.1.19}$$

按式(6.1.19)的分段是平均周期图法的最直接实现，称为 Bartlett 方法，即平均周期图公式可写为

$$\hat{S}_B(f) = \frac{1}{N}\sum_{m=0}^{K-1}\left|\sum_{n=0}^{L-1}x(n+mL)\mathrm{e}^{-\mathrm{j}2\pi fn}\right|^2 \tag{6.1.20}$$

尽管各段不是严格不相关的，但这种无重叠的分段可使得各段的相关性较小，可近似用式(6.1.18)估计其方差，若 N 充分大，在选择 L 满足分辨率要求的条件下，K 仍然很大，则 Bartlett 方法趋于一致估计。

2. Welch 方法

Welch 建议的方法是对 Bartlett 方法的改进，有两方面的改进，一是相邻两段可以重叠，二是对每一段可使用任意窗函数，前者可以增加段数(即相同 L 的条件下，K 增加)，后者可以减少旁瓣，因此 Welch 是一个更实用化的平均周期图方法。

Welch 方法的信号分段表示为

$$x_m(n) = x(n+mD), \quad n = 0,1,\cdots,L-1, \quad m = 0,1,\cdots,K-1 \tag{6.1.21}$$

这里 $D \leqslant L$，即相邻两段之间重叠 $L-D$，信号总长度和段数之间关系为

$$N = L + D(K-1)$$

给定 N，根据频率分辨率要求确定 L，则段数为

$$K = \frac{N-L}{D} + 1$$

实际中，常取 $D=L/2$，即 50%重叠，这时段数为

$$K = 2\frac{N}{L} - 1 \tag{6.1.22}$$

每段数据可加窗，即

$$\hat{S}_W^{(m)}(f) = \frac{1}{L\beta}\left|\sum_{n=0}^{L-1}x(n+mD)w(n)\mathrm{e}^{-\mathrm{j}2\pi fn}\right|^2 \tag{6.1.23}$$

$$\hat{S}_W(f) = \frac{1}{K}\sum_{m=0}^{K-1}\hat{S}_W^{(m)}(f) \tag{6.1.24}$$

在 N 和 K 充分大，且 50%重叠条件下，Welch 给出了其方法方差性能的近似结果为

$$\mathrm{var}\{\hat{S}_W(f)\} \approx \frac{9}{8K}S^2(f) \approx \frac{9}{16}\frac{L}{N}S^2(f) \approx \frac{9}{16}\mathrm{var}\{\hat{S}_B(f)\} \tag{6.1.25}$$

式(6.1.25)说明，在等分辨率(L 相等)的情况下，Welch 方法的方差减小为 Bartlett 方法的 9/16。

6.1.3 Blackman-Tukey 方法

另一类经典谱估计的方法是 Blackman-Tukey(BT)方法，它是对维纳-欣钦定理的加窗实现，通过观测的 N 个数据，用 2.1 节所给出的公式，可以估计自相关序列的如下值

$$\hat{r}_x(l) = \begin{cases} \dfrac{1}{N}\displaystyle\sum_{n=0}^{N-l-1}x(n+l)x^*(n), & 0 \leqslant l \leqslant N-1 \\ \hat{r}_x^*(-l), & -(N-1) \leqslant l < 0 \\ 0, & |l| \geqslant N \end{cases} \tag{6.1.26}$$

由于估计的自相关序列在序号较大时是不可靠的，通过加窗只取其中一部分用于谱估计，以改善谱估计的可靠性。由于自相关序列是双向序列，窗函数是以坐标纵轴对称的，即窗函数的定义满足如下条件：

$$0 \leqslant w(k) \leqslant w(0) = 1$$
$$w(-k) = w(k)$$
$$|k| > M, \quad w(k) = 0$$

这个对称窗可通过表 6.1.1 的延迟窗左移得到。这个窗实际只保留 $|k| \leqslant M$ 的那些自相关值，从工程经验看一般常取 $M \leqslant N/5$。定义 BT 功率谱估计器为

$$\hat{S}_{BT}(f) = \sum_{k=-M}^{M} w(k)\hat{r}_x(k)\mathrm{e}^{-\mathrm{j}2\pi fk} \tag{6.1.27}$$

可以证明，在取 $M=N-1$，窗函数为对称的矩形窗时，BT 谱估计等于周期图谱估计。BT 估计器能够分辨出的频率间隔为 $O(1/M)$。可以证明，BT 估计器的均值为

$$E\{\hat{S}_{BT}(f)\} \approx \int_{-1/2}^{1/2} W(f-\lambda)S(\lambda)\mathrm{d}\lambda \tag{6.1.28}$$

在通过一些简化假设后，可以证明 BT 估计器的方差近似表示为

$$\mathrm{var}\{\hat{S}_{BT}(f)\} \approx \frac{1}{N}S^2(f)\sum_{k=-M}^{M} w^2(k) \tag{6.1.29}$$

例如，如果取 Bartlett 窗和 $M=N/5$，得到

$$\mathrm{var}\{\hat{S}_{BT}(f)\} \approx \frac{2M}{3N}S^2(f) = \frac{1}{7.5}S^2(f)$$

与周期图相比，在降低了谱分辨率情况下，也降低了估计器的方差。

6.2　AR 模型法谱估计

假设一个随机过程可以由 AR(p)模型刻画，即

$$x(n) = -\sum_{k=1}^{p} a^*(k)x(n-k) + v(n) \tag{6.2.1}$$

它的功率谱为

$$S_{\mathrm{AR}}(f) = \frac{\sigma_v^2}{|1 + a^*(1)\mathrm{e}^{-\mathrm{j}2\pi f} + \cdots + a^*(p)\mathrm{e}^{-\mathrm{j}2\pi fp}|^2} \tag{6.2.2}$$

这里 $\sigma_v^2 = E[|v(n)|^2]$。

给出一组观测数据 $\{x(0), x(1), \cdots, x(N-1)\}$，如果通过一种估计方法求得参数集 $\{\hat{a}(1), \hat{a}(2), \cdots, \hat{a}(p), \hat{\sigma}_v^2\}$，那么估计的功率谱密度(PSD)为

$$\hat{S}_{\mathrm{AR}}(f) = \frac{\hat{\sigma}_v^2}{\left|1 + \sum_{k=1}^{p} \hat{a}^*(k)\mathrm{e}^{-\mathrm{j}2\pi fk}\right|^2} \tag{6.2.3}$$

在现代功率谱估计的历史中，Burg 提出的最大熵方法产生了很大的影响，刺激了现代谱估计方法的发展，另外，建立在信息理论基础上的"信息最优"准则，在现代信号处理中，也产生了重要的影响。尽管人们后来认识到最大熵谱估计方法和模型法(AR、ARMA)的等价性，后期的研究更多地集中在模型法上，但是了解最大熵的概念以及与模型法的等价性仍

是有益的。下面首先简要分析 AR 模型方法和最大熵谱估计方法的等价性，然后讨论几种实际的 AR 模型功率谱估计方法。

6.2.1 最大熵谱估计

最大熵谱估计(MESE)的思想是，假设已知(或可以估计出)一个信号的部分自相关序列$\{r_x(0), r_x(1), \cdots, r_x(p)\}$，为了确定 PSD，但又不采用加窗处理，希望用外推方法获得$r_x(p+1), r_x(p+2), \cdots$的值。有无穷多种外推方法，Burg 提出的一种外推的原则是使信号的熵最大，即信号具有最大不确定性。

对于高斯过程，可以得到封闭的表达式。高斯过程的熵可以由 PSD 表达为

$$C_1 + C_2 \int_{-\frac{1}{2}}^{\frac{1}{2}} \ln S_{xx}(f) \mathrm{d}f \tag{6.2.4}$$

式(6.2.4)是熵表达式，C_1，C_2 是常数，对优化问题无关紧要。目标是求 $r_x(p+1)$，$r_x(p+2)$，…的值，使得式(6.2.4)的熵达到最大，但由于已知 $p+1$ 个自相关值，它们构成如下约束方程

$$\int_{-\frac{1}{2}}^{\frac{1}{2}} S_{xx}(f) \mathrm{e}^{\mathrm{j}2\pi fk} \mathrm{d}f = r(k) \quad k = 0, 1, \cdots, p \tag{6.2.5}$$

这里

$$S_{xx}(f) = \sum_{k=-\infty}^{+\infty} r(k) \mathrm{e}^{-\mathrm{j}2\pi fk} \tag{6.2.6}$$

在实际运算时，将式(6.2.6)代入式(6.2.5)和(6.2.4)。

为了外推 $r_x(p+1)$，$r_x(p+2)$，…，使得式(6.2.4)的熵最大，且满足式(6.2.5)的 $p+1$ 个约束方程，这是一个约束最优问题，可用拉格朗日(Lagrangian)乘数法求解，首先构成如下目标函数，注意，这里为简单计仅讨论实信号情况

$$J = \int_{-\frac{1}{2}}^{\frac{1}{2}} \ln S_{xx}(f) \mathrm{d}f + \sum_{k=0}^{p} \lambda_k \int_{-\frac{1}{2}}^{\frac{1}{2}} S_{xx}(f) \mathrm{e}^{\mathrm{j}2\pi fk} \mathrm{d}f \tag{6.2.7}$$

且令

$$\frac{\partial J}{\partial r_x(k)} = 0 \quad |k| = p+1, p+2, \cdots \tag{6.2.8}$$

对式(6.2.8)经过计算和整理得

$$\int_{-1/2}^{1/2} \frac{\mathrm{e}^{-\mathrm{j}2\pi fk}}{S_{xx}(f)} \mathrm{d}f = 0 \quad |k| \geqslant p+1 \tag{6.2.9}$$

由于$\frac{1}{S_{xx}(f)}$是周期函数，可以展开成傅里叶级数，式(6.2.9)正是$\frac{1}{S_{xx}(f)}$展开成傅里叶级数时的求系数公式。式(6.2.9)隐含着$\frac{1}{S_{xx}(f)}$的各次谐波 $\mathrm{e}^{-\mathrm{j}2\pi fk}$，$|k| \geqslant p+1$ 系数为 0，因此其傅里叶级数展开式中仅存在低次谐波，故可以写成

$$\frac{1}{S_{xx}(f)} = \sum_{k=-p}^{p} c_k \mathrm{e}^{-\mathrm{j}2\pi fk} \tag{6.2.10}$$

即

$$S_{xx}(f) = \frac{1}{\sum_{k=-p}^{p} c_k \mathrm{e}^{-\mathrm{j}2\pi fk}} \tag{6.2.11}$$

为确保 $S_{xx}(f)$是实的,必然有 $c_k^*=c_{-k}$。式(6.2.11)结合条件 $c_k^*=c_{-k}$,可以将 $S_{xx}(f)$进一步写成

$$S_{xx}(f)=\frac{\sigma^2}{\left|1+\sum_{k=1}^{p}a(k)\mathrm{e}^{-\mathrm{j}2\pi fk}\right|^2} \tag{6.2.12}$$

式(6.2.12)有 $p+1$ 个待定参数,将式(6.2.12)带回 $p+1$ 个约束方程(6.2.5),经过整理,得到求解参数 σ^2 和 $a(k)$的方程式为

$$\begin{bmatrix} r_{xx}(0) & r_{xx}(1) & \cdots & r_{xx}(p-1) \\ r_{xx}(1) & r_{xx}(0) & \cdots & r_{xx}(p-2) \\ \vdots & \vdots & \ddots & \vdots \\ r_{xx}(p-1) & r_{xx}(p-2) & \cdots & r_{xx}(0) \end{bmatrix}\begin{bmatrix} a(1) \\ a(2) \\ \vdots \\ a(p) \end{bmatrix}=-\begin{bmatrix} r(1) \\ r(2) \\ \vdots \\ r(p) \end{bmatrix} \tag{6.2.13}$$

和

$$\sigma^2=r(0)+\sum_{k=1}^{p}a(k)r(k) \tag{6.2.14}$$

这正是求解 AR(p)模型参数的 Yule-Walker 方程(实数形式)。这段推导给出结论是,已知$\{r_x(0),r_x(1),\cdots,r_x(p)\}$的条件下,最大熵谱估计的表达式为式(6.2.12),其中系数满足的方程式为(6.2.13)和(6.2.14),这也正是 p 阶 AR 模型的功率谱表达和求解参数的方程式。由此得到结论:在高斯随机过程情况下,最大熵谱估计和 AR 模型谱估计是一致的。由于这种一致性,本节后面几小节仅以 AR 模型法为例,给出几种求功率谱估计的具体算法。

6.2.2 AR 模型谱估计的协方差方法

由观测数据$\{x(0),x(1),\cdots,x(N-1)\}$,进行 AR($p$)模型的参数估计,在得到 AR($p$)模型的参数后,代入 AR($p$)模型的 PSD 公式可得到所估计的 PSD。

本小节给出 AR 模型 PSD 估计的协方差方法。协方差方法这个名词来源于 LS 的数据矩阵的协方差方法。设观测数据窗是$[0,N-1]$,为了不对观测数据窗之外的数据作任何假设,将这组数据分成初始数据$\{x(0),x(1),\cdots,x(p-1)\}$,并记为 $\boldsymbol{x}_0=[x(0),x(1),\cdots,x(p-1)]^{\mathrm{T}}$,其他数据记为 $\boldsymbol{x}=[x(p),x(p+1),\cdots,x(N-1)]^{\mathrm{T}}$。

在第 3 章已经知道,前向预测系数与 AR(p)参数的求解是一致的,因此用求解前向预测的方法求 AR(p)的参数。p 阶前向预测表示为

$$\hat{x}(n\mid X_{n-1})=-\sum_{k=1}^{p}a^*(k)x(n-k) \tag{6.2.15}$$

预测误差为

$$f_p(n)=x(n)-\hat{x}(n\mid X_{n-1})=x(n)+\sum_{k=1}^{p}a^*(k)x(n-k) \tag{6.2.16}$$

在有限数据观测下,对观测窗外的数据不作任何假设,相当于避免了加窗概念的引入,可以得到的预测误差只存在 $n=p$ 至 $n=N-1$ 之间,预测误差和为

$$\xi=\sum_{n=p}^{N-1}|f_p(n)|^2 \tag{6.2.17}$$

求解系数集$\{a(1),a(2),\cdots,a(p)\}$,使式(6.2.17)最小,即使

$$\xi = \sum_{n=p}^{N-1} \left| x(n) + \sum_{k=1}^{p} a^*(k) x(n-k) \right|^2 \tag{6.2.18}$$

最小,这是典型的 LS 问题。为用 LS 求解 AR(p)参数,首先由数据集$\{x(0),x(1),\cdots,x(N-1)\}$,确定数据矩阵。前向预测误差向量为

$$\boldsymbol{f}^* = \begin{bmatrix} f_p^*(p) \\ f_p^*(p+1) \\ \vdots \\ f_p^*(N-1) \end{bmatrix} = \begin{bmatrix} x^*(p) \\ x^*(p+1) \\ \vdots \\ x^*(N-1) \end{bmatrix} + \begin{bmatrix} \sum_{k=1}^{p} a(k) x^*(p-k) \\ \sum_{k=1}^{p} a(k) x^*(p+1-k) \\ \vdots \\ \sum_{k=1}^{p} a(k) x^*(N-1-k) \end{bmatrix}$$

$$= \begin{bmatrix} x^*(p) \\ x^*(p+1) \\ \vdots \\ x^*(N-1) \end{bmatrix} + \begin{bmatrix} \boldsymbol{x}^{\mathrm{H}}(p-1) \\ \boldsymbol{x}^{\mathrm{H}}(p) \\ \vdots \\ \boldsymbol{x}^{\mathrm{H}}(N-2) \end{bmatrix} \boldsymbol{a} = \boldsymbol{x}_f + \boldsymbol{A}\boldsymbol{a} \tag{6.2.19}$$

这里 $\boldsymbol{a}=[a(1),a(2),\cdots,a(p)]^{\mathrm{T}}$,数据矩阵的共轭转置为

$$\begin{aligned} \boldsymbol{A}^{\mathrm{H}} &= [\boldsymbol{x}(p-1),\boldsymbol{x}(p),\cdots,\boldsymbol{x}(N-2)] \\ &= \begin{bmatrix} x(p-1) & x(p) & \cdots & x(N-2) \\ x(p-2) & x(p-1) & \cdots & x(N-3) \\ \vdots & \vdots & \ddots & \vdots \\ x(0) & x(1) & \cdots & x(N-p-1) \end{bmatrix} \end{aligned} \tag{6.2.20}$$

AR(p)模型系数的 LS 解为

$$\hat{\boldsymbol{a}} = -(\boldsymbol{A}^{\mathrm{H}}\boldsymbol{A})^{-1}\boldsymbol{A}^{\mathrm{H}}\boldsymbol{x}_f = \left(\frac{1}{N-p}\boldsymbol{A}^{\mathrm{H}}\boldsymbol{A}\right)^{-1}\left(\frac{1}{N-p}\boldsymbol{A}^{\mathrm{H}}\boldsymbol{x}_f\right) \tag{6.2.21}$$

LS 的最小误差和为

$$\xi_{\min} = \xi_x + \hat{\boldsymbol{a}}^{\mathrm{H}}\boldsymbol{A}^{\mathrm{H}}\boldsymbol{x}_f = \boldsymbol{x}_f^{\mathrm{H}}\boldsymbol{x}_f + \hat{\boldsymbol{a}}^{\mathrm{H}}\boldsymbol{A}^{\mathrm{H}}\boldsymbol{x}_f \tag{6.2.22}$$

AR(p)模型激励白噪声的方差估计为

$$\hat{\sigma}_v^2 = \frac{1}{N-p}\xi_{\min} = \frac{1}{N-p}(\boldsymbol{x}_f^{\mathrm{H}}\boldsymbol{x}_f + \hat{\boldsymbol{a}}^{\mathrm{H}}\boldsymbol{A}^{\mathrm{H}}\boldsymbol{x}_f) \tag{6.2.23}$$

其中,式(6.2.21)是 LS 的形式解,实际中可以通过 SVD 求解得到$\hat{\boldsymbol{a}}$,现将协方差方法进行功率谱估计的算法总结在算法 6.2.1 中。

算法 6.2.1

(1) 确定模型阶 p,由观测数据$\{x(0),x(1),\cdots,x(N-1)\}$按式(6.2.20)构成数据矩阵 $\boldsymbol{A}$。

(2) 对 $\boldsymbol{A}^{\mathrm{H}}\boldsymbol{A}$ 进行特征分解,得到 W 个不为零的特征值 $\sigma_1^2,\sigma_2^2,\cdots,\sigma_W^2$,和部分特征矩阵 $\boldsymbol{V}_1=[\boldsymbol{v}_1,\boldsymbol{v}_2,\cdots,\boldsymbol{v}_W]$。AR($p$)的系数表示为:$\hat{\boldsymbol{a}}=\boldsymbol{V}_1\Sigma^{-2}\boldsymbol{V}_1^{\mathrm{H}}\boldsymbol{A}^{\mathrm{H}}\boldsymbol{x}_f$,并由式(6.2.23)求出 $\hat{\sigma}_v^2$。

(3) 将估计参数代入公式

$$\hat{S}_{\mathrm{AR}}(f) = \frac{\hat{\sigma}_v^2}{\left|1+\sum_{k=1}^{p}\hat{a}^*(k)\mathrm{e}^{-\mathrm{j}2\pi fk}\right|^2}$$

根据所要求的显示精度和频率范围，计算 $f_i=i\Delta f$ 处的 PSD 值，并画出图形。

第二种求解方法是直接构造正则方程，通过数值方法求解正则方程。正则方程是

$$\boldsymbol{\Phi}\hat{\boldsymbol{a}}=-\boldsymbol{z} \tag{6.2.24}$$

为了平均的缘故，取

$$\boldsymbol{\Phi}=\frac{1}{N-p}\boldsymbol{A}^{\mathrm{H}}\boldsymbol{A} \tag{6.2.25}$$

和

$$\boldsymbol{z}=\frac{1}{N-p}\boldsymbol{A}^{\mathrm{H}}\boldsymbol{x}_f \tag{6.2.26}$$

得到正则方程系数矩阵各元素为

$$\begin{aligned}\phi_{xx}(j,k)&=\frac{1}{N-p}\sum_{n=p-1}^{N-2}x^*(n-j)x(n-k)\\ z(j)&=\frac{1}{N-p}\sum_{n=p}^{N-1}x^*(n-j-1)x(n)\end{aligned} \tag{6.2.27}$$

激励白噪声方差为

$$\hat{\sigma}_v^2=\hat{\sigma}_x^2+\sum_{j=1}^{p}\hat{a}(j)z(j-1) \tag{6.2.28}$$

协方差方法的正则方程的系数矩阵是共轭对称的，但不满足 Toeplitz 性，因此无法使用 Levinson-Durbin 快速递推算法，可以使用针对系数矩阵是共轭对称的各种解线性方程组的数值算法进行求解。一般情况下，在有限精度实现时，用数值方法解方程组的数值稳定性不如用 SVD 方法，因此算法 6.2.1 是协方差方法进行功率谱估计的一个好的实现算法。

下面对 AR 模型的协方差方法进行功率谱估计的性能做些分析，这些分析结果的基本结论对后续几小节的方法也是适用的，只是细节处理上有所差异。将会看到，在观测数据较长、并且服从高斯分布时，AR 模型谱估计确实逼近最大似然估计，这与参数的 LS 估计的性质是一致的，是参数的一致估计。

对观测数据 $\{x(0),x(1),\cdots,x(N-1)\}$，如前所述，根据 AR($p$)方程，为了不对观测数据窗之外的数据做任何假设，将这组数据分成初始数据 $\{x(0),x(1),\cdots,x(p-1)\}$，并记为 $\boldsymbol{x}_0=[x(0),x(1),\cdots,x(p-1)]^{\mathrm{T}}$，其他数据记为 $\boldsymbol{x}=[x(p),x(p+1),\cdots,x(N-1)]^{\mathrm{T}}$，将数据集的联合概率密度函数记为

$$p(\boldsymbol{x}_0,\boldsymbol{x}\mid\boldsymbol{a},\sigma^2)=p(\boldsymbol{x}\mid\boldsymbol{x}_0,\boldsymbol{a},\sigma^2)p(\boldsymbol{x}_0\mid\boldsymbol{a},\sigma^2) \tag{6.2.29}$$

对一般的概率密度函数的处理是复杂的，这里做两个假设，在该假设下求 AR(p)模型的 MLE，两个假设是：

(1) 数据长度很长，对条件概率求最大等价于原概率函数求最大；

(2) $\boldsymbol{x}$ 是高斯的，并且是实数的。

由于 AR(p)方程可以写成 $v(n)=x(n)+\sum_{k=1}^{p}a(k)x(n-k)$，$\boldsymbol{x}$ 是高斯的，$v(n)$必为高斯白噪声，令 $\boldsymbol{v}=[v(p),v(p+1),\cdots,v(N-1)]^{\mathrm{T}}$，得到密度函数为

$$p(\boldsymbol{v})=\prod_{n=p}^{N-1}\frac{1}{\sqrt{2\pi\sigma^2}}\mathrm{e}^{-\frac{v^2(n)}{2\sigma^2}}=\frac{1}{(2\pi\sigma^2)^{\frac{(N-p)}{2}}}\mathrm{e}^{-\frac{1}{2\sigma^2}\sum_{n=p}^{N-1}v^2(n)} \tag{6.2.30}$$

由于可以写成

$$\boldsymbol{v}=\begin{bmatrix}1 & 0 & 0 & \cdots & 0\\ a(1) & 1 & 0 & \cdots & 0\\ a(2) & a(1) & 1 & \cdots & 0\\ \vdots & \vdots & \vdots & \ddots & \vdots\\ 0 & \cdots & a(p) & \cdots & 1\end{bmatrix}\begin{bmatrix}x(p)\\ x(p+1)\\ \vdots\\ x(N-1)\end{bmatrix}$$

$$+\begin{bmatrix}a(p) & a(p-1) & \cdots & a(2) & a(1)\\ \vdots & \vdots & \ddots & \vdots & \vdots\\ 0 & 0 & \cdots & 0 & a(p)\\ 0 & 0 & \cdots & 0 & 0\\ \vdots & \vdots & \cdots & \vdots & \vdots\end{bmatrix}\begin{bmatrix}x(0)\\ x(1)\\ \vdots\\ x(p-2)\\ x(p-1)\end{bmatrix}$$

$$=\boldsymbol{Cx}+\boldsymbol{Bx}_0$$

且

$$\det\left(\frac{\partial \boldsymbol{v}}{\partial \boldsymbol{x}}\right)=|\boldsymbol{C}|=1$$

因此由随机变量函数的概率密度公式(见 1.1 节)，得

$$p(\boldsymbol{x}\mid \boldsymbol{x}_0,\boldsymbol{a},\sigma^2)=p(v(\boldsymbol{x}))\det\left(\frac{\partial \boldsymbol{v}}{\partial \boldsymbol{x}}\right)$$

$$=\frac{1}{(2\pi\sigma^2)^{\frac{(N-p)}{2}}}\mathrm{e}^{-\frac{1}{2\sigma^2}\sum\limits_{n=p}^{N-1}\left(x(n)+\sum\limits_{k=1}^{p}a(k)\cdot x(n-k)\right)^2} \tag{6.2.31}$$

为使 $p(\boldsymbol{x}|\boldsymbol{x}_0,\boldsymbol{a},\sigma^2)$最大，应使

$$J_1(a)=\sum_{n=p}^{N-1}\left(x(n)+\sum_{k=1}^{p}a(k)x(n-k)\right)^2 \tag{6.2.32}$$

最小，可以求得参数$\hat{\boldsymbol{a}}$，可以看到式(6.2.32)与(6.2.18)是一致的，因此 AR 模型的协方差方法的系数求解是 MLE。为求激励白噪声的方差的 MLE，令

$$\left.\frac{\partial \ln p(\boldsymbol{x}\mid \boldsymbol{x}_0,\boldsymbol{a},\sigma^2)}{\partial \sigma^2}\right|_{\sigma^2=\hat{\sigma}_v^2}=0$$

整理得

$$\hat{\sigma}_v^2=\hat{\sigma}_x^2+\sum_{j=1}^{p}\hat{a}(j)z(j-1) \tag{6.2.33}$$

这与自协方差方法的结果也是一致的。

对于协方差方法进行 AR 模型参数的估计性能，还可以证明(留作习题)如下结论：当数据长度 $N\gg p$ 时，估计$\hat{\boldsymbol{a}}$和$\hat{\sigma}^2$ 的 CR 下界为

$$\boldsymbol{C}_{a,\sigma^2}=E\left\{\begin{pmatrix}\hat{\boldsymbol{a}}-E(\hat{\boldsymbol{a}})\\ \hat{\sigma}^2-E(\hat{\sigma}^2)\end{pmatrix}\begin{pmatrix}\hat{\boldsymbol{a}}-E(\hat{\boldsymbol{a}})\\ \hat{\sigma}^2-E(\hat{\sigma}^2)\end{pmatrix}^{\mathrm{T}}\right\}=\begin{pmatrix}\frac{\sigma^2}{N}\boldsymbol{R}_{xx}^{-1} & 0\\ 0 & \frac{2\sigma^4}{N}\end{pmatrix} \tag{6.2.34}$$

并且是渐进无偏的

$$\mu=E\begin{bmatrix}\hat{\boldsymbol{a}}\\ \hat{\sigma}^2\end{bmatrix}=\begin{bmatrix}\boldsymbol{a}\\ \sigma^2\end{bmatrix},\quad N\rightarrow\infty \tag{6.2.35}$$

因此，这个估计方法是 AR 模型参数的一致估计。并且估计$\hat{\boldsymbol{a}}$和$\hat{\sigma}^2$满足联合高斯分布。

另外，也已证明[11]，MLE 参数估计得到的 AR 模型的功率谱估计也是一致估计，当$N\to\infty$，$p\to\infty$时，PSD 估计的均值、方差、不同频率点的互协方差逼近如下式

$$
\begin{aligned}
&E[\hat{S}_{\mathrm{AR}}(f)] = S_{\mathrm{AR}}(f)\\
&\operatorname{var}[\hat{S}_{\mathrm{AR}}(f)] = \begin{cases} \dfrac{4p}{N}S_{\mathrm{AR}}^2(f), & f = 0, \pm 1/2 \\ \dfrac{2p}{N}S_{\mathrm{AR}}^2(f), & \text{其他} \end{cases} \\
&\operatorname{cov}[\hat{S}_{\mathrm{AR}}(f_1), \hat{S}_{\mathrm{AR}}(f_2)] = 0, \quad f_1 \neq f_2
\end{aligned}
\tag{6.2.36}
$$

由此可见，AR 模型功率谱估计的方差随 N/p 增加而得到改善。

6.2.3 改进协方差方法

为了在协方差方法中，尽可能地利用观测数据，为此，利用前向、后向预测误差平均最小，得到 AR(p)模型参数的解，其中前向预测误差为

$$f_p(n) = x(n) + \sum_{i=1}^{p} a^*(i)x(n-i) \tag{6.2.37}$$

后向预测误差为

$$
\begin{aligned}
b_p(n) &= x(n-p) + \sum_{k=0}^{p-1} a(p-k)x(n-k) \\
&= x(n-p) + \sum_{i=1}^{p} a(i)x(n-p+i)
\end{aligned}
\tag{6.2.38}
$$

前向预测误差和写为

$$\xi^f = \sum_{n=p}^{N-1} |f_k(n)|^2 = \sum_{n=p}^{N-1} \left| x(n) + \sum_{i=1}^{p} a^*(i)x(n-i) \right|^2 \tag{6.2.39}$$

后向预测误差和为

$$\xi^b = \sum_{n=k}^{N-1} |b(n)|^2 = \sum_{n=p}^{N-1} \left| x(n-p) + \sum_{i=1}^{p} a(i)x(n-p+i) \right|^2 \tag{6.2.40}$$

问题的解归结为使前向和后向预测误差和最小

$$\xi = \frac{1}{2}[\xi^f + \xi^b] \tag{6.2.41}$$

前向 LS 预测的数据矩阵式(6.2.20)已经讨论，如下给出后向预测 LS 表示的数据矩阵，后向预测误差向量为

$$
\boldsymbol{b} = \begin{bmatrix} b_p^*(p) \\ b_p^*(p+1) \\ \vdots \\ b_p^*(N-1) \end{bmatrix} = \begin{bmatrix} x^*(0) \\ x^*(1) \\ \vdots \\ x^*(N-p-1) \end{bmatrix} + \begin{bmatrix} \sum\limits_{k=1}^{p} a^*(k)x^*(k) \\ \sum\limits_{k=1}^{p} a^*(k)x^*(k+1) \\ \vdots \\ \sum\limits_{k=1}^{p} a^*(k)x^*(N-1-p+k) \end{bmatrix}
$$

$$= \begin{bmatrix} x^*(0) \\ x^*(1) \\ \vdots \\ x^*(N-p-1) \end{bmatrix} + \begin{bmatrix} \boldsymbol{x}_b^{\mathrm{H}}(1) \\ \boldsymbol{x}_b^{\mathrm{H}}(2) \\ \vdots \\ \boldsymbol{x}_b^{\mathrm{H}}(N-p) \end{bmatrix} \boldsymbol{a}^* = \boldsymbol{x}_b + \boldsymbol{A}_b \boldsymbol{a}^* \tag{6.2.42}$$

这里 $\boldsymbol{x}_b(i)=[x(i),x(i+1),\cdots,x(i+p-1)]^{\mathrm{T}}$，数据矩阵的共轭转置为

$$\boldsymbol{A}_b^{\mathrm{H}} = [\boldsymbol{x}_b(1),\boldsymbol{x}_b(2),\cdots,\boldsymbol{x}_b(N-p)]$$

$$= \begin{bmatrix} x(1) & x(2) & \cdots & x(N-p) \\ x(2) & x(3) & \cdots & x(N-p+1) \\ \vdots & \vdots & \ddots & \vdots \\ x(p) & x(p+1) & \cdots & x(N-1) \end{bmatrix}$$

为求待估计参数，令

$$\frac{\partial \xi}{\partial \boldsymbol{a}} = 0$$

得到改进协方差方法的 LS 解为

$$\hat{\boldsymbol{a}} = -(\boldsymbol{A}^{\mathrm{H}}\boldsymbol{A} + \boldsymbol{A}_b^{\mathrm{T}}\boldsymbol{A}_b^*)^{-1}(\boldsymbol{A}^{\mathrm{H}}\boldsymbol{x}_f + \boldsymbol{A}_b^{\mathrm{T}}\boldsymbol{x}_{\mathrm{b}}^*) \tag{6.2.43}$$

激励白噪声方差为

$$\hat{\sigma}_v^2 = \frac{1}{N-p}\xi_{\min} = \frac{1}{2(N-p)}(\boldsymbol{x}_f^{\mathrm{H}}\boldsymbol{x}_f + \boldsymbol{x}_b^{\mathrm{H}}\boldsymbol{x}_b + \hat{\boldsymbol{a}}^{\mathrm{H}}\boldsymbol{A}^{\mathrm{H}}\boldsymbol{x}_f + \hat{\boldsymbol{a}}^{\mathrm{H}}\boldsymbol{A}_b^{\mathrm{T}}\boldsymbol{x}_b^*) \tag{6.2.44}$$

同样可以得到正则方程为

$$\boldsymbol{\Phi}\hat{\boldsymbol{a}} = -\boldsymbol{z} \tag{6.2.45}$$

其中

$$\boldsymbol{\Phi} = \frac{1}{2(N-p)}(\boldsymbol{A}^{\mathrm{H}}\boldsymbol{A} + \boldsymbol{A}_b^{\mathrm{T}}\boldsymbol{A}^*)$$

$$\boldsymbol{z} = \frac{1}{2(N-p)}(\boldsymbol{A}^{\mathrm{H}}\boldsymbol{x}_f + \boldsymbol{A}_b^{\mathrm{T}}\boldsymbol{x}_b^*)$$

正则方程系数矩阵的各元素为

$$\phi(j,k) = \frac{1}{2(N-p)}\left[\sum_{n=p-1}^{N-2} x(n-j)x^*(n-k) + \sum_{n=1}^{N-p} x^*(n+j)x(n+k)\right]$$

$$z(j) = \frac{1}{2(N-P)}\left[\sum_{n=p}^{N-1} x(n-j-1)x^*(n) + \sum_{n=0}^{N-1-p} x^*(n+j+1)x(n)\right]$$

解正则方程也可以得到 AR(p)模型系数的估计值，得到正则方程的解后，激励白噪声的方差为

$$\hat{\sigma}_v^2 = \hat{\sigma}_x^2 + \sum_{j=1}^{p} \hat{a}(j)z(j-1) = \frac{1}{2(N-p)}(\boldsymbol{x}_f^{\mathrm{H}}\boldsymbol{x}_f + \boldsymbol{x}_b^{\mathrm{H}}\boldsymbol{x}_b) + \sum_{j=1}^{p} \hat{a}(j)z(j-1)$$

在观测数据很短时，利用改进协方差方法可以改善估计参数和功率谱的方差性能，在较长数据存在时，改进不明显。

6.2.4 自相关方法

与协方差方法不同，由观测数据$\{x(0),x(1),\cdots,x(N-1)\}$，对于信号在尽可能多的时刻进行预测，产生尽可能多的预测误差，这是自相关方法。对于 AR(p)模型，利用观测数据

$\{x(0),x(1),\cdots,x(N-1)\}$，可以得到预测值的最大时间范围是$[0,N+p-1]$，计算该范围的预测误差和

$$\xi=\sum_{n=0}^{N+p-1}\left|x(n)+\sum_{k=1}^{p}a^*(k)x(n-k)\right|^2 \tag{6.2.46}$$

在式(6.2.46)的计算时，要用到观测数据集$\{x(0),x(1),\cdots,x(N-1)\}$以外的数据，为此假设在$0\leqslant n\leqslant N-1$范围之外$x(n)=0$。这个问题的解是LS按自相关方式构成数据矩阵时的结果。误差向量为

$$\boldsymbol{f}^*=\begin{bmatrix}f_p^*(0)\\f_p^*(1)\\\vdots\\f_p^*(N-1)\\f_p^*(N)\\\vdots\\f_p^*(N+p-1)\end{bmatrix}=\begin{bmatrix}x^*(0)\\x^*(1)\\\vdots\\x^*(N-1)\\x^*(N)\\\vdots\\x^*(N+p-1)\end{bmatrix}+\begin{bmatrix}\sum_{k=1}^{p}a(k)x^*(-k)\\\sum_{k=1}^{p}a(k)x^*(1-k)\\\vdots\\\sum_{k=1}^{p}a(k)x^*(N-1-k)\\\sum_{k=1}^{p}a(k)x^*(N-k)\\\vdots\\\sum_{k=1}^{p}a(k)x^*(N+p-1-k)\end{bmatrix}$$

$$=\begin{bmatrix}x^*(0)\\x^*(1)\\\vdots\\x^*(N-1)\\0\\\vdots\\0\end{bmatrix}+\begin{bmatrix}\boldsymbol{x}^{\mathrm{H}}(-1)\\\boldsymbol{x}^{\mathrm{H}}(0)\\\vdots\\\boldsymbol{x}^{\mathrm{H}}(N-2)\\\boldsymbol{x}^{\mathrm{H}}(N-1)\\\vdots\\\boldsymbol{x}^{\mathrm{H}}(N+p-2)\end{bmatrix}\boldsymbol{a}=\boldsymbol{x}_{N+p}+\boldsymbol{A}_{N+p}\boldsymbol{a} \tag{6.2.47}$$

这里$\boldsymbol{a}=[a(1),a(2),\cdots,a(p)]^{\mathrm{T}}$是AR($p$)模型系数向量，数据矩阵的共轭转置为

$$\boldsymbol{A}_{N+p}^{\mathrm{H}}=[\boldsymbol{x}(-1),\boldsymbol{x}(0),\cdots,\boldsymbol{x}(N-2),\boldsymbol{x}(N-1),\cdots,\boldsymbol{x}(N+p-2)]$$

$$=\begin{bmatrix}0&x(0)&x(1)&\cdots&x(p-1)&x(p)&\cdots&x(N-2)&x(N-1)&0&\cdots&0\\0&0&x(0)&\cdots&x(p-2)&x(p-1)&\cdots&x(N-3)&x(N-2)&X(N-1)&\cdots&0\\\vdots&\vdots&\vdots&\vdots&\vdots&\vdots&\ddots&\vdots&\vdots&\vdots&\ddots&\vdots\\0&0&0&0&x(0)&x(1)&\cdots&x(N-p-1)&x(N-p)&x(N-p+1)&\cdots&x(N-1)\end{bmatrix} \tag{6.2.48}$$

AR(p)模型系数的自相关LS解为

$$\begin{aligned}\hat{\boldsymbol{a}}&=-(\boldsymbol{A}_{N+p}^{\mathrm{H}}\boldsymbol{A}_{N+p})^{-1}\boldsymbol{A}_{N+p}^{\mathrm{H}}\boldsymbol{x}_{N+p}\\&=\left(\frac{1}{N+p}\boldsymbol{A}_{N+p}^{\mathrm{H}}\boldsymbol{A}_{N+p}\right)^{1}\left(\frac{1}{N+p}\boldsymbol{A}_{N+p}^{\mathrm{H}}\boldsymbol{x}_{N+p}\right)\end{aligned} \tag{6.2.49}$$

LS的最小误差和为

$$\xi_{\min}=\xi_x+\hat{\boldsymbol{a}}^{\mathrm{H}}\boldsymbol{A}_{N+p}^{\mathrm{H}}\boldsymbol{x}_{N+p}=\boldsymbol{x}_{N+p}^{\mathrm{H}}\boldsymbol{x}_{N+p}+\hat{\boldsymbol{a}}^{\mathrm{H}}\boldsymbol{A}_{N+p}^{\mathrm{H}}\boldsymbol{x}_{N+p} \tag{6.2.50}$$

AR(p)模型激励白噪声的方差估计为

$$\hat{\sigma}_v^2 = \frac{1}{N+p}\xi_{\min} = \frac{1}{N+p}(\boldsymbol{x}_{N+p}^{\mathrm{H}}\boldsymbol{x}_{N+p} + \hat{\boldsymbol{a}}^{\mathrm{H}}\boldsymbol{A}_{N+p}^{\mathrm{H}}\boldsymbol{x}_{N+p}) \tag{6.2.51}$$

同样可以构造正则方程

$$\boldsymbol{\Phi}\hat{\boldsymbol{a}} = -\boldsymbol{z} \tag{6.2.52}$$

在自相关方法中,取

$$\boldsymbol{\Phi} = \frac{1}{N}\boldsymbol{A}_{N+p}^{\mathrm{H}}\boldsymbol{A}_{N+p} \tag{6.2.53}$$

和

$$\boldsymbol{z} = \frac{1}{N}\boldsymbol{A}_{N+p}^{\mathrm{H}}\boldsymbol{x}_{N+p} \tag{6.2.54}$$

整理得到正则方程系数矩阵各元素为

$$\begin{bmatrix} \hat{r}_{xx}(0) & \hat{r}_{xx}(-1) & \cdots & \hat{r}_{xx}(-p+1) \\ \hat{r}_{xx}(1) & \hat{r}_{xx}(0) & \cdots & \hat{r}_{xx}(-p+2) \\ \vdots & \vdots & \ddots & \vdots \\ \hat{r}_{xx}(p-1) & \hat{r}_{xx}(p-2) & \cdots & \hat{r}_{xx}(0) \end{bmatrix}\begin{bmatrix} \hat{a}(1) \\ \hat{a}(2) \\ \vdots \\ \hat{a}(p) \end{bmatrix} = -\begin{bmatrix} \hat{r}_{xx}(1) \\ \hat{r}_{xx}(2) \\ \vdots \\ \hat{r}_{xx}(p) \end{bmatrix} \tag{6.2.55}$$

$$\hat{\sigma}_v^2 = \hat{r}_{xx}(0) + \sum_{k=1}^{p}\hat{a}(k)\hat{r}_{xx}(k) \tag{6.2.56}$$

其中

$$\hat{r}_{xx}(k) = \begin{cases} \dfrac{1}{N}\sum\limits_{n=0}^{N-1-k} x^*(n)x(n+k) & k = 0,1,\cdots,p \\ \hat{r}_{xx}^*(-k) & k < 0 \end{cases}$$

式(6.2.55)就是用估计的自相关函数替代真值自相关函数后的 Yule-Walker 方程,系数矩阵满足 Toeplitz 性(证明留作习题),可以采用 Levinson-Durbin 递推算法求解。由于它假设了观测窗外的数据是 0,相当于进行了加窗处理,自相关方法估计的功率谱分辨率受到窗长度的限制,这一点将在 6.10.1 节的仿真实验中得到证实。自相关方法的估计性能分析与协方差方法类似,不再赘述。

6.2.5 Burg 算法

Levinson 递推算法告诉我们,若已知初始 $P_0 = r_{xx}(0)$,如果得到一组反射系数$\{k_1, k_2, \cdots, k_p\}$,则可以递推地得到最终 p 阶的 AR 参数$\{a_p(1), a_p(2), \cdots, a_p(p), P = \sigma_v^2\}$。原始 Levinson 递推算法是通过低阶滤波器系数和自相关序列计算反射系数,本节,导出通过观测数据$\{x(0), x(1), \cdots, x(N-1)\}$估计反射系数的公式,从而利用 Levinson 递推算法,递推各阶滤波器系数,直到 p 阶。这种算法称为 Burg 算法。

假设 $m-1$ 阶前向和后向预测误差滤波器的各量(系数、误差输出等)均已求得,估计反射系数 k_m,使得 m 阶前向和后向预测误差平方和最小,即

$$\xi_m = \frac{1}{2}(\xi_m^f + \xi_m^b) = \frac{1}{2(N-m)}\left[\sum_{n=m}^{N-1}|\hat{f}_m(n)|^2 + \sum_{n=m}^{N-1}|\hat{b}_m(n)|^2\right] \tag{6.2.57}$$

最小,利用格型预测误差滤波器的递推关系

$$\hat{f}_m(n) = \hat{f}_{m-1}(n) + k_m^* b_{m-1}(n-1) \tag{6.2.58}$$

$$\hat{b}_m(n) = \hat{b}_{m-1}(n-1) + k_m \hat{f}_{m-1}(n) \tag{6.2.59}$$

代入式(6.2.57)，注意到未知参数只有 k_m，令

$$\frac{\partial \xi_m}{\partial k_m} = 0$$

整理得到

$$\hat{k}_m = \frac{-2\sum_{n=m}^{N-1} f_{m-1}^*(n) b_{m-1}(n-1)}{\sum_{n=m}^{N-1}(|f_{m-1}(n)|^2 + |b_{m-1}(n-1)|^2)} \tag{6.2.60}$$

结合第3章介绍的 Levinson 递推算法、新的反射系数公式(6.2.60)和式(6.2.58)(6.2.59)的预测误差更新公式，得到 AR 模型谱估计的 Burg 算法。总结 Burg 算法如下。

Burg 算法：

(1) 初始值

$$\hat{r}_{xx}(0) = \frac{1}{N}\sum_{n=0}^{N-1} |x(n)|^2$$

$$\hat{P}_0 = \hat{r}_{xx}(0)$$

$$\hat{f}_0(n) = x(n) \quad n = 1,2,\cdots,N-1$$

$$\hat{b}_0(n) = x(n) \quad n = 0,1,2,\cdots,N-2$$

(2) 对 $m=1,2,\cdots,p$，递推

$$\hat{k}_m = \frac{-2\sum_{n=m}^{N-1} f_{m-1}^*(n) b_{m-1}(n-1)}{\sum_{n=m}^{N-1}(|f_{m-1}(n)|^2 + |b_{m-1}(n-1)|^2)}$$

$$\hat{P}_m = (1 - |k_m|^2)\hat{P}_{m-1}$$

$$\hat{a}_m(i) = \begin{cases} \hat{a}_{m-1}(i) + \hat{k}_m \hat{a}_{m-1}^*(m-i) & i = 1,2,\cdots,m-1 \\ \hat{k}_m & i = m \end{cases}$$

$$\hat{f}_m(n) = \hat{f}_{m-1}(n) + k_m^* b_{m-1}(n-1), \quad n = m+1,\cdots,N-1$$

$$\hat{b}_m(n) = \hat{b}_{m-1}(n-1) + k_m \hat{f}_{m-1}(n), \quad n = m,\cdots,N-2$$

(3) 递推的最后一步得到 AR(p)模型系数$\{\hat{a}(i), i=1,2,\cdots,p\}$和 $\hat{\sigma}_v^2 = \hat{P}_p$。将估计参数代入公式

$$\hat{S}_{AR}(f) = \frac{\hat{\sigma}_v^2}{\left|1 + \sum_{k=1}^{p} \hat{a}^*(k) e^{j2\pi fk}\right|^2}$$

根据所要求的显示精度和频率范围，计算 $f_i = i\Delta f$ 处的 PSD 值，并画出图形。

把式(6.2.60)$\hat{k}_m$ 的分母项记为 DEN(m)，它需要较多乘法运算，为了更有效地计算，可

导出其递推公式，可以证明(留作习题)。

$$\mathrm{DEN}(m)=(1-|k_{m-1}|^2)\mathrm{DEN}(m-1)-|\hat{f}^*_{m-1}(m-1)|^2-|\hat{b}_{m-1}(N-1)|^2 \tag{6.2.61}$$

在上述几个算法的推导中，利用了前向和后向预测误差的均值 ξ_p^f,ξ_p^b，这两项在最优预测误差滤波器的讨论时，是相等的，但在谱估计时，我们用到的分别是前向和后向预测误差的有限项平均值，而不是均方值，对于有限项平均值，一般 $\xi_p^f\neq\xi_p^b$。

至此，已经讨论了 AR 模型谱估计的几个计算方法，其中在对具有规则性谱进行估计时，几个方法的效果差距不明显，一般可得到较好的结果，但当信号中存在多峰值谱甚至线谱时，自相关方法的谱分辨率较差。对如上几种方法的主要优缺点简单列于下，一些实验比较参看第 6.10.1 节。

(1) 自相关方法可用 Levinson 快速算法，运算量小易于编程实现，但频率分辨率较低。

(2) 自协方程方法分辨率高，运算量较大。

(3) 改进协方差方法，分辨率高，无谱线分裂和偏移，运算量大。

(4) Burg 算法可用改进的 Levinson 递推算法，运算量小易于编程实现，分辨率高，但有谱线分裂和偏移现象(对线谱情况)。

6.2.6 AR 模型谱的进一步讨论

本小节进一步讨论 AR 模型谱的几个问题，有助于对 AR 模型谱估计的深入理解。

1. AR 模型谱的界

Burg 证明了，由反射系数可以确定 AR 模型谱的上下界，这个上下界关系为

$$r(0)\prod_{i=1}^{p}\frac{1-|k_i|}{1+|k_i|}\leqslant\hat{S}_{\mathrm{AR}}(\omega)\leqslant r(0)\prod_{i=1}^{p}\frac{1+|k_i|}{1-|k_i|} \tag{6.2.62}$$

由此上下界关系，可见，反射系数越接近 1，AR 模型谱越尖锐。

2. AR 模型方法对噪声中正弦波形的功率谱估计

按谱分解定理，AR 模型刻画的是规则随机信号，即功率谱是连续的，如果随机信号中包含一个正弦信号，其功率谱中有离散冲激函数存在，不再是连续谱，因此理论上 AR 模型谱估计不能准确地估计正弦波形的功率谱。这里，讨论 AR 模型对正弦信号功率谱的逼近性质。首先考虑单个正弦信号的情况，设随机信号为

$$x(n)=A_1\mathrm{e}^{\mathrm{j}(\omega_1 n+\varphi)}+w(n) \tag{6.2.63}$$

其中 $\varphi\in[-\pi,\pi]$是均匀分布的随机变量，A_1 是实数，$w(n)$是方差为 σ_w^2 的白噪声，用 AR(p)模型逼近该信号。为了后面分析方便，定义$(p+1)\times(p+1)$自相关矩阵为

$$\boldsymbol{R}_{p+1}=P_1\boldsymbol{e}_1\boldsymbol{e}_1^{\mathrm{H}}+\sigma_w^2\boldsymbol{I} \tag{6.2.64}$$

其中 $\boldsymbol{e}=[1,\mathrm{e}^{\mathrm{j}\omega_1},\cdots,\mathrm{e}^{\mathrm{j}p\omega_1}]^{\mathrm{T}}$，$P_1=A_1^2$，求解 AR($p$)模型参数的增广尤尔-沃克(Yule-Walker)方程为

$$\boldsymbol{R}_{p+1}\boldsymbol{a}_p=\sigma_v^2\boldsymbol{u} \tag{6.2.65}$$

其中 $\boldsymbol{a}_p=[1,a(1),\cdots,a(p)]^{\mathrm{T}}=[1,\boldsymbol{a}]^{\mathrm{T}}$，$\boldsymbol{u}=[1,0,\cdots,0]^{\mathrm{T}}$，$\sigma_v^2$ 是 AR(p)的激励白噪声方差。

解方程式(6.2.65)可得到 $\boldsymbol{a}_p$ 和 σ_v^2，从而得到式(6.2.63)式信号的 AR 模型谱估计式。由式(6.2.64)利用矩阵逆引理(附录 A)的如下特例

$$(\boldsymbol{A}+\boldsymbol{e}\boldsymbol{e}^{\mathrm{H}})^{-1}=\boldsymbol{A}^{-1}-\frac{\boldsymbol{A}^{-1}\boldsymbol{e}\boldsymbol{e}^{\mathrm{H}}\boldsymbol{A}^{-1}}{1+\boldsymbol{e}^{\mathrm{H}}\boldsymbol{A}^{-1}\boldsymbol{e}}$$

求得

$$\boldsymbol{R}_{p+1}^{-1}=\frac{1}{\sigma_w^2}\boldsymbol{I}-\frac{\frac{1}{\sigma_w^4}P_1\boldsymbol{e}_1\boldsymbol{e}_1^{\mathrm{H}}}{1+\frac{P_1}{\sigma_w^2}\boldsymbol{e}_1^{\mathrm{H}}\boldsymbol{e}_1}=\frac{1}{\sigma_w^2}\left[\boldsymbol{I}-\frac{P_1}{\sigma_w^2+(p+1)P_1}\boldsymbol{e}_1\boldsymbol{e}_1^{\mathrm{H}}\right] \tag{6.2.66}$$

$\boldsymbol{a}_p$ 的解为

$$\boldsymbol{a}_p=\sigma_v^2\boldsymbol{R}_{p+1}^{-1}\boldsymbol{u}=\frac{\sigma_v^2}{\sigma_w^2}\left[\boldsymbol{u}-\frac{P_1}{\sigma_w^2+(p+1)P_1}\boldsymbol{e}_1\right] \tag{6.2.67}$$

由 $a_p(0)=1$，得

$$a_p(0)=1=\frac{\sigma_v^2}{\sigma_w^2}\left[1-\frac{P_1}{\sigma_w^2+(p+1)P_1}\right]$$

解出

$$\sigma_v^2=\sigma_w^2\left[1+\frac{P_1}{\sigma_w^2+pP_1}\right] \tag{6.2.68}$$

将 σ_v^2 代入式(6.2.67)得

$$a(i)=-\frac{P_1}{pP_1+\sigma_w^2}\mathrm{e}^{\mathrm{j}\omega_1 i} \tag{6.2.69}$$

将 σ_v^2 和 $a(i)$ 代入 AR(p)的功率谱表达式，并做些整理，得到用 AR(p)模型估计的噪声中复正弦的功率谱为

$$\hat{S}_{\mathrm{AR}}(\omega)=\frac{\sigma_w^2\left[1-\frac{P_1}{\sigma_w^2+(p+1)P_1}\right]}{\left(\frac{\sigma^2}{\sigma_w^2}\right)^2\left|1-\frac{P_1}{\sigma_w^2+(p+1)P_1}W_R(\mathrm{e}^{\mathrm{j}(\omega-\omega_1)})\right|^2} \tag{6.2.70}$$

这里

$$W_R(\mathrm{e}^{\mathrm{j}(\omega-\omega_1)})=\sum_{k=0}^{p}\mathrm{e}^{-\mathrm{j}k(\omega-\omega_1)}=\frac{\sin(p+1)(\omega-\omega_1)/2}{(p+1)\sin(\omega-\omega_1)/2}\mathrm{e}^{-\mathrm{j}(\omega-\omega_1)p/2}$$

是一个矩形窗的 DTFT。显然，式(6.2.70)的最大值发生在 $\omega=\omega_1$ 处，最大值为

$$\begin{aligned}\hat{S}_{\mathrm{AR}}(\omega)\big|_{\omega=\omega_1}&=\frac{\sigma_w^2\left[1-\frac{P_1}{\sigma_w^2+(p+1)P_1}\right]}{\left(\frac{\sigma^2}{\sigma_w^2}\right)^2\left|1-\frac{P_1}{\sigma_w^2+(p+1)P_1}(p+1)\right|^2}\\&=\frac{1}{\sigma_w^2}[\sigma_w^2+pP_1][\sigma_w^2+(p+1)P_1]\end{aligned}$$

在高信噪比时，即 $P_1\gg\sigma_w^2$ 时，最大值近似为

$$\hat{S}_{\mathrm{AR}}(\omega)\big|_{\omega=\omega_1}=\frac{1}{\sigma_w^2}[\sigma_w^2+pP_1][\sigma_w^2+(p+1)P_1]\approx p^2\frac{P_1^2}{\sigma_w^2}=p^2P_1\eta \tag{6.2.71}$$

上式中，$\eta=P_1/\sigma_w^2$ 为信噪比，上式说明，谱峰值与正弦信号的功率平方成正比，与噪声功率成反比，或与正弦信号功率与信噪比之积成正比。

由此分析可见，如果噪声中有一个正弦信号存在，如果信噪比和信号幅度较大，估计的 PSD 中有一个幅度较大的峰值，并且峰值发生在正弦信号的频率处。尽管用 AR(p)模型得

不到一个具有冲激的 PSD,但较大的峰值还是准确地指出了正弦信号的频率位置。Lacoss 等证明,正弦谱估计峰值的 3dB 带宽为 $2/(\pi(p+1)^2\eta)$,可见,大信噪比和高模型阶会使谱估计的峰值快速衰减。

对于 2 个复正弦和加性白噪声的情况,可以进一步说明 AR 模型谱估计的性能和分辨率。两个复正弦和加性白噪声的自相关矩阵为

$$\boldsymbol{R}_{p+1} = P_1\boldsymbol{e}_1\boldsymbol{e}_1^{\mathrm{H}} + P_2\boldsymbol{e}_2\boldsymbol{e}_2^{\mathrm{H}} + \sigma_w^2\boldsymbol{I} \tag{6.2.72}$$

用类似的分析过程,在满足 $\omega_1=k_1/p$,$\omega_2=k_2/p$ 的条件下,AR(p)模型参数求得为

$$\sigma_v^2 = \sigma_w^2\left[1+\frac{P_1}{\sigma_w^2+pP_1}+\frac{P_2}{\sigma_w^2+pP_2}\right]$$

$$a(i) = -\left[\frac{P_1}{pP_1+\sigma_w^2}\mathrm{e}^{\mathrm{j}\omega_1 i}+\frac{P_2}{pP_2+\sigma_w^2}\mathrm{e}^{\mathrm{j}\omega_2 i}\right]$$

得到功率谱为

$$\hat{S}_{\mathrm{AR}}(\omega) = \frac{\sigma_w^2\left[1+\dfrac{P_1}{\sigma_w^2+pP_1}+\dfrac{P_2}{\sigma_w^2+pP_2}\right]}{\left|1-\dfrac{P_1 p}{\sigma_w^2+pP_1}W_R(\mathrm{e}^{\mathrm{j}(\omega-\omega_1)})-\dfrac{P_2 p}{\sigma_w^2+pP_2}W_R(\mathrm{e}^{\mathrm{j}(\omega-\omega_2)})\right|^2} \tag{6.2.73}$$

令 $\eta_1=P_1/\sigma_w^2$,$\eta_2=P_2/\sigma_w^2$ 分别为两个复正弦对白噪声的信噪比,在 $\eta_1 p\gg 1$,$\eta_2 p\gg 1$ 的条件下,分别得到

$$\hat{S}_{\mathrm{AR}}(\omega_1) \approx Cp^2\eta_1^2,\quad \hat{S}_{\mathrm{AR}}(\omega_2) \approx Cp^2\eta_2^2$$

其中 C 是一个常数。可以得到两个频率点的功率谱密度估计值之比为

$$\hat{S}_{\mathrm{AR}}(\omega_1)/\hat{S}_{\mathrm{AR}}(\omega_2) \approx \eta_1^2/\eta_2^2$$

这个结果揭示了一个现象,如果两个复正弦的信噪比相差 10 倍,那么它们的功率谱密度估计值相差 100 倍,因此多个正弦信号和的 AR 模型谱估计趋向于增强电平高的正弦分量。

Marple 证明[13],AR 模型谱估计的频率分辨率近似为

$$\delta\omega_{\mathrm{AR}} = \frac{2.06\pi}{p(\eta(p+1))^{0.31}} \tag{6.2.74}$$

考虑到周期图法的频率分辨率约为

$$\delta\omega_{\mathrm{per}} = \frac{1.72\pi}{N}$$

当 $\delta\omega_{\mathrm{AR}}<\delta\omega_{\mathrm{Per}}$时,AR 模型法可取得更好的分辨率。为使 AR 模型法取得比周期图法更高的分辨率,假设模型阶已确定,要求信噪比为

$$10\log_{10}\eta > -10\log_{10}(p+1) + 32.3\log_{10}1.2(N/p)$$

举例说明,设信号中存在两个复正弦,若取模型阶 $p=8$,周期图的长度为 $N=64$,为使 AR 模型得到更高分辨率,要求信噪比 $10\log_{10}\eta>22\mathrm{dB}$。由此可见,AR 模型法的高分辨率是建立在高信噪比的基础上的。

3. 测量噪声对 AR 模型谱估计的影响

前述,利用复正弦信号说明了噪声功率对 AR 模型谱估计分辨率的影响,更一般的,如果随机信号 $x(n)$可以由 AR(p)模型非常精确地表示,但测量中混入了测量误差,因此实际测量的信号是 $y(n)=x(n)+w(n)$,这里 $w(n)$是白噪声,我们用 $y(n)$进行谱估计,但 $y(n)$

实际已是 ARMA(p,p)信号，这可以由下式说明

$$\begin{aligned}\widetilde{S}_y(z) &= \widetilde{S}_x(z) + \sigma_w^2 = \frac{\sigma_v^2}{A(z)A^*(1/z^*)} + \sigma_w^2 \\ &= \frac{\sigma_v^2 + \sigma_w^2 A(z)A^*(1/z^*)}{A(z)A^*(1/z^*)}\end{aligned} \tag{6.2.75}$$

由于 $y(n)$是 ARMA(p,p)信号，当信噪比很高并且满足 $\sigma^2 \gg \sigma_w^2$ 条件时，上式还可以近似用 AR(p)模型表示，当信噪比较低时，AR(p)模型法已不再适用。因此 AR(p)模型谱估计对噪声是敏感的。

有些方法可以用于缓解这个问题，例如可以采用更高阶模型，或者对噪声引起的自相关系数进行补偿等，根本的方法就是采用 ARMA(p,q)模型法。

6.3　系统模型阶选择问题

在上述算法的讨论时，假设 AR 模型的阶 p 是已经确定的，实际中，p 是一个待确定的参数，怎样确定最优的 p 值，是模型阶的确定问题。模型阶的确定在几个不同领域都存在，如第 4 章和第 5 章讨论的最优或自适应滤波器也有怎样选择最优阶的问题。最优阶的选择也可以通过确定一定的目标准则得到最优解，Akaike 较早研究了这个问题，并导出几个准则，本章不深入地讨论模型阶选择问题，只简单列出如下几个准则。

(1) 最终预测误差准则(Final Prediction Error，FPE)，是由 Akaike 于 1969 年提出的。使如下准则函数最小的阶数，确定为模型的阶。

$$\text{FPE}(k) = \frac{N+k}{N-k}\hat{P}_k \tag{6.3.1}$$

这里 $\hat{P}_k$ 是 k 阶预测误差滤波器的输出功率，即等价为 k 阶 AR 模型的激励白噪声方差。

(2) Akaike 信息准则(Akaike Information Criterion，AIC)，是 Akaike 于 1974 年提出的，令如下信息函数

$$\text{AIC}(k) = N\ln \hat{P}_k + 2k \tag{6.3.2}$$

当 $k=p$ 时，信息函数为最小，则确定 AR 模型为 p 阶。

(3) 最小描述长度准则(Minimizes The Description Length，MDL)，是 Rissanen 于 1983 年提出的，准则函数定义为

$$\text{MDL}(k) = N\ln \hat{P}_k + k\ln N \tag{6.3.3}$$

使准则函数最小的阶，确定为模型阶。

(4) 传输函数准则(Criterion Autoregressive Transfer Function，CAT)，定义准则函数为

$$\text{CAT}(k) = \left(\frac{1}{N}\sum_{m=1}^{k}\frac{N-m}{N\hat{P}_m}\right) - \frac{1}{\hat{P}_k} \tag{6.3.4}$$

最小化准则函数的阶选为模型的阶。

遗憾的是，这几个模型阶的准则并不能总给出相同的模型阶估计，在缺乏先验信息的情况下，可以实验用不同准则确定的阶，并对最终的谱估计结果进行分析和选择。

6.4 MA 模型谱估计

由 MA 模型知，如果一个随机信号符合 MA 模型，它的功率谱为

$$S_{MA}(f)=\sigma^2 \mid B(f)\mid^2=\sigma^2\left|1+\sum_{k=1}^{q} b^*(k)\mathrm{e}^{-\mathrm{j}2\pi fk}\right|^2 \tag{6.4.1}$$

类似 Yule-Walker 方程，MA 模型的自相关函数与模型系数存在如下关系

$$r_{xx}(k)=\begin{cases}\sigma^2\sum_{\ell=0}^{q-k} b^*(\ell)b(\ell+k) & k=0,1,\cdots,q\\ r_{xx}^*(-k) & k=-1,-2,\cdots,-q\\ 0 & \text{其他}\end{cases} \tag{6.4.2}$$

由于 MA 序列的自相关函数仅有有限个不为零的值，MA 谱也可以写成如下形式：

$$S_{MA}(f)=\sum_{k=-q}^{q} r_{xx}(k)\mathrm{e}^{-\mathrm{j}2\pi fk} \tag{6.4.3}$$

上式与经典的 BT 估计公式是一致的，注意到一点不同是，BT 估计器是通过加窗，限制 $r_{xx}(k)$ 在窗函数之外值为 0，如果 MA 模型是准确地刻画当前的信号，式(6.4.3)的 MA 估计器是准确的。MA 模型的一个最简单的估计器，就是利用观测数据$\{x(0),x(1),\cdots,x(N-1)\}$，获得估计的自相关值$\hat{r}_{xx}(k)$，$k=0,\pm1,\cdots,\pm q$，代入式(6.4.3)。如同在 AR 模型谱估计中，直接用估计的自相关函数解 Yule-Walker 方程得到的结果并不理想一样，直接将估计自相关值代入式(6.4.3)，得到的谱估计的性能也不理想。

由于 MA 模型不存在与线性预测的直接对应关系，不能直接利用线性预测误差和最小导出 MA 模型参数估计的 LS 算法。为了导出 MA 的参数估计算法，假设随机信号是服从高斯分布，利用 MLE 估计技术，导出一个 MLE-MA 估计器，称这个估计器为 Durbin 方法。为简单计，以下仅讨论实信号情况。

设一个 MA 过程表示为

$$x(n)=\sum_{k=0}^{q} b(k)v(n-k) \tag{6.4.4}$$

记 $\boldsymbol{b}=[b(0),b(1),\cdots,b(q)]^q$ 为其系数向量，假设该过程的零点位置不是非常靠近单位圆，由 Kolmogorov 定理，这个 MA(q)模型可以由 AR(L)模型逼近，这里要求 $L\gg q$，即由如下 AR(L)方程近似替代 MA(q)方程。

$$x(n)=-\sum_{k=1}^{L} a(k)x(n-k)+v(n) \tag{6.4.5}$$

由观测数据集$\{x(0),x(1),\cdots,x(N-1)\}$估计 AR($L$)的参数集$\hat{\boldsymbol{y}}=[\hat{\boldsymbol{a}}^{\mathrm{T}},\hat{\sigma}_{AR}^2]^{\mathrm{T}}$，由于$\hat{\boldsymbol{y}}$和 MA($q$)模型系数向量 $\boldsymbol{b}$、MA(q)的激励白噪声方差 σ^2 是直接相关联的，存在一个似然函数 $p(\hat{\boldsymbol{y}}|\boldsymbol{b},\sigma^2)$，因为$\hat{\boldsymbol{y}}$是 AR($L$)模型的参数集，可由 6.2 节的任一种方法进行估计，因此目前是已经可以得到的量，如果能够写出似然函数的表达式 $p(\hat{\boldsymbol{y}}|\boldsymbol{b},\sigma^2)$，由 MLE 估计方法可以得到 MA($q$)的参数 $\boldsymbol{b}$ 和 σ^2。

在上节已经证明，AR(L)参数集$\hat{\boldsymbol{y}}$是通过观测数据集$\{x(0),x(1),\cdots,x(N-1)\}$得到的

MLE 估计，它是逼近高斯的，并且均值向量和协方差矩阵都已得到，重写如下

$$E[\hat{\boldsymbol{y}}]=\boldsymbol{y}=\begin{bmatrix}\boldsymbol{a}\\ \sigma^2\end{bmatrix}\tag{6.4.6}$$

注意，对于真实值，$\sigma_{\mathrm{AR}}^2=\sigma_{\mathrm{MA}}^2=\sigma^2$ 是一致的。$\hat{\boldsymbol{y}}$的协方差矩阵是

$$\boldsymbol{C}_{\hat{y}}=\boldsymbol{C}_{\hat{a},\hat{\sigma}_{\mathrm{AR}}^2}=\begin{bmatrix}\frac{\sigma^2}{N}\boldsymbol{R}_{xx}^{-1} & \boldsymbol{0}\\ \boldsymbol{0}^{\mathrm{T}} & \frac{2\sigma^4}{N}\end{bmatrix}\tag{6.4.7}$$

在均值和协方差矩阵已知情况下，高斯随机向量$\hat{\boldsymbol{y}}$的似然函数为

$$p(\hat{\boldsymbol{y}}\mid \boldsymbol{b},\sigma^2)=\frac{1}{(2\pi)^{\frac{(L+1)}{2}}\det^{\frac{1}{2}}(\boldsymbol{C}_{\hat{y}})}\exp\left[-\frac{1}{2}(\hat{\boldsymbol{y}}-\boldsymbol{y})^{\mathrm{T}}\boldsymbol{C}_{\hat{y}}^{-1}(\hat{\boldsymbol{y}}-\boldsymbol{y})\right]\tag{6.4.8}$$

为了简化式(6.4.8)，利用一个关系，当 L 很大时 $\det(\boldsymbol{R}_{xx})\approx\sigma^{2L}$，参见文献[11]，故

$$\det(\boldsymbol{C}_{\hat{y}})=\frac{2\sigma^4}{N}\left(\frac{\sigma^2}{N}\right)^L\det{}^{-1}(\boldsymbol{R}_{xx})=\frac{2\sigma^4}{N^{L+1}}\tag{6.4.9}$$

式(6.4.9)说明，似然函数中，指数函数前面的系数仅与 σ^2 有关。代入 $\boldsymbol{C}_{\hat{y}}$表达式(6.4.7)和式(6.4.8)的指数部分，得到

$$(\hat{\boldsymbol{y}}-\boldsymbol{y})^{\mathrm{T}}\boldsymbol{C}_{\hat{y}}^{-1}(\hat{\boldsymbol{y}}-\boldsymbol{y})=(\hat{\boldsymbol{a}}-\boldsymbol{a})\left(\frac{N\boldsymbol{R}_{xx}}{\sigma^2}\right)(\hat{\boldsymbol{a}}-\boldsymbol{a})+\frac{N}{2\sigma^4}(\hat{\sigma}_{\mathrm{AR}}^2-\sigma^2)^2\tag{6.4.10}$$

定义 $\bar{\boldsymbol{R}}_{xx}=\frac{1}{\sigma^2}\boldsymbol{R}_{xx}$，得到

$$p(\hat{\boldsymbol{y}}\mid \boldsymbol{b},\sigma^2)=\underbrace{\frac{C}{\sigma^2}\mathrm{e}^{-\frac{N}{4\sigma^4}(\hat{\sigma}_{\mathrm{AR}}^2-\sigma^2)^2}}_{P_1}\underbrace{\exp\left\{-\frac{N}{2}(\hat{\boldsymbol{a}}-\boldsymbol{a})^{\mathrm{T}}\bar{\boldsymbol{R}}_{xx}(\hat{\boldsymbol{a}}-\boldsymbol{a})\right\}}_{P_2}\tag{6.4.11}$$

将 $p(\hat{\boldsymbol{y}}|\boldsymbol{b},\sigma^2)$分成 P_1 和 P_2 分别求 σ^2 和 $\boldsymbol{b}$ 的估计值：

(1) 由

$$\left.\frac{\partial\ln P_1}{\partial\sigma^2}\right|_{\sigma^2=\hat{\sigma}^2}=\frac{\partial}{\partial\sigma^2}\left[\ln c-\ln\sigma^2-\frac{N}{4\sigma^4}(\hat{\sigma}_{\mathrm{AR}}^2-\sigma^2)^2\right]=0$$

当 $N\gg1$ 时，得

$$\hat{\sigma}^2=\hat{\sigma}_{\mathrm{AR}}^2=\hat{r}_{xx}(0)+\sum_{k=1}^{L}\hat{a}(k)\hat{r}_{xx}(k)\tag{6.4.12}$$

式(6.4.12)第 2 个等号是假设 AR(L)参数的估计用的是自相关方法。

(2) P_2 的指数部分，不包括常数和符号，写为

$$Q=(\hat{\boldsymbol{a}}-\boldsymbol{a})^{\mathrm{T}}\bar{\boldsymbol{R}}_{xx}(\hat{\boldsymbol{a}}-\boldsymbol{a})=\hat{\boldsymbol{a}}\bar{\boldsymbol{R}}_{xx}\hat{\boldsymbol{a}}-2\hat{\boldsymbol{a}}\bar{\boldsymbol{R}}_{xx}\boldsymbol{a}+\boldsymbol{a}^{\mathrm{T}}\bar{\boldsymbol{R}}_{xx}\boldsymbol{a}\tag{6.4.13}$$

由 Yule-Walker 方程知，

$$\bar{\boldsymbol{R}}_{xx}\boldsymbol{a}=\frac{\boldsymbol{R}_{xx}}{\sigma^2}\boldsymbol{a}=-\frac{\boldsymbol{r}_{xx}}{\sigma^2}=-\bar{\boldsymbol{r}}_{xx}$$

带回式(6.4.13)，得

$$Q=\hat{\boldsymbol{a}}\bar{\boldsymbol{R}}_{xx}\hat{\boldsymbol{a}}+2\hat{\boldsymbol{a}}^{\mathrm{T}}\bar{\boldsymbol{r}}_{xx}-\boldsymbol{a}^{\mathrm{T}}\bar{\boldsymbol{r}}_{xx}\tag{6.4.14}$$

再由 $\sigma^2=r_{xx}(0)+\sigma^2\boldsymbol{a}^{\mathrm{T}}\bar{\boldsymbol{r}}_{xx}$，得到

$$\boldsymbol{a}^{\mathrm{T}}\,\bar{\boldsymbol{r}}_{xx}=1-\frac{r_{xx}(0)}{\sigma^{2}}=1-\bar{r}_{xx}(0)$$

代入式(6.4.14)，得

$$\begin{aligned}Q&=\hat{\boldsymbol{a}}\,\bar{\boldsymbol{R}}_{xx}\,\hat{\boldsymbol{a}}+2\,\hat{\boldsymbol{a}}^{\mathrm{T}}\boldsymbol{r}_{xx}+\frac{r_{xx}(0)}{\sigma^{2}}-1\\&=\begin{pmatrix}1\\ \hat{\boldsymbol{a}}\end{pmatrix}^{\mathrm{T}}\begin{pmatrix}\bar{r}_{xx}(0)&\bar{\boldsymbol{r}}_{xx}^{\mathrm{T}}\\ \bar{\boldsymbol{r}}_{xx}&\bar{\boldsymbol{R}}_{xx}\end{pmatrix}\begin{pmatrix}1\\ \hat{\boldsymbol{a}}\end{pmatrix}-1\\&=\sum_{i=0}^{L}\sum_{j=0}^{L}\hat{a}(i)\,\hat{a}(j)\,\bar{r}_{xx}(i-j)-1\end{aligned}\tag{6.4.15}$$

再由式(6.4.2)，两边做变量替换得

$$\bar{r}_{xx}(i-j)=\sum_{n=-\infty}^{+\infty}b(n)b(n+i-j)=\sum_{n=-\infty}^{+\infty}b(n-j)b(n-j)\tag{6.4.16}$$

尽管将式(6.4.16)的上下求和限写成无穷，但因为满足 $b(i)=0$，对 $i<0\quad i>q$，式(6.4.16)是有限求和，将式(6.4.16)代入式(6.4.15)并整理得

$$Q=\sum_{n=0}^{L+q}\left[\hat{a}(n)+\sum_{k=1}^{q}b(k)\,\hat{a}(n-k)\right]^{2}-1\tag{6.4.17}$$

为使似然函数 $p(\hat{\boldsymbol{y}}|\boldsymbol{b},\sigma^{2})$ 最大，P_2 部分要求最小化式(6.4.17)，等价于最小化如下

$$Q'=Q+1=\sum_{N=0}^{L+q}\left[\hat{a}(n)+\sum_{k=1}^{q}b(k)\,\hat{a}(n-k)\right]^{2}\tag{6.4.18}$$

注意到，上式正是相当于以 $\{\hat{a}(k),k=0,1,\cdots,L\}$ 为观测数据下，求解 AR(q)模型的自相关方法的 LS 误差平方和公式，这里 AR(q)模型的待求参数为 $b(k),k=1,2,\cdots,q$。故此，系数向量 $\boldsymbol{b}$ 的正则方程的解为

$$\hat{\boldsymbol{b}}=-\hat{\boldsymbol{R}}_{aa}^{-1}\,\hat{\boldsymbol{r}}_{aa}\tag{6.4.19}$$

这里

$$[\hat{\boldsymbol{R}}_{aa}]_{ij}=\frac{1}{L+1}\sum_{n=0}^{L-|i-j|}\hat{a}(n)\,\hat{a}(n+|i-j|)\quad i,j=1,2,\cdots,q\tag{6.4.20}$$

$$[\hat{r}_{aa}]_{i}=\frac{1}{L+1}\sum_{n=0}^{L-i}\hat{a}(n)\,\hat{a}(n+i)\quad i=1,2,\cdots,q\tag{6.4.21}$$

由以上讨论，将 Durbin 算法进行 MA 模型谱估计的算法总结如下，分为 3 步。

Durbin 算法：

(1) 由 $\{x(0),\cdots,x(N-1)\}$ 为观测数据，估计 L 阶 AR(L)参数，L 选取应满足 $q\ll L\ll N$，用自相关法进行求解，得到 $\{\hat{a}(0),\cdots,\hat{a}(L)\}$ 和 $\hat{\sigma}_{\mathrm{AR}}^{2}$。

(2) 以 $\{\hat{a}(0),\cdots,\hat{a}(L)\}$ 为输入数据，用解 AR(q)模型的自相关方法求解 MA(q)参数，得到 $\boldsymbol{b}=[b(1),\cdots,\hat{b}(q)]^{\mathrm{T}}$，并有 $\hat{\sigma}^{2}=\hat{\sigma}_{\mathrm{AR}}^{2}$。

(3) 将 $\{\hat{b}(k),\hat{\sigma}\}$ 代入 $S_{\mathrm{MA}}(f)$ 公式

$$S_{\mathrm{MA}}(f)=\sigma^{2}\,|\,B(f)\,|^{2}=\sigma^{2}\left|1+\sum_{k=1}^{q}b(k)\mathrm{e}^{-\mathrm{j}2\pi fk}\right|^{2}$$

按要求在 $f_i=i\Delta f$ 处计算 $S_{MA}(f)$，并画出功率谱密度的图形，这里 Δf 为要求的显示精度。

实际应用中，需要估计 MA 模型的阶数，可采用 Akaike 信息函数准则，准则函数为

$$\mathrm{AIC}(k)=N\ln\hat{\sigma}^2(k)+2k$$

这里用 $\hat{\sigma}^2(k)$ 表示用 k 阶 MA 模型时的激励噪声方差估计。当 $k=p$ 时，信息函数 AIC(k) 为最小，则确定 MA 模型为 p 阶。

6.5 ARMA 模型谱估计

如果利用观测数据 $\{x(0),x(1),\cdots,x(N-1)\}$ 估计得到 ARMA(p,q) 的参数集

$$\{\hat{a}(1),\cdots,\hat{a}(p),\hat{b}(1),\cdots,\hat{b}(q),\hat{\sigma}^2\}$$

PSD 的估计为

$$\hat{S}_{\mathrm{ARMA}}(f)=\hat{\sigma}^2\frac{\left|1+\sum_{k=1}^{q}\hat{b}^*(k)\mathrm{e}^{-\mathrm{j}2\pi fk}\right|^2}{\left|1+\sum_{k=1}^{p}\hat{a}^*(k)\mathrm{e}^{-\mathrm{j}2\pi fk}\right|^2} \tag{6.5.1}$$

从观测数据 $\{x(0),x(1),\cdots,x(N-1)\}$ 估计 ARMA(p,q) 的参数，远没有 AR 模型参数估计那样好的结构和成熟的算法。如下介绍两种算法。

6.5.1 改进 Yule-Walker 方程方法

将第 1 章给出的 ARMA(p,q) 模型的自相关函数与模型参数的关系重写如下

$$r_{xx}(k)=\begin{cases}-\sum_{l=1}^{p}a(l)r_{xx}(k-l)+\sigma^2\sum_{l=0}^{q-k}h^*(\ell)b(\ell+k) & k=0,1,\cdots,q\\ -\sum_{\ell=1}^{p}a(\ell)r_{xx}(k-\ell) & k\geqslant q+1\end{cases} \tag{6.5.2}$$

上式中 $h(n)=Z^{-1}\left[\frac{B(z)}{A(z)}\right]$，这里 Z^{-1} 表示 z 反变换，$h(n)$ 是系数 $a(k)$，$b(k)$ 的函数，前 $q+1$ 个方程是高度非线性的。从第 $q+1$ 个方程开始是线性的，可以解出 AR 部分的系数，取第 $q+1$ 至 $q+p$ 共构成 p 个方程，写成矩阵形式为

$$\begin{bmatrix}\hat{r}_{xx}(q) & \hat{r}_{xx}(q-1) & \cdots & \hat{r}_{xx}(q-p+1)\\ \hat{r}_{xx}(q+1) & \hat{r}_{xx}(q) & \cdots & \hat{r}_{xx}(q-p+2)\\ \vdots & \vdots & \ddots & \vdots\\ \hat{r}_{xx}(q+p-1) & \hat{r}_{xx}(q+p-2) & \cdots & \hat{r}_{xx}(q)\end{bmatrix}\begin{bmatrix}\hat{a}(1)\\ \vdots\\ \hat{a}(p)\end{bmatrix}=-\begin{bmatrix}\hat{r}_{xx}(q+1)\\ \hat{r}_{xx}(q+2)\\ \vdots\\ \hat{r}_{xx}(q+p)\end{bmatrix} \tag{6.5.3}$$

由观测数据 $\{x(0),x(1),\cdots,x(N-1)\}$，通过估计 $\hat{r}_{xx}(q-p+1),\cdots,\hat{r}_{xx}(q),\cdots,\hat{r}_{xx}(p+q)$ 的值，可解方程(6.5.3)，得到一组 AR 参数 $\{\hat{a}(k),k=1,2,\cdots,p\}$。

对式(6.5.3)取更一般的形式，取 $q+1$ 至 $q+L$ 的 L 个方程，这里 $L>p$，L 个方程记为

$$\boldsymbol{R}_{L+q}\boldsymbol{a}=-\boldsymbol{r}_{L+q} \tag{6.5.4}$$

这里

$$\boldsymbol{R}_{L+q}=\begin{bmatrix}\hat{r}_{xx}(q) & \hat{r}_{xx}(q-1) & \cdots & \hat{r}_{xx}(q-p+1)\\ \hat{r}_{xx}(q+1) & \hat{r}_{xx}(q) & \cdots & \hat{r}_{xx}(q-p+2)\\ \vdots & \vdots & \ddots & \vdots\\ \hat{r}_{xx}(q+L-1) & \hat{r}_{xx}(q+p-2) & \cdots & \hat{r}_{xx}(q+L-p)\end{bmatrix}$$

$$\boldsymbol{r}_{L+q}=-\begin{bmatrix}\hat{r}_{xx}(q+1)\\ \hat{r}_{xx}(q+2)\\ \vdots\\ \hat{r}_{xx}(q+L)\end{bmatrix} \tag{6.5.5}$$

由于方程式(6.5.4)是过确定的，故由此得到$\{\hat{a}(k),k=1,2,\cdots,p\}$的 LS 解为

$$\hat{\boldsymbol{a}}=-(\boldsymbol{R}_{L+q}^{\mathrm{H}}\boldsymbol{R}_{L+q})^{-1}\boldsymbol{R}_{L+q}^{\mathrm{H}}\boldsymbol{r}_{L+q} \tag{6.5.6}$$

由于估计的自相关值存在误差，适当选择 L，式(6.5.6)的 LS 解一般可好于式(6.5.3)方程组的解。

既然已经求得 ARMA(p,q)模型中的 AR 参数，通过下式定义一个近似 MA 序列

$$\hat{y}(n)=Z^{-1}\{X(z)\hat{A}(z)\} \tag{6.5.7}$$

很显然，如果 AR 模型参数估计的相当准确，$\hat{y}(n)$是逼近 MA 模型的随机序列，即

$$\hat{Y}(z)=X(z)\hat{A}(z)=\frac{B(z)}{A(z)}V(z)\hat{A}(z)\approx B(z)V(z) \tag{6.5.8}$$

上式中 $V(z)$是激励白噪声 $v(n)$的 z 变换。由式(6.5.7)得$\hat{y}(n)$可由下式计算

$$\hat{y}(n)=x(n)+\sum_{k=1}^{p}\hat{a}(k)x(n-k) \tag{6.5.9}$$

为了不考虑因为边界点引起的瞬态效应，由$\{x(0),x(1),\cdots,x(N-1)\}$通过式(6.5.9)计算$\hat{y}(n)$时，只计算$\{\hat{y}(n),n=p,p+1,\cdots,N-1\}$共 $N-p$ 个值。因为$\hat{y}(n)$是近似 MA(q)过程，并且$\hat{y}(n)$的参数与 ARMA(p,q)中的 MA 参数是近似相等的，用上节介绍的 Durbin 算法估计参数$\{\hat{b}(k),\hat{\sigma},k=1,\cdots,q\}$。将$\{\hat{a}(k),k=1,2,\cdots,p\}$和$\{\hat{b}(k),\hat{\sigma},k=1,\cdots,q\}$代入式(6.5.1)并在 $f_i=i\Delta f$ 处计算$\hat{S}_{\mathrm{ARMA}}(f)$，并可画出 ARMA$(p,q)$的 PSD 图形。以上求解 ARMA 模型谱估计的算法称为改进 Yule-Walker 算法，总结在如下的算法描述中。

改进 Yule-Walker 算法：

(1) 由式(6.5.6)计算$\{\hat{a}(k),k=1,2,\cdots,p\}$；

(2) 由式(6.5.9)计算$\{\hat{y}(n),n=p,p+1,\cdots,N-1\}$；

(3) 把$\hat{y}(n)$看作 MA(q)模型，用 Durbin 算法计算$\{\hat{b}(k),\hat{\sigma},k=1,\cdots,q\}$；

(4) 利用式(6.5.1)，要求在 $f_i=i\Delta f$ 处计算 $S_{\mathrm{ARMA}}(f)$，并画出功率谱密度的图形，这里 Δf 为要求的显示精度。

*6.5.2 Akaike 的非线性迭代算法

假设随机信号服从高斯分布并且是实的，可以试图通过 MLE 导出 ARMA(p,q)模型的参数估计算法。为了由观测数据进行模型参数估计，用如下似然函数进行 MLE。

$$p(x(0),x(1),\cdots,x(N-1)\mid \boldsymbol{a},\boldsymbol{b},\sigma^2) \tag{6.5.10}$$

由于通过 ARMA(p,q)模型的差分方程，很难写出由观测数据和 $\boldsymbol{a},\boldsymbol{b}$ 表示的激励白噪声 $v(n)$的表达式，因此式(5.82)很难显式的写出，为此做一些简化假设

(1) 观测数据长度 N 是很大的，并且是实数据；

(2) ARMA(p,q)对应系统函数的极点和零点不靠近单位圆。

在此假设下，根据 Kolmogorov 定理，可以用 L 阶 AR(L)模型逼近 ARMA(p,q)，$L\gg\max\{p,q\}$。AR(L)的差分方程写为

$$x(n)=-\sum_{i=1}^{L}c(i)x(n-i)+v(n) \tag{6.5.11}$$

类似 AR 参数估计的协方差方法，得到 AR(L)参数估计用的近似似然函数为

$$\begin{aligned}&p(x(L),x(L+1),\cdots,x(N-1)\mid x(0),x(1),\cdots,x(L-1),\boldsymbol{c},\sigma^2)\\&=\frac{1}{(2\pi\sigma^2)^{\frac{(N-L)}{2}}}\exp\left[-\frac{1}{2\sigma^2}\sum_{n=L}^{N-1}\left(x(n)+\sum_{j=1}^{L}c(j)x(n-j)\right)^2\right]\end{aligned} \tag{6.5.12}$$

为确定参数 $\boldsymbol{c}$ 使上式最大，相当于求下式最小

$$J_2(a,b)=\sum_{n=L}^{N-1}\left(x(n)+\sum_{j=1}^{L}(c(j)x(n-j))\right)^2 \tag{6.5.13}$$

类似地得到 $\hat{\sigma}^2$ 的估计(假设利用式(6.5.13)已求出 $c(j)$的估计$\hat{c}(j)$)为

$$\hat{\sigma}^2=\frac{1}{N-L}\sum_{n=L}^{N-1}\left(x(n)+\sum_{j=1}^{L}\hat{c}(j)x(n-j)\right)^2 \tag{6.5.14}$$

若用式(6.5.13)求解 ARMA(p,q)的参数$\hat{\boldsymbol{a}},\hat{\boldsymbol{b}}$，需代入 $\boldsymbol{c}$ 与 $\boldsymbol{a},\boldsymbol{b}$ 的关系式到式(6.5.13)中，这将会引出一个高度非线性的方程。通过最简单情况，看一下 ARMA(1,1)情况下的求解问题。

在 ARMA(1,1)情况下，在第 1 章已经得到 ARMA(1,1)和 AR(∞)参数之间的关系，重写如下

$$c(j)=(a(1)-b(1))(-b(1))^{j-1}\quad j\geqslant 1 \tag{6.5.15}$$

式(6.5.15)中只取前 L 个系数，就相当于用 AR(L)逼近 ARMA(1,1)，将式(6.5.15)代入 $J_2(\boldsymbol{a},\boldsymbol{b})$，得到

$$J_2(\boldsymbol{a},\boldsymbol{b})=\sum_{n=L}^{N-1}\left[x(n)+\sum_{j=1}^{L}(a(1)-b(1))(-b(1))^{j-1}x(n-j)\right]^2$$

它是 $a(1)$的二次方程，但是 $b(1)$的高阶非线性方程，最小化问题的求解是一个高度非线性的方程。在 ARMA(p,q)的一般情况下，问题更复杂得多，为了能够进一步推导 ARMA(p,q)得 MLE 方程，将式(6.5.13)和式(6.5.14)改写成频域形式。

在 $N\gg L$ 时，利用 Parseval 定理，式(6.5.13)和式(6.5.14)可以改写如下，注意在推导过程中，为方便，可能将有限求和改写成无限求和，但注意 $x(n)=0$ 对 $n<0$ 和 $n\geqslant N$。

$$\begin{aligned}J_2(\boldsymbol{a},\boldsymbol{b})&=\sum_{n=L}^{N-1}\left(\sum_{j=0}^{L}c(j)x(n-j)\right)^2=\sum_{n=-\infty}^{+\infty}\left(\sum_{j=0}^{L}c(j)x(n-j)\right)^2\\&=\sum_{n=-\infty}^{+\infty}(e(n))^2=\int_{-\frac{1}{2}}^{\frac{1}{2}}|E(f)|^2\mathrm{d}f=\int_{-\frac{1}{2}}^{\frac{1}{2}}|X(f)|^2|C(f)|^2\mathrm{d}f\\&=N\int_{-\frac{1}{2}}^{\frac{1}{2}}I(f)\frac{|A(f)|^2}{|B(f)|^2}\mathrm{d}f\end{aligned} \tag{6.5.16}$$

这里 $I(f)=\frac{1}{N}\mid X(f)\mid^2=\frac{1}{N}\left|\sum_{n=0}^{N-1}x(n)\mathrm{e}^{-\mathrm{j}2\pi fn}\right|^2$ 是观测数据序列的周期图函数。$C(f)$是等价的 AR(L)的频率响应，与 ARMA(p,q)的频率响应是相等的，故可将 $\frac{|A(f)|^2}{|B(f)|^2}$ 引入式(6.5.16)中。

类似地，可以证明：

$$\hat{\sigma}^2=\int_{-\frac{1}{2}}^{\frac{1}{2}}I(f)\frac{\mid\hat{A}(f)\mid^2}{\mid\hat{B}(f)\mid^2}\mathrm{d}f \tag{6.5.17}$$

利用式(6.5.16)和式(6.5.17)的频域表示，Akaike 给出一个非线性迭代算法，概要描述如下。令

$$Q(\boldsymbol{a},\boldsymbol{b})=\frac{1}{N}J_2(\boldsymbol{a},\boldsymbol{b})=\int_{-\frac{1}{2}}^{\frac{1}{2}}I(f)\left|\frac{A(f)}{B(f)}\right|^2\mathrm{d}f \tag{6.5.18}$$

求 $\boldsymbol{a},\boldsymbol{b}$ 使式(6.5.18)最小，等于求解如下方程

$$\begin{bmatrix}\dfrac{\partial Q}{\partial\boldsymbol{a}}\\[2mm]\dfrac{\partial Q}{\partial\boldsymbol{b}}\end{bmatrix}=\boldsymbol{0} \tag{6.5.19}$$

式(6.5.19)是非线性方程，可以用 Newton-Raphson 迭代算法求解，迭代算法为

$$\begin{bmatrix}\hat{\boldsymbol{a}}_{k+1}\\ \hat{\boldsymbol{b}}_{k+1}\end{bmatrix}=\begin{bmatrix}\hat{\boldsymbol{a}}_{k}\\ \hat{\boldsymbol{b}}_{k}\end{bmatrix}-\boldsymbol{H}^{-1}(\hat{\boldsymbol{a}}_k,\hat{b}_k)\begin{bmatrix}\dfrac{\partial Q}{\partial\boldsymbol{a}}\\[2mm]\dfrac{\partial Q}{\partial\boldsymbol{b}}\end{bmatrix}\Bigg|_{\substack{a=\hat{\boldsymbol{a}}_k\\ b=\hat{\boldsymbol{b}}_k}} \tag{6.5.20}$$

迭代式(6.5.20)中，矩阵 $\boldsymbol{H}$ 由下式确定

$$\boldsymbol{H}(\boldsymbol{a},\boldsymbol{b})=\begin{bmatrix}\dfrac{\partial^2 Q}{\partial\boldsymbol{a}\partial\boldsymbol{a}^{\mathrm{T}}} & \dfrac{\partial^2 Q}{\partial\boldsymbol{a}\partial\boldsymbol{b}^{\mathrm{T}}}\\[2mm]\dfrac{\partial^2 Q}{2\boldsymbol{b}\partial\boldsymbol{a}^{\mathrm{T}}} & \dfrac{\partial^2 Q}{\partial\boldsymbol{b}\partial\boldsymbol{b}^{\mathrm{T}}}\end{bmatrix} \tag{6.5.21}$$

经过一系列推导[11]，式(6.5.20)和式(6.5.21)中各分项的表达式为

$$\frac{\partial Q}{\partial a(k)}=-2\sum_{i=0}^{p}a(i)\,\hat{r}_{yy}(k-i)$$

$$\frac{\partial Q}{\partial b(l)}=-2\sum_{i=0}^{q}b(i)\,\hat{r}_{zz}(l-i)$$

$$\frac{\partial^2 Q}{\partial a(k)\partial a(l)}=2\,\hat{r}_{yy}(k-l)\qquad \hat{r}_{yy}(k)=\frac{1}{N}\sum_{k=0}^{N-|k|-1}y(n)y(n+|k|)$$

$$\frac{\partial^2 Q}{\partial b(k)\partial b(l)}=2\,\hat{r}_{zz}(k-l)\qquad \hat{r}_{zz}(k)=\frac{1}{N}\sum_{n=0}^{N-|k|-1}z(n)z(n+|k|)$$

$$\frac{\partial^2 Q}{\partial a(k)\partial b(l)}=-2\,\hat{r}_{yz}(k-l)\qquad \hat{r}_{yz}(k)=\begin{cases}\dfrac{1}{N}\displaystyle\sum_{n=0}^{N-k-1}y(n)z(n+k) & k\geqslant 0\\[2mm] \dfrac{1}{N}\displaystyle\sum_{n=-k}^{N-1}y(n)z(n+k) & k<0\end{cases}$$

其中，

$$y(n)=Z^{-1}\left[\frac{1}{\hat{B}(z)}X(z)\right]\quad z(n)=Z^{-1}\left[\frac{\hat{A}(z)}{\hat{B}^2(z)}X(z)\right]$$

在式(6.5.20)每完成一次迭代后，比较$\hat{\boldsymbol{a}}_{k+1}$，$\hat{\boldsymbol{b}}_{k+1}$与$\hat{\boldsymbol{a}}_k$，$\hat{\boldsymbol{b}}_k$，当各系数变化的平方和小于预定门限后，迭代停止，最后计算

$$\hat{\sigma}^2=\frac{1}{N}\sum_{n=0}^{N-1}\hat{v}^2(n)\tag{6.5.22}$$

其中

$$\hat{v}(n)=Z^{-1}\left[\frac{\hat{A}(z)}{\hat{B}(z)}X(z)\right]$$

以上算法中，$\hat{A}(z)$，$\hat{B}(z)$由前一次迭代已求出的系数构成。该算法收敛于全局最小的关键是取一个好的初始值，好的初始值是指它与真实系数比较接近。6.5.1节给出的改进Yule-Walker方程方法获得的ARMA(p,q)参数作为最终估计结果一般不是非常理想，但可以作为非线性迭代算法的初始值，再经过几次迭代，改善估计性能。

*6.6　最小方差谱估计

本节讨论通过最优滤波器进行PSD估计的方法，基本的思路是：待分析的信号通过一个滤波器，滤波器通过频率为ω_0的信号而抑制其他频率分量，滤波器的输出功率就是待分析信号中频率为ω_0的功率，改变ω_0得到待分析信号中不同频率分量的功率分布。

作为维纳滤波器的应用，研究约束最优滤波问题，滤波器输出为

$$y(n)=\sum_{k=0}^{p}w_k^*x(n-k)\tag{6.6.1}$$

它要求在输入为$e^{j\omega_0 n}$时，为直通，即增益为1，要求

$$y(n)=\sum_{k=0}^{p}w_k^*e^{j\omega_0(n-k)}=e^{j\omega_0 n}\sum_{k=0}^{p}w_k^*e^{-j\omega_0 k}=e^{j\omega_0 n}$$

即要求：

$$\sum_{k=0}^{p}w_k^*e^{-j\omega_0 k}=1\tag{6.6.2}$$

在此条件下，为抑制其他频率分量，要求$y(n)$的输出能量为最小。

这实际上是一个约束最小化问题，可表示为如下式的优化

$$J_o=\min_{w_k}\{E[|y(n)|^2]\}=\min_{w_k}\left\{\sum_{k=0}^{p}\sum_{i=0}^{p}w_k^*w_ir(i-k)\right\}\tag{6.6.3}$$

同时满足式(6.6.2)的约束条件。

以上问题与3.2节的最优波束形成是相同的问题，可用拉格朗日(Lagrange)乘积法求解，求使

$$J=\sum_{k=0}^{p}\sum_{i=0}^{p}w_k^*w_ir(i-k)+R_e\left[\lambda^*\left(\sum_{k=0}^{p}w_k^*e^{-j\omega_0 k}-1\right)\right]\tag{6.6.4}$$

最小的滤波器系数，这个最优问题的解是

$$\boldsymbol{w}_0=\frac{\boldsymbol{R}_{xx}^{-1}\boldsymbol{e}(\omega_0)}{\boldsymbol{e}^{\mathrm{H}}(\omega_0)\boldsymbol{R}_{xx}^{-1}\boldsymbol{e}(\omega_0)} \tag{6.6.5}$$

这里

$$\boldsymbol{e}(\omega_0)=[1,\mathrm{e}^{-\mathrm{j}\omega_0},\mathrm{e}^{-\mathrm{j}\omega_0 2},\cdots,\mathrm{e}^{-\mathrm{j}p\omega_0}]^{\mathrm{T}}$$

将 $\boldsymbol{w}_0$ 代入式(6.6.3)中，得到滤波器输出最小功率为

$$J_{\min}=\frac{1}{\boldsymbol{e}^{\mathrm{H}}(\omega_0)\boldsymbol{R}_{xx}^{-1}\boldsymbol{e}(\omega_0)} \tag{6.6.6}$$

这个滤波器允许频率为 ω_0 的复正弦频率信号近似无损地通过滤波器，而以最大的强度抑制其他频率成分，以使输出功率最小，这个最小输出功率就逼近输入信号中 ω_0 频率成分的强度，改变 ω_0 值，就可以得到在各个频率点上，信号中包含该频率成分的强度，这实际上就是我们所要求的 PSD。

在谱估计时，按信号向量的惯用顺序，定义

$$\boldsymbol{x}(n)=[x(n),x(n-1),\cdots,x(n-p)]^{\mathrm{T}}$$
$$\boldsymbol{R}_{xx}=E[\boldsymbol{x}(n)\boldsymbol{x}^{\mathrm{H}}(n)]$$

考虑 $p+1$ 个系数滤波器的情况

$$\boldsymbol{R}_{xx}=[r_{xx}(i-j)]_{(p+1)\times(p+1)}$$

定义

$$\boldsymbol{e}(f)=[1,\mathrm{e}^{\mathrm{j}\omega},\mathrm{e}^{\mathrm{j}2\omega},\cdots,\mathrm{e}^{\mathrm{j}p\omega}]^{\mathrm{T}}=[1,\mathrm{e}^{\mathrm{j}2\pi f},\mathrm{e}^{\mathrm{j}4\pi f},\cdots,\mathrm{e}^{\mathrm{j}2\pi pf}]^{\mathrm{T}}$$

则最小方差功率谱估计器(MVSE-PSD)为

$$S_{\mathrm{MVSE}}(f)=\frac{1}{\boldsymbol{e}^{\mathrm{H}}(f)\boldsymbol{R}_{xx}^{-1}\boldsymbol{e}(f)} \tag{6.6.7}$$

式(6.6.7))给出了 MVSE 方法的 PSD 估计公式，通过观测数据，估计 $p+1$ 个自相关函数的值，将估计的自相关矩阵求逆后代入式(6.6.7)，令 $f_i=i\Delta f$，画出估计的 PSD 图形，这里 Δf 是要求的频率显示精度。

利用 Cholesky 分解，可以证明

$$\frac{1}{S_{\mathrm{MVSE}}(f)}=\sum_{i=0}^{p}\frac{1}{S_{\mathrm{AR}}^{(i)}(f)} \tag{6.6.8}$$

这里 $S_{\mathrm{AR}}^{(i)}$ 是 AR(i)模型的功率谱密度，证明过程如下。

用式(6.6.8)的倒数，并代入 $\boldsymbol{R}_{xx}^{-1}$ 的 Cholesky 分解，得到

$$\frac{1}{S_{\mathrm{MVSE}}(f)}=\boldsymbol{e}^{\mathrm{H}}(f)\boldsymbol{R}_{xx}^{-1}\boldsymbol{e}(f)=\boldsymbol{e}^{\mathrm{H}}(f)\boldsymbol{L}_{P+1}^{\mathrm{H}}\boldsymbol{D}_{P+1}^{-1}\boldsymbol{L}_{P+1}\boldsymbol{e}(f) \tag{6.6.9}$$

将

$$\boldsymbol{L}_{p+1}=\begin{bmatrix}1&0&0&\cdots&0\\a_{1,1}&1&0&\cdots&0\\a_{2,2}&a_{2,1}&1&\cdots&0\\\vdots&\vdots&\vdots&\ddots&\vdots\\a_{p,p}&a_{p,p-1}&a_{p,p-2}&\cdots&1\end{bmatrix} \tag{6.6.10}$$

$$\boldsymbol{D}_{p+1}=\begin{bmatrix} p_0 & & & \\ & p_1 & & 0 \\ & & \ddots & \\ 0 & & & p_p \end{bmatrix} \tag{6.6.11}$$

将式(6.6.10)和式(6.6.11)代入式(6.6.9)整理得

$$\frac{1}{S_{\mathrm{MVSE}}(f)}=\sum_{i=0}^{p}\frac{1}{p_i}\mid 1+a_{i,1}\mathrm{e}^{-\mathrm{j}2\pi f}+\cdots+a_{i,i}\mathrm{e}^{-\mathrm{j}2\pi i f}\mid^2=\sum_{i=0}^{p}\frac{1}{S_{\mathrm{AR}}^{(i)}(f)} \tag{6.6.12}$$

在上式中，p_i 是第 i 阶预测误差滤波器输出功率，它等于 i 阶 AR 模型的激励白噪声方差，因此，上式第 1 个等号后求和中的每一项恰好是 i 阶 AR 模型功率谱表达式的倒数。

由于低阶的平均效果，$p+1$ 阶 MVSE-PSD 的频率分辨率不及 p 阶 AR 模型的 PSD($S_{\mathrm{AR}}^{(p)}$)，(它们都使用 $p+1$ 个相关值)，但一般情况下 MVSE 的分辨率与周期图法和 BT 方法相比要视具体情况而定。

在实际中，可以用

$$[\boldsymbol{R}_{xx}]_{ij}=\frac{1}{2(N-1)}\left[\sum_{n=p}^{N-1}x(n-i)x(n-j)+\sum_{n=0}^{N-1-p}x(n+i)x(n+j)\right] \tag{6.6.13}$$

来估计自相关值，这个公式与改进协方差法使用的正则方程的系数值公式相同。

6.7 利用特征空间的频率估计

许多应用问题可以模型化为白噪声中的复正弦信号，即

$$x(n)=\sum_{i=1}^{P}A_i\mathrm{e}^{\mathrm{j}(2\pi f_i n+\varphi_i)}+z(n) \tag{6.7.1}$$

这里 $z(n)$ 是白高斯噪声，方差为 σ_z^2，均值为 0，为使该序列是 WSS 的，假设 φ_i 是$[0,2\pi]$之间均匀分布的随机变量，且各 φ_i 之间统计独立。对于实正弦信号可以由频率为$\pm\omega_i$ 的两个复正弦表示。利用观测数据$\{x(0),x(1),\cdots,x(N-1)\}$估计各频率值$\{f_i,i=1,2,\cdots,p\}$，有多方面的应用需求。

估计频率$\{f_i,i=1,2,\cdots,p\}$的一种方法是功率谱密度方法，利用前几节的任一种方法进行 PSD 估计，搜索其 PSD 估计的极值点，这些极值点对应各频率值，不同的方法有不同的频率分辨率和估计的可信度。但对于式(6.7.1)的信号模型，估计频率的更有效的方法是利用信号自相关矩阵的特征分解的独特性质。

为方便，将本节反复用到的特征向量的一个性质重述如下：如果 $\boldsymbol{R}_{xx}$ 是正定的 $M\times M$ 维自相关矩阵，它有 $\lambda_i,i=1,2,\cdots,M$ 个正的特征值，对应 M 个互相正交的特征向量 $\boldsymbol{v}_1$, $\boldsymbol{v}_2,\cdots,\boldsymbol{v}_M$，且设它们的模长为 1，记特征矩阵为 $\boldsymbol{Q}=[\boldsymbol{v}_1,\boldsymbol{v}_2,\cdots,\boldsymbol{v}_M]$，由

$$\boldsymbol{Q}\boldsymbol{Q}^{\mathrm{H}}=\boldsymbol{I} \tag{6.7.2}$$

得

$$\boldsymbol{I}=\sum_{i=1}^{M}\boldsymbol{v}_i\boldsymbol{v}_i^{\mathrm{H}} \tag{6.7.3}$$

自相关矩阵的分解式为

$$\boldsymbol{R}_{xx}=\sum_{i=1}^{M}\lambda_i\boldsymbol{v}_i\boldsymbol{v}_i^{\mathrm{H}} \tag{6.7.4}$$

回到讨论的问题，对于噪声中的正弦波情况，第 1 章已求得其 $M\times M$ 自相关矩阵是

$$\boldsymbol{R}_{xx}=\sum_{i=1}^{p}A_i^2\boldsymbol{e}_i\boldsymbol{e}_i^{\mathrm{H}}+\sigma_z^2\boldsymbol{I}\triangleq\boldsymbol{R}_{ss}+\boldsymbol{R}_{zz}\tag{6.7.5}$$

$\boldsymbol{R}_{ss}$ 对应于信号分量，$\boldsymbol{R}_{zz}$ 对应于噪声分量，其中

$$\boldsymbol{e}_i=[1,\mathrm{e}^{\mathrm{j}2\pi f_i},\mathrm{e}^{\mathrm{j}2\pi f_i\cdot 2},\cdots,\mathrm{e}^{\mathrm{j}2\pi f_i(M-1)}]^{\mathrm{T}}\tag{6.7.6}$$

对于简单情况，即仅有一个复正弦的情况 $p=1$，容易验证

$$\boldsymbol{v}_1=\frac{1}{\sqrt{M}}\boldsymbol{e}_1\tag{6.7.7}$$

是 $\boldsymbol{R}_{ss}$ 和 $\boldsymbol{R}_{xx}$ 的一个特征向量，我们仅验证 $\boldsymbol{v}_1$ 是 $\boldsymbol{R}_{xx}$ 的特征值，将 $\boldsymbol{v}_1$ 右乘式(6.7.5)，并注意到 $p=1$，得

$$\begin{aligned}\boldsymbol{R}_{xx}\boldsymbol{v}_1&=(A_1^2\boldsymbol{e}_1\boldsymbol{e}_1^{\mathrm{H}}+\sigma_z^2\boldsymbol{I})\frac{1}{\sqrt{M}}\boldsymbol{e}_1=\frac{1}{\sqrt{M}}A_1^2\boldsymbol{e}_1\boldsymbol{e}_1^{\mathrm{H}}\boldsymbol{e}_1+\frac{1}{\sqrt{M}}\sigma_z^2\boldsymbol{e}_1\\&=\sqrt{M}A_1^2\boldsymbol{e}_1+\frac{1}{\sqrt{M}}\sigma_z^2\boldsymbol{e}_1=(MA_1^2+\sigma_z^2)\frac{1}{\sqrt{M}}\boldsymbol{e}_1\\&=(MA_1^2+\sigma_z^2)\boldsymbol{v}_1\end{aligned}$$

上式推导中利用了 $\boldsymbol{e}_1^{\mathrm{H}}\boldsymbol{e}_1=M$，$\boldsymbol{v}_1$ 对应的特征值是 $MA_1^2+\sigma_z^2$。另设 $\boldsymbol{v}_2,\cdots,\boldsymbol{v}_M$ 为 $\boldsymbol{R}_{xx}$ 的其他特征向量，利用式(6.7.3)，$\boldsymbol{R}_{xx}$ 容易分解为

$$\boldsymbol{R}_{xx}=(MA_1^2+\sigma_z^2)\boldsymbol{v}_1\boldsymbol{v}_1^{\mathrm{H}}+\sigma_z^2\sum_{i=2}^{M}\boldsymbol{v}_i\boldsymbol{v}_i^{\mathrm{H}}\tag{6.7.8}$$

对照式(6.7.4)，相当于 $\boldsymbol{R}_{xx}$ 的特征值分别为

$$\{MA_1^2+\sigma_z^2,\sigma_z^2,\cdots,\sigma_z^2\}$$

最大的特征值 $MA_1^2+\sigma_z^2$ 对应着信号分量 $\boldsymbol{v}_1$（也包含噪声贡献），其他特征值对应着噪声分量，因此，定义由 $\boldsymbol{v}_1$ 张成的向量空间为信号空间，由 $\{\boldsymbol{v}_2,\cdots,\boldsymbol{v}_M\}$ 张成的向量空间为噪声空间，两个空间是正交的，由此有

$$\boldsymbol{v}_1^{\mathrm{H}}\sum_{i=2}^{M}\alpha_i\boldsymbol{v}_i=\frac{1}{\sqrt{M}}\boldsymbol{e}_1^{\mathrm{H}}\sum_{i=2}^{M}\alpha_i\boldsymbol{v}_i=0$$

实际上，上式已经导出了求解频率 f_1 的一种方法，例如，设 $M=2$，$\boldsymbol{v}_2=[\alpha,\beta]^{\mathrm{T}}$，上式可写为如下方程

$$[1,\mathrm{e}^{\mathrm{j}2\pi f_1}]^{\mathrm{H}}\begin{bmatrix}\alpha\\\beta\end{bmatrix}=\alpha+\beta\mathrm{e}^{\mathrm{j}2\pi f_1}=0$$

解此方程，可求得 f_1。

将如上结果推广到一般情况，对信号中包含 p 个复正弦，$p<M$ 的一般情况，可以证明 $\boldsymbol{R}_{xx}$ 能够分解为

$$\boldsymbol{R}_{xx}=\sum_{i=1}^{p}(\gamma_i+\sigma_z^2)\boldsymbol{v}_i\boldsymbol{v}_i^{\mathrm{H}}+\sum_{i=p+1}^{M}\sigma_z^2\boldsymbol{v}_i\boldsymbol{v}_i^{\mathrm{H}}\tag{6.7.9}$$

针对式(6.7.9)需要注意如下几点：

(1) $\boldsymbol{R}_{xx}$ 的特征值分别为 $\{\gamma_1+\sigma_z^2,\gamma_2+\sigma_z^2,\cdots,\gamma_p+\sigma_z^2,\sigma_z^2,\cdots,\sigma_z^2\}$，这里 γ_i 是大于 0 的实数，即存在 p 个较大的特征值和 $M-p$ 个较小的特征值 σ_z^2，小的特征值仅与白噪声的方差有关；p 个较大的特征值对应的特征向量分别为 $\boldsymbol{v}_1,\boldsymbol{v}_2,\cdots,\boldsymbol{v}_p$，它们张成信号子空间；小的

特征值对应的特征向量分别为$\boldsymbol{v}_{p+1},\boldsymbol{v}_{p+2},\cdots,\boldsymbol{v}_M$，它们张成噪声子空间。信号子空间和噪声子空间是互相正交的。

(2) $\sum_{i=1}^{p}\gamma_i\boldsymbol{v}_i\boldsymbol{v}_i^{\mathrm{H}}$ 表示信号自相关阵，γ_i 是与各复正弦幅度相关的量。

(3) 可以证明，$\{\boldsymbol{v}_1,\boldsymbol{v}_2,\cdots,\boldsymbol{v}_p\}$与$\{\boldsymbol{e}_1,\boldsymbol{e}_2,\cdots,\boldsymbol{e}_p\}$张成相同空间，即这两组向量是等价的，由一组向量的线性组合得到另一组向量。

(4) 由(3)直接推论出

$$\boldsymbol{e}_i^{\mathrm{H}}\sum_{j=p+1}^{M}\alpha_j\boldsymbol{v}_j=0,\quad i=1,2,\cdots,p \tag{6.7.10}$$

对如上结论给出一个简单的论证。由式(6.7.5)的定义，知信号自相关矩阵为

$$\boldsymbol{R}_{ss}=\sum_{i=1}^{p}A_i^2\boldsymbol{e}_i\boldsymbol{e}_i^{\mathrm{H}} \tag{6.7.11}$$

显然，$\boldsymbol{R}_{ss}$的秩等于p，它有p个不为零的特征值$\gamma_i>0,i=1,2,\cdots,p$，各特征值对应的特征向量分别为$\boldsymbol{v}_1,\boldsymbol{v}_2,\cdots,\boldsymbol{v}_p$，因此

$$\boldsymbol{R}_{ss}=\sum_{i=1}^{p}\gamma_i\boldsymbol{v}_i\boldsymbol{v}_i^{\mathrm{H}} \tag{6.7.12}$$

下面证明$\boldsymbol{v}_1,\boldsymbol{v}_2,\cdots,\boldsymbol{v}_p$ 也是$\boldsymbol{R}_{xx}$的特征向量，对$i=1,2,\cdots,p$

$$\boldsymbol{R}_{xx}\boldsymbol{v}_i=(\boldsymbol{R}_{ss}+\sigma_z^2\boldsymbol{I})\boldsymbol{v}_i=R_{ss}\boldsymbol{v}_i+\sigma_z^2\boldsymbol{I}\boldsymbol{v}_i=(\gamma_i+\sigma_z^2)\boldsymbol{v}_i$$

由此证明$\boldsymbol{v}_1,\boldsymbol{v}_2,\cdots,\boldsymbol{v}_p$ 也是$\boldsymbol{R}_{xx}$的特征向量，分别对应特征值为$\gamma_i+\sigma_z^2,i=1,2,\cdots,p$，由于$\boldsymbol{R}_{xx}$是满秩的，它的非零特征值数为$M$个，除已得到的$p$个特征值，设其余特征值为$\lambda_i$　$i=p+1,p+2,\cdots,M$，对应特征向量为$\boldsymbol{v}_{p+1},\boldsymbol{v}_{p+2},\cdots,\boldsymbol{v}_M$，将式(6.7.12)和式(6.7.3)代入式(6.7.5)，得到式(6.7.9)，由自相关矩阵的特征分解的性质，得到结论：$\boldsymbol{R}_{xx}$的前p个特征值为$\gamma_i+\sigma_z^2,i=1,2,\cdots,p$，后$M-p$个特征值均为$\sigma_z^2$，由$\boldsymbol{v}_1,\boldsymbol{v}_2,\cdots,\boldsymbol{v}_p$ 张成信号空间，$\boldsymbol{v}_{p+1},\boldsymbol{v}_{p+2},\cdots,\boldsymbol{v}_M$ 张成噪声空间，信号空间和噪声空间正交。

最后证明，$\{\boldsymbol{v}_1,\boldsymbol{v}_2,\cdots,\boldsymbol{v}_p\}$与$\{\boldsymbol{e}_1,\boldsymbol{e}_2,\cdots,\boldsymbol{e}_p\}$张成相同空间。由

$$\boldsymbol{R}_{ss}=\sum_{i=1}^{p}A_i^2\boldsymbol{e}_i\boldsymbol{e}_i^{\mathrm{H}}=\sum_{i=1}^{p}\gamma_i\boldsymbol{v}_i\boldsymbol{v}_i^{\mathrm{H}}$$

两边同时左乘$\boldsymbol{v}_k(k=1,2,\cdots,p)$得

$$\sum_{i=1}^{p}A_i^2\boldsymbol{e}_i\boldsymbol{e}_i^{\mathrm{H}}\boldsymbol{v}_k=\sum_{i=1}^{p}\gamma_i\boldsymbol{v}_i\boldsymbol{v}_i^{\mathrm{H}}\boldsymbol{v}_k$$

上式改写成

$$\sum_{i=1}^{p}A_i^2\boldsymbol{e}_i(\boldsymbol{e}_i^{\mathrm{H}}\boldsymbol{v}_k)=\sum_{i=1}^{p}\gamma_i\boldsymbol{v}_i(\boldsymbol{v}_i^{\mathrm{H}}\boldsymbol{v}_k)$$

由特征向量的正交性得

$$\gamma_k\boldsymbol{v}_k=\sum_{i=1}^{p}A_i^2\boldsymbol{e}_i(\boldsymbol{e}_i^{\mathrm{H}}\boldsymbol{v}_k)$$

即

$$\boldsymbol{v}_k=\sum_{i=1}^{p}\frac{A_i^2}{\gamma_k}(\boldsymbol{e}_i^{\mathrm{H}}\boldsymbol{v}_k)\boldsymbol{e}_i=\sum_{i=1}^{p}c_i\boldsymbol{e}_i\quad k=1,2,\cdots,p$$

由于$\boldsymbol{v}_1,\boldsymbol{v}_2,\cdots,\boldsymbol{v}_p$ 每一个都表成$\boldsymbol{e}_1,\boldsymbol{e}_2,\cdots,\boldsymbol{e}_p$ 的线性组合，且$\boldsymbol{v}_1,\boldsymbol{v}_2,\cdots,\boldsymbol{v}_p$ 是相互正交的，

$\boldsymbol{e}_1,\boldsymbol{e}_2,\cdots,\boldsymbol{e}_p$ 是线性独立的，因此$\{\boldsymbol{v}_1,\boldsymbol{v}_2,\cdots,\boldsymbol{v}_p\}$与$\{\boldsymbol{e}_1,\boldsymbol{e}_2,\cdots,\boldsymbol{e}_p\}$张成相同空间。

在实际中，得到观测数据集$\{x(0),x(1),\cdots,x(N-1)\}$，确定一个 $M>p$，估计自相关值$\{r_x(0),r_x(1),\cdots,r_x(M-1)\}$，构成估计的 $M\times M$ 自相关矩阵$\hat{\boldsymbol{R}}_{xx}$，进行特征估计，其中前 p 个为大的特征值，后 $M-p$ 个特征值为 σ_z^2 的估计，在此基础上可以构造估计各频率值$\{f_i,i=1,2,\cdots,p\}$的算法，估计的频率值记为$\{\hat{f}_i,i=1,2,\cdots,p\}$。利用这种特征估计得到的有效算法有 Pisarenko 算法和 MUSIC 算法。

假设频率估计值$\{\hat{f}_i,i=1,2,\cdots,p\}$已获得，通过自相关矩阵也可以求得各信号分量的幅度(或功率)估计。由于 $\hat{\sigma}_z^2$ 已求得，一方面

$$\hat{\boldsymbol{R}}_{ss}=\hat{\boldsymbol{R}}_{xx}-\hat{\sigma}_z^2\boldsymbol{I} \tag{6.7.13}$$

可以计算得到，另一方面

$$\hat{\boldsymbol{R}}_{ss}=\sum_{i=1}^{p}A_i^2\,\hat{\boldsymbol{e}}_i\,\hat{\boldsymbol{e}}_i^{\mathrm{H}} \tag{6.7.14}$$

这里$\hat{\boldsymbol{e}}$表示将估计频率$\hat{f}_i$ 代入 $\boldsymbol{e}_i$ 中得到的向量，故 A_i^2 成为式(6.7.14)中的待求未知数，另式(6.7.13)和式(6.7.14)的右侧相等，即

$$\hat{\boldsymbol{R}}_{xx}-\hat{\sigma}_z^2\boldsymbol{I}=\sum_{i=1}^{p}A_i^2\,\hat{\boldsymbol{e}}_i\,\hat{\boldsymbol{e}}_i^{\mathrm{H}} \tag{6.7.15}$$

解式(6.7.15)可求得$\{\hat{A}_i^2,i=1,2,\cdots,p\}$，则可求得各幅度值$|\hat{A}_i|$，利用自相关方法无法恢复模型式(6.7.1)的初相位 φ_i 和 A_i 中可能的附加相位参数。

6.7.1 Pisarenko 谱分解

利用上述白噪声加复正弦信号的自相关矩阵的特征分解的特殊性质，取特殊情况 $M=p+1$，对 $M\times M$ 自相关矩阵进行特征分解，得到 $M=p+1$ 个特征值和特征向量，最小的特征值对应的特征向量$\boldsymbol{v}_{p+1}$构成噪声子空间，且与 $\boldsymbol{e}_1,\boldsymbol{e}_2,\cdots,\boldsymbol{e}_p$ 构成的子空间相互正交，因此

$$\boldsymbol{e}_i^{\mathrm{H}}\boldsymbol{v}_{p+1}=0,\quad i=1,2,\cdots,p \tag{6.7.16}$$

这里$\boldsymbol{v}_{p+1}$是联系到 $M\times M$ 自相关矩阵的最小特征值的特征向量。

上式可以写成标量形式

$$\sum_{n=0}^{p}[\boldsymbol{v}_{p+1}]_n\mathrm{e}^{-\mathrm{j}2\pi f_i n}=0 \tag{6.7.17}$$

这里$[\boldsymbol{v}_{p+1}]_n$ 表示向量$\boldsymbol{v}_{p+1}$的 n 分量，令 $z=\mathrm{e}^{-\mathrm{j}2\pi f_i n}$，代入式(6.7.17)，得到如下多项式方程

$$\sum_{n=0}^{p}[\boldsymbol{v}_{p+1}]_n z^{-n}=0 \tag{6.7.18}$$

式(6.7.18)的多项式方程有 p 个解，每个解的形式为 $z_i=\mathrm{e}^{-\mathrm{j}2\pi f_i n}=\mathrm{e}^{-\mathrm{j}\omega_i}$，即每个解都在单位圆上。对于 $M\times M$ 自相关矩阵进行特征值分解，并得到对应最小特征值的归一化的特征向量，由此构造式(6.7.18)的多项式方程，求多项式方程在单位圆上的解，对应的角度就是待求的角频率 ω_i。

Pisarenko 谱分解算法总结如下：

(1) 由观测数据$\{x(0),x(1),\cdots,x(N-1)\}$，估计自相关函数前 M 个值，并构成 $M\times M$ 自相关矩阵；

(2) 对 $M\times M$ 自相关矩阵进行特征值分解，求出最小特征值对应的特征向量 $\boldsymbol{v}_{p+1}$；

(3) 构造并求解如式(6.7.18)所示的多项式方程，多项式方程在单位圆上的解，对应的角度就是待求的角频率 ω_i。

6.7.2　MUSIC 方法

MUSIC 方法是 Multiple Signal Classification 的缩写。对于式(6.7.1)的信号模型，取 $M\geqslant p+1$，构成 $M\times M$ 的自相关矩阵并对自相关矩阵进行特征分解，其中 p 个较大的特征值对应的特征向量分别为 $\boldsymbol{v}_1,\boldsymbol{v}_2,\cdots,\boldsymbol{v}_p$，它们张成信号子空间；小的特征值对应的特征向量分别为 $\boldsymbol{v}_{p+1},\boldsymbol{v}_{p+2},\cdots,\boldsymbol{v}_M$，它们张成噪声子空间。在特征分解基础上，定义一个 MUSIC 谱公式

$$\hat{S}_{\text{MUSIC}}(f)=\frac{1}{\sum\limits_{k=p+1}^{M}|\boldsymbol{e}^{\text{H}}\boldsymbol{v}_k|} \tag{6.7.19}$$

由正交性知，在 $\boldsymbol{e}=\boldsymbol{e}_i$ 时，

$$\hat{S}_{\text{MUSIC}}(f)\big|_{f=f_i}=\frac{1}{\sum\limits_{k=p+1}^{M}|\boldsymbol{e}_i^{\text{H}}\boldsymbol{v}_k|^2}\rightarrow\infty \tag{6.7.20}$$

MUSIC 算法也经常按向量空间语言描述，$\{\boldsymbol{v}_1,\boldsymbol{v}_2,\cdots,\boldsymbol{v}_p\}$ 张成信号空间，$\{\boldsymbol{v}_{p+1},\boldsymbol{v}_{p+2},\cdots,\boldsymbol{v}_M\}$ 张成噪声子空间，定义两个子空间矩阵

$$\boldsymbol{U}_1=[\boldsymbol{v}_1,\boldsymbol{v}_2,\cdots,\boldsymbol{v}_p]$$
$$\boldsymbol{U}_2=[\boldsymbol{v}_{p+1},\boldsymbol{v}_{p+2},\cdots,\boldsymbol{v}_M]$$

则等价的 MUSIC 谱定义为

$$\hat{S}_{\text{MUSIC}}(f)=\frac{1}{\boldsymbol{e}^{\text{H}}\boldsymbol{U}_2\boldsymbol{U}_2^{\text{H}}\boldsymbol{e}} \tag{6.7.21}$$

或

$$\hat{S}_{\text{MUSIC}}(f)=\frac{1}{\boldsymbol{e}^{\text{H}}(\boldsymbol{I}-\boldsymbol{U}_1\boldsymbol{U}_1^{\text{H}})\boldsymbol{e}} \tag{6.7.22}$$

直接可以验证式(6.7.19)和式(6.7.21)是等价的，只是不同的书写方式。由于只有自相关矩阵的估计值，因而所用的特征向量 $\boldsymbol{v}_k$ 是估计值 $\hat{\boldsymbol{v}}_k$ 而不是精确值，式(6.7.19)和式(6.7.21)在待求的各频率点上将得到一个极大值，取最大的 p 个极大值点对应的横坐标值，得到相应频率估计。

1. MUSIC 算法小结

(1) 由记录的观测数据，估计自相关序列的前 M 个值，并构成 $M\times M$ 自相关矩阵。

(2) 对自相关矩阵进行特征值分解，得到 p 个主特征值 $\lambda_1,\cdots,\lambda_p$，和次特征值 σ^2，并求出相应的特征向量，构成 $\boldsymbol{U}_1$ 和 $\boldsymbol{U}_2$。

(3) 利用式(6.7.21)或式(6.7.22)计算 MUSIC 谱 $\hat{S}_{\text{MUSIC}}(f_i)$，这里取 $f_i=i\cdot\Delta f$，其中根据对待估计值的频率精度和分辨率要求确定 Δf 的值，例如要求精度为 0.001，取 $\Delta f=0.001$。

(4) 从如上计算结果中取最大的 p 个峰值对应的横坐标，即为要估计的 p 个频率。

例 6.7.1 设有 WSS 信号 $x(n)$，它由一个实正弦信号与白噪声混合组成，已知其自相关值为 $r_x(0)=2, r_x(1)=\sqrt{3}/2, r_x(2)=0.5$，求它的频率的 MUSIC 估计，并估计正弦幅度。

解：对 3×3 自相关矩阵

$$\boldsymbol{R}_{xx}=\begin{bmatrix}2 & \sqrt{3/2} & 0.5\\ \sqrt{3/2} & 2 & \sqrt{3/2}\\ 0.5 & \sqrt{3/2} & 2\end{bmatrix}$$

求得特征值分别为：$\lambda_1=3.5, \lambda_2=1.5, \lambda_3=1.0$，对应特征值为

$$\boldsymbol{v}_1=\sqrt{\frac{2}{5}}\begin{bmatrix}\sqrt{3}/2\\ 1\\ \sqrt{3}/2\end{bmatrix},\quad \boldsymbol{v}_2=\sqrt{\frac{1}{2}}\begin{bmatrix}-1\\ 0\\ 1\end{bmatrix},\quad \boldsymbol{v}_3=\sqrt{\frac{1}{5}}\begin{bmatrix}1\\ -\sqrt{3}\\ 1\end{bmatrix}$$

由于实正弦信号相当两个复正弦，只有 $\boldsymbol{v}_3$ 用于构成 MUSIC 谱

$$\hat{S}_{\text{MUSIC}}(f)=\frac{1}{|\mathrm{e}^{\mathrm{H}}\boldsymbol{v}_3|^2}=\frac{5}{|1-\sqrt{3}\mathrm{e}^{-\mathrm{j}\omega}+\mathrm{e}^{-\mathrm{j}2\omega}|^2}$$

上式分母可以写成

$$|1-\sqrt{3}\mathrm{e}^{-\mathrm{j}\omega}+\mathrm{e}^{-\mathrm{j}2\omega}|^2=|(1-\mathrm{e}^{\mathrm{j}\varphi}\mathrm{e}^{-\mathrm{j}\omega})(1-\mathrm{e}^{-\mathrm{j}\varphi}\mathrm{e}^{-\mathrm{j}\omega})|^2$$

它有 2 个根 $\omega=\pm\varphi, \cos\varphi=\sqrt{3}/2$，当 $\omega=\pm\varphi=\pm\pi/6$ 时，$\hat{S}_{\text{MUSIC}}(f)$ 达到最大，因此，实正弦的角频率为 $\omega=\pi/6$，频率为 $f=1/12$。

由于 $\lambda_3=1.0$ 等于噪声方差 σ_z^2，由 $r_x(0)=A^2/2+\sigma_z^2=2$，得到正弦信号幅度估计为 $A=\sqrt{2}$。

例 6.7.1 给出的是准确的自相关值，故通过 $\hat{S}_{\text{MUSIC}}(f)$ 的根求得准确角频率，若只有估计的自相关值，则求 $\hat{S}_{\text{MUSIC}}(f)$ 的极值点效果更好。

2. 根 MUSIC 算法

可以构造与 Pisarenko 算法类似的根 MUSIC(Root-MUSIC)算法，令

$$\boldsymbol{e}_z(z)=[1, z, \cdots, z^{M-1}]^{\mathrm{T}} \tag{6.7.23}$$

构造一个多项式

$$Q(z)=\boldsymbol{e}_z^{\mathrm{T}}\left(\frac{1}{z}\right)[\boldsymbol{I}-\boldsymbol{U}_1\boldsymbol{U}_1^{\mathrm{H}}]\boldsymbol{e}_z(z) \tag{6.7.24}$$

求解 $Q(z)$ 最靠近单位圆的 p 个根 z_i，则估计的频率为

$$\hat{f}_i=\frac{\arg(z_i)}{2\pi} \tag{6.7.25}$$

这里 $\arg(z_i)$ 表示角度。

6.7.3 模型阶估计

利用特征分解方法估计正弦信号频率的方法，需要预先确定正弦信号数目 p，由前面的分析知道，自相关矩阵的前 p 个特征值为 $\{\lambda_i+\sigma_z^2, i=1,2,\cdots,p\}$，其余的 $M-p$ 个特征值为 σ_z^2，在实际中，由于只有估计的自相关矩阵，因此上述结论只近似成立，可以通过与预定门限比较的方法确定 p。

也有人研究了类似 AR 模型的阶确定方法，Wax 和 Kailath 提出的 MDL 准则定义如下

$$\mathrm{MDL}(k) = -N\log\left(\frac{G(k)}{A(k)}\right) + \frac{1}{2}k(2M-k)\log N \tag{6.7.26}$$

这里

$$A(k) = \left(\frac{1}{M-k}\sum_{i=k+1}^{M}\lambda_i\right)^{M-k}$$

$$G(k) = \prod_{i=k+1}^{M}\lambda_i$$

计算 $\mathrm{MDL}(k)$，$k=0,1,2,\cdots,M-1$，当 $k=p$ 时 $\mathrm{MDL}(k)$ 最小，p 为正弦波数目的估计值。

*6.8　ESPRIT 算法

对于噪声中复正弦信号，还可以利用子空间旋转方法估计频率和幅度，ESPRIT (Estimating Signal Parameters via Rotational Invariance Techniques)方法利用了两个时间上互相位移的信号向量的信号子空间旋转不变性，通过广义特征值或最小二乘等方法估计复正弦信号的频率。

6.8.1　基本 ESPRIT 算法

为方便后续算法的讨论，首先给出广义特征值的定义。

定义 6.8.1　广义特征值和特征向量，设 $\boldsymbol{A}$ 和 $\boldsymbol{B}$ 是两个 $n\times n$ 的矩阵，具有形式 $\boldsymbol{A}-\lambda\boldsymbol{B}$ 的所有矩阵集合称为矩阵束(Matrix Pencil)，表示成$(\boldsymbol{A},\boldsymbol{B})$，$\lambda$ 是任意复数，矩阵束的广义特征值集合 $\lambda(\boldsymbol{A},\boldsymbol{B})$定义为

$$\lambda(\boldsymbol{A},\boldsymbol{B}) = \{z\in C \mid \det(\boldsymbol{A}-z\boldsymbol{B})=0\} \tag{6.8.1}$$

这里 C 表示全体复数的集合。更一般的广义特征值是使 $\boldsymbol{A}-z\boldsymbol{B}$ 降秩的 z 值集合。若对于一个特征值 $\lambda\in\lambda(\boldsymbol{A},\boldsymbol{B})$，如果有一向量 $\boldsymbol{x}$，$\boldsymbol{x}\neq\boldsymbol{0}$，满足 $\boldsymbol{Ax}=\lambda\boldsymbol{Bx}$，则称 $\boldsymbol{x}$ 是矩阵束 $\boldsymbol{A}-\lambda\boldsymbol{B}$ 的广义特征向量。

有了预备知识，如下研究 ESPRIT 算法，设信号模型为

$$x(k) = \sum_{i=1}^{p}s_i\mathrm{e}^{\mathrm{j}k\omega_i} + n(k) \tag{6.8.2}$$

这里，$\omega_i\in(-\pi,\pi)$是归一化角频率，s_i 是第 i 个复正弦的复幅度值，$n(k)$是零均值的平稳复白高斯噪声，目的是通过观测数据$\{x(0),x(1),\cdots,x(N-1)\}$估计各复正弦的频率和幅度。

为了利用复正弦信号的相关矩阵的性质，定义 $x(n)$的时间位移信号 $y(n)$为

$$y(n) = x(n+1) \tag{6.8.3}$$

并定义如下 m 维向量(这里要求 $m>p$)

$$\begin{aligned}\boldsymbol{x}(k) &= [x(k),\cdots,x(k+m-1)]^{\mathrm{T}}\\ \boldsymbol{n}(k) &= [n(k),\cdots,n(k+m-1)]^{\mathrm{T}}\\ \boldsymbol{y}(k) &= [y(k),\cdots,y(k+m-1)]^{\mathrm{T}} = [x(k+1),\cdots,x(k+m)]\end{aligned} \tag{6.8.4}$$

由信号模型式(6.8.2)，可以得到如下矩阵表示

$$\begin{aligned}\boldsymbol{x}(k) &= \boldsymbol{As} + \boldsymbol{n}(k)\\ \boldsymbol{y}(k) &= \boldsymbol{A\Phi s} + \boldsymbol{n}(k+1)\end{aligned} \tag{6.8.5}$$

这里，$\boldsymbol{s}=[s_1,\cdots,s_p]^{\mathrm{T}}$ 包含复正弦的幅度向量和起始相位，$\boldsymbol{\Phi}$ 是 $p\times p$ 对角矩阵，它反映了 $\boldsymbol{x}$ 和 $\boldsymbol{y}$ 之间的时移关系，又称为旋转算子，它可以写成

$$\boldsymbol{\Phi}=\operatorname{diag}(\mathrm{e}^{\mathrm{j}\omega_1},\cdots,\mathrm{e}^{\mathrm{j}\omega_p}) \tag{6.8.6}$$

A 是 $m\times p$ Vandermonde 矩阵，它的各列向量$\{e_i;\ i=1,\cdots,p\}$定义为

$$\boldsymbol{e}_i=[1,\mathrm{e}^{\mathrm{j}\omega_i},\cdots,\mathrm{e}^{\mathrm{j}(m-1)\omega_i}]^{\mathrm{T}}$$

通过这些表示，信号向量 $\boldsymbol{x}$ 的自相关矩阵可以写成

$$\boldsymbol{R}_{xx}=E[\boldsymbol{x}(k)\boldsymbol{x}^{\mathrm{H}}(k)]=\boldsymbol{ASA}^{\mathrm{H}}+\sigma^2\boldsymbol{I} \tag{6.8.7}$$

这里，$\boldsymbol{S}$ 是 $p\times p$ 对角矩阵，每个元素对应于一个复正弦的功率，即

$$\boldsymbol{S}=\operatorname{diag}[|s_1|^2,\cdots,|s_p|^2]$$

但实际上 ESPRIT 算法并不要求 $\boldsymbol{S}$ 一定是对角矩阵，它只要是非奇异的。类似地，$\boldsymbol{x}$ 和 $\boldsymbol{y}$ 的互相关矩阵为

$$\boldsymbol{R}_{xy}=E[\boldsymbol{x}(k)\boldsymbol{y}^{\mathrm{H}}(k)]=\boldsymbol{AS\Phi}^{\mathrm{H}}\boldsymbol{A}^{\mathrm{H}}+\sigma^2\boldsymbol{Z} \tag{6.8.8}$$

注意，$\sigma^2\boldsymbol{Z}=E[\boldsymbol{n}(k)\boldsymbol{n}^{\mathrm{H}}(k+1)]$，$\boldsymbol{Z}$ 是 $m\times m$ 矩阵，它的次对角元素为 1，其他元素为零，即

$$\boldsymbol{Z}=\begin{bmatrix}0&0&\cdots&\cdots&0\\1&0&\cdots&\cdots&\vdots\\0&1&\ddots&\ddots&\vdots\\\vdots&\ddots&\ddots&0&\vdots\\0&\cdots&0&1&0\end{bmatrix}$$

式(6.8.7)和式(6.8.8)是两个相关矩阵的形式表示。若已有自相关序列 $r_x(k)$，则按自相关矩阵的定义，也可以直接写出自相关矩阵的形式，即

$$[\boldsymbol{R}_{xx}]_{ij}=E[x(i)x^*(j)]=r_x(i-j)=r_x^*(j-i) \tag{6.8.9}$$

或

$$\boldsymbol{R}_{xx}=\begin{bmatrix}r_x(0)&r_x^*(1)&\cdots&r_x^*(m-1)\\r_x(1)&r_x(0)&\cdots&r_x^*(m-2)\\\vdots&\vdots&\ddots&\vdots\\r_x(m-1)&r_x(m-2)&\cdots&r_x(0)\end{bmatrix} \tag{6.8.10}$$

互相关则为

$$[\boldsymbol{R}_{xy}]_{ij}=E[x(i)x^*(j+1)]=r_x(i-j-1) \tag{6.8.11}$$

$$\boldsymbol{R}_{xy}=\begin{bmatrix}r_x^*(1)&r_x^*(2)&\cdots&r_x^*(m)\\r_x(0)&r_x^*(1)&\cdots&r_x^*(m-1)\\\vdots&\vdots&\ddots&\vdots\\r_x(m-2)&r_x(m-3)&\cdots&r_x^*(1)\end{bmatrix} \tag{6.8.12}$$

根据这些模型关系并通过观测数据集估计一组自相关值，可通过旋转性估计复正弦参数。估计算法的基础是如下定理，这个定理的证明主要依赖于 $\boldsymbol{x}$ 和 $\boldsymbol{y}$ 向量构成的信号子空间的旋转不变性。

定理 6.8.1 定义矩阵束$\{\boldsymbol{C}_{xx},\boldsymbol{C}_{xy}\}$，这里

$$\boldsymbol{C}_{xx}=\boldsymbol{R}_{xx}-\lambda_{\min}\boldsymbol{I} \tag{6.8.13}$$

和

$$\boldsymbol{C}_{xy}=\boldsymbol{R}_{xy}-\lambda_{\min}\boldsymbol{Z} \tag{6.8.14}$$

$\lambda_{\min}$是$\boldsymbol{R}_{xx}$的最小特征值。定义Γ是矩阵束的广义特征值矩阵，如果$\boldsymbol{S}$是非奇异的，则Φ和Γ具备如下关系

$$\Gamma=\begin{bmatrix}\Phi & \boldsymbol{0}\\ \boldsymbol{0} & \boldsymbol{0}\end{bmatrix} \tag{6.8.15}$$

该式中Φ的元素可能是重排列的。

证明：$\boldsymbol{A}$是满秩矩阵，$\boldsymbol{S}$是非奇异的，故$\boldsymbol{ASA}^{\mathrm{H}}$的秩是$p$，因此$\boldsymbol{R}_{xx}$具有一个$m$-$p$阶特征值$\sigma^2$，它是最小特征值，即$\lambda_{\min}=\sigma^2$因此，

$$\boldsymbol{C}_{xx}=\boldsymbol{R}_{xx}-\lambda_{\min}\boldsymbol{I}=\boldsymbol{R}_{xx}-\sigma^2\boldsymbol{I}=\boldsymbol{ASA}^{\mathrm{H}}$$

$$\boldsymbol{C}_{xy}=\boldsymbol{R}_{xy}-\lambda_{\min}\boldsymbol{Z}=\boldsymbol{R}_{xy}-\sigma^2\boldsymbol{Z}=\boldsymbol{AS\Phi}^{\mathrm{H}}\boldsymbol{A}^{\mathrm{H}}$$

现在考虑矩阵束

$$\boldsymbol{C}_{xx}-\gamma\boldsymbol{C}_{xy}=\boldsymbol{AS}(\boldsymbol{I}-\gamma\boldsymbol{\Phi}^{\mathrm{H}})\boldsymbol{A}^{\mathrm{H}}$$

容易检查，$\boldsymbol{ASA}^{\mathrm{H}}$和$\boldsymbol{AS\Phi}^{\mathrm{H}}\boldsymbol{A}^{\mathrm{H}}$的列空间是一致的，对一般的$\gamma$取值，$\boldsymbol{C}_{xx}-\gamma\boldsymbol{C}_{xy}=\boldsymbol{AS}(\boldsymbol{I}-\gamma\boldsymbol{\Phi}^{\mathrm{H}})\boldsymbol{A}^{\mathrm{H}}$的秩为$p$，只有当$\gamma=\mathrm{e}^{\mathrm{j}\omega_i}$，$(\boldsymbol{I}-\gamma\boldsymbol{\Phi}^{\mathrm{H}})$的第$i$行为零，$\boldsymbol{C}_{xx}-\gamma\boldsymbol{C}_{xy}=\boldsymbol{AS}(\boldsymbol{I}-\gamma\boldsymbol{\Phi}^{\mathrm{H}})\boldsymbol{A}^{\mathrm{H}}$的秩降为$p-1$，按定义，$\gamma=\mathrm{e}^{\mathrm{j}\omega_i}$是矩阵束的一个广义特征值，这样的特征值有$p$个，其余$m-p$个广义特征值为零。

由如上定理，可总结得到给予广义特征值的ESPRIT基本算法如下。

ESPRIT基本算法：

(1) 由观测数据估计得到一组自相关值$\{\hat{r}_x(0),\hat{r}_x(1),\cdots,\hat{r}_x(m)\}$；

(2) 由$\{\hat{r}_x(0),\hat{r}_x(1),\cdots,\hat{r}_x(m)\}$按式(6.8.10)和(6.8.12)分别构造自相关矩阵$\boldsymbol{R}_{xx}$和互相关矩阵$\boldsymbol{R}_{xy}$；

(3) 对$\boldsymbol{R}_{xx}$作特征分解，对于$m>p$，最小特征值是σ^2；

(4) 由式(6.8.13)和式(6.8.14)计算得到矩阵束$\{\boldsymbol{C}_{xx},\boldsymbol{C}_{xy}\}$；

(5) 计算矩阵束$\{\boldsymbol{C}_{xx},\boldsymbol{C}_{xy}\}$的广义特征值，这些特征值在单位圆上的取值对应复正弦的角频率，即$\gamma_i=\mathrm{e}^{\mathrm{j}\omega_i}$，其他为0；

(6) 设广义特征值γ_i的特征向量记为$\boldsymbol{v}_i$，由$\boldsymbol{AS}(\boldsymbol{I}-\gamma_i\boldsymbol{\Phi}^{\mathrm{H}})\boldsymbol{A}^{\mathrm{H}}\boldsymbol{v}_i=0$，可以导出

$$|s_i|^2=\frac{\boldsymbol{v}_i^{\mathrm{H}}\boldsymbol{C}_{xx}\boldsymbol{v}_i}{|\boldsymbol{v}_i^{\mathrm{H}}\boldsymbol{e}_i|^2} \tag{6.8.16}$$

这对应着一个复频率项的幅度值。

这里对求幅度公式(6.8.16)给出一个证明。由于$\boldsymbol{v}_i$对应矩阵束的广义特征值γ_i的广义特征向量，故

$$\boldsymbol{C}_{xx}\boldsymbol{v}_i=\gamma_i\boldsymbol{C}_{xy}\boldsymbol{v}_i$$

即

$$\boldsymbol{C}_{xx}\boldsymbol{v}_i-\gamma_i\boldsymbol{C}_{xy}\boldsymbol{v}_i=\boldsymbol{AS}(\boldsymbol{I}-\gamma_i\boldsymbol{\Phi}^{\mathrm{H}})\boldsymbol{A}^{\mathrm{H}}\boldsymbol{v}_i=0$$

带入各矩阵式的定义，并整理得

$$[\boldsymbol{e}_1,\boldsymbol{e}_2,\cdots,\boldsymbol{e}_p]\begin{bmatrix}|s_1|^2 & 0 & \cdots & 0\\ 0 & \ddots & & \vdots\\ \vdots & & \ddots & 0\\ 0 & \cdots & 0 & |s_p|^2\end{bmatrix}\begin{bmatrix}1-\gamma_i\mathrm{e}^{\mathrm{j}\omega_1} & & \\ & \ddots & \\ & 0 & \\ & & 1-\gamma_i\mathrm{e}^{\mathrm{j}\omega_p}\end{bmatrix}\begin{bmatrix}\boldsymbol{e}_1^{\mathrm{H}}\\ \vdots\\ \boldsymbol{e}_p^{\mathrm{H}}\end{bmatrix}\boldsymbol{v}_i=0$$

即

$$\sum_{\substack{k=1\\k\neq i}}^{p} |s_k|^2(1-\gamma_i e^{j\omega_k})(\boldsymbol{e}_k^{\mathrm{H}}\boldsymbol{v}_i)\boldsymbol{e}_k = 0$$

由于诸 $\boldsymbol{e}_k$ 是不相关的，若要使上式为零，只有全部系数为零，故

$$\boldsymbol{e}_k^{\mathrm{H}}\boldsymbol{v}_i = 0,\quad k\neq i$$

另一方面，由 $\boldsymbol{AS}(\boldsymbol{I}-\gamma_i\boldsymbol{\Phi}^{\mathrm{H}})\boldsymbol{A}^{\mathrm{H}}\boldsymbol{v}_i=0$ 得

$$\boldsymbol{ASA}^{\mathrm{H}}\boldsymbol{v}_i = \boldsymbol{AS}\gamma_i\boldsymbol{\Phi}^{\mathrm{H}}\boldsymbol{A}^{\mathrm{H}}\boldsymbol{v}_i$$

即

$$\begin{aligned}
\boldsymbol{C}_{xx}\boldsymbol{v}_i &= \boldsymbol{AS}\gamma_i\boldsymbol{\Phi}^{\mathrm{H}}\boldsymbol{A}^{\mathrm{H}}\boldsymbol{v}_i\\
&= [\boldsymbol{e}_1,\boldsymbol{e}_2,\cdots,\boldsymbol{e}_p]\begin{bmatrix} |s_1|^2 & 0 & \cdots & 0\\ 0 & \ddots & & \vdots\\ \vdots & & \ddots & 0\\ 0 & \cdots & 0 & |s_p|^2\end{bmatrix}\begin{bmatrix}\gamma_i e^{j\omega_1} & & & \\ & \ddots & & \\ & & 1 & \\ & & & \gamma_i e^{j\omega_p}\end{bmatrix}\begin{bmatrix}\boldsymbol{e}_1^{\mathrm{H}}\boldsymbol{v}_i\\ \vdots\\ \vdots\\ \boldsymbol{e}_p^{\mathrm{H}}\boldsymbol{v}_i\end{bmatrix}\\
&= \boldsymbol{e}_i|s_i|^2\boldsymbol{e}_i^{\mathrm{H}}\boldsymbol{v}_i
\end{aligned}$$

上面等式两侧同乘 $\boldsymbol{v}_i^{\mathrm{H}}$，得

$$\boldsymbol{v}_i^{\mathrm{H}}\boldsymbol{C}_{xx}\boldsymbol{v}_i = \boldsymbol{v}_i^{\mathrm{H}}\boldsymbol{e}_i|s_i|^2\boldsymbol{e}_i^{\mathrm{H}}\boldsymbol{v}_i = |\boldsymbol{v}_i^{\mathrm{H}}\boldsymbol{e}_i|^2|s_i|^2$$

公式得证。

实际上，由于只有估计的自相关序列值，因此，如上理论只是近似满足，在这些限制条件下，有一些改进方法已经用于 ESPRIT 估计算法中，下一小节给出两个 ESPRIT 的改进算法。

6.8.2 LS-ESPRIT 和 TLS-ESPRIT 算法

假设有信号向量 $\boldsymbol{x}$

$$\boldsymbol{x} = \begin{bmatrix} x(k)\\ x(k+1)\\ x(k+2)\\ \vdots\\ x(k+M-1)\end{bmatrix} \tag{6.8.17}$$

从中抽取两个子向量 $\boldsymbol{x}_1,\boldsymbol{x}_2$，分别定义为

$$\boldsymbol{x}_1 = \begin{bmatrix} x(k)\\ x(k+1)\\ x(k+2)\\ \vdots\\ x(k+M-r-1)\end{bmatrix} \tag{6.8.18}$$

$$\boldsymbol{x}_2 = \begin{bmatrix} x(k+r)\\ x(k+r+1)\\ x(k+r+2)\\ \vdots\\ x(k+M-1)\end{bmatrix} \tag{6.8.19}$$

这里，每个子向量维数为 $M_s>p$，r 是两个子向量相对的时间位移，$r=M-M_s$。定义两个选择矩阵分别为

$$\boldsymbol{J}_{s1}=[\boldsymbol{J}_s,\boldsymbol{0}_{M_s\times r}] \tag{6.8.20}$$

$$\boldsymbol{J}_{s2}=[\boldsymbol{0}_{M_s\times r},\boldsymbol{J}_s] \tag{6.8.21}$$

这里 $\boldsymbol{J}_s$ 是 $M_s\times M_s$ 单位矩阵，从信号向量 $\boldsymbol{x}$ 中抽取两个子向量 $\boldsymbol{x}_1,\boldsymbol{x}_2$ 的选择运算为

$$\boldsymbol{x}_1=\boldsymbol{J}_{s1}\boldsymbol{x} \tag{6.8.22}$$

$$\boldsymbol{x}_2=\boldsymbol{J}_{s2}\boldsymbol{x} \tag{6.8.23}$$

设信号向量取自信号模型式(6.8.2)，M 维信号向量表达式为

$$\boldsymbol{x}(k)=\boldsymbol{A}\boldsymbol{s}+\boldsymbol{n}(k) \tag{6.8.24}$$

这里，$\boldsymbol{s}=[s_1,\cdots,s_p]^{\mathrm{T}}$ 包含复正弦的幅度向量和起始相位，$\boldsymbol{A}$ 是 $M\times p$ Vandermonde 矩阵，

$$\boldsymbol{A}=[\boldsymbol{e}_1,\boldsymbol{e}_2,\cdots,\boldsymbol{e}_p]$$

其中

$$\boldsymbol{e}_i=[1,\mathrm{e}^{\mathrm{j}\omega_i},\cdots,\mathrm{e}^{\mathrm{j}(M-1)\omega_i}]^{\mathrm{T}}$$

两个子向量 $\boldsymbol{x}_1,\boldsymbol{x}_2$ 的 Vandermonde 矩阵分别是

$$\boldsymbol{A}_1=\boldsymbol{J}_{s1}\boldsymbol{A} \tag{6.8.25}$$

$$\boldsymbol{A}_2=\boldsymbol{J}_{s2}\boldsymbol{A} \tag{6.8.26}$$

同时，利用信号的“旋转特性”，不难得到

$$\boldsymbol{A}_2=\boldsymbol{A}_1\boldsymbol{\Phi} \tag{6.8.27}$$

这里

$$\boldsymbol{\Phi}=\mathrm{diag}(\mathrm{e}^{\mathrm{j}r\omega_1},\cdots,\mathrm{e}^{\mathrm{j}r\omega_p}) \tag{6.8.28}$$

是旋转因子矩阵。我们利用两种选择子向量的关系，导出新的一类 ESPRIT 算法，目的是计算出 $\boldsymbol{\Phi}$，从而确定各角频率。

由于信号子空间和 Vandermonde 矩阵列生成的子空间是相同的，故存在一 $p\times p$ 可逆矩阵 $\boldsymbol{T}$ 使得

$$\boldsymbol{U}_s=\boldsymbol{A}\boldsymbol{T} \tag{6.8.29}$$

这里 $\boldsymbol{U}_s$ 是信号向量 $\boldsymbol{x}$ 对应的信号子空间特征矩阵，即由 $\boldsymbol{x}$ 的自相关矩阵的特征分解，p 个大特征值所对应的特征向量作为列构成的矩阵。定义两个选择的子向量信号子空间矩阵为

$$\boldsymbol{U}_{s1}=\boldsymbol{J}_{s1}\boldsymbol{U}_s=\boldsymbol{J}_{s1}\boldsymbol{A}\boldsymbol{T}=\boldsymbol{A}_1\boldsymbol{T} \tag{6.8.30}$$

和

$$\boldsymbol{U}_{s2}=\boldsymbol{J}_{s2}\boldsymbol{U}_s=\boldsymbol{J}_{s2}\boldsymbol{A}\boldsymbol{T}=\boldsymbol{A}_2\boldsymbol{T} \tag{6.8.31}$$

由

$$\boldsymbol{U}_{s1}=\boldsymbol{A}_1\boldsymbol{T}$$

得

$$\boldsymbol{A}_1=\boldsymbol{U}_{s1}\boldsymbol{T}^{-1} \tag{6.8.32}$$

由式(6.8.31)得

$$\boldsymbol{U}_{s2}=\boldsymbol{A}_2\boldsymbol{T}=\boldsymbol{A}_1\boldsymbol{\Phi}\boldsymbol{T}=\boldsymbol{U}_{s1}\boldsymbol{T}^{-1}\boldsymbol{\Phi}\boldsymbol{T} \tag{6.8.33}$$

定义

$$\boldsymbol{\Psi}=\boldsymbol{T}^{-1}\boldsymbol{\Phi}\boldsymbol{T} \tag{6.8.34}$$

注意，$\boldsymbol{\Psi}$ 的特征值是 $\boldsymbol{\Phi}$ 的元素。

由式(6.8.33)得到一个方程

$$\boldsymbol{U}_{s1}\boldsymbol{\Psi}=\boldsymbol{U}_{s2} \tag{6.8.35}$$

在实际中，我们得到估计的 $\boldsymbol{U}_s$，表示为 $\hat{\boldsymbol{U}}_s$，由下两式得到 $\hat{\boldsymbol{U}}_{s1}$，$\hat{\boldsymbol{U}}_{s2}$，

$$\hat{\boldsymbol{U}}_{s1}=\boldsymbol{J}_{s1}\hat{\boldsymbol{U}}_s \tag{6.8.36}$$

$$\hat{\boldsymbol{U}}_{s2}=\boldsymbol{J}_{s2}\hat{\boldsymbol{U}}_s \tag{6.8.37}$$

得到方程组

$$\hat{\boldsymbol{U}}_{s1}\hat{\boldsymbol{\Psi}}=\hat{\boldsymbol{U}}_{s2} \tag{6.8.38}$$

由于 $M_s>p$，式(6.8.38)是过确定性的方程组，它的解是更一般的最小二乘形式，LS 解为

$$\hat{\boldsymbol{\Psi}}_{\mathrm{LS}}=(\hat{\boldsymbol{U}}_{s1}^{\mathrm{H}}\hat{\boldsymbol{U}}_{s1})^{-1}\hat{\boldsymbol{U}}_{s1}^{\mathrm{H}}\hat{\boldsymbol{U}}_{s2} \tag{6.8.39}$$

总结 LS-ESPRIT 算法如下。

LS-ESPRIT 算法：

(1) 利用测量值 $\{x(n),n=0,1,\cdots,N-1\}$，估计自相关矩阵 $\boldsymbol{R}_x$，进行特征分解，确定 p，得到信号子空间矩阵 $\hat{\boldsymbol{U}}_s$；

(2) 利用式(6.8.36)、式(6.8.37)计算 $\hat{\boldsymbol{U}}_{s1}$，$\hat{\boldsymbol{U}}_{s2}$；

(3) 利用式(6.8.39)解得 $\hat{\boldsymbol{\Psi}}_{\mathrm{LS}}$；

(4) 对 $\hat{\boldsymbol{\Psi}}_{\mathrm{LS}}$ 进行特征分解，求得其特征值 $\hat{\lambda}_1,\hat{\lambda}_2,\cdots,\hat{\lambda}_p$，解出 $\hat{\omega}_i=\arg(\hat{\lambda}_i)$，$i=1,2,\cdots,p$。

就像在第 3 章讨论 LS 和 TLS 解时所讨论的，在对方程式(6.8.38)得到式(6.8.39)的 LS 解时，假设观测集中在 $\hat{\boldsymbol{U}}_{s2}$ 中，实际上，$\hat{\boldsymbol{U}}_{s1}$，$\hat{\boldsymbol{U}}_{s2}$ 都是估计所得，都存在误差，这样，对式(6.8.38)的解用 TLS 更加合理。为了求出 TLS 解，我们构成一个新矩阵

$$\hat{\boldsymbol{U}}_T=[\hat{\boldsymbol{U}}_{s1},\hat{\boldsymbol{U}}_{s2}]$$

对该矩阵进行 SVD 分解，其实际运算是求如下特征分解

$$\hat{\boldsymbol{R}}_T\triangleq\hat{\boldsymbol{U}}_T^{\mathrm{H}}\hat{\boldsymbol{U}}_T=\begin{bmatrix}\hat{\boldsymbol{U}}_{s1}^{\mathrm{H}}\\ \hat{\boldsymbol{U}}_{s2}^{\mathrm{H}}\end{bmatrix}[\hat{\boldsymbol{U}}_{s1}\quad\hat{\boldsymbol{U}}_{s2}]=\begin{bmatrix}\boldsymbol{V}_{11}&\boldsymbol{V}_{12}\\ \boldsymbol{V}_{21}&\boldsymbol{V}_{22}\end{bmatrix}\Lambda_T\begin{bmatrix}\boldsymbol{V}_{11}^{\mathrm{H}}&\boldsymbol{V}_{21}^{\mathrm{H}}\\ \boldsymbol{V}_{12}^{\mathrm{H}}&\boldsymbol{V}_{22}^{\mathrm{H}}\end{bmatrix} \tag{6.8.40}$$

这里 $\Lambda_T=\mathrm{diag}\{\lambda_{T_1},\lambda_{T_2},\cdots,\lambda_{T_{2p}}\}$，且 $\lambda_{T_1}\geqslant\lambda_{T_2}\geqslant\cdots\geqslant\lambda_{T_{2p}}$ 为 $\hat{\boldsymbol{R}}_T$ 的特征值。TLS 解为

$$\hat{\boldsymbol{\Psi}}_{\mathrm{TLS}}=-\boldsymbol{V}_{12}\boldsymbol{V}_{22}^{-1} \tag{6.8.41}$$

总结 TLS-ESPRIT 算法如下。

TLS-ESPRIT 算法：

(1) 利用测量值 $\{x(n),n=0,1,\cdots,N-1\}$，估计自相关矩阵 $\boldsymbol{R}_x$，进行特征分解，确定 p，得到信号子空间矩阵 $\hat{\boldsymbol{U}}_s$；

(2) 利用式(6.8.36)、式(6.8.37)计算 $\hat{\boldsymbol{U}}_{s1}$，$\hat{\boldsymbol{U}}_{s2}$；

(3) 进行如式(6.8.40)所示的特征分解，利用式(6.8.41)得到解 $\hat{\boldsymbol{\Psi}}_{\mathrm{TLS}}$；

(4) 对 $\hat{\boldsymbol{\Psi}}_{\mathrm{TLS}}$ 进行特征分解，求得其特征值 $\hat{\lambda}_1,\hat{\lambda}_2,\cdots,\hat{\lambda}_p$，解出 $\hat{\omega}_i=\arg(\hat{\lambda}_i)$，$i=1,2,\cdots,p$。

*6.9　空间线性阵列的DOA估计

在3.2节，讨论了线性阵列接收到信号的表达式，本节研究利用特征空间频率估计方法估计阵列信号的参数。

一个线阵、其入射波和各天线阵元输出信号的示意图如图6.9.1所示。设天线阵列接收到来自方向$\{\theta_1,\theta_2,\cdots,\theta_p\}$的$p$个波，则在第$m$个阵元上的接收信号为

$$x_m(t)=\sum_{i=1}^{P}s_i(t)\mathrm{e}^{-\mathrm{j}\frac{2\pi}{\lambda}md\sin\theta_i}+n_m(t) \tag{6.9.1}$$

由式(6.9.1)可见，若定义

$$\omega_i=\frac{2\pi}{\lambda}d\sin\theta_i \tag{6.9.2}$$

把t作为参数，下标m作为离散序号，则式(6.9.1)与(6.7.1)的离散信号复正弦模型是一样的。

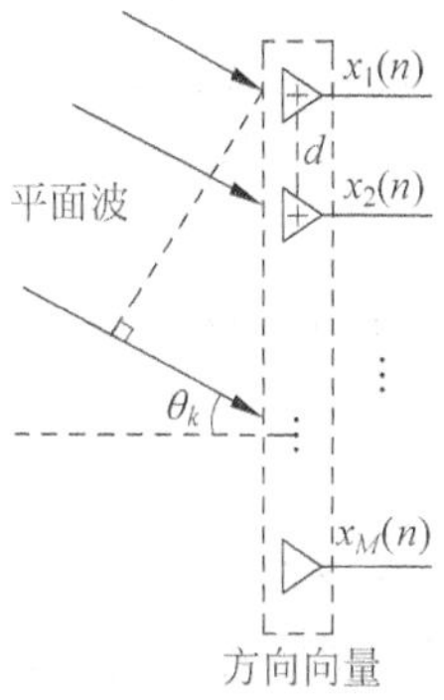

图6.9.1　线阵示意图

如果定义信号向量为

$$\boldsymbol{x}(t)=[x_1(t),x_2(t),\cdots,x_M(t)]^{\mathrm{T}} \tag{6.9.3}$$

类同3.2节对ULA信号的推导，天线阵在时刻t接收到的信号向量为

$$\boldsymbol{x}(t)=\boldsymbol{A}\boldsymbol{s}(t)+\boldsymbol{n}(t) \tag{6.9.4}$$

其中

$$\boldsymbol{s}(t)=[s_1(t),s_2(t),\cdots,s_p(t)]^{\mathrm{T}} \tag{6.9.5}$$

$$\boldsymbol{n}(t)=[n_1(t),n_2(t),\cdots,n_M(t)]^{\mathrm{T}} \tag{6.9.6}$$

$$\boldsymbol{A}=[\alpha(\theta_1),\alpha(\theta_2),\cdots,\alpha(\theta_p)] \tag{6.9.7}$$

这里，$\alpha(\theta)$定义为方向向量，有

$$\boldsymbol{\alpha}(\theta_i)=[1,\mathrm{e}^{-\mathrm{j}\frac{2\pi}{\lambda}d\sin\theta_i},\mathrm{e}^{-\mathrm{j}\frac{2\pi}{\lambda}2d\sin\theta_i},\cdots,\mathrm{e}^{-\mathrm{j}\frac{2\pi}{\lambda}(M-1)d\sin\theta_i}]^{\mathrm{T}} \tag{6.9.8}$$

按式(6.9.2)定义的ω_i，则向量$\alpha(\theta_i)$等同于6.7节和6.8节的向量$\boldsymbol{e}_i$。

通过以上分析可见，对于均匀线性阵列(ULA)的波达方向(DOA)估计问题，即参数$\{\theta_1,\theta_2,\cdots,\theta_p\}$的估计问题，与6.7节和6.8节讨论的复正弦信号频率估计问题是非常相似的问题。可以利用Pisarenko算法、MUSIC算法和ESPRIT算法进行估计。

假设线阵收到的各方向信号包络是不相关的，即

$$E[s_i(t)s_j(t)]=\begin{cases}A_i^2 & i=j\\ 0 & i\neq j\end{cases} \tag{6.9.9}$$

从数学形式上讲，线阵接收的信号向量的自相关矩阵为

$$\begin{aligned}\boldsymbol{R}_{xx}&=E[\boldsymbol{x}(t)\boldsymbol{x}^{\mathrm{H}}(t)]=\boldsymbol{ASA}^{\mathrm{H}}+\sigma^2\boldsymbol{I}\\&=\sum_{i=1}^{p}A_i^2\alpha(\theta_i)\alpha^{\mathrm{H}}(\theta_i)+\sigma^2\boldsymbol{I}\end{aligned} \tag{6.9.10}$$

实际中，对于ULA，数据是ULA上的一组时间快照(同一时间线阵各单元接收信号的采样)，在时间t_m时刻对线阵信号向量进行采样，得到阵列信号向量的一个快照

$$\boldsymbol{x}(t_m)=[x_0(t_m),x_1(t_m),\cdots,x_{M-1}(t_m)]^{\mathrm{T}}$$

数据集合记为$\{\boldsymbol{x}(t_m),m=1,\cdots,N\}$。实际上一般$t_m$均匀取值，即$t_m=mT$，$T$是快照间隔。

用记录的一组快照进行自相关矩阵的估计，即

$$\hat{\boldsymbol{R}}_{xx} = \frac{1}{N}\sum_{m=1}^{N}\boldsymbol{x}(t_m)\boldsymbol{x}^{\mathrm{H}}(t_m) \tag{6.9.11}$$

利用这个估计得到的自相关矩阵，进行特征分析，具体到每一个算法，诸如 Pisarenko 算法、MUSIC 算法和 ESPRIT 算法中，运算步骤与时域信号情况一致，不再重复。

因此，线阵信号向量的自相关矩阵与谐波信号向量的自相关矩阵的结构是一致的，由 Pisarenko 算法、MUSIC 算法和 ESPRIT 算法均可以首先进行角频率估计得到估计值

$$\hat{\omega}_i = \frac{2\pi}{\lambda}d\sin\hat{\theta}_i \tag{6.9.12}$$

然后解得 DOA 估计为

$$\hat{\theta}_i = \arcsin\left(\frac{\hat{\omega}_i\lambda}{2\pi d}\right) \tag{6.9.13}$$

由此得到 DOA 的估计值 $\hat{\theta}_i$。

对于阵列信号进行各种参数估计的更详细的讨论，此处从略。本节仅讨论了均匀线阵这一种简单情况，从阵列结构上讲，许多应用涉及均匀面阵、圆阵等二维阵列，近年人们很关注共形阵列等非均匀阵列，有关阵列信号处理更多的细节，有兴趣的读者可参考[20]。

6.10 功率谱估计的一些实验结果

本节针对几种典型的信号，通过仿真比较几种方法的谱估计性能，直观地理解各种方法的性能优劣。

6.10.1 经典方法和 AR 模型法对不同信号类型的仿真比较

这里，选用 3 个不同性质的信号源，用几种方法比较其功率谱密度。3 个信号源分别是，信号源 1 表示为

$$x(n) = 2\cos(2\pi f_1 n) + 2\cos(2\pi f_2 n) + 2\cos(2\pi f_3 n) + z(n)$$

其中 $f_1=0.05$、$f_2=0.40$、$f_3=0.42$，$z(n)$是 1 阶 AR 过程，满足方程

$$z(n) = -a(1)z(n-1) + v(n)$$

其中 $a(1)=-0.850\,848$，$v(n)$是一个实高斯白噪声，$\sigma^2=0.101\,043$。

信号源 2 和信号源 3 都是 AR(4)过程，它们分别是一个宽带和一个窄带过程，AR 模型的参数如表 6.10.1 所示。

表 6.10.1 AR 模型参数

	$a(1)$	$a(2)$	$a(3)$	$a(4)$	σ^2
信号源 2	−1.352	1.338	−0.662	0.240	1
信号源 3	−2.760	3.809	−2.654	0.924	1

在实验时，通过 MATLAB 产生的白噪声，驱动各 AR 模型，为了得到平稳的随机信号，在每次实验时，注意避开起始瞬态点。分别用周期图法、自协方差法和自相关法进行谱估计，并与理论值比较。

进行 50 次独立实验，画出它们的起伏特性，用于比较各种算法的方差性能，将 50 次实验平均，与理论值比较，分析算法的平均特性。还可以改变 N 值，进行相同的实验，比较仿真结果的变化情况。分别给出 $N=64$、512 实验结果并进行比较分析。

1. 信号源 1 的实验结果

图 6.10.1 是信号源 1 的理论上功率谱的图形，图 6.10.2 给出了用周期图方法进行谱估计的起伏特性和平均特性。所谓起伏特性是将 50 次实验叠加在一张图中，在平均特性图中实线为周期图法谱估计结果，虚线为功率谱的理论值。由于信号源 1 的功率谱中除了 AR(1)过程的谱外还含有三根正弦谱线，因而在用 AR 模型谱估计方法时，我们选用了更高的阶数，这里取 $p=10$。图 6.10.3 给出了用协方差方法进行谱估计的结果，图 6.10.4 给出了用自相关方法进行谱估计的结果。

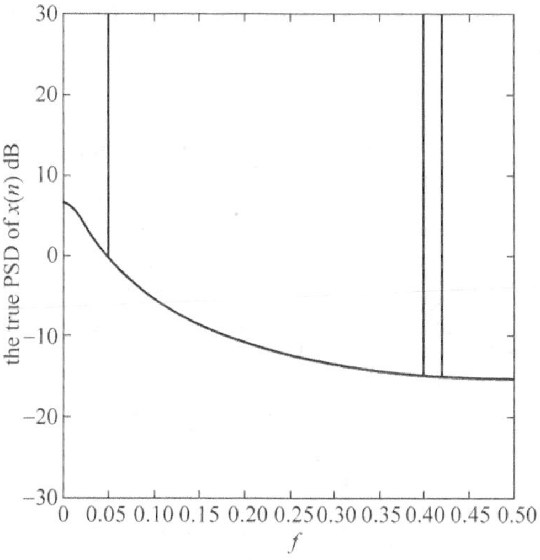

图 6.10.1 信号源 1 的功率谱的理论值

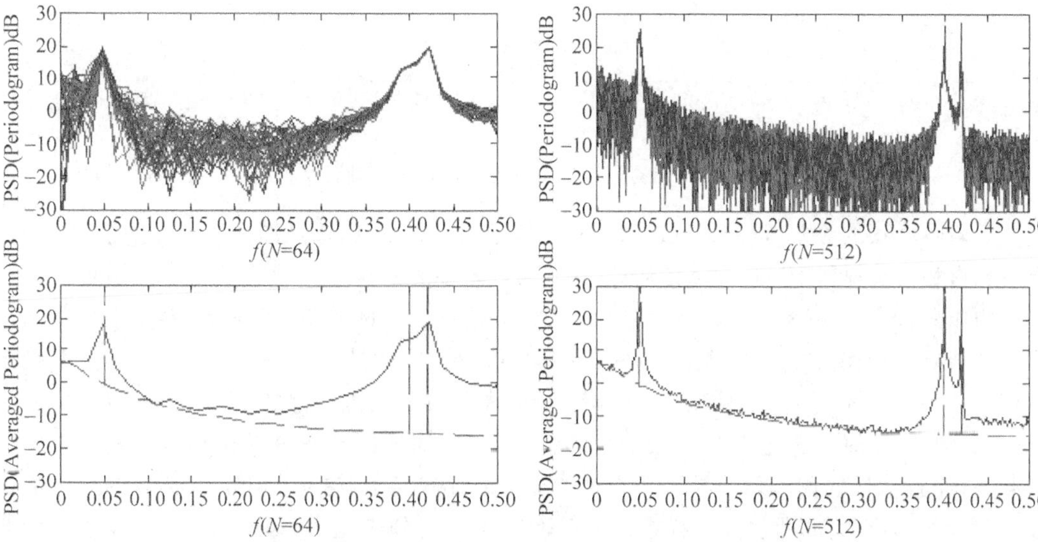

图 6.10.2 对信号源 1 的周期图方法谱估计结果

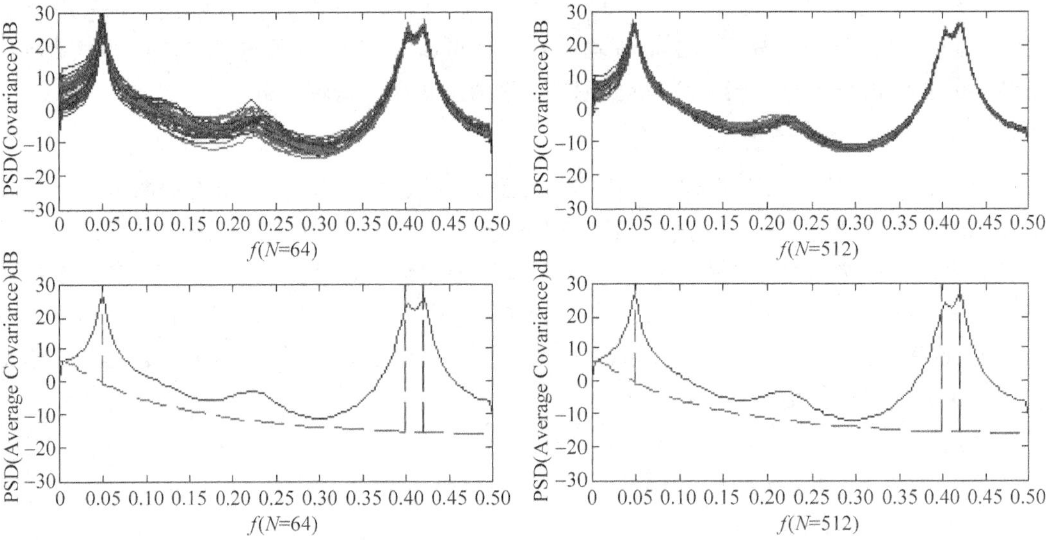

图 6.10.3　对信号源 1 协方差法功率谱估计结果

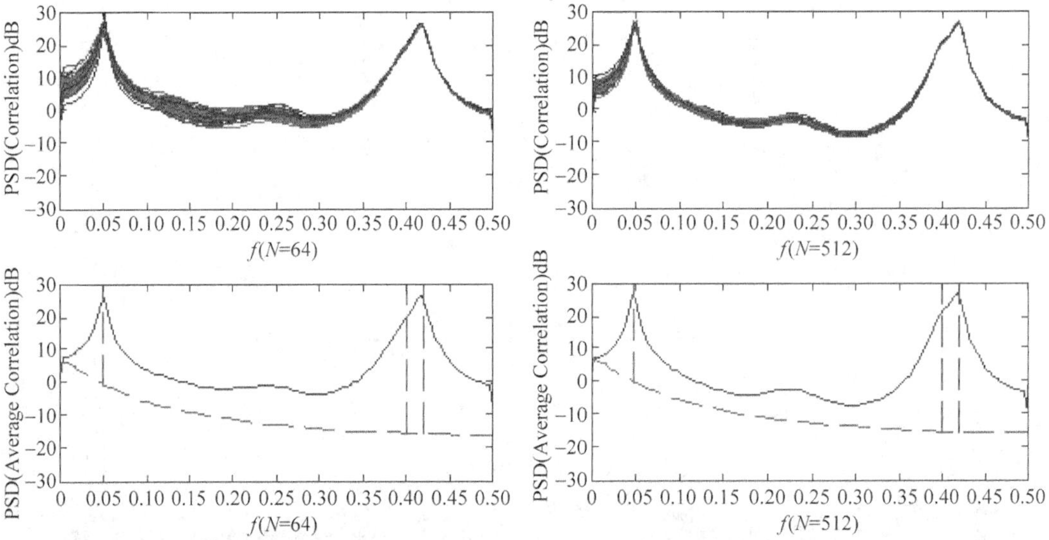

图 6.10.4　对信号源 1 自相关法功率谱估计结果

比较各方法的方差特性来看(起伏图),对信号源 1 谱估计,周期图方法的方差最大；协方差法和自相关法都属于 AR 模型谱估计,它们的方差性能基本相同,都明显好于周期图法。

再以每种方法在 $N=64$ 和 $N=512$ 两种情况下谱估计的起伏特性来看,对于信号源 1 的谱估计结果,周期图方法的方差不随 N 的增大而减小,也就是当 $N\to\infty$,估计的方差不趋于 0,即周期图方法不是对功率谱的一致估计,AR 模型方法的方差都随 N 的增大而减小。

以 $N=512$ 时比较这 3 种方法的平均特性来看,周期图方法可以很好地分辨出 3 个正弦频率,而且估计的谱和信号源 1 功率谱的理论值比较接近,这是由于我们选取的样本数比较多,$N=512$,而周期图法在大样本的情况下有很好的分辨能力,即使 f_2 和 f_3 两个频率非常接近,它也可以分辨出来；协方差法估计出来的谱和信号源 1 功率谱的理论值也比较接近，它估计的谱在 $f_1=0.05$，$f_2=0.40$，$f_3=0.42$ 三个频率处分别有三个峰，对应着信号中的 3 个正弦频率，但在 f_2 和 f_3 处的两个峰没有周期图法估计的突出，还有一点要注意的是在 $f=0.22$ 附近出现了一个伪峰，这是由于模型阶数选择的过高造成的；自相关法的估计性能明显没有其他两种 AR 模型谱估计方法好，它不能分辨出 f_2 和 f_3 两个频率相近的正弦信号。

再以每种方法在 $N=64$ 和 $N=512$ 两种情况下的谱估计的平均特性来看，周期图方法在 $N=64$ 时不能分辨出 f_2 和 f_3 处的两个正弦信号，这是由于周期图方法在小样本情况下分辨率低造成的，当样本数很大时，周期图方法估计的平均谱与理论值相当接近；协方差法在样本数变化的情况下谱估计的平均特性和分辨率性能基本不变，仍可以分辨出 3 个频率的正弦信号；自相关法在样本数变化的情况下谱估计的平均特性和分辨率性能基本不变，仍不能分辨出 f_2 和 f_3 处的两个正弦信号。

总的来看，在大样本情况下，周期图方法还是一种很好的谱估计方法，它不需要对信号的模型做任何假设，而且存在着 FFT 快速算法。在小样本和模型选对的情况下，AR 模型谱估计的方法的分辨率性能要好于周期图方法，在这两种 AR 谱估计方法中，协方差法好于自相关法，对于本例 BURG 法结果与协方差方法基本一致，故未画出，Burg 法有快速算法。

需要指出，如果模型阶数进一步增加，AR 模型谱估计的分辨率还会提高，但伪峰的数目和幅度会进一步增加。

2. 信号源 2 的实验结果

信号源 2 是一个宽带的 AR(4)过程，可以得到信号源 2 的功率谱的理论值为

$$S_{XX}(f)=\sigma^2\left|\frac{1}{1+\sum_{i=1}^{4}a(i)\mathrm{e}^{-\mathrm{j}2\pi if}}\right|^2$$

$$=\left|\frac{1}{1-1.352\mathrm{e}^{-\mathrm{j}2\pi f}+1.338\mathrm{e}^{-\mathrm{j}4\pi f}-0.662\mathrm{e}^{-\mathrm{j}6\pi f}+0.240\mathrm{e}^{-\mathrm{j}8\pi f}}\right|^2$$

功率谱的理论值如图 6.7.5 所示，从图中可以看出信号源 2 的功率谱是一个 AR(4)过程的宽带谱。图 6.7.6 和图 6.7.7 是实验结果，对信号源 2 自协方差法和自相关法的图形基本

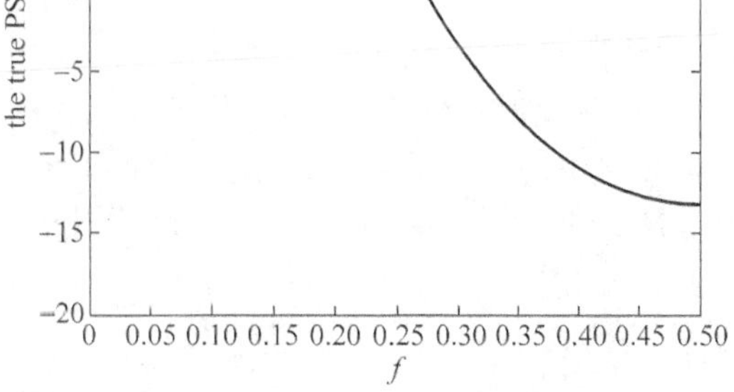

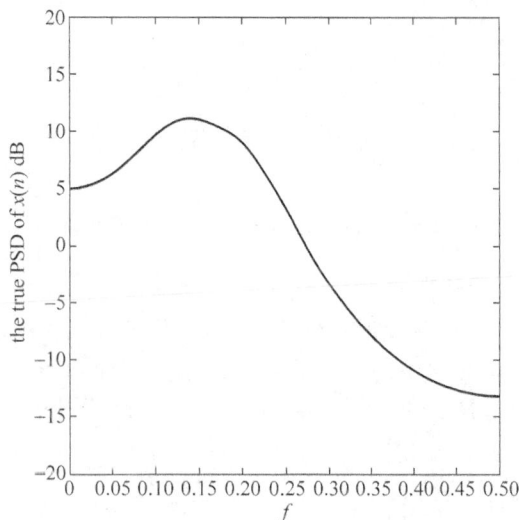

图 6.10.5 信号源 2：$x(n)$的功率谱的理论值

一致，故只画出自协方差方法的图形。

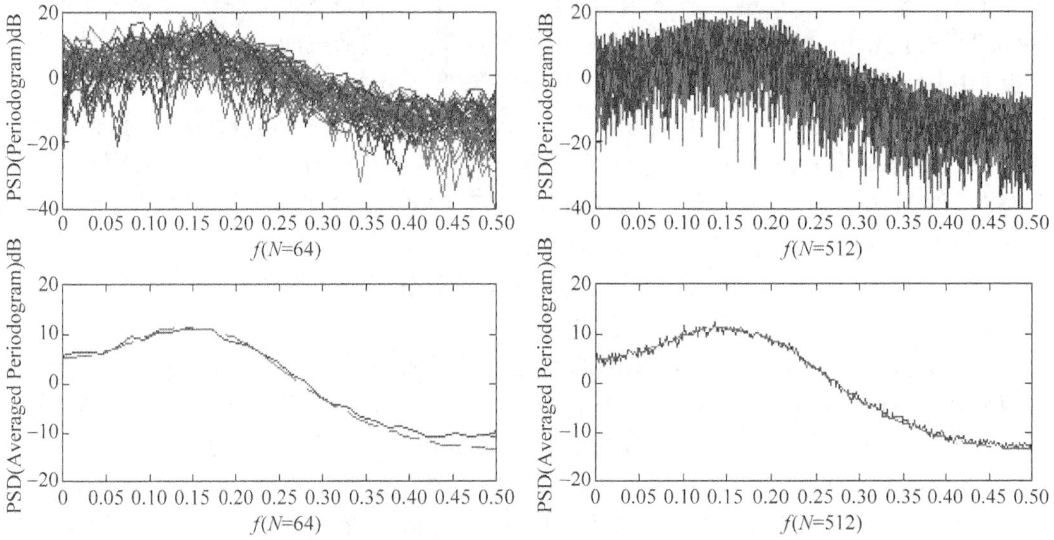

图 6.10.6　对信号源 2：周期图方法谱估计结果

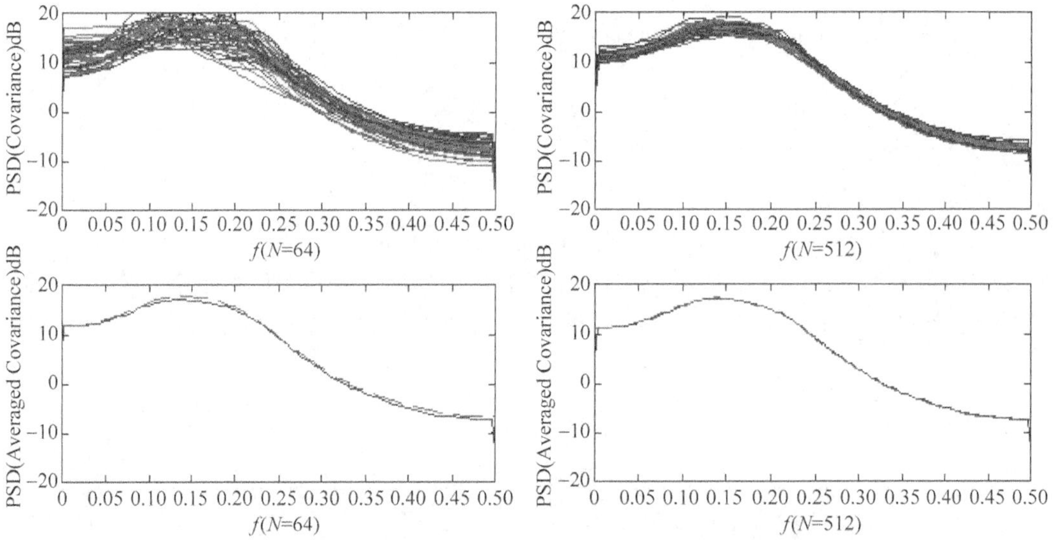

图 6.10.7　对信号源 2 的协方差方法谱估计结果

以 $N=512$ 时比较方差特性来看，对于宽带信号进行谱估计，周期图方法的方差大；协方差法明显好于周期图法。再以每种方法在 $N=64$ 和 $N=512$ 两种情况下的谱估计的起伏特性来看，周期图方法的方差不随 N 的增大而减小，即周期图方法不是对功率谱的一致估计，而其他方法的方差都随 N 的增大而减小。总的来看，周期法、协方差法和自相关法对于宽带信号都有很好的谱估计性能。

3. 对于信号源 3 进行谱分析

信号源 3 是一个窄带的 AR(4)过程，得到信号源 3 的功率谱的理论值为

$$S_{XX}(f)=\sigma^2\left|\frac{1}{1+\sum_{i=1}^{4}a(i)\mathrm{e}^{-\mathrm{j}2\pi i f}}\right|^2$$

$$=\left|\frac{1}{1-2.760\mathrm{e}^{-\mathrm{j}2\pi f}+3.809\mathrm{e}^{-\mathrm{j}4\pi f}-2.654\mathrm{e}^{-\mathrm{j}6\pi f}+0.924\mathrm{e}^{-\mathrm{j}8\pi f}}\right|^2$$

功率谱的理论值如图 6.10.8 所示，从图中可以看出信号源 3 的功率谱是一个 AR(4)过程的窄带谱。图 6.10.9 至图 6.10.11 是实验结果，由于自协方差法和 BURG 法的图形基本一致，只画出自协方差方法的图形。

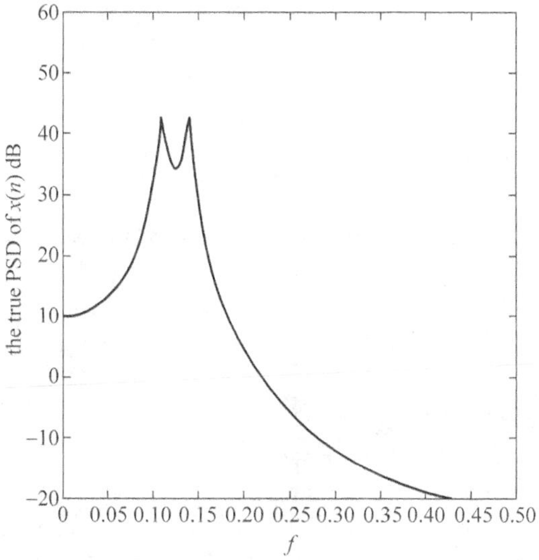

图 6.10.8　信号源 3 的功率谱的理论值

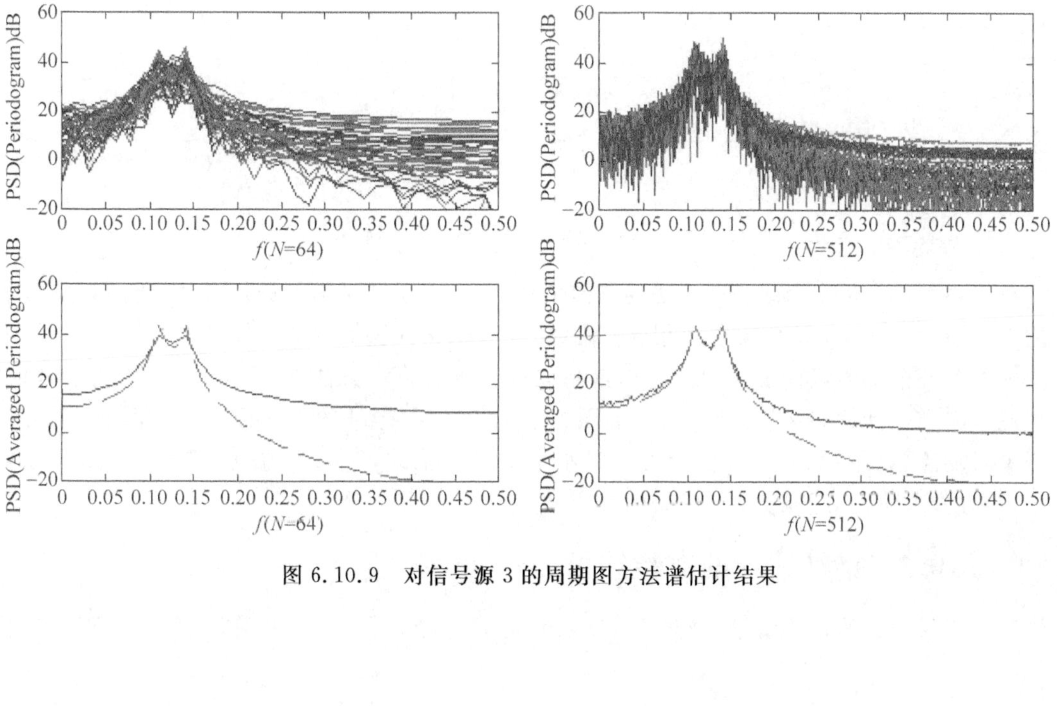

图 6.10.9　对信号源 3 的周期图方法谱估计结果

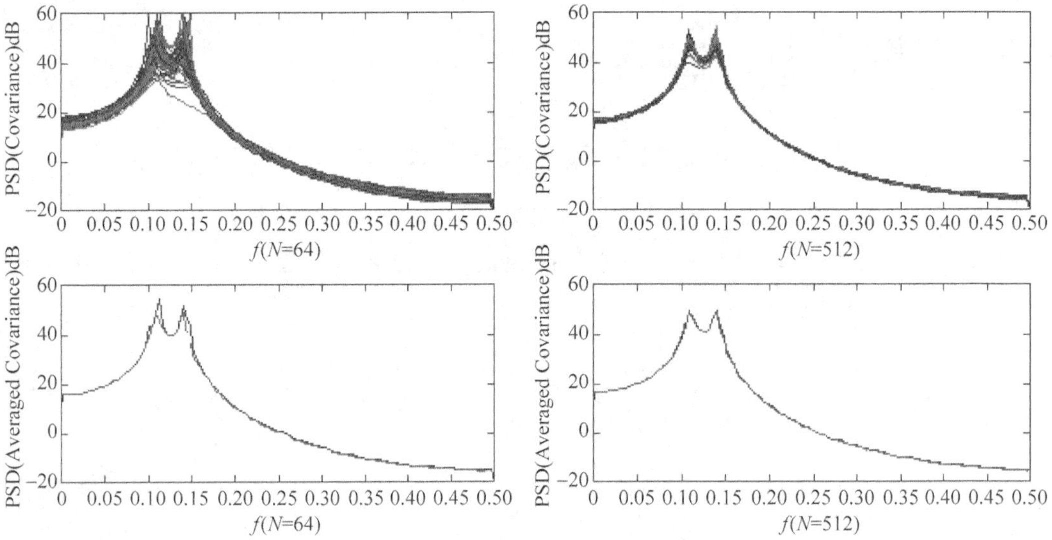

图 6.10.10 对信号源 3 的协方差方法谱估计结果

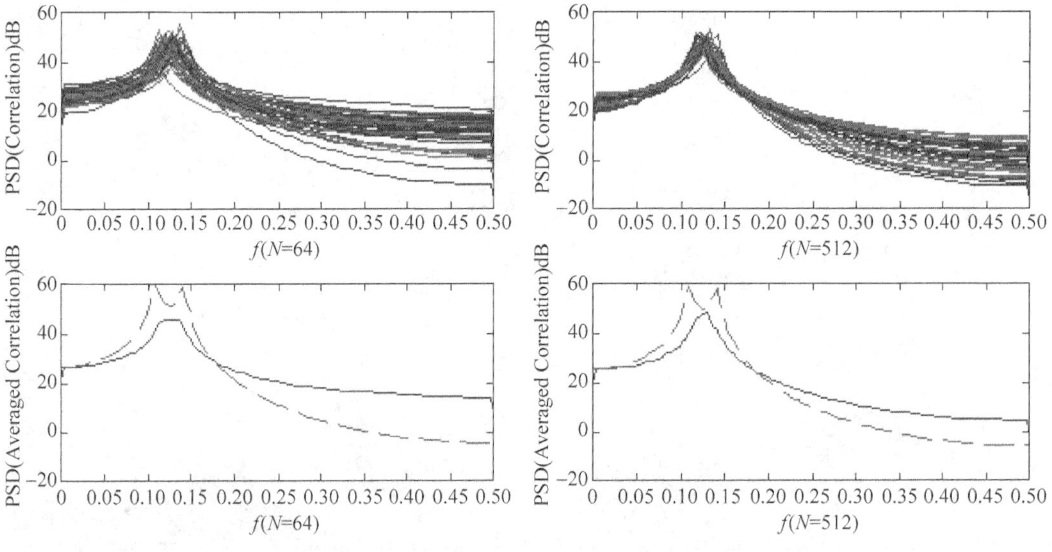

图 6.10.11 对信号源 3 的自相关方法谱估计结果

以 $N=512$ 时比较这几种方法的方差特性来看，对于窄带信号进行谱估计，周期图方法的方差最大；自相关法的方差也很大；协方差法、BURG 法的方差性能基本相同，这两种方法的方差性能都明显好于周期图法和自相关法。再以每种方法在 $N=64$ 和 $N=512$ 两种情况下的谱估计的起伏特性来看，周期图方法的方差不随 N 的增大而减小，即周期图方法不是对功率谱的一致估计；自相关法对窄带信号的估计，它的方差也不随 N 的增大而减小，协方差方法的方差随 N 的增大而减小。

6.10.2 谐波估计的实验结果

对于噪声中的正弦信号，通过 Pisarenko 谐波估计算法、MUSIC 算法和 ESPRIT 算法

进行频率估计,信号源是:

$$x(n) = 2\cos(2\pi f_1 n) + 3\cos(2\pi f_2 n) + 1.2\cos(2\pi f_3 n) + z(n)$$

这里,$f_1=0.05$,$f_2=0.40$,$f_3=0.42$,$z(n)$是实白高斯噪声,方差为$\sigma^2=0.36$。使用128个数据样本进行估计。

1. Pisarenko 谐波估计算法

进行20次独立实验,每次实验的白噪声信号都是独立产生的,每次用Pisarenko进行频率估计,实验的记录结果如表6.10.2。

表6.10.2　用Pisarenko进行频率估计的实验结果

实验次数	f_1	f_2	f_3
1	0.0500	0.3371	0.4033
2	0.0490	0.2773	0.4021
3	0.0508	0.3821	0.4019
4	0.0497	0.3749	0.4051
5	0.0497	0.3319	0.4025
6	0.0507	0.3253	0.4030
7	0.0494	0.3244	0.4041
8	0.0514	0.4020	0.5000
9	0.0505	0.3533	0.4030
10	0.0509	0.3537	0.4027
11	0.0499	0.3624	0.4025
12	0.0608	0.4027	0.5000
13	0.0508	0.4024	0.5000
14	0.0501	0.3511	0.4033
15	0.0505	0.3407	0.4035
16	0.0526	0.4010	0.5000
17	0.0504	0.2909	0.4013
18	0.0504	0.3002	0.4021
19	0.0501	0.3124	0.4015
20	0.0508	0.3306	0.4024

2. MUSIC 谐波估计算法

对MUSIC算法,同样做20次独立实验,将20次实验结果重叠画在图6.10.12中,将20次实验的平均结果示于图6.10.13中。

3. ESPRIT 算法的实验结果

独立运行20次实验,记录估计值,并计算了估计值的均值和方差,结果见表6.10.3。

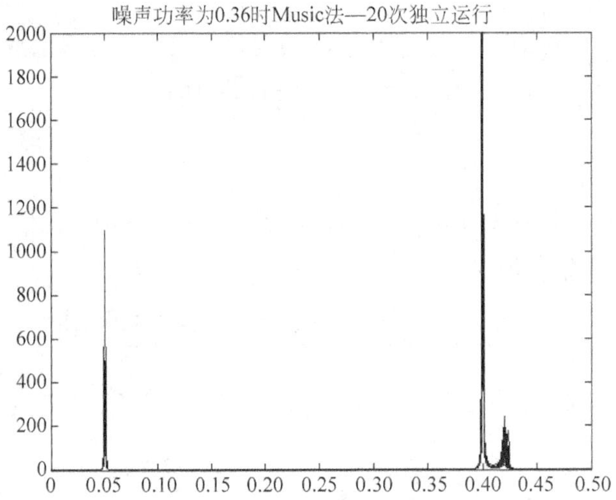

图 6.10.12　MUSIC 算法 20 次独立实验重叠的图形

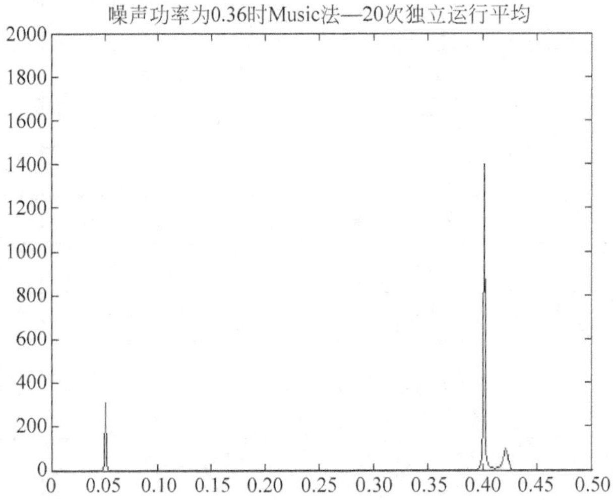

图 6.10.13　MUSIC 算法 20 次独立实验平均后的图形

表 6.10.3　ESPRIT 算法的实验结果

实 验 次 数	f_1	f_2	f_3
20 次实验结果	0.0502	0.3992	0.4165
	0.0508	0.3982	0.4124
	0.0505	0.3861	0.4048
	0.0504	0.3878	0.4042
	0.0506	0.3960	0.4098
	0.0504	0.3978	0.4142
	0.0510	0.3996	0.4204
	0.0506	0.3907	0.4056

续表

实验次数	f_1	f_2	f_3
20次实验结果	0.0509	0.3986	0.4132
	0.0511	0.4008	0.4262
	0.0505	0.4002	0.4224
	0.0501	0.3972	0.4102
	0.0502	0.3962	0.4095
	0.0507	0.3947	0.4070
	0.0506	0.3992	0.4172
	0.0508	0.3910	0.4056
	0.0505	0.4006	0.4270
	0.0508	0.3911	0.4058
	0.0502	0.3927	0.4072
	0.0505	0.3962	0.4107
平均值	0.0506	0.3957	0.4125
方差 1.0e−004*	0.0008	0.1910	0.4997

从上面的实验结果可以看到，Pisarenko 的性能比较差，MUSIC 和 ESPRIT 都有较好的频率估计结果。上述三种方法在信噪比增大，样本点数增加的情况下，效果都有较大改善，这也符合理论分析，关于增大信噪比的更多实验结果此处从略。三种方法中，MUSIC 方法的计算量最大。

6.11 小结和进一步阅读

本章介绍了功率谱估计的几种方法。经典谱估计方法实现简单，不需要任何先验的模型假设，但存在估计的可靠性和分辨率之间的矛盾。AR 模型方法，在高信噪比条件下，可以得到高分辨率的谱估计，存在多种高效的实现方式，是模型法谱估计中最常用的方法，但该方法对噪声是敏感的。本章也讨论了 MA 和 ARMA 模型的谱估计方法，这些方法的实现比 AR 模型方法明显的复杂。利用自相关矩阵特征空间的性质，进行频率估计，也是本章讨论的一个重要课题，利用该方法可以估计时间信号的频率，用到空间阵列信号中，则可以估计入射波的角度。

存在多本有关功率谱估计的专门著作，Kay[11]的著作对功率谱估计这个领域给出了相当系统和深入的总结，Marple[12]的著作则给出了更多实现算法，Stoica[19]的著作除了很简明地概述了谱估计的各类算法外，还对功率谱估计应用于空间阵列信号处理问题给出专章的论述。中文著作中，王宏禹[23]、肖先赐[24]等的书，对功率谱的算法和应用也给出了相当详尽的讨论。几本论文集式的著作，汇集了许多学者当时的研究成果[4]、[8]、[9]。

对于谱估计的历史，Robinson 给出了一个很全面的回顾[15]。

习题

1. 证明实高斯白噪声信号情况下周期图谱估计器的方差表达式近似为（N 充分大）

$$\operatorname{var}\{\hat{S}_{\text{per}}(f)\} \approx S^2(f)\left[1+\left(\frac{\sin(2\pi Nf)}{N\sin(2\pi f)}\right)^2\right]$$

2. 信号为高斯非白噪声的情况，可以将信号看作是高斯白噪声通过一个 LTI 系统所产生，即高斯白噪声 $v(n)$ 激励一个频率响应为 $H(\mathrm{e}^{\mathrm{j}2\pi f})$ 的系统，产生一般高斯信号 $x(n)$，证明，若样本数 N 充分大，则对 $x(n)$ 的周期图谱估计的方差近似为

$$\operatorname{var}\{\hat{S}_{\text{per}}(f)\} \approx |H(\mathrm{e}^{\mathrm{j}2\pi f})|^4\sigma_v^4 = S^2(f)$$

3. 设有记录的数据$\{x(0),x(1),x(2),x(3),x(4),x(5)\}$，随机信号服从 AR(2)模型，用协方差方法和自相关方法，分别写出用 LS 求解 AR 模型系数的正则方程。

4. 条件同题 1，用 Burg 算法写出 k_1，k_2 和 $a(1)$，$a(2)$参数的表达式。

5. 在进行 AR 模型谱估计时，在随机信号服从高斯分布时，当数据趋于无穷时，证明 AR 模型参数的估计$\hat{\boldsymbol{a}}$和$\hat{\sigma}^2$ 的 CR 下界为

$$\boldsymbol{C}_{\boldsymbol{a},\sigma^2} = E\left[\begin{pmatrix}\hat{\boldsymbol{a}}-E(\hat{\boldsymbol{a}})\\ \hat{\sigma}^2-E(\hat{\sigma}^2)\end{pmatrix}\begin{pmatrix}\hat{\boldsymbol{a}}-E(\hat{\boldsymbol{a}})\\ \hat{\sigma}^2-E(\hat{\sigma}^2)\end{pmatrix}^{\mathrm{T}}\right] = \begin{bmatrix}\frac{\sigma^2}{N}\boldsymbol{R}_{xx}^{-1} & \boldsymbol{0}\\ \boldsymbol{0} & \frac{2\sigma^4}{N}\end{bmatrix}$$

提示：用 $P(\boldsymbol{x}|\boldsymbol{x}_0,\boldsymbol{a},\sigma^2)$。

6. 在 Burg 算法中，估计 K_m的分母公式

$$\mathrm{DEN}(m) = \sum_{n=m}^{N-1}(|f_{m-1}(n)|^2+|b_{m-1}(n-1)|^2)$$

证明，它可由如下递推算法快速计算

$$\mathrm{DEN}(m) = (1-|k_{m-1}|^2)\mathrm{DEN}(m-1)-|f_{m-1}(m-1)|^2-|b_{m-1}(N-1)|^2$$

7. 设有 N 个观测数据，用 p 阶 AR 模型进行功率谱估计，且 $p<N$，用协方差方法，证明正则方程系数矩阵是共轭对称的，但不是 Toeplitz 的。

8. 同上，用自相关方法，证明正则方程的系数矩阵是 Toeplitz 的。

9. 设有一个平稳随机信号为 $x(n)=A\sin(\omega_1 n+\varphi)+w(n)$，$w(n)$是白噪声，通过测量的数据估计出 3 个自相关值分别为：$r_x(0)=2.2$，$r_x(1)=1.3$，$r_x(2)=0.8$，用 Pisarenko、MUSIC 和 Blackman-Tukey 方法分别估计 ω_1 和 A。

*10. 有 3 个信号源，分别产生三种随机序列，用几种方法比较其功率谱密度。

信号源 1：$x(n)=2\cos(2\pi f_1 n)+2\cos(2\pi f_2 n)+2\cos(2\pi f_3 n)+z(n)$

$f_1=0.05$，$f_2=0.40$，$f_3=0.42$，$z(n)$是一个 1 阶 AR 过程，满足方程

$$z(n) = -a(1)z(n-1)+v(n)$$

$a(1)=-0.850\,848$，$v(n)$是实白噪声，是高斯的，$\sigma^2=0.101\,043$。

信号源 2 和 3：都是 AR(4)过程，它们分别是一个宽带和一个窄带过程，参数如下：

参数名称	$a(1)$	$a(2)$	$a(3)$	$a(4)$	σ^2
信号源 2	−1.352	1.338	−0.662	0.240	1
信号源 3	−2.760	3.809	−2.654	0.924	1

记录 $N=256$ 个测量值(注意避开起始瞬态点)，分别用周期图法，自相关法，自协方差法，改进自协方差法，Burg 法，进行谱估计，并与理论值比较。

要求：进行 50 次独立实验，画出它们的起伏特性，比较各种算法的方差性能，将 50 次实验平均，与理论值比较，分析各算法的平均特性。

改变 N 的值，进行同样的实验，比较结果(建议对 $N=64,128,512$ 进行实验，并结合如上实验进行分析)。

*11. 有两个 ARMA 过程，其中信号 1 是宽带信号，信号 2 是窄带信号，我们分别用 AR 谱估计算法、ARMA 谱估计算法和周期图算法估计其功率谱。

产生信号 1 的系统函数为

$$H(z)=\frac{1+0.3544z^{-1}+0.3508z^{-2}+0.1736z^{-3}+0.2401z^{-4}}{1-1.3817z^{-1}+1.5632z^{-2}-0.8843z^{-3}+0.4096z^{-4}}$$

激励白噪声的方差为 1。

产生信号 2 的系统函数为

$$H(z)=\frac{1+1.5857z^{-1}+0.9604z^{-2}}{1-1.6408z^{-1}+2.2044z^{-2}-1.4808z^{-3}+0.8145z^{-4}}$$

激励白噪声的方差为 1。

每次实验使用的数据长度为 256。

(1) 对信号 1，分别使用 AR(4)、AR(8)、ARMA(4,4)和 ARMA(8,8)模型进行谱估计，对 AR 方法采用自协方差算法，对 ARMA 算法采用改进 Yule-Walker 方程算法，也用周期图方法做谱估计。做 20 次独立实验，将 20 次实验结果画在 1 张图上，观察谱估计随机分布性质，另将 20 次的平均值和真实谱画在一张图上进行比较。

(2) 对信号 2，分别使用 AR(4)、AR(8)、AR(12)、AR(16)、ARMA(4,2)、ARMA(8,4)和 ARMA(12,6)模型进行谱估计，对 AR 方法采用自协方差算法，对 ARMA 算法采用改进 Yule-Walker 方程算法，也用周期图方法做谱估计。做 20 次独立实验，将 20 次实验结果画在 1 张图上，观察谱估计随机分布性质，另将 20 次的平均值和真实谱画在一张图上进行比较。

(3) 对各种算法的性能进行分析比较。

(4) 比较窄带信号和宽带信号系统函数的极零点分布。

注意：(1) 利用模型的差分方程产生的数据的前 200 个点丢弃不用，以保证所使用数据的平稳性。

(2) 改进 Yule-Walker 方程算法采用方程数目大于变量数目 1 倍的 LS 算法。

*12. 对于噪声中的正弦信号，通过 Pisarenko 谐波分解算法、MUSIC 算法和 ESPRIT 算法进行频率估计，信号源是：

$$x(n)=2\cos(2\pi f_1 n)+3\cos(2\pi f_2 n)+1.2\cos(2\pi f_3 n)+z(n),$$
$$f_1=0.05,\quad f_2=0.40,\quad f_3=0.42$$

$z(n)$是实白噪声，是高斯的，方差为 $\sigma^2=0.32$。使用 128 个数据样本进行估计。

（1）用三种算法，进行频率估计，独立运行程序 20 次，记录各方法的估计值，并利用 20 次估计值，近似计算各种方法的频率估计的均值和方差。

（2）逐渐增加噪声功率，观察和分析各种方法的性能。

（3）实现 LS-ESPRIT 算法和 TLS-ESPRIT 算法，与以上实验进行比较。

参 考 文 献

[1] Burg J. P. The relationship between maximum entropy spectral and maximum likelihood spectra. Geophysics. 1972. 37：375-376.

[2] Cadzow J. A. Spectrum estimation：An over-determined rational model equation approach. Proceedings of the IEEE. 1982. 70(9)：907-939.

[3] Capon J. High-resolution frequency-wave-number spectrum analysis. Proceedings of the IEEE. 1969. 57(8)：1408-1418.

[4] Childers D. G. Modern Spectrum Analysis. New York：John Wiley & Sons. Inc(IEEE Press). 1978.

[5] Durbin J. Efficient estimation of parameters in moving-average models. Biometrika. 1959. 46：306-316.

[6] Fuchs J. J. Estimation the number of sinusoids in additive white noise. IEEE Trans. On ASSP. 1988. 36(12)：1846-1854.

[7] Hayes M. H. Statistical Digital Signal Processing and Modeling. New York：John Wiley & Sons. Inc. 1996.

[8] Haykin S. ed. Nonlinear Method of Spectral Analysis. 2nd. Berlin：Springer-Verlag. 1983.

[9] Haykin S. Advances in Spectrum Analysis and Array Processing. New Jersey：Prentice Hall. 1991.

[10] Kay S. M. Marple S. L. Spectrum analysis. a modern perspective. Proc. IEEE. 1981. 69(11)：1380-1419.

[11] Kay S. M. Modern Spectral Estimation：Theory &Application. New Jersey：Prentice-Hall. 1988.

[12] Marple S. L. A new Autoregressive spectrum analysis algorithm. IEEE Trans. On Acoust. Speech signal processing. 1980. 28(8)：441-454.

[13] Marple S. L. Digital Spectral Analysis with Application. New Jersey：Prentice-Hall. 1987.

[14] Oppenheim A. V. Schafer R. W. and Buck J. R. Discrete-time Signal Processing. Second Edition. New Jersey：Prentice-hall. 1999.

[15] Robinson E. A. A Historical Perspective of Spectrum Estimation. Proceedings of IEEE. 1982. 70(8)：885-907.

[16] Roy R. Paulraj A. and Kailath T. ESPRIT—A Subspace rotation approach to estimation of parameters of cisoids in noise. IEEE Trans. On Acoustics. Speech. and Signal Processing. 1986. 34(5)：1340-1342.

[17] Roy R. and Kailath T. ESPRIT—Estimation of Signal Parameters Via Rotational Invariance Techniques. IEEE Trans. On Acoustics. Speech. and Signal Processing. 1989. 37(7)：984-995.

[18] Stoica P. Soderstrom T. Statistical analysis of MUSIC and subspace rotation estimates of sinusoidal frequencies. IEEE Trans. On Signal Processing. 1991. 39(8)：1836-1847.

[19] Stoica P. Introduction to Spectral Analysis. New Jersey：Prentice Hall. Inc. 1997.

[20] Van Trees H. L. Optimum Array Processing. Part IV of Detection. Estimation. and Modulation Theory. New Jersey：Wiley-InterScience. 2002.

[21] Welch P. D. The use of fast Fourier transform for estimation of power spectra: a method based on time averaging over short modified periodograms. IEEE Trans. Audio and Electro Acoustics 1967. 15(6): 70-73.

[22] 胡广书.数字信号处理：理论、算法与实现[M].2版.北京：清华大学出版社,2003.

[23] 王宏禹著.现代谱估计[M].南京：东南大学出版社,1990.

[24] 肖先赐.现代谱估计：原理与应用[M].哈尔滨：哈尔滨工业大学出版社,1991.

[25] 张贤达.现代信号处理[M].2版.北京：清华大学出版社,2002.

[26] 张旭东,陆明泉.离散随机信号处理[M].北京：清华大学出版社,2005.

[27] 张旭东,崔晓伟,王希勤.数字信号分析和处理[M].北京：清华大学出版社,2014.

第7章

超出2阶平稳统计的信号特征与应用

在前面 6 章中,除第 2 章估计理论外,其他 5 章中使用最多的随机信号特征是 2 阶特征,特别是信号的相关函数和协方差函数。维纳滤波和最优预测是建立在相关函数基础上的,卡尔曼滤波算法主要依赖相关和协方差函数,线性自适应滤波的性能评估也主要依赖相关函数,功率谱是由自相关函数定义的,这些现代信号处理中最基本的和最核心的问题,都建立在信号的 2 阶特征基础上。

实际上,对于线性系统的分析和设计,对于高斯随机信号的分析和处理,2 阶统计是足够的,这在理论和实践中是得到证实的。在第 1 章中介绍了高斯随机信号的高阶矩均可以分解为 2 阶矩的组合;第 2 章导出了线性贝叶斯估计只需要信号的 2 阶特征(假设均值为 0,否则均值即 1 阶特征是需要的),这些理论结果就预示了对于线性系统和高斯过程 2 阶统计的作用。

随着电磁环境的复杂化,很多随机信号不再满足高斯性,另外随着系统构成的复杂,很多非线性系统得以应用,而非线性系统又可以把高斯过程变成非高斯过程,因此非线性和非高斯性在信号处理中扮演越来越重要的角色,而对于非线性系统设计和对非高斯信号的描述,2 阶统计量是不够的,需要研究信号的更多特征。

其实,在第 4 章讨论的非线性扩展卡尔曼滤波和粒子滤波中,都已经遇到了非线性系统,尤其是粒子滤波,2 阶统计已经不满足要求,通过递推信号的联合概率密度函数得到滤波结果。第 6 章讨论的盲均衡是非线性系统,尽管没有显示地使用信号特征,但其隐含地使用了信号的高阶特征。

随机信号的联合概率密度函数最全面地刻画了信号的随机性质,是随机信号的最完整的描述,由联合概率密度函数除了可以得到信号的 2 阶特征外,还可以得到信号的更多特征量,例如信号的高阶特征和信号的熵特征等。通信和雷达等领域的一些信号的 2 阶统计特征不是平稳的,但是周期的,即具有循环平稳性,对这类信号循环平稳特征也是有用的。这些特征统称为"超出 2 阶平稳统计"的特征,超出 2 阶平稳的特征有多方面的应用,可以用来刻画更多的信号特性,可以导出一些信号处理系统(例如盲源分离等),可以与机器学习结合,作为新的信号特征量构造信号的自动分类和识别系统等等。

本章主要讨论三类信号特征。三类特征分别是:信号高阶统计量和高阶谱、信号的循环平稳统计和谱特征、信号的熵特征。下一章讨论信号盲源分离这一有趣而活跃的信号处理分支,其显示地应用了信号的高阶特征和熵特征。

7.1 信号的高阶统计量和高阶谱

自相关函数是离散随机信号的一种 2 阶统计量，对于高斯随机信号而言，高阶矩可以分解成 2 阶矩的组合，若信号的均值为 0，则自相关函数可以描述高斯信号的全部统计特性，但对于非高斯信号而言，仅有 2 阶统计量是不够的。功率谱估计是现代信号处理技术中最基本、最重要的内容之一。经过几十年的发展，功率谱的基本理论和估计方法已经相当完善，并且已经在科学研究和工程实践中得到了广泛的应用。但是，由于功率谱理论本身的局限性和实际问题的复杂性，功率谱估计技术在应用中也遇到了一些难于解决的问题。

我们知道，对于一个广义平稳的随机序列，功率谱被定义为该序列的自相关函数的傅里叶变换。从数理统计学的观点来看，功率谱（自相关函数）仅仅为该序列的 2 阶统计。从物理含义上来看，功率谱只揭示了该随机序列的幅度信息，而没有反映出其相位信息，这是因为功率谱理论把一个随机序列看成是一系列统计不相关的谐波分量的叠加，而忽略了各个频率之间的相位关系。因此，严格来说，自相关函数以及相对应的功率谱只能完整地描述一个广义的平稳高斯过程；一旦该序列偏离了高斯性，便不能用自相关函数或者功率谱来完整地描述该序列的统计特性。从这个角度来说，基于功率谱（或者自相关函数）的技术不能用来处理非高斯信号，至少不是处理非高斯信号的最佳方法。然而，在科学研究和工程实践活动中，我们所遇到的问题往往非常复杂，实际的观测序列并不是理想化的高斯过程，因此，除了需要了解该序列的幅度信息以外，还需要获取该序列的相位信息（例如对非最小相位线性过程的辨识），甚至非线性结构（例如对相位耦合的检测）。这就迫使人们去寻找比功率谱和自相关函数更加全面的信号处理工具。

高阶统计量和高阶谱是自相关函数和功率谱概念的推广和发展，高阶谱通常被定义为高阶累积量的多维傅里叶变换，因而也称之为高阶累积量谱。其中，3 阶累积量和 3 阶谱、4 阶累积量和 4 阶谱是高阶统计量和高阶谱的两类重要的特例，也是目前高阶统计量和高阶谱理论和应用研究的主要内容。高阶统计量和高阶谱含有超出自相关和功率谱之外的更丰富的统计信息，例如过程的相位信息、可刻画非线性性质等。概括起来，高阶统计量和高阶谱作为一种信号处理工具在下面的三个方面有独特的应用：

(1) 在信号检测、参数估计问题中，高阶统计量和高阶谱可以自动抑制各种加性高斯噪声；

(2) 高阶统计量和高阶谱可以用来重构信号的幅度和相位；

(3) 高阶统计量和高阶谱可以用来检测时间序列的非线性结构。

本节主要介绍高阶统计量和高阶谱的定义、性质、估计方法和一些直接应用。

7.1.1 高阶累积量和高阶矩的定义

一个平稳随机信号的高阶谱是通过高阶累积量来定义的，而高阶累积量又和高阶矩有密切的关系，因此我们先介绍高阶累积量和高阶矩的定义。为了简单，首先针对一组随机变量讨论高阶矩和高阶累积量，然后推广到带有时间顺序的一般随机信号。

对于一组实随机变量 $x_1, x_2, \cdots, x_n$，定义其联合特征函数为

$$\Phi(\omega_1,\omega_2,\cdots,\omega_n)=E\{\exp[j(\omega_1x_1+\omega_2x_2+\cdots+\omega_nx_n)]\}$$
$$=\int e^{j(\omega_1x_1+\omega_2x_2+\cdots+\omega_nx_n)}p(x_1,x_2,\cdots,x_n)dx_1\cdots dx_n \qquad (7.1.1)$$

可见除了一个负号外，$\Phi(\omega_1,\omega_2,\cdots,\omega_n)$相当于 $p(x_1,x_2,\cdots,x_n)$的 n 维傅里叶变换。由特征函数可以定义随机变量组的联合矩和累积量。

随机变量 $x_1,x_2,\cdots,x_n$ 的 $r=k_1+k_2+\cdots+k_n$ 阶联合矩定义为

$$m_{k_1k_2\cdots k_n}=E[x_1^{k_1}x_2^{k_2}\cdots x_n^{k_n}]$$
$$=(-j)^r\frac{\partial^r\Phi(\omega_1,\omega_2,\cdots,\omega_n)}{\partial\omega_1^{k_1}\omega_2^{k_2}\cdots\omega_n^{k_n}}\bigg|_{\omega_1=\omega_2=\cdots=\omega_n=0} \qquad (7.1.2)$$

它们的 $r=k_1+k_2+\cdots+k_n$ 阶联合累积量定义为

$$c_{k_1k_2\cdots k_n}=(-j)^r\frac{\partial^r\ln\Phi(\omega_1,\omega_2,\cdots,\omega_n)}{\partial\omega_1^{k_1}\omega_2^{k_2}\cdots\omega_n^{k_n}}\bigg|_{\omega_1=\omega_2=\cdots=\omega_n=0} \qquad (7.1.3)$$

从上面的定义可知，一组随机变量的联合累积量可以通过它们的联合矩来表示。例如，随机变量 x_1 的前 4 阶矩为

$$m_1=E[x_1]$$
$$m_2=E[x_1^2]$$
$$m_3=E[x_1^3]$$
$$m_4=E[x_1^4] \qquad (7.1.4)$$

矩和累积量之间的关系如下

$$c_1=m_1$$
$$c_2=m_2-m_1^2$$
$$c_3=m_3-3m_2m_1-2m_1^2$$
$$c_4=m_4-4m_3m_1-3m_2^2+12m_2m_1^2-6m_1^4 \qquad (7.1.5)$$

这里只对 c_2 证明式(7.1.5)的关系，其他阶累积量的证明留作习题。为了求 c_2，首先计算下两式

$$\frac{\partial\ln\Phi(\omega)}{\partial\omega}=\frac{1}{\Phi(\omega)}\frac{\partial\Phi(\omega)}{\partial\omega}$$
$$\frac{\partial^2\ln\Phi(\omega)}{\partial\omega^2}=\frac{1}{\Phi(\omega)}\frac{\partial^2\Phi(\omega)}{\partial\omega^2}-\frac{1}{\Phi^2(\omega)}\left[\frac{\partial\Phi(\omega)}{\partial\omega}\right]^2$$

由于这里只有一个变量，故为简单省略了 ω_1 上的下标。将上式带入 c_2 的定义，有

$$c_2=(-j)^2\left\{\frac{1}{\Phi(\omega)}\frac{\partial^2\Phi(\omega)}{\partial\omega^2}-\frac{1}{\Phi^2(\omega)}\left[\frac{\partial\Phi(\omega)}{\partial\omega}\right]^2\right\}_{\omega=0}=m_2-m_1^2$$

上式第 2 行用到了 $\Phi(0)=\int p(x)dx=1$。

由此可见，计算 x_1 的 r 阶累积量 c_r 需要知道该随机变量所有从第 1 阶到第 r 阶的矩 $m_1,m_2,\cdots,m_r$。由于 m_i 可直接计算，故通过计算 m_i 间接计算累积量。

假定 $x(k),k=0,\pm1,\pm2,\cdots,\pm n$ 是一个严平稳的实随机序列，它的第 1 阶一直到第 n 阶的矩都存在，则随机信号的 n 阶矩定义为

$$\mathrm{Mom}[x(k),x(k+\tau_1),\cdots,x(k+\tau_{n-1})]=E[x(k)x(k+\tau_1)\cdots x(k+\tau_{n-1})] \qquad (7.1.6)$$

n 阶矩与时间间隔 $\tau_1,\tau_2,\cdots,\tau_{n-1}$ 有关，故记为

$$m_n^x(\tau_1,\tau_2,\cdots,\tau_{n-1}) = E[x(k)x(k+\tau_1)\cdots x(k+\tau_{n-1})] \tag{7.1.7}$$

类似可以给出随机序列的累积量的定义 $c_n^x(\tau_1,\tau_2,\cdots,\tau_{n-1})$，由于累积量可以用各阶矩表示，更常用的是类似于式(7.1.5)的表示，对于 $n=1,2,3,4$，求出随机序列 $x(k)$ 的累积量 $c_n^x(\tau_1,\tau_2,\cdots,\tau_{n-1})$ 和矩 $m_n^x(\tau_1,\tau_2,\cdots,\tau_{n-1})$ 之间的关系，关系式如下

$$c_1^x = m_1^x = E\{x(k)\} \tag{7.1.8}$$

$$c_2^x(\tau_1) = m_2^x(\tau_1) - (m_1^x)^2 \tag{7.1.9}$$

$$c_3^x(\tau_1,\tau_2) = m_3^x(\tau_1,\tau_2) - m_1^x[m_2^x(\tau_1) + m_2^x(\tau_2) + m_2^x(\tau_2-\tau_1)] + 2(m_1^x)^3 \tag{7.1.10}$$

$$\begin{aligned} c_4^x(\tau_1,\tau_2,\tau_3) = {} & m_4^x(\tau_1,\tau_2,\tau_3) \\ & - m_2^x(\tau_1)m_2^x(\tau_3-\tau_2) - m_2^x(\tau_2)m_2^x(\tau_3-\tau_1) - m_2^x(\tau_3)m_2^x(\tau_2-\tau_1) \\ & - m_1^x[m_3^x(\tau_2-\tau_1,\tau_3-\tau_1) + m_3^x(\tau_2,\tau_3) + m_3^x(\tau_1,\tau_3) + m_3^x(\tau_1,\tau_2)] \\ & + 2(m_1^x)^2[m_2^x(\tau_1) + m_2^x(\tau_2) + m_2^x(\tau_3) + m_2^x(\tau_3-\tau_1) + m_2^x(\tau_3-\tau_2) \\ & + m_2^x(\tau_2-\tau_1)] - 6(m_1^x)^4 \end{aligned} \tag{7.1.11}$$

注意，其中 $c_1^x=m_1^x$ 是信号的均值，$m_2(\tau)$ 是自相关函数，$c_2^x(\tau)$ 是协方差函数。

如果该随机序列的均值为零，即 $m_1^x=0$，则其 2 阶累积量和 2 阶矩、3 阶累积量和 3 阶矩分别相等，即对 0 均值信号简化为

$$c_1^x = m_1^x = E\{x(k)\} = 0$$

$$c_2^x(\tau_1) = m_2^x(\tau_1) \tag{7.1.12}$$

$$c_3^x(\tau_1,\tau_2) = m_3^x(\tau_1,\tau_2) \tag{7.1.13}$$

$$\begin{aligned} c_4^x(\tau_1,\tau_2,\tau_3) = {} & m_4^x(\tau_1,\tau_2,\tau_3) \\ & - m_2^x(\tau_1)m_2^x(\tau_3-\tau_2) - m_2^x(\tau_2)m_2^x(\tau_3-\tau_1) \\ & - m_2^x(\tau_3)m_2^x(\tau_2-\tau_1) \end{aligned} \tag{7.1.14}$$

在信号的自动分类和识别中，常用很少的几个高阶累积量作为信号特征，描述信号的性质，令 $\tau_1=\tau_2=\tau_3=0$，并假定 $m_1^x=0$，可以得到

$$\gamma_2^x = c_2^x(0) = E[x^2(k)] \tag{7.1.15}$$

$$\gamma_3^x = c_3^x(0,0) = E[x^3(k)] \tag{7.1.16}$$

$$\gamma_4^x = c_4^x(0,0,0) = E[x^4(k)] - 3[\gamma_2^x]^2 \tag{7.1.17}$$

这里 γ_2^x 是熟悉的方差，γ_3^x 称为信号的斜度，γ_4^x 称为信号的峭度。注意到斜度和峭度可用于刻画信号的非高斯性，对于高斯信号斜度和峭度均为 0，对于非高斯信号，斜度刻画信号概率密度函数的非对称性，峭度的符号表示了信号的概率密度函数比高斯分布更加锋利还是更加缓变(在等方差条件下的比较)。

从上面可以看到，在一般情况下，一个随机序列的累积量和矩之间的关系还是比较复杂的，但可以用如下的一个简单表达式来表示

$$c_n^x(\tau_1,\tau_2,\cdots,\tau_{n-1}) = m_n^x(\tau_1,\tau_2,\cdots,\tau_{n-1}) - m_n^G(\tau_1,\tau_2,\cdots,\tau_{n-1}), \quad n>2 \tag{7.1.18}$$

其中，$m_n^G(\tau_1,\tau_2,\cdots,\tau_{n-1})$ 是与 $x(k)$ 具有相同均值和方差的一个等价高斯过程的 n 阶矩，由此也得到结论，对于 3 阶或以上的高斯随机信号(3 阶或以上通称为高阶特征)，其累积量恒为 0，这样可以用高阶累积量刻画信号的高斯性，这是高阶累积量比高阶矩更常用的原因之一。

在一些应用中，需要通过采样样本判断一个随机信号是否是高斯的，式(7.1.17)定义的峭度 $\gamma_4^x=E[x^4(k)]-3[\gamma_2^x]^2$ 是一个判断高斯性或非高斯性的一个简单且有效的度量函数。由于利用有限样本数据估计峭度很容易，可利用计算得到的峭度值判断信号的高斯性。若 γ_4^x 为零或近似为零，信号可判断为高斯的，若峭度值偏离零值较大，则可判断为非高斯的，且峭度的值偏离零值越大，其非高斯性越强。

7.1.2 高阶累积量的若干数学性质

由于累积量更常用，本小节列出其几个主要性质，省略大多数性质的证明。以下用 $\text{cum}(x_1,x_2,\cdots,x_k)$ 表示随机变量集 $\{x_1,x_2,\cdots,x_k\}$ 之间的 k 阶累积量，这些性质与时间顺序无关，用 $c(\tau_1,\tau_2,\cdots,\tau_{n-1})=\text{cum}[x(k),x(k+\tau_1),\cdots,x(k+\tau_{n-1})]$ 表示 $x(k)$ 的不同时刻取值的 n 阶累积量。

(1) 假定 $\lambda_i,i=1,2,\cdots,k$ 是常数，$x_i,i=1,2,\cdots,k$ 是随机变量，则有

$$\text{cum}(\lambda_1x_1,\lambda_2x_2,\cdots,\lambda_kx_k)=\left(\prod_{i=1}^{k}\lambda_i\right)\text{cum}(x_1,x_2,\cdots,x_k) \tag{7.1.19}$$

(2) 累积量的对称性

$$\text{cum}(x_i,\cdots,x_k)=\text{cum}(x_{i_1},\cdots,x_{i_k}) \tag{7.1.20}$$

其中 $i_1,\cdots,i_k$ 是 $(1,2,\cdots,k)$ 的一个排列。

(3) 累积量的可加性

$$\begin{aligned}&\text{cum}(x_0+y_0,z_1,z_2,\cdots,z_k)\\&=\text{cum}(x_0,z_1,z_2,\cdots,z_k)+\text{cum}(y_0,z_1,z_2,\cdots,z_k)\end{aligned} \tag{7.1.21}$$

上式表明随机变量的和的累积量等于其累积量的和。

(4) 如果 α 是一个常数，则有

$$\text{cum}(\alpha+z_1,z_2,\cdots,z_k)=\text{cum}(z_1,z_2,\cdots,z_k) \tag{7.1.22}$$

(5) 如果随机变量 $\{x_i\}$ 与随机变量 $\{y_i\}$，$i=1,2,\cdots,k$ 独立，则有

$$\begin{aligned}&\text{cum}(x_1+y_1,x_2+y_2,\cdots,x_k+y_k)\\&=\text{cum}(x_1,x_2,\cdots,x_k)+\text{cum}(y_1,y_2,\cdots,y_k)\end{aligned} \tag{7.1.23}$$

(6) 如果随机变量 $\{x_i\}$ 的一个子集与其余的随机变量独立，则有

$$\text{cum}(x_1,x_2,\cdots,x_k)=0 \tag{7.1.24}$$

(7) 独立同分布(i. i. d.)随机序列的 n 阶累积量是一个冲击函数，即对于独立同分布的随机序列 $w(k)$，其 n 阶累积量为

$$c_n^w(\tau_1,\tau_2,\cdots,\tau_{n-1})=\gamma_n^w\delta(\tau_1)\delta(\tau_2)\cdots\delta(\tau_{n-1}) \tag{7.1.25}$$

(8) 高阶累积量可以自动抑制加性高斯噪声，即对于平稳随机序列 $y(k)=x(k)+G(k)$，其中 $G(k)$ 是一个平稳的(白色或者有色)高斯随机序列，$x(k)$ 是一个平稳的非高斯随机序列，并且 $G(k)$ 和 $x(k)$ 独立，则有

$$\begin{aligned}c_n^y(\tau_1,\tau_2,\cdots,\tau_{n-1})&=c_n^x(\tau_1,\tau_2,\cdots,\tau_{n-1})+c_n^G(\tau_1,\tau_2,\cdots,\tau_{n-1})\\&=c_n^x(\tau_1,\tau_2,\cdots,\tau_{n-1})\end{aligned} \tag{7.1.26}$$

其中 $n>2$。

7.1.3 高阶谱的定义

由于高阶累积量比高阶矩拥有更多优异的数学性质，因此，高阶谱通常是通过高阶累积

量来定义的，这也是高阶谱也被称为累积量谱的原因。假定随机序列 $x(k)$的 n 阶累积量 $c_n^x(\tau_1,\tau_2,\cdots,\tau_{n-1})$是绝对可累加的，即

$$\sum_{\tau_1=-\infty}^{+\infty}\sum_{\tau_2=-\infty}^{+\infty}\cdots\sum_{\tau_{n-1}=-\infty}^{+\infty}|c_n^x(\tau_1,\tau_2,\cdots,\tau_{n-1})|<\infty \tag{7.1.27}$$

那么 $x(k)$的 n 阶累积谱 $S_n^x(\omega_1,\omega_2,\cdots,\omega_{n-1})$存在，被定义为 n 阶累积量 $c_n^x(\tau_1,\tau_2,\cdots,\tau_{n-1})$的 $n-1$ 维傅氏变换，

$$S_n^x(\omega_1,\omega_2,\cdots,\omega_{n-1})=\sum_{\tau_1=-\infty}^{+\infty}\sum_{\tau_2=-\infty}^{+\infty}\cdots\sum_{\tau_{n-1}=-\infty}^{+\infty}c_n^x(\tau_1,\tau_2,\cdots,\tau_{n-1}) \times\exp[-\mathrm{j}(\omega_1\tau_1+\omega_2\tau_2+\cdots+\omega_{n-1}\tau_{n-1})] \tag{7.1.28}$$

其中，高阶谱的定义域为

$$|\omega_i|\leqslant\pi,\quad i=1,2,\cdots,n-1,\quad |\omega_1+\omega_2+\omega_{n-1}|\leqslant\pi \tag{7.1.29}$$

通常，对于 $n>2$，高阶谱 $S_n^x(\omega_1,\omega_2,\cdots,\omega_{n-1})$是一个复数，所以也可以表示为

$$S_n^x(\omega_1,\omega_2,\cdots,\omega_{n-1})=|S_n^x(\omega_1,\omega_2,\cdots,\omega_{n-1})|\exp\{\mathrm{j}\psi_n^x(\omega_1,\omega_2,\cdots,\omega_{n-1})\} \tag{7.1.30}$$

高阶谱也是一个周期为 2π 的周期性函数，2 阶谱、3 阶谱和 4 阶谱分别是上述高阶谱的定义中当 $n=2,3,4$ 时的特例，其中，2 阶谱就是我们熟悉的功率谱，3 阶谱和 4 阶谱又分别被称为双谱和三谱。

1. 2 阶谱（功率谱）

当 $n=2$ 时

$$S_2^x(\omega)=\sum_{\tau=-\infty}^{+\infty}c_2^x(\tau)\exp[-\mathrm{j}\omega\tau]\quad |\omega|\leqslant\pi \tag{7.1.31}$$

其中 $c_2^x(\tau)$是随机序列 $x(k)$的协方差序列，对于实信号有 $c_2^x(\tau)=c_2^x(-\tau)$。注意到，在本书第 1 章和第 6 章均以信号的自相关序列定义功率谱，当信号是零均值时自相关和自协方差相等，但当信号均值非 0 时，自相关中包含了均值信息，故功率谱在 ω 为 0 处（也包括 2π 的整数倍处）有 1 个冲激，表示信号存在直流成分，协方差中减去了直流成分信息，除此之外两者定义的功率谱是一致的。

2. 3 阶谱（双谱）

当 $n=3$ 时，定义 3 阶谱，也称为双谱为

$$S_3^x(\omega_1,\omega_2)=\sum_{\tau_1=-\infty}^{+\infty}\sum_{\tau_2=-\infty}^{+\infty}c_3^x(\tau_1,\tau_2)\exp[-\mathrm{j}(\omega_1\tau_1+\omega_2\tau_2)] \tag{7.1.32}$$

定义域为：$|\omega_1|\leqslant\pi,|\omega_2|\leqslant\pi,|\omega_1+\omega_2|\leqslant\pi$。

其中 $c_3^x(\tau_1,\tau_2)$是随机序列 $x(k)$的 3 阶累积量序列。实信号的 3 阶累积量 $c_3^x(\tau_1,\tau_2)$有 6(3!)个对称性区域，即

$$\begin{aligned}c_3^x(\tau_1,\tau_2)&=c_3^x(\tau_2,\tau_1)\\&=c_3^x(-\tau_1,\tau_2-\tau_1)\\&=c_3^x(\tau_2-\tau_1,-\tau_1)\\&=c_3^x(-\tau_2,\tau_1-\tau_2)\\&=c_3^x(\tau_1-\tau_2,-\tau_2)\end{aligned} \tag{7.1.33}$$

相应的谱也存在对称关系，

$$\begin{aligned}S_3(\omega_1,\omega_2)&=S_3^*(-\omega_2,-\omega_1)=S_3(\omega_2,\omega_1)\\&=S_3^*(-\omega_1,-\omega_2)=S_3(-\omega_1-\omega_2,\omega_2)\\&=S_3(\omega_1,-\omega_1-\omega_2)=S_3(-\omega_1-\omega_2,-\omega_1)\\&=S_3(\omega_2,-\omega_1-\omega_2)\end{aligned}$$

即3阶累积量中存在多个冗余区域，实际中只需要计算部分区域的值即可，同样对应的二谱也存在许多冗余。

3. 4阶谱(三谱)

当 $n=4$ 时，定义4阶谱，也称为三谱为

$$S_4^x(\omega_1,\omega_2,\omega_3)=\sum_{\tau_1=-\infty}^{+\infty}\sum_{\tau_2=-\infty}^{+\infty}\sum_{\tau_3=-\infty}^{+\infty}c_3^x(\tau_1,\tau_2,\tau_3)\exp[-\mathrm{j}(\omega_1\tau_1+\omega_2\tau_2+\omega_3\tau_3)] \quad (7.1.34)$$

定义域为：$|\omega_1|\leqslant\pi,|\omega_2|\leqslant\pi,|\omega_3|\leqslant\pi,|\omega_1+\omega_2+\omega_3|\leqslant\pi$。

其中 $c_4^x(\tau_1,\tau_2,\tau_3)$ 是随机序列 $x(k)$ 的4阶累积量序列。实信号的4阶累积量 $c_4^x(\tau_1,\tau_2,\tau_3)$ 有24(4!)个对称域，即4阶累积量中存在大量冗余区域，实际中只需要计算部分区域的值即可，同样对应的三谱也存在大量冗余。

4. 高阶相干系数

用功率谱来归一化的高阶谱被称为高阶相干系数。对于一个平稳随机序列 $x(k)$，其 n 阶相干系数 $\rho_n^x(\omega_1,\omega_2,\cdots,\omega_{n-1})$ 被定义为

$$\rho_n^x(\omega_1,\omega_2,\cdots,\omega_{n-1})=\frac{S_n^x(\omega_1,\omega_2,\cdots,\omega_{n-1})}{[S_2^x(\omega_1)S_2^x(\omega_2)\cdots S_2^x(\omega_{n-1})S_2^x(\omega_1+\omega_2+\cdots+\omega_{n-1})]^{\frac{1}{2}}} \quad (7.1.35)$$

当 $n=3$ 时，归一化的3阶谱(双谱) $\rho_3^x(\omega_1,\omega_2)$ 就是双向干系数，当 $n=4$ 时，归一化的4阶谱(三谱) $\rho_4^x(\omega_1,\omega_2,\omega_3)$ 就是三相干系数。相干系数在检测和刻画非线性时间序列方面有很重要的应用。

7.1.4 线性非高斯过程的高阶谱

假定 $x(k)$ 和 $y(k)$ 分别是一个稳定的线性时不变系统(LTI)的输入和输出，系统的单位抽样响应为 $h(k)$，为简单计将系统的频率响应记为 $H(\omega)$(标准形式应为 $H(\mathrm{e}^{\mathrm{j}\omega})$)，则系统的输入和输出的高阶谱关系可以表示为

$$\begin{aligned}&S_n^y(\omega_1,\omega_2,\cdots,\omega_{n-1})\\&=H(\omega_1)H(\omega_2)\cdots H(\omega_{n-1})H^*(\omega_1+\omega_2+\cdots+\omega_{n-1})S_n^x(\omega_1,\omega_2,\cdots,\omega_{n-1})\end{aligned} \quad (7.1.36)$$

如果我们把 $h(k)$ 的频率响应表示为

$$H(\omega)=|H(\omega)|\exp[\mathrm{j}\phi_h(\omega)] \quad (7.1.37)$$

输出高阶谱也表示为幅度和相位部分

$$S_n^y(\omega_1,\omega_2,\cdots,\omega_{n-1})=|S_n^y(\omega_1,\omega_2,\cdots,\omega_{n-1})|\exp\{\mathrm{j}\psi_n^y(\omega_1,\omega_2,\cdots,\omega_{n-1})\} \quad (7.1.38)$$

则有

$$\begin{aligned}|S_n^y(\omega_1,\omega_2,\cdots,\omega_{n-1})|=&|H(\omega_1)||H(\omega_2)|\cdots|H(\omega_{n-1})|\\&\times|H^*(\omega_1+\omega_2+\cdots+\omega_{n-1})||S_n^x(\omega_1,\omega_2,\cdots,\omega_{n-1})|\end{aligned} \quad (7.1.39)$$

$$\begin{aligned}\psi_n^y(\omega_1,\omega_2,\cdots,\omega_{n-1}) = &\ \phi_h(\omega_1)+\phi_h(\omega_2)+\cdots+\phi_h(\omega_{n-1})\\ &-\phi_h(\omega_1+\omega_2+\cdots+\omega_{n-1})\\ &+\psi_n^x(\omega_1+\omega_2+\cdots+\omega_{n-1})\end{aligned} \tag{7.1.40}$$

一种特殊情况是，当 $x(k)$ 是白色非高斯过程时，因为它的 n 阶累积量谱为

$$S_n^x(\omega_1,\omega_2,\cdots,\omega_{n-1}) = \gamma_n^x \tag{7.1.41}$$

则有

$$S_n^y(\omega_1,\omega_2,\cdots,\omega_{n-1}) = \gamma_n^x H(\omega_1)H(\omega_2)\cdots H(\omega_{n-1})H^*(\omega_1+\omega_2+\cdots+\omega_{n-1}) \tag{7.1.42}$$

同时，线性非高斯过程的 n 阶相干系数的幅度也是一个常数，而且，其 n 阶谱和 $n-1$ 阶谱之间还存在着如下的关系

$$S_n^x(\omega_1,\omega_2,\cdots,\omega_{n-2},0) = S_{n-1}^x(\omega_1,\omega_2,\cdots,\omega_{n-2})H(0)\frac{\gamma_n^x}{\gamma_{n-1}^x} \tag{7.1.43}$$

所以，线性非高斯过程的 $n-1$ 阶谱可以由 n 阶谱来重构。例如，功率谱就可以由双谱来重构

$$S_2^x(\omega_1) = S_3^x(\omega_1,0)\frac{1}{H(0)}\frac{\gamma_2^x}{\gamma_3^x} \tag{7.1.44}$$

当然，需要满足 $H(0)\neq 0$。

7.1.5　非线性过程的高阶谱

通过前面的介绍我们可以知道，由于高阶谱对高斯噪声不敏感，因而在信号处理中可以自动抑制加性的高斯噪声，而且，由于高阶谱还含有过程的相位信息，可以用来辨识非最小相位的线性系统，或者重构信号的幅度和相位。除了这些优异的特性外，高阶谱还可以用来检测和刻画随机过程的非线性结构，这是高阶谱的另一个重要应用。注意到，线性和非线性是系统的分类，信号本身无所谓线性与非线性，本节说一个信号是(非)线性结构的或简称为(非)线性的是指，该信号是通过一个(非)线性系统产生的，实际上是通过检测信号的(非)线性结构判断系统的性质。

我们知道，线性系统的结构很简单，可以唯一地用一个线性方程来描述，例如，一个无记忆线性系统表示为

$$y(k) = ax(k)$$

这里 a 为常数，且 $a\neq 0$。非线性系统当然需要用非线性方程来描述，但是，非线性系统非常复杂，不可能用一个简单的非线性方程来统一的描述。所以，在这里我们只能用一个例子来说明非线性过程的高阶谱，以及用高阶谱来检测过程的非线性特征的机理。

考虑一个平方非线性系统

$$y(k) = ax(k)+bx^2(k)\quad a,b\neq 0 \tag{7.1.45}$$

假设该系统的输入为

$$x(k) = A_1\cos(\lambda_1 k+\phi_1)+A_2\cos(\lambda_2 k+\phi_2) \tag{7.1.46}$$

其中 ϕ_1 和 ϕ_2 是独立同分布(i.i.d.)的随机变量，那么在系统的输出中就包含了这样一些谐波分量，(λ_1,ϕ_1)，(λ_2,ϕ_2)，$(2\lambda_1,2\phi_1)$，$(2\lambda_2,2\phi_2)$，$(\lambda_1+\lambda_2,\phi_1+\phi_2)$和$(\lambda_1-\lambda_2,\phi_1-\phi_2)$。这种非线性现象被称为平方相位耦合。在一些特定的应用中，不但需要分析判断这种的相位耦合的存在与否，并且还需要定量地确定这种的相位耦合的强弱。但由于功率谱并不能反映

这种谐波间的相位关系，因此，功率谱不能用来检测和刻画任何相位耦合问题。下面我们继续用实例来说明双谱是如何来解决这类问题的。

考虑这样两个随机信号

$$x_1(k)=A_1\cos(\lambda_1 k+\phi_1)+A_2\cos(\lambda_2 k+\phi_2)+A_3\cos(\lambda_3 k+\phi_3) \quad (7.1.47)$$

和

$$x_2(k)=A_1\cos(\lambda_1 k+\phi_1)+A_2\cos(\lambda_2 k+\phi_2)+A_3\cos[\lambda_3 k+(\phi_1+\phi_2)] \quad (7.1.48)$$

其中 $\lambda_3=\lambda_1+\lambda_2$，即$(\lambda_1,\lambda_2,\lambda_3)$是谐波相关的，而且 ϕ_1，ϕ_2 和 ϕ_3 是独立同分布(i. i. d.)的随机变量。在输入信号 $x_1(k)$中，由于 ϕ_3 是独立的随机变量，所以 λ_3 是一个独立的谐波分量。但是在输入信号 $x_2(k)$中，λ_3 是谐波分量 λ_1 和 λ_2 之间耦合的结果。显然，$x_1(k)$只是一个有3个频率分量的一般信号，而 $x_2(k)$的相位耦合关系说明它是来自一个平方非线性系统的输出。

由 $x_1(k)$和 $x_2(k)$的表达式可知，$E[x_1(k)]=E[x_2(k)]=0$，所以，这两个信号的自相关序列为

$$c_2^{x_1}(\tau_1)=c_2^{x_2}(\tau_1)=\frac{1}{2}[\cos(\lambda_1\tau_1)+\cos(\lambda_2\tau_1)+\cos(\lambda_3\tau_1)] \quad (7.1.49)$$

这个结果表明，这两个不同的信号有相同的功率谱，都在频率轴的 λ_1，λ_2 和 $\lambda_3=\lambda_1+\lambda_2$ 处出现同样高度的谱峰。

再来看这两个信号的3阶累积量。从 $x_1(k)$和 $x_2(k)$可以直接计算得到

$$c_3^{x_1}(\tau_1,\tau_2)=0 \quad (7.1.50)$$

$$\begin{aligned}c_3^{x_2}(\tau_1,\tau_2)=&\frac{1}{4}[\cos(\lambda_2\tau_1+\lambda_1\tau_2)+\cos(\lambda_3\tau_1-\lambda_1\tau_2)\\&+\cos(\lambda_1\tau_1+\lambda_2\tau_2)+\cos(\lambda_3\tau_1-\lambda_2\tau_2)\\&+\cos(\lambda_1\tau_1-\lambda_3\tau_2)+\cos(\lambda_2\tau_1-\lambda_3\tau_2)\end{aligned} \quad (7.1.51)$$

由此可见，$x_1(k)$双谱为零，而 $x_2(k)$的不为零，而且在双谱定义域的一个三角形区域 $\omega_2\geqslant 0$，$\omega_1\geqslant\omega_2$ 和 $\omega_1+\omega_2\leqslant\pi$ 出现一个谱峰，当 $\lambda_1\geqslant\lambda_2$ 时，该谱峰的位置就在(λ_1,λ_2)。

上面的例子可以看到，信号 $x_1(k)$和 $x_2(k)$的功率谱都在频率轴的 λ_1，λ_2 和 $\lambda_3=\lambda_1+\lambda_2$ 处出现了同样高度的谱峰，没有反映出谐波分量之间的平方耦合关系，因此也不能区分这两个不同的信号，而从双谱则完全可以区分这两个信号，并且可以发现其中的谐波平方耦合关系。应该指出的是，除了双谱可以检测信号的平方耦合关系以外，三谱还可以检测信号的立方相位耦合关系。

另外，利用高阶相干系数的幅度信息，我们还可以简单地检测信号的线性和非线性。对于一个非高斯的线性随机序列和一个非线性序列，假定他们的 $n\geqslant 3$ 阶累积量都存在而且不为零，那么非高斯线性随机序列的高阶相干系数的幅度在整个定义域内都是一个常数，即

$$|\rho_n^x(\omega_1,\omega_2,\cdots,\omega_{n-1})|=\frac{\gamma_n^x}{[\gamma_2^x]^{\frac{n}{2}}} \quad (7.1.52)$$

而非线性随机序列的高阶相干系数的幅度则是频率的函数。注意，当高阶相干系数为零时，则表明待检测的信号是不单是线性的，而且是高斯的。

*7.2　高阶统计量和高阶谱的估计

在实际的高阶统计量和高阶谱应用研究中，一般都需要从有限长度的观测数据来计算高阶统计量和高阶谱，这就是高阶特征的估计问题。高阶矩的估计是直接的，高阶累积量的估计通过高阶矩进行，高阶谱的估计则有多种方法。与功率谱估计一样，高阶谱估计也分为线性（非参数）估计方法和非线性（参数）估计方法两大类。由于高阶谱的线性估计方法具有概念清晰，算法简单，可直接利用 FFT 等特点，并且在观测数据较长的条件下可以获得比较满意的估计性能，因此在实际中得到了广泛的应用。特别是在基于高阶谱的信号检测，或需要定量地表征时间序列的相位耦合程度等应用中，高阶谱的线性估计方法更是起着不可替代的重要作用。当然，高阶谱估计的线性方法也存在着一些固有的问题，如分辨率低、估计方差大等。尤其是很大的估计方差，直接影响了高阶谱在各种应用中的有效性。因此，改善高阶谱线性估计方法的方差性能是当前高阶谱研究中一个亟待解决的实际问题。

我们知道，在高阶谱的线性估计方法中，除了尽可能利用更长的观测数据外，平均（对观测数据分段）和平滑（在滞后域加多维滞后窗或者在频域加高阶谱窗）是两种最基本、最有效的抑制估计方差的技术手段。但是，与平均技术有所不同，利用窗函数的平滑技术能够在不太牺牲谱分辨率的前提下有效地改善高阶谱估计的方差特性，从这个意义上来看平滑是比平均更好地抑制估计方差的方法。

7.2.1　高阶统计量的估计

假定观测数据$\{x(n),n=0,1,\cdots,N-1\}$是一均值为零的实平稳随机序列，直接估计其$K$阶矩的公式如下

$$m_{K,x}(m_1,\cdots,m_{K-1})=\frac{1}{N}\sum_{n=s_1}^{s_2}x(n)x(n+m_1)\cdots x(n+m_{K-1}) \tag{7.2.1}$$

这里

$$s_1=\max(0,-m_1,\cdots,-m_{K-1}) \tag{7.2.2}$$

$$s_2=\min(N-1,N-1-m_1,\cdots,N-1-m_{K-1}) \tag{7.2.3}$$

在估计了$K(K=3$或$4)$阶矩后，可以利用式(7.1.13)和式(7.1.14)估计3阶累积量和4阶累积量。在0均值情况下，3阶累积量等于3阶矩，4阶累积量的估计也可直接写成如下公式

$$\begin{aligned}\hat{c}_{4,x}(m_1,m_2,m_3)=&\frac{1}{N}\sum_{n=s_1}^{s_2}x(n)x(n+m_1)x(n+m_2)x(n+m_3)\\&-\left[\frac{1}{N}\sum_{n=s_1}^{s_2}x(n)x(n+m_1)\right]\left[\frac{1}{N}\sum_{n=s_1}^{s_2}x(n+m_2)x(n+m_3)\right]\\&-\left[\frac{1}{N}\sum_{n=s_1}^{s_2}x(n)x(n+m_2)\right]\left[\frac{1}{N}\sum_{n=s_1}^{s_2}x(n+m_1)x(n+m_3)\right]\\&-\left[\frac{1}{N}\sum_{n=s_1}^{s_2}x(n)x(n+m_3)\right]\left[\frac{1}{N}\sum_{n=s_1}^{s_2}x(n+m_1)x(n+m_2)\right]\end{aligned} \tag{7.2.4}$$

其中

$$s_1 = \max(0, -m_1, -m_2, -m_3)$$

$$s_2 = \min(N-1, N-1-m_1, N-1-m_2, N-1-m_3)$$

在实际中，一般只用到 3 阶或 4 阶统计量。

7.2.2 高阶谱的 B-R 估计

假定一个平稳随机序列 $x(n)$ 的 k 阶谱记为 $S_{k,x}(\omega_1,\omega_2,\cdots,\omega_{k-1})$，由于 $k=2$ 时功率谱估计在第 6 章已有详述，本节只限于讨论 $k=3$ 的 3 阶谱（双谱）或 $k=4$ 的 4 阶谱（三谱）。

高阶谱的线性估计方法的基础是高阶周期图（或称为广义周期图）。对于一个严格平稳的有限长度时间序列 $\{x(n), n=0,1,\cdots,N-1\}$，其 k 阶周期图 $I_{k,x}(\omega_1,\omega_2,\cdots,\omega_{k-1})$ 被定义为

$$I_{k,x}(\omega_1,\omega_2,\cdots,\omega_{k-1}) = \frac{1}{N}X(\omega_1)X(\omega_2)\cdots X(\omega_{k-1})X\left(-\sum_{i=1}^{k-1}\omega_i\right) \tag{7.2.5}$$

其中 $X(\omega)$ 是 $x(n)$ 的有限长度离散傅氏变换，即

$$X(\omega) = \sum_{n=0}^{N-1}x(n)\exp(-\mathrm{j}n\omega) \tag{7.2.6}$$

可以证明，k 阶周期图 $I_{k,x}(\omega_1,\omega_2,\cdots,\omega_{k-1})$ 作为 k 阶谱 $S_{k,x}(\omega_1,\omega_2,\cdots,\omega_{k-1})$ 的一个估计虽然是渐近无偏的，但有固定的方差，因此不是一个一致估计。

为了得到一个好的高阶谱估计，必需改善 k 阶周期图的方差特性。一个合理的选择是，引入一个加权函数 $W(\omega_1,\omega_2,\cdots,\omega_{k-1})$，将平滑后的 k 阶周期图作为 k 阶谱的一个估计，即

$$\begin{aligned}\hat{S}_{k,x}(\omega_1,\omega_2,\cdots,\omega_{k-1}) = &\sum_{s_1=0}^{N-1}\sum_{s_2=0}^{N-1}\cdots\sum_{s_{k-1}=0}^{N-1}W\left(\omega_1-\frac{2\pi s_1}{N},\omega_2-\frac{2\pi s_2}{N},\cdots,\omega_{k-1}-\frac{2\pi s_{k-1}}{N}\right)\\ &\times I\left(\frac{2\pi s_1}{N},\frac{2\pi s_2}{N},\cdots,\frac{2\pi s_{k-1}}{N}\right)\end{aligned} \tag{7.2.7}$$

其中的加权函数 $W(\omega_1,\omega_2,\cdots,\omega_{k-1})$ 就是高阶谱窗（多谱窗）。式（7.2.7）是由 D. R. Brillinger 和 M. Rosenblatt 首先提出的，故称作 Brillinger-Rosenblatt 高阶谱估计子。

Brillinger-Rosenblatt 高阶谱估计子的另外一种形式是

$$\begin{aligned}\hat{S}_{k,x}(\omega_1,\omega_2,\cdots,\omega_{k-1}) = &\sum_{m_1=1-N}^{N-1}\sum_{m_2=1-N}^{N-1}\cdots\sum_{m_{k-1}=1-N}^{N-1}\hat{c}_{k,x}(m_1,m_2,\cdots,m_{k-1})\\ &\times w(m_1,m_2,\cdots,m_{k-1})\exp\left(-\mathrm{j}\sum_{i=1}^{k-1}m_i\omega_i\right)\end{aligned} \tag{7.2.8}$$

其中，$\hat{c}_{k,x}(m_1,m_2,\cdots,m_{k-1})$ 是 $x(n)$ 的 k 阶累积量 $c_{k,x}(m_1,m_2,\cdots,m_{k-1})$ 的估计值，而 $w(m_1,m_2,\cdots,m_{k-1})$ 是多维滞后窗。

在式（7.2.7）中，高阶谱估计 $\hat{S}_{k,x}(\omega_1,\omega_2,\cdots,\omega_{k-1})$ 的计算是在频域中进行的，而在式（7.2.8）中则是在滞后域中进行的，因此，式（7.2.7）和式（7.2.8）分别被称为高阶谱线性估计方法的直接算法和间接算法。

一般来说，利用直接算法或间接算法将得到不同的高阶谱的估计，但是，已经证明它们具有相同的渐近性质，即都是渐近无偏的一致估计。由此可见，从有固定方差的高阶周期图到 B-R 估计子，窗函数（高阶谱窗或多维滞后窗）在高阶谱线性估计方法中的起着极为重要

作用。

由于多维滞后窗和高阶谱窗是一对傅氏变换，从实用的角度出发，高阶谱窗可以通过多维滞后窗得到，因此，本文主要研究多维滞后窗构造及对应的高阶谱线性估计的间接算法。

正如在功率谱的线性估计中所用的 1-D 滞后窗需要满足若干约束条件一样，在高阶谱的线性估计中要用到多维滞后窗也必须满足一定的约束条件。已经有文献详细讨论了 3 阶谱估计中的 2-D 滞后窗的约束条件，但目前还很少有文献研究 4 阶谱估计中的 3-D 滞后窗。可以从标准的 1-D 滞后窗和 2-D 滞后窗的约束条件推广到多维的一般情况。

假定 $w(m_1,m_2,\cdots,m_{k-1})$是一个适用于 k 阶谱估计的 $k-1$ 维滞后窗，则 $w(m_1,m_2,\cdots,m_{k-1})$必须同时满足下列四个约束条件：

(1) 满足 k 阶累积量 $c_{k,x}(m_1,m_2,\cdots,m_{k-1})$的对称性质，例如 2-D 滞后窗 $w(m_1,m_2)$应满足 3 阶累积量 $c_{3,x}(m_1,m_2)$的对称性质，3-D 滞后窗 $w(m_1,m_2,m_3)$应满足 4 阶累积量 $c_{4,x}(m_1,m_2,m_4)$的对称性质；

(2) 若$(m_1,m_2,\cdots,m_{k-1})$位于样本累积量估计的支撑域外，则滞后窗为 0，即 $w(m_1,m_2,\cdots,m_{k-1})=0$，对于$|m_i|>L,i=1,2,\cdots,k-1$，$L$ 是样本累积量支撑域的最大滞后值；

(3) 在坐标原点的滞后窗为 1，即 $w(0,0,\cdots,0)=1$；和

(4) 具有非负的多维傅氏变换，即 $W(\omega_1,\omega_2,\cdots,\omega_{k-1})\geqslant 0,|\omega_i|\leqslant\pi,i=1,2,\cdots,k-1$。

满足上述约束条件的多维滞后窗一般可以利用标准的 1-D 滞后窗来构造。如在 3 阶谱估计中已经得到广泛应用的一类 2-D 滞后窗就是通过标准的 1-D 滞后窗来构造的，即

$$w(m_1,m_2)=d(m_1)d(m_2)d(m_2-m_1) \tag{7.2.9}$$

其中 $d(m)$是标准的 1-D 滞后窗，满足

$$\begin{aligned}
&d(m)=d(-m)\\
&d(m)=0,\quad |m|>L\\
&d(0)=1\\
&d(\omega)\geqslant 0,\quad |\omega|\leqslant\pi
\end{aligned} \tag{7.2.10}$$

显然，由式(7.2.9)所构造的 2-D 滞后窗 $w(m_1,m_2)$能够满足上述 4 个约束条件，因此可应用于 3 阶谱的估计。利用不同的 1-D 滞后窗，由式(7.2.9)可以构造多种不同的 2-D 滞后窗，以满足不同的需要。

推广式(7.2.9)，可以构造一类通用多维滞后窗，即

$$w(m_1,m_2,\cdots,m_{k-1})=\prod_{i=1}^{k-1}d(m_i)d(m_i-m_{i-1})d(m_i-m_{i-2})\cdots d(m_i-m_1) \tag{7.2.11}$$

其中 $d(m)$是标准的 1-D 滞后窗。可以验证，至少当 $2\leqslant k\leqslant 4$ 时，$w(m_1,m_2,\cdots,m_{k-1})$完全能够满足多维滞后窗的 4 个约束条件，包括能够满足 k 阶累积量的所有 $k!$个对称性。

由于目前主要研究不高于 4 阶的高阶谱估计，将这一类新的通用多维滞后窗的维数限制在三维及以下。看一下新的通用滞后窗的几个重要特例。

(1) 当 $k=2$ 时，由式(7.2.11)可得

$$w(m)=d(m) \tag{7.2.12}$$

多维滞后窗即退化为标准的 1-D 滞后窗[4]；

(2) 当 $k=3$ 时，由式(7.2.11)可得

$$w(m_1,m_2)=d(m_1)d(m_2)d(m_2-m_1) \tag{7.2.13}$$

新的 2-D 滞后窗与 Sasaki 等提出的 2-D 滞后窗即式(7.2.9)完全一致；

(3) 当 $k=4$ 时，由式(7.2.11)可得

$$w(m_1,m_2,m_3)=d(m_1)d(m_2)d(m_3)d(m_3-m_2)d(m_3-m_1)d(m_2-m_1) \tag{7.2.14}$$

$w(m_1,m_2,m_3)$是一类新的 3-D 滞后窗，可用于 4 阶谱的线性估计。

利用不同的标准的 1-D 滞后窗，可由式(7.2.11)产生各种不同的多维滞后窗。有许多 1-D 滞后窗都可用于 2-D 滞后窗的构造，如 Daniel 窗、Hamming 窗、Parzen 窗、Priestley 窗、Sasaki 窗。一般来说，可用于构造 2-D 滞后窗的 1-D 滞后窗也同样适用于 3-D 滞后窗的构造。

Sasaki 窗是一种常用的滞后窗，1-D Sasaki 窗的数学表达式为

$$d_S(m)=\begin{cases}\dfrac{1}{\pi}\left|\sin\left(\dfrac{\pi m}{L}\right)\right|+\left(1-\dfrac{|m|}{L}\right)\cos\left(\dfrac{\pi m}{L}\right), & |m|\leqslant L\\ 0, & |m|>L\end{cases} \tag{7.2.15}$$

由式(7.2.13)得到的二维窗 $w_S(m_1,m_2)$则完全能满足 3 阶累积量的对称性。图 7.2.1(a)和(b)分别给出了二维窗和其等高线图，由式(7.2.14)可产生 3-D Sasaki 滞后窗 $w_S(m_1,m_2,m_3)$，3-D 窗的二维切片 $w_S(m_1,m_2,0)$和它的等高线图如图 7.2.2 所示[28]。

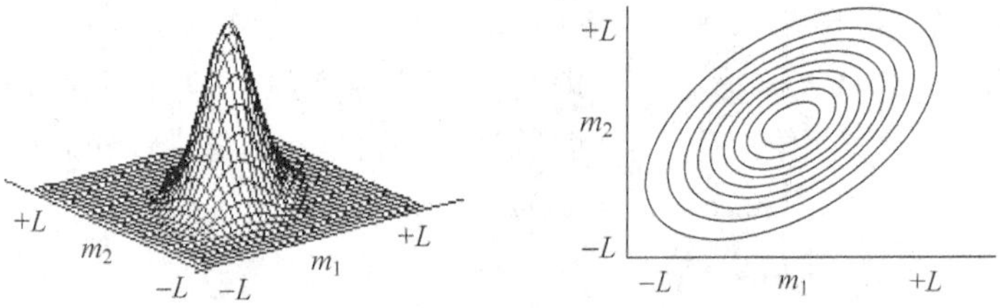

(a) 窗函数　　(b) 它的等高线图

图 7.2.1　2-D Sasaki 滞后窗 $w_S(m_1,m_2)$

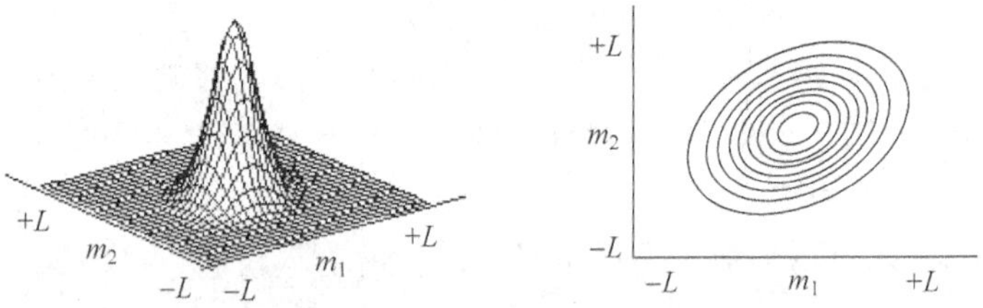

(a) 窗函数$w_S(m_1, m_2, m_3)$的二维切片$w_S(m_1, m_2, 0)$　　(b) 它的等高线图

图 7.2.2　3-D Sasaki 滞后窗

7.2.3　高阶谱的间接估计方法

前面已经提到过，高阶谱的线性估计方法具有概念清晰，算法简单，可直接利用 FFT 等特点，并且在观测数据较长的条件下可以获得比较满意的估计性能，是一类非常实用的高阶谱估计方法。上一节所构造的通用多维滞后窗可应用于高阶谱线性估计的间接算法，以进一步降低高阶谱估计的方差，也可以经过傅氏变换后构成谱窗，在高阶谱估计的直接方法中用来平滑高阶谱的估计。

下面以 4 阶谱估计为例介绍高阶谱估计的间接算法。

假定观测数据$\{x(n),n=0,1,\cdots,N-1\}$是一均值为零的实平稳随机序列，则同时采用分段平均和加窗平滑的4阶谱估计的间接算法如下：

(1) 将观测数据$\{x(n)\}$等分成长度为M的K段，$N=KM$，并减去各段的均值；

(2) 设$\{x^{(k)}(n),n=0,1,\cdots,M-1\}$是第$k$段数据，估计各段的4阶累积量$\hat{c}_{4,x}^{(k)}(m_1,m_2,m_3)$，利用式(7.2.4)估计每一段的$\hat{c}_{4,x}^{(k)}(m_1,m_2,m_3)$，在式(7.2.4)中以$M$取代$N$；

(3) 计算各段的平均4阶累积量作为整个观测数据的4阶累积量估计：

$$\hat{c}_{4,x}(m_1,m_2,m_3)=\frac{1}{K}\sum_{k=1}^{K}\hat{c}_{4,x}^{(k)}(m_1,m_2,m_3) \tag{7.2.16}$$

(4) 对4阶累积量的估计加3-D滞后窗，并作3-D离散傅氏变换：

$$\hat{S}_{4,x}(\omega_1,\omega_2,\omega_3)=\sum_{m_1=-L}^{L}\sum_{m_2=-L}^{L}\sum_{m_3=-L}^{L}\hat{c}_{4,x}(m_1,m_2,m_3)w(m_1,m_2,m_3)\times\exp\{-\mathrm{j}(\omega_1 m_1+\omega_2 m_2+\omega_3 m_3)\} \tag{7.2.17}$$

其中$w(m_1,m_2,m_3)$是3-D滞后窗，$0\leqslant|m_i|\leqslant L,i=1,2,3$，并且取$L<M-1$。

利用上述间接方法估计的4阶谱是渐近无偏的，即对于足够大的N和M，有

$$E\{\hat{S}_{4,x}(\omega_1,\omega_2,\omega_3)\}\approx S_{4,x}(\omega_1,\omega_2,\omega_3) \tag{7.2.18}$$

其中$S_{4,x}(\omega_1,\omega_2,\omega_3)$是$\{x(n)\}$的真实4阶谱，并具有如下的渐近方差

$$\mathrm{var}\{\mathrm{Re}[\hat{S}_{4,x}(\omega_1,\omega_2,\omega_3)]\}=\mathrm{var}\{\mathrm{Im}[\hat{S}_{4,x}(\omega_1,\omega_2,\omega_3)]\}\approx\frac{1}{2}\sigma_4^2(\omega_1,\omega_2,\omega_3) \tag{7.2.19}$$

其中

$$\sigma_4^2(\omega_1,\omega_2,\omega_3)=\frac{L^3V}{MK}S_{2,x}(\omega_1)S_{2,x}(\omega_2)S_{2,x}(\omega_3)S_{2,x}(\omega_1+\omega_2+\omega_3)$$

$S_{2,x}(\omega)$是$\{x(n)\}$的正实功率谱，V是3-D滞后窗的总能量。

例7.2.1　给出一个利用上述同时采用分段和加窗的4阶谱估计间接算法的实例。考虑一个纯4阶AR模型随机序列，

$$x(n+4)+a_{4,1}x(n+3)+a_{4,2}x(n+2)+a_{4,3}x(n+1)+a_{4,4}x(n)=w(n) \tag{7.2.20}$$

其中$a_{4,1}=-2.623,a_{4,2}=3.516,a_{4,3}=-2.518,a_{4,4}=0.922$；驱动噪声$w(n)$是一个独立同分布(i.i.d.)的非高斯白噪声，其均值$E\{w(n)\}=0$，方差$E\{w^2(n)\}=1$，峭度$E\{w^4(n)\}-3[E\{w^2(n)\}]^2=1.772$。限于计算条件，只取$N=1024,M=32,L=16$。式(7.2.20)中的4阶AR随机序列$\{x(n),n=0,1,\cdots,N\}$的4阶谱(2-D切片)的幅度谱$|\hat{S}_{4,x}(\omega_1,\omega_2,0)|$如图7.2.3所示，其中图7.2.3(a)采用了3-D矩形窗，图7.2.3(b)则采用了3-D Sasaki窗。可以看到图7.2.3(b)中的谱比图7.2.3(a)要更平滑一些。

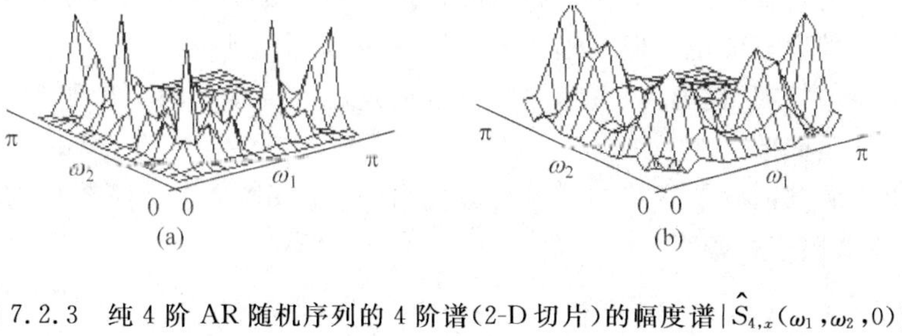

图7.2.3　纯4阶AR随机序列的4阶谱(2-D切片)的幅度谱$|\hat{S}_{4,x}(\omega_1,\omega_2,0)|$

7.2.4 高阶谱的应用

高阶谱（主要是指 3 阶谱和 4 阶谱）是比功率谱（2 阶谱）的阶次更高的统计量，包含了比功率谱更多的有关过程的信息，具有很多功率谱所不具有的有用特性，所以，以前用功率谱可以解决的应用问题都可以用高阶谱来解决，而且可以利用高阶谱来解决许多功率谱所不能解决的难题。原理上高阶谱比功率谱的应用更为有效，更为广泛。其有效性和广泛性主要体现在下面的三个方面[28]：

（1）高阶谱可以用来处理非高斯过程。在现实世界中，很多应用问题的对象都是非高斯的。在过去，我们往往把事实上并不是高斯的过程理想化为一个高斯过程来处理，这主要是由于分析和处理工具的缺乏，不得已而采取的一种措施。对于这些问题，由于高阶统计技术的发展，现在都可以利用先进的高阶统计技术来解决，例如信号的检测和处理，系统的辨识，信号的重构等。

（2）高阶谱可以自动抑制加性高斯噪声。到目前为止，很多成熟的信号处理方法一般都是在加性高斯白噪声的假设下导出的，当污染信号的噪声是有色高斯噪声时，就需要对这些算法作相应的修改。通常，这些修改不但使算法复杂化，而且需要知道噪声的统计信息，如功率谱，但是，在实际应用中噪声的统计信息往往又不可能得到，这是一个非常棘手而又经常遇到的问题。然而，一旦利用高阶谱，问题便可以迎刃而解，这是因为理论上高阶谱对任何加性高斯都不敏感，可以自动抑制任何统计特性未知的加性高斯噪声。

（3）高阶谱能够检测和刻画过程的非线性特性。这里的非线性是指过程的非线性相位耦合问题。由于功率谱理论把一个随机序列看成是一系列统计不相关的谐波分量的叠加，忽略了各个频率之间的相位关系，因此，功率谱对过程的相位耦合是“盲”的。但是，3 阶谱可以用来检测并定量刻画过程的平方相位耦合，4 阶谱则可以用来检测并定量刻划过程的立方相位耦合。

从发表的文献来看，高阶谱早在 20 世纪 80 年代就已经广泛应用于海洋物理、地球物理、大气物理、等离子体物理、水声信号处理、语音处理、经济时间序列分析等方面，也在光脉冲检测、机械故障诊断、图像重建、生物医学工程等领域有广泛的应用。近十几年里，随着理论本身和估计方法的不断完善，高阶统计也开始卓有成效地在通信、雷达、声呐、控制等与电子和信息有关的领域得到应用。这些应用包括系统辨识、时延估计、信号检测和识别、自适应滤波、解卷积、信道盲均衡、独立分量分析等等。

尽管高阶谱和高阶统计量刻画信号更多的特征，但也要认识到，高阶统计量和高阶谱的计算要比 2 阶特征更加复杂，在同等数据样本量的条件下，高阶特征估计的可靠性不及 2 阶特征，为了得到可靠的高阶特征需要更多的样本量，这在许多应用环境难以达到，这些实际问题又限制了高阶特征的广泛应用。高阶统计量的估计易受信号测量中的野值影响，所谓野值是取值严重偏离其他正常值范围的量，对于信号来讲主要是突发的一些大的值，高阶统计量容易受到野值控制，偏离真实值，尽管可以通过一些技术手段剔除野值，但这些技术难以避免引入一些负面效果。

第 8 章将会看到高阶统计量在信号盲源分离中的应用，至于高阶统计的其他应用可参考有关文献，本章限于篇幅不再深入讨论。

*7.3 周期平稳信号的谱相关分析

在现代信号处理中，通常需要根据所处理信号的不同统计特性来选择合适的信号处理工具。在本书前面的章节，我们已经介绍过广义平稳的高斯信号一般可以用相关函数或功率谱来分析处理，而广义平稳的非高斯信号的分析处理则需要用到更复杂的高阶统计量（高阶累计量或者高阶谱）。此外，为了能够同时从时间和频率域来刻画非平稳信号的特性，本书的后续章节还会进一步讨论时-频分布和时间-尺度分布。实际上，在现实世界中，除了上面所提到的平稳和非平稳信号以外，还存在着一类统计特性介于平稳和非平稳之间的特殊信号。这类信号的主要特征是，它们的统计量如均值、自相关函数等具有周期性。这一类信号既不是广义平稳的，也不是严格的非平稳的，因此，我们称之为周期平稳信号或者循环平稳信号。例如，在通信工程中熟悉的已调信号，由于经过了采样、编码、调制等处理技术，这些信号的均值、自相关函数等统计量都具有周期性，属于典型的循环平稳信号。此外，如果用一个时间序列来描述自然界在若干年中的温度变化，那么由于每年春夏秋冬的四季轮回，这个时间序列也呈现出循环或者周期平稳的性质。所以，周期平稳信号是一类比较常见信号。本节主要讨论周期平稳信号的统计特征表示。

7.3.1 周期平稳信号的概念

在工程中，随机信号大致分为平稳和非平稳两大类。虽然平稳或者广义平稳的随机信号处理的方法已经比较完善，但由于平稳过程过于理想化，所代表的实际过程是有限的，特别是在通信、雷达、控制等领域，所遇到的很多随机过程都不能归结为平稳随机过程，所以，基于平稳假设的信号处理理论和方法，就难以有效地用来解决这类问题，或只在一个局部时间内表示这类信号。于是，人们在理论上又开始研究非平稳过程的一般特性，并最终导致了周期平稳过程理论的产生。早在20世纪50年代，就有人将电报信号和电传信号看成是一种具有周期特性的非平稳随机过程，并正式提出了周期平稳（Cyclostationary）随机过程这样的术语。美国学者Gardner从20世纪60年代开始，深入研究了非平稳随机过程的周期平稳特性，并针对无线电通信领域，研究了大量典型通信信号的周期平稳特性，系统地建立了周期平稳过程的理论，于1987年出版了著作《统计谱分析——非概率理论》，对周期平稳理论作了系统的总结。到目前为止，周期平稳信号处理理论和应用的发展，基本上都建立在Gardner和他的同事所做的工作的基础上。

下面先简单介绍周期平稳信号的概念，然后讨论周期平稳信号的自相关和谱相关函数的定义。注意，本章我们只考虑1阶和2阶周期平稳信号。

不失一般性，对于一个功率有限的实2阶随机过程 $x(t)$，$-\infty<t<+\infty$，设其1阶和2阶统计分别为 $m_x(t)$ 和 $R_x(t_1,t_2)$，如果存在一个常数 T，而且 $m_x(t)$ 和 $R_x(t_1,t_2)$ 分别满足

$$m_x(t)=E[x(t)]=m_x(t+T) \tag{7.3.1}$$

$$R_x(t_1,t_2)=E[x(t_1)x(t_2)]=R_x(t_1+T,t_2+T) \tag{7.3.2}$$

则称 $x(t)$ 为一个周期平稳随机过程，或者循环平稳随机过程，常数 T 就是周期。

从上面的定义可以看到，周期平稳随机过程 $x(t)$ 的统计特性是随时间而变化的，因此可以认为 $x(t)$ 是非平稳的，它是广义平稳信号的推广；同时，$x(t)$ 又不同于一般的非平稳信

号，其统计特性随时间的变化具有周期性，因此，它是非平稳过程一个特例。概括起来可以这样说，周期平稳过程是一种介于广义平稳和非平稳之间一类特殊随机过程。

对于非平稳相关函数 $R_x(t_1,t_2)$ 也可以写成 $R_x(t+\tau,t)$ 或 $R_x(t+\tau/2,t-\tau/2)$，由此可以定义时间平均自相关函数为

$$\begin{aligned}\langle R_x\rangle(\tau) &= \lim_{T\to\infty}\frac{1}{T}\int_{-T/2}^{T/2}R_x(t+\tau,t)\mathrm{d}t\\ &= \lim_{T\to\infty}\frac{1}{T}\int_{-T/2}^{T/2}E\{x(t+\tau)x^*(t)\}\mathrm{d}t\end{aligned} \tag{7.3.3}$$

或

$$\begin{aligned}\langle R_x\rangle(\tau) &= \lim_{T\to\infty}\frac{1}{T}\int_{-T/2}^{T/2}R_x(t+\tau/2,t-\tau/2)\mathrm{d}t\\ &= \lim_{T\to\infty}\frac{1}{T}\int_{-T/2}^{T/2}E\{x(t+\tau/2)x^*(t-\tau/2)\}\mathrm{d}t\end{aligned} \tag{7.3.4}$$

这是非平稳相关函数的时间平均。也可以定义时变功率谱为

$$S_x(t,f) = \int_{-\infty}^{\infty}R_x(t+\tau/2,t-\tau/2)\mathrm{e}^{-\mathrm{j}2\pi f\tau}\mathrm{d}\tau \tag{7.3.5}$$

类似地定义时间平均功率谱

$$\langle S_x\rangle(f) = \lim_{T\to\infty}\frac{1}{T}\int_{-T/2}^{T/2}S_x(t,f)\mathrm{d}t \tag{7.3.6}$$

不难看出，对于一个自相关函数为 $R_x(\tau)$、功率谱为 $S_x(f)$ 的平稳信号

$$\langle R_x\rangle(\tau) = R_x(\tau) \tag{7.3.7}$$

$$\langle S_x\rangle(f) = S_x(f) \tag{7.3.8}$$

7.3.2 周期平稳信号的谱相关函数

对于非平稳信号而言，式(7.3.3)至式(7.3.8)的平均特征可以得到一些一维的平均性质，但也丢失了非平稳特性的许多重要信息，并且没有反映式(7.3.2)的周期平稳性，本节针对式(7.3.2)的2阶周期特性给出一种刻画方式。

令 $t_1=t+\tau/2$，$t_2=t-\tau/2$，从式(7.3.2)可得

$$R_x(t_1,t_2) = R_x(t+T+\tau/2,t+T-\tau/2) = R_x(t+\tau/2,t-\tau/2) \tag{7.3.9}$$

由于周期平稳过程的自相关函数 $R_x(t_1,t_2)$ 即 $R_x(t+\tau/2,t-\tau/2)$ 对于时间 t 是周期为 T 的一个周期函数，因此可以把 $R_x(t+\tau/2,t-\tau/2)$ 展开成傅里叶级数的形式

$$R_x(t+\tau/2,t-\tau/2) = \sum_{\alpha}R_x^{\alpha}(\tau)\mathrm{e}^{\mathrm{j}2\pi\alpha t} \tag{7.3.10}$$

其中 $R_x^{\alpha}(\tau)$ 为傅里叶级数的系数，即

$$R_x^{\alpha}(\tau) = \frac{1}{T}\int_{-\frac{T}{2}}^{\frac{T}{2}}R_x(t+\tau/2,t-\tau/2)\mathrm{e}^{-\mathrm{j}2\pi\alpha t}\mathrm{d}t \tag{7.3.11}$$

我们称 $R_x^{\alpha}(\tau)$ 为周期平稳过程 $x(t)$ 的周期自相关函数，或者循环自相关函数，α 就是这个周期平稳过程的周期频率，α 的取值范围为任意整数乘以基频 $1/T$。集合 $\{R_x^{\alpha}(\tau)\mid\alpha\in Z\}$ 反映了 $R_x(t+\tau/2,t-\tau/2)$ 的全部特性，对于一个周期平稳信号，使 $R_x^{\alpha}(\tau)$ 不恒为0的 α 的全体，称为其周期谱。

若 $R_x(t_1,t_2)$ 中存在几个周期值 $T_1,T_2,\cdots$，则 $R_x^{\alpha}(\tau)$ 的定义可以扩展为更一般的形

式，即

$$R_x^\alpha(\tau)=\lim_{T\to\infty}\frac{1}{T}\int_{-T/2}^{T/2}R_x(t+\tau/2,t-\tau/2)\mathrm{e}^{-\mathrm{j}2\pi\alpha t}\mathrm{d}t \tag{7.3.12}$$

考虑一个特例，如果 $x(t)$ 是一个广义平稳的随机过程，则有

$$R_x(t+\tau/2,t-\tau/2)=R_x(\tau) \tag{7.3.13}$$

$R_x(\tau)$ 是 $x(t)$ 自相关函数，把式(7.3.13)代入式(7.3.11)，可以得到

$$R_x^\alpha(\tau)=\frac{1}{T}\int_{-\frac{T}{2}}^{\frac{T}{2}}R_x(\tau)\mathrm{e}^{-\mathrm{j}2\pi\alpha t}\mathrm{d}t=R_x(\tau)\delta(\alpha) \tag{7.3.14}$$

因此，对于平稳过程，$R_x(\tau)=R_x^\alpha(\tau)|_{\alpha=0}=R_x^0(\tau)$，$R_x^\alpha(\tau)\equiv 0|_{\alpha\neq 0}$，这样我们就可以把周期自相关函数看成是平稳过程的自相关函数的推广，或作为特例平稳过程的周期谱只有 $\alpha=0$ 一项。

对于信号 $x(t)$，令 $y(t)=x(t+t_0)$，则可以证明

$$R_y^\alpha(\tau)=R_x^\alpha(\tau)\mathrm{e}^{\mathrm{j}2\pi\alpha t_0}$$

由上式知，只有 $\alpha=0$ 时，$R_y^0(\tau)=R_x^0(\tau)$，$\alpha\neq 0$ 时，两个在时间上位移 t_0 的信号的位移量反映在其周期自相关函数上。

对周期自相关函数的认识，我们还可以从另外一个角度来看。假定 $x(t)$ 是一个周期平稳的随机过程，令

$$u(t)=x(t)\mathrm{e}^{-\mathrm{j}\pi\alpha t} \tag{7.3.15}$$

$$v(t)=x(t)\mathrm{e}^{\mathrm{j}\pi\alpha t} \tag{7.3.16}$$

$u(t)$ 和 $v(t)$ 的一次实现的波形在频域中的关系为

$$U(f)=X(f+\alpha/2) \tag{7.3.17}$$

$$V(f)=X(f-\alpha/2) \tag{7.3.18}$$

显然，$u(t)$ 和 $v(t)$ 是 $x(t)$ 经过频移后的两个过程。$u(t)$ 时间平均自相关函数为

$$\begin{aligned}\langle R_u\rangle(\tau)&=\lim_{T\to\infty}\frac{1}{T}\int_{-\frac{T}{2}}^{\frac{T}{2}}E\{u(t+\tau/2)u(t-\tau/2)^*\}\mathrm{d}t\\&=\langle R_x\rangle(\tau)\mathrm{e}^{-\mathrm{j}\pi\alpha\tau}\end{aligned} \tag{7.3.19}$$

同理可得 $v(t)$ 时间平均自相关函数为

$$\begin{aligned}\langle R_v\rangle(\tau)&=\lim_{x\to\infty}\frac{1}{T}\int_{-\frac{T}{2}}^{\frac{T}{2}}E\{v(t+\tau/2)v(t-\tau/2)^*\}\mathrm{d}t\\&=\langle R_x\rangle(\tau)\mathrm{e}^{\mathrm{j}\pi\alpha\tau}\end{aligned} \tag{7.3.20}$$

由式(7.3.15)和式(7.3.16)可以得到 $u(t)$ 和 $v(t)$ 互相关函数为

$$\begin{aligned}\langle R_{uv}\rangle(\tau)&=\lim_{T\to\infty}\frac{1}{T}\int_{-\frac{T}{2}}^{\frac{T}{2}}E\{u(t+\tau/2)v(t-\tau/2)^*\}\mathrm{d}t\\&=\lim_{T\to\infty}\frac{1}{T}\int_{-T/2}^{T/2}R_x(t+\tau/2,t-\tau/2)\mathrm{e}^{-\mathrm{j}2\pi\alpha t}\mathrm{d}t\\&=R_x^\alpha(\tau)\end{aligned} \tag{7.3.21}$$

由此可见，周期平稳过程 $x(t)$ 的周期自相关函数 $R_x^\alpha(\tau)$ 就是 $x(t)$ 的两个频移过程 $u(t)$ 和 $v(t)$ 的时间平均互相关函数。这个结果表明，$x(t)$ 的周期平稳性实际上就是该过程的两个频移信号的相关性。

例 7.3.1 设幅度调制信号表示为

$$x(t)=y(t)\cos(2\pi f_0 t)$$

其中 $y(t)$是 0 均值平稳随机信号，求 $R_x^\alpha(\tau)$。

解：显然

$$\begin{aligned}R_x(t+\tau/2,t-\tau/2)&=E\{x(t+\tau/2)x^*(t-\tau/2)\}\\&=R_y(\tau)\cos(2\pi f_0(t+\tau/2))\cos(2\pi f_0(t-\tau/2))\\&=\frac{1}{2}R_y(\tau)[\cos(2\pi f_0\tau)+\cos(4\pi f_0 t)]\end{aligned}$$

利用式(7.3.12)求 $R_x^\alpha(\tau)$如下

$$\begin{aligned}R_x^\alpha(\tau)&=\lim_{T\to\infty}\frac{1}{T}\int_{-T/2}^{T/2}R_x(t+\tau/2,t-\tau/2)\mathrm{e}^{-\mathrm{j}2\pi\alpha t}\mathrm{d}t\\&=\lim_{T\to\infty}\frac{1}{T}\int_{-T/2}^{T/2}\frac{1}{2}R_y(\tau)[\cos(2\pi f_0\tau)+\cos(4\pi f_0 t)]\mathrm{e}^{-\mathrm{j}2\pi\alpha t}\mathrm{d}t\\&=\lim_{T\to\infty}\frac{1}{T}\int_{-T/2}^{T/2}\frac{1}{2}R_y(\tau)\left[\cos(2\pi f_0\tau)\mathrm{e}^{-\mathrm{j}2\pi\alpha t}+\frac{1}{2}\mathrm{e}^{\mathrm{j}2\pi(2f_0-\alpha)t}+\frac{1}{2}\mathrm{e}^{-\mathrm{j}2\pi(2f_0+\alpha)t}\right]\mathrm{d}t\\&=\begin{cases}\frac{1}{2}R_y(\tau)\cos(2\pi f_0\tau), & \alpha=0\\ \frac{1}{4}R_y(\tau), & \alpha=\pm 2f_0\\ 0, & \text{其他}\end{cases}\end{aligned}$$

既然周期平稳过程是广义平稳过程的推广，周期自相关函数是平稳自相关函数的推广，那么，一个合乎逻辑的推理就是，广义平稳过程的功率谱的概念也可以推广到周期平稳的情形。这个推广就是所谓的谱相关密度函数，简称谱相关函数。

假定 $x(t)$是一个周期平稳过程，其周期自相关函数为 $R_x^\alpha(\tau)$，则 $x(t)$的谱相关密度函数(Spectral Correlation Function，SCF)被定义为 $R_x^\alpha(\tau)$的傅氏变换

$$S_x^\alpha(f)=\int_{-\infty}^{\infty}R_x^\alpha(\tau)\mathrm{e}^{-\mathrm{j}2\pi f\tau}\mathrm{d}\tau \tag{7.3.22}$$

如上式可见，所定义的信号的谱相关 $S_x^\alpha(f)$，是一个形式上的二维傅里叶频谱，其形式二维频域变量分别为 f 和 α。其中，f 是经典傅里叶分析得到的频谱中的频率表示，而 α 则是谱相关形式上所增加的另外一个维度的频率变量。在 Gardner 的原始文献中，称 α 为“周期频率”。

我们再从另一个角度来分析谱相关函数的含义。由式(7.3.17)和式(7.3.18)可以得到，$x(t)$的频移过程 $u(t)$和 $v(t)$的平均功率谱满足

$$\begin{aligned}\langle S_U\rangle(f)&=\langle S_x\rangle(f+\alpha/2)\\\langle S_V\rangle(f)&=\langle S_x\rangle(f-\alpha/2)\end{aligned} \tag{7.3.23}$$

平均互谱密度函数为

$$\langle S_{UV}\rangle(f)=\int_{-\infty}^{\infty}\langle R_{UV}\rangle(\tau)\mathrm{e}^{-\mathrm{j}2\pi f\tau}\mathrm{d}\tau=\int_{-\infty}^{\infty}R_x^\alpha(\tau)\mathrm{e}^{-\mathrm{j}2\pi f\tau}\mathrm{d}\tau=S_x^\alpha(f) \tag{7.3.24}$$

即周期平稳过程 $x(t)$的谱相关函数就是它的两个频移过程 $u(t)$和 $v(t)$的时间平均互谱密度函数。由此可见，周期平稳过程 $x(t)$的谱相关函数实际上反映了该过程在频率分量 $f\pm\alpha/2$ 处的互相关特性。这也就是谱相关函数的主要物理含义。更具体地，对于一个

α 值，若 $S_x^\alpha(f)$ 不恒为 0，则频率分量 $f\pm\alpha/2$ 具有相关性。

例 7.3.1(续) 由例 7.3.1 求得的 $R_x^\alpha(\tau)$ 继续求其 SCF 为

$$S_x^\alpha(f)=\begin{cases}\frac{1}{4}[S_y(f-2\pi f_0)+S_y(f-2\pi f_0)], & \alpha=0\\ \frac{1}{4}S_y(f), & \alpha=\pm 2f_0\\ 0, & \text{其他}\end{cases}$$

这里 $S_y(f)$ 是平稳信号 $y(t)$ 的功率谱。

从以上讨论看，可以定义谱相关函数的归一化表示，即谱相干(Spectral Coherence, SC)，SC 定义为

$$C_x^\alpha(f)=\frac{S_x^\alpha(f)}{|\langle S_x\rangle(f+\alpha/2)\langle S_x\rangle(f-\alpha/2)|^{1/2}} \tag{7.3.25}$$

由定义可以推出 $|C_x^\alpha(f)|\leqslant 1$，对于给定的 f 和 α，若 $x(t)$ 在频率 $f+\alpha/2$ 和 $f-\alpha/2$ 完全相关，则 $|C_x^\alpha(f)|=1$，完全不相关则 $C_x^\alpha(f)=0$。$S_x^\alpha(f)$ 和 $C_x^\alpha(f)$ 都是两个变量 f 和 α 的函数，其中，α 是离散变量。在一些应用中，只需要信号的简单的部分循环平稳特征，则可以通过下式定义“周期频率域切面”(Cycle-Frequency Domain Profile, CDP)，

$$I(\alpha)=\max_f\{|C_x^\alpha(f)|\} \tag{7.3.26}$$

$I(\alpha)$ 仅在一些离散值 α 处非零，是循环平稳信号的一种有效的简单特征。

7.3.3 通信工程中常见已调信号的谱相关函数

在信号处理中，通信信号是最常见也很具有代表性的信号。在通信系统中，由于对信号的采样、调制以及编码等处理，使通信信号一般都具有周期平稳的特性。下面我们通过对一些典型信号的分析来研究通信信号的周期平稳性质。

1. 单载波

设信号为 $s(t)=\cos(2\pi f_c t)$，这是例 7.3.1 的特例，谱相关写成如下形式，

$$S^\alpha(f)=\begin{cases}\frac{1}{4}[\delta(f+f_c)+\delta(f-f_c)], & \alpha=0\\ \frac{1}{4}\delta(f), & \alpha=\pm 2f_c\\ 0, & \text{其他}\end{cases} \tag{7.3.27}$$

除了上式所示的普通频率 f 上截面以外，谱相关函数还有一个周期频率 α 截面的表达式

$$S^\alpha(f)=\begin{cases}\frac{1}{4}[\delta(\alpha+2f_c)+\delta(\alpha-2f_c)], & f=0\\ \frac{1}{4}\delta(\alpha), & f=\pm f_c\\ 0, & \text{其他}\end{cases} \tag{7.3.28}$$

2. 双载波

双载波信号的谱相关也可用信号谱相关的一般公式得到。设频率分别为 f_1 和 f_2 的双载波信号为 $s(t)=\cos(2\pi f_1 t)+\cos(2\pi f_2 t)$。从上面的讨论可以得到，其 f 截面的谱相关为

$$S^{\alpha}(f)=\begin{cases}\frac{1}{4}\delta(f), & \alpha=\pm 2f_1,\pm 2f_2\\ \frac{1}{4}[\delta[f-0.5(f_1\pm f_2)]+\delta[f+0.5(f_1\pm f_2)]], & \alpha=f_1\mp f_2\\ 0, & \text{其他}\end{cases} \tag{7.3.29}$$

类似地，其 α 截面为

$$S^{\alpha}(f)=\begin{cases}\frac{1}{4}[\delta(\alpha-2f_1)+\delta(\alpha-2f_2)+\delta(\alpha+2f_1)+\delta(\alpha+2f_2)], & f=0\\ \frac{1}{4}\delta[\alpha-(f_1\mp f_2)], & f=0.5(f_1\pm f_2)\\ 0, & \text{其他}\end{cases} \tag{7.3.30}$$

3. BPSK 信号

对于 BPSK 信号，$x(t)=a(t)\cos(2\pi f_0 t)$，其中 $g(t)$ 为矩形脉冲

$$a(t)=\sum_{n=-\infty}^{\infty}a_n g(t-nT_0-t_0) \tag{7.3.31}$$

上式可以等价表示为

$$x(t)=a(t)\cos(2\pi f_0 t)=\left[\sum_{n=-\infty}^{\infty}a_n g(t-nT_0-t_0)\right]\cos(2\pi f_0 t) \tag{7.3.32}$$

其中 $a_n\in\{a_i\}$，$i=1,2$，$a_1=1$，$a_2=-1$，a_i 出现的概率由下列概率场表示

$$\begin{pmatrix}a_1 & a_2\\ P & 1-P\end{pmatrix} \tag{7.3.33}$$

可以推导出该 BPSK 信号的循环自相关函数和谱相关函数分别为

$$\hat{R}_x^{\alpha}(\tau)=\frac{1}{2}\hat{R}_a^{\alpha}(\tau)\cos(2\pi f_0\tau)+\frac{1}{4}\hat{R}_a^{\alpha+2f_0}(\tau)+\frac{1}{4}\hat{R}_a^{\alpha-2f_0}(\tau) \tag{7.3.34}$$

$$\hat{S}_x^{\alpha}(f)=\frac{1}{4}[\hat{S}_a^{\alpha}(f+f_0)+\hat{S}_a^{\alpha}(f-f_0)+\hat{S}_a^{\alpha+2f_0}(f)+\hat{S}_a^{\alpha-2f_0}(f)] \tag{7.3.35}$$

这里 $\hat{R}_a^{\alpha}(\tau)$ 和 $\hat{S}_a^{\alpha}(f)$ 分别是 $a(t)$ 的循环自相关函数和谱相关函数，对于以原点为中心，宽度为 T_0 的矩形脉冲 $g(t)$，其傅里叶变换为 $Q(f)=\sin(\pi f T_0)/(\pi f)$，可以求得

$$\begin{aligned}\hat{S}_x^{\alpha}(f)=\frac{1}{4T_0}[&Q(f+f_0+\alpha/2)Q^*(f+f_0-\alpha/2)\,\hat{S}_{a_n}^{\alpha}(f+f_0)\\ &+Q(f-f_0+\alpha/2)Q^*(f-f_0-\alpha/2)\,\hat{S}_{a_n}^{\alpha}(f-f_0)\\ &+Q(f+f_0+\alpha/2)Q^*(f-f_0-\alpha/2)\,\hat{S}_{a_n}^{\alpha+2f_0}(f)\exp(-2i\pi\alpha)\\ &+Q(f-f_0+\alpha/2)Q^*(f+f_0-\alpha/2)\,\hat{S}_{a_n}^{\alpha-2f_0}(f)\exp(-2i\pi\alpha)]\end{aligned} \tag{7.3.36}$$

$\hat{S}_{a_n}^{\alpha}$ 是 a_n 序列的谱相关函数。

4. QPSK 信号

对于 QPSK 信号，信号可以表示为

$$\begin{aligned} x(t) &= c(t)\cos(2\pi f_0 t) + d(t)\sin(2\pi f_0 t) \\ &= \left[\sum_{n=-\infty}^{\infty} c_n g(t - nT_0 - t_0)\right]\cos(2\pi f_0 t) \\ &\quad + \left[\sum_{n=-\infty}^{\infty} s_n g(t - nT_0 - t_0)\right]\sin(2\pi f_0 t) \end{aligned} \tag{7.3.37}$$

$c(t)$和$d(t)$的谱相关函数为

$$S_{c(t)}^{\alpha}(f) = \frac{1}{T_0} Q(f + \alpha/2) Q^*(f - \alpha/2) S_{cn}^{\alpha}(f) \tag{7.3.38}$$

$$S_{d(t)}^{\alpha}(f) = \frac{1}{T_0} Q(f + \alpha/2) Q^*(f - \alpha/2) S_{dn}^{\alpha}(f) \tag{7.3.39}$$

$S_{cn}^{\alpha}(f)$和$S_{dn}^{\alpha}(f)$分别为同相和正交数字信号c_n和d_n的谱相关函数，其中$Q(f)=\sin(\pi f T_0)/(\pi f)$。

如果QPSK信号具有对称性，即满足

$$S_{c(t)}^{\alpha}(f) = S_{d(t)}^{\alpha}(f) \tag{7.3.40}$$

并且$\mathrm{Re}\{S_{cd}^{\alpha}(f)\}=0$，则QPSK信号的谱相关函数为

$$\begin{aligned} \hat{S}_x^{\alpha}(f) = \frac{1}{2T_0}\big[& Q(f + f_0 + \alpha/2) Q^*(f + f_0 - \alpha/2)\, \hat{S}_{cn}^{\alpha}(f + f_0) \\ & + Q(f - f_0 + \alpha/2) Q^*(f - f_0 - \alpha/2)\, \hat{S}_{cn}^{\alpha}(f - f_0)\big] \end{aligned} \tag{7.3.41}$$

7.3.4 谱相关函数的估计

当随机信号仅有一段长度为T的波形$x(u)$，$u\in[t-T/2, t+T/2]$时，利用有限波形可近似估计谱相关函数

$$S_{x,T}^{\alpha}(t,f) = \frac{1}{T} X_T(t, f + \alpha/2) X_T^*(t, f + \alpha/2) \tag{7.3.42}$$

上式称为循环周期图，其中

$$X_T(t,f) = \int_{t-T/2}^{t+T/2} x(u) \mathrm{e}^{-\mathrm{j}2\pi f u} \mathrm{d}u \tag{7.3.43}$$

是时变傅里叶变换，与区间的参考时间t有关。为提高估计的可靠性，需对循环周期图结果进行频域平滑，即在Δf区间内进行平均，得

$$S_{x,T,\Delta f}^{\alpha}(t,f) = \frac{1}{\Delta f} \int_{f-\Delta f/2}^{f+\Delta f/2} S_{x,T}^{\alpha}(t,v) \mathrm{d}v \tag{7.3.44}$$

Gardner证明，当T充分大，Δf充分小时，平滑循环周期图估计得到改善，实际上

$$S_x^{\alpha}(f) = \lim_{\Delta f \to 0} \lim_{T \to \infty} S_{x,T,\Delta f}^{\alpha}(t,f) \tag{7.3.45}$$

实际计算中，信号是采样值，即用间隔T_s对信号进行采样，为了表示方面，设采样从参考时间t，采样N个点，即信号样本$\{x(t+nT_s)\}_{n=0}^{N-1}$，$T=NT_s$，则相应平滑循环周期图为

$$\widetilde{S}_{x,T,\Delta f}^{\alpha}(t,f) = \frac{1}{M} \sum_{\nu=-(M-1)/2}^{(M-1)/2} \frac{1}{T} \widetilde{X}_T(t, f + \alpha/2 + \nu\lambda) \widetilde{X}_T^*(t, f - \alpha/2 + \nu\lambda) \tag{7.3.46}$$

其中

$$\widetilde{X}_T(t,f) = \sum_{n=0}^{N-1} w(n) x(t + nT_s) \mathrm{e}^{-\mathrm{j}2\pi f(t+nT_s)} \tag{7.3.47}$$

这里 $w(n)$是一个窗函数。式(7.3.46)中，$\lambda=\frac{f_s}{N}$是频率间隔，M 是频域平滑的数目，对应 $\Delta f=M\lambda$，$f_s=1/T_s$ 是时间信号的采样频率。

在实际计算时，只计算频率 f 在离散点的值，设仅取 $f_k=\frac{k}{N}f_s$，$k=0,1,\cdots,N-1$，并令 $x_t(n)=x(t+nT_s)$，则式(7.3.47)为

$$\widetilde{X}_T(t,f_k)=\mathrm{e}^{-\mathrm{j}2\pi f_k t}\sum_{n=0}^{N-1}w(n)x_t(n)\mathrm{e}^{-\mathrm{j}\frac{2\pi nk}{N}} \tag{7.3.48}$$

式(7.3.48)求和号内的部分是 DFT，可用 FFT 快速计算。可见对于离散信号，通过 FFT 计算$\widetilde{X}_T(t,f_k)$，α 自身就是离散值，但其取值未知，可以密集地取一组 α_m，对于每一个 α_m，用式(7.3.46)计算$\widetilde{S}_{x;T,\Delta f}^{\alpha_m}(t,f_k)$，不考虑参考时间 t 的影响，则$\widetilde{S}_x^{\alpha_m}(f_k)\approx\widetilde{S}_{x;T,\Delta f}^{\alpha_m}(t,f_k)$。

若能够采样得到充分长的离散信号，则可以通过数据分段估计$\widetilde{S}_{x;T,\Delta f}^{\alpha_m}(t_k,f_k)$，然后将所得结果平均估计$\widetilde{S}_x^{\alpha_m}(f_k)$，设总样本集为$\{x(n)\}_{n=0}^{L-1}$，分成 K 段互不重叠的数据段，每段长度 N，即 $L=KN$，第 l 段为 $x_l(n)=x(n+lN)$，其起始时间 $t_l=lT=lNT_s$，由式(7.3.48)

$$\widetilde{X}_T(t_l,f_k)=\mathrm{e}^{-\mathrm{j}2\pi f_k lNT_s}\sum_{k=0}^{N-1}w(n)x_l(n)\mathrm{e}^{-\mathrm{j}\frac{2\pi nk}{N}}=\sum_{k=0}^{N-1}w(n)x_l(n)\mathrm{e}^{-\mathrm{j}\frac{2\pi nk}{N}} \tag{7.3.49}$$

对于每一段若不做频域平均，相当于式(7.3.46)中取 $M=1$，则对于一个 α_m

$$\widetilde{S}_{x;T,\Delta f}^{\alpha_m}(t_l,f_k)=\frac{1}{T}\widetilde{X}_T(t_l,f_k+\alpha_m/2)\,\widetilde{X}_T(t_l,f_k-\alpha_m/2) \tag{7.3.50}$$

谱相关估计为各段估计的均值，即

$$\widetilde{S}_x^{\alpha_m}(f_k)=\frac{1}{K}\sum_{l=0}^{K-1}\widetilde{S}_{x;T,\Delta f}^{\alpha_m}(t_l,f_k) \tag{7.3.51}$$

遍取给定的 α_m 集，则得到完整的谱相关估计。

如果需要，也可以通过式(7.3.25)和式(7.3.26)进一步估计出信号的谱相干(SC)$C_x^\alpha(f)$和 CDP 值 $I(\alpha)=\max\limits_{f}\{|C_x^\alpha(f)|\}$。对于式(7.3.25)中的分母$\langle S_x\rangle(f)$，可通过有限样本的平均周期图方法进行估计。

例 7.3.2 用本节给出的方法估计 BPSK 信号和 QPSK 信号的谱相关函数 SCF。实验时取 $N=500$，$K=100$，用数值算法得到 BPSK 信号的谱相关函数如图 7.3.1(a)所示，QPSK 信号的谱相关函数如图 7.3.1(b)所示(本例取材自 Ramkumar 的论文[23])。

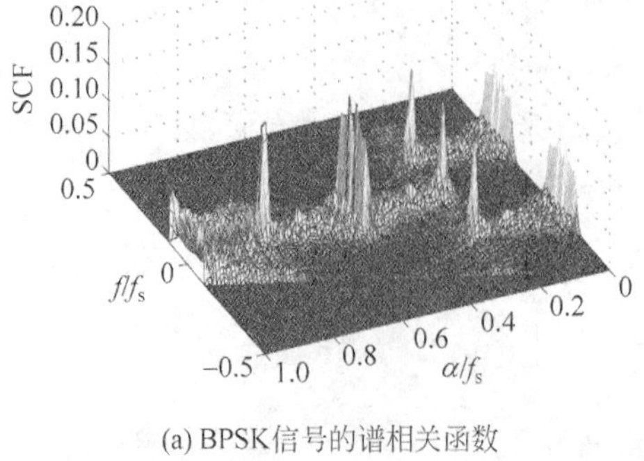

(a) BPSK信号的谱相关函数

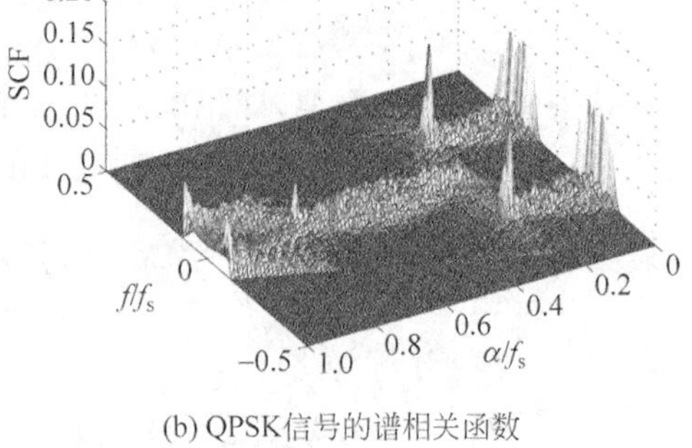

(b) QPSK信号的谱相关函数

图 7.3.1

SCF 函数是二维函数，在利用循环特征进行信号自动分类研究中，用其一维特征会使系统更简单，BPSK 和 QPSK 信号的 CDP 函数如图 7.3.2 所示。

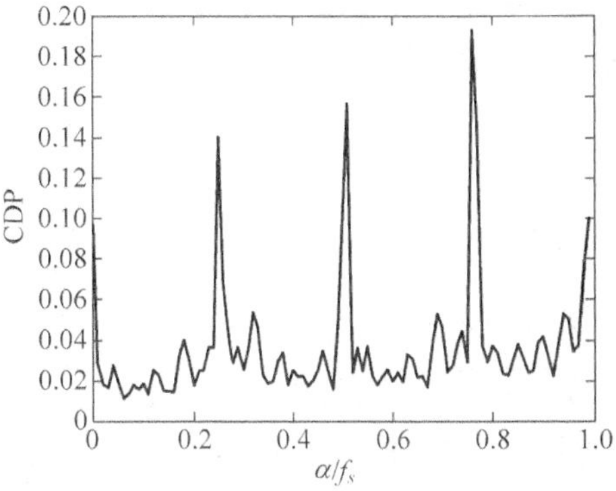

(a) BPSK信号的CDP

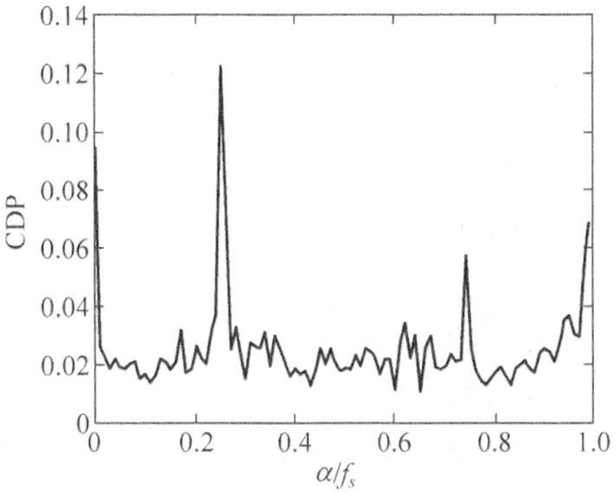

(b) QPSK信号的CDP

图　7.3.2

周期平稳信号的谱相关已得到了一些应用，本节只给出几个简单介绍。在近来的认知无线电应用中，对通信信号的自动分类是一个有挑战性的问题。利用循环特征结合机器学习构成的自动信号分类取得了良好的效果，例如，利用简化的一维循环特征 CDP，可以有效地分类 BPSK、QPSK/QAM、FSK 和 MSK 等信号，在 5dB 环境下正确识别率达 99%。另一个应用是利用循环平稳统计可有效地进行通信信道的建模，或设计一类盲均衡系统。谱相关的其他应用，本节不再赘述。

本节仅简要介绍了周期平稳和谱相关的基本概念、信号实例和估计方法，仅是对这个专题的一个入门性的介绍，有兴趣的读者可进一步参考 Gardner 的论文和著作[9][10][12]。

*7.4　随机信号的熵特征

对于一个随机信号，其统计特性的最完整描述是联合概率密度函数(PDF)，显然，在实际应用中，需要已知联合 PDF 是一个非常高的要求，因此人们由联合 PDF 导出了各阶统计量及其谱，并通过有限数据样本有效地估计这些特征量，信号的熵特征则是由 PDF 导出的另一类特征，在信号处理中已获得若干应用。

第 6 章讨论了最大熵谱估计，利用了熵的最大化得到一类高分辨谱估计方法。第 6 章的推导简单地引用了一个高斯平稳随机信号的熵表达式，并没有更多地涉及熵的性质，本节对信号的熵特征作一个概要的讨论。信号的熵特征在信号处理中已获得若干应用，例如盲源信号分离问题，在雷达和声呐中的最优波形设计问题，在通信信号处理中熵的概念则应用得更加广泛。本节仅对与信号处理相关的几个基本概念作概要叙述，对熵和信息度量问题的详细讨论可参考信息论的专著。

7.4.1　熵的定义和基本性质

在讨论一个随机信号 $x(n)$ 的熵特征时，假设信号是严格平稳的，故 $x(n)$ 在任意时刻的取值都可看作是一个随机变量 x，其 PDF 是 $p(x)$。若讨论一个信号向量

$$\boldsymbol{x}(n)=[x_0(n),x_1(n),x_2(n),\cdots,x_{M-1}(n)]^{\mathrm{T}}$$

或

$$\boldsymbol{x}(n)=[x(n),x(n-1),x(n-2),\cdots,x(n-M+1)]^{\mathrm{T}}$$

时，忽略其时间变量，仅把它看作为一个 M 维随机向量，即 $\boldsymbol{x}=[x_0,x_1,x_2,\cdots,x_{M-1}]^{\mathrm{T}}$，其联合 PDF 为 $p(\boldsymbol{x})$。

首先讨论 x 取值为离散的情况，即 x 取值为离散集合 $\{x_i|i=1,2,\cdots,N\}$，x 取值 x_i 的概率为 $p(x_i)=P\{x=x_i\}$，则 x 的平均信息量或者说熵为

$$H(x)=-\sum_{i=1}^{N}p(x_i)\log p(x_i) \tag{7.4.1}$$

注意，log 可取任意底，若取以 2 为底的对数，熵的单位为比特(bit)，表示传输满足这一概率分布的一个变量平均所需要的最小比特数，若取自然对数，单位为奈特(nats)，与比特量相差固定因子 ln2。在信号处理中，若以熵特征作为评价准则设计最优系统时，熵取何种单位无关紧要。

一个取值离散随机变量熵的最小值为 0，最小值发生在 $p(x_k)=1,p(x_i)=0,i\neq k$ 情况下，即 x 取 x_k 概率为 1，取其他值的概率为 0，相当于一个确定性的量。由于 $p(x_i)$满足约束条件 $\sum_{i=1}^{N}p(x_i)=1$，故通过优化下式得到熵的最大值

$$J[p(x_i)]=-\sum_{i=1}^{N}p(x_i)\log p(x_i)+\lambda\left(\sum_{i=1}^{N}p(x_i)-1\right)$$

求得当 $p(x_i)=1/N$ 时，熵的最大值是 $\log N$。即等概率情况下，熵最大，即信号取值的不确定性最大。

在信号处理应用中，更方便的是讨论随机变量 x 取值连续，其 PDF 为 $p(x)$。为了利用式(7.4.1)导出连续情况的熵，将 x 的值域划分成 Δ 的小区间，信号取值位于区间 $[i\Delta,(i+1)\Delta]$的概率可写为

$$\int_{i\Delta}^{(i+1)\Delta}p(x)\mathrm{d}x=\Delta p(x_i),\quad x_i\in[i\Delta,(i+1)\Delta] \tag{7.4.2}$$

Δ 充分小时，连续随机变量的熵逼近为

$$\begin{aligned}H_{\Delta}(x)&=-\sum_i\Delta p(x_i)\log\Delta p(x_i)=-\sum_i\Delta p(x_i)\log p(x_i)-\sum_i\Delta p(x_i)\log\Delta\\&=-\sum_i\Delta p(x_i)\log p(x_i)-\log\Delta\end{aligned} \tag{7.4.3}$$

式(7.4.3)第 2 行的求得利用了 $\sum_i\Delta p(x_i)=1$，注意到，当 $\Delta\to0$ 时，$-\log\Delta\to\infty$，这容易理解，对于任意连续值的精确表示或传输需要无穷比特，但是，为了描述不同的连续变量之间熵的相对大小，只保留式(7.4.3)第 2 行的第一项的极限为

$$H(x)=-\lim_{\Delta\to0}\sum_i\Delta p(x_i)\log p(x_i)=-\int p(x)\log p(x)\mathrm{d}x \tag{7.4.4}$$

称式(7.4.4)定义的 $H(x)$为微分熵。注意，对于给定的 PDF，x 的熵是确定的量，之所以用类似于函数的符号 $H(x)$表示熵，是为了区分多个不同随机量的熵，例如用 $H(x)$和 $H(y)$区分 x 和 y 的熵。

为了比较不同 PDF 的微分熵，需要附加两个限定条件，即在相等均值 μ 和方差 σ^2 的条

件下，哪种 PDF 函数具有最大熵？需要求解如下约束最优问题：

$$J[p(x)]=-\int p(x)\log p(x)\mathrm{d}x+\lambda_1\left(\int p(x)\mathrm{d}x-1\right)$$

$$+\lambda_2\left(\int xp(x)\mathrm{d}x-\mu\right)+\lambda_3\left(\int (x-\mu)^2 p(x)\mathrm{d}x-\sigma^2\right) \tag{7.4.5}$$

上式得解为

$$p(x)=\frac{1}{(2\pi\sigma^2)^{1/2}}\exp\left\{-\frac{(x-\mu)^2}{2\sigma^2}\right\} \tag{7.4.6}$$

即在相同的均值 μ 和方差 σ^2 的条件下，高斯分布具有最大熵，且高斯过程的微分熵表示为

$$H_G(x)=\frac{1}{2}\log(2\pi e\sigma^2) \tag{7.4.7}$$

对于随机向量 $\boldsymbol{x}=[x_0,x_1,x_2,\cdots,x_{M-1}]^{\mathrm{T}}$，其联合 PDF 为 $p(\boldsymbol{x})$，则式(7.4.4)的微分熵定义推广到多重积分，形式化地表示为

$$H(\boldsymbol{x})=-\int p(\boldsymbol{x})\log p(\boldsymbol{x})\mathrm{d}\boldsymbol{x} \tag{7.4.8}$$

在同均值和协方差矩阵的所有 PDF 中，高斯分布

$$p(\boldsymbol{x})=\frac{1}{(2\pi)^{M/2}\det^{1/2}(\boldsymbol{C}_{xx})}\exp\left(-\frac{1}{2}(\boldsymbol{x}-\mu_x)^{\mathrm{T}}\boldsymbol{C}_{xx}^{-1}(\boldsymbol{x}-\mu_x)\right)$$

具有最大熵，且最大熵为

$$H_G(\boldsymbol{x})=\frac{M}{2}\log(2\pi e)+\frac{1}{2}\log|\det(\boldsymbol{C}_{xx})| \tag{7.4.9}$$

若存在两个随机向量 $\boldsymbol{x},\boldsymbol{y}$，其联合 PDF 为 $p(\boldsymbol{x},\boldsymbol{y})$，则联合熵和条件熵分别为

$$H(\boldsymbol{x},\boldsymbol{y})=-\int p(\boldsymbol{x},\boldsymbol{y})\log(\boldsymbol{x},\boldsymbol{y})\mathrm{d}\boldsymbol{x}\mathrm{d}\boldsymbol{y} \tag{7.4.10}$$

$$H(\boldsymbol{y}\mid\boldsymbol{x})=-\int p(\boldsymbol{x},\boldsymbol{y})\log p(\boldsymbol{y}\mid\boldsymbol{x})\mathrm{d}\boldsymbol{x}\mathrm{d}\boldsymbol{y} \tag{7.4.11}$$

这里 $H(\boldsymbol{y}|\boldsymbol{x})$是假设 $\boldsymbol{x}$ 已知的条件下 $\boldsymbol{y}$ 的条件熵，由积分公式易证明

$$H(\boldsymbol{x},\boldsymbol{y})=H(\boldsymbol{y}\mid\boldsymbol{x})+H(\boldsymbol{x})=H(\boldsymbol{x}\mid\boldsymbol{y})+H(\boldsymbol{y}) \tag{7.4.12}$$

若 $\boldsymbol{x},\boldsymbol{y}$ 相互独立，则

$$H(\boldsymbol{x},\boldsymbol{y})=H(\boldsymbol{x})+H(\boldsymbol{y})$$

式(7.4.7)给出了一个高斯随机变量或一个高斯随机信号在一个给定时刻的熵表示(无记忆)，式(7.4.10)则给出了一个 M 维高斯信号向量的熵表示，对于一个高斯平稳随机信号 $x(n)$，若其自相关序列 $r_x(k)$，功率谱密度为 $S_x(\omega)$，则信号在不同时刻取值是相关的，信号的平均熵可定义为

$$\overline{H}(\boldsymbol{x})=\lim_{n\to\infty}\frac{1}{2n+1}H[x(-n),\cdots,x(-1),x(0),x(1),\cdots,x(n)]$$

高斯随机信号的平均熵总结为如下定理。

定理 7.4.1 高斯平稳随机信号的平均熵表示为

$$\overline{H}(\boldsymbol{x})=\ln\sqrt{2\pi e}+\frac{1}{4\pi}\int_{-\pi}^{\pi}\ln S_x(\omega)\mathrm{d}\omega \tag{7.4.13}$$

第 6 章讨论 Burg 的最大熵谱估计时，利用了式(7.4.13)的后一部分。定理 7.4.1 的证明可参考[22]。

还可以讨论信号变换的熵。若有随机信号向量 $\boldsymbol{x}$ 和 $\boldsymbol{y}$ 均为 M 维向量，其满足

$$\boldsymbol{y}=\boldsymbol{g}(\boldsymbol{x})$$

这里 $\boldsymbol{g}(\cdot)$是可逆变换，其雅可比行列式为 $\boldsymbol{J}(\boldsymbol{x})$，则随机向量 $\boldsymbol{y}$ 的熵为

$$H(\boldsymbol{y})=H(\boldsymbol{x})+E\{\log|\boldsymbol{J}(\boldsymbol{x})|\} \tag{7.4.14}$$

通过变换，微分熵变化量为 $E\{\log|\boldsymbol{J}(\boldsymbol{x})|\}$，若变换是线性的，即

$$\boldsymbol{y}=\boldsymbol{A}\boldsymbol{x}$$

则变换后的微分熵为

$$H(\boldsymbol{y})=H(\boldsymbol{x})+\log|\det\boldsymbol{A}| \tag{7.4.15}$$

7.4.2 KL 散度、互信息和负熵

有两个 PDF $p(\boldsymbol{x})$和 $q(\boldsymbol{x})$，一种度量两个 PDF 之间不同的量 KL 散度(Kullback-Leibler Divergence)定义为

$$\mathrm{KL}(p(\boldsymbol{x})\parallel q(\boldsymbol{x}))=-\int p(\boldsymbol{x})\ln\frac{q(\boldsymbol{x})}{p(\boldsymbol{x})}\mathrm{d}\boldsymbol{x} \tag{7.4.16}$$

KL 散度也称为相对熵。可以证明，对于任意两个 PDF，其 KL 散度大于等于 0，即

$$\mathrm{KL}(p(\boldsymbol{x})\parallel q(\boldsymbol{x}))\geqslant 0 \tag{7.4.17}$$

利用 Jensen 不等式可以证明式(7.4.17)，对于一个凸函数 $f(\boldsymbol{y})$和随机向量 $\boldsymbol{y}$，Jensen 不等式写为

$$E[f(\boldsymbol{y})]\geqslant f(E[\boldsymbol{y}]) \tag{7.4.18}$$

这里 $E[\cdot]$表示取期望。由于$-\ln y$ 是凸函数，令 $\boldsymbol{y}=\dfrac{q(\boldsymbol{x})}{p(\boldsymbol{x})}$，则对 $p(\boldsymbol{x})$取期望得

$$\begin{aligned}\mathrm{KL}(p(\boldsymbol{x})\parallel q(\boldsymbol{x}))&=E[-\ln\boldsymbol{y}]=-\int p(\boldsymbol{x})\ln\frac{q(\boldsymbol{x})}{p(\boldsymbol{x})}\mathrm{d}\boldsymbol{x}\\&\geqslant-\ln\left\{\int p(\boldsymbol{x})\frac{q(\boldsymbol{x})}{p(\boldsymbol{x})}\mathrm{d}\boldsymbol{x}\right\}=-\ln\int q(\boldsymbol{x})\mathrm{d}\boldsymbol{x}=0\end{aligned}$$

只有在 $p(\boldsymbol{x})=q(\boldsymbol{x})$时，$\mathrm{KL}(p(\boldsymbol{x})\parallel q(\boldsymbol{x}))=0$。

若有两个随机向量 $\boldsymbol{x},\boldsymbol{y}$，其联合 PDF 为 $p(\boldsymbol{x},\boldsymbol{y})$，若取 $q(\boldsymbol{x},\boldsymbol{y})=p(\boldsymbol{x})p(\boldsymbol{y})$，则定义 $\boldsymbol{x},\boldsymbol{y}$ 的互信息为

$$I(\boldsymbol{x},\boldsymbol{y})=\mathrm{KL}(p(\boldsymbol{x},\boldsymbol{y})\parallel q(\boldsymbol{x},\boldsymbol{y}))=-\int p(\boldsymbol{x},\boldsymbol{y})\ln\frac{p(\boldsymbol{x})p(\boldsymbol{y})}{p(\boldsymbol{x},\boldsymbol{y})}\mathrm{d}\boldsymbol{x}\mathrm{d}\boldsymbol{y} \tag{7.4.19}$$

显然，互信息 $I(\boldsymbol{x},\boldsymbol{y})\geqslant 0$，只有当 $p(\boldsymbol{x},\boldsymbol{y})=q(\boldsymbol{x},\boldsymbol{y})=p(\boldsymbol{x})p(\boldsymbol{y})$，即 $\boldsymbol{x},\boldsymbol{y}$ 相互独立时，互信息 $I(\boldsymbol{x},\boldsymbol{y})=0$。可以用互信息度量两个随机向量 $\boldsymbol{x},\boldsymbol{y}$ 的独立性，只有相互独立时，互信息最小。容易证明

$$I(\boldsymbol{x},\boldsymbol{y})=H(\boldsymbol{x})-H(\boldsymbol{x}\mid\boldsymbol{y})=H(\boldsymbol{y})-H(\boldsymbol{y}\mid\boldsymbol{x}) \tag{7.4.20}$$

可以看到互信息得物理意义是：已知 $\boldsymbol{y}$ 引起的 $\boldsymbol{x}$ 的不确定性的降低量，当 $\boldsymbol{x},\boldsymbol{y}$ 相互独立时 $H(\boldsymbol{x})=H(\boldsymbol{x}|\boldsymbol{y})$，已知 $\boldsymbol{y}$ 并不能改变 $\boldsymbol{x}$ 的不确定性，因此互信息为 0。同样地可解释 $H(\boldsymbol{y})=H(\boldsymbol{y}|\boldsymbol{x})$的意义。利用式(7.4.12)可以得到互信息的另一种表示

$$I(\boldsymbol{x},\boldsymbol{y})=H(\boldsymbol{x})+H(\boldsymbol{y})-H(\boldsymbol{x},\boldsymbol{y})$$

对于一个随机向量 $\boldsymbol{x}=[x_0,x_1,x_2,\cdots,x_{M-1}]^{\mathrm{T}}$，互信息可以写成

$$I(\boldsymbol{x})=I(x_0,x_1,x_2,\cdots,x_{M-1})=\sum_{i=0}^{M-1}H(x_i)-H(\boldsymbol{x})$$

上式说明，若 $\boldsymbol{x}$ 的各分量 x_i 相互独立，则 $I(\boldsymbol{x})=0$。若 $\boldsymbol{x}$ 的各分量 x_i 不相互独立，通过变换得到新向量 $\boldsymbol{y}=\boldsymbol{Ax}$，则

$$I(\boldsymbol{y}) = I(y_0, y_1, y_2, \cdots, y_{M-1}) = \sum_{i=0}^{M-1} H(y_i) - H(\boldsymbol{x}) - \log|\det \boldsymbol{A}|$$

$H(\boldsymbol{x})$与变换矩阵无关，通过求一个 $\boldsymbol{A}$ 使得 $I(\boldsymbol{y})$最小，则可使变换向量 $\boldsymbol{y}$ 的各分量最接近相互独立，若能使得 $I(\boldsymbol{y})=0$，则其各分量相互独立。互信息或 KL 散度是描述信号分量的独立性的有效工具。

如前所述，对于等协方差条件下的所有 PDF，高斯 PDF 具有最大微分熵，为了评价一个随机向量的非高斯性，可以定义负熵的概念，为了简单，假设所讨论的向量是零均值的，则负熵定义为

$$J(\boldsymbol{x}) = H(\boldsymbol{x}_G) - H(\boldsymbol{x}) \tag{7.4.21}$$

这里，$\boldsymbol{x}_G$ 和 $\boldsymbol{x}$ 是具有相同协方差矩阵的随机向量，$\boldsymbol{x}_G$ 是高斯的，$\boldsymbol{x}$ 服从任意 PDF，显然，若 $\boldsymbol{x}$ 是高斯的，则负熵为 0，否则负熵大于 0，注意，尽管用了负熵的名称，负熵是非负的，其取值的大小代表了一种非高斯性强弱的度量。

负熵还有一个很有趣的性质，负熵对线性变换具有不变性，即若 $\boldsymbol{y}=\boldsymbol{Ax}$，则 $J(\boldsymbol{x})=J(\boldsymbol{y})$，证明如下。

在 0 均值假设下，显然 $\boldsymbol{y}$ 的协方差矩阵

$$\boldsymbol{C}_{yy} = \boldsymbol{E}(\boldsymbol{yy}^{\mathrm{H}}) = \boldsymbol{AE}(\boldsymbol{xx}^{\mathrm{H}})\boldsymbol{A}^{\mathrm{H}} = \boldsymbol{AC}_{xx}\boldsymbol{A}^{\mathrm{H}}$$

则

$$\begin{aligned}
J(\boldsymbol{y}) &= \frac{M}{2}\log(2\pi e) + \frac{1}{2}\log|\det(\boldsymbol{AC}_{xx}\boldsymbol{A}^{\mathrm{H}})| - H(\boldsymbol{x}) - \log|\det \boldsymbol{A}| \\
&= \frac{M}{2}\log(2\pi e) + \frac{1}{2}\log|\det(\boldsymbol{C}_{xx})| - H(\boldsymbol{x}) \\
&= H(\boldsymbol{x}_G) - H(\boldsymbol{x}) = J(\boldsymbol{x})
\end{aligned}$$

本节讨论的几个概念在现代信号处理中得到很多应用，例如在盲源分离技术中，利用 KL 散度和互信息刻画信号向量中各分量之间的独立性，用负熵刻画信号的非高斯性。

7.4.3 熵的逼近计算

在信号处理中，若利用熵作为一种度量进行优化，需要计算熵，但实际信号处理应用中，直接计算熵可能存在困难，很多情况下只有一组信号样本而 PDF 未知，若利用样本集先估计 PDF 再做积分，PDF 估计的运算量和精度都受限制，例如 Parzen 方法，在样本集较小时，PDF 的估计精度不高。一种更加有效的方法是通过对信号或信号函数各阶矩的估计，用信号的这些特征量逼近熵，由于信号或信号函数的矩存在简单的估计算法，这种逼近具有更好可用性。

一种基本思想类似于泰勒级数展开，是泰勒级数展开的一种广义化，即在一个典型函数为中心进行展开，即把一个一般的 PDF 函数展开为典型函数和各校正项。为了简单，这里只讨论标量情况，结果可推广到信号向量。

1. 基于 Gram-Charlier 展开的高阶累积量逼近

首先讨论一种 PDF 的函数展开，利用函数展开导出熵的高阶累积量逼近。Gram-Charlier 展开是一种广义展开，首先把随机变量 x 归一化为均值为 0，方差为 1 的量，其概率

密度函数为 $p_x(x)$，选择典型函数为单位方差的高斯 PDF，即

$$\varphi(x)=\frac{1}{\sqrt{2\pi}}\mathrm{e}^{-x^2/2} \tag{7.4.22}$$

则 $p_x(x)$ 的 Gram-Charlier 展开为

$$p_x(x)\approx\hat{p}_x(x)=\varphi(x)+\frac{1}{3!}\gamma_3^x h_3(x)\varphi(x)+\frac{1}{4!}\gamma_4^x h_4(x)\varphi(x) \tag{7.4.23}$$

式(7.4.23)只保留 3 项，对于熵逼近来讲已够用。式(7.4.23)中，γ_3^x是随机信号的斜度，γ_4^3是峭度，它们分别是 3 阶和 4 阶累积量的原点值。式(7.1.16)和式(7.1.17)已定义了斜度和峭度，即 $\gamma_3^x=E[x^3(n)]$，$\gamma_4^x=E[x^4(n)]-3$，平稳情况下可忽略时间序号 n。

函数 $h_i(x)$是由下式定义的多项式

$$\frac{\mathrm{d}^i\varphi(x)}{\mathrm{d}x^i}=(-1)^i h_i(x)\varphi(x) \tag{7.4.24}$$

$h_i(x)$是 i 阶多项式，且满足如下加权正交性

$$\int\varphi(x)h_i(x)h_j(x)\mathrm{d}x=\begin{cases}i!, & i=j\\ 0, & i\neq j\end{cases} \tag{7.4.25}$$

式(7.4.23)中，只用到了 $h_3(x)$和 $h_4(x)$，其中 $h_3(x)=x^3-3x$，$h_4(x)=x^4-6x^2+3$。

将式(7.4.23)的逼近 PDF 带入微分熵表达式，并利用对数的近似关系 $\log(1+\varepsilon)\approx\varepsilon-\varepsilon^2/2$ 得

$$\begin{aligned}H(x)&\approx-\int\hat{p}_x(x)\log\hat{p}_x(x)\mathrm{d}x\\&=-\int\varphi(x)\left[1+\frac{1}{3!}\gamma_3^x h_3(x)+\frac{1}{4!}\gamma_4^x h_4(x)\right]\log\left\{\varphi(x)\left[1+\frac{1}{3!}\gamma_3^x h_3(x)+\frac{1}{4!}\gamma_4^x h_4(x)\right]\right\}\mathrm{d}x\\&=-\int\varphi(x)\left[1+\frac{1}{3!}\gamma_3^x h_3(x)+\frac{1}{4!}\gamma_4^x h_4(x)\right]\\&\quad\times\left[\log\varphi(x)+\frac{1}{3!}\gamma_3^x h_3(x)+\frac{1}{4!}\gamma_4^x h_4(x)-\frac{1}{2}\left(\frac{1}{3!}\gamma_3^x h_3(x)+\frac{1}{4!}\gamma_4^x h_4(x)\right)^2\right]\mathrm{d}x\end{aligned}$$

经化简，上式最后得

$$\begin{aligned}H(x)&\approx-\int\varphi(x)\log\varphi(x)\mathrm{d}x-\frac{1}{12}(\gamma_3^x)^2-\frac{1}{48}(\gamma_4^x)^2\\&=\frac{1}{2}\log(2\pi e)-\frac{1}{12}(\gamma_3^x)^2-\frac{1}{48}(\gamma_4^x)^2\end{aligned} \tag{7.4.26}$$

式(7.4.26)的最后一行用到了式(7.4.7)。如果关心的是随机信号的负熵，则

$$J(x)=\frac{1}{12}(\gamma_3^x)^2+\frac{1}{48}(\gamma_4^x)^2 \tag{7.4.27}$$

式(7.4.26)的微分熵逼近和式(7.4.27)的负熵逼近公式简单，在有限数据样本的条件下斜度和峭度的计算比较简单，存在的问题是高阶累积量的估计易受野值影响，估计量受少量大取值样本的控制，稳健性较差。

2. 基于信号函数特征的熵逼近

由于高阶统计量对数据样本野值的敏感性，希望找到一组函数集$\{f_i(x)\}_{i=1}^K$，使得每个 $f_i(x)$是不比 2 阶多项式更快的函数。Hyvarinen 等利用最大熵原理导出了构造一组这类

函数的方法，函数集满足如下加权正交性

$$\int \varphi(x) f_i(x) f_j(x) \mathrm{d}x = \begin{cases} 1, & i = j \\ 0, & i \neq j \end{cases} \tag{7.4.28}$$

$$\int \varphi(x) f_i(x) x^k \mathrm{d}x = 0, \quad k = 0,1,2 \tag{7.4.29}$$

这里 $\varphi(x)$ 由式(7.4.22)定义，则微分熵和负熵分别由下式逼近

$$H(x) \approx \frac{1}{2}\log(2\pi e) - \frac{1}{2}\sum_{i=1}^{K}(E[f_i(x)])^2 \tag{7.4.30}$$

$$J(x) \approx \frac{1}{2}\sum_{i=1}^{K}(E[f_i(x)])^2 \tag{7.4.31}$$

实际上，直接得到函数集 $f_i(x)$ 比较困难，可以选择一组线性独立函数 $g_i(x)$，然后对其进行(Gram-Schmidt)正交归一化。函数 $g_i(x)$ 的选择有几个准则：

(1) $E[g_i(x)]$ 的计算比较容易，尤其对野值不敏感；

(2) $g_i(x)$ 随 x 的增长不快于平方函数 x^2；

(3) $g_i(x)$ 与信号的概率密度函数有较强相关性。一种常用的情况是仅选两个函数 $g_1(x)$ 和 $g_2(x)$，其中 $g_1(x)$ 是奇函数，$g_2(x)$ 是偶函数，通过对其正交化，可得到负熵的逼近为[13]

$$J(x) \approx k_1(E[g_1(x)])^2 + k_2(E[g_2(x)] - E[g_2(v)])^2 \tag{7.4.32}$$

这里 v 是一个 0 均值、方差为 1 的高斯随机变量。其中系数为 $k_i = 1/(\sqrt{2}\delta_i)$，$\delta_i$ 由下式计算

$$\delta_1 = \left[\int \varphi(x) g_1^2(x) \mathrm{d}x - \left(\int \varphi(x) g_1(x) x \mathrm{d}x\right)^2\right]^{1/2}$$

$$\delta_2 = \left[\int \varphi(x) g_2^2(x) \mathrm{d}x - \left(\int \varphi(x) g_2(x) \mathrm{d}x\right)^2 - \frac{1}{2}\left(\int \varphi(x) g_2(x) \mathrm{d}x\right) - \int \varphi(x) g_2(x) x^2 \mathrm{d}x\right]^{1/2}$$

尽管是一种逼近，但是用于描述信号的非高斯性则是足够的，这些逼近都保持负熵对于高斯信号为 0，对于非高斯信号非 0 的基本性质。

例 7.4.1　给出两组函数的例子用于逼近负熵。

第一组函数：$g_1(x) = x\mathrm{e}^{-x^2/2}$，$g_2(x) = |x|$，则负熵的第一个逼近式为

$$J(x) \approx \frac{36}{8\sqrt{3} - 9}(E[x\mathrm{e}^{-x^2/2}])^2 + \frac{\pi}{2\pi - 6}(E[|x|] - \sqrt{2/\pi})^2$$

第二组函数：$g_1(x) = x\mathrm{e}^{-x^2/2}$，$g_2(x) = \mathrm{e}^{-x^2/2}$，则负熵的第二个逼近式为

$$J(x) \approx \frac{36}{8\sqrt{3} - 9}(E[x\mathrm{e}^{-x^2/2}])^2 + \frac{24}{16\sqrt{3} - 27}(E[\mathrm{e}^{-x^2/2}] - \sqrt{1/2})^2$$

对于有限样本，式中函数 $g_i(x)$ 的期望估计很容易计算，数值计算表明，这两个逼近优于高阶统计量逼近[13]。

7.5　本章小结和进一步阅读

本章讨论了超出 2 阶平稳特征量的几个统计特征并简述其在信号处理中可能的应用。对于非高斯信号，高阶统计量揭示了关于信号的更多特征，例如，通过高阶累积量描述信号

的非高斯性。通过高阶累积量定义了高阶谱，与功率谱不包含相位信息不同，高阶谱具有相位信息，因此利用高阶谱可以对非最小相位系统进行识别或建模，还可以用高阶谱识别一个信号通过的系统是线性的还是非线性的。尽管高阶统计量和高阶谱有许多性质可以利用且已经在信号处理领域得到应用，但其计算的困难也限制其应用的范围。

循环统计量刻画了一种特别的非平稳统计特性，由于通信和雷达等领域的很多信号具有循环特性，使得这一统计特征得以应用，本章对循环特征和谱相关的定义和性质给出一个概要性的叙述，对于通过采样数据集估计循环特征和谱相关给予讨论，并给出了几个例子，为读者进一步学习和应用循环统计解决实际问题打下基础。

本章最后一个专题讨论了随机信号的熵特征，这个专题属于信息论的内容。由于近期信号处理中利用信息度量进行系统或信号的优化设计已得到若干应用，因此作为一个信号特征给出概要介绍。主要介绍了几个重要的基本概念，包括微分熵，KL 散度，互信息和负熵等，这一部分还专门给出了用有限样本逼近微分熵和负熵的问题，这对于熵特征用于信号处理是有意义的。

第 8 章讨论盲源分离专题，在这个专题里，高阶统计量和熵特征都得以应用。

Nikias 的著作给出了关于高阶统计量和高阶谱及其应用的一个非常完整的介绍[17]，几篇综述论文也给出了这一专题的讨论以及丰富的参考文献列表[16][21]；Gardner 的论文和著作则给出了循环平稳统计的全面介绍[6]-[12]；至于熵特征，可参考信息论的专门著作[5][27]。

习题

1. 证明式(7.1.5)中的第 3 个式子 $c_3=m_3-3m_2m_1-2m_1^2$。

2. 证明随机信号的 3 阶矩公式

$$c_3^x(\tau_1,\tau_2)=m_3^x(\tau_1,\tau_2)-m_1^x[m_2^x(\tau_1)+m_2^x(\tau_2)+m_2^x(\tau_2-\tau_1)]+2(m_1^x)^3$$

3. 给定一个随机相位的正弦波 $x(t)=a\sin(2\pi ft+\theta)$，其中幅度 a 和频率 f 是常数，相位 θ 是一个在$[-\pi,\pi]$上均匀分布的随机变量，试根据定义求 $x(t)$ 的自相关函数、2 阶累计量和 3 阶累积量，以及相应的功率谱、2 阶谱和 3 阶谱。

4. 给定一个 1 阶 FIR 系统，其冲击响应和频率响应函数分别为 $h(k)=\delta(k)-a\delta(k-1)$ 和 $H(\omega)=1-a\mathrm{e}^{-\mathrm{j}\omega}$，当这个系统的输入为一个零均值非高斯白噪声 $x(k)$，其中 $x(k)$ 的方差和斜度分别为 γ_2^x 和 γ_3^x，试求这个系统的输出斜度以及输出的 2 阶谱和 3 阶谱。

5. 试证明 3 阶谱的对称性 $S_3(\omega_1,\omega_2)=S_3^*(-\omega_2,-\omega_1)=S_3(\omega_2,\omega_1)$，并说明对称性在高阶谱估计中的作用。

6. 假定 $x(t)$ 是一个周期平稳随机过程，$R_X^\alpha(\tau)$ 是 $x(t)$ 的周期自相关函数，$y(t)=x(t+t_0)$，t_0 是一个常数，试证明 $R_X^\alpha(\tau)=R_Y^\alpha(\tau)\exp(\mathrm{j}2\pi\alpha t_0)$。

7. 试推导调幅信号的周期自相关函数、谱相关函数，假定调幅信号为

$$x(t)=y(t)\cos(2\pi f_ct)=\frac{1}{2}y(t)\exp(\mathrm{j}2\pi f_ct)+\frac{1}{2}y(t)\exp(-\mathrm{j}2\pi f_ct)$$

其中 $y(t)$ 为一个零均值的平稳过程。

*8. 设有一个观测序列为 $y(n)=x(n)+w(n)$，$n=0,1,\cdots,N-1$，其中 $x(n)$ 是一个随机相位的正弦波，$x(n)=A\cos(2\pi\times0.21\times n+\theta)$，$x(n)$ 的归一化频率为 0.21，幅度为 A，θ 是

一个在$[0,2\pi]$上均匀分布的随机变量，$w(n)$是一个零均值的加性高斯白噪声。当 $N=4096$ 时，

(1) 令 SNR$=+\infty$，用数值计算法分别估计 $y(n)$的 2 阶(自相关)、3 阶和 4 阶累积量，并画出相应的图形，最后给出从上述结果得到的结论；

(2) 分别令 SNR$=20,0,-3$dB，利用 $y(n)$的 2 阶(自相关)、3 阶和 4 阶累积量，或者 2 阶(功率)、3 阶和 4 阶谱，估计被高斯噪声污染的正弦波的频率，要求画出相关的图形，并对得到的结果给出必要的说明。

*9. 设有一个时延估计问题，$y_1(n)$和 $y_2(n)$分别是从 2 个空间分离的传感器获得的观测数据，

$$\begin{cases} y_1(n) = x(n) + w_1(n) \\ y_2(n) = x(n-D) + w_2(n) \end{cases} \quad n = 0,1,\cdots,N-1$$

其中 $x(n)$是一个未知的非高斯信号，$w_1(n)$和 $w_2(n)$空间相关的加性高斯色噪声。令 $N=4096$，$D=8$，试分别在 SNR$=20,10,0,-3$dB 的条件下，利用 2 阶、3 阶累积量或者 2 阶、3 阶谱估计时延 D。

[提示]非高斯信号 $x(n)$可以利用一个由独立同分布 iid 随机序列驱动的线性时不变系统(比如 AR、MA 和 ARMA 模型)得到，空间相关的高斯色噪声可以利用 $w_2(n)=\sum_{i=0}^{q} b(i)w_1(n+i)$ 的关系式得到；具体的模型阶次一般可以选择 5～10 左右，模型参数通常取 0 和 1 之间的一个小数，也可以在教科书和参考文献上取现成的模型。

参考文献

[1] Brillinger D. R. An Introduction to Polyspectra. Ann. Math. Statist[M]. 1965. 36：1351-1374.

[2] Brillinger D. R. Rosenblatt M. Asymptotic Theory of kth-Order Spectra[M]. in Spectral Analysis of Time Series. Harries B. (ed). 153-188. New York：Wiley. 1967.

[3] Brillinger D. R. Rosenblatt M. Computation and Interpretation of Order Spectra[M]. in Spectral Analysis of Time Series. Harries B. (ed). 189-232. New York：Wiley. 1967.

[4] Cardoso J. F. (ed.) Special Issue on Higher Order Statistics[J]. Signal Processing. 1994. 36(3)：239-390.

[5] Cover T. M. Thomas J. A. Elements of Information Theory[M]. New Jersey：Wiley. 1991.

[6] Gardner W. Measurement of spectral correlation[J]. IEEE Transactions on Acoustics. Speech. and Signal Processing. 1986. 34(5)：1111-1123.

[7] Gardner W. Spectral Correlation of Modulated Signals：Part I—Analog Modulation[J]. IEEE Transactions on Communications. 1987. 35(6)：584-594.

[8] Gardner W. Brown W. and Chen Chih-Kang. Spectral Correlation of Modulated Signals：Part II—Digital Modulation[J]. IEEE Transactions on Communications. 1987. 35(6)：595-601.

[9] Gardner W. Exploitation of spectral redundancy in cyclostationary signals[J]. IEEE Signal Processing Magazine. 1991. 8(2)：14-36.

[10] Gardner W. Statistical Spectral Analysis：A Non-probabilistic Theory[M]. New Jersey：Prentice-Hall. 1987.

[11] Gardner W. Introduction to Random Processes with Applications to Signals and Systems. New

York: Macmillan. 1986.

[12] Gardner W. Spooner C. M. Cumulant theory of cyclostationarity time-series. Part I: Foundation [J]. *IEEE Transactions on Signal Processing*. 1994. 42(12): 3387-3408.

[13] Hyvarinen A. Karhunen J. Oja E. Independent Component Analysis[M]. New York: John Wiley & Sons. 2001.

[14] Kim K. Akbar I. A. Cyclostationary Approaches to Signal Detection and Classification in Cognitive Radio[C]. *Proc. IEEE DySpan*. 2007. 212-215.

[15] Mendel J. M. (ed.). Special Issue on Higher Order Statistics in System Theory and Signal Processing[J]. IEEE Trans. on Automatic Control. 1990. 35(1): 3～56.

[16] Mendel J. M. Nandi A. K. (eds.). Special Issue on Applications of Higher Order Statistics[J]. IEEE Proceedings-F. 1993. 140(6): 341-418.

[17] Nikias C. L. Petropulu A. P. Higher-Order Spectra Analysis: A Nonlinear Signal Processing Framework[M]. Englewood Cliffs. NJ: Prentice-Hall. 1993.

[18] Nikias C. L. Signal Analysis with Higher-Order Spectra. in Advanced Digital Signal Processing [M]. Proakis J. G. (eds). 550-589. New York: Macmillan. 1992.

[19] Nikias C. Liu F. Bicepstrum Computation Based on Second and Third-Order Statistics with Application[C]. Proc. ICASSP. 1990. 2381-2385.

[20] Nikias C. L. Raghuveer M. R. Bispectrum: A Digital Signal Processing Framework[J]. Proc. of IEEE. 1987. 75(7): 869-892.

[21] Nikias C. L. J. Mendel M. (eds.) Special Section on Higher Order Spectral Analysis[J]. IEEE Trans. on Acoustic. Speech and Signal Processing. 1990. 38(7): 1236～1317.

[22] Papoulis A. Pillai S. U. 概率、随机变量与随机过程. 保铮, 等译. 西安: 西安交通大学出版社, 2012.

[23] Ramkumar B. Automatic Modulation Classification for Cognitive Radios Using Cyclic Feature Detection[J]. IEEE Circuits And Systems Magazine. 2009. 9(2): 27-45.

[24] Sulliyan E. J. Hinich M. J. (eds.). Special Issue on Analysis of Higher Order Moments and their Polyspectra[J]. Circuits. Systems and signal Processing. 1994. 13(4): 387～511.

[25] Spooner C. M. Gardner W. Cumulant theory of cyclostationary time series. Part II: Development and applications[J]. *IEEE Transactions on Signal Processing*. 1994. 42(2): 3409-3429.

[26] Zivanovic G. D. Gardner W. Degrees of cyclostationarity and their application to signal detection and estimation[J]. *Signal Processing*. 1991. 22(3): 287-297.

[27] 朱雪龙. 应用信息论基础[M]. 北京: 清华大学出版社, 2001.

[28] 张旭东, 陆明泉. 离散随机信号处理[M]. 北京: 清华大学出版社, 2005.

第8章

信号处理的隐变量分析

本章讨论的课题是一个在信号处理、机器学习和统计学等领域共同关注的问题。其核心在信号处理中归结为盲源信号分离(BSS),在机器学习中属于无监督学习的子类,在统计学中属于多维统计数据的表示问题。共同的本质问题可归结为隐变量方法,因此本章以"信号处理的隐变量分析"为名,传统上,信号处理著作一般将本章主要内容命名为"盲源信号分离",以"隐变量分析(Latent Variable Analysis,LVA)"为名,则主分量分析(PCA)作为本章的核心内容之一则更为合适。

在信号处理和许多其他领域常遇到这样的问题,观测的信号(或数据)向量是由几个无法直接观测的隐变量所控制的,而通过观测数据向量估计这些隐变量则是需要解决的问题。这里举两类典型的隐变量存在的例子。

第一类例子是观测的高维信号向量实际可由几个更少数目(相比信号向量维数)的隐向量相当精确地表示,称这几个向量为主向量。从观测信号向量无法直接得到主向量,因此,主向量是隐藏的。若能够获得足够多的观测向量,则可以由统计方法估计出这组主向量,则原观测向量可由其在主向量的投影系数所确定,这些系数组成的系数向量(主分量表示)的维数比原观测向量低,这是信号(或数据)向量表示的一种有效降维方法,其关键技术是获得这组隐藏的主向量。这个例子所描述的问题称为主分量分析,其在信号处理、机器学习和高维统计数据分析中都已获得广泛应用。

第二类例子在信号处理中更加常见,我们观测到的信号向量是由一组源信号混合组成的,若混合过程已知则通过系统求逆(尽管很多情况下也不容易)得到源信号,但很多实际环境下,混合过程未知或部分未知,主要可用的只是观测信号向量,此时源信号就相当于是一类隐藏变量,怎样利用观测向量和一些合理的假设条件求得源信号其实就是求隐变量的问题。这类问题在信号处理中称为盲源信号分离,第 8.3 节将给出这类问题的一个更详细的描述。

还有一些其他应用类型属于隐变量分析方法的范围,由于篇幅所限和本书的特点,本章主要围绕 PCA 和 BSS 进行讨论。需注意的是 BSS 中影响最大的方法是独立分量分析(ICA),随着 ICA 方法得到广泛关注,在 1999—2009 年期间曾举行第 8 届 ICA 国际研讨会,自 2010 年起该研讨会更名为 LVA/ICA 国际学术会议(全名为 Latent Variable Analysis and Signal Separation),也说明 LVA 作为一个范围更加宽的研究方向得到认可。

由于本章许多方法涉及非线性函数运算,为讨论方便和简单,本章假设所用信号为实信号,仅在必要时给出复信号的扩充说明。

8.1 在线主分量分析

第1章中，在假设一个向量信号 $\boldsymbol{x}(n)$ 的自协方差矩阵已知的条件下，给出了主分量分析(PCA)的概念和表达式，这里首先复习 PCA 的基本原理，然后重点讨论只存在信号向量的一组样本点 $\{\boldsymbol{x}(n),n=1,\cdots,T\}$ 的情况下，怎样在线计算主分量的有效算法。

为了简单，假设信号向量 $\boldsymbol{x}(n)$ 是零均值的 M 维向量，即

$$\boldsymbol{x}(n)=[x_1(n),x_2(n),\cdots,x_M(n)]^{\mathrm{T}} \tag{8.1.1}$$

$\boldsymbol{E}[\boldsymbol{x}(n)]=\boldsymbol{0}$，其协方差矩阵等于自相关矩阵 $\boldsymbol{R}_x=\boldsymbol{C}_x$。设 λ_k 为 $\boldsymbol{R}_x$ 的第 k 个特征值，$\boldsymbol{q}_k$ 为 $\boldsymbol{R}_x$ 的第 k 个特征向量，特征向量 $\boldsymbol{q}_k$ 是归一化的。$\boldsymbol{Q}=[\boldsymbol{q}_1,\boldsymbol{q}_2,\cdots,\boldsymbol{q}_M]$ 为特征向量矩阵，$\boldsymbol{Q}^{\mathrm{T}}\boldsymbol{Q}=\boldsymbol{I}$。则任意一个信号向量 $\boldsymbol{x}(n)$ 可表示为

$$\boldsymbol{x}(n)=[\boldsymbol{q}_1,\boldsymbol{q}_2,\cdots,\boldsymbol{q}_M]\boldsymbol{y}(n)=\boldsymbol{Q}\boldsymbol{y}(n) \tag{8.1.2}$$

系数向量 $\boldsymbol{y}(n)$ 为

$$\boldsymbol{y}(n)=\boldsymbol{Q}^{\mathrm{T}}\boldsymbol{x}(n) \tag{8.1.3}$$

式(8.1.2)和(8.1.3)是 KL 变换对，对于 KL 变换，变换系数是互不相关的，即满足

$$E[\boldsymbol{y}(n)\boldsymbol{y}^{\mathrm{T}}(n)]=\mathrm{diag}(\lambda_1,\lambda_2,\cdots,\lambda_M)=\Lambda \tag{8.1.4}$$

并且 $E[|y_i(n)|^2]=\lambda_i$。且

$$E[\|\boldsymbol{x}(n)\|_2^2]=E\left[\sum_{i=1}^{M}|x_i(n)|^2\right]=E[\|\boldsymbol{y}(n)\|_2^2]=\sum_{i=1}^{M}\lambda_i \tag{8.1.5}$$

在 KL 变换中，若把特征值按序号从大到小排列，即

$$\lambda_1\geqslant\lambda_2\geqslant\cdots\geqslant\lambda_M \tag{8.1.6}$$

在式(8.1.2)中，若仅保留系数向量 $\boldsymbol{y}(n)$ 的前 $K(<M)$ 个系数，定义

$$\hat{\boldsymbol{y}}(n)=[y_1(n),y_2(n),\cdots,y_K(n)]^{\mathrm{T}}$$

这里

$$\hat{\boldsymbol{y}}(n)=\boldsymbol{Q}_K^{\mathrm{T}}\boldsymbol{x}(n) \tag{8.1.7}$$

或

$$y_i(n)=\boldsymbol{q}_i^{\mathrm{T}}\boldsymbol{x}(n),\quad i=1,2,\cdots,K \tag{8.1.8}$$

$\boldsymbol{Q}_K=[\boldsymbol{q}_1,\boldsymbol{q}_2,\cdots,\boldsymbol{q}_K]$ 是一个 $M\times K$ 矩阵，不难验证 $\boldsymbol{Q}_K^{\mathrm{T}}\boldsymbol{Q}_K=\boldsymbol{I}$，这里 $\boldsymbol{I}$ 是 $K\times K$ 单位矩阵，$\hat{\boldsymbol{y}}(n)$ 是 K 维系数向量。由此得到信号向量 $\boldsymbol{x}(n)$ 的近似表示 $\hat{\boldsymbol{x}}(n)$，即

$$\hat{\boldsymbol{x}}(n)=[\boldsymbol{q}_1,\boldsymbol{q}_2,\cdots,\boldsymbol{q}_K]\hat{\boldsymbol{y}}(n)=\boldsymbol{Q}_K\hat{\boldsymbol{y}}(n)=\sum_{i=1}^{K}y_i(n)\boldsymbol{q}_i \tag{8.1.9}$$

注意 $\hat{\boldsymbol{x}}(n)$ 是 $\boldsymbol{x}(n)$ 的近似表示，仍是 M 维向量，则

$$E[\|\hat{\boldsymbol{x}}(n)\|_2^2]=E\left[\sum_{i=1}^{M}|\hat{x}_i(n)|^2\right]=E[\|\hat{\boldsymbol{y}}(n)\|_2^2]=\sum_{i=1}^{K}\lambda_i \tag{8.1.10}$$

若定义误差向量

$$\boldsymbol{e}(n)=\boldsymbol{x}(n)-\hat{\boldsymbol{x}}(n) \tag{8.1.11}$$

不难验证

$$E[\|\boldsymbol{e}(n)\|_2^2]=\sum_{i=K+1}^{M}\lambda_i \tag{8.1.12}$$

注意到，若只用 K 个特征向量逼近一个信号向量，则误差等于没有用到的对应的小特征值之和。式(8.1.9)是信号向量的 PCA 表示。

注意到，原信号向量 $\boldsymbol{x}$ 是 M 维的，若对一类信号来讲，信号向量的自相关矩阵有 $M-K$ 个很小的特征值，则选择 K 个大特征值对应的特征向量表示信号向量时，可得到原信号向量的非常准确的逼近，由于

$$\hat{\boldsymbol{x}}(n)=[\boldsymbol{q}_1,\boldsymbol{q}_2,\cdots,\boldsymbol{q}_K]\hat{\boldsymbol{y}}(n)=\sum_{i=1}^{K}y_i(n)\boldsymbol{q}_i \tag{8.1.13}$$

即近似向量 $\hat{\boldsymbol{x}}$ 仅由 K 个向量的线性组合得到，它实际只有 K 个自由度，即 $\hat{\boldsymbol{x}}$ 可等价为 K 维向量，与其系数向量 $\hat{\boldsymbol{y}}(n)$ 等价，也就是说在满足前述的特征值条件下，可用 K 个分量非常近似地逼近 $\boldsymbol{x}$。这里 $\boldsymbol{q}_i,i=1,2,\cdots,K$ 是主向量，$\hat{\boldsymbol{y}}(n)$ 是主向量系数向量，将主向量集和系数向量合称为样本集合 $\{\boldsymbol{x}(n),n=1,2,\cdots,T\}$ 的主分量分析，由于主向量集是针对一个样本集合的或是针对一类信号的，故对于其中一个信号向量 $\boldsymbol{x}(n)$，系数向量 $\hat{\boldsymbol{y}}(n)$ 是其主分量表示。主分量分析的要点是用低维向量表示高维向量，是一种对高维数据的有效降维方法。

以上从原理上给出 PCA 概念的简要讨论，在实际应用中，可能从实际测量得到一个高维信号向量的数据集，由这些数据集估计自相关矩阵，通过矩阵的特征分解，得到 PCA 表示。但在许多应用场合，这种经典算法运算结构太复杂，也不适用于测量数据集不断积累或更新的环境，因此需要研究由测量数据集通过递推计算快速得到其 PCA 的算法，即讨论 PCA 的在线算法，本节给出几种在线 PCA 算法的介绍。

在线 PCA 算法中，假设信号向量样本集为 $\{\boldsymbol{x}(n),n=1,\cdots,T\}$。实际中有两种典型情况，其一，样本集有限，并且已经收集完毕；其二，起始时没有数据集，随着时间序号 n 的递增，逐渐得到样本 $\boldsymbol{x}(1),\boldsymbol{x}(2),\cdots,\boldsymbol{x}(n)$。第一种情况常出现在模式识别的应用中，用 PCA 算法对特征向量进行降维，第二种情况常出现在实时信号处理环境中，用于压缩信号向量的表示。两种情况下，在线 PCA 算法是一致的，都是通过递推算法得到 PCA。下面介绍两种常用的在线算法：广义 Hebian 算法(GHA)和投影近似子空间跟踪算法(PAST)。

8.1.1 广义 Hebian 算法

为了给出 K 个主分量的有效估计，先研究怎样估计第一个主分量，式(8.1.8)中取 $i=1$ 得

$$y_1(n)=\boldsymbol{q}_1^{\mathrm{T}}\boldsymbol{x}(n) \tag{8.1.14}$$

这里 $\boldsymbol{q}_1$ 是最大特征值对应的特征向量，是第一个主向量，$y_1(n)$ 为信号向量 $\boldsymbol{x}(n)$ 的第一个主分量系数。目的是用递推算法求出 $\boldsymbol{q}_1$，为了导出类似第 5 章的递推算法，把式(8.1.14)的 $y_1(n)$ 看作是一个滤波器的输出，记

$$\boldsymbol{w}_1(n)=[w_{11}(n),w_{12}(n),\cdots,w_{1k}(n),\cdots,w_{1M}(n)]^{\mathrm{T}} \tag{8.1.15}$$

则滤波器输出为

$$y_1(n)=\boldsymbol{w}_1^{\mathrm{T}}(n)\boldsymbol{x}(n)=\boldsymbol{x}^{\mathrm{T}}(n)\boldsymbol{w}_1(n) \tag{8.1.16}$$

需要导出 $\boldsymbol{w}_1(n)$ 的递推公式，使得 $n\to\infty$ 时，$\boldsymbol{w}_1(n)\to\boldsymbol{q}_1$。

显然，这里的问题是，求 $\boldsymbol{w}_1(n)$ 使得

$$E[y_1^2(n)]=E[|\boldsymbol{w}_1^{\mathrm{T}}(n)\boldsymbol{x}(n)|^2] \tag{8.1.17}$$

最大，按照 PCA 原理，最大值是 $E[|y_1(n)|^2]=\lambda_1$。显然直接求解式(8.1.17)需要自相关

矩阵 $\boldsymbol{R}_x$，为了利用数据样本得到 $\boldsymbol{w}_1(n)$ 的迭代更新算法，回忆第 5 章导出 LMS 算法的思路，直接将目标函数写为

$$J(n)=y_1^2(n)=|\boldsymbol{w}_1^{\mathrm{T}}(n)\boldsymbol{x}(n)|^2=\boldsymbol{w}_1^{\mathrm{T}}(n)\boldsymbol{x}(n)\boldsymbol{x}^{\mathrm{T}}(n)\boldsymbol{w}_1(n) \tag{8.1.18}$$

为使 $J(n)$ 最大，相当于使 $-J(n)$ 最小，利用最陡下降算法（相当于 $J(n)$ 的随机梯度上升算法）得到 $\boldsymbol{w}_1(n)$ 的更新算法为

$$\begin{aligned}\boldsymbol{w}_1(n+1)&=\boldsymbol{w}_1(n)+\frac{1}{2}\mu\frac{\partial J(n)}{\partial\boldsymbol{w}_1(n)}=\boldsymbol{w}_1(n)+\mu\boldsymbol{x}(n)\boldsymbol{x}^{\mathrm{T}}(n)\boldsymbol{w}_1(n)\\&=\boldsymbol{w}_1(n)+\mu\boldsymbol{x}(n)y_1(n)\end{aligned} \tag{8.1.19}$$

式(8.1.19)的权系数更新部分为 $\Delta\boldsymbol{w}_1(n)=\mu\boldsymbol{x}(n)y_1(n)$，在神经网络的文献中，这类将权系数的更新表示为输入与输出乘积的形式，称为 Hebb 学习规则，这类算法称为 Hebb 学习算法。

在 PCA 原理中，$\boldsymbol{q}_1$ 是归一化的，即 $\|\boldsymbol{q}_1\|_2=1$，为了使最终收敛的 $\boldsymbol{w}_1(n)$ 也是归一化的，希望式(8.1.19)的每一步迭代也满足 $\|\boldsymbol{w}_1(n)\|_2=1$，为此，将式(8.1.19)修正为

$$\boldsymbol{w}_1(n+1)=\frac{\boldsymbol{w}_1(n)+\mu\boldsymbol{x}(n)y_1(n)}{\|\boldsymbol{w}_1(n)+\mu\boldsymbol{x}(n)y_1(n)\|_2} \tag{8.1.20}$$

为了对式(8.1.20)进行化简，写出其任意一个标量形式为

$$w_{1i}(n+1)=\frac{w_{1i}(n)+\mu y_1(n)x_i(n)}{\left[\sum_{k=1}^{M}(w_{1k}(n)+\mu y_1(n)x_k(n))^2\right]^{1/2}} \tag{8.1.21}$$

为了简化式(8.1.21)，假设 μ 很小，将分母部分简化如下

$$\begin{aligned}&\frac{1}{\left[\sum_{k=1}^{M}(w_{1k}(n)+\mu y_1(n)x_k(n))^2\right]^{1/2}}\\&=\frac{1}{\left[\sum_{k=1}^{M}w_{1k}^2(n)+2\mu y_1(n)\sum_{k=1}^{M}w_{1k}(n)x_k(n)\right]^{1/2}+O(\mu^2)}\\&=\frac{1}{(1+2\mu y_1^2(n))^{1/2}+O(\mu^2)}\approx\frac{1}{1+\mu y_1^2(n)}\\&\approx 1-\mu y_1^2(n)\end{aligned} \tag{8.1.22}$$

注意到，式(8.1.22)的简化中，用到 $\|\boldsymbol{w}_1(n)\|_2=1$ 的条件，并使用了两个近似式，即 x 很小时，$\sqrt{1+x}\approx1+x/2$ 和 $(1+x)^{-1}\approx1-x$。将式(8.1.22)代入式(8.1.21)并忽略 μ^2 项，得到

$$\begin{aligned}w_{1i}(n+1)&\approx(w_{1i}(n)+\mu y_1(n)x_i(n))(1-\mu y_1^2(n))\\&\approx w_{1i}(n)+\mu y_1(n)x_i(n)-\mu y_1^2(n)w_{1i}(n)\end{aligned} \tag{8.1.23}$$

写成向量形式为

$$\begin{aligned}\boldsymbol{w}_1(n+1)&=\boldsymbol{w}_1(n)+\mu y_1(n)(\boldsymbol{x}(n)-y_1(n)\boldsymbol{w}_1(n))\\&=\boldsymbol{w}_1(n)-\Delta\boldsymbol{w}_1(n)\end{aligned} \tag{8.1.24}$$

或

$$\Delta\boldsymbol{w}_1(n)=\mu y_1(n)\boldsymbol{x}(n)-\mu y_1^2(n)\boldsymbol{w}_1(n) \tag{8.1.25}$$

式(8.1.24)收敛的关键是 μ 取小的值，关于收敛性的讨论与第 5 章 LMS 算法类似，此处不

再详述。起始时可取 $\boldsymbol{w}_1(0)=0$ 或一个小的随机数向量，令 $n=1$ 开始迭代执行式(8.1.24)，每次执行完令 $n\leftarrow n+1$，直到全部数据集被使用或在线采集过程结束。只要能得到充分多的样本，$\boldsymbol{w}_1(n)$将收敛于 $\boldsymbol{q}_1$。式(8.1.24)或(8.1.25)称为 Oja 学习法则。

至此，得到了求第一个主分量的算法。Sanger 把问题推广到一般情况，导出了一种同时递推求取 K 个主分量的递推算法，类似于第一个主分量，用 $\boldsymbol{w}_j(n)$，$j=1,2,\cdots,K$ 表示递推中的第 j 个主向量，其系数看作一个滤波器输出，记为 $y_j(n)$，其推导过程不再赘述，稍后给出一个直观性的解释，有兴趣的读者参考 Sanger 的论文[39]，这里描述算法于表 8.1.1，该算法称为广义 Hebb 算法(Generalized Hebbian Algorithm，GHA)。

表 8.1.1　GHA 算法描述

初始化：$\boldsymbol{w}_j(0)$，$j=1,2,\cdots,K$，取小的随机数，构成 K 个随机数向量，分别赋予 $\boldsymbol{w}_j(0)$ 令 $n=1$
循环起始：对 $j=1,2,\cdots,K$ 计算 $y_j(n)=\boldsymbol{w}_j^{\mathrm{T}}(n)\boldsymbol{x}(n)$ $\Delta\boldsymbol{w}_j(n)=\mu y_j(n)\left(\boldsymbol{x}(n)-\sum_{k=1}^{j}y_k(n)\boldsymbol{w}_k(n)\right)$　(8.1.26) $\boldsymbol{w}_j(n+1)=\boldsymbol{w}_j(n)+\Delta\boldsymbol{w}_j(n)$　(8.1.27)
$n=n+1$，得到 $\boldsymbol{x}(n)$回到循环起始，直到停止

算法收敛后，$\boldsymbol{w}_j(n)$，$j=1,2,\cdots,K$ 将收敛到 $\boldsymbol{q}_j$，$j=1,2,\cdots,K$。为了直观地理解 GHA 算法，观察式(8.1.26)，重写为

$$\begin{aligned}\Delta\boldsymbol{w}_j(n)&=\mu y_j(n)\left(\boldsymbol{x}(n)-\sum_{k=1}^{j}y_k(n)\boldsymbol{w}_k(n)\right)\\&=\mu y_j(n)\boldsymbol{x}^{(j)}(n)-\mu y_j^2(n)\boldsymbol{w}_j(n)\end{aligned}\tag{8.1.28}$$

这里 $\boldsymbol{x}^{(j)}(n)$中的上标是一个指示因子，注意到

$$\boldsymbol{x}^{(j)}(n)=\boldsymbol{x}(n)-\sum_{k=1}^{j-1}y_k(n)\boldsymbol{w}_k(n)\tag{8.1.29}$$

式(8.1.28)与只求一个主分量的式(8.1.25)比，用 $\boldsymbol{x}^{(j)}(n)$替代 $\boldsymbol{x}(n)$，为了直观，写出前 3 个 $\boldsymbol{x}^{(j)}(n)$为

$$\begin{aligned}\boldsymbol{x}^{(1)}(n)&=\boldsymbol{x}(n)\\\boldsymbol{x}^{(2)}(n)&=\boldsymbol{x}(n)-y_1(n)\boldsymbol{w}_1(n)\\\boldsymbol{x}^{(3)}(n)&=\boldsymbol{x}(n)-y_1(n)\boldsymbol{w}_1(n)-y_2(n)\boldsymbol{w}_2(n)\end{aligned}$$

为了递推求第二个主分量，以 $\boldsymbol{x}(n)-y_1(n)\boldsymbol{w}_1(n)$替代 $\boldsymbol{x}(n)$，当 $\boldsymbol{w}_1(n)$收敛于 $\boldsymbol{q}_1$ 时，$y_1(n)$是 $\boldsymbol{x}(n)$中包含分量 $\boldsymbol{q}_1$ 的系数(见式(8.1.13))，故 $y_1(n)\boldsymbol{w}_1(n)$表示迭代过程中，$\boldsymbol{x}(n)$包含的第一个主分量成分，故 $\boldsymbol{x}^{(2)}(n)$是减去了第一个主分量成分的差信号向量，可以用于求第二个主分量。类似地 $\boldsymbol{x}^{(3)}(n)$是减去了第一个和第二个主分量成分的差信号向量，可以用于求第三个主分量，$\boldsymbol{x}^{(j)}(n)$依次类推。故此，GHA 算法可看作是仅求一个主分量的式(8.1.24)或式(8.1.25)的直观推广。

8.1.2　投影近似子空间跟踪算法——PAST

Yang 于 1995 年提出的子空间方法收敛速度更快[44]，并且可使用 RLS 算法进行递推。

首先给出子空间思想的一个新的解释，然后给出一种递推算法。将式(8.1.7)和式(8.1.9)结合，得到利用 PCA 近似表示的信号向量为

$$\hat{\boldsymbol{x}}(n)=\boldsymbol{Q}_K\hat{\boldsymbol{y}}(n)=\boldsymbol{Q}_K\boldsymbol{Q}_K^{\mathrm{T}}\boldsymbol{x}(n) \tag{8.1.30}$$

类似于上一小节，用 $\boldsymbol{W}(n)=[\boldsymbol{w}_1(n),\boldsymbol{w}_2(n),\cdots,\boldsymbol{w}_K(n)]^{\mathrm{T}}$ 表示递推中的系数矩阵，其每一行是一个主特征向量的递推值，即 $\boldsymbol{W}(n)$ 是对 $\boldsymbol{Q}_K^{\mathrm{T}}$ 的递推，其每一行相当于一个滤波器系数向量，则

$$\hat{\boldsymbol{x}}(n)=\boldsymbol{W}^{\mathrm{T}}(n)\boldsymbol{W}(n)\boldsymbol{x}(n) \tag{8.1.31}$$

为了求得 $\boldsymbol{W}(n)$ 的最优解，忽略时间序号 n，定义如下准则

$$\begin{aligned}J(\boldsymbol{W})&=E[\|\boldsymbol{x}-\boldsymbol{W}^{\mathrm{T}}\boldsymbol{W}\boldsymbol{x}\|^2]\\&=\mathrm{Tr}(\boldsymbol{R}_x)-2\mathrm{Tr}(\boldsymbol{W}\boldsymbol{R}_x\boldsymbol{W}^{\mathrm{T}})+\mathrm{Tr}(\boldsymbol{W}\boldsymbol{R}_x\boldsymbol{W}^{\mathrm{T}}\boldsymbol{W}\boldsymbol{W}^{\mathrm{T}})\end{aligned} \tag{8.1.32}$$

这里 $\mathrm{Tr}(\cdot)$ 是矩阵的迹。关于什么样的 $\boldsymbol{W}$ 使 $J(\boldsymbol{W})$ 取得极小或最小的解，Yang 给出两个定理。

定理 8.1.1 若 $\boldsymbol{W}=\boldsymbol{T}\boldsymbol{U}_K$ 这里 $\boldsymbol{U}_K$ 是由 $\boldsymbol{R}_x$ 的任意 K 个不同的特征向量为行构成的 $K\times M$ 维矩阵，$\boldsymbol{T}$ 是任一 $K\times K$ 维酉矩阵，则 $\boldsymbol{W}$ 是 $J(\boldsymbol{W})$ 的一个驻点，且 $J(\boldsymbol{W})$ 的驻点也必是这样的 $\boldsymbol{W}$ 矩阵。

定理 8.1.2 只有当驻点中的 $\boldsymbol{U}_K$ 等于 $\boldsymbol{Q}_K^{\mathrm{T}}$，即 $\boldsymbol{U}_K$ 的各行是 $\boldsymbol{R}_x$ 最大的 K 个特征值所对应的特征向量时 $J(\boldsymbol{W})$ 达到最小，其他驻点都是鞍点。

定理的证明请参考 Yang 的论文[44]，这里根据定理给出 4 点解释。

(1) 既然 $J(\boldsymbol{W})$ 只有一个全局最小点，没有局部极小点，因此，通过迭代算法可以收敛到最优解。

(2) 由于解的形式为 $\boldsymbol{W}=\boldsymbol{T}\boldsymbol{U}_K$，故 $\boldsymbol{W}\boldsymbol{W}^{\mathrm{T}}=\boldsymbol{T}\boldsymbol{U}_K\boldsymbol{U}_K^{\mathrm{T}}\boldsymbol{T}^{\mathrm{T}}=\boldsymbol{I}$，因此，对 $J(\boldsymbol{W})$ 最小化得到的解 $\boldsymbol{W}$ 的各列是正交的，注意到，在式(8.1.32)的目标函数中，并没有对解的正交性加以约束，但其解的正交性自动满足。

(3) 由于全局最优解收敛到 $\boldsymbol{W}=\boldsymbol{T}\boldsymbol{Q}_K^{\mathrm{T}}$，即解的各行是正交的并与主特征向量张成相同的子空间，但各行却不保证收敛到 K 个真正的主特征向量，只能收敛到一组与 K 个主特征向量等价的一组正交(基)向量，对于许多应用来讲这是可行的。

(4) 若 $K=1$，则最优解 $\boldsymbol{W}$ 收敛到与最大特征值对应的主特征向量。

以上几点确信式(8.1.32)的最小化是有一个全局最优解，可以构造递推算法得到最优解，为此，对于数据集情况，给出修改的目标函数为

$$J(\boldsymbol{W}(n))=\sum_{i=1}^{n}\beta^{n-i}\|\boldsymbol{x}(i)-\boldsymbol{W}^{\mathrm{T}}(n)\boldsymbol{W}(n)\boldsymbol{x}(i)\|^2 \tag{8.1.33}$$

这里 $0<\beta\leqslant 1$ 为忘却因子，其引入的原因与第 5 章 RLS 算法一样，为了跟踪信号环境中的非平稳性。式(8.1.33)尽管是有限和，其最小化的结论与式(8.1.32)一致，只是以加权样本估计的自相关 $\boldsymbol{R}_x(n)$ 取代 $\boldsymbol{R}_x$，这里 $\boldsymbol{R}_x(n)$ 为

$$\boldsymbol{R}_x(n)=\sum_{i=1}^{n}\beta^{n-i}\boldsymbol{x}(i)\boldsymbol{x}^{\mathrm{T}}(i)=\beta\boldsymbol{R}_x(n-1)+\boldsymbol{x}(n)\boldsymbol{x}^{\mathrm{T}}(n) \tag{8.1.34}$$

注意到，为简单，同时也不影响结果，忽略 $\boldsymbol{R}_x(n)$ 中的 $1/n$ 因子，式(8.1.34)与 RLS 算法中用到的一致。假设 $\boldsymbol{W}(n-1)$ 已知，为了以式(8.1.33)最小为目标递推 $\boldsymbol{W}(n)$，做一个简化假设，令

$$\boldsymbol{y}(i) = \boldsymbol{W}(n-1)\boldsymbol{x}(i)$$

并以 $\boldsymbol{y}(i)$取代式(8.1.33)中的 $\boldsymbol{W}(n)\boldsymbol{x}(i)$，得到新的目标函数

$$J'(\boldsymbol{W}(n)) = \sum_{i=1}^{n}\beta^{n-i}\|\boldsymbol{x}(i) - \boldsymbol{W}^{\mathrm{T}}(n)\boldsymbol{y}(i)\|^2 \tag{8.1.35}$$

注意，式(8.1.35)中，除了以矩阵 $\boldsymbol{W}(n)$代替权系数向量 $\boldsymbol{w}(n)$外，与第 5 章 RLS 算法的目标函数一致，是一个推广的 RLS 问题，因此，利用 RLS 的解，得到 $\boldsymbol{W}(n)$的递推公式，称这个算法为 PAST 算法并列于表 8.1.2 中。

表 8.1.2 PAST 算法描述

初始化：选择 $\boldsymbol{P}(0)$和 $\boldsymbol{W}(0)$，令 $n=1$
计算 $\boldsymbol{y}(n)=\boldsymbol{W}(n-1)\boldsymbol{x}(n)$ $\boldsymbol{h}(n)=\boldsymbol{P}(n-1)\boldsymbol{y}(n)$ $\boldsymbol{g}(n)=\boldsymbol{h}(n)/[\beta+\boldsymbol{y}^{\mathrm{T}}(n)\boldsymbol{h}(n)]$ $\boldsymbol{e}(n)=\boldsymbol{x}(n)-\boldsymbol{W}^{\mathrm{T}}(n-1)\boldsymbol{y}(n)$ $\boldsymbol{W}(n)=\boldsymbol{W}(n-1)+\boldsymbol{g}(n)\boldsymbol{e}^{\mathrm{T}}(n)$ $\boldsymbol{P}(n)=\frac{1}{\beta}\mathbf{Tri}\{\boldsymbol{P}(n-1)-\boldsymbol{g}(n)\boldsymbol{h}^{\mathrm{T}}(n)\}$
$n=n+1$，得到新 $\boldsymbol{x}(n)$回到循环起始，直到停止

注意到表 8.1.2 的 PSAT 算法，除 $\boldsymbol{P}(n)$的递推公式外，其余是 RLS 算法的直接引用，$\boldsymbol{P}(n)$递推中用了符号 **Tri**，符号 **Tri**(·)表示递推中只计算 $\boldsymbol{P}(n)$的上三角(或下三角)矩阵，利用对称性得到下三角(或上三角)矩阵，这实际是利用了 QR 分解思想的 RLS 算法，以保持递推中 $\boldsymbol{P}(n)$的正定性。关于 QR 分解 RLS 算法的介绍可参考第 5 章。

需要注意表 8.1.2 算法的初始值选择，初始选择 $\boldsymbol{P}(0)$为对称正定矩阵，一个合理的选择为一个常数乘以单位矩阵，详见第 5 章 RLS 算法初始矩阵的讨论，$\boldsymbol{W}(0)$的各行可随机产生，但要求各行是正交的。

对每个时间 n 的更新，PAST 算法需要运算量 $3MK+O(K^2)$，若 $n\to\infty$时，$\boldsymbol{W}(n)$各行达到正交，$\boldsymbol{W}(n)$与 K 个主特征向量等价，但当仅有有限样本时，$\boldsymbol{W}(n)$各行近似正交，若需要一组准确的正交基向量，则可在递推结束后，后对 $\boldsymbol{W}(n)$各行进行一次正交化。可使用(Gram-Schmidt)正交化方法或其他正交化方法(8.2.2 节介绍了其他正交化方法)。

PAST 算法本质上是一种子空间方法，收敛后 $\boldsymbol{W}(n)$与 $\boldsymbol{Q}_K^{\mathrm{T}}$ 等价但并不相等，即 $\boldsymbol{W}(n)\approx\boldsymbol{T}\boldsymbol{Q}_K^{\mathrm{T}}$，$\boldsymbol{W}(n)$和 $\boldsymbol{Q}_K^{\mathrm{T}}$ 行张成的子空间是相同的，但用于表示信号向量的权系数并不相等，在许多应用中，例如对信号向量的降维处理时，得到等价的降维表示，即同样的维数和相等的逼近误差。但在某些具有明确几何意义的应用时，希望得到准确的主特征向量集而不是其等价集，这时可以对 PAST 算法作一些变化。

如前对两个定理的说明，若 $K=1$，则最优解 $\boldsymbol{W}$ 收敛到与最大特征值对应的主特征向量，因此，类似于 GHA 算法的导出，可令 $K=1$ 使用 PAST 算法得到第一个主特征向量，然后在 $\boldsymbol{x}(n)$中减去第一个主成分 $\boldsymbol{w}_1 y_1$，再次使用 $K=1$ 的 PAST 算法以得到次最大特征值对应的特征向量，依次类推，可以得到 K 个主特征向量。把这种串行运行 PAST 的算法称为 PASTd 算法，这里 d 是 deflation 的缩写，意指“紧缩”，即每次用 PAST 算法时，先对 $\boldsymbol{x}(n)$向

量进行“紧缩”，为便于使用，把 PASTd 算法总结于表 8.1.3 中。

表 8.1.3 PASTd 算法描述

初始化：选择 $d_i(0)$ 和 $\boldsymbol{w}_i(0)$，$i=1,2,\cdots,K$，令 $n=1$
算法循环主体起始 $\boldsymbol{x}_1(n)=\boldsymbol{x}(n)$ FOR $i=1,2,\cdots,K$ DO $y_i(n)=\boldsymbol{w}_i^{\mathrm{T}}(n-1)\boldsymbol{x}_i(n)$ $d_i(n)=\beta d_i(n-1)+y_i^2(n)$ $\boldsymbol{e}_i(n)=\boldsymbol{x}_i(n)-\boldsymbol{w}_i(n-1)y_i(n)$ $\boldsymbol{w}_i(n)=\boldsymbol{w}_i(n-1)+\boldsymbol{e}_i(n)y_i(n)/d_i(n)$ $\boldsymbol{x}_{i+1}(n)=\boldsymbol{x}_i(n)-\boldsymbol{w}_i(n)y_i(n)$
$n=n+1$，得到新 $\boldsymbol{x}(n)$ 回到循环主体起始处，直到停止

注意，在 PASTd 算法中 $d_i(n)$ 的作用相当于 PSAT 算法中的 $\boldsymbol{P}(n)$，并随着递推过程 $d_i(n)$ 是特征值 λ_i 的指数加权估计。PASTd 算法避免了矩阵运算，$\boldsymbol{w}_i(n)$ 收敛到第 i 个主特征向量，$y_i(n)$ 是对应的权系数。对每个时间 n 的更新，PASTd 算法的运算复杂性为 $4MK+O(K)$。

例 8.1.1 对一类雷达信号进行短时傅里叶变换(STFT)，关于 STFT 详见第 9 章，此处并不涉及 STFT 的细节，只是用于说明 PCA 降维。对每个信号得到 10 000 维的变换系数向量，得到 1000 个不同信号的样本进行迭代，保持 95% 的原向量能量的基础上，仅需要保留 49 个主分量，即主分量表示的维数为 49，仅为原向量维数的 0.49%。由于采用的 STFT 表示存在大量冗余，这个降维的例子比较极端。另一个例子是对于手写字符图像进行 PCA 降维处理，保留 5%～10% 的主分量即可取的良好降维逼近效果。

8.2 信号向量的白化和正交化

平稳随机信号的白化是相对简单的问题，基本原理第一章已讨论过，这里主要讨论信号向量的白化，为后续几节的算法做预处理。另外，在一些问题中，需要计算出的特征向量或权向量是相互正交的，但很多递推算法的直接解不满足正交性，需要进行正交化，在这些应用中，正交化是一个辅助工具。

8.2.1 信号向量的白化

为了后续盲源处理算法的简单，将信号向量 $\boldsymbol{x}(n)$ 预处理为：零均值、白化和归一化。零均值的处理很简单，不必赘述，并假设信号向量已是零均值的。这里主要讨论白化和归一化，对于一个信号向量 $\boldsymbol{z}(n)$，如果其为白的，则其自相关矩阵为 $\boldsymbol{R}_z=\sigma_z^2\boldsymbol{I}$，若其为归一化的，则 $\sigma_z^2=1$，因此一个白化和归一化的信号向量的自相关矩阵是单位矩阵。

对于任意随机信号向量 $\boldsymbol{x}(n)$，其自相关矩阵为 $\boldsymbol{R}_x$，用 KL 变换可以去相关，但不能白化，但对 KL 变换稍加变化即可进行白化和归一化，设 $\boldsymbol{R}_x$ 的特征值构成对角矩阵

$$\Lambda=\mathrm{diag}\{\lambda_1,\cdots,\lambda_M\} \tag{8.2.1}$$

特征向量矩阵记为

$$\boldsymbol{Q}=[\boldsymbol{q}_1,\boldsymbol{q}_2,\cdots,\boldsymbol{q}_M] \tag{8.2.2}$$

则取变换矩阵为

$$\boldsymbol{T}=\Lambda^{-1/2}\boldsymbol{Q}^{\mathrm{T}} \tag{8.2.3}$$

则变换向量

$$\boldsymbol{z}(n)=\boldsymbol{T}\boldsymbol{x}(n)=\Lambda^{-1/2}\boldsymbol{Q}^{\mathrm{T}}\boldsymbol{x}(n) \tag{8.2.4}$$

容易验证，$\boldsymbol{z}(n)$是白化和归一化的，即

$$\begin{aligned}E[\boldsymbol{z}(n)\boldsymbol{z}^{\mathrm{T}}(n)]&=E[\Lambda^{-1/2}\boldsymbol{Q}^{\mathrm{T}}\boldsymbol{x}(n)\boldsymbol{x}^{\mathrm{T}}(n)\boldsymbol{Q}\Lambda^{-1/2}]=\Lambda^{-1/2}\boldsymbol{Q}^{\mathrm{T}}\boldsymbol{R}_x\boldsymbol{Q}\Lambda^{-1/2}\\&=\Lambda^{-1/2}\boldsymbol{Q}^{\mathrm{T}}\boldsymbol{Q}\Lambda\boldsymbol{Q}^{\mathrm{T}}\boldsymbol{Q}\Lambda^{-1/2}=\boldsymbol{I}\end{aligned}$$

注意到，白化不是唯一的，对于任意正交矩阵 $\boldsymbol{U}$ 满足 $\boldsymbol{U}\boldsymbol{U}^{\mathrm{T}}=\boldsymbol{I}$，则新变换 $\boldsymbol{T}'=\boldsymbol{U}\boldsymbol{T}$ 也可以完成白化，$\boldsymbol{z}'(n)=\boldsymbol{T}'\boldsymbol{x}(n)$也是白化的，即

$$E[\boldsymbol{z}'(n)\boldsymbol{z}'^{\mathrm{T}}(n)]=\boldsymbol{U}\boldsymbol{T}\boldsymbol{R}_x\boldsymbol{T}^{\mathrm{T}}\boldsymbol{U}^{\mathrm{T}}=\boldsymbol{U}\boldsymbol{I}\boldsymbol{U}^{\mathrm{T}}=\boldsymbol{I}$$

正交矩阵 $\boldsymbol{U}$ 的作用是多维空间的一种旋转，因此两种不同白化矩阵 $\boldsymbol{T}'$ 和 $\boldsymbol{T}$ 作用的结果是其对应白化向量 $\boldsymbol{z}(n)$ 和 $\boldsymbol{z}'(n)$ 是一种旋转关系。

以上讨论的是在假设已知信号向量 $\boldsymbol{x}(n)$ 的自相关矩阵 $\boldsymbol{R}_x$ 的基础上的解析解，若仅有一组信号向量样本$\{\boldsymbol{x}(n),n=1,\cdots,T\}$，则可以用下式估计 $\boldsymbol{R}_x$

$$\hat{\boldsymbol{R}}_x=\frac{1}{T}\sum_{i=1}^{T}\boldsymbol{x}(i)\boldsymbol{x}^{\mathrm{T}}(i) \tag{8.2.5}$$

然后进行特征分解或等价地对数据矩阵 $\boldsymbol{X}=[\boldsymbol{x}(1),\boldsymbol{x}(2),\cdots,\boldsymbol{x}(T)]^{\mathrm{T}}$ 做 SVD 分解得到白化变换。在只有有限数据样本情况下只能得到近似白化，这在后续应用中就够了。

也可以通过 8.1 节介绍的递推算法得到白化变换，例如 PASTd 算法中，令主特征数 $K=M$ 和忘却因子 $\beta=1$，通过递推获得所有特征向量和特征值，则可以得到白化变换矩阵。

例 8.2.1　设有两个变量 $s_i,i=1,2$ 是相互独立的，并且都为 0 均值方差为 1 的均匀分布，即

$$p(s_i)=\begin{cases}\dfrac{1}{2\sqrt{3}}, & |s_i|<\sqrt{3}\\ 0, & \text{其他}\end{cases}$$

设源向量 $\boldsymbol{s}=[s_1,s_2]^{\mathrm{T}}$，显然 $p(\boldsymbol{s})=p(s_1)p(s_2)$，随机产生若干样本 s_1,s_2，并以其取值为坐标在平面上画一个点，样本数充分多时，可用点集合逼近 $p(\boldsymbol{s})$，如图 8.2.1(a)所示。利用 $\boldsymbol{x}=\boldsymbol{A}\boldsymbol{s}$ 产生一个新的向量，这里

$$\boldsymbol{A}=\begin{bmatrix}1 & 0.5\\0.3 & 0.9\end{bmatrix}$$

$\boldsymbol{x}$ 的自相关矩阵

$$\boldsymbol{R}_x=\begin{bmatrix}1.25 & 0.75\\0.75 & 0.9\end{bmatrix}$$

显然，$\boldsymbol{x}$ 的两个分量是相关的，由每个随机生成的 $\boldsymbol{s}$ 样本计算出 $\boldsymbol{x}$ 样本值并画在平面上得到 $\boldsymbol{x}$ 的概率密度函数的逼近，如图 8.2.1(b)所示。

对 $\boldsymbol{x}$ 白化，得到 $\boldsymbol{z}=\Lambda^{-1/2}\boldsymbol{Q}^{\mathrm{T}}\boldsymbol{x}$，同样地把白化向量 $\boldsymbol{z}$ 画在平面上，得到图 8.2.1(c)所示。可见本例白化的结果使得 $\boldsymbol{z}$ 不相关且归一化，但非独立，若要求 $\boldsymbol{z}$ 独立应该进行合理的旋转操作。

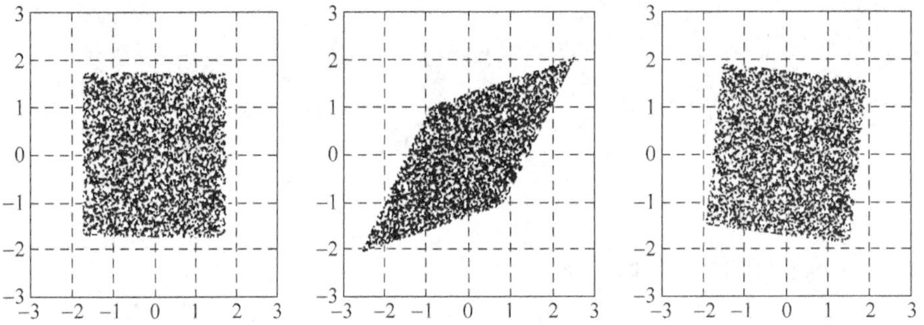

图 8.2.1 白化说明

8.2.2 向量集的正交化

在 8.1 节中，PCA 算法运行中得到一组权向量$\{\boldsymbol{w}_i(n),i=1,2,\cdots,K\}$，或得到权向量矩阵$\boldsymbol{W}(n)=[\boldsymbol{w}_1(n),\boldsymbol{w}_2(n),\cdots,\boldsymbol{w}_K(n)]^{\mathrm{T}}$，许多算法要求最终的各权向量$\boldsymbol{w}_i(n)$之间互相正交，但一些算法在运行过程中得到的权向量是不正交的，这就需要对其进行正交化。

如果权向量集$\{\boldsymbol{w}_i(n),i=1,2,\cdots,K\}$不正交，把每个$\boldsymbol{w}_i(n)$看作一个单独向量处理时，有经典的 Gram-Schmidt 正交化方法将这组向量正交化，1.4.2 节已讨论了 Gram-Schmidt 正交化的算法，此处不再重复。

如果把权向量写成矩阵形式

$$\boldsymbol{W}=[\boldsymbol{w}_1(n),\boldsymbol{w}_2(n),\cdots,\boldsymbol{w}_K(n)]^{\mathrm{T}}$$

可直接通过矩阵运算一次性完成正交化过程，$\boldsymbol{W}$ 的正交化后的矩阵为

$$\widetilde{\boldsymbol{W}}=(\boldsymbol{W}\boldsymbol{W}^{\mathrm{T}})^{-1/2}\boldsymbol{W} \tag{8.2.6}$$

注意，这里用了一个矩阵 $\boldsymbol{A}$ 的逆开方表示$\boldsymbol{A}^{-1/2}$，第 4 章用过矩阵 $\boldsymbol{A}$ 的开方表示$\boldsymbol{A}^{1/2}$，为了清楚，对矩阵的逆开方表示做一点说明。

如第 4 章讨论过的，若 $\boldsymbol{A}$ 是对称的正定矩阵，则可分解为 $\boldsymbol{A}=\boldsymbol{S}\boldsymbol{S}^{\mathrm{T}}$，则 $\boldsymbol{A}^{1/2}=\boldsymbol{S}$，类似地，其逆矩阵也可表示为 $\boldsymbol{A}^{-1}=(\boldsymbol{S}^{\mathrm{T}})^{-1}\boldsymbol{S}^{-1}=\boldsymbol{A}^{-1/2}\boldsymbol{A}^{-\mathrm{T}/2}$。对于矩阵 $\boldsymbol{W}\boldsymbol{W}^{\mathrm{T}}$，可以通过乔里奇分解得到逆开方，也可以通过特征分解进行。设 $\boldsymbol{W}\boldsymbol{W}^{\mathrm{T}}$ 的特征值作为对角元素的矩阵记为 $\Lambda=\mathrm{diag}\{\lambda_1,\lambda_2,\cdots,\lambda_M\}$，其特征向量矩阵记为 $\boldsymbol{E}$，则 $\boldsymbol{W}\boldsymbol{W}^{\mathrm{T}}=\boldsymbol{E}\Lambda\boldsymbol{E}^{\mathrm{T}}$，显然

$$(\boldsymbol{W}\boldsymbol{W}^{\mathrm{T}})^{-1}=\boldsymbol{E}\Lambda^{-1}\boldsymbol{E}^{\mathrm{T}} \tag{8.2.7}$$

则

$$(\boldsymbol{W}\boldsymbol{W}^{\mathrm{T}})^{-1/2}=\boldsymbol{E}\Lambda^{-1/2} \tag{8.2.8}$$

注意到，一个矩阵的开方矩阵并不是唯一的，其乘以一个正交矩阵仍是开方矩阵，若 $\boldsymbol{U}$ 是一个正交矩阵，即 $\boldsymbol{I}=\boldsymbol{U}\boldsymbol{U}^{\mathrm{T}}$，则 $\boldsymbol{A}=\boldsymbol{S}\boldsymbol{S}^{\mathrm{T}}=\boldsymbol{S}\boldsymbol{U}\boldsymbol{U}^{\mathrm{T}}\boldsymbol{S}^{\mathrm{T}}$，$\boldsymbol{A}^{1/2}=\boldsymbol{S}\boldsymbol{U}$ 也是开方矩阵，由于 $\boldsymbol{E}^{\mathrm{T}}$ 是一个正交矩阵，故也可用下式构成一个逆开方矩阵

$$(\boldsymbol{W}\boldsymbol{W}^{\mathrm{T}})^{-1/2}=\boldsymbol{E}\Lambda^{-1/2}\boldsymbol{E}^{\mathrm{T}} \tag{8.2.9}$$

注意到式(8.2.9)的逆开方矩阵是对称的，把式(8.2.9)代入式(8.2.6)完成的正交化称为对称正交化。

有了逆开方矩阵的讨论，很容易验证$\widetilde{\boldsymbol{W}}\widetilde{\boldsymbol{W}}^{\mathrm{T}}=\boldsymbol{I}$，即$\widetilde{\boldsymbol{W}}$为正交的。

8.3　盲源分离问题的描述

在一些实际问题中，环境中存在多个信号源，记为$\{s_i(n), i=1,2,\cdots,N\}$，或写成向量形式$\boldsymbol{s}(n)$，即

$$\boldsymbol{s}(n)=[s_1(n),s_2(n),\cdots,s_N(n)]^{\mathrm{T}} \tag{8.3.1}$$

这些源信号经过一个混合系统，产生可测量到的信号向量$\boldsymbol{x}(n)$，这里

$$\boldsymbol{x}(n)=[x_1(n),x_2(n),\cdots,x_M(n)]^{\mathrm{T}} \tag{8.3.2}$$

其中，N和M可以相等，也可以不等。混合系统表示为

$$\boldsymbol{x}(n)=\boldsymbol{f}(\boldsymbol{s}(n),\boldsymbol{s}(n-1),\cdots,\boldsymbol{s}(n-L),n) \tag{8.3.3}$$

现在的问题是在$\boldsymbol{f}(\cdot)$表示的系统是未知的条件下，仅由测量信号向量$\boldsymbol{x}(n)$试图恢复$\boldsymbol{s}(n)$，这一过程称为盲源分离(Blind Source Separation，BSS)，这里"盲"的意义为：混合过程是盲的。

BSS的解是混合系统$\boldsymbol{f}(\cdot)$的一类逆系统，找到一个分离系统$\boldsymbol{g}(\cdot)$，由$\boldsymbol{x}(n)$求出$\boldsymbol{s}(n)$的估计值，即

$$\boldsymbol{y}(n)=\hat{\boldsymbol{s}}(n)=\boldsymbol{g}(\boldsymbol{x}(n),\boldsymbol{x}(n-1),\cdots,\boldsymbol{x}(n-K),n) \tag{8.3.4}$$

估计值$\hat{\boldsymbol{s}}(n)$是$\boldsymbol{s}(n)$的尽可能的逼近。盲源分离问题的系统示意图如图8.3.1所示。

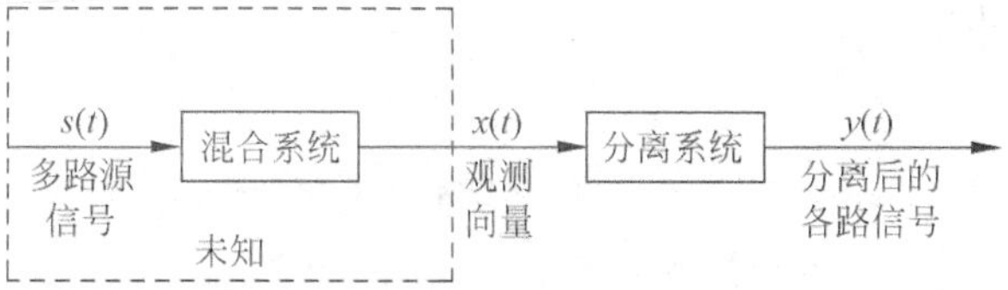

图8.3.1　盲源分离的系统示意图

在继续讨论之前，来看两个例子，说明一些实际问题怎样可以归为盲源分离问题。

例8.3.1　鸡尾酒会问题(cocktail party problem)是语音信号处理中的一个经典问题。在鸡尾酒宴会上，参加宴会的每个人都在交谈，而我们期望通过麦克风阵列记录现场混杂的音源，并通过一定的方法在嘈杂的环境中提取出感兴趣的声音，如单个人的语音或者背景音乐等。这本身是一个相当复杂的问题，首先，我们并不知道在该环境中有什么人在交谈，也不知道他们何时说话，因而无法通过简单的频域或者时域滤波的方法分离出单个信号源；其次，在宴会中所有人都在不停地移动，因而对声音的传输函数进行建模也很难实现。将上述问题进一步泛化，鸡尾酒会问题可以表述成，在多个信号源同时发出信号的时候，接收端(麦克风阵列)接收到的是源信号(每个人的说话声，音乐，噪声等)的混合信号，我们期望通过某种方法在传输函数不知道的情况下从混合信号中分离出源信号。因此这是一个很典型的盲信号分离问题。

例8.3.2　医学脑电记录的干扰主要来自于其他生理信号，如快速眼动，心电，肌电等。研究表明干扰信号的频带与感兴趣的脑电频带交叠，同时具有类似的时域结构。如何在神经信号中消除这些"伪迹"构成了神经信号处理的一个关键研究领域。传统的解决方法是使用时域回归或者自适应噪声消除，但这些方法或者无法完全消除干扰，或者需要太长的学习时间，制约了它们进一步的应用。而盲信号分离算法则为上述问题提供一系列可行的解决

方案。因为各种伪迹(干扰)与实际的脑电信号互相独立,而且实验结果证明它们的混合关系可以很好地用线性模型来拟合,近年来采用独立分量分析去除脑电中的伪迹取得了很大进展。

在一般情况下,得到式(8.3.4)的解是非常困难的,这种困难表现在几个方面。首先,一般情况下式(8.3.3)是欠定模型,不存在唯一解,若想得到唯一解需要辅助条件;其次,即使通过给定的辅助条件使得唯一解存在,式(8.3.3)的非线性记忆模型的求逆问题自身就是非常困难的。为此,首先简化式(8.3.3)的模型。

最基本的BSS模型是一个无记忆线性模型,即测量向量 $\boldsymbol{x}(n)$ 是由一个混合矩阵 $\boldsymbol{A}$ 作用于源向量 $\boldsymbol{s}(n)$ 产生的,即

$$\boldsymbol{x}(n)=\boldsymbol{A}\boldsymbol{s}(n) \tag{8.3.5}$$

其中,$\boldsymbol{A}$ 是一个 $M\times N$ 维的未知矩阵。由测量向量 $\boldsymbol{x}(n)$ 估计 $\boldsymbol{s}(n)$,如果能够找到一个 $N\times M$ 维矩阵 $\boldsymbol{W}$,使得

$$\boldsymbol{W}\boldsymbol{A}\approx\boldsymbol{I} \tag{8.3.6}$$

则

$$\boldsymbol{y}=\hat{\boldsymbol{s}}(n)=\boldsymbol{W}\boldsymbol{x}(n)=\boldsymbol{W}\boldsymbol{A}\boldsymbol{s}(n)\approx\boldsymbol{s}(n) \tag{8.3.7}$$

问题是:式(8.3.5)的模型中混合矩阵 $\boldsymbol{A}$ 是未知的,因此问题仍是欠定问题,仍需要补充辅助信息才能得到类似式(8.3.7)这样的解。不同的辅助信息得到BSS问题的不同解,如下,概要介绍几类BSS的方法。

1. 独立分量分析

假设各源信号分量 $s_i(n)$ 是相互统计独立的,即 $\boldsymbol{s}(n)$ 的联合PDF可写为

$$p_s(\boldsymbol{s})=p_{s_1}(s_1)p_{s_2}(s_2)\cdots p_{s_N}(s_N) \tag{8.3.8}$$

为了简单,式(8.3.8)中省略了时间序号 n。

设 $J_{\text{indep}}(\boldsymbol{y})$ 是描述 $\boldsymbol{y}$ 中各分量相互统计独立(简称 $\boldsymbol{y}$ 独立)的一种度量函数,则已知测量向量 $\boldsymbol{x}(n)$ 求 $\boldsymbol{W}$ 使得 $\boldsymbol{y}$ 独立性最强,即求解如下优化问题

$$\max_{\boldsymbol{W}}\{J_{\text{indep}}(\boldsymbol{y}=\boldsymbol{W}\boldsymbol{x}(n))\} \tag{8.3.9}$$

如果能够求得 $\boldsymbol{W}$,使 $\boldsymbol{y}$ 是独立的或接近独立的,则 $\boldsymbol{y}$ 是 $\boldsymbol{s}$ 的有效估计,利用式(8.3.9)的准则求解各独立分量,称为独立分量分析(Independent Component Analysis,ICA)。

解决ICA问题的第一个关键就是得到描述随机向量中各分量独立性的准则,式(8.3.8)是独立性的定义式,直接使用它作为评价准则不容易实现,需要研究一些更容易实现的准则。第7章的内容为研究ICA问题做了准备。

由第7章知,用互信息或KL散度可以描述独立性。稍后将会看到,独立性和非高斯性具有等价性,因此可用非高斯性度量替代独立性度量。第7章也给出了几种非高斯度量的方法,高阶统计量中的峭度可以很方便地描述一个随机向量的非高斯度量,另外一个有效的特征量是负熵,通过信号的有限样本值可以估计峭度和负熵,因此以峭度和负熵描述独立性容易计算。另一类描述独立性的方法是利用非线性函数的不相关性描述独立性,由此导出显式地使用非线性方法的ICA技术。8.4节给出关于ICA问题的一个较详细的介绍。

概要地讲,标准ICA技术分离的各源分量是非高斯的,允许最多有1个高斯源,要求 $M\geqslant N$,即获得测量向量的传感器数目大于或等于待抽取的独立源数目。

2. 利用 2 阶统计的 BSS

ICA 方法要求源独立性假设，ICA 算法或显式地或隐含地使用了信号的高阶统计。对于一般的任意信号，直接利用信号的 2 阶统计(Second-Order Statistics, SOS)难以进行盲源分离，但是若源信号的时间结构可以利用，或信号的非平稳统计和时间结构都可以利用，则通过 SOS 可以进行盲源分离。已有多个这类算法被提出和研究，这类方法计算简单易于实现，但对信号类型有所限制。8.5 节讨论利用 SOS 的盲源分离技术。

3. 稀疏分量分析(SCA)

标准 ICA 方法要求 $M \geqslant N$，若不满足该条件，即测量传感器的数目少于源数目，则标准 ICA 算法得不到各源信号的分离。若源信号满足一些特定的性质，则利用这些性质对 ICA 技术进行修正则可以求得各源信号。一种可利用的性质是源信号具有稀疏性，本书第 11 章专门讨论稀疏恢复问题，这里简要地将稀疏性理解为信号波形中存在大量的零值或信号经过一个变换后存在大量零系数。利用稀疏性对源信号进行盲抽取的方法称为稀疏分量分析(Sparse Component Analysis, SCA)，8.7 节简要介绍 SCA。

4. 对于卷积混合信号的盲分离

这类方法与以上的 ICA 和 SCA 等方法是不并行的，而是对式(8.3.5)的混合模型的扩展。式(8.3.5)的模型是即时模型，没有记忆性，但实际中在信号的传输和混合过程中会引入记忆性。例如鸡尾酒会问题中，在封闭的房间中，墙体对语音信号的反射作用，使得在传感器接收端接收到来自多径的信号，由此引起卷积混合。为了简单，只写出一个测量信号分量为

$$x_i(n) = \sum_{j=1}^{N} \sum_{k=0}^{\infty} a_{ij}(k) s_j(n-k) = \sum_{j=1}^{N} a_{ij}(n) * s_j(n), \quad i = 1,2,\cdots,M \qquad (8.3.10)$$

这里，$*$ 是卷积符号。

同样，对于混合过程 $a_{ij}(n)$ 是未知的，只能利用测量信号向量 $\boldsymbol{x}(n)$ 估计源信号 $\boldsymbol{s}(n)$，显然这是比无记忆混合更困难的任务，8.6 节概要介绍卷积混合的盲分离方法。

本节引出了 BSS 问题，并简单说明了几种方法所采用的技术。这其中 ICA 方法最基本，其应用也最广泛，后续几节中，对 ICA 方法的讨论最详细，利用 SOS 的方法也给出一定深度的介绍，而卷积盲分离方法、SCA 方法和一些其他方法则只给出简要的介绍。

8.4 独立分量分析——ICA

本节集中讨论 ICA 方法。讨论基本情况，即测量向量 $\boldsymbol{x}(n)$ 是由一个混合矩阵 $\boldsymbol{A}$ 作用于源向量 $\boldsymbol{s}(n)$ 产生的，即

$$\boldsymbol{x}(n) = \boldsymbol{A}\boldsymbol{s}(n) \qquad (8.4.1)$$

为了简单，假设 $\boldsymbol{A}$ 是一个 $M \times M$ 维的未知方阵。由测量向量 $\boldsymbol{x}(n)$ 估计源 $\boldsymbol{s}(n)$，如果能够找到一个 $M \times M$ 维矩阵 $\boldsymbol{W}$，使得

$$\boldsymbol{W}\boldsymbol{A} \approx \boldsymbol{I} \qquad (8.4.2)$$

则

$$\boldsymbol{y} = \hat{\boldsymbol{s}}(n) = \boldsymbol{W}\boldsymbol{x}(n) = \boldsymbol{W}\boldsymbol{A}\boldsymbol{s}(n) \approx \boldsymbol{s}(n) \qquad (8.4.3)$$

为了求得 $\boldsymbol{W}$ 或 $\boldsymbol{y}$，假设 $\boldsymbol{s}(n)$ 的各分量是相互独立的，设 $J_{\text{indep}}(\boldsymbol{y})$ 是描述 $\boldsymbol{y}$ 中各分量相互统计独立（简称 $\boldsymbol{y}$ 独立）的一种度量函数，则已知测量向量 $\boldsymbol{x}(n)$ 求 $\boldsymbol{W}$ 使得 $\boldsymbol{y}$ 独立性最强，即求解如下优化问题

$$\max_{\boldsymbol{W}}\{J_{\text{indep}}(\boldsymbol{y}=\boldsymbol{W}\boldsymbol{x}(n))\} \tag{8.4.4}$$

如果能够求得 $\boldsymbol{W}$，使 $\boldsymbol{y}$ 是独立的或接近独立的，则 $\boldsymbol{y}$ 是 $\boldsymbol{s}$ 的有效估计，利用式(8.4.4)的准则求解各独立分量，这是独立分量分析(ICA)解决的问题，本节介绍 ICA 算法。首先讨论求解 ICA 问题的基本原理和一些准则 $J_{\text{indep}}(\boldsymbol{y})$，然后给出几种常用算法。

8.4.1 独立分量分析的基本原理和准则

在讨论具体的 ICA 算法之前，对 ICA 的原理给出更为深入的讨论，理解 ICA 所蕴含的深刻意义。以下从几个方面来讨论 ICA 问题。

1. ICA 的基本约束和限制

作为基本的 ICA 算法，对 ICA 问题给出几个基本条件。

条件 1：假设各源信号分量 $s_i(n)$ 是相互统计独立的，即 $\boldsymbol{s}(n)$ 的联合 PDF 可写为

$$p_s(\boldsymbol{s}) = p_{s_1}(s_1)p_{s_2}(s_2)\cdots p_{s_M}(s_M) \tag{8.4.5}$$

条件 1 是 ICA 问题的基本假设，由于只有观测向量 $\boldsymbol{x}(n)$，ICA 的目的是求得矩阵 $\boldsymbol{W}$ 或 $\boldsymbol{y}$，使得 $\boldsymbol{y}$ 的各分量是独立或近似独立的，则 $\boldsymbol{y}$ 是源信号 $\boldsymbol{s}$ 的逼近。

条件 2：各独立分量是非高斯的，至多存在一个高斯分量。利用独立性假设可分离的信号分量是非高斯的，这是 ICA 方法有效的前提，关于该问题稍后给出解释，这里首先把非高斯分量作为 ICA 方法的基本条件列出。

条件 3：混合矩阵 $\boldsymbol{A}$ 是方阵。条件 3 是为了叙述简单而加入的，不是一个必要条件，本节的讨论中，为了简单，把它作为一个条件列出。

解 ICA 问题得到源信号的各分量 $s_i(n)$，源信号的解存在两个限制条件，这些限制条件在大多数应用中是无关紧要的。

限制条件 1：无法确定独立分量的能量

由观测信号向量表达式(8.4.1)，当混合矩阵 $\boldsymbol{A}$ 和源 $\boldsymbol{s}(n)$ 均未知时，对 $\boldsymbol{A}$ 的每一列和 $\boldsymbol{s}(n)$ 的相应行各乘以互为倒数的因子，结果 $\boldsymbol{x}(n)$ 不变，即

$$\boldsymbol{x}(n) = \boldsymbol{A}\boldsymbol{s}(n) = \sum_{i=1}^{M}\boldsymbol{a}_i s_i(n) = \sum_{i=1}^{M}(b_i\boldsymbol{a}_i)\left(\frac{1}{b_i}s_i(n)\right) \tag{8.4.6}$$

其中，$b_i \neq 0$ 为一任意常数，式(8.4.6)说明，在 $\boldsymbol{A}$ 未知的情况下，$s_i(n)$ 的解的幅度不能确定，一般情况下，可以假设 $E[s_i^2(n)]=1$，即源信号是归一化的，但即使如此，$b_i=\pm 1$ 只影响信号符号，即信号的符号仍是无法确定的。

限制条件 2：无法确定独立成分的次序

取式(8.4.6)的第二个等号后的内容 $\boldsymbol{x}(n)=\sum_{i=1}^{M}\boldsymbol{a}_i s_i(n)$，其中，可以把次序 i 任意交换均得到相同的观测向量，因此，无法用 $\boldsymbol{x}(n)$ 得到 $s_i(n)$ 的一种预定的排序，也就是说各独立分量的次序是无法识别的。例如，在鸡尾酒会上，有三个人在不同位置讲话，通过 ICA 可以分离出三个人的声音，但是若要求 ICA 方法自动按年龄次序给三个分量排序是做不到的，三个声音的顺序可能是随机的。

本节讨论 ICA 算法时遵循这 3 个条件，而 2 个限制条件对大多数应用来讲无关紧要。

2. ICA 与去相关

概率论的基本知识说明，随机变量之间的独立性条件是强于不相关的，即两个(或多个)随机变量是统计独立的，则必是不相关的，反之不一定，独立性是比不相关性更强的条件。则建立在独立性假设基础上的 ICA，则是比信号的去相关和白化更强的一种工具。

在本书已讨论多个去相关的方法，例如 KL 变换和 PCA，8.2 节介绍的白化则是更规则化的去相关，除去相关外各分量是等方差的，例 8.2.1 给出一个白化的例子，从例子中看到，白化过程并没有得到独立分布，而是与独立分布之间相差一个旋转操作，而且白化不是唯一的，白化矩阵乘以任意正交矩阵仍是一个白化矩阵，而正交矩阵的作用是向量的旋转操作。本节后续将会看到，ICA 则更强大，它的输出是独立的或近似独立的，例 8.2.1 的例子经过 ICA 后的输出是与原独立分量相等的，其分布是标准正方形。

由例 8.2.1 看到白化尽管得不到独立分量，但白化后的联合 PDF 与 ICA 的要求只相差一个旋转操作，比原始观测向量更接近于 ICA 输出，因此，白化可以作为 ICA 的预处理过程，则可以降低 ICA 的复杂性，即将观测向量先白化，以白化向量作为 ICA 的输入，由 ICA 来完成这个旋转操作，因此，在 ICA 文献中，白化操作常称为预白化。

以上分析是对非高斯分布而言的，高斯分布是例外，在高斯分布时，不相关与独立性是等价的，故对高斯随机变量讲，独立性假设并不能比去相关得到更多。如下引用概率论中的 Darmois-Skitovich 定理，该定理说明，对于式(8.4.1)这样的模型，若各分量 $s_i(n)$ 是非高斯的，则 ICA 可得到各分量的解，而对高斯分量则例外。

定理 8.4.1 (Darmois-Skitovich 定理)，对于 M 个独立零均值源变量 $s_i, i=1,2,\cdots,M$，若定义

$$
\begin{aligned}
y_1 &= \sum_{i=1}^{M} a_{1,i} s_i \\
y_2 &= \sum_{i=1}^{M} a_{2,i} s_i
\end{aligned}
\tag{8.4.7}
$$

以上系数中，至少有 2 个 i 值其 $a_{1,i}a_{2,i}\neq 0$，如果 y_1 和 y_2 是统计独立的，则满足 $a_{1,i}a_{2,i}\neq 0$ 的源变量一定是高斯的。

定理 8.4.1 给出两个结论。其一，对于式(8.4.1)这样的模型，若各源分量 $\boldsymbol{s}_i$ 是非高斯的，则求一个矩阵 $\boldsymbol{W}$，使得 $\boldsymbol{y}$ 向量各分量独立，即

$$
\boldsymbol{y} = \boldsymbol{W}\boldsymbol{x}(n) = \boldsymbol{W}\boldsymbol{A}\boldsymbol{s}(n) \tag{8.4.8}
$$

则其中的一个分量写为

$$
y_i = \sum_{j=1}^{M}\sum_{k=1}^{M} w_{i,j} a_{j,k} s_k = \sum_{l=1}^{M} \gamma_{i,l} s_l \tag{8.4.9}
$$

由定理 8.4.1 知，除非 s_i 是高斯的，否则各 y_i 不可能是相互独立的，但由于前提是 s_i 是非高斯的，则 y_i 是相互独立的唯一可能是，对于给定一个 i，y_i 表达式(8.4.9)中只有一个系数 $\gamma_{i,m}\neq 0$，即

$$
y_i = \gamma_{i,m} s_m \tag{8.4.10}
$$

注意式(8.4.10)中，i 取遍集合$\{1,2,\cdots,M\}$，则 m 也取遍集合$\{1,2,\cdots,M\}$且不重复，这样若能够由式(8.4.8)得到一个独立向量，则该向量 $\boldsymbol{y}$ 必定是源向量 $\boldsymbol{s}(n)$ 的一个次序重排或

加了比例因子的版本，这正是 ICA 所期待的功能。

定理 8.4.1 给出的第二个结论是：既然高斯源的加权组合(如式(8.4.7)所表示)也可能是独立的，故式(8.4.8)得到的独立向量 $\boldsymbol{y}$ 不一定是源向量 $\boldsymbol{s}(n)$，也可能是其一个线性组合，因此，利用寻找 $\boldsymbol{W}$ 使向量 $\boldsymbol{y}$ 独立作为条件的 ICA，不能保证分离出高斯源，故此 ICA 对高斯源是无效的，这是 ICA 分析假设各源分量是非高斯的原因。例外是若 $\boldsymbol{s}(n)$ 中只有一个高斯源，其他均为非高斯的，则 ICA 仍有效。

由以上讨论给出 ICA 的可分解性定理如下。

定理 8.4.2 (ICA 可分离性定理)对于式(8.4.1)的模型，若 $\boldsymbol{s}(n)$ 的各分量是非高斯的或至多有一个高斯分量，则可以利用 $\boldsymbol{y}=\boldsymbol{W}\boldsymbol{x}(n)$，在允许存在次序模糊和一个比例因子不定的前提下，得到 $\boldsymbol{s}(n)$ 的各源分量。

3. ICA 算法的目标函数

为了导出具体的 ICA 算法，需要定义目标函数从而得到优化算法，式(8.4.4)给出一般化的目标函数，即用 $J_{\text{indep}}(\boldsymbol{y}=\boldsymbol{W}\boldsymbol{x}(n))$ 表示向量 $\boldsymbol{y}$ 的独立性度量，为了便于优化，希望使得目标函数是分离矩阵 $\boldsymbol{W}$ 的显函数，这里简要讨论几个描述独立性的等价准则，其导出的具体算法在后续几小节做更详细介绍。

准则 1：最大化非高斯性

在 ICA 算法中，最常用和有效的准则是最大化非高斯性准则，最大化非高斯性和最大化独立性是等价的。为了理解这一点分析式(8.4.9)，根据中心极限定理，几个独立分量的线性组合总是比原分量更接近于高斯分布。举一个简单例子，假设各分量 s_l 是独立同分布的均匀分布，则两个这样的分量和是三角分布，三个这样的和是二次型分布，总之越多求和则越接近高斯分布(假设确定系数使得各种求和具有等方差)，则越远离独立性，实际上满足独立性时，式(8.4.9)中只有一个系数非零，输出等于一个待分离的分量(相差一个系数)，所以，可以看到，输出独立性的要求等价于输出向量的最大非高斯性，所以最大化非高斯性等价于最大化独立性。

对于一个随机变量的非高斯性度量，有几个有效的函数，其中之一是其峭度，即 4 阶累计量的一个值，一个随机变量 y_i 的峭度可表示为 $\text{kurt}(y_i)$，若 $\text{kurt}(y_i)=0$ 则 y_i 是高斯的，若 $\text{kurt}(y_i)>0$ 则称 y_i 是超高斯的，其在 0 点的尖锋比高斯函数更锐利，若 $\text{kurt}(y_i)<0$ 则称 y_i 是亚高斯的，其在 0 点的锋值比高斯函数平缓，超高斯和亚高斯都是非高斯性，故用 $|\text{kurt}(y_i)|$ 表示非高斯性度量。图 8.4.1 给出了一个高斯和超高斯 PDF 实例，其均值为 0，方差都为 1，一个亚高斯的例子是方差为 1 的均匀分布。

另一个描述随机向量非高斯性的度量是第 7 章介绍的负熵 $J(\boldsymbol{y})=H(\boldsymbol{y}_G)-H(\boldsymbol{y})$，这里 $\boldsymbol{y}_G$ 表示与 $\boldsymbol{y}$ 等协方差矩阵的高斯向量，负熵最大化相当于非高斯性最大化，故从 ICA 求解的角度讲，解 ICA 的问题等价为如下的其中一个准则。

$$\max_{\boldsymbol{W}}\{\text{kurt}(y_i)\} \tag{8.4.11}$$

或

$$\max_{\boldsymbol{W}}\{J(\boldsymbol{y})\} \tag{8.4.12}$$

准则 2：互信息准则

互信息准则比非高斯性准则更直接，回忆 7.4 节介绍的互信息，若 $\boldsymbol{y}$ 的各分量互相独立

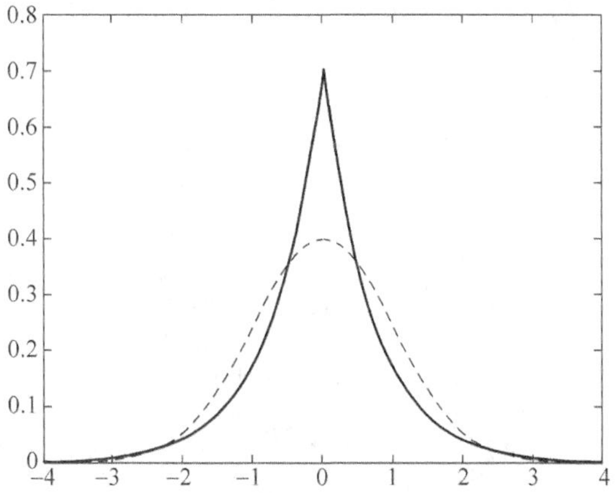

图 8.4.1　高斯和超高斯的例子(实线是超高斯)

时，$\boldsymbol{y}$ 的互信息达到最小值 0，因此互信息的最小化和独立性是等价的，若用式(8.4.8)表示 ICA 的输出，由 7.4 节知 $\boldsymbol{y}$ 的互信息表示为

$$I(\boldsymbol{y}) = I(y_1, y_2, \cdots, y_M) = \sum_{i=1}^{M} H(y_i) - H(\boldsymbol{x}) - \log |\det \boldsymbol{W}|$$

由于 $\boldsymbol{x}$ 与待求的 $\boldsymbol{W}$ 无关，故利用互信息准则求解 ICA 的目标函数为

$$\min_{\boldsymbol{W}} \left\{ \sum_{i=1}^{M} H(y_i) - \log |\det \boldsymbol{W}| \right\} \tag{8.4.13}$$

准则 3：非线性去相关

如前所述，独立性是比不相关更强的要求，如果两个随机变量 y_1, y_2 是统计独立的，则对于两个任意函数 $f(\cdot), g(\cdot)$，$f(y_1), g(y_2)$ 是不相关的(证明留作习题)，即

$$E[f(y_1)g(y_2)] = E[f(y_1)]E[g(y_2)] \tag{8.4.14}$$

当取最简单的函数，即 $f(y_1)=y_1, g(y_2)=y_2$ 时，式(8.4.14)表示的是两个随机变量之间是不相关的，如果 y_1, y_2 不相关，并不能导出对于任意其他函数 $f(y_1), g(y_2)$ 不相关。对于一些非线性函数 $f(\cdot), g(\cdot)$，y_1, y_2 的非线性函数的不相关是比两个随机变量自身的不相关更强的性质，也就是说有可能找到一些特定的非线性函数，使得 $f(y_1), g(y_2)$ 的不相关与 y_1, y_2 的相互独立近似等价。即用准则

$$\min_{\boldsymbol{W}} \{ | E[f(y_1)g(y_2)] - E[f(y_1)]E[g(y_2)] | \} \tag{8.4.15}$$

近似表示独立性。

由于不相关导出有效的 PCA 方法，非线性函数作用后的不相关可以导出非线性 PCA(NPCA)用于独立分量分析。

准则 4：信息最大化和最大似然准则

利用图 8.4.2 的结构图进行 ICA，通过一个矩阵 $\boldsymbol{W}$ 和一组非线性函数 $f_i(\cdot)$ 获得独立分量 z_i，希望输出向量的熵最大作为目标函数，即

$$\max_{\boldsymbol{W}} \{ H(\boldsymbol{z}) \} \tag{8.4.16}$$

由于

$$H(\boldsymbol{z}) = \sum_{i=1}^{M} H(z_i) - I(\boldsymbol{z}) \tag{8.4.17}$$

实际上式(8.4.16)等价于各 $H(z_i)$ 最大和互信息 $I(\boldsymbol{z})$ 最小，而互信息最小等价于最大化输出的独立性。

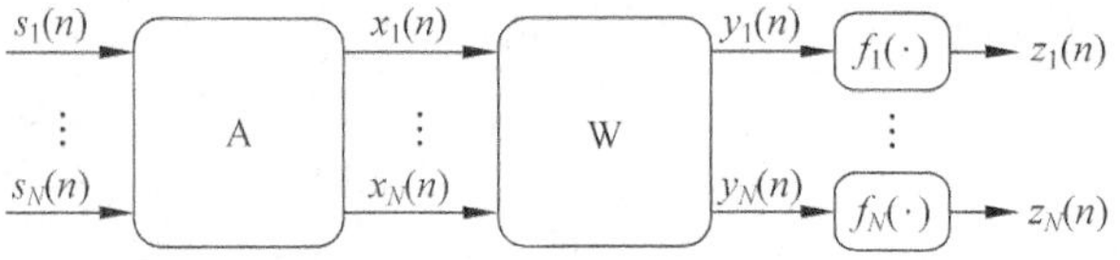

图 8.4.2 Infomax 准则下的 ICA 结构

通过推导可以将式(8.4.17)与 $\boldsymbol{W}$ 建立联系，即

$$H(\boldsymbol{z}) = H(\boldsymbol{x}) + E\left\{\sum_{i=1}^{M}\log(f'_i(\boldsymbol{w}_i^{\mathrm{T}}\boldsymbol{x}))\right\} + \log|\det \boldsymbol{W}|$$

由于 $H(\boldsymbol{x})$ 与 $\boldsymbol{W}$ 无关，故 ICA 算法的目标函数为

$$\max_{\boldsymbol{W}}\left\{E\left[\sum_{i=1}^{M}\log(f'_i(\boldsymbol{w}_i^{\mathrm{T}}\boldsymbol{x}))\right] + \log|\det \boldsymbol{W}|\right\} \tag{8.4.18}$$

Cardoso 证明，去掉与求解无关的常数项后，用最大似然准则求解 ICA 问题的目标函数为

$$\max_{\boldsymbol{W}}\left\{J_{ML}(\boldsymbol{W}) = E\left[\sum_{i=1}^{M}\log(p_{s_i}(\boldsymbol{w}_i^{\mathrm{T}}\boldsymbol{x}))\right] + \log|\det \boldsymbol{W}|\right\} \tag{8.4.19}$$

可见除了用源分量的 PDF 函数 $p_{s_i}(\cdot)$ 取代非线性函数 $f'_i(\cdot)$ 外，式(8.4.18)和式(8.4.19)是一致的。

尽管还有不同的准则和目标函数用于解 ICA 问题，但本节不再赘述，以下几小节将给出几种利用所讨论的准则构成的 ICA 算法。

8.4.2 不动点算法——Fast-ICA

ICA 的不动点算法是建立在非高斯性最大化准则基础上的，由于其收敛速度快，也称为 Fast-ICA 算法，这是芬兰学者 Hyvärinen 提出的。非高斯性度量的两种基本度量函数：峭度和负熵均可以导出 Fast-ICA 算法，由于实际中基于负熵的算法性能更好，本小节只讨论负熵算法，对基于峭度的 Fast-ICA 算法感兴趣的读者可参考 Hyvärinen 的著作[22]。

在导出 Fast-ICA 算法过程中，输入信号向量 $\boldsymbol{x}$ 是已经预白化的，即 $E[\boldsymbol{x}\boldsymbol{x}^{\mathrm{T}}]=\boldsymbol{I}$，为了简单，首先导出只求 1 个独立分量 y 的算法，分离矩阵 $\boldsymbol{W}$ 也退化成只是一个滤波器系数向量 $\boldsymbol{w}$，且 $\|\boldsymbol{w}\|=1$。求 $\boldsymbol{w}$ 使得 $y=\boldsymbol{w}^{\mathrm{T}}\boldsymbol{x}$ 为一个独立分量，即求 $\boldsymbol{w}$ 使得 $y=\boldsymbol{w}^{\mathrm{T}}\boldsymbol{x}$ 的负熵最大化。

负熵的准确计算是非常复杂的，第 7.5 节曾介绍过负熵的近似计算。负熵最简单的一种近似是找到一个特定的函数 $G(\cdot)$，用下式作为对负熵准则的近似

$$J(y) = k(E[G(y)] - E[G(v)])^2$$

这里 v 是单位方差的高斯随机变量，与优化无关，另需要考虑约束项 $\|\boldsymbol{w}\|=1$，因此重新定义目标函数为

$$J(\boldsymbol{w}) = E[G(\boldsymbol{w}^{\mathrm{T}}\boldsymbol{x})] + \lambda(\boldsymbol{w}^{\mathrm{T}}\boldsymbol{w} - 1) \tag{8.4.20}$$

这里 λ 为拉格朗日常数。为求 $\boldsymbol{w}$ 使 $J(\boldsymbol{w})$ 最大，求梯度并令其为 0，

$$\begin{aligned}\frac{\partial J(\boldsymbol{w})}{\partial \boldsymbol{w}} &= \frac{\partial}{\partial \boldsymbol{w}}\{E[G(\boldsymbol{w}^{\mathrm{T}}\boldsymbol{x})] + \lambda(\boldsymbol{w}^{\mathrm{T}}\boldsymbol{w} - 1)\} \\ &= E\left[\frac{\partial G(\boldsymbol{w}^{\mathrm{T}}\boldsymbol{x})}{\partial \boldsymbol{w}}\right] + \lambda\boldsymbol{w} = E[\boldsymbol{x}g(\boldsymbol{w}^{\mathrm{T}}\boldsymbol{x})] + \lambda\boldsymbol{w} = 0\end{aligned} \tag{8.4.21}$$

这里,用 $g(\cdot)$ 表示 $G(\cdot)$ 的导数,为了通过式(8.4.21)求解 $\boldsymbol{w}$,利用牛顿法进行迭代,为此令

$$\boldsymbol{f}(\boldsymbol{w}) = E[\boldsymbol{x}g(\boldsymbol{w}^{\mathrm{T}}\boldsymbol{x})] + \lambda\boldsymbol{w} \tag{8.4.22}$$

求向量函数 $\boldsymbol{f}(\boldsymbol{w})$ 的雅可比矩阵

$$\boldsymbol{J}(\boldsymbol{w}) = \frac{\partial \boldsymbol{f}(\boldsymbol{w})}{\partial \boldsymbol{w}} = \frac{\partial E[\boldsymbol{x}g(\boldsymbol{w}^{\mathrm{T}}\boldsymbol{x})]}{\partial \boldsymbol{w}} + \lambda\boldsymbol{I} = E[\boldsymbol{x}^{\mathrm{T}}\boldsymbol{x}g'(\boldsymbol{w}^{\mathrm{T}}\boldsymbol{x})] + \lambda\boldsymbol{I} \tag{8.4.23}$$

为了简化计算,做如下近似

$$E[\boldsymbol{x}^{\mathrm{T}}\boldsymbol{x}g'(\boldsymbol{w}^{\mathrm{T}}\boldsymbol{x})] \approx E[\boldsymbol{x}^{\mathrm{T}}\boldsymbol{x}]E[g'(\boldsymbol{w}^{\mathrm{T}}\boldsymbol{x})] = E[g'(\boldsymbol{w}^{\mathrm{T}}\boldsymbol{x})]\boldsymbol{I} \tag{8.4.24}$$

注意上式≈符号后是一个近似性假设,等号后的单位矩阵是基于 $\boldsymbol{x}$ 已白化,雅可比矩阵简化为

$$\boldsymbol{J}(\boldsymbol{w}) = (E[g'(\boldsymbol{w}^{\mathrm{T}}\boldsymbol{x})] + \lambda)\boldsymbol{I} \tag{8.4.25}$$

根据牛顿更新公式,权系数更新算法为

$$\boldsymbol{w}^{+} = \boldsymbol{w} - \boldsymbol{J}^{-1}(\boldsymbol{w})\boldsymbol{f}(\boldsymbol{w}) = \boldsymbol{w} - \frac{E[\boldsymbol{x}g(\boldsymbol{w}^{\mathrm{T}}\boldsymbol{x})] + \lambda\boldsymbol{w}}{E[g'(\boldsymbol{w}^{\mathrm{T}}\boldsymbol{x})] + \lambda} \tag{8.4.26}$$

上式两边同乘 $E[g'(\boldsymbol{w}^{\mathrm{T}}\boldsymbol{x})]+\lambda$,得

$$\begin{aligned}\boldsymbol{w}^{+}(E[g'(\boldsymbol{w}^{\mathrm{T}}\boldsymbol{x})] + \lambda) &= \boldsymbol{w}(E[g'(\boldsymbol{w}^{\mathrm{T}}\boldsymbol{x})] + \lambda) - E[\boldsymbol{x}g(\boldsymbol{w}^{\mathrm{T}}\boldsymbol{x})] - \lambda\boldsymbol{w} \\ &= E[g'(\boldsymbol{w}^{\mathrm{T}}\boldsymbol{x})]\boldsymbol{w} - E[\boldsymbol{x}g(\boldsymbol{w}^{\mathrm{T}}\boldsymbol{x})]\end{aligned}$$

注意到,更新的权系数 $\boldsymbol{w}^{+}$ 需要归一化,故 $\boldsymbol{w}^{+}$ 上乘的因子没有实际作用,故把更新公式重写为

$$\boldsymbol{w}^{+} = E[g'(\boldsymbol{w}^{\mathrm{T}}\boldsymbol{x})]\boldsymbol{w} - E[\boldsymbol{x}g(\boldsymbol{w}^{\mathrm{T}}\boldsymbol{x})] \tag{8.4.27}$$

为使 $\boldsymbol{w}^{+}$ 的范数为 1,需归一化

$$\boldsymbol{w} = \frac{\boldsymbol{w}^{+}}{\|\boldsymbol{w}^{+}\|} \tag{8.4.28}$$

至此,导出了只抽取一个独立分量的算法,得到权系数向量的递推公式(8.4.27)和式(8.4.28)。这里有两点需要做进一步讨论。其一,需要找到合适的函数 $G(\cdot)$ 用于近似负熵,7.5 节介绍了寻找这类函数的一些思路,Hyvärinen 在其 Fast-ICA 算法的论文中推荐了三个这样的函数,并验证了其有效性,表 8.4.1 列出了三个函数及其导数。

表 8.4.1　近似负熵和 Fast-ICA 的非线性函数例

$G(y)$	1 阶导数 $g(y)$	2 阶导数 $g'(y)$
$\frac{1}{a}\log\cosh(ay)$ $1\leqslant a\leqslant 2$	$\tanh(ay)$	$a(1-\tanh^2(ay))$
$-\exp(-y^2/2)$	$y\exp(-y^2/2)$	$(1-y^2)\exp(-y^2/2)$
$y^4/4$	y^3	$3y^2$

第二点需要说明的是,式(8.4.27)中有两个求期望项 $E[g'(\boldsymbol{w}^{\mathrm{T}}\boldsymbol{x})]$ 和 $E[\boldsymbol{x}g(\boldsymbol{w}^{\mathrm{T}}\boldsymbol{x})]$,在实际中,可以用信号向量的样本序列进行估计,设 $\{\boldsymbol{x}(n), n-1,2,\cdots,N\}$ 为信号向量的样本集,且每个样本向量是已白化的,则

$$E[\boldsymbol{x}g(\boldsymbol{w}^{\mathrm{T}}\boldsymbol{x})] \approx \frac{1}{N}\sum_{n=1}^{N}\boldsymbol{x}(n)g(\boldsymbol{w}^{\mathrm{T}}\boldsymbol{x}(n)) \tag{8.4.29}$$

$$E[g'(\boldsymbol{w}^{\mathrm{T}}\boldsymbol{x})]=\frac{1}{N}\sum_{n=1}^{N}g'(\boldsymbol{w}^{\mathrm{T}}\boldsymbol{x}(n)) \tag{8.4.30}$$

把单独立分量 Fast-ICA 算法总结于表 8.4.2 中。

表 8.4.2 单独立分量 Fast-ICA 算法

初始值 $\boldsymbol{w}$ 设为一个范数为 1 的初始向量,具体值可随机选取
迭代过程 $\boldsymbol{w}^{+}=E[g'(\boldsymbol{w}^{\mathrm{T}}\boldsymbol{x})]\boldsymbol{w}-E[\boldsymbol{x}g(\boldsymbol{w}^{\mathrm{T}}\boldsymbol{x})]$ $\boldsymbol{w}=\frac{\boldsymbol{w}^{+}}{\Vert\boldsymbol{w}^{+}\Vert}$
判断是否收敛,若未收敛则返回"迭代过程"重复

由于 $\boldsymbol{w}$ 是范数为 1 的向量,向量是有方向的,因此,在迭代公式(8.4.27)中新的权向量 $\boldsymbol{w}^{+}$ 若与旧向量 $\boldsymbol{w}$ 方向相同,则归一化后必相等,则达到收敛条件,实际中可设置一个小的门限制作为收敛条件。Fast-ICA 算法收敛速度很快,一般情况下经过几次迭代即可收敛,这也是 Fast 一词的由来。

表 8.4.2 的算法仅用于抽取一个独立分量,称为一元 ICA 算法,当 $\boldsymbol{w}$ 收敛后,用 $y(n)=\boldsymbol{w}^{\mathrm{T}}\boldsymbol{x}(n)$ 计算出观测向量 $\boldsymbol{x}(n)$ 中包含的一个独立分量 $y(n)$,如果需要估计 K 个独立分量 $(K\leqslant M)$,则需要对以上算法进行修改。设 $\boldsymbol{w}_i$ 表示抽取第 i 个独立分量的权系数向量,则 $y_i=\boldsymbol{w}_i^{\mathrm{T}}\boldsymbol{x}$ 为第 i 个独立分量,则显然

$$E[y_iy_j]=E[\boldsymbol{w}_i^{\mathrm{T}}\boldsymbol{x}\boldsymbol{x}^{\mathrm{T}}\boldsymbol{w}_j]=\boldsymbol{w}_i^{\mathrm{T}}E[\boldsymbol{x}\boldsymbol{x}^{\mathrm{T}}]\boldsymbol{w}_j=\boldsymbol{w}_i^{\mathrm{T}}\boldsymbol{w}_j=\begin{cases}1, & i=j\\0, & i\neq j\end{cases}$$

即

$$\boldsymbol{w}_i^{\mathrm{T}}\boldsymbol{w}_j=\begin{cases}1, & i=j\\0, & i\neq j\end{cases} \tag{8.4.31}$$

各权系数向量是相互正交的。利用这个条件,可导出一种串行使用如上一元算法计算各独立分量的方法。

首先抽取第一个独立分量,直接应用表 8.4.2 算法产生第一个权系数向量 $\boldsymbol{w}_1$,然后,产生一个范数为 1 的随机初始向量 $\boldsymbol{w}_2$,并且运行一次式(8.4.27)产生新的 $\boldsymbol{w}_2^{+}$,由于 $\boldsymbol{w}_2^{+}$ 与 $\boldsymbol{w}_1$ 不一定正交,需要对 $\boldsymbol{w}_2^{+}$ 与 $\boldsymbol{w}_1$ 正交化,用 Gram-Schmidt 正交化,得

$$\boldsymbol{w}_2^{++}=\boldsymbol{w}_2^{+}-(\boldsymbol{w}_2^{+\mathrm{T}}\boldsymbol{w}_1)\boldsymbol{w}_1 \tag{8.4.32}$$

再对 $\boldsymbol{w}_2^{++}$ 归一化得到新的权系数向量

$$\boldsymbol{w}_2=\frac{\boldsymbol{w}_2^{++}}{\Vert\boldsymbol{w}_2^{++}\Vert} \tag{8.4.33}$$

若 $\boldsymbol{w}_2$ 已收敛则停止,否则再次调用式(8.4.27)和重复正交化和归一化过程。注意到在求 $\boldsymbol{w}_2$ 时,在每一次调用式(8.4.27)后都要进行正交化,而不是反复迭代结束后只进行一次正交化,为的是避免迭代过程中 $\boldsymbol{w}_2$ 收敛到 $\boldsymbol{w}_1$ 而得不到新的权系数向量。继续这个过程直到产生 K 个互相正交的权系数向量。

把串行产生 K 个独立分量的 Fast-ICA 算法总结于表 8.4.3 中。

表 8.4.3　串行产生 K 个独立分量 Fast-ICA 算法

初始步：观测数据向量首先白化，$\boldsymbol{x}$ 是白化向量，确定 $K\leqslant M, k=1$

第 1 步：选择范数为 1 的随机初始权向量 $\boldsymbol{w}_k$

第 2 步：迭代计算

$$\boldsymbol{w}_k^+ = E[g'(\boldsymbol{w}_k^{\mathrm{T}}\boldsymbol{x})]\boldsymbol{w}_k - E[\boldsymbol{x}g(\boldsymbol{w}_k^{\mathrm{T}}\boldsymbol{x})]$$

$$\boldsymbol{w}_k^{++} = \boldsymbol{w}_k^+ - \sum_{j=1}^{k-1}(\boldsymbol{w}_k^{+\mathrm{T}}\boldsymbol{w}_j)\boldsymbol{w}_j$$

$$\boldsymbol{w}_k = \frac{\boldsymbol{w}_k^{++}}{\|\boldsymbol{w}_k^{++}\|}$$

第 3 步：若 $\boldsymbol{w}_k$ 尚未收敛，返回第 2 步

第 4 步：若 $k<K, k\leftarrow k+1$，返回第 1 步

串行 Fast-ICA 算法已可以产生 K 个独立分量，串行算法仅需向量运算，实现简单，但串行算法不利于并行结构实现，而且串行算法存在误差积累问题，即 $\boldsymbol{w}_1$ 估计若存在误差，这个误差将影响所有其他权系数向量的精度。为此，可以使用并行正交算法，即把各 $\boldsymbol{w}_i$ 构成一个权向量矩阵 $\boldsymbol{W}=[\boldsymbol{w}_1,\boldsymbol{w}_2,\cdots,\boldsymbol{w}_K]^{\mathrm{T}}$，对其直接进行正交化。并行 Fast-ICA 算法总结在表 8.4.4 中。

表 8.4.4　并行产生 K 个独立分量的 Fast-ICA 算法

初始步：观测数据向量首先白化，$\boldsymbol{x}$ 是白化向量，确定 $K\leqslant M$

随机产生 $\boldsymbol{w}_1,\boldsymbol{w}_2,\cdots,\boldsymbol{w}_K$，每一个都是范数为 1 的随机向量，构成 $\boldsymbol{W}=[\boldsymbol{w}_1,\boldsymbol{w}_2,\cdots,\boldsymbol{w}_K]^{\mathrm{T}}$，并正交化为 $\boldsymbol{W}\leftarrow(\boldsymbol{W}\boldsymbol{W}^{\mathrm{T}})^{-1/2}\boldsymbol{W}$

第 1 步：对每个 $k=1,2,\cdots,K$ 计算

$$\boldsymbol{w}_k^+ = E[g'(\boldsymbol{w}_k^{\mathrm{T}}\boldsymbol{x})]\boldsymbol{w}_k - E[\boldsymbol{x}g(\boldsymbol{w}_k^{\mathrm{T}}\boldsymbol{x})]$$

第 2 步：$\boldsymbol{W}^+=[\boldsymbol{w}_1^+,\boldsymbol{w}_2^+,\cdots,\boldsymbol{w}_K^+]^{\mathrm{T}}$，正交化为 $\boldsymbol{W}=(\boldsymbol{W}^+\boldsymbol{W}^{+\mathrm{T}})^{-1/2}\boldsymbol{W}^+$

第 3 步：若尚未收敛，返回第 1 步

表 8.4.3 或表 8.4.4 的算法收敛后，得到矩阵 $\boldsymbol{W}$，对于任意观测向量 $\boldsymbol{x}(n)$，得到

$$\boldsymbol{y}(n) = [y_1(n), y_2(n), \cdots, y_K(n)]^{\mathrm{T}} = \boldsymbol{W}\boldsymbol{x}(n)$$

是 K 个独立分量，它是混合模型(8.4.1)的源向量 $\boldsymbol{s}(n)$ 中的 K 个成分，当 $K=M$ 时，$\boldsymbol{y}(n)$ 是 $\boldsymbol{s}(n)$ 的逼近，但是次序和幅度可能是变化的，这是 ICA 的模糊性决定的。

Fast-ICA 算法收敛快，不需要确定迭代步长参数，但为使算法快速稳健地收敛，需要用较大的数据集良好地估计算法中的两个期望值，如式(8.4.29)和式(8.4.30)。对于离线应用，没有任何限制，对于实时在线应用，可把式(8.4.29)和式(8.4.30)修改为在一个滑动窗内的平均，为使算法保持稳健，滑动窗不能太小，这样，Fast-ICA 算法在跟踪实时信号的非平稳性方面不如梯度类算法有效。

还需要注意到，尽管在 8.4.1 节假设 ICA 算法中 $M=N$，但 Fast-ICA 算法不受这一条件限制，其可分离出的源信号数为 $K\leqslant M$ 的任意数目。

本节注释：对本节算法的名称-不动点算法作一点解释。本节算法的导出是利用式(8.4.20)的带约束目标函数得到式(8.4.21)的方程，然后用牛顿法解这一非线性方程。式(8.4.21)的等式也可以写成如下形式

$$\lambda \boldsymbol{w} = -E[\boldsymbol{x}g(\boldsymbol{w}^{\mathrm{T}}\boldsymbol{x})] \tag{8.4.34}$$

如果，利用梯度法解当前的问题，并令目标函数为

$$\widetilde{J}(\boldsymbol{w}) = E[G(\boldsymbol{w}^{\mathrm{T}}\boldsymbol{x})] \tag{8.4.35}$$

为求 $\boldsymbol{w}$ 使 $J(\boldsymbol{w})$ 最大，求梯度并令其为 0

$$\frac{\partial \widetilde{J}(\boldsymbol{w})}{\partial \boldsymbol{w}} = E[\boldsymbol{x}g(\boldsymbol{w}^{\mathrm{T}}\boldsymbol{x})] \tag{8.4.36}$$

则递推法的迭代算法可写为

$$\boldsymbol{w}^{+} = \boldsymbol{w} + \mu E[\boldsymbol{x}g(\boldsymbol{w}^{\mathrm{T}}\boldsymbol{x})] \tag{8.4.37}$$

$$\boldsymbol{w} = \frac{\boldsymbol{w}^{+}}{\|\boldsymbol{w}^{+}\|} \tag{8.4.38}$$

若算法收敛，达到收敛时梯度应满足式(8.4.34)，故式(8.4.37)变成 $\boldsymbol{w}^{+} = (1-\lambda\mu)\boldsymbol{w}$，迭代后的新权系数向量方向不变，仅有一个比例系数的变换，经过式(8.4.38)的归一化后，与旧系数向量相等，即若收敛到满足式(8.4.34)的条件，梯度法迭代的 $\boldsymbol{w}$ 不再变化，达到目标函数的“不动点”，这是不动点算法的由来。同时，式(8.4.37)和式(8.4.38)也构成了基于非高斯性最大准则下的梯度 ICA 算法，但这个算法比 Fast-ICA 收敛慢，用得少。

8.4.3 自然梯度算法

自然梯度是一类新的梯度算法，基于新的梯度算法，可导出一类 ICA 算法。对于目标函数 $J(\boldsymbol{W})$，若求 $\boldsymbol{W}$ 使得目标函数最大或最小，则需要求梯度 $\frac{\partial J(\boldsymbol{W})}{\partial \boldsymbol{W}}$，由梯度确定每步迭代的更新量 $\Delta\boldsymbol{W}$ 为

$$\Delta\boldsymbol{W} \propto \pm \frac{\partial J(\boldsymbol{W})}{\partial \boldsymbol{W}} \tag{8.4.39}$$

符号 $\propto$ 表示“正比于”，$\pm$ 取决于最大还是最小化目标函数。一般讲，随着迭代的进行，$\Delta\boldsymbol{W}$ 方向和大小都发生变化，若改变梯度策略为：保持 $\|\Delta\boldsymbol{W}\|$ 不变，搜寻最优的方向，在此条件下，Amari 导出一种新的梯度，称为自然梯度，记自然梯度为 $\frac{\partial J_{\mathrm{Nat}}(\boldsymbol{W})}{\partial \boldsymbol{W}}$，Amari 证明

$$\nabla_{\mathrm{Nat}} J(\boldsymbol{W}) = \frac{\partial J_{\mathrm{Nat}}(\boldsymbol{W})}{\partial \boldsymbol{W}} = \frac{\partial J(\boldsymbol{W})}{\partial \boldsymbol{W}} \boldsymbol{W}^{\mathrm{T}}\boldsymbol{W} \tag{8.4.40}$$

限于篇幅，略去式(8.4.40)的证明，有兴趣的读者请参考 Amari 的论文[2]。用自然梯度迭代 $\boldsymbol{W}$ 的更新量为

$$\Delta\boldsymbol{W} \propto \pm \frac{\partial J(\boldsymbol{W})}{\partial \boldsymbol{W}} \boldsymbol{W}^{\mathrm{T}}\boldsymbol{W} \tag{8.4.41}$$

Cardoso 等定义了另一种新的梯度“相对梯度”，尽管相对梯度并不等于自然梯度，但用作梯度递推时却是等价的，故不再赘述。

自然梯度是一种新的梯度迭代方法，定义不同的目标函数 $J(\boldsymbol{W})$，都可以得到一种相应算法，本节主要以互信息准则为例，推导 ICA 的自然梯度算法，然后简要讨论最大似然和信息最大化准则的相似性。

由 7.4.2 节知输出向量 $\boldsymbol{y}$ 的互信息，或 $p_{\boldsymbol{y}}(\boldsymbol{y})$ 与 $p_{y_1}(y_1)p_{y_2}(y_2)\cdots p_{y_M}(y_M)$ 的 KL 散度记为

$$I(\boldsymbol{y}) = \sum_{i=0}^{M-1} H(y_i) - H(\boldsymbol{y})$$

带入 $\boldsymbol{y}=\boldsymbol{W}\boldsymbol{x}$ 的关系，则有

$$\begin{aligned} I(\boldsymbol{y}) &= \sum_{i=1}^{M} H(y_i) - H(\boldsymbol{x}) - \log |\det \boldsymbol{W}| \\ &= -\sum_{i=1}^{M} E[\log p_{y_i}(y_i)] - \log |\det \boldsymbol{W}| - H(\boldsymbol{x}) \end{aligned} \tag{8.4.42}$$

若 $\boldsymbol{y}$ 是独立向量，则达到最小值 0，式(8.4.42)中，$H(\boldsymbol{x})$与待求矩阵 $\boldsymbol{W}$ 无关，可不予考虑，故定义目标函数

$$J(\boldsymbol{W}) = -\sum_{i=1}^{M} E[\log p_{y_i}(y_i)] - \log |\det \boldsymbol{W}| \tag{8.4.43}$$

为了利用自然梯度法递推得到 $\boldsymbol{W}$，首先推导目标函数的梯度，希望导出的算法能够实时在线执行，类似 LMS 算法，使用随机梯度，即去掉式(8.4.43)的期望运算，得到即时的目标函数

$$\tilde{J}(\boldsymbol{W}) = -\sum_{i=1}^{M} \log p_{y_i}(y_i) - \log |\det \boldsymbol{W}| \tag{8.4.44}$$

梯度写为

$$\nabla \tilde{J}(\boldsymbol{W}) = -\frac{\partial \sum_{i=1}^{M} \log p_{y_i}(y_i)}{\partial \boldsymbol{W}} - \frac{\partial \log |\det \boldsymbol{W}|}{\partial \boldsymbol{W}} \tag{8.4.45}$$

由附录 A 知

$$\frac{\partial \log |\det \boldsymbol{W}|}{\partial \boldsymbol{W}} = \boldsymbol{W}^{-\mathrm{T}} \tag{8.4.46}$$

这里上标中的$-\mathrm{T}$ 表示逆矩阵的转置。为了清楚，将式(8.4.45)右侧第一个求偏导数分解为首先对 $\boldsymbol{W}=[\boldsymbol{w}_1, \boldsymbol{w}_2, \cdots, \boldsymbol{w}_M]^{\mathrm{T}}$ 中的一项 $\boldsymbol{w}_i$ 求偏导数，即

$$\frac{\partial \log p_{y_i}(y_i)}{\partial \boldsymbol{w}_i} = \frac{\partial \log p_{y_i}(y_i)}{\partial y_i} \frac{\partial y_i}{\partial \boldsymbol{w}_i} = \frac{p'_{y_i}(y_i)}{p_{y_i}(y_i)} \boldsymbol{x} = -g_i(y_i)\boldsymbol{x} \tag{8.4.47}$$

上式用到了 $y_i=\boldsymbol{w}_i^{\mathrm{T}}\boldsymbol{x}$，$p'_{y_i}(y_i)$是 $p_{y_i}(y_i)$的 1 阶导数。$g_i(y_i)$是为表示简单定义的函数，即

$$g_i(y_i) = -\frac{p'_{y_i}(y_i)}{p_{y_i}(y_i)} \tag{8.4.48}$$

把式(8.4.47)合在一起有

$$\frac{\partial \sum_{i=1}^{M} \log p_{y_i}(y_i)}{\partial \boldsymbol{W}} = -\boldsymbol{g}(\boldsymbol{y})\boldsymbol{x}^{\mathrm{T}} = -\boldsymbol{x}\boldsymbol{g}^{\mathrm{T}}(\boldsymbol{y}) \tag{8.4.49}$$

这里

$$\boldsymbol{g}(\boldsymbol{y}) = [g_1(y_1), g_2(y_2), \cdots, g_M(y_M)]^{\mathrm{T}} \tag{8.4.50}$$

故梯度为

$$\begin{aligned} \nabla \tilde{J}(\boldsymbol{W}) &= -\boldsymbol{W}^{-\mathrm{T}} + \boldsymbol{g}(\boldsymbol{y})\boldsymbol{x}^{\mathrm{T}} \\ &= -(\boldsymbol{I} - \boldsymbol{g}(\boldsymbol{y})\boldsymbol{x}^{\mathrm{T}}\boldsymbol{W}^{\mathrm{T}})\boldsymbol{W}^{-\mathrm{T}} \\ &= -(\boldsymbol{I} - \boldsymbol{g}(\boldsymbol{y})\boldsymbol{y}^{\mathrm{T}})\boldsymbol{W}^{-\mathrm{T}} \end{aligned} \tag{8.4.51}$$

梯度式(8.4.51)中,有一个矩阵求逆运算,是非常复杂的,用式(8.4.40)定义的自然梯度,则

$$\nabla_{\text{Nat}}\widetilde{J}(\boldsymbol{W})=\frac{\partial\widetilde{J}_{\text{Nat}}(\boldsymbol{W})}{\partial\boldsymbol{W}}=\frac{\partial\widetilde{J}(\boldsymbol{W})}{\partial\boldsymbol{W}}\boldsymbol{W}^{\mathrm{T}}\boldsymbol{W}$$
$$=-(\boldsymbol{I}-\boldsymbol{g}(\boldsymbol{y})\boldsymbol{y}^{\mathrm{T}})\boldsymbol{W}^{-\mathrm{T}}\boldsymbol{W}^{\mathrm{T}}\boldsymbol{W}=-(\boldsymbol{I}-\boldsymbol{g}(\boldsymbol{y})\boldsymbol{y}^{\mathrm{T}})\boldsymbol{W} \tag{8.4.52}$$

基于自然梯度的分离矩阵更新项为

$$\Delta\boldsymbol{W}=\mu(\boldsymbol{I}-\boldsymbol{g}(\boldsymbol{y})\boldsymbol{y}^{\mathrm{T}})\boldsymbol{W} \tag{8.4.53}$$

这里 μ 是迭代步长。

设 n 时刻的观测信号向量为 $\boldsymbol{x}(n)$,则 n 时刻的独立分量输出为

$$\boldsymbol{y}(n)=\boldsymbol{W}(n)\boldsymbol{x}(n) \tag{8.4.54}$$

由式(8.4.53)分离矩阵的更新公式为

$$\boldsymbol{W}(n+1)=\boldsymbol{W}(n)+\mu[\boldsymbol{I}-\boldsymbol{g}(\boldsymbol{y}(n))\boldsymbol{y}^{\mathrm{T}}(n)]\boldsymbol{W}(n) \tag{8.4.55}$$

可以利用随机矩阵 $\boldsymbol{W}(0)$ 作为初始分离矩阵,从 $n=0$ 开始迭代反复执行式(8.4.54)和(8.4.55)。

在导出的算法中,向量函数 $\boldsymbol{g}(\boldsymbol{y})$ 的每一个分量由式(8.4.48)确定,即由 y_i 的 PDF 及其导数确定,实际情况中,y_i 的 PDF 是未知的,对于这个问题,学者 Cardoso 等证明,不使用 y_i 的准确 PDF,而是使用一个能表征其超高斯性或亚高斯性的函数来近似 $p_{y_i}(y_i)$ 即可以保证 ICA 算法的收敛,基于这个原则,给出两个典型 PDF 分别代表超高斯和亚高斯 PDF。

$$p_y^+(y)=\alpha_1-2\log(\cosh(y)) \tag{8.4.56}$$

$$p_y^-(y)=\alpha_2-\left[\frac{1}{2}y^2-\log(\cosh(y))\right] \tag{8.4.57}$$

式中 α_1 和 α_2 是正常数,确保 $p_y^+(y)$ 和 $p_y^-(y)$ 满足 PDF 的基本性质。若 $p_{y_i}(y_i)$ 是超高斯的,用 $p_y^+(y)$ 表示,若 $p_{y_i}(y_i)$ 是亚高斯的,用 $p_y^-(y)$ 表示。带入式(8.4.48)得到相应的 $g(\cdot)$ 函数形式为

$$g^+(y)=2\tanh(y) \tag{8.4.58}$$

$$g^-(y)=y-\tanh(y) \tag{8.4.59}$$

一些实际应用中,通过经验可能确定 $p_{y_i}(y_i)$ 的分类,例如,若用于鸡尾酒会问题,各独立分量均为语音信号,则语音信号的 PDF 是超高斯的,算法中可选择 $g^+(y_i)$ 替代 $g_i(y_i)$。有的应用场景中,几个分量信号有不同的 PDF,甚至类型不同,这时需要用一个判定因子确定其类型,关于怎样判断 PDF 类型的细节本节不再赘述,一个带判断因子 γ_i 的完整自然梯度 ICA 算法列于表 8.4.5 中,γ_i 用于判断 y_i 是超高斯还是亚高斯的。

表 8.4.5 互信息准则下的自然梯度 ICA 算法

初始步:观测数据向量首先白化,$\boldsymbol{x}$ 是白化向量,$n=0$ 选择 $\boldsymbol{W}(0)$ 作为初始分离矩阵,其可随机生成,确定两个迭代步长 μ,μ_γ, 选择初始值 γ_i,$i=1,2,\cdots,M$,γ_i 可由经验选择,若无经验可用则随机选择
第 1 步:$\boldsymbol{y}(n)=\boldsymbol{W}(n)\boldsymbol{x}(n)$ 第 2 步:若不需确定 $\boldsymbol{g}(\boldsymbol{y})$,则跳过该步 (1) 更新 $\gamma_i\leftarrow(1-\mu_\gamma)\gamma_i+\mu_\gamma[-y_i(n)\tanh(y_i(n))+(1-\tanh^2(y_i(n)))]$ (2) $\gamma_i>0$ 选 $g^+(y_i)$ 作为 $g_i(y_i)$,否则选 $g^-(y_i)$ 作为 $g_i(y_i)$ 第 3 步:$\boldsymbol{W}(n+1)=\boldsymbol{W}(n)+\mu[\boldsymbol{I}-\boldsymbol{g}(\boldsymbol{y}(n))\boldsymbol{y}^{\mathrm{T}}(n)]\boldsymbol{W}(n)$ 第 4 步:$n=n+1$ 若未结束,返回第 1 步

表 8.4.5 给出的是实时在线实现，若数据集已全部存在，进行非在线处理，则以 $E[\boldsymbol{g}(\boldsymbol{y})\boldsymbol{y}^{\mathrm{T}}]$替代 $\boldsymbol{g}(\boldsymbol{y}(n))\boldsymbol{y}^{\mathrm{T}}(n)$，以 $\mu_\gamma E[-y_i\tanh(y_i)+(1-\tanh^2(y_i))]$作为 γ_i 的更新项，去掉表 8.4.5 中的时间序号(n)，以有限样本平均近似期望值 $E[\cdot]$，则可得到更快的收敛速度和更好的精度。

以上利用互信息准则推导了自然梯度算法，研究发现有几个准则可以导出几乎一致的算法，以下简单介绍最大似然(ML)准则和信息最大准则，并讨论在这些准则下的自然梯度 ICA 算法与以上讨论几乎一致。

1. 最大似然 ICA 算法

对于观测信号模型 $\boldsymbol{x}(n)=\boldsymbol{A}\boldsymbol{s}(n)$，假设 $\boldsymbol{A}$ 是可逆的(未知)，则可以找到 $\boldsymbol{W}=\boldsymbol{A}^{-1}$，使得 $\boldsymbol{y}(n)=\boldsymbol{W}\boldsymbol{x}(n)=\boldsymbol{W}\boldsymbol{A}\boldsymbol{s}(n)=\boldsymbol{s}(n)$，关键是求分离矩阵 $\boldsymbol{W}$，可以用 ML 准则求解参数矩阵 $\boldsymbol{W}$。假设 $\boldsymbol{x}(n)$是已知观测向量，其 PDF 可写为

$$
\begin{aligned}
p_x(\boldsymbol{x}(n)) &= |\det(\boldsymbol{A}^{-1})|\, p_s(\boldsymbol{s}(n)) = |\det(\boldsymbol{W})| \prod_{i=1}^{M} p_{s_i}(s_i(n)) \\
&= |\det(\boldsymbol{W})| \prod_{i=1}^{M} p_{s_i}(\boldsymbol{w}_i^{\mathrm{T}}\boldsymbol{x}(n))
\end{aligned} \tag{8.4.60}
$$

若有观测信号集为 $\boldsymbol{X}=\{\boldsymbol{x}(n), n=0,1,\cdots,N-1\}$，则观测信号集的联合概率为

$$
p_x(\boldsymbol{X}) = \prod_{n=0}^{N-1} p_x(\boldsymbol{x}(n)) = \prod_{n=0}^{N-1}\prod_{i=1}^{M} p_{s_i}(\boldsymbol{w}_i^{\mathrm{T}}\boldsymbol{x}(n))\,|\det(\boldsymbol{W})| \tag{8.4.61}
$$

式(8.4.61)中 $\boldsymbol{X}$ 是已经产生的数据集，故若把 $\boldsymbol{W}$ 看作待求参数集，则可得到 $\boldsymbol{W}$ 的似然函数，为方便使用对数似然函数，则

$$
\begin{aligned}
\frac{1}{N}L(\boldsymbol{W}) &= \frac{1}{N}\sum_{n=0}^{N-1}\sum_{i=1}^{M}\log(p_{s_i}(\boldsymbol{w}_i^{\mathrm{T}}\boldsymbol{x}(n))) + \log|\det(\boldsymbol{W})| \\
&\approx \sum_{i=1}^{M} E\{\log(p_{s_i}(\boldsymbol{w}_i^{\mathrm{T}}\boldsymbol{x}(n)))\} + \log|\det(\boldsymbol{W})|
\end{aligned} \tag{8.4.62}
$$

注意到式(8.4.62)与式(8.4.42)除了缺一项 $H(\boldsymbol{x})$外只相差一个负号，由于 $H(\boldsymbol{x})$与待求矩阵 $\boldsymbol{W}$ 无关，故 ML 准则下的目标函数与互信息的目标函数符号相反，因此最小化互信息准则和最大似然准则等价，由此，ML 准则下的自然梯度 ICA 算法与表 8.4.5 的算法一致。

微小的区别是，互信息准则用的 PDF 是输出 y_i 的，而 ML 准则用的 PDF 是 s_i 的，理想情况下 $s_i=y_i$，实际中两者有误差，但由于自然梯度类算法中，只用区分超高斯和亚高斯的函数近似表示 PDF，故这个微小差距对算法没有影响。

2. 信息最大化 ICA 算法

在图 8.4.1 给出 Infomax 的框图，式(8.4.19)则给出 Infomax 的准则函数，比较式(8.4.19)和式(8.4.62)发现，只要取 $f_i'(\cdot)=p_{s_i}(\cdot)$，则两者是一致的。同样地，自然梯度算法的收敛不要求严格的函数集合，因此 $f_i'(\cdot)$取式(8.4.56)或式(8.4.57)中的一个，则其 ICA 算法与表 8.4.5 一致。

8.4.4 非线性 PCA 算法

在 PCA 分析中，求矩阵 $\boldsymbol{W}(n)$($K\times M$ 维矩阵)，使得

$$
\boldsymbol{y}(n) = \boldsymbol{W}(n)\boldsymbol{x}(n) \tag{8.4.63}
$$

是 $\boldsymbol{x}(n)$ 的主分量表示，如前所述，PCA 是一种去相关分析，却不能直接得到独立分量，第 8.4.1 节的非线性去相关准则说明，可以找到一组非线性函数

$$\boldsymbol{g}(\boldsymbol{y}) = [g_1(y_1), g_2(y_2), \cdots, g_K(y_K)]^{\mathrm{T}} \tag{8.4.64}$$

使得非线性函数的去相关等价于独立。为此，假设式(8.4.63)的输出 $\boldsymbol{y}(n)$ 经过一个向量非线性函数，得到

$$\boldsymbol{q}(n) = \boldsymbol{g}(\boldsymbol{y}(n)) \tag{8.4.65}$$

使 $\boldsymbol{q}(n)$ 的去相关逼近于独立，以 $\boldsymbol{q}(n)$ 的去相关为目标，相当于一种非线性 PCA 分析，可以直接带入 8.1 节的 PAST 算法的目标函数，即为求得 $\boldsymbol{W}(n)$ 的最优解，利用准则

$$J(\boldsymbol{W}) = E[\|\boldsymbol{x} - \boldsymbol{W}^{\mathrm{T}}\boldsymbol{g}(\boldsymbol{W}\boldsymbol{x})\|^2] \tag{8.4.66}$$

对表 8.1.2 的 RLS 算法作相应修改，得到 $\boldsymbol{W}(n)$ 的递推公式，称这个算法为 NPCA-RLS 算法，并列于表 8.4.6 中。

表 8.4.6 NPCA-RLS ICA 算法描述

初始化：随机选择 $\boldsymbol{P}(0)$ 和 $\boldsymbol{W}(0)$，令 $n=1$
计算 $\boldsymbol{q}(n)=\boldsymbol{g}(\boldsymbol{y}(n))=\boldsymbol{g}(\boldsymbol{W}(n-1)\boldsymbol{x}(n))$ $\boldsymbol{h}(n)=\boldsymbol{P}(n-1)\boldsymbol{q}(n)$ $\boldsymbol{g}(n)=\boldsymbol{h}(n)/[\beta+\boldsymbol{q}^{\mathrm{T}}(n)\boldsymbol{h}(n)]$ $\boldsymbol{e}(n)=\boldsymbol{x}(n)-\boldsymbol{W}^{\mathrm{T}}(n-1)\boldsymbol{q}(n)$ $\boldsymbol{W}(n)=\boldsymbol{W}(n-1)+\boldsymbol{g}(n)\boldsymbol{e}^{\mathrm{T}}(n)$ $\boldsymbol{P}(n)=\frac{1}{\beta}\mathbf{Tri}\{\boldsymbol{P}(n-1)-\boldsymbol{g}(n)\boldsymbol{h}^{\mathrm{T}}(n)\}$
$n=n+1$，得到新 $\boldsymbol{x}(n)$ 回到循环起始，直到停止

表 8.4.6 的算法与表 8.1.2 的 PSAT 算法一样，$\boldsymbol{P}(n)$ 递推中用了符号 **Tri**，符号 **Tri**(·) 表示递推中只计算 $\boldsymbol{P}(n)$ 的上三角(或下三角)矩阵，利用对称性得到下三角(或上三角)矩阵，这实际是利用了 QR 分解思想的 RLS 算法，以保持递推中 $\boldsymbol{P}(n)$ 的正定性。

表 8.4.6 的算法需要确定式(8.6.64)表示的非线性函数，对此问题不再展开讨论，只给出两个结论并做简要分析。

第一组非线性函数是每个函数 $g_i(y_i)$ 均取相同函数如下

$$g_i(y) = \begin{cases} y^2 + y, & y \geqslant 0 \\ -y^2 + y, & y < 0 \end{cases} \tag{8.4.67}$$

如前所述，若输入向量 $\boldsymbol{x}(n)$ 是预白化和归一化的，则 $\boldsymbol{W}$ 是正交矩阵，故式(8.4.66)的目标函数可改写为

$$J(\boldsymbol{W}) = E[\|\boldsymbol{x} - \boldsymbol{W}^{\mathrm{T}}\boldsymbol{g}(\boldsymbol{W}\boldsymbol{x})\|^2] \Rightarrow \sum_{i=1}^{M} E\{[y_i - g_i(y_i)]^2\} \Rightarrow \sum_{i=1}^{M} E[y_i^4] \tag{8.4.68}$$

即 NPCA 的目标函数等价于各输出分量的 4 阶累积量之和。

第二组非线性函数也是每个函数取同样的函数为

$$g(y) = \frac{-E[y^2]p'(y)}{p(y)} \tag{8.4.69}$$

这里 $p(y)$ 是输出的 PDF，可以给出近似的函数，细节参考文献[28]。

*8.5 利用 2 阶统计的 BSS

ICA 方法可以有效地分离源信号，但其独立性假设和实际上需要信号的高阶特征，使得 ICA 算法均利用了非线性函数，其运算复杂性高，另外独立性假设和非高斯性的等价性使得 ICA 不能分离高斯源信号(允许至多有一个高斯源)，这是 ICA 的限制。本节利用信号向量的 2 阶统计(SOS)特征进行盲源分离，比白化更多的是，用了 2 阶统计的时间结构。本节讨论的算法主要使用信号的自相关矩阵，2 阶统计的表示中实信号和复信号表示很相似，故本节假设信号是复值信号。

假设信号模型为

$$\boldsymbol{x}(n) = \boldsymbol{A}\boldsymbol{s}(n) + \boldsymbol{v}(n) \tag{8.5.1}$$

这里 $\boldsymbol{x}(n)=[x_1(n),x_2(n),\cdots,x_M(n)]^{\mathrm{T}}$ 是观测向量，$\boldsymbol{s}(n)=[s_1(n),s_2(n),\cdots,s_N(n)]^{\mathrm{T}}$ 为源信号，两者均为 0 均值，$\boldsymbol{A}$ 为 $M\times N$ 维混合矩阵，其中 $M>N$，$\boldsymbol{v}(n)$是观测噪声向量，假设为白噪声向量，即

$$E[\boldsymbol{v}(n)\boldsymbol{v}^{\mathrm{H}}(n-k)] = \sigma_v^2\delta(k)\boldsymbol{I} \tag{8.5.2}$$

在一般情况下，若 $\boldsymbol{s}(n)$各分量是不相关的，甚至是非平稳的，则 $\boldsymbol{s}(n)$的自相关矩阵记为

$$\begin{aligned}\boldsymbol{R}_s(n,k) &= E[\boldsymbol{s}(n)\boldsymbol{s}^{\mathrm{H}}(n-k)] \\ &= \mathrm{diag}\{\rho_1(n,k),\rho_2(n,k),\cdots,\rho_N(n,k)\}\end{aligned} \tag{8.5.3}$$

于是 $\boldsymbol{x}(n)$的自相关矩阵可写为

$$\begin{aligned}\boldsymbol{R}_x(n,k) &= E[\boldsymbol{x}(n)\boldsymbol{x}^{\mathrm{H}}(n-k)] \\ &= \boldsymbol{A}\boldsymbol{R}_s(n,k)\boldsymbol{A}^{\mathrm{H}} + \sigma_v^2\delta(k)\boldsymbol{I}\end{aligned} \tag{8.5.4}$$

注意到式(8.5.4)的信号向量的自相关矩阵具有时间结构，可以利用这一时间结构特性，进行盲源分离。作为 BSS 的条件，这里 $\boldsymbol{A}$ 和 $\boldsymbol{s}(n)$都是未知的，由观测向量 $\boldsymbol{x}(n)$估计 $\boldsymbol{A}$ 或/和 $\boldsymbol{s}(n)$。与 ICA 原理类似，$\boldsymbol{s}(n)$和 $\boldsymbol{A}$ 估计中，幅度和次序是模糊的。

在已经发展的利用 SOS 进行盲源分离的算法中，有假设信号是平稳的也有假设非平稳的，本节重点介绍一种 SOBI 算法(Second Order Blind Identification，SOBI)，它是建立在平稳假设基础上的，其他建立在 SOS 特征上的盲源分离算法仅作一些简单介绍。

8.5.1 SOBI 算法

假设 $\boldsymbol{s}(n)$是平稳的，故式(8.5.3)简化为

$$\boldsymbol{R}_s(k) = \mathrm{diag}\{\rho_1(k),\rho_2(k),\cdots,\rho_N(k)\} \tag{8.5.5}$$

为了方便，$\boldsymbol{x}(n)$的自相关矩阵写成如下两式

$$\boldsymbol{R}_x(0) = \boldsymbol{A}\boldsymbol{R}_s(0)\boldsymbol{A}^{\mathrm{H}} + \sigma_v^2\boldsymbol{I} \tag{8.5.6}$$

$$\boldsymbol{R}_x(k) = \boldsymbol{A}\boldsymbol{R}_s(k)\boldsymbol{A}^{\mathrm{H}} \quad k \neq 0 \tag{8.5.7}$$

注意到，在 8.2 节介绍的白化过程中，只使用了 $\boldsymbol{R}_x(0)$来完成白化，若要完成源信号的分离，仅白化是不够的，还需要利用式(8.5.7)中 $k\neq 0$ 的自相关矩阵。

在讨论算法之前，先做一个假设和一个定义，由于 $\boldsymbol{s}(n)$和 $\boldsymbol{A}$ 估计的幅度是模糊的，故假设为

$$\boldsymbol{R}_s(0) = E[\boldsymbol{s}(n)\boldsymbol{s}^{\mathrm{H}}(n)] = \boldsymbol{I} \tag{8.5.8}$$

即假设源信号的各分量是能量归一化的，而把其实际能量值归于矩阵 $\boldsymbol{A}$ 中。同时 $\boldsymbol{s}(n)$ 和 $\boldsymbol{A}$ 估计的次序是模糊的，即

$$\boldsymbol{x}(n)=\boldsymbol{APPs}(n)+\boldsymbol{v}(n) \tag{8.5.9}$$

这里 $\boldsymbol{P}$ 是一个任意位置置换矩阵，其每一行和每一列只有一个 1 元素且 $\boldsymbol{PP}=\boldsymbol{I}$，即估计方法对 $\boldsymbol{A}$ 和 $\boldsymbol{AP}$ 是无法区分的，若需要估计 $\boldsymbol{A}$，则可能估计的是 $\boldsymbol{AP}$，或若想估计 $\boldsymbol{s}(n)$，可能估计的是 $\boldsymbol{Ps}(n)$，基于这个原因，定义矩阵的"实质相等"的概念，即矩阵 $\boldsymbol{AP}$ 实质相等于矩阵 $\boldsymbol{A}$，记为 $\boldsymbol{AP}\doteq\boldsymbol{A}$。

SOBI 算法的核心思想是分为 2 步，第一步是已熟悉的白化，白化与源分离只相差一个酉矩阵，利用白化向量的时间序号非 0 的自相关矩阵的联合对角化确定这一酉矩阵，最终得到一个对矩阵 $\boldsymbol{A}$ 和源信号 $\boldsymbol{s}(n)$ 的估计，以下分别讨论各步骤。

1. 白化算法

第一部分的白化过程实质上是白化 $\boldsymbol{x}(n)$ 中的信号部分，信号部分记为 $\boldsymbol{r}(n)=\boldsymbol{As}(n)$，而噪声部分 $\boldsymbol{v}(n)$ 本身就是白的。假设白化矩阵 $\boldsymbol{W}$ 为 $N\times M$ 维矩阵，则白化后的信号部分的自相关矩阵为

$$E[\boldsymbol{Wr}(n)\boldsymbol{r}^{\mathrm{H}}(n)\boldsymbol{W}^{\mathrm{H}}]=E[\boldsymbol{WAs}(n)\boldsymbol{s}^{\mathrm{H}}(n)\boldsymbol{A}^{\mathrm{H}}\boldsymbol{W}^{\mathrm{H}}]=\boldsymbol{WAA}^{\mathrm{H}}\boldsymbol{W}^{\mathrm{H}}=\boldsymbol{I} \tag{8.5.10}$$

上式用了式(8.5.8)的条件，注意矩阵 $\boldsymbol{WA}$ 是 $N\times N$ 维方阵，定义

$$\boldsymbol{U}=\boldsymbol{WA} \tag{8.5.11}$$

则由式(8.5.10)，$\boldsymbol{UU}^{\mathrm{H}}=\boldsymbol{I}$，则 $\boldsymbol{U}$ 是酉矩阵。若能确定 $\boldsymbol{U}$，则混合矩阵 $\boldsymbol{A}$ 为

$$\boldsymbol{A}=\boldsymbol{W}^{+}\boldsymbol{U} \tag{8.5.12}$$

这里，$\boldsymbol{W}^{+}$ 表示 $\boldsymbol{W}$ 的伪逆。

以上用 $\boldsymbol{r}(n)$ 部分说明了白化过程，由于 $\boldsymbol{r}(n)$ 部分并不能直接得到，故白化后，实际的白化信号为

$$\boldsymbol{z}(n)=\boldsymbol{Wx}(n)=\boldsymbol{WAs}(n)+\boldsymbol{Wv}(n)=\boldsymbol{Us}(n)+\boldsymbol{Wv}(n) \tag{8.5.13}$$

白化后信号包含一个用酉矩阵 $\boldsymbol{U}$ 组合的源信号分量，由于任乘一个酉矩阵都保证白化过程，因此由白化过程无法唯一确定一个酉矩阵 $\boldsymbol{U}$，要确定一个 $\boldsymbol{U}$ 矩阵并通过式(8.5.12)识别混合矩阵 $\boldsymbol{A}$，还需要其他方法。在 ICA 中利用独立性假设解决了类似问题，本节后续，利用自相关矩阵的时间结构解决这一问题。

在继续讨论之前，先对白化矩阵 $\boldsymbol{W}$ 的具体计算做一说明。为求 $\boldsymbol{W}$ 需要矩阵

$$\boldsymbol{R}_r(0)=\boldsymbol{AA}^{\mathrm{H}}=\boldsymbol{R}_x(0)-\sigma_v^2\boldsymbol{I} \tag{8.5.14}$$

实际中，由样本集$\{\boldsymbol{x}(n),n=0,1,\cdots,T-1\}$可估计

$$\hat{\boldsymbol{R}}_x(0)=\frac{1}{T}\sum_{n=0}^{T-1}\boldsymbol{x}(n)\boldsymbol{x}^{\mathrm{H}}(n) \tag{8.5.15}$$

由于 $M>N$，利用第 6 章介绍的子空间方法，对 $\hat{\boldsymbol{R}}_x(0)$ 做特征分解，得到 M 个特征值，按从小到大排列为 $\lambda_1,\cdots,\lambda_N,\lambda_{N+1},\cdots,\lambda_M$，对应特征向量 $\boldsymbol{q}_i,i=1,2,\cdots,M$，则令

$$\hat{\sigma}_v^2=\left(\sum_{i=N+1}^{M}\lambda_i\right)\Big/(M-N) \tag{8.5.16}$$

白化矩阵取

$$\hat{\boldsymbol{W}}=[(\lambda_1-\hat{\sigma}_v^2)^{-1/2}\boldsymbol{q}_1,(\lambda_2-\hat{\sigma}_v^2)^{-1/2}\boldsymbol{q}_2,\cdots,(\lambda_N-\hat{\sigma}_v^2)^{-1/2}\boldsymbol{q}_N]^{\mathrm{H}} \tag{8.5.17}$$

2. 确定酉矩阵

如前所述，白化过程已经使用了观测向量自相关矩阵在零序号 $\boldsymbol{R}_x(0)$的全部信息，酉矩阵因子 $\boldsymbol{U}$ 不能由白化确定，这里，利用向量自相关矩阵在 $k\neq 0$ 时的信息确定矩阵 $\boldsymbol{U}$。观察式(8.5.13)的白化向量在 $k\neq 0$ 时的自相关矩阵

$$\boldsymbol{R}_z(k)=\boldsymbol{W}\boldsymbol{R}_x(k)\boldsymbol{W}^{\mathrm{H}},\quad k\neq 0 \tag{8.5.18}$$

式(8.5.7)代入式(8.5.18)，利用式(8.5.11)的定义，得

$$\boldsymbol{R}_z(k)=\boldsymbol{U}\boldsymbol{R}_s(k)\boldsymbol{U}^{\mathrm{H}},\quad k\neq 0 \tag{8.5.19}$$

由式(8.5.5)知 $\boldsymbol{R}_s(k)$是对角矩阵，式(8.5.19)说明白化后信号的自相关矩阵 $\boldsymbol{R}_z(k)$可由酉矩阵 $\boldsymbol{U}$ 进行对角化。为了说明对角化矩阵 $\boldsymbol{U}$ 是唯一的，利用矩阵理论的谱定理。

定理(谱定理)　一个矩阵 $\boldsymbol{M}$ 被称为正规矩阵，则满足 $\boldsymbol{M}\boldsymbol{M}^{\mathrm{H}}=\boldsymbol{M}^{\mathrm{H}}\boldsymbol{M}$。对于正规矩阵 $\boldsymbol{M}$，存在一个酉矩阵 $\boldsymbol{U}$ 和一个对角矩阵 $\boldsymbol{D}$，使得 $\boldsymbol{M}=\boldsymbol{U}\boldsymbol{D}\boldsymbol{U}^{\mathrm{H}}$，即正规矩阵可由酉矩阵对角化。

结合谱定理和式(8.5.19)，可得到如下定理8.5.1。该定理给出了由矩阵 $\boldsymbol{R}_z(k)$，$k\neq 0$ 出发确定酉矩阵 $\boldsymbol{U}$ 的原理。

定理 8.5.1　(唯一性定理一)：对于 $k\neq 0$ 的标号，若有酉矩阵 $\boldsymbol{V}$ 满足

$$\boldsymbol{V}^{\mathrm{H}}\boldsymbol{R}_z(k)\boldsymbol{V}=\mathrm{diag}\{d_1,d_2,\cdots,d_N\} \tag{8.5.20a}$$

对于任意

$$1\leqslant i\neq j\leqslant N,\quad \rho_i(k)\neq\rho_j(k)$$

则有如下结论

(1) $\boldsymbol{V}$ 与 $\boldsymbol{U}$ 实质相等，即 $\boldsymbol{V}\doteq\boldsymbol{U}$；

(2) $\{d_1,d_2,\cdots,d_N\}$是$\{\rho_1(k),\rho_2(k),\cdots,\rho_N(k)\}$的一个重新排序。

定理8.5.1说明，对于自相关矩阵 $\boldsymbol{R}_z(k)$，只要求得一个酉矩阵 $\boldsymbol{V}$ 将其对角化，则该酉矩阵就是所要求的矩阵 $\boldsymbol{U}$，可能存在次序置换，这是盲分离故有的模糊性。定理8.5.1要求 $\boldsymbol{R}_z(k)$的各特征值不同，对于有些标号 k 可能不满足这一条件，故一种更稳健的做法是取一组不同标号的自相关矩阵$\{\boldsymbol{R}_z(k_i),i=1,2,\cdots,K\}$对其同时对角化，这样可得到对定理8.5.1的一个扩充。

定理 8.5.2　(唯一性定理二)：若有酉矩阵 $\boldsymbol{V}$，对于每一个 $k_i\neq 0$ 的标号，满足

$$\boldsymbol{V}^{\mathrm{H}}\boldsymbol{R}_z(k_i)\boldsymbol{V}=\mathrm{diag}\{d_1(i),d_2(i),\cdots,d_N(i)\} \tag{8.5.20b}$$

对于任意

$$1\leqslant l\neq m\leqslant N\quad d_l(i)\neq d_m(i)$$

则有如下结论

(1) $\boldsymbol{V}$ 与 $\boldsymbol{U}$ 实质相等，即 $\boldsymbol{V}\doteq\boldsymbol{U}$；

(2) $\{d_1(i),d_2(i),\cdots,d_N(i)\}$是$\{\rho_1(k_i),\rho_2(k_i),\cdots,\rho_N(k_i)\}$的一个重新排序。

定理8.5.2说明，如果对于一组自相关矩阵$\{\boldsymbol{R}_z(k_i),i=1,2,\cdots,K\}$，能够找到一个酉矩阵 $\boldsymbol{V}$ 对其进行了联合对角化，则 $\boldsymbol{V}$ 与 $\boldsymbol{U}$ 实质相等。从统计意义上讲，对一组自相关矩阵的联合对角化具有更好的统计性能。

实际中，由样本集$\{\boldsymbol{x}(n),n=0,1,\cdots,T-1\}$通过白化 $\boldsymbol{z}(n)=\boldsymbol{W}\boldsymbol{x}(n)$产生白化样本集$\{\boldsymbol{z}(n),n=0,1,\cdots,T-1\}$，则对于 $k_i>0$ 有

$$\hat{\boldsymbol{R}}_z(k_i)=\frac{1}{T}\sum_{n=k_i}^{T-1}\boldsymbol{z}(n)\boldsymbol{z}^{\mathrm{H}}(n-k_i) \tag{8.5.21}$$

3. 联合对角化

由前面原理性的讨论可见，关键的问题只剩下怎样有效地对一组不同标号下的自相关矩阵$\{\boldsymbol{R}_z(k_i), i=1,2,\cdots,K\}$进行联合对角化。为了一般性，设有一个 $N\times N$ 维矩阵$\boldsymbol{M}$，其非对角线元素能量定义为

$$\mathrm{off}(\boldsymbol{M})=\sum_{1\leqslant i\neq j\leqslant N}|M_{ij}|^2 \tag{8.5.22}$$

对正规矩阵正交化是指找到一个酉矩阵$\boldsymbol{U}$，使得 $\mathrm{off}(\boldsymbol{U}^{\mathrm{H}}\boldsymbol{M}\boldsymbol{U})=0$。

对于一组矩阵$\mathcal{M}=\{\boldsymbol{M}_k, k=1,2,\cdots,K\}$，定义目标函数

$$C(\mathcal{M},\boldsymbol{U})=\sum_{k=1}^{K}\mathrm{off}(\boldsymbol{U}^{\mathrm{H}}\boldsymbol{M}_k\boldsymbol{U}) \tag{8.5.23}$$

联合对角化的目的是求$\boldsymbol{U}$，使得 $C(\mathcal{M},\boldsymbol{U})=0$。理论上可以证明若每一个$\boldsymbol{M}_k$ 是满足一定条件的正规矩阵，严格的联合对角化是可以实现的，但对现在面对的问题，每个$\boldsymbol{M}_k$ 相当于一个估计的自相关矩阵$\hat{\boldsymbol{R}}_z(k_i)$，不严格满足正规条件，因此，只要能够做到逼近联合对角化就可以了，故问题是找到$\boldsymbol{U}$，使 $C(\mathcal{M},\boldsymbol{U})$达到最小。

联合对角化是求矩阵特征值的传统 Jacobi 方法的推广（实质是 Givens 旋转算法），Jacobi 方法实质是将矩阵对角化，最后的对角元素即为矩阵特征值，联合对角化要同时考虑多个矩阵。为了简单起见从每个矩阵$\boldsymbol{M}_k$ 中抽取 4 个元素，其为 p,q 行和 p,q 列相交的 4 个元素，组成

$$\boldsymbol{H}_k=\begin{bmatrix}a_k & b_k\\ c_k & d_k\end{bmatrix} \tag{8.5.24}$$

注意这里 $a_k=[\boldsymbol{M}_k]_{pp}, b_k=[\boldsymbol{M}_k]_{pq}, c_k=[\boldsymbol{M}_k]_{qp}, d_k=[\boldsymbol{M}_k]_{qq}$，为了简化符号用 a_k 等表示。求一个酉矩阵$\boldsymbol{V}$，其形式为

$$\boldsymbol{V}=\begin{bmatrix}\cos\theta & \mathrm{e}^{\mathrm{j}\phi}\sin\theta\\ -\mathrm{e}^{-\mathrm{j}\phi}\sin\theta & \cos\theta\end{bmatrix} \tag{8.5.25}$$

希望求参数 θ 和 ϕ 使得

$$C(\mathcal{H},\boldsymbol{V})=\sum_{k=1}^{K}\mathrm{off}(\boldsymbol{V}^{\mathrm{H}}\boldsymbol{H}_k\boldsymbol{V}) \tag{8.5.26}$$

最小。为方便记

$$\boldsymbol{H}'_k=\boldsymbol{V}^{\mathrm{H}}\boldsymbol{H}_k\boldsymbol{V}=\begin{bmatrix}a'_k & b'_k\\ c'_k & d'_k\end{bmatrix} \tag{8.5.27}$$

由于$\boldsymbol{V}$是酉矩阵，容易证明，使式(8.5.26)最小，等价于式(8.5.28)最大

$$\begin{aligned}C(\theta,\phi)&=\sum_{k=1}^{K}|a'_k-d'_k|^2\\&=\sum_{k=1}^{K}|(a_k-d_k)\cos2\theta-(b_k+c_k)\sin2\theta\cos\phi-j(c_k-b_k)\sin2\theta\sin\phi|^2\end{aligned} \tag{8.5.28}$$

式(8.5.28)只有 θ 和 ϕ 两个未知参数，对其求最大可确定这两个参数，由此确定矩阵$\boldsymbol{V}$。

以上为简单起见，讨论了从大矩阵中取出由 p,q 确定位置的 4 个元素，组成 2×2 维小矩阵，得到获取联合对角化这组小矩阵的酉矩阵$\boldsymbol{V}$，实际中，对于一个 p,q 对，真正做对角化的酉矩阵是 $N\times N$ 维矩阵，记为$\boldsymbol{V}(p,q)$，它的形式为

$$\mathbf{V}(p,q)=\begin{bmatrix}1 & \cdots & 0 & \cdots & 0 & \cdots & 0\\ \vdots & \ddots & \vdots & & \vdots & & \vdots\\ 0 & \cdots & c & \cdots & s & \cdots & 0\\ \vdots & & \vdots & \ddots & \vdots & & \vdots\\ 0 & \cdots & -s & \cdots & c & \cdots & 0\\ \vdots & & \vdots & & \vdots & \ddots & \vdots\\ 0 & \cdots & 0 & \cdots & 0 & \cdots & 1\end{bmatrix}\begin{matrix}\\ \\ p\\ \\ q\\ \\ \\ \end{matrix} \quad (8.5.29)$$

$$\qquad\qquad p \qquad\qquad q$$

注意到 $c=\cos\theta$ 和 $s=\mathrm{e}^{\mathrm{j}\phi}\sin\theta$。

对于一组矩阵$\{\boldsymbol{M}_k, k=1,2,\cdots,K\}$，定义初始矩阵$\boldsymbol{U}=\boldsymbol{I}$，和 $c_{ij}=\sum_{k=1}^{K}|[\boldsymbol{M}_k]_{ij}|$ 按照 $1\leqslant p<q\leqslant N$ 方式，选择一个(p,q)使得 $c_{pq}=\max_{i\neq j} c_{ij}$，利用最大化式(8.5.27)确定 θ 和 ϕ 参数，得到式(8.5.29)的矩阵 $\mathbf{V}(p,q)$，则 $\boldsymbol{U}\Leftarrow\boldsymbol{U}\mathbf{V}(p,q)$，继续确定下一个$(p,q)$，重复该过程直到满足结束条件。注意，理想的结束条件是 $C(\mathcal{M},\boldsymbol{U})=0$，实际中，只要 $C(\mathcal{M},\boldsymbol{U})$小于一个预定的门限或 $C(\mathcal{M},\boldsymbol{U})$不再减小都可以作为实际停止条件。

4. SOBI 算法描述

通过以上的讨论，将 SOBI 算法总结于表 8.5.1 中。

表 8.5.1 SOBI 算法描述

1. 估计$\hat{\boldsymbol{R}}_x(0)$，计算其 N 个特征值$\lambda_1,\cdots,\lambda_N$ 和相应特征向量 $\boldsymbol{q}_i, i=1,2,\cdots,\boldsymbol{N}$;
2. 估计噪声方差 $\hat{\sigma}_v^2$，得到估计的白化矩阵

$$\hat{\boldsymbol{W}}=[(\lambda_1-\hat{\sigma}_v^2)^{-1/2}\boldsymbol{q}_1,(\lambda_2-\hat{\sigma}_v^2)^{-1/2}\boldsymbol{q}_2,\cdots,(\lambda_N-\hat{\sigma}_v^2)^{-1/2}\boldsymbol{q}_N]^{\mathrm{H}}$$

计算白化向量 $\boldsymbol{z}(n)=\hat{\boldsymbol{W}}\boldsymbol{x}(n)$;

3. 利用计算得到的白化向量集，计算$\{\hat{\boldsymbol{R}}_z(k_i), i=1,2,\cdots,K\}$;
4. 通过联合对角化$\{\hat{\boldsymbol{R}}_z(k_i), i=1,2,\cdots,K\}$得到酉矩阵$\hat{\boldsymbol{U}}$;
5. 则每个时刻的源信号估计为$\hat{\boldsymbol{s}}(n)=\hat{\boldsymbol{U}}^{\mathrm{H}}\hat{\boldsymbol{W}}\boldsymbol{x}(n)$

若需要，可估计出混合矩阵$\hat{\boldsymbol{A}}=\boldsymbol{W}^{+}\hat{\boldsymbol{U}}$

由于没有非线性运算，SOS 类盲源分离算法运算复杂性一般低于 ICA 类算法。

8.5.2 其他 2 阶统计盲源分离算法简介

还有一些其他的利用 2 阶统计的盲源分离算法，思路上比较接近，都是利用了向量 2 阶矩阵特征的时间结构。较早的代表性算法是 Tong 等给出 AMUSE 算法，AMUSE 实质上是一种信道识别算法，目的是用于估计混合矩阵，其结果也可以用于盲源分离。上一小节给出的 SOBI 算法其实是 AMUSE 算法的扩展，另一种扩展是 Ziehe 等提出的 TDSEP 算法。

SOBI 算法的一种直接改进是 SOBI-RO 算法(SOBI with Robust Orthogonalization)，该方法对 SOBI 的改进主要集中在更为健壮的白化方法上，以运算量为代价，获得了更好的

分离效果。SONS 算法(Second Order Nonstationary Source Separation)是由 S. Choi 和 A. Cichocki 提出的[12],通过利用不同时间窗内不同时延的相关函数,在低信噪比的条件下具有很好的效果。EVD2 算法(SOS BSS algorithm based on symmetric EVD)通过对不同时延的相关矩阵的线性组合进行特征值分解(eigenvalue decomposition (EVD))得到,该方法由 Georgiev 等提出[17]。

这类算法从思路上讲比较接近,本节不再详述,仅简单把 SONS 算法的流程列于表 8.5.2 供参考。对于其他算法的细节可参考相关论文。

表 8.5.2 SONS 算法流程

1. 选择时延 τ,对时延自相关函数 $\boldsymbol{R}_x(\tau)$进行 SVD 分解:$\boldsymbol{R}_x(\tau)=\boldsymbol{U}_x\Lambda_x\boldsymbol{U}_x^{\mathrm{H}}$,得到白化后的信号:$\boldsymbol{z}(n)=\Lambda_x^{-\frac{1}{2}}\boldsymbol{U}_x^{\mathrm{H}}\boldsymbol{x}(n)$;
2. 将观测信号分为 K 个不重合的时间窗,在每个时间窗内计算 J 个不同时延自相关函数,得到 $\{\boldsymbol{R}_{x,t_k}(\tau_j)\}$,$k=1,\cdots,K$,$j=1,\cdots,J$;
3. 对$\{\boldsymbol{R}_{x,t_k}(\tau_j)\}$同时对角化。得到正交矩阵 $\boldsymbol{V}$。最终的分离矩阵 $\boldsymbol{W}$ 为:

$$\boldsymbol{W}=\boldsymbol{V}^{\mathrm{H}}\Lambda_x^{-\frac{1}{2}}\boldsymbol{U}_x^{\mathrm{H}}$$

*8.6 卷积混合盲源分离

与前两节研究的瞬时混合方式不同,在许多实际情况下得到的观测信号或传感器接收信号往往是线性卷积混合的。本节对卷积混合的表示和分离原理进行介绍,也给出分离算法的简要介绍。

8.6.1 卷积混合模型

图 8.6.1 是一个卷积混合的典型例子。典型无线通信系统中,一个天线阵列端接收到的信号 $x_1(t)$不仅由源信号 $s_1(t)$在直接传输中产生的接收信号,还有源信号 $s_1(t)$通过多径效应产生的接收信号,而且还有其他源信号 $s_2(t),\cdots,s_N(t)$产生的接收信号。路径不同的同一源信号到达接收天线端同一天线时刻也是不同的。因此,图 8.6.1 的观测信号 $\boldsymbol{x}(t)=[x_1(t),x_2(t),\cdots,x_M(t)]^{\mathrm{T}}$ 可以建模为

$$\begin{aligned}
x_1(t) &= \sum_{l=0}^{L-1}h_{11}(l)s_1(t-l)+\cdots+\sum_{l=0}^{L-1}h_{1N}(l)s_N(t-l)\\
x_2(t) &= \sum_{l=0}^{L-1}h_{21}(l)s_1(t-l)+\cdots+\sum_{l=0}^{L-1}h_{2N}(l)s_N(t-l)\\
&\vdots\\
x_M(t) &= \sum_{l=0}^{L-1}h_{M1}(l)s_1(t-l)+\cdots+\sum_{l=0}^{L-1}h_{MN}(l)s_N(t-l)
\end{aligned}\tag{8.6.1}$$

这里 t 表示离散时间,$h_{ij}(l)$表示传输信道单位抽样响应,其描述的是第 j 个信号源到第 i 根天线之间的传输,这里 $i=1,2,\cdots,M$;$j=1,2,\cdots,N$;其中 L 定义的是传输信道响应的 FIR 滤波器阶数,此处建模采用的是 L 阶 FIR 滤波器。式(8.6.1)写成更加紧凑的形式

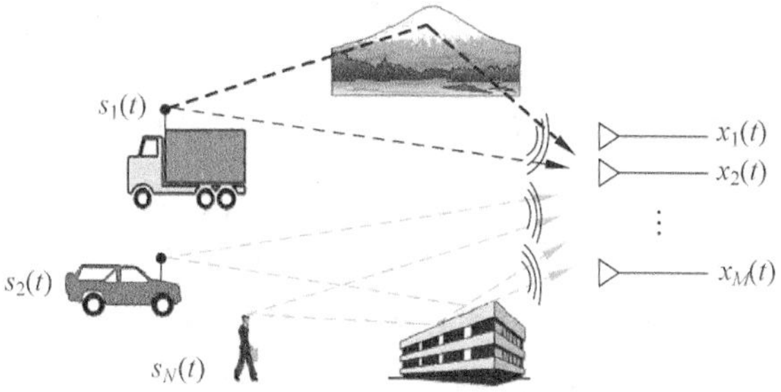

图 8.6.1　一个典型卷积混合例子——无线通信系统

$$x_i(t) = \sum_{j=1}^{N}\sum_{l=0}^{L-1} h_{ij}(l)s_j(t-l), \quad i=1,2,\cdots,M \tag{8.6.2}$$

把源信号的混合过程看成是卷积运算 $*$，则式(8.6.2)可以写成更简化为

$$x_i(t) = \sum_{j=1}^{N} h_{ij}(t) * s_j(t), \quad i=1,2,\cdots,M \tag{8.6.3}$$

其中用 $h_{ij}(t)=[h_{ij}(0),h_{ij}(1),\cdots,h_{ij}(L-1)]^{\mathrm{T}}$ 表示 FIR 滤波器的单位抽样响应。将式(8.6.3)写成矩阵形式有

$$\begin{bmatrix} x_1(t) \\ \vdots \\ x_M(t) \end{bmatrix} = \begin{bmatrix} h_{11}(t) & \cdots & h_{1N}(t) \\ \vdots & \ddots & \vdots \\ h_{M1}(t) & \cdots & h_{MN}(t) \end{bmatrix} * \begin{bmatrix} s_1(t) \\ \vdots \\ s_N(t) \end{bmatrix} \tag{8.6.4}$$

式(8.6.4)可写成更紧凑的形式

$$\boldsymbol{x}(t) = \boldsymbol{H}(t) * \boldsymbol{s}(t) \tag{8.6.5}$$

式(8.6.5)定义了卷积盲源分问题的混合模型，其中 $\boldsymbol{s}(t)=[s_1(t),s_2(t),\cdots,s_N(t)]^{\mathrm{T}}$，$\boldsymbol{H}\in R^{M\times N\times L}$定义了未知线性时不变多输入多输出卷积传输信道，其每个元素都是阶数为 L 的 FIR 滤波器。

式(8.6.5)是卷积混合模型的时域形式，如果转换到了(复)频域，则卷积混合模型能够被简化，因为在时域中的卷积运算到(复)频域变成了乘法运算。为简化表示，对时域模型作 z 变换，式(8.6.3)可写为

$$X_i(z) = \sum_{j=1}^{N} H_{ij}(z)S_j(z), \quad i=1,2,\cdots,M \tag{8.6.6}$$

其中 $X_i(z)$，$S_j(z)$分别是 $x_i(t)$，$s_j(t)$的 z 变换，其定义为

$$X_i(z) = \sum_{r=0}^{T} x_j(r)z^{-r} \tag{8.6.7}$$

$$S_i(z) = \sum_{r=0}^{T} s_j(r)z^{-r} \tag{8.6.8}$$

式(8.6.6)中 $H_{ij}(z)$表示第 j 个源与第 i 根天线的传递函数，其可写成

$$H_{ij}(z) = \sum_{r=0}^{L-1} h_{ij}(r)z^{-r} \tag{8.6.9}$$

式(8.6.6)可写成矩阵形式

$$\begin{bmatrix} X_1(z) \\ \vdots \\ X_M(z) \end{bmatrix} = \begin{bmatrix} H_{11}(z) & \cdots & H_{1N}(z) \\ \vdots & \ddots & \vdots \\ H_{M1}(z) & \cdots & H_{MN}(z) \end{bmatrix} \begin{bmatrix} S_1(z) \\ \vdots \\ S_N(z) \end{bmatrix} \tag{8.6.10}$$

(复)频域紧凑形式为

$$\boldsymbol{X}(z) = \boldsymbol{H}(z)\boldsymbol{S}(z) \tag{8.6.11}$$

其中 $\boldsymbol{X}(z)=[X_1(z),X_2(z),\cdots,X_M(z)]^{\mathrm{T}}$；$\boldsymbol{H}(z)$是 $M\times N$ 维传递函数矩阵，其元素是信道传递函数 $H_{ij}(z)$，$\boldsymbol{S}(z)=[S_1(z),S_2(z),\cdots,S_N(z)]^{\mathrm{T}}$。

注意到，式(8.6.11)表示的卷积混合系统的频域表示与时域表示式(8.6.5)对比可发现，时域的卷积运算变成了频域的乘法运算。

8.6.2 卷积混合的分离模型

卷积混合的盲源分离问题的目标是寻找多路独立源信号的估计

$$\boldsymbol{y}(t) = [y_1(t),y_2(t),\cdots,y_N(t)]^{\mathrm{T}}$$

为了实现此目标，没有必要先估计混合系统中的混合矩阵 H，其可以通过寻找一个分离滤波器矩阵 W 来得到目标信号。分离滤波器既可以通过具有前馈结构的 FIR 滤波器实现，也可以通过具有反馈结构的 IIR 滤波器实现，本节只介绍 FIR 结构。

一个卷积盲源分离问题的前馈结构分离系统如图 8.6.2 所示。FIR 分离系统可表示为

$$y_j(t) = \sum_{i=1}^{M}\sum_{l=0}^{D-1} w_{ji}(l)x_i(t-l), \quad j=1,2,\cdots,N \tag{8.6.12}$$

写成矩阵形式有

$$\boldsymbol{y}(t) = \boldsymbol{W}(t) * \boldsymbol{x}(t) \tag{8.6.13}$$

其中 $\boldsymbol{W}\in R^{N\times M\times D}$定义了分离系统的分离矩阵，其每个元素都是阶数为 D 的 FIR 滤波器系数。

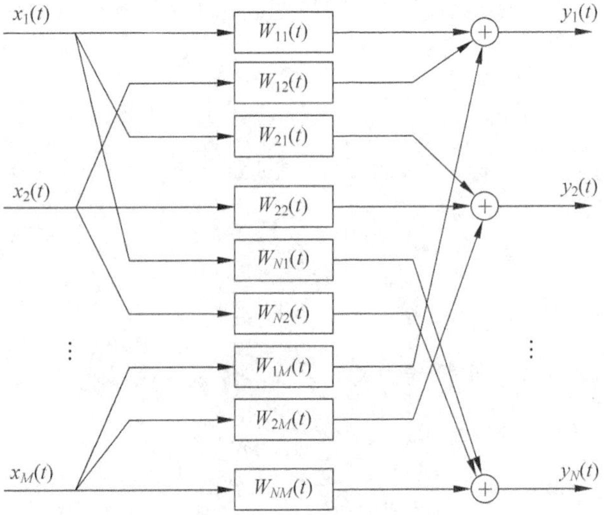

图 8.6.2 前馈结构分离系统

同混合系统一样，式(8.6.12)可以通过 z 变换写成复频域形式

$$Y_j(z)=\sum_{i=1}^{M}W_{ji}(z)X_i(z),\quad j=1,2,\cdots,N \tag{8.6.14}$$

其中 $Y_j(z)$ 是分离信号 $y_j(t)$ 的 z 变换；$W_{ji}(z)$ 是分离系统函数的复频域表示。它们可写为

$$Y_i(z)=\sum_{r=0}^{T}y_j(r)z^{-r} \tag{8.6.15}$$

$$W_{ij}(z)=\sum_{r=0}^{D-1}w_{ij}(r)z^{-r} \tag{8.6.16}$$

式(8.6.14)的矩阵简化形式可写为

$$\boldsymbol{Y}(z)=\boldsymbol{W}(z)\boldsymbol{X}(z) \tag{8.6.17}$$

其中 $\boldsymbol{y}(z)=[Y_1(z),Y_2(z),\cdots,Y_N(z)]^{\mathrm{T}}$；$\boldsymbol{W}$ 是 $N\times M$ 维系统函数矩阵，其元素是解混合系统函数 $W_{ij}(z)$。

8.6.3　卷积混合的分离算法简介

限于篇幅，这里只给出卷积混合分离算法的一个简单的介绍，相关细节可参考相关文献。

1. 直接向量扩展方法

将式(8.6.2)卷积模型中用到的源信号及其延迟扩展到一个向量中，为简单设 $M=N$，最大延迟数小于 L，则扩展源向量和扩展观测向量分别为

$$\tilde{\boldsymbol{s}}(t)=[s_1(t),s_1(t-1),\cdots,s_1(t-L+1),\cdots,s_N(t),s_N(t-1),\cdots,s_N(t-L+1)]^{\mathrm{T}} \tag{8.6.18}$$

和

$$\tilde{\boldsymbol{x}}(t)=[x_1(t),x_1(t-1),\cdots,x_1(t-L+1),\cdots,x_N(t),x_N(t-1),\cdots,x_N(t-L+1)]^{\mathrm{T}} \tag{8.6.19}$$

通过扩展向量，把卷积混合模型变成等价的即时混合模型，即

$$\tilde{\boldsymbol{x}}(t)=\widetilde{\boldsymbol{H}}\,\tilde{\boldsymbol{s}}(t) \tag{8.6.20}$$

这里 $\widetilde{\boldsymbol{H}}$ 是 $LN\times LN$ 维混合矩阵。

利用式(8.6.20)的等价模型，把 $\tilde{\boldsymbol{s}}(t)$ 作为待求的源信号，则 8.4 节和 8.5 节的 BSS 算法都可以直接应用。但这里的问题是系统的规模可能会非常大，求解复杂性将变得很高。

2. 时域迭代算法

这里仅简要介绍 Amari 等提出的一个时域迭代算法，这个算法是对 8.4 节介绍的自然梯度算法的推广。

在卷积混合情况下，分离系统的输出记为

$$\boldsymbol{y}(t)=\sum_{k=0}^{D}\boldsymbol{W}_k(t)\boldsymbol{x}(t-k) \tag{8.6.21}$$

这里 $\boldsymbol{W}_k(t)$ 表示 FIR 滤波器第 k 个延迟系数矩阵，该系数矩阵按下式更新

$$\Delta\boldsymbol{W}_k(t)=\mu_k(\boldsymbol{W}_k(t)-\boldsymbol{g}(\boldsymbol{y}(t-D))\boldsymbol{v}^{\mathrm{T}}(t-k)),\quad k=0,1,\cdots,D \tag{8.6.22}$$

其中

$$\boldsymbol{v}(t)=\sum_{m=0}^{D}\boldsymbol{W}_{D-m}^{\mathrm{T}}(t)\boldsymbol{y}(t-m) \tag{8.6.23}$$

显然，当 $D=0$ 时，该算法退化为 8.4 节介绍的标准自然梯度算法。这个算法在运算量和性能方面都优于直接向量扩展的方法。

3. 频域迭代算法

由式(8.6.11)表示的复频域卷积混合模型，时域卷积过程变成复频域的乘积模型，相应地式(8.6.17)的复频域分离模型也是乘积模型，由于 z 变换不方便于通过信号样本集的求解，故用离散傅里叶变换(DFT)代替 z 变换用于频域的盲源分离算法的实现。式(8.6.17)的 DFT 形式为

$$\boldsymbol{Y}(\omega_k)=\boldsymbol{W}(\omega_k)\boldsymbol{X}(\omega_k) \tag{8.6.24}$$

即在每个频点 ω_k 上，都相当于是即时混合，因此对于一个频点 ω_k 使用瞬时分离算法(如第 8.4 节和 8.5 节的方法)求解每一个 $\boldsymbol{W}(\omega_k)$。当样本数目 T 很长时，若直接对很长的数据窗做 DFT，使得频点数 ω_k 过多，且对一个频点来讲缺乏足够的样本进行平均或迭代，因此，实际上，把样本总数 T 划分成 J 段，每段样本点数为 K，只做 K 点 DFT，只有 K 个频点 $\omega_k=2\pi k/K$，用一个滑动窗来选取每一段，故实际上对每个观测信号分量 $x_i(t)$ 做滑窗 DFT 为

$$X_i(\omega_k,\tau_j)=\sum_{r=0}^{K-1}x_i(\tau_j+r)w(r)\mathrm{e}^{-\mathrm{j}2\pi kr/K} \tag{8.6.25}$$

这里，τ_j 是第 j 个时间段的起点，$\tau_j=jK$，$j=0,1,\cdots,J-1$，$w(r)$ 是长度为 K 的窗函数，可以是矩形窗、汉明窗等。频域解混表示为

$$Y_m(\omega_k,\tau_j)=\sum_{i=1}^{M}W_{mi}(\omega_k)X_i(\omega_k,\tau_j),\quad m=1,2,\cdots,N \tag{8.6.26}$$

其中，式(8.6.26)中 $W_{mi}(\omega_k)$ 定义了第 m 个输出与第 i 根观测信号之间的频率响应，其可写成：

$$W_{mi}(\omega_k)=\sum_{r=0}^{D-1}w_{mi}(r)\mathrm{e}^{-\mathrm{j}2\pi kr/K} \tag{8.6.27}$$

要求 K 的选择满足解混系统 $w_{mi}(r)$ 的有效延迟数 D 小于等于 K。式(8.6.26)的矩阵形式为

$$\boldsymbol{Y}(\omega_k,\tau_j)=\boldsymbol{W}(\omega_k)\boldsymbol{X}(\omega_k,\tau_j),\quad j=0,1,\cdots,J-1 \tag{8.6.28}$$

对于频域解混，J 相当于样本集数目，由式(8.6.28)可以看出，卷积混合的分离问题转化成了频点 $\omega_1,\omega_2,\cdots,\omega_K$ 的瞬时分离问题，在每个频点 ω_k 上，可使用瞬时分离算法进行求解。

但是，频域分离算法也不是完美的，在频域分离算法中，首先因为 DFT 变换，实数形式信号变换后都成了复数形式的信号，因此需要使用复数信号的瞬时混合盲源分离算法，由于 8.4 节集中于实数信号的讨论，对复信号分离问题在 8.7 节做扼要说明。另外，由于瞬时盲源分离问题存在两个不确定性，在每个频点分离的信号都是随机排序以及幅度不确定性。因此，为了得到很好的分离性能不仅需要解决同一源在不同频点的各成分幅度模糊性，还要解决同一源在不同频点的排序顺序问题，这两个问题是频域方法需要解决的特殊问题，已有一些方法用于解决这些问题，本节不再详述其细节，有兴趣的读者可参考 Sawada 等的论文[40]。考虑到排序和幅度校正，完整的卷积混合的频域分离算法示意图如图 8.6.3 所示。频域解获得以后，通过 IFFT 得到分离源信号的时域解。

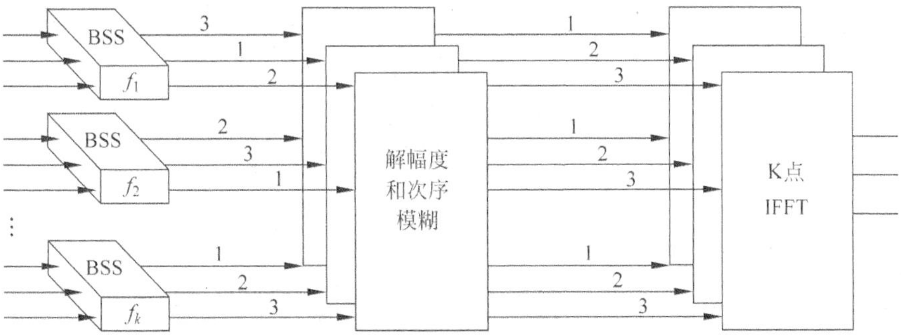

图 8.6.3 完整的卷积混合的频域分离算法示意图

本节讨论的卷积混合的盲源分离问题与第 5 章讨论的盲均衡问题有密切的相关性，当只有一个源信号经过卷积信道得到观测信号时，本节的问题就变成了盲均衡问题，可以用 Bussgang 类算法恢复源信号。

*8.7 其他 BSS 方法简介

还有一些其他方法用于解 BSS 问题或相关联的问题，本章限于篇幅不再详细讨论，只对其中的几个方法做一些非常简单的介绍，感兴趣的读者可参考相应文献。

1. 稀疏分量分析(SCA)

在标准 ICA 算法中，假设观测向量维数大于或等于源向量维数，即 $M\geqslant N$。当 $M<N$ 时，称为欠确定问题，一般 ICA 方法无法正确分离源信号。当源信号具有特殊的性质可以应用时，由欠确定观测仍可能分离出全部源信号分量，其中稀疏性是一种常用的信号特性。

稀疏性和信号的稀疏表示已成为信号处理中的一个重要的研究方向，本书第 11 章较详细讨论这一问题，本节只是简单地将稀疏理解为一个信号在大多数时间里取值为 0。

常见的稀疏分量分析需要分两步来进行，一是对混合矩阵 $\boldsymbol{A}$ 的估计，二是对源信号进行重建。这里不详细讨论 SCA 问题，仅仅通过一个例子说明，在稀疏条件下，通过欠确定观察可分离源信号。

以 $M=2,N=3$ 的即时混合模型为例，即

$$x_1(t)=a_{11}s_1(t)+a_{12}s_2(t)+a_{13}s_3(t) \tag{8.7.1}$$

$$x_2(t)=a_{21}s_1(t)+a_{22}s_2(t)+a_{23}s_3(t) \tag{8.7.2}$$

假设源信号在时域稀疏，总可以找到一组采样点集$\{t_k\}$，使得 $s_1(t_k)\neq 0, s_2(t_k)=0$，$s_3(t_k)=0$，在这些采样点下，有：

$$\left.\begin{aligned}x_1(t_k)&=a_{11}s_1(t_k)\\x_2(t_k)&=a_{21}s_1(t_k)\end{aligned}\right\}\rightarrow\frac{x_1(t_k)}{x_2(t_k)}=\frac{a_{11}}{a_{21}} \tag{8.7.3}$$

同样可以得到一系列满足 $x_1(t_j)/x_2(t_j)=a_{21}/a_{22}$ 的采样点集$\{t_j\}$，满足 $x_1(t_l)/x_2(t_l)=a_{13}/a_{23}$的采样点集$\{t_l\}$。图 8.7.1(a)前 3 行表示 3 个稀疏的源信号，后两行是其混合的信号，图 8.7.1(b)画出以 x_1,x_2 为横纵坐标的观测信号分布图，其上将会出现三条直线，这是源信号稀疏性的很直观解释。

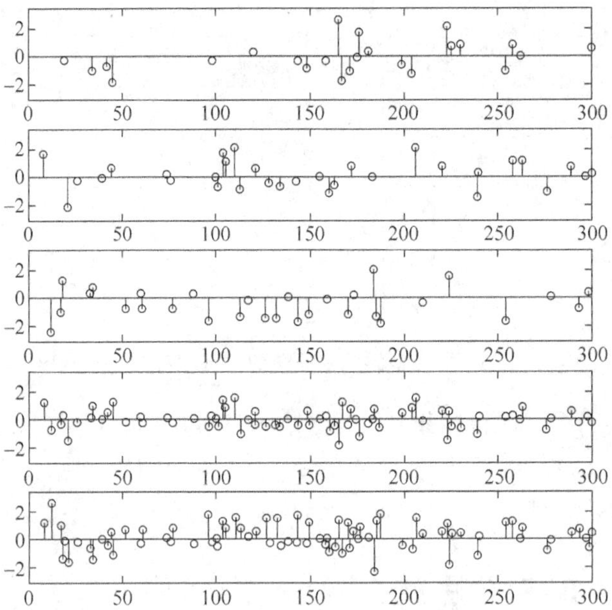

(a) 源信号与欠定混合信号

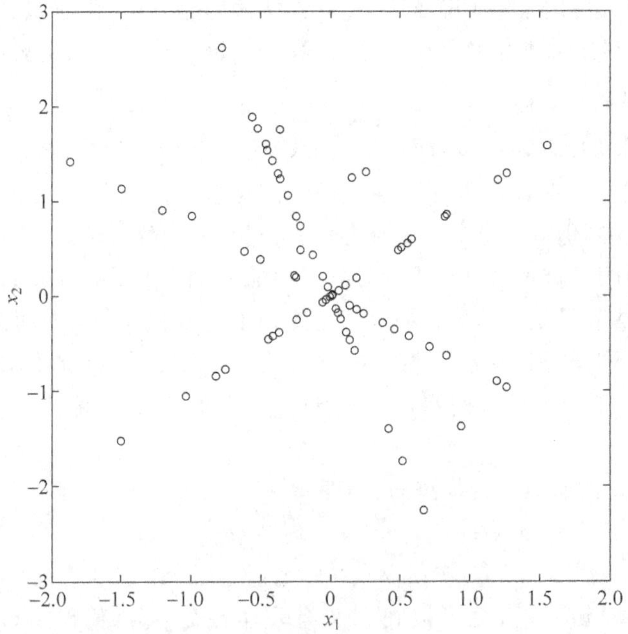

(b) 以x_1,x_2为坐标的观察信号图

图 8.7.1

可以借由图 8.7.1 通过直线拟合或者聚类的方法得到 a_{11}/a_{21},a_{12}/a_{22},a_{13}/a_{23}。同独立分量分析一样,稀疏分量分析并不要求保持源信号的次序及幅值信息,因而可以加入如下归一化的限制条件,这样就可以获得 $\boldsymbol{A}$ 的系数。

$$\sum_{j=1}^{N} a_{ij}^2 = 1 \tag{8.7.4}$$

SCA 问题更一般性地描述为：当观察信号数目小于源数目时，并不存在唯一最优解，此时需要使用迭代的方法寻找一个最合理的解，比如寻找使各分离源信号最稀疏的解。由此将 SCA 转化为如下式的优化问题

$$\begin{aligned} &\min \sum_{t=1}^{T} \| \boldsymbol{s}(t) \|_0 \\ &\text{s.t.} \quad \boldsymbol{As}(t) = \boldsymbol{x}(t) \end{aligned} \tag{8.7.5}$$

这里“s. t.”是“subject to”(服从于)的缩写，值得注意的是根据稀疏性的要求，这里 $\|\cdot\|$ 选取的是 l_0 泛数，而 l_0 泛数不连续，不适合于优化运算，故在实践中 l_0 泛数一般用 l_1 泛数取代，而 Donoho 在文献[16]中也证明了在一般情况下这种取代是合理的。

实际应用中，大多数信号在时域并不稀疏，但在其他的变换域却呈现出了稀疏性，比如某些信号的时频分布(Time-Frequency Distribution，TFD)是稀疏的，可通过时频变换来实现盲源分离[18][32]。

2. 复数据 ICA 算法

第 8.4 节讨论的实信号 ICA 大多通过修改后可应用于复信号情况。注意到，对于线性估计问题，很多情况下，简单地将对向量和矩阵的转置符号“T”替换为共轭转置“H”，即可完成从实信号到复信号的转换。但对于非线性处理系统，问题将更复杂，本节不做推导，仅仅简单介绍有关算法的复信号情况。最常用的 ICA 算法是 Fast-ICA，对于一元 Fast-ICA，其复信号情况修改为

$$\begin{aligned} &\boldsymbol{w}^{+} = E[\boldsymbol{x}(\boldsymbol{w}^{\mathrm{H}}\boldsymbol{x})^{*} g(|\boldsymbol{w}^{\mathrm{T}}\boldsymbol{x}|^2)] - E[g(|\boldsymbol{w}^{\mathrm{T}}\boldsymbol{x}|^2) + |\boldsymbol{w}^{\mathrm{H}}\boldsymbol{x}|^2 g'(|\boldsymbol{w}^{\mathrm{T}}\boldsymbol{x}|^2)]\boldsymbol{w} \\ &\boldsymbol{w} = \frac{\boldsymbol{w}^{+}}{\|\boldsymbol{w}^{+}\|} \end{aligned}$$

除了针对实信号的算法可推广到复信号情况，也有一些专门针对复信号所设计的优化算法，例如 CMN 算法，有兴趣的读者可参考 Novey 的论文[34]。

3. 其他 ICA 算法

还有一些与 ICA 或 BSS 相关的算法，这里只给出简单的名词解释和参考文献，供有兴趣的读者参考。非负独立分量分析和非负矩阵分解的前提是源信号或混合矩阵的元素是非负的，前者的一个典型例子是图像应用[29][35][45]；有约束独立分量分析(cICA)的核心思想在于将已知的关于期望信号的先验知识加入到盲信号分离的算法之中，以求避免使用预处理和后处理带来的种种问题[33]；ICA-R(带参考信号的 ICA)算法是一种改进 ICA 技术，在该算法中先验知识是以“模板”的形式给出，即假设存在期望信号的参考信号(References)，希望从混合信号中提取出和参考信号最“相似”的源信号[27]；非线性 ICA 是考虑非线性混合情况下的解，这是一种针对更复杂的混合模型的方法[42]。

*8.8　应用和仿真实验举例

鸡尾酒会问题是刺激盲源分离问题开展研究的因素之一，BSS 的研究成果在多讲话者的分离方面取得许多应用，神经和医学信号的分离问题也是 ICA 研究的主要目标之一，得到许多研究成果。人们也将 BSS 方法应用到复杂电磁环境下多种信号的分离，例如多种通

信信号和雷达信号的分离，在机械振动测量领域也有 ICA 应用的报道。PCA 和 ICA 以及与此紧密相关的一些问题也成了机器学习领域无监督学习的一类工具。BSS 及其相关技术的应用已取得许多成果和具有很多潜在应用领域，对此本节不打算再做详细介绍。以下利用几个 BSS 的仿真实例，来帮助读者加深领会 BSS 原理。

例 8.8.1 设有两个变量 $s_i, i=1,2$ 是相互独立的，并且都为在$[-1,1]$之间均匀分布，随机产生 4000 个样本 s_1, s_2，并以其取值为坐标在平面上画一个点，样本数充分多时，可用点集合逼近 $p(\boldsymbol{s})$，如图 8.8.1(a)所示。利用 $\boldsymbol{x}=\boldsymbol{A}\boldsymbol{s}$ 产生一个新的向量，这里

$$\boldsymbol{A}=\begin{bmatrix}-0.1961 & -0.9806\\ 0.7071 & -0.7071\end{bmatrix}$$

$\boldsymbol{x}$ 的分布如图 8.81(b)所示。利用白化技术将 $\boldsymbol{x}$ 白化，白化的分布如图 8.8.1(c)所示，注意前 3 步都没有归一化，将白化结果归一化后，用 Fast-ICA 算法分离源信号，分离信号分布示于图 8.8.1(d)，可见 Fast-ICA 相当好地得到独立分量。

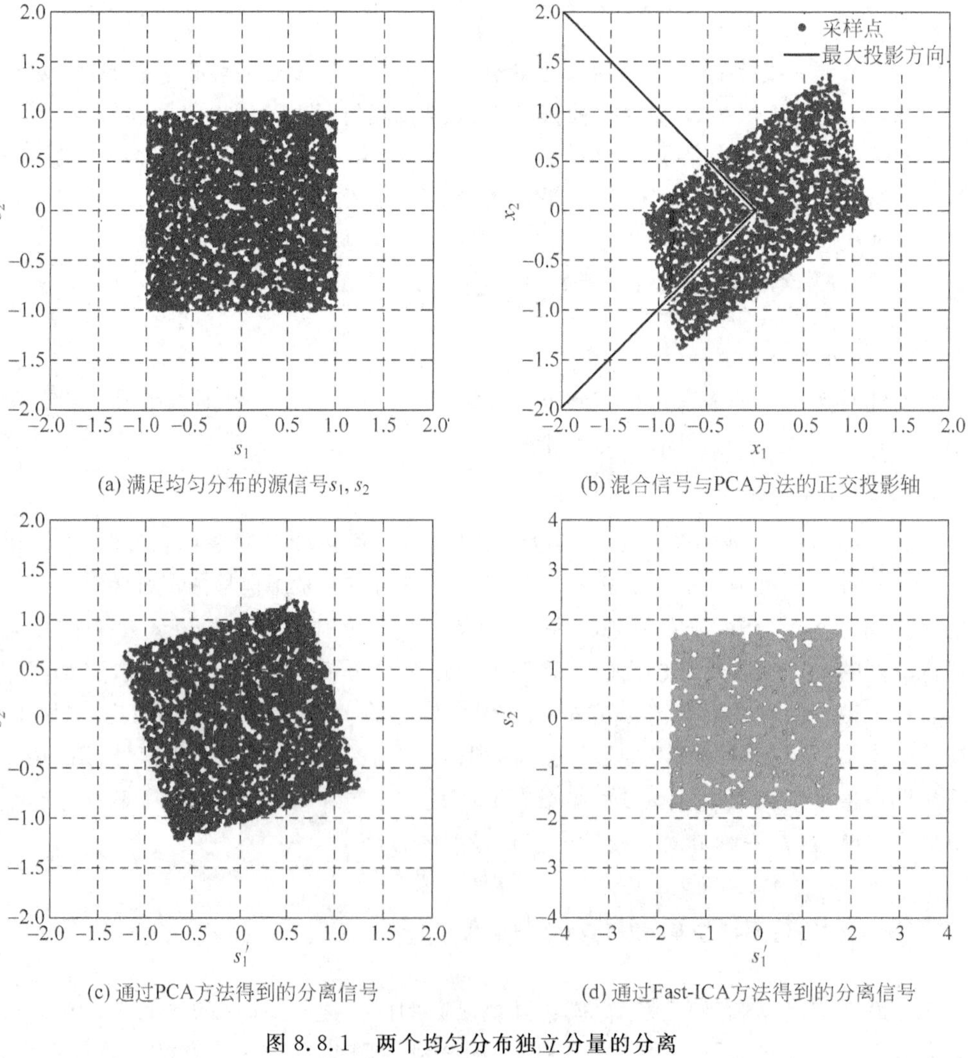

(a) 满足均匀分布的源信号s_1, s_2　(b) 混合信号与PCA方法的正交投影轴

(c) 通过PCA方法得到的分离信号　(d) 通过Fast-ICA方法得到的分离信号

图 8.8.1　两个均匀分布独立分量的分离

例 8.8.2 四路雷达信号，它们取不同的调制频率和脉冲重复频率，其中 s_1，s_2 为载波调制信号；s_3 为线性调制信号，s_4 为 Barker 脉冲编码，Barker Code 为 110。每一路信号采样点为 5×10^5 个。观察的数据包括：各路独立信号、混合后传感器接收的信号、ICA 处理后的信号、几路信号的细节表示。

混合矩阵为

$$\boldsymbol{A}=\begin{bmatrix}0.6645 & 0.9781 & 0.8507 & 0.9166\\0.7391 & 0.7978 & 0.5461 & 0.9193\\0.7986 & 0.5144 & 0.7124 & 0.7258\\0.5807 & 0.9061 & 0.6878 & 0.9783\\0.9147 & 0.8051 & 0.5831 & 0.5736\end{bmatrix}$$

四路源信号的脉冲缩略图如图 8.8.2(a)所示，为了更清楚，图 8.8.2(b)给出了第一路和第二路信号一个脉冲内的细节信号，图 8.8.2(c)是五路混合信号，图 8.8.2(d)是利用 Fast-ICA 分离出的 4 路源信号，图 8.8.2(e)是分离出的第一路和第二路信号一个脉冲内的细节信号。

仿真表明，ICA 可以有效分离混合的脉冲体制雷达信号，由于雷达信号传输中存在噪声，因此，也对噪声情况下的混合进行了仿真，仿真在信噪比 20～5dB 范围进行，结果表明，随着信噪比降低分离性能下降，但分离结果仍可提取出雷达信号的基本特征，说明 ICA 用于电子侦察是一种可行的方法。限于篇幅对噪声情况下的结果不再示出。

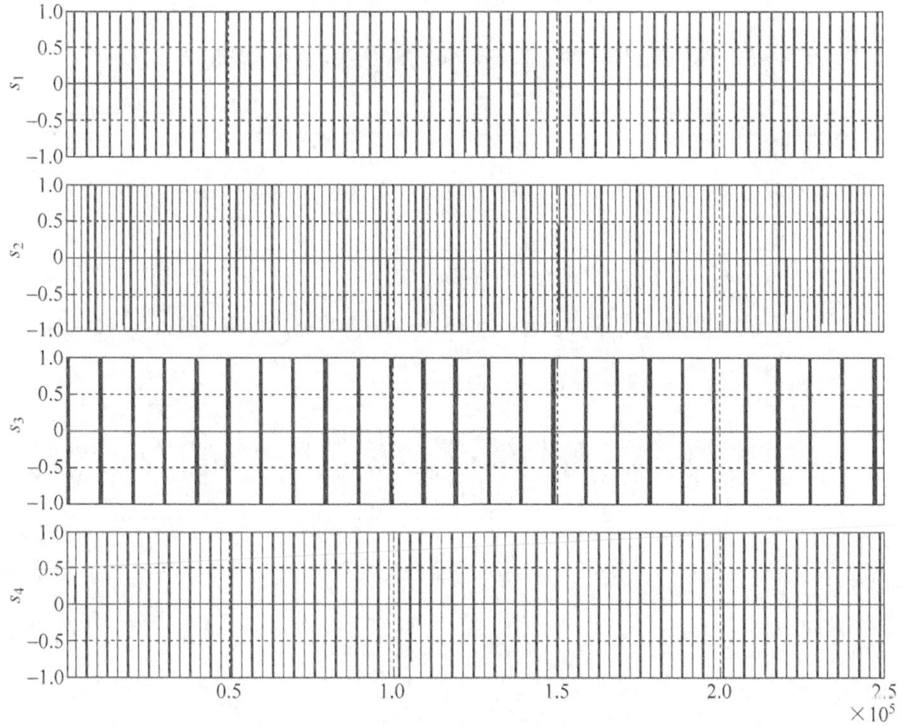

(a) 四路源信号(按脉冲包络的缩略图)

图 8.8.2 雷达混合信号的 ICA 仿真实验

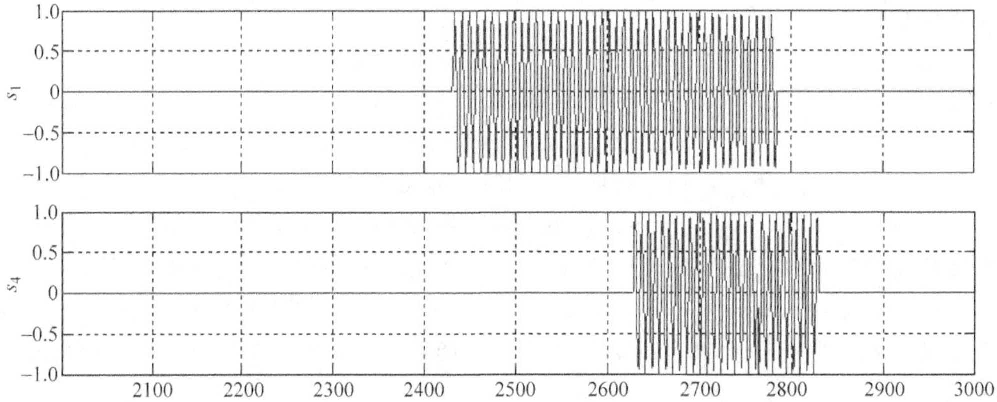

(b) 第一路和第二路信号的细节表示(每个脉冲内的细节信号)

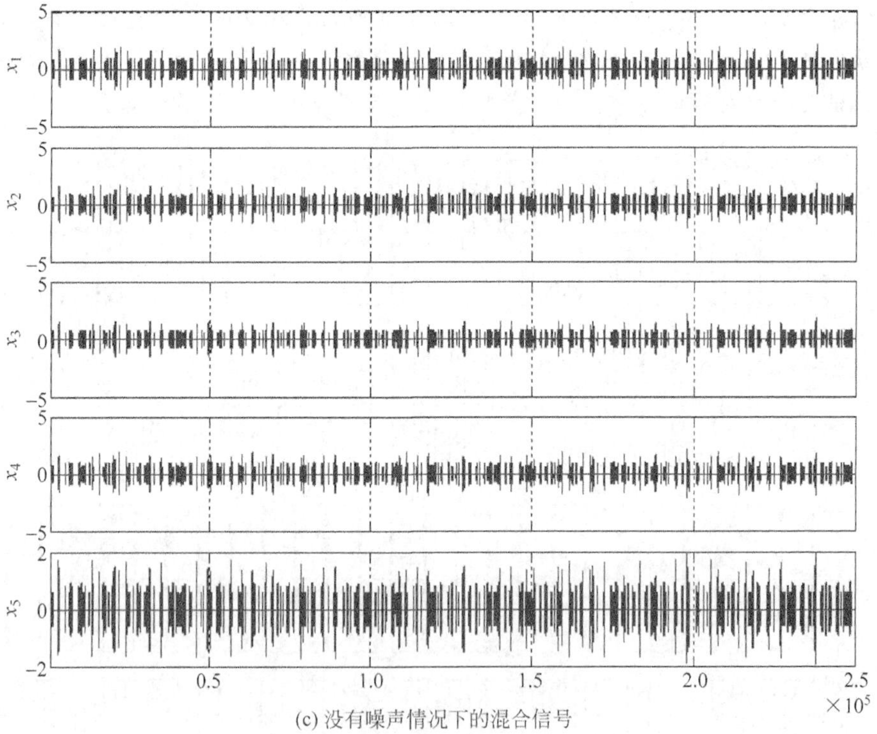

(c) 没有噪声情况下的混合信号

图 8.8.2 （续）

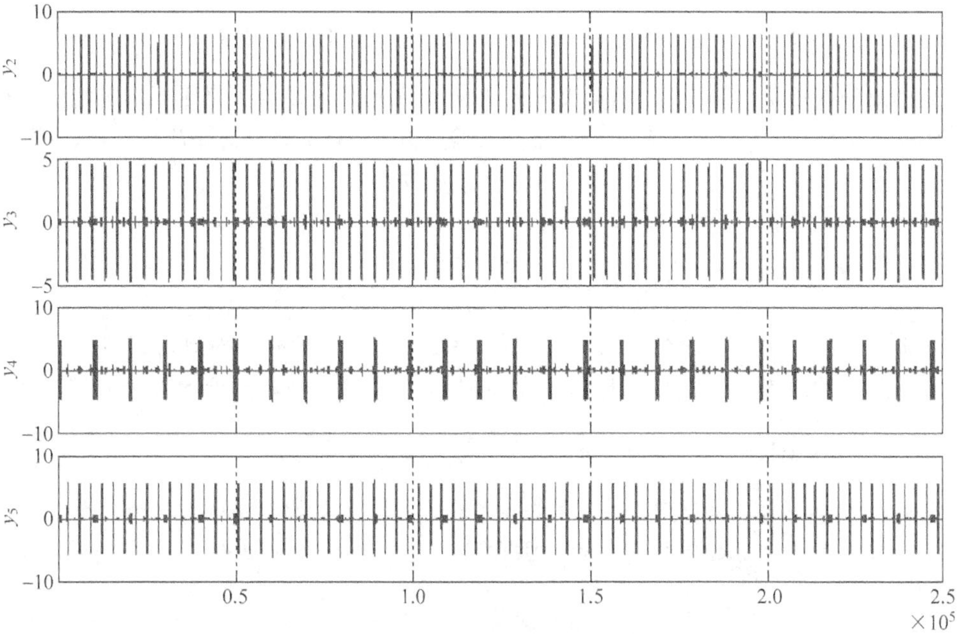

(d) 分离后的信号(按脉冲包络的缩略图)

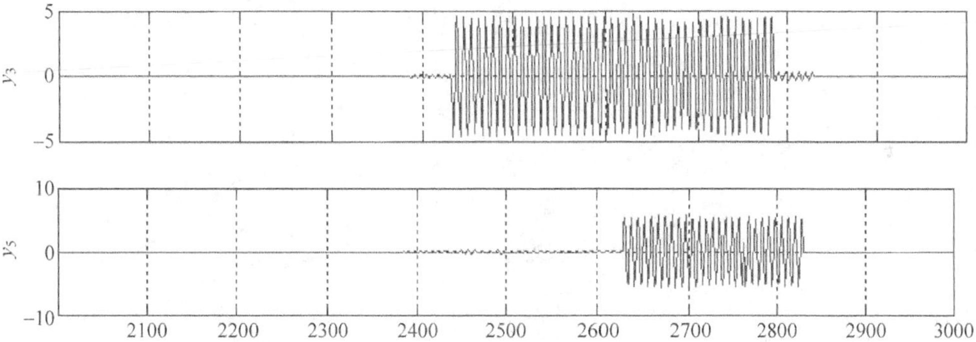

(e) 分离后第一路和第二路信号的细节图

图 8.8.2 (续)

例 8.8.3 仍然是对雷达信号,信号类型与例 8.8.2 类似,这里比较几种子空间算法和 Fast-ICA 算法的分离性能。参与比较的算法除了 8.5 节重点介绍的 SOBI 算法外,还有 8.5 节提到的其他几种算法,为了比较不同算法的性能,给出两个评价分离性能的指标。

信号干扰比(Signal to Interference Ratio,SIR):假设 $\boldsymbol{W}$ 为解混矩阵,最终分离得到的信号为 $\boldsymbol{y}(t)=\boldsymbol{W}\boldsymbol{x}(t)$,需有一个评价标准来衡量分离信号与原始信号的相似程度。对提取出的第 i 个信号 y_i,定义其对应于第 j 个源信号 S_j 的信号信噪比 $\mathrm{SIR}_{i,j}$ 如下

$$\hat{s}_j=\frac{\langle y_i,s_j\rangle}{\|s_j\|}s_j$$

$$\mathrm{SIR}_{i,j}=10\lg\frac{\|\hat{s}_j\|^2}{\|y_i-\hat{s}_j\|^2}$$

注意这里的信号干扰比与传统意义上的信噪比定义不同,它并不考虑信号的幅度因素,同时将其他信号的串扰也看作是噪声的一部分。对于第 j 个源信号,以 $\mathrm{SIR}(j)=\max\limits_{i}\mathrm{SIR}_{i,j}$ 表示

对应的分离信号信干比。若需要求多路分离信号的平均 SIR,则 $\mathrm{SIR}=\frac{1}{N}\sum_{j=1}^{N}\mathrm{SIR}(j)$。

分离矩阵信干比(SIR_G):前面定义的 SIR 更多地反映了分离信号的可用性,并不能完整的体现出分离算法的性能。给出一种基于全局函数 $\boldsymbol{G}=\boldsymbol{W}\boldsymbol{A}$ 的分离矩阵信干比(SIR_G)

$$y_i=\boldsymbol{W}_i\boldsymbol{x}=\boldsymbol{W}_i\boldsymbol{A}\boldsymbol{s}=\boldsymbol{G}_i\boldsymbol{s}$$

$$\boldsymbol{U}_j=[\underbrace{0,0,\cdots,1,}_{j}\cdots 0]$$

$$\mathrm{SIR\_G}_{i,j}=-10\lg(\|\boldsymbol{G}_i-\boldsymbol{U}_j\|^2)$$

从上面的定义中可以看到 SIR_G 主要反映了分离后其他信号对目标信号的干扰程度,在定义上与外界噪声无关。与 SIR 信干比类似,对应于第 j 个源信号的分离矩阵信干比为:$\mathrm{SIR\_G}(j)=\max_i \mathrm{SIR\_G}_{i,j}$,平均值 $\mathrm{SIR\_G}=\frac{1}{N}\sum_{j=1}^{N}\mathrm{SIR\_G}(j)$。

在实验中,取 SIR(j)和 SIR_G(j)的均值作为信号信干比 SIR 和分离矩阵信干比 SIR_G,图 8.8.3 给出了对于雷达信号在各种信噪比情况下分离性能的比较。其中图 8.8.3(a)是

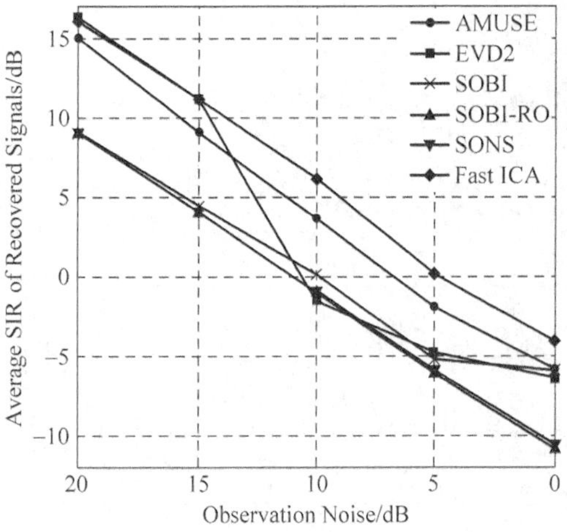

(a) 各算法分离信号信干比SIR的比较

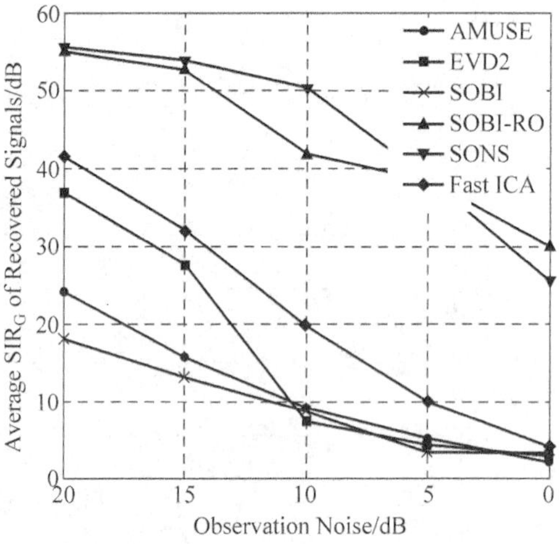

(b) 各算法分离矩阵信干比SIR_G的比较

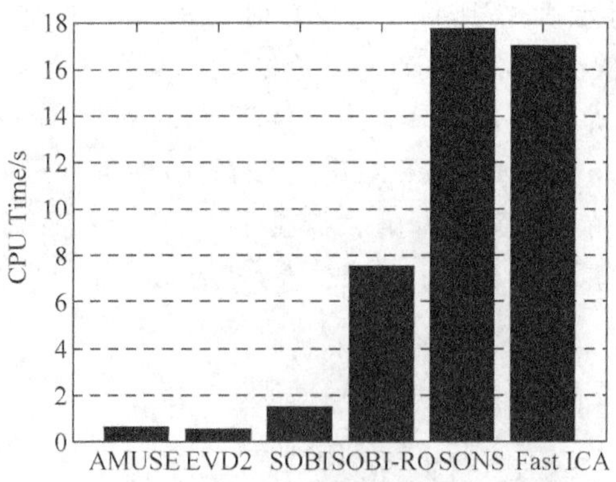

(c) 各算法运算时间的比较

图 8.8.3 各种子空间算法和 Fast-ICA 算法分离性能和计算复杂性对比

SIR 结果，图 8.8.3(b)是分离矩阵的性能比较，图 8.8.3(c)给出各种算法的计算复杂性比较，这个计算复杂性是在 PC 上运行 MATLAB 程序的时间统计，仅作为运算复杂性的参考值，不同硬件和软件平台的对比可能有差距。

由以上实验结果，可得到一些观察。

(1) 基于 2 阶统计量的盲信号分离算法适用于雷达信号分离问题，即使在较大观测噪声存在的条件下依然能够良好地工作。

(2) 在采样点数较多时，子空间方法相对于基于高阶统计量的方法具有更快的运算速度和更少的串扰。

(3) 在本例比较的几种基于 2 阶统计量的盲信号分离算法中，SOBI-RO 算法与 SONS 算法具有好的 SIR_G 性能指标，且相对于其他算法更少地受到观测噪声的影响，当然这一切也是以牺牲一定的运算速度为代价获得的。

(4) 以 Fast ICA 为代表的高阶盲信号分离算法主要的优势在于更好的 SIR 指标，即在低信噪比条件下它们的分离结果中包含了更多的源信号的信息。

8.9 本章小结和进一步阅读

隐变量方法已经成为信号处理、机器学习和统计分析领域一个很重要的研究和应用分支，本章主要从信号处理的观点出发讨论了隐变量分析中的主要专题 PCA 和 BSS，较详细地讨论了递推的 PCA 算法、ICA 算法和子空间算法，对于其他算法只给出一些简要介绍。本章可作为隐变量分析或 BSS 的一个入门性的专题，为读者进入这样一个活跃的方向打下一个好的基础，如果希望在这个方向上有更深入的学习甚至作为自己的研究方向，则可进一步阅读更深入的著作和研究论文。

已有多本关于 ICA 或 BSS 的专门著作。Hyvärinen 和 Oja 的书专注于 ICA 方法[22]，从理论基础到应用都给出了详细的讨论，在算法叙述上突出了 Fast-ICA 类算法，毕竟作者是这一应用广泛的算法的提出者。另一本较早的全面讨论 ICA 的书是 Roberts 和 Everson 的著作[37]。Cichocki 和 Amari 的书则从更全面的视角讨论了盲源分离及其应用[13]，作者是 BSS 研究的重要学者，该书也反映了作者的许多贡献。Haykin 主编的书是对 BSS 算法和应用的汇集[19]，Comon 和 Jutten 主编的一本近期出版的书则给出了 ICA 领域更多的算法和应用[15]。Bartholomew 则以统计学的视角给出了讨论隐变量模型和因子分解的著作[3]。国内也有独立分量分析的书出版，较早的一本是杨福生和洪波的书[49]。自 20 世纪 90 年代以后，有关 ICA 和 BSS 的研究论文大量发表，综述性和教学性论文也非常之多，这里就不一一介绍，仅指出一篇近期的综述性论文[1]，由近期的综述性论文为线索找到有重要意义的研究论文，也是文献检索的一种有效手段。

习题

1. 设信号 $x(n)=4.0\cos(0.5\pi n)+1.5\sin(3\pi n/4)+v(n)$，这里 $v(n)$是白噪声方差为 $\sigma^2=0.25$，以 $\boldsymbol{x}(n)=[x(n),x(n-1),x(n-2),x(n-3)]$构成 4 维信号向量，求其自相关矩阵特征值，若用最大的两个特征值对应的特征向量为主向量进行 PCA 表示，问 PCA 表示与

原信号向量表示的能量比？

2. 用约束最优的思想导出主分量分析。设 $\boldsymbol{x}$ 表示 M 维零均值数据向量，$\boldsymbol{w}$ 表示一个 M 维向量，令 σ^2 表示 $\boldsymbol{x}$ 在 $\boldsymbol{w}$ 上投影的方差值。

(1) 证明，在 $\|\boldsymbol{w}\|^2=1$ 的约束下，求 $\boldsymbol{w}$ 使得 σ^2 最大化，用拉格朗日乘数法构造的目标函数为

$$J(\boldsymbol{w}) = \boldsymbol{w}^{\mathrm{T}}\boldsymbol{R}_x\boldsymbol{w} - \lambda(\boldsymbol{w}^{\mathrm{T}}\boldsymbol{w} - 1)$$

λ 是拉格朗日乘子；

(2) 由(1)的结果，证明 $\boldsymbol{w}$ 的解满足

$$\boldsymbol{R}_x\boldsymbol{w} = \lambda\boldsymbol{w}$$

即 $\boldsymbol{w}$ 的解是 $\boldsymbol{R}_x$ 的特征向量，这里 λ 是相应特征值。

3. 设 $\boldsymbol{x}$ 表示 M 维零均值数据向量，$\boldsymbol{w}$ 表示一个 M 维向量，令 σ^2 表示 $\boldsymbol{x}$ 在 $\boldsymbol{w}$ 上投影的方差值。

(1) 证明，在 $\|\boldsymbol{w}\|^2=1$ 的约束下，求 $\boldsymbol{w}$ 使得 σ^2 最大化，利用方差的瞬时估计值替代统计值，则拉格朗日乘数法构造的目标函数为

$$J(\boldsymbol{w}) = (\boldsymbol{w}^{\mathrm{T}}\boldsymbol{x})^2 - \lambda(\boldsymbol{w}^{\mathrm{T}}\boldsymbol{w} - 1)$$

λ 是拉格朗日乘子；

(2) 证明随机梯度为

$$\frac{\partial J(\boldsymbol{w})}{\partial \boldsymbol{w}} = 2(\boldsymbol{w}^{\mathrm{T}}\boldsymbol{x})\boldsymbol{x} - 2\lambda\boldsymbol{w}$$

(3) 利用梯度迭代

$$\hat{\boldsymbol{w}}(n+1) = \hat{\boldsymbol{w}}(n) + \frac{1}{2}\mu\frac{\partial J(\hat{\boldsymbol{w}}(n))}{\partial \boldsymbol{w}}$$

并考虑约束条件 $\|\boldsymbol{w}\|^2=1$，导出权更新公式为

$$\hat{\boldsymbol{w}}(n+1) = \hat{\boldsymbol{w}}(n) + \frac{1}{2}\mu[(\boldsymbol{x}(n)\boldsymbol{x}^{\mathrm{T}}(n))\,\hat{\boldsymbol{w}}(n) - \hat{\boldsymbol{w}}^{\mathrm{T}}(n)(\boldsymbol{x}(n)\boldsymbol{x}^{\mathrm{T}}(n))\,\hat{\boldsymbol{w}}(n)\,\hat{\boldsymbol{w}}(n)]$$

4. 如果两个随机变量 y_1, y_2 是统计独立的，则对于两个任意函数 $f(\cdot), g(\cdot)$，证明：$f(y_1), g(y_2)$是不相关的。

5. 在 Fast-ICA 算法中，如果非线性函数 $g(\cdot)$取为线性函数会怎样？

6. 讨论在 Fast-ICA 算法中，如果在非线性函数 $g(\cdot)$中加入(1)一个非线性函数项；(2)一个常数项，算法特性会有什么变化？

7. 以输出的 3 阶累积量 $E[y^3]$为目标函数推导 Fast-ICA 算法，该目标函数适用于什么条件。与以峭度为目标函数相比有什么优势和劣势。

*8. 有三个源信号

$s_1(n)=0.8\sin(0.9\pi n)\cos(10n)$

$s_2(n)=\mathrm{sgn}[\sin(20n+5\cos(3n))]$

$s_3(n)$为在$[-1,1]$之间均匀分布

每个源信号各产生 2000 个样本，混合矩阵为

$$\boldsymbol{A} = \begin{bmatrix} 0.3298 & 0.5062 & 0.2232 \\ 0.1264 & 0.1162 & 0.2195 \\ 0.3831 & 0.5787 & 0.4553 \end{bmatrix}$$

(1) 画出源信号波形,画出混合信号波形;

(2) 用 Fast-ICA 和自然梯度算法(基于互信息的)分别分离各源信号,画出分离的源信号,与原始信号进行对比;

(3) 用例 8.8.3 给出的指标 $SIR(j)$和 $SIR\_G(j)$,比较两种算法的性能。

参考文献

[1] Adali T, Anderson M and Fu G S. Diversity in Independent Component and Vector Analyses[J]. IEEE SIGNAL PROCESSING MAGAZINE. 2014. 31(5): 18-33.

[2] Amari S I. Natural gradient works efficiently in learning[J]. Natural Computation. 1998. 10(2): 251-276.

[3] Bartholomew D I. Latent Variable Models and Factor Analysis: A Unified Approach[M]. New Jersey: Wiley. 2011.

[4] Belouchrani A, Abed Meraim K and Cardoso J F, et al. A blind source separation technique using second-order statistics[J]. IEEE Transactions on Signal Processing. 1997. 45(2): 434-444.

[5] Bingham E, Hyvärinen A. A fast fixed-point algorithm for independent component analysis of complex-valued signals[J]. Int. J. of Neural Systems. 2000. 10(1): 1-8.

[6] Cardoso J F. Blind Signal Separation: Statistical Principle[J]. Proceedings of the IEEE. 1998. 86 (10): 2009-2025.

[7] Cardoso J. F, Laheld B H. Equivariant adaptive source separation [J]. IEEE Trans. Signal Processing. 1996. 44(12): 3017-3030.

[8] Cardoso J F, Souloumiac A. Blind beam-forming for non Gaussian signals[J]. IEE Proceedings-F. 1993. 140: 362-370.

[9] Cardoso J-F, Souloumiac A. Jacobi angles for simultaneous diagonalization[J]. In SIAM Journal of Matrix Analysis and Applications. vol. 17. No. 1. pp. 161-164. Jan. 1996.

[10] Cardoso J F. On the performance of orthogonal source separation algorithms [C]. In Proc. EUSIPCO. 1994. 776-779. Edinburgh. September 1994.

[11] Cardoso J F. High-order contrasts for independent component analysis[J]. Neural Computation. 1999. 11(1): 157-192.

[12] Choi S J, Cichocki A, Beloucharni A. Second order nonstationary source separation[J]. Journal of Vlsi Signal Processing Systems for Signal Image and Video Technology. 2002. 32(1-2): 93-104.

[13] Cichocki A, Amari S. Adaptive Blind Signal And Image Processing[M]. New York: John Wiley. 2003.

[14] Comon P. Independent Component analysis: A New Concept? [J]. Signal Processing. 1994. 36(3): 287-314.

[15] Comon P, Jutten C. Handbook of Blind Source Separation: Independent Component Analysis and Applications[M]. New York: Academic. 2010.

[16] DONOHO D, L, ELAD M. Maximal sparsity representation via l1 minimization[J]. Proc. Nat. Aca. Sci. 2003. 100: 2197-202.

[17] Georgiev P, Cichocki A. Blind source separation via symmetric eigenvalue decomposition [C]. Proceeding of the Sixth International Symposium on Signal Processing and its Applications. 2001. 17-20.

[18] Georgiev P, Theis F, Cichocki A. Sparse component analysis and blind source separation of underdetermined mixtures[J]. IEEE Transactions on Neural Networks. 2005. 16(4): 992-996.

[19] Haykin S. Unsupervised Adaptive Filtering[M]. V1. New York: John Wiley & Sons. 2000.

[20] Haykin S. Neural Networks and Learning Machines[M]. Third Edition. New Jersey: Prentice Hall. 2009.

[21] Hyvärinen A. Fast and Robust Fixed-Point Algorithms for Independent Component Analysis[J]. IEEE Transactions on Neural Networks. 1999. 10(3): 626-634.

[22] Hyvärinen A, Karhunen J and Oja E. 独立成分分析[M]. 周宗潭等译. 北京: 电子出版社. 2007.

[23] Hyvärinen A, Oja E. Independent Component Analysis: Algorithms and Applications[J]. Neural Networks. 2000. 13(4-5): 411-430.

[24] Hyvärinen A, Oja E. A Fast Fixed-Point Algorithm for Independent Component Analysis[J]. Neural Computation. 1997. 9(7): 1483-1492.

[25] Hyvärinen A, Köster U. FastISA: A fast fixed-point algorithm for independent subspace analysis [C]. Proc. European Symposium on Artificial Neural Networks. Bruges. Belgium. 2006.

[26] Hyvarinen A. Independent component analysis: Recent advances[J]. *Philos. Trans. R. Soc. A.* 2013. 1984: 1-19.

[27] James C, Gibson O. Temporally constrained ICA: an application to artifact rejection in electromagnetic brain signal analysis[J]. IEEE Transactions on biomedical engineering. 2003. 50(9): 1108-1116.

[28] Lambert R H. Multichannel Blind Deconvolution: FIR Matrix Algebra and Separation of Multipath Mixtures[D]. Ph. D. These. University of Southern California. 1996.

[29] Lee D, Seung H. Algorithms for non-negative matrix factorization [C]. Advances in neural information processing systems. 2001. 556-562.

[30] Li Y, AMARI S I, Cichocki A, et al. Underdetermined blind source separation based on sparse representation[J]. IEEE Transactions on Signal Processing. 2006. 54(2): 423-37.

[31] Li Y, Amari S I, CICHOCKI A, et al. Probability estimation for recoverability analysis of blind source separation based on sparse representation[J]. IEEE Transactions on Information Theory. 2006. 52(7): 3139-52.

[32] Linh-Trung N, Belouchrani A, Abed-Meraim K, et al. Separating more sources than sensors using time-frequency distributions[J]. EURASIP Journal on Applied Signal Processing. 2005. 2828-47.

[33] Lu W, Rajapakse J. Approach and applications of constrained ICA[J]. IEEE transactions on Neural Networks. 2005. 16(1): 203-212.

[34] Novey M, Adali T. Complex ICA by negentropy maximization[J]. IEEE Transactions on Neural Networks. 2008. 19(4): 596-609.

[35] Parra L, Mueller K R, Spence C, et al. Unmixing hyperspectral data[C]. In In Advances in Neural Information Processing Systems. (NIPS2000). 942-948. Morgan Kaufmann. 2000.

[36] Rahbar K, Reilly J P. A frequency domain method for blind source separation of convolutive audio mixtures[J]. IEEE Trans. Speech Audio Proc. 2005. 13(5): 832-844.

[37] Roberts S, Everson R. Independent Component Analysis: Principles and Practice[M]. Cambridge: Cambridge University Press. 2001.

[38] Romano J M T. Unsupervised Signal Processing[M]. Boca Raton: CRC Press. 2011.

[39] Sanger T B. Optimal unsupervised learning in a single-layer linear feed-forward neural network[M]. Neural Network. 1989. 2: 459-473.

[40] Sawada H, Mukai R and Araki S, et al. A robust and precise method for solving the permutation problem of frequency-domain blind source separation[J]. IEEE Trans. Speech Audio Proc. 2004. 12(5): 530-538.

[41] Smaragdis P. Blind separation of convolved mixtures in the frequency domain[J]. Neurocomp. 1998. 22(1-3): 21-34.

[42] Taleb A, Jutten C. Source Separation in Post-nonlinear Mixtures[J]. IEEE Trans. on Signal Processing. 1999. 47(10): 2807-2820.

[43] Tong L, Inouye Y and Liu R W. Waveform-preserving blind estimation of multiple independent sources[J]. IEEE Transactions on Signal Processing. 1993. 41(7): 2461-2470.

[44] Yang B. Projection Approximation Subspace Tracking[J]. IEEE Transactions on Signal Processing. 1995. 43(1): 95-107.

[45] Zdunek R, Cichocki A. Blind image separation using nonnegative matrix factorization with Gibbs smoothing[J]. Lecture Notes In Computer Science. 2008. 4985: 519-528.

[46] Ziehe A, Muller K. TDSEP-An efficient algorithm for blind separation using time structure[J]. ICANN'98. 1998. 675-680 Sweden.

[47] 戈卢布，范洛恩. 矩阵计算[M]. 袁亚湘，等译. 北京：科学出版社，2002.

[48] 黄振川，杨小牛，张旭东. 基于独立分量分析的通信侦察复信号盲分离[J]. 清华大学学报，2010. 50(1): 86-91.

[49] 杨福生，洪波. 独立分量分析的原理与应用[M]. 北京：清华大学出版社，2006.

[50] 张众，张旭东，杨小牛. 基于子空间方法的雷达信号分离算法[J]. 信号处理. 2009. 25(8A): 110-113.

卷 二

时频分析和稀疏表示

本卷集中讨论复杂信号的表示问题，主要分为时频分析和稀疏表示这两个有紧密联系的主题。第 9 章讨论一般时频分析方法，有两类技术，一是线性时频分析，包括短时傅里叶变换、Gabor 展开、分数傅里叶变换等内容；二是非线性(二次)时频变换，包括 WVD 和 Cohen 类以及与之密切相关的模糊函数。这些内容是时频分析最基本的方法，构成了时频分析的基础。第 10 章专门讨论小波变换，严格讲，小波变换属于线性时频变换的一类，但由于其独特的性质，使得其应用更加广泛，故单独一章进行讨论。

本书最后一章是信号的稀疏表示，受压缩感知方法的推动，信号的稀疏表示方法成为近十几年信号处理、统计学和机器学习等领域都非常活跃的前沿课题，本章对这一方法的基本原理和相关算法做了概要的介绍。

第9章

时频分析方法

人们的注意力容易被信号中的瞬变或景物中的运动所吸引而忽略其中的平稳环境，这些瞬变和运动包含了更重要的信息，为了获取这些重要信息，将分析工具局域化到瞬变时刻的附近，将得到更精细的结果，因此，具有时频局域化的分析工具是重要的。

信号在瞬变附近表现出非平稳的性质，在每个瞬变附近信号的频谱（或功率谱）可能会有明显的变化，瞬变附近短时间内的频谱与一段长时间观测序列所得到的频谱可能有很大不同，每个瞬变附近的短时的性质可能包含了很多有用的信息，但传统的频谱分析和功率谱分析是一种全局的分析工具，它揭示了信号中各频率分量的存在性和强度，却没有任何时间信息，即这种全局分析工具可以告诉我们信号中有没有一些频率分量存在，强度如何，但没有关于这个分量何时存在、何时消亡的任何信息，更没有能力自然地获取信号在一些瞬变附近的频谱变化。

时频分析方法就是一种局域化分析工具，它的目标就是获取信号在时间与频率域的联合信息。时频分析工具有多种，例如短时傅里叶变换、Gabor 展开、分数傅里叶变换、小波变换和 Wigner-Ville 分布等。其中短时傅里叶变换、Gabor 展开、分数傅里叶变换和小波变换属于线性时频变换，而 Wigner-Ville 分布及其推广属于二次时频变换，也就是一种非线性时频变换。本章依次讨论短时傅里叶变换、Gabor 展开、分数傅里叶变换和 Wigner-Ville 分布，小波变换将在下一章单独讨论。

本章提供了时频分析的导论性的材料，通过直观分析和例子导出概念和方法，对于一些算法、公式和性质的证明，比较简单地留作习题，较烦琐地指出了参考文献，供有兴趣的读者进一步参考，本章仅给出几个最基本的结论的证明，将不讨论大多数结论的证明细节。

9.1 时频分析的预备知识

本节讨论时频分析的几个基本概念和一些预备知识。

9.1.1 傅里叶变换及其局限性

对于线性时不变系统，傅里叶变换无疑是最有力的工具。设线性时不变系统算子为 L，信号 $x(t)$通过线性时不变系统等价为算子 L 作用于 $x(t)$，即 $Lx(t)$。容易验证，$e^{j\omega t}$是线性时不变系统算子 L 的特征函数，该算子的特征值是$\hat{h}(\omega)$。故

$$Le^{j\omega t} = \hat{h}(\omega)e^{j\omega t} \tag{9.1.1}$$

这里$\hat{h}(\omega)=\int_{-\infty}^{+\infty}h(t)\mathrm{e}^{-\mathrm{j}\omega t}\mathrm{d}t$和$h(t)=L\delta(t)$。由于傅里叶变换将一个函数$x(t)$分解为一系列正弦复指数的和,即

$$x(t)=\frac{1}{2\pi}\int_{-\infty}^{+\infty}\hat{x}(\omega)\mathrm{e}^{\mathrm{j}\omega t}\mathrm{d}\omega \tag{9.1.2}$$

这里

$$\hat{x}(\omega)=\int_{-\infty}^{+\infty}x(t)\mathrm{e}^{-\mathrm{j}\omega t}\mathrm{d}t=\langle x(t),\mathrm{e}^{\mathrm{j}\omega t}\rangle \tag{9.1.3}$$

在本章和下一章,我们使用时频变换领域更常用的符号,用$x(t)$表示时域信号,用$\hat{x}(\omega)$表示其傅里叶变换。式(9.1.3)是傅里叶变换,式(9.1.2)是由傅里叶变换重构信号,或称傅里叶反变换,由式(9.1.1)和式(9.1.2)得

$$Lx(t)=\frac{1}{2\pi}\int_{-\infty}^{+\infty}\hat{x}(\omega)\hat{h}(\omega)\mathrm{e}^{\mathrm{j}\omega t}\mathrm{d}\omega$$

记$y(t)=Lx(t)$则$\hat{y}(\omega)=\hat{x}(\omega)\hat{h}(\omega)$。

以上这些关系奠定了线性时不变系统分析的基础,对离散信号和系统也有一组相应的公式存在。但由式(9.1.3)可以注意到,要得到$x(t)$的傅里叶变换,必须在整个时间轴上对$x(t)$和$\mathrm{e}^{\mathrm{j}\omega t}$进行混合,式(9.1.3)的内积运算的几何解释是求$x(t)$在$\mathrm{e}^{\mathrm{j}\omega t}$分量上的投影,由于$\mathrm{e}^{\mathrm{j}\omega t}$的单频率性和无穷伸展性,$\hat{x}(\omega)$表示了在$(-\infty,+\infty)$的时间域上,$x(t)$中$\mathrm{e}^{\mathrm{j}\omega t}$分量的强度和相位。因此,傅里叶变换没有能力抽取一个信号的局域性质,即它没有能力抽取或定位信号在某个时间附近的瞬变特性。

因此,原始的傅里叶变换对瞬态或非平稳信号的局域特性是无能为力的。

9.1.2 时频分析的几个基本概念

与平稳信号相比,另一类信号称为瞬变的,瞬变的意思是指描述信号本质的特征量是随时间变化的,例如信号的瞬时频率是时变的,或信号的方差是时变的等。例如一类信号可以表达为$x(t)=a(t)\mathrm{e}^{\mathrm{j}\varphi(t)}$,其中$a(t)$,$\varphi(t)$都是实的,若$a(t)$相对$\varphi(t)$变化是非常平缓的,信号的瞬时频率可定义为

$$\omega(t)=\varphi'(t) \tag{9.1.4}$$

常见的复正弦信号$x(t)=a\mathrm{e}^{\mathrm{j}\omega_0 t}$,其频率$\omega(t)=\omega_0$为常数,但有许多实际信号其瞬时频率是时变的,如下例子中,讨论了一组频率随时间变化的信号族。

例 9.1.1 调制信号(Chirp 信号)。

调制信号指形式为$x(t)=a\mathrm{e}^{\mathrm{j}\varphi(t)}$的一类信号,当瞬时频率$\omega(t)=\varphi'(t)$为时间$t$的线性函数时,称为线性调制信号;当瞬时频率$\omega(t)=\varphi'(t)$为时间$t$的二次函数时,称为二次调制函数,依次类推。线性和二次调制函数及瞬时频率如下

$$x(t)=a\mathrm{e}^{\mathrm{j}(\beta t^2+\omega_0 t+\varphi)},\quad \omega(t)=2\beta t+\omega_0$$

$$x(t)=a\mathrm{e}^{\mathrm{j}(\mu t^3+\beta t^2+\omega_0 t+\varphi)},\quad \omega(t)=3\mu t^2+2\beta t+\omega_0$$

当调制函数仅取实部时,称为实调制函数。

例 9.1.2 高斯包络线性调制信号,信号表示为

$$x(t)=g(t-t_0)\mathrm{e}^{\mathrm{j}(\beta t^2+\omega_0 t)}=\left(\frac{\alpha}{\pi}\right)^{1/4}\mathrm{e}^{-\alpha(t-t_0)^2/2+\mathrm{j}(\beta t^2/2+\omega_0 t)} \tag{9.1.5}$$

上式中 $g(t)=\left(\frac{\alpha}{\pi}\right)^{1/4}\mathrm{e}^{-\alpha t^2/2}$ 为高斯函数，这个信号只在 t_0 附近有明显的取值，在远离 t_0 处取值近似为零，并且，在 t_0 附近，其瞬时频率也是随时间线性变化的。其波形如图 9.1.1 所示。

对于如上例子中的信号，希望得到瞬时频率，对例 9.1.2 这样仅在有限时间内出现的信号，希望得到信号在何时出现、何时消亡这样的参数。但是，频谱和功率谱这样的分析工具是全局性的，只能得到信号在整个时间范围内（或一个观测窗内）有哪些频率成分，例如，式(9.1.5)所表示信号的频谱可表示为

$$\hat{x}(\omega)=\sqrt{\frac{\sqrt{\alpha}}{\sqrt{\pi}(\alpha+\mathrm{j}\beta)}}\mathrm{e}^{-(\omega-\omega_0)^2/2(\alpha-\mathrm{j}\beta)} \tag{9.1.6}$$

其能量谱表示为

$$|\hat{x}(\omega)|^2=\sqrt{\frac{\alpha}{\pi(\alpha^2+\beta^2)}}\mathrm{e}^{-\alpha(\omega-\omega_0)^2/(\alpha^2+\beta^2)} \tag{9.1.7}$$

式(9.1.7)的能量谱示于图 9.1.2 中，由此可以得知信号在整个时间范围内包含哪些频率成分，但希望得到的两个局域性参数：

(1) 随时间变化的瞬时频率；

(2) 有效信号的存在区间，从能量谱中都体现不出来。

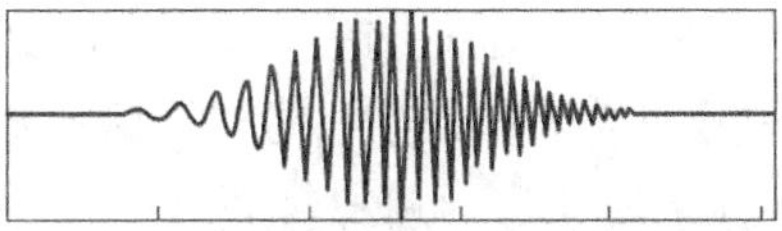

图 9.1.1 高斯包络线性调制信号

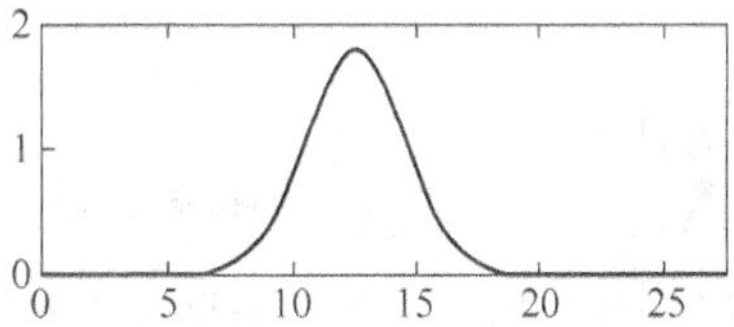

图 9.1.2 高斯包络线性调制信号的能量谱

例 9.1.3 雷达中常用的线性调频脉冲表示为

$$x(t)=A(t)\mathrm{e}^{\mathrm{j}\alpha t^2} \tag{9.1.8}$$

其中幅度函数

$$A(t)=\begin{cases}1 & -\tau/2\leqslant t\leqslant\tau/2\\ 0 & \text{其他}\end{cases} \tag{9.1.9}$$

如果要求信号的带宽为 β，则 $\alpha=\pi\frac{\beta}{\tau}$，信号的频率范围 $[-\beta/2,\beta/2]$，我们用 DFT 技术分析线调频脉冲的频谱。图 9.1.3 画出了信号实部的波形和幅度谱。同样幅度谱只给出了信号包含哪些频率成分，没有频率随时间变化的信息。

希望得到信号的一种“时频”变换，时频变换反映“信号随时间变化的频谱（或功率谱或能量谱）”，一个信号的时频变换可以用符号 $TF_x(t,\omega)$ 表示，称时频变换的图形表示为时频谱图，时频谱图可以是三维立体图形，也可以是平面图。对于平面图，在时频平面，用黑白强度表示 $|TF_x(t,\omega)|$ 的取值，越黑的点 $|TF_x(t,\omega)|$ 取值越大，白色点对应于 $|TF_x(t,\omega)|$ 取零。例如，对于线性调制信号 $x(t)=a\mathrm{e}^{\mathrm{j}(\beta t^2+\omega_0 t+\varphi)}$，一个理想的时频变换 $TF_x(t,\omega)$ 的时频谱图应如图 9.1.4(a)所示。

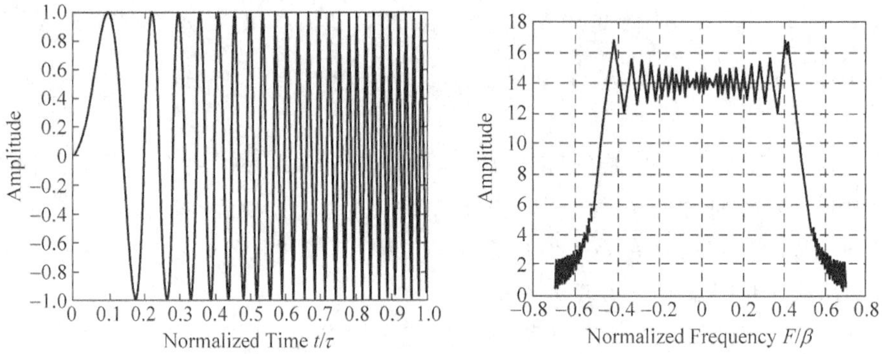

图 9.1.3　线调频脉冲的波形与频谱

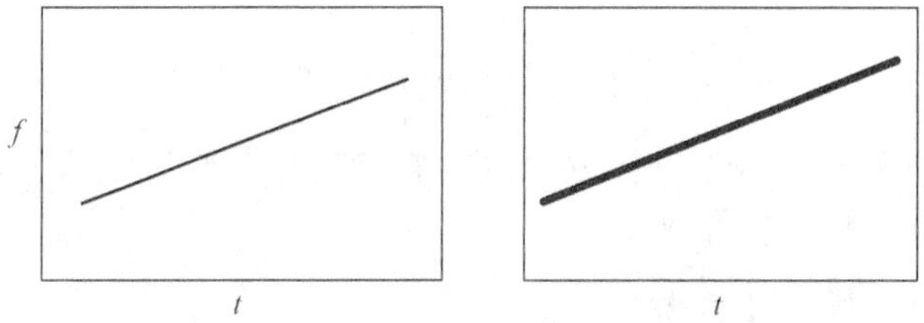

(a) 理想情况　　(b) 实际谱图

图 9.1.4　时频变换谱图

对理想的时频变换 $TF_x(t,\omega)$，在一个给定时间 t_0，$TF_x(t_0,\omega)$ 表达了信号在时刻 t_0 所包含的频率成分，考虑线性调频信号的例子，t_0 时，信号仅包含一个频率分量，瞬时频率为 $\omega(t_0)=2\beta t_0+\omega_0$，仅有 $TF_x(t_0,2\beta t_0+\omega_0)\neq 0$，因此线性调制信号的理想时频谱图是在 (t,ω) 平面上 $\omega=2\beta t+\omega_0$ 的一条直线，这就是图 9.1.4(a) 所示的情况。理想时频谱图精确地刻画了信号瞬时频率随时间变化的规律，可惜的是，实际中，得不到这种理想的时频变换。

为了简单，首先研究线性时频变换的一般形式，设时间信号为 $x(\tau)$，为了与时频变换的时间参数区别，这里用 τ 表示信号的时间自变量。考虑一个由母函数 $g_0(\tau)$ 构成的函数集 $g(\tau,t,\omega)$，t,ω 是可变化的参数，例如 $g(\tau,t,\omega)=g_0(\tau-t)e^{j\omega\tau}$ 就是由母函数 $g_0(\tau)$ 生成的函数集，是由 $g_0(\tau)$ 在时间轴上移位 t 后再被角频率为 ω 的载波调制得到的。定义线性时频变换为

$$
\begin{aligned}
TF_x(t,\omega) &= \langle x(\tau),g(\tau,t,\omega)\rangle = \int x(\tau)g(\tau,t,\omega)\,d\tau \\
&= \frac{1}{2\pi}\langle \hat{x}(\lambda),\hat{g}(\lambda,t,\omega)\rangle = \frac{1}{2\pi}\int \hat{x}(\lambda)\,\hat{g}(\lambda,t,\omega)\,d\lambda
\end{aligned}
\tag{9.1.10}
$$

上式中，$\hat{x}(\lambda)=\int x(\tau)e^{-j\lambda\tau}d\tau$ 是 $x(\tau)$ 的傅里叶变换，$\hat{g}(\lambda,t,\omega)=\int g(\tau,t,\omega)e^{-j\lambda\tau}d\tau$ 是 $g(\tau,t,\omega)$ 的傅里叶变换，t,ω 是参数。

式(9.1.10)定义了线性时频变换的一般形式，取不同的 $g(\tau,t,\omega)$ 的定义，得到一种不同的时频变换。在进入线性时频变换的性质的讨论之前，研究两个作为极端情况的特例。

1. 信号的时域表示

取

$$g(\tau,t,\omega)=\delta(\tau-t)$$

则有

$$TF_x(t,\omega)=\langle x(\tau),\ \delta(\tau-t)\rangle=x(t)$$

这是信号的时域表示，具有最高的时间分辨率，但没有频率分析能力。

2. 信号的傅里叶变换

取

$$g(\tau,t,\omega)=\mathrm{e}^{-\mathrm{j}\omega\tau}$$

则有

$$TF_x(t,\omega)=\langle x(\tau),\mathrm{e}^{-\mathrm{j}\omega\tau}\rangle=\int_{-\infty}^{\infty}x(\tau)\mathrm{e}^{-\mathrm{j}\omega\tau}\mathrm{d}\tau=\hat{x}(\omega)$$

这是信号的傅里叶变换，具有分析信号频率的最高分辨率，但没有时间定位的能力。

由如上两个特例，信号的时域表示和傅里叶变换是时频变换的特例。由信号的时域表示，可以定位两个相邻任意近的冲激函数 $\delta(\tau-t_1)$ 和 $\delta(\tau-t_2)$，理论上具有任意的时域分辨率，但却得不到有关频率分量的任何信息；由信号的傅里叶变换，可以分辨出两个任意接近的频率分量，理论上有任意高的频率分辨率，但却不能定位这些频率分量的出现和消亡，不能识别频率随时间的变化。因此，本章讨论的时频分析，不采用这种具有无穷短和无穷长的母函数。

为了得到好的时频局域性分析，取 $g_0(\tau)$ 是一个在时域和频域都具有良好的能量集中特性的函数，在时域，$g_0(\tau)$ 的能量主要集中在 $-\Delta_t/2\leqslant\tau\leqslant\Delta_t/2$ 范围内，这个范围之外 $g_0(\tau)$ 取值很小；在频域，$\hat{g}_0(\lambda)$ 的能量主要集中在 $-\Delta_\omega/2\leqslant\lambda\leqslant\Delta_\omega/2$ 范围内。改变参数 t,ω 的取值，使得在时域 $g(\tau,t,\omega)$ 的主要能量集中在 $t-\Delta_t/2\leqslant\tau\leqslant t+\Delta_t/2$，在频域 $\hat{g}(\lambda,t,\omega)$ 的主要能量集中在 $\omega-\Delta_\omega/2\leqslant\lambda\leqslant\omega+\Delta_\omega/2$ 范围内，因此，式(9.1.10)定义的时频变换 $TF_x(t,\omega)$ 实际上是提取了信号在 t,ω 附近，主要影响区间为

$$[t-\Delta_t/2,t+\Delta_t/2]\times[\omega-\Delta_\omega/2,\omega+\Delta_\omega/2]\tag{9.1.11}$$

内信号的能量，区间的面积为 $\Delta_t\Delta_\omega$。注意到，在不同的时频变换中，Δ_t 和 Δ_ω 可能是取定的常数，也可能随 t,ω 变化。

看一个例子，设 $g_0(\tau)=\left(\frac{\alpha}{\pi}\right)^{1/4}\mathrm{e}^{-\alpha\tau^2}$ 为高斯函数，取 $g(\tau,t,\omega)=g_0(\tau-t)\mathrm{e}^{-\mathrm{j}\omega\tau}$，$g(\tau,t,\omega)$ 是高斯调制函数集，$g(\tau,t=0,\omega)$ 实部的图形如图 9.1.5(a)所示，其傅里叶变换的幅度 $|\hat{g}(\lambda,t,\omega)|$ 如图 9.1.5(b)所示。

由图可见，当指定了参数 t,ω，将 t,ω 当作常数，$g(\tau,t,\omega)$ 是以 t 为中心，频率为 ω 的局域波形，由定义式(9.1.10)的第一行 $TF_x(t,\omega)=\langle x(\tau),g(\tau,t,\omega)\rangle$，$TF_x(t,\omega)$ 得到了以 t 为中心的一段时间内信号中包含频率 ω 的成分；而 $\hat{g}(\lambda,t,\omega)$ 是以 ω 为中心的窄带状频谱，由定义(9.1.10)的第二行，$<\hat{x}(\lambda),\hat{g}(\lambda,t,\omega)>/2\pi$ 抽取了信号频谱中以 ω 为中心的、以 Δ_ω 为有效宽度的范围内的成分。让参数 t,ω 任意变化，$TF_x(t,\omega)$ 得到了在任意时间和频率处的时频分布函数。这里对于指定的参数 $t,\omega,g(\tau,t,\omega)$ 被称为时频原子。

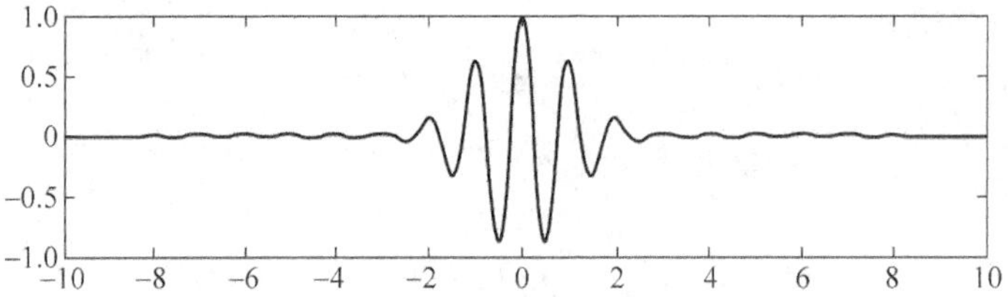

(a) 高斯调制函数时域信号

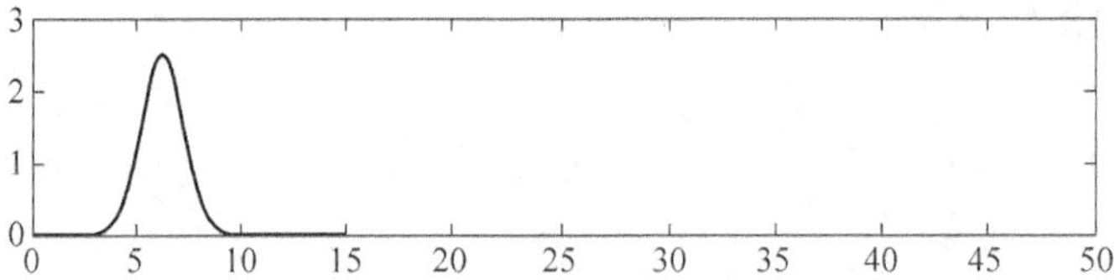

(b) 高斯调制函数的频谱图

图 9.1.5　$g(\tau,t,\omega)$时域和频域图形

这里也观察到了时频变换的限制，即在 t,ω 处，得到的不是精确地描述“时间 t 处，频率 ω 的成分”，而是 t 附近和 ω 附近，面积为 $\Delta_t\Delta_\omega$ 的区间内信号的能量分布，如果有两个频率分量距离小于 Δ_ω，或两个脉冲距离小于 Δ_t，$TF_x(t,\omega)$将无法区分，这就是说，时频变换 $TF_x(t,\omega)$的时间分辨率受 Δ_t 限制，频率分辨率受 Δ_ω 限制。

如图 9.1.4(b)是线性调频信号的一种实际的线性时频变换谱图，由图 9.1.4(a)的直线变成带状图，带状图在频率方向的宽度为 Δ_ω，如果有两个频率差固定为 $\Delta_\omega/2$ 的线性调制信号，两条带子将合成为一条，从而不能分辨。同理，带状图在时间方向的宽度为 Δ_t，如果有两个时域脉冲时间差小于 $\Delta_t/2$，则两条带状线将合成为一条，从而不能分辨这两个脉冲。

为了得到任意高的时间和频率分辨率，希望 $\Delta_t\to 0$ 和 $\Delta_\omega\to 0$ 同时成立，但这是不可能的，如下讨论的不确定性原理给出了时频分辨率的限制条件。

对于给定的函数 $g(t)$，定义其能量为

$$E_x = \| g(t) \|_2^2 = \int_{-\infty}^{\infty} | g(t) |^2 \mathrm{d}t$$

这里用符号 $\| g(t) \|_2$ 表示函数的 2 范数，以下为了简单省略范数符号的下标 2。设函数能量是有限的，即平方可积，$g(t)\in L^2(R)$，则

$$\frac{1}{\| g(t) \|^2} | g(t) |^2$$

$$\frac{1}{\| \hat{g}(\omega) \|^2} | \hat{g}(\omega) |^2$$

在时域和频域分别具有概率密度函数的性质，即正实性和积分为 1，由此定义信号的时域中心和频域中心分别为

$$\mu_t = \frac{1}{\| g(t) \|^2}\int_{-\infty}^{\infty} t\, | g(t) |^2 \mathrm{d}t \tag{9.1.12}$$

$$\mu_\omega = \frac{1}{\| \hat{g}(\omega) \|^2}\int_{-\infty}^{\infty} \omega\, | \hat{g}(\omega) |^2 \mathrm{d}\omega \tag{9.1.13}$$

围绕中心的时域方差和频域方差分别为

$$\sigma_t^2 = \frac{1}{\| g(t) \|^2} \int_{-\infty}^{\infty} (t-\mu_t)^2 \mid g(t) \mid^2 \mathrm{d}t \tag{9.1.14}$$

$$\sigma_\omega^2 = \frac{1}{\| \hat{g}(\omega) \|^2} \int_{-\infty}^{\infty} (\omega-\mu_\omega)^2 \mid \hat{g}(\omega) \mid^2 \mathrm{d}\omega \tag{9.1.15}$$

称 σ_t 为信号的等效时宽，σ_ω 为信号的等效频宽。

定理 9.1.1　不确定性定理：对平方可积信号 $g(t) \in L^2(R)$，且满足 $\lim\limits_{|t| \to \infty} \sqrt{t} g(t) = 0$，其等效时宽和等效频宽满足如下不等式

$$\sigma_t \sigma_\omega \geqslant \frac{1}{2} \tag{9.1.16}$$

证明：为简单计，假设信号的时域中心和频域中心为零 $\mu_t = 0, \mu_\omega = 0$，直接代入 σ_t^2 和 σ_ω^2 的定义式得

$$\sigma_t^2 \sigma_\omega^2 = \frac{1}{\| g(t) \|^2} \int_{-\infty}^{\infty} \mid t g(t) \mid^2 \mathrm{d}t \, \frac{1}{\| \hat{g}(\omega) \|^2} \int_{-\infty}^{\infty} \mid \omega \hat{g}(\omega) \mid^2 \mathrm{d}\omega$$

由帕塞瓦尔定理知 $\| \hat{g}(\omega) \|^2 = 2\pi \| g(t) \|^2$，由于 $\mathrm{j}\omega \hat{g}(\omega)$ 是 $g'(t)$ 的傅里叶变换，由帕塞瓦尔定理，有：

$$\frac{1}{2\pi} \int_{-\infty}^{\infty} \mid \omega \hat{g}(\omega) \mid^2 \mathrm{d}\omega = \int_{-\infty}^{\infty} \mid g'(t) \mid^2 \mathrm{d}t$$

将这些代入前式，得

$$\sigma_t^2 \sigma_\omega^2 = \frac{1}{\| g(t) \|^4} \int_{-\infty}^{\infty} \mid t g(t) \mid^2 \mathrm{d}t \int_{-\infty}^{\infty} \mid g'(t) \mid^2 \mathrm{d}t$$

再由施瓦茨不等式得

$$\begin{aligned}
\sigma_t^2 \sigma_\omega^2 &\geqslant \frac{1}{\| g(t) \|^4} \left[\int_{-\infty}^{\infty} \mid t g'(t) g^*(t) \mid \mathrm{d}t \right]^2 \\
&\geqslant \frac{1}{\| g(t) \|^4} \left[\int_{-\infty}^{\infty} \frac{t}{2} [g'(t) g^*(t) + g'^*(t) g(t)] \mathrm{d}t \right]^2 \\
&\geqslant \frac{1}{4 \| g(t) \|^4} \left[\int_{-\infty}^{\infty} t (\mid g(t) \mid^2)' \mathrm{d}t \right]^2 \\
&= \frac{1}{4 \| g(t) \|^4} \left[t \mid g(t) \mid^2 \mid_{-\infty}^{\infty} + \int_{-\infty}^{\infty} \mid g(t) \mid^2 \mathrm{d}t \right]^2
\end{aligned}$$

上式利用分部积分公式，并使用 $\lim\limits_{|t| \to \infty} \sqrt{t} x(t) = 0$ 得

$$\sigma_t^2 \sigma_\omega^2 \geqslant \frac{1}{4 \| g(t) \|^4} \left[\int_{-\infty}^{\infty} \mid g(t) \mid^2 \mathrm{d}t \right]^2 = \frac{1}{4}$$

根据施瓦茨不等式等号成立的条件，若要使等号成立，必须满足

$$g'(t) = -2bt g(t)$$

该方程的解为

$$g(t) = a \mathrm{e}^{-bt^2}$$

也就是说，只有 $g(t)$ 为高斯类函数时，不确定性定理的等号成立。

若 $\mu_t \neq 0, \mu_\omega \neq 0$，只要做变换 $y(t) = \mathrm{e}^{-\mathrm{j}\mu_\omega t} g(t+\mu_t)$，则 $y(t)$ 的时域中心和频域中心均为零，且 $y(t)$ 和 $g(t)$ 的时域和频域方差均相等，故 $\mu_t \neq 0, \mu_\omega \neq 0$ 时，不等式仍成立。同时，使等号成立的一般函数为

$$g(t) = a\mathrm{e}^{\mathrm{j}\xi t - b(t-\tau)^2}$$

不确定性原理给出了函数在时域和频域宽度的限制条件，不能产生这样一个函数：它同时具有很小的时宽和很小的频宽，这两者受该定理的限制，如果要产生一个频谱很窄的函数信号，其时域要有一定的持续时间，反之亦然。不确定性原理对线性时频变换加了基本限制。

9.1.3 框架和 Reisz 基

在一些时频变换的离散化过程中，需要由一族函数集来对信号进行变换和重构，但这族函数集一般不满足正交性，构不成正交基，甚至不能构成一个基，但由这族函数构成的信号变换是完整的，可以重构信号，这样一族函数集称为框架。本小节简要介绍框架和 Reisz 基的概念，以便后续章节使用。

1. 框架和 Reisz 基的定义

定义 9.1.1 框架定义，由一个函数族$\{\varphi_j(t), j\in Z\}$，Z 表示所有整数集合，如果可以定义一个线性变换 T，T 按分量方式定义为：$[Tx]_j=\langle x(t),\varphi_j(t)\rangle$，且满足如下

(1) 唯一性：如果 $x_1(t)=x_2(t)$，则 $Tx_1=Tx_2$；

(2) 正变换连续性：

如果 $x_1(t)$与 $x_2(t)$很接近，则 Tx_1 与 Tx_2 也很接近，这相当于可找到一个常数 B，使

$$\sum_j |\langle x,\varphi_j\rangle|^2 \leqslant B\|x\|^2 \quad 0<B<\infty$$

(3) 反变换连续性：

当$[Tx_1]_j=\langle x_1,\varphi_j\rangle$和$[Tx_2]_j=\langle x_2,\varphi_j\rangle$，$j\in Z$ 充分接近时，要求 $x_1(t)$与 $x_2(t)$充分接近，这相当于可找到一个常数 A，使

$$\sum_j |\langle x,\varphi_j\rangle|^2 \geqslant A\|x\|^2 \quad 0<A<\infty$$

概括起来，要求有如下不等式

$$A\|x\|^2 \leqslant \sum_j |\langle x,\varphi_j\rangle|^2 \leqslant B\|x\|^2 \tag{9.1.17}$$

满足这些条件的函数族$\{\varphi_j(x), j\in z\}$称为一个框架。

框架可以对连续函数空间定义，也可以对离散空间定义，定义 9.1.1 是对连续函数定义的，将变量 t 看成离散序号，或以 n 代替 t 则得到对离散序列空间定义的框架。为了讨论方便，假设框架的每个元素 $\varphi_j(t)$是归一化的，即 $\|\phi_j(t)\|=1$。

框架有一些特例，当 $A=B>1$ 时框架不等式条件变为

$$\sum_j |\langle x,\varphi_j\rangle|^2 = A\|x\|^2 \tag{9.1.18}$$

这称为紧框架。

当 $A=B=1$ 时，框架条件变为

$$\sum_j |\langle x,\varphi_j\rangle|^2 = \|x\|^2 \tag{9.1.19}$$

此时满足

$$\langle\varphi_i,\varphi_j\rangle = \delta(j-i)$$

$\{\varphi_j\}$构成一个正交基。

例 9.1.4　对于所有$\{x(n)\mid 0\leqslant n<N-1\}$构成的 N 维离散信号空间,定义

$$e_{\hat{k}}(n)=\frac{1}{\sqrt{N}}\mathrm{e}^{\mathrm{j}\frac{2\pi}{N}\hat{k}n}\quad n=0,\cdots,N-1$$

$$\hat{k}=0,\frac{1}{2},1,1\frac{1}{2},\cdots,N-1,N-\frac{1}{2}$$

为一个框架,可以验证

$$\sum_{\hat{k}}\mid\langle x,e_{\hat{k}}\rangle\mid^{2}=2\parallel x\parallel^{2}$$

因此 $e_{\hat{k}}(n),\hat{k}=0,\frac{1}{2},1,1\frac{1}{2},\cdots,N-1,N-\frac{1}{2}$构成一个紧框架。

在例 9.1.4 中,$\hat{k}=\frac{1}{2},1\frac{1}{2},\cdots,N-\frac{1}{2}$的元素可以由$\hat{k}=0,1,\cdots,N-1$ 的元素线性表示,即这个框架中存在冗余。当框架没有冗余,即满足线性不相关条件时,就构成一个 Reisz 基,Reisz 基定义如下。

定义 9.1.2　Reisz 基　设$\{\varphi_j(t),j\in\mathbf{Z}\}$满足下述要求

(1) 对于一个函数 $x(t)$,存在 $B\geqslant A>0$ 有

$$A\parallel x\parallel^{2}\leqslant\sum_{j}\mid\langle x,\varphi_j\rangle\mid^{2}\leqslant B\parallel x\parallel^{2}\quad 0<A<B<\infty$$

(2) $\sum_{j\in z}c_j\varphi_j=0$ 意味着 $c_j=0\quad j\in\mathbf{Z}$,即$\{\varphi_j(t),j\in\mathbf{Z}\}$ 是不相关的。

满足这些条件的$\{\varphi_j(t),j\in\mathbf{Z}\}$称为一个 Reisz 基。

Reisz 基是一种特殊的框架,它是一组基但没有正交性要求,不必是正交基,正交基是一类特殊的 Reisz 基。这样,用框架表示信号就是一种比基表示更一般的信号表示,Reisz 基是比正交基更一般的表示。时频变换中常用到信号的框架表示。

2. 通过框架对函数 $x(t)$的重建

假设变换系数$[Tx]_j=\langle x(t),\varphi_j(t)\rangle$存在,希望利用变换系数重构信号 $x(t)$,如果$\{\varphi_j(t),j\in\mathbf{Z}\}$是一个框架,由这组变换系数可以重构信号。

定义一个算子 F,设 $Fx=\sum_{j\in z}\langle x,\varphi_j\rangle\varphi_j(t)$,则有

$$x=F^{-1}\left[\sum_{j\in z}\langle x,\varphi_j\rangle\varphi_j(t)\right]=\sum_{j\in z}\langle x,\varphi_j\rangle F^{-1}\varphi_j(t)$$

令 $\tilde{\varphi}_j\triangleq F^{-1}\varphi_j(t)$,则

$$x=\sum_{j\in z}\langle x,\varphi_j\rangle\tilde{\varphi}_j\tag{9.1.20}$$

称$\{\tilde{\varphi}_j\}$为$\{\varphi_j\}$的对偶。若$\{\varphi_j\}$是一个框架,在一定条件下$\{\tilde{\varphi}_j\}$存在,并且是$\{\varphi_j\}$的对偶框架,由对偶框架可以重构信号 $x(t)$。在式(9.1.20)中,$\tilde{\varphi}$ 和 φ 是可以互换的,即式(9.1.20)也可以写成

$$x=\sum_{j\in z}\langle x,\tilde{\varphi}_j\rangle\varphi_j\tag{9.1.21}$$

$\{\varphi_j\}$和$\{\tilde{\varphi}_j\}$一个用作变换(分析)函数,一个用于作合成(综合)函数。对于对偶框架,其不等式关系为

$$B^{-1}\|x\|^2 \leqslant \sum_j |\langle x,\tilde{\varphi}_j\rangle|^2 \leqslant A^{-1}\|x\|^2 \tag{9.1.22}$$

当为紧框架时

$$\tilde{\varphi}_j(t) = \frac{1}{A}\varphi_j(t)$$

当 $A=1$ 时，紧框架变成正交基，且 $\tilde{\varphi}_j(t)=\varphi_j(t)$，此时式(9.1.20)和式(9.1.21)变成我们所熟悉的由正交变换系数重构信号的公式。

9.2 短时傅里叶变换

对傅里叶变换进行变化，使之适合于时频分析，是一个很自然的思路，短时傅里叶变换(STFT)就是这样一个过程。STFT 是一种最基本的时频分析工具，也可称之为滑窗傅里叶变换。本节讨论 STFT 的定义和性质以及在离散样本情况下的计算。

9.2.1 STFT 的定义和性质

取一个窗函数 $g(\tau)$，它在时域是一个(近似)有限持续时间函数，即它的能量主要集中在 $-\Delta_t/2\leqslant\tau\leqslant\Delta_t/2$ 范围内，通过一个平移参数 t，使窗函数 $g(\tau-t)$ 移动到以 t 为中心，对于给出的信号 $x(\tau)$，$x(\tau)g(\tau-t)$ 反映了信号在以参考时间 t 为中心，在区间 $[t-\Delta_t/2,t+\Delta_t/2]$ 范围的变化。以 t 作为参数，取 $x(\tau)g(\tau-t)$ 的傅里叶变换，结果是 t 和 ω 的函数。短时傅里叶变换的定义为

$$\begin{aligned}\mathrm{STFT}(t,\omega) &= \int_{-\infty}^{+\infty} x(\tau)g^*(\tau-t)\mathrm{e}^{-\mathrm{j}\omega\tau}\mathrm{d}\tau \\ &= \int_{-\infty}^{+\infty} x(\tau)g_{t,\omega}^*(\tau)\mathrm{d}\tau = \langle x(\tau),g_{t,\omega}(\tau)\rangle\end{aligned} \tag{9.2.1}$$

这里

$$g_{t,\omega}(\tau) = g(\tau-t)\mathrm{e}^{\mathrm{j}\omega\tau} \tag{9.2.2}$$

是窗函数的平移和调制函数。

例 9.2.1 观察一个极端的例子，信号为 $x(\tau)=c\delta(\tau-t_0)$，取一个实的窗函数 $g(\tau)$，信号的 STFT 为

$$\mathrm{STFT}(t,\omega) = \int_{-\infty}^{+\infty} c\delta(\tau-t_0)g(\tau-t)\mathrm{e}^{-\mathrm{j}\omega\tau}\mathrm{d}\tau = cg(t_0-t)\mathrm{e}^{-\mathrm{j}\omega t_0}$$

可见，在时频平面，$|\mathrm{STFT}(t,\omega)|^2$ 的主要能量集中在垂直于 t 轴，范围在 $[t_0-\Delta_t/2,t_0+\Delta_t/2]$ 的带状内，如图 9.2.1 所示(注意，图中只画出了 $|\mathrm{STFT}(t,\omega)|^2$ 能量集中的带状区域，并没有数值大小的显示)。在时频分析中，$|\mathrm{STFT}(t,\omega)|^2$ 称为时频谱图，或简称谱图。

例 9.2.2 观察另一个极端的例子，$x(\tau)=\mathrm{e}^{\mathrm{j}\omega_0\tau}$，它的 STFT 为

$$\mathrm{STFT}(t,\omega) = \int_{-\infty}^{+\infty} c\mathrm{e}^{\mathrm{j}\omega_0\tau}g(\tau-t)\mathrm{e}^{-\mathrm{j}\omega\tau}\mathrm{d}\tau = c\hat{g}(\omega-\omega_0)\mathrm{e}^{-\mathrm{j}(\omega-\omega_0)t}$$

这里 $\hat{g}(\omega)$ 是 $g(\tau)$ 的傅里叶变换，假设它在频域的主要能量集中在 $[-\Delta_\omega/2,\Delta_\omega/2]$ 范围内，信号 $x(\tau)=\mathrm{e}^{\mathrm{j}\omega_0\tau}$ 的 STFT 的谱图 $|\mathrm{STFT}(t,\omega)|^2$，在时频平面主要集中在一个垂直于 ω 轴，范围在 $[\omega_0-\Delta_\omega/2,\omega_0+\Delta_\omega/2]$ 的带状内，如图 9.2.2 所示。

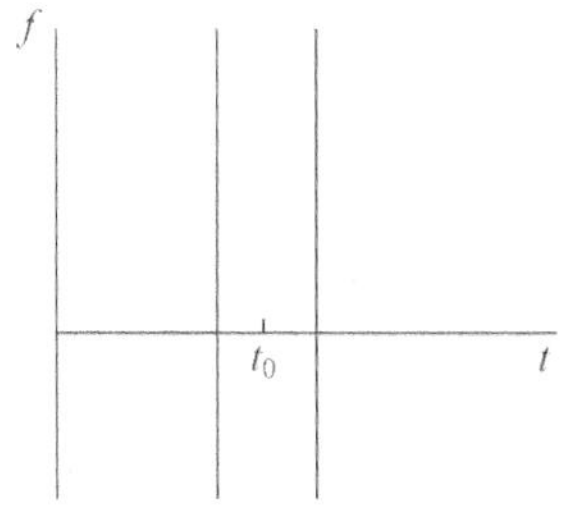

图 9.2.1 冲激信号的$|\mathrm{STFT}(t,\omega)|^2$的主能量区域

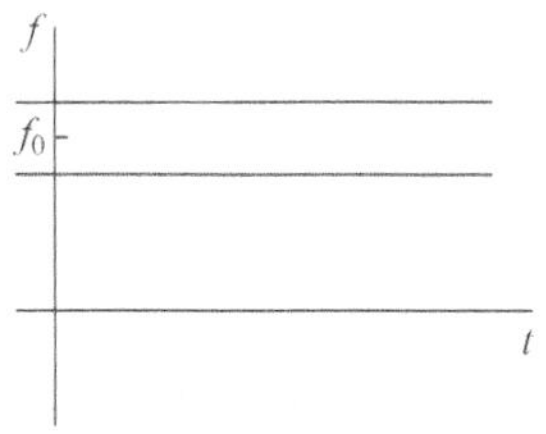

图 9.2.2 复正弦信号的$|\mathrm{STFT}(t,\omega)|^2$的主能量区域

从如上两个极端的例子,可以得到一些有意义的观察,对一个冲激信号,它在时域是任意窄的信号,但在STFT的时频域,它的主要能量区域在时间轴上却有近似Δ_t的宽度,这意味着,如果有一个信号,包含两个冲激信号,如果两个冲激出现的时间小于Δ_t,在STFT的时频域,这两个冲激将不能分辨,这就是时间分辨率问题,也就是说,STFT的时间分辨率约为Δ_t,Δ_t越小,时间分辨率越高。

类似地,对于一个复正弦信号,它是单频率信号,但它的STFT的主要能量区域在频率轴上却有近似Δ_ω的宽度,因此,如果有两个复正弦信号的角频率之差小于Δ_ω,在STFT的时频域,这两个复正弦信号不能被分辨,因此,STFT的频率分辨率近似为Δ_ω,Δ_ω越小,频率分辨率越高。

很显然,一个信号的时间表示,具有最高的时域分辨率,可以分辨任意接近的两个冲激信号,但完全没有频率分析能力。一个信号的连续傅里叶变换,具有最高的频率分辨率,可以区分两个频率任意接近的复正弦信号,但完全没有时域分辨率。而DTFT作为一种时频分析工具,具有一定的时间分辨率和频率分辨率,但时间和频率的分辨率都是有限的,这由测不准原理确定,即

$$\Delta_t \Delta_\omega \geqslant 1/2 \tag{9.2.3}$$

这个限制条件,限定了线性时频分析不可能得到任意的时间分辨率和频率分辨率,如果需要时间分辨率高一些,必然要降低频率分辨率,反之亦然。Δ_t和Δ_ω的大小,可以通过选择窗函数的形状和尺寸来确定。

如下看一个频率时变信号的例子,由此体会STFT的时频分析,相比傅里叶变换带来的更多的信息。

例 9.2.3 信号为

$$x(\tau) = \left(\frac{\alpha}{\pi}\right)^{1/4} \mathrm{e}^{-\alpha\tau^2/2+\mathrm{j}(\beta\tau^2/2+\omega_0\tau)}$$

取窗函数为

$$g(\tau) = \left(\frac{b}{\pi}\right)^{1/4} \mathrm{e}^{-b\tau^2/2}$$

这里略去计算的细节,直接写出STFT的幅度平方为

$$|\mathrm{STFT}(t,\omega)|^2 = \frac{P(t)}{\sqrt{2\pi\sigma_\omega^2}} \exp\left(-\frac{(\omega-\mu_\omega)^2}{2\sigma_\omega^2}\right)$$

其中的参数为

$$P(t)=\sqrt{\frac{\alpha b}{\pi(\alpha+b)}}\exp\left(-\frac{\alpha b}{\alpha+b}t^2\right)$$

$$\sigma_\omega^2=\frac{1}{2}(\alpha+b)+\frac{\beta^2}{2(\alpha+\beta)}$$

$$\mu_\omega=\frac{b}{\alpha+b}\beta t+\omega_0$$

原信号是在零时刻附近存在的线性调频信号，瞬时频率为 $\omega(t)=\beta t+\omega_0$，作为时频谱图，$|\mathrm{STFT}(t,\omega)|^2$ 在时域和频域都是有限持续的，$P(t)$ 确定了时频谱图的时间持续性，σ_ω^2 确定了频域的持续性，实际时频谱图是一个条状图形，μ_ω 则是时频谱图的条状图的斜率。注意到，若 μ_ω 与 $\omega(t)$ 相等，则时频谱图的中心正好表示了时变频率，遗憾的是在 STFT 中 $\mu_\omega\neq\omega(t)$，两者斜率不同，若取 $b\gg a$，则两者近似相等，若取两个不同的 b 进行两次时频分析，则根据时频谱图的斜率可求出 β 和 α。

以下通过数值积分计算不同信号的 STFT，增加直观印象。

例 9.2.4 信号由两个线性调制信号(Chirp)构成，即

$$f(t)=a_1\mathrm{e}^{\mathrm{j}(bt^2+ct)}+a_2\mathrm{e}^{\mathrm{j}(bt^2)}$$

相当于两个信号的瞬时频率分别是：$\omega_1(t)=2bt+c$，$\omega_2(t)=2bt$，其频率差为常数，为进行短时傅里叶变换，选择一个窗函数，取高斯窗 $\sigma=0.05$，窗函数为

$$g(t)=\frac{1}{(\sigma^2\pi)^{1/4}}\quad\exp\left(\frac{-t^2}{2\sigma^2}\right)$$

信号波形(实部)和它的短时傅里叶变换的幅度图如图 9.2.3 所示。在时频平面，用黑白强度表示 $|\mathrm{STFT}(t,\omega)|^2$ 的取值，越黑的点 $|\mathrm{STFT}(t,\omega)|^2$ 取值越大，白色点对应于 $|\mathrm{STFT}(t,\omega)|^2$ 取零。由图 9.2.3 清楚地表明，信号中有两个频率分量，随时间频率线性增加，频差保持不变。这些信息从傅里叶变换中无法获得，该信号的傅里叶变换的幅度值显示出该信号是一个宽带信号，能量在一个频率范围内近似均匀分布，也就是说，傅里叶变换告诉我们，在整个观测时间内，信号中包含很宽范围的频率成分，但却不知道，在任意给定时刻，信号中只有两个频率分量，且按一定规律变化。本例由 Mallat 等人给出的软件包生成图形[16]。

例 9.2.5 再通过一个线性 Chirp 信号的例子，对 STFT 和功率谱进行比较。如图 9.2.4 所示，有 4 个小图，最下侧是时域信号，是一个频率慢变的线性调制信号乘一个高斯函数所得到的一个瞬变信号，用两个不同窗函数分别做 STFT，得到第 1 行左和中间的图，图中显示的是 $|\mathrm{STFT}(t,\omega)|^2$ 的值。左图用了时域较短的窗，因此频域窗较宽，具有较好的时间分辨率，但较差的频率分辨率，中间图用了时域较长的窗，因此频域窗较短，时间分辨率比左图差，频率分辨率比左图好，且两个图的斜率也有变化，这些结果与例 9.2.3 的数学表达形式是吻合的。第 1 行最右图是功率谱图，为了与 STFT 的纵轴(频率轴)对应，功率谱旋转了 90 度，从功率谱中，只能看到信号是一个带通信号，但频率变换规律完全体现不出来，因此 STFT 比功率谱展示了更多信息，但也必须注意，无论时域还是频域，STFT 的分辨率都不是很理想。

前述通过几个例子对 STFT 的定义和性质进行了直观理解，以下再从其他方面对 STFT 做进一步说明。

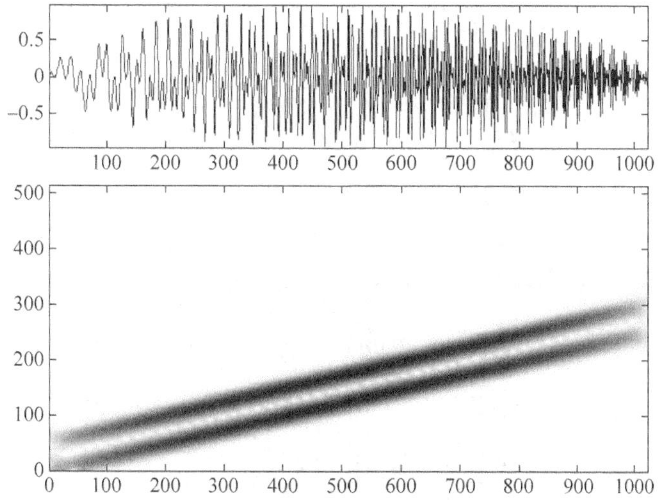

图 9.2.3 两个线性调制信号的短时傅里叶变换

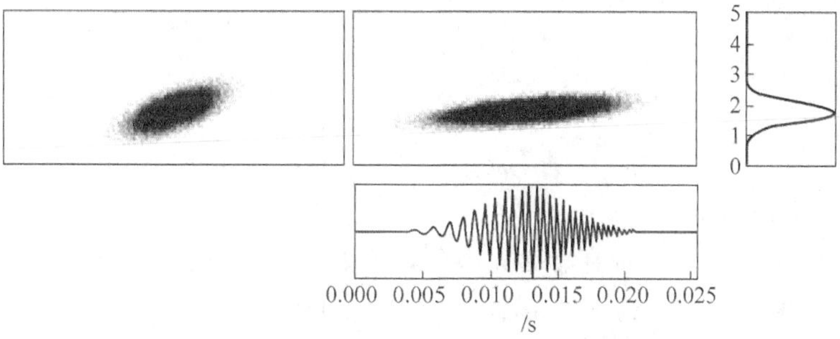

图 9.2.4 线性调制信号的 STFT 和功率谱

1. STFT 的频域等价形式

由式(9.2.2),STFT 定义为 $x(\tau)g(\tau-t)$的傅里叶变换,利用信号乘积的傅里叶变换等于傅里叶变换卷积的性质,得到 STFT 的等价频域定义为

$$\begin{aligned}\mathrm{STFT}(t,\omega)&=\int_{-\infty}^{+\infty}x(\tau)g^{*}(\tau-t)\mathrm{e}^{-\mathrm{j}\omega\tau}\mathrm{d}\tau=\hat{x}(\omega)*(\hat{g}^{*}(\omega)\mathrm{e}^{-\mathrm{j}\omega t})\\&=\frac{1}{2\pi}\int_{-\infty}^{+\infty}\hat{x}(\lambda)\,\hat{g}^{*}(\omega-\lambda)\mathrm{e}^{-\mathrm{j}(\omega-\lambda)t}\mathrm{d}\lambda=\frac{1}{2\pi}\mathrm{e}^{-\mathrm{j}\omega t}\langle\hat{x}(\lambda),\hat{g}_{\omega,t}(\lambda)\rangle\end{aligned}\tag{9.2.4}$$

这里

$$\hat{g}_{\omega,t}(\lambda)=\hat{g}(\omega-\lambda)\mathrm{e}^{-\mathrm{j}\lambda t}\tag{9.2.5}$$

由式(9.2.4),可以看出,从频域观点,$\mathrm{STFT}(t,\omega)$反映了信号在频域范围$[\omega-\Delta_\omega/2,\omega+\Delta_\omega/2]$的变化。总之,$\mathrm{STFT}(t,\omega)$反映了信号在时频联合区域$[t-\Delta_t/2,t+\Delta_t/2]\times[\omega-\Delta_\omega/2,\omega+\Delta_\omega/2]$的性质。取所有的$(t,\omega)$,$|\mathrm{STFT}(t,\omega)|^2$ 反映了信号能量在任意时间和任意频率处的分布,当然这个分布反映的是信号在时频联合区域$[t-\Delta_t/2,t+\Delta_t/2]\times[\omega-\Delta_\omega/2,\omega+\Delta_\omega/2]$的性质,而非在点$(t,\omega)$处的性质。这一结论由如下 STFT 的帕塞瓦尔定理所验证,即对于能量归一化的窗函数 g,即

$$\|g\|^2=\int_{-\infty}^{+\infty}|g(\tau)|^2\mathrm{d}\tau=1$$

STFT 满足

$$\int_{-\infty}^{+\infty}|x(\tau)|^2\mathrm{d}\tau=\frac{1}{2\pi}\iint|\mathrm{STFT}(t,\omega)|^2\mathrm{d}t\mathrm{d}\omega \tag{9.2.6}$$

上式说明，$|\mathrm{STFT}(t,\omega)|^2$ 反映了信号的时频联合能量谱。

2. STFT 的反变换

STFT 的帕塞瓦尔定理的更一般形式是(留作习题)，对于任意窗函数，有

$$\iint\langle x_1(\tau),g_{t,\omega}(\tau)\rangle\langle x_2(\tau),g_{t,\omega}(\tau)\rangle\mathrm{d}t\mathrm{d}\omega=2\pi\|g\|^2<x_1(\tau),x_2(\tau)\rangle \tag{9.2.7}$$

在上式中代入 $x_1(\tau)=x(\tau)$，$x_2(\tau)=\delta(\tau)$得到信号的重构式

$$x(\tau)=\frac{1}{2\pi\|g\|^2}\iint\mathrm{STFT}(t,\omega)g_{t,\omega}(\tau)\mathrm{d}t\mathrm{d}\omega \tag{9.2.8}$$

3. 核函数方程和冗余性

可以验证(留作习题)，如果采用归一化窗函数，STFT 满足如下的核函数方程，

$$\mathrm{STFT}(t,\omega)=\frac{1}{2\pi}\iint\mathrm{STFT}(t',\omega')K(t,\omega;\ t'\omega')\mathrm{d}t'\mathrm{d}\omega' \tag{9.2.9}$$

核函数为

$$K(t,\omega;\ t'\omega')=\langle g_{t,\omega}(\tau),g_{t',\omega'}(\tau)\rangle \tag{9.2.10}$$

这里，核函数方程说明两个问题：

(1) 不是以(t,ω)为变量的任意 2 元函数都能够对应一个信号的 STFT，只有满足核方程的 2 元函数才是一个信号的 STFT，即 $\mathrm{STFT}(t,\omega)$是以(t,ω)为变量的 2 元函数的子集。

(2) $\mathrm{STFT}(t,\omega)$是存在冗余的，由方程(9.2.9)表明，(t,ω)的 STFT 的值可以通过核函数由其他时刻的 STFT 值重构出来，这表明了 $\mathrm{STFT}(t,\omega)$的冗余性。其实，这种冗余性在直观上也是容易理解的，用 2 元函数描述一个 1 元函数信号，冗余是显然的。

4. STFT 的离散化

由于连续时间 STFT 存在的冗余性和对连续 STFT 计算上的困难，有必要进一步研究其离散化形式，即时频离散 STFT(DSTFT)。不是计算所有(t,ω)的 STFT 的值，而是仅计算在(t,ω)离散采样点$(t=nT_\Delta,\omega=m\Omega_\Delta)$的值 $\mathrm{STFT}(nT_\Delta,m\Omega_\Delta)$，这里 T_Δ,Ω_Δ 分别是时频分析的时间和频率变量的采样间隔。

离散化的一个重要问题是：如何选取采样间隔 T_Δ,Ω_Δ，才能由$\{\mathrm{STFT}(nT_\Delta,m\Omega_\Delta),n\in Z,m\in Z\}$重构信号，如何重构？这些问题，将在下节 Gabor 展开标题下一并讨论。Gabor 展开是由 Gabor 独立提出的一个信号展开问题，它也同时回答了时频离散 STFT 的计算和重构问题。

*9.2.2 STFT 的数值计算

刚刚讨论的 STFT 的离散化问题，只是讨论了对时频变量(t,ω)的离散化，若对连续时间信号 $x_a(\tau)$进行采样，得到离散序列 $x[n]=x_a(\tau)|_{\tau=nT_s}$，可用离散序列计算 $\mathrm{STFT}(nT_\Delta,m\Omega_\Delta)$。

在数字信号处理中讨论信号频谱分析时，用离散傅里叶变换(DFT)逼近计算连续信号的傅里叶变换，若连续信号表示为 $x_a(t)$，其傅里叶变换为 $X_a(\mathrm{j}\omega)$，若以 $x[n]=x_a(t)\big|_{t=nT_s}$ 获得采样信号，对截断的采样信号做 DFT，相当于在 $\omega=\frac{\omega_S}{N}k=\frac{2\pi}{T_s}\frac{k}{N}$ 处近似计算连续信号的傅里叶变换。即

$$\hat{X}_a(\mathrm{j}\omega)\Big|_{\frac{\omega_s}{N}k}=T_sX[k]$$

这里，ω_S 是采样角频率，$X[k]$是 $x[n]$的 DFT 变换。

类似地，可用连续信号的采样序列计算短时傅里叶变换 STFT 在 $\mathrm{STFT}(t,\omega)\Big|_{t=nT_\Delta,\omega=k\Omega_\Delta}$ 的值，为此，需离散化三个参数 t,ω,τ。如下推导这个离散化过程。

重写 DTFT 的定义式(9.2.1)如下

$$\mathrm{STFT}(t,\omega)=\int_{-\infty}^{+\infty}x_a(\tau)g^*(\tau-t)\mathrm{e}^{-\mathrm{j}\omega\tau}\mathrm{d}\tau$$

为了后续表示方便，做简单变量替换，将上式改写为

$$\mathrm{STFT}(t,\omega)=\mathrm{e}^{-\mathrm{j}\omega t}\int_{-\infty}^{+\infty}x_a(\tau+t)g^*(\tau)\mathrm{e}^{-\mathrm{j}\omega\tau}\mathrm{d}\tau \tag{9.2.11}$$

将 $t=nT_\Delta,\Omega=k\Omega_\Delta$ 带入式(9.2.11)，得

$$\mathrm{STFT}(nT_\Delta,k\Omega_\Delta)=\mathrm{e}^{-\mathrm{j}kn\Omega_\Delta T_\Delta}\int_{-\infty}^{+\infty}x_a(\tau+nT_\Delta)g^*(\tau)\mathrm{e}^{-\mathrm{j}k\Omega_\Delta\tau}\mathrm{d}\tau \tag{9.2.12}$$

接下来，对信号 $x_a(\tau)$和窗函数 $g(\tau)$采样，选择采样间隔 T_S 满足采样定理，离散序列记为：

$$x[m]=x_a(mT_s),\quad m=0,1,2,\cdots \tag{9.2.13}$$

由于 $g(\tau)$是窗函数，其持续时间有限，其采样后为 N 点有限长序列，即

$$\begin{aligned}&g[m]=g(\tau)\big|_{\tau=mT_s}\\&g[m]=0,\quad m<0,m>N-1\end{aligned} \tag{9.2.14}$$

将式(9.2.13)和式(9.2.14)代入式(9.2.12)，并令 $\mathrm{d}\tau=T_s$，得到

$$\mathrm{STFT}(nT_\Delta,k\Omega_\Delta)\approx\mathrm{e}^{-\mathrm{j}kn\Omega_\Delta T_\Delta}\sum_{m=0}^{N-1}x_a(mT_s+nT_\Delta)g^*(mT_s)\mathrm{e}^{-\mathrm{j}\Omega_\Delta T_s km}T_s \tag{9.2.15}$$

为得到更加规范的形式，对 T_Δ,Ω_Δ 的取值加些约束，即令

$$T_\Delta=\Delta MT_S \tag{9.2.16}$$

这里 ΔM 为一整数，即 T_Δ 是信号采样间隔的整数倍。令

$$\Omega_\Delta=\frac{\omega_s}{N}=\frac{2\pi f_s}{N}=\frac{2\pi}{NT_s} \tag{9.2.17}$$

将式(9.2.16)和式(9.2.17)代入式(9.2.15)，得

$$\mathrm{STFT}\left(n\Delta MT_s,k\frac{\Omega_s}{N}\right)=T_s\mathrm{e}^{-\frac{2\pi}{N}kn\Delta M}\sum_{m=0}^{N-1}x[m+n\Delta M]g^*[m]\mathrm{e}^{-\mathrm{j}\frac{2\pi}{N}km} \tag{9.2.18}$$

上式中，令

$$X_D[n,k]=\sum_{m=0}^{N-1}x[m+n\Delta M]g^*[m]\mathrm{e}^{-\mathrm{j}\frac{2\pi}{N}km} \tag{9.2.19}$$

注意到，$X_D[n,k]$是一个数据滑动的 DFT 结构，随着 n 的变化，相当于 $x[n]$滑动 $n\Delta M$ 步，然后加窗做 N 点 DFT，其可以用 FFT 处理器快速实现。除了一个比例常数 T_s 和一个相位因子，离散短时傅里叶变换与滑动 DFT $X_D[n,k]$是一致的。

$$\mathrm{STFT}\left(n\Delta MT_s, k\frac{\Omega_s}{N}\right)=T_s\mathrm{e}^{-\frac{2\pi}{N}kn\Delta M}X_D[n,k] \tag{9.2.20}$$

如果需要画出时频谱的能量谱图，并忽略常数因子 T_s，则有

$$|\mathrm{SFTF}(nT_\Delta, k\Omega_\Delta)|^2=|X_D[n,k]|^2 \tag{9.2.21}$$

例 9.2.6 一个实例研究。如下离散信号

$$x[n]=\begin{cases}0 & n<0\\ \cos(0.1\pi n+0.0005n^2) & 0\leqslant n<2048\\ \cos(0.4\pi n) & 2048\leqslant n<4096\\ \cos(0.4\pi n)+\cos(0.43\pi n) & 4096\leqslant n<6144\end{cases}$$

信号共取 6144 个采样点，采用海明(Hamming)窗作为分析窗进行 STFT

$$g[m]=\begin{cases}0.54-0.46\cos(2\pi m/N), & 0\leqslant m\leqslant N\\ 0, & \text{其他}\end{cases}$$

分别取窗长度 $N=512$ 和 $N=128$，取 $\Delta M=4$，针对不同的窗长，频率分辨率不同，如图 9.2.5 所示。注意，图 9.2.5 中，纵坐标是归一化频率，横坐标是窗的滑动步长序号 n。

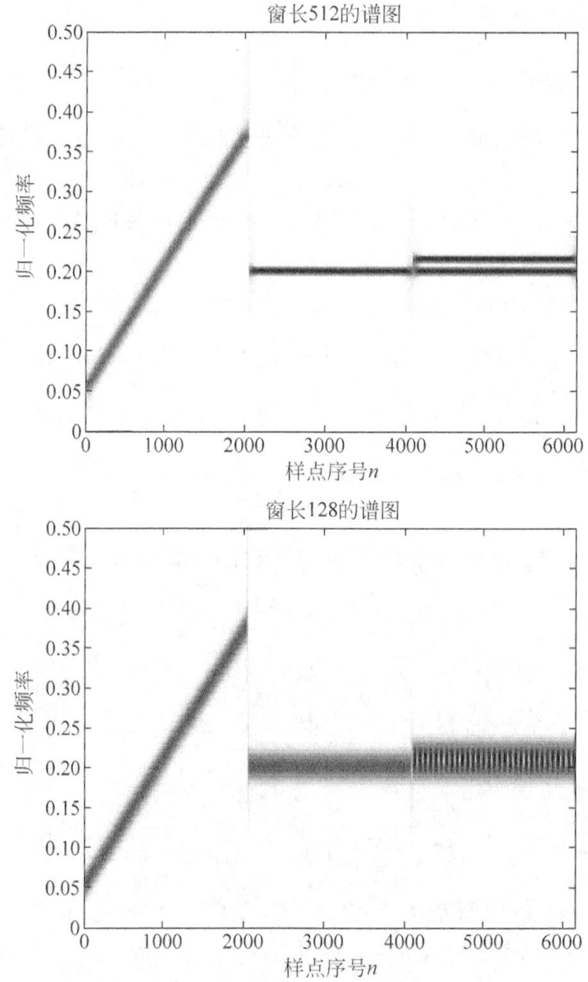

图 9.2.5 STFT 的幅度谱

9.3 Gabor 展开

Gabor 展开是 Gabor 于 1946 年提出的，但由于计算展开系数的困难，限制了它的应用。1980 年 Bastianns 提出了利用辅助函数（现在更多的称为对偶函数）计算 Gabor 系数的方法，1990 年 Wexler 等发表了离散 Gabor 展开的计算问题的论文，为 Gabor 展开的广泛应用打下基础（Gabor 获得 1971 年的诺贝尔物理奖）。

9.3.1 连续 Gabor 展开

对于信号 $x(t)$，Gabor 展开定义为

$$x(t)=\sum_{m=-\infty}^{+\infty}\sum_{n=-\infty}^{+\infty}c_{m,n}h_{m,n}(t)=\sum_{m=-\infty}^{+\infty}\sum_{n=-\infty}^{+\infty}c_{m,n}h(t-mT)\mathrm{e}^{\mathrm{j}n\Omega t} \tag{9.3.1}$$

上式中，$h_{m,n}(t)=h(t-mT)\mathrm{e}^{\mathrm{j}n\Omega t}$ 是 Gabor 展开的基函数集，它是由原函数 $h(t)$ 经过平移和调制生成的函数集，$c_{m,n}$ 是 Gabor 展开系数，T 和 Ω 分别是时频平面的时间和频率采样间隔。

为使 Gabor 展开成为信号的一种良好的时频局域性表示，要求 $h(t)$ 在时域和频域能量都是集中在零附近，设在时域 $h(t)$ 能量主要集中在 $[-\Delta_t/2,\Delta_t/2]$，而 $h(t)$ 的傅里叶变换 $\hat{h}(\omega)$ 的能量主要集中在 $[-\Delta_\omega/2,\Delta_\omega/2]$。$h_{m,n}(t)=h(t-mT)\mathrm{e}^{\mathrm{j}n\Omega t}$ 在时域和频域的能量则分别集中在 $[mT-\Delta_t/2,mT+\Delta_t/2]$ 和 $[n\Omega-\Delta_\omega/2,n\Omega+\Delta_\omega/2]$，Gabor 展开系数 $c_{m,n}$ 主要表示了信号 $x(t)$ 中包含的在以 mT 为时间中心，以 $n\Omega$ 为频率中心的一个时频格子内的分量强度，每个格子在时间和频率轴宽度分别为 Δ_t，Δ_ω。每个系数 $c_{m,n}$ 近似表达了信号在时频区间 $[mT-\Delta_t/2,mT+\Delta_t/2]\times[n\Omega-\Delta_\omega/2,n\Omega+\Delta_\omega/2]$ 的性质。Gabor 展开对时频平面的划分如图 9.3.1(a) 所示，系数 $c_{m,n}$ 所代表的任意一个时频格子的示意图如图 9.3.1(b) 所示。一旦选定 $h(t)$，所有系数 $c_{m,n}$ 所表示的时频格子都是相同的。

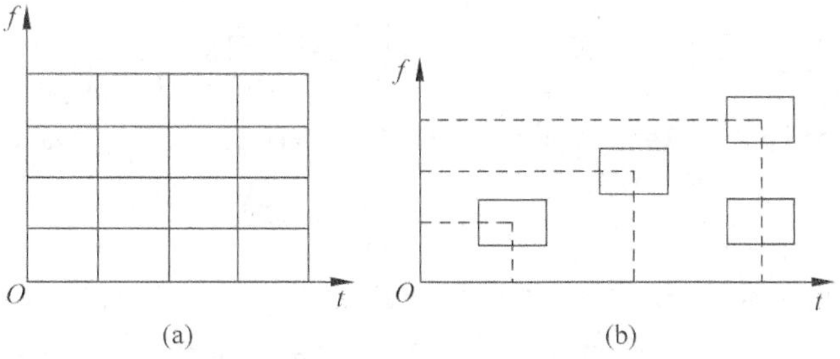

图 9.3.1 Gabor 系数的时频采样栅格

在 Gabor 的原始论文中，他所采用的原函数 $h(t)$ 是高斯函数，即

$$h(t)=\left(\frac{\alpha}{\pi}\right)^{1/4}\mathrm{e}^{-\alpha t^2/2}$$

$$\hat{h}(\omega)=\frac{1}{\sqrt{2}}\left(\frac{\pi}{\alpha}\right)^{1/4}\mathrm{e}^{-\omega^2/2\alpha}$$

时频格子的大小可以达到测不准原理的下界，即

$$\Delta_t \Delta_\omega = \frac{1}{\sqrt{2\alpha}}\sqrt{\frac{\alpha}{2}} = \frac{1}{2}$$

后来人们扩展了 Gabor 对原函数的选择，许多函数都可以选作原函数。

为使 Gabor 展开成立，对时频平面上时间和频率的采样间隔 T 和 Ω 有要求，如果 T 和 Ω 太大，图 9.3.1(a)的格子太稀疏，因为信息太少，式(9.3.1)不能够完整地表示信号 $x(t)$，如果 T 和 Ω 太小，图 9.3.1(a)的格子太密集且各格子互相重叠，式(9.3.1)可以完整地表示信号 $x(t)$，但 Gabor 系数中存在很多冗余。要使 Gabor 展开存在且能完整地表示信号，T 和 Ω 满足的约束条件为[26]

$$T\Omega \leqslant 2\pi \tag{9.3.2}$$

当 $T\Omega=2\pi$ 时称为临界采样，对应着使 Gabor 展开成立的最稀疏的时频采样，即图 9.3.1(a)能够完整表示信号的最稀疏的栅格，$T\Omega<2\pi$ 时称为过采样，过采样情况下，Gabor 展开系数 $c_{m,n}$ 中存在冗余，但这种冗余，在信号处理中可用于噪声消除或更有效地检测信号。

例 9.3.1 对带限信号情况下，T 和 Ω 取值的讨论。假设信号 $x(t)$ 的频谱是时变的，但在任何时候 $x(t)$ 的最高频率是有限的，即 $\Omega_{\max}$，对该信号奈奎斯特(Nyquist)角频率为 $\Omega_N=\Omega_{\max}$，对应奈奎斯特率 $\Omega_s=2\Omega_{\max}$，采样间隔为 $T_s=\dfrac{2\pi}{\Omega_s}$。

对 Gabor 展开中 T 和 Ω 的取值做如下讨论。

(1) 在临界采样情况 $T\Omega=2\pi$，如果取 $T=T_s$，必然有 $\Omega=\dfrac{2\pi}{T}=\dfrac{2\pi}{T_s}=\Omega_s=2\Omega_{\max}$，由于 Gabor 展开系数 $c_{m,n}$ 表示信号在时频平面以 $(mT,n\Omega)=(mT_s,n2\Omega_{\max})$ 为中心的格子的性质，因此，对于 T 和 Ω 的这种取值，$n=0$ 是频率方向唯一有意义的取值，而在时域方向 $mT=mT_s$，即时间方向格子间隔与采样间隔相等，这种情况下系数 $c_{m,0}$ 有很高的时域分辨性质，但频域分辨性最差。如果取原函数 $h(t)=\sin(\pi t/T_s)/(\pi t/T_s)$，和 Gabor 系数取信号采样值 $c_{m,0}=x(mT_s)$，式(9.3.1)的 Gabor 展开蜕变成采样定理中的插值公式，即

$$x(t) = \sum_{m=-\infty}^{+\infty} x(mT_s)\frac{\sin(\pi(t-mT_s)/T_s)}{(\pi(t-mT_s)/T_s)}$$

(2) 在临界采样情况 $T\Omega=2\pi$，如果取 $\Omega=\Omega_s/N$，这里 N 是一整数，则

$$T = \frac{2\pi}{\Omega} = N\frac{2\pi}{\Omega_s} = NT_s$$

Gabor 展开系数 $c_{m,n}$ 表示信号在时频平面以 $(mT,n\Omega)=(mNT_s,n\Omega_s/N)$ 为中心的格子的性质，因此，$c_{m,n}$ 所表示的格子，在时间方向是按 NT_s 间隔步进的，在频率方向上是按 Ω_s/N 间隔步进的，这样 $c_{m,n}$ 在时间域的步进间隔约为 NT_s，在频率域的步进间隔约为 Ω_s/N，为提高时频系数在时间方向的有效密度就要降低在频率方向的有效密度，在实际问题中，根据需要选择 T 和 Ω。如果我们感兴趣的观测时间长度为 LT_s，在时域方向的格子数为 L/N，在频域方向的格子数为 $\Omega_s/\Omega=N$，总格子数为 L。当 $L=N$ 时，适当选取原函数，Gabor 展开系数 $c_{m,n}$ 蜕变成离散傅里叶变换(DFT)系数或加窗 DFT 系数，此情况下，$c_{m,n}$ 具有最好的频率分辨率，但在观测区间内，将不再具有时间分辨力。

(3) 在过采样情况 $T\Omega<2\pi$，在时频平面上有更密集的采样栅格。定义 $\alpha=2\pi/(T\Omega)$ 为

过采样率，假设取 $\alpha=4$，如果取 $\Omega=\Omega_s/(2N)$，则 $T=NT_s/2$，比之临界采样情况，时间方向和频率方向的格子密度都增加 1 倍，在一个观测时间内，总格子数是临界情况的 4 倍，这将得到更精细的时频图。

在如上例子中我们看到，为了使 Gabor 展开能够完整地表示信号，所需的最少 Gabor 系数数量与采样定理所规定的最少采样数量是一致的。但 Gabor 展开的实际应用中，过采样情况将有更好的性质和更稳定的数值性能。

当 Gabor 展开的基函数集 $\{h_{m,n}(t)=h(t-mT)\mathrm{e}^{\mathrm{j}n\Omega t},m\in Z,n\in Z\}$ 构成一个框架时，存在一个对偶原函数 $\gamma(t)$，其位移调制集 $\{\gamma_{m,n}(t)=\gamma(t-mT)\mathrm{e}^{\mathrm{j}n\Omega t},m\in Z,n\in Z\}$ 构成对偶框架[12]，利用对偶框架计算 Gabor 展开系数 $c_{m,n}$，计算公式为

$$\begin{aligned}c_{m,n}&=\int_{-\infty}^{+\infty}x(t)\gamma_{m,n}^{*}(t)\mathrm{d}t=\int_{-\infty}^{+\infty}x(t)\gamma_{m,n}^{*}(t-mT)\mathrm{e}^{-\mathrm{j}n\Omega t}\mathrm{d}t\\&=\langle x(t),\gamma_{m,n}(t)\rangle=\mathrm{STFT}(mT,n\Omega)\end{aligned}\tag{9.3.3}$$

式(9.3.3)说明，Gabor 展开系数 $c_{m,n}$ 实际是以 $\gamma(t)$ 做窗函数的 STFT 在时频离散采样位置 $(mT,n\Omega)$ 的取值，从这个意义上，Gabor 展开式(9.3.1)可以看作是由采样的 STFT 系数(时频离散 STFT)重构信号的公式。这样，可以将连续 Gabor 展开和离散 STFT 联系在一起，Gabor 展开给出的重构条件对 STFT 也是适用的。故可将离散 STFT 和 Gabor 展开统一讨论，本节后续内容将注意力只放在 Gabor 展开的讨论。

需要说明，基函数集 $\{h_{m,n}(t)=h(t-mT)\mathrm{e}^{\mathrm{j}n\Omega t},m\in Z,n\in Z\}$ 一般不是正交的，对偶框架是不同的函数集，但原函数和对偶原函数的作用是可以交换的，只要其中一个作为分析函数，另一个用作综合函数，即

$$\begin{aligned}x(t)&=\sum_{m=-\infty}^{+\infty}\sum_{n=-\infty}^{+\infty}<x(t),\gamma_{m,n}(t)>h_{m,n}(t)\\&=\sum_{m=-\infty}^{+\infty}\sum_{n=-\infty}^{+\infty}<x(t),h_{m,n}(t)>\gamma_{m,n}(t)\end{aligned}\tag{9.3.4}$$

实际应用中，选定一个原函数，需要求出对偶原函数，将式(9.3.3)代入式(9.3.1)，并交换求和与积分次序得

$$x(t)=\int_{-\infty}^{+\infty}x(t')\sum_{m=-\infty}^{+\infty}\sum_{n=-\infty}^{+\infty}\gamma_{m,n}^{*}(t')h_{m,n}(t)\mathrm{d}t'\tag{9.3.5}$$

由式(9.3.5)，为使信号理想重构，要求

$$\sum_{m=-\infty}^{+\infty}\sum_{n=-\infty}^{+\infty}\gamma_{m,n}^{*}(t')h_{m,n}(t)=\delta(t-t')\tag{9.3.6}$$

对式(9.3.6)利用波松(Poisson)求和公式，可以转化为如下的积分方程

$$\frac{T_0\Omega_0}{2\pi}\int_{-\infty}^{+\infty}h(t)\gamma_{m,n}^{0*}(t)\mathrm{d}t=\delta(m)\delta(n)\tag{9.3.7}$$

上式中，

$$\gamma_{m,n}^{0*}(t)=\gamma(t-mT_0)\mathrm{e}^{\mathrm{j}n\Omega_0}$$

并且 $T_0=2\pi/\Omega$，$\Omega_0=2\pi/T$，因此，除非对临界采样情况 $T\Omega=2\pi$，否则总有 $\gamma_{m,n}^{0*}(t)\neq\gamma_{m,n}(t)$。

对于给定的函数 $h(t)$，解式(9.3.7)的积分方程求得 $\gamma(t)$，但是除非对几个特殊的 $h(t)$

函数，例如只有在 $h(t)$是高斯函数、双边指数函数等有限的几类函数，并且在临界采样条件下，才会得到 $\gamma(t)$的显式解，一般情况下由式(9.3.7)得不到对 $\gamma(t)$的解析解。即使对 $\gamma(t)$的解存在，并且 $h(t)$在时域和频域都具有良好的局域性，但式(9.3.7)的解不能保证 $\gamma(t)$也具有良好的时频局域性。一般地，当过采样率较高时，容易求得与 $h(t)$有类似时频局域性的 $\gamma(t)$。在临界采样时，即使 $h(t)$是高斯函数，所求得的 $\gamma(t)$也是一个非常不规则的函数，在时域和频域都有很差的局域性，但当过采样率超过 2 时，$\gamma(t)$与 $h(t)$的波形非常接近，这说明，在连续 Gabor 展开应用时，选取适当的过采样率，将得到满意的结果。由于目前实际信号常以采样形式存在，因此，讨论离散 Gabor 展开将更有实用价值。

9.3.2 周期离散 Gabor 展开

实际中为了实现方便，更多应用的是离散信号情况，为了导出离散 Gabor 展开，对式(9.3.1)两边进行采样，时域采样间隔 T_s，注意到，连续 Gabor 展开中，频域参数已经离散化了，对式(9.3.1)两侧采样后，Gabor 展开中时域和频域都已经离散化，这种离散化直接导致信号序列和系数序列都是周期的，因此，将这种离散化的 Gabor 展开称为周期离散 Gabor 展开。

为对式(9.3.1)两侧离散化，将 $t=kT_s$ 代入式(9.3.1)两侧，得到

$$\begin{aligned} x(kT_s) &= \sum_{m=-\infty}^{+\infty}\sum_{n=-\infty}^{+\infty} c_{m,n}h(kT_s - mT)\mathrm{e}^{\mathrm{j}n\Omega kT_s} \\ &= \sum_{m=-\infty}^{+\infty}\sum_{n=-\infty}^{+\infty} c_{m,n}h(T_s(k - mT/T_s))\mathrm{e}^{\mathrm{j}\frac{\Omega T_s L}{2\pi}\frac{2\pi nk}{L}} \end{aligned} \tag{9.3.8}$$

这里假设，离散信号的周期是 L(L 是总采样点数，对有限长信号，将所有采样信号样本作为周期序列的一个周期)，Gabor 系数 $c_{m,n}$ 在时频方向的周期分别是 M,N，考虑到周期性，令

$$\tilde{x}(k) = x(kT_s),\quad \tilde{h}(k) = h(T_s k)$$

$$\Delta M = \frac{T}{T_s},\quad \Delta N = \frac{\Omega T_s L}{2\pi},\quad W_L = \mathrm{e}^{\mathrm{j}\frac{2\pi}{L}}$$

将这些符号代入式(9.3.8)，得到周期离散 Gabor 展开为

$$\tilde{x}(k) = \sum_{m=0}^{M-1}\sum_{n=0}^{N-1}\tilde{c}_{m,n}\tilde{h}(k - m\Delta M)W_L^{nk\Delta N} \tag{9.3.9}$$

类似地，Gabor 展开系数利用如下求和式获得

$$\tilde{c}_{m,n} = \sum_{k=0}^{L}\tilde{x}(k)\tilde{\gamma}^*(k - m\Delta M)W_L^{-nk\Delta N} \tag{9.3.10}$$

这里 $\tilde{\gamma}(k)$，$\tilde{h}(k)$也是周期为 L。在式(9.3.9)和式(9.3.10)中，ΔM，ΔN 分别称为离散时间移位步长和离散频率步长，它们的含义是清楚的，$\Delta M=T/T_s$ 是 Gabor 展开中，窗函数每次移动距离 $h(t-mT)$中的 T 与采样步长 T_s 之比，实际是将窗移动距离换算成多少倍采样步长，ΔM 取整数。

$$\Delta N = \frac{\Omega T_s L}{2\pi} = \frac{\Omega L}{\Omega_s} = \frac{L}{\Omega_s/\Omega} \tag{9.3.11}$$

这里，Ω_s/Ω 表示时频平面上纵向(频率方向)的格子数，如果信号直接做 DFT，L 也正是频率通道数，它是可能的最大有效频率通道数，也对应了频率分辨率最高时的频率通道数，

ΔN 表示一个时频格子在频率轴上占据了多少个对应于最高频率分辨率时的频率通道数。

式(9.3.9)和式(9.3.10)是周期离散 Gabor 展开的一般表达式，在实际应用中，取

$$L = \Delta M M = \Delta N N \tag{9.3.12}$$

这里 N 表示 Gabor 系数的频率通道数(频率轴上格子数)，M 表示 Gabor 系数的时间位移通道数(时间轴上格子数)，MN 表示 Gabor 系数的数目(由于周期性，以上均指一个周期内数目)，由各参数的定义，可以得到过采样率的如下几个等价形式

$$\alpha = \frac{2\pi}{T\Omega} = \frac{L}{\Delta M \Delta N} = \frac{MN}{L} = \frac{N}{\Delta M} \tag{9.3.13}$$

式(9.3.13)说明，过采样时，Gabor 系数数目大于信号采样数，或 Gabor 系数的频率通道数大于 Gabor 展开的时间窗位移步长。

后续讨论中，总假设 $L=\Delta MM=\Delta NN$，Gabor 展开公式简化成如下形式

$$\tilde{x}(k) = \sum_{m=0}^{M-1}\sum_{n=0}^{N-1} \tilde{c}_{m,n}\tilde{h}(k-m\Delta M)W_N^{nk} \tag{9.3.14}$$

$$\tilde{c}_{m,n} = \sum_{k=0}^{L} \tilde{x}(k)\tilde{\gamma}^*(k-m\Delta M)W_N^{-nk} \tag{9.3.15}$$

式(9.3.14)和式(9.3.15)都可以利用 FFT 进行计算，式(9.3.14)中，对于一个固定的 m，内求和式直接可以利用 FFT 计算，式(9.3.15)中，对于一个固定的 m，可以拆成 ΔN 段，每段 N 个数据求和，可以利用 FFT 计算。由式(9.3.15)也可以直接验证$\tilde{c}_{m,n}$在频率方向的周期性为$\tilde{c}_{m,n}=\tilde{c}_{m,n+lN}$。

与连续 Gabor 展开一样，给出$\tilde{h}(k)$，需要求出 $\tilde{\gamma}(k)$。如下推导由$\tilde{h}(k)$求 $\tilde{\gamma}(k)$的方程，将式(9.3.15)代入式(9.3.14)，交换求和次序得到

$$\tilde{x}(k) = \sum_{k=0}^{L-1} \tilde{x}(k')\sum_{m=0}^{M-1}\sum_{n=0}^{N-1}\tilde{\gamma}^*(k'-m\Delta M)\tilde{h}(k-m\Delta M)W_N^{n(k-k')} \tag{9.3.16}$$

为使周期离散 Gabor 展开系数能够重构信号序列，要求

$$\sum_{m=0}^{M-1}\sum_{n=0}^{N-1}\tilde{\gamma}^*(k'-m\Delta M)\tilde{h}(k-m\Delta M)W_N^{n(k-k')} = \delta(k-k') \tag{9.3.17}$$

由式(9.3.17)的双正交方程，不容易建立显式的求解方程，为此，利用波松求和公式，将式(9.3.17)转化成如下的等价方程[26]

$$\sum_{k=0}^{L-1}\tilde{h}(k+qN)W_{\Delta M}^{-pk}\tilde{\gamma}^*(k) = \frac{\Delta M}{N}\delta(p)\delta(q) \quad 0 \leqslant p < \Delta M,\quad 0 \leqslant q < \Delta N \tag{9.3.18}$$

式(9.3.18)是线性方程组，未知量是 $\tilde{\gamma}(k)$，共有 L 个未知量，有 $\Delta M\Delta N$ 个方程，式(9.3.18)可以写成矩阵形式为

$$\boldsymbol{H\gamma} = \boldsymbol{u} \tag{9.3.19}$$

这里，$H=[h_{i,j}]_{\Delta M\Delta N\times L}$，组成矩阵的每一项为

$$h_{p\Delta M+q,k} = \tilde{h}(k+qN)W_{\Delta M}^{-pk} \tag{9.3.20}$$

待求解矢量为

$$\gamma = [\tilde{\gamma}^*(0),\tilde{\gamma}^*(1),\cdots,\tilde{\gamma}^*(L-1)]^{\mathrm{T}}$$

方程右侧向量

$$\boldsymbol{u} = \left[\frac{\Delta M}{N}, 0, \cdots, 0\right]^{\mathrm{T}}$$

对于不同的过采样率，$\tilde{\gamma}(k)$的解是不同的，对于临界采样，由式(9.3.13)知，$\Delta M\Delta N = L$，$\Delta M = N$，$\boldsymbol{H} = [h_{i,j}]_{\Delta M\Delta N \times L}$是方阵，并可验证是非奇异的，因此$\tilde{\gamma}(k)$有唯一解。

通过一个例子说明$\tilde{\gamma}(k)$解的性质，设$\tilde{h}(k)$是对高斯函数的采样，在$[0, L-1]$区间内，$\tilde{h}(k) = (\pi\sigma^2)^{-0.25} \mathrm{e}^{-(k-0.5(L-1))^2/(2\sigma^2)}$，代入式(9.3.20)得到式(9.3.19)方程的系数矩阵，求解式(9.3.19)得到$\tilde{\gamma}(k)$，设$L = 128$，$\Delta M = N = 16$求出$\tilde{\gamma}(k)$，将求得的$\tilde{h}(k)$和$\tilde{\gamma}(k)$的包络画在图9.3.2中，横坐标做了归一化。由这个例子可以看到，尽管$\tilde{h}(k)$有好的时频局域性，但$\tilde{\gamma}(k)$的时频局域性都非常差，由$\tilde{\gamma}(k)$计算得到的Gabor系数也不再具有好的时频局域性，因此，利用这样一对$\tilde{h}(k)$和$\tilde{\gamma}(k)$，得到的Gabor系数，尽管仍可以理想重构信号，但Gabor系数缺乏好的时频局域性质，没有太大应用价值。

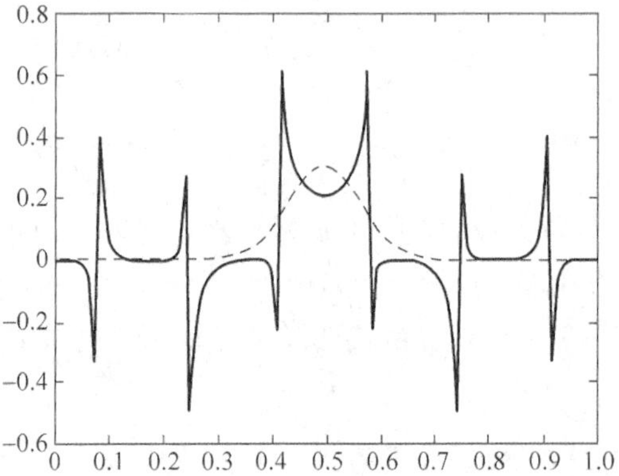

图9.3.2 $\tilde{h}(k)$和$\tilde{\gamma}(k)$的包络图，虚线表示$\tilde{h}(k)$，实线表示$\tilde{\gamma}(k)$

这个例子说明，在临界采样时，尽管可以使Gabor系数与信号采样数相等，得到最紧凑的信号展开式，但具有良好时频性的基序列$\tilde{h}(k)$的对偶序列$\tilde{\gamma}(k)$的时频局域性非常差，使得Gabor系数缺乏好的时频性质。下面我们讨论过采样情况，研究在过采样情况下，是否可以得到时频局域性良好的对偶序列$\tilde{\gamma}(k)$。

过采样时，由式(9.3.13)，得$\alpha > 1$，$\Delta M\Delta N < L$，$\Delta M < N$，式(9.3.19)是一个欠定方程，$\tilde{\gamma}(k)$的解不是唯一的，可以利用最小二乘确定一个最小范数解，

$$\gamma = H^{\mathrm{H}}(HH^{\mathrm{H}})^{-1}\boldsymbol{u} \tag{9.3.21}$$

图9.3.3是几种过采样率情况下，$\tilde{\gamma}(k)$的LS解及其与$\tilde{h}(k)$的比较，图中可以看到，对高斯函数$\tilde{h}(k)$，随着过采样率提高，$\tilde{\gamma}(k)$越接近于$\tilde{h}(k)$，在过采样率等于2时，$\tilde{\gamma}(k)$已经非常接近$\tilde{h}(k)$，$\tilde{\gamma}(k)$和$\tilde{h}(k)$都有很好的时频局域性，Gabor系数也有良好的时频分析性能。

与正交基展开不同，离散Gabor展开是一种框架展开，实际上框架展开有一个基本的趋势，即展开系数越是过采样的，则框架趋于紧框架，则对偶框架与框架除一个比例系数外，趋于相同的函数，若把比例系数分配给框架和紧框架，则两者趋于相同，变换和重构变得更简单，代价是变换系数远多于原信号采样数，从而带来变换系数的冗余，但冗余表示并不总是劣势，其在一些问题上是有益的。

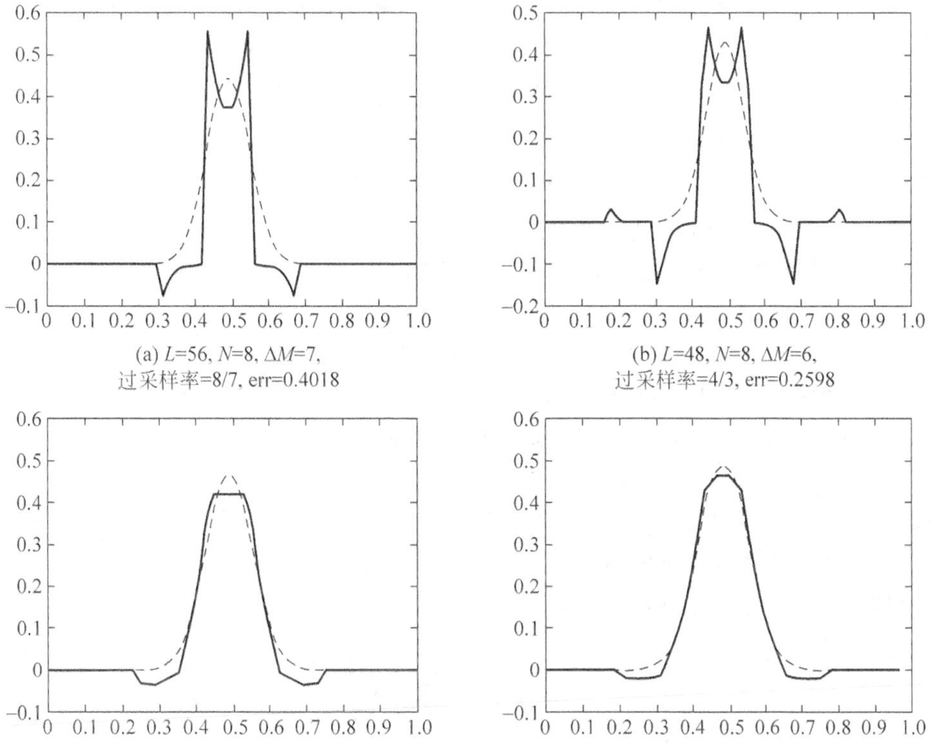

(a) L=56, N=8, ΔM=7, 过采样率=8/7, err=0.4018

(b) L=48, N=8, ΔM=6, 过采样率=4/3, err=0.2598

(c) L=40, N=8, ΔM=5, 过采样率=8/5, err=0.1628

(d) L=32, N=8, ΔM=4, 过采样率=2, err=0.0865

图 9.3.3 $\tilde{h}(k)$和 $\tilde{\gamma}(k)$的包络图，虚线表示$\tilde{h}(k)$，实线表示 $\tilde{\gamma}(k)$

*9.4 分数傅里叶变换

分数傅里叶变换(Fractional Fourier Transform，FRFT)首先由数学家 Mamias 于 1980 年提出，大约 1990 年前后在信号处理领域陆续受到关注并有相关工作报道，1994 年 Almeida 在 IEEE 的信号处理会刊发表了介绍 FRFT 的论文[1]，引起信号处理界较广泛的关注，对其性质、实现算法和应用展开了研究。FRFT 是对传统傅里叶变换的推广，可归类为一种时频变换方法。

9.4.1 FRFT 的定义和性质

为了表明 FRFT 是傅里叶变换(FT)的推广，首先把 FT 的定义稍做变化后重写如下

$$X(\omega)=\frac{1}{\sqrt{2\pi}}\int_{-\infty}^{+\infty}x(t)\mathrm{e}^{-\mathrm{j}\omega t}\,\mathrm{d}t \tag{9.4.1}$$

$$x(t)=\frac{1}{\sqrt{2\pi}}\int_{-\infty}^{+\infty}X(\omega)\mathrm{e}^{\mathrm{j}\omega t}\,\mathrm{d}\omega \tag{9.4.2}$$

注意，与式(9.1.3)和式(9.1.2)的定义稍有不同，这里 FT 和 IFT 前面均除以 $\sqrt{2\pi}$ 的系数，实际上式(9.4.1)和式(9.4.2)的定义其正变换和反变换都是归一化的(或称正反变换是对

称的)，从数学性质上，归一化的定义更加简单，例如帕塞瓦尔定理中的 2π 系数不需要了，时域和频域能量是一致的，不需要 2π 的校正系数。由于后面定义 FRFT 用的是归一化的变换函数，故本节中用于说明和比较的 FT 都使用式(9.4.1)的归一化定义。

1. 旋转算子

观察图 9.4.1 由 (t,ω) 组成的时频平面，横轴表示时间，纵轴表示(角)频率，对于一个给定信号，则 $x(t)$ 表示信号在 t 轴的投影，$X(\omega)$ 表示信号在 ω 轴的投影，它们分别是信号的时域表示和频域表示，如果定义两个算子 $\boldsymbol{I}$ 和 $\boldsymbol{F}$，这里 $\boldsymbol{I}$ 是不变算子，$\boldsymbol{F}$ 是向纵轴的投影算子，则 $x(t)=\boldsymbol{I}x(t)$ 和 $X(\omega)=\boldsymbol{F}x(t)$。

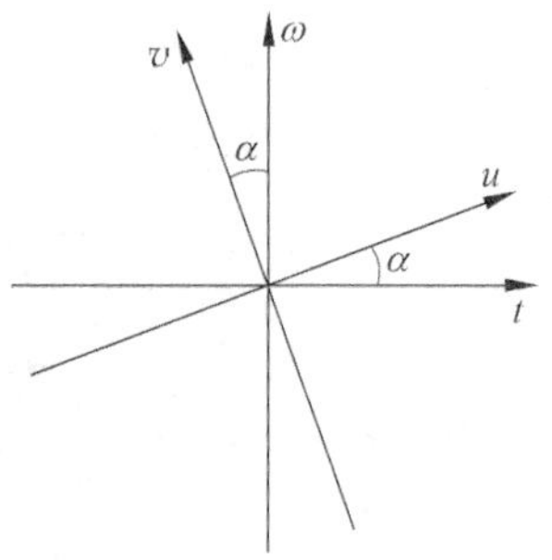

图 9.4.1　时频平面及其旋转平面

如果将时频平面逆时针旋转 α 角，则构成新的平面 (u,v)，如图 9.4.1。定义一个新的线性算子 $\boldsymbol{R}^\alpha$，它将信号投影到 u 轴，注意算子 $\boldsymbol{R}^\alpha$ 是一个旋转算子，将信号投影到与时间 t 轴旋转 α 角的轴上。

希望算子 $\boldsymbol{R}^\alpha$ 有如下几个基本性质

性质 1：零旋转

$$\boldsymbol{R}^0 = \boldsymbol{I} \tag{9.4.3}$$

性质 2：与 FT 的相容性

$$\boldsymbol{R}^{\pi/2} = \boldsymbol{F} \tag{9.4.4}$$

性质 3：旋转可加性

$$\boldsymbol{R}^\alpha \boldsymbol{R}^\beta = \boldsymbol{R}^{\alpha+\beta} \tag{9.4.5}$$

性质 4：旋转周期性

$$\boldsymbol{R}^{2\pi} = \boldsymbol{R}^0 = \boldsymbol{I} \tag{9.4.6}$$

2. FRFT 的定义

如果可以找到一个基函数通过内积定义 $\boldsymbol{R}^\alpha$ 且具有以上 4 条性质，显然，旋转算子 $\boldsymbol{R}^\alpha$ 比 FT 更具有一般性，它包含了信号的时域表示和频域表示作为特例。Mamias 定义了一个基函数和旋转算子，并称其为 FRFT。FRFT 的基函数定义为

$$K_\alpha(t,u) = \begin{cases} A_\alpha \exp\left(\mathrm{j}\dfrac{u^2+t^2}{2}\cot\alpha - \mathrm{j}ut\csc\alpha\right), & \alpha \neq k\pi \\ \delta(t-u) & \alpha = 2\pi k \\ \delta(t+u) & \alpha = 2\pi k + \pi \end{cases} \tag{9.4.7}$$

上式中 k 是任意整数，系数 A_α 定义为

$$A_\alpha = \sqrt{\frac{1-\mathrm{j}\cot\alpha}{2\pi}} = \frac{\mathrm{e}^{-\mathrm{j}[\pi\operatorname{sgn}(\sin\alpha)/4-\alpha/2]}}{\sqrt{2\pi\,|\sin\alpha|}} \tag{9.4.8}$$

这里不加证明地给出基函数的几个基本性质

$$K_\alpha(t,u) = K_\alpha(u,t)$$
$$K_{-\alpha}(t,u) = K_\alpha^*(t,u)$$
$$K_\alpha(-t,u) = K_\alpha(t,-u)$$

$$\int_{-\infty}^{\infty} K_\alpha(t,u)K_\beta(u,z)\mathrm{d}u = K_{\alpha+\beta}(t,z)$$
$$\int_{-\infty}^{\infty} K_\alpha(t,u)K_\alpha^*(t,u')\mathrm{d}t = \delta(u-u') \tag{9.4.9}$$

由此基函数定义 FRFT 为

$$X_\alpha(u)=\int_{-\infty}^{\infty} K_\alpha(t,u)x(t)\mathrm{d}t$$
$$=\begin{cases} A_\alpha \mathrm{e}^{\mathrm{j}\frac{u^2}{2}\cot\alpha}\int_{-\infty}^{\infty} x(t)\mathrm{e}^{\mathrm{j}\frac{t^2}{2}\cot\alpha}\mathrm{e}^{-\mathrm{j}ut\csc\alpha}\mathrm{d}t, & \alpha\neq k\pi \\ x(u) & \alpha=2\pi k \\ x(-u) & \alpha=2\pi k+\pi \end{cases} \tag{9.4.10}$$

注意到 $\alpha=\pi/2$ 时，$K_\alpha(t,u)=\frac{1}{\sqrt{2\pi}}\mathrm{e}^{-\mathrm{j}\omega t}$，FRFT 退化成一般的 FT，$\alpha=0$ 时 FRFT 得到信号的时域表达式。由式(9.4.9)的一组性质，若把式(9.4.10)定义的 FRFT 作为旋转算子，即 $X_\alpha(u)=\boldsymbol{R}^\alpha x(t)$，则 FRFT 满足旋转因子的 4 条基本性质，进一步，对于几个特别的 α，有

$$\begin{aligned} X_0(u) &= x(t) \\ X_{\pi/2}(u) &= X(\omega) \\ X_\pi(u) &= x(-t) \\ X_{3\pi/2}(u) &= X(-\omega) \\ X_{2\pi}(u) &= x(t) \end{aligned} \tag{9.4.11}$$

对于一般情况，α 以 2π 为周期，可取$[0,2\pi]$或$[-\pi,\pi]$范围作为主值区间，$X_\alpha(u)$是变量(α,u)的二维函数，是一种特殊的时频变换。

分析一下 FRFT 的定义，发现 FRFT 由如下 4 步完成：①$x(t)$乘以一个线性调频信号，或者说 $x(t)$被一个线性调频信号调制；②$x(t)$的调制信号做 FT，这里相当于 FT 的角频率 $\omega=u\csc\alpha$；③做 FT 后的结果再次乘线性调频信号，这次线性调频变量是 u；④乘以一个复幅度项。尽管看上去复杂，第①步和第②步是关键的，第③步增加一个调频相位项；第④步增加一个常数项。

例 9.4.1 假设信号是线性调频信号 $x(t)=\mathrm{e}^{\mathrm{j}ct^2/2+\mathrm{j}\omega_0 t}$，以上第①步用线性调频信号调制原信号 $x(t)$，则得到

$$x(t)\mathrm{e}^{\mathrm{j}\frac{t^2}{2}\cot\alpha} = \mathrm{e}^{\mathrm{j}ct^2/2+\mathrm{j}\omega_0 t}\mathrm{e}^{\mathrm{j}\frac{t^2}{2}\cot\alpha}$$

则可以找到一个 α_0 值，使得

$$\cot\alpha_0 = -c$$

即

$$\alpha_0 - \operatorname{arctan}c - \pi/2 = k\pi \tag{9.4.12}$$

则

$$x(t)\mathrm{e}^{\mathrm{j}\frac{t^2}{2}\cot\alpha_0} = \mathrm{e}^{\mathrm{j}\omega_0 t}$$

使得调制结果为一常数或固定频率信号，因此第②步积分的结果，则是在一个 u 值处的冲激，即 $c\delta(u\csc\alpha_0-\omega_0)$，这里 c 是一个系数，因此，如果信号 $x(t)$是线性调频信号，其 FRFT

在(α,u)平面一个点$(\alpha_0,\omega_0/\csc\alpha_0)$处有一个冲激，故 FRFT 对检测线性调频信号是非常有效的。

当 $\alpha\neq\alpha_0,\omega_0=0$ 时，可以计算出(计算步骤从略)

$$X_\alpha(u)=\sqrt{\frac{1+\mathrm{j}\tan\alpha}{1+c\tan\alpha}}\,\mathrm{e}^{\mathrm{j}\frac{u^2}{2}\frac{c-\tan\alpha}{1+c\tan\alpha}} \tag{9.4.13}$$

3. FRFT 的基本性质

FRFT 有一些基本性质，本节不加证明仅做简要介绍。为了符号简单，用旋转算子 $\boldsymbol{R}^\alpha$表示对信号做 FRFT。

性质 1：线性

$$\boldsymbol{R}^\alpha\{ax(t)+by(t)\}=aX_\alpha(u)+bY_\alpha(u) \tag{9.4.14}$$

性质 2：旋转相加性

$$\boldsymbol{R}^\alpha\boldsymbol{R}^\beta=\boldsymbol{R}^{\alpha+\beta}$$

该性质的几个特例

$$\boldsymbol{F}(\boldsymbol{R}^\alpha x(t))=\boldsymbol{R}^{\alpha+\frac{\pi}{2}}$$

$$\boldsymbol{F}(\boldsymbol{F}(x(t)))=\boldsymbol{R}^{\frac{\pi}{2}}(\boldsymbol{R}^{\frac{\pi}{2}}(x(t)))=\boldsymbol{R}^{\pi}(x(t))=x(-t)$$

这里用 $\boldsymbol{F}$ 表示傅里叶变换算子。

性质 3：时移特性

$$\boldsymbol{R}^\alpha(x(t-\tau))=X_\alpha(u-\tau\cos\alpha)\mathrm{e}^{\mathrm{j}\frac{\tau^2}{2}\sin\alpha\cos\alpha-\mathrm{j}u\tau\sin\alpha} \tag{9.4.15}$$

性质 4：调制特性

$$\boldsymbol{R}^\alpha(x(t)\mathrm{e}^{\mathrm{j}vt})=X_\alpha(u-v\sin\alpha)\mathrm{e}^{-\mathrm{j}\frac{v^2}{2}\sin\alpha\cos\alpha-\mathrm{j}uv\sin\alpha} \tag{9.4.16}$$

性质 5：尺度特性

$$\boldsymbol{R}^\alpha(x(ct))=\sqrt{\frac{1-\mathrm{j}\cot\alpha}{c^2-\mathrm{j}\cot\alpha}}\,\mathrm{e}^{\mathrm{j}\frac{u^2}{2}\cot\alpha\left(1-\frac{\cos^2\beta}{\cos^2\alpha}\right)}X_\alpha\left(u\frac{\sin\beta}{c\sin\alpha}\right) \tag{9.4.17}$$

其中 $\beta=\arctan(c^2\tan\alpha)$。

性质 6：微分特性

$$\boldsymbol{R}^\alpha(x'(t))=X'_\alpha(u)\cos\alpha+\mathrm{j}uX_\alpha(u)\sin\alpha \tag{9.4.18}$$

性质 7：积分特性

$$\boldsymbol{R}^\alpha\left(\int_a^t x(\tau)\mathrm{d}\tau\right)=(\sec\alpha)\mathrm{e}^{-\mathrm{j}\frac{u^2}{2}\tan\alpha}\int_a^u X_\alpha(z)\mathrm{e}^{-\mathrm{j}\frac{z^2}{2}\tan\alpha}\mathrm{d}z \tag{9.4.19}$$

注意，积分性质在 $\alpha-\pi/2\neq k\pi$ 时成立，在 $\alpha-\pi/2=k\pi$ 时退化为傅里叶变换的积分性质。

性质 8：时间反转性质

$$\boldsymbol{R}^\alpha(x(-t))=X_\alpha(-u) \tag{9.4.20}$$

性质 9：帕塞瓦尔定理

$$\int_{-\infty}^{\infty}x(t)y^*(t)\mathrm{d}t=\int_{-\infty}^{\infty}X_\alpha(u)Y_\alpha^*(u)\mathrm{d}u \tag{9.4.21}$$

显然，FRFT 满足能量守恒，即对于任意 α

$$\int_{-\infty}^{\infty}|x(t)|^2\mathrm{d}t=\int_{-\infty}^{\infty}|X_\alpha(u)|^2\mathrm{d}u$$

4. 几个信号的 FRFT 实例

对于几个特殊信号，可求出其 FRFT，表 9.4.1 列出几个信号及对应的 FRFT。

表 9.4.1 一些信号与其 FRFT

序号	信号	FRFT
1	$\delta(t-\tau)$	$\sqrt{\frac{1-\mathrm{j}\cot\alpha}{2\pi}}\ \exp\left(\mathrm{j}\,\frac{u^2+\tau^2}{2}\cot\alpha-\mathrm{j}u\tau\csc\alpha\right)$，当 $\alpha_0\neq k\pi$
2	1	$\sqrt{1+\mathrm{j}\tan\alpha}\ \exp\left(-\mathrm{j}\,\frac{u^2}{2}\tan\alpha\right)$，当 $\alpha_0-\pi/2\neq k\pi$
3	$\mathrm{e}^{\mathrm{j}\nu t}$	$\sqrt{1+\mathrm{j}\tan\alpha}\ \exp\left(-\mathrm{j}\,\frac{\nu^2+u^2}{2}\tan\alpha-\mathrm{j}u\nu\sec\alpha\right)$，当 $\alpha_0-\pi/2\neq k\pi$
4	$\mathrm{e}^{\mathrm{j}ct^2/2}$	$\sqrt{\frac{1+\mathrm{j}\tan\alpha}{1+c\tan\alpha}}\ \mathrm{e}^{\mathrm{j}\frac{u^2}{2}\frac{c-\tan\alpha}{1+c\tan\alpha}}$，当 $\alpha_0-\arctan c-\pi/2\neq k\pi$
5	$\mathrm{e}^{-t^2/2}$	$\mathrm{e}^{-u^2/2}$

9.4.2 FRFT 的数值计算

本节讨论利用采样数据计算 FRFT 的问题，为方便，将 FRFT 的定义稍做变化重写如下

$$X_p(u)=\int\widetilde{K}_p(u,t)x(t)\mathrm{d}t \tag{9.4.22}$$

$$\widetilde{K}_p(u,t)=A_\alpha\exp(\mathrm{j}\pi(u^2\cot\alpha-2ut\csc\alpha+t^2\cot\alpha)) \tag{9.4.23}$$

这里，系数

$$A_\alpha=\sqrt{1-\mathrm{j}\cot\alpha}=\frac{\mathrm{e}^{-\mathrm{j}[\pi\mathrm{sgn}(\sin\alpha)/4-\alpha/2]}}{\sqrt{|\sin\alpha|}} \tag{9.4.24}$$

注意，式(9.4.23)定义的 FRFT 和式(9.4.10)的定义比，相当于做了简单变量替换

$$u=u'/\sqrt{2\pi},\quad t=t'/\sqrt{2\pi} \tag{9.4.25}$$

$\alpha=\pi k$ 时的定义与式(9.4.10)一致故从略。这里也用了一个新的旋转参数 p，p 与 α 的关系为

$$\alpha=p\,\frac{\pi}{2} \tag{9.4.26}$$

对应的 $\boldsymbol{R}^\alpha$ 算子也可写成 $\boldsymbol{F}^p$ 算子。

Ozaktas 等给出两种广泛应用的 FRFT 离散计算方法，本节仅简要介绍一种。为了计算方便，Ozaktas 等给出一种量纲归一化方法，在此基础上计算 FRFT。

1. 量纲归一化

尽管理论上一个频带受限信号在时域是无限的，但对于大多数实际信号总可以定义一个有限的时间区间$[-\Delta_t/2,\Delta_t/2]$和频率区间$[-\Delta_f/2,\Delta_f/2]$，使得信号的主要能量集中在时频区间$[-\Delta_t/2,\Delta_t/2]\times[-\Delta_f/2,\Delta_f/2]$内，为了得到尽可能精确的时频表示，$\Delta_t$ 和 Δ_f 可以取的很大。定义 $N=\Delta_t\Delta_f$ 为有效时宽带宽积。

例 9.4.2 雷达中常用的线性调频脉冲表示为

$$x(t) = a(t)e^{j\gamma t^2}$$

其中幅度函数

$$a(t) = \begin{cases} 1 & -\tau/2 \leqslant t \leqslant \tau/2 \\ 0 & \text{其他} \end{cases}$$

先看简单信号 $a(t)$，其傅里叶变换为 $A(f)=\tau Sa(\pi\tau f)$，这个简单信号时域是严格有限的，$\Delta_t=\tau$，但频域严格讲是无限的，其主瓣宽为 $2/\tau$，为了在有限时频域相当精确地表示该信号，取 50 倍的主瓣宽度为 Δ_f，即 $\Delta_f=100/\tau$，故 $N=\Delta_t\Delta_f=100$。

再看线性调频信号，如果要求信号的主带宽为 β，则 $\alpha=\pi\dfrac{\beta}{\tau}$，信号的主频率范围 $[-\beta/2,\beta/2]$，故 $\beta\tau$ 称为线性调频脉冲的时宽带宽积，实际中 $\beta\tau$ 取一个合理的大值，本例取 $\beta\tau=200$，由于脉冲对线性调频信号的加窗，故主带宽外存在旁瓣，为此取 $\Delta_f=2\beta$，则 $N=\Delta_t\Delta_f=400$。

在实际中，Δ_t 和 Δ_f 取值可能差距很多个量级，给时频分析带来不方便，一种方法是进行归一化量纲处理，为此引入一个时间量纲的尺度因子 s，并作变量替换

$$x = t/s, \quad \nu = fs$$

这样，x 和 v 都变成无量纲的变量，其区间范围分别为$[-\Delta_t/2s,\Delta_t/2s]$和$[-\Delta_f s/2,\Delta_f s/2]$，只要取

$$s = \sqrt{\Delta_t/\Delta_f} \tag{9.4.27}$$

则变换后的时宽和频宽相等，且为

$$\Delta_x = \sqrt{\Delta_t\Delta_\omega} \tag{9.4.28}$$

因此，时间和频率区间都变成$[-\Delta_x/2,\Delta_x/2]$，假设有一个信号 $f(t)$，经过变换为$\tilde{f}(x)$，则用如下间隔采样

$$\Delta_x^{-1} = 1/\sqrt{\Delta_t\Delta_\omega} = 1/\sqrt{N} \tag{9.4.29}$$

得到采样值$\tilde{f}\left(\dfrac{n}{\Delta_x}\right)$，总样本数 $N=(\Delta_x)^2$。

2. FRFT 的一种离散算法

假设信号已经被量纲归一化为 $f(x)$，FRFT 的计算可分解为如下三步

(1) 与线性调频信号乘法

$$g(x) = e^{-j\pi x^2\tan(\alpha/2)}f(x) \tag{9.4.30}$$

(2) 与线性调频信号卷积

$$g'(u) = A_\alpha\int e^{j\pi\beta(u-x)^2}g(x)\mathrm{d}x \tag{9.4.31}$$

(3) 与另一个线性调频信号乘法

$$f_p(u) = e^{-j\pi u^2\tan(\alpha/2)}g'(u) \tag{9.4.32}$$

其中，$\alpha=p\pi/2$，$\beta=\csc\alpha$，$p\in[-1,1]$，或 $\alpha\in[-\pi/2,\pi/2]$。

如下分别说明以上三步的具体实现。

第一步，归一化后 $f(x)$的带宽为 Δ_x，因此其采样值为 $f\left(\dfrac{n}{\Delta_x}\right)$，$-(N-1)/2\leqslant n<(N-1)/2$，

但是容易验证，对于 $p\in[-1,1]$，$g(x)$的带宽为 $2\Delta_x$，故需要以$(2\Delta_x)^{-1}$为间隔采样，需要样本 $f\left(\frac{n}{2\Delta_x}\right)$，$-N\leqslant n<N$，这可以由 $f\left(\frac{n}{\Delta_x}\right)$通过插值得到，有关插值算法可参考[31]第 8 章。可以计算

$$g\left(\frac{n}{2\Delta_x}\right)=\mathrm{e}^{-\mathrm{j}\pi\left(\frac{n}{2\Delta_x}\right)^2\tan(\alpha/2)}f\left(\frac{n}{2\Delta_x}\right),\quad -N\leqslant n<N \tag{9.4.33}$$

第二步，为了计算式(9.4.31)的卷积积分，可以表示为离散形式

$$g'\left(\frac{m}{2\Delta_x}\right)=\sum_{n=-N}^{N}h\left(\frac{m-n}{2\Delta_x}\right)g\left(\frac{n}{2\Delta_x}\right) \tag{9.4.34}$$

其中，h 可由下式预先计算

$$h(x)=\int_{-\Delta_x}^{\Delta_x}H(v)\mathrm{e}^{\mathrm{j}2\pi vx}\mathrm{d}v \tag{9.4.35}$$

其中，

$$H(v)=\frac{1}{\sqrt{\beta}}\mathrm{e}^{\mathrm{j}\pi/4}\mathrm{e}^{-\mathrm{j}\pi v^2/\beta} \tag{9.4.36}$$

这里计算 $h(x)$的积分是一种 Fresnel 积分。式(9.4.34)是离散卷积，可用 FFT 实现，仅需 $O(N\log N)$运算量。

第三步计算

$$f_p\left(\frac{n}{2\Delta_x}\right)=\mathrm{e}^{-\mathrm{j}\pi\left(\frac{n}{2\Delta_x}\right)^2\tan(\alpha/2)}g'\left(\frac{n}{2\Delta_x}\right) \tag{9.4.37}$$

最后的 FRFT 也保留 N 个样本，利用抽取由 $f_p\left(\frac{n}{2\Delta_x}\right)$得到离散的 FRFT，即

$$X_p\left(\frac{m}{\Delta_x}\right)=f_p\left(\frac{m}{\Delta_x}\right)=f_p\left(\frac{n}{2\Delta_x}\right)\Big|_{m=2n} \tag{9.4.38}$$

如上算法只计算了 $p\in[-1,1]$之间的离散 FRFT，若 p 取其他值，则可用 FRFT 性质，例如 $p\in[1,2]$，则

$$\boldsymbol{F}^p f=\boldsymbol{F}^{2+p-2}f=\boldsymbol{F}^2 f\times\boldsymbol{F}^{p-2}f$$

注意 $p-2\in[-1,1]$，而 $\boldsymbol{F}^2 f=f(-u)$，另 $\boldsymbol{F}^p f$ 对于 p 是周期为 4 的函数。

3. 离散 FRFT 的实例

可以计算一些离散 FRFT 的实例，增加对 FRFT 的理解，一个例子是线性调频信号 $x(t)=\mathrm{e}^{-\mathrm{j}2\pi t^2}$，可取其一段有限长信号，进行归一化，理论上在 $p=p_0=2\arctan(-2)/\pi+1$ 时，其 FRFT 在 u 坐标原点有一个冲激(分析见例 9.4.1)，但由于有限长采样使得冲激变成一个脉冲，图 9.4.2 给出了信号波形和 $p=p_0$ 时离散 FRFT 波形。

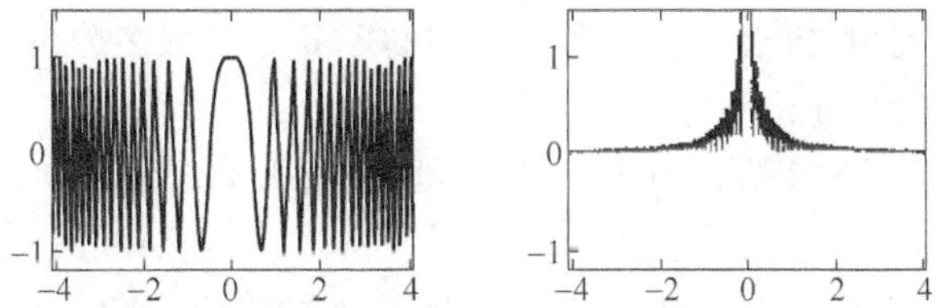

图 9.4.2　线性调频波形和对应 $p=p_0$ 时的离散 FRFT 图形

为了更清楚理解线性调频信号的完整 FRFT 性质，对一个线性调频信号加入白噪声，得到其对应(p,u)的三维函数，如图 9.4.3 所示[29]。由图可见，可用 FRFT 有效检测噪声中的线性调频信号，这是利用 FT 检测噪声中单频率信号的推广，同样若信号中含有多个不同调制率的线性调频信号时，其 FRFT 的三维图形中将有多个峰值窄脉冲。

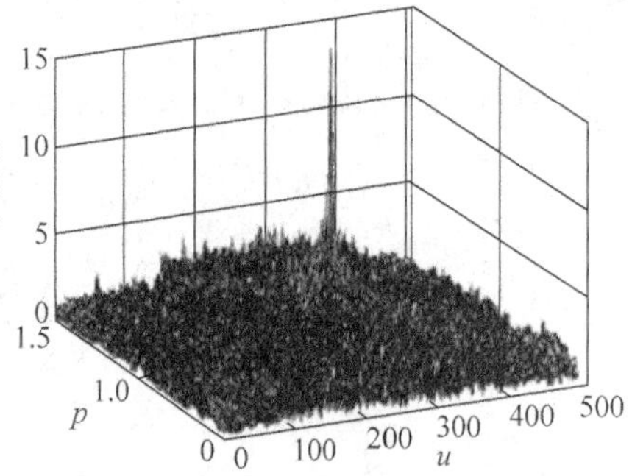

图 9.4.3 线性调频波形和离散 FRFT 的三维图形

9.4.3 FRFT 的应用简述

如上一小节所述，FRFT 在线性调频信号的检测方面很有效，另外也很容易推广到线性调频信号的噪声抑制和多分量分离等应用，由于线性调频信号广泛应用于雷达和声呐，因此 FRFT 在这些领域有很强的应用潜力。

由于 FRFT 是传统 FT 的推广，FT 有极为广泛的应用，希望这些应用能够推广到 FRFT 域，这方面的工作取得很多成果，最基本的是将卷积和相关的概念推广到分数阶，由于 $p=1$ 时 FRFT 就简化为 FT，注意到两个信号的卷积可定义为

$$\mathrm{CONV}(f,g)=\boldsymbol{F}^{-1}[(\boldsymbol{F}^{1}f(t))\times(\boldsymbol{F}^{1}g(t))]$$

由此可推广分数阶卷积为

$$\mathrm{CONV}^{p}(f,g)=\boldsymbol{F}^{-p}[(\boldsymbol{F}^{p}f(t))\times(\boldsymbol{F}^{p}g(t))]$$

由卷积和相关的关系，可定义分数阶相关为

$$\mathrm{CORR}^{p}(f(t),g(t))=\mathrm{CONV}^{p}(f(t),g^{*}(-t))$$

利用分数阶的定义，可将传统卷积和相关在信号处理中的作用进行推广，进一步讨论可参考[17]。

FRFT 已获得多种应用，如下仅列出一些典型的应用。

(1) 信号检测和参数估计。

(2) FRFT 域广义滤波。

(3) 雷达和声呐应用，包括：FRFT 域波束形成、FRFT 域多分量波达方向估计(FRFT MUSIC)、机载 SAR 动目标检测等。

(4) 通信中的应用，包括：FRFT 域压制扫频干扰、时变信道参数模型、FRFT-OFDM 等。

本节仅给出了 FRFT 这一丰富专题的一个概述性的介绍，有兴趣的读者可进一步参考[1]、[18]、[17]和[29]等文献。

9.5　Wigner-Ville 分布

Wigner-Ville 分布最初是由物理学家维格纳(Wigner)于 1932 年在研究量子力学时提出的(维格纳于 1963 年获得诺贝尔物理奖)，大约 15 年后，由 Ville 引入信号处理领域，并利用特征函数方法重新导出了这个分布，因此，信号处理文献中，习惯称之为 Wigner-Ville 分布(WVD)。直到 1980 年 Claasen 和 Mecklenbrauker 连续发表的三篇论文，使得 WVD 作为时频分析方法重新得到人们的重视，并引起广泛研究。

与短时傅里叶变换(STFT)不同，WVD 没有使用基函数与信号进行内积，因此也就没有 STFT 那样在时频域的分辨率限制，WVD 使用信号的正负移位之积构成一种“双线性形式”的变换，实际是一种二次型运算结构，是一种非线性时频分布，具有时频分辨率高的特点，但同时 WVD 具有交叉项，在多分量信号分析时，交叉项的存在混淆了对信号时频性质的正确解释，这个问题限制了 WVD 应用的广泛性。

9.5.1　连续 Wigner-Ville 分布的定义和性质

对于信号 $x(t)$，它的自 Wigner-Ville 分布定义为

$$\mathrm{WVD}_x(t,\omega)=\int_{-\infty}^{+\infty}x\left(t+\frac{\tau}{2}\right)x^*\left(t-\frac{\tau}{2}\right)\mathrm{e}^{-\mathrm{j}\omega\tau}\,\mathrm{d}\tau \tag{9.5.1}$$

对于两个信号 $x(t)$，$y(t)$，定义其互 Wigner-Ville 分布为

$$\mathrm{WVD}_{xy}(t,\omega)=\int_{-\infty}^{+\infty}x\left(t+\frac{\tau}{2}\right)y^*\left(t-\frac{\tau}{2}\right)\mathrm{e}^{-\mathrm{j}\omega\tau}\,\mathrm{d}\tau \tag{9.5.2}$$

对定义式(9.5.1)和式(9.5.2)两边取共轭，可以验证

$$\mathrm{WVD}_x(t,\omega)=\mathrm{WVD}_x^*(t,\omega) \tag{9.5.3}$$

$$\mathrm{WVD}_{xy}(t,\omega)=\mathrm{WVD}_{yx}^*(t,\omega) \tag{9.5.4}$$

式(9.5.3)说明，信号的自 WVD 是实的。后面主要讨论信号的自 WVD，但在研究多分量信号时，会用到互 WVD 的概念和性质。

为了说明 WVD 的物理含义，不妨定义信号的瞬时自相关函数为

$$r_x(t,\tau)=x\left(t+\frac{\tau}{2}\right)x^*\left(t-\frac{\tau}{2}\right)$$

WVD 是瞬时自相关的傅里叶变换，即

$$\mathrm{WVD}_x(t,\omega)=\int_{-\infty}^{+\infty}r_x(t,\tau)\mathrm{e}^{-\mathrm{j}\omega\tau}\,\mathrm{d}\tau$$

如果对瞬时自相关在时间域取平均，得到信号的自相关函数，而自相关函数的傅里叶变换就是功率谱，因此，可以直观地理解 WVD 具有信号的“时变能量谱”的含义，但直接把 WVD 称为信号的时变能量谱却是错误的，因为 WVD 不保证是正的，它可以取负值，这在后面会看到相关的例子。

式(9.5.1)和式(9.5.2)分别是自 WVD 和互 WVD 的时域定义，利用傅里叶变换的性质，可以导出自 WVD 和互 WVD 的频域定义。式(9.5.2)说明互 WVD 是 $x\left(t+\frac{\tau}{2}\right)y^*\left(t-\frac{\tau}{2}\right)$的傅里叶变换，这里要注意，$\tau$ 是求傅里叶变换的时间变量，t 是参数，由傅里叶变换的性质得

$$x_t(\tau)=x\left(t+\frac{\tau}{2}\right)\Leftrightarrow \hat{x}_t(\omega)=2\,\hat{x}(2\omega)\mathrm{e}^{\mathrm{j}2\omega t}$$

$$y_t(t)=y^*\left(t-\frac{\tau}{2}\right)\Leftrightarrow \hat{y}_t(\omega)=2\,\hat{y}^*(2\omega)\mathrm{e}^{-\mathrm{j}2\omega t}$$

由傅里叶变换的性质，即两个函数乘积的傅里叶变换等于两个信号傅里叶变换的卷积，则有

$$\begin{aligned}\mathrm{WVD}_{xy}(t,\omega)&=\int_{-\infty}^{+\infty}x\left(t+\frac{\tau}{2}\right)y^*\left(t-\frac{\tau}{2}\right)\mathrm{e}^{-\mathrm{j}\omega\tau}\,\mathrm{d}\tau\\&=\int_{-\infty}^{+\infty}x_t(\tau)y_t(\tau)\mathrm{e}^{-\mathrm{j}\omega\tau}\,\mathrm{d}\tau=\hat{x}_t(\omega)*\hat{y}_t(\omega)\\&=\frac{1}{2\pi}\int_{-\infty}^{+\infty}\hat{x}_t(\theta)\,\hat{y}_t(\omega-\theta)\,\mathrm{d}\theta\\&=\frac{4}{2\pi}\int_{-\infty}^{+\infty}\hat{x}(2\theta)\,\hat{y}^*(2\omega-2\theta)\,\mathrm{e}^{\mathrm{j}(4\theta-2\omega)t}\,\mathrm{d}\theta\end{aligned}$$

做变量替换 $2\theta=\omega+\Omega/2$，得互 WVD 的频域定义为

$$\mathrm{WVD}_{xy}(t,\omega)=\frac{1}{2\pi}\int_{-\infty}^{+\infty}\hat{x}\left(\omega+\frac{\Omega}{2}\right)\hat{y}^*\left(\omega-\frac{\Omega}{2}\right)\mathrm{e}^{\mathrm{j}\Omega t}\,\mathrm{d}\Omega \tag{9.5.5}$$

类似地，自 WVD 的频域定义为

$$\mathrm{WVD}_{x}(t,\omega)=\frac{1}{2\pi}\int_{-\infty}^{+\infty}\hat{x}\left(\omega+\frac{\Omega}{2}\right)\hat{x}^*\left(\omega-\frac{\Omega}{2}\right)\mathrm{e}^{\mathrm{j}\Omega t}\,\mathrm{d}\Omega \tag{9.5.6}$$

利用自 WVD 的定义，我们可以验证自 WVD 的一组有用的基本性质，其中一些性质的证明留作习题。其他更多性质和证明参考有关文献[23]。

性质 1 WVD 的取值范围。

如果 $x(t)$ 在区间 (t_1,t_2) 之外取值为零，$\mathrm{WVD}_x(t,\omega)$ 对于 t 取值在 (t_1,t_2) 之外时为零。如果 $\hat{x}(\omega)$ 在区间 (ω_1,ω_2) 之外取值为零，$\mathrm{WVD}_x(t,\omega)$ 对于 ω 取值在 (ω_1,ω_2) 之外时为零。

对于一个实际信号，若其时域的主支撑区间为 $[t_0-\Delta_t/2,t_0+\Delta_t/2]$，其角频率的主支撑区间为 $[\omega_0-\Delta_\omega/2,\omega_0+\Delta_\omega/2]$，则其 WVD 在时频域的主支撑区间为

$$[t_0-\Delta_t/2,t_0+\Delta_t/2]\times[\omega_0-\Delta_\omega/2,\omega_0+\Delta_\omega/2] \tag{9.5.7}$$

性质 2 WVD 分布的边际特性。

$$\frac{1}{2\pi}\int_{-\infty}^{+\infty}\mathrm{WVD}_x(t,\omega)\,\mathrm{d}\omega=|\,x(t)\,|^2 \tag{9.5.8}$$

$$\int_{-\infty}^{+\infty}\mathrm{WVD}_x(t,\omega)\,\mathrm{d}t=|\,\hat{x}(\omega)\,|^2 \tag{9.5.9}$$

$$\frac{1}{2\pi}\int_{-\infty}^{+\infty}\int_{-\infty}^{+\infty}\mathrm{WVD}_x(t,\omega)\,\mathrm{d}t\mathrm{d}\omega=\frac{1}{2\pi}\int_{-\infty}^{+\infty}|\,\hat{x}(\omega)\,|^2\mathrm{d}\omega=\int_{-\infty}^{+\infty}|\,x(t)\,|^2\mathrm{d}t$$

边际特性说明，WVD 对角频率的积分等于信号瞬时能量，WVD 对时间的积分等于信号傅里叶变换的幅度平方，对 WVD 的两重积分等于信号的能量，这再次说明 WVD 反映了能量谱的分布，但由于可能存在的负值，不能定义 WVD 为能量谱。

比上述边际性质更一般的性质是 Moyal 公式，其表述如下

$$\left|\int_{-\infty}^{+\infty}x(t)y^*(t)\,\mathrm{d}t\right|^2=\frac{1}{2\pi}\int_{-\infty}^{+\infty}\int_{-\infty}^{+\infty}\mathrm{WVD}_x(t,\omega)\mathrm{WVD}_y(t,\omega)\,\mathrm{d}t\mathrm{d}\omega \tag{9.5.10}$$

性质 3 时移和频率调制不变性。

如果 $x(t)$ 的 WVD 是 $\mathrm{WVD}_x(t,\omega)$，且 $y(t)=x(t-t_0)$，$y(t)$ 的 WVD 是

$$\mathrm{WVD}_y(t,\omega) = \mathrm{WVD}_x(t-t_0,\omega) \tag{9.5.11}$$

这是 WVD 的时移不变性。

如果 $x(t)$的 WVD 是 $\mathrm{WVD}_x(t,\omega)$，且 $y(t)=x(t)\mathrm{e}^{\mathrm{j}\omega_0 t}$，$y(t)$的 WVD 是

$$\mathrm{WVD}_y(t,\omega) = \mathrm{WVD}_x(t,\omega-\omega_0) \tag{9.5.12}$$

这是 WVD 的频率调制不变性。

性质 4 尺度性质。

如果 $x(t)$的 WVD 是 $\mathrm{WVD}_x(t,\omega)$，且 $y(t)=\frac{1}{\sqrt{a}}x\left(\frac{t}{a}\right)$，$y(t)$的 WVD 是

$$\mathrm{WVD}_y(t,\omega) = \mathrm{WVD}_x\left(\frac{t}{a},a\omega\right) \tag{9.5.13}$$

性质 5 瞬时频率。

如果信号可以写成 $x(t)=a(t)\mathrm{e}^{\mathrm{j}\varphi(t)}$，其中 $a(t)$，$\varphi(t)$都是实的，信号的瞬时频率 $\varphi'(t)$可以由 WVD 按下式求得。

$$\varphi'(t) = \frac{\int_{-\infty}^{+\infty}\omega \mathrm{WVD}_x(t,\omega)\mathrm{d}\omega}{\int_{-\infty}^{+\infty}\mathrm{WVD}_x(t,\omega)\mathrm{d}\omega} \tag{9.5.14}$$

对于任意给定的时间，用式(9.5.14)的积分可以由 WVD 求出瞬时频率，尽管都是时频分析的工具，STFT 却没有这样好的性质。

该性质是 WVD 的最实质性质，以下给出其证明。

利用傅里叶变换的性质知，$\delta(t)\leftrightarrow 1$ 和 $\delta'(t)\leftrightarrow \mathrm{j}\omega$，这里$\leftrightarrow$表示傅里叶变换对，由 $\delta'(t)$的傅里叶变换可得

$$\frac{1}{2\pi}\int_{-\infty}^{\infty}\mathrm{j}\omega \mathrm{e}^{\mathrm{j}\omega\tau}\mathrm{d}\omega = \delta'(\tau)$$

考虑到 $\delta'(t)$是奇函数，上式可写成

$$\int_{-\infty}^{\infty}\omega \mathrm{e}^{-\mathrm{j}\omega\tau}\mathrm{d}\omega = \mathrm{j}2\pi\delta'(\tau) \tag{9.5.15}$$

利用 $\delta'(t)$的定义 $\int_{-\infty}^{\infty}h(\tau)\delta'(\tau)\mathrm{d}\tau = -h'(0)$，由式(9.5.15)两边同乘 $h(\tau)$ 并积分得

$$\int_{-\infty}^{\infty}\int_{-\infty}^{\infty}\omega h(\tau)\mathrm{e}^{-\mathrm{j}\omega\tau}\mathrm{d}\omega\mathrm{d}\tau = -\mathrm{j}2\pi h'(0) \tag{9.5.16}$$

令 $h(\tau)=x(t+\tau/2)x^*(t+\tau/2)$代入式(9.5.16)则为

$$\begin{aligned}&\int_{-\infty}^{\infty}\int_{-\infty}^{\infty}\omega x(t+\tau/2)x^*(t+\tau/2)\mathrm{e}^{-\mathrm{j}\omega\tau}\mathrm{d}\omega\mathrm{d}\tau\\ &=\int_{-\infty}^{+\infty}\omega\mathrm{WVD}_x(t,\omega)\mathrm{d}\omega\\ &=-\mathrm{j}2\pi h'(0) = -\mathrm{j}\pi(x'(t)x^*(t)-x(t)(x^*(t))')\end{aligned} \tag{9.5.17}$$

将 $x(t)=a(t)\mathrm{e}^{\mathrm{j}\varphi(t)}$及其导数代入式(9.5.17)得

$$\int_{-\infty}^{+\infty}\omega\mathrm{WVD}_x(t,\omega)\mathrm{d}\omega = 2\pi a^2(t)\varphi'(t) \tag{9.5.18}$$

对于这个特殊信号，由式(9.5.8)得

$$\int_{-\infty}^{+\infty}\mathrm{WVD}_x(t,\omega)\mathrm{d}\omega = 2\pi\mid x(t)\mid^2 = 2\pi a^2(t) \tag{9.5.19}$$

将式(9.5.18)和式(9.5.19)代入式(9.5.14)右侧则得到所证结果。

性质 6 群延时。

如果信号的傅里叶变换可以写成$\hat{x}(\omega)=b(\omega)e^{j\psi(\omega)}$，反映信号的时间延迟的参量群延时由下式通过对 WVD 的积分求得。

$$-2\pi\psi'(\omega)=\frac{\int_{-\infty}^{+\infty}t\mathrm{WVD}_x(t,\omega)\mathrm{d}t}{\int_{-\infty}^{+\infty}\mathrm{WVD}_x(t,\omega)\mathrm{d}t} \tag{9.5.20}$$

性质 6 的证明和性质 5 的证明是对偶的，留作练习。

9.5.2 WVD 的一些实例及问题

本节通过一些例子说明 WVD 的优点及存在的问题，这些例子说明了 WVD 的高分辨率的特点，但也存在交叉项等问题。初步讨论交叉项抑制的方法，并建立了 STFT 和 WVD 之间的联系。

例 9.5.1 两个最基本的信号，复正弦和冲激信号，其 WVD 分别是

$$x(t)=e^{j\omega_0 t}\Leftrightarrow\mathrm{WVD}_x(t,\omega)=2\pi\delta(\omega-\omega_0)$$

$$x(t)=\delta(t-t_0)\Leftrightarrow\mathrm{WVD}_x(t,\omega)=\delta(t-t_0)$$

复正弦信号的 WVD 是平行于时间轴的直线，说明信号在任意时间都只有$\omega=\omega_0$的频率分量，冲激信号的 WVD 则说明信号只出现在$t=t_0$时刻，在这个时刻信号中包含了所有频率成分，与 STFT 相比，WVD 有理想分辨率，因为 WVD 是一条线，而 STFT 是一个带状图。

例 9.5.2 高斯包络的复正弦信号

$$x(t)=g(t)e^{j\omega_0 t}=\left(\frac{\alpha}{\pi}\right)^{1/4}e^{-\alpha t^2/2+j\omega_0 t}$$

$$\mathrm{WVD}_x(t,\omega)=2e^{-\alpha t^2-(\omega-\omega_0)^2/\alpha}=|g(t)|^2|\hat{g}(\omega-\omega_0)|^2$$

在高斯包络特殊形况下，WVD 是其时域信号幅度平方和位移的傅里叶变换幅度平方之乘积。

例 9.5.3 线性调制信号和高斯包络线性调制信号。

线性调制信号及 WVD 为

$$x(t)=e^{j(\beta t^2+\omega_0 t)}$$

$$\mathrm{WVD}_x(t,\omega)=2\pi\delta(\omega-\beta t-\omega_0)$$

线性调制信号的 WVD 为时-频平面上沿$\omega=\beta t+\omega_0$的一条线，这是非常理想的时-频分布。

一个线性调制信号乘高斯函数后，得到一个高斯包络线性调制信号，信号及其 WVD 如下

$$x(t)=g(t)e^{j(\beta t^2+\omega_0 t)}=\left(\frac{\alpha}{\pi}\right)^{1/4}e^{-\alpha t^2/2+j(\beta t^2+\omega_0 t)}$$

$$\mathrm{WVD}_x(t,\omega)=2e^{-\alpha t^2-(\omega-\beta t-\omega_0)^2/\alpha}$$

图 9.5.1 示出了高斯包络线性调制信号的时间信号波形$x(t-t_0)$（实部）以及功率谱和 WVD 的图形，该图与相应的 STFT 的谱图比较，有明显更高的分辨率。

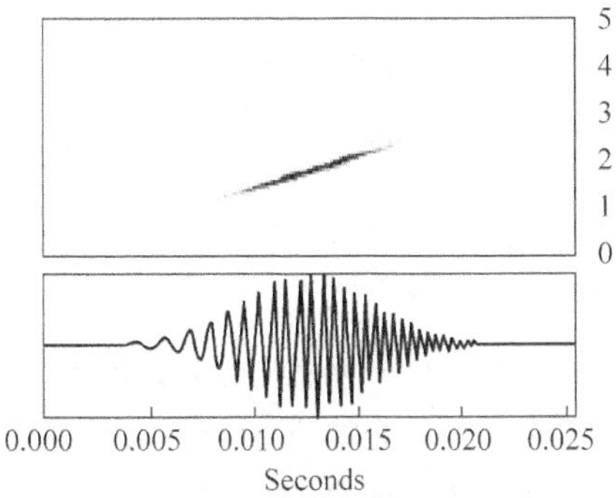

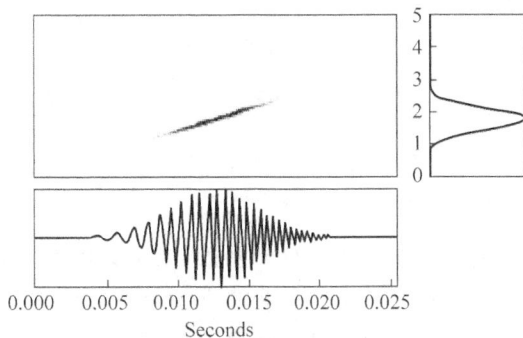

图 9.5.1 高斯包络的线性调制信号时间信号波形(实部)、功率谱和 WVD 谱

如上讨论了 WVD 用于单分量信号分析的例子,在这些例子中,WVD 都得到近乎理想的结果,如下进一步讨论 WVD 用于多分量信号的情况,不失一般性,假设信号由两个分量组成,即 $x(t)=x_1(t)+x_2(t)$,直接代入 WVD 的定义得到

$$\begin{aligned}\mathrm{WVD}_x(t,\omega) &= \mathrm{WVD}_{x_1}(t,\omega)+\mathrm{WVD}_{x_2}(t,\omega)+\mathrm{WVD}_{x_1x_2}(t,\omega)+\mathrm{WVD}_{x_2x_1}(t,\omega)\\ &= \mathrm{WVD}_{x_1}(t,\omega)+\mathrm{WVD}_{x_2}(t,\omega)+2\mathrm{Re}\{\mathrm{WVD}_{x_1x_2}(t,\omega)\}\end{aligned}\tag{9.5.21}$$

注意到两个信号和的 WVD 不等于两个信号的 WVD 之和,多出一项 $2\mathrm{Re}\{\mathrm{WVD}_{x_1x_2}(t,\omega)\}$,这一项称为交叉项,这是因为 WVD 不是信号的线性变换,而是二次变换的直接结果,我们将会看到,交叉项将会干扰由信号 WVD 对信号时频性质的正确解释。

例 9.5.4 设信号是两个复正弦之和,即

$$x(t)=a_1\mathrm{e}^{\mathrm{j}\omega_1 t}+a_2\mathrm{e}^{\mathrm{j}\omega_2 t}$$

该信号的 WVD 为

$$\begin{aligned}\mathrm{WVD}_x(t,\omega)=&2\pi a_1^2\delta(\omega-\omega_1)+2\pi a_2^2\delta(\omega-\omega_2)\\ &+4\pi a_1a_2\delta\left(\omega-\frac{\omega_1+\omega_2}{2}\right)\cos((\omega_2-\omega_1)t)\end{aligned}$$

由 WVD 表达式,两个复正弦之和的 WVD,除各复正弦的 WVD 之和外,还有一个交叉项,交叉项出现在频率$\frac{\omega_1+\omega_2}{2}$处的一个振荡项,其振荡项按频率 $\omega_2-\omega_1$ 在时间轴方向振荡。

本例的一个特例是,信号是实余弦信号

$$x(t)=\cos\omega_0 t=\frac{1}{2}(\mathrm{e}^{\mathrm{j}\omega_0 t}+\mathrm{e}^{-\mathrm{j}\omega_0 t})$$

WVD 是

$$\mathrm{WVD}_x(t,\omega)=\frac{\pi}{2}\delta(\omega+\omega_0)+\frac{\pi}{2}\delta(\omega-\omega_0)+\pi\delta(\omega)\cos(2\omega_0 t)$$

即实余弦信号的 WVD 在频率零点处有一个沿时间轴振荡的交叉项,交叉项在时间轴的振荡频率为 $2\omega_0$。

例 9.5.5 我们再考察一下具有多分量的时变信号的例子,考虑由两个在不同时间和以不同频率出现的高斯调制复正弦之和构成的信号

$$\begin{aligned}x(t)&=g(t-t_1)\mathrm{e}^{\mathrm{j}\omega_1 t}+g(t-t_2)\mathrm{e}^{\mathrm{j}\omega_2 t}\\ &=\left(\frac{\alpha}{\pi}\right)^{1/4}\mathrm{e}^{-\alpha(t-t_1)^2/2+\mathrm{j}\omega_1 t}+\left(\frac{\alpha}{\pi}\right)^{1/4}\mathrm{e}^{-\alpha(t-t_2)^2/2+\mathrm{j}\omega_2 t}\end{aligned}$$

可导出该信号的 WVD 为

$$\mathrm{WVD}_x(t,\omega)=2\mathrm{e}^{-\alpha(t-t_1)^2-(\omega-\omega_1)^2/\alpha}+2\mathrm{e}^{-\alpha(t-t_2)^2-(\omega-\omega_2)^2/\alpha}$$
$$+4\mathrm{e}^{-\alpha(t-\bar{t})^2-(\omega-\bar{\omega})^2/\alpha}\cos[(\omega-\bar{\omega})t_d+\omega_d(t-\bar{t})+\omega_d\bar{t}]$$

上式中,

$$\bar{t}=\frac{t_1+t_2}{2},\quad \bar{\omega}=\frac{\omega_1+\omega_2}{2},\quad t_d=\frac{t_1-t_2}{2},\quad \omega_d=\frac{\omega_1-\omega_2}{2}$$

分别为两个信号分量时间和频率参数的均值和差值,可以看到交叉项是振荡的,出现的位置是两分量的时间平均和频率平均处。图 9.5.2 给出了两个高斯调制复正弦之和的时间波形及功率谱和 WVD,从图中看到 WVD 交叉项的存在。

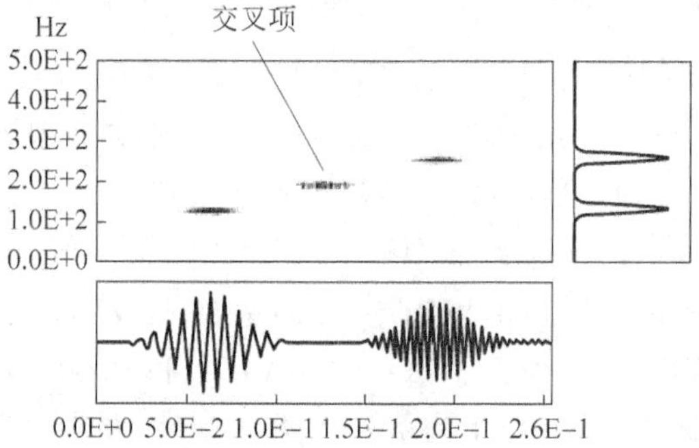

图 9.5.2 两个高斯调制复正弦之和的时间波形,功率谱和 WVD

例 9.5.6 为了给出更直观的印象,图 9.5.3 给出两个线性调频分量之和的 WVD 的三维图形。

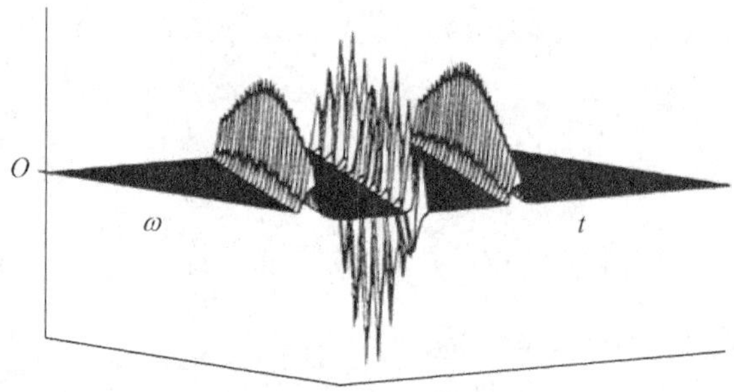

图 9.5.3 两个线性调频分量之和的 WVD 的三维图形

如上以信号中包含两个分量为例,讨论了交叉项的影响,在一般情况下,如果信号中含有 N 个分量,WVD 中存在 $N(N-1)/2$ 个交叉项,当信号分量数目较大时,因交叉项数目更多且系数较大,干扰了我们通过 WVD 谱图对信号特性的正确解释。

对于实的窄带调制信号,利用其解析信号作 WVD 是非常方便的,并且有效地降低了干扰项的影响,一个实信号 $x(t)$ 的解析信号定义为

$$x_a(t)=x(t)+\mathrm{j}H\{x(t)\} \tag{9.5.22}$$

这里 $H\{x(t)\}$ 表示 $x(t)$ 的希尔波特变换:

$$H\{x(t)\}=\frac{1}{\pi}\int_{-\infty}^{+\infty}\frac{x(\tau)}{t-\tau}\mathrm{d}\tau \tag{9.5.23}$$

实信号 $x(t)$ 的解析信号是复信号，只有正的频率分量，即

$$\hat{x}_a(\omega)=\begin{cases}2\,\hat{x}(\omega), & \omega>0\\ \hat{x}(\omega), & \omega=0\\ 0, & \omega<0\end{cases}$$

实信号的解析信号的最常见例子是 $\cos(\omega_0 t)$ 的解析信号是 $e^{j\omega_0 t}$。一个窄带实调制信号的解析信号是只有正频率的那部分频谱，解析信号不像实信号那样有对称的频谱，减少了交叉项的影响。但对于低频信号来讲，其解析信号的 WVD 与原信号的 WVD 比较，相当于用一个很宽的光滑函数进行了平滑，因此存在有很宽的延伸，这个关系由如下公式给予说明

$$\mathrm{WVD}_{x_a}(t,\omega)=\int_{-\infty}^{+\infty}\frac{\sin(2\omega\tau)}{\tau}\mathrm{WVD}_x(t-\tau,\omega)\mathrm{d}\tau \tag{9.5.24}$$

降低交叉项干扰的另一个方法是对 WVD 进行平滑，这个思路来自对交叉项的观察。在如上有关交叉项的几个例子中，交叉项都是振荡的，交替地取正和负，对交叉项的积分为零，由此观察启发一个降低交叉项的方法，取一个平滑函数与 WVD 相乘，然后积分，可以非常有效地降低交叉项的值，设一个平滑函数为 $\varphi(t,\omega)$，一个平滑的 WVD 定义为如下卷积

$$\mathrm{SWVD}_x(t,\omega)=\int_{-\infty}^{+\infty}\int_{-\infty}^{+\infty}\varphi(x,y)\mathrm{WVD}_x(t-x,\omega-y)\mathrm{d}x\mathrm{d}y \tag{9.5.25}$$

平滑函数一般为低通滤波函数，例如一个典型的平滑函数为

$$\varphi(t,\omega)=e^{-\alpha t^2-\beta\omega^2}\quad \alpha>0,\beta>0 \tag{9.5.26}$$

并且有人证明[25]，当 $\alpha\beta\geqslant 1$ 时，可使 SWVD 非负。

SWVD 与 WVD 相比，降低了时频分辨率，有趣的是，一个信号的 STFT 的幅度平方是该信号的平滑 WVD，假设 STFT 用的窗函数是 $g(t)$，有

$$|\mathrm{STFT}_x(t,\omega)|^2=\int_{-\infty}^{+\infty}\int_{-\infty}^{+\infty}\mathrm{WVD}_g(x,y)\mathrm{WVD}_x(t-x,\omega-y)\mathrm{d}x\mathrm{d}y \tag{9.5.27}$$

式(9.5.27)的证明参见[25]。式(9.5.27)说明用 $g(t)$ 的 WVD 作为平滑函数对信号 $x(t)$ 的 WVD 进行平滑，则 $\mathrm{SWVD}_x(t,\omega)=|\mathrm{STFT}_x(t,\omega)|^2$，即谱图 $|\mathrm{STFT}_x(t,\omega)|^2$ 是一种平滑的 WVD，它是非负的，且没有交叉项，但时频分辨率比 WVD 低。

9.5.3 通过离散信号计算 WVD

由于实际中更常用到的是已采样的离散信号，因此有必要研究通过离散信号计算 WVD 的问题。

对式(9.5.1)中 WVD 的积分定义，设 $\tau/2=n\Delta$，用求和逼近积分得到

$$\mathrm{WVD}_x(t,\omega)=2\Delta\sum_{n=-\infty}^{+\infty}x_a(t+n\Delta)x_a^*(t-n\Delta)e^{-j2n\omega\Delta} \tag{9.5.28}$$

为后续叙述方便，这里用 x_a 表示连续信号。对式(9.5.28)两边用采样周期 T_s 采样，并令 $\Delta=T_s$，得

$$\mathrm{WVD}_x(mT_s,\omega)=2T_s\sum_{n=-\infty}^{+\infty}x_a((m+n)T_s)x_a^*((m-n)T_s)e^{-j2n\omega T_s} \tag{9.5.29}$$

令 $x(m)=x_a(mT_s)$ 表示采样信号，并且去掉求和项的比例系数 T_s 不会影响对 WVD 的解释，重写式(9.5.29)为

$$\mathrm{WVD}_x(m,\omega) = 2\sum_{n=-\infty}^{+\infty} x(m+n)x^*(m-n)\mathrm{e}^{-\mathrm{j}2n\omega T_s} \tag{9.5.30}$$

对 WVD 时域的离散化，带来了频域的周期性，由式(9.5.30)，明显的有

$$\mathrm{WVD}_x\left(m,\omega+\frac{\pi}{T_s}\right) = \mathrm{WVD}_x(m,\omega) \tag{9.5.31}$$

即时域离散化的 WVD，在频域是以$\frac{\pi}{T_s}$为周期的。与信号的采样相对比，信号采样周期 T_s，其频谱以$\frac{2\pi}{T_s}$为周期，若连续信号的最高频率不高于$\frac{\pi}{T_s}$，频谱不会重迭，即不会有混迭。由于离散化 WVD 的结果是频域以$\frac{\pi}{T_s}$为周期，因此只有连续信号的最高频率不高于$\frac{\pi}{2T_s}$，才不会使 WVD 在频域发生混迭，换句话说，如果连续信号的最高频率为 $f_{\max}$，采样频率至少为 $f_s=4f_{\max}$，才不会使 WVD 在频域发生混迭。

式(9.5.30)为无穷求和，仍不能用于实际计算 WVD，为此，定义一个加窗的离散化 WVD 形式，取一个窗函数 $w(n)$，它是实的和对称的，即 $w(n)=w(-n)$，长度为 $2L-1$，加窗离散化 WVD(或称为伪 WVD)为

$$\begin{aligned}
\mathrm{PWVD}_x(m,\omega) &= 2\sum_{n=-(L-1)}^{L-1} w(n)x(m+n)x^*(m-n)\mathrm{e}^{-\mathrm{j}2n\omega T_s} \\
&= 2\sum_{n=-(L-1)}^{0} w(n)x(m+n)x^*(m-n)\mathrm{e}^{-\mathrm{j}2n\omega T_s} \\
&\quad + 2\sum_{n=0}^{L-1} w(n)x(m+n)x^*(m-n)\mathrm{e}^{-\mathrm{j}2n\omega T_s} - 2w(0)x(m)x^*(m) \\
&= 4\mathrm{Re}\left\{\sum_{n=0}^{L-1} w(n)x(m+n)x^*(m-n)\mathrm{e}^{-\mathrm{j}2n\omega T_s}\right\} \\
&\quad - 2w(0)x(m)x^*(m)
\end{aligned} \tag{9.5.32}$$

为了能使用 FFT 计算式(9.5.32)，对 ω 也离散化，即按 $\omega_k T_s=\frac{2\pi}{L}k$ 采样，得到离散伪 WVD 为

$$\mathrm{DWVD}_x(m,k) = 4\mathrm{Re}\left\{\sum_{n=0}^{L-1} w(n)x(m+n)x^*(m-n)\mathrm{e}^{-\mathrm{j}\frac{4\pi kn}{L}}\right\} - 2w(0)x(m)x^*(m) \tag{9.5.33}$$

由于在得到采样信号 $x(m)$时，只能保证满足采样定理，即 $f_s\geqslant 2f_{\max}$，但如上讨论说明，为使 DWVD 不产生频率方向的混迭，要求信号的采样频率满足 $f_s\geqslant 4f_{\max}$，为了保证这个条件成立，在使用式(9.5.33)前，首先对 $x(m)$进行 2 倍插值，即在 $x(m)$的样本间插入 1 个 0 值，再通过一个低通数字滤波器，得到 2 倍速率的插值信号 $x_I(m)$，有关插值的具体实现可参考[31]。$x_I(m)$相当于是以 $f_s\geqslant 4f_{\max}$ 采样获得的，用 $x_I(m)$代入式(9.5.33)计算 DWVD，就不会造成混迭，注意到式(9.5.33)的移位 m 等价于 $x_I(m)$的移位 $2m$，并且 $x_I(m)$数据增加 1 倍，因此

$$\mathrm{DWVD}_x(m,k) = 4\mathrm{Re}\left\{\sum_{n=0}^{2L-1} w(n)x_I(2m+n)x_I^*(2m-n)\mathrm{e}^{-\mathrm{j}\frac{4\pi kn}{2L}}\right\} - 2w(0)x_I(2m)x_I^*(2m) \tag{9.5.34}$$

为便于运算，将上式分解为

$$
\begin{aligned}
\mathrm{DWVD}_x(m,k) &= 4\mathrm{Re}\left\{\sum_{n=0}^{L-1} w(n)x_I(2m+n)x_I^*(2m-n)\mathrm{e}^{-\mathrm{j}\frac{2\pi kn}{L}}\right\} \\
&\quad + 4\mathrm{Re}\left\{\sum_{n=L}^{2L-1} w(n)x_I(2m+n)x_I^*(2m-n)\mathrm{e}^{-\mathrm{j}\frac{2\pi kn}{L}}\right\} \\
&\quad - 2w(0)x_I(2m)x_I^*(2m) \\
&= 4\mathrm{Re}\left\{\sum_{n=0}^{L-1} w(n)x_I(2m+n)x_I^*(2m-n)\mathrm{e}^{-\mathrm{j}\frac{2\pi kn}{L}}\right\} \\
&\quad + 4\mathrm{Re}\left\{\sum_{n=0}^{L-1} w(n)x_I(2m+L+n)x_I^*(2m-L-n)\mathrm{e}^{-\mathrm{j}\frac{2\pi kn}{L}}\right\} \\
&\quad - 2w(0)x_I(2m)x_I^*(2m)
\end{aligned}
\tag{9.5.35}
$$

式(9.5.35)最后两个求和项都是 DFT 的标准定义式，对于每个确定的 $m(0\leqslant m<2L)$，由式(9.5.35)用 FFT 直接计算出对所有 $0\leqslant k<L$ 的系数 $\mathrm{DWVD}_x(m,k)$。$0\leqslant k<L$ 对应着频率范围 $0\leqslant\omega<\pi/T_s$，这正是 $\mathrm{DWVD}_x(m,k)$ 在频率方向上一个周期的取值。

*9.5.4 Radon-Wigner 变换

WVD 是一个常用的时频变换，有许多良好的性质，对于单分量信号，其时频分析能力是近乎理想的，但在一个信号中包含多分量时，存在交叉项的问题，当分量数目较多且各分量的时频支撑区间相互重叠时，影响了对信号特性的正确解释，当测量信号存在较强噪声时，噪声作为一种多分量干扰，也同样影响了 WVD 对信号的有效解释。

有很多针对 WVD 交叉项问题的改进，下一节将讨论一大类改进的 WVD，本小节简要介绍一种对 WVD 的直接改进形式，称为 Radon-Wigner 变换(RWT)，其核心思想是：在直线上对 WVD 进行积分。由于信号分量的自 WVD 是平滑的，故一条直线上的积分可增强其能量，而交叉项是振荡的，积分的结果可能被削弱，故 RWT 可对各个分量的自 WVD 进行增强而削弱交叉项，故可改善利用 WVD 的信号检测能力。

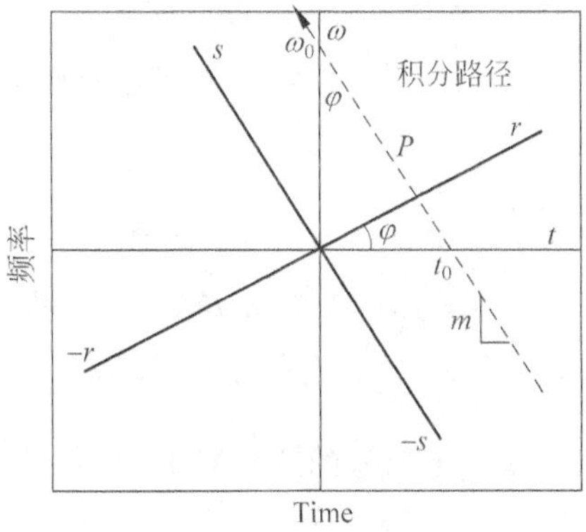

图 9.5.4 时频平面的旋转变换

如图 9.5.4 所述，对时频坐标平面进行旋转，得到新的坐标(r,s)，这个坐标变换为

$$
\begin{aligned}
t &= r\cos\varphi - s\sin\varphi \\
\omega &= r\sin\varphi + s\cos\varphi
\end{aligned}
\tag{9.5.36}
$$

对于一个给定的 φ 和 r，在一条平行于 s 轴的直线上进行积分，积分路径如图 9.5.4 的虚线所示，则得到 RWT 变换为

$$
RW_x(\varphi,r) = \int W_x(r\cos(\varphi)-s\sin(\varphi), r\sin(\varphi)+s\cos(\varphi))\mathrm{d}s \tag{9.5.37}
$$

RWT 也可写成另一种形式，把积分的直线表示为 $\omega=\omega_0+mt$，这里 $m=\cot\varphi$，$\omega_0=\dfrac{r}{\sin\varphi}$，则

式(9.5.37)可改写成

$$\begin{aligned} RW_x(\varphi,r) &= \int W_x(t,mt+\omega_0)\mathrm{d}t \Big|_{m=-\cot\varphi,\omega_0=\frac{r}{\sin\varphi}} \\ &= \int W_x\left(t,-(\cot\varphi)t+\frac{r}{\sin\varphi}\right)\mathrm{d}t \end{aligned} \tag{9.5.38}$$

式(9.5.38)更清楚地突出了在一条直线上积分的概念。若信号中有一线性调频分量,由于其 WVD 是近似一条直接,故对某一(ω_0,m)积分取得极大值。

可以证明 RWT 和 9.4 节介绍的分数傅里叶变换有如下关系

$$|X_\varphi(r)|^2 = RW_x(\varphi,r)$$

即 FRFT 的幅度平方是 RWT,故从信号检测角度讲,FRFT 和 RWT 是等价的,但 FRFT 是线性变换,在其他方面可以得到更多推广。

本节不再对 RWT 的细节做更多介绍,包括 RWT 的离散计算,有兴趣的读者可参考[27]。

*9.6 一般时频分布:Cohen 类

克服 WVD 中存在的交叉项的影响,曾是时频分析中一个活跃的研究方向,这方面的研究统一在一个框架下进行,这就是 Cohen 类。Cohen 类给出一个统一的表示式,通过确定不同的核函数可以构造出许多个新的时频分布。本节简要讨论 Cohen 类的基本原理和例子,为了更方便地描述 Cohen 类,首先介绍信号的对称模糊函数的概念。

9.6.1 模糊函数

第 9.5 节已经定义了信号的瞬时自相关函数为

$$r_x(t,\tau) = x\left(t+\frac{\tau}{2}\right)x^*\left(t-\frac{\tau}{2}\right)$$

以 τ 为变量,对 $r_x(t,\tau)$求傅里叶变换就是 WVD 的定义,如果以 t 为变量,对 $r_x(t,\tau)$作傅里叶反变换,其结果定义为信号 $x(t)$的对称模糊函数,简称模糊函数 AF,即

$$AF_x(\theta,\tau) = \frac{1}{2\pi}\int_{-\infty}^{+\infty} x\left(t+\frac{\tau}{2}\right)x^*\left(t-\frac{\tau}{2}\right)\mathrm{e}^{\mathrm{j}\theta t}\mathrm{d}t \tag{9.6.1}$$

以上是一个信号的自模糊函数,类似于 WVD,定义两个信号的互模糊函数为

$$AF_{x,y}(\theta,\tau) = \frac{1}{2\pi}\int_{-\infty}^{+\infty} x\left(t+\frac{\tau}{2}\right)y^*\left(t-\frac{\tau}{2}\right)\mathrm{e}^{\mathrm{j}\theta t}\mathrm{d}t \tag{9.6.2}$$

与 WVD 不同,实信号的模糊函数一般是复函数。

既然 $r_x(t,\tau)$和 $AF_x(\theta,\tau)$是傅里叶变换对,则有

$$r_x(t,\tau) = x\left(t+\frac{\tau}{2}\right)x^*\left(t-\frac{\tau}{2}\right) = \int_{-\infty}^{+\infty} AF_x(\theta,\tau)\mathrm{e}^{-\mathrm{j}\theta t}\mathrm{d}\theta \tag{9.6.3}$$

式(9.6.3)两侧再以 τ 为变量作傅里叶变换,$r_x(t,\tau)$的傅里叶变换就是 WVD 的定义,由此得到 WVD 和 AF 之间的关系式为

$$\mathrm{WVD}_x(t,\omega) = \int_{-\infty}^{+\infty}\int_{-\infty}^{+\infty} AF_x(\theta,\tau)\mathrm{e}^{-\mathrm{j}(\theta t+\omega\tau)}\mathrm{d}\theta\mathrm{d}\tau \tag{9.6.4}$$

由式(9.6.4)说明,$\mathrm{WVD}_x(t,\omega)$是 $AF_x(\theta,\tau)$的二维傅里叶变换,由信号的模糊函数可以得

到 WVD,反之,由 WVD 也可以求出模糊函数(推导留作习题)。

如下通过一个例子说明交叉项在 AF 中的表现。

例 9.6.1 信号

$$x(t)=g(t-t_0)e^{j\omega_0 t}=\left(\frac{\alpha}{\pi}\right)^{1/4}e^{-\alpha(t-t_0)^2/2+j\omega_0 t}$$

的模糊函数为

$$AF_x(\theta,\tau)=e^{-\left(\frac{1}{4\alpha}\theta^2+\frac{\alpha}{4}\tau^2\right)}e^{j(\omega_0\tau+\theta t_0)}$$

例 9.6.1 说明,一个在时频平面能量集中在(t_0,ω_0)附近的信号,在 AF 的(θ,τ)平面,其能量集中在原点附近,(t_0,ω_0)的信息出现在 AF 的相位中。

例 9.6.2 两个分量信号

$$x(t)=x_1(t)+x_2(t)=g(t-t_1)e^{j\omega_1 t}+g(t-t_2)e^{j\omega_2 t}$$
$$=\left(\frac{\alpha}{\pi}\right)^{1/4}e^{-\alpha(t-t_1)^2/2+j\omega_1 t}+\left(\frac{\alpha}{\pi}\right)^{1/4}e^{-\alpha(t-t_2)^2/2+j\omega_2 t}$$

的模糊函数为如下 4 项组成

$$AF_x(\theta,\tau)=AF_{x1}(\theta,\tau)+AF_{x2}(\theta,\tau)+AF_{x1,x2}(\theta,\tau)+AF_{x2,x1}(\theta,\tau)$$

其中前两项是自 AF 函数,如例 9.6.1 所示,能量集中在(θ,τ)平面的原点,(t_i,ω_i),$i=1,2$ 出现在自 AF 函数的相位中。

后两项是互 AF 函数,互 AF 函数的形式为

$$AF_{x1,x2}(\theta,\tau)=e^{-\left(\frac{1}{4\alpha}(\theta-\omega_d)^2+\frac{\alpha}{4}(\tau-t_d)^2\right)}e^{j(\bar{\omega}\tau-\theta\bar{t}+\omega_d\bar{t})}$$

上式中的各参数为

$$\bar{t}=\frac{t_1+t_2}{2},\quad \bar{\omega}=\frac{\omega_1+\omega_2}{2},\quad t_d=\frac{t_1-t_2}{2},\quad \omega_d=\frac{\omega_1-\omega_2}{2}$$

为了讨论方便,将 WVD 的交叉项重写如下

$$2\mathrm{Re}\{\mathrm{WVD}_{x1,x2}(t,\omega)\}=4e^{-\alpha(t-\bar{t})^2-(\omega-\bar{\omega})^2/\alpha}\cos[(\omega-\bar{\omega})t_d+\omega_d(t-\bar{t})+\omega_d\bar{t}]$$

AF 的交叉项的能量中心在$(\theta,\tau)=(\omega_d,t_d)$处,而 ω_d 对应了 WVD 交叉项在时间轴上的振荡频率,t_d 对应了 WVD 交叉项在频率轴上的振荡频率,WVD 振荡越快,AF 的交叉项的能量中心离(θ,τ)平面原点越远。

在 WVD 中,每个分量的自分布集中在时频平面的(t_i,ω_i)处,交叉项出现在$(\bar{t}_i,\bar{\omega}_i)$处,这里$\bar{t}_i$,$\bar{\omega}_i$ 表示两分量的时间中点和频率中点。在多分量的情况下,很难从位置上定位哪些是自分布,哪些是交叉项。在 AF 中,凡各分量的自 AF 函数的能量均集中在(θ,τ)的原点处,而交叉项的能量中心偏离原点,相对应的 WVD 交叉项振荡越快,AF 交叉项离原点越远,因此在 AF 域,可以比较明确地从区域上区分自 AF 和交叉项,这个特点被用来构造更一般性时频分布:Cohen 类。

式(9.6.4)说明,$\mathrm{WVD}_x(t,\omega)$和 $AF_x(\theta,\tau)$互为二维傅里叶变换,可以将(θ,τ)看作是(t,ω)的"频域",由 AF 的性质,构造一个在(θ,τ)域的低通滤波器 $\Phi(\theta,\tau)$,由于 $\Phi(\theta,\tau)$的低通特性,它与 $AF_x(\theta,\tau)$相乘,保存了 $AF_x(\theta,\tau)$在原点附近的能量(自项),降低了 $AF_\tau(\theta,\tau)$远离原点处的能量(交叉项),$AF_x(\theta,\tau)\times\Phi(\theta,\tau)$作二维傅里叶变换,就得到一个压制了交叉项的新的时频分布,这样构造的时频分布称为 Cohen 类,即

$$C_x(t,\omega)=\int_{-\infty}^{+\infty}\int_{-\infty}^{+\infty}AF_x(\theta,\tau)\Phi(\theta,\tau)e^{-j(\theta t+\omega\tau)}\,d\theta d\tau \tag{9.6.5}$$

如果定义一个(t,ω)域的平滑函数$\phi(t,\omega)$是$\Phi(\theta,\tau)$的傅里叶变换，即

$$\phi(t,\omega)=\int_{-\infty}^{+\infty}\int_{-\infty}^{+\infty}\Phi(\theta,\tau)\mathrm{e}^{-\mathrm{j}(\theta t+\omega\tau)}\mathrm{d}\theta\mathrm{d}\tau \tag{9.6.6}$$

由二维傅里叶变换的卷积定理(乘积的傅里叶变换等于傅里叶变换卷积)，得到

$$C_x(t,\omega)=\int_{-\infty}^{+\infty}\int_{-\infty}^{+\infty}\phi(x,y)\mathrm{WVD}_x(t-x,\omega-y)\mathrm{d}x\mathrm{d}y=\mathrm{SWVD}_x(t,\omega) \tag{9.6.7}$$

式(9.6.7)就是上节讨论的平滑 WVD，由此可见 Cohen 类和平滑 WVD 是一种定义。若取$\Phi(\theta,\tau)$是窗函数的模糊函数，$C_x(t,\omega)$就是 STFT 的谱图$|\mathrm{STFT}(t,\omega)|^2$。

9.6.2 Cohen 类的定义与实例

信号$x(t)$的 Cohen 类定义为

$$C_x(t,\omega)=\frac{1}{2\pi}\iiint_{-\infty}^{+\infty}x\left(u+\frac{\tau}{2}\right)x^*\left(u-\frac{\tau}{2}\right)\Phi(\theta,\tau)\mathrm{e}^{-\mathrm{j}(\theta t+\omega\tau-\theta u)}\mathrm{d}u\mathrm{d}\tau\mathrm{d}\theta \tag{9.6.8}$$

式中$\Phi(\theta,\tau)$称为核函数，取不同的核函数，构成一系列不同的时频分析。在最里层积分中代入模糊函数的定义，式(9.6.8)的 Cohen 类定义变成

$$C_x(t,\omega)=\int_{-\infty}^{+\infty}\int_{-\infty}^{+\infty}AF_x(\theta,\tau)\Phi(\theta,\tau)\mathrm{e}^{-\mathrm{j}(\theta t+\omega\tau)}\mathrm{d}\theta\mathrm{d}\tau$$

这就是已经熟悉的式(9.6.5)。对每一个选定的核函数$\Phi(\theta,\tau)$，都对应一种时频分布，但是，不是任取一个$\Phi(\theta,\tau)$，都可以得到一个好的时频分布，要使得一个构造出的时频分布具有好的性质，必须对$\Phi(\theta,\tau)$施加约束条件，如下不加证明地给出几条时频分布性质与$\Phi(\theta,\tau)$约束之间的关系，证明参见[11]。

(1) $C_x(t,\omega)$边际积分和$\Phi(\theta,\tau)$的关系，即如果要求$C_x(t,\omega)$满足如下几个边际积分条件，$\Phi(\theta,\tau)$必须满足相应条件。

① 如果$C_x(t,\omega)$满足$\frac{1}{2\pi}\int_{-\infty}^{+\infty}C_x(t,\omega)\mathrm{d}\omega=|x(t)|^2$，则要求$\Phi(\theta,0)=1$；

② 如果$C_x(t,\omega)$满足$\int_{-\infty}^{+\infty}C_x(t,\omega)\mathrm{d}t=|\hat{x}(\omega)|^2$，则要求$\Phi(0,\tau)=1$；

③ 如果$C_x(t,\omega)$满足$\int_{-\infty}^{+\infty}\int_{-\infty}^{+\infty}C_x(t,\omega)\mathrm{d}t=\frac{1}{2\pi}\int_{-\infty}^{+\infty}|\hat{x}(\omega)|^2\mathrm{d}\omega=\int_{-\infty}^{+\infty}|x(t)|^2\mathrm{d}t$，则要求$\Phi(0,0)=1$。

(2) 如果要求$C_x(t,\omega)$是实的，必须有$\Phi(\theta,\tau)=\Phi^*(-\theta,-\tau)$。

(3) 如果要求$C_x(t,\omega)$满足时间移位不变性，则要求$\Phi(\theta,\tau)$不是时间t的函数；如果要求$C_x(t,\omega)$满足频率调制不变性，则要求$\Phi(\theta,\tau)$不是频率ω的函数。

许多学者已经提出了若干核函数和相应的时频分布，表 9.6.1 列出了几个例子。

表 9.6.1 Cohen 类的一些例子

名　称	核 函 数	分布 $C_x(t,\omega)$
WVD	1	$\mathrm{WVD}_x(t,\omega)=\int_{-\infty}^{+\infty}x\left(t+\frac{\tau}{2}\right)x^*\left(t-\frac{\tau}{2}\right)\mathrm{e}^{-\mathrm{j}\omega\tau}\mathrm{d}\tau$
Margenau-Hill	$\cos\frac{\theta\tau}{2}$	$\mathrm{Re}\left\{\frac{1}{\sqrt{2}}x(t)\hat{x}^*(\omega)\mathrm{e}^{-\mathrm{j}\omega t}\right\}$

续表

名　　称	核 函 数	分布 $C_x(t,\omega)$
Born-Jordan Cohen	$\dfrac{\sin\dfrac{\theta\tau}{2}}{\dfrac{\theta\tau}{2}}$	$\int_{-\infty}^{+\infty}\dfrac{1}{\lvert\tau\rvert}e^{-j\omega\tau}\int_{t-\lvert\tau\rvert/2}^{t+\lvert\tau\rvert/2}x\left(u+\dfrac{\tau}{2}\right)x^*\left(u-\dfrac{\tau}{2}\right)dud\tau$
Choi-William	$e^{-(\theta\tau)^2/\sigma}$	$\dfrac{1}{\sqrt{4\pi}}\iint_{-\infty}^{+\infty}\dfrac{1}{\sqrt{\tau^2/\sigma}}e^{-\sigma(u-t)^2/\tau^2-j\tau\omega}x\left(u+\dfrac{\tau}{2}\right)x^*\left(u-\dfrac{\tau}{2}\right)dud\tau$
Cone-Shape	$\dfrac{\sin\alpha\theta\tau}{\alpha\theta\tau}\lvert\tau\rvert g(\tau)$	$\dfrac{1}{2\alpha}\int_{-\infty}^{+\infty}g(\tau)e^{-j\omega\tau}\int_{t-\lvert\tau\rvert a}^{t+\lvert\tau\rvert a}x\left(u+\dfrac{\tau}{2}\right)x^*\left(u-\dfrac{\tau}{2}\right)dud\tau$
谱图	$g(t)$的 AF	$\lvert STFT(t,\omega)\rvert^2=\left\lvert\int_{-\infty}^{+\infty}x(\tau)g^*(\tau-t)e^{-j\omega\tau}d\tau\right\rvert^2$

例 9.6.3　Cohen 类的一个例子 Choi-William 分布，即取表 9.6.1 的第 4 个核函数

$$\Phi(\theta,\tau)=e^{-(\theta\tau)^2/\sigma}$$

注意到，$\sigma\to\infty$ 时，$\Phi(\theta,\tau)\to 1$，Choi-William 分布趋于 WVD，若 σ 取一个适当的值，则可降低交叉项，但也降低时频分辨率，Choi-William 核函数在模糊函数域如图 9.6.1(a)所示。假设有三个分量的一个信号 $x(t)=s_1(t)+s_2(t)+s_3(t)$，其 WVD 如图 9.6.2(a)所示，为了说明 Choi-William 核函数的作用，将该信号的模糊函数示于图 9.6.1(b)，Choi-William 核函数与模糊函数乘积的结果，可以消除 $s_1(t)$和 $s_3(t)$的交叉项，明显降低 $s_2(t)$和 $s_3(t)$的交叉项，但 $s_1(t)$和 $s_2(t)$的交叉项中一部分被保留，Choi-William 的时频图如图 9.6.2(b)所示。

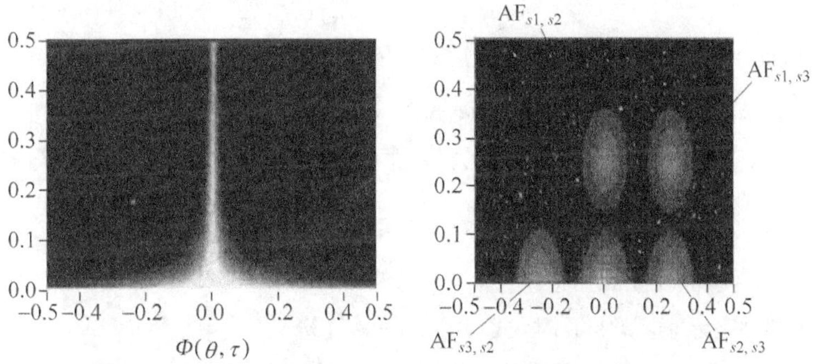

(a) Choi-William核函数　　(b) 三分量信号的模糊函数

图 9.6.1　Choi-William 核函数和三分量信号的模糊函数

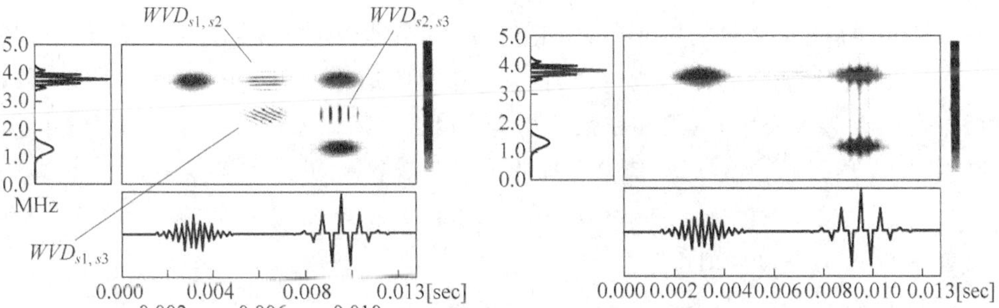

(a) 三分量信号的WVD　　(b) 三分量信号的Choi-William分布

图 9.6.2　三分量信号的 WVD 和三分量信号的 Choi-William 分布

这些 Cohen 类分布，都在一定程度上降低了交叉项的影响，但同时也降低了时频分辨率。

这里仅对 Cohen 类给出一个概念性的讨论，有兴趣的读者，可以参考更专门的著作，如[11]、[23]，以及重要的综述性论文[10]、[13]。

*9.7 模糊函数再讨论

上一节通过对瞬时自相关函数的时间变量 t 做傅里叶变换得到模糊函数的定义，并讨论了模糊函数和 WVD 的关系，由此引出一类改进的 WVD。9.6 节定义的模糊函数也可以称为对称模糊函数，为了方便重写如下

$$AF_x(\theta,\tau)=\frac{1}{2\pi}\int_{-\infty}^{+\infty}x\left(t+\frac{\tau}{2}\right)x^*\left(t-\frac{\tau}{2}\right)\mathrm{e}^{\mathrm{j}\theta t}\,\mathrm{d}t \tag{9.7.1}$$

模糊函数在几个领域都得到应用，例如雷达和通信，在不同领域其本质是一致的，但定义略有不同，如下是模糊函数的另一种定义

$$A_x(\theta,\tau)=\int_{-\infty}^{+\infty}x(t)x^*(t-\tau)\mathrm{e}^{\mathrm{j}\theta t}\,\mathrm{d}t \tag{9.7.2}$$

在式(9.7.2)的定义中 τ 是非对称形式出现的。本节为了区分两种定义，称式(9.7.1)的定义为对称模糊函数，式(9.7.2)的定义为模糊函数，通过简单的变量变换很容易证明两个定义的关系为

$$A_x(\theta,\tau)=2\pi\mathrm{e}^{\mathrm{j}\theta\tau/2}AF_x(\theta,\tau) \tag{9.7.3}$$

可见两者的区别除了一个系数外只相差一个相位因子，只需要讨论其中一个，另一个的性质很容易推知，故本节以式(9.7.2)的定义展开讨论。

式(9.7.2)的定义中，用角频率 θ 作为变量，也可以以频率 ν 作为变量，把式(9.7.2)重写成

$$A_x(\nu,\tau)=\int_{-\infty}^{+\infty}x(t)x^*(t-\tau)\mathrm{e}^{\mathrm{j}2\pi\nu t}\,\mathrm{d}t \tag{9.7.4}$$

在需要用赫兹(Hz)表示频率变量时，式(9.7.4)更直接。

在雷达和移动通信中，模糊函数的物理意义是很明确的，它的一种解释是：回波信号被多普勒调制后通过匹配滤波器的输出。我们首先简单介绍匹配滤波及其输出。

1. 匹配滤波和模糊函数

在雷达和通信中，发射的波形 $x(t)$ 是已知的，假设接收端接收到的信号为 $x_I(t)=x(t)+v(t)$，这里 $v(t)$ 是白噪声，为讨论简单，忽略接收信号中 $x(t)$ 的延迟和衰减系数，因为匹配滤波是一个 LTI 系统，延迟和系数的影响可以很容易地加进去。为了使得输出 $y(t)$ 在一个时刻 $t=t_0$ 达到最大信噪比，要求系统的单位冲激响应应为[32]

$$h(t)=cx^*(t_0-t)$$

为了简单，令 $t_0=0,c=1$。则

$$h(t)=x^*(-t)$$

在雷达或移动通信等场景下，发射的信号 $x(t)$ 遇到运动物体被反射回来，反射到接收机的波形则被多普勒调制，取复信号形式为 $\bar{x}(t)=x(t)\mathrm{e}^{\mathrm{j}\theta t}$，则匹配滤波器中信号部分对应的输

出在 $t=\tau$ 时刻的取值为

$$y(\tau\mid\theta)=\bar{x}(\tau)*h(\tau)=\int_{-\infty}^{+\infty}x(\alpha)\mathrm{e}^{\mathrm{j}\theta\alpha}h(\tau-\alpha)\mathrm{d}\alpha$$
$$=\int_{-\infty}^{+\infty}x(t)x^*(t-\tau)\mathrm{e}^{\mathrm{j}\theta t}\mathrm{d}t=A_x(\theta,\tau)\tag{9.7.5}$$

可见 $A_x(\theta,\tau)=y(\tau|\theta)$,说明,模糊函数可以看作是通过角频率 θ 的多普勒调制后,信号通过匹配滤波器后在 $t=\tau$ 时刻的取值。在雷达和移动通信的一些应用中,多普勒频率是未知的,但多普勒频率可能会影响信号的接收判断,若存在一个 $\theta=\theta_0$,使得 $A_x(\theta_0,\tau)\equiv 0$,则匹配滤波器对于该多普勒频率的调制,输出恒为 0,则无法通过匹配滤波器检测信号,因此说系统对多普勒频率 θ_0 是盲的。

在雷达和移动通信中,可以对一类信号分析其模糊函数,进而分析一类信号在时频域 (θ,τ) 上的性能,从而有针对性地改进信号设计。

2. 模糊函数的几个基本性质

这里给出模糊函数的几个性质,由于实际中常用模糊函数的幅度,故这几个性质主要用幅度形式给出。

性质 1 原点处最大,即

$$|A_x(\theta,\tau)|\leqslant|A_x(0,0)|=E$$

这里 $E=\int_{-\infty}^{\infty}|x(t)|^2\mathrm{d}t$ 表示信号能量。

性质 2 模糊函数的积分性。

$$\iint|A_x(\theta,\tau)|^2\mathrm{d}\theta\mathrm{d}\tau=E^2$$

性质 3 幅度对称性。

$$|A_x(\theta,\tau)|=|A_x(-\theta,-\tau)|$$

性质 4 调制性。

若 $x_1(t)=x(t-t_0)$,则 $A_{x_1}(\theta,\tau)=A_x(\theta,\tau)\mathrm{e}^{\mathrm{j}\theta t_0}$;

若 $x_2(t)=x(t)\mathrm{e}^{\mathrm{j}\omega_0 t}$,则 $A_{x_2}(\theta,\tau)=A_x(\theta,\tau)\mathrm{e}^{\mathrm{j}\tau\omega_0}$

对于模糊函数,时域和频域的移动反映在模糊函数中仅仅是相位项的变化。这个性质在导出 Cohen 类的过程中起到关键作用。

性质 5 线性调频性。

若 $x_1(t)=x(t)\mathrm{e}^{\mathrm{j}\pi kt^2}$,则 $|A_{x_1}(\theta,\tau)|=|A_x(\theta-2\pi k\tau,\tau)|$

3. 模糊函数实例

9.6 节给出了对称模糊函数和互模糊函数的例子,说明了 Cohen 类的导出原理,这里再给出两个应用中常见信号,进一步说明模糊函数的意义。这一节给出的公式和图形说明中,用式(9.7.4)的定义。

例 9.7.1 脉冲信号表示为[15]

$$x(t)=\frac{1}{\sqrt{T}}\mathrm{rect}\left(\frac{t}{T}\right)=\begin{cases}\dfrac{1}{\sqrt{T}}, & |t|\leqslant\dfrac{T}{2}\\ 0, & \text{其他}\end{cases}$$

直接积分可求得模糊函数的幅度为

$$|A(\nu,\tau)| = \left| \left(1 - \frac{|\tau|}{T}\right) \frac{\sin[\pi T\nu(1-|\tau|/T)]}{\pi T\nu(1-|\tau|/T)} \right|, \quad |\tau| \leqslant T$$

矩形脉冲的模糊函数幅度三维图形如图 9.7.1(a)所示。为了分析简单，常取模糊函数的一维切片，例如时间切片和频率切片。$\tau=0$ 的切片称为零时间切片(频率切片)，即

$$|A(\nu,0)| = \left| \frac{\sin[\pi T\nu]}{\pi T\nu} \right|$$

该频率切片的图形如图 9.7.1(b)所示。根据模糊函数的匹配滤波解释，该切片表示 $\tau=0$ 时输出随多普勒频率变化的情况，可见输出受多普勒频率影响，$\nu=0$ 时输出最大，$\nu=k\pi/T$ 时，输出为 0，原本匹配滤波器设计不考虑多普勒频率影响，$\tau=0$ 时达到最大值，但输入中多普勒频率影响输出幅度，当 $\nu=k\pi/T$ 时输出为 0，即无法用匹配滤波直接检测该信号。

类似，当 $\nu=0$ 是得到模糊函数的零频率切片(时间切片)，显然

$$|A(0,\tau)| = \begin{cases} 1 - \dfrac{|\tau|}{T}, & |\tau| \leqslant T \\ 0, & \text{其他} \end{cases}$$

这个结果不出意外，在多普勒频率为零时，匹配滤波器输出为三角波形。

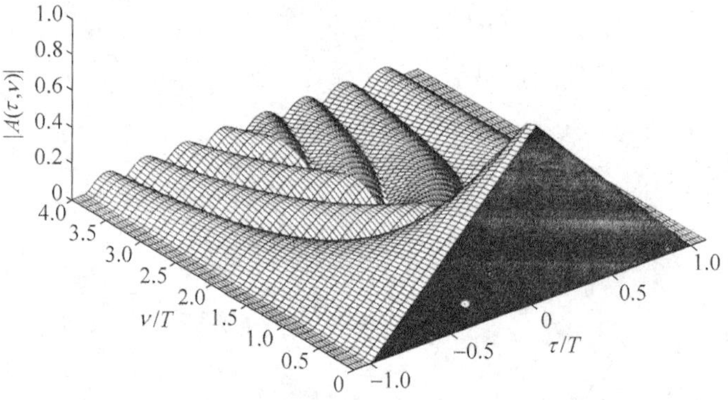

(a) 三维图

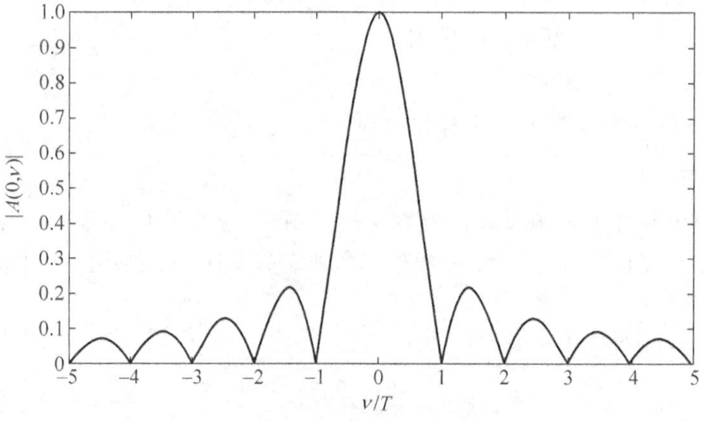

(b) 零时间切片

图 9.7.1 矩形脉冲的模糊函数

例 9.7.2　线性调频矩形脉冲信号为[15]

$$x(t)=\frac{1}{\sqrt{T}}\mathrm{rect}\left(\frac{t}{T}\right)\mathrm{e}^{\mathrm{j}\pi k t^2},\quad k=\pm\frac{B}{T}$$

利用例 9.7.1 和性质 5，可得

$$|A(\nu,\tau)|=\left|\left(1-\frac{|\tau|}{T}\right)\frac{\sin[\pi T(\nu\mp B(\tau/T))(1-|\tau|/T)]}{\pi T(\nu\mp B(\tau/T))(1-|\tau|/T)}\right|,\quad |\tau|\leqslant T$$

其零时间切片与例 9.7.1 相同，零频率切片为

$$|A(0,\tau)|=\left|\left(1-\frac{|\tau|}{T}\right)\frac{\sin[\pi B\tau(1-|\tau|/T)]}{\pi B\tau(1-|\tau|/T)}\right|,\quad |\tau|\leqslant T$$

其三维图形和时间切片分别如图 9.7.2(a)和图 9.7.2(b)所示。

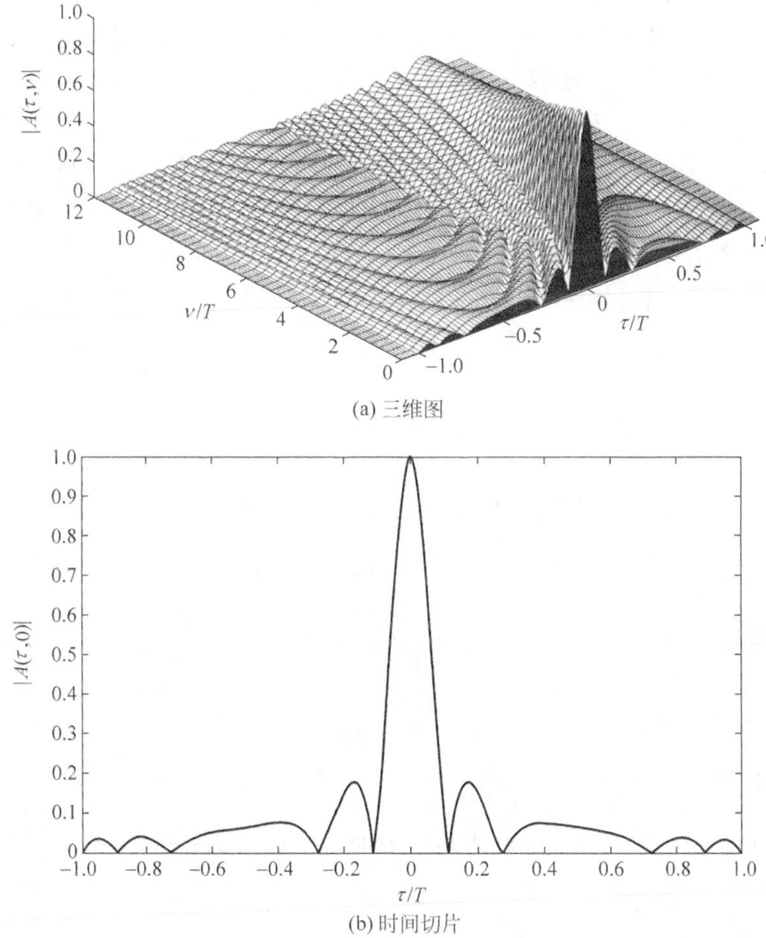

图 9.7.2　线性调频脉冲的模糊函数

注意到，脉冲或通过固定载波调制的脉冲其时间切片为三角波，比原始脉冲宽 1 倍，但用线性调频调制的脉冲，其时间切片的主瓣比原始脉冲窄，具体窄的程度受参数 BT 影响，这里 BT 是线性调频脉冲的时宽带宽积，图 9.7.2(b)所示是 $BT=10$ 的例子，注意线性调频脉冲的时间切片主瓣宽度约为原始脉冲切片宽度的 $1/BT$，这一现象被称为“线性调频脉冲的脉冲压缩能力”，其结果是在雷达等应用中有效提高目标距离测量的分辨率。

9.8 小结和进一步阅读

本章首先讨论了时频分析的一些基本概念，其中不定性原理是约束线性时频元素的时频分辨率的基本限制。讨论了短时傅里叶变换和 Gabor 展开这两种线性时频分析工具，其中 Gabor 展开具有更好的灵活性，介绍了一种具有时频旋转特性的线性变换：分数傅里叶变换，讨论了其基本性质和离散计算方法。Wigner-Ville 分布是二次型的时频分析工具，具有高的分辨率，但也带来交叉项的问题，Cohen 类是一个一般的时频分析工具，通过构造不同的核函数，将已有的时频分析工具作为其一个特殊形式，并可以构造各种侧重于不同性质的时频分布。希尔伯特-黄变换(HHT)也可归于时频变换的一种，由于 HHT 已在本书的姐妹篇[31]中作为希尔伯特变换的推广性材料做过介绍，故本书不再重复。小波变换也可看作是一种时频变换，但由于小波变换的重要性和应用的广泛性，将在第 10 章对其做专门讨论。

本章是关于时频分析这一非常广泛的专题的入门性介绍，有几本时频分析的专门著作对这个专题给出了更深入和全面的讨论，Qian[23,25]的著作侧重于各种时频算法及其应用实例，Cohen[11]的著作则更加侧重于物理概念，Ozaktas 等[19]的著作给出了分数傅里叶变换的一个全面的介绍。几篇综述论文分别对不同的专题给出了详尽的分析，见如 [6～8]、[10]、[26]、[1]。

习题

1. 证明 STFT 的一般形式的帕塞瓦尔定理

$$\iint\langle x_1(\tau),g_{t,\omega}(\tau)\rangle\langle x_2(\tau),g_{t,\omega}(\tau)\rangle\mathrm{d}t\mathrm{d}\omega=2\pi\|g\|^2<x_1(\tau),x_2(\tau)\rangle$$

2. 给出信号 $x(\tau)=\left(\frac{\beta}{\pi}\right)^{1/4}\mathrm{e}^{-\beta\tau^2/2}$，并且选窗函数 $g(\tau)=\left(\frac{\alpha}{\pi}\right)^{1/4}\mathrm{e}^{-\alpha\tau^2/2}$，证明该信号的 DTFT 为

$$\mathrm{STFT}(t,\omega)=\sqrt{\frac{2\sqrt{\alpha\beta}}{\alpha+\beta}}\exp\left\{-\frac{\alpha\beta}{2(\alpha+\beta)}t^2-\frac{1}{2(\alpha+\beta)}\omega^2+\mathrm{j}\frac{\alpha}{\alpha+\beta}\omega t\right\}$$

3. 证明，如果采用归一化窗函数，STFT 满足如下的核函数方程

$$\mathrm{STFT}(t,\omega)=\frac{1}{2\pi}\iint\mathrm{STFT}(t',\omega')K(t,\omega;\ t'\omega')\mathrm{d}t'\mathrm{d}\omega'$$

其中 $K(t,\omega;\ t'\omega')=\langle g_{t,\omega}(\tau),g_{t',\omega'}(\tau)\rangle$。

4. 若把 FRFT 看作是一个旋转算子操作，即 $X_\alpha(u)=\boldsymbol{R}^\alpha x(t)$，证明该算子满足式(9.4.3)至式(9.4.6)的 4 个性质(提示利用式(9.4.9)的第 4 个性质)。

5. 如果 $x(t)$在区间(t_1,t_2)之外取值为零，$\mathrm{WVD}_x(t,\omega)$对于 t 取值在(t_1,t_2)之外时为零。如果$\hat{x}(\omega)$在区间(ω_1,ω_2)之外取值为零，$\mathrm{WVD}_x(t,\omega)$对于 ω 取值在(ω_1,ω_2)之外时为零。

6. 证明 WVD 分布满足如下边际特性

$$\frac{1}{2\pi}\int_{-\infty}^{+\infty}\mathrm{WVD}_x(t,\omega)\mathrm{d}\omega = |\,x(t)\,|^2$$

$$\int_{-\infty}^{+\infty}\mathrm{WVD}_x(t,\omega)\mathrm{d}t = |\,\hat{x}(\omega)\,|^2$$

$$\int_{-\infty}^{+\infty}\int_{-\infty}^{+\infty}\mathrm{WVD}_x(t,\omega)\mathrm{d}t = \frac{1}{2\pi}\int_{-\infty}^{+\infty}|\,\hat{x}(\omega)\,|^2\mathrm{d}\omega = \int_{-\infty}^{+\infty}|\,x(t)\,|^2\mathrm{d}t$$

7. 给出 $x(t)$的 WVD 是 $\mathrm{WVD}_x(t,\omega)$，$y(t)=\mathrm{e}^{\mathrm{j}\omega_0 t}x(t-t_0)$，证明：$y(t)$的 WVD 是

$$\mathrm{WVD}_y(t,\omega) = \mathrm{WVD}_x(t-t_0,\omega-\omega_0)$$

8. 求两分量信号

$$x(t) = \left(\frac{\alpha}{\pi}\right)^{1/4}\mathrm{e}^{-\alpha(t-t_1)^2/2+\mathrm{j}\omega_1 t} + \left(\frac{\alpha}{\pi}\right)^{1/4}\mathrm{e}^{-\alpha(t-t_2)^2/2+\mathrm{j}\omega_2 t}$$

的 WVD。

9. 证明：实信号 $x(t)$与其解析信号 $x_a(t)$的 WVD 的关系如下

$$\mathrm{WVD}_{x_a}(t,\omega) = \int_{-\infty}^{+\infty}\frac{\sin(2\omega\tau)}{\tau}\mathrm{WVD}_x(t-\tau,\omega)\mathrm{d}\tau$$

10. 信号 $x(t)$的 WVD 是 $\mathrm{WVD}_x(t,\omega)$，推导由 $\mathrm{WVD}_x(t,\omega)$求模糊函数 $AF_x(\theta,\tau)$的积分公式。

11. 若 $x_1(t)=x(t-t_0)\mathrm{e}^{\mathrm{j}\omega_0 t}$，证明其模糊函数为 $A_{x_1}(\theta,\tau)=A_x(\theta,\tau)\mathrm{e}^{\mathrm{j}(\tau\omega_0+\omega t_0)}$。

12. 求脉冲调制信号

$$x(t) = \frac{1}{\sqrt{T}}\mathrm{rect}\left(\frac{t}{T}\right)\cos\omega_0 t = \begin{cases}\dfrac{1}{\sqrt{T}}\cos\omega_0 t & |\,t\,|\leqslant\dfrac{T}{2}\\ 0 & \text{其他}\end{cases}$$

的模糊函数 $A_x(\theta,\tau)$，并画出其时间切片和频率切片的图形。

*13. 设信号 $x(t)=\mathrm{e}^{-t^2/10}(\sin 2t+2\cos 4t+0.5\sin(t)\sin(50t))$，用采样间隔 $T=1/2^8$，从 $t=0$ 开始采样 256 个样本，利用 Gabor 展开和 Wigner-Ville 分布对其进行时频分析，并对实验结果进行分析(注：其他有关参数的选择，均自行确定)。

*14. 对于线性调频脉冲

$$x(t) = \frac{1}{\sqrt{T}}\mathrm{rect}\left(\frac{t}{T}\right)\mathrm{e}^{\mathrm{j}\pi k t^2},\quad k = \frac{B}{T}$$

针对 $BT=10$ 和 $BT=100$，自行给出其他参数并画出其时域波形；

(1) 对于两种参数分别画出其 WVD 谱图。

(2) 对于两种参数，分别计算其模糊函数，画出模糊函数的三维幅度图，选择一些典型时间切片和频率切片，画出这些切片的图形。

参 考 文 献

[1] Almeida L B. The Fractional Fourier Transform and Time-Frequency Representations. IEEE Trans. On Signal Processing. 1994. 42(11): 3084-3091.

[2] Atlas L, Duhamel P. Recent development in the core of digital signal processing. IEEE Signal Magazine. 1999. 16(1): 16-31.

[3] Bastiaans M J. Gabor's expansion of a signal into Gaussian elementary signals. Proc. IEEE. 1980. 68 (4): 538-539.

[4] Bastiaans M J. A sampling theorem for the complex soectrogram. and Gabor's expansion of a signal in Gaussian elementary signals. Optical Engineering. 1981. 20(4): 594-598.

[5] Chen Victor and Hao Ling. Joint time-frequency analysis for radar signal and image processing. IEEE Signal Processing Magazine. 1999. 16(2): 81-93.

[6] Claasen. T A C M, Mecklenbrauker W F G. The Wigner distribution-A tool for time-frequency signal analysis-Part 1: Continuous-time signals. Philips Jour. Research.. 1980. 35: 217-250.

[7] Claasen T A C M, Mecklenbrauker W F G. The Wigner distribution-A tool for time-frequency signal analysis-Part 2: Discrete-time signals. Philips Jour. Research.. 1980. 35: 276-300.

[8] Claasen. T A C M, Mecklenbrauker W F G. The Wigner distribution-A tool for time-frequency signal analysis-Part 3: Relations with other time-frequency signal transformations. Philips Jour. Research.. 1980. 35: 372-389.

[9] Cohen L. Generalized phase-space distribution functions. Jour. Math. Phys. 1966. 7: 781-786.

[10] Cohen L. Time-frequency distributions: A review. Proc. IEEE. 1989. 77(7): 941-981.

[11] Cohen L. Time-frequency analysis: Theory and Application. New Jersey: Prentice Hall PTR. 1996 (中译本：白居宪译).

[12] Daubechies I. 小波十讲. 李建平，杨万年，译. 北京：国防工业出版社，2004.

[13] Hlawatsch F, Boudereaux-Bartels G F. Linear and quadratic time-frequency signal representations. IEEE Signal Processing. 1992. 9(2): 21-67.

[14] Gabor D. Theory of communication. J. IEE. 1946. 93(3): 429-457.

[15] Levanon N, Mozeson E, Radar Signals. New Jersey: John Wiley&Sons. Inc. 2004.

[16] Mallat S. A Wavelet Tour of Signal Processing: The Sparse Way. Third Edition. Amsterdam: Academic Press. 2009.

[17] Olcay A. Fractional Convolution and Correlation via Operator Methods and an Application to Detection of Linear FM Signal. IEEE Trans SP. 2001. 49(5): 979-993.

[18] Ozaktas H M. Digital Computation of the Fractional Fourier Transform. IEEE Trans. On Signal Processing. 1996. 44(9): 2141-2150.

[19] Ozaktas H M. Zaleusky Z. and Kutay M. A. The Fractional Fourier Transform: with Application In Optical and Signal Processing. New Jersey: Wiley. 2001.

[20] Pei S C, Ding J J. Closed-form Discrete Fractional and Affine Fourier Transform. IEEE Trans. Signal Processing. 2000. 48(5): 1338-1353.

[21] Papoulis A. Signal Analysis. New-York: McGraw-Hill. 1977.

[22] Qian S, Chen D. Discrete Gabor transform. IEEE Trans. On Signal Processing. 1993. 41(7): 2429-2439.

[23] Qian Shie, Chen Dapang. Joint Time-Frequency analysis: Methods and Applications. New Jersey: Prentice Hall PTR. 1996.

[24] Qian S, Chen D. Joint time-frequency analysis. IEEE Signal Processing Magazine. 1999. 16(2): 52-67.

[25] Qian Shie. Introduction to Time-Frequency and Wavelet Transforms. New Jersey: Prentice-Hall PTR. 2002.

[26] Wexler J, Raz. S. Discrete Gabor expansions. Signal Processing. 1990. 21(3): 207-221.

[27] Wood J C, Barry D T. Radon Transformation of Time-Frequency Distributions For Analysis of Multicomponent Signal. IEEE Trans. Signal Processing. 1994. 42(11): 3166-3177.

[28] 胡广书.现代信号处理教程[M].北京：清华大学出版社，2004年.
[29] 陶然等.分数阶傅里叶变换及其应用[M].北京：清华大学出版社，2009.
[30] 张贤达，保铮.非平稳信号分析与处理[M].北京：国防工业出版社，1998.
[31] 张旭东，崔晓伟，王希勤.数字信号分析和处理[M].北京：清华大学出版社，2014.
[32] 郑君里，应启珩，杨为理.信号与系统[M].3版.北京：高等教育出版社，2012.

第10章

小波变换原理及应用概论

小波变换是时频变换的一种，更严格地说，它是一种"时间-尺度"变换，由于尺度参数和频率参数有直接的对应关系，因此小波变换可归结为时频变换的一种。由于小波变换的广泛应用性，用单独一章较详细地讨论小波变换。

从连续域到离散域，小波变换都有非常好的数学性质。连续小波变换非常清楚地刻画了小波变换具有的良好的数学和物理性质，洞察了小波变换所潜在的各类应用；离散小波变换则存在良好的可计算性，存在多种容易理解和实现的快速算法，存在许多性质良好的正交和双正交基函数。这些性质使得小波变换非常易于应用，这是小波变换的研究比其他时频变换更广泛和深入的一个原因。

小波是指"一个持续时间很短的振荡波形"，如果用 $\psi(t)$ 表示一个母小波，$\psi(t)$ 的伸缩和平移也是小波，由一个母小波及其伸缩平移形成的函数集来表示一个信号，这就是小波变换。在 1910 年，Harr 就认识到了小波变换的存在，并给出了一个小波基，这就是 Harr 基，但 Harr 基的时频局域性不好。直到 1983 年，Morlet 在地震数据分析中正式提出小波的概念，小波变换的研究才得到了广泛的重视。Mallat 提出的多分辨分析的概念成为系统地构造正交小波基的基础，并引出了离散小波变换和信号重构的快速算法，Daubechies 等人则构造出了一组具有良好数学性质的"紧支"小波基，这些工作，刺激了小波变换理论研究及在各个领域的应用研究。

尽管从数学上形成了小波变换的从连续到离散的一套理论体系，但人们也发现，其实离散小波变换与多采样率信号处理中的子带编码和滤波器组理论是一致的，而物理学中相干态的研究也有类似连续小波变换的结果，可以说，小波变换是数学、物理学、信号处理等不同学科研究成果的综合。本章主要从信号处理的角度来阐述小波变换的原理，由于小波变换所涉及内容的丰富性，尽管本章已经够长，但也只能给出小波变换的入门性的介绍。

10.1 连续小波变换

本节讨论连续小波变换(Continuous Wavelet Transform，CWT)，通过 CWT 的定义和对其时频特性的分析，容易理解小波变换所表达的深刻含义。

10.1.1 CWT 的定义

定义 10.1.1 设 $x(t)$ 是平方可积函数(记作 $x(t)\in L^2(\boldsymbol{R})$)，$\psi(t)$ 是被称为基本小波或

母小波的函数，则

$$WT_x(a,b)=\frac{1}{\sqrt{a}}\int_{-\infty}^{\infty}x(t)\psi^*\left(\frac{t-b}{a}\right)\mathrm{d}t=\langle x(t),\psi_{ab}(t)\rangle \tag{10.1.1}$$

称为 $x(t)$ 的小波变换，式中 $a>0$ 是尺度因子，b 是位移，$b\in\boldsymbol{R}$，其中

$$\psi_{ab}(t)=\frac{1}{\sqrt{a}}\psi\left(\frac{t-b}{a}\right) \tag{10.1.2}$$

定义 10.1.1 中，$\boldsymbol{R}$ 表示所有实数集合，$L^2(\boldsymbol{R})$ 表示所有平方可积函数集合。式(10.1.1)的小波变换定义具有很深刻的含义，我们首先对它的时域性质做一说明。基本小波 $\psi(t)$ 可能是复函数或实函数，在复函数时，一般是取解析函数或近似解析函数(后文进一步解释)，例如 $\psi(t)=\mathrm{e}^{-\frac{t^2}{T}}\mathrm{e}^{\mathrm{j}\omega_0 t}$ 称为 Morlet 小波，它是高斯包络下的复指数函数。复小波主要用于对信号频率的跟踪和估计，实小波则常用于检测信号的瞬变特性或用于信号的变换域处理，例如图像的边缘检测、信号去噪和图像编码等。

尺度因子 a 的作用是将基本小波作伸缩，a 越大，$\psi\left(\frac{t}{a}\right)$ 愈宽，a 越小，$\psi\left(\frac{t}{a}\right)$ 越窄，若把 $\psi(t)$ 看作一个波的话，$\frac{1}{a}$ 与其角频率 ω 等价。改变 a，就改变小波变换的分析区间，或者等价地说，从时域观点看，改变 a 就改变小波变换的时域分辨率。这是因为，小波函数 $\psi(t)$ 一般是一段持续时间较短的振荡波形(后面讨论的小波允许条件保证了这一结论)，对于确定的 (a,b)，由小波变换的内积定义，$WT(a,b)$ 反映了信号 $x(t)$ 在基函数 $\psi_{ab}(t)\triangleq\frac{1}{\sqrt{a}}\psi\left(\frac{t-b}{a}\right)$ 上的投影，由于 $\psi_{ab}(t)$ 在 $t=b$ 附近的有限持续性和 $\psi_{ab}(t)$ 的振荡性(反映了一个中心频率特性)，因此 $WT(a,b)$ 反映两重特性。一方面，它仅反映了 $t=b$ 附近 $x(t)$ 的性质，另一方面它也具有抽取 $x(t)$ 在 $t=b$ 附近的某一频率成分$\left(\text{正比于}\frac{1}{a}\right)$的能力，因此，小波变换是一个"时间频率"联合分析的工具。a 称为尺度因子，它与时域分辨率是成反比的，a 越大，$\psi\left(\frac{t}{a}\right)$ 愈宽，小波变换分辨两个时域突变发生所要求的时差就要增加，时域分辨率降低；反之，a 越小，$\psi\left(\frac{t}{a}\right)$ 越窄，时域分辨率越高。图 10.1.1 是三个不同尺度情况下，一个小波母函数的伸缩示意图。

还需要注意，由于 a 是变量，在变换过程中，为使 $\psi_{ab}(t)$ 的能量对于不同的 a 保持不变，故小波变换定义中，加上因子 $\frac{1}{\sqrt{a}}$，即小波变换的基函数按式(10.1.2)的形式随 a 变化。还要注意到一个常用关系，即内积和卷积之关系

$$\begin{aligned}\int x(t)\psi^*(t-b)\mathrm{d}t&=\langle x(t),\psi(t-b)\rangle=x(t)*\psi^*(-t)\Big|_{t=b}\\&=\int x(\tau)\psi^*(\quad(t-\tau))\mathrm{d}\tau\Big|_{t=b}\end{aligned}$$

上式或写成 $x(b)*\psi^*(-b)$，b 是卷积后变量。这个关系经常用于一些关系式的推导。

用 $\hat{\psi}(\omega)$ 表示 $\psi(t)$ 的傅里叶变换，则 $\psi\left(\frac{t}{a}\right)$ 的傅里叶变换为 $|a|\hat{\psi}(a\omega)$，可以得到小波变

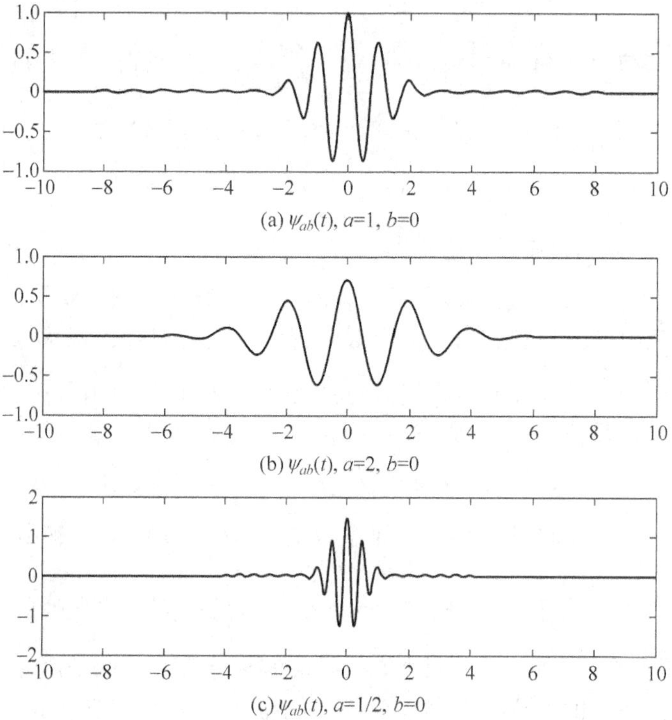

图 10.1.1　小波基函数在时域的伸缩变化

换的另一个等价定义，由此可以更好地分析它的频域性质。

小波变换的等效频域定义表示为

$$WT_x(a,b)=\frac{\sqrt{a}}{2\pi}\int_{-\infty}^{\infty}\hat{x}(\omega)\hat{\psi}^*(a\omega)e^{j\omega b}d\omega \tag{10.1.3}$$

证明如下，由

$$x(t)*\psi(t)\leftrightarrow\hat{x}(\omega)\hat{\psi}(\omega)$$

这里用↔表示一对傅里叶变换对，故

$$x(t)*\psi^*(-t)\leftrightarrow\hat{x}(\omega)\hat{\psi}^*(\omega)$$

因而

$$\frac{1}{\sqrt{a}}x(t)*\psi^*\left(-\frac{t}{a}\right)\leftrightarrow\sqrt{a}\,\hat{x}(\omega)\hat{\psi}^*(a\omega)$$

上式左边即是 $WT_x(a,b)$，与右式是一对傅里叶变换对，由傅里叶反变换定义得

$$WT_x(a,b)=\frac{\sqrt{a}}{2\pi}\int_{-\infty}^{\infty}\hat{x}(\omega)\hat{\psi}^*(a\omega)e^{j\omega b}d\omega$$

对于这个频域表达式，可以做进一步的说明。如果 $\psi(t)$ 是幅频特性集中的带通函数，则小波变换便具有表征待分析信号的傅里叶变换，即频域 $\hat{x}(\omega)$ 的局部性质的能力，改变 a 的值，可以分析 $\hat{x}(\omega)$ 不同频域区间的性质。

设 $\psi(t)$ 是一个解析信号，其频域 $\hat{\psi}(\omega)$ 是以 ω_0 为中心的窄带函数，带宽为Δ，它可以写成 $\hat{\psi}(\omega)=s(\omega-\omega_0)$，则

$$\hat{\psi}(a\omega)=s\left[a\left(\omega-\frac{\omega_0}{a}\right)\right]$$

其频率中心在$\frac{\omega_0}{a}$，带宽为$\frac{\Delta}{a}$。当 a 增加时，$\hat{\psi}(a\omega)$的中心频率低移，且频带变窄，小波变换抽取的是$\hat{x}(\omega)$在低频窄带的成分；当 a 变小，$\hat{\psi}(a\omega)$中心频率高移，且频带变宽，小波变换抽取的是$\hat{x}(\omega)$在高频区比较宽的频带内的成分。这相当于小波变换在低频有较高的频域分辨率，在高频有较低的频域分辨率。改变 a 的值，一个小波母函数的傅里叶变换$\hat{\psi}(\omega)$在频域随 a 伸缩与移动的示意图如图 10.1.2(为了说明简单，图中假设 $\hat{\psi}(\omega)$是正实函数)。

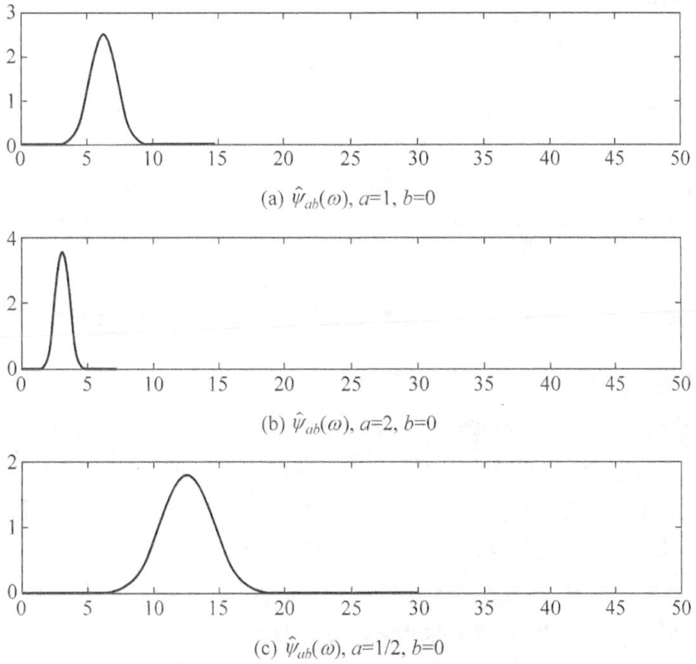

图 10.1.2　频域小波函数的伸缩变化

采用不同 a 值进行处理时，各 $\hat{\psi}(a\omega)$的中心频率和带宽都不相同，但品质因数 Q 不变(Q=中心频率/带宽)。观察如下例子。

例 10.1.1　设小波母函数及其傅里叶变换为

$$\psi(t)=\mathrm{e}^{-\frac{t^2}{T}}\mathrm{e}^{\mathrm{j}\omega_0 t}\text{和}\ \hat{\psi}(\omega)=\sqrt{\frac{\pi}{T}}\mathrm{e}^{-\frac{T}{4}(\omega-\omega_0)^2}$$

当 $a=1$ 时，中心频率 $\omega=\omega_0$，带宽为$\sqrt{\frac{4}{T}}$。

当 $a=2$ 时，有

$$2\hat{\psi}(2\omega)=2\sqrt{\frac{\pi}{T}}\mathrm{e}^{-\frac{T}{4}(2\omega-\omega_0)^2}=2\sqrt{\frac{\pi}{T}}\mathrm{e}^{-T\left(\omega-\frac{\omega_0}{2}\right)^2}$$

故中心频率 $\omega=\frac{\omega_0}{2}$，带宽$\sqrt{\frac{1}{T}}$。

两个尺度参数下的品质因数分别为

$$Q\big|_{a=1}=\frac{\omega_0}{\sqrt{\frac{4}{T}}}=\frac{1}{2}\omega_0\sqrt{T}$$

$$Q\big|_{a=2}=\frac{\frac{\omega_0}{2}}{\frac{1}{\sqrt{T}}}=\frac{1}{2}\omega_0\sqrt{T}$$

考虑母小波函数为解析信号的一般情况下，若 $a=1$ 时，$\hat{\psi}(\omega)$ 的中心在 ω_0，带宽为 Δ_ω，a 取任意值时 $\hat{\psi}(a\omega)$ 的中心在 $\frac{\omega_0}{a}$，带宽为 $\frac{\Delta_\omega}{a}$，品质因数不变。

总结小波变换的时频特性如下。

(1) 随着 a 增加，则 ω 降低，$\psi\left(\frac{t}{a}\right)$ 展宽，即时域窗变宽，在时域小波变换观测更长时间区间，同时 $\hat{\psi}(a\omega)$ 变窄，在频域则观测更窄的频域区间，且频率中心向低频移动。对于低频部分，小波变换对时间域观察的粗些(尺度更大)，对频域观察的仔细一些(区间变窄)。

(2) 随着 a 减小，则 ω 增大，$\psi\left(\frac{t}{a}\right)$ 变窄，即时域窗变窄，在时域小波变换观测更短时间区间，同时 $\hat{\psi}(a\omega)$ 变宽，在频域观测更宽的频域区间，且中心频率向高频方向移动。对于高频部分，小波变换对时间域观察得细一些(尺度更小)，对频域观察的粗些(区间变宽)。

小波变换的这种时频"自调节"能力被称为"数学显微镜"能力。由上分析，可以得到小波变换的时频平面示意图如图 10.1.3(a)所示，图中，随着频率变化，一个小波系数反应的信号局部性质变化，频率升高，小波系数的频带变宽，时域影响变窄，频率降低则反之。图 10.1.3(b)则给出了时频局域性变化的更直观表示，它实际上将图 10.1.1 和图 10.1.2 的变化综合在一张图上以说明 CWT 的时频局域特性。

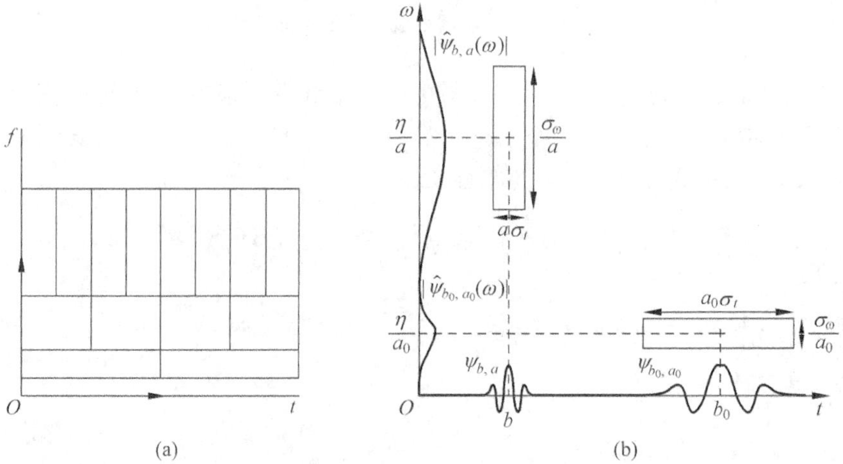

图 10.1.3 小波变换的时频平面的分辨率示意图

10.1.2　CWT的性质

连续小波变换有许多重要的含义，如下讨论小波变换的几个主要性质，通过其性质可以更好地理解其所包含的深意。在叙述性质时，用符号“$\xleftrightarrow{\text{CWT}}$”表示信号与其小波变换这样一对变换。对如下性质，只给出比较有代表性的证明，简单和相似的证明留给读者做练习。

1. 叠加性

小波变换是一个线性变换，满足基本的叠加性，即若

$$x(t) \xleftrightarrow{\text{CWT}} WT_x(a,b)$$

$$y(t) \xleftrightarrow{\text{CWT}} WT_y(a,b)$$

则

$$k_1 x(t) + k_2 y(t) \xleftrightarrow{\text{CWT}} k_1 WT_x(a,b) + k_2 WT_y(a,b) \tag{10.1.4}$$

2. 时移性质

小波变换是一种时频变换，信号在时间轴上移动，反映在变换系数上，其位移参数有相同的移动。若

$$x(t) \xleftrightarrow{\text{CWT}} WT_x(a,b)$$

则

$$x(t-t_0) \xleftrightarrow{\text{CWT}} WT_x(a,b-t_0) \tag{10.1.5}$$

3. 尺度转换

小波变换有尺度特性，若

$$x(t) \xleftrightarrow{\text{CWT}} WT_x(a,b)$$

则

$$x\left(\frac{t}{\lambda}\right) \xleftrightarrow{\text{CWT}} \sqrt{\lambda}\, WT_x\left(\frac{a}{\lambda},\frac{b}{\lambda}\right),\quad \lambda > 0 \tag{10.1.6}$$

此性质表明，当信号 $x(t)$ 作某一倍数伸缩时，其小波变换将在 a、b 两轴上作同一比例伸缩，但不发生失真变形。

4. 小波变换的内积定理

类似于傅里叶变换的帕塞瓦尔定理，小波变换也存在变换域和时域的内积不变性，小波变换的内积性质更复杂一些。设

$$x_1(t) \xleftrightarrow{\text{CWT}} WT_{x_1}(a,b) = \langle x_1(t), \psi_{ab}(t)\rangle$$

$$x_2(t) \xleftrightarrow{\text{CWT}} WT_{x2}(a,b) = \langle x_2(t), \psi_{ab}(t)\rangle$$

则

$$\langle WT_{x_1}(a,b), WT_{x_2}(a,b)\rangle = C_\psi \langle x_1(t), x_2(t)\rangle \tag{10.1.7}$$

其中

$$C_\psi = \int_0^\infty \frac{|\psi(\omega)|^2}{\omega}\mathrm{d}\omega \tag{10.1.8}$$

注意，两个信号的小波变换的内积写成

$$\begin{aligned}\langle WT_{x_1}(a,b), WT_{x_2}(a,b)\rangle &= \int_0^{+\infty}\int_{-\infty}^{+\infty} WT_{x_1}(a,b)WT_{x_2}{}^*(a,b)\,\frac{1}{a^2}\mathrm{d}a\mathrm{d}b \\ &= \int_0^{\infty}\frac{\mathrm{d}a}{a^2}\int_{-\infty}^{+\infty}\langle x_1(t),\psi_{ab}(t)\rangle\langle\psi_{ab}(t),x_2(t)\rangle\mathrm{d}b \\ &= C_\psi\int x_1(t)x_2^*(t)\mathrm{d}t \end{aligned} \tag{10.1.9}$$

证明 由傅里叶变换的帕塞瓦尔定理

$$\langle x(t), y(t)\rangle = \frac{1}{2\pi}\int \hat{x}(\omega)\,\hat{y}^*(\omega)\mathrm{d}\omega$$

故

$$\langle x_1(t),\psi_{ab}(t)\rangle = \frac{1}{2\pi}\int \hat{x}_1(\omega)\hat{\psi}_{ab}^*(\omega)\mathrm{d}\omega$$

$$\langle \psi_{ab}(t),x_2(t)\rangle = \frac{1}{2\pi}\int \hat{\psi}_{ab}(\omega')\,\hat{x}_2^*(\omega')\mathrm{d}\omega'$$

又从 $\psi_{ab}=\frac{1}{\sqrt{a}}\psi\left(\frac{t-b}{a}\right)$的傅里叶变换性质得

$$\hat{\psi}_{ab}(\omega) = \sqrt{a}\hat{\psi}(a\omega)\mathrm{e}^{-\mathrm{j}\omega b}$$

$$\hat{\psi}_{ab}^*(\omega') = \sqrt{a}\hat{\psi}^*(a\omega')\mathrm{e}^{\mathrm{j}\omega' b}$$

将上面 4 个公式代入式(10.1.9),并应用

$$\int \mathrm{e}^{-\mathrm{j}(\omega-\omega')b}\mathrm{d}b = 2\pi\delta(\omega-\omega')$$

得

$$\begin{aligned}\langle WT_{x_1}(a,b), WT_{x_2}(a,b)\rangle &= \frac{1}{2\pi}\iint\frac{\mathrm{d}a}{a}\,\hat{x}_1(\omega)\,\hat{x}_2^*(\omega)\hat{\psi}(a\omega)\hat{\psi}^*(a\omega)\mathrm{d}\omega \\ &= \frac{1}{2\pi}\int\left[\int\frac{|\hat{\psi}(a\omega)|^2}{a}\mathrm{d}a\right]\hat{x}_1(\omega)\,\hat{x}_2^*(\omega)\mathrm{d}\omega\end{aligned}$$

由于

$$\int\frac{|\hat{\psi}(a\omega)|^2}{a\omega}\mathrm{d}(a\omega) = \int\frac{|\hat{\psi}(\bar{\omega})|^2}{\bar{\omega}}\mathrm{d}\bar{\omega} \triangleq C_\psi$$

故

$$\langle WT_{x_1}(a,b), WT_{x_2}(a,b)\rangle = C_\psi\int\frac{1}{2\pi}\hat{x}_1(\omega)\,\hat{x}_2^*(\omega)\mathrm{d}\omega = C_\psi\langle x_1(t),x_2(t)\rangle$$

在上面的证明中,要求

$$C_\psi = \int\frac{|\hat{\psi}(\omega)|^2}{\omega}\mathrm{d}\omega < \infty$$

这个条件称为允许条件,它的推论是

$$\hat{\psi}(\omega)\big|_{\omega=0} = 0 \tag{10.1.10}$$

和

$$\int\psi(t)\mathrm{d}t = 0 \tag{10.1.11}$$

即,$\psi(t)$是振荡的。

小波变换的内积定理是一个很基本的关系式，由它可以导出如下两个重要结论。

5. 小波反变换

在小波内积定理中，取 $x_1(t)=x(t)$，$x_2(t)=\delta(t-t')$ 得

$$x(t)=\frac{1}{C_\psi}\int_0^{\infty}\frac{\mathrm{d}a}{a^2}\int_{-\infty}^{+\infty}WT_x(a,b)\frac{1}{\sqrt{a}}\psi\left(\frac{t-b}{a}\right)\mathrm{d}b \tag{10.1.12}$$

这正是由小波变换系数重构信号的连续小波反变换公式(ICWT)。

6. 小波能量公式

取 $x_1(t)=x(t)$，$x_2(t)=x(t)$，得

$$\int_0^{\infty}\frac{\mathrm{d}a}{a^2}\int_{-\infty}^{+\infty}|WT_x(a,b)|^2\mathrm{d}b=C_\psi\int_{-\infty}^{+\infty}|x(t)|^2\mathrm{d}t \tag{10.1.13}$$

如果取比例系数 $C_\psi=1$，则信号能量与小波变换在时-频平面上的能量分布是相等的，因此，也称 $\frac{1}{a^2}|WT_x(a,b)|^2$ 为时频平面上的小波能量分布。

7. 正则性条件(regularity condition)

为了在频域上有较好的局域性，若信号 $x(t)$ 是光滑变化的，要求 $|WT_x(a,b)|$ 随 a 的减小而迅速减小(a 减小等价于频率升高)。若对于给定的 p，有

$$\int t^k\psi(t)\mathrm{d}t=0 \qquad k<p \tag{10.1.14}$$

成立，或相当于 $\hat{\psi}(\omega)$ 在 $\omega=0$ 处有 p 阶零点，即

$$\hat{\psi}(\omega)=\omega^p\hat{\psi}_0(\omega),\quad \hat{\psi}_0(\omega=0)\neq 0 \tag{10.1.15}$$

这样的小波母函数称为具有 p 阶消失矩，如果 $x(t)$ 也存在 p 阶导数，那么采用具有 p 阶消失矩的母小波 $\psi(t)$ 进行小波变换，其 CWT 满足

$$WT_x(a,b)=O(a^{p+\frac{1}{2}}) \tag{10.1.16}$$

且对于

$$x(t)=\sum_{i=0}^{p-1}a_i(x-t_0)^i \tag{10.1.17}$$

有

$$WT_x(a,t_0)=0 \tag{10.1.18}$$

正则性条件说明，如果选择的母小波满足如上的正则性条件，在 $x(t)$ 的多项式展开中，$t^k(k<p)$ 各项在小波变换中没有贡献，这突出信号的高阶起伏和高阶导数中可能存在的奇点，即小波变换反映信号中的高阶变化。式(10.1.16)说明若信号是光滑的(p 阶导数)，则随 $a\to 0$，小波变换系数 $WT_x(a,b)$ 以 $a^{p+\frac{1}{2}}$ 的速度衰减并趋于 0。

8. 再生核方程

可以证明，$x(t)$ 的小波变换满足如下的再生核方程

$$WT_x(a_0,b_0)=\int_0^{\infty}\frac{\mathrm{d}a}{a^2}\int_{-\infty}^{+\infty}WT_x(a,b)k_\psi(a_0,b_0,a,b)\mathrm{d}b \tag{10.1.19}$$

其中

$$K_\psi(a_0,b_0,a,b)=\frac{1}{C_\psi}\int\psi_{ab}(t)\psi^*_{a_0b_0}(t)\,\mathrm{d}t=\frac{1}{C_\psi}\langle\psi_{ab}(t),\psi_{a_0b_0}(t)\rangle \tag{10.1.20}$$

为再生核，再生核方程说明两点问题：

(1) CWT 是冗余的，(a_0,b_0)处 CWT 取值可由其他(a,b)处 CWT 的值通过再生核构造出；

(2) 不是任意两维函数 $F(a,b)$都可能是一个函数 $x(t)$的小波变换，小波变换必须满足再生核方程约束。也就是说，一维信号的小波变换，是二维函数空间的一个子集，这个子集里的每个函数，必须满足再生核方程。

10.1.3 几个小波实例

为了便于理解 CWT，给出几个母小波的例子，并讨论 CWT 的两个应用实例。

1. 几个常见小波

(1) Morlet 小波

它的小波母函数和相应的傅里叶变换为

$$\psi(t)=\mathrm{e}^{-\frac{t^2}{2}}\mathrm{e}^{\mathrm{j}\omega_0 t}$$

$$\hat{\psi}(\omega)=\sqrt{2\pi}\,\mathrm{e}^{\frac{-(\omega-\omega_0)^2}{2}}$$

Morlet 小波不严格满足允许性条件，只是近似满足。图 10.1.1 是 Morlet 小波实部的图形，图 10.1.2 是其傅里叶变换的图形。一个能量归一化的小波，也称为 Gabor 小波，它的小波母函数和相应的傅里叶变换为

$$\psi(t)=g(t)\mathrm{e}^{\mathrm{j}\omega_0 t}$$

$$g(t)=\frac{1}{(\sigma^2\pi)^{1/4}}\mathrm{e}^{-\frac{t^2}{2\sigma^2}}$$

$$\hat{\psi}(\omega)=(4\pi\sigma^2)^{1/4}\mathrm{e}^{\frac{-\sigma^2(\omega-\omega_0)^2}{2}}$$

(2) Marr 小波

由高斯函数的 2 阶导数构成母小波函数，即

$$\psi(t)=(1-t^2)\mathrm{e}^{-\frac{t^2}{2}}$$

$$\hat{\psi}(\omega)=\sqrt{2\pi}\,\omega^2\mathrm{e}^{-\frac{\omega^2}{2}}$$

$\hat{\psi}(\omega)$在原点有 2 阶零点，满足小波允许性条件。Marr 小波常用于图像的边缘检测。Marr 小波的波形和其频谱如图 10.1.4 所示。

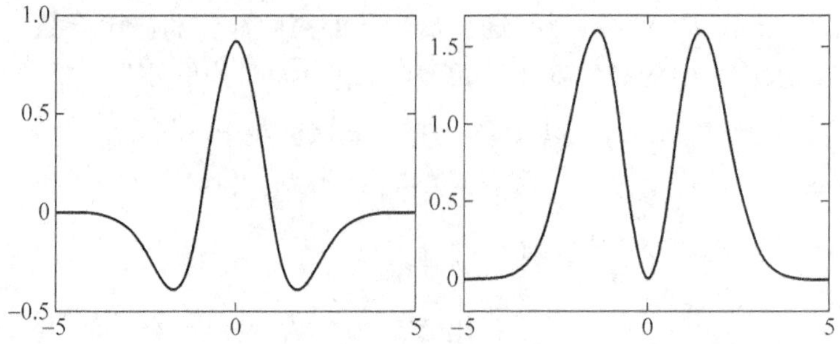

图 10.1.4 Marr 母小波波形和频谱

(3) Harr 小波

Harr 小波是人们最早构造的一个简单小波，定义为

$$\psi(t)=\begin{cases}1 & 0\leqslant t<\frac{1}{2}\\ -1 & \frac{1}{2}\leqslant t<1\end{cases}$$

它的不同尺度和位移函数满足正交条件，即

$$\langle\psi(t),\psi(2^j t)\rangle=0$$
$$\langle\psi(t),\psi(t-k)\rangle=0$$

母函数的傅里叶变换为

$$\hat{\psi}(\omega)=\mathrm{j}\,\frac{4}{\omega}\sin^2\left(\frac{\omega}{4}\right)\mathrm{e}^{-\mathrm{j}\frac{\omega}{2}}$$

$\hat{\psi}(\omega)$在原点仅有 1 阶零点，满足允许性条件。

(4) 样条小波族

一次 β 样条定义为

$$\beta_1(t)=\begin{cases}1 & 0\leqslant t<1\\ 0 & \text{其他}\end{cases}$$

由此可以定义各阶样条函数为

$$\beta_n(t)=\beta_1(t)*\beta_{n-1}(t)$$

由 $\beta_n(t)$作为尺度函数再构造小波，由尺度函数构造小波母函数的系统方法建立在多分辨分析的基础上，详见 10.3 节。

(5) Meyer 小波

Meyer 小波的构造是通过一个数字滤波器的频率响应$\hat{h}(\omega)$，要求$\hat{h}(\omega)$是光滑的，且

$$\hat{h}(\omega)=\begin{cases}\sqrt{2}, & \omega\in[-\pi/3,\pi/3]\\ 0, & \omega\in[-\pi,-2\pi/3]\text{ 或 }\omega\in[2\pi/3,\pi]\end{cases}$$

由于上式中没有定义$\hat{h}(\omega)$在过渡带$[-2\pi/3,-\pi/3]$和$[\pi/3,2\pi/3]$的值，$\hat{h}(\omega)$在这个区间取值是自由的，但$\hat{h}(\omega)$还必须满足约束条件

$$|\hat{h}(\omega)|^2+|\hat{h}(\omega+\pi)|^2=2$$

为了要求$\hat{h}(\omega)$在$|\omega|=\pi/3$和$|\omega|=2\pi/3$处 n 阶光滑，要求其前 n 阶导数在这些点为 0，只要得到满足这些条件的$\hat{h}(\omega)$，Meyer 通过小波母函数的傅里叶变换定义的小波为

$$\hat{\psi}(\omega)=\begin{cases}0, & |\omega|<2\pi/3\\ \frac{1}{\sqrt{2}}\exp\left(\frac{-\mathrm{j}\omega}{2}\right)\hat{h}^*\left(\frac{\omega}{2}+\pi\right), & 2\pi/3\leqslant|\omega|<4\pi/3\\ \frac{1}{\sqrt{2}}\exp\left(\frac{-\mathrm{j}\omega}{2}\right)\hat{h}\left(\frac{\omega}{4}\right), & 4\pi/3\leqslant|\omega|<8\pi/3\\ 0 & |\omega|\geqslant 8\pi/3\end{cases}$$

Meyer 通过构造满足条件的$\hat{h}(\omega)$，从而得到一组小波母函数。

(6) Daubechies 小波族

Daubechies 小波族由满足一定条件的滤波器来表示，并通过迭代逼近一个连续小波。Daubechies 小波族是我们常用的一类小波，其构造方法详见 10.5 节。

2. 连续小波变换实例

为了理解连续小波变换的性质，如下给出 2 个例子，观察小波变换在时频平面的表现。在例子中，小波母函数取一个近似的解析小波，即

$$\psi(t) = g(t)\mathrm{e}^{\mathrm{j}\omega_0 t}$$

这里

$$g(t) = \frac{1}{(\sigma^2\pi)^{1/4}}\exp\left(\frac{-t^2}{2\sigma^2}\right)$$

和

$$\hat{g}(\omega) = (4\pi\sigma^2)^{1/4}\exp(-\sigma^2\omega^2/2)$$

如果取 $\sigma^2\omega_0^2 \gg 1$，对于 $|\omega| > \omega_0$，$\hat{g}(\omega) \approx 0$ 和 $\hat{\psi}(0) \approx 0$，它是一个近似可允许小波。

为了得到“时间-频率”的直观谱图，将小波变换的尺度参数转化成频率参数，设 $a = \frac{\omega_0}{\omega}$，考虑到小波变换的重构公式中，存在一个因子 $\frac{1}{a}$，小波变换的时-频分布图是如下是幅度谱。

$$\left|\frac{1}{a}WT(a,b)\right| = \left|\frac{\omega}{\omega_0}WT\left(\frac{\omega_0}{\omega},b\right)\right|$$

例 10.1.2 信号由两个线性调制信号构成，即

$$x(t) = a_1\mathrm{e}^{\mathrm{j}(bt^2+ct)} + a_2\mathrm{e}^{\mathrm{j}(bt^2)}$$

相当于两个信号的瞬时频率分别是：$\omega_1(t) = 2bt + c$，$\omega_2(t) = 2bt$，其频率差为常数，连续小波变换为图 10.1.5 所示。

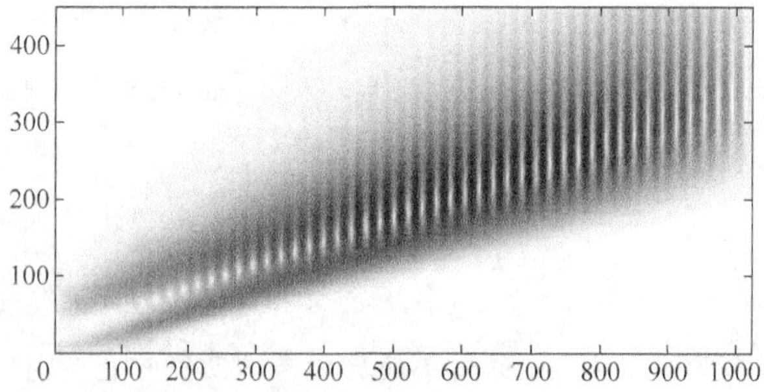

图 10.1.5 两个线性调制信号的连续小波变换

例 10.1.3 信号由两个超调制信号(hyperbolic chirp)构成，即

$$x(t) = a_1\cos\left(\frac{\alpha_1}{\beta_1 - t}\right) + a_2\cos\left(\frac{\alpha_2}{\beta_2 - t}\right)$$

其中 $\beta_1 = 0.68$，$\beta_2 = 0.72$，其波形如图 10.1.6(a)所示，它们的瞬时频率分别为

$$\omega_1(t) = \frac{\alpha_1}{(\beta_1 - t)^2},\quad \omega_2(t) = \frac{\alpha_2}{(\beta_2 - t)^2}$$

它的短时傅里叶变换谱图如图 10.1.6(b)所示，连续小波变换如图 10.1.6(c)所示[13]。

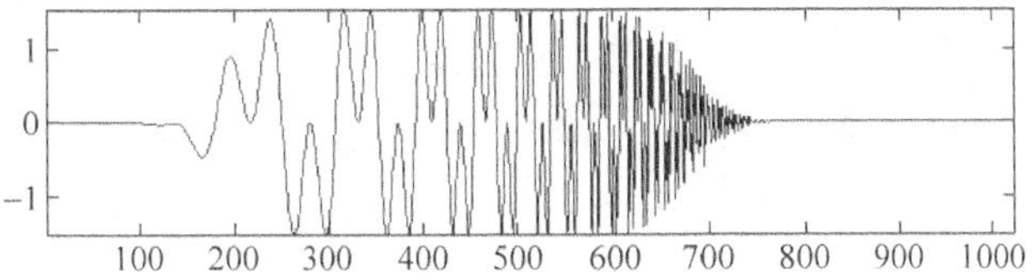

(a) 超调制信号波形

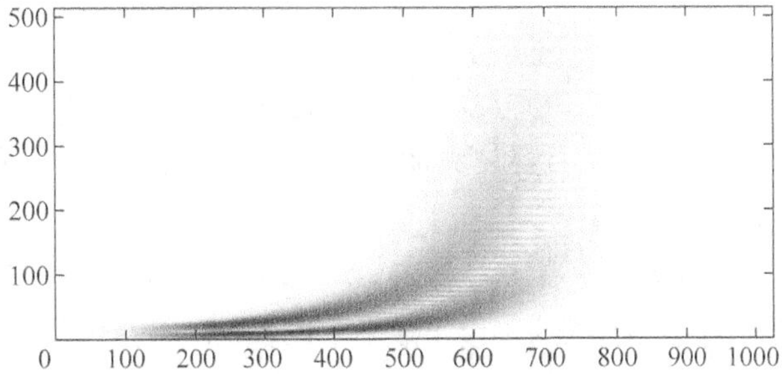

(b) 超调制信号的短时傅里叶变换谱图

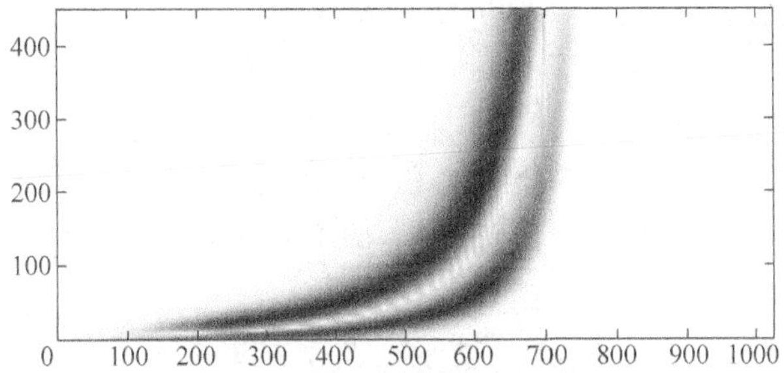

(c) 超调制信号的连续小波变换谱图

图 10.1.6　**超调制信号的时频谱图比较**

例 10.1.2 和例 10.1.3 很清楚地表明，对于固定频差的信号，用短时傅里叶变换能较好地识别它们，连续小波变换反而因高频时频率分辨率下降而产生混迭，但对于例 10.1.3 这样的信号，在频率高端时，它们的频差趋近于无穷，这个信号用小波变换能够较好地跟踪它们的频率变化。

短时傅里叶变换和连续小波变换能够反映信号的时频变化，但仅从时频谱图我们还不能很精确地估计信号的瞬时频率，可以通过确定变换的脊线，来更精确地估计瞬时频率，有兴趣的读者参考[13]。总体上，对于单分量信号的瞬时谱频率的测量，WVD 具有最优性能，但在多分量信号情况下，WVD 的交叉项影响其性能，但小波和短时傅里叶变换作为线性时频变换对多分量具有叠加性，更能适应多分量信号情况。各类时频分析方法构成了一个工具箱，在实际中可灵活选择或组合使用。

10.1.4　Lipschitz 指数与小波变换

通过 Lipschitz 指数，对函数的规则性问题再做进一步讨论。

Lipschitz 指数刻画了一个信号在一点或在一个区间内的规则性，对于函数 $f(t)$，假设 $f(t)$是 m 阶可导的，在 t_0 附近的 Taylor 级数展开为一个 m 阶多项式

$$P_{t_0}(t)=\sum_{k=0}^{m-1}\frac{f^{(k)}(t_0)}{k!}(t-t_0)^k+O((t-t_0)^m) \tag{10.1.21}$$

这里,$O((t-t_0)^m)$表示高阶项。由 Taylor 展开定义 $f(t)$的 Lipschitz 指数 α。

定义 10.1.2 一个函数 $f(t)$,在 $t=t_0$ 点具有 Lipschitz 指数 $\alpha\geqslant 0$,是指,存在一个 $m=\lfloor\alpha\rfloor$阶多项式 $P_{t_0}(t)$和常数 $K>0$,使得

$$\forall t\in R,\left|f(t)-P_{t_0}(t)\right|\leqslant K\left|t-t_0\right|^{\alpha} \tag{10.1.22}$$

如果函数 $f(t)$对任意 $t_0\in[a,b]$都满足上式,且 K 是与 t_0 无关的常数,则称 $f(t)$在$[a,b]$上有均匀 Lipschitz 指数 α。

Lipschitz 指数 α 反映了一个函数 $f(t)$在 t_0 附近或$[a,b]$区间上的规则性,如果 $f(t)$在 t_0 附近有均匀 Lipschitz 指数 $\alpha>m$,容易验证,$f(t)$在 t_0 附近是 m 阶连续可微的。如果 $0\leqslant\alpha<1$,$P_{t_0}(t)=f(t_0)$,Lipschitz 条件式(10.1.22)变成

$$\forall t\in R,\left|f(t)-f(t_0)\right|\leqslant K\left|t-t_0\right|^{\alpha}$$

如果 $\alpha=0$,$|f(t)-f(t_0)|\leqslant k$,函数是有界的,但不连续;$0<\alpha<1$,$f(t)$是不可导的。

如果函数 $f(t)$在整个区间 R 上有均匀 Lipschitz 指数 α,它的傅里叶变换能够刻画这一全局规则性,即$\hat{f}(\omega)$满足:

$$\int_{-\infty}^{+\infty}\left|\hat{f}(\omega)\right|(1+|\omega|^{\alpha})\mathrm{d}\omega<+\infty \tag{10.1.23}$$

另一方面,小波变换由于具有局域特性,它既可以用于反映一个函数 $f(t)$在一个区间上的均匀 Lipschitz 指数,也可以反映 $f(t)$的按点的 Lipschitz 指数,如下两个定理给出这个结论。

定理 10.1.1 如果 $f(t)\in L^2(R)$在$[a,b]$上有均匀 Lipschitz 指数 $\alpha\leqslant n$,且小波函数 $\psi(t)$具有 n 阶消失矩和属于 C^n,必然存在 $A>0$,使得

$$\forall(b,a)\in[a,b]\times R^+,\quad\left|WT_f(a,b)\right|\leqslant Aa^{\alpha+\frac{1}{2}} \tag{10.1.24}$$

反之,如果 $f(t)$是有阶的,且 $WT_f(a,b)$满足式(10.1.24),且 $\alpha<n$ 是一个非整数,则 $f(t)$在$[a+\varepsilon,b-\varepsilon]$上有均匀 Lipschitz 指数 α,这里 $\varepsilon>0$。

定理 10.1.2 如果 $f\in L^2(R)$在 t_0 有 Lipschitz 指数 $\alpha\leqslant n$,则存在 A 使得

$$\forall(b,a)\in R\times R^+,\quad\left|WT_f(a,b)\right|\leqslant Aa^{\alpha+\frac{1}{2}}\left(1+\left|\frac{b-t_0}{a}\right|^{\alpha}\right)$$

反之,如果 $\alpha<n$ 是一个非整数,存在 A 和 $\alpha'<\alpha$ 使得

$$\forall(b,a)\in R\times R^+,\quad\left|WT_f(a,b)\right|\leqslant Aa^{\alpha+\frac{1}{2}}\left(1+\left|\frac{b-t_0}{a}\right|^{\alpha'}\right)$$

则 $f(t)$在 t_0 点有 Lipschitz 指数 α。

对于定理 10.1.2 做一点说明,为了好的局域性,选择小波 $\psi(t)$是紧支的,(或接近于紧支),它的支限在$[-c,c]$,则 $\psi_{a,b}(f)=a^{-\frac{1}{2}}\psi\left(\frac{t-b}{a}\right)$的支为$[b-ca,b+ca]$,因此 $f(t)$在 t_0 点取值影响小波变换值的影响区间为:$|b-t_0|\leqslant ca$,故$\frac{|b-t_0|}{a}\leqslant c$,这样,$t_0$ 的影响区间是一个锥形,在影响区间内,$|WT_f(a,b)|\leqslant A'a^{\alpha+\frac{1}{2}}$。

当 $a\to 0,b\to t_0$ 时,根据$|WT_f(a,b)|$的变化趋势,估计 t_0 的 Lipschitz 指数 α。如果在

小波变换域求取模极值点，将这些模极值点连成模极值曲线，可以证明模极值曲线收敛到奇异点 t_0，仅由这些模极值曲线上的小波变换值可以逼近地重构原始信号 $f(t)$。

本节只给出了 Lipschitz 指数和小波变换的一些基本关系，有关利用小波变换进行 Lipschitz 指数估计，用小波变换对分形信号进行分析，利用模极值点重构信号等一系列问题的详细讨论，请参考[13]。

10.2　尺度和位移离散化的小波变换

连续小波存在信息冗余，希望只计算离散的位移和尺度下的小波变换值，并通过离散位移和尺度下的小波变换值重构原信号。与短时傅里叶变换的离散化不同，STFT 在时频平面的离散取值是均匀的，小波变换的时频格子随频率变换，如图 10.1.3 所示，因此尺度参数 a 的离散化按指数形式，对于固定的一个尺度 a，位移参数 b 均匀离散化。因此，CWT 的离散化分别为如下三方面。

1. 尺度离散化

取一个合适的基值 $a_0>1$，尺度因子 a 只取 a_0 的整数幂，例如：a 仅取

$$\cdots,a_0^{-j},\cdots,a_0^{-2},a_0^{-1},a_0^0=1,a_0^1,a_0^2,\cdots,a_0^j,\cdots \tag{10.2.1}$$

2. 位移离散化

当尺度取 $a=a_0^0=1$ 时，取离散化位移为 kb_0。在 $a=a_0^j$ 时，相应取

$$b=ka_0^jb_0 \tag{10.2.2}$$

当 j 越大，a_0^j 越大，代表频率越低，b 的取样间隔 $a_0^jb_0$ 越大，b 的采样越稀疏，反之，j 越小，a_0^j 越小，代表频率越高，b 的取样间隔 $a_0^jb_0$ 越小，b 的采样越密集，显然，CWT 的变量 (a,b) 离散采样分布与图 10.1.3(a) 时频格子的分布是一致的。

3. 离散采样小波变换

在这些离散尺度和离散位移上取值的小波函数，通过伸缩平移构成了一族离散参数小波函数集，即

$$\begin{aligned}&\{a_0^{-\frac{j}{2}}\psi(a_0^{-j}(t-ka_0^jb_0)),k\in Z,j\in Z\}\\&=\{a_0^{-\frac{j}{2}}\psi(a_0^{-j}t-kb_0),k\in Z,j\in Z\}\end{aligned} \tag{10.2.3}$$

用 CWT 公式计算在离散尺度和位移处的小波变换系数

$$WT_x(a_0^j,kb_0)=\int x(t)\psi_{a_0^j,kb_0}^*(t)\mathrm{d}t \tag{10.2.4}$$

这些变换系数的集合 $\{WT_x(a_0^j,kb_0)\}_{j,k\in Z}$，构成了尺度和位移离散化的小波变换。

实用中，最典型的 a_0，b_0 取值是 $a_0=2$，$b_0=1$，由此得到的小波伸缩平移函数集简记为

$$\psi_{jk}(t)\triangleq 2^{-\frac{j}{2}}\psi(2^{-j}t-k) \tag{10.2.5}$$

这种情况称为 2 尺度采样，在 2 尺度采样情况下，相应的离散尺度和位移点的小波变换值简记为

$$WT_x(j,k)=\langle x(t),\psi_{jk}(t)\rangle \tag{10.2.6}$$

对于尺度和位移离散化的小波变换，需要回答的一个问题是，由$\{WT_x(a_0^j,kb_0)\}_{j,k\in Z}$能否稳定地重构$x(t)$。由9.1节介绍的框架概念，如果函数系$\{\psi_{a_0^j,kb_0}(t)\}_{j,k\in Z}$构成一个框架，通过对偶框架，由$\{WT_x(a_0^j,kb_0)\}_{j,k\in Z}$可以稳定地重构$x(t)$。为简单计，如下只讨论2尺度情况，即$a_0=2,b_0=1$的情况。

Duabechies给出一些结果，用于确定框架和对偶框架以及信号重构之间的关系，设$\{\varphi_j(t)\}$是一个框架，如下结论成立：

(1) 存在对偶函数集$\tilde{\varphi}_j(t)$，$\tilde{\varphi}_j(t)$也构成一个框架，其上、下界恰与φ_j的上、下界呈倒数关系，即

$$B^{-1}\|x(t)\|^2\leqslant\sum_{j\in z}|\langle x(t),\tilde{\varphi}_j(t)\rangle|^2\leqslant A^{-1}\|x(t)\|^2 \tag{10.2.7}$$

(2) 在A与B比较接近时，作为1阶近似，对偶框架近似为

$$\tilde{\varphi}_j(t)=\frac{2}{A+B}\varphi_j(t) \tag{10.2.8}$$

因此

$$x(t)=\frac{2}{A+B}\sum_{j\in z}\langle x(t),\varphi_j(t)\rangle\varphi_j(t)+RX \tag{10.2.9}$$

$\|R\|\leqslant\dfrac{B-A}{B+A}$，$RX$为对$x(t)$做1阶逼近的残差。

将一般框架的概念推广到小波变换的离散化，得到如下小波框架的结论。

(1) 小波框架定义。当由基本小波$\psi(t)$经伸缩与位移引出的函数族

$$\{\psi_{j,k}(t)=2^{-\frac{j}{2}}\psi(2^{-j}t-k),j\in Z,k\in Z\} \tag{10.2.10}$$

具有

$$A\|x(t)\|^2\leqslant\sum_j\sum_k|\langle x(t),\psi_{jk}(t)\rangle|^2\leqslant B\|x(t)\|^2 \tag{10.2.11}$$

性质时，便称它构成一个小波框架。

(2) 在满足一定条件下，$\psi_{jk}(t)$存在对偶函数集$\tilde{\psi}_{jk}(t)$也构成一个框架，其框架的上、下界是$\psi_{jk}(t)$框架上、下界的倒数，即

$$\frac{1}{B}\|x(t)\|^2\leqslant\sum_j\sum_k|\langle x(t),\tilde{\psi}_{jk}(t)\rangle|^2\leqslant\frac{1}{A}\|x(t)\|^2 \tag{10.2.12}$$

(3) 信号重建。对一般情况，由离散采样的小波变换系数和对偶框架，可以重构信号，即

$$\begin{aligned}x(t)&=\sum_j\sum_k\langle x(t),\psi_{jk}(t)\rangle\tilde{\psi}_{jk}(t)\\&=\sum_j\sum_k\langle x(t),\tilde{\psi}_{jk}(t)\rangle\psi_{jk}(t)\end{aligned} \tag{10.2.13}$$

对于紧框架，其对偶框架为$\tilde{\psi}_{jk}(t)=\dfrac{1}{A}\psi_{jk}(t)$

$$x(t)=\frac{1}{A}\sum_j\sum_k\langle x(t),\psi_{jk}(t)\rangle\psi_{jk}(t) \tag{10.2.14}$$

对非紧框架的一般情况，求取对偶框架是比较复杂的，但当A与B很接近时，可取

$$\widetilde{\psi}_{jk}(t)=\frac{2}{A+B}\psi_{jk}(t) \tag{10.2.15}$$

$$x(t)\approx\frac{2}{A+B}\sum_j\sum_k\langle x(t),\psi_{jk}(t)\rangle\psi_{jk}(t) \tag{10.2.16}$$

(4) 在紧框架下，存在

$$WT_x(j_0,k_0)=\frac{1}{A}\sum_j\sum_k K_\psi(j_0,k_0;\ j,k)WT_x(j,k) \tag{10.2.17}$$

这里

$$K_\psi(j_0,k_0;\ j,k)=\langle\psi_{jk}(t),\psi_{j_0,k_0}(t)\rangle \tag{10.2.18}$$

当 $\psi_{jk}(t)$与 $\psi_{j_0,k_0}(t)$互相交时，即

$$K_\psi(j_0,k_0;\ j,k)=\delta(j-j_0)\delta(k-k_0) \tag{10.2.19}$$

离散尺度和位移下的小波变换没有冗余，这时 $\psi_{jk}(t)$是一组正交基。

比正交更一般的情况，当一个框架是线性无关时，它是一个 Reisz 基，对一个 Reisz 基，它的对偶也是 Reisz 基，且两者是互正交的，这可以证明如下，由信号重构公式

$$x(t)=\sum_j\sum_k\langle x(t),\widetilde{\psi}_{jk}(t)\rangle\psi_{jk}(t) \tag{10.2.20}$$

取 $x(t)=\psi_{l,m}(t)$有

$$\psi_{l,m}(t)=\sum_j\sum_k\langle\psi_{l,m}(t),\widetilde{\psi}_{jk}(t)\rangle\psi_{jk}(t) \tag{10.2.21}$$

由于 Reisz 基各分量的独立性，得到

$$\langle\psi_{l,m}(t),\widetilde{\psi}_{j,k}(t)\rangle=\delta(l-j)\delta(m-k) \tag{10.2.22}$$

满足这个关系的两个 Reisz 基称为双正交的。

计算在离散尺度和位移下的小波变换和由这些离散点的小波变换系数对信号的重构，这就是离散小波变换(DWT)和反变换(IDWT)，在一般情况下，通过由母小波构成的框架和相应的对偶框架，可以计算小波变换和对信号重构，一般框架下的离散小波变换系数仍存在冗余，这些冗余在一些特殊的信号处理中可以得到应用，但计算比较复杂。但对图像压缩和信号滤波这类应用，希望用尽可能少的冗余，希望采用正交或双正交小波进行数字信号和图像的离散小波变换，本章的后续几节就主要用来研究正交和双正交离散小波变换。

10.3　多分辨分析和正交小波基

在本章后续几节中，如果不特殊说明，均假设离散小波变换的尺度因子为 $a_0=2$。本节首先介绍多分辨分析的概念，由此引出构造正交小波基的一般方法，并导出快速离散小波变换算法——Mallat 算法。

10.3.1　多分辨分析的概念

直接给出多分辨分析的概念有些抽象，首先给出几个例子，在这几个例子的基础上，再讨论多分辨分析的一般概念。

例 10.3.1 首先通过一个最简单的例子可以很容易理解多分辨分析的概念。设有一母函数 $\varphi(t)$，其定义为

$$\varphi(t)=\begin{cases}1, & 0\leqslant t<1\\ 0, & \text{其他}\end{cases} \tag{10.3.1}$$

设有子空间 V_0，它是由母函数 $\varphi(t)$ 及其整数平移 $\varphi(t-k)$ 构成的函数集 $\{\varphi(t-k),k\in Z\}$ 作为基，即对于任一 $x(t)\in V_0$，有

$$x(t)=\sum_k a_k\varphi(t-k)$$

直观地说，V_0 是由单位宽度的脉冲串构成的函数子空间（或称为单位宽台阶函数子空间）。更一般的 V_i 是由函数集 $\{2^{-i/2}\varphi(2^{-i}t-k),k\in Z\}$ 生成的，例如，V_1 是由宽度为 2 的脉冲串构成的函数子空间，V_{-1} 是宽度为 1/2 的脉冲串构成的函数子空间，不难理解这些子空间之间的嵌套关系：$\cdots V_2\subset V_1\subset V_0\subset V_{-1}\subset V_{-2}\cdots$。$V_\infty$ 表示直流分量子空间，$V_{-\infty}$ 表示任意光滑函数子空间。参考这个简单例子，有助于理解多分辨分析的定义。

例 10.3.2 从频域来看一下多分辨子空间，设 V_0 是包含频率范围 $[-\Omega_M,\Omega_M]$ 的信号子空间，V_i 是包括频率范围 $\left[-\frac{\Omega_M}{2^i},\frac{\Omega_M}{2^i}\right]$ 的信号子空间，显然这些子空间之间的嵌套关系：$\cdots V_2\subset V_1\subset V_0\subset V_{-1}\subset V_{-2}\cdots$。$V_\infty$ 表示直流分量子空间，$V_{-\infty}$ 表示任意快速变化的函数子空间。

例 10.3.3 这个例子更直观地从图形的角度来说明，不仅看到嵌套的多分辨子空间，还可以引出细节子空间，用信号在细节子空间的投影和最大尺度子空间联合表示该信号。观察图 10.3.1 的左侧一列和右侧一列。

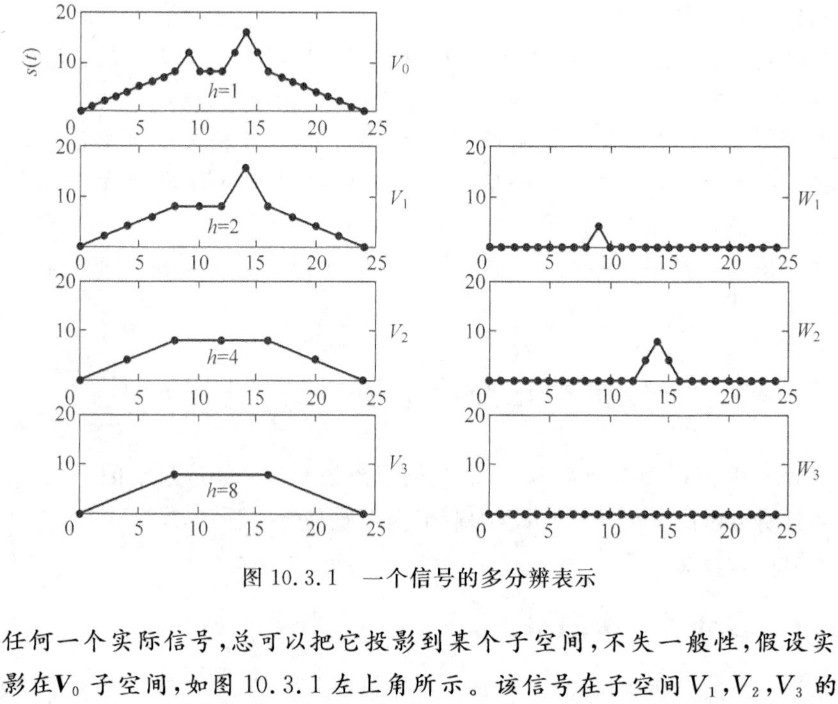

图 10.3.1 一个信号的多分辨表示

对于任何一个实际信号，总可以把它投影到某个子空间，不失一般性，假设实际信号可准确地投影在V_0 子空间，如图 10.3.1 左上角所示。该信号在子空间 V_1，V_2，V_3 的投影分别如图中左侧第 2～4 行所示，显然，对于嵌套的多分辨子空间，信号在 V_i，$i\geqslant 1$ 的投影是原信

号的更粗糙尺度下的表示，由信号在 $V_i, i\geqslant 1$ 的投影不可能重构原信号，因为这些投影丢掉了一些细节，例如信号在 V_1 中的投影丢弃了原信号的细节，这个细节表示在图 10.3.1 右侧第一行，假设这个细节信号属于信号子空间 W_1，原信号可表示为 $s_0(t)=s_1(t)+w_1(t)$，这里 $s_1(t)\in \boldsymbol{V}_1, w_1(t)\in \boldsymbol{W}_1$。这种分解称$\boldsymbol{V}_0$ 是$\boldsymbol{V}_1$ 和$\boldsymbol{W}_1$ 的直和，记为$\boldsymbol{V}_0=\boldsymbol{V}_1\oplus\boldsymbol{W}_1$。

按照以上过程继续分解，则有 $s_1(t)=s_2(t)+w_2(t)$和$\boldsymbol{V}_1=\boldsymbol{V}_2\oplus\boldsymbol{W}_2$，以及 $s_2(t)=s_3(t)+w_3(t)$和$\boldsymbol{V}_2=\boldsymbol{V}_3\oplus\boldsymbol{W}_3$，将这些过程联合，则有

$$s_0(t) = s_3(t) + w_3(t) + w_2(t) + w_1(t) \tag{10.3.2}$$

$$\boldsymbol{V}_0 = \boldsymbol{V}_3 \oplus \boldsymbol{W}_3 \oplus \boldsymbol{W}_2 \oplus \boldsymbol{W}_1 \tag{10.3.3}$$

即一个属于$\boldsymbol{V}_0$ 的信号可以分解为其在$\boldsymbol{W}_1$、$\boldsymbol{W}_2$、$\boldsymbol{W}_3$ 和$\boldsymbol{V}_3$ 子空间的投影。本节后面将会看到，信号在$\boldsymbol{W}_1$、$\boldsymbol{W}_2$、$\boldsymbol{W}_3$ 子空间的投影，表示为其基函数的系数后即得到小波变换系数，$\boldsymbol{V}_3$ 是对有限次小波变换的尺度补子空间，若这个分解次数趋于无穷，则这个补子空间将消失。

有了这几个例子的准备，我们给出多分辨分析的一般定义。

定义 10.3.1 多分辨分析 一个多分辨分析由一个嵌套的闭子空间序列组成，它们满足

$$\cdots \boldsymbol{V}_2 \subset \boldsymbol{V}_1 \subset \boldsymbol{V}_0 \subset \boldsymbol{V}_{-1} \subset \boldsymbol{V}_{-2} \cdots$$

并且满足以下 5 条

(1) 上完整性 $\overline{\bigcup_{m\in Z}\boldsymbol{V}_m}=L_2(\boldsymbol{R})$

(2) 下完整性 $\bigcap_{m\in Z}\boldsymbol{V}_m=\{0\}$

(3) 尺度不变性 $x(t)\in\boldsymbol{V}_m\Leftrightarrow x(2^m t)\in\boldsymbol{V}_0$

(4) 位移不变性 $x(t)\in\boldsymbol{V}_0\Rightarrow x(t-n)\in\boldsymbol{V}_0 \quad n\in\boldsymbol{Z}$

(5) 存在一个基 $\varphi(t)\in\boldsymbol{V}_0$，使得 $\{\varphi(t-n) \quad n\in\boldsymbol{Z}\}$是$\boldsymbol{V}_0$ 的 Reisz 基。

以例 10.3.1 的台阶函数子空间为例子，容易一一验证其满足多分辨分析的定义。由于空间表示的信号是平方可积的，即属于 $L_2(\boldsymbol{R})$，则$\boldsymbol{V}_\infty$仅包含了一个直流 0 信号。

定义 10.3.1 是多分辨分析的一个一般定义，为以后讨论简单，可以将多分辨分析的第(5)个条件简化为$\{\varphi(t-n) \quad n\in\boldsymbol{Z}\}$是$\boldsymbol{V}_0$ 的正交基。为说明这一点，先证明一个引理。

引理 10.3.1 如果$\{\varphi(t-n) \quad n\in\boldsymbol{Z}\}$是一个子空间的正交基，则

$$\sum_{k=-\infty}^{\infty}|\hat{\varphi}(\omega+2k\pi)|^2=1 \tag{10.3.4}$$

如果$\{\varphi(t-n) \quad n\in\boldsymbol{Z}\}$和$\{\psi(t-n) \quad n\in\boldsymbol{Z}\}$互相正交，即$\langle\varphi(t-k),\psi(t-l)\rangle=0$，则

$$\sum_{k=-\infty}^{\infty}\hat{\varphi}(\omega+2\pi k)\hat{\psi}^*(\omega+2k\pi)=0 \tag{10.3.5}$$

证明 设$\{\varphi(t-n)\}$是正交的，则

$$\begin{aligned}\delta(n)&=\int_{-\infty}^{+\infty}\varphi(t-n)\varphi^*(t)\mathrm{d}t\\&=\frac{1}{2\pi}\int_{-\infty}^{+\infty}\hat{\varphi}(\omega)\mathrm{e}^{-\mathrm{j}\omega n}\hat{\varphi}^*(\omega)\mathrm{d}t\\&=\frac{1}{2\pi}\sum_{k=-\infty}^{+\infty}\int_0^{2\pi}|\hat{\varphi}(\omega+2\pi k)|^2\mathrm{e}^{-\mathrm{j}\omega n}\mathrm{d}\omega\end{aligned}$$

$$= \frac{1}{2\pi}\int_0^{2\pi}\sum_{k=-\infty}^{+\infty}(|\hat{\varphi}(\omega+2\pi k)|^2)\mathrm{e}^{-\mathrm{j}\omega n}\mathrm{d}\omega$$

注意：$\hat{\varphi}_1(\omega)\triangleq\sum_{k=-\infty}^{+\infty}|\hat{\varphi}(\omega+2\pi k)|^2$ 是 2π 周期函数，而上式是求其傅里叶级数系数的公式，因此，$\delta(n)$是 $\hat{\varphi}_1(\omega)$的傅里叶级数展开系数。故由傅里叶级数展开式得

$$\sum_{k=-\infty}^{+\infty}|\hat{\varphi}(\omega+2\pi k)|^2=\sum_{n=-\infty}^{+\infty}\delta(n)\mathrm{e}^{\mathrm{j}\omega n}=1$$

类似地，可以证明正交性的结果，此处从略。

由引理 10.3.1 知，如果多分辨分析的第(5)个条件中，$\{\varphi(t-n)\}$不是正交的，而是一般的 Reisz 基，则可以由下式构造一个正交基：

$$\hat{\tilde{\varphi}}(\omega)\triangleq\frac{\hat{\varphi}(\omega)}{\left[\sum_k|\hat{\varphi}(\omega+2k\pi)|^2\right]^{\frac{1}{2}}} \tag{10.3.6}$$

容易验证，由此构造的$\{\tilde{\varphi}(t-n)\}$是正交基，因为它满足 $\sum_{k=-\infty}^{\infty}|\hat{\tilde{\varphi}}(\omega+2k\pi)|^2=1$，这样以$\{\tilde{\varphi}(t-n)\}$替代$\{\varphi(t-n)\}$作为这个多分辨分析的正交基。因此，在如下讨论时，我们假设一个多分辨分析的第(5)条为正交基。其实，在前面的例 10.3.1 的台阶函数的例子中，不难验证$\{\varphi(t-n)\}$是正交基。

10.3.2 小波基的构造

由多分辨分析推出小波基的构造和计算方法的思路与例 10.3.3 一致，是该例子所表达的思路的一般化。

由于$\boldsymbol{V}_1\subset\boldsymbol{V}_0$，设$\boldsymbol{W}_1$ 是$\boldsymbol{V}_1$ 在$\boldsymbol{V}_0$ 中的正交补子空间，则 $\boldsymbol{W}_1\perp\boldsymbol{V}_1$ 和$\boldsymbol{V}_1\oplus\boldsymbol{W}_1=\boldsymbol{V}_0$，同理可以得到$\boldsymbol{V}_1=\boldsymbol{V}_2\oplus\boldsymbol{W}_2$且$\boldsymbol{W}_2\perp\boldsymbol{W}_1$……以此类推，由此构成一组互相正交的子空间

$$\cdots,\boldsymbol{W}_2,\boldsymbol{W}_1,\boldsymbol{W}_0,\boldsymbol{W}_{-1},\boldsymbol{W}_{-2},\cdots \tag{10.3.7}$$

且使得

$$\bigcup_{m\in\boldsymbol{Z}}\boldsymbol{W}_m=L_2(\boldsymbol{R}) \tag{10.3.8}$$

如果找到一 $\psi(t)\in\boldsymbol{W}_0$，且$\{\psi(t-n),n\in\boldsymbol{Z}\}$构成$\boldsymbol{W}_0$ 的正交基，则由尺度不变性，可得到

$$\{\psi_{jk}(t)=2^{-\frac{j}{2}}\psi(2^{-j}t-k),\quad k\in\boldsymbol{Z}\} \tag{10.3.9}$$

构成$\boldsymbol{W}_j$ 的正交基。那么，取所有不同 j 值下各$\boldsymbol{W}_j$ 的正交基的集合

$$\{\psi_{jk}(t)=2^{-\frac{j}{2}}\psi(2^{-j}t-k),\quad j,k\in\boldsymbol{Z}\} \tag{10.3.10}$$

构成 $\bigcup_{m\in\boldsymbol{Z}}\boldsymbol{W}_m=L_2(\boldsymbol{R})$ 的正交基。

由于$\{\varphi(t-n),n\in\boldsymbol{Z}\}$构成$\boldsymbol{V}_0$ 的正交基，并且，$\boldsymbol{V}_1\subset\boldsymbol{V}_0$，$\boldsymbol{W}_1\subset\boldsymbol{V}_0$ 以及

$$\varphi\left(\frac{t}{2}\right)\in\boldsymbol{V}_1\subset\boldsymbol{V}_0$$

$$\psi\left(\frac{t}{2}\right)\in\boldsymbol{W}_1\subset\boldsymbol{V}_0$$

既然属于$\boldsymbol{V}_0$ 的任何函数均由$\{\varphi(t-n),n\in\boldsymbol{Z}\}$展开，因此 $\varphi\left(\frac{t}{2}\right)$，$\psi\left(\frac{t}{2}\right)$都可以由

$\{\varphi(t-n), n\in\mathbf{Z}\}$展开，由此可以构成如下二尺度方程

$$\varphi\left(\frac{t}{2}\right)=\sqrt{2}\sum_k h_k\varphi(t-k) \tag{10.3.11}$$

$$\psi\left(\frac{t}{2}\right)=\sqrt{2}\sum_k g_k\varphi(t-k) \tag{10.3.12}$$

利用式(10.3.11)两边积分相等和将式(10.3.12)代入小波容许条件的关系式$\int\psi(t)\mathrm{d}t=0$，可以证明以下关系式成立

$$\sum_k h_k=\sqrt{2} \tag{10.3.13}$$

$$\sum_k g_k=0 \tag{10.3.14}$$

对式(10.3.11)两边取傅里叶变换，并利用傅里叶变换性质得到

$$\hat{\varphi}(\omega)=\frac{1}{\sqrt{2}}\hat{h}\left(\frac{\omega}{2}\right)\hat{\varphi}\left(\frac{\omega}{2}\right) \tag{10.3.15}$$

其中

$$\hat{h}(\mathrm{e}^{\mathrm{j}\omega})=\sum_k h_k\mathrm{e}^{-\mathrm{j}k\omega}\triangleq\hat{h}(\omega) \tag{10.3.16}$$

是序列 h_k 的离散时间傅里叶变换(DTFT)，注意到，在式(10.3.15)中，同时出现了连续信号和离散信号的傅里叶变换，$\hat{\varphi}(\omega)$作为连续信号的傅里叶变换没有周期性，而$\hat{h}(\omega)$是以 2π 为周期的。对式(10.3.12)两边取傅里叶变换，得到

$$\hat{\psi}(\omega)=\frac{1}{\sqrt{2}}\hat{g}\left(\frac{\omega}{2}\right)\hat{\varphi}\left(\frac{\omega}{2}\right) \tag{10.3.17}$$

其中

$$\hat{g}(\mathrm{e}^{\mathrm{j}\omega})=\sum_k g_k\mathrm{e}^{-\mathrm{j}k\omega}\triangleq\hat{g}(\omega) \tag{10.3.18}$$

由引理 10.3.1 知道如下关系式成立：

$$\sum_k|\hat{\varphi}(\omega+2\pi k)|^2=1$$

$$\sum_k|\hat{\psi}(\omega+2\pi k)|^2=1$$

$$\sum_k\hat{\varphi}(\omega+2\pi k)\hat{\psi}^*(\omega+2k\pi)=0$$

分别将式(10.3.15)和式(10.3.17)代入上述三个关系式，得到如下一组关系式为

$$|\hat{h}(\omega)|^2+|\hat{h}(\omega+\pi)|^2=2 \tag{10.3.19}$$

$$|\hat{g}(\omega)|^2+|\hat{g}(\omega+\pi)|^2=2 \tag{10.3.20}$$

$$\hat{h}(\omega)\hat{g}^*(\omega)+\hat{h}(\omega+\pi)g^*(\omega+\pi)=0 \tag{10.3.21}$$

这里仅说明性的验证第一个关系式，即式(10.3.19)，由

$$1=\sum_{k=-\infty}^{+\infty}|\hat{\varphi}(2\omega+2k\pi)|^2=\frac{1}{2}\sum_{-\infty}^{+\infty}|\hat{h}(\omega+k\pi)|^2|\hat{\varphi}(\omega+k\pi)|^2$$

分成奇偶项如下

$$1=\frac{1}{2}\sum_{-\infty}^{+\infty}|h(\omega+2k\pi)|^2|\hat{\varphi}(\omega+2k\pi)|^2$$
$$+\frac{1}{2}\sum_{-\infty}^{+\infty}|\hat{h}(\omega+(2k+1)\pi)|^2|\hat{\varphi}(\omega+(2k+1)\pi)|^2$$

由$\hat{h}(\omega)$为 2π 周期的事实得到

$$1=\frac{1}{2}|\hat{h}(\omega)|^2\sum_{k=-\infty}^{+\infty}|\hat{\varphi}(\omega+2k\pi)|^2+\frac{1}{2}|\hat{h}(\omega+\pi)|^2\sum_{k=-\infty}^{+\infty}|\hat{\varphi}(\omega+\pi+2k\pi)|^2$$
$$=\frac{1}{2}(|\hat{h}(\omega)|^2+|\hat{h}(\omega+\pi)|^2)=1$$

式(10.3.19)证毕,式(10.3.20)和式(10.3.21)证明类似,读者可自行练习。

我们可以把 h_k,g_k 看成是两个离散滤波器的冲激响应,$\hat{h}(\omega)$,$\hat{g}(\omega)$是滤波器的频率响应,用$\hat{h}(z)$,$\hat{g}(z)$表示 h_k,g_k 的 z 变换,等式(10.3.19)~式(10.3.21)也存在等价的 z 变换形式为

$$\hat{h}(z)\,\hat{h}(z^{-1})+\hat{h}(-z)\,\hat{h}(-z^{-1})=2 \tag{10.3.22}$$
$$\hat{g}(z)\,\hat{g}(z^{-1})+\hat{g}(-z)\,\hat{g}(-z^{-1})=2 \tag{10.3.23}$$
$$\hat{h}(z)\,\hat{g}(z^{-1})+\hat{h}(-z)\,\hat{g}(-z^{-1})=0 \tag{10.3.24}$$

为满足如上等式(10.3.19)~式(10.3.21)或式(10.3.22)~式(10.3.24),两个滤波器的频率响应间建立了一定的关系,这种关系式的解不是唯一的,其中一个解是

$$\hat{g}(\omega)=\mathrm{e}^{-\mathrm{j}\omega}\hat{h}^*(\omega+\pi) \tag{10.3.25}$$

即

$$g_k=(-1)^{1-k}h_{(1-k)} \tag{10.3.26}$$

h_k 和 g_k 各自等价于一个离散滤波器,它们被称为双通道滤波器组,满足如上关系的这些滤波器称为共轭镜像滤波器,相应的滤波器组称为共轭镜像滤波器组。

由如上讨论,可以得到小波母函数的关系式:首先令

$$\hat{h}'(\omega)=\frac{1}{\sqrt{2}}\hat{h}(\omega),\quad \hat{g}'(\omega)=\frac{1}{\sqrt{2}}\hat{g}(\omega)$$

连续迭代使用式(10.3.15)和式(10.3.17),并利用 $\hat{\varphi}(\omega)|_{\omega=0}=1$的约束条件,得到

$$\hat{\varphi}(\omega)=\prod_{j=1}^{\infty}\hat{h}'(2^{-j}\omega) \tag{10.3.27}$$

和

$$\hat{\psi}(\omega)=\hat{g}'\left(\frac{\omega}{2}\right)\prod_{j=2}^{\infty}\hat{h}'(2^{-j}\omega) \tag{10.3.28}$$

通过到目前为止的讨论,我们可以看到,通过多分辨分析,将小波基的求解转化为对一个数字滤波器的设计问题,设计一个满足式(10.3.19)的低通滤波器 h_k,通过式(10.3.26)得到相应的高通滤波器 g_k,再通过式(10.3.27)和式(10.3.28)可以获得尺度函数和母小波函数的傅里叶变换,再由其反变换得到这些函数本身,母小波的按 2 的幂次的伸缩平移函数集

$$\{\psi_{jk}(t)=2^{-\frac{j}{2}}\psi(2^{-j}t-k),j,k\in\mathbf{Z}\} \tag{10.3.29}$$

构成 $L^2(\boldsymbol{R})$的正交基。

以上从原理性上讨论了由多分辨分析和共轭镜像滤波器构造小波基的方法，下面的两个定理给出对这一问题的总结，这两个定理的叙述比上述讨论稍严格一些。

定理 10.3.1 设 $\varphi(t)\in L^2(\boldsymbol{R})$是一个可积的尺度函数，$h_k=\left\langle\frac{1}{\sqrt{2}}\varphi(t/2),\varphi(t-k)\right\rangle$的离散傅里叶变换满足

$$\forall\,\omega\in R,\quad |\hat{h}(\omega)|^2+|\hat{h}(\omega+\pi)|^2=2 \tag{10.3.30}$$

和

$$\hat{h}(0)=\sqrt{2} \tag{10.3.31}$$

反之，如果$\hat{h}(\omega)$是 2π 周期函数，并且在 $\omega=0$ 附近连续可导，并且满足式(10.3.30)和式(10.3.31)且

$$\inf_{\omega\in[-\pi/2,\pi/2]}|\hat{h}(\omega)|>0 \tag{10.3.32}$$

那么

$$\hat{\varphi}(\omega)=\prod_{j=1}^{\infty}h(2^{-j}\omega)/\sqrt{2}$$

是尺度函数 $\varphi(t)\in L^2(\boldsymbol{R})$的傅里叶变换。

定理 10.3.2 设 $\varphi(t)\in L^2(\boldsymbol{R})$是一个尺度函数，$h_k$ 是相应的共轭镜像滤波器，设函数 $\psi(t)$的傅里叶变换为

$$\hat{\psi}(\omega)=\frac{1}{\sqrt{2}}\hat{g}\left(\frac{\omega}{2}\right)\hat{\varphi}\left(\frac{\omega}{2}\right)$$

当且仅当

$$|\hat{g}(\omega)|^2+|\hat{g}(\omega+\pi)|^2=2 \tag{10.3.33}$$

$$\hat{h}(\omega)\,\hat{g}^*(\omega)+\hat{h}(\omega+\pi)g^*(\omega+\pi)=0 \tag{10.3.34}$$

时，函数系$\{\psi_{jk}(t)=2^{-\frac{j}{2}}\psi(2^{-j}t-k),k\in\boldsymbol{Z}\}$对任一尺度 2^j 构成 W_j 的正交基，对所有尺度，$\{\psi_{jk}(t)\}_{j,k\in\boldsymbol{Z}}$构成 $L^2(\boldsymbol{R})$的正交基，而且

$$\hat{g}(\omega)=\mathrm{e}^{-\mathrm{j}\omega}\hat{h}^*(\omega+\pi)$$

或

$$g_k=(-1)^{1-k}h_{(1-k)}$$

是式(10.3.33)和式(10.3.34)的一个解。

这里将小波基的构造与滤波器设计联系了起来，并且从理论上给出了由设计的滤波器构造尺度函数和小波函数(式(10.3.27)和式(10.3.28))的方法。第 10.5 节将会看到，Daubechies 等应用这些理论，构造了多种性质良好的紧支小波基。下面将会看到，离散小波变换系数的计算也与滤波和亚抽样结合在一起，构成了快速离散小波变换算法，即 Mallat 算法。

10.3.3 离散小波变换的 Mallat 算法

到目前为止，我们还只能通过 $WT(j,k)=\langle x(t),\psi_{j,k}(t)\rangle$ 这样一个积分计算每个小波变换系数，运算量很大且不易编程实现。现在考虑离散小波变换的快速计算问题。设一个信号可准确投影在 $\boldsymbol{V}_0$ 子空间，从 $\boldsymbol{V}_0$ 出发，经过 J 级分解得系列子空间

$$\boldsymbol{V}_0=\boldsymbol{W}_1\oplus\boldsymbol{W}_2\oplus\boldsymbol{W}_3\cdots\oplus\boldsymbol{W}_J\oplus\boldsymbol{V}_J \tag{10.3.35}$$

设有函数 $x(t)$，它在 $\boldsymbol{V}_0$ 空间的投影记为 $x_0(t)=\boldsymbol{P}_0x(t)$，该投影由一组系数 $a_n^{(0)}$ 表示，即

$$\boldsymbol{P}_0x(t)=\sum_n a_n^{(0)}\varphi_{0n}(t)=\sum_n a_n^{(0)}\varphi(t-n) \tag{10.3.36}$$

这里，$a_n^{(0)}$ 作为初始系数，显然 $a_n^{(0)}=\langle x(t),\varphi(t-n)\rangle$ 还不是要求的小波系数 $WT(j,k)$，而是一种尺度系数，称 $a_n^{(0)}$ 为初始尺度系数。在这里用带括号的上标表示子空间的序号。由

$$\boldsymbol{V}_0=\boldsymbol{V}_1\oplus\boldsymbol{W}_1$$

得到

$$\boldsymbol{P}_0x(t)=\boldsymbol{P}_1x(t)+\boldsymbol{D}_1x(t) \tag{10.3.37}$$

$\boldsymbol{P}_1$ 是 $x(t)$ 在 $\boldsymbol{V}_1$ 上的投影算子，$\boldsymbol{D}_1$ 是 $x(t)$ 在 $\boldsymbol{W}_1$ 上的投影算子。因此，

$$\boldsymbol{P}_0x(t)=\sum_n a_n^{(0)}\varphi_{0n}(t)=\sum_n a_n^{(1)}\varphi_{1n}(t)+\sum_n d_n^{(1)}\psi_{1n}(t) \tag{10.3.38}$$

这里 $a_n^{(1)}=\langle x(t),\varphi_{1n}(t)\rangle$ 是尺度 2^1 下的尺度系数，$d_n^{(1)}=\langle x(t),\psi_{1n}(t)\rangle$ 是尺度 2^1 下的小波系数，即 $WT(1,n)$。这个过程可以继续下去，$\boldsymbol{V}_1$ 继续分解，连续分解下去可以将 $\boldsymbol{V}_0$ 空间分解为 $\boldsymbol{W}_1,\boldsymbol{W}_2,\cdots,\boldsymbol{W}_J,\boldsymbol{V}_J$，从而得到在这些子空间内的系数集

$$\{d_k^{(i)},a_k^{(J)},i=1,\cdots,J,k\in\boldsymbol{Z}\} \tag{10.3.39}$$

若需要从 $a_n^{(0)}$ 出发得到分解系数 $a_n^{(1)}$ 和 $d_n^{(1)}$，则由两尺度方程式(10.3.11)和式(10.3.12)，可以证明分解方程为

$$a_k^{(1)}=\sum_n h_{(n-2k)}a_n^{(0)} \tag{10.3.40}$$

$$d_k^{(1)}=\sum_n g_{(n-2k)}a_n^{(0)} \tag{10.3.41}$$

反之，若已有分解系数 $a_n^{(1)}$ 和 $d_n^{(1)}$，需要重构 $a_n^{(0)}$，则合成方程为

$$a_n^{(0)}=\sum_k h_{(n-2k)}a_k^{(1)}+\sum_k g_{(n-2k)}d_k^{(1)} \tag{10.3.42}$$

这个分解与合成过程可以进行 J 阶，其中第 i 次到 $i+1$ 的一般分解公式为

$$\begin{cases}a_k^{(i+1)}=\sum_n h_{(n-2k)}a_n^{(i)}\\ d_k^{(i+1)}=\sum_n g_{(n-2k)}a_n^{(i)}\end{cases} \tag{10.3.43}$$

相反过程，一般合成公式为

$$a_n^{(i)}=\sum_k h_{(n-2k)}a_k^{(i+1)}+\sum_k g_{(n-2k)}d_k^{(i+1)} \tag{10.3.44}$$

注意到，在这个分解过程中，系数 $d_k^{(i)}$ 就是希望求的离散小波系数，即

$$d_k^{(i)}=\langle x(t),\psi_{i,k}(t)\rangle=W(i,k) \tag{10.3.45}$$

是在 2^i 尺度下的小波变换系数 $WT(i,k)$，和由于实际中分解过程是有限次，最后的尺度系数

$$a_k^{(J)} = \langle x(t), \varphi_{J,k} \rangle$$

是函数 $x(t)$ 在这次分解过程中，分解到最大尺度子空间 V_J 的投影系数，它作为小波系数的补充需要保留。

由 $\boldsymbol{V}_0 = \boldsymbol{W}_1 \oplus \boldsymbol{W}_2 \oplus \boldsymbol{W}_3 \oplus \cdots \oplus \boldsymbol{W}_J \oplus \boldsymbol{V}_J$，将 $\boldsymbol{P}_0 x(t)$ 分解为如下形式

$$\boldsymbol{P}_0 x(t) = \sum_{i=1}^{J} \sum_k d_k^{(i)} \psi_{i,k}(t) + \sum_k a_k^{(J)} \varphi_{J,k}(t) \tag{10.3.46}$$

可以看到分解公式(10.3.43)相当于输入序列分别同滤波器 $h(-n)$ 和 $g(-n)$ 的冲激响应卷积后进行亚采样，只保留偶数样点，而合成公式(10.3.44)相当于先对输入序列插值，再分别通过滤波器 $h(n)$ 和 $g(n)$ 后相加。分解和合成的示意图如图 10.3.2 所示。这组计算离散小波变换和反变换的分解和合成公式(10.3.43)和式(10.3.44)称为 Mallat 公式。

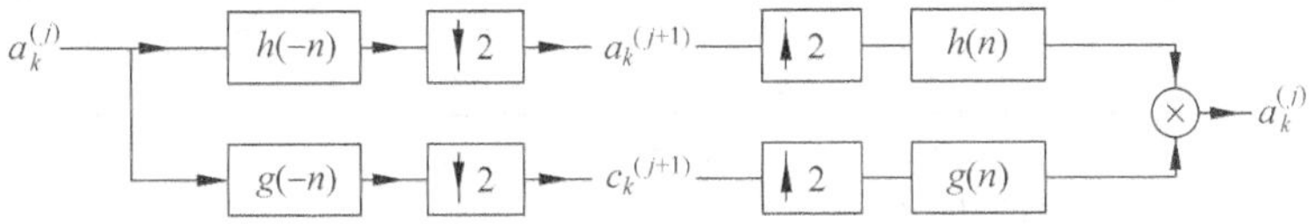

图 10.3.2　单层小波分解与合成示意图

下面给出分解和合成公式的简要证明。

证明　先证明式(10.3.43)的第一个等式 $a_k^{(i+1)} = \sum_n h_{(n-2k)} a_n^{(i)}$ 成立。

由 $\boldsymbol{V}_j = \boldsymbol{V}_{j+1} \oplus \boldsymbol{W}_{j+1}$，得

$$\boldsymbol{P}_j x(t) = \boldsymbol{P}_{j+1} x(t) + \boldsymbol{D}_{j+1} x(t)$$

即

$$\sum_k a_k^{(j)} \varphi_{j,k}(t) = \sum_m a_m^{(j+1)} \varphi_{j+1,m}(t) + \sum_m d_m^{(j+1)} \psi_{j+1,m}(t) \tag{10.3.47}$$

由双尺度方程和正交性原理，容易验证

$$\langle \varphi_{j,k}, \varphi_{j+1,m} \rangle = h_{(k-2m)} \tag{10.3.48}$$

$$\langle \varphi_{j,k}, \psi_{j+1,m} \rangle = g_{(k-2m)} \tag{10.3.49}$$

式(10.3.47)两边同乘 $\varphi_{j+1,l}(t)$ 并两边积分，利用式(10.3.48)得

$$a_m^{(j+1)} = \sum_k h_{(k-2m)} a_k^{(j)}$$

用 k 代 m，以 n 代 k，即为所证公式。

同理，式(10.3.47)两边同乘 $\psi_{j+1,l}$，可以证明公式 $d_k^{(i+1)} = \sum_k g_{(n-2k)} a_n^{(i)}$。

式(10.3.47)两边同乘 $\varphi_{j,l}(t)$，可以证明合成公式(10.3.44)。

证毕。

对于离散小波变换的计算，人们只需初始值 $a_n^{(0)}$ 和一组由两尺度方程规定的滤波器系数 h_n 和 g_n，并不需要 $\psi(t)$，$\varphi(t)$ 表达式，因此正交小波基往往是以 h_n 和 g_n 形式给出的。由 h_n 和 g_n 用迭代方法可以逼近地画出 $\varphi(t)$ 和 $\psi(t)$。有关正交小波基的例子，参看 10.5 节。

在实际应用中，一般仅有信号 $x(t)$ 的离散采样值 $x(n)$ 存在，由 $x(n)$ 计算离散小波变换系数，一般取 $a_n^{(0)} = x(n)$ 作为计算 DWT 系数的初始尺度系数，反复应用式(10.3.43)，可以得到 J 级小波分解，得到系数集 $\{d_k^{(i)}, a_k^{(J)}, i=1,\cdots,J, k \in Z\}$。

如果实际中,仅有 N 个数据 $\{x(n),n=0,\cdots,N-1\}$,也就是 $\{a_n^{(0)},n=0,\cdots,N-1\}$ 仅有 N 个初始系数,如果忽略边界问题(后面 10.8 节专门讨论边界问题),注意到 $a_n^{(1)}$ 和 $d_n^{(1)}$ 仅各有 $N/2$ 个系数,这是由于 Mallat 算法是滤波加亚采样的结果。类似地,$a_n^{(2)}$ 和 $d_n^{(2)}$ 各有 $N/4$ 个系数,依次类推,$a_n^{(J)}$ 和 $d_n^{(J)}$ 各有 $N/2^J$ 个系数,最后保留下来的系数集可记为

$$\{d_k^{(i)},a_k^{(J)},i=1,\cdots,J,0\leqslant k<N/2^i\}$$

共有 N 个系数,与原始数据量相等,并可按表 10.3.1 的格式存储在相同数组中。注意最后作为小波子空间的补子空间 $\mathbf{V}_J$,最后保留的尺度系数 $a_k^{(J)}$ 只有 $N/2^J$ 个。

表 10.3.1 小波变换系数的结构

原始数据	$x(0),x(1)$		$,\cdots,$		$x(N-1)$
变换系数	$d_0^{(1)},\cdots,d_{N/2-1}^{(1)}$	$d_0^{(2)},\cdots,d_{N/4-1}^{(2)}$	$\cdots$	$d_0^{(J)},\cdots,d_{N/2^J-1}^{(J)}$	$a_0^{(J)},\cdots,a_{N/2^J-1}^{(J)}$
系数数目	$N/2$	$N/4$	$\cdots$	$N/2^J$	$N/2^J$

10.4 双正交小波变换

正交基与正交小波变换从数学性质上说是最理想的,但是 Daubechies 已经证明,除 Harr 基外,所有正交基都不具有对称性。Harr 基是一种最简单的小波基,它对应的尺度函数就是上节例 10.3.1 的台阶函数的例子,容易验证,其相应的共轭镜像滤波器分别为

$$h_0=1/\sqrt{2},\quad h_1=1/\sqrt{2}$$

和

$$g_0=1/\sqrt{2},\quad g_1=-1/\sqrt{2}$$

其他系数为零。在类似图像编码这类有失真的应用情况下,h_n 和 g_n 不对称会引入相位失真,这是很不理想的,为此希望具有对称性质的小波基。有一类具有双正交性质的小波基具有这个特性,Cohen 和 Daubechies 等从数学上构造了具有紧支特性和一定正则性的对称双正交小波基,Vetterli 和 Herley 从理想重构的滤波器组理论出发构造了对称的双正交小波基。

双正交小波基是框架理论的一个特例,存在两个对偶的母小波 $\psi(t)$ 和 $\tilde{\psi}(t)$,满足如下互正交关系

$$\langle\psi_{m,n},\tilde{\psi}_{m',n'}\rangle=\delta_{mm'}\delta_{nn'}\tag{10.4.1}$$

相应的尺度函数也满足

$$\langle\varphi_{mn},\tilde{\varphi}_{mn'}\rangle=\delta_{nn'}\tag{10.4.2}$$

这里 $\{\psi_{m,n},m,n\in Z\}$ 和 $\{\tilde{\psi}_{m,n},m,n\in Z\}$ 自身并不要求是正交的。

双正交小波基联系着一个推广了的多分辨分析,存在两个嵌套的空间,即

$$\cdots\subset\mathbf{V}_1\subset\mathbf{V}_0\subset\mathbf{V}_{-1}\subset\cdots\tag{10.4.3}$$

$$\cdots\subset\tilde{\mathbf{V}}_1\subset\tilde{\mathbf{V}}_0\subset\tilde{\mathbf{V}}_{-1}\subset\cdots\tag{10.4.4}$$

其中

$$\begin{aligned}V_m&=\operatorname{span}\{\varphi_{m,n}(t)\}\\\tilde{V}_m&=\operatorname{span}\{\tilde{\varphi}_{m,n}(t)\}\end{aligned}\tag{10.4.5}$$

这里，span 表示由基函数张成的空间。并且

$$\begin{aligned} V_m &\perp \widetilde{W}_m \\ \widetilde{V}_m &\perp W_m \end{aligned} \tag{10.4.6}$$

相似于式(10.3.11)和式(10.3.12)的两尺度关系同样存在，但除式(10.3.11)和式(10.3.12)之外，还增加了两个两尺度方程，即

$$\widetilde{\varphi}(t) = \sqrt{2}\sum_n \widetilde{h}_n \widetilde{\varphi}(2t-n) \tag{10.4.7a}$$

$$\widetilde{\psi}(t) = \sqrt{2}\sum_n \widetilde{g}_n \widetilde{\varphi}(2t-n) \tag{10.4.7b}$$

与正交情况类似，如果要求 $\psi(t)$ 和 $\widetilde{\psi}(t)$ 构成双正交基，必须对相应的四个滤波器系数 h，$\widetilde{h}$，g，$\widetilde{g}$施加约束，类似于第 10.3 节的推导，可得使 $\psi(t)$ 和 $\widetilde{\psi}(t)$ 构成双正交基的约束条件为

$$\begin{cases} \hat{h}(z^{-1})\,\hat{\widetilde{h}}(z) + \hat{g}(z^{-1})\,\hat{\widetilde{g}}(z) = 2 \\ \hat{h}(-z^{-1})\,\hat{\widetilde{h}}(z) + \hat{g}(-z^{-1})\,\hat{\widetilde{g}}(z) = 0 \end{cases} \tag{10.4.8}$$

用频域表示所构成的一种解的形式为

$$\hat{h}^*(\omega)\,\hat{\widetilde{h}}(\omega) + \hat{h}^*(\omega+\pi)\,\hat{\widetilde{h}}(\omega+\pi) = 2 \tag{10.4.9}$$

和

$$g_n = (-1)^{1-n}\widetilde{h}_{1-n},\quad \widetilde{g}_n = (-1)^{1-n}h_{1-n} \tag{10.4.10}$$

这个解中，双正交性在滤波器系数上的表现为

$$\sum_n h_n \widetilde{h}_{n+2k} = \delta_{k,0} \tag{10.4.11}$$

满足如上关系的滤波器组称为准确重构滤波器组，由式(10.4.9)设计 h，$\widetilde{h}$，然后用式(10.4.10)构造 g，$\widetilde{g}$，这组滤波器获得后，由下式构造尺度函数和小波函数：

$$\begin{aligned} \hat{\varphi}(2\omega) &= \frac{1}{\sqrt{2}}\hat{h}(\omega)\hat{\varphi}(\omega),\quad \hat{\widetilde{\varphi}}(2\omega) = \frac{1}{\sqrt{2}}\hat{\widetilde{h}}(\omega)\hat{\widetilde{\varphi}}(\omega) \\ \hat{\psi}(2\omega) &= \frac{1}{\sqrt{2}}\hat{g}(\omega)\hat{\varphi}(\omega),\quad \hat{\widetilde{\psi}}(2\omega) = \frac{1}{\sqrt{2}}\hat{\widetilde{g}}(\omega)\hat{\widetilde{\varphi}}(\omega) \end{aligned} \tag{10.4.12}$$

由此构成的两个小波函数族 $\{\psi_{m,n}, m, n\in \mathbf{Z}\}$ 和 $\{\widetilde{\psi}_{m,n}, m, n\in \mathbf{Z}\}$ 构成双正交的 Reisz 基。双正交时，小波变换的递推公式(分析公式)仍然成立，写成如下式

$$\begin{cases} a_k^{(i+1)} = \sum_n h_{(n-2k)} a_n^{(i)} \\ d_k^{(i+1)} = \sum_n g_{(n-2k)} a_n^{(i)} \end{cases} \tag{10.4.13}$$

双正交小波的合成公式修改为

$$a_n^{(j-1)} = \sum_k [\widetilde{h}_{n-2k} a_k^{(j)} + \widetilde{g}_{n-2k} d_k^{(j)}] \tag{10.4.14}$$

注意，其实递推和反递推中滤波器组 h，g 和 $\widetilde{h}$，$\widetilde{g}$是可以互换的，但必须一个出现在分解公式中，另一个出现在合成公式中。这一点，在后续章节中，按叙述方便选择一组作为分析滤波器，另一组作为合成滤波器。

由离散双正交小波变换对 $x(t)$ 的一般性分解公式可写为

$$\begin{aligned}x(t) &= \sum_n a_n^{(J)} \tilde{\varphi}_{J,n}(t) + \sum_m \sum_n d_n^{(m)} \tilde{\psi}_{m,n}(t) \\ &= \sum_n \langle x(t), \varphi_{J,n}(t) \rangle \tilde{\varphi}_{J,n}(t) + \sum_m \sum_n \langle x(t), \psi_{m,n}(t) \rangle \tilde{\psi}_{m,n}(t)\end{aligned} \tag{10.4.15}$$

当 $J \to \infty$ 时，式(10.4.15)等式右边第一项消失，式(10.4.15)简化成如下的式(10.4.16)

$$x(t) = \sum_m \sum_n \langle x(t), \psi_{m,n}(t) \rangle \tilde{\psi}_{m,n}(t) \tag{10.4.16}$$

这是框架理论下，由离散小波变换重构 $x(t)$ 的标准公式，式(10.4.16)更多地用于原理性的说明，式(10.4.15)的有限次分解更多地用于实际计算。

10.5 小波基实例

在 10.3 节和 10.4 节看到，利用 Mallat 算法计算离散小波变换系数需要确定所选择小波基的相应的共轭镜像滤波器系数 h_n，但选择什么样的小波基对于待分析的信号是适宜的，小波基的性质与 h_n(或 $\hat{h}(\omega)$)有何联系？本节首先不加证明的讨论小波基选取的一些原则，然后介绍几类常用的小波基实例，有关结论的详细证明请参考文献[13,8,6]。

在很多应用中，如噪声消除、图像编码等，希望用尽可能少的小波系数逼近一个信号，这主要依赖于小波母函数的消失矩，10.1 节已经介绍，对于 $0 \leqslant k < p$，如果 $\psi(t)$ 满足

$$\int_{-\infty}^{+\infty} t^k \psi(t) \mathrm{d}t = 0 \tag{10.5.1}$$

则称 $\psi(t)$ 具有 p 阶消失矩。如果一个函数 $x(t)$ 在其一个邻域内是 k 阶连续的，且 $k < p$，那么该函数可以由 k 阶的泰勒级数很好地逼近，且对于较小的尺度值 a，其小波系数是非常小的(对于大的尺度，由于离散小波变换的亚采样结构，本身就保留了较少的系数)，因此，对于光滑的信号，采用大的消失矩的小波基，可以使得大量的小波系数接近于 0。

如下定理给出了 $\psi(t)$ 的消失矩与相应的 $\hat{h}(\omega)$ 之间的关系。

定理 10.5.1 设 $\psi(t)$ 和 $\varphi(t)$ 分别是母小波函数和尺度函数，它们的离散集构成一个正交基，假设 $|\psi(t)| = O(1+t^2)^{-\frac{p}{2}}$ 和 $|\varphi(t)| = O\left((1+t^2)^{-\frac{p}{2}}\right)$

如下三个结论是等价的：

(1) 小波 $\psi(t)$ 有 p 阶消失矩。

(2) $\hat{\psi}(\omega)$ 及其前 $p-1$ 阶导数在 $\omega=0$ 处取值为 0。

(3) $\hat{h}(\omega)$ 及其前 $p-1$ 阶导数在 $\omega=\pi$ 处取值为 0(p 阶零点)。

定理 10.5.1 给出一个有用的启示，如果设计的滤波器 $\hat{h}(\omega)$ 在 $\omega=\pi$ 处有 p 阶零点，则对应的母小波 $\psi(t)$ 有 p 阶消失矩，可以将设计一个具有 p 阶消失矩的母小波函数的问题，转化为设计一个在 $\omega=\pi$ 处有 p 阶零点的滤波器的问题。

影响小波系数的第二个主要因素是小波的支集，即母小波函数取值不为零的区间。假设待分析函数 $f(t)$ 有一个孤立的奇异点，凡包含这个奇异点在 $\psi_{j,k}(t)$ 支内的小波系数 $\langle f, \psi_{j,k} \rangle$ 都可能取较大的幅值，而在每一个尺度 2^j，与该奇异点重叠的小波族 $\psi_{j,k}$ 个数正比于 $\psi(t)$ 的支集，因此，$\psi(t)$ 的支集越小，在一个奇异点附近产生的较大小波系数幅值的数目

就越小。

小波函数 $\psi(t)$、尺度函数 $\varphi(t)$ 的支集与 $h(n)$ 的支集的关系可以由如下定理描述。

定理 10.5.2 如果尺度函数 $\varphi(t)$ 是紧支(集)的，当且仅当 h_n 也是紧支的，且它们的支集相等，如果 $\varphi(t)$ 和 h_n 的支是 $[N_1, N_2]$，那么 $\psi(t)$ 也是紧支的，它的支是

$$\left[\frac{N_1 - N_2 + 1}{2}, \frac{N_2 - N_1 + 1}{2}\right] \tag{10.5.2}$$

由如上分析可知，大的消失矩，小的支集是我们希望的小波基，但实际上，大的消失矩和小的支集是一对矛盾体，不可能同时成立，如下定理限制了它们之间的关系。

定理 10.5.3 如果小波函数有 p 阶消失矩，它的支至少是 $2p-1$。

这对矛盾使得必须折中地选取小波基，如果信号除少的几个奇异点外，基本上是光滑的，那么应该选择消失矩阶数更高的小波基，如果信号的奇异点分布比较密集，应选择支集比较小的基，但不管什么情况下，在给定消失矩的条件下，寻找支集尽可能小的基总是有意义的，Dabechies 给出了一组满足给定消失矩下最小支集的紧支小波基。

第三个因素考虑信号重构，一个函数可分解为

$$f(t) = \sum_{j=-\infty}^{+\infty}\sum_{k=-\infty}^{+\infty} \langle f, \psi_{j,k}\rangle \psi_{j,k}(t) \tag{10.5.3}$$

如果因为量化或其他影响，使小波系数 $\langle f, \psi_{j,k}\rangle$ 产生一个误差 Δ，在重构信号中，就会存在一个误差项 $\Delta\psi_{j,k}(t)$，在许多应用中，如图像压缩，一个光滑的误差函数比一个不连续的奇异的误差函数具有更好的视觉效果，这要求 $\psi_{j,k}(t)$ 具有尽量好的光滑特性，由于一个函数的 Lipschitz 指数反映它的光滑性，如下定理很好地将 $\hat{h}(\omega)$ 的性质、小波的消失矩和 Lipschitz 指数联系起来。

定理 10.5.4 设共轭镜像滤波器 $\hat{h}(\omega)$ 在 π 处有 p 个零点，并且满足使 $\varphi(t)$ 或 $\psi(t)$ 构成正交基的充分条件，对 $\hat{h}(\omega)$ 可以分解因式为

$$\hat{h}(\omega) = \sqrt{2}\left(\frac{1+\mathrm{e}^{\mathrm{j}\omega}}{2}\right)^p \hat{e}(\omega) \tag{10.5.4}$$

并设 $B = \mathrm{Sup}_{\omega\in\mathbf{R}}|\hat{e}(\omega)|$，那么 $\psi(t)$ 和 $\varphi(t)$ 有均匀 Lipschitz 指数 α，这里

$$\alpha < \alpha_0 = p - \log_2 B - 1$$

例如，对于 $m>0, B<2^{p-1-m}$，则 $\alpha_0>m$，由此得到 $\psi(t)$ 和 $\varphi(t)$ 是 m 阶连续可微的，由定理 10.5.4 得不到消失矩越高，α_0 越大的结论，因为 B 可能也随 p 而变化，但对一大类重要的小波基，已经证明，B 随 p 增大而增大的速度是缓慢的，因此，α_0 近似与 p 成正比，对这类小波基，消失矩越大，$\psi(t)$ 光滑性越好，下节将要介绍的 Daubechies 小波就是这样一类小波基。

10.5.1 Daubechies 紧支小波

Daubechies 给出一种方法，构造了实的紧支小波基，由定理 10.5.2 可知，紧支小波基意味着紧支的共轭镜像滤波器，考虑一个实的因果滤波器 h_n，这意味着 $\hat{h}(\omega)$ 是三角多项式

$$\hat{h}(\omega) = \sum_{n=0}^{N-1} h_n \mathrm{e}^{-\mathrm{j}n\omega} \tag{10.5.5}$$

定理 10.5.1 说明，为了确保 $\psi(t)$ 有 p 阶消失矩，要求 $\hat{h}(\omega)$ 在 $\omega=\pi$ 点有 p 阶零点，满足这个要求的 $\hat{h}(\omega)$ 可以分解为

$$\hat{h}(\omega)=\sqrt{2}\left(\frac{1+\mathrm{e}^{-\mathrm{j}\omega}}{2}\right)^{p}R(\mathrm{e}^{-\mathrm{j}\omega}) \tag{10.5.6}$$

为了得到支集尽可能小的 $\psi(t)$，只需寻求一个 $R(\mathrm{e}^{-\mathrm{j}\omega})$，使得 $\hat{h}(\omega)$ 尽可能短，并且满足

$$|\hat{h}(\omega)|^2+|\hat{h}(\omega+\pi)|^2=2 \tag{10.5.7}$$

注意到，由于 h_n 是实的，因此 $|\hat{h}(\omega)|^2$ 是偶函数，它可以写成 $\cos\omega$ 的多项式，因此，$|R(\mathrm{e}^{-\mathrm{j}\omega})|^2$ 也可以写成 $\cos\omega$ 的多项式，因为 $\cos\omega$ 可由 $\sin^2\frac{\omega}{2}$ 表示，为后面处理方便，用 $P\left(\sin^2\frac{\omega}{2}\right)$ 替代 $|R(\mathrm{e}^{-\mathrm{j}\omega})|^2$，即

$$|\hat{h}(\omega)|^2=2\left(\cos\frac{\omega}{2}\right)^{2P}P\left(\sin^2\frac{\omega}{2}\right) \tag{10.5.8}$$

将它代入式(10.5.7)，并令 $y=\sin^2\frac{\omega}{2}$，得到等式

$$(1-y)^P P(y)+y^P P(1-y)=1 \tag{10.5.9}$$

为了求得满足式(10.5.7)的 $\hat{h}(\omega)$，并使 h_n 最短，只需求得满足式(10.5.9)的具有最小阶的 $P(y)\geqslant 0$，这要利用一个代数定理(Bezout 定理)。

贝祖(Bezout)定理描述为：设 $Q_1(y)$ 和 $Q_2(y)$ 分别为 n_1 阶和 n_2 阶多项式且没有公共零点，存在唯一的 n_2-1 阶和 n_1-1 阶多项式 $P_1(y)$ 和 $P_2(y)$，它们是最小阶的，且满足

$$P_1(y)Q_1(y)+P_2(y)Q_2(y)=1 \tag{10.5.10}$$

将这个定理对照式(10.5.9)，相当于 $Q_1(y)=(1-y)^p$，　$Q_2(y)=y^p$，如果能够找到 $p-1$ 阶 $P(y)$ 使得 $P_1(y)=P(y)$，$P_2(y)=P(1-y)$ 且满足式(10.5.9)，那么这个 $P(y)$ 是唯一的 $p-1$ 阶多项式，它就是我们要寻找的最小阶多项式，可以验证

$$P(y)=\sum_{k=0}^{p-1}\binom{p-1+k}{k}y^k \tag{10.5.11}$$

就是寻求的多项式。

既然 $P(y)$ 已经得到，下一步就是通过 $|R(\mathrm{e}^{-\mathrm{j}\omega})|^2=P\left(\sin^2\frac{\omega}{2}\right)$ 求得最小阶的 $R(\mathrm{e}^{-\mathrm{j}\omega})$，设

$$R(\mathrm{e}^{-\mathrm{j}\omega})=\sum_{k=0}^{m}r_k\mathrm{e}^{-\mathrm{j}k\omega}=r_0\prod_{k=0}^{m}(1-a_k\mathrm{e}^{-\mathrm{j}\omega}) \tag{10.5.12}$$

目的是去求各零点 a_k 和 r_0。

注意到，由于是实系数，故 $R^*(\mathrm{e}^{-\mathrm{j}\omega})=R(\mathrm{e}^{\mathrm{j}\omega})$，因此

$$|R(\mathrm{e}^{-\mathrm{j}\omega})|^2=R(\mathrm{e}^{-\mathrm{j}\omega})R(\mathrm{e}^{\mathrm{j}\omega})=P\left(\frac{2-\mathrm{e}^{\mathrm{j}\omega}-\mathrm{e}^{-\mathrm{j}\omega}}{4}\right)\triangleq Q(\mathrm{e}^{-\mathrm{j}\omega}) \tag{10.5.13}$$

利用 $z=\mathrm{e}^{-\mathrm{j}\omega}$ 扩展到复频域为

$$R(z)R(z^{-1})=r_0^2\prod_{k=0}^{m}(1-a_kz)(1-a_kz^{-1})=Q(z)=P\left(\frac{2-z-z^{-1}}{4}\right) \tag{10.5.14}$$

注意到，$Q(z)$的系数是实的，故如果 C_k 是 $Q(z)$的一个根，C_k^* 也是一个根，又 $Q(z)$是 $z+z^{-1}$的函数，故 C_k 是 $Q(z)$ 的根，$\frac{1}{C_k}$ 也是一个根，因此，$Q(z)$ 的根总是以 $\left(C_k,\frac{1}{C_k}\right)$，$\left(C_k^*,\frac{1}{C_k^*}\right)$成对形式出现的，选择哪些根分配给 $R(z)$，哪些分配给 $R(z^{-1})$需要一个准则，假定 $R(z)$是最小相位的，选择 $C_k,\frac{1}{C_k}$中模小于 1 的分配给 $R(z)$，同样从 $C_k^*,\frac{1}{C_k^*}$中选择一个模小于 1 的分配给 $R(z)$，以使 $R(z)$的零点互为共轭，这样可以得到最小相位 $R(z)$，当 $P(y)$是 $p-1$ 阶时，$R(z)$也是 $p-1$ 阶的。易求得：$r_0^2=Q(0)=P\left(\frac{1}{2}\right)=2^{p-1}$，将 $R(z)$代入式(10.5.6)得到$\hat{h}(\omega)$，它是 $2p$ 阶的，将三角多项式展开，得到各系数 h_n，表 10.5.1 是当 p 分别取 2 至 10 时，按这个方法得到的小波基对应的滤波器系数。图 10.5.1 是其中几个小波和尺度函数的图形。

有以下两点需注意。

(1) Daubechies 证明，正交小波基，除 Harr 小波外，不存在对称或反对称小波，相当于共轭镜像滤波器系数 h_n 除 Harr 基外不存在对称或反对称，即滤波器不是线性相位的。

(2) Daubechies 小波的 Lipschitz 指数，$p=2$ 时为 0.55，$p=3$ 时为 1.08，当 p 较大时，大致按 $0.2p$ 速度增加。

表 10.5.1 Daubechies 小波列表

p	n	h_n	p	n	h_n
$p=2$	0	0.482962913145	$p=5$	0	0.160102397974
	1	0.836516303738		1	0.603829269797
	2	0.224143868042		2	0.724308528438
	3	−0.129409522551		3	0.138428145901
$p=3$	0	0.332670552950		4	0.242294887066
	1	0.806891509311		5	0.032244869585
	2	0.459877502118		6	0.077571493840
	3	−0.135011020010		7	−0.006241490213
	4	−0.085441273882		8	0.012580751999
	5	0.035226291882		9	0.003335725285
$p=4$	0	0.230377813309	$p=6$	0	0.111540743350
	1	0.714846570553		1	0.494623890398
	2	0.630880767930		2	0.751133908021
	3	−0.027983769417		3	0.315250351709
	4	−0.187034811719		4	0.226264693965
	5	0.030841381836		5	−0.129766867567
	6	0.032883011667		6	0.097501605587
	7	0.010597401785		7	0.027522865530
				8	−0.031582039317
				9	0.000553842201
				10	0.004777257511
				11	−0.001077301085

续表

p	n	h_n	p	n	h_n
			$p=9$	0	0.038077947364
				1	0.243834674613
$p=7$	0	0.077852054085		2	0.604823123690
	1	0.396539319482		3	0.657288078051
	2	0.729132090846		4	0.133197385825
	3	0.469782287405		5	−0.293273783279
	4	−0.143906003929		6	−0.096840783223
	5	−0.224036184994		7	0.148540749338
	6	0.071309219267		8	0.030725681479
	7	0.080612609151		9	−0.067632829061
	8	−0.038029936935		10	0.000250947115
	9	−0.016574541631		11	0.022361662124
	10	0.012550998556		12	0.004723204758
	11	0.000429577973		13	0.004281503682
	12	−0.001801640704		14	0.001847646883
	13	0.000353713800		15	0.000230385764
				16	−0.000251963189
				17	0.000039347320
			$p=10$	0	0.026670057910
				1	0.188176800078
$p=8$	0	0.054410842243		2	0.527201188932
	1	0.312871590914		3	0.688459039454
	2	0.675630736297		4	0.281172343661
	3	0.585354683654		5	−0.249846424327
	4	−0.015829105256		6	−0.195946274377
	5	−0.284015542962		7	0.127369340336
	6	0.000472484574		8	0.093057364604
	7	0.128747426620		9	−0.071394147166
	8	−0.017369301002		10	−0.029457536822
	9	−0.044088253930		11	0.033212674059
	10	0.013981027917		12	0.003606553567
	11	0.008746094047		13	−0.010733175483
	12	−0.004870352993		14	0.001395351747
	13	−0.000391740373		15	0.001992405295
	14	0.000675449406		16	−0.000685856695
	15	−0.000117476784		17	−0.000116466855
				18	0.000093588670
				19	−0.000013264203

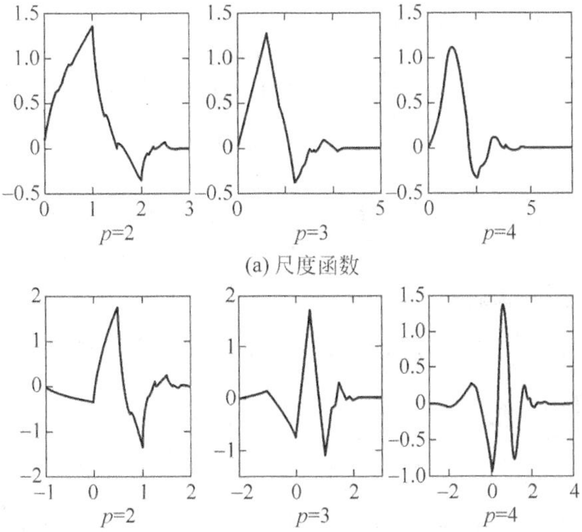

(a) 尺度函数

(b) 小波函数

图 10.5.1 几个尺度函数和小波函数的图示

10.5.2 双正交小波基实例

在双正交情况，可以用类似的原则选择和设计小波基，唯一的例外是在双正交情况下，人们可以得到对称或反对称的小波基，它更适合于有限长序列情况下的边界处理，下面首先讨论双正交小波基选择的一些基本原则，然后给出一些双正交小波基实例。

1. 选择双正交小波基的基本原则

(1) 小波基的支

如果准确重构滤波器 h 和$\tilde{h}$具有有限抽样响应，则相应的尺度函数和小波函数也均是有限支的，若 h_n 和$\tilde{h}_n$ 分别在 $N_1 \leqslant n \leqslant N_2$ 和$\tilde{N}_1 \leqslant n \leqslant \tilde{N}_2$ 范围内非零，那么 $\varphi(t)$和 $\tilde{\varphi}(t)$的支分别为$[N_1, N_2]$和$[\tilde{N}_1, \tilde{N}_2]$，由

$$g_n = (-1)^{1-n} \tilde{h}_{(1-n)}, \quad \tilde{g}_n = (-1)^{1-n} h_{(1-n)}$$

以及

$$\psi(t) = \sqrt{2} \sum_{n=-\infty}^{+\infty} g_n \varphi(2t-n), \quad \tilde{\psi}(t) = \sqrt{2} \sum_{n=-\infty}^{+\infty} \tilde{g}_n \tilde{\varphi}(2t-n)$$

可以得到 $\psi(t)$和 $\tilde{\psi}(t)$的支分别是

$$\left[\frac{N_1 - \tilde{N}_2 + 1}{2}, \frac{N_2 - \tilde{N}_1 + 1}{2}\right] \tag{10.5.15}$$

和

$$\left[\frac{\tilde{N}_1 - N_2 + 1}{2}, \frac{\tilde{N}_2 - N_1 + 1}{2}\right] \tag{10.5.16}$$

两个小波函数的支是等长的，均为 $l = \dfrac{N_2 - N_1 + \tilde{N}_2 - \tilde{N}_1}{2}$。

(2) 小波基的消失矩

小波基 $\psi(t)$ 和 $\tilde{\psi}(t)$ 的消失矩分别依赖于 $\hat{\tilde{h}}(\omega)$ 和 $\hat{h}(\omega)$ 在 $\omega=\pi$ 处的零点阶数，这容易被验证。如果对于 $k<\tilde{p}$，$\hat{\psi}^k(0)=0$，说明 $\psi(t)$ 有 $\tilde{p}$ 阶消失矩，既然 $\hat{\varphi}(0)=1$ 和 $\hat{\psi}(2\omega)=\frac{1}{\sqrt{2}}\hat{g}(\omega)\hat{\varphi}(\omega)$，要求 $\hat{g}(\omega)$ 在 $\omega=0$ 处有 $\tilde{p}$ 阶零点；又因为 $\hat{g}(\omega)=\mathrm{e}^{-\mathrm{i}\omega}\hat{\tilde{h}}^*(\omega+\pi)$，这意味着 $\hat{\tilde{h}}(\omega)$ 在 $\omega=\pi$ 处有 $\tilde{p}$ 阶零点。同理可以说明 $\hat{h}(\omega)$ 在 $\omega=\pi$ 处有 p 阶零点等价于 $\tilde{\psi}(t)$ 有 p 阶消失矩。

(3) 小波基的光滑性(规则性)

定理 10.5.4 的结论可以推广到双正交情况，由于双尺度方程，使得 $\psi(t)$ 与 $\varphi(t)$ 有相同的正则性，由于 $\hat{h}(\omega)$ 在 $\omega=\pi$ 处有 p 阶零点，故可以写成：

$$\hat{h}(\omega)=\left(\frac{1+\mathrm{e}^{-\mathrm{i}\omega}}{2}\right)^p\hat{e}(\omega) \tag{10.5.17}$$

且记 $B=\operatorname{Sup}_{\omega\in[-\pi,\pi]}|\hat{e}(\omega)|$，定理 10.5.4 结论是 φ 和 ψ 具有 Lipschitz 指数 α，且

$$\alpha<\alpha_0=p-\log_2 B-1$$

由于 p 是 $\tilde{\psi}(t)$ 的消失矩，因此，$\varphi(t)$ 和 $\psi(t)$ 的正则性依赖于 $\tilde{\psi}(t)$ 的消失矩 p，同理 $\tilde{\varphi}(t)$ 和 $\tilde{\psi}(t)$ 的正则性依赖于 $\psi(t)$ 的消失矩 $\tilde{p}$。

(4) 小波变换次序

在双正交情况下，小波变换和重构有两种不同次序，可以分别用如下两式表示

$$f=\sum_{n,j=-\infty}^{+\infty}\langle f,\psi_{j,n}\rangle\tilde{\psi}_{j,n} \tag{10.5.18}$$

和

$$f=\sum_{n,j=-\infty}^{+\infty}\langle f,\tilde{\psi}_{j,n}\rangle\psi_{j,n} \tag{10.5.19}$$

式(10.5.18)等价于用 (h,g) 进行分解，用 $(\tilde{h},\tilde{g})$ 进行重构，式(10.5.19)等价于用 $(\tilde{h},\tilde{g})$ 进行分解，用 (h,g) 进行重构。在类似图像编码这类应用时，用哪个滤波器组进行分解，哪个进行重构是需要考虑的。如果我们希望分解后的小波系数集中，尽可能少的大系数存在，就希望分解用的小波基是尽可能高的消失矩，如果希望重构时量化误差造成的影响尽可能平滑，就要求重构用的小波有尽可能高的规则性。例如当 $\tilde{p}>p$ 时，由于 $\psi(t)$ 的消失矩为 $\tilde{p}$，并且 $\tilde{\psi}(t)$ 的正则性随 $\tilde{p}$ 增加而增加，故此 $\psi(t)$ 比 $\tilde{\psi}(t)$ 有更大的消失矩，而 $\tilde{\psi}(t)$ 可能比 $\psi(t)$ 有更好的规则性，这时，选 (h,g) 作为分解滤波器，选 $(\tilde{h},\tilde{g})$ 作为重构滤波器会得到更好的结果。

(5) 对称性

对于双正交小波基，可以构造光滑的、对称或反对称的小波基，其相应的准确重构滤波器 h_n 和 $\tilde{h}_n$ 是线性相位的，有两种典型的对称关系。

① h 和 $\tilde{h}$ 具有奇数个非零值，以 $n=0$ 为对称点，相应的 $\varphi(t)$ 和 $\tilde{\varphi}(t)$ 以 $t=0$ 为对称点，$\psi(t)$ 和 $\tilde{\psi}(t)$ 也是对称的，但它的对称点与 $\varphi(t)$ 的对称点有一个位移。

② h_n 和 $\tilde{h}_n$ 有偶数个非零值，以 $n=\frac{1}{2}$ 为对称点，$\varphi(t)$ 和 $\tilde{\varphi}(t)$ 也是对称的，对称点是 $t=\frac{1}{2}$，而 $\psi(t)$ 和 $\tilde{\psi}(t)$ 是反对称的，对称点相对 $\varphi(t)$ 对称点有一位移。

2. 双正交小波基实例

(1) 紧支双正交小波基实例

Cohen，Daubechies，Feauveau 研究了紧支双正交小波基的构造方法(CDF 小波基)，并给出一类在给定小波函数 ψ 和对偶 $\tilde{\psi}$ 的消失矩 $\tilde{p}$ 的 p 的情况下，具有最小支 $p+\tilde{p}-1$ 的双正交小波基，如下简要介绍这种小波基构造的基本方法，与正交小波基(Daubechies 小波)的构造有很多相似性。

假设滤波器 h_n 和 $\tilde{h}_n$ 是对称的，对称点为 $n=0$ 或 $n=1/2$，如前所述，这依赖于 h_n 和 $\tilde{h}_n$ 是奇长的还是偶长的，并要求 p 和 $\tilde{p}$ 有相同的奇偶性，与正交基情况类似，可以得到如下分解：

$$\hat{h}(\omega)=\sqrt{2}\exp\left(\frac{-\mathrm{j}\varepsilon\omega}{2}\right)\left(\cos\frac{\omega}{2}\right)^{p}L(\cos\omega) \tag{10.5.20}$$

$$\hat{\tilde{h}}(\omega)=\sqrt{2}\exp\left(\frac{-\mathrm{j}\varepsilon\omega}{2}\right)\left(\cos\frac{\omega}{2}\right)^{\tilde{p}}\tilde{L}(\cos\omega) \tag{10.5.21}$$

注意，ε 依赖于 p 和 $\tilde{p}$ 的奇偶性，当 p 为偶数 $\varepsilon=0$，否则 $\varepsilon=1$，式(10.5.20)和式(10.5.21)代入如下准确重构条件

$$\hat{h}^*(\omega)\hat{\tilde{h}}(\omega)+\hat{h}^*(\omega+\pi)\hat{\tilde{h}}(\omega+\pi)=2$$

如果记

$$L(\cos\omega)\tilde{L}(\cos\omega)=P\left(\sin^2\frac{\omega}{2}\right) \tag{10.5.22}$$

和 $y=\sin^2\frac{\omega}{2}$ 以及 $q=\frac{(p+\tilde{p})}{2}$，则得到对 $P(y)$ 的约束方程

$$(1-y)^q P(y)+y^q P(1-y)=1$$

与 Daubechies 正交基相同，满足如上方程的最小阶多项式 $P(y)$ 为

$$P(y)=\sum_{k=0}^{q-1}\binom{q-1+k}{k}y^k \tag{10.5.23}$$

将式(10.5.23)代入式(10.5.22)，分解 $L(\cos\omega)$ 和 $\tilde{L}(\cos\omega)$，进而可以推证 ψ 和 $\tilde{\psi}$ 的最小支是 $p+\tilde{p}-1$。

(2) 样条双正交小波

CDF 小波基的一个例子是，取

$$\hat{h}(\omega)=\sqrt{2}\exp\left(\frac{-\mathrm{j}\varepsilon\omega}{2}\right)\left(\cos\frac{\omega}{2}\right)^{p} \tag{10.5.24}$$

由于

$$\hat{\varphi}(\omega)=\prod_{p=1}^{\infty}\frac{\hat{h}(2^{-p}\omega)}{\sqrt{2}}$$

推得

$$\hat{\varphi}(\omega)=\exp\left(\frac{-\mathrm{j}\varepsilon\omega}{2}\right)\left(\frac{\sin\left(\frac{\omega}{2}\right)}{\frac{\omega}{2}}\right)^{p}$$

这正是样条尺度函数，故由此得到的双正交小波基称为样条双正交小波，比较式(10.5.24)和式(10.5.20)，相当于取 $L(\cos\omega)=1$，将它代入式(10.5.23)和式(10.5.24)得到

$$\hat{\tilde{h}}(\omega)=\sqrt{2}\exp\left(\frac{-\mathrm{j}\varepsilon\omega}{2}\right)\left(\cos\frac{\omega}{2}\right)^{\tilde{p}}\sum_{k=0}^{q-1}\binom{q-1+k}{k}\left(\sin\frac{\omega}{2}\right)^{2k} \tag{10.5.25}$$

取不同的 p 和 $\tilde{p}$ 值，由式(10.5.24)和式(10.5.25)得到 h_n 和 $\tilde{h}_n$，其中 $p=2,\tilde{p}=4$ 和 $p=3$，$\tilde{p}=7$ 的例子如表 10.5.2 所示，相应的尺度函数和小波函数图形如图 10.5.2 所示。

表 10.5.2　双正文样条小波

n	$p,\tilde{p}$	h_n	$\tilde{h}_n$
0	$p=2$	0.70710678118655	0.99436891104358
1,−1	$\tilde{p}=4$	0.35355339059327	0.41984465132951
2,−2			−0.17677669529664
3,−3			−0.06629126073624
4,−4			0.03314563036812
0,1	$p=3$	0.53033008588991	0.95164212189718
−1,2	$\tilde{p}=7$	0.17677669529664	−0.02649924094535
−2,3			−0.30115912592284
−3,4			0.03133297870736
−4,5			0.07466398507402
−5,6			−0.01683176542131
−6,7			−0.00906325830378
−7,8			0.00302108610126

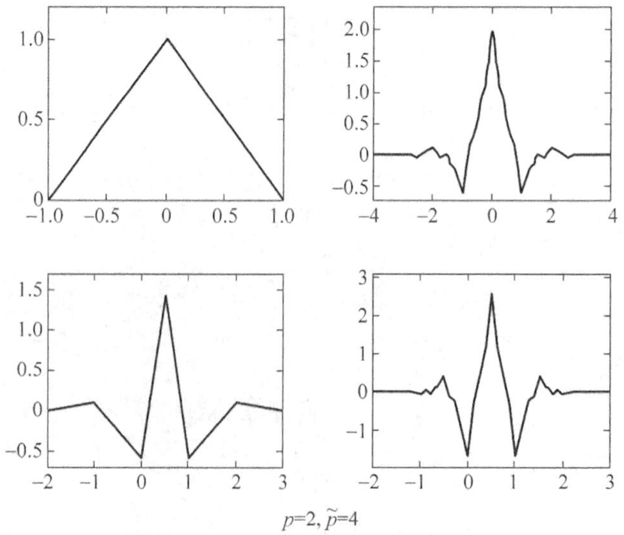

图 10.5.2　双正交样条小波的尺度函数和小波函数示意图

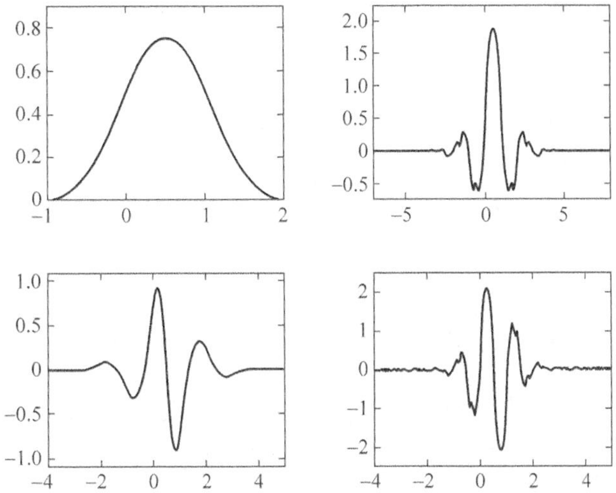

$p=3, \tilde{p}=7$

图 10.5.2　(续)

(3) 近似等长滤波器构造的双正交小波基

上个例子是比较简单情况，令 $L(\cos\omega)=1$，另外一种构造方法是在 $p\left(\sin^2\dfrac{\omega}{2}\right)$的分解过程中，尽可能使 $L(\cos\omega)$和$\widetilde{L}(\cos\omega)$的阶数接近，对于 $q=\dfrac{(p+\tilde{p})}{2}<4$ 的情况，唯一解就是 $L(\cos\omega)=1$，对于 $q=4$，这种分解有一个非平凡解，对 $q=5$，有两个这样的解，这些 CDF 滤波器列于表 10.5.3。其中 $\tilde{p}=p=4$ 的滤波器对应的尺度函数和小波函数的图形示于图 10.5.3，这个滤波器是图像编码中著名的(7,9)滤波器，它是接近于正交的(φ 和 $\tilde{\varphi}$ 图形接近)，具有较好的消失矩和光滑性。

表 10.5.3　近似等长双正交小波滤波器

$p,\tilde{p}$	n	h_n	$\tilde{h}_n$
$p=4$ $\tilde{p}=4$	0	0.78848561640637	0.85269867900889
	−1,1	0.41809227322204	0.37740285561283
	−2,2	−0.04068941760920	−0.11062440441844
	−3,3	−0.06453888262876	−0.02384946501956
	−4,4	0	0.03782845554969
$p=5$ $\tilde{p}=5$	0	0.89950610974865	0.73666018142821
	−1,1	0.47680326579848	0.34560528195603
	−2,2	−0.09350469740094	−0.05446378846824
	−3,3	−0.13670658466433	0.00794810863724
	−4,4	−0.00269496688011	0.03968708834741
	−5,5	0.01345670945912	0
$p=5$ $p=5$	0	0.54113273169141	1.32702528570780
	−1,1	0.34335173921766	0.47198693379091
	−2,2	0.06115645341349	−0.36378609009851
	−3,3	0.00027989343090	−0.11843354319764
	−4,4	0.02183057133337	0.05382683783789
	−5,5	0.00992177208685	0

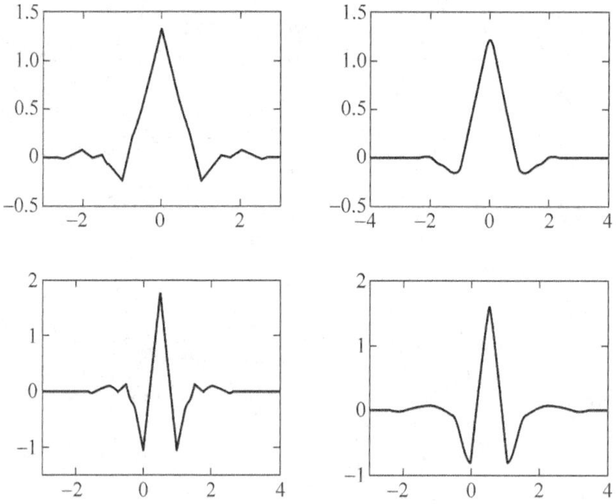

图 10.5.3　双正交近似等长小波的尺度函数和小波函数示意图

10.6　多维空间小波变换

对于多维小波变换情况，这里只讨二维可分的特殊情况。

10.6.1　二维可分小波变换

二维可分的多分辨分析是一个嵌套的子空间序列，其中$\boldsymbol{V}_m$可以写为

$$\boldsymbol{V}_m = \boldsymbol{V}_m^1 \otimes \boldsymbol{V}_m^2 \tag{10.6.1}$$

其中，$\boldsymbol{V}_m^1$和$\boldsymbol{V}_m^2$分别表示一维子空间，其上标表示一维子空间的序号，$\otimes$表示子空间的张量积，二维尺度函数和相应滤波器系数的形式为

$$\Phi(x,y) = \varphi(x)\varphi(y), \quad h_{n,m} = h_n h_m \tag{10.6.2}$$

将$\boldsymbol{V}_m^1 = \boldsymbol{V}_{m+1}^1 \oplus \boldsymbol{W}_{m+1}^1$，$\boldsymbol{V}_m^2 = \boldsymbol{V}_{m+1}^2 \oplus \boldsymbol{W}_{m+1}^2$代入式(10.6.1)，得

$$\boldsymbol{V}_{m-1} = \boldsymbol{V}_m \oplus (\boldsymbol{V}_m^1 \otimes \boldsymbol{W}_m^2) \oplus (\boldsymbol{W}_m^1 \otimes \boldsymbol{V}_m^2) \oplus (\boldsymbol{W}_m^1 \otimes \boldsymbol{W}_m^2) \tag{10.6.3}$$

将由此得到三个小波函数和相应滤波器系数表达式为

$$\begin{aligned} \Psi^1(x,y) &= \varphi(x)\psi(y), \quad g_{n,m}^1 = h_n g_m \\ \Psi^2(x,y) &= \psi(x)\varphi(y), \quad g_{n,m}^2 = g_n h_m \\ \Psi^3(x,y) &= \psi(x)\psi(y), \quad g_{n,m}^3 = g_n g_m \end{aligned} \tag{10.6.4}$$

使得$\{\boldsymbol{\Psi}_{i,j}^{m,d}, d=1,2,3;\ m,i,j \in Z\}$构成$L^2(\boldsymbol{R}^2)$的正交小波基，这里上标$m$表示尺度因子，$d$代表方向因子，下标$(i,j)$是平移因子，即

$$\boldsymbol{\Psi}_{i,j}^{m,d}(x,y) = 2^{-m}\boldsymbol{\Psi}^d(2^{-m}x - i, 2^{-m}y - j) \tag{10.6.5}$$

二维双正交小波基和框架理论的推广也是相似的，函数的小波展开式的二维推广为

$$f(x,y) = \sum_d \sum_m \sum_{i,j} \langle f, \boldsymbol{\Psi}_{i,j}^{m,d} \rangle \widetilde{\boldsymbol{\Psi}}_{i,j}^{m,d} \triangleq \sum_d \sum_m \sum_{i,j} c_{i,j}^{m,d} \widetilde{\boldsymbol{\Psi}}_{i,j}^{m,d} \tag{10.6.6}$$

二维离散小波变换系数的递推公式为

$$a_{i,j}^{(m)} = \sum_k \sum_l a_{k,l}^{(m-1)} h_{2i-k,2j-l} = \sum_k h_{2i-k} \sum_l a_{k,l}^{(m-1)} h_{2j-l}$$

$$c_{i,j}^{m,d} = \sum_k \sum_l a_{k,l}^{(m-1)} g_{2i-k,2j-l}^{d} = \sum_k g_{2i-k}^{i2} \sum_l a_{k,l}^{(m-1)} g_{2j-l}^{i1}, \quad d = 1,2,3 \tag{10.6.7}$$

这里 $i_2 i_1 = d$ 是 d 的二进制编码。

反递推公式为

$$a_{i,j}^{(m-1)} = \sum_k \sum_l a_{k,l}^{(m)} \tilde{h}_{2k-i,2l-j} + \sum_{d=1,2,3} \sum_k \sum_l c_{k,l}^{m,d} \tilde{g}_{2k-i,2l-j}^{d} \tag{10.6.8}$$

10.6.2　数字图像的小波变换模型

通过上几节对小波理论的分析，得到了 DWT 分析数字图像的数学模型。对于给定的一个数字图像，记为一个数据集合：

$$\{a_{i,j}^{(0)}, 0 \leqslant i < N_1, 0 \leqslant j < N_2\} \tag{10.6.9}$$

必然存在一个函数 $f(x,y) \in \mathbf{V}_0 \otimes \mathbf{V}_0 \in L^2(\boldsymbol{R}^2)$ 使

$$f(x,y) = \sum_{i,j} a_{i,j}^{(0)} \varphi_{i,j}(x,y) \tag{10.6.10}$$

通过离散小波变换，获得 $f(x,y)$ 的有限层分解为

$$\begin{aligned} f(x,y) &= \sum_{i,j} a_{i,j}^{(0)} \varphi_{i,j}(x,y) \\ &= \sum_{i,j} a_{i,j}^{(L)} \varphi_{i,j}^{L}(x,y) + \sum_{m,d} \sum_{i,j} c_{i,j}^{m,d} \psi_{i,j}^{m,d}(x,y) \end{aligned} \tag{10.6.11}$$

记为

$$\begin{aligned} &\mathrm{DWT}\{a_{i,j}^{(0)}, 0 \leqslant i < N_1, 0 \leqslant j < N_2\} \\ &\Rightarrow \{a_{i,j}^{(L)}, c_{i,j}^{m,d}, 0 \leqslant i < 2^{-m}N_1, 0 \leqslant j < 2^{-m}N_2, m = 1,\cdots,L, d = 1,2,3\} \end{aligned} \tag{10.6.12}$$

为数字图像的小波分解；逆过程是小波合成，均满足 Mallat 的递推公式和反递推公式。对于图像分解，式(10.6.7)相当于交替在水平与垂直方向上进行滤波和亚采样，一个三层分解的离散小波系数阵如图 10.6.1 所示，它将图像分解成 10 个子带；单层小波分解与合成的滤波器结构如图 10.6.2 所示。

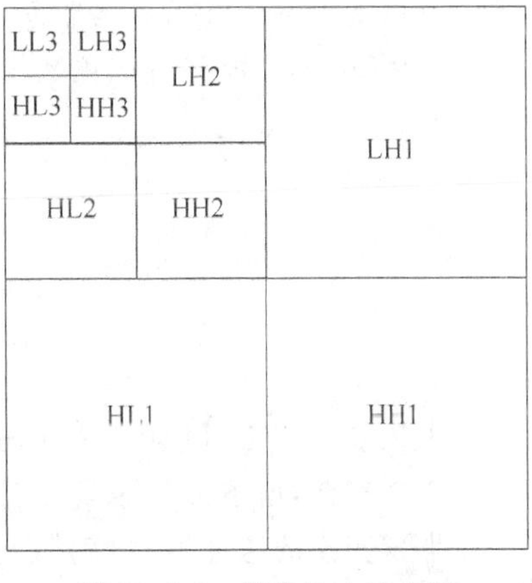

图 10.6.1　图像的小波分解

数字图像的小波模型可以从两个方面理解，一种是将固定尺度下空间采样的数字图像分解为 CWT 在空—频空间离散格点的采样(DWT)，正如式(10.6.11)所表示的，DWT 将单空间域序列变换为小波域序列，联系到一个多分辨分析，这实际是序列的多分辨分解；另一方面，从 Mallat 公式和图 10.6.2，这又等价为频带分解，实质上，数字图像的 DWT 等价于倍频程子带分解，实际上也已证明，对 $h, g, \tilde{h}, \tilde{g}$ 这些滤波器系数的约束条件与子带分解中理想重构滤波器组的条件是一致的。即使是这样，DWT 还是引入了一些新的思想，DWT 表示了两重意义的统一：多分辨分解与子带分解。数学

家们非常优美的工作，导出了几类正则性好的紧支小波基及相应的较短的滤波器组，5～9个抽头的小波滤波器组就具有了很好的性质，而传统的理想重构滤波器组设计给出的常用滤波器为16～64个抽头。

从空频局域化性质分析，图10.6.1所示DWT系数保持了同连续小波变换相一致的特性。从分解层1到L，每向上一层，一个小波系数的有效频宽减半，有效时宽增倍。这种图像小波分解的空频性质是4维空间的划分，但以二维空间简化说明，则可以画出图10.1.3的示意图。因此数字图像的DWT保持了函数空间连续小波变换相一致的空频局域化性质。

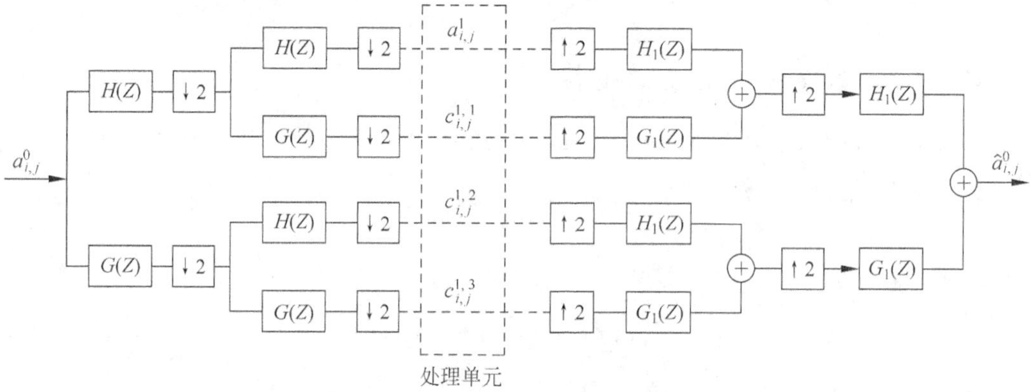

图10.6.2 小波分解与合成的滤波器结构示意图

小波图像分解常用的是双正交紧支小波，因为小波基的选取不是唯一的，选哪种小波基作分解更优，也没有一个明确的准则，有人用一些折中的评价准则，对大量现有小波基进行了评价，得出了一些较好的适用于图像压缩的小波基，在应用中，可以优先加以选择。

10.7 小波包分解

假设待分析的信号存在于子空间$\boldsymbol{V}_0$，小波分解将信号分别投影到子空间$\boldsymbol{V}_1$和$\boldsymbol{W}_1$，$\boldsymbol{V}_1$是信号的低频分量子空间，$\boldsymbol{W}_1$表示细节信号，是高频分量子空间。$\boldsymbol{V}_1$子空间被进一步分解为$\boldsymbol{V}_2$和$\boldsymbol{W}_2$，假设信号是实的，$\boldsymbol{V}_0$对应[$-\pi$,π]频率范围，由于频谱对称性，仅考虑正频率部分。假设选择共轭镜像滤波器$h(n)$和$g(n)$，使$\boldsymbol{V}_1$和$\boldsymbol{W}_1$非常接近地均分$\boldsymbol{V}_0$所占频带的低频和高频部分，小波分解在频域相应的频带划分如图10.7.1所示。

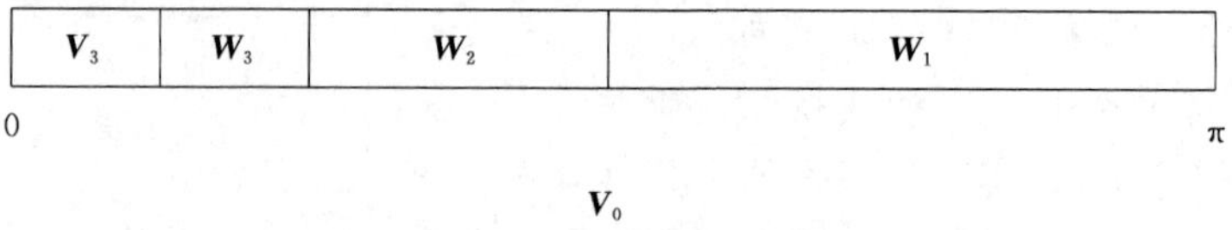

图10.7.1 小波分解的频率划分

小波分解的特点是将频率按倍频程划分，这种倍频程使得每个频段中心频率与带宽之比是一个常数，这也称为等Q划分。

小波变换的这种等Q特性，与人类视觉的分辨特性很相似，因此小波变换非常适用于视觉处理问题，但并不是所有的问题都非常符合等Q特性，能否找到一种更加灵活方便的频率划分模式，自适应地适合更复杂的物理问题，这就是小波包分解。

在正交小波分解时，通过多分辨分析，将一个子空间$\mathbf{V}_j$分解为互为正交的子空间$\mathbf{V}_{j+1}$和$\mathbf{W}_{j+1}$，即

$$\mathbf{V}_j = \mathbf{V}_{j+1} \oplus \mathbf{W}_{j+1} \tag{10.7.1}$$

通过两个共轭镜像滤波器$h(n)$和$g(n)$，得到构造小波基的二尺度方程，那么，很自然地问，$\mathbf{W}_j$是否可以分解成两个互为正交的子空间？是否可以用同一组滤波器构成二尺度方程；进而，对一般空间$\boldsymbol{U}$情况如何？

学者Coifman、Meyer和Wickerhauser研究了这个问题，并得到肯定的回答，这些结论总结在如下定理中：

定理10.7.1　设$\{\theta_j(t-2^jn)\}_{n\in\mathbf{z}}$是空间$\boldsymbol{U}_j$的正交基，设$h(n)$和$g(n)$是一对共轭镜像滤波器，定义

$$\theta_{j+1}^{(0)}(t) = \sum_{n=-\infty}^{+\infty} h(n)\theta_j(t-z^jn) \tag{10.7.2}$$

$$\theta_{j+1}^{(1)}(t) = \sum_{n=-\infty}^{+\infty} g(n)\theta_j(t-z^jn) \tag{10.7.3}$$

则函数族

$$\{\theta_{j+1}^{(0)}(t-2^{j+1}n), \theta_{j+1}^{(1)}(t-2^{j+1}n)\}_{n\in\mathbf{z}} \tag{10.7.4}$$

也构成$\boldsymbol{U}_j$的正交基，这样由$\{\theta_{j+1}^{(0)}(t-2^{j+1}n)\}_{n\in\mathbf{z}}$张成子空间$\boldsymbol{U}_{j+1}^{(0)}$，由$\{\theta_{j+1}^{(1)}(t-2^{j+1}n)\}_{n\in\mathbf{z}}$张成子空间$\boldsymbol{U}_{j+1}^{(1)}$，并且

$$\boldsymbol{U}_j = \boldsymbol{U}_{j+1}^{(0)} \oplus \boldsymbol{U}_{j+1}^{(1)} \tag{10.7.5}$$

共轭镜像滤波器需满足

$$\begin{aligned} &|\hat{h}(\omega)|^2 + |\hat{h}(\omega+\pi)|^2 = 2 \\ &|\hat{g}(\omega)|^2 + |\hat{g}(\omega+\pi)|^2 = 2 \\ &\hat{g}(\omega)\hat{h}^*(\omega) + \hat{g}(\omega+\pi)\hat{h}^*(\omega+\pi) = 0 \end{aligned} \tag{10.7.6}$$

定理10.7.1的式(10.7.6)表明，对任意空间$\boldsymbol{U}_j$的分解，要求的共轭镜像滤波器关系式与正交小波基时的相同，既然如此，不管是对$\mathbf{V}_j$或$\mathbf{W}_j$进一步分解，可以用同一组共轭镜像滤波器。

有定理10.7.1的基础，在任一分解层，不但将$\mathbf{V}_j$分解，将$\mathbf{W}_j$也可进一步分解，不失一般性，假设从$\mathbf{V}_0$开始分解，采用新的符号，即令$\mathbf{W}_0^0=\mathbf{V}_0$和$\psi_0^0(t)=\varphi(t)$，这里用上标表示分解子空间的序号，后续为简单省去上标的括号。由于$\{\psi_0^0(t-n)\}_{n\in\mathbf{z}}$是$\mathbf{W}_0^0$的正交基，首先将$\mathbf{W}_0^0$分解成$\mathbf{W}_1^0$和$\mathbf{W}_1^1$，且$\mathbf{W}_1^0\oplus\mathbf{W}_1^1=\mathbf{W}_0^0$；这个分解进行下去，在高层，$\mathbf{W}_j^p$被分解为$\mathbf{W}_{j+1}^{2p}$和$\mathbf{W}_{j+1}^{2p+1}$两个子空间，相应$\mathbf{W}_j^p$的基为$\{\psi_j^p(t-2^jn)\}_{n\in\mathbf{z}}$，$\mathbf{W}_{j+1}^{2p}$和$\mathbf{W}_{j+1}^{2p+1}$的基分别为$\{\psi_{j+1}^{2p}(t-2^{j+1}n)\}_{n\in\mathbf{z}}$和$\{\psi_{j+1}^{2p+1}(t-2^{j+1}n)\}_{n\in\mathbf{z}}$，这些基之间满足二尺度方程

$$\psi_{j+1}^{2p}(t) = \sum_{n=-\infty}^{+\infty} h(n)\psi_j^p(t-2^jn) \tag{10.7.7}$$

$$\psi_{j+1}^{2p+1}(t) = \sum_{n=-\infty}^{+\infty} g(n)\psi_j^p(t-2^jn) \tag{10.7.8}$$

并且满足：$\mathbf{W}_{j+1}^{2p}\perp\mathbf{W}_{j+1}^{2p+1}$和$\mathbf{W}_{j+1}^{2p}\oplus\mathbf{W}_{j+1}^{2p+1}=\mathbf{W}_j^p$。一个三层分解的过程如图10.7.2所示。

如果按图10.7.2所示的完整树分解后，取函数分解在空间$\boldsymbol{W}_L^0 \sim \boldsymbol{W}_L^{2^L-1}$的系数，等价于将频率空间按等间隔分解成$2^L$份，这是另外一种固定的频率分解，实际上，小波包分解提供了非常灵活的分解方式。为此，先介绍“允许树”概念，在一个二进树中，一个节点或可以进一步分解，从而这个节点有两个子女，或这个节点终止分解，这个节点成为叶节点，这样的树构成一个“允许树”。任一个允许树对应一种小波包分解，一个子空间W_j^p在第j层不再继续分解，它就构成了“允许树”上的一个叶节点，从上到下，从左到右，记第i个叶节点的上、下标为：(j_i, p_i)。设一个允许树共有I个叶节点，则记为：$\{j_i, p_i\}_{1\leqslant i\leqslant I}$，相应的叶节点子空间集为$\{\boldsymbol{W}_{j_i}^{p_i}\}_{1\leqslant i\leqslant I}$，它们的直和是$\boldsymbol{W}_0^0$，即

$$\boldsymbol{W}_0^0 = \bigoplus_{i=1}^{I} \boldsymbol{W}_{j_i}^{p_i}$$

它们的联合的小波包基集合为

$$\{\psi_{j_i}^{p_i}(t - 2^{j_i} n)\}_{n\in \mathbf{Z}, 1\leqslant i\leqslant I}$$

图10.7.3是允许树的一个实例。

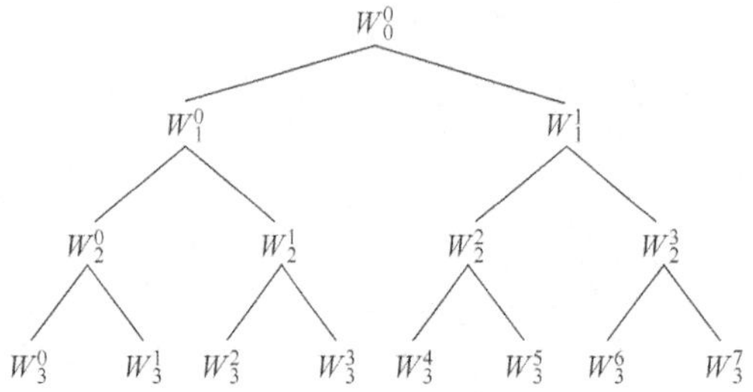

图10.7.2　一个三层分解的小波包树

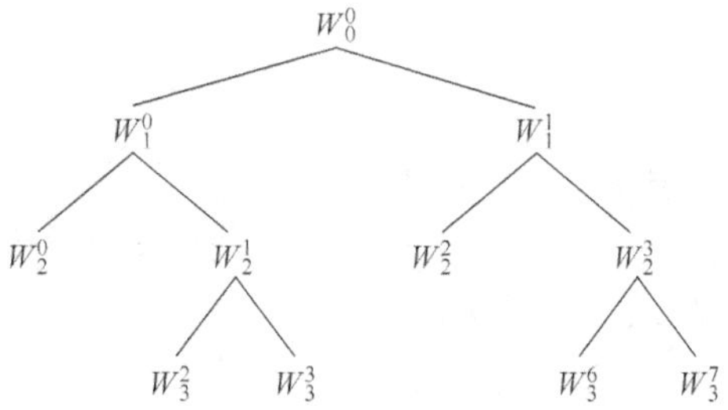

图10.7.3　一个允许树实例

图10.7.3的实例中，在第二层，$\boldsymbol{W}_2^0$和$\boldsymbol{W}_2^2$不再继续分解，而$\boldsymbol{W}_2^1$和$\boldsymbol{W}_2^3$继续分解为$\boldsymbol{W}_3^2$，$\boldsymbol{W}_3^3$和$\boldsymbol{W}_3^6$，$\boldsymbol{W}_3^7$，最后取$\{\boldsymbol{W}_2^0, \boldsymbol{W}_2^2, \boldsymbol{W}_3^2, \boldsymbol{W}_3^3, \boldsymbol{W}_3^6, \boldsymbol{W}_3^7\}$中的分解系数为小波包分解的系数，图10.7.3的实例等价的频率分解如图10.7.4所示。

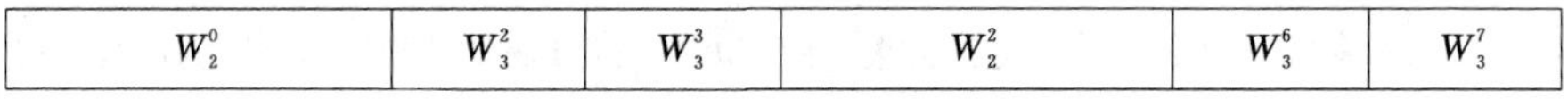

图10.7.4　一个允许树的频率分解

小波包基也对应了更加灵活的时频空间分解，图10.7.5给出了一个允许树和它对应的时频平面划分。

在一个完整的小波包树中，将所有节点表示的子空间集合，$\boldsymbol{W}_0^0$，$\{\boldsymbol{W}_1^p\}_{0\leqslant p\leqslant 1}$，…，$\{\boldsymbol{W}_j^p\}_{0\leqslant p\leqslant 2^j-1}$，…，$\{\boldsymbol{W}_L^p\}_{0\leqslant p\leqslant 2^L-1}$，总称之为小波包空间库，将相应的$\{\boldsymbol{W}_j^p\}_{0\leqslant j\leqslant L, 0\leqslant p_j\leqslant 2^j-1}$称为小波包基库，将各子空间系数集称为小波包系数库。在这个完整树中，或从小波包空间库中，得到一个允许树，就对应一种小波包分解。一共存在多少种分解呢？可以证明：一个分解层深为J的库，可以构造$2^{2^{J-1}} \leqslant B_J \leqslant 2^{\frac{5}{4}\cdot 2^{J-1}}$种小波包分解，对一种问题的处理，哪种分解最优？可以构造一定的评价准则，从小波包库中寻找最优的一种分解方式，由于正交小波变换是小波包中一种特殊的允许树，因此它是小波包的特例。

小波包也可推广到高维情况，这里只讨论二维情况，讨论图像的小波包分解。

对于二维情况，讨论简单的二维可分情况，即$\boldsymbol{V}_0^{0,0} = \boldsymbol{V}_0 \otimes \boldsymbol{V}_0$作为初始逼近空间，定义

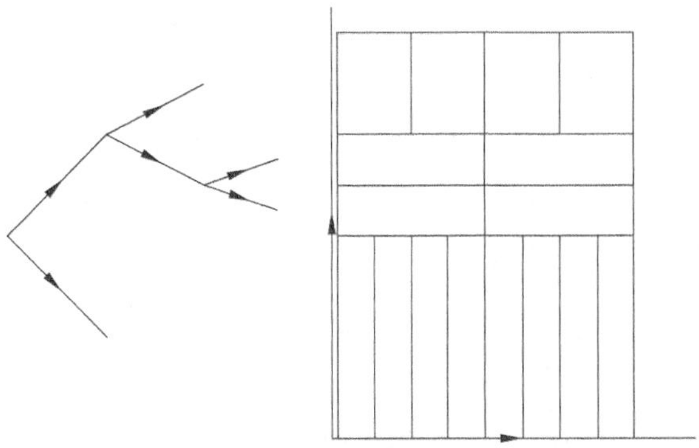

图 10.7.5　一个允许树及其对应的时频平面划分

$\boldsymbol{W}_0^{0,0}=\boldsymbol{V}_0^{0,0}=\boldsymbol{V}_0\otimes\boldsymbol{V}_0=\boldsymbol{W}_0^0\otimes\boldsymbol{W}_0^0$，这里$\boldsymbol{W}_0^0=\boldsymbol{V}_0$。

一般情况，对于第 j 层分解，$\boldsymbol{W}_j^{p,q}=\boldsymbol{W}_j^p\otimes\boldsymbol{W}_j^q$，可分的小波包函数为

$$\psi_j^{p,q}=\psi_j^p(x_1)\psi_j^q(x_2)$$

$\boldsymbol{W}_j^{p,q}$ 的基函数族为$\{\psi_j^{p,q}(\boldsymbol{x}-2^j\boldsymbol{n})\}_{n\in\mathbf{z}^2}$，这里 $\boldsymbol{x}=(x_1,x_2)^{\mathrm{T}}$，$\boldsymbol{n}=(n_1,n_2)^{\mathrm{T}}$。

由一维小波包分解过程

$$\boldsymbol{W}_j^p=\boldsymbol{W}_{j+1}^{2p}\oplus\boldsymbol{W}_{j+1}^{2p+1},\quad \boldsymbol{W}_j^q=\boldsymbol{W}_{j+1}^{2q}\oplus\boldsymbol{W}_{j+1}^{2q+1}$$

得到

$$\boldsymbol{W}_j^{p,q}=\boldsymbol{W}_{j+1}^{2p,2q}\oplus\boldsymbol{W}_{j+1}^{2p+1,2q}\oplus\boldsymbol{W}_{j+1}^{2p,2q+1}\oplus\boldsymbol{W}_{j+1}^{2p+1,2q+1}$$

这是四叉树分解过程，二维图像的一个子空间分解示意图如图 10.7.6 所示。

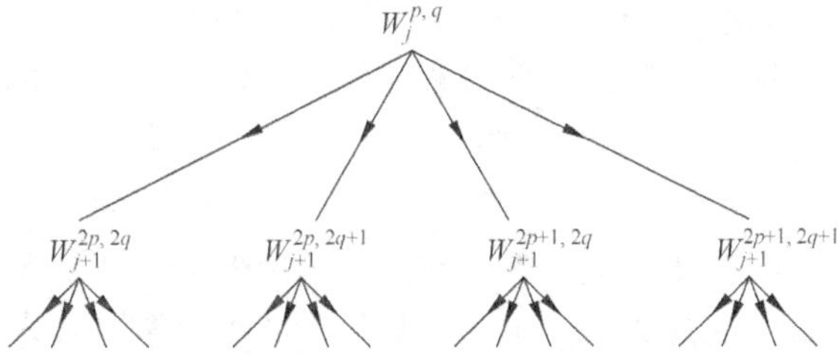

图 10.7.6　二维小波包分解的四叉树结构

与一维情况相似，一种小波包分解对应一个允许树，二维情况下，允许树要求一个节点或有 4 个子女，或没有子女，所有叶节点的集合为$\{j_i,p_i,q_i\}_{0\leqslant i\leqslant I}$相应的小波分解等价于空间分解

$$\boldsymbol{W}_0^{0,0}=\oplus_{i=1}^{I}\boldsymbol{W}_{j_i}^{p_i,q_i}$$

小波包基为

$$\{\psi_{j_i}^{p_i,q_i}(\boldsymbol{x}-2^{j_i}\boldsymbol{n})\}_{n=(n_1,n_2)\in\mathbf{z}^2,0\leqslant i\leqslant I}$$

可以证明，一个 J 层小波包全树，可以构造的小波包基数目(即允许树数目)为：$2^{4^{J-1}}\leqslant B_J\leqslant 2^{\frac{49}{48}4^{J-1}}$，对于 个待分析的问题，例如一个图像的小波包分解，从 B_J 中取择哪一个小波包，取得更好的效果？根据应用可以构造最优小波包基的选取方法。

一个二维小波包基(允许树)的例子及其相应的频率分解示于图 10.7.7。

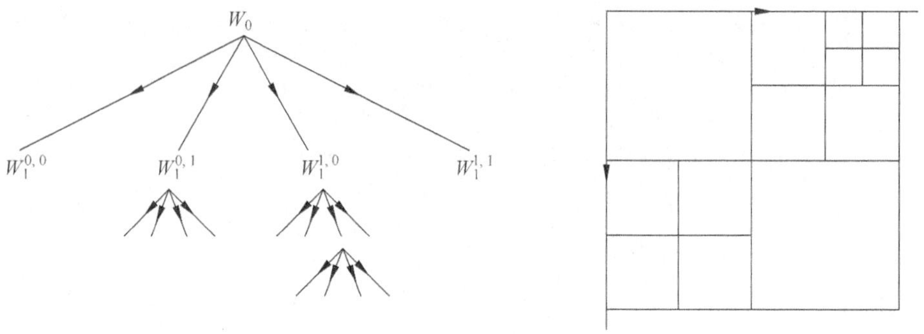

图 10.7.7　一个二维小波包分解实例

*10.8　离散小波变换中的边界问题

在本章关于离散小波变换的介绍中，均隐含地假设了待变换的输入序列是无限长的，因此，没有考虑边界问题。但是，对于数字信号处理的应用，得到的实际信号序列长度是有限的，因此，就遇到一个边界问题，这是一个实际编程时需要考虑的问题，本节对此做简单讨论。

在前面已经看到，离散小波变换的 Mallat 算法实际上是一个滤波加亚采样过程，对于一个有限长序列，用一个 FIR 滤波器(相应的紧支小波基)进行滤波，滤波器输出数据会产生扩展，设一个偶数长序列长为 N，滤波器系数长为偶数 M，滤波器输出序列长度为 $N+M-1$，亚采样后尺度系数和小波系数均为$(N+M)/2$ 长，总系数为 $N+M$，因此，一层变换就扩展了系数。一般实际中小波变换的层数采用 3～6 层是最常用的，系数就会进一步扩展。这是对一维序列而言，对图像信号，每一层变换都要对每一行和每一列分别进行变换，系数扩展问题就更突出。

本节简要讨论两种边界处理方法。第一种是对正交小波的处理，对输入序列做周期延拓，进行周期为 N 的循环卷积，这样保证了亚采样后尺度和小波系数均为 $N/2$，图 10.8.1(a)所示长为 8 的输入序列，图 10.8.1(b)是按周期延拓后的部分序列，图 10.8.1(c)是一层变换后的尺度系数和小波系数，它们各自长度为 4，其实它们是以 4 为周期的周期序列，只取其一个周期。这个例子用的是长度为 4 的 Daubechies 小波。周期延拓解决了系数扩展问题，但由于周期延拓人为地制造了在周期边缘的突变(见图 10.8.1(b))，使得高频变换系数增大，这不利于小波用于信号压缩问题。

对于具有对称特性或者说是线性相位特性的双正交小波变换的实现，可以利用对称关系，既避免系数扩展，也不引入人为的突变问题，这就是先对序列进行对称延拓，再进行周期延拓。图 10.8.2 所示是一种对称周期延拓的例子，首先用对称延拓将数据变成长为 $2N$ 的对称序列，再进行周期为 $2N$ 的周期延拓。序列在一个周期内的对称性，和滤波器系数的对称性结合，使得变换后系数仍具有周期内的对称性，仅保留 $N/2$ 个尺度和 $N/2$ 个小波系数可以无失真的恢复原序列。但也要注意到，对于不同对称特性的滤波器系数，序列的对称延拓是不同的，需要注意各种组合情况。对于紧支的正交小波基，除 Harr 小波外，都不具备对称性，因此无法利用这种对称周期延拓。因此，在信号压缩领域双正交小波变换比正交变换用的更多，尤其是接近正交特性的双正交基就更加理想，典型的(7,9)双正交小波就是这样一个例子。在实际应用时，一定要小心处理边界问题。

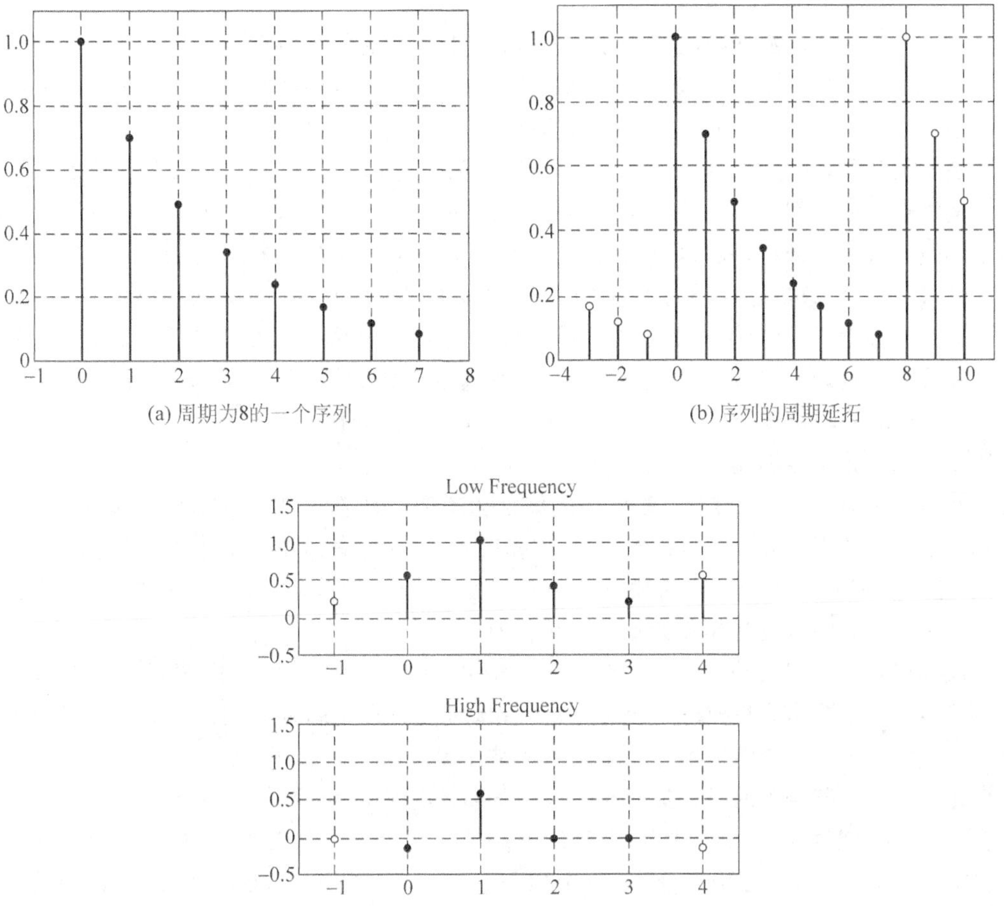

(a) 周期为8的一个序列

(b) 序列的周期延拓

(c) 小波变换系数：低频和高频分量

图 10.8.1 按周期延拓的正交小波变换的例子

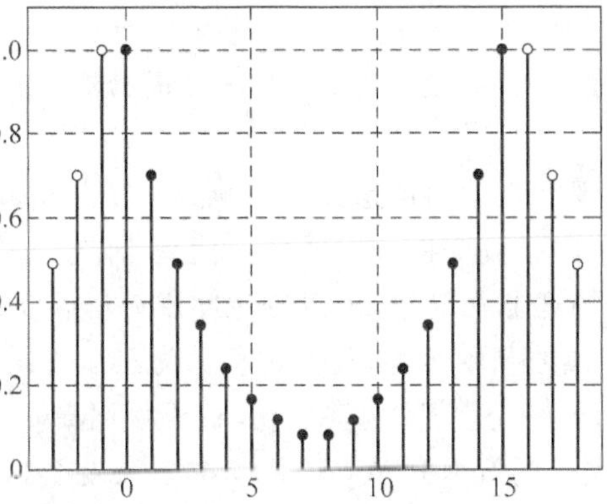

图 10.8.2 序列的对称周期延拓

*10.9 提升和整数小波变换

在前几节讨论小波变换的基本原理时，看到小波基的一个重要性质就是由一个母函数的伸缩平移集构成一个正交基，由于伸缩、平移运算在傅里叶变换域变成一般的代数运算，因此小波变换大多数的性质都是通过傅里叶变换工具来描述的，但在一些应用环境下，伸缩平移是不实现的，在这些情况下，传统的小波变换或不可用，或必须对信号进行延拓。

例如在有限区间内定义的函数或离散情况时的有限长序列，必须通过延拓方式才可以利用小波变换进行分析，如果是定义在一个特殊曲面上的函数，例如定义在球面上的函数，很难通过伸缩、平移描述这样的函数族，难以用传统的小波变换分析这类函数。

放弃用伸缩、平移一个母函数而构成小波基的限制，因而也就可以不采用傅里叶变换作为主要分析工具，从而构成应用范围更广、计算速度更快的新一类小波变换，Sweldens 等提出的提升(Lifting)小波变换方法就是这样一类新的小波变换工具。

传统的小波变换都是实数域的变换，即使待分析信号本身是整数序列，相应小波变换系数也是实数。由于实际采集的语音和数字图像一般都是用位数较低的整数表示，最常用的是 8～16 位，我们也非常希望语音或图像的小波变换系数是整数，也就是希望有一种“整数－整数小波变换”，将整数序列映射为整数小波系数，并且这种映射是可逆的。将具有这种性质的小波变换称为整数小波变换。

提升和整数小波变换已经得到了实际应用，ISO 制定了新一代图像压缩标准——JPEG2000，在它推荐的两种小波变换的实现中，对有失真压缩推荐用的是提升方法实现的(7,9)小波，对无失真压缩则推荐的是整数小波变换。

如下第 1 小节直观的讨论提升小波变换的基本原理与步骤，第 2 小节讨论用提升构造小波基，第 3 小节给出几个实现的例子，第 4 小节讨论整数小波变换，整数小波变换与提升方法密切相关。与本章前几节不同，本节用$\tilde{h}$和$\tilde{g}$表示分析滤波器，重构滤波器则是 h 和 g。

10.9.1 提升小波变换的基本方法

本节直观地描述提升方法的基本步骤，通过本节讨论，将会看到，提升方法具有如下几个优点。

(1) 可以实现更快速的小波变换算法，一般通过提升方法比 MALLAT 算法可以达到快 2 倍的离散小波分解。

(2) 提升方法可以实现完全的同址运算，这一点与 FFT 类似。

(3) 利用提升方法，正向小波变换和反变换结构是非常一致的，仅有正负号区别。

(4) 提升小波变换的描述非常简单，可以避免使用傅里叶变换。

下面描述提升小波变换的基本步骤，提升过程分为三步：分裂、预测和更新。在离散情况下，当给定数据集 a_0，通过一个提升过程将它分解成数据集 a_1 和 c_1，使得 a_1 和 c_1 是 a_0的更紧致的表示，通过一级完整的提升过程(三步)，a_1 是尺度系数，c_1 是小波系数。注意，为了说明原理，这里下标是表示分解层，这与 Sweldens 原始使用的序号不同，而是接续了前几节分解层的标号方式，实际目前大多数小波文献都是这样标记分解层的，Sweldens 是按相反的序号，他用负数表示更大尺度的分解层，是因为负数代表更少的数据量，这一点在参考

Sweldens 早期文献时需要注意。a_0 表示数据集$\{a_{0,i}, i\in \mathbf{Z}\}$，$a_1$ 和 c_1 也是类似的含义。

第一步分裂过程，是将 a_0 分解成两个集合 a_1 和 c_1，分解方法有多种选择。例如将 a_0 的奇数序号值集合定义为 a_1，将偶数序号集合定义为 c_1（这称为惰性小波变换：Lazy Wavelet）；或将前一半数据分给 a_1，将后一半数据分给 c_1；或相邻两数之和分给 a_1，相邻两数之差分给 c_1（Harr 小波）。这种分裂方式的不同，也就相当于采用不同小波基。在实现中，用惰性小波作为第一级分解是最常用的。

第二步是预测，主要是消除第一步分裂后留下的冗余，给出更紧致的数据表示，预测的目的是用 a_1 预测 c_1，预测差形成新的 c_1，即

$$c_1 := c_1 - P(a_1) \tag{10.9.1}$$

这里 P 是预测算子，它应该是独立于数据集的一个确定的运算形式。为了避免在这里引入更多的符号，用“:=”表示对变量的更新而不是一个等式，这相当于一个伪码的赋值语句。当原始的 c_1 完全可由 a_1 预测，且预测算子也是理想的预测器时，新的 c_1 是全零序列，当理想预测不存在，但原始 c_1 和 a_1 相关性较大时，通过预测，使新的 c_1 具有很低的能量分布。

似乎这个分解过程可以进入到下一级，将 a_1 进一步分解成 a_2, c_2，这个过程一直继续下去，直到指定的 n 级分解，形成系数集$\{a_n, c_n, \cdots, c_1\}$。但有一个问题，这种分解过程中，希望最后的系数子集 a_n 中保留 a_0 中的某些全局性质，例如均值不变。但是由于分裂过程不一定能够使这个性质保持下来，因此，在每一级分解中增加第三步：更新过程。更新过程的目的使某一全局性质得以保障。定义一个标量运算器 $Q(a_i)$，由它计算一个序列的某个全局量，例如均值。在当前级，更新过程要求

$$Q(a_1) = Q(a_0) \tag{10.9.2}$$

为了使正、反变换一致性，定义一个算子 U，使得由 $U(c_1)$对 a_1 进行更新后，保持式(10.9.2)成立，更新过程写为

$$a_1 := a_1 + U(c_1) \tag{10.9.3}$$

按如上所述，每一级提升由三个步骤组成，给出 j 取值从 1 至 n，每一级分解过程表示为

$$\begin{cases} \{a_{j+1}, c_{j+1}\} := \mathrm{split}(a_j) \\ c_{j+1} := c_{j+1} - P(a_{j+1}) \\ a_{j+1} := a_{j+1} + U(c_{j+1}) \end{cases} \tag{10.9.4}$$

很容易证明，反变换过程为

$$\begin{cases} a_{j+1} := a_{j+1} - U(c_{j+1}) \\ c_{j+1} := c_{j+1} + P(a_{j+1}) \\ a_j := \mathrm{Join}(a_{j+1}, c_{j+1}) \end{cases} \tag{10.9.5}$$

可以看到，如上分解方式是与离散小波变换的思想是一致的，将序列分解成更紧致的表示方式，分裂方式的不同、预测器的不同选择，等价于选取了不同的滤波器组，下一节将用更数学化的语言说明，提升过程等价于双正交离散小波变换，提升过程的示意图如图 10.9.1 所示。

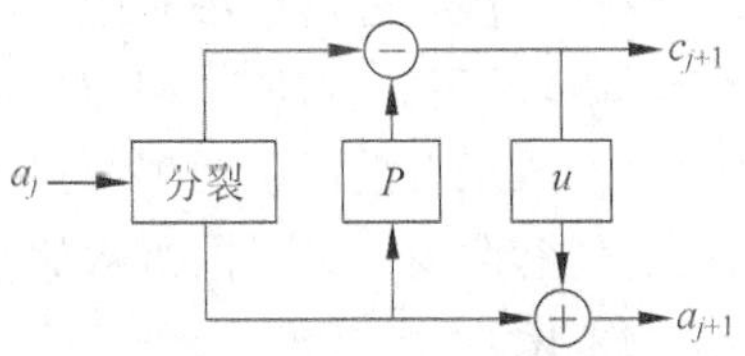

图 10.9.1　提升过程的示意图

例 10.9.1　给出一个提升小波变换实际实现的例子

$$a_0 = \{a_{0,k}, k \in \mathbf{Z}\}$$

分裂过程使用惰性小波

$$a_{1,k} := a_{0,2k}$$
$$c_{1,k} := a_{0,2k+1} \quad k \in \mathbf{Z}$$

预测过程使用邻近均值预测，用 $a_{0,2k}$ 和 $a_{0,2k+2}$ 预测 $a_{0,2k+1}$，相当于

$$c_{1,k} := c_{1,k} - \frac{1}{2}(a_{1,k} + a_{1,k+1})$$

更新过程选用 U 算子为采用 2 个相邻小波系数来更新尺度系数，即

$$a_{1,k} := a_{1,k} + A(c_{1,k-1} + c_{1,k})$$

强制 a_1 和 a_0 具有相等的直流项即：

$$\sum_k a_{1,k} = \frac{1}{2}\sum_k a_{0,k}$$

将更新公式代入上式求得常数 $A = \frac{1}{4}$。最后的更新公式为

$$a_{1,k} := a_{1,k} + \frac{1}{4}(c_{1,k-1} + c_{1,k})$$

稍做推导不难验证，三步运算总的变换相当于

$$c_{1,k} = a_{0,2k+1} - \frac{1}{2}(a_{0,2k} + a_{0,2k+2})$$

$$a_{1,k} = \frac{3}{4}a_{0,2k} + \frac{1}{4}(a_{0,2k-1} + a_{0,2k+1}) - \frac{1}{8}(a_{0,2k-2} + a_{0,2k+2})$$

相当于用 $\tilde{g} = \left\{-\frac{1}{2}, 1, -\frac{1}{2}\right\}$ 和 $\tilde{h} = \left\{-\frac{1}{8}, \frac{1}{4}, \frac{3}{4}, \frac{1}{4}, -\frac{1}{8}\right\}$ 的分解小波进行小波变换。用 Mallat 公式共需 $2N$ 点乘法运算（假设输入为 N 点长度的序列），分析例子中的提升计算方法，发现用提升示法只需 N 点乘法，仅从乘法运算量上就降低了一半。本例中每一级提升过程的运算流图如图 10.9.2 所示，它是典型的同址运算过程。但注意到，提升方法输出与 Mallat 算法的输出排序是不一致的，如果要使提升过程具有与 Mallat 算法次序一致的输出序列，要求对输入序列重排序，有关细节参考[24]。

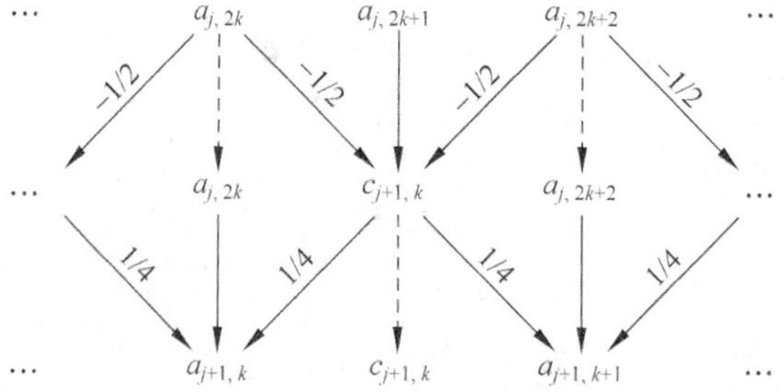

图 10.9.2　一级提升小波计算示意图，是典型的同理运算

提升方法很容易解决有限区间上的小波变换问题，例如，对有限长序列的 DWT，在上面例子中，是用左、右两个相邻像素进行预测，但当到达左边界时，左边没有像素了，很容易就可以变成用右侧两个相邻像素进行预测，这种变化是非常简单和直观的。用提升方法可以构造任意曲面上定义的函数的小波变换，这是不满足伸缩、平移条件的情况，这些内容超出本书范围，不再赘述。

10.9.2　构造小波基的提升方法

在上一小节从计算小波变换的观点讨论了提升方法的基本步骤，本节从构造小波基的角度讨论提升方法的原理，并从与小波基的共轭镜像相关滤波器的提升关系导出了快速小波变换算法，将会看到，实质上与上节直观方法导出的结论是一致的。

在10.3节、10.4节中详细地介绍了系统地构造正交和双正交小波基的方法，以多分辨分析做工具，将构造小波基的问题转化成设计一组特定滤波器的问题，具体说，对于双正交小波基的构造，转化成构造一组双正交有限抽样响应滤波器组$(h,g,\tilde{h},\tilde{g})$的问题，这组滤波器组必须满足

$$\hat{h}^*(\omega)\hat{\tilde{h}}(\omega)+\hat{h}^*(\omega+\pi)\hat{\tilde{h}}(\omega+\pi)=2 \tag{10.9.6}$$

和

$$\begin{aligned}\hat{g}(\omega)&=e^{-j\omega}\hat{\tilde{h}}^*(\omega+\pi)\\ \hat{\tilde{g}}(\omega)&=e^{-j\omega}\hat{h}^*(\omega+\pi)\end{aligned} \tag{10.9.7}$$

在第10.5节讨论双正交小波基构造时，关心的是怎样寻找一些滤波器组$(h,g,\tilde{h},\tilde{g})$，使它们满足式(10.9.6)和式(10.9.7)的基本关系，并且使构造的小波基具有一定的消失矩和规则性。现在我们关心这样一个问题：能否从一个已有的滤波器组$(h,g^0,\tilde{h}^0,\tilde{g})$，通过一个简单的提升关系，构造出另外一个滤波器组$(h,g,\tilde{h},\tilde{g})$，使这个滤波器组也对应于一组双正交小波基，并且通过提升过程，使$(h,g,\tilde{h},\tilde{g})$具有更高的消失矩。如下引理和推论回答了这个问题。

引理10.9.1　对一个固定的紧支尺度函数φ，令h是与它相对应的有限长滤波器单位抽样响应，考虑两个有限长对偶滤波器$\tilde{h}$和$\tilde{h}^0$，它们都双正交于h，它们必然满足如下关系

$$\hat{\tilde{h}}(\omega)=\hat{\tilde{h}}^0(\omega)+e^{-j\omega}\hat{h}^*(\omega+\pi)\hat{s}^*(2\omega) \tag{10.9.8}$$

这里$s(\omega)$是一个三角多项式。反之，如果$\tilde{h}$和$\tilde{h}^0$中有一个双正交于h，并且满足式(10.9.8)，则另一个也必双正交于h。

这个引理的必要条件可以直接将式(10.9.8)代入式(10.9.6)进行验证，充分条件的证明参考[23]。由引理1立刻得到如下推论。

推论10.9.1　由一组初始双正交滤波器组$(h,g^0,\tilde{h}^0,\tilde{g})$，由如下关系可以得到一个新的双正交滤波器组$(h,g,\tilde{h},\tilde{g})$，即

$$\hat{\tilde{h}}(\omega)=\hat{\tilde{h}}^0(\omega)+\hat{\tilde{g}}(\omega)\hat{s}^*(2\omega) \tag{10.9.9}$$

$$\hat{g}(\omega)=\hat{g}^0(\omega)-\hat{h}(\omega)\hat{s}(2\omega) \tag{10.9.10}$$

这里$\hat{s}(\omega)$是一个三角多项式。这两个双正交滤波器组都对应着相应的双正交小波基。

将式(10.9.7)第2个关系式代入式(10.9.8)可得到式(10.9.9)，利用式(10.9.7)第1个关系式和一个用$\hat{g}(\omega)$表示的与式(10.9.8)等价的形式，可得到式(10.9.10)。对式(10.9.9)和式(10.9.10)做傅里叶反变换，得到它们在时域内的关系为

$$\tilde{h}(n)=\tilde{h}^0(n)+\sum_{k=-\infty}^{+\infty}\tilde{g}(n-2k)s(-k) \tag{10.9.11}$$

$$g(n)=g^0(n)-\sum_{k=-\infty}^{+\infty}h(n-2k)s(k) \tag{10.9.12}$$

在推论 10.9.1 的基础上，利用关系式

$$\hat{\psi}(\omega)=\frac{1}{\sqrt{2}}\hat{g}\left(\frac{\omega}{2}\right)\hat{\varphi}\left(\frac{\omega}{2}\right),\quad \hat{\tilde{\varphi}}(\omega)=\frac{1}{\sqrt{2}}\hat{\tilde{h}}\left(\frac{\omega}{2}\right)\hat{\tilde{\varphi}}\left(\frac{\omega}{2}\right) \tag{10.9.13}$$

可以验证如下定理。

定理 10.9.1(提升定理) 取一个初始的双正交尺度函数和小波函数集$(\varphi,\psi^0,\tilde{\varphi}^0,\tilde{\psi}^0)$，通过提升关系，得到新的函数集$(\varphi,\psi,\tilde{\varphi},\tilde{\psi})$，它们是双正交的，提升关系是

$$\psi(x)=\psi^0(x)-\sum_k s_k\varphi(x-k) \tag{10.9.14}$$

$$\tilde{\varphi}(x)=\sqrt{2}\sum_k \tilde{h}_k{}^0\tilde{\varphi}^0(2x-k)+\sum_k s_{-k}\tilde{\psi}^0(x-k) \tag{10.9.15}$$

$$\tilde{\psi}(x)=\sqrt{2}\sum_k \tilde{g}_k\tilde{\varphi}(2x-k) \tag{10.9.16}$$

这里$\{s_k\}$是可选择的系数。

注意，式(10.9.9)～式(10.9.15)是目前得到的所有的提升关系，从$(h,g^0,\tilde{h}^0,\tilde{g})$通过提升关系式(10.9.9)和式(10.9.10)得到新的滤波器组$(h,g,\tilde{h},\tilde{g})$，这种提升关系只影响 2 个滤波器，但要影响 3 个函数 $\psi,\tilde{\varphi}$ 和 $\tilde{\psi}$；尽管提升关系不影响滤波器$\tilde{g}$，但由于 $\tilde{\varphi}(x)$的变化，引起 $\tilde{\psi}(x)$发生变化，这种提升关系仅有 $\varphi(x)$是保持不变的，我们称这种提升关系为第一类提升。对偶的，也可以从$(h^0,g,\tilde{h},\tilde{g}^0)$出发，通过类似于式(10.9.9)和式(10.9.10)的关系式，得到$(h,g,\tilde{h},\tilde{g})$，即通过提升改变 h 和$\tilde{g}$，这种提升仅有 $\tilde{\varphi}(x)$保持不变，这个可以称为第二类提升(对偶提升)。

通过第一类提升可以改善 $\psi(x)$的消失矩和 $\tilde{\varphi}(x)$的光滑性，$\varphi(x)$保持不变，第二类提升可以增加 $\tilde{\psi}(x)$的消失矩和 $\varphi(x)$的光滑性，$\tilde{\varphi}(x)$保持不变，如果从很初级的函数组 $\varphi^0(x)$，$\psi^0(x)$，$\tilde{\varphi}^0(x)$，$\tilde{\psi}^0(x)$为起点，通过第一类提升和第二类提升交叉进行，可以得到具有满意的消失矩和光滑性的函数集$(\varphi,\psi,\tilde{\varphi},\tilde{\psi})$。

在描述提升方法的公式中，最重要的是式(10.9.10)和式(10.9.14)，由于 $\varphi(x)$不改变，为了得到满足要求的小波函数 $\psi(x)$，只需要适当选择$\hat{s}(\omega)$(等价的 $s_k,k\in\mathbf{Z}$)。例如，适当选择$\hat{s}(\omega)$，使 $\psi(x)$的消失矩按期望增加。从一个比较简单的正交函数通过提升构造新的双正交小波和尺度函数的问题，就转化成确定一个$\hat{s}(\omega)$的问题，观察下面的例子。

例 10.9.2 从 Harr 小波开始，用提升方法构造一个新的双正交小波基，将小波的消失矩从 1 增加为 2，由于 Harr 小波是一个简单双正交组(实际上是正交的)，因此有

$$\hat{\tilde{h}}^0(\omega)=\hat{h}(\omega)=\frac{1}{\sqrt{2}}+\frac{1}{\sqrt{2}}e^{-j\omega}$$

$$\hat{\tilde{g}}^0(\omega)=\hat{g}^0(\omega)=-\frac{1}{\sqrt{2}}+\frac{1}{\sqrt{2}}e^{-j\omega}$$

提升的目标是由$(h,g^0,\tilde{h}^0,\tilde{g})$构造$(h,g,\tilde{h},\tilde{g})$，一个提升方程为

$$\hat{g}(\omega)=\hat{g}^0(\omega)-\hat{h}(\omega)\hat{s}(2\omega)$$

如果要求 1 阶消失矩，需要$\hat{g}(0)=0$，由上式解得$\hat{s}(0)=0$，因为目标是使 $\psi(x)$有 2 阶消失矩，故还要求$\hat{g}'(0)=0$，由此得出等式

$$\hat{g}^{0\prime}(0)=2\hat{h}(0)\hat{s}'(0)+\hat{h}'(0)\hat{s}(0)$$

解得 $s'(0)=-i/4$。

满足 $s(0)$ 和 $s'(0)$ 条件，且使 $\hat{g}(\omega)$ 保持对称性的一个解是

$$\hat{s}(\omega)=-\frac{i}{4}\sin\omega$$

将 $\hat{s}(\omega)$ 的解代入式(10.9.9)和式(10.9.10)分别得到

$$\hat{\tilde{h}}(\omega)=\sqrt{2}\left(-\frac{1}{16}\mathrm{e}^{2\mathrm{j}\omega}+\frac{1}{16}\mathrm{e}^{\mathrm{j}\omega}+\frac{1}{2}+\frac{1}{2}\mathrm{e}^{-\mathrm{j}\omega}+\frac{1}{16}\mathrm{e}^{-2\mathrm{j}\omega}-\frac{1}{16}\mathrm{e}^{-3\mathrm{j}\omega}\right)$$

$$\hat{g}(\omega)=\sqrt{2}\left(\frac{1}{16}\mathrm{e}^{2\mathrm{j}\omega}+\frac{1}{16}\mathrm{e}^{\mathrm{j}\omega}-\frac{1}{2}+\frac{1}{2}\mathrm{e}^{-\mathrm{j}\omega}-\frac{1}{16}\mathrm{e}^{-2\mathrm{j}\omega}-\frac{1}{16}\mathrm{e}^{-3\mathrm{j}\omega}\right)$$

相当于滤波器冲激响应为

$$\tilde{h}=\left\{-\frac{1}{16},\frac{1}{16},\frac{1}{2},\frac{1}{2},\frac{1}{16},-\frac{1}{16}\right\}\times\sqrt{2}$$

$$g=\left\{\frac{1}{16},\frac{1}{16},-\frac{1}{2},\frac{1}{2},-\frac{1}{16},-\frac{1}{16}\right\}\times\sqrt{2}$$

这是 Cohen-Daubechies 双正交小波基中的一个，它的小波基具有 2 阶消失矩。

下面通过提升方程导出快速小波变换算法，尺度系数和小波变换系数可分别表示为

$$a_{j,l}=\langle f,\tilde{\varphi}_{j,l}\rangle$$

$$c_{j,l}=\langle f,\tilde{\psi}_{j,l}\rangle$$

这里，下标 j 表示小波尺度层序号，l 表示小波系数序号。在这里以 $(\tilde{\varphi},\tilde{\psi})$ 为分解用尺度函数和小波函数，由公式(10.9.15)～式(10.9.16)用类似导出 Mallat 公式的方法，可以证明小波分解公式为

$$c_{j+1,l}=\sum_k \tilde{g}_{k-2l}a_{j,k} \tag{10.9.17}$$

$$a_{j+1,l}=\sum_k \tilde{h}^0_{k-2l}a_{j,k}+\sum_k s_{l-k}c_{j+1,k} \tag{10.9.18}$$

合成公式为

$$a_{j,k}=\sum_l h_{k-2l}\left(a_{j+1,k}-\sum_m s_{l-m}c_{j+1,m}\right)+\sum_l g^0_{k-2l}c_{j+1,l} \tag{10.9.19}$$

我们将式(10.9.17)和式(10.9.18)重新安排一下，得到如下前向和后向离散小波变换算法。

(1) 正向变换

第一级：(非提升系数)

$$\begin{aligned}a_{j+1,l}&:=\sum_k \tilde{h}^0_{k-2l}a_{j,k}\\ c_{j+1,l}&:=\sum_k \tilde{g}_{k-2l}a_{j,k}\end{aligned} \tag{10.9.20}$$

第二级：(计算提升的系数)

$$a_{j+1,l}:=a_{j+1,l}+\sum_k s_{l-k}c_{j+1,k} \tag{10.9.21}$$

(2) 反向变换

第一级：

$$a_{j+1,l}:=a_{j+1,l}-\sum_k s_{l-k}c_{j+1,k} \tag{10.9.22}$$

第二级：

$$a_{j,k} := \sum_l h_{k-2l} a_{j+1,l} + \sum_l g^0_{k-2l} c_{j+1,l} \tag{10.9.23}$$

将这个算法与 10.9.1 节给出的直观的提升算法比较，很显然，在正向变换第一级实际等价于 10.9.1 节算法中的"分裂和预测"两步的合并，其实质是同样的，如果从一个简单的 $\tilde{h}^0, g^0$ 通过提升获得等价于更平滑和消失矩更高的 $\tilde{h}, g$，同时也导出了更高效的计算小波变换的算法，在正向变换中，第一级分解用 $\tilde{h}^0$，第二级再通过 s_k 进行提升，总运算量是比直接用 $\tilde{h}$ 要低，反向变换也是类似，最后的合成公式用 g^0，对于例 9.9.2 给出的例子，读者可以自己验证与 Mallat 算法相比可节省的运算量，这种二级运算结构，可用图 10.9.3 示意。

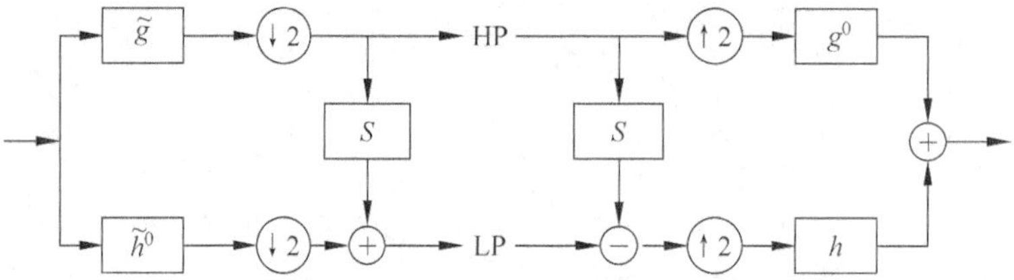

图 10.9.3 用提升方法快速计算小波变换

10.9.3 几个提升实现的小波变换的例子

本节给出几个传统小波变换分解成提升方法实现的例子，并讨论与 Mallet 算法相比较的运算复杂性。本节用 s_i 表示尺度系数，d_i 表示小波系数，对某些小波基，由于可能的提升分级数较大，为了表示清楚，不再用伪语句的赋值符号" :="，而是用 $s_i^{(k)}, d_i^{(k)}$ 表示提升运算的中间过程，x_i 表示输入序列，本节只讨论一层分解的小波变换，与传统的 Mallat 算法一样，对尺度系数可以进一步分解，直到达到期望的分层数，这些问题读者早已熟悉，此处不再赘述。本小节仅给出几个实例，将一个传统小波变换分解成提升方法实现，有系统的分解算法，详见[35]。

例 10.9.3 Harr 小波，这是一个最简单的例子，对于非规则的 Harr 小波可以写成

$$\hat{h}(z) = 1 + z^{-1}, \quad \hat{g}(z) = -\frac{1}{2} + \frac{1}{2}z^{-1}, \quad \hat{\tilde{h}}(z) = \frac{1}{2} + \frac{1}{2}z^{-1}, \quad \hat{\tilde{g}}(z) = -1 + z^{-1}$$

Harr 小波提升实现为如下。

正变换过程：

$$s_l^{(0)} = x_{2l}$$
$$d_l^{(0)} = x_{2l+1}$$
$$d_l = d_l^{(0)} - s_l^{(0)}$$
$$s_l = s_l^{(0)} + \frac{1}{2}d_l$$

反变换过程：

$$s_l^{(0)} = s_l - \frac{1}{2}d_l$$
$$d_l^{(0)} = d_l + s_l^{(0)}$$
$$x_{2l+1} = d_l^{(0)}$$

$$x_{2l} = s_l^{(0)}$$

例 10.9.4 Daubechies 的 D4 小波基描述为

$$\hat{h}(z) = h_0 + h_1 z^{-1} + h_2 z^{-2} + h_3 z^{-3}$$

$$\hat{g}(z) = -h_3 z^{+2} + h_2 z^1 - h_1 + h_0 z^{-1}$$

4 个系数分别是：

$$h_0 = \frac{1+\sqrt{3}}{4\sqrt{2}}, \quad h_1 = \frac{3+\sqrt{3}}{4\sqrt{2}}, \quad h_2 = \frac{3-\sqrt{3}}{4\sqrt{2}}, \quad h_3 = \frac{1-\sqrt{3}}{4\sqrt{2}}$$

提升实现相应的正向小波变换为

$$d_l^{(1)} = x_{2l+1} - \sqrt{3}x_{2l}$$

$$s_l^{(1)} = x_{2l} + \sqrt{3}/4d_l^{(1)} + (\sqrt{3}-2)/4d_{l+1}^{(1)}$$

$$d_l^{(2)} = d_l^{(1)} + s_{l-1}^{(1)}$$

$$s_l = (\sqrt{3}+1)/\sqrt{2}s_l^{(1)}$$

$$d_l = (\sqrt{3}-1)/\sqrt{2}d_l^{(2)}$$

反变换为

$$d_l^{(2)} = (\sqrt{3}+1)/\sqrt{2}d_l$$

$$s_l^{(1)} = (\sqrt{3}-1)/\sqrt{2}s_l$$

$$d_l^{(1)} = d_l^{(2)} - s_{l-1}^{(1)}$$

$$x_{2l} = s_l^{(1)} - \sqrt{3}/4d_l^{(1)} - (\sqrt{3}-2)/4d_{l+1}^{(1)}$$

$$x_{2l+1} = d_l^{(1)} + \sqrt{3}x_{2l}$$

例 10.9.5 (9,7)小波，它是一个双正交小波基，是最常用的小波基之一，它是对称的。它的提升实现过程如下：

$$s_l^{(0)} = x_{2l}$$

$$d_l^{(0)} = x_{2l+1}$$

$$d_l^{(1)} = d_l^{(0)} + \alpha(s_l^{(0)} + s_{l+1}^{(0)})$$

$$s_l^{(1)} = s_l^{(0)} + \beta(d_l^{(1)} + d_{l-1}^{(1)})$$

$$d_l^{(2)} = d_l^{(1)} + \gamma(s_l^{(1)} + s_{l+1}^{(1)})$$

$$s_l^{(2)} = s_l^{(1)} + \delta(d_l^{(2)} + d_{l-1}^{(2)})$$

$$s_l = \zeta s_l^{(2)}$$

$$d_l = d_l^{(2)}/\zeta$$

其中的参数为

$$\alpha \approx -1.586\,134\,342$$

$$\beta \approx -0.052\,980\,118\,54$$

$$\gamma \approx 0.882\,911\,076\,2$$

$$\delta \approx 0.443\,506\,852\,2$$

$$\zeta \approx 1.149\,604\,398$$

考虑用标准传统方式(Mallat 算法)实现小波变换和用提升方式实现的运算量比较，先比较这三个例子，对于计算一对尺度和小波系数，设用传统方式实现用 S 次，用提升方式用 L 次运算，用提升方法的加速率为 $(S/L-1)\times100\%$，表 10.9.1 是相应的运算量统计。

表 10.9.1 Mallat 算法和提升算法的运算量统计

小波基名	标准方法(S)	提升方法(L)	加速率
Harr	3	3	0%
D4	14	9	56%
(9,7)	23	14	64%

更一般情况下，设滤波器 h 长度为 $2N$，g 长度为 $2M$，考虑了标准算法对称性后，标准方法运算量为 $S=4(M+N)+2$，提升方法运算量为 $L=2(N+M+2)$，当 N 和 M 较大时，提升方法约节省一半运算量，这里将乘法和加法等同当成一次运算对待，对当前先进的处理器，确实如此。

10.9.4 整数小波变换

前几节讨论的标准小波变换和本节前 3 小节讨论的提升方法实现的小波变换，变换系数一般都是实数值，即使原始信号序列是整数序列，其小波变换系数也是一般的实数值，这个问题对小波变换应用于语音和图像压缩产生一定的限制。首先变换系数矩阵需要浮点存储，一般需要更大的存储空间，其次难以产生良好的无失真编码器。因此，在许多应用中希望应用整数小波变换，这里所谓的整数小波变换是指将整数序列映射成整数小波变换系数，其变换过程中允许有浮点运算。

导出整数小波变换的方式有几种，最简洁的方式是建立在提升方法基础上构造的整数小波变换，本节仅介绍这种构造方式，有兴趣的读者可参考[3]，可以找到更多方法和例子。

本节首先介绍几个最简单的整数小波变换的例子，然后给出用提升方法构造整数小波变换的一般程序。

1. 几个简单的整数小波变换的例子

首先，通过对数值运算的直观理解导出最简单的整数小波变换的例子，即使这些简单例子，也已应用了提升的思想，注意，在本节中约定，输入序列 $s_{0,i}=x_i$ 都是整数序列，用 $s_{1,i}$，$d_{1,i}$ 分别表示一层分解的尺度系数和小波系数。

例 10.9.6 S 变换。S 变换是 Harr 小波变换的整数变换实现，是根据加、减奇偶性导出的一个简单的整数变换。非规则的 Harr 小波变换的实现形式如下。

正变换：

$$\begin{aligned} s_{1,l} &= \frac{s_{0,2l}+s_{0,2l+1}}{2} \\ d_{1,l} &= s_{0,2l+1}-s_{0,2l} \end{aligned} \tag{10.9.24}$$

逆变换为

$$\begin{aligned} s_{0,2l} &= s_{1,l}-d_{1,l}/2 \\ s_{0,2l+1} &= s_{1,l}+d_{1,l}/2 \end{aligned} \tag{10.9.25}$$

由于式(10.9.24)中的除 2 运算，使变换系数可能出现 0.5 这样的小数部分，一个简单的整数变换版本为

$$s_{1,l}=\lfloor(s_{0,2l}+s_{0,2l+1})/2\rfloor \qquad (10.9.26)$$
$$d_{1,l}=s_{0,2l+1}-s_{0,2l}$$

反变换为

$$s_{0,2l}=s_{1,l}-\lfloor d_{1,l}/2\rfloor \qquad (10.9.27)$$
$$s_{0,2l+1}=s_{1,l}+\lfloor(d_{1,l}+1)/2\rfloor$$

变换对式(10.9.26)和式(10.9.27)称为S变换,可以看出它是准确重构的,由于式(10.9.26)的两数相加和相减具有相同奇偶性,因此,如果获得 $s_{1,l}$ 时由于取整丢失了一个1/2,在式(10.9.27)第1式中,由于 $\lfloor d_{1,l}/2\rfloor$ 同样丢失一个1/2,而得到补偿,而 $\lfloor(d_{1,l}+1)/2\rfloor$,由于增加了一个1/2,也同样对 $s_{1,l}$ 的丢失进行了补偿,可见式(10.9.26)和式(10.9.27)是完全重构的变换对,它的原序列和变换系数都是整数。

上节已经看到,Harr小波也存在提升实现,将Lazy小波合并至后续步骤中,Harr小波的提升实现如下。

正变换:

$$d_{1,l}=s_{0,2l+1}-s_{0,2l} \qquad (10.9.28)$$
$$s_{1,l}=s_{0,2l}+d_{1,l}/2$$

反变换:

$$s_{0,2l}=s_{1,l}-d_{1,l}/2 \qquad (10.9.29)$$
$$s_{0,2l+1}=d_{1,l}+s_{0,2l}$$

它的整数变换实现(也就是S变换)为

$$d_{1,l}=s_{0,2l+1}-s_{0,2l} \qquad (10.9.30)$$
$$s_{1,l}=s_{0,2l}+\lfloor d_{1,l}/2\rfloor$$

反变换为

$$s_{0,2l}=s_{1,l}-\lfloor d_{1,l}/2\rfloor \qquad (10.9.31)$$
$$s_{0,2l+1}=d_{1,l}+s_{0,2l}$$

很容易验证,式(10.9.30)、式(10.9.31)和式(10.9.26)、式(10.9.27)是等价的。

例10.9.7 TS变换。TS变换来自于一个用提升方式实现的比Harr变换具有更高的小波消失矩的一个提升小波算法的整数实现,其非整数的提升实现为

$$d_{1,l}^{(1)}=s_{0,2l+1}-s_{0,2l}$$
$$s_{1,l}=s_{0,2l}+\frac{d_{1,l}^{(1)}}{2} \qquad (10.9.32)$$
$$d_{1,l}=d_{1,l}^{(1)}+\frac{s_{1,l-1}}{4}-\frac{s_{1,l+1}}{4}$$

这相当于低通滤波系数 $\left\{\frac{1}{2},\frac{1}{2}\right\}$,高通滤波系数 $\left\{\frac{1}{8},\frac{1}{8},-1,1,-\frac{1}{8},-\frac{1}{8}\right\}$ 的(3,1)双正交小波基,它的整数变换称为TS变换,可以写为

$$d_{1,l}^{(1)}=s_{0,3l+1}-s_{0,2l}$$
$$s_{1,l}=s_{0,2l}+\lfloor d_{1,l}^{(1)}/2\rfloor \qquad (10.9.33)$$
$$d_{1,l}=d_{1,l}^{(1)}+\lfloor s_{1,l-1}/4-s_{1,l+1}/4+1/2\rfloor$$

反变换为

$$
\begin{aligned}
d^{(1)}{}_{1,l} &= d_{1,l} - \lfloor s_{1,l-1}/4 - s_{1,l+1}/4 + 1/2 \rfloor \\
s_{0,2l} &= s_{1,l} - \lfloor d_{1,l}^{(1)}/2 \rfloor \\
s_{0,2l+1} &= d_{1,l}^{(1)} + s_{0,2l}
\end{aligned} \tag{10.9.34}
$$

例 10.9.8 S+P 变换。S+P 变换的正变换如下,反变换省略

$$
\begin{aligned}
d_{1,l}^{(1)} &= s_{0,2l+1} - s_{0,2l} \\
s_{1,l} &= s_{0,2l} + \lfloor d_{1,l}^{(1)}/2 \rfloor \\
d_{1,l} &= d_{1,l}^{(1)} + \lfloor \alpha_{-1}(s_{1,l-2} - s_{1,l-1}) + \alpha_0(s_{1,l-1} - s_{1,l}) + \alpha_1(s_{1,l} - s_{1,l+1}) - \beta_1 d_{1,l+1}^{(1)} \rfloor
\end{aligned} \tag{10.9.35}
$$

确定不同的参数,得到不同变换式,Said 和 Pearlman 给出一组对自然图像效果较好的参数为

$$
\alpha_{-1} = 0, \quad \alpha_0 = \frac{1}{4}, \quad \alpha_1 = \frac{3}{8}, \quad \beta_1 = -\frac{1}{4}
$$

2. 用提升方法构造一般整数小波变换

每个小波变换的提升方式实现都可以构造一个相应的整数小波变换,这里只给出一个例子,更多的例子请参考[3]或[35]。

例 10.9.9 D4 正交变换,从上一小节的提升实现直接得到它的整数变换为

$$
\begin{aligned}
d_l^{(1)} &= s_{0,2l+1} - \lfloor \sqrt{3} s_{0,2l} + 1/2 \rfloor \\
s_{1,l} &= s_{0,2l} + \lfloor \sqrt{3}/4 d_{1,l}^{(1)} + (\sqrt{3} - 2)/4 d_{1,l-1}^{(1)} + 1/2 \rfloor \\
d_{1,l} &= d_{1,l}^{(1)} + s_{1,l+1}
\end{aligned}
$$

根据提升实现中正反变换的对称关系,读者可以很容易写出以上例子对应的反变换算法。

正如本节开始所述,使用整数小波变换对于无失真语音和图像信源编码应用和一般有失真的语音和图像编码的存储器控制都是有益的。

*10.10 小波变换应用实例:图像压缩

小波变换在图像压缩领域已经取得很多研究成果,一个标志性的成果是,在 ISO 制定的新一代图像压缩标准——JPEG 2000 中采用了小波变换技术。

在图像信源编码中,主要采用的是有失真的编码技术。有失真压缩的目的是去除图像数据中的冗余信息和视觉不重要的细节分量,以尽可能少的码字来表示所处理的图像。给定一幅数字图像,它的原始表示一般是空间像素阵列,这是它的空间域表示。在空间域表示中,相邻的像素之间存在很强相关性,冗余信息分布在较大范围的空间像素集中,直接处理比较困难。直观的思想是,通过一种变换,将图像从空间域映射到变换域中,在变换域可以进行简捷和有效的处理。对理想变换的第一种要求是将强相关的空间像素阵映射成完全不相关的、能量分布紧凑的变换系数阵,占少数的大的变换系数代表了图像中最主要的能量成分,占多数的小的变换系数表示了一些不重要的细节分量,通过量化去除小系数所代表的细节分量,用很少的码字来描述大系数所代表的主要能量成分,从而达到高的压缩比,这是用变换技术进行有失真编码能够达到高压缩比的主要原因。对于变换的第二种要求是,变换

系数阵的物理含义要明确，容易与人们关于 HVS(Human Visual System，人类视觉系统)的知识相结合，以便有效地去除视觉冗余，尽可能地保留对视觉重要的信息。

理想的去相关和保证能量紧致的变换是 KL(Karhunen Loeve)变换，它使得变换系数是统计不相关的。但 KL 变换的基是不固定的，由像素的相关系数矩阵的特征向量列构成，由于特征分析的复杂性和需要存储变换基的额外开销，使得 KL 变换对于应用是不现实的。幸运的是，人们找到了 KL 变换的一个很好的逼近。对于强相关空间像素阵，人们发现 DCT(Discrete Cosine Transform，离散余弦变换)是 KL 变换的很好的逼近，由于 DCT 具有固定的基和明确的物理含义，使得 DCT 广泛应用于图像压缩，成了变换编码方法的主要代表。

正是这个背景，20 世纪 80 年代中期开始制定的静止图像压缩编码的国际标准 JPEG 采用了 DCT 变换编码为其核心算法，并被广泛地接受和应用，但是 DCT 变换编码也有其难以克服的缺点。在实际中，依赖于实现上和后处理的方便，图像被划分成 8×8 或 16×16 的小块，对每一个块进行单独的变换和后处理，这种块之间的单独处理带来了压缩效率上的限制和块效应问题，尤其当压缩倍数较高时，块效应(类似马赛克效应)成为 DCT 变换编码最主要的质量限制。

另一个方面，20 世纪 90 年代以后，出现了许多新的传输媒体，其中，以 Internet 最有影响力，也包括无线 Internet。Internet 上的图像浏览和传输有许多新要求，例如嵌入式码流和多分辨码流，这要求在图像压缩算法实现中，能灵活地提供关于质量、分辨率等的分级结构，这些"灵活性"要求，与 DCT 变换编码的结构很难有机地结合。

小波变换的发展提供了一种新的有效的多分辨信号处理工具，也为各种可分级图像编码算法的实现建立了基础。小波变换被应用到很多领域，而被认为最成功的应用领域之一就是图像压缩。小波变换的理论和算法明确地提出了一些有启发意义的思想，一个关键的思想是多分辨率分解，这个思想在小波图像编码的研究中，被很好地利用。小波图像压缩的研究表明，许多现代应用所需要的特征：多分辨、多层质量控制、嵌入式码流等与小波图像编码结构非常自然地融合在一起，在较大压缩比情况下，小波图像压缩的重构质量也明显好于块 DCT 变换方法。正是如此，在新一代静止图像压缩标准 JPEG 2000 中，采用小波图像编码作为核心算法。

本节仅简要介绍基于小波变换的 EZW(嵌入式小波零树编码)算法，这是小波图像编码发展过程中，影响最大的一个算法。

同块正交变换一样，如果采用正交小波变换，图像在空间域和变换域内能量是守恒的，即满足下式

$$\sum_{i=1}^{N}\sum_{j=1}^{M} | x_{i,j} |^2 = \sum_{i=1}^{N}\sum_{j=1}^{M} | X_{i,j} |^2 \tag{10.10.1}$$

注意，在后面表示中，如果强调小波变换系数属于那个方向和那个层的某个子带，用 $c_{i,j}^{m,d}$ 表示，如果只是表示它是一个 $M\times N$ 的系数矩阵，则简单用 $X_{i,j}$ 表示，如果采用双正交变换，尽量采用近似于正交的双正交小波基，以使式(10.10.1)可以近似成立。

小波变换也具有与其他正交变换相似的去相关能力，因此，变换后系数矩阵的主要能量集中在少数的小波系数上，为了对这个问题有比较直观的概念，图 10.10.1(a)示出了一个

测试图像 Lena 进行一级分解后的小波系数矩阵的图示(将小波系数的幅度作为像素值显示在相应位置上),从图中可见,在高频子带大多数小波系数因取值小基本不可见,为了更清楚地观察该图,除 LL 子带外,其余子带系数绝对值乘 2 后显示在图中。在图 10.10.1(b)中,显示了 3 层小波分解,图中仍然显示出大量区域系数因为取值小而不可见。

(a) 图像一层小波变换系数幅度图　　(b) 三层小波变换,除LL子带外,其他子带幅度乘2

图 10.10.1　1 层小波变换和多层小波变换

进一步给出一些数值例子,说明小波变换域的一些特性,对 512×512 的 Barbara 图像,进行三级小波分解,形成 10 个子带,用滤波器长度为 10 的 Daubechies 正交小波进行分解,边界采用周期延拓,统计各子带的方差列于表 10.10.1 第一列[27]中,256×256 的 Lena 图像统计结果列于表 10.10.1 第二列。

表 10.10.1　测试图像中各子带的方差

子带名	方差值(Barbara)	方差值(Lena)	子带名	方差值(Barbara)	方差值(Lena)
LL3	2559.8	1892	LH2	24.5	63.8
HL3	60	37.3	HH2	33.7	15.8
LH3	43.8	140.2	HL1	141.4	12.6
HH3	21.2	29.4	LH1	15.2	35.2
HL2	55.4	20.2	HH1	16.2	6.13

通过观察表 10.10.1 可以看到一些规律。

(1) 除 LL3 外,其他子带方差明显减少。

(2) 对同一方向子带,按从高层到低层(从低频向高频)子带,即 HL3→HL2→HL1,LH3→LH2→LH1,HH3→HH2→HH1,方差大致是按从大到小规律变化,(也有例外,例如 Borbata 的 HL1 比较大)。

这些观察对设计压缩算法有指导意义。

对于各子带的概率密度函数(PDF),可以通过统计方法逼近,统计结果表明[2],在高频子带,小波变换系数更符合广义高斯分布,即对于 m,d 子带,PDF 函数由如下函数逼近

$$p_{m,d}(x) = a_{m,d}\exp(-|\, b_{m,d}x \,|^{r_{m,d}}) \tag{10.10.2}$$

这里

$$a_{m,d}=\frac{b_{m,d}r_{m,d}}{2T\left(\dfrac{1}{r_{m,d}}\right)},\quad b_{m,d}=\frac{1}{\sigma_{m,d}}\frac{T\left(\dfrac{3}{r_{m,d}}\right)^{1/2}}{T\left(\dfrac{1}{r_{m,d}}\right)^{1/2}}$$

$\sigma_{m,d}^2$是方差，$r_{m,d}$是控制 PDF 形状的参数，当 $r_{m,d}=2$ 时，广义高斯分布就变成高斯分布，当 $r_{m,d}=1$ 时，广义高斯分布变成 Laplacian 分布，$r_{m,d}$越小，PDF 变化越陡，对于小波变换系数(除 LL 子带)，$r_{m,d}=0.7$ 时得到使实际统计和逼近函数最接近的曲线。

10.10.1　图像小波变换域的树表示和编码

由于小波变换具有时频局域性的特点，在不同尺度上描述相同空间位置的小波变换系数之间具有相似性，这称为尺度之间的自相似性，从图 10.10.2 可以观察到这种相似性的存在，由于多分辨结构，近似描述相同空间位置的小波系数，在同方向低频子带和相邻高频子带之间存在 4 叉树关系，这种树形结构可以有效地描述小波变换域的空频局域特性，利用树结构，可以构成小波变换编码器。

如下规范的描述树的表示，图 10.10.2 是一个按 3 层分解的小波变换系数矩阵，每个子带内用一个小方格表示一个小波系数，图中只画出了部分系数的小格，为了描述树方便，用 $c_{i,j}^{m,d}$ 表示第 m 层，d 方向子带内的一个系数，i,j 是在本子带内的下标，HL_m、LH_m、HH_m子带的方向序号 d 分别取 1,2,3。

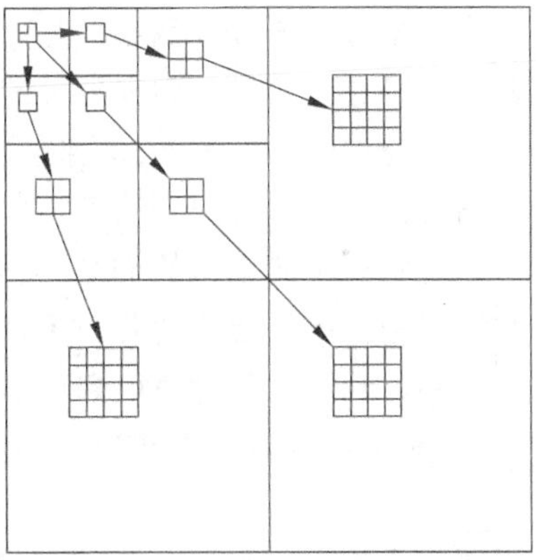

图 10.10.2　小波变换域内的树形表示

定义一棵方向树为 d 方向各层子带内表示相同空间位置的系数集合，最高层子带(最低频率)只取一个系数，为树的根节点，每一高层子带的一个系数对应同方向低一层子带 4 个系数为其子节点。

例如，图 10.10.2 中，LH_3为该方向子带中最高层子带，它的一个系数 $c_{0,0}^{3,2}$为一棵方向树根节点，它的子节点是 LH_2子带内的$\{c_{i,j}^{2,2}\}_{0\leqslant i,j\leqslant 1}$，$c_{0,0}^{2,2}$在 LH_1子带内有 4 个子节点系数$\{c_{i,j}^{1,2}\}_{0\leqslant i,j\leqslant 1}$，这样，根节点为 $c_{0,0}^{3,2}$的一棵方向树包括系数集$\{c_{0,0}^{3,2},c_{0,0}^{2,2},c_{0,1}^{2,2},c_{1,0}^{2,2},c_{1,1}^{2,2},c_{i,j}^{1,2},0\leqslant i,j\leqslant 3\}$共计 21 个系数。

由根节点在最高层方向子带内一个系数为根的方向树也称为最大方向树，并记为$T^{L,d}(i,j)$，其他层的系数也可以为根，构成一棵子方向树，例如以 $c_{0,0}^{2,2}$为根的方向树为$\{c_{0,0}^{2,2},c_{i,j}^{1,2},0\leqslant i,j\leqslant 1\}$，它可用 $T^{2,2}(0,0)$表示，一般情况下用 $T^{m,d}(i,j)$表示子方向树。

图 10.10.2 画出了分别以 $c_{0,0}^{3,1},c_{0,0}^{3,2},c_{0,0}^{3,3}$为根的三棵最大方向树。由图中画出的树结构，还可以定义一棵全树，由最高层低频子带系数 $a_{i,j}^{L}$和同层三个方向子带内以 $c_{i,j}^{L,1},c_{i,j}^{L,2},c_{i,j}^{L,3}$为根的最大方向树的集合，构成一棵全树。以图 10.10.2 为例，画出了 LL3 子带内的系数 $a_{0,0}$为根的一棵全树，一棵全树用 $T(i,j)$表示，它可以写成一个系数块矩阵形式，例如：

$$
\boldsymbol{T}(0,0)=\begin{pmatrix}
a_{0,0} & c_{0,0}^{3,1} & c_{0,0}^{2,1} & c_{0,1}^{2,1} & c_{0,0}^{1,1} & \cdots & c_{0,3}^{1,1} \\
c_{0,0}^{3,2} & c_{0,0}^{3,3} & c_{1,0}^{2,1} & c_{1,1}^{2,1} & \vdots & \ddots & \vdots \\
c_{0,0}^{2,2} & c_{0,1}^{2,2} & c_{0,0}^{2,3} & c_{0,1}^{2,3} & \vdots & \ddots & \vdots \\
c_{1,0}^{2,2} & c_{1,1}^{2,2} & c_{1,0}^{2,3} & c_{1,1}^{2,3} & c_{3,0}^{1,1} & \cdots & c_{3,3}^{1,1} \\
c_{0,0}^{1,2} & \cdots & \cdots & c_{0,3}^{1,2} & c_{0,0}^{1,3} & \cdots & c_{0,3}^{1,3} \\
\vdots & \vdots & \ddots & \vdots & \vdots & \ddots & \vdots \\
c_{3,0}^{1,2} & \cdots & \cdots & c_{3,3}^{1,2} & c_{3,0}^{1,3} & \cdots & c_{3,3}^{1,3}
\end{pmatrix} \tag{10.10.3}
$$

注意到，对于一个 L 层的小波变换，一棵全树 $T(i,j)$ 可以用 $2^L\times 2^L$ 矩阵表示，它们也大致反映了图像空间域内面积为 $2^L\times 2^L$ 起点为 $(2^Li,2^Lj)$ 的矩形区域内的性质，这是小波变换空一频局域性的反映，但与块 DCT 变换不同的是，矩阵 $T(i,j)$ 之间所反映的空间域是重叠的，即 $T(i,j)$ 和 $T(i+1,j+1)$ 矩阵之间所反映的空间域是重叠的，尽管 $T(i,j)$ 反映了空间域以 $(2^Li,2^Lj)$ 为起点的 $2^L\times 2^L$ 的区域性质，这只是说，$T(i,j)$ 最主要的是反映了这个区域的性质，实际生成 $T(i,j)$ 矩阵所用到的空间区域的内容远大于 $2^L\times 2^L$ 的区域，实际区域的面积与分层数 L 和所选小波基滤波器系数长度有关。

全树表示可以引出许多与 DCT 变换编码相似而又不同的性质，与块 DCT 变换类似，一个全树矩阵内的各系数也代表了不同的频率分量，但与 DCT 不同的是，全树内系数所代表的频率是各子带以倍频程划分的，如式(10.10.3)的全树中，$\{c_{i,j}^{1,3}\}_{0\leqslant i,j\leqslant 3}$ 代表了相同的频率成分。与 JPEG 中给出的按频率加权的量化矩阵类似，也可以给出反映 HVS 特性的对小波全树的量化矩阵，但与 DCT 不同的是，对于 L 层分解，小波全树内的系数分在 $3L+1$ 个子带内，因此，小波全树的 HVS 量化矩阵只需 $3L+1$ 个参数。另外，由生理学实验表明，人眼将观察到的图像滤波到几个子带中，各子带是近似按倍频程变化的，这与小波的频率划分是一致的，因此，可以期望得到对小波系数精确的按频率加权的量化矩阵。对于 3 层分解情况，一个对小波全树的 HVS 量化矩阵为

$$
\boldsymbol{Q}=\begin{pmatrix}
q_1 & q_2 & q_5 & q_5 & q_8 & q_8 & q_8 & q_8 \\
q_3 & q_4 & q_5 & q_5 & q_8 & q_8 & q_8 & q_8 \\
q_6 & q_6 & q_7 & q_7 & q_8 & q_8 & q_8 & q_8 \\
q_6 & q_6 & q_7 & q_7 & q_8 & q_8 & q_8 & q_8 \\
q_9 & q_9 & q_9 & q_9 & q_{10} & q_{10} & q_{10} & q_{10} \\
q_9 & q_9 & q_9 & q_9 & q_{10} & q_{10} & q_{10} & q_{10} \\
q_9 & q_9 & q_9 & q_9 & q_{10} & q_{10} & q_{10} & q_{10} \\
q_9 & q_9 & q_9 & q_9 & q_{10} & q_{10} & q_{10} & q_{10}
\end{pmatrix} \tag{10.10.4}
$$

式(10.10.4)的量化矩阵只反映了 HVS 特性的频率变化曲线，如果还要反映图像局域活动程度对视觉屏蔽的影响，式(10.10.4)内的每个参数还是全树 $T(i,j)$ 空间位置 (i,j) 的函数。

对于小波变换域树形表示的更规范的数学表示，请参考[12]。

10.10.2 嵌入式小波零树编码

基于图像小波变换的树形结构，J. M. Shapiro 提出了一种高效的小波图像压缩算法，

称为嵌入式小波零树编码(The Embedded Zero-tree Wavelet algorithm,EZW),这个算法中有两个重要的概念：嵌入式编码和零树。

所谓嵌入式编码是指编码器输出的码流具有这样的特点,一个低比特编码嵌入在码流的开始部分,即从嵌入式码流的起始至某一位置这段码流被取出后,它相当于是一个低码率的完整的码流,由它可以解码重构这个图像,与原码流相比,这个部分码流解码出的图像具有更低的质量或分辨率,但解码的图像是完整的,因此,嵌入式编码器可以在编码过程的任一点停止编码,解码器也可以在获得的码流的任一点停止解码,其解码效果只是相当于一个更低码率的压缩码流的解码效果。嵌入式码流中比特的重要性是按次序排列的,排在前边的比特更重要,显然,嵌入式码流非常适用于图像的渐进传输、图像浏览和因特网上的图像广播。

在EZW算法中,嵌入式码流的实现是由零树结构结合逐次逼近量化实现的,零树结构的目的是为了高效地表示小波变换系数矩阵中非零值的位置(有效值映射),首先讨论零树结构的定义,然后简要说明零树表示怎样与逐次逼近结合形成嵌入式码流,从而理解完整EZW编码器的工作原理。

1. 零树表示(zero-tree)

在变换编码中,变换系数矩阵经过量化后,产生大量零符号,编码的后续过程就是有效地表示那些非零符号,包括非零符号的位置和大小,由于量化过程产生零符号和非零符号的过程也等价为一个门限过程,给定一个门限 T,一个值 $|X_k|>T$,量化后产生一个非零符号,否则产生零符号。对于给定的门限 T,一个值大于 T,称它为一个有效值,否则称它为一个无效值。表示量化后非零值位置的过程,也就是表示有效值位置的过程,这称为有效值映射(significance map)。

对量化后变换系数的编码就相当于分别对有效值映射的编码和对非零符号值的编码,由于各种变换方法的目的是去相关,假设量化后变换系数是互相统计独立的,这样,信源的熵表示为

$$H(Z)=H_p+(1-p_0)H_v \tag{10.10.5}$$

上式中 H_p 为有效值映射的熵,H_v 为非零符号值的熵,对于较低码率的编码,统计数据表明,有效值映射熵 H_p 占 $H(Z)$ 中的大部分,例如80%,因此有效地编码有效值映射是非常重要的,往往比编码非零符号值更重要。

在小波变换域中,一个树形结构能够反映小波变换的空频局域特性,在低分辨层的一个系数与它的同方向更高一级分辨层的4个系数,更高二级分辨层的16个系数……大致反映了相同空域中同方向子带的性质,因此,对于一个平坦的区域,低分辨率层一个系数是无效值,可以预测与它相关的树上的高分辨层的系数也是无效值,当然这种预测是有例外的,但通过实验和用线性估计理论都说明,这种预测是以高概率成立的,利用这种假设,可以有效地表示"无效值映射",也就等价于有效地表示了有效值映射,这就是零树定义的基础。

图10.10.3画出了一个3层分解的小波变换系数矩阵的示意图,其中画出了以HH3子带内一个系数为根节点的一棵树。如果HH3子带内的第(i,j)个系数是根节点,那么,HH2子带内$\{2i+m,2j+n\}$,$0\leqslant m,n\leqslant 1$共4个系数是根节点的儿子节点,HH1子带内$\{4i+m,4j+n\}$,$0\leqslant m,n\leqslant 3$共16个系数是根节点的孙子节点,这个3层的树共包含了

21个系数值,根节点有20个子孙,当然,一棵树的根节点也可以在HH2子带内定义,HH2子带内(i,j)系数作为根节点,在HH1子带内$(2i+m,2j+n)$,$0\leqslant m,n\leqslant 1$共有4个子节点,它没有孙节点,如果是$k$层分解,$HH_k$子带内的一个根节点共有$\sum_{l=1}^{k-1}4^l=\frac{4}{3}(4^{k-1}-1)$个子孙节点。

一个特例是LL3子带内一个系数(i,j)对应着HL3、LH3、HH3子带内均位于(i,j)位置的三个子节点;另一个特例是LH1、HL1、HH1内的系数不构成树的根节点,因为它们没有子孙。

零树就是指,对于给定的门限T,树的根节点及其所有子孙节点的系数值均是无效值时,根节点称为零树根。注意到一个零树或零树根指的是由该根节点起始的一棵树是零树,同时,该零树不是一棵更大零树的子集,也就是说被称为零树根的节点,它的父节点不是零树根。

在图10.10.3例子中,如果HH3中一个根节点是零树根,它将表示共有21个小波变换系数都是无效值,因此,这种表示无效值映射的方法是很有效的。

为了构成一个完整的有效值映射,除了定义零树根(ZTR)外,还需定义其他三个符号:孤零(IZ),表示当前系数值是无效值,但它的子孙系数中至少有一个是有效值;正有效值(POS),表示当前系数是一个正的有效值;负有效值(NEG),表示当前系数是一个负的有效值。

有了这4个符号,可以按一定顺序扫描小波变换系数矩阵,从而形成一个符号表,它就是要得到的有效值映射。扫描过程中,各子带按图10.10.4次序,在每个子带中,按从上到下,从左到右的次序,当遇到一个系数是正有效值,将POS放入表中;当遇到一个系数是负有效值,将NEG放入表中;当遇到一个系数是孤零,将IZ放入表中;当遇到一个系数是零树根,将ZTR放入表中,同时,对ZTR的所有子孙系数进行标注,因为已经知道它们是无效值,在今后扫描到它们时跳过。

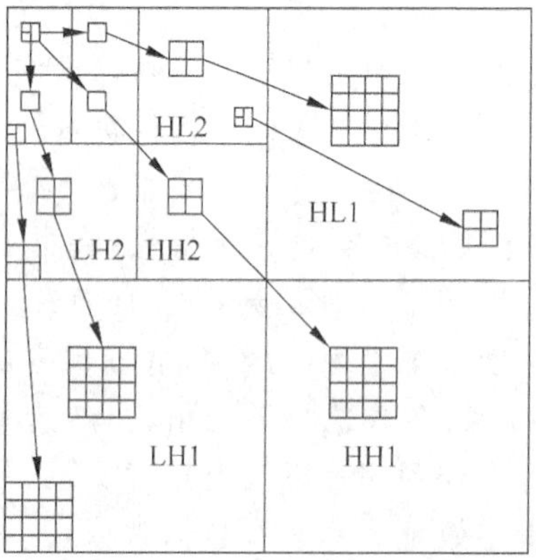

图10.10.3 三层小波分解及树结构示意图

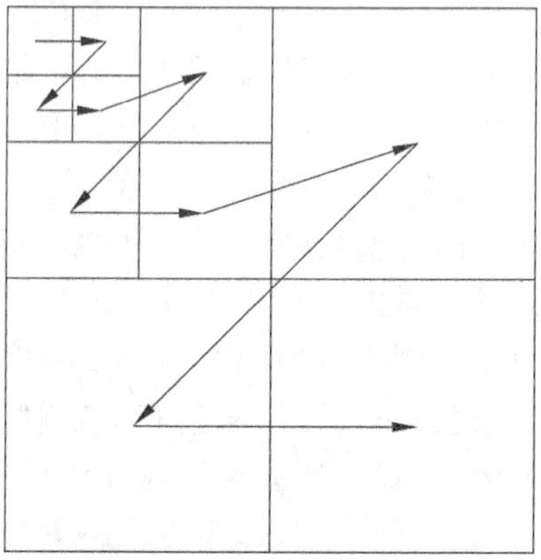

图10.10.4 子带扫描次序

有效值映射的扫描过程的流程图,如图10.10.5所示。

通过一个数值例子说明用零树方法表示有效值映射的一个简单的编码器,一个8×8图像的三层小波分解的系数值如图10.10.6所示。

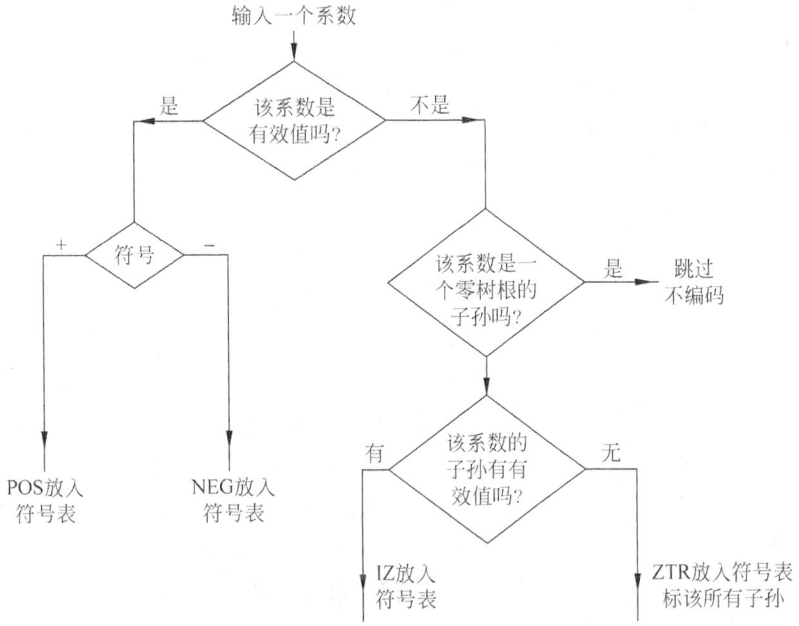

图 10.10.5 有效值映射流程图

对小波系数矩阵进行量化，假设量化步长为 $\Delta=20$，只是为了说明零树表示方法，量化器输出符号简单为

$$\text{index}=\left(\frac{|X_k|}{\Delta}\right)\text{sgn}(X_k) \tag{10.10.6}$$

index 取整，重构时 $|\hat{X}_k|=\Delta\cdot\text{index}+\frac{\Delta}{2}$，再加入符号。用图 10.10.6 所示的矩阵经量化后输出矩阵为如图 10.10.7 所示。

63	-34	40	10	7	13	-12	7
-31	23	14	-13	3	4	6	-1
15	14	3	-12	5	-7	3	9
-9	-7	-14	8	4	-2	3	2
-5	9	-1	47	4	6	-2	2
3	0	-3	2	3	-2	0	4
2	-3	6	-4	3	6	3	6
5	11	5	6	0	3	-4	4

图 10.10.6 一个 8×8 图像的三层小波变换系数矩阵

2	-1	2	0	0	0	0	0
-1	0	0	0	0	0	0	0
0	0	0	0	0	0	0	0
0	0	0	0	0	0	0	0
0	0	0	1	0	0	0	0
0	0	0	0	0	0	0	0
0	0	0	0	0	0	0	0
0	0	0	0	0	0	0	0

图 10.10.7 量化后的小波系数矩阵

按照所述的零树符号和扫描次序，得到扫描输出为(即有效映射表)

| POS | NEG | NEG | ZTR | POS | ZTR | ZTR | ZTR | ZTR

| IZ | ZTR | ZTR | Z | Z | Z | Z | Z | POS | Z | Z |

用 20 个符号表示了 64 个系数矩阵的有效值映射,扫描过程中,前 3 个值非零,因此,只将它们是 POS 或 NEG 填入表中,HH3 的系数为 0,且所有 20 个子孙都是 0,它是一个零树根,用一个 ZTR 符号表示这些系数是无效值,接下来 HL2 子带内第一个系数非零,用 POS 表示,其他三个系数均为 ZTR,进入 LH2,第一个系数是 ZTR,而第二个系数因为 LH1 中的一个子系数非零,故为 IZ,后两个系数均为 ZTR,HH2 内因为均是 HH3 内 ZTR 的子节点,全部跳过,进入 HL1 后,左上 4 个系数全零,其余全部跳过,在 LH1 内,仅有右上部 4 个系数需要检验,由于没有子孙节点,用 Z 表示无效值,用 POS 或 NEG 表示有效值,其余全为零树根的子孙节点,故不需检验。

1	1	1	1	1	1	0	0
1	1	1	1	1	1	0	0
1	1	0	0	0	0	0	0
1	1	0	0	0	0	0	0
0	0	1	1	0	0	0	0
0	0	1	1	0	0	0	0
0	0	0	0	0	0	0	0
0	0	0	0	0	0	0	0

图 10.10.8　零树扫描的标志位实例

在实际中,可以用 1 个由{0,1}构成的标志位阵列,指示一个系数是否为零树根的子孙节点,这个标志阵列与系数矩阵结构相同,起始时,全部填为 1,每当遇到 ZTR 时,将标志位矩阵中 ZTR 子孙相应的位置清为 0,扫描过程中先检查相应标志位看是否需扫描该系数,如标志位为 0,则跳过该系数,在例子中,在扫描完 HL2 子带的全部系数后,标志位阵列如图 10.10.8 所示。

在扫描产生有效值映射表的同时,也产生非零值幅度表为

2	1	1	2	1

由于非零值表为正值,且均大于等于 1,因此,每个值减 1,形成最后的非零值表为

1	0	0	1	0

对有效值映射和非 0 值表,再用一种熵编码方法进行编码,EZW 原算法中采用的是自适应算术编码。观察有效值映射表,可以看出各符号是不等概分布的,因此,每符号的熵小于 2bit,本例中,非零值表每符号的熵小于 2bit,自适应算术编码的有效性,保证最后码率小于 $(2\times20+5\times1)\text{b}=45\text{b}$。

2. 逐次逼近的嵌入式编码

为了使零树表示构成一个有效的嵌入式码流,结合逐次逼近量化技术(SAQ, successive-approximation quantization)。所谓 SAQ 是指采用一个门限序列 $T_0, T_1, \cdots, T_{H-1}$,去依此确定有效值和有效值映射,门限值之间满足 $T_i=T_{i-1}/2$,且 $2T_0>|X_{\max}|$,这里 $X_{\max}$ 是小波变换系数矩阵中的最大绝对值。SAQ 实际上就是一种按比特平面的编码方式依次按重要性组织数据,以形成按质量分级的码流结构。关于 SAQ 的细节不再赘述,感兴趣的读者参考[35]。小波零树编码可以推广到三维情况,用于视频图像序列的编码[34]。

图 10.10.9 给出一个用 JPEG 和 EZW 算法对同一个图像进行编码的结果,可以看出不管是主观质量还是信噪比,都是 EZW 更好。

对于一个正交基 $W=\{w_m\}_{m\in\mathbf{Z}}$,一个函数 f 由该正交基展开的变换系数为 $\langle f, w_m\rangle$,如

(a) JPEG, 23.3dB

(b) EZW, 24.4dB

图 10.10.9 JPEG 和 EZW 压缩效果比较(0.2bpp)

果仅取 M 个变换系数来近似 f，这些系数取自标号集合 I_M，则

$$f_M = \sum_{m \in I_M} \langle f, w_m \rangle w_m \tag{10.10.7}$$

均方误差为

$$\varepsilon(M) = \| f - f_M \|^2 = \sum_{m \notin I_m} | \langle f, w_m \rangle |^2 \tag{10.10.8}$$

为使误差最小，取 I_M 为选取幅度值最大的 M 个变换系数，这就是最优非线性逼近[13]，通过对 EZW 算法的分析可以看到，EZW 算法就是在给定的码率下，对更大的幅度值给予保留和用尽可能的最大精度表示最大的变换系数的幅度值，这符合非线性最优逼近的原则。

*10.11 小波变换的其他应用

小波变换已经取得非常广泛的应用，除上节已介绍的图像编码外，本节介绍一些其他的应用。限于篇幅，本节除对小波消噪做稍详细介绍外，对其他应用仅给出简要说明，有兴趣的读者，可参考有关文献。

10.11.1 小波消噪

噪声消除是信号处理中一个基本问题，维纳滤波器和自适应滤波器的最重要应用方向之一就是消噪。当测量到的信号是高斯分布并且与期望信号是联合高斯分布时，维纳滤波器是最优的，但当信号是非高斯的甚至是非平稳的，维纳滤波器不再是最优的，一些合理设计的非线性方法，可能具有更加简单和有效的结果。

假设由测量信号 $x(n)$ 估计原信号 $s(n)$，$x(n)$ 表示为

$$x(n) = s(n) + v(n)$$

这里，$v(n)$ 是噪声，$v(n)$ 与 $s(n)$ 是不相关的，假设噪声 $v(n)$ 是高斯白噪声，信号 $s(n)$ 可以是非高斯甚至是非平稳的，用小波变换，将信号与噪声之和变换后，信号与噪声对应的变换系数呈现出非常不同的统计特性，利用此性质构造算法尽可能消除噪声而保持信号。

由小波变换的线性性质，得到

$$WT_x(j,k) = WT_s(j,k) + WT_v(j,k)$$

可以证明，如果采用正交小波变换，噪声对应的小波变换系数 $WT_v(j,k)$ 仍是高斯白噪声，但信号分量小波变换系数 $WT_s(j,k)$ 的主要能量集中到少数的系数上，利用这种观察，可以

构造小波门限法消噪算法。

下面概要介绍小波门限法消噪的基本步骤，有关细节可参考 Donoho 等的论文[10]。

门限法分为硬门限和软门限两种，对于给定的门限 T，硬门限是如下运算

$$x^T=\begin{cases}x, & |x|>T\\ 0, & \text{其他}\end{cases}$$

这里 x^T 是门限运算的结果，上标仅是一个标志。软门限则是如下运算

$$x^T=\begin{cases}\operatorname{sgn}(x)(|x|-T), & |x|>T\\ 0, & \text{其他}\end{cases}$$

sgn 是符号运算。在小波门限消噪的应用中，软门限法一般会取得更好的效果。

使用门限法消噪，关键是确定门限，这里列出 4 种常用的门限确定准则。

(1) 固定门限准则，这是最简单的准则，门限为

$$T=\sqrt{\log(2N)}$$

这里 N 是用该门限处理的数据长度。

(2) 无偏风险估计准则，首先求一个风险序列，寻找风险序列最小点，然后确定门限。设待处理的数据序列为$\{w(i), i=1,2,\cdots,N\}$，对 $w(i)$ 取平方后，按从小到大排列，得到新的数据序列为$\{q(i), i=1,2,\cdots,N\}$，由 $q(i)$ 计算如下风险序列

$$\operatorname{Risk}(k)=\frac{N-2k+\sum_{i=1}^{k}q(i)+(N-k)q(N-k)}{N}$$

找到使 $\operatorname{Risk}(k)$ 最小的序号 $k_{\min}$，门限为

$$T=\sqrt{q(k_{\min})}$$

(3) 混合准则，先计算如下两个值

$$A=\frac{\sum_{i=1}^{N}|w(i)|^2-N}{N}$$

$$B=\sqrt{\frac{1}{N}\left|\frac{\log(N)}{\log 2}\right|^3}$$

若 $A<B$，则取固定门限值作为混合门限，否则，取固定门限和无偏风险估计准则门限中较小者作为混合门限。

(4) 极小极大准则，门限值为

$$T=0.3936+0.1829\frac{\log(N)}{\log(2)}$$

有了确定门限的方法后，将小波门限消噪算法总结如下：

(1) 对测量信号 $x(n)$ 做离散小波变换，得到变换系数 $WT_x(j,k)$。

(2) 对每一个不同尺度系数集，用如上一种确定门限的方法，得到门限 T_j。

(3) 利用各尺度门限 T_j，进行软门限处理

$$WT_x^{\mathrm{T}}(j,k)=\begin{cases}\operatorname{sgn}(WT_x(j,k)(|WT_x(j,k)|-T_j), & |WT_x(j,k)|>T_j\\ 0, & \text{其他}\end{cases}$$

(4) 用 $WT_x^T(j,k)$ 作为小波系数，进行反变换，得到消噪的信号 $\hat{s}(n)$。

图 10.11.1 给出了一个小波软门限消噪的效果示意图[32]。

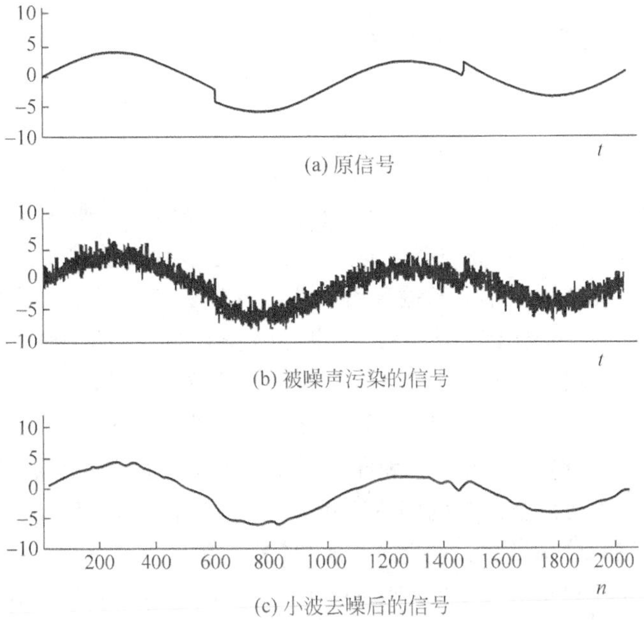

图 10.11.1　小波软门限消噪示意图

10.11.2　其他应用简介

小波变换已经取得非常广泛的应用，如下再简要介绍几个应用例子。

1. 数字水印

在数字媒体(主要是语音和图像)上通过嵌入水印，可以进行知识产权保护、篡改检测和隐藏信息通信等。这里仅考虑图像的水印插入，在图像的小波变换域，通过检测高复杂纹理区域，将水印插入到复杂纹理区，这样的水印插入是自适应的和稳健的。通过小波的多分辨性和局域性，可以定义多分辨和局域检测器，既可得到更可靠的判决，也可以进行局域篡改检测，这是传统 DCT 水印很难做到的[31]。

2. 多载波调制

多载波调制已经成为数字通信中一种重要的调制方式，正交频分复用(Orthogonal Frequency Division Multiplexing，OFDM)是应用最广泛的一种多载波调制方式，并已应用到多种现代通信系统中。OFDM 的最典型的实现方法是采用 IFFT(Inverse Fast Fourier Transform)，IFFT 表达式中的每一项相当于一个载波被系数调制，IFFT 相当于由这些系数重构的时间信号。IFFT 的每个载波平均地将频带划分为 N 等份，是一个均匀的频带划分方案。采用反小波包变换，可以将时间信号分解为各种尺度和位移下的小波函数的加权和，每个尺度和位移下的小波函数相当于一个载波，小波包系数相当于对载波的调制量，显然，小波包对频带的划分是灵活的，可最佳地适应于信道的特性。

小波变换还有很多应用，例如图像的多尺度检测[13]、分形信号的分析[30]、小波域的信号估计与检测[26]等,在其他领域,如地震、近代物理等也有重要应用,我们不再进一步讨论,有兴趣的读者可参考相关文献。

10.12 小结和进一步阅读

本章概要性的讨论了小波变换的原理和算法。通过连续小波变换,分析了小波变换时频局域性的特点,然后通过多分辨分析导出了构造正交小波基和双正交小波基的一般原理,在多分辨分析的基础上,构造了计算离散小波变换的快速算法,即 Mallat 算法。多分辨分析也建立了小波基与共轭镜像滤波器之间的关系,通过设计滤波器组达到设计小波基的目的,并且简要研究了几种常用小波基的导出方法。本章还讨论了小波变换的更深入的几个专题:多维小波变换,小波包和提升小波等,也讨论了小波变换的一些应用实例。

尽管本章叙述比较长,但对小波变换的介绍还只是入门性的。目前已有很多深入介绍小波变换的专门著作和经典论文,例如 Daubechies 的论文[8]和 Mallat 的论文[14]。Mallat 关于小波信号处理的著作[13]内容丰富和深入,Daubechies 的"小波十讲"则更侧重于小波理论的数学推演,是一本有广泛影响的经典著作[7],Vetteli 的著作[27]以及 Strang 的著作[21]则更侧重从子带编码和滤波器组的角度分析小波的构造和算法。

近年来,小波变换和与小波变换密切相关的一些方法取得许多成果,例如对方向性敏感的方向小波、提供更好稀疏性表示的 Curvelet 和提供更好方向正则性的 Bandlet 都是对传统基本小波变换的改进性方法。同时小波变换及其相关方法也与信号的稀疏表示类方法的发展建立了密切的联系。限于篇幅和本书的目标,对于这些更专门的问题不做进一步讨论,有兴趣的读者可参考相关文献[5][6][11]。

习题

1. 设信号 $x(t)=A\delta(t-t_1)+B\delta(t-t_2)$,求其 CWT,$WT(a,b)$。

2. 设信号为 $x(t)=A\cos(\omega_0 t)$,设小波母函数为解析函数 Morlet 小波,求其 CWT 的表达式 $WT(a,b)$。

3. 已知 $x(t)$的 CWT 为 $WT(a,b)$,求 $x(2t-1)$的 CWT。

4. 证明小波变换的核方程

$$WT_x(a_0,b_0)=\int_0^{\infty}\frac{\mathrm{d}a}{a^2}\int_{-\infty}^{+\infty}WT_x(a,b)k_\psi(a_0,b_0,a,b)\,\mathrm{d}b$$

这里 $K_\psi(a_0,\ b_0,\ a,\ b)=\frac{1}{C_\psi}\langle\psi_{ab}(t),\ \psi_{a_0b_0}(t)\rangle$。

5. 设 $\varphi(t)$,$\psi(t)$是 Harr 尺度和小波函数,信号 $x(t)$存在于 V_0 子空间,并定义如下

$$x(t)=\begin{cases}-1 & 0\leqslant t<1\\ 4 & 1\leqslant t<2\\ 2 & 2\leqslant t<3\\ -3 & 3\leqslant t<4\end{cases}$$

将 $x(t)$分解到子空间 W_1,W_2,V_2,分别求各小波和尺度系数。

6. 一个多分辨分析对应的尺度函数为 $\varphi(t)$，其相应的滤波器系数分别为

$$h_0=\frac{1+\sqrt{3}}{4\sqrt{2}},\quad h_1=\frac{3+\sqrt{3}}{4\sqrt{2}},\quad h_2=\frac{3-\sqrt{3}}{4\sqrt{2}},\quad h_4=\frac{1-\sqrt{3}}{4\sqrt{2}}$$

求相应的小波母函数的消失矩。

7. 一个多分辨分析对应的尺度函数为 $\varphi(t)$，$\varphi(t)$定义为

$$\varphi(t)=\begin{cases}t+1 & -1\leqslant t\leqslant 0\\ t-1 & 0<t\leqslant 1\\ 0 & |t|>1\end{cases}$$

注意到$\{\varphi(t-k),k\in Z\}$是 V_0 子空间的非正交基。

(1) 求尺度函数的 2 尺度方程；

(2) 证明尺度函数的傅里叶变换是：$\hat{\varphi}(\omega)=2\sqrt{\frac{2}{\pi}}\frac{\sin^2(\omega/2)}{\omega^2}$。

8. 设 $h,\tilde{h}$是满足式(10.4.9)的理想重构滤波器，定义如下的一次“平衡”运算：

$$h_{\text{new}}(n)=(h(n)+h(n-1))/2,\quad \tilde{h}(n)=(\tilde{h}_{\text{new}}(n)+\tilde{h}_{\text{new}}(n-1))/2$$

构造了新的滤波器组 $h_{\text{new}},\tilde{h}_{\text{new}}$，证明：

(1) $h_{\text{new}},\tilde{h}_{\text{new}}$也是理想重构滤波器组，且，$\hat{h}_{\text{new}}(\omega)$在 π 处比 $\hat{h}(\omega)$多 1 重零点，$\hat{\tilde{h}}_{\text{new}}(\omega)$在 π 处比$\hat{\tilde{h}}(\omega)$少 1 重零点。

(2) Deslauriers-Dubuc 滤波器定义为

$$\hat{h}(\omega)=1,\quad \hat{\tilde{h}}(\omega)=(-\mathrm{e}^{-3\mathrm{j}\omega}+9\mathrm{e}^{-\mathrm{j}\omega}+16+9\mathrm{e}^{\mathrm{j}\omega}-\mathrm{e}^{3\mathrm{j}\omega})/16$$

分别计算 1 次和 2 次平衡运算后的 $h_{\text{new}},\tilde{h}_{\text{new}}$。

9. 证明，若一个离散噪声信号是高斯白噪声，如果采用正交小波变换，噪声对应的小波变换系数 $WT_v(j,k)$仍是高斯白噪声，即

$$E\{WT_v(j_2,k_2)WT_v(j_1,k_1)\}=\sigma^2\delta(j_1-j_2,k_1-k_2)$$

*10. 设信号 $x(t)=\mathrm{e}^{-t^2/10}(\sin 2t+2\cos 4t+0.5\sin(t)\sin(50t))$，用采样间隔 $T=1/2^8$，从 $t=0$ 开始采样 256 个样本，设采样值为 V_0 系数 a_n^0。

(1) 用 Matlab 的 DWT 函数，将 a_n^0 分解到 $W_1,\cdots,W_6,V_6$，画出各子空间小波和尺度系数的图形；

(2) 用 IDWT 函数，进行合成实验，重构 a_n^0。

(3) 假设在 a_n^0 中混入了方差为 1 的离散高斯白噪声，设计并实验小波域去噪声算法。

*11. 利用网络资源搜集 10 幅质量较高的图像，要求图像的大小不小于 256 像素×256 像素(如果有数码相机，设在最高图像质量下，自己拍摄至少 10 幅图像则更好)，利用 MATLAB 功能将各图像还原为二维数据阵。

(1) 分别选择 D4 小波、(9,7)小波对各图像做 4 层二维小波变换，形成 13 各方向子带。

(2) 对每一个子带统计其小波系数的均值和方差。

(3) 对于每一个子带，利用所有图像，对小波系数的概率密度函数进行统计，得到统计概率密度函数，然后用如下概率函数对统计概率密度函数进行逼近，即

$$p_{m,d}(x)=a_{m,d}\exp(-|b_{m,d}x|^{r_{m,d}})$$

这里有

$$a_{m,d}=\frac{b_{m,d}r_{m,d}}{2T\left(\frac{1}{r_{m,d}}\right)},\quad b_{m,d}=\frac{1}{\sigma_{m,d}}\frac{T\left(\frac{3}{r_{m,d}}\right)^{1/2}}{T\left(\frac{1}{r_{m,d}}\right)^{1/2}}$$

$\sigma_{m,d}^2$是方差，$r_{m,d}$是控制 PDF 形状的参数，可自行选择，其中当 $r_{m,d}=2$ 时，就是高斯分布，当 $r_{m,d}=1$ 时，就是拉普拉斯分布，从 $r_{m,d}=0.5$ 开始取值并按 0.1 进行增量，最大为 $r_{m,d}=2$，通过实验判断对于哪个 $r_{m,d}$ 值得到对统计概率密度函数的最好逼近。

第 10 章附录　子带编码

本附录完全从数字信号处理中采样率转换和滤波器的观点讨论子带编码问题，可以看到，子带编码和离散小波变换是等价的。

所谓子带编码是指将一个全频带信号分解成两个半频带信号，一个是低频带，一个是高频带，对每个半频带信号进行亚采样，以保持变换前后总数据量不变，信号分析分别对两个半频带进行处理。在信号重构端，对每个半频带分别进行插值和滤波后相加，以重建原信号。这个分解和重构过程就是子带编码，它最初是用于语音的编码，20 世纪 80 年代中期，Wood 等人将它用于图像编码。一个包括分解和重构过程的子带编码框图如图 10.f.1 所示。

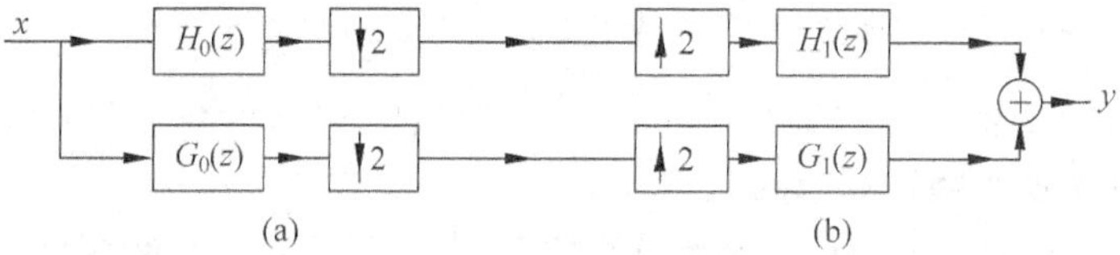

图 10.f.1　子带编码框图，前两级是分解过程，后两级是重构过程

先讨论亚采样和插值的复频域表示，然后讨论子带编码得到理想重构的条件。如果对信号 $x[n]$ 进行亚采样，隔一个样本丢掉一个，得到 $y[n]=x[2n]$，它们的 z 变换关系为

$$Y(z)=\frac{1}{2}[X(z^{1/2})+X(-z^{1/2})]\tag{10.f.1}$$

对信号 $x[n]$ 进行插值是指：在 $x[n]$ 的两个采样值之间插入一个 0，得到

$$y[n]=\begin{cases}x[n/2], & n=2m\\ 0, & n=2m+1\end{cases}$$

它们的复频域关系为

$$Y(z)=X(z^2)\tag{10.f.2}$$

关系式(10.f.2)可以由列 z 变换的定义直接得到，式(10.f.1)的证明稍烦琐一点，读者可参考[36]，利用式(10.f.1)和式(10.f.2)，参考图 10.f.1 各级输出信号，第一级滤波器输出表示为

$$V_0(z)=X(z)H_0(z)$$
$$V_1(z)=X(z)G_0(z)$$

亚采样后，利用式(10.f.1)得亚采样信号的输出为

$$U_0(z) = \frac{1}{2}[V_0(z^{1/2}) + V_0(-z^{1/2})]$$

$$U_1(z) = \frac{1}{2}[V_1(z^{1/2}) + V_1(-z^{1/2})]$$

在重构端，插值后利用式(10.f.2)得插值后信号输出：

$$\hat{V}_0(z) = U_0(z^2) = \frac{1}{2}[V_0(z) + V_0(-z)]$$

$$\hat{V}_1(z) = U_1(z^2) = \frac{1}{2}[V_1(z) + V_1(-z)]$$

最后一级输出信号的表达式为

$$\begin{aligned} Y(z) &= H_1(z)\hat{V}_0(z) + G_1(z)\hat{V}_1(z) \\ &= \frac{1}{2}[X(z)H_0(z) + X(-z)H_0(-z)]H_1(z) \\ &\quad + \frac{1}{2}[X(z)G_0(z) + X(-z)G_0(-z)]H_1(z) \end{aligned}$$

上式进一步整理为

$$\begin{aligned} Y(z) &= \frac{1}{2}[H_0(z)H_1(z) + G_0(z)G_1(z)]X(z) \\ &\quad + \frac{1}{2}[H_0(-z)H_1(z) + G_0(-z)G_1(z)]X(-z) \end{aligned}$$

如果要求分解和重构是理想的，要求

$$\begin{aligned} &[H_0(z)H_1(z) + G_0(z)G_1(z)] = 2 \\ &[H_0(-z)H_1(z) + G_0(-z)G_1(z)] = 0 \end{aligned} \tag{10.f.3}$$

将式(10.f.3)和双正交小波的条件式(10.43)比较，只要令：

$$H_0(z) = \hat{h}(z^{-1}),\quad H_1(z) = \hat{\tilde{h}}(z), G_0(z) = \hat{g}(z^{-1}),\quad G_1(z) = \hat{\tilde{g}}(z)$$

或者等价的令：

$$h_0(n) = h(-n), h_1(n) = \tilde{h}(n), g_0(n) = g(-n), g_1(n) = \tilde{g}(n)$$

则式(10.f.3)和式(10.4.8)是完全等价的。也立即可以得到图 10.f.1 对应的分解公式，即 $u_0[n]$，$u_1[n]$的计算公式和双正交离散小波变换的 Mallat 分解公式是完全相同的，图 10.f.1 中计算 $y[n]$的公式和双正交离散小波变换的 Mallat 重构公式是一致的。

正交小波变换作为双正交的特例，等价性不再赘述。

本附录只是简单介绍了子带编码和小波变换的等价关系，实际上，子带编码和更一般的滤波器组理论独立发展成信号处理中的一个很完善的分支，其中包括理想重构的矩阵表示，滤波器组的多相表示等，此处不再详述。对这些专题有兴趣的读者可参考[1]、[25]、[27]或[36]。

参 考 文 献

[1] Akansu A N., Haddad R A. Multiresolution Signal Decomposition: Transforms. Subbands. Wavelets [M]. New-York: Academic Press. INC. 1992.

[2] Antonini M, Barlaud M. Image Coding using wavelet transform[J]. IEEE Trans. On Image Processing. 1992. 1(2): 205-220.

[3] Calderbank A, R. Daubechies I and Sweldens W, et al. Wavelet transforms that map integers to integers[J]. Applied and Computational Harmonic analysis. 1998. 5(3): 332-369.

[4] Candes E J, Demanet L and Donoho D L, et al. Fast Discrete Curvelet Transforms[J]. SIMA Multiscale Model. Simul.. 2003. 3(5): 861-899.

[5] Candes E J, Donoho D L. New Tight Frames of Curvelets and Optimal Representation for Objects with Piecewise C2 Singularities[J]. Comm. Pure Appl. Math.. 2004. 57(2): 219-266.

[6] Cohen A, Daubechies I and Feauvean J C. Biorthogonal bases of compactly supported wavelets[J]. Commu. Pure and Apllication Math. 1992. 45: 485-560.

[7] Daubechies I. 小波十讲[M]. 李建平,杨万年,译. 北京:国防工业出版社,2004.

[8] Daubechies I. Orthonomal bases of compactly supported wavelets[J]. Commu. in pure and application math. 1988. 41: 906-996.

[9] Daubechies I, Sweldens W. Factoring wavelet transforms into lifting steps[J]. J. Fourier Anal. Appl. 1998. 4: 247-269.

[10] Donoho D L. De-Noising by Soft-Thresholding[J]. IEEE Transactions On Information Theory. 1995. 41(3): 613-627.

[11] Le Pennec E, Mallat S. Bandlet Image Approximation and Compression[J]. SIAM Multiscale Model. Simul. 2005. 4(3): 992-1039.

[12] Lo K T, Zhang X D and Feng J. A Universal Perceptual Weighted Zerotree Coding For Image and Video Compression[J]. IEE Proceeding of Image. Vision and Signal processing. 2000. 147(3): 261-265.

[13] Mallat S. A Wavelet Tour of Signal Processing: The Sparse Way[J]. Third Edition. Amsterdam: Academic Press. 2009.

[14] Mallat S. Multifrequency channel decomposition of image and wavelet model[J]. IEEE Trans. On ASSP. 1989. 37(12): 2091-2110.

[15] Mallat S. Multiresolution approximation and wavelet orthonormal bases of L2[J]. Trans. Of the American Math. Society. 1989. 135(1): 69-87.

[16] Mallat S. A Theory for multiresolution signal decomposition: the wavelet representation[J]. IEEE Trans. On PAMI. 1989. 11(7): 674-693.

[17] Mallat S, Peyre G. Orthogonal Bandlets for Geometric Image Approximation[J]. Comm. Pure Appl. Math.. 2008. 61(0): 1173-1212.

[18] Ramchandran K, Vetterli M and Herley C. Wavelet. subband coding and best bases[J]. Proc. Of IEEE. 1996. 84(4): 541-560.

[19] Smith M J T, Barnwell T P. Exact reconstruction techniques for tree-structured subband coders[J]. IEEE Trans. On ASSP. 1986. 34(3): 434-441.

[20] Shapiro J M. Embedded image coding using zerotrees of wavelet coefficients[J]. IEEE Trans. On Signal Processing. 1993. 41(12): 3445-3462.

[21] Strang G, Nguyen T. Wavelets and Filter Transforms[J]. Cambridge: Cambridge Press. 1996.

[22] Sweldens W. The lifting scheme: a new philosophy in biorthogonal wavelet constructions[J]. Proc. SPIE. 1995. 2569: 68-79.

[23] Sweldens W. The lifting scheme: a custom-design construction of biorthogonal wavelets[J]. Appl. Comput. Harmonic analysis. 1996. 3(2): 186-200.

[24] Sweldens W. The lifting scheme: construction of second generation wavelets[J]. SIAM J. Math. Anal.. 1997. 29(2): 511-546.

[25] Vaidyanathan P P. Multirate system and filter banks[M]. New Jersey: Prentice-Hall. 1993.
[26] Percival D. B. Walden A. Wavelet Methods for Time Series Analysis[M]. Cambridge: Cambridge University Press. 2000.
[27] Vetteli M, Kovaccevic J. Wavelet and subband coding[M]. New Jersey: Prentice-hall. 1995.
[28] Vetterli M, Herley C. Wavelets and filter banks: theory and design[J]. IEEE Trans. On Signal Processing. 1992. 40(9): 2207-2232.
[29] Wood J W. Subband coding of images[J]. IEEE Trans. On ASSP. 1986. 34(5): 1278-1288.
[30] Wornell G W. Signal Processing with fractals: A Wavelet-Based Approach[M]. New Jersey: Prentice Hall Press. 1996.
[31] Zhang Xu-Dong, Lo Kwok-Tung and Feng Jian. A Robust Image Watermarking Using Tree-Based Spatial-Frequency Feature of Wavelet Transform[J]. Journal of Visual Communication and Image Representation. 2003. 14(4): 474-491.
[32] 郭代飞，高振明，张坚强. 利用小波门限法进行信号去噪[J]. 山东大学学报(自然科学版). 2001. 306-311.
[33] 杨福生. 小波变换的工程分析与应用[M]. 北京：科学出版社，2000.
[34] 张旭东，王德生，彭应宁. 基于三维子波变换和分级零树扫描的视频编码算法研究[J]. 电子学报，1999. 27(7): 35-37.
[35] 张旭东，卢国栋，冯健. 图像编码基础和小波压缩技术：原理、算法和标准[M]. 北京：清华大学出版社，2004.
[36] 张旭东，崔晓伟，王希勤. 数字信号分析和处理[M]. 北京：清华大学出版社，2014.

*第11章

信号的稀疏表示与压缩感知

利用信号的稀疏性增强信号处理能力的尝试由来已久，所谓信号的稀疏性是指：一个高维信号向量中只有少量的非 0 有效值或在一个变换下仅有少量非 0 有效变换系数。20 世纪 70 年代在地震信号处理中就有学者利用稀疏性重构信号[36]，到了 20 世纪 90 年代在统计学中 Tibshirani 等提出了利用 l_1 引导回归系统解的稀疏性，大约同时期，在信号处理领域 Chen 等在原子分解的基追踪算法中也用 l_1 范数加强信号分解的稀疏性。信号稀疏性的应用也在其他领域被研究，并逐渐形成一个活跃的分支。约 2006 年 Candès、Romberg 和 Tao 以及 Donoho 各自发表了关于压缩感知(CS)的论文，CS 是在信号具有稀疏性的前提下，用较少的测量值重构信号的一类方法，CS 从其提出起至今一直是一个非常活跃的领域，并延伸出一些新的研究方向。

从信号处理观点看，稀疏表示和 CS 是紧密关联的问题，从一般意义上讲，信号的稀疏表示，包括稀疏模型和稀疏恢复算法是一个更广泛性问题，不失一般性，可以把 CS 看作是信号稀疏表示问题中一类特殊的问题，因此，本章以信号稀疏表示为主线，CS 作为这一主线下的一类特定问题，以这种方式展开本章的叙述。

本章按如下方式安排。第 1 节给出稀疏表示所需要的一些基本概念，第 2 节以 CS 和统计中回归问题(与信号处理中系统辨识问题等价)为例引出稀疏表示的数学模型。第 3、4 节讨论信号稀疏表示的基本原理，第 5 节专门讨论 CS 中的一些特殊性问题，第 6 节是本章最长的一节，给出稀疏信号恢复的若干算法，第 7 节给出几个应用实例，然后是小结并结束本章。由于信号的稀疏表示是仍很活跃的研究领域，本章只给出这一领域的最基本的介绍。稀疏表示中有一些重要定理的证明非常繁复，对于这类定理只给出叙述和说明，并给出相关参考文献。

11.1 信号稀疏表示的数学基础

为了更好地理解信号的稀疏表示问题，本节扼要补充一些数学基础，以方便后续的讨论。已具备这些基础的读者，可跳过本节。

11.1.1 凸集和凸函数

凸函数在优化问题上有特殊的重要性，尽管本书前文中也涉及凸函数，为了方便，这里给出凸集合和凸函数的定义。

定义 1.1.1(凸集) 对于集合 Ω,任取 $\boldsymbol{s}_1,\boldsymbol{s}_2\in\Omega$,对于任意 $\alpha\in[0,1]$,若凸组合 $\boldsymbol{s}=\alpha\boldsymbol{s}_1+(1-\alpha)\boldsymbol{s}_2$ 也属于 Ω,则称 Ω 为一个凸集。

定义 1.1.2(凸函数) 一个函数 $J(\boldsymbol{s}):\Omega\to R$,任取 $\boldsymbol{s}_1,\boldsymbol{s}_2\in\Omega$,对于任意 $\alpha\in[0,1]$,若满足

$$J(\alpha\boldsymbol{s}_1+(1-\alpha)\boldsymbol{s}_2)\leqslant\alpha J(\boldsymbol{s}_1)+(1-\alpha)J(\boldsymbol{s}_2)\tag{11.1.1}$$

则称该函数为凸函数。

对于一个凸函数 $J(\boldsymbol{s})$,若 $\boldsymbol{s}$ 是 N 维向量,则集合 $\{(\boldsymbol{s},y)\mid y\geqslant J(\boldsymbol{s})\}$ 是 $N+1$ 维空间的凸集,注意该集合称为 $J(\boldsymbol{s})$ 函数的上镜图(epigraph),稍后图 11.1.1 中示出几个范数函数的上镜图。

如下给出一个函数是凸函数的基本判断条件。

定理 1.1.1 一个函数 $J(\boldsymbol{s}):\Omega\to R$,对于任取 $\boldsymbol{s}_1,\boldsymbol{s}_2\in\Omega$,当且仅当

$$J(\boldsymbol{s}_2)\geqslant J(\boldsymbol{s}_1)+[\nabla J(\boldsymbol{s}_1)]^{\mathrm{T}}(\boldsymbol{s}_2-\boldsymbol{s}_1)\tag{11.1.2}$$

或当且仅当 Hessian 矩阵 $\nabla^2 J(\boldsymbol{s})$ 是半正定的,则函数 $J(\boldsymbol{s})$ 是凸的。

在优化问题中,若目标函数 $J(\boldsymbol{s})$ 是严格凸函数,则问题有唯一解,通过适当的算法和初值,优化问题可以保证得到全局最小值。对于非凸的目标函数,优化问题的解要困难得多。

11.1.2 范数

在本书前面的章节,只用到了向量的 2 范数(欧几里得范数),因此不加区别地把 2 范数作为信号向量的范数,但在讨论信号的稀疏表示时,不同范数起到不同作用,我们在这里讨论各种不同范数的定义。

对于 N 维向量 $\boldsymbol{s}=[s_1,s_2,\cdots,s_N]^{\mathrm{T}}$,其 ℓ_p 范数定义为

$$\|\boldsymbol{s}\|_p=\left(\sum_{i=1}^{N}|s_i|^p\right)^{1/p}\tag{11.1.3}$$

可以验证,对于 $p\geqslant1$,式(11.1.3)定义的范数满足范数的 4 个基本条件,即

(1) $\|\boldsymbol{s}\|_p\geqslant0$;

(2) $\|\boldsymbol{s}\|_p=0\Leftrightarrow\boldsymbol{s}=\boldsymbol{0}$;

(3) $\|\alpha\boldsymbol{s}\|_p=|\alpha|\,\|\boldsymbol{s}\|_p$,$\alpha$ 是任意常数(齐次性);

(4) $\|\boldsymbol{s}_1+\boldsymbol{s}_2\|_p\leqslant\|\boldsymbol{s}_1\|_p+\|\boldsymbol{s}_2\|_p$(三角不等式)。

范数的 4 个性质也保证了 $p\geqslant1$ 时,ℓ_p 范数是凸函数。$p\geqslant1$ 的 ℓ_p 范数的几个例子如下。

ℓ_2 范数(2 范数):

$$\|\boldsymbol{s}\|_2=\left(\sum_{i=1}^{N}|s_i|^2\right)^{1/2}\tag{11.1.4}$$

ℓ_1 范数:

$$\|\boldsymbol{s}\|_1=\sum_{i=1}^{N}|s_i|\tag{11.1.5}$$

ℓ_∞ 范数:

$$\|\boldsymbol{s}\|_\infty=\lim_{p\to\infty}\left(|s_{\max}|^p\sum_{i=1}^{N}\left(\frac{|s_i|}{|s_{\max}|}\right)^p\right)^{1/p}=|s_{\max}|\tag{11.1.6}$$

这里 $s_{\max}$ 是 $\boldsymbol{s}$ 中绝对值最大的元素。

对于 ℓ_2 范数，若以范数平方作为目标函数，则容易验证其 Hessian 矩阵为

$$\nabla^2 \|\boldsymbol{s}\|_2^2 = 2\boldsymbol{I}$$

利用定理 1.1.1 也可判断其为凸函数。

ℓ_1 范数是满足范数的 4 个条件和凸函数性的最小 p 值。在本章，为了叙述方便，我们要把范数的概念扩大化，这实际是对范数名词的滥用，只要预先申明这一点，不会带来应用上的问题。严格讲，当取 $0<p<1$ 时，式(11.1.3)不再满足范数的第(4)个条件，即三角不等式，不再是严格意义上的范数，为了叙述简单，仍称其为 ℓ_p 范数，并且注意到，对于 $0<p<1$，ℓ_p 范数为非凸函数。

将这个概念推广到 $p=0$ 的情况，即得到 ℓ_0 范数的定义如下

$$\|\boldsymbol{s}\|_0 = \lim_{p\to 0}\sum_{i=1}^{N}|s_i|^p = \sum_{i=1}^{N}\chi_{(0,\infty)}(|s_i|) \tag{11.1.7}$$

这里，$\chi_{(0,\infty)}(|s_i|)$是一个示性函数，其定义为

$$\chi_{\aleph}(x) = \begin{cases} 1, & x \in \aleph \\ 0, & x \notin \aleph \end{cases} \tag{11.1.8}$$

$\aleph$是一个任意集合。显然，直观地说，$\|\boldsymbol{s}\|_0$ 表示 $\boldsymbol{s}$ 中非 0 元素的个数。

容易验证，ℓ_0 范数不满足齐次性条件，即对于任意 $|\alpha|\neq 1$ 有 $\|\alpha\boldsymbol{s}\|_0 \neq |\alpha|\,\|\boldsymbol{s}\|_0$。显然，$\ell_0$ 范数不是一个真范数，仍是借用了范数的名词。注意，ℓ_0 范数满足三角不等式，这一点很容易验证，两个向量和的非零元素数必然小于或等于两个向量各自非零元素数之和，即三角不等式成立。

图 11.1.1 画出了一维向量(或考虑一个分量的贡献)情况下各种 p 范数的函数，可以看到 $p\geqslant 1$ 的范数是凸函数，范数曲线的上镜图(epigraph)是凸集合，而 $0<p<1$ 的范数是非凸函数，其上镜图是非凸集合。

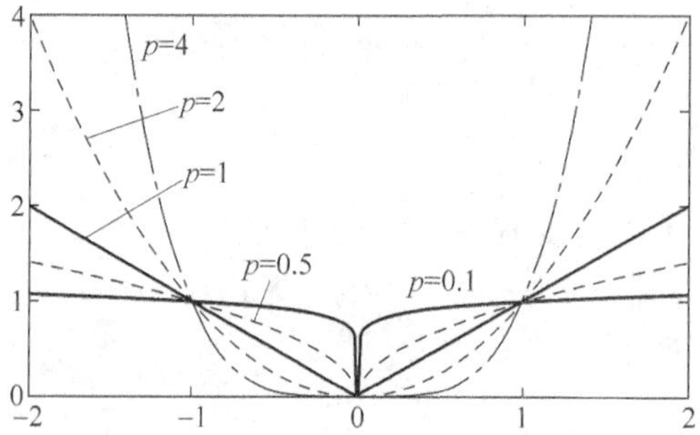

图 11.1.1 不同 p 值时各种范数的示意图

如果令

$$\|\boldsymbol{s}\|_p = r \tag{11.1.9}$$

这里 r 是一个给定常数，画出所有满足式(11.1.9)的 $\boldsymbol{s}$ 取值集合，则是 N 维空间的曲面，称这个曲面为半径为 r 的 ℓ_p 球面，这里球面也是一个广义的名称。对于二维情况，给出 $r=1$，图 11.1.2 画出几个典型 p 值下的单位球面。

本章主要研究信号的稀疏表示，若 $\boldsymbol{s}$ 中存在许多 0 分量，则称其为稀疏的。设 $\boldsymbol{s}$ 表示一个待优化的参数向量，若目标函数取 $J(\boldsymbol{s}) = \|\boldsymbol{s}\|_p^p$，则对于 $p>1$，$\boldsymbol{s}$ 中绝对值大的分量对目

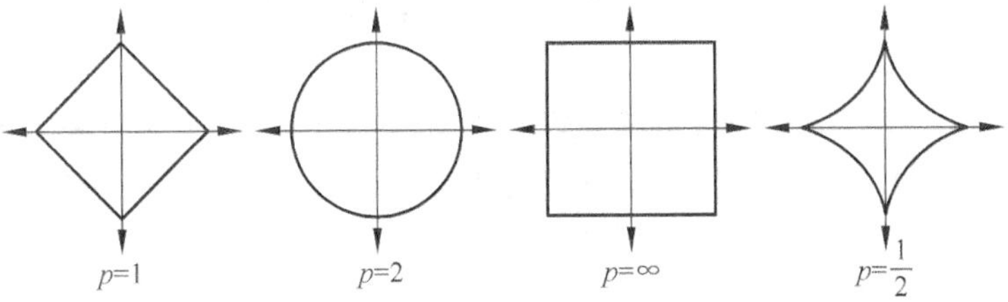

图 11.1.2　不同 p 值时二维空间各种范数的单位球面

标函数有大的影响，而小的分量则影响很小，若使 $J(\boldsymbol{s})$ 最小化，则主要抑制的对象是大的分量。例如一个二维向量中 $s_1=4, s_2=0.1$，则 s_1 对 ℓ_2 目标函数的贡献是 16，s_2 对 ℓ_2 目标函数的贡献仅有 0.01，因此，若能够通过优化降低 s_1 的取值，其对 $J(\boldsymbol{s})$ 最小化的贡献是明显的，因此对于 $p>1$ 的范数作为目标函数，则主要关注于大分量，对小分量则比较忽视，优化的结果也很难将小分量值变为 0，也就是说，优化的结果很难使 $\boldsymbol{s}$ 稀疏化。

同样的问题，若取 ℓ_0 范数作为目标函数，则不管分量的大小，从非 0 变为 0，对目标函数的减小是相等的，但小的分量通过微调则可以变成 0，因此，ℓ_0 范数作为目标函数，则容易达到使 $\boldsymbol{s}$ 稀疏化。实际上，取 $0<p<1$ 的任意范数，都可以使小分量的作用被放大，而大分量值的作用被衰减，从而易于使 $\boldsymbol{s}$ 稀疏化。但由于 $0\leqslant p<1$ 的范数是非凸的，存在优化上的计算困难，人们折中地取 $p=1$，即以 ℓ_1 范数作为目标函数，ℓ_1 范数即不放大大分量值，也不压缩小分量值的贡献，通过优化，可将小分量值置为 0，从而使 $\boldsymbol{s}$ 稀疏化。ℓ_1 范数是唯一具有稀疏化参数向量能力且为凸函数的范数，故稀疏信号表示中，常用 ℓ_1 范数作为目标函数或约束函数，这是对范数影响稀疏性的一个初步的直观理解。

为后续使用，这里给出 k 稀疏向量的定义。

定义 11.1.3　k 稀疏向量：若向量 $\boldsymbol{s}$ 称为是 k 稀疏向量，则 $\|\boldsymbol{s}\|_0\leqslant k$。

11.1.3　矩阵的零空间和稀疏度

为后续讨论稀疏解的需要，对一个矩阵的零空间给出定义。

定义 11.1.4　设矩阵 $\boldsymbol{A}$ 是 $M\times N$ 维矩阵，则满足 $\boldsymbol{Az}=\boldsymbol{0}$ 的 N 维向量 $\boldsymbol{z}\in\boldsymbol{R}^N$ 的集合称为矩阵 $\boldsymbol{A}$ 的零空间，记为

$$\mathrm{Null}(\boldsymbol{A})=\{\boldsymbol{z}\in\boldsymbol{R}^N \mid \boldsymbol{Az}=\boldsymbol{0}\} \tag{11.1.10}$$

设 $M<N$，且矩阵 $\boldsymbol{A}$ 是满秩矩阵，则 $\boldsymbol{A}$ 的秩为 $\mathrm{rank}(\boldsymbol{A})=M$，由此可得零空间是一个 $N-M$ 子空间，即

$$\dim(\mathrm{Null}(\boldsymbol{A}))=N-M \tag{11.1.11}$$

定义 11.1.5　设矩阵 $\boldsymbol{A}$ 是 $M\times N$ 维矩阵，这里 $M\leqslant N$，则矩阵 $\boldsymbol{A}$ 的稀疏度 $\mathrm{spark}(\boldsymbol{A})$ 定义为矩阵的最小相关列的数目。

若一个矩阵 $\boldsymbol{A}$ 是 $N\times N$ 满秩矩阵，则其所有 N 列都是线性独立的，故满秩方阵的稀疏度为 $N+1$。另一个例子是如下矩阵 $\boldsymbol{B}$

$$\boldsymbol{B}=\begin{bmatrix}1&0&0&0&0&1\\0&1&0&0&0&1\\0&0&1&0&1&0\\0&0&0&1&1&0\end{bmatrix}$$

对于这个矩阵，其秩 $\text{rank}(\boldsymbol{B})=4$，第3、4、5列是相关的，第1、2、6列也是相关的，故 $\text{spark}(\boldsymbol{B})=3$。

将会看到，稀疏度在研究信号的稀疏恢复中很有用，但对于一个任意矩阵，求其稀疏度却是很困难的，只能通过对所有可能的列组合进行验证，但可以有一些方法估计稀疏度的范围，本章稍后再进一步讨论。

11.2 信号的稀疏模型实例

在实际信号处理、机器学习和统计学的环境下，很多问题可建模为稀疏表示问题。本节仅以信号处理的压缩感知和统计学中套索回归(Least Absolute Shrinkage and Selection Operator，LASSO)问题为例，理解将实际问题怎样描述为稀疏模型，后续几节将讨论稀疏恢复的理论问题和恢复算法。

11.2.1 压缩感知问题

数据的采集是联系现实世界和数学世界的桥梁，传统上采样问题一直遵循奈奎斯特采样定理，该定理说明了对于一个带限信号，如果想对其进行数字化处理，采样频率取值与信号的带宽直接相关，采样率不低于信号带宽的2倍。可以说，采样定理是数字信号处理技术的基础。然而随着技术的发展，信号的频带越来越宽。更高速的采样意味着更先进的模数转换技术或者更多的传感器数目，同时意味着更大的数据量。

以雷达、医学成像领域为例，模数转换器性能的提高和传感器数目的增加会造成系统成本的大幅度上升，而这些系统的输出往往仅是目标的少量关键参数。又如，在音频和图像处理领域中，针对音频和图像中的大量冗余信息，多种压缩算法早已应用到音频和图像的传输和存储中。而经过压缩处理，表示音频和图像的数据量大幅减少。

广泛应用的信号压缩算法包括变换编码技术，即将要编码的数字信号经过数学变换在基(basis)或框架(frame)下稀疏(sparse)或者可压缩(compressible)地表示。稀疏指信号的大部分元素都是零元素。对于一个长度为 n 的信号向量，所谓**稀疏地表示**是指可以利用 $k(k\ll n)$ 个非零系数在某组基或框架下准确表示；所谓**可压缩地表示**是指可以利用 $k(k\ll n)$ 个较大的非零系数在某组基或框架下近似表示，其余的 $n-k$ 个较小的系数可被丢弃。我们可以称这种信号为 k-稀疏信号或可压缩信号。在图像、视频、语音信号处理领域，我们常见的JPEG图像压缩标准、MPEG/H264视频压缩标准、MP3音频压缩标准等都使用了变换编码技术。常用的变换有离散余弦变换、小波变换等。

图11.2.1是典型的图像压缩实现框图，图像信号经过一个变换(DCT或小波变换等)后，只有少量大的系数需要保留，图像压缩算法则将大系数的位置和取值用有效的方法表示，然后进行传输或存储。图11.2.2是利用DCT变换实现压缩的一个实例，左图是原图像，做DCT变换后仅保留1%的大系数，只利用1%的系数重构出的图像如右图所示，同原图像的比较，其相对误差为0.075。大量类似的实验表明，日常生活中的大量信号都具有稀疏性或者可压缩性。

在过去的几十年里，数据压缩在语音、图像、视频等领域取得了广泛的成功。在很多领

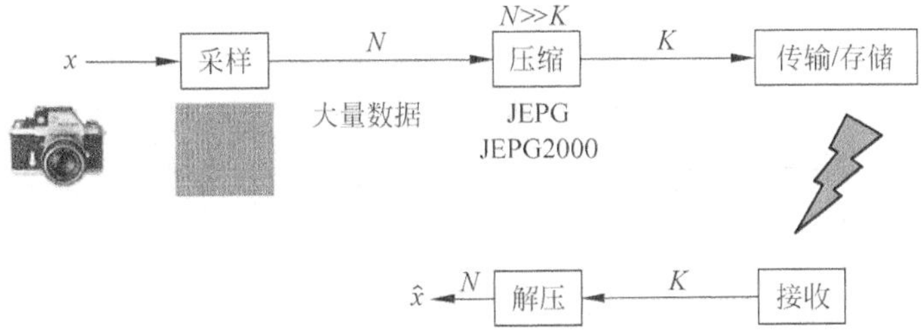

图 11.2.1 图像压缩过程示意图

(a) 原图像 (b) 恢复图像

图 11.2.2 利用原图像和保留 1%DCT 变换系数重构图像比较

域实际在做“采集得到的数据中大部分都可以丢掉”这样的事情。这就引起很自然的疑问，那就是为什么我们要花费那么多的资源去采集最后终究会被丢弃的数据呢？为采集这大量的数据，需要大量的传感器并消耗很多的能量，为什么不能直接去采集那些最终不会被丢弃的数据呢？针对信号处理过程中的这种“先采样，后丢弃”的模式，美国学者 Candes、Romberg、陶哲轩和 Donoho 等总结自己的研究提出了压缩感知(Compressed Sensing，Compressive Sensing 或 Compressive Sampling，CS)理论。压缩感知理论出发点在于，既然很多应用需要以高采样率进行采样后再通过处理丢弃一大部分样本，何不将采样和压缩过程结合起来同时进行，直接对信号的稀疏性或可压缩性进行感知，这也是压缩感知得名的原因。如果能对稀疏信号进行感知，采样率就可能大幅降低。几位学者的工作表明，通过精心设计采样方式，一个稀疏或者可压缩的信号是可以通过少量的非自适应线性映射测量值准确或逼近地恢复的，而这些采样值的数目少于奈奎斯特采样定理给出的限制。

下面从信号表示的角度对压缩感知问题进行简要说明。为了描述方便，我们先集中讨论 k-稀疏情况，对不严格稀疏的可压缩情况稍后再做讨论。

假设离散信号 $\boldsymbol{x}\in\mathbb{R}^N$ 是一个 N 维列向量，其中元素可以表示为 $x(n)$，$n=1,2,\cdots,N$。对于一幅图像、视频等信号，可以将其矢量化。简单起见，假设 Ψ 为一 $N\times N$ 维的正交基矩阵，$\Psi=[\phi_1,\phi_2,\cdots,\phi_N]$，$\phi_i$ 是列向量。$\boldsymbol{x}$ 可以以 Ψ 为基 k-稀疏地表示($k\ll N$)，即

$$\boldsymbol{x}=\sum_{i=1}^{N}s_i\phi_i \tag{11.2.1}$$

或写为矩阵形式

$$\boldsymbol{x} = \boldsymbol{\Psi} \boldsymbol{s} \tag{11.2.2}$$

其中向量 $\boldsymbol{s}=[s_1,s_2,\cdots,s_N]^{\mathrm{T}}$ 中仅有 k 个非零元素，其余 $(N-k)$ 个元素均为 0。

假设用 $M(M<N)$ 个 N 维向量 $\{\varphi_j\}_{j=1}^{M}$ 分别同 $\boldsymbol{x}$ 的内积作为 M 个测量值，记录获得的 M 个内积结果 $\{y_j\}_{j=1}^{M}$，即

$$y_j = \langle \boldsymbol{x}, \varphi_j \rangle \big|_{j=1}^{M} \tag{11.2.3}$$

这里，$\{y_j\}_{j=1}^{M}$ 相当于是 M 个采样值，由于 $M<N$，称这组采样值为压缩采样。注意到这种采样方式与奈奎斯特采样定理支持下的简单采样是不同的。

将 M 个采样值写成向量形式为

$$\boldsymbol{y} = \boldsymbol{\Phi} \boldsymbol{x} \tag{11.2.4}$$

其中 $\boldsymbol{y}=[y_1,y_2,\cdots,y_M]^{\mathrm{T}}$ 为测量向量，矩阵 $\boldsymbol{\Phi}=[\varphi_1,\varphi_2,\cdots,\varphi_M]^{\mathrm{T}}$ 为 $M\times N$ 维的测量矩阵。式(11.2.4)相当于对原信号 $\boldsymbol{x}$ 进行线性映射，从 N 维空间线性映射至 M 维空间。式(11.2.2)和式(11.2.4)结合可以得到

$$\boldsymbol{y} = \boldsymbol{\Phi x} = \boldsymbol{\Phi \Psi s} = \boldsymbol{A s} \tag{11.2.5}$$

其中 $\boldsymbol{A}=\boldsymbol{\Phi\Psi}$ 是 $M\times N$ 维感知矩阵。

在以上描述的压缩采样问题中，我们已知 $\boldsymbol{y}$ 和 $\boldsymbol{A}$(或 $\boldsymbol{\Phi}$、$\boldsymbol{\Psi}$)要对 $\boldsymbol{s}$ 进行求解(间接求解 $\boldsymbol{x}$)。

式(11.2.5)是压缩感知的一种原理性说明，这个说明可以由图 11.2.3 直观地给出示意。图中 S 列中只有很少的几个颜色快，表示非零值，它是一种稀疏向量。变换矩阵 $\boldsymbol{\Psi}$ 和测量矩阵 $\boldsymbol{\Phi}$ 中，不同颜色表示其不同的系数值。由于并不知道 S 列中有几个非零值和非零值的位置，简单的代数求解式(11.2.5)往往达不到我们的目的。怎样求解这个方程，是压缩感知研究中要解决的问题。

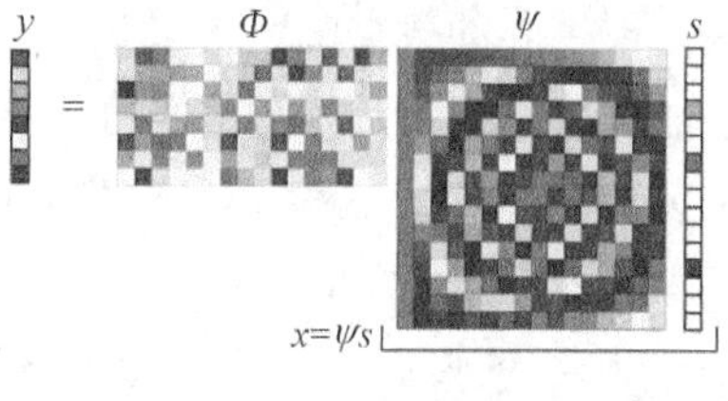

图 11.2.3　压缩感知的原理示意图

首先看到，式(11.2.5)是一个欠定方程，可能存在无穷组 $\boldsymbol{s}$ 的解满足式(11.2.5)。为了得到对该问题的唯一解，必须施加附加约束条件。第 2 章的 LS 估计一节已经遇到式(11.2.5)的欠定问题的解，在 LS 意义下，以解 $\boldsymbol{s}$ 的 ℓ_2 范数平方最小作为附加条件，得到了欠定 LS 的唯一解。欠定 LS 的解可描述如下

$$\hat{\boldsymbol{s}} = \underset{s}{\operatorname{argmin}}\{\|\boldsymbol{s}\|_2^2 = \boldsymbol{s}^{\mathrm{T}}\boldsymbol{s}\} \quad \text{s. t.} \quad \boldsymbol{y} = \boldsymbol{A s} \tag{11.2.6}$$

这里，“s. t.”是“subject to”(服从于)的缩写。第 2.6 节已证明欠定 LS 的解是

$$\hat{\boldsymbol{s}} = \boldsymbol{A}^{\mathrm{T}}(\boldsymbol{A}\boldsymbol{A}^{\mathrm{T}})^{-1}\boldsymbol{y} \tag{11.2.7}$$

然而，式(11.2.7)的解不具有稀疏性，即若实际的 $\boldsymbol{s}$ 是稀疏的，但式(11.2.7)得到的解一般不满足稀疏性，不是一个我们所期待的解。也就是说，用 ℓ_2 范数作为约束条件得不到信号的稀疏解。

为了描述稀疏性，可以利用向量的 ℓ_0 范数 $\|\boldsymbol{s}\|_0$ 最小为约束条件，即求解如下问题：

$$\hat{\boldsymbol{s}} = \underset{s}{\operatorname{argmin}}\|\boldsymbol{s}\|_0 \quad \text{s. t.} \quad \boldsymbol{y} = \boldsymbol{A s} \tag{11.2.8}$$

上式中，优化的目标是零范数最小，同时满足第2行的约束方程。显然，这样以 s 的稀疏度最高作为目标函数，从直观的角度理解，其解 s 具有稀疏性，事实也的确如此，人们已经证明，对于一个 k 稀疏信号，在 ℓ_0 范数最小约束下仅需要 $M=k+1$ 个压缩采样点 y_j 即可以恢复原稀疏信号。

很可惜，以上 ℓ_0 范数是非凸的，存在求解的困难，这是一个NP难的问题。然而通过对该问题的松弛，如11.1节所讨论的，ℓ_1 范数是得到稀疏解的凸函数，用 ℓ_1 范数替代 ℓ_0 范数，得到对问题的描述为

$$\begin{aligned} \hat{\boldsymbol{s}} &= \underset{\boldsymbol{s}}{\operatorname{argmin}} \|\boldsymbol{s}\|_1 \\ \text{s.t.} \quad \boldsymbol{y} &= \boldsymbol{A}\boldsymbol{s} \end{aligned} \tag{11.2.9}$$

式(11.2.9)的目标函数和约束方程均是凸的，用凸优化算法可以得到其解。

在测量存在噪声情况或信号是可压缩的情况下，只需要更改约束条件，即 ℓ_0 范数最小化问题重写为

$$\begin{aligned} \hat{\boldsymbol{s}} &= \underset{\boldsymbol{s}}{\operatorname{argmin}} \|\boldsymbol{s}\|_0 \\ \text{s.t.} \quad & \|\boldsymbol{y}-\boldsymbol{A}\boldsymbol{s}\|_2^2 \leqslant \varepsilon \end{aligned} \tag{11.2.10}$$

这里 ε 是一个噪声控制参数。

在测量存在噪声情况或信号是可压缩的情况下，ℓ_1 范数最小问题为

$$\begin{aligned} \hat{\boldsymbol{s}} &= \underset{\boldsymbol{s}}{\operatorname{argmin}} \|\boldsymbol{s}\|_1 \\ \text{s.t.} \quad & \|\boldsymbol{y}-\boldsymbol{A}\boldsymbol{s}\|_2^2 \leqslant \varepsilon \end{aligned} \tag{11.2.11}$$

从以上的讨论可见，压缩感知和传统采样不同。第一，传统采样一般考虑无限长的连续信号，而压缩感知中，信号表现为有限维度的矢量信号，当然，压缩感知方法可推广到连续信号的压缩采样问题，但在原理和算法叙述阶段，仍以有限维度向量信号为目标，在本章最后将简要讨论利用CS对连续信号的采样问题。第二，在压缩感知中采样是利用内积的形式实现，这是对传统的采样的一种拓展。

想要说明压缩感知技术的工作原理，有几个问题需要回答：

(1) 对于给定的 N 和稀疏度 k，需要多少采样值 M，才能重构 $\boldsymbol{x}$ 或 $\boldsymbol{s}$；

(2) 线性映射矩阵，或称为感知矩阵 $\boldsymbol{A}$ 如何设计？

(3) 利用什么样的算法可以有效地重建 $\boldsymbol{x}$ 或 $\boldsymbol{s}$。后续几节将回答这几个问题。

例 11.1.1　考虑几种正交变换条件下，不同的 $\boldsymbol{\Psi}$ 矩阵。

第一种情况，$\boldsymbol{\Psi}$ 取DFT变换矩阵，这是Candes在其2006年的标志性论文里用的变换，即

$$\boldsymbol{\Psi} = \frac{1}{\sqrt{N}} \begin{bmatrix} 1 & 1 & \cdots & 1 \\ 1 & e^{j\frac{2\pi}{N}} & \cdots & e^{j\frac{2\pi}{N}(N-1)} \\ \vdots & \vdots & \ddots & \vdots \\ 1 & e^{j\frac{2\pi}{N}(N-1)} & \cdots & e^{j\frac{2\pi}{N}(N-1)(N-1)} \end{bmatrix} \tag{11.2.12}$$

这种情况下，$\boldsymbol{s}$ 表示信号向量的DFT系数，k 稀疏表示其DFT系数仅有 k 个非零值。

第二种情况，用离散小波变换(DWT)。DWT有很多种基函数，为了简单这里取Harr

小波，可把小波变换改写成矩阵形式，以 $N=8$ 为例，Harr 小波的矩阵 $\boldsymbol{\Psi}$ 为

$$\boldsymbol{\Psi}=\frac{1}{\sqrt{8}}\begin{bmatrix}1&1&1&1&1&1&1&1\\1&1&1&1&-1&-1&-1&-1\\\sqrt{2}&\sqrt{2}&-\sqrt{2}&-\sqrt{2}&0&0&0&0\\0&0&0&0&\sqrt{2}&\sqrt{2}&-\sqrt{2}&-\sqrt{2}\\2&-2&0&0&0&0&0&0\\0&0&2&-2&0&0&0&0\\0&0&0&0&2&-2&0&0\\0&0&0&0&0&0&2&-2\end{bmatrix}\tag{11.2.13}$$

可将以上矩阵推广到任意 $N=2^m$ 情况下。$\boldsymbol{s}$ 表示信号向量的 DWT 系数，k 稀疏表示其 DWT 系数仅有 k 个非零值。

第三种情况，$\boldsymbol{\Psi}=\boldsymbol{I}$，这里 $\boldsymbol{I}$ 是单位矩阵，即 $\boldsymbol{s}$ 就是信号向量 $\boldsymbol{x}$，这种情况下，信号自身是稀疏的，不必再利用变换。

11.2.2 套索回归问题——LASSO

第 2 章的线性模型的 LS 估计和第 3 章的 LS 滤波中，都讨论了线性系统参数的一种最优估计，称为 LS 估计，为了方便，将该问题重新描述为一个线性系统的输出向量和权系数向量关系为

$$\boldsymbol{y}=\boldsymbol{A}\theta+\boldsymbol{e}\tag{11.2.14}$$

这里，$\boldsymbol{y}=[y_1,y_2,\cdots,y_M]^{\mathrm{T}}$ 为系统输出向量，$\theta=[\theta_1,\theta_2,\cdots,\theta_p]^{\mathrm{T}}$ 是系统的权系数向量，A 是由输入向量组成的数据矩阵。把第 2 章和第 3 章讨论的线性模型更一般化的表示，有 M 组输入和输出样本即 $\{(\boldsymbol{x}_i,y_i)\}_{i=1}^{M}$，这里 $\boldsymbol{x}_i=[x_{i,1},x_{i,2},\cdots,x_{i,p}]^{\mathrm{T}}$。用一个线性系统表示每一个样本对 $(\boldsymbol{x}_i,y_i)$，即

$$y_i=\boldsymbol{x}_i^{\mathrm{T}}\theta+e_i\tag{11.2.15}$$

在统计学和机器学习等领域，式(11.2.15)的模型更多地称为线性回归，式(11.2.14)是式(11.2.15)的向量形式，其中

$$\boldsymbol{A}=\begin{bmatrix}\boldsymbol{x}_1^{\mathrm{T}}\\\boldsymbol{x}_2^{\mathrm{T}}\\\vdots\\\boldsymbol{x}_M^{\mathrm{T}}\end{bmatrix}\tag{11.2.16}$$

这里 $\boldsymbol{A}$ 是 $M\times p$ 维矩阵，为方便，假设 $\boldsymbol{A}$ 是满秩矩阵。

为了得到参数向量的估计值 $\hat{\theta}$，使得回归模型最优拟合所有 M 样本，则需求解如下问题

$$\hat{\theta}=\underset{\theta}{\operatorname{argmin}}\ \|\boldsymbol{y}-\boldsymbol{A}\theta\|_2^2\tag{11.2.17}$$

这里首先回忆一下对回归问题的已知的解，分别讨论过确定情况和欠确定情况。

1. 过确定情况下回归问题的解

在过确定情况下 $M>p$，式(11.2.17)的解为

$$\hat{\theta}=(\boldsymbol{A}^{\mathrm{T}}\boldsymbol{A})^{-1}\boldsymbol{A}^{\mathrm{T}}\boldsymbol{y}\tag{11.2.18}$$

这是过确定情况下的标准 LS 解。一个更稳健的解是对式(11.2.17)加上一个约束条件,这是一种正则化的 LS 解,第 2 章用θ的 ℓ_2 范数作为约束条件,即求解

$$\hat{\theta}=\underset{\theta}{\operatorname{argmin}}\{J(\theta)\}=\underset{\theta}{\operatorname{argmin}}\{\|\boldsymbol{A}\theta-\boldsymbol{s}\|_2^2+\lambda\|\theta\|_2^2\} \tag{11.2.19}$$

正则 LS 解为

$$\hat{\theta}=(\boldsymbol{A}^{\mathrm{T}}\boldsymbol{A}+\lambda\boldsymbol{I})^{-1}\boldsymbol{A}^{\mathrm{T}}\boldsymbol{y} \tag{11.2.20}$$

在统计学领域,式(11.2.20)称为岭回归(ridge regression)。

2. 欠确定情况下回归问题的解

在欠确定情况下 $M<p$,式(11.2.17)的目标函数为 0,或式(11.2.14)的 $\boldsymbol{e}=\boldsymbol{0}$,即式(11.2.14)可为等式

$$\boldsymbol{y}=\boldsymbol{A}\theta \tag{11.2.21}$$

即使式(11.2.21)的等式也有无穷多解,必须对解θ施加约束,才能得到唯一解,第 2 章已讨论的一个约束是θ的 ℓ_2 范数最小,即将问题描述为

$$\begin{aligned}&\hat{\theta}=\underset{\theta}{\operatorname{argmin}}\|\theta\|_2^2\\&\text{s.t.}\quad \boldsymbol{y}=\boldsymbol{A}\theta\end{aligned} \tag{11.2.22}$$

或等价为解如下的拉格朗日乘子问题

$$J_L(\theta)=\|\theta\|^2+\lambda^{\mathrm{T}}(\boldsymbol{A}\theta-\boldsymbol{y}) \tag{11.2.23}$$

问题的解为

$$\hat{\theta}=\boldsymbol{A}^{\mathrm{T}}(\boldsymbol{A}\boldsymbol{A}^{\mathrm{T}})^{-1}\boldsymbol{y} \tag{11.2.24}$$

3. 回归问题的稀疏模型

在前面两种情况下,不管是过确定情况下通过 ℓ_2 范数正则化的岭回归,还是欠确定情况下的 ℓ_2 范数最小约束下得到的唯一解,这种利用 ℓ_2 范数约束的解,都不具备稀疏性。在很多实际情况下,当用式(11.2.15)描述一个实际问题时,θ具有稀疏性,但以上通过 ℓ_2 范数约束的解一般不具备稀疏性。

许多实际问题中θ具有稀疏性,这里给出两个例子作为说明。第一个例子是在无线通信系统信道建模中,用式(11.2.15)表示无线信道模型,$\boldsymbol{x}$是不同延迟组成的输入信号向量,θ是信道的单位抽样响应,y是信道输出,在开阔区域,可能只有少量远近不等的建筑物产生反射波,需要 p 取较大值,但θ中仅有几簇系数取较大值(对应远近不同建筑物),其他系数为 0 或近似为 0,即θ是稀疏的,可假设其是 k 稀疏的。第二个例子是 Hastie 等给出的[24],对癌症进行分类,影响癌症的基因类有 4718 个,即 $p=4718$,但实际上,对于一种癌症,只有少量基因类是关键的,因此,对于一种癌症的预测,θ是非常稀疏的,即 $k\ll p$。

另一个问题是数据量对估计质量的影响,若定义 M/p 为每个参数的平均信息量,在有些情况下,样本数 M 不够大,具有的信息量不足,例如以上癌症的例子,作者声称[24]收集的癌症病人样本只有 $M=349\ll p$,但若系数是 k 稀疏的,则每个参数的信息量可增加为 M/k,若 $M>k$ 则显著增加了估计每个参数的平均信息量。

针对稀疏回归问题或稀疏系统参数估计问题,统计学家 Tibshirani 等人提出 Lasso 算法[Least Absolute Selection and Shrinkage Operator,Lasso],中文常称为套索回归。Lasso 的关键是对系数向量θ施加了 ℓ_1 范数约束,即约束条件为 $\|\theta\|_1<t$,这里 t 是一个施加的

约束量。Lasso问题的正式描述为如下

$$\begin{aligned} &\min_{\theta}\left\{\frac{1}{2}\ \|\boldsymbol{y}-\boldsymbol{A}\theta\|_2^2\right\} \\ &\text{s.t.}\quad \|\theta\|_1 < t \end{aligned} \tag{11.2.25}$$

或等价地表示为

$$\min_{\theta}\left\{\frac{1}{2}\ \|\boldsymbol{y}-\boldsymbol{A}\theta\|_2^2+\lambda\|\theta\|_1\right\} \tag{11.2.26}$$

这里 $\lambda\geqslant 0$，对于一个给定的 t，有一个相应的 λ 值，使式(11.2.25)和式(11.2.26)同解。

如同11.1节所初步讨论的，ℓ_1 范数约束有助于解 θ 的稀疏性。

4. Lasso的等价描述

对于Lasso问题，人们也已证明，式(11.2.25)或式(11.2.26)的问题，与下述问题等价，即

$$\begin{aligned} &\min_{\theta}\ \|\theta\|_1 \\ &\text{s.t.}\quad \|\boldsymbol{y}-\boldsymbol{A}\theta\|_2^2\leqslant \varepsilon \end{aligned} \tag{11.2.27}$$

只要适当选择控制参数 ε,t,λ 的值，可使式(11.2.25)、式(11.2.26)和式(11.2.27)同解。可以看到式(11.2.27)与压缩感知问题的数学表示一致，当 $p>M$ 时，可能取得 $\varepsilon=0$，因而不等式(11.2.27)约束变成等式。

Lasso问题的原始工作仅使用了 ℓ_1 范数，这是因为凸优化计算上的方便性，实际上，随着稀疏模型的深入研究，采用 $\ell_p,p<1$ 范数的非凸优化也是有意义的。

11.2.3 不同稀疏问题的比较

从以上讨论可以看到，11.2.1节的CS问题和11.2.2节的Lasso问题，所建立的数学模型是几乎一致的，还有很多实际应用可以建模为类似的数学问题，本章后面还会进一步讨论稀疏模型的应用，这里不再讨论更多例子。本节给出的CS和Lasso代表了稀疏模型的两个典型应用。CS代表了信号的采样问题，将采样和压缩过程结合，得到更少的样本来表示稀疏信号；Lasso回归问题，在信号处理中对应典型的系统建模或系统辨识问题，Lasso使得系统参数向量具有稀疏性。

从数学模型看，CS和Lasso是基本一致的，因此，可以一并讨论其求解算法。但是，两类问题也还是有许多不同的特性，如下做简单讨论，在后续叙述中也可以注意到这些不同带来的问题。

(1) 对于CS来讲，感知矩阵 $\boldsymbol{A}$ 是人为选择的，可以对其进行设计以使其满足一些特别的性质，例如满足RIP(本章稍后讨论)特性。但对Lasso，矩阵 $\boldsymbol{A}$ 是由信号样本组成，人为可控因素少，不一定能满足一些矩阵特性如RIP。

(2) 对稀疏恢复性能的描述上，CS是比较简单明确的，即稀疏采样尽可能精确地重构原信号；但Lasso这类应用的性能描述要更困难，一般来讲，在系统辨识中，通过训练样本辨识系统参数，以便对未来数据(或测试数据)做预测，但预测性能和稀疏参数稀疏度以及非零系数指标集之间的关系并不明确，所以对Lasso问题的性能描述更困难。

(3) 对CS应用，重点讨论重构原信号所需要的压缩采样数和感知矩阵应满足的条件，而对于Lasso的应用，更重要的是讨论估计的渐进一致性，有更多因素需要讨论，例如：预

测误差、参数估计误差和模型选择误差等。

(4) 从研究和应用来看，CS 问题比较明确，而 Lasso 这类问题不管是针对系统辨识还是针对稀疏统计学习，都有更宽的开拓空间，例如可扩展到广义线性模型(Generalized Linear Models，GLM)、稀疏概率图模型等等问题。

限于篇幅，本章仅讨论基本的 CS 和 Lasso 方法，对这些方法进一步推广而引出的更广泛的课题不再赘述。

11.3　信号的稀疏模型表示

本节对信号的稀疏恢复模型给出正式描述，并通过几何图形给出直观解释，关于稀疏解的唯一性和给出唯一解的条件等理论结果，放在下节集中讨论。

1. 稀疏恢复模型

由 11.2 节的讨论可知，有多种类型的实际问题可模型化为一种稀疏恢复模型，最基本的稀疏恢复问题，可模型化为如下的($\mathbf{P}_0$)问题：

$$(\mathbf{P}_0)\qquad \begin{aligned} &\min_{\boldsymbol{\theta}} \|\boldsymbol{\theta}\|_0 \\ &\text{s.t.}\quad \boldsymbol{y}=\boldsymbol{A}\boldsymbol{\theta} \end{aligned} \tag{11.3.1}$$

这里 $\boldsymbol{A}$ 是 $M\times N$ 维矩阵，$\boldsymbol{y}$ 是 M 维向量，θ 是 N 维向量，$M<N$，约束方程是欠定的。

($\mathbf{P}_0$)问题是稀疏模型的最基本描述，但由于 ℓ_0 范数是一个“计数”的非连续量，难以用解析方式表示，($\mathbf{P}_0$)问题的解是困难的，为了得到解，需要进行组合搜索，对于给出的 N 和稀疏指标 k，搜索次数为 $\binom{N}{k}$，Elad 在其著作中举了一个例子[22]，即 $N=2000,k=20$，遍历次数为 $\binom{N}{k}=\binom{2000}{20}\approx 3.9\times 10^{47}$，这是非常巨大的次数，即使以今天计算机的计算能力，也是无法承担的。($\mathbf{P}_0$)的这种计算困难，称为 NP 难问题，所谓 NP 难是指其计算量无法用数据维度的一个有限界多项式表示。

一种对($\mathbf{P}_0$)问题的解决方法是对其做松弛，例如用 ℓ_1 范数最小替代 ℓ_0 范数最小，由此得到问题的另一种描述，记为($\mathbf{P}_1$)问题。描述如下：

$$(\mathbf{P}_1)\qquad \begin{aligned} &\min_{\theta} \|\theta\|_1 \\ &\text{s.t.}\quad \boldsymbol{y}=\boldsymbol{A}\boldsymbol{\theta} \end{aligned} \tag{11.3.2}$$

($\mathbf{P}_1$)是保持解的稀疏性的一种凸优化问题，可方便地求解。

这里通过几何图形的直观方式说明 ℓ_1 范数最小可以得到稀疏解，同时比较 ℓ_2 范数最小问题，并且看到 ℓ_2 范数最小不能得到稀疏解。

为了给出直观和简单的说明，假设式(11.3.2)仅取 $N=2,M=1$，矩阵 $\boldsymbol{A}$ 可写为

$$\boldsymbol{A}=[x_{11},x_{12}]$$

约束方程 $\boldsymbol{y}=\boldsymbol{A}\boldsymbol{\theta}$ 简化为单个方程，即

$$x_{11}\theta_1+x_{12}\theta_2=y_1 \tag{11.3.3}$$

图 11.3.1 中的斜线代表式(11.3.3)的方程，由于解必须满足该约束方程，因此，解 $[\hat{\theta}_1,\hat{\theta}_2]$ 必定是直线上的一个点。由于是欠定情况，仅由约束方程得到无数解，即斜线上的

所有点都是可能解，因此，这条直线构成问题的解空间。为了确定唯一解，需要式(11.3.2)的 ℓ_1 范数最小起作用。如 11.1 节定义的，对于一个常数 r，令 $\|\theta\|_p=r$ 表示的曲面(本例是曲线)为半径为 r 的 ℓ_p 球面。这里讨论 $p=1$ 的 ℓ_1 范数情况，$\min\limits_{\theta}\|\theta\|_1$ 的含义是求出满足约束 $\boldsymbol{y}=\boldsymbol{A}\theta$ 的最小 ℓ_1 范数解，故将 r 从 0 开始增加，即 ℓ_1 球膨胀，直到与 $\boldsymbol{y}=\boldsymbol{A}\theta$ 相交，在当前的例子中，即如图 11.3.1 左上图所示，得到一个解 $[\hat{\theta}_1,\hat{\theta}_2]=[0,y_1/x_{12}]$，这是一个有半数 0 元素的解，显然这是式(11.3.2)在本例子的解。

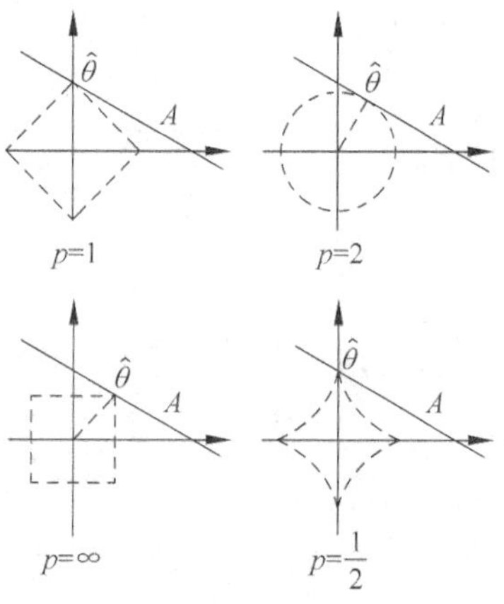

图 11.3.1 几个不同范数下的解

若考虑($\mathbf{P}_2$)的解，即用 ℓ_2 范数替代式(11.3.2)中的 ℓ_1 范数，则情况如图 11.3.1 的右上图所示，其解不具有稀疏性。类似地，图 11.3.1 的左下图和左上图分别给出了 ℓ_∞ 和 $\ell_{1/2}$ 最小化的情况，显然 ℓ_∞ 范数最小化的解是非稀疏的，而 $\ell_{1/2}$ 范数最小化的解同样是稀疏的，但与 ℓ_1 范数最小化比 $\ell_{1/2}$ 范数是非凸的，计算的难度更大。

可以给出图 11.3.1 几何解释的推广，对任意 (N,M)，既然 $\boldsymbol{A}$ 满秩，M 个方程表示 N 维空间的 M 个超平面，其一定是相交的，其交集是 N-M 维超平面，即这个超平面也就是解空间是 N-M 维的，ℓ_1 球膨胀过程中与解超平面第一次相交的点即为式(11.3.2)的解，由 ℓ_1 球的形状，解趋于稀疏性。

在如上的例子中，看到，若取 ℓ_p，$0<p<1$ 范数最小，则得到的解是稀疏的，将这样的问题表示为($\mathbf{P}_p$)问题，即

$$(\mathbf{P}_p)\qquad \begin{aligned}&\min_{\theta}\ \|\theta\|_p^p\\ &\text{s.t.}\quad \boldsymbol{y}=\boldsymbol{A}\theta\end{aligned} \tag{11.3.4}$$

注意到，($\mathbf{P}_p$)问题对于 $0<p<1$ 比($\mathbf{P}_1$)更逼近于($\mathbf{P}_0$)，因此可能更有益于稀疏解的获得，但是，对于 $0<p<1$，($\mathbf{P}_p$)是非凸优化，解更困难。目前已有研究侧重于非凸优化下的稀疏恢复，限于本章篇幅，不进一步讨论非凸稀疏恢复，有兴趣的读者可参考相关文献，如[44]。

在测量存在噪声或处理可压缩信号等情况下，可对($\mathbf{P}_0$)和($\mathbf{P}_1$)问题做扩展，得到两个对应模型($\mathbf{P}_0^\varepsilon$)和($\mathbf{P}_1^\varepsilon$)。分别描述如下。

$$(\mathbf{P}_0^\varepsilon)\qquad \begin{aligned}&\min_{\theta}\ \|\theta\|_0\\ &\text{s.t.}\quad \|\boldsymbol{y}-\boldsymbol{A}\theta\|_2^2\leqslant\varepsilon\end{aligned} \tag{11.3.5}$$

和

$$(\mathbf{P}_1^\varepsilon)\qquad \begin{aligned}&\min_{\theta}\ \|\theta\|_1\\ &\text{s.t.}\quad \|\boldsymbol{y}-\boldsymbol{A}\theta\|_2^2\leqslant\varepsilon\end{aligned} \tag{11.3.6}$$

有时为了方便，对于($\mathbf{P}_1^\varepsilon$)问题，也可找到一个受 ε 控制的参数 λ，将其表示为拉格朗日乘数公式，即

$$(\mathbf{P}_1^\lambda)\qquad \min_{\theta}\left\{\frac{1}{2}\|\boldsymbol{y}-\boldsymbol{A}\theta\|_2^2+\lambda\|\theta\|_1\right\} \tag{11.3.7}$$

2. $\mathbf{P}_p$ 的解空间

这里给出($\mathbf{P}_p$)问题解空间的基本讨论。由于($\mathbf{P}_p$)问题的解首先要满足约束方程 $\boldsymbol{y}=\boldsymbol{A}\theta$,对于欠定的约束方程,若增广矩阵$[\boldsymbol{A},\boldsymbol{y}]$和 $\boldsymbol{A}$ 等秩,或 $\boldsymbol{A}$ 满秩,则约束方程必有解且有无穷多解,定义解空间 $\Theta=\{\theta \mid \boldsymbol{y}=\boldsymbol{A}\theta\}$,如稍早所讨论的,$\Theta$ 是 N-M 维子空间。

设有$\theta\in\Theta,\theta_1\in\Theta$,则 $\boldsymbol{A}(\theta-\theta_1)=\mathbf{0}$,则$\theta-\theta_1\in\mathrm{Null}(\boldsymbol{A})$,这里 $\mathrm{Null}(\boldsymbol{A})$是 $\boldsymbol{A}$ 的零空间,其在 11.1.3 节中已定义。这样,约束方程的解空间 Θ 可写为

$$\Theta=\theta_1+\mathrm{Null}(\boldsymbol{A}) \tag{11.3.8}$$

约束方程的解空间 Θ 由 $\boldsymbol{A}$ 的零空间加一特解组成,这样的子空间称为仿射子空间,同时约束方程的解空间与 $\boldsymbol{A}$ 的零空间同维数。

我们再次以 $N=2,M=1$ 这个简单情况做说明,为更清晰,式(11.3.3)给出具体数值为

$$\frac{1}{1.5}\theta_1+\theta_2=1 \tag{11.3.9}$$

这里 $\boldsymbol{A}=[1/1.5,1]$,$\boldsymbol{A}$ 的零空间满足方程$\frac{1}{1.5}\theta_1+\theta_2=0$,即 $\mathrm{Null}(\boldsymbol{A})$是图 11.3.2 中通过原点的直线,方程式(11.3.9)有无穷多解,其一个特解为(0,1),故约束方程(11.3.9)的解空间为$(0,1)+\mathrm{Null}(\boldsymbol{A})$,其为通过(0,1)点且与 $\mathrm{Null}(\boldsymbol{A})$平行的直线,如图 11.3.2(a)所示。

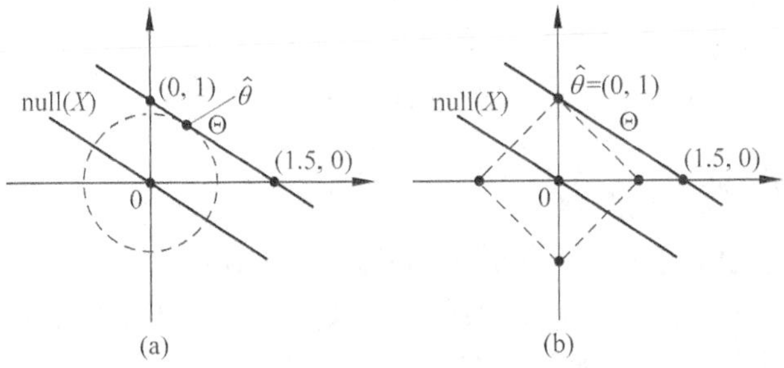

图 11.3.2 零空间和解

对于($\mathbf{P}_p$)问题,不管 p 怎样取值,解空间是相同的,图 11.3.2 同时给出了 ℓ_2 范数最小化和 ℓ_1 范数最小化的解,进一步看到,以 $N=2,M=1$ 的简单情况,ℓ_1 范数最小化总可以得到一个系数为 0 的解,即解要么在纵轴要么在横轴,取决于解空间(这里是直线)的斜率(除了一个概率为 0 的特殊情况),而 ℓ_2 范数最小化的解一般总是非稀疏的,即 2 个系数均非零,除非解空间的直线斜率为 0 或∞。

3. 一些其他约束条件

本节至今讨论了最基本的稀疏约束 ℓ_0 和 ℓ_1,后续主要讨论这两种基本情况下的解,其实如前所述 ℓ_p,$0<p<1$ 的所有约束均引导解的稀疏性,构成了非凸的约束条件,有学者也研究了典型非凸约束下稀疏解的问题,例如 $p=1/2$。除了 ℓ_p 约束,还有其他约束条件可引导解的稀疏性,可写成一般约束条件为

$$\min_{\theta}\left(J(\theta)=\sum_{i=1}^{N}\rho(\theta_i)\right) \tag{11.3.10}$$

人们找到了一系列这样的函数,例如

$$\rho(\theta_i)=\log(1+|\theta_i|)$$

$$\rho(\theta_i)=1-\mathrm{e}^{-\sigma|\theta_i|^p}$$

这类函数是非凸的，比 ℓ_1 范数更接近 ℓ_0 范数，可能获得比 ℓ_1 范数约束更逼近稀疏性的解，限于篇幅，本章不再进一步讨论这类扩充的约束函数。

11.4 稀疏恢复的基本理论

本节讨论稀疏恢复的基本问题，什么条件下可得到稀疏解？稀疏解是否唯一？($\mathbf{P}_0$)和($\mathbf{P}_1$)的解等价吗？本节对这些问题给出一系列定理，对于一些证明过程繁长的定理，这里仅给出结论，其证明可参考有关文献。

本节叙述中，问题($\mathbf{P}_p$)的描述如 11.3 节，且 $\boldsymbol{A}$ 是 $M\times N$ 维矩阵，$\boldsymbol{y}$ 是 M 维向量，θ 是 N 维向量，假设 $M<N$，用 k 表示解θ 的稀疏性。

11.4.1 ($\mathbf{P}_0$)解的唯一性

首先讨论 ℓ_0 范数最小化的解，本节给出两个特征表示 ℓ_0 范数最小化解的唯一性条件。

1. 稀疏度表示解的唯一性

为了讨论($\mathbf{P}_0$)的唯一解，回忆 11.1.3 节定义的矩阵稀疏度 spark($\boldsymbol{A}$)，由稀疏度可给出($\mathbf{P}_0$)解的唯一性条件，首先给出如下引理。

引理 11.4.1 对于任意$\nu\in\mathrm{Null}(\boldsymbol{A})$，$\nu\neq\mathbf{0}$，有

$$\|\nu\|_0\geqslant\mathrm{spark}(\boldsymbol{A})\tag{11.4.1}$$

证明：可用反证法证明该引理。

假设存在一个$\nu\in\mathrm{Null}(\boldsymbol{A})$，$\nu\neq\mathbf{0}$ 满足 $\|\nu\|_0<\mathrm{spark}(\boldsymbol{A})$，则必有 $\boldsymbol{A}\nu=\mathbf{0}$，因此，矩阵 $\boldsymbol{A}$ 的 $\|\nu\|_0<\mathrm{spark}(\boldsymbol{A})$个列线性相关，这与 spark($\boldsymbol{A}$)的定义矛盾，故假设不成立，引理得证。

由引理 11.4.1 可直接得到如下定理。

定理 11.4.1 向量$\hat{\theta}$ 是($\mathbf{P}_0$)问题

$$\min_{\theta}\ \|\theta\|_0$$
$$\text{s. t.}\quad \boldsymbol{y}=\boldsymbol{A}\theta$$

的最稀疏的唯一解的条件是：当且仅当$\hat{\theta}$ 满足 $\boldsymbol{y}=\boldsymbol{A}\hat{\theta}$ 和 $\|\hat{\theta}\|_0<\frac{1}{2}\mathrm{spark}(\boldsymbol{A})$。

证明：为了简单只给出充分性的证明，假设存在另外一个解$\theta_1\neq\hat{\theta}$，则$\theta_1-\hat{\theta}\in\mathrm{Null}(\boldsymbol{A})$，由引理 11.4.1

$$\mathrm{spark}(\boldsymbol{A})\leqslant\|\theta_1-\hat{\theta}\|_0\leqslant\|\theta_1\|_0+\|\hat{\theta}\|_0\tag{11.4.2}$$

由 $\|\hat{\theta}\|_0<\frac{1}{2}\mathrm{spark}(\boldsymbol{A})$，得

$$\|\theta_1\|_0>\frac{1}{2}\mathrm{spark}(\boldsymbol{A})>\|\hat{\theta}\|_0$$

即满足 $\|\hat{\theta}\|_0<\frac{1}{2}\mathrm{spark}(\boldsymbol{A})$条件的解是最稀疏的。

证明过程中的式(11.4.2)用到了三角不等式，如 11.1.1 节所述，尽管 ℓ_0 范数不是真正

意义上的范数，其不满足齐次性，但 ℓ_0 范数满足三角不等式。

定理对($\mathbf{P}_0$)的解给出了有价值的结论。首先若θ的真实解是 k 稀疏的，如果能够选择矩阵 $\boldsymbol{A}$ 满足 spark($\boldsymbol{A}$)$>2k$，则($\mathbf{P}_0$)的解给出了这一真实解；其次对于给定的 $\boldsymbol{A}$，通过 spark($\boldsymbol{A}$)可以确定能够得到最稀疏解的条件，实际上，对于任给的矩阵 $\boldsymbol{A}$，$1<$spark($\boldsymbol{A}$)$\leqslant M+1$，一般地，越大的 spark($\boldsymbol{A}$)，越利于问题的解。在 CS 问题中，$\boldsymbol{A}$ 是人为设计的，若取 i. i. d. 分布的随机变量组成 $\boldsymbol{A}$，则以高概率满足 spark($\boldsymbol{A}$)$=M+1$。

如 11.1.3 节所述，一个大矩阵 $\boldsymbol{A}$ 的稀疏度计算是很困难的，故人们研究用其他更易于求解的矩阵特征代替稀疏度，一个常用的特征是矩阵的自相干。

2. 矩阵的自相干与解的唯一性

首先定义矩阵的自相干。

定义 11.4.1　自相干，对于 $M\times N$ 维矩阵 $\boldsymbol{A}$，其自相干值定义为

$$\mu(\boldsymbol{A}) = \max_{\substack{1\leqslant i,j\leqslant N\\ i\neq j}}\left\{\frac{|\boldsymbol{a}_i^{\mathrm{T}}\boldsymbol{a}_j|}{\|\boldsymbol{a}_i\|_2\ \|\boldsymbol{a}_j\|_2}\right\} \tag{11.4.3}$$

这里 $\boldsymbol{a}_i$ 表示矩阵 $\boldsymbol{A}$ 的第 i 列向量。

由柯西-施瓦茨不等式，显然 $0\leqslant\mu(\boldsymbol{A})\leqslant 1$，实际上，若 $\boldsymbol{A}$ 的列是归一化的，即 $\|\boldsymbol{a}_i\|_2=1$，Welch 曾给出了 $\mu(\boldsymbol{A})$的界为

$$\mu(\boldsymbol{A}) \geqslant \sqrt{\frac{N-M}{M(N-1)}} \tag{11.4.4}$$

若有 $N\gg M$，则式(11.4.4)可近似为

$$\mu(\boldsymbol{A}) \geqslant \sqrt{1/M} \tag{11.4.5}$$

$\mu(\boldsymbol{A})$的计算是相对容易的。如下引理通过 $\mu(\boldsymbol{A})$给出了 spark($\boldsymbol{A}$)的下界。

引理 11.4.2　对于 $M\times N$ 维矩阵 $\boldsymbol{A}$，若 $\mu(\boldsymbol{A})>0$，则

$$\operatorname{spark}(\boldsymbol{A}) \geqslant 1+\frac{1}{\mu(\boldsymbol{A})} \tag{11.4.6}$$

由引理 11.4.2 直接得到如下的定理。

定理 11.4.2　向量$\hat{\theta}$满足 $\boldsymbol{y}=\boldsymbol{A}\hat{\theta}$ 和

$$\|\hat{\theta}\|_0 < \frac{1}{2}\left(1+\frac{1}{\mu(\boldsymbol{A})}\right) \tag{11.4.7}$$

则$\hat{\theta}$是($\mathbf{P}_0$)问题

$$\begin{aligned}&\min_{\theta}\ \|\theta\|_0\\ &\text{s. t.}\quad \boldsymbol{y}=\boldsymbol{A}\theta\end{aligned}$$

的最稀疏的唯一解。

定理 11.4.2 是引理 11.4.2 和定理 11.4.1 的直接推论，接下来给出引理 11.4.2 的证明。

证明引理 1.4.2：对一个方阵，首先证明一个简单不等式，令矩阵 $\boldsymbol{B}$ 是方阵。设 λ 是 $\boldsymbol{B}$ 的一个特征值，$\boldsymbol{v}$ 是对应的非 0 特征向量，则 $\boldsymbol{B}\boldsymbol{v}=\lambda\boldsymbol{v}$，对于 $\boldsymbol{v}$ 第 i 个分量有

$$(\lambda-b_{ii})v_i = \sum_{j\neq i} b_{ij}v_j$$

若取 v_i 是 $\boldsymbol{v}$ 的绝对值最大的分量，则有

$$|\lambda - b_{ii}| \leqslant \sum_{j\neq i} |b_{ij}| \left|\frac{v_j}{v_i}\right| \leqslant \sum_{j\neq i} |b_{ij}| \tag{11.4.8}$$

为了利用上式估计矩阵的稀疏度，令 $h=\text{spark}(\boldsymbol{A})$，即 h 表示 $\boldsymbol{A}$ 中最小的线性相关列的数目，取一个这样的最小线性相关列组合构成矩阵 $\boldsymbol{A}_H$，显然有 $h=\text{spark}(\boldsymbol{A}_H)$，定义一个新矩阵 $\boldsymbol{G}=\boldsymbol{A}_H^{\mathrm{T}}\boldsymbol{A}_H$，由于 $\boldsymbol{A}_H$ 的列是线性相关的，故 $\boldsymbol{G}$ 是奇异矩阵，其有一个特征值 $\lambda_h=0$。设 $\boldsymbol{A}$ 是列归一化的，注意到矩阵 $\boldsymbol{G}$ 的元素 $g_{ij}=\boldsymbol{a}_i^{\mathrm{T}}\boldsymbol{a}_j$ 和 $g_{ii}=1$，将 λ_h 带入式(11.4.8)并用 g_{ij} 替代 b_{ij}，有

$$|1-0| \leqslant \sum_{j\neq i} |g_{ij}| = \sum_{j\neq i} |\boldsymbol{a}_i^{\mathrm{T}}\boldsymbol{a}_j| \leqslant (h-1)\mu(\boldsymbol{A})$$

即

$$(\text{spark}(\boldsymbol{A})-1)\mu(\boldsymbol{A}) \geqslant 1$$

则引理 11.4.2 得证。

我们知道，为了有更大的 spark($\boldsymbol{A}$)，希望矩阵 $\boldsymbol{A}$ 的列具有最大不相关性，同样为了得到尽可能小的 $\mu(\boldsymbol{A})$，希望矩阵 $\boldsymbol{A}$ 的列尽可能相互正交。若矩阵 $\boldsymbol{A}$ 是 $M\times M$ 正交方阵，则 $\text{spark}(\boldsymbol{A})=M+1$，$\mu(\boldsymbol{A})=0$。对于一般的 $N>M$ 的矩阵，式(11.4.4)给出 $\mu(\boldsymbol{A})$ 的下界，而 $\text{spark}(\boldsymbol{A})=M+1$ 仍为其最大值。

定理 11.4.1 给出的稀疏范围更大，也更确切，对于一般应用由于 spark($\boldsymbol{A}$)难于计算，定理 11.4.2 是一种替代，但一般讲定理 11.4.2 的估计过于保守了，例如，对于 $N\gg M$，定理 11.4.2 给出的最大稀疏性保障为 $(1+\sqrt{M})/2$，而定理 11.4.1 则可能为 $(M+1)/2$。对于 CS 类的应用，通过设计随机矩阵 $\boldsymbol{A}$，使得 $\text{spark}(\boldsymbol{A})=M+1$ 是高概率的，则可以直接使用定理 11.4.1。

11.4.2 ($\mathbf{P}_1$)解的唯一性

稀疏恢复的($\mathbf{P}_1$)问题如式(11.3.2)所定义，本小节分别讨论几个不同特征描述的($\mathbf{P}_1$)问题的解的性质。

1. 零空间特性表示的解的唯一性

再次看到矩阵的零空间 Null($\boldsymbol{A}$)在稀疏恢复问题的重要作用，为了用零空间表示($\mathbf{P}_1$)问题解的唯一性，定义新的概念"零空间特性(Null Space Property，NSP)"，为了叙述简洁，先给出几个符号。设 N 维向量 $\boldsymbol{v}=[v_1,v_2,\cdots,v_N]^{\mathrm{T}}$，其下标集合为 $Z_N=\{1,2,\cdots,N\}$，从 Z_N 中取出 $k<N$ 个不同的下标组成新集合 $K\subset Z_N$，并表示 K 的补集合为 K^c，构造一个新的 N 维向量 $\boldsymbol{v}|_K$，下标在 K 中的分量保持 $\boldsymbol{v}$ 中相应值，其他分量置为 0，类似地可定义 $\boldsymbol{v}|_{K^c}$。看一个简单例子，$N=5$，$k=2$，$K=\{2,4\}$，若 $\boldsymbol{v}=[0.2,6,0.3,3,0]^{\mathrm{T}}$，则 $\boldsymbol{v}|_K=[0,6,0,3,0]$，$\boldsymbol{v}|_{K^c}=[0.2,0,0.3,0,0]^{\mathrm{T}}$。

定义 11.4.2 零空间特性，对于 $M\times N$ 维矩阵 $\boldsymbol{A}$，给定一个 k 和相应的下标集 $K\subset Z_N$，$\boldsymbol{A}$ 满足 k 阶零空间特性(NSP(k))是指，对于任意非零向量 $\boldsymbol{v}\in\text{Null}(\boldsymbol{A})$ 有

$$\|\boldsymbol{v}|_K\|_1 < \|\boldsymbol{v}|_{K^c}\|_1 \tag{11.4.9}$$

如下定理给出了 ℓ_1 范数最小化解的唯一性条件。

定理 11.4.3 向量 $\hat{\theta}$ 是 k 稀疏的，其非零元素的下标序号集 $K\subset Z_N$，$\hat{\theta}$ 是($\mathbf{P}_1$)问题

$$\min_{s} \|\theta\|_1$$
$$\text{s.t.} \quad \boldsymbol{y} = \boldsymbol{A}\theta$$

的唯一解的条件是：当且仅当 $\boldsymbol{y}=\boldsymbol{A}\hat{\theta}$ 和 $\boldsymbol{A}$ 满足 NSP(k)特性。

证明：为了简单，这里只给出充分性证明，即 NSP(k)特性保证解 $\hat{\theta}$ 的唯一性。设 $\hat{\theta}$ 满足 $\boldsymbol{y}=\boldsymbol{A}\hat{\theta}$ 属于解空间 Θ，且是 k 稀疏的，其非零值下标序号集 $K\subset Z_N$，$\boldsymbol{A}$ 满足 NSP(k)特性。可以在解空间找到另一个 $\boldsymbol{z}\in\Theta$，满足 $\boldsymbol{y}=\boldsymbol{A}\boldsymbol{z}$，故 $\boldsymbol{A}(\hat{\theta}-\boldsymbol{z})=\boldsymbol{0}$，即 $\boldsymbol{v}=\hat{\theta}-\boldsymbol{z}\in\text{Null}(\boldsymbol{A})$，由前提条件知 $\hat{\theta}|_{K^c}=\boldsymbol{0}$，故 $\boldsymbol{z}|_{K^c}=-\boldsymbol{v}|_{K^c}$，则有

$$\begin{aligned}\|\hat{\theta}\|_1 &\leqslant \|\hat{\theta}-\boldsymbol{z}|_K\|_1+\|\boldsymbol{z}|_K\|_1=\|\boldsymbol{v}|_K\|_1+\|\boldsymbol{z}|_K\|_1\\ &<\|\boldsymbol{v}|_{K^c}\|_1+\|\boldsymbol{z}|_K\|_1=\|\boldsymbol{z}|_{K^c}\|_1+\|\boldsymbol{z}|_K\|_1=\|\boldsymbol{z}\|_1\end{aligned}$$

即 $\|\hat{\theta}\|_1<\|\boldsymbol{z}\|_1$，故 $\hat{\theta}$ 是 ℓ_1 范数最小化的唯一 k 稀疏解。

由定理 11.4.3 可导出两个很基本的推论。

推论 11.4.1 (1)对于一个 ℓ_1 范数最小化的唯一 k 稀疏解 $\hat{\theta}$，其 0 分量数目大于 $\boldsymbol{A}$ 的零空间维数，即 $N-k>\dim\{\text{Null}(\boldsymbol{A})\}$；(2)$k$ 稀疏解 $\hat{\theta}$ 的稀疏性满足：$k<M$。

推论 11.4.1 的(1)可由反正法简单证明，若 Null($\boldsymbol{A}$)大于 $\hat{\theta}$ 的 0 元素数目，则总可以找到一个非 0 的 $\boldsymbol{v}\in\text{Null}(\boldsymbol{A})$，使得 $\boldsymbol{v}$ 的 0 元素和 $\hat{\theta}$ 的 0 元素在相同位置，由 $\boldsymbol{v}$ 是非 0 向量，则有 $\|\boldsymbol{v}|_K\|_1>\|\boldsymbol{v}|_{K^c}\|_1$，这与式(11.4.9)表示的 NSP($k$)性矛盾，故推论(1)成立。

推论(2)可由 $N-k>\dim\{\text{Null}(\boldsymbol{A})\}=N-M$ 直接得到，也就是说要得到 k 稀疏解 $\hat{\theta}$，$M>k$，对于 CS 来讲，若恢复的信号是 k 稀疏的，则压缩采样数目 M 要大于非 0 信号数 k，这与直观的理解是吻合的。

注意，对于任意 $\boldsymbol{A}$，验证 NSP 性是 NP 难的问题，因此，定理 11.4.3 更多的是理论意义。

2. 互相干表示的 ℓ_0 和 ℓ_1 解的等价性

这里，利用矩阵互相干参数描述 ℓ_0 和 ℓ_1 解的等价性，即在解满足一定稀疏性条件下，($\mathbf{P}_0$)问题和($\mathbf{P}_1$)问题具有同解。

定理 11.4.4 向量 $\hat{\theta}$ 满足 $\boldsymbol{y}=\boldsymbol{A}\hat{\theta}$ 和

$$\|\hat{\theta}\|_0<\frac{1}{2}\left(1+\frac{1}{\mu(\mathbf{A})}\right) \tag{11.4.10}$$

则 $\hat{\theta}$ 是($\mathbf{P}_0$)问题也是($\mathbf{P}_1$)问题的唯一解。

定理 11.4.4 回答了一个重要问题，即满足式(11.4.10)的条件下，($\mathbf{P}_0$)问题和($\mathbf{P}_1$)问题具有相同的稀疏解，或 ℓ_0 和 ℓ_1 范数最小化的解是等价的。虽然定理 11.4.4 的结论很重要，但与定理 11.4.2 存在类似问题，即式(11.4.10)的约束太严格了，实际中发现满足($\mathbf{P}_0$)问题和($\mathbf{P}_1$)问题同解的 k 值范围要宽松很多。

3. RIP 条件

严格等距特性(Restricted Isometry Property，RIP)是描述 ℓ_1 范数最小化问题的更有效的特征，定义 RIP 如下。

定义 11.4.3 对于整数 k，矩阵 $\boldsymbol{A}$ 的 k 严格等距常数 δ_k 是使得下式成立的最小量，即

$$(1-\delta_k)\|\theta\|_2^2 \leqslant \|\boldsymbol{A}\theta\|_2^2 \leqslant (1+\delta_k)\|\theta\|_2^2 \tag{11.4.11}$$

对任意 k 稀疏向量θ 成立。如果存在这个常数 δ_k 使得式(11.4.11)成立，称 $\boldsymbol{A}$ 满足 k 严格等距特性 RIP(k)。

首先给出严格等距常数 δ_k 的两个简单引理，然后再讨论其几何意义。

引理 11.4.3 等距常数 δ_k 满足 $\delta_1 \leqslant \delta_2 \leqslant \cdots \leqslant \delta_{k-1} \leqslant \delta_k \leqslant \cdots$。

既然 k 稀疏向量包含了 $k-1$ 稀疏向量，故引理 11.4.3 的结论很明显。

引理 11.4.4 设矩阵 $\boldsymbol{A}$ 是列归一化的，则严格等距常数 δ_k 和矩阵互相干量的关系为

(1) $\mu(\boldsymbol{A})=\delta_2$；

(2) 对 $k>2$，有 $\delta_k \leqslant (k-1)\mu(\boldsymbol{A})$。

注意到等距常数 δ_k 满足 $0 \leqslant \delta_k < 1$ 而且不接近 1。当 $\boldsymbol{A}$ 是正交方阵时 $\delta_k=0$，对于欠定矩阵 $\delta_k \neq 0$，δ_k 越接近 0，矩阵 $\boldsymbol{A}$ 的任意 k 列子集越接近相互正交的。若 δ_k 比较小，RIP(k)的几何意义是 $\boldsymbol{A}$ 矩阵对 k 稀疏向量θ 的变换具有范数近似保持特性。若矩阵 $\boldsymbol{A}$ 以常数 δ_{2k} 满足 RIP($2k$)，则 RIP 特性对 k 稀疏向量θ 的距离具有保持特性，设有两个 k 稀疏向量θ_1，θ_2，其差向量$\theta_1-\theta_2$ 是 $2k$ 稀疏的，则式(11.4.11)可改写为

$$(1-\delta_{2k})\|\theta_1-\theta_2\|_2^2 \leqslant \|\boldsymbol{A}(\theta_1-\theta_2)\|_2^2 \leqslant (1+\delta_{2k})\|\theta_1-\theta_2\|_2^2 \tag{11.4.12}$$

若 δ_{2k}是较小的值，可见式(11.4.12)表示了两个 k 稀疏向量的欧氏距离保持特性。这说明，对于 N 维空间的 k 稀疏向量，用 $\boldsymbol{A}\theta$ 将其投影到 M 维空间，不同向量之间的距离被近似保持。若矩阵 $\boldsymbol{A}$ 满足 RIP($2k$)，则不同的 k 稀疏向量投影到 M 维空间后保持不同，具有可区别性，因此可在 M 维空间恢复 k 稀疏向量 θ。

定理 11.4.5 若 $\boldsymbol{A}$ 满足 RIP，对于给出的 k，有 $\delta_{2k}<\sqrt{2}-1$，则($\mathbf{P}_1$)问题

$$\begin{aligned}&\min_{\theta} \|\theta\|_1\\&\text{s.t.}\quad \boldsymbol{y}=\boldsymbol{A}\theta\end{aligned} \tag{11.4.13}$$

的解$\hat{\theta}$ 满足如下两个条件

$$\|\theta-\hat{\theta}\|_1 \leqslant C_0\|\theta-\theta_k\|_1 \tag{11.4.14}$$

$$\|\theta-\hat{\theta}\|_2 \leqslant C_0\|\theta-\theta_k\|_1/\sqrt{k} \tag{11.4.15}$$

这里 C_0 是一个常数，θ 表示产生式(11.4.13)的($\mathbf{P}_1$)模型的真实值，θ_k 是保持θ 中绝对值最大的 k 个值，置其他值为 0。

定理 11.4.5 是一个很重要的结论，也更具有一般性。首先观察到，若式(11.4.13)的真实解θ 是 k 稀疏的，则 $\|\theta-\theta_k\|_1=0$，解($\mathbf{P}_1$)问题得到的解$\hat{\theta}=\theta$，即得到的解既是稀疏的又是准确的。若θ 的真实解不是稀疏的，则保留其最大的 k 个值组成的θ_k 对θ 的逼近程度，确定了解$\hat{\theta}$ 的逼近程度。

通过检查 $\boldsymbol{A}$ 的 RIP 特性确定($\mathbf{P}_1$)问题的解，对于 CS 问题是很有效的，11.5 节我们进一步讨论，通过构造随机矩阵 $\boldsymbol{A}$ 并检查其满足 RIP 特性的条件，得到通过压缩采样恢复稀疏信号所需样本量的有效估计。

11.4.3 ($\mathbf{P}_1^\epsilon$)问题的解

第 11.3 节给出了存在测量噪声情况下稀疏恢复的模型($\mathbf{P}_1^\epsilon$)，为方便重写如下：

$$\min_{\theta} \| \theta \|_1$$
$$\text{s.t.} \quad \| \boldsymbol{y} - \boldsymbol{A}\theta \|_2^2 \leqslant \varepsilon \tag{11.4.16}$$

RIP 特性也给出了对于($\mathbf{P}_1^{\varepsilon}$)问题解的性质，即如下的定理 11.4.6。

定理 11.4.6　若 $\boldsymbol{A}$ 满足 RIP，对于给出的 k，有 $\delta_{2k}<\sqrt{2}-1$，则式(11.4.16)所描述的($\mathbf{P}_1^{\varepsilon}$)问题的解$\hat{\theta}$满足如下条件

$$\| \theta - \hat{\theta} \|_2 \leqslant C_0 \| \theta - \theta_k \|_1 / \sqrt{k} + C_1\sqrt{\varepsilon} \tag{11.4.17}$$

这里 C_0 和 C_1 是常数，θ 表示产生式(11.4.16)的($\mathbf{P}_1^{\varepsilon}$)模型的真实值，$\theta_k$ 是保持θ 中绝对值最大的 k 个值，置其他值为 0。

定理 11.4.6 中，不等式右侧多了误差控制量 ε 的影响，明显的若 $\varepsilon=0$，则定理 11.4.6 就变成定理 11.4.5，若真实解θ 是 k 稀疏的，仅由$\sqrt{\varepsilon}$确定了解的不确定性，实际中 C_0 和 C_1 是小的常数，误差项 $C_1\sqrt{\varepsilon}$的作用表明，误差控制量 ε 对最终解的不确定性影响受到控制。

定理 11.4.5 和定理 11.4.6 的证明比较繁琐，此处省略，有兴趣的读者可参考 Candes 的文献[11]。

本节介绍了稀疏恢复问题的几个基本定理，这些定理是一般性的，对于 11.3 节给出的几个一般模型都是适用的，在实际中，这些定理对于不同应用的作用会有所不同，例如对于 11.2 节给出的两种典型稀疏恢复类型 CS 和 Lasso，这些定理的具体应用有所不同。对于 CS 类应用，由于 $\boldsymbol{A}$ 是人为构造的，可通过构造特殊的矩阵 $\boldsymbol{A}$，使得具有最大可能的 spark($\boldsymbol{A}$)值、最小可能的 $\mu(\boldsymbol{A})$值和满足 RIP 特性。但对于系统识别或 Lasso 这类应用，矩阵 $\boldsymbol{A}$ 是由输入信号样本组成，尽管在选择信号样本集时可附加一些条件，但终归这类应用中矩阵 $\boldsymbol{A}$ 的特性更难以预先控制。下一节我们专门针对 CS 应用背景，讨论矩阵 $\boldsymbol{A}$ 的构造和相关性质。

11.5　压缩感知与感知矩阵

以上两节讨论了稀疏恢复的一般性问题，作为稀疏恢复的一个典型场景，压缩感知(CS)有其独特性，本节专门讨论 CS 的一些独特性。

如 11.2.1 节所讨论的，对于一个 N 维信号向量 $\boldsymbol{x}$，若 $\boldsymbol{x}$ 是稀疏的，或 $\boldsymbol{x}$ 经过一个变换$\boldsymbol{\Psi}$其变换系数向量 $\boldsymbol{s}$ 是稀疏的，可得到 M 个测量 $\boldsymbol{y}$，一般地 $M<N$，即

$$\boldsymbol{y} = \boldsymbol{\Phi x} = \boldsymbol{\Phi\Psi s} = \boldsymbol{A s} \tag{11.5.1}$$

CS 的问题是通过 $\boldsymbol{y}$ 恢复 $\boldsymbol{x}$(或 $\boldsymbol{s}$)。

为了简单，首先假设$\boldsymbol{\Psi}=\boldsymbol{I}$，即 $\boldsymbol{y}=\boldsymbol{\Phi x}=\boldsymbol{A x}$，这种情况下 $\boldsymbol{A}=\boldsymbol{\Phi}$ 是测量矩阵也是感知矩阵。对于 CS 来讲，矩阵$\boldsymbol{\Phi}$ 是可以由人为选择的，因此选择合适的矩阵$\boldsymbol{\Phi}$ 是 CS 的一个关键问题。我们可以选择最优的$\boldsymbol{\Phi}$ 使得在 $\boldsymbol{x}$ 是 k 稀疏的情况下，用尽可能少的测量样本 $\boldsymbol{y}$(即尽可能小的 M)来恢复 $\boldsymbol{x}$。

直接进行感知矩阵的最优设计是困难的事情。但是 Candes 等人给出了$\boldsymbol{\Phi}$ 需满足的 RIP 条件，如定理 11.4.5 所述，若 $M\times N$ 维矩阵$\boldsymbol{\Phi}$ 满足 RIP 条件，则可以由 M 个测量值恢复 k 稀疏 N 维向量 $\boldsymbol{x}$。Candes 等人同时指出，为了用更经济的测量值恢复稀疏信号，$\boldsymbol{\Phi}$ 需要取随机矩阵，即$\boldsymbol{\Phi}$ 的每一个元素 $\varphi_{i,j}$ 可以通过一个概率分布独立产生，即 $\varphi_{i,j}$ 是独立同分

布(i. i. d)的随机变量。为了得到矩阵Φ,几个常用的概率分布如下。

(1) 高斯随机变量

$$\varphi_{i,j} \sim N(0,1/M) \tag{11.5.2}$$

即每一个元素 $\varphi_{i,j}$独立地产生自一个均值为 0、方差为 $1/M$ 的高斯分布。

(2) $\varphi_{i,j}$独立地产生自如下 Bernolli 分布,即

$$\varphi_{i,j} = \begin{cases} +1/\sqrt{M}, & \text{以概率 } 1/2 \\ -1/\sqrt{M}, & \text{以概率 } 1/2 \end{cases} \tag{11.5.3}$$

(3) $\varphi_{i,j}$独立地产生自如下分布,即

$$\varphi_{i,j} = \begin{cases} +\sqrt{3/M}, & \text{以概率 } 1/3 \\ 0, & \text{以概率 } 1/3 \\ -\sqrt{3/M}, & \text{以概率 } 1/3 \end{cases} \tag{11.5.4}$$

可直观地理解Φ取随机矩阵的意义。由式(11.5.1),一个测量值可写为 $y_j = \sum_{i=1}^{N} \varphi_{j,i} x_i$,当 $\varphi_{j,i}$取自 i. i. d. 的随机数时,每一个测量值以最大的不确定性获取了向量 $\boldsymbol{x}$ 的部分信息,对于给定的 M,M个测量值集合$\{y_j\}_{j=1}^{M}$可能获取了关于 $\boldsymbol{x}$ 的最大信息量,最利于用这组测量值恢复 $\boldsymbol{x}$。

理论上,Baraniuk 等人利用 Johnson-Lindenstrauss (JL) 引理和 Kashin 等的"M-widths"定理证明了在满足一定条件下,随机矩阵Φ 以高概率满足 RIP 条件,从而保证了通过 M 个测量值可重构稀疏信号 $\boldsymbol{x}$。这里不准备对 Baraniuk 等人的证明过程做详细介绍,只简单地给出 JL 引理和利用它得到的结果。

引理 11.5.1 (JL 引理)对于给定的 $\varepsilon \in (0,1)$,对于任意 Q 集合,这里 Q 集合在$\boldsymbol{R}^N$ 空间有$\#(Q)$个点,如果正整数 M 取 $M > M_0 = O(\ln(\#(Q))/\varepsilon^2)$,则存在 Lipschitz 映射 $f:\boldsymbol{R}^N \to \boldsymbol{R}^M$,对于任意 $\boldsymbol{u},\boldsymbol{v} \in Q$,满足

$$(1-\varepsilon)\|\boldsymbol{u}-\boldsymbol{v}\|_{l_2^N}^2 \leqslant \|f(\boldsymbol{u})-f(\boldsymbol{v})\|_{l_2^M}^2 \leqslant (1+\varepsilon)\|\boldsymbol{u}-\boldsymbol{v}\|_{l_2^N}^2 \tag{11.5.5}$$

注意,上式中$\|\ \|_{l_2^N}^2$表示 N 维空间的 l_2 范数。

实际上,近年来 JL 引理得到广泛研究,人们证明,对于 $\boldsymbol{u},\boldsymbol{v}$ 是 $\boldsymbol{R}^N$ 的稀疏向量,则映射 f 可取一个 $M\times N$ 维随机矩阵Φ,即 $f(\boldsymbol{u})=\Phi\boldsymbol{u}$,这正是 CS 方程的形式。

在 JL 引理的证明中,得到两个有意思的结果,这里仅给出简单介绍,一是映射的期望性质,即对于任意 $\boldsymbol{u} \in \boldsymbol{R}^N$,满足

$$E\{\|\Phi\boldsymbol{u}\|_{l_2^M}^2\} = \|\boldsymbol{u}\|_{l_2^N}^2 \tag{11.5.6}$$

就是说,$\|\Phi\boldsymbol{u}\|_{l_2^M}^2$ 的期望值是 $\|\boldsymbol{u}\|_{l_2^N}^2$;第二个结果是引出了一个聚集不等式(Concentration Inequality),即有如下概率条件成立

$$\Pr\{|\|\Phi\boldsymbol{u}\|_{l_2^M}^2 - \|\boldsymbol{u}\|_{l_2^N}^2| \geqslant \varepsilon\|\boldsymbol{u}\|_{l_2^N}^2\} \leqslant 2\mathrm{e}^{-Mc_0(\varepsilon)} \tag{11.5.7}$$

式(11.5.7)称为聚集不等式,该不等式说明映射结果$\|\Phi\boldsymbol{u}\|_{l_2^M}^2$聚集于$\|\boldsymbol{u}\|_{l_2^N}^2$附近。利用 JL 引理,Baraniuk 等人证明了如下的定理[4]。

定理 11.5.1 设 M,N 和 $0<\delta<1$ 给定,如果 $M\times N$ 维随机矩阵Φ 满足式(11.5.7)的聚集不等式,则存在两个仅依赖于 δ 的常数 c_1,c_2,当稀疏度 k 满足

$$k \leqslant c_1 M/\log(N/k) \tag{11.5.8}$$

时，则Φ以概率$P \geqslant 1-2\mathrm{e}^{-c_2 M}$满足$\delta_k=\delta$的 RIP 条件。

注意到，定理 11.5.1 给出了Φ满足 RIP 的条件。首先Φ要满足式(11.5.7)的聚集中不等式，用式(11.5.2)至式(11.5.4)得到的随机矩阵都满足这个条件，且$c_0(\varepsilon)=\varepsilon^2/4-\varepsilon^3/6$。定理 11.5.1 最关键的是给出了可实现重构的稀疏度量k的条件，即式(11.5.8)，实际中，更常用的是给出k，求测量样本数M的条件，由式(11.5.8)立刻得到

$$M \geqslant C_1 k\log(N/k) \tag{11.5.9}$$

也就是说给出N,k，测量样本数需满足式(11.5.9)，这里C_1是一个与δ有关的常数。

当信号在正交变换下是稀疏的，即$\boldsymbol{A}=\boldsymbol{\Phi\Psi}$，这里$\boldsymbol{\Psi}$是一个正交变换的基矩阵，Baraniuk 等人也说明了在这种情况下$\boldsymbol{A}=\boldsymbol{\Phi\Psi}$同样满足 RIP 条件，包括式(11.5.2)至式(11.5.4)产生的随机矩阵在正交变换下仍满足 RIP 特性，这是一个很一般化的结论，为了直观地理解，对式(11.5.2)产生的随机矩阵$\boldsymbol{\Phi}$，可以验证$\boldsymbol{A}=\boldsymbol{\Phi\Psi}$仍然服从 i. i. d. 的高斯分布，由

$$a_{i,j}=\varphi_i^{\mathrm{T}}\psi_j=\psi_j^{\mathrm{T}}\varphi_i \tag{11.5.10}$$

这里φ_i^{T}表示Φ的第i行，ψ_j表示Ψ的第j列，两个系数的互相关为

$$\begin{aligned}E[a_{i,j}a_{l,k}]&=E[\psi_j^{\mathrm{T}}\varphi_i\varphi_l^{\mathrm{T}}\psi_k]=\psi_j^{\mathrm{T}}E[\varphi_i\varphi_l^{\mathrm{T}}]\psi_k\\&=\psi_j^{\mathrm{T}}\sigma_\varphi^2\boldsymbol{I}\delta(i-l)\psi_k=\sigma_\varphi^2\psi_j^{\mathrm{T}}\psi_k\delta(i-l)\\&=\sigma_\varphi^2\delta(i-l)\delta(j-k)\end{aligned} \tag{11.5.11}$$

上式说明各$a_{i,j}$是不相关的，由于其为高斯随机变量，故也是相互独立的，故各$a_{i,j}$是 i. i. d. 的高斯随机变量，因此$\boldsymbol{A}=\Phi\Psi$和Φ满足相同的 RIP 特性。对于其他随机矩阵虽不能做如上简单证明，但仍满足相同的 RIP 特性。

尽管随机矩阵有许多良好的性质，但也存在一些缺点，例如由于矩阵元素是随机产生的，计算上没有规律，故计算复杂性较高，还需要存储感知矩阵，这在一些应用中也是较大的开销。故人们也研究一些其他矩阵用于构造感知矩阵，常用的一类是从大的正交变换矩阵抽取M行构成$\boldsymbol{A}$矩阵，设$\boldsymbol{T}$是归一化的$N\times N$维正交变换矩阵(最常用的是 DFT 或 DCT 变换矩阵)，可以均匀地抽取M行，构成$M\times N$维$\boldsymbol{A}$矩阵，这类矩阵在信号感知和重构时可导出快速算法。这类从大变换矩阵随机抽取行构成的感知矩阵具有存储量小、计算效率高的特点，但一般需要比式(11.5.9)更多的样本数，Rudelson 等给出了样本估计为[35]

$$M \geqslant C_2 k\,[\log(N)]^4 \tag{11.5.12}$$

还有许多其他形式构造的感知矩阵，例如利用 Toeplitz 矩阵、利用 Kronecker 积构造的矩阵等等，本节不再进一步赘述。

式(11.5.9)或式(11.5.12)给出的样本数中都有一个与具体问题相关的常数系数，具有理论价值，实际中不易于使用，况且具体的恢复算法(11.6 节介绍)也不一定能够达到这个理论值，实际中也常用一些经验值，例如 Candes 建议取$M\approx 3k\sim 5k$一般可以恢复稀疏信号，下一节的数值实验也验证了这一点。

11.6　稀疏恢复算法介绍

11.3 节～11.5 节讨论了稀疏恢复的原理问题，这一节集中讨论几个稀疏恢复算法。对于k稀疏的N维信号(或参数)向量，通过M个观测值恢复这一N维向量。

如前所述，对于 l_0 范数最小化问题的精确解是 NP 难，可以通过松弛到 l_1 范数约束进行求解，对于 l_1 范数问题的求解可采用标准凸优化技术。但实际中采用标准凸优化算法解这类问题的运算复杂性很高，并不是最好的选择。在近些年，信号处理、统计学和机器学习等领域研究了一些更专门的逼近算法，使得运算复杂性更低。

首先对于 l_0 范数最小化问题，提出了贪婪类算法用于得到逼近的解，实践证明这类算法是有效的。对于 l_1 范数最小化问题，也有多种算法被提出，典型的有收缩迭代算法、最小角度回归(同伦算法)等。对于在线或自适应实现的稀疏恢复算法也有若干有效的方法被提出。

目前来讲，稀疏恢复算法的研究仍在非常活跃时期，很难给出一个全面的讨论，限于本节的篇幅，仅选择几种已比较成熟的算法给予介绍。对贪婪算法给出一个较详细的介绍，讨论其基本算法和典型改进算法，对于其他算法，仅给出一个概要性的介绍。

11.6.1 贪婪算法

稀疏信号恢复的贪婪算法(Greedy Methods)是一类算法的总称，贪婪算法的一个基本方法称为匹配追踪(Matching Pursuit，MP)，首先由 Mallat 和 Zhang 在研究时频词典表示时提出，稍后给出了改进的形式，称为正交匹配追踪(Orthogonal Matching Pursuit，OMP)。这类贪婪算法可用于逼近求解($\mathbf{P}_0$)问题，即：

$$(\mathbf{P}_0)\qquad \begin{aligned}&\min_{\theta}\ \|\theta\|_0\\ &\text{s.t.}\quad \boldsymbol{y}=\boldsymbol{A}\theta\end{aligned}\tag{11.6.1}$$

当然，由于($\mathbf{P}_1$)问题与($\mathbf{P}_0$)问题解的等价性条件，在满足这种等价性时，也可以求解($\mathbf{P}_1$)问题。

对于($\mathbf{P}_0$)问题的解，可以分解为两个部分，即求解θ的支撑集(Support Set)和支撑集上的非零值。这里所谓支撑集为θ的非零元素下标的集合，与支撑集对应的矩阵 $\boldsymbol{A}$ 的相应列称为“有效列”。本节讨论的算法都是递推算法，用符号 i 表示第 i 次递推。设第 $i-1$ 次递推已进行，$\theta^{(i-1)}$为已得到具有 $i-1$ 个非 0 元素的解，则支撑集

$$S^{(i-1)}=\mathrm{Supp}(\theta^{(i-1)})=\{j_1,j_2,\cdots,j_{i-1}\}$$

这里 $j_k\in\{1,2,\cdots,N\}$，$1\leqslant k\leqslant i-1$，用 $\boldsymbol{A}^{(i-1)}=[\boldsymbol{a}_{j_1},\boldsymbol{a}_{j_2},\cdots,\boldsymbol{a}_{j_{i-1}}]$表示用已得到的有效列组成的矩阵，其为 $M\times(i-1)$维矩阵。

1. MP 算法

有了这些准备，可描述贪婪算法，基本思想是：贪婪算法的每一次迭代都将得到一个新的有效列和将解向量增加 1 个新的非零分量。有多种不同的贪婪算法，较早应用于信号处理的是 MP 算法，将 MP 算法的描述列于表 11.6.1 中。

假设在第 $i-1$ 次迭代后，已确定了 $i-1$ 列有效列 $\boldsymbol{a}_{j_1},\boldsymbol{a}_{j_2},\cdots,\boldsymbol{a}_{j_{i-1}}$ 和 $i-1$ 稀疏的解$\theta^{(i-1)}$，并形成了误差向量 $\mathbf{e}^{(i-1)}=\boldsymbol{y}-\boldsymbol{A}\theta^{(i-1)}$，注意到 $\mathbf{e}^{(i-1)}$是与 $\boldsymbol{a}_{j_1},\boldsymbol{a}_{j_2},\cdots,\boldsymbol{a}_{j_{i-1}}$ 互补的向量，理想情况下 $\mathbf{e}^{(i-1)}$ 与 $\boldsymbol{a}_{j_1},\boldsymbol{a}_{j_2},\cdots,\boldsymbol{a}_{j_{i-1}}$ 张成的空间正交，利用式(11.6.2)搜索得到的 $\boldsymbol{a}_{j_i}$ 是与 $\mathbf{e}^{(i-1)}$最相关，即与 $\boldsymbol{a}_{j_1},\boldsymbol{a}_{j_2},\cdots,\boldsymbol{a}_{j_{i-1}}$ 最大互补的列。

表 11.6.1　MP 算法描述

给定：矩阵 $\mathbf{A}$、向量 $\mathbf{y}$ 和误差阈值 ε_0； 初始条件：$i=0$；初始解 $\theta^{(0)}=\mathbf{0}$；初始误差 $\mathbf{e}^{(0)}=\mathbf{y}$；初始支撑集 $S^{(i-1)}=\text{supp}(\theta^{(0)})=\varnothing$ 为空集

算法描述

(1) $i\leftarrow i+1$；

(2) 确定一个新的有效列 j_i 为

$$j_i=\underset{j\in\{1,2,\cdots,N\}}{\text{argmax}}\frac{|\boldsymbol{a}_j^{\mathrm{T}}\mathbf{e}^{(i-1)}|}{\|\boldsymbol{a}_j\|_2}\tag{11.6.2}$$

和更新的解分量为

$$\hat{\theta}_{j_i}=\frac{\boldsymbol{a}_{j_i}^{\mathrm{T}}\mathbf{e}^{(i-1)}}{\|\boldsymbol{a}_{j_i}\|_2^2}\tag{11.6.3}$$

(3) 扩充支撑集为 $S^{(i)}=S^{(i-1)}\cup\{j_i\}$；

(4) 更新解向量

$$\theta^{(i)}=\theta^{(i-1)}$$

$$\theta^{(i)}(j_i)=\theta^{(i)}(j_i)+\hat{\theta}_{j_i}\tag{11.6.4}$$

(注：$\theta^{(i)}(j_i)$ 表示 $\theta^{(i)}$ 第 j_i 分量)

(5) 更新误差向量

$$\mathbf{e}^{(i)}=\mathbf{y}-\boldsymbol{A}\theta^{(i)}=\mathbf{e}^{(i-1)}-\boldsymbol{a}_{j_i}\hat{\theta}_{j_i}\tag{11.6.5}$$

(6) 如果 $\|\mathbf{e}^{(i)}\|_2\leqslant\varepsilon_0$，停止迭代转入(7)，否则转入(1)继续迭代；

(7) 输出 i 稀疏解 $\hat{\theta}=\theta^{(i)}$

当得到了 $\boldsymbol{a}_{j_i}$，若把该列构成单列的数据矩阵 $\mathbf{A}_i=[\boldsymbol{a}_{j_i}]$，把 $\mathbf{e}^{(i-1)}$ 作为期望向量，利用标准 LS 估计参数值 $\hat{\theta}_{j_i}$，则

$$\hat{\theta}_{j_i}=(\mathbf{A}_i^{\mathrm{T}}\mathbf{A}_i)^{-1}\mathbf{A}_i^{\mathrm{T}}\mathbf{e}^{(i-1)}=\frac{\boldsymbol{a}_{j_i}^{\mathrm{T}}\mathbf{e}^{(i-1)}}{\|\boldsymbol{a}_{j_i}\|_2^2}$$

以上正是式(11.6.3)，故式(11.6.3)实际是单变量的 LS 估计。而式(11.6.4)将新估计得到的参数置于解 $\theta^{(i)}$ 的相应位置，式(11.6.5)计算新的误差向量，若满足预设精度要求则停止，否则继续迭代。

2. OMP 算法

MP 算法每次搜索一个最有价值的新有效列，并利用 LS 估计新的参数分量，计算量比较简单，但性能不够理想，不能保证 $\mathbf{e}^{(i)}$ 与 $\boldsymbol{a}_{j_1},\boldsymbol{a}_{j_2},\cdots,\boldsymbol{a}_{j_i}$ 张成的空间的正交性，也就难以保证 $\boldsymbol{a}_{j_i}$ 与 $\boldsymbol{a}_{j_1},\boldsymbol{a}_{j_2},\cdots,\boldsymbol{a}_{j_{i-1}}$ 的最大互补性。针对 MP 的问题进行改进，得到性能更好的 OMP 算法。将 OMP 算法列于表 11.6.2 中。

OMP 算法中，确定新的有效列 j_i 的方法与 MP 一致，不同的是，OMP 将所有已得到的有效列构成矩阵 $\mathbf{A}^{(i)}=[\boldsymbol{a}_{j_1},\boldsymbol{a}_{j_2},\cdots,\boldsymbol{a}_{j_i}]$，并利用式(11.6.6)的 LS 约束重新求所有 i 个非零系数，将 i 个非零系数表示为向量 $\tilde{\theta}$，由 11.4 节的理论结果知 $i<M$，故式(11.6.6)表示的总是过确定的 LS 问题，故

$$\tilde{\theta}=((\mathbf{A}^{(i)})^{\mathrm{T}}\mathbf{A}^{(i)})^{-1}(\mathbf{A}^{(i)})^{\mathrm{T}}\mathbf{y}\tag{11.6.8}$$

求得 $\tilde{\theta}$ 后，按照支撑集 $S^{(i)}=\{j_1,j_2,\cdots,j_i\}$ 的指示，将 $\tilde{\theta}$ 各分量依次放置到 $\theta^{(i)}$ 的 $j_1,j_2,\cdots,j_i$ 行，$\theta^{(i)}$ 的其他分量为 0，由式(11.6.7)利用新的 $\theta^{(i)}$ 得到新的误差向量 $\mathbf{e}^{(i)}$。按照 LS 的正交

表 11.6.2 OMP 算法描述

给定：矩阵 $\boldsymbol{A}$、向量 $\boldsymbol{y}$ 和误差阈值 ε_0； 初始条件：$i=0$；初始解 $\theta^{(0)}=\boldsymbol{0}$；初始误差 $\mathbf{e}^{(0)}=\boldsymbol{y}$；初始支撑集 $S^{(0)}=\operatorname{supp}(\theta^{(0)})=\varnothing$ 为空集； 起始矩阵 $\boldsymbol{A}^{(0)}$ 是 0 列矩阵
算法描述 (1) $i \leftarrow i+1$； (2) 确定一个新的有效列 j_i 为 $$j_i=\underset{j\in\{1,2,\cdots,N\}}{\operatorname{argmax}}\frac{\left|\boldsymbol{a}_j^{\mathrm{T}}\mathbf{e}^{(i-1)}\right|}{\|\boldsymbol{a}_j\|_2}$$ (3) 扩充支撑集和有效列矩阵为 $S^{(i)}=S^{(i-1)}\cup\{j_i\}$ 和 $\boldsymbol{A}^{(i)}=[\boldsymbol{A}^{(i-1)},\boldsymbol{a}_{j_i}]$； (4) 更新有效解向量，首先求 i 维向量 $\tilde{\theta}$ 满足如下 LS 约束，即 $$\tilde{\theta}=\underset{v\in\mathbf{R}^i}{\operatorname{argmin}}\|\boldsymbol{y}-\boldsymbol{A}^{(i)}v\|_2^2,\tag{11.6.6}$$ 按 $S^{(i)}$ 的支撑集，将 $\tilde{\theta}$ 各元素依次放置于 $\theta^{(i)}$ 的 $j_1,j_2,\cdots,j_i$ 位子，$\theta^{(i)}$ 的其他分量为 0； (5) 更新误差向量 $$\mathbf{e}^{(i)}=\boldsymbol{y}-\boldsymbol{A}\theta^{(i)};\tag{11.6.7}$$ (6) 如果 $\|\boldsymbol{e}^{(i)}\|_2\leqslant\varepsilon_0$，停止迭代转入(7)，否则转入(1)继续迭代； (7) 输出 i 稀疏解 $\hat{\theta}=\theta^{(i)}$

原理，$\mathbf{e}^{(i)}$ 与 $\boldsymbol{a}_{j_1},\boldsymbol{a}_{j_2},\cdots,\boldsymbol{a}_{j_i}$ 张成的空间是正交的，这是 OMP 名称的由来。因此每一步迭代得到的新有效列与以前的有效列集合具有最大互补性，在一些特殊情况下可能是相互正交的，这种情况下，$\boldsymbol{A}^{(i)}$ 是正交矩阵，即 $(\boldsymbol{A}^{(i)})^{\mathrm{T}}\boldsymbol{A}^{(i)}=\boldsymbol{I}$，这时式(11.6.8)简化为 $\tilde{\theta}=(\boldsymbol{A}^{(i)})^{\mathrm{T}}\boldsymbol{y}$，计算量得到明显降低。

对于 OMP 算法，若迭代在第 $i=k_0$ 次后满足终止条件，则得到 k_0 稀疏解，并且算法复杂度为 $O(k_0NM)$ 量级，这是实际中可接受的运算复杂度。

3. 贪婪算法稀疏恢复性的充分条件

没有一般性条件保证以上的 MP 和 OMP 算法能够得到$(\mathbf{P}_0)$问题的最优解，即没有保证所得到的解最接近于真实解。对于 OMP 算法，可以保证每一步迭代可使误差的 l_2 范数下降，但不能保证解最接近真实解。在一些比较严苛的条件下，OMP 算法保证得到真实的最稀疏解，以下不加证明地简述这些结论。

引理 11.6.1 若$(\mathbf{P}_0)$问题的一个真实解 θ 满足方程 $\mathbf{y}=\boldsymbol{A}\theta$，且有

$$k_0=\|\theta\|_0<\frac{1}{2}\left(1+\frac{1}{\mu(\mathbf{A})}\right)\tag{11.6.9}$$

且 θ 的支撑集为 $\{j_1,j_2,\cdots,j_{k_0}\}$，则通过 OMP 算法得到的有效列序号满足

$$j_i=\underset{j\in\{1,2,\cdots,N\}}{\operatorname{argmax}}\frac{\left|\boldsymbol{a}_j^{\mathrm{T}}\mathbf{e}^{(i-1)}\right|}{\|\boldsymbol{a}_j\|_2}\in\{j_1,j_2,\cdots,j_{k_0}\}\tag{11.6.10}$$

引理 11.6.1 说明，若$(\mathbf{P}_0)$问题存在一个满足式(11.6.9)的 $k_0=\|\theta\|_0$ 的稀疏解，则 OMP 算法可保证其计算得到的支撑集是真实的支撑集。

定理 11.6.1 若$(\mathbf{P}_0)$问题的一个真实解 θ 满足方程 $\mathbf{y}=\boldsymbol{A}\theta$，且是 $k_0=\|\theta\|_0$ 稀疏的，这里 k_0 满足式(11.6.9)，则 OMP 算法通过 $k_0=\|\theta\|_0$ 步迭代恢复最稀疏解。

尽管定理 11.6.1 的结论保证了一定条件下 OMP 算法的最优性，但是式(11.6.9)给出的稀疏性要求太苛刻了，其实际上给出的稀疏度的界为 $\sqrt{M}$ 量级。在实际中，可通过仿真验

证来确定稀疏性 k_0 和 M,N 的关系。

4. OMP 算法的一个数值实验例

这里给出一个仿真实验的例子说明 OMP 算法的有效性，以 CS 应用为主，为简单，设时域信号本身是稀疏的，即$\boldsymbol{\Psi}=\boldsymbol{I}$，这样可避免使用变换，集中说明 OMP 的有效性。

第一组实验给出参数为：$N=1024$，$k_0=N/8=128$，$M=4k_0=512$，测量矩阵$\boldsymbol{\Phi}$由 i. i. d. 的高斯变量组成，满足 $N(0,1/M)$分布，将随机生成的 128 个非零数据随机放置于 1024 长数组中作为原始数据，由测量矩阵随机产生 512 个测量值，用 OMP 算法恢复原信号，图 11.6.1 同时画出原信号和 OMP 算法恢复的信号，在这个实验环境下，恢复性能近乎无失真。定义

$$E=\frac{\|\boldsymbol{x}-\hat{\boldsymbol{x}}\|_2^2}{\|\boldsymbol{x}\|_2^2} \tag{11.6.11}$$

表示恢复误差（均方误差），$\boldsymbol{x}$ 表示原信号，$\hat{\boldsymbol{x}}$表示恢复信号，我们进行 10 次实验，得到平均恢复误差为 $E=3.24\times10^{-16}$。

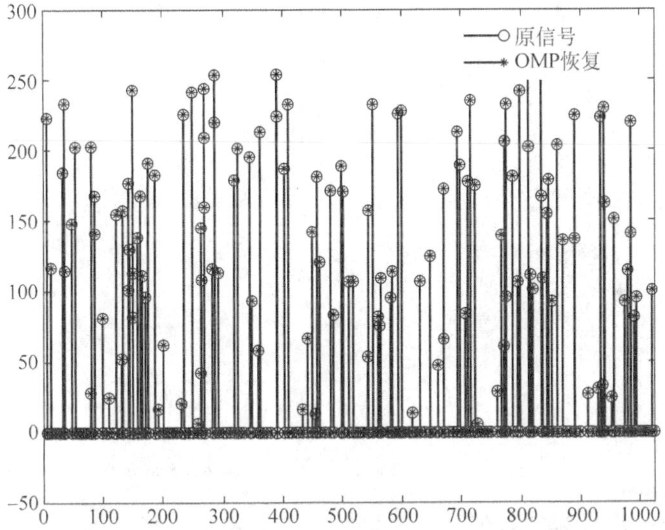

图 11.6.1 OMP 算法的恢复性能

再进行第二组实验，即在其他参数不变的情况下，改变测量样本数 M，让 M 在 $k_0\sim5k_0$ 之间变化，对每一个 M 值做 20 次实验，计算用 OMP 算法的恢复误差，并示于图 11.6.2。从图中可见，有一个陡峭区域，M 在小于陡峭区，原信号不能被准确恢复，但若 M 大于这个陡峭区，则 M 再增加恢复性能也不再有明显改善，图中显示对于本实验 $M=384$ 时，信号已可很精确地恢复，即相当于 $M=3k_0$ 或 $k_0=M/3$ 时，即可相当精确地恢复原信号。相比而言，在 $M=384$ 时，式(11.6.9)给出的 $k_0\leqslant10$，可见定理 11.6.1 给出的充分性条件是非常保守的一个估计。

为了比较 OMP 算法和 MP 算法的性能，这里进行第三组实验，实验条件与第二组实验相同，恢复算法换成 MP，结果如图 11.6.3 所示，可见对比 OMP 算法，为恢复 $k_0=128$ 的稀疏信号，MP 需要的测量数更大，MP 的恢复精度也不及 OMP 算法，OMP 稳定恢复的误差为10^{-15}量级，而 MP 算法响应为10^{-8}量级。

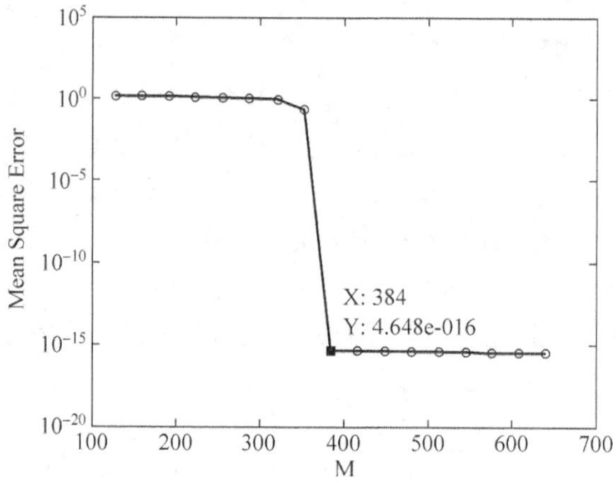

图 11.6.2　测量数目对 OMP 算法恢复的影响

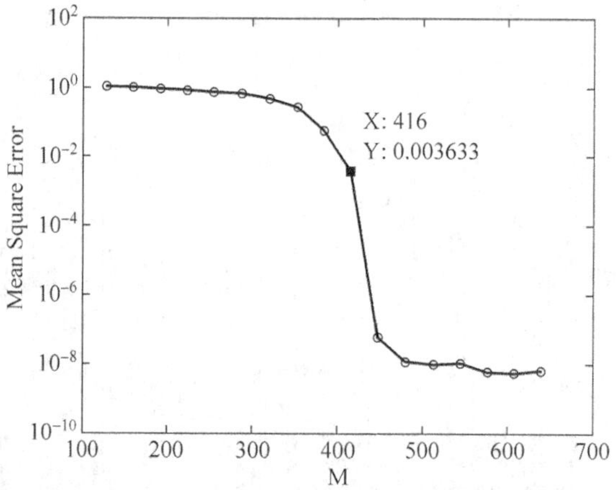

图 11.6.3　测量数目对 MP 算法恢复的影响

数据规模对算法也有影响，但当数据规模大于一定值则影响不大了，例如，在上述实验中，若保持 k_0/N 和 M/N 不变，实验数据规模 N 的影响，得到的结果是：N 很小时，数据规模对恢复精度有影响，当 $N>256$ 后，则数据规模的影响就不大了。

5. 改进 OMP 算法

由于 OMP 算法的简洁实用性，有很多改进性工作。一个对 OMP 算法的直接改进是 LS-OMP 算法，LS-OMP 算法的主要变化是用 LS 方法替代式(11.6.2)作为评价方法选择新的有效列序号 j_i。设第 $i-1$ 步迭代后的支撑集为 $S^{(i-1)}$，有效列矩阵 $\boldsymbol{A}^{(i-1)}$，对于每一个 $j\in\{1,2,\cdots,N\}$ 和 $j\notin S^{(i-1)}$，构成一个待测试矩阵 $\boldsymbol{A}_j^{(i)}=[\boldsymbol{A}^{(i-1)},\boldsymbol{a}_j]$，并利用 LS 计算

$$\varepsilon_j=\min_{v\in\boldsymbol{R}^i}\|\boldsymbol{y}-\boldsymbol{A}_j^{(i)}v\|_2^2 \tag{11.6.12}$$

注意，式(11.6.12)表示求 LS 解的最小误差值，比较 ε_j，找出最小的一个对应的下标 j_i，即

$$j_i=\underset{\substack{j\in\{1,2,\cdots,N\}\\ j\notin S^{(i-1)}}}{\operatorname{argmin}}(\varepsilon_j) \tag{11.6.13}$$

LS-OMP 算法用解 $N-i-1$ 次 LS 的计算量代价得到比式(11.6.2)的相关性度量更准确的

非零参数位置，Elad 等给出一个有效矩阵运算以减少 LS-OMP 算法的运算复杂性，有兴趣的读者可参考[22]。

如 11.2 节所述，信号处理和统计学都关注稀疏恢复问题，MP 和 OMP 算法是信号处理中流行的名称，类似的算法在统计学中有不同的名称，MP 算法在统计学中称为前向逐阶回归算法(Forward Stagewise Regression)，OMP 和 LS-OMP 在统计学中称为前向逐步回归算法(Forward Stepwise Regression)。

注意到，在 MP 算法中，一旦一个非零参数确定，则在后续迭代中，其在支撑集的位置和参数的取值均不能修改；而 OMP 算法对此有所改进，一旦一个非零参数确定，则在后续迭代中其在支撑集的位置仍不能改变，但由于每次都用 LS 计算对应支撑集的全部参数值，故每个参数取值随支撑集的增大同时也可做修改。

不管 MP 还是 OMP，一个参数一旦被确定为非零值，其位置进入支撑集，则不会再改变，若随着迭代展开，发现有些已在支撑集的元素并不总是好的选择，可能需要抛弃一些以前选择的元素，而代之以新的元素，有利于最终得到最稀疏的解，有些改进方法用于解决这个问题，这里介绍一个典型算法：压缩采样匹配追踪(Compressive Sampling Matching Pursuit，CoSaMP)[32]。

CoSaMP 算法每次确定一个非零元素位置的集合，利用 LS 估计这些元素的值，然后，在下次迭代时可修改非零元素位置和取值，直到满足停止条件。在 CS 这类应用中，$\boldsymbol{A}\theta=\boldsymbol{y}$ 中的矩阵 $\boldsymbol{A}$ 是随机矩阵并以小的 δ_k 满足 RIP 条件，这种情况下矩阵 $\boldsymbol{A}$ 近似正交，即 $\boldsymbol{A}^{\mathrm{T}}\boldsymbol{A}\approx\boldsymbol{I}$，因此 $\boldsymbol{A}^{\mathrm{T}}\boldsymbol{A}\theta=\boldsymbol{A}^{\mathrm{T}}\boldsymbol{y}\approx\theta$。既然 $\boldsymbol{A}^{\mathrm{T}}\boldsymbol{y}\approx\theta$，故起始时选择 $\boldsymbol{A}^{\mathrm{T}}\boldsymbol{y}$ 中最大的 t 个位置作为初始的非零元素位置集合。随着迭代进行，用计算出的 $\mathbf{e}^{(i-1)}=\boldsymbol{y}-\boldsymbol{A}\theta^{(i-1)}$ 替代 $\boldsymbol{y}$，通过计算 $\boldsymbol{A}^{\mathrm{T}}\mathbf{e}^{(i-1)}$ 确定新的非零值位置集合，为了叙述方便，用 $S_t^{(m)}(\theta)$ 表示 θ 中 t 个最大值的位置集合。将 CoSaMP 算法列于表 11.6.3 中。

表 11.6.3　CoSaMP 算法描述

给定：矩阵 $\boldsymbol{A}$、向量 $\boldsymbol{y}$ 和误差阈值 ε_0；指定 k。 初始条件：$i=0$；初始解 $\theta^{(0)}=\mathbf{0}$；初始误差 $\mathbf{e}^{(0)}=\boldsymbol{y}$；初始支撑集 $S^{(0)}=\mathrm{supp}(\theta^{(0)})=\varnothing$ 为空集；$t=2k$
算法描述 (1) $i\leftarrow i+1$； (2) 得到当前支撑集为 $S^{(i)}=S^{(i-1)}\cup S_t^{(m)}(\boldsymbol{A}^{\mathrm{T}}\boldsymbol{e}^{(i-1)})$，设集合 $S^{(i)}$ 有 r 个元素，即 $S^{(i)}=\{j_1,j_2,\cdots,j_r\}$ (3) 将 $\boldsymbol{A}$ 矩阵中对应支撑集 $S^{(i)}$ 中各序号的列构成 $\boldsymbol{A}^{(i)}$； (4) 更新有效解向量，首先求 r 维向量 $\tilde{\theta}$ 满足如下 LS 约束，即 $\tilde{\theta}=\underset{v\in\boldsymbol{R}^i}{\mathrm{argmin}}\ \Vert\boldsymbol{y}-\boldsymbol{A}^{(i)}v\Vert_2^2$　(11.6.14) 按 $S^{(i)}$ 的支撑集，将 $\tilde{\theta}$ 各元素依次放置于 $\hat{\theta}^{(i)}$ 的 $j_1,j_2,\cdots,j_r$ 位子，$\hat{\theta}^{(i)}$ 的其他分量为 0； (5) $\theta^{(i)}=H_k(\hat{\theta}^{(i)})$，这里 $H_k(\hat{\theta}^{(i)})$ 是硬门限算子，即保留 $\hat{\theta}^{(i)}$ 中最大的 k 个值，其他元素置为 0，重置支撑集为 $S^{(i)}=\mathrm{Supp}(\theta^{(i)})$； (6) 更新误差向量 $\mathbf{e}^{(i)}=\boldsymbol{y}-\boldsymbol{A}\theta^{(i)}$　(11.6.15) (7) 如果 $\Vert\mathbf{e}^{(i)}\Vert_2\leqslant\varepsilon_0$，停止迭代转入(8)，否则转入(1)继续迭代； (8) 输出 k 稀疏解 $\hat{\theta}=\theta^{(i)}$

注意,CoSaMP 算法中的第(5)步,重置支撑集为 $S^{(i)}=\text{supp}(\theta^{(i)})$,可能会抛弃一些更早的迭代中确定的非零位置,从而使 CoSaMP 在迭代中即可更新非零值位置集,也可更新其取值。另外 CoSaMP 需要预先指定稀疏指标 k。Needell 等对 CoSaMP 算法的收敛性给出了证明,有兴趣的读者可参考[32]。

11.6.2 LAR 算法

LAR(Least Angle Regression)出自统计学,用于求解 Lasso 问题,因此,LAR 算法作为一种稀疏恢复算法,主要用于求解 l_1 范数约束下的稀疏恢复问题。LAR 是一种同伦(Homotopy)算法。LAR 算法对应的标准问题是如下的($\mathbf{P}_1^\lambda$)问题,即

$$(\mathbf{P}_1^\lambda)\qquad \min_\theta\left\{\frac{1}{2}\|\boldsymbol{y}-\boldsymbol{A}\theta\|_2^2+\lambda\|\theta\|_1\right\}\tag{11.6.16}$$

式(11.6.16)中的参数 λ 是一种折中参数,当 $\lambda=0$ 时,($\mathbf{P}_1^\lambda$)问题退化为标准 LS 解,解没有稀疏性,大的 λ 对应的解更稀疏,在实际中,可根据具体问题先验地或实验性地选择 λ 参数。标准的 LAR 算法的一个优势是:从只有一个非零系数的最稀疏解及其对应的 λ 值(λ_0)直到 $K=\min\{M-1,N\}$ 个可能的非零系数的解以及对应的 λ 值(λ_K),给出这个充分的解序列供选择。LAR 算法也称为 LARS,其标准算法如表 11.6.4 所示,本节仅对该算法做一些简单解释,其更细致的讨论可参考[20]。

表 11.6.4 LAR 算法描述

给定:矩阵 $\boldsymbol{A}$、向量 $\boldsymbol{y}$;

初始条件:$i=0$;初始解 $\theta^{(0)}=\mathbf{0}$;初始误差 $\mathbf{e}^{(0)}=\boldsymbol{y}$;初始支撑集 $S^{(0)}=\text{supp}(\theta^{(0)})=\varnothing$ 为空集;矩阵 $\boldsymbol{A}$ 初始化为列归一化矩阵。

算法描述

1. 确定一个新的有效列 j_0 为

$$j_0=\underset{j\in\{1,2,\cdots,N\}}{\text{argmax}}\left|\boldsymbol{a}_j^{\mathrm{T}}\mathbf{e}^{(0)}\right|$$

令支撑集 $S=\{j_0\}$ 和有效列矩阵 $\boldsymbol{A}_S$ 为集合 S 内指示的列,即当前 $\boldsymbol{A}_S=[\boldsymbol{a}_{j_0}]$;并令

$$\lambda_0=\boldsymbol{a}_{j_0}^{\mathrm{T}}\mathbf{e}^{(0)}$$

2. 对于 $k=1,2,\cdots,K=\min\{M-1,N\}$,做如下 4 步

(1) 定义 LS 趋势向量为

$$v=\frac{1}{\lambda_{k-1}}(\boldsymbol{A}_S^{\mathrm{T}}\boldsymbol{A}_S)^{-1}\boldsymbol{A}_S^{\mathrm{T}}\mathbf{e}^{(k-1)}$$

定义 N 维向量 $\boldsymbol{d}$,按支撑集 S,将 v 中各元素依次放置于 $\boldsymbol{d}$ 中由 S 指定的位置,$\boldsymbol{d}$ 的其他分量为 0;

(2) 沿向量 $\boldsymbol{d}$ 方向变化 $\theta^{(k-1)}$,为此定义新的向量

$$\tilde{\theta}(\lambda)=\theta^{(k-1)}+(\lambda_{k-1}-\lambda)\boldsymbol{d}$$

其中 $0<\lambda\leqslant\lambda_{k-1}$ 可变化,并跟踪变化的残差量

$$\mathbf{e}(\lambda)=\boldsymbol{y}-\boldsymbol{A}\tilde{\theta}(\lambda)=\mathbf{e}^{(k-1)}-(\lambda_{k-1}-\lambda)\boldsymbol{A}_S\boldsymbol{d}$$

(3) 定义 $\eta(l,\lambda)=\boldsymbol{x}_l^{\mathrm{T}}\mathbf{e}(\lambda)$,这里 $l\notin S,0<\lambda\leqslant\lambda_{k-1}$,搜索找到 $l=j_0$ 和 $\lambda=\lambda_k$,使得 $\eta(l,\lambda)$ 最大,即

$$\{j_0,\lambda_k\}=\underset{l\notin S,0<\lambda\leqslant\lambda_{k-1}}{\text{argmax}}\{\eta(l,\lambda)\}$$

(4) 得到:$S\leftarrow S\cup\{j_0\}$,$\theta^{(k)}=\tilde{\theta}(\lambda_k)=\theta^{(k-1)}+(\lambda_{k-1}-\lambda_k)\boldsymbol{d}$,$\mathbf{e}^{(k)}=\boldsymbol{y}-\boldsymbol{A}\theta^{(k)}$

3. 返回解序列 $\{\lambda_k,\theta^{(k)}\}_0^K$。

LAR 算法的第一步与 OMP 相同，在迭代中若已形成支撑集 S，对于每一个 $j\in S$，可验证下式成立：

$$|\boldsymbol{a}_j^{\mathrm{T}}(\boldsymbol{y}-\boldsymbol{A}\tilde{\theta}(\lambda))|=\lambda, j\in S \tag{11.6.17}$$

即已在支撑集 S 中的列 $\boldsymbol{a}_j$ 与 $\boldsymbol{e}(\lambda)$ 具有等相关性。

LAR 算法可适应于欠确定和过确定情况，在欠定情况下，若 $N>M-1$，在 $M-1$ 步后，残余误差 $\mathbf{e}^{(k)}$ 可达到 0 向量。

11.6.3　Lasso 的循环坐标下降算法

在 11.2.2 节讨论了 Lasso 问题，其描述如下

$$\min_{\theta}\left\{\frac{1}{2}\|\boldsymbol{y}-\boldsymbol{A}\theta\|_2^2+\lambda\|\theta\|_1\right\} \tag{11.6.18}$$

这里 $\lambda\geqslant0$，本节给出 Lasso 的一种求解方法，由于等价性，这个算法也可用于其他稀疏恢复问题。

与 11.2.2 节的符号一致，设 θ 是 p 维向量。为了使得对 Lasso 的求解表示更规范，对数据矩阵 $\boldsymbol{A}$ 做一些限制，设 $\boldsymbol{A}$ 可表示为 $\boldsymbol{A}=[a_{ij}]_{M\times p}$，可将 $\boldsymbol{A}$ 写成列向量表示形式为

$$\boldsymbol{A}=[\boldsymbol{a}_1,\boldsymbol{a}_2,\cdots,\boldsymbol{a}_p] \tag{11.6.19}$$

并假设 $\sum_{i=1}^{M}a_{ij}=0, j=1,\cdots,p$ 和 $\|\boldsymbol{a}_j\|_2^2=1$。由于假设信号是零均值的，第一个条件成立，至于 $\boldsymbol{A}$ 的各列归一化，则可通过预处理达到。

为了简单，先推导单变量情况下的解，然后推广到一般情况。

1. 单变量情况下 Lasso 的解

为了推导简单，首先假设样本集 $\{(\boldsymbol{x}_i,y_i)\}_{i=1}^M$ 中，$\boldsymbol{x}$ 仅是一维的标量，即样本集为 $\{(z_i,y_i)\}_{i=1}^M$，这里，为了符号表示不混乱，用 z_i 表示输入，只有一个参数 θ 待求，式(11.6.18)简化为

$$\min_{\theta}\left\{\frac{1}{2}\sum_{i=1}^{M}(y_i-z_i\theta)^2+\lambda|\theta|\right\} \tag{11.6.20}$$

为求 θ 的最优值，对式(11.6.20)两侧求导并令其为 0，得

$$\theta-\mathbf{z}^{\mathrm{T}}\mathbf{y}+\lambda\frac{\partial|\theta|}{\partial\theta}=0 \tag{11.6.21}$$

这里 $\mathbf{z}$ 表示 z_i 的向量形式，上式推导中用到了 $\sum_{i=1}^{M}z_i^2=1$。对式(11.6.21)分 3 种情况讨论。

(1) 设 $\theta>0$，式(11.6.21)简化为，$\theta-\mathbf{z}^{\mathrm{T}}\mathbf{y}+\lambda=0$，得到解为

$$\hat{\theta}=\mathbf{z}^{\mathrm{T}}\mathbf{y}-\lambda,\quad \mathbf{z}^{\mathrm{T}}\mathbf{y}>\lambda \tag{11.6.22}$$

(2) 设 $\theta<0$，式(11.6.21)简化为，$\theta-\mathbf{z}^{\mathrm{T}}\mathbf{y}-\lambda=0$，得到解为

$$\hat{\theta}=\mathbf{z}^{\mathrm{T}}\mathbf{y}+\lambda,\quad \mathbf{z}^{\mathrm{T}}\mathbf{y}<-\lambda \tag{11.6.23}$$

(3) 若 $\theta=0$，则 $\frac{\partial|\theta|}{\partial\theta}\in[-1,1]$，不确定，但结合式(11.6.21)至式(11.6.23)，可得，当 $|\mathbf{z}^{\mathrm{T}}\mathbf{y}|<\lambda$ 时，$\hat{\theta}=0$。

综合以上 3 点，得到 θ 的解为

$$\hat{\theta}=\begin{cases}\boldsymbol{z}^{\mathrm{T}}\boldsymbol{y}-\lambda, & \boldsymbol{z}^{\mathrm{T}}\boldsymbol{y}>\lambda\\ 0, & |\boldsymbol{z}^{\mathrm{T}}\boldsymbol{y}|<\lambda\\ \boldsymbol{z}^{\mathrm{T}}\boldsymbol{y}+\lambda, & \boldsymbol{z}^{\mathrm{T}}\boldsymbol{y}<-\lambda\end{cases} \tag{11.6.24}$$

这里，定义一个软门限算子 $S_\lambda(x)$ 为

$$S_\lambda(x)=\operatorname{sign}(x)\,(|x|-\lambda)_+ \tag{11.6.25}$$

这里算符 $(x)_+$ 表示取 x 正的部分，即当 $x>0$，$(x)_+=x$，否则 $(x)_+=0$。图 11.6.4 表示了软门限计算的示意图。由软门限算子的定义可见，式(11.6.24)可用软门限算子表示为

$$\hat{\theta}=S_\lambda(\boldsymbol{z}^{\mathrm{T}}\boldsymbol{y}) \tag{11.6.26}$$

实际上若对单变量情况直接做 LS 解，其 LS 解为

$$\hat{\theta}_{\mathrm{LS}}=\boldsymbol{z}^{\mathrm{T}}\boldsymbol{y} \tag{11.6.27}$$

显然，Lasso 解的软门限算子，使得解更趋于 0，若 $|\hat{\theta}_{\mathrm{LS}}|\leqslant\lambda$，则 Lasso 解 $\hat{\theta}=0$。图 11.6.4 中，若令 $x=\hat{\theta}_{\mathrm{LS}}$，则实线表示了 LS 解，虚线表示了 Lasso 解，Lasso 解更趋于 0。

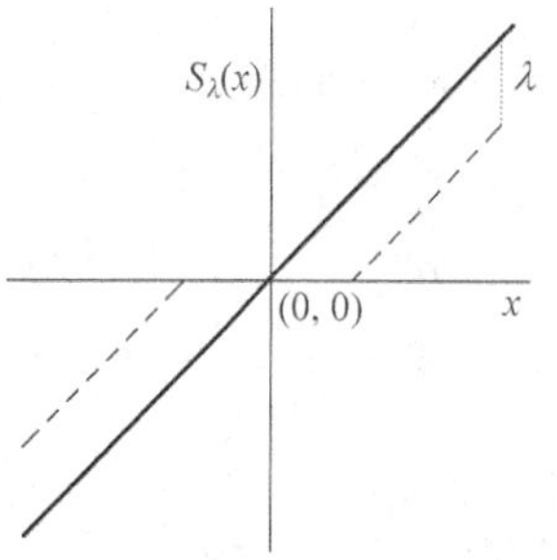

图 11.6.4　软门限运算(实线为 $f(x)=x$，虚线为 $S_\lambda(x)$)

2. 多变量情况下 Lasso 解的推广

利用以上单变量的解，通过对单变量方法的一个直观扩展，推广到多参数方法，即得到式(11.6.18)的一般解。设θ有 p 个参数，每一次只改变一个参数 θ_j，而其他参数保持不变，可以证明，用部分残差值 $r_i^{(j)}=y_i-\sum\limits_{k\neq j}a_{ik}\hat{\theta}_k$ 替代 y_i，则参数 θ_j 的估计值为

$$\hat{\theta}_j=S_\lambda(\boldsymbol{a}_j^{\mathrm{T}}\boldsymbol{r}^{(j)}) \tag{11.6.28}$$

初始时给出 $\hat{\theta}_j$，$j=1,2,\cdots,p$ 的初始值，然后循环改变 j 执行式(11.6.28)，直到收敛为止。这个算法称为循环坐标下降法(Cyclical Coordinate Descent，CCD)，在一定条件下该算法收敛。如果定义一个全残差量 $r_i=y_i-\sum\limits_{k=1}^{p}a_{ik}\hat{\theta}_k$，则可导出式(11.6.28)的等价形式为

$$\hat{\theta}_j\leftarrow S_\lambda(\hat{\theta}_j+\boldsymbol{a}_j^{\mathrm{T}}\boldsymbol{r}) \tag{11.6.29}$$

可以看到，CCD 算法对每个参数施加软门限，使得解向量$\hat{\theta}$ 具有稀疏性，这个稀疏性是 ℓ_1 范数约束的直接结果。

11.6.4　近邻方法和迭代收缩算法

本节概要介绍近邻算法(Proximal Algorithm，PA)和迭代收缩算法(Iterative Shrinkage-Thresholding Algorithm，ISTA)。PA 算法是一类优化算法，许多稀疏恢复算法可归于这一类，其中 ISTA 是一种典型的具体化的 PA 算法。本节给出这种算法的基本思想和典型算法，关于其详细的推导、收敛性证明和各种扩展可参考[1][15]。

PA 算法用于迭代求解如下的(**P**)优化问题

(**P**)
$$\min_{\theta}\{f(\theta)+g(\theta)\} \tag{11.6.30}$$

这里，θ 是 N 维向量，函数 $f(\theta)$和 $g(\theta)$结果是标量，且满足

(1) f 是光滑的凸函数，连续可导，且

$$\|\nabla f(\theta_1)-\nabla f(\theta_2)\|_2 \leqslant L(f)\ \|\theta_1-\theta_2\|_2,\quad \forall\ \theta_1,\theta_2\in \boldsymbol{R}^N$$

这里 $L(f)$ 是 ∇f 的 Lipschitz 常数(Lipschitz 常数的定义参考第 10 章)。

(2) $g(\theta)$ 是连续凸函数，但可能不是光滑的，或不一定处处可导。

许多稀疏恢复问题可看作是式(11.6.30)的(**P**)问题的特例，例如 Lasso 或等价的($\mathbf{P}_1^{\varepsilon}$)问题是(**P**)问题的特例，只需要令 $f(\theta)=\frac{1}{2}\|\boldsymbol{y}-\boldsymbol{A}\theta\|_2^2$ 和 $g(\theta)=\lambda\|\theta\|_1$，还有很多不同的稀疏问题通过不同的函数 $f(\theta)$ 和 $g(\theta)$ 归为(**P**)问题的特例。故首先讨论解(**P**)问题的一种一般算法，即近邻算法(PA)。

1. 近邻算法

PA 算法是一种迭代算法，给出初始值 $\theta^{(0)}$，设已迭代得到 $\theta^{(k)}$，下一次迭代解 $\theta^{(k+1)}$ 通过最小化下式得到

$$\min_{\theta\in \boldsymbol{R}^N}\left\{f(\theta^{(k)})+(\nabla f(\theta^{(k)}))^{\mathrm{T}}(\theta-\theta^{(k)})+\frac{L}{2}\|\theta-\theta^{(k)}\|_2^2+g(\theta)\right\} \tag{11.6.31}$$

注意，式(11.6.31)的前两项是函数 $f(\theta)$ 在 $\theta^{(k)}$ 附近的线性表示，而第三项是二次项，称为临近项(Proximal Term)，可以约束下次更新值 $\theta^{(k+1)}$ 在 $\theta^{(k)}$ 附近，常数 $L>0$ 是 Lipschitz 指数 $L(f)$ 的上界，对式(11.6.31)稍作整理并忽略常数项，得到等价问题如下

$$\min_{\theta\in \boldsymbol{R}^N}\left\{\frac{1}{2}\left\|\theta-\left(\theta^{(k)}-\frac{1}{L}\nabla f(\theta^{(k)})\right)\right\|_2^2+\frac{1}{L}g(\theta)\right\} \tag{11.6.32}$$

为方便定义

$$G_f(\theta)=\theta-\frac{1}{L}\nabla f(\theta) \tag{11.6.33}$$

很显然，若式(11.6.32)中正则项 $g(\theta)=0$，则下次更新值为

$$\theta^{(k+1)}=G_f(\theta^{(k)})=\theta^{(k)}-\frac{1}{L}\nabla f(\theta^{(k)}) \tag{11.6.34}$$

显然式(11.6.34)是我们熟悉的梯度下降算法，实际中，给出一种稀疏约束项 $g(\theta)$，则更新值需要对式(11.6.34)做修正，具体修正方式与 $g(\theta)$ 函数类型有关，为此，定义一个修正算子，称为近邻算子，其定义为

$$\mathrm{Pro}x_{\mu g}(\boldsymbol{z})=\underset{\theta\in \boldsymbol{R}^N}{\operatorname{argmin}}\left\{\frac{1}{2}\|\theta-\boldsymbol{z}\|_2^2+\mu g(\theta)\right\} \tag{11.6.35}$$

这里 $\mu=1/L$，对于给定的参数 μ 和不同函数 $g(\theta)$，可确定近邻算子 $\mathrm{Pro}x_{\mu g}(\cdot)$ 的具体形式，则式(11.6.32)的更新值表示为

$$\theta^{(k+1)}=\mathrm{Pro}x_{\mu g}(G_f(\theta^{(k)}))=\mathrm{Pro}x_{\mu g}(\theta^{(k)}-\mu\nabla f(\theta^{(k)})) \tag{11.6.36}$$

由以上讨论，将 PA 算法的流程列于表 11.6.5 中。

PA 算法流程简单清晰，算法的收敛速度是按 $1/k$ 变化的，即若设 $F(\theta)=f(\theta)+g(\theta)$，则迭代中，

$$F(\theta^{(k)})-F(\theta^*)\approx O(1/k) \tag{11.6.37}$$

这里 θ^* 是(**P**)问题的真实解，即迭代的误差随 k 线性降低，这种量级的误差降低是比较慢的，或说算法收敛是比较慢的。Beck[5] 等给出了一种加速算法，该算法增加一个中间变量

$\boldsymbol{z}$,加速 PA 算法的计算流程很简明,直接列于表 11.6.6 中。

表 11.6.5 近邻算法(PA)描述

给定:函数 $f(\theta)$和 $g(\theta)$,计算$\nabla f(\theta)$的 Lipschitz 指数并确定 $\mu=1/L$。
选择初始条件:$\theta^{(0)}\in\boldsymbol{R}^N$;令 $k=1$。

算法描述

1. 第 k 步迭代

$$G_f(\theta^{(k-1)})=\theta^{(k-1)}-\frac{1}{L}\nabla f(\theta^{(k-1)})$$
$$\theta^{(k)}=\mathrm{Prox}_{\mu g}(G_f(\theta^{(k-1)}))$$
$$k\leftarrow k+1$$

2. 若满足收敛条件则停止,否则转 1 继续迭代。

表 11.6.6 加速近邻算法(F-PA)描述

给定:函数 $f(\theta)$和 $g(\theta)$,计算$\nabla f(\theta)$的 Lipschitz 指数并确定 $\mu=1/L$。
选择初始条件:$\boldsymbol{z}^{(1)}=\theta^{(0)}\in\boldsymbol{R}^N$,$t_1=1$;令 $k=1$。

算法描述

1. 第 k 步迭代

$$G_f(\boldsymbol{z}^{(k)})=\boldsymbol{z}^{(k)}-\frac{1}{L}\nabla f(\boldsymbol{z}^{(k)})$$
$$\theta^{(k)}=\mathrm{Prox}_{\mu g}(G_f(\boldsymbol{z}^{(k)}))$$
$$t_{k+1}=\frac{1+\sqrt{1+4t_k^2}}{2}$$
$$\boldsymbol{z}^{(k+1)}=\theta^{(k)}+\left(\frac{t_k-1}{t_{k+1}}\right)(\theta^{(k)}-\theta^{(k-1)})$$
$$k\leftarrow k+1$$

2. 若满足收敛条件则停止,否则转 1 继续迭代。

加速算法的收敛速度加快,可达到反比于 k^2 的量级,即

$$F(\theta^{(k)})-F(\theta^*)\approx O(1/k^2)\tag{11.6.38}$$

2. 迭代收缩算法——ISTA

近邻算法 PA 是一类算法的一般框架,针对不同的函数 $f(\theta)$和 $g(\theta)$,可导出具体的近邻算子 Prox(),从而得到不同的稀疏恢复算法。当令 $f(\theta)=\frac{1}{2}\|\boldsymbol{y}-\boldsymbol{A}\theta\|_2^2$ 和 $g(\theta)=\lambda\|\theta\|_1$,则具体化为典型的($\mathbf{P}_1^{\lambda}$)问题。解这类问题的近邻算法习惯上称为迭代收缩算法 ISTA。

由于 $g(\theta)$带有参数 λ,故令 $\mu=\lambda/L$。简单推导得

$$\begin{aligned}G_f(\theta^{(k)})&=\theta^{(k)}-\mu\nabla f(\theta^{(k)})\\&=\theta^{(k)}-\mu\boldsymbol{A}^{\mathrm{T}}(\boldsymbol{A}\theta^{(k)}-\boldsymbol{y})\\&=\theta^{(k)}+\mu\boldsymbol{A}^{\mathrm{T}}\mathbf{e}^{(k)}\end{aligned}\tag{11.6.39}$$

对于不同的 $g(\theta)$约束,可得到不同的近邻算子 Prox(·),对于 l_1 约束,如 11.6.3 节讨论 Lasso 的 CCD 算法时已导出的,其近邻算子就是软门限运算,即

$$\mathrm{Prox}_{l_1}(\boldsymbol{v})=S_{\lambda_\mu}(\boldsymbol{v})\tag{11.6.40}$$

这里 λ_μ 是与 μ 相关的参数，可取 $\lambda_\mu=\mu$。为了理解清楚，向量软门限计算的第 i 个分量重写如下

$$[\mathrm{Prox}_{l_1}(\boldsymbol{v})]_i = S_{\lambda_\mu}(v_i) = \mathrm{sign}(v_i)(|v_i|-\lambda_\mu)_+ \tag{11.6.41}$$

将式(11.6.39)的 $G_f(\theta^{(k)})$ 和式(11.6.40)的 $Prox()$ 算子，分别代入表 11.6.5 和表 11.6.6 就得到一种 ISTA 算法和加速的 FISTA 算法，为了表述正式，给出表 11.6.7。

表 11.6.7　ISTA 算法和 FISTA 算法

1. ISTA：将式(11.6.39)的 $G_f(\theta^{(k)})$ 和式(11.6.40)的近邻算子 $\mathrm{Prox}_{l_1}(\cdot)=S_{\lambda_\mu}(\cdot)$ 代入表 11.6.5，则得到 ISTA 算法。
1. FISTA：将式(11.6.39)的 $G_f(\theta^{(k)})$ 和式(11.6.40)的近邻算子 $\mathrm{Prox}_{l_1}(\cdot)=S_{\lambda_\mu}(\cdot)$ 代入表 11.6.6，则得到 FISTA 算法。

可以看出，把 $G_f(\theta^{(k)})$ 代入软门限算子，ISTA 算法实际上是反复迭代

$$\theta^{(k+1)} = S_{\lambda_\mu}(\theta^{(k)} - \mu\boldsymbol{A}^{\mathrm{T}}(\boldsymbol{A}\theta^{(k)} - \boldsymbol{y})) \tag{11.6.42}$$

直到迭代满足终止条件。

11.6.5　迭代加权最小二乘算法——IRLS

在压缩感知和稀疏信号重建问题中，最小化 l_1 范数是一类非常重要的方法，可以写为

$$\min_{\theta\in\mathbb{R}^N} \|\theta\|_1 \quad \text{s.t.} \quad \boldsymbol{A}\theta = \boldsymbol{y} \tag{11.6.43}$$

为得到式(11.6.43)的解，迭代加权最小二乘算法(Iterative Re-weighted Least Squares, IRLS)是一类非常有效的算法。假设 θ 的所有元素均非零，则 θ 的 l_1 范数可以写为 $\sum_{i=1}^{N}|\theta_i| = \sum_{i=1}^{N}|\theta_i|^2/|\theta_i|$。此外，假设 $|\theta_i|, i\in[1,N]$ 已知，则式(11.6.43)变成了一个约束最小化加权 l_2 范数问题。但是，上述假设存在两个明显的问题：

(1) θ 是一个稀疏信号，大部分元素为 0，θ 的 l_1 范数不能直接利用加权 l_2 范数表示；

(2) θ 是待恢复信号，$|\theta_i|$ 未知。为了解决上述问题，IRLS 算法的基本出发点是利用加权 l_2 范数 $\sum_{i=1}^{N}|\theta_i| \approx \sum_{i=1}^{N}|\theta_i|^2 w_i$ 代替式(11.6.43)中的 l_1 范数，并不断迭代更新权重 w_i，并使其不断逼近 $1/|\theta_i|$，最后得到式(11.6.43)的近似解。这种近似最大的好处在于，每次迭代只需求解约束最小化加权 l_2 范数问题，其求解比直接求解 l_1 范数简单。综上所述，IRLS 算法可以归纳在表 11.6.8 中。

表 11.6.8　IRLS 算法

IRLS 算法
初始化：$\boldsymbol{W}_0=\boldsymbol{I}, \varepsilon_0=1, \varepsilon_f, k=0$； **while** $\varepsilon_k>\varepsilon_f$ 　**IRLS**1：$\min_{x_k}\sum_{i=1}^{N}(\theta_k^i)^2 w_k^i \quad \text{s.t.} \quad \boldsymbol{A}\theta_k=y$； 　**IRLS**2：$\varepsilon_{k+1}=f(\varepsilon_k,\theta_k)$； 　**IRLS**3：$w_{k+1}^i=g(\theta_k^i,\varepsilon_{k+1}), 1\leqslant i\leqslant N$； 　$k=k+1$； **end**

在表 11.6.8 中，w_k^i 是 $\boldsymbol{W}_k$ 对角线上的第 i 个元素；函数 $f(\cdot)$的作用是保证 ε_k 在每一次迭代过程中减小或者至少不会增大；$g(\cdot)$是权重更新函数，目的是使 w_{k+1}^i 随着迭代次数的增加而不断逼近 $1/|\theta_i|$。

在 IRLS 算法中，最重要的一步是求解 IRLS1

$$\min_{\theta_k} \sum_{i=1}^{N} (\theta_k^i)^2 w_k^i \quad \text{s. t.} \quad \boldsymbol{A}\theta_k = \boldsymbol{y} \tag{11.6.44}$$

式(11.6.44)可以等价为：

$$\min_{\theta_k} \| (\boldsymbol{D}_w^k)^{1/2} \theta_k \|_2 \quad \text{s. t.} \quad \boldsymbol{A}\theta_k = \boldsymbol{y} \tag{11.6.45}$$

其中，$\boldsymbol{D}_w^k = \mathrm{diag}[w_k^1, w_k^2, \cdots, w_k^N]$。如第 2 章已经导出的，欠确定情况下加权 LS 的解，可以得到式(11.6.45)的闭式解为

$$\theta_k^* = (\boldsymbol{D}_w^k)^{-1}\boldsymbol{A}^{\mathrm{T}} (\boldsymbol{A} (D_w^k)^{-1}\boldsymbol{A}^{\mathrm{T}})^{-1} \boldsymbol{y}$$

函数 $f(\cdot)$和 $g(\cdot)$有多种选取方法，这里分别以两种较为典型的方法为例，对于 $f(\cdot)$来说，两种典型选择分别为

(1)
$$f(\varepsilon_k, \theta_k) = \varepsilon_{k+1} = \min\{\varepsilon_k, r(\theta_k)^{S+1}\} \tag{11.6.46}$$

其中，$r(\cdot)$是降序函数，$r(\theta_k)^{S+1}$是θ_k 经降序排序后的第 $S+1$ 个元素(假设真实解有 S 个非零元素)。在理想情况下，θ_k 随每一次迭代更加接近真实值，则其第 $S+1$ 个元素随着每一次迭代不断减小，并趋近于 0。所以，$\min\{\varepsilon_k, r(\theta_k)^{S+1}\}$使得 ε_k 随着迭代结果不断接近真实值而自适应地减小。但是这种 $f(\cdot)$的选取方法使得算法的迭代次数不能被人为地控制。

(2)
$$f(\varepsilon_k, \theta_k) = \varepsilon_{k+1} = c\varepsilon_k \quad 0 < c < 1 \tag{11.6.47}$$

显然，在这种选取方法下，ε_k 随着迭代次数的增加按比例衰减并且其衰减速度是人为设定的。所以，算法的迭代次数可人为控制。

对于函数 $g(\cdot)$来说，两个典型选择分别如下。

(1)
$$w_{k+1}^i = g(\theta_k^i, \varepsilon_{k+1}) = \frac{1}{\sqrt{(\theta_k^i)^2 + \varepsilon_{k+1}}} \tag{11.6.48}$$

(2)
$$w_{k+1}^i = g(\theta_k^i, \varepsilon_{k+1}) = \begin{cases} \dfrac{1}{|\theta_k^i|}, & |\theta_k^i| \geqslant \varepsilon_{k+1} \\ \dfrac{1}{\varepsilon_{k+1}}, & |\theta_k^i| < \varepsilon_{k+1} \end{cases} \tag{11.6.49}$$

由式(11.6.48)和式(11.6.49)可以看出，参数 ε_{k+1} 的作用是保证在权重 w_{k+1}^i 更新时，避免出现因 $\theta_k^i \to 0$，$w_{k+1}^i \to \infty$的情况。此外，我们希望 w_k^i 随着迭代次数的增加不断接近 $1/\theta_k^i$，所以为了能更好地近似，ε_k 理应随着迭代次数的增加而减小。

最后，关于 IRLS 算法有几点需要说明。

(1) 关于 IRLS 算法的参数 ε_f，如果选取式(11.6.46)所示的函数，理论上讲若迭代得到精确解，则最后一步迭代中 ε_{k+1} 应等于 0，所以 ε_f 应等于 0。但是在实际的算法实现时，若将 ε_f 设置为 0，由于计算机的系统误差，迭代不会终止，所以在实际操作中，一般将 ε_f 设置为较小的数，例如10^{-8}。

(2) 关于 IRLS 算法的计算量，IRLS 算法的计算量主要来源于 IRLS1，其计算复杂度为 $O(NM^2)$，其中 M 是测量信号 $\boldsymbol{y}$ 的维数。所以，当待恢复信号的维数较高时，IRLS 算法的计算量较大。为了减小计算量，很多学者对 IRLS 算法进行了改进，可以参见文献[13]，[43]。

(3) 关于 IRLS 算法收敛性的证明，可以参见文献[16]。

(4) 用一种加权范数逼近另一种加权范数的思想有其一般性，并不局限于逼近 l_1 范数，本节只是出于简单和常用而只讨论了逼近 l_1 范数的问题。

11.6.6　在线稀疏恢复算法

前面讨论的几类算法都是“批算法”，假设所有数据都已准备好。但在信号处理中，尤其把稀疏表示的思想应用于系统辨识这类环境中，θ 表示待辨识或待建模的系统的权向量，而信号向量往往是随时间顺序采集的，希望每获取一个数据向量，即可用于顺序计算权向量并随着新数据到来而更新，希望导出稀疏恢复的在线算法(自适应算法)。与第 5 章的自适应滤波不同的是，为了使得向量θ 具有稀疏性，同时施加了 l_1 约束。

系统模型可写为序列形式

$$y_n = \boldsymbol{x}_n^{\mathrm{T}}\theta + \varepsilon_n, \quad n = 1,2,\cdots \tag{11.6.50}$$

待估计的参数向量θ，$\boldsymbol{x}_n$ 表示 n 时刻输入向量，y_n 是 n 时刻的输出，ε_n 表示模型误差，顺序地给出$(y_n, \boldsymbol{x}_n)$，$n=1,2,3,\cdots$，与自适应滤波一样，每给出一组新的$(y_n, \boldsymbol{x}_n)$，都更新θ 的估计。

如果用与 RLS 类似的递推来描述稀疏在线算法，则可表示为

$$\hat{\theta} = \underset{\theta \in R^N}{\operatorname{argmin}} \left\{ \sum_{j=1}^{n} \gamma^{n-j} (y_j - \boldsymbol{x}_j^{\mathrm{T}} \theta)^2 + \lambda_n \| \theta \|_1 \right\} \tag{11.6.51}$$

这里 γ 是忘却因子，选择 $0<\gamma<1$ 可使θ 的估计跟踪系统可能存在的时变性。其中，与 RLS 不同的是，增加了约束项 $\lambda_n \| \theta \|_1$，其作用是使解趋向稀疏性。

稀疏恢复的在线算法比一般自适应滤波更复杂的一点是，要关注两种收敛性：

(1) 若θ 是稀疏的，在线算法是否收敛到其正确的支撑集？

(2) 对于那些非零系数，算法能否收敛到其真实值？

到本书成稿时止，稀疏恢复的在线算法仍是极为活跃的研究方向，限于篇幅和该问题仍在快速发展中，本节不打算对该问题进行很细节地介绍，仅介绍一个典型算法，以窥该问题的一个概貌。

本节仅给出 11.6.1 节介绍过的 CoSaMP 算法的一个在线实现版本 AdCoSaMP 算法。在原始 CoSaMP 算法中，通过计算和查找 $\mathbf{A}^{\mathrm{T}}\mathbf{e}^{(i-1)}$ 的 t 个最大取值项，获得一个支撑集估计，在线算法中，用如下加权和替代，即

$$\boldsymbol{p}(n) = \sum_{j=1}^{n-1} \gamma^{n-1-j} \boldsymbol{x}_j e(j) = \gamma \boldsymbol{p}(n-1) + \boldsymbol{x}_{n-1} e(n-1) \tag{11.6.52}$$

这是合理的，若 $\mathbf{A}$ 的各行是由 $\boldsymbol{x}_j^{\mathrm{T}}$ 组成，式(11.6.52)是加权版的 $\mathbf{A}^{\mathrm{T}}\mathbf{e}^{(n-1)} = \sum_{j=1}^{n-1} \boldsymbol{x}_j e(j)$。

另一方面，CoSaMP 算法的第(4)步(对应式(11.6.14))是用 LS 计算新的支撑集 S 对应的系数向量，在 AdCoSaMP 算法中用 LMS 算法来代替 LS，以使在线计算更简单，即

$$\begin{aligned} \tilde{e}(n) &= y_n - \boldsymbol{x}_{n|S}^{\mathrm{T}} \tilde{\theta}_{|S}(n-1) \\ \tilde{\theta}_{|S}(n) &= \tilde{\theta}_{|S}(n-1) + \mu \boldsymbol{x}_{n|S} \tilde{e}(n) \end{aligned} \tag{11.6.53}$$

注意，这里用了符号$\tilde{\theta}_{|S}$，下标中的$|S$表示：一个向量中，下标存在于支撑集 S 中，则该分量保留，否则置为 0。AdCoSaMP 的描述列于表 11.6.9 中。

表 11.6.9 AdCoSaMP 算法描述

给定： $t=2k$ 初始条件：$\theta(0)=\mathbf{0},\tilde{\theta}(0)=\mathbf{0},\boldsymbol{p}(1)=\mathbf{0},e(1)=y_1$；   给出：$\gamma,\mu$
算法描述：对于 $n=2,3,\cdots$，有   (1) $\boldsymbol{p}(n)=\gamma\boldsymbol{p}(n-1)+\boldsymbol{x}_{n-1}e(n-1)$ (2) 得到当前支撑集为 $S=\mathrm{supp}\{\theta(n-1)\}\cup\{\boldsymbol{p}(n)$中最大的 t 个幅度值对应的位置集$\}$ (3) 进行 LMS 更新 $\tilde{e}(n)=y_n-\boldsymbol{x}_{n\mid S}^{\mathrm{T}}\tilde{\theta}_{\mid S}(n-1)$ $\tilde{\theta}_{\mid S}(n)=\tilde{\theta}_{\mid S}(n-1)+\mu\boldsymbol{x}_{n\mid S}\tilde{e}(n)$ (4) 新支撑集 S_k 为$\tilde{\theta}_{\mid S}(n)$的 k 个幅度最大分量的下标集合；   (5) $\theta(n)$的 k 个非零系数由下式确定，其他系数为 0 $\theta_{\mid S_k}(n)=\tilde{\theta}_{\mid S_k}(n)$ (6) 更新误差向量 $e(n)=y_n-\boldsymbol{x}_n^{\mathrm{T}}\theta(n)$

11.7 信号稀疏恢复的几个应用实例

信号的稀疏恢复方法已得到许多应用，是近年信号处理领域最活跃的分支之一，除了理论和算法的研究取得大量成果外，也探讨了其可能的应用，本节只选择介绍其中几个比较简单的应用。

1. 单像素相机

这里简要介绍单像素相机的原理，可看到这是压缩感知在成像中的一个直接应用。单像素相机的原理是将真实图像与独立同分布的伯努利分布产生的随机矢量进行内积，而后将测量到的内积值记录在单个像素上的设备。通过少量的记录样本，我们即可恢复原始图像。

假设图像为 $N_1\times N_2$ 像素点的灰度图，可以将其灰度写成一维矢量 x，其维度为 $N_1N_2\times1$。图像一般是不直接满足稀疏性的，然而如上文说明的，在某些变换域下，如小波变换、DCT 变换等，图像可以表示为稀疏形式。这里假设通过小波变换Ψ，x 可以表示为形式 $\boldsymbol{x}=\boldsymbol{\Psi s}$。

单像素相机的硬件结构如图 11.7.1 所示。设备内部有一个数字反光镜阵列(Digital Micromirror Device，DMD)，阵列上的每个反光镜都可以打开或关闭。镜头将打开的反光镜反射的光收集起来。采样部分通过 AD 对镜头收集到的光信息进行采样记录。设备通过随机数产生器(Random Number Generator，RNG)控制 DMD 的翻转情况。所以整个过程相当于对 x 同独立的伯努利分布的 0-1 矢量内积进行采样。此过程进行 M 次，获得 M 个内积值。将各次伯努利矢量写成矩阵形式Φ，可得

$$\boldsymbol{y}=\boldsymbol{\Phi\Psi s}$$

这正是压缩感知的标准形式。而实际中通过40%的随机采样，图像的恢复效果良好。图11.7.1说明了单像素相机的原理，这是美国莱斯大学的报道。

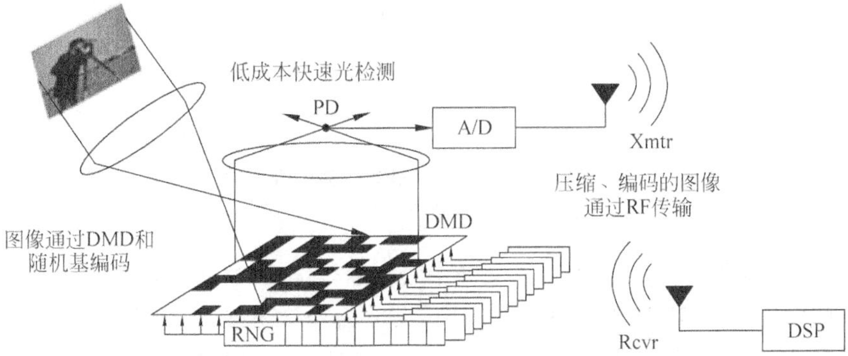

图11.7.1　单像素相机图示

2. 模拟-信息转换器

本章前几节讨论稀疏表示时都是在离散域进行的，同样可以对连续时间信号研究稀疏表示问题。这里，利用压缩感知讨论更一般的信号采集问题。

在11.2节讨论CS时，假设对离散信号进行表示，若原离散信号向量是N维的，若该信号是k稀疏的，则可以通过M个样本恢复原N维稀疏向量，这里$k<M<N$。这相当于对信号进行了一种特殊的亚采样，即降低了采样率。实际中，若原连续信号满足频域稀疏性，则可以直接对连续信号通过CS随机采样的原理直接进行低速率采样，即用低于奈奎斯特采样率的低速率采样得到可恢复原连续信号的信息，将这样的采样系统称为模拟-信息转换器(Analog-to-Infomation Conversion，AIC)。

设连续信号$f(t)$的最高频率为$F_{\max}$，奈奎斯特采样率为$F_S=2F_{\max}$，假设信号$f(t)$是频域稀疏的，其频谱如图11.7.2所示。按照稀疏表示的原理，既然按F_S采样得到的离散信号是频域稀疏的，可用更少的样本表示，则可以直接用一个更低的采样率R进行采样，这里$R<F_S$，为了与CS的随机采样原理一致，我们设计一个随机脉冲函数$p_c(t)$，AIC的原理框图如图11.7.3所示。

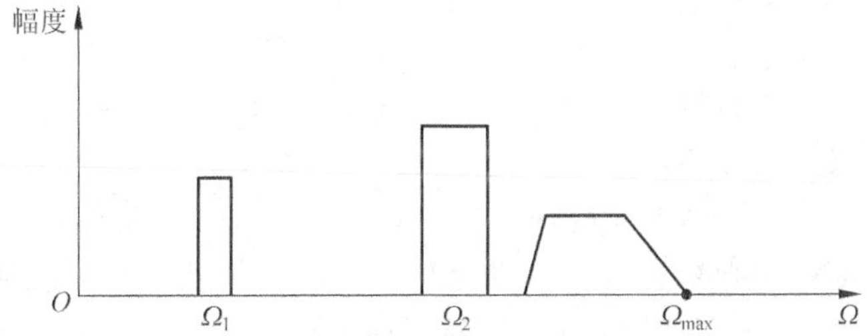

图11.7.2　一个连续频域稀疏信号的示意图

通过乘法器和积分器得到连续信号$y(t)$为

$$y(t)=\int_{t-\frac{1}{R}}^{t} f(t)p_c(t)\,\mathrm{d}t$$

AIC的输出是离散的，通过开关和定时器，输出为

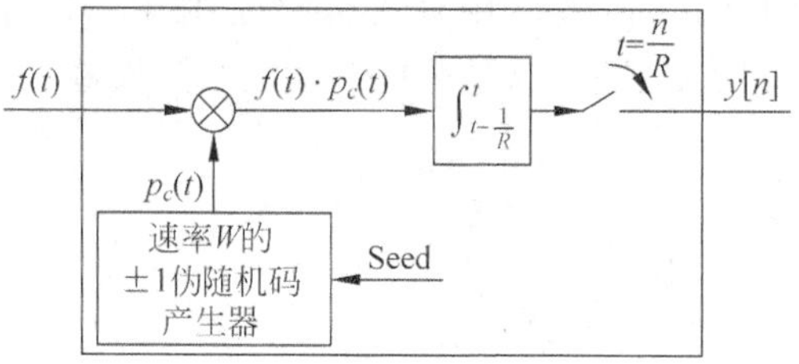

图 11.7.3 模拟-信息转换器实现框图

$$y(n) = y(t)\big|_{t=n\frac{1}{R}}$$

实际实现时为了简单，取 $p_c(t)$为宽度为 W 的±1 随机脉冲，这样实现的 AIC 等价于使用伯努利随机感知矩阵的 CS 过程。采样过程中，离散信号 $y(n)$的产生低于奈奎斯特率，且由 $y(n)$可恢复连续信号 $f(t)$。若以 AIC 代替 ADC 则得到更低采样率的信息采集系统。

采样问题是信号处理中一个基本问题，奈奎斯特的采样率是一个基本结果，当信号具有一定的结构性，例如稀疏性时，利用信号的结构性信息降低采样率，这一类问题可以归结为亚那奎斯特采样问题，已有多种研究结果，保证在更低采样率时可恢复连续信号，建立在 CS 理论的降低采样技术是其中一种。关于采样问题的另一种思想是非均匀采样，通过非均匀间隔的采样重构信号，也是采样技术的一个研究方向，与此在方法上有紧密关联的图上信号采样问题，也已经变成一个受到关注的研究方向。总之，采样问题一直是信号处理中受到长期关注的一个问题，要做较详细讨论需专门一章，本书受篇幅所限，不准备展开讨论采样问题，有兴趣的读者可参考近期的相关文献。

3. 总体变分和核磁共振成像

稀疏模型描述中，l_0，l_1 范数是两种基本约束，也有许多其他特征可以用于描述稀疏性。这里简要介绍核磁共振成像（Magnetic Resonance Imaging，MRI）和总体变分（Total Variation，TV）方法。MRI 是一种重要的医学成像技术，也是 CS 最早得到应用的领域，为了有效描述一幅图像的稀疏性，引入 TV 特征。

设 $I(i,j)$，$1\leqslant i,j\leqslant N$ 表示一幅图像，定义其方向梯度为

$$\begin{aligned}\nabla_x I(i,j) &= I(i+1,j) - I(i,j), \quad 1\leqslant i < N \\ \nabla_y I(i,j) &= I(i,j+1) - I(i,j), \quad 1\leqslant j < N\end{aligned} \tag{11.7.1}$$

梯度的边界值为

$$\nabla_x I(N,j) = \nabla_y I(i,N) = 0, \quad 1\leqslant i,j < N \tag{11.7.2}$$

一个像素点上的梯度是二维量

$$\nabla I(i,j) = [\nabla_x I(i,j), \nabla_y I(i,j)] \tag{11.7.3}$$

对于一幅图像，在其平坦区域，梯度很小或为 0，只有在边缘处才有大的梯度值，因此，图像在梯度域具有稀疏性，为此定义图像的 TV 特征如下

$$\| I \|_{TV} = \sum_{i=1}^{N}\sum_{j=1}^{N} \| \nabla I(i,j) \|_2 = \sum_{i=1}^{N}\sum_{j=1}^{N} \sqrt{(\nabla_x I(i,j))^2 + (\nabla_y I(i,j))^2} \tag{11.7.4}$$

若以 $\| I \|_{TV}$代替图像自身的 l_1 范数，并能够得到与图像变换有关的一组（远少于图像像素数）测量值 $\boldsymbol{y}=\boldsymbol{R\Psi}\,\boldsymbol{V}_I$，这里 $\boldsymbol{R\Psi}$ 表示取变换矩阵$\boldsymbol{\Psi}$ 的部分行，$\boldsymbol{V}_I$ 表示图像像素值 $I(i,j)$重新排列成的一个向量，这里测量向量维数 $M<N^2$，即测量是欠定的，类似于$\mathbf{P}_1$ 情况的稀疏

恢复问题，定义 TV 特征代替 l_1 范数的稀疏恢复问题为

$$\min\{\|I\|_{TV}\}$$
$$\text{s.t.}\quad \boldsymbol{y}=\boldsymbol{R}\boldsymbol{\Psi}\boldsymbol{V}_I \tag{11.7.5}$$

由于 TV 特征是凸的，可以用凸优化技术求解式(11.7.5)，也可以导出如 11.6 节的专门算法。图 11.7.4 给出一个例子，(a)是 MRI 的一个典型图像，MRI 成像可直接扫描得到其二维傅里叶变换，由于测量环境所限，只能得到部分 2-D DFT 系数，图(b)表示 2-D DFT 域，其上的 17 条仿射线表示可测量到 2-D DFT 在这些线条位置上的值，其他值未知。最基本的技术是，将未测量到的值设为 0，这样做反变换得到的重构图像如图(c) 所示，质量是很差的。利用稀疏恢复技术，求解式(11.7.5)得到图(d)，图(d)得到了近似无失真的重构。MRI 和图 11.7.4 是 CS 最早的应用之一，在 Candès 的经典论文中[7]就给出了介绍。

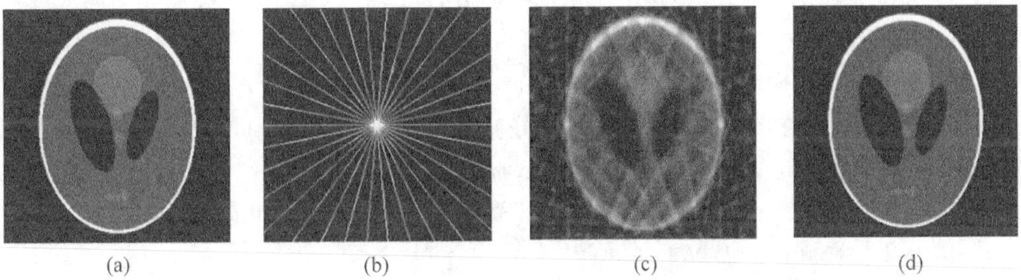

图 11.7.4　稀疏恢复 MRI 成像

11.8　本章小结和进一步阅读

本章讨论了稀疏表示和稀疏信号重构的基本原理和方法，并以压缩感知和统计中的回归问题或信号处理中的系统辨识问题为主要背景展开讨论。给出了稀疏引导的约束条件，解的存在性条件和几个典型重构算法。

近年来，围绕稀疏表示和压缩感知，数学家和信号处理学者又取得大量的进展，如结构化的稀疏问题求解(structured sparsity)、相位缺失情况下的向量恢复，而传统的从一维向量导出的压缩感知问题也被拓展至二维，形成矩阵完备(matrix completion)问题。从应用层面来看，数据压缩领域、雷达声呐领域、图像视频领域、计算成像领域、机器学习领域、统计领域都有稀疏表示和压缩感知成功应用的例子。围绕稀疏表示的文献和报到众多，已开拓或外延出多个小的研究分支，限于篇幅本章不再进一步展开讨论，读者可参考相关文献。

到本书准备出版时，稀疏表示仍是一个活跃的研究分支，尽管如此，其一些基本理论和算法已得到验证，自 2010 年后陆续有该领域的著作出版，例如 Elad[22]、Foucart[23]、Rish[34]、Hastie[24]等的著作分别全面地讨论了稀疏表示、压缩感知、稀疏模型和稀疏统计学习等问题。有非常多的论文从不同领域研究了稀疏表示和压缩感知问题，在压缩感知领域 Candès 等[7][8][9]和 Donoho[18]的论文是奠基性的文献，在稀疏统计模型领域，Tibshirani[38]有关 Lasso 的工作是奠基性的。Baraniuk 给出了有关压缩感知的极为简洁的论述[2]，Candès 则给出一个稍详细的综述论文[10]，Bach 等给出了稀疏学习优化算法的详尽综述[1]。稀疏表示和压缩感知的参考文献非常广泛，这里不再做更多介绍，Rice 大学的 Baraniuk 等

整理了一个相关论文集，并可在网络共享，可参考 http://dsp.rice.edu/cs。

习题

1. 在 11.6.3 节推导 CCD 算法时，导出了单变量情况的解是式(11.6.26)，通过对单变量方法的一个直观扩展，推广到多参数方法，设每一次只改变一个参数 θ_j，而其他参数保持不变，可以证明，用部分残差值 $r_i^{(j)}=y_i-\sum\limits_{k\neq j}a_{ik}\hat{\theta}_k$ 替代 y_i，则参数 θ_j 的估计值为

$$\hat{\theta}_j=S_\lambda(\boldsymbol{a}_j^{\mathrm{T}}\boldsymbol{r}^{(j)})$$

即证明式(11.6.28)。

2. 本章算法都是对实信号和实感知矩阵给出的，试将 OMP 算法推广到复数信号和复数感知矩阵的情况。

*3. 设有一个信号向量 $\boldsymbol{x}$，其自身是稀疏的，可以按如下方式产生 $\boldsymbol{x}$：设 $\boldsymbol{x}$ 是 $N=1000$ 维向量，首先产生 80 个在[−10,10]范围均匀分布的随机数，并把这 80 个随机数随机放置于 $\boldsymbol{x}$ 中，$\boldsymbol{x}$ 的其他分量为 0。对于这样一个信号，按 CS 方式分别产生 $M=100$、250、400 个测量值，试用 OMP 算法恢复信号 $\boldsymbol{x}$，计算各情况下的恢复精度。(注：可自行选择感知矩阵)

*4. 用 ISTA 算法重新做以上第 3 题。

*5. 信号向量 $\boldsymbol{x}$ 是 1000 维的，对于 $1\leqslant n\leqslant 1000$，各分量

$$x(n)=1.2\cos\frac{13\pi n}{500}+2.5\sin\frac{27\pi n}{500}+0.68\cos\frac{173\pi n}{500}$$

$\boldsymbol{x}$ 在 DFT 域是稀疏的，利用第 2 题讨论的 OMP 算法，利用 CS 原理，用测量的 M 个样本恢复信号向量 $\boldsymbol{x}$，在给定重构均方误差不大于 0.001 的条件下，实验可恢复原信号的最小 M 值，并分别用以上最小 M 的 3 倍和 6 倍数量的测量值重做实验，观察重构信号的均方误差变化。

参考文献

[1] Bach F. Janatton R. Optimization with sparsity-inducing penalities[J]. Foundation and Trends in Machine Learning. 2012. 4(1): 1-106.

[2] Baraniuk R. Compressive sensing[J]. IEEE Signal Processing Magazine. 2007. 24(4): 118-121.

[3] Baraniuk R. Steeghs P. Compressive radar imaging [C]. IEEE Radar Conference. Waltham. Massachusetts. 2007.

[4] Baraniuk R. Davenport M. and DeVoreR. et al. A simple proof of the restricted isometry property for random matrices[J]. Constructive Approximation. 2008. 28(3): 253-263.

[5] Beck A. Teboulle M. A fast iterative shrinkage-thresholding algorithm for linear inverse problem[J]. SIAM J. Imaging Sciences. 2009. 2(1): 183-202.

[6] Candès E. Tao T. Decoding by linear programming[J]. IEEE Trans. Inform. Theory. 2005. 51 (12): 4203-4215.

[7] Candès E. Romberg J. and Tao T. Robust uncertainty principles: Exact signal reconstruction from highly incomplete frequency information[J]. IEEE Trans. Inform. Theory. 2006. 52(2): 489-509.

[8] Candès E. Romberg J. Robust Signal Recovery from Incomplete Observations[C]. in Proc. ICIP.

2006. 1281-1284.

[9] Candès E. Tao T. Near Optimal Signal Recovery From Random Projections: Universal Encoding Strategies? [J]. IEEE Trans. Inform. Theory. 2006. 52(12): 5406-5424.

[10] Candès E. Wakin M. An introduction to compressive sampling [J]. IEEE Signal Processing Magazine. 2008. 25(2): 21-30.

[11] Candès E. The restricted isometry property and its implications for compressed sensing [OL]. http://www.acm.caltech.edu/_emmanuel.

[12] Chartrand R. Yin W. Iteratively reweighted algorithms for compressive sensing [C]. IEEE International Conference on Acoustics. Speech and Signal Processing. 2008. 3869-3872.

[13] Chen C. Huang J. and He L. Preconditioning for Accelerated Iteratively Reweighted Least Squares in Structured Sparsity Reconstruction [C]. IEEE Conference on Computer Vision and Pattern Recognition. 2014. 2713-2720.

[14] Chen S. Donoho D. L. and Saunders M. Atomic decomposition by basis pursuit[J]. SIAM Journal on Scientific Computing. 1998. 20(1): 33-61.

[15] Combettes P. Wajs Signal recovery by proximal forward-backward splitting[J]. SIAM Journal on Multiscale Modeling and Simulation. 2005. 4: 1168-1200.

[16] Daubechies I. Devore R. and Fornasier M. et al. Iteratively reweighted least squares minimization for sparse recovery[C]. IEEE Annual Conference on Information Science and Systems. 2008. 26-29.

[17] Duarte M. Davenport M. and Takhar. D. et al. Single-pixel imaging via compressive sampling[J]. IEEE Signal Processing Magazine. 2008. 25(2): 83-91.

[18] Donoho D. Compressed sensing[J]. IEEE Trans. Inform. Theory. 2006. 52(4): 1289-1306.

[19] Donoho D. Tsaig Y. Sparse solution of underdetermined system of linear equations by stagewise orthogonal matching pursuit[J]. IEEE Trans. on Information Theory. 2012. 58(2): 1094-1121.

[20] Efron B. Hastie T. Least Angle Regression[J]. Ann. Statist. 2004. 32(1): 407-499.

[21] Elad M. Optimized projections for compressed sensing[J]. IEEE Trans. Signal Processing. 2007. 55(12): 5695-5702.

[22] Elad M. Sparse and Redundant Representations: From Theory to Applications in Signal and Image Processing[M]. New York: Springer Science+Business Media. 2010.

[23] Foucart S. Rauhut H. A Mathematical Introduction to Compressive Sensing[M]. Berlin: Springer. 2013.

[24] Hastie T. Tibshirani R. and Wainwright M. Statistical Learning with Sparsity: The Lasso and Generalizations[M]. Boca Raton: CRC Press. 2015.

[25] Huichen Yan. Zhang Xudong and Xu Jia. *Compressed Sensing Radar Imaging of Off-Grid Sparse Targets*[C]. IEEE International Radar Conference. Arlington. Virginia. 2015.

[26] Huichen Yan. Shibao Peng. Jia Xu and Xudong Zhang. et al. Wideband Underwater Sonar Imaging via Compressed Sensing with Scaling Effect Compensation [J]. SCIENCE CHINA-Information Sciences. 2015. 58(2): 1-11.

[27] Ji S. Ya Xue. and Lawrence Carin. Bayesian compressive sensing [J]. IEEE Trans. on Signal Processing. 2008. 56(6): 2346-2356.

[28] Lustig M. Donoho D. and Pauly J. M. Sparse MRI: The application of compressed sensing for rapid MR imaging[J]. Magnetic Resonance in Medicine. 2007. 58(6): 1182-1195.

[29] Mallat S. Zhang Z. Matching pursuits with time-frequency dictionaries [J]. IEEE Trans. Info. Theory. 1992. 38(2): 617-643.

[30] Massimo F. Rauhut H. and Ward R. LOW-RANK MATRIX RECOVERY VIA ITERATIVELY REWEIGHTED LEAST SQUARES MINIMIZATIO[J]. Siam Journal on Optimization. 2010. 21:

1614-1640.

[31] Metzler C. A. Maleki A. and Baraniuk R. G. From Denoising to Compressed Sensing[J]. *IEEE Transactions on Information Theory*. 2016. 62(9)：5117-5144.

[32] Needell D. Tropp J. A. CoSaMP-Iterative Signal Recovery from Incomplete and Inaccurate Samples [J]. Appl. Comput. Hamon. Anal. 2008. 26：301-321.

[33] Pati Y. C. Rezaifar R. and Krishnaprasad P. S. Orthogonal matching pursuit：recursive function approximation with applications to wavelet decomposition[C]. In 27th Asilomar Conf. on Signals. Systems and Comput. 1993.

[34] Rish I. Grabarnik G. Y. Sparse Modeling-Theory. Algorithm and Application[M]. Boca Raton：CRC Press. 2015.

[35] Rudelson M. Vershynin R. On sparse reconstruction from Fourier and Gaussian measurements[J]. Comm. on Pure and App. Math. 2008. 61(8)：1025-1045.

[36] Taylor H. L. Banks S. C. and McCoy J. F. Deconvolution with the 1 norm[J]. Geophysics. 1979. 44(1)：39-52.

[37] Theodoridis S. Machine Learning：A Bayesian and Optimization Perspective[M]. Amsterdam：Elsevier. AP. 2015.

[38] Tibshirani R. Regression shrinkage and selection via the LASSO[J]. J. Royal. Statist. Soc. B. 1996. 58(1)：267-288.

[39] Tropp J. Greed is good[J]. IEEE Trans. on Information Theory. 2004. 50(6)：2231-2242.

[40] Tropp J. Gilbert A. Signal recovery from random measurements via orthogonal matching pursuit [J]. IEEE Trans. on Information Theory. 2007. 53(12)：4655-4666.

[41] Zayyani H. Massoud B. and Jutten C. Bayesian pursuit algorithm for sparse representation[C]. IEEE Int. Conf. on Acoustics. Speech. and Signal Processin. Taipei. Taiwan. 2009.

[42] Zhang Xinyue. Zhang Xudong and Zhou Bin. Fast Iterative Reweighted Least Squares Algorithm for Sparse Signals Recovery[C]. DSP 2016. Beijing.

[43] Zhou X. Molina R. and Zhou F. Fast Iteratively Reweighted Least Squares for Lp Regularized Image Deconvolution and Reconstruction[C]. IEEE International Conference on Image Processing. 2014. 1783-1787.

[44] 陈拉明.基于非凸优化的稀疏重建理论与算法[D].清华大学博士论文,2016.

[45] 胡广书.现代信号处理教程[M].2 版.北京：清华大学出版社,2016.

[46] 闫慧辰.基于稀疏性假设的计算成像关键问题研究[D].清华大学博士论文,2016.

附录A　矩阵论基础

现代信号处理中广泛使用矩阵运算，其中有些内容超出了工科工程数学中“线性代数”的内容，本附录给出与矩阵运算有关的一些数学基础。

附录是供查阅用的，大多数结果没有给出证明，内容的排列也不完全是循序渐进的，目的是为读者提供方便，在阅读正文遇到不熟悉的矩阵运算概念时，进行查阅。对矩阵论的更详细的讨论，请参看本附录后面给出的参考文献。

A.1　向量

一个 M 维列向量记为

$$\boldsymbol{x}=\begin{bmatrix}x_1\\x_2\\\vdots\\x_M\end{bmatrix}$$

用符号 T，H 分别表示转置和共轭转置，即

$$\boldsymbol{x}^{\mathrm{T}}=[x_1,x_2,\cdots,x_M],\quad \boldsymbol{x}^{\mathrm{H}}=[x_1^*,x_2^*,\cdots,x_M^*]$$

这里 x_1^* 表示对 x_1 取共轭，对于实数情况，共轭运算不起作用，但当 $x_1=\alpha+\mathrm{j}\beta$ 是复数时，则有 $x_1^*=\alpha-\mathrm{j}\beta$。

两个向量的内积(或称为点积)定义为

$$\langle\boldsymbol{x},\boldsymbol{y}\rangle=\boldsymbol{x}^{\mathrm{T}}\boldsymbol{y}=\sum_{k=1}^{M}x_k y_k$$

$$\langle\boldsymbol{x},\boldsymbol{y}\rangle=\boldsymbol{x}^{\mathrm{H}}\boldsymbol{y}=\sum_{k=1}^{M}x_k^* y_k$$

上面第1式是针对实向量定义的，第2式是针对复向量定义的，许多向量运算中，针对实的情况，用 $\boldsymbol{x}^{\mathrm{T}}$ 参与运算，而对复数情况，用 $\boldsymbol{x}^{\mathrm{H}}$ 参与运算，在本附录的后续内容中，如果不加说明，仅给出一种情况的公式，另一种情况按这种对应关系获得。

当两个向量内积为零，即 $\langle\boldsymbol{x},\boldsymbol{y}\rangle=0$，$\boldsymbol{x},\boldsymbol{y}$ 正交。

由内积定义 $\boldsymbol{x}$ 的一种范数(2范数或 l_2)为

$$\|\boldsymbol{x}\|=\langle\boldsymbol{x},\boldsymbol{x}\rangle^{1/2}=\left(\sum_{k=1}^{M}|x_k|^2\right)^{1/2}$$

向量自身的外积(或称张量积)定义为

$$\boldsymbol{x}\boldsymbol{x}^{\mathrm{H}}=\begin{pmatrix}x_1x_1^* & x_1x_2^* & \cdots & x_1x_M^*\\ x_2x_1^* & x_2x_2^* & \cdots & x_2x_M^*\\ \vdots & \vdots & \ddots & \vdots\\ x_Mx_1^* & x_Mx_2^* & \cdots & x_Mx_M^*\end{pmatrix}$$

类似地，可以定义两个不同向量的外积。

A.2 向量空间

对于 n 个向量，$\boldsymbol{x}_1,\boldsymbol{x}_2,\cdots,\boldsymbol{x}_n$，如果

$$\alpha_1\boldsymbol{x}_1+\alpha_2\boldsymbol{x}_2+\cdots+\alpha_n\boldsymbol{x}_n=\boldsymbol{0}$$

意味着 $\alpha_i=0,i=1,2,\cdots,n$，则称 $\boldsymbol{x}_1,\boldsymbol{x}_2,\cdots,\boldsymbol{x}_n$ 是线性独立的。

向量集 $\boldsymbol{X}=\{\boldsymbol{x}_1,\boldsymbol{x}_2,\cdots,\boldsymbol{x}_N\}$ 张成的向量空间 $\mathcal{X}$ 是所有如下向量的集合

$$\boldsymbol{x}=\alpha_1\boldsymbol{x}_1+\alpha_2\boldsymbol{x}_2+\cdots+\alpha_N\boldsymbol{x}_N$$

如果 $\boldsymbol{X}=\{\boldsymbol{x}_1,\boldsymbol{x}_2,\cdots,\boldsymbol{x}_N\}$ 是线性独立的，它构成 N 维空间的基向量，基向量不是唯一的。

向量空间的和：设 $\mathcal{X}$ 是向量空间，$\boldsymbol{W}_1,\boldsymbol{W}_2$ 是 $\mathcal{X}$ 两个子空间，$\boldsymbol{W}_1,\boldsymbol{W}_2$ 的和定义为

$$\boldsymbol{W}_1+\boldsymbol{W}_2=\{\boldsymbol{w}_1+\boldsymbol{w}_2 \mid \boldsymbol{w}_1\in\boldsymbol{W}_1,\boldsymbol{w}_2\in\boldsymbol{W}_2\}$$

向量空间的直和：设 $\boldsymbol{W}=\boldsymbol{W}_1+\boldsymbol{W}_2$ 是向量空间 $\mathcal{X}$ 的子空间 $\boldsymbol{W}_1,\boldsymbol{W}_2$ 的和，若 $\boldsymbol{W}$ 中的每个元素 $\boldsymbol{w}$ 表为 $\boldsymbol{W}_1$ 和 $\boldsymbol{W}_2$ 中元素的和的方法是唯一的，即由

$$\boldsymbol{w}=\boldsymbol{w}_1+\boldsymbol{w}_2=\boldsymbol{v}_1+\boldsymbol{v}_2\quad \boldsymbol{w}_1,\boldsymbol{v}_1\in\boldsymbol{W}_1,\boldsymbol{w}_2,\boldsymbol{v}_2\in\boldsymbol{W}_2$$

必有 $\boldsymbol{w}_1=\boldsymbol{v}_1,\boldsymbol{w}_2=\boldsymbol{v}_2$，那么，$\boldsymbol{W}$ 称为 $\boldsymbol{W}_1$ 和 $\boldsymbol{W}_2$ 的直和，记为：$\boldsymbol{W}=\boldsymbol{W}_1\oplus\boldsymbol{W}_2$。

A.3 矩阵及其基本性质

一个 $n\times m$ 矩阵 $\boldsymbol{A}$，可以用如下几种形式表示

$$\boldsymbol{A}=[a_{ij}]_{n\times m}=\begin{bmatrix}a_{11} & a_{12} & \cdots & a_{1m}\\ a_{21} & a_{22} & \cdots & a_{2m}\\ \vdots & \vdots & \ddots & \vdots\\ a_{n1} & a_{n2} & \cdots & a_{nm}\end{bmatrix}=[\boldsymbol{c}_1,\boldsymbol{c}_2,\cdots,\boldsymbol{c}_m]=\begin{bmatrix}\boldsymbol{r}_1^{\mathrm{H}}\\ \boldsymbol{r}_2^{\mathrm{H}}\\ \vdots\\ \boldsymbol{r}_n^{\mathrm{H}}\end{bmatrix}=\begin{bmatrix}\boldsymbol{A}_{11} & \boldsymbol{A}_{12}\\ \boldsymbol{A}_{21} & \boldsymbol{A}_{22}\end{bmatrix}$$

矩阵的行和列交换，称为转置，用符号 T 表示，即 $\boldsymbol{A}^{\mathrm{T}}=[a_{ji}]_{m\times n}$，如果 $\boldsymbol{A}^{\mathrm{T}}=\boldsymbol{A}$，则称 $\boldsymbol{A}$ 为对称矩阵。对复数矩阵，更常用的是共轭转置，定义为：$\boldsymbol{A}^{\mathrm{H}}=(\boldsymbol{A}^{\mathrm{T}})^*=(\boldsymbol{A}^*)^{\mathrm{T}}=[\boldsymbol{a}_{ji}^*]_{m\times n}$，如果 $\boldsymbol{A}^{\mathrm{H}}=\boldsymbol{A}$，称 $\boldsymbol{A}$ 为共轭对称矩阵，或 Hermitian 矩阵。

共轭转置满足如下几个基本性质

$$(\boldsymbol{A}+\boldsymbol{B})^{\mathrm{H}}=\boldsymbol{A}^{\mathrm{H}}+\boldsymbol{B}^{\mathrm{H}}$$
$$(\boldsymbol{A}^{\mathrm{H}})^{\mathrm{H}}=\boldsymbol{A}$$
$$(\boldsymbol{AB})^{\mathrm{H}}=\boldsymbol{B}^{\mathrm{H}}\boldsymbol{A}^{\mathrm{H}}$$

矩阵 $\boldsymbol{A}$ 的秩 $\rho(\boldsymbol{A})$ 定义为 $\boldsymbol{A}$ 中最大的线性独立列向量的数目，利用秩的一个性质：$\rho(\boldsymbol{A})=\rho(\boldsymbol{A}^{\mathrm{H}})$，容易证明，秩也等于 $\boldsymbol{A}$ 中最大的线性独立行向量的数目，秩还有如下的性质：

$$\rho(\boldsymbol{A})=\rho(\boldsymbol{AA}^{\mathrm{H}})=\rho(\boldsymbol{A}^{\mathrm{H}}\boldsymbol{A})$$
$$\rho(\boldsymbol{A})\leqslant\min\{m,n\}$$

对于 $n\times n$ 维方阵 $\boldsymbol{A}$，可以定义迹 $\mathrm{tr}(\boldsymbol{A})$ 为其对角线元素之和，即 $\mathrm{tr}(\boldsymbol{A})=\sum_{i=1}^{n}a_{ii}$，迹的一个性质是 $\mathrm{tr}(\boldsymbol{AB})=\mathrm{tr}(\boldsymbol{BA})$，这个性质仅要求 $\boldsymbol{AB}$ 和 $\boldsymbol{BA}$ 是方阵即可。

对于 $n\times n$ 维方阵 $\boldsymbol{A}$，如果 $\rho(\boldsymbol{A})=n$，$\boldsymbol{A}$ 存在逆矩阵 $\boldsymbol{A}^{-1}$，满足 $\boldsymbol{AA}^{-1}=\boldsymbol{A}^{-1}\boldsymbol{A}=\boldsymbol{I}$，这里 $\boldsymbol{I}$

是单位矩阵。如果 $\rho(\boldsymbol{A})<n$，$\boldsymbol{A}$ 不可逆，称 $\boldsymbol{A}$ 为奇异矩阵。可逆性与矩阵的行列式的值有直接关系，若 $\rho(\boldsymbol{A})=n$，必有 $\det(\boldsymbol{A})\neq 0$，矩阵 $\boldsymbol{A}$ 是可逆的，反之，若 $\det(\boldsymbol{A})=0$，必有 $\rho(\boldsymbol{A})<n$，矩阵 $\boldsymbol{A}$ 不可逆。对于可逆矩阵有如下性质：

$$(\boldsymbol{AB})^{-1}=\boldsymbol{B}^{-1}\boldsymbol{A}^{-1}$$

$$(\boldsymbol{A}^{\mathrm{H}})^{-1}=(\boldsymbol{A}^{-1})^{\mathrm{H}}$$

在信号处理和系统理论中，常采用矩阵逆引理，矩阵逆引理的一般形式为下式

$$(\boldsymbol{A}+\boldsymbol{BCD})^{-1}=\boldsymbol{A}^{-1}-\boldsymbol{A}^{-1}\boldsymbol{B}(\boldsymbol{C}^{-1}+\boldsymbol{DA}^{-1}\boldsymbol{B})^{-1}\boldsymbol{DA}^{-1}$$

在上式中，$\boldsymbol{A}$ 是 $n\times n$ 维方阵，$\boldsymbol{B}$ 是 $n\times m$ 维矩阵，$\boldsymbol{C}$ 是 $m\times m$ 维方阵，$\boldsymbol{D}$ 是 $m\times n$ 维矩阵，要求 $\boldsymbol{A}$ 和 $\boldsymbol{C}$ 可逆。矩阵逆引理的一个特例是：$\boldsymbol{C}=1$，$\boldsymbol{B}$ 是列向量，$\boldsymbol{D}$ 是行向量的情况，即

$$(\boldsymbol{A}+\boldsymbol{uv}^{\mathrm{H}})^{-1}=\boldsymbol{A}^{-1}-\frac{\boldsymbol{A}^{-1}\boldsymbol{uv}^{\mathrm{H}}\boldsymbol{A}^{-1}}{1+\boldsymbol{v}^{\mathrm{H}}\boldsymbol{A}^{-1}\boldsymbol{u}}$$

上式也称为 Woodbury 等式，如果 $\boldsymbol{A}^{-1}$ 已知，求 $(\boldsymbol{A}+\boldsymbol{uv}^{\mathrm{H}})$ 的逆矩阵的运算，就变成简单的矩阵与向量相乘的运算，注意，上式中等号右侧的分母是个标量。

分块矩阵的逆公式如下：

$$\begin{pmatrix}\boldsymbol{A} & \boldsymbol{B}\\ \boldsymbol{C} & \boldsymbol{D}\end{pmatrix}^{-1}=\begin{bmatrix}\boldsymbol{K} & -\boldsymbol{KBD}^{-1}\\ -\boldsymbol{D}^{-1}\boldsymbol{CK} & \boldsymbol{D}^{-1}+\boldsymbol{D}^{-1}\boldsymbol{CKBD}^{-1}\end{bmatrix}$$

其中

$$\boldsymbol{K}=(\boldsymbol{A}-\boldsymbol{BD}^{-1}\boldsymbol{C})^{-1}$$

A.4 一些特殊矩阵

对角线矩阵可以用如下形式表示

$$\boldsymbol{A}=\begin{bmatrix}a_{11} & 0 & \cdots & 0\\ 0 & a_{22} & \cdots & 0\\ \vdots & \vdots & \ddots & \vdots\\ 0 & 0 & \cdots & a_{nn}\end{bmatrix}=\mathrm{diag}(a_{11},a_{22},\cdots,a_{nn})$$

单位矩阵是一个特殊的对角线矩阵，即 $I=\mathrm{diag}(1,1,\cdots,1)$。

信号处理中经常使用 Toeplitz 矩阵，Toeplitz 矩阵是一个 $n\times n$ 维方阵，它的特点是对角线元素是相等的，平行于对角线的元素也是相等的，即

$$a_{i,j}=a_{i+k,j+k}\quad i<n,i+k\leqslant n,j<n,j+k\leqslant n,$$

如果一个 Toeplitz 矩阵是对称的或共轭对称的，仅由第 1 列元素可以确定整个矩阵，例如

$$A=\mathrm{Toep}(4,2-j,1-j)=\begin{bmatrix}4 & 2+j & 1+j\\ 2-j & 4 & 2+j\\ 1-j & 2-j & 4\end{bmatrix}$$

一般地， 个 Toeplitz 矩阵的逆矩阵不再是 Toeplitz 矩阵。

如果一个矩阵满足 $\boldsymbol{A}^{-1}=\boldsymbol{A}^{\mathrm{H}}$，称这个矩阵为酉矩阵，当 $\boldsymbol{A}$ 是酉矩阵，它的列向量形式可以写为 $\boldsymbol{A}=[\boldsymbol{c}_1,\boldsymbol{c}_2,\cdots,\boldsymbol{c}_m]$，各列是正交的，即

$$\boldsymbol{c}_i^{\mathrm{H}}\boldsymbol{c}_j=\begin{cases}1 & i=j\\ 0 & i\neq j\end{cases}$$

由此得 $\boldsymbol{A}^{\mathrm{H}}\boldsymbol{A}=\boldsymbol{A}\boldsymbol{A}^{\mathrm{H}}=\boldsymbol{I}$。

A.5 二次型和正定性

对于给定的 $n\times n$ 维共轭对称矩阵 $\boldsymbol{A}$ 和一个任意的 n 维向量 $\boldsymbol{x}$，定义二次型为

$$G_A(\boldsymbol{x}) = \boldsymbol{x}^{\mathrm{H}}\boldsymbol{A}\boldsymbol{x} = \sum_{i=1}^{n}\sum_{j=1}^{n} x_i^* a_{ij} x_j$$

如果对任意非零 $\boldsymbol{x}$，均有 $G_A(\boldsymbol{x})>0$，称矩阵 $\boldsymbol{A}$ 是正定的，并可记为 $\boldsymbol{A}>0$。如果 $G_A(\boldsymbol{x})$ 仅满足非负性，即 $G_A(\boldsymbol{x})\geqslant 0$，称 $\boldsymbol{A}$ 是半正定的。

如果存在满秩的 $n\times m$ 维矩阵 $\boldsymbol{B}$，矩阵 $\boldsymbol{A}$ 是正定的，必有 $\boldsymbol{B}^{\mathrm{H}}\boldsymbol{A}\boldsymbol{B}$ 也是正定的。正定矩阵的行列式是正的，正定矩阵必有逆矩阵。

A.6 矩阵的特征值和特征向量

对于给定的 $n\times n$ 维矩阵 $\boldsymbol{A}$，可以如下线性方程组

$$\boldsymbol{A}\boldsymbol{v} = \lambda\boldsymbol{v}$$

这里 λ 是常数，如上方程可改写为

$$(\boldsymbol{A}-\lambda\boldsymbol{I})\boldsymbol{v} = \boldsymbol{0}$$

为了得到非零解 $\boldsymbol{v}$，要求 $\boldsymbol{A}-\lambda\boldsymbol{I}$ 是奇异矩阵，即

$$p(\lambda) = \det(\boldsymbol{A}-\lambda\boldsymbol{I}) = 0$$

这里 $p(\lambda)$ 称为矩阵 $\boldsymbol{A}$ 的特征多项式，$p(\lambda)$ 是 λ 的 n 阶多项式，有 n 个根 $\lambda_i, i=1,2,\cdots,n$，每个根 λ_i 称为矩阵 $\boldsymbol{A}$ 的一个特征值，对于一个特征值 λ_i，至少有一个非零向量 $\boldsymbol{v}_i$ 满足

$$\boldsymbol{A}\boldsymbol{v}_i = \lambda_i\boldsymbol{v}_i$$

这些向量 $\boldsymbol{v}_i$ 称为矩阵 $\boldsymbol{A}$ 的特征向量。显然，如果 $\boldsymbol{v}_i$ 是特征向量，$\alpha\boldsymbol{v}_i$ 也是特征向量，因此，这里约定特征向量是归一化的，即 $\|\boldsymbol{v}_i\|=1$。

特征值和特征向量有许多重要性质，这些性质在信号处理中得到应用。如下，我们不加证明地列出一些性质。

(1) 不同特征值 $\lambda_1,\lambda_2,\cdots,\lambda_n$ 对应的特征向量 $\boldsymbol{v}_1,\boldsymbol{v}_2,\cdots,\boldsymbol{v}_n$ 是线性独立的。

(2) 如果 $\boldsymbol{A}$ 是 $n\times n$ 维奇异矩阵，必存在零特征值，非零特征值数目为 $\rho(\boldsymbol{A})$，零特征值数目为 $n-\rho(\boldsymbol{A})$。

(3) 矩阵 $\boldsymbol{A}$ 的行列式可表示为特征值之积 $\det(\boldsymbol{A})=\prod_{i=1}^{n}\lambda_i$。

(4) 共轭对称矩阵的特征值必为实数值。如果共轭对称矩阵也是正定的，其特征值必为正实数，即 $\lambda_i>0, i=1,2,\cdots,n$，如果共轭对称矩阵是半正定的，其特征值是非负实数，即 $\lambda_i\geqslant 0, i=1,2,\cdots,n$。

(5) 共轭对称矩阵的不同特征值对应的特征向量必为正交的，即 $\lambda_i\neq\lambda_j$ 则 $\langle\boldsymbol{v}_i,\boldsymbol{v}_j\rangle=0$。

(6) 矩阵的迹和特征值的关系为：$\mathrm{tr}(\boldsymbol{A})=\sum_{i=1}^{n}\lambda_i$。

(7) 设矩阵 $\boldsymbol{A}$ 的特征值是 $\lambda_i, i=1,2,\cdots,n$，对应的特征向量为 $\boldsymbol{v}_1,\boldsymbol{v}_2,\cdots,\boldsymbol{v}_n$，另存在一

个矩阵 $\boldsymbol{B}=\boldsymbol{A}+\alpha\boldsymbol{I}$，则 B 的特征值为 $\lambda_i+\alpha, i=1,2,\cdots,n$，特征向量仍为 $\boldsymbol{v}_1,\boldsymbol{v}_2,\cdots,\boldsymbol{v}_n$。

如上性质(5)非常重要，这里给出其证明。对于两个不同特征值 λ_i,λ_j，其特征向量分别为 $\boldsymbol{v}_i,\boldsymbol{v}_j$，满足如下方程

$$\boldsymbol{A}\boldsymbol{v}_i=\lambda_i\boldsymbol{v}_i \tag{A.6.1}$$

$$\boldsymbol{A}\boldsymbol{v}_j=\lambda_j\boldsymbol{v}_j \tag{A.6.2}$$

式(A.6.1)(A.6.2)分别左乘 $\boldsymbol{v}_j^{\mathrm{H}},\boldsymbol{v}_i^{\mathrm{H}}$，得到

$$\boldsymbol{v}_j^{\mathrm{H}}\boldsymbol{A}\boldsymbol{v}_i=\lambda_i\boldsymbol{v}_j^{\mathrm{H}}\boldsymbol{v}_i \tag{A.6.3}$$

$$\boldsymbol{v}_i^{\mathrm{H}}\boldsymbol{A}\boldsymbol{v}_j=\lambda_j\boldsymbol{v}_i^{\mathrm{H}}\boldsymbol{v}_j \tag{A.6.4}$$

式(A.6.3)两边取共轭转置，得

$$\boldsymbol{v}_i^{\mathrm{H}}\boldsymbol{A}^{\mathrm{H}}\boldsymbol{v}_j=\lambda_i^*\boldsymbol{v}_i^{\mathrm{H}}\boldsymbol{v}_j \tag{A.6.5}$$

利用 $\boldsymbol{A}^{\mathrm{H}}=\boldsymbol{A}$ 和 $\lambda_i^*=\lambda_i$ 的关系，式(A.6.5)改写为

$$\boldsymbol{v}_i^{\mathrm{H}}\boldsymbol{A}\boldsymbol{v}_j=\lambda_i\boldsymbol{v}_i^{\mathrm{H}}\boldsymbol{v}_j \tag{A.6.6}$$

式(A.6.6)减式(A.6.4)得到

$$(\lambda_i-\lambda_j)\boldsymbol{v}_i^{\mathrm{H}}\boldsymbol{v}_j=0 \tag{A.6.7}$$

既然 $\lambda_i\neq\lambda_j$，必有 $\boldsymbol{v}_i^{\mathrm{H}}\boldsymbol{v}_j=0$，性质(5)得证。

A.7 矩阵的特征分解

对于给定的 $n\times n$ 维矩阵 $\boldsymbol{A}$，设有不同的特征值 $\lambda_1,\lambda_2,\cdots,\lambda_n$，对应的特征向量为 $\boldsymbol{v}_1,\boldsymbol{v}_2,\cdots,\boldsymbol{v}_n$，对于任一个特征值，满足

$$\boldsymbol{A}\boldsymbol{v}_i=\lambda_i\boldsymbol{v}_i$$

将 n 个如上形式的方程，写成矩阵形式为

$$\boldsymbol{A}[\boldsymbol{v}_1,\boldsymbol{v}_2,\cdots,\boldsymbol{v}_n]=[\lambda_1\boldsymbol{v}_1,\lambda_2\boldsymbol{v}_2,\cdots,\lambda_n\boldsymbol{v}_n]$$

定义 $\boldsymbol{V}=[\boldsymbol{v}_1,\boldsymbol{v}_2,\cdots,\boldsymbol{v}_n]$，$\Lambda=\mathrm{diag}(\lambda_1,\lambda_2,\cdots,\lambda_n)$，上式表示为

$$\boldsymbol{A}\boldsymbol{V}=\boldsymbol{V}\Lambda$$

若 $\lambda_1,\lambda_2,\cdots,\lambda_n$ 各不相同，则 $\boldsymbol{v}_1,\boldsymbol{v}_2,\cdots,\boldsymbol{v}_n$ 线性独立，因此 $\boldsymbol{V}$ 的秩为 n 并可逆，矩阵 $\boldsymbol{A}$ 分解为

$$\boldsymbol{A}=\boldsymbol{V}\Lambda\boldsymbol{V}^{-1}$$

如果 $\boldsymbol{A}$ 是共轭对称的，$\boldsymbol{v}_1,\boldsymbol{v}_2,\cdots,\boldsymbol{v}_n$ 是相互正交的，$\boldsymbol{V}$ 是酉矩阵，即 $\boldsymbol{V}^{\mathrm{H}}=\boldsymbol{V}^{-1}$，矩阵 $\boldsymbol{A}$ 分解为

$$\boldsymbol{A}=\boldsymbol{V}\Lambda\boldsymbol{V}^{\mathrm{H}}=\sum_{i=1}^{n}\lambda_i\boldsymbol{v}_i\boldsymbol{v}_i^{\mathrm{H}}$$

上式称为谱定理(Spectral Theorem)。

由谱定理，如果 $\boldsymbol{A}$ 是非奇异的，其逆矩阵可表示为

$$\boldsymbol{A}^{-1}=(\boldsymbol{V}\Lambda\boldsymbol{V}^{\mathrm{H}})^{-1}=\boldsymbol{V}\Lambda^{-1}\boldsymbol{V}^{\mathrm{H}}=\sum_{i=1}^{n}\frac{1}{\lambda_i}\boldsymbol{v}_i\boldsymbol{v}_i^{\mathrm{H}}$$

由于 $\boldsymbol{V}$ 是酉矩阵，还可以得到

$$\boldsymbol{I}=\boldsymbol{V}\boldsymbol{V}^{\mathrm{H}}=\sum_{i=1}^{n}\boldsymbol{v}_i\boldsymbol{v}_i^{\mathrm{H}}$$

A.8 标量函数对向量的求导

有一个标量函数 $f(\boldsymbol{x})$，假设 $\boldsymbol{x}$ 和 $f(\boldsymbol{x})$ 都是实的，$\boldsymbol{x}=[x_1,x_2,\cdots,x_M]^{\mathrm{T}}$，定义 $f(\boldsymbol{x})$ 对 $\boldsymbol{x}$ 的梯度为

$$\nabla f(\boldsymbol{x})=\frac{\mathrm{d}f(\boldsymbol{x})}{\mathrm{d}\boldsymbol{x}}=\left(\frac{\partial f}{\partial x_1},\frac{\partial f}{\partial x_2},\cdots,\frac{\partial f}{\partial x_M}\right)^{\mathrm{T}}$$

两个常见例子为

$$\frac{\mathrm{d}(\boldsymbol{a}^{\mathrm{T}}\boldsymbol{x})}{\mathrm{d}\boldsymbol{x}}=\boldsymbol{a}$$

$$\frac{\mathrm{d}(\boldsymbol{x}^{\mathrm{T}}\boldsymbol{A}\boldsymbol{x})}{\mathrm{d}\boldsymbol{x}}=(\boldsymbol{A}+\boldsymbol{A}^{\mathrm{T}})\boldsymbol{x}$$

当 $\boldsymbol{A}$ 是实对称矩阵时，有 $\frac{\mathrm{d}(\boldsymbol{x}^{\mathrm{T}}\boldsymbol{A}\boldsymbol{x})}{\mathrm{d}\boldsymbol{x}}=2\boldsymbol{A}\boldsymbol{x}$。

类似地可定义函数对矩阵的求导，若 $\boldsymbol{A}=[a_{ij}]_{n\times m}$ 中每个 a_{ij} 是变量，$f(\boldsymbol{A})$ 对 $\boldsymbol{A}$ 的导数定义为

$$f(\boldsymbol{A})=\frac{\mathrm{d}f(\boldsymbol{A})}{\mathrm{d}\boldsymbol{A}}=\left[\frac{\partial f}{\partial a_{ij}}\right]_{n\times m}$$

例：容易验证，$\boldsymbol{x}^{\mathrm{T}}\boldsymbol{A}\boldsymbol{x}$ 对实对称矩阵 $\boldsymbol{A}$ 的导数为 $\frac{\mathrm{d}(\boldsymbol{x}^{\mathrm{T}}\boldsymbol{A}\boldsymbol{x})}{\mathrm{d}\boldsymbol{A}}=\boldsymbol{x}\boldsymbol{x}^{\mathrm{T}}$，另有 $\frac{\mathrm{d}(\ln|\boldsymbol{A}|)}{\mathrm{d}\boldsymbol{A}}=(\boldsymbol{A}^{-1})^{\mathrm{T}}$。

当 $\boldsymbol{x}$ 是复变量向量时，问题要复杂一些。为了进一步讨论函数对复变量向量的求导，首先介绍函数对一个单一复变量的求导，设复变量为 $z=x+\mathrm{j}y$，对复变量 z 的导数和对复变量 z 的共轭 z^* 的导数分别定义为

$$\frac{\partial}{\partial z}=\frac{1}{2}\left(\frac{\partial}{\partial x}-\mathrm{j}\frac{\partial}{\partial y}\right)$$

$$\frac{\partial}{\partial z^*}=\frac{1}{2}\left(\frac{\partial}{\partial x}+\mathrm{j}\frac{\partial}{\partial y}\right)$$

对复变量导数的定义，看上去有点奇怪，利用这个定义，可以得到

$$\frac{\mathrm{d}z}{\mathrm{d}z}=1,\quad \frac{\mathrm{d}z}{\mathrm{d}z^*}=0,\quad \frac{\mathrm{d}z^*}{\mathrm{d}z}=0,\quad \frac{\mathrm{d}z^*}{\mathrm{d}z^*}=1$$

由此不难理解这个定义的合理性，在对复变量求导时 z 和 z^* 看成是独立的。

设 $\boldsymbol{z}=[z_1,z_2,\cdots,z_M]^{\mathrm{T}}=[x_1+\mathrm{j}y_1,x_2+\mathrm{j}y_2,\cdots,x_M+\mathrm{j}y_M]^{\mathrm{T}}$，对复变量向量的求导定义为

$$\frac{\partial}{\partial \boldsymbol{z}}=\frac{1}{2}\begin{pmatrix}\frac{\partial}{\partial x_1}-\mathrm{j}\frac{\partial}{\partial y_1}\\ \frac{\partial}{\partial x_2}-\mathrm{j}\frac{\partial}{\partial y_2}\\ \vdots\\ \frac{\partial}{\partial x_M}-\mathrm{j}\frac{\partial}{\partial y_M}\end{pmatrix}\qquad \frac{\partial}{\partial \boldsymbol{z}^*}=\frac{1}{2}\begin{pmatrix}\frac{\partial}{\partial x_1}+\mathrm{j}\frac{\partial}{\partial y_1}\\ \frac{\partial}{\partial x_2}+\mathrm{j}\frac{\partial}{\partial y_2}\\ \vdots\\ \frac{\partial}{\partial x_M}+\mathrm{j}\frac{\partial}{\partial y_M}\end{pmatrix}$$

例：利用定义可以直接验证如下各式：

$$\frac{\partial \boldsymbol{a}^{\mathrm{H}}\boldsymbol{z}}{\partial \boldsymbol{z}}=\boldsymbol{a}^{*},\qquad \frac{\partial \boldsymbol{a}^{\mathrm{H}}\boldsymbol{z}}{\partial \boldsymbol{z}^{*}}=\boldsymbol{0}$$

$$\frac{\partial \boldsymbol{z}^{\mathrm{H}}\boldsymbol{a}}{\partial \boldsymbol{z}}=\boldsymbol{0},\qquad \frac{\partial \boldsymbol{z}^{\mathrm{H}}\boldsymbol{a}}{\partial \boldsymbol{z}^{*}}=\boldsymbol{a}$$

$$\frac{\partial \boldsymbol{z}^{\mathrm{H}}\boldsymbol{A}\boldsymbol{z}}{\partial \boldsymbol{z}}=(\boldsymbol{A}\boldsymbol{z})^{*},\qquad \frac{\partial \boldsymbol{z}^{\mathrm{H}}\boldsymbol{A}\boldsymbol{z}}{\partial \boldsymbol{z}^{*}}=\boldsymbol{A}\boldsymbol{z}$$

对复变量向量 $\boldsymbol{z}$ 的梯度定义为

$$\nabla_{z}=\begin{pmatrix}\dfrac{\partial}{\partial x_1}+\mathrm{j}\dfrac{\partial}{\partial y_1}\\ \dfrac{\partial}{\partial x_2}+\mathrm{j}\dfrac{\partial}{\partial y_2}\\ \vdots\\ \dfrac{\partial}{\partial x_M}+\mathrm{j}\dfrac{\partial}{\partial y_M}\end{pmatrix}=2\frac{\partial}{\partial \boldsymbol{z}^{*}}$$

如果函数 $f(\boldsymbol{z})$的取值是实的，求 $\boldsymbol{z}=\boldsymbol{z}_0$ 使 $f(\boldsymbol{z})$取得极值，需求解如下方程组

$$\nabla_{z}f(\boldsymbol{z})\Big|_{\boldsymbol{z}=\boldsymbol{z}_0}=\boldsymbol{0},\quad 或\frac{\partial f(\boldsymbol{z})}{\partial \boldsymbol{z}^{*}}\Big|_{\boldsymbol{z}=\boldsymbol{z}_0}=\boldsymbol{0}$$

参 考 文 献

[1] 戈卢布，范洛恩 C. F. 矩阵计算. 袁亚湘，等译. 北京：科学出版社，2002.
[2] 张贤科，许甫华. 高等代数学. 2 版. 北京：清华大学出版社，2004.
[3] 方保镕，周继东，李医民. 矩阵论. 北京：清华大学出版社，2004.
[4] 张贤达. 矩阵分析和应用. 北京：清华大学出版社，2004.

附录B　优化方法概要

B.1　拉格朗日(Lagrange)乘数法求解约束最优

有一个标量函数 $f(\boldsymbol{x})$,假设 $\boldsymbol{x}$ 和 $f(\boldsymbol{x})$ 都是实的,$\boldsymbol{x}=[x_1,x_2,\cdots,x_M]^{\mathrm{T}}$,$\boldsymbol{x}$ 满足 K 个约束方程

$$g_i(\boldsymbol{x})=0 \quad i=1,2,\cdots,K \tag{B.1.1}$$

求 $\boldsymbol{x}$ 的解,使得 $f(\boldsymbol{x})$ 最小。

构造一个新的目标函数

$$J(\boldsymbol{x})=f(\boldsymbol{x})+\sum_{i=1}^{K}\lambda_i g_i(\boldsymbol{x})$$

这里 λ_i 称为拉格朗日乘子,为求使 $f(\boldsymbol{x})$ 最小的 $\boldsymbol{x}$,需求解下列方程组:

$$\nabla J(\boldsymbol{x})=\frac{\partial J(\boldsymbol{x})}{\partial \boldsymbol{x}}=\frac{\partial f(\boldsymbol{x})}{\partial \boldsymbol{x}}+\sum_{i=1}^{K}\lambda_i\frac{\partial g_i(\boldsymbol{x})}{\partial \boldsymbol{x}}=\mathbf{0} \tag{B.1.2}$$

求解式(B.1.1)和式(B.1.2)联立的 $K+M$ 个方程,可得 λ_i 和 $\boldsymbol{x}$ 的最优解。

如果 $\boldsymbol{x}$ 是复变量向量,$f(\boldsymbol{x})$ 取实数值,$g_i(\boldsymbol{x})$ 可能取复数值,如上求解问题稍有变化,此时,取 λ_i 为复数拉格朗日乘子,定义实的目标函数为

$$J(\boldsymbol{x})=f(\boldsymbol{x})+\sum_{i=1}^{K}\mathrm{Re}(\lambda_i^* g_i(\boldsymbol{x}))=f(\boldsymbol{x})+\frac{1}{2}\sum_{i=1}^{K}(\lambda_i^* g_i(\boldsymbol{x})+\lambda_i g_i^*(\boldsymbol{x}))$$

复数变量情况下,与式(B.1.2)对应的方程是

$$\frac{\partial J(\boldsymbol{x})}{\partial \boldsymbol{x}^*}=\frac{\partial f(\boldsymbol{x})}{\partial \boldsymbol{x}^*}+\sum_{i=1}^{K}\frac{\partial}{\partial \boldsymbol{x}^*}\{\mathrm{Re}(\lambda_i^* g_i(\boldsymbol{x}))\}=\mathbf{0} \tag{B.1.3}$$

B.2　不等式约束的最优化

以上讨论的是等式约束情况下的最优化问题,很多情况下,约束方程是不等式,即问题描述为

$$\min_x\{f(\boldsymbol{x})\}$$

同时满足不等式约束

$$g_i(\boldsymbol{x})\geqslant 0 \quad i=1,2,\cdots,K$$

可以定义拉格朗日目标函数

$$J(\boldsymbol{x},\lambda)=f(\boldsymbol{x})-\sum_{i=1}^{K}\lambda_i g_i(\boldsymbol{x})$$

KKT(Karush-Kuhn-Tucker)条件给出了局部最优解 $\tilde{\boldsymbol{x}}$ 的必要条件,即

(1) $\left.\dfrac{\partial J(\boldsymbol{x},\lambda)}{\partial \boldsymbol{x}}\right|_{\boldsymbol{x}=\tilde{\boldsymbol{x}}}=\mathbf{0}$

(2) $\lambda_i \geqslant 0$ ，　$i=1,2,\cdots,K$

(3) $\lambda_i g_i(\tilde{\boldsymbol{x}})=0, i=1,2,\cdots,K$

注意，KKT 条件中的第 3 个式子说明，达到局部最优时，$g_i(\tilde{\boldsymbol{x}})$ 和 λ_i 至少一个为 0。若 $(\tilde{\boldsymbol{x}},\tilde{\lambda})$ 是一个局部最优解，则可通过如下 min-max 过程求的，即

$$J(\tilde{\boldsymbol{x}},\tilde{\lambda})=\min_{\boldsymbol{x}}\max_{\lambda\geqslant 0}J(\boldsymbol{x},\lambda) \tag{B.2.1}$$

可定义式(B.2.1)对偶问题为

$$\max_{\lambda\geqslant 0}\min_{\boldsymbol{x}}J(\boldsymbol{x},\lambda) \tag{B.2.2}$$

当 $f(\boldsymbol{x})$ 和 $g_i(\boldsymbol{x})$ 都是凸函数时，对偶问题和原问题同解，即

$$J(\tilde{\boldsymbol{x}},\tilde{\lambda})=\min_{\boldsymbol{x}}\max_{\lambda\geqslant \boldsymbol{0}}J(\boldsymbol{x},\lambda)=\max_{\lambda\geqslant \boldsymbol{0}}\min_{\boldsymbol{x}}J(\boldsymbol{x},\lambda)$$

在凸函数情况下，不等式约束的解可分解为如下更简单的形式。

最大化

$$\max_{\lambda\geqslant \boldsymbol{0}}J(\boldsymbol{x},\lambda) \tag{B.2.3}$$

同时满足

$$\frac{\partial J(\boldsymbol{x},\lambda)}{\partial \boldsymbol{x}}=\boldsymbol{0} \tag{B.2.4}$$

缩 写 词

AIC	Akaike Information Criterion	Akaike 信息准则
AIC	Analog-to-Information Conversion	模拟-信息转换
AF	Ambiguity Function	模糊函数
AR	Autoregressive	自回归
ARIMA	Autoregressive Integrated Moving Average	自回归综合滑动平均
ARMA	Autoregressive Moving Average	自回归滑动平均
BSS	Blind Source Separation	盲源分离
CMA	Constant Modulus Algorithm	恒模算法
CS	compressed sensing(或 compressive sensing)	压缩感知
CWT	continuous wavelet transform	连续小波变换
DCT	Discrete Cosine Transform	离散余弦变换
DFT	Discrete Fourier transform	离散傅里叶变换
DTFT	Discrete time Fourier transform	离散时间傅里叶变换
DWT	Discrete Wavelet Transform	离散小波变换
EM	Expectation Maximization	期望最大
ESPRIT	Estimating Signal Parameters via Rotational Invariance Techniques	信号参数旋转不变估计
EZW	The embedded zero-tree wavelet algorithm	嵌入式小波零树算法
FFT	Fast Fourier transform	快速傅里叶变换
FIR	Finite Impulse Response	有限冲激响应
FRFT	Fractional Fourier Transform	分数傅里叶变换
FTF	Fast Transversal Filter	快速横向滤波器
GMM	Gaussian Mixture Model	高斯混合模型
HMM	Hidden Markov Model	隐马尔科夫模型
HVS	human visual system	人类视觉系统
ICA	Independent Component Analysis	独立分量分析
IRLS	Iterative Re-weighted Least Squares	迭代加权最小二乘算法
ISTA	Iterative Shrinkage-Thresholding Algorithm	迭代收缩算法
KLT	Karhunen-Loeve Transform	KL 变换
LAR	Least Angle Regression	最小角度回归
Lasso	Least Absolute Selection and Shrinkage Operator	套索回归
LMS	Least Mean Square	最小均方算法
LS	Least Square	最小二乘
LSL	Least Squares Lattice	最小二乘格形
LTI	Linear Time Invariant	线性时不变
MA	Moving Average	滑动平均
MAP	Maximum Posterior	最大后验
MCS	Monte Carlo Simulation	蒙特卡洛模拟
MLE	Maximum Likelihood Estimator	最大似然估计
MMSE	Minimum Mean Square Estimation	最小均方估计

MRI	Magnetic Resonance Imaging	核磁共振成像
MUSIC	Multiple Signal Classification	多信号分类
MVU	Minimum Variance Unbiased	最小方差无偏估计
OMP	Orthogonal Matching Pursuit	正交匹配追踪
OFDM	Orthogonal Frequency Division Multiplexing	正交频分复用
PCA	Principal Component Analysis	主分量分析
PDF	Probability Density Function	概率密度函数
PSD	Power Spectrum Density	功率谱密度
RIP	Restricted Isometry Property	严格等距特性
RLS	Recursive Least-Squares	回归 LS
RWT	Radon-Wigner Transform	Radon-Wigner 变换
SCA	Sparse Component Analysis	稀疏分量分析
SIS	Sequential Importance Sampling	序列重要性采样
SVD	Singular-Value Decomposition	奇异值分解
TLS	Total Least Squares	总体最小二乘
TV	Total Variation	总体变分
WGN	White Gaussian Noise	高斯白噪声
WSS	Wide-Sense Stationary	宽平稳
WVD	Wigner-Ville Distribution, Wigner-Ville	WVD 分布

索　引

G

H

J

Y

Z

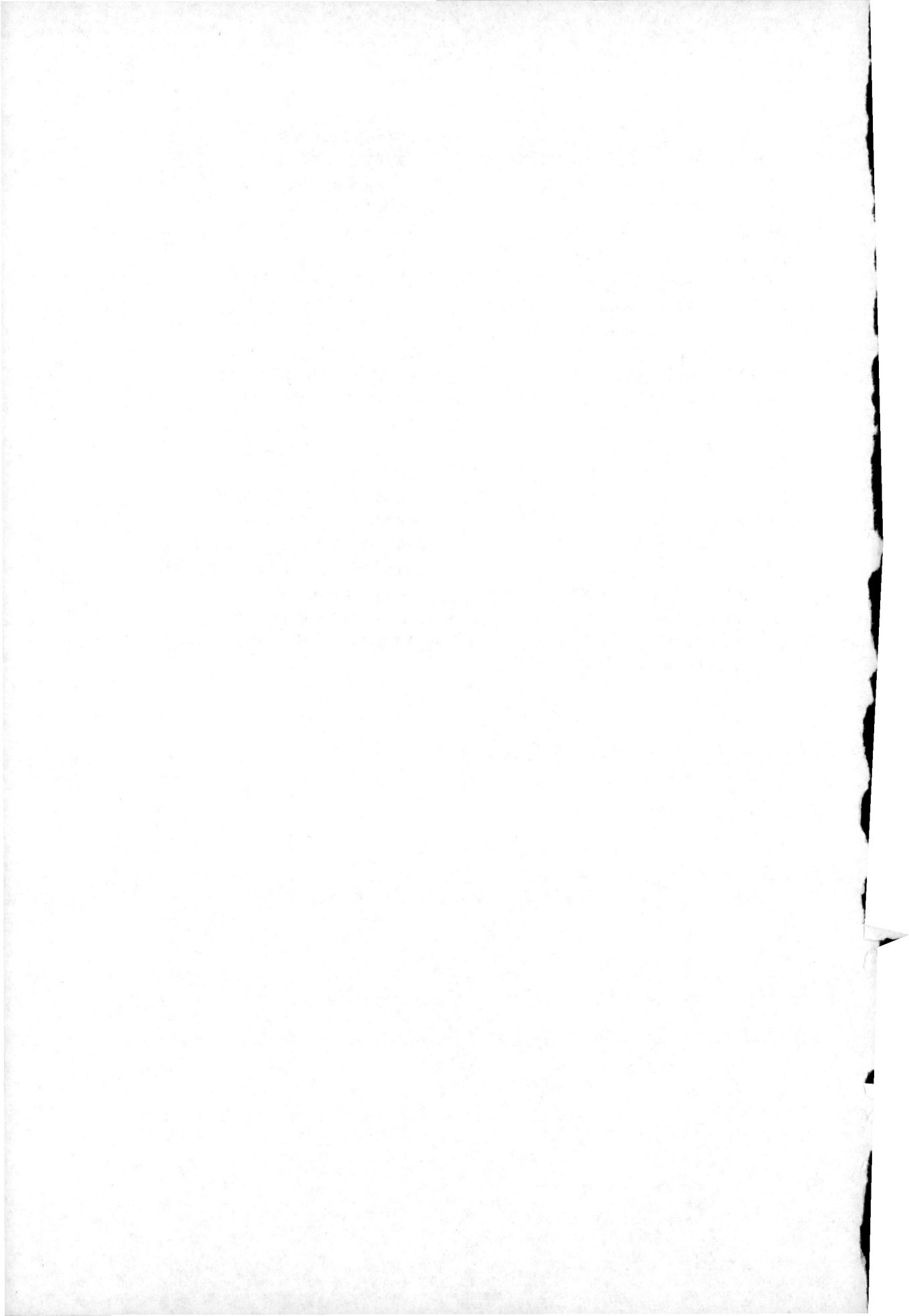